U0923802

中国水运建设行业协会工程施工专业委员会 2016年度年会暨“提质增效 落实基础管理”技术交流会

顺 利 召 开

中国水运建设行业协会工程施工专业委员会

全体会员单位同贺

中交二航局企业简介

中交第二航务工程局有限公司（简称二航局）创建于1950年，是原交通部直属四大航务工程建设一级施工企业之一。2006年，成为世界500强企业——中国交通建设股份有限公司全资子公司。经过60多年的发展，现已成为一家融设计、施工、科研、资本运作于一体，以路桥、港航、铁路、城市轨道交通、市政工程施工为主业，“大土木”、多元化经营的大型工程建设企业，市场遍布全国29个省（市、自治区），以及东南亚、南亚、中东、欧洲、非洲、南美洲的20个国家和地区。

二航局下辖9家子公司，12家分公司，2家参股公司，20余家投资、房地产项目公司，以及30余家经营性分公司和海外经营办事处。具有公路工程施工设计—总承包特级、港口与航道工程设计—施工总承包特级、市政公用工程施工总承包一级和城市轨道交通工程专业承包等资质。现有员工8600多名，其中经营管理和专业技术人员近7000人。拥有各类大型工程船舶近百艘，施工机械设备3600余台（套）。2003年，二航局通过了质量、环境和职业安全健康一体化管理体系认证。2007年，二航局桥隧实验室被认定为交通部长大桥梁重点实验室。2009年，二航局技术中心被认定为国家级技术中心。2011年，二航局联合设计单位成功申报公路长大桥建设国家工程研究中心。

作为中国水工建设领域的主力军，二航局为中国的港口和航道建设事业做出了巨大贡献，修建各类码头200多座。二航局先后参与建设了黄骅港北防波堤、长江口深水航道整治二期等国家重点工程的建设。二航局承建的江苏南通洋口港人工岛主体工程，成功开创了国内无遮掩外海人工岛施工先河。

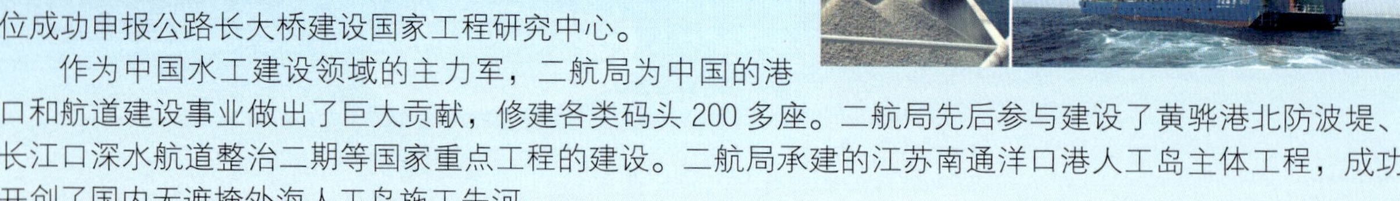

20世纪90年代，二航局高起点进军桥梁建设市场，先后承建了300多座有影响的跨江、跨海、跨高山峡谷大桥，改写了一项又一项桥梁建设的中国纪录和世界纪录，并创造了同时建造8座长江大桥的骄人战绩，打造出了二航桥品牌。截至2016年5月，二航局共承建长江大桥36座，跨海大桥35座，其中跨径超过1000米的特大桥11座。世界上最大跨径斜拉桥苏通长江大桥、世界上最长的跨海大桥杭州湾大桥、世界上最大跨径钢拱桥重庆朝天门大桥、世界最大桥隧组合工程上海长江隧桥等一批世界级桥梁相继建成通车，二航局为中国由桥梁建设大国向桥梁建设强国迈进做出了重要贡献，被人民日报等媒体誉为中国造桥“梦之队”。二航局正在修建港珠澳大桥、广东虎门二桥、望东长江大桥、芜湖长江二桥、池州长江大桥等特大型桥梁工程，继续保持着国内公路桥梁建设领域的领先地位。2014年，二航局中标承建沪通长江大桥工程，首次进入铁路桥梁工程领域。2015年又顺利中标连镇铁路五峰山长江大桥。

在高等级公路建设市场，二航局参与了沪宁高速公路、京珠高速公路、同三高速公路等国道主干线的建设，修建高等级公路1000多公里。

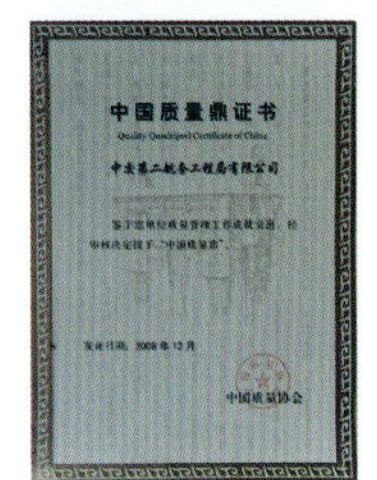

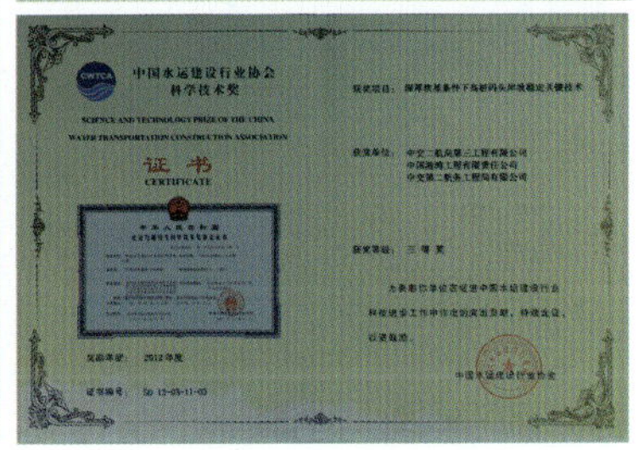

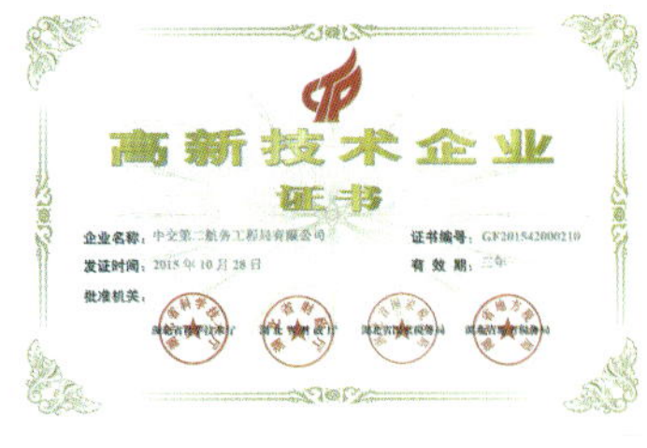

2005 年，二航局作为路外企业，率先挺进铁路工程领域，直接切入高铁市场，并成功跻身铁路建设主力军行列，先后承建了合武、哈大、京沪、石武、沪杭、西宝、成渝、西成、成贵等世界一流的高速铁路和客运专线项目。截至 2016 年 5 月，二航局累计承揽铁路工程 26 项，单线里程达到 1000 多公里。

二航局瞄准具有广阔前景的城市轨道交通工程和隧道工程领域，2007 年取得了地铁市场的入场券，参与了广州地铁广佛线、无锡地铁一号线、合肥地铁一号线等工程的建设。2016 年元旦，二航局参建的直径 14.9 米的南京扬子江隧道顺利通车，它在当前世界同类隧道中规模最大、长度最长、所处地质条件最复杂、承受水压最高。

在市政、水利、环保工程领域，二航局也取得了十分突出的业绩。广西贵港航运枢纽船闸工程、湖南株洲航电枢纽船闸工程，分别荣获鲁班奖。

2005 年以来，二航局大力发展投融资业务，截至 2016 年 5 月，累计完成投资合同总额超过 600 亿元，建设了江苏海门东灶港围填海工程、武深嘉通高速公路、武汉未来科技城、武汉沌口长江大桥、哈尔滨工业新城、南京浦口新城、株洲枫溪大桥等项目。其中，株洲天元大桥、株洲芦淞大桥、内蒙古 109 国道清大公路等项目相继建成并投入运营。

在六十多年的发展历程中，二航局培育了“诚信共赢，拼搏奉献，持续改进，超越自我”的核心价值观，确立了“诚信服务，优质回报”的经营理念，以“争科技领先，创管理一流”的企业精神，践行着“港航连四海，路桥通五洲”的企业使命，以“行者无疆，百年二航”为愿景，引领着二航人不断追求更强、更大、更卓越。

“树品牌，创效益，育人才，交朋友，拓市场”，是二航局建立诚信经营体系的真实写照。二航人不断满足并着力超越顾客的要求和期望，努力构建与顾客及相关方“互惠共赢，共同发展”的战略合作伙伴关系，铸就了非凡的二航品牌。

二航局以服务社会、回报社会为己任，努力实践“建筑精品，传承于世，为民造福，有益社会”的社会价值观，塑造了良好的企业形象。

截至 2015 年底，二航局共获得国家和省部级优质工程奖 180 项，其中，国家优质工程金质奖 8 项，国家优质工程银质奖 15 项，鲁班奖 8 项，中国土木工程詹天佑奖 16 项，全国市政工程金杯奖 5 项，并斩获了国际桥梁协会“尤金 · 菲戈金奖”、“古斯塔夫斯 · 林德恩斯奖”、“乔治 · 理查德森奖”、美国土木工程师协会“土木工程杰出成就奖”、英国结构工程师学“卓越结构工程大奖”等 5 项大奖。还先后获得“全国五一劳动奖状”、“全国企业文化建设工作先进单位”、、“全国守合同重信用单位”、“中国优秀诚信企业”、“中国最具影响力企业”、“中国交通建设十大桥梁英雄团队”等荣誉。2015 年，二航局被授予“全国文明单位”称号。

中交二航局第三工程有限公司

企业简介

中交二航局第三工程有限公司（简称二航三公司）是直属中交第二航务工程局的全资子公司，成立于1973年5月。公司下属有设备处、船舶处、租赁站和测试中心4个常建制单位、5家分公司、3家经营性片区管理总部。现有正式员工1000余人，其中高级职称人员67人，中级职称人员168人，一级建造师64人。拥有各类先进的大型工程船舶20余艘，施工机械设备367台（套）。

公司经历四十年的发展，在港口码头、市政、道路桥梁、水利水电、地下工程、工业与民用建筑等工程领域已具备丰富的施工经验，一些专业施工技术达国内领先水平。公司目前拥有港口与航道工程施工总承包一级资质、市政公用工程施工总承包一级资质、公路工程施工总承包二级资质，以及房屋建筑工程施工、水利水电工程施工、地基基础工程专业等总承包三级资质。以此形成了以港航工程为主业，海外、投资市场为两翼的“一体两翼”战略格局。公司年施工总产值超过40亿元，位列中交二航局主力公司，产品范围遍布全国20余个省（市、自治区）以及东南亚、非洲等国家。

在“新技术、新工艺、新设备、新材料、新产品”领域，公司坚持科技兴企战略，持续推进现代化科学管理，不断开发新技术、新工艺，拥有多项国内领先的施工技术成果。上世纪90年代承担的国家七五科技攻关项目——“大直径预应力钢筋砼管桩连片式及墩式码头施工技术”获国家科技进步奖、交通部科技成果一等奖。近两年公司研发的科技成果——“港口自密实自养护抗裂型耐久混凝土关键技术研究”、“离岸深水港建设关键技术研究与工程应用”和“深厚软基条件下高桩码头岸坡稳定关键技术”分别获得中国水运建设行业协会科学技术2个特等奖、1个三等奖。2009年公司承建的“南通港洋口港无掩护大潮差外海人工岛工程”成功实施，创造了“人员零伤亡、环境零污染、水上交通零事故”的“三零纪录”，开创了国内外海人工岛建设的先河，并荣获中国航海学会科技进步二等奖。公司先后完成科技攻关和技术革新项目几十项，其中获得国家、省部级科技进步成果奖12项，拥有国家专利19项。

公司始终坚持“争科技领先、创管理一流”的企业精神，积极打造信息化、一体化管理平台，优质、高效地完成了一批国家、省（市）重点工程，赢得了各方高度赞誉。近年来，先后获得“鲁班奖”2项、国家优质工程奖9项，交通部水运工程质量奖5项，江苏省“扬子杯”14项，国家级优秀QC管理小组15个，全国建设工程优秀项目管理成果奖6项。

公司于1999年通过了ISO9002质量体系认证，2003年通过了质量、环境、职业健康安全管理体系认证，创造了良好的企业品牌和社会信誉，连续多年获江苏省“AAA”级信用企业、江苏省建筑业“最佳企业”、江苏省“文明单位”、江苏省建筑业“百强企业”称号，2011年被江苏省人民政府评为“优秀企业”。公司始终以质量求生存，以信誉谋发展，励精图治，求实创新，以优质的工程产品，竭诚为国内外客户提供一流的服务。

中交二航局第三工程有限公司
China Communications 2nd Navigational Bureau 3rd Engineering Co., Ltd.

地址：江苏镇江市润州区南徐大道238号
电话：0511-87060258　传真：0511－84410454
网址：www.sneb3.com

中国水运建设行业协会工程施工专业委员会

2016年会论文集

提质增效　落实基础管理

主办单位：中国水运建设行业协会

中国水运建设行业协会工程施工专业委员会

承办单位：中交第二航务工程局有限公司

协办单位：中交二航局第三工程有限公司

人民交通出版社股份有限公司
China Communications Press Co.,Ltd.

图书在版编目(CIP)数据

中国水运建设行业协会工程施工专业委员会2016年会论文集／中国水运建设行业协会工程施工专业委员会主编. —北京:人民交通出版社股份有限公司, 2016.10
ISBN 978-7-114-13393-0

Ⅰ.①中… Ⅱ.①中… Ⅲ.①水路运输—交通运输建设—工程施工—文集 Ⅳ.①U69-53

中国版本图书馆CIP数据核字(2016)第241127号

书　　名:中国水运建设行业协会工程施工专业委员会2016年会论文集
著 作 者:中国水运建设行业协会工程施工专业委员会
责任编辑:钱悦良
出版发行:人民交通出版社股份有限公司
地　　址:(100011)北京市朝阳区安定门外外馆斜街3号
网　　址:http://www.chinasybook.com
销售电话:(010)64981400,59757915
总 经 销:北京交实文化发展有限公司
印　　刷:北京鑫正大印刷有限公司
开　　本:880×1230　1/16
印　　张:53.75
字　　数:1627千
彩　　插:2
版　　次:2016年10月第1版
印　　次:2016年10月第1次印刷
书　　号:ISBN 978-7-114-13393-0
定　　价:220.00元
(有印刷、装订质量问题的图书由本社负责调换)

中国水运建设行业协会工程施工专业委员会简介

中国水运建设行业协会(CWTCA)成立于2001年7月18日,是由全国水运建设行业的企事业单位自愿组成的非营利性的社会团体,具有社团法人资格。中国交通建设股份有限公司董事长刘起涛为理事长,原交通运输部总工程师蒋千为常务副理事长、法定代表人。

协会目前拥有会员单位300多家,下设工程施工专业委员会等七个专业委员会。中国交建港航疏浚事业部张鸿文总经理为工程施工专业委员会主任委员,中国交建港航疏浚事业部张浩强为秘书长,中国交建总承包公司办公室主任包雪巍、中交疏浚集团战略发展部经理王文俊2人为副秘书长。

2016年会论文集编委会成员

编委会主任: 张鸿文

副　主　任: 刘玉兰　蒋　麟　张浩强

成　　　员: 包雪巍　王文俊　贾玉玲　陈现云　赵恩宝　郝伟东　杜　谦　刘　一

审查组成员: 董　方　刘诗净　由广君　沈　东　李宗哲　曹根祥　蔡福康　罗宽荣　陆　红　王力威　顾　勇　沈达怡　陈　林　何东萍

序　一

目前,我国进入全面建设小康社会的决胜阶段,经济发展进入新常态,加快推进供给侧结构性改革,交通仍处于大有可为的战略遇期。国家“一带一路”、京津冀协同发展、长江经济带发展等战略全面推进,为水运行业发展带来新的机遇。为推动水运建设企业尽快适应经济新常态,贯彻国务院国资委关于开展提质增效工作的部署,中国水运建设行业协会工程施工专业委员会将2016年度年会主题定为“创新提质增效,落实基础管理”,具有十分重要的指导意义。

本次年会得到了水运建设行业内工程施工、科研院校等诸多会员单位的大力支持,共收到专业论文过百篇,内容包括海外工程、经营创新、领域拓展、项目实施、互联网+等热点领域的最新成果和工程应用情况,经过认真审核,最终选出149篇优秀论文入选《中国水运建设行业协会工程施工专业委员会2016年年会论文集》。该论文集内容丰富、题材新颖、重点清晰,具有较强的创新性和实用性;展现了作者们近年来在专业领域所取得的成绩,体现了水运建设工作者的开拓精神和不断创新的智慧。

目前,水运建设在为满足社会经济与环境和谐发展方面承担了更多的责任,需要各类专业人才不断努力,共同致力于行业的发展。希望中国水运建设行业协会工程施工专业委员会2016年年会的举办能为水运建设各领域工程人才提供一个交流经验、展示成果、相互促进的平台,成为广大水运建设工作者沟通和提升的渠道,进一步提高整个水运行业创新能力。

本次年会的举办和论文集的出版得到了行业内多家单位领导的高度重视和鼎力支持,工程施工专业委员会及大会秘书处等同志在论文征集、会议组织、编辑出版等诸多方面付出了辛勤劳动。在此,一并致以衷心的感谢!

谨愿该论文集能成为水运建设行业文献的重要组成部分,得以推广,并激励大家为该行业未来的发展贡献力量!

中国水运建设行业协会常务副理事长:

2016年10月

序　二

在国内经济增长放缓、产业结构调整的“新常态”下，随着投资拉动经济增长力度的减弱，中国水运工程建设市场增长明显减弱。但我国在全球化格局中的国际分工不会发生根本性变化，“中国因素”仍是中国港口业乃至全球航运业的重要动力，中国港口业将会向大型化、综合化、深水化、专业化、协同化、生态化方向发展，其建设规模预计仍会继续大力推进。值此之际，党中央“一带一路”战略的提出非常及时、非常具有指导性，它深挖我国与沿线国家的合作潜力，为中国海外工程市场释放巨大的活力。在这样的背景下，国务院作出国有企业开展提质增效的决策，为港航疏浚企业再一次指明了方向。企业要生存、要发展，就必须牢固树立以经济效益为中心的管理思想，在提质增效上狠下工夫，从这个目的出发，中国水运建设行业协会工程施工专业委员会开展了这次以“创新提质增效，落实基础管理”为主题的技术交流活动。

为配合本次技术交流活动，彰显水运工程建设管理工作的成效以及新技术、新设备、新工艺、新材料在水运工程建设中的推广应用，我会组织有关会员单位编纂了《中国水运建设行业协会工程施工专业委员会2016年年会论文集》，旨在行业内加强交流、取长补短，以助提高管理者和工程技术人员的管理与技术水平，推进水运工程建设相关工作的进步。

论文集编入了近年来水运工程建设领域具有一定理论和实践水平的论文共149篇，分为大海外专题、新领域研究应用、经营管理创新、工程技术创新、互联网+、其他工程等6个部分。为使论文集的内容更具系统性和可读性，组织相关专家对论文集各篇的题材进行了严格把关和筛选，对保留的内容进行逐篇多次审校和修改，基本保证了论文集的质量。

论文集的编纂得以成功，离不开各会员单位的大力支持和特邀审校专家的辛苦付出，在此一并表示衷心的感谢！

张鸿文

2016年10月

目　录

第一篇　主题发言

第二篇　优秀论文

第三篇 交流论文

大海外专题

新领域应用研究专题

经营管理创新专题

工程技术创新专题

第一篇

主 题 发 言

积极开拓创新，推动中交港航疏浚业务转型升级

张鸿文　张浩强

（中国交通建设股份有限公司，北京，100088）

摘　要：本文深入分析世界经济和国内港航疏浚市场形势，剖析了中国交建港航疏浚板块的发展现状及面临的发展瓶颈，通过对"五商中交"战略的必要性进行了分析，提出必须通过加强经营管控，做好新市场开拓和技术创新，以此促进港航疏浚板块持续、快速、健康的发展。

关键词：统筹内部资源；产业链；业务模式；转型升级

引言

2011年中央经济工作会议提出了"顶层设计"概念，顶层设计是高层对改革理念的总体构想，也是企业破解发展难题的钥匙，对中交的转型升级尤为重要。中国交建提出了自己的顶层设计，那就是打造"五商中交"，其主旨是对中交以往发展的历史集成和创新提升，也是对中国交建转型、升级的内在要求。"五商中交"中最重要的第一商为"全球工程承包商"，而港航疏浚业务是其重要的组成板块，为中交的整体发展起了重要的推动作用。

1　五商中交"战略是大势所趋

2016年世界经济仍呈现复苏乏力态势，发达经济体总需求不足和长期增长率不高现象并存，新兴经济体总体增长率下滑趋势难以得到有效遏制，大规模跨境资本流动，外汇与金融市场动荡，地缘政治变化和自然灾变等，都可能对世界经济运行带来负面干扰。另一方面，全球基础设施投资规模庞大，受益于"一带一路"战略，沿线有26个国家地区总计约21万亿美元的经济规模，在以经济走廊为依托、交通基础设施为突破、建设融资平台为抓手的前提下，必将推动中国建筑企业加速进军国际市场。

1.1　国内外建筑工程市场分析

全球建筑产值2020年将增至12.7万亿美元，预计建筑企业2015年海外营业额将超7800亿。亚太地区将成为全球建筑业增长的重要引擎，复合增速有望达7.7%，中国、印度、俄罗斯、巴西、波兰、美国将成为建筑业增长的主要阵地。在国内，经济增长放缓、产业结构调整的"新常态"下，随着投资拉动经济增长力度的减弱，中国建筑工程市场增长明显放缓。2005～2014年，我国建筑业总产值约占固定资产投资额比重从2005年占比46.0%逐年递减，2014年占比仅35.2%。预计"十三五"期间，产业结构升级转型仍需基础设施投资拉动，固定资产投资对于稳增长仍起关键作用，但对经济增长的拉动效应在减弱。未来五年固定资产投资增速约为14%，建筑业总产值增速约为10%左右。建筑市场加速细分，房地产和传统基建市场总体增长空间受限，投资增长放缓；新型城镇化和产业升级，带动市政、轨道交通、核电、环保等基础设施建设投资快速增长。

1.2　国内港航疏浚市场形势分析

受国内经济下行、港口建设接近饱和、行业产能过剩、地方政府投资不足等不利影响，未来市场总体

增长空间受限，行业增速明显下滑。水运建设市场增长乏力，预计2016年全国水运建设投资规模在1400亿以内，未来五年增长率约为-10~-20%；疏浚及吹填市场在局部区域市场带动下触底反弹，2016年将继续回升，但较高峰期仍然偏弱，预计未来五年增长率约为3%；随着内河水运发展上升为国家战略，以及建设长江经济带、珠江-西江经济带等国家战略的实施，内河水运迎来发展黄金期，基础设施建设进一步加快；水利水电市场自2005年以来，投资规划一直处于快速增长的通道，复合增速高达24%。据估算，水利发展“十三五”规划的投资规模同比增速有望超过20%。海上风电建设市场2015年新增并网容量再创新高，预计2020年之前仍将保持19%的增速；地下管廊建设、海绵城市等新兴领域空间广阔，将成为国家重要的投资方向。

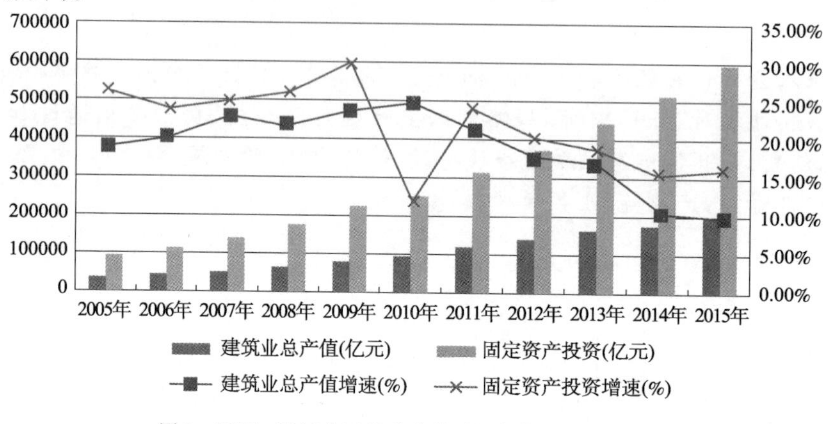

图1　2005~2015年建筑业产值及固定资产投资示意图

1.3　中国交建港航疏浚板块现状分析

中国交建港航疏浚业务板块下属一航局、二航局、三航局、四航局、水规院、一航院、二航院、三航院、四航院9家子公司及中交疏浚集团，板块业务范围涉及：港口建设、疏浚与吹填造地、航道工程、跨海通道建设、水利水电工程等领域，涵盖港航建设工程中投融资、总承包、设计、咨询、采购、施工、运营维护等产业链全部环节。是中国港口建设的中坚力量，承担了国内沿海绝大多数港口的勘察设计和施工任务，在人员、技术、科研、设备、资金等资源上具备绝对领先优势，国内港航疏浚市场占有率超过70%，是中国交建系统内各项经营指标最接近世界一流水准的业务板块。“十二五”期间，通过重点项目建设、加快科技创新、新兴业务拓展等一系列措施，加大了业务结构调整力度，逐渐从“十一五”初期单一的传统水工业务向海上风电、水利水电、跨海通道、海洋工程、海洋能源等领域拓展市场，在确保了传统主业优势的同时，优化业务结构，利用海上重大装备优势、专业人才优势、核心技术优势，开启了港航企业转型发展、多元化发展、协同化发展的序幕。

2　加强市场引领，推动“五商中交”战略落地

2.1　统筹内部资源，避免同质化竞争

国内港航疏浚市场在“十二五”前半段经历了近年来的高潮后，伴随着国内港口总体布局的日趋完善，“十二五”后半段明显是处于萎缩和下滑的状态，加上市场的开放程度提高，市场竞争也愈来愈激烈，这就要求我们必须抱团取暖，加大经营管控力度，严格执行经营计划，避免内部同质化竞争，共同取得市场效益。

2.2　产业链升级，实现由“工”到“商”转变

港航疏浚业务板块具有产业链上下游齐备的链系优势、技术、人力和设备资源的广度优势和实力优

势。但过去由于规划及管控力度不足，造成资源、信息、能力的重复建设和浪费，未能充分发挥产业链协同效应、规模效应，极大削弱了港航疏浚业务板块整体的核心竞争力和可持续发展能力。为进一步提高内部资源配置的科学性和实效性，应逐渐形成业务板块内部或与其他业务板块之间相互支撑、协同配合的“利益共同体”和“生命共同体”，真正实现从“产业链”向“价值链”的升级转型，实现由“工”到“商”的转变。

2.3　以“五商中交”为纲，加快业务模式转型

强化事业部、区域公司、子公司营销资源，合理划分营销职能，形成集团利益最大化的总部营销指挥系统；高端运作，创造并实施有地区影响力、科技含量高、复杂度高的综合性大项目；加大投资力度，使投资与项目相结合，资金实力、技术实力和实施能力相结合，改变单一的盈利模式；以投资带动各业务环节，尤其是带领港航疏浚领域的先进技术和标准进入、渗透；积极投资具有高成长性、相关性的非传统业务领域，实现有效突破。

3　以“五商中交”为指导，推动港航疏浚业务转型升级

3.1　坚持经营计划，强化协同作用

继续坚持经营计划，建立内部诚信机制。强化“三驾马车”经营协同，明确各级经营界面和责权利，优化考核机制。建立经营资源、信息共享平台，实现跨业务、跨行业产业协同。整合分级经营资源，减少内部竞争，加大对各级经营的信息共享、技术支撑和资源配置。依据不同区域、不同优势业务领域，做到集团层面的市场统筹、资源统筹和信息统筹；不断创新投融资模式，拉动传统主业增量；建立行业内企业联盟，兼优并小，主导行业定价体系。

3.2　紧跟国家战略，开发水环境治理、海绵城市、海上风电、海洋工程等新兴业务

港航疏浚板块目前的核心主业以港口航道建设、疏浚吹填建设为主，这两大业务都与宏观经济环境、政府基础设施固定资产投资密切相关，业务随经济周期波动呈现较大的波动。从可持续发展的角度，亟需对目前单一的业务组合进行适当的丰富，围绕主业进行业务相关多元化、发展地域多元化的探索，增加新的核心业务或市场领域，以增强港航疏浚业务对于经济周期波动的抵抗能力。

3.2.1　水环境综合治理、海绵城市工程

从近年新增国家层面的 PPP 项目看，流域综合治理项目虽然数量不多，但投资规模都比较大。比如鄱阳湖流域水环境综合治理一期工程就达到 125 亿元；而吉林伊通河综合治理工程、云南大理洱海环湖截污项目也都分别达到了 56 亿和近 35 亿元。国家政策助推污水环境治理要求不断提高，“十三五”期间，我国在水环境和海绵城市方面的治理预计投入将超过 4.6 万亿人民币（其中政府出资约占 45%）。未来 15 年，我国水污染防治将是一个投入高达 15 万亿以上的巨大工程与技术服务市场。

3.2.2　海上风电

中国的风能资源储量丰富，且国际上技术比较成熟，《可再生能源法》的实施对风电产业的发展也有了很大的促进作用，风电产业化发展时机已经到来。目前风电产业以每年新增装机量 18 ~ 20GW 左右的速度平均发展，则到 2020 年可以完成总装机量 200GW 的规划目标。风力发电与火力发电、水力发电等其他发电方式相比，在环境、经济和发展潜力等方面有着巨大的优势。目前，风电已成为具有较强经济竞争力的可再生能源发电技术。国家能源局《2014 年能源工作指导意见》提出稳步发展海上风电，这给海上风电发展指明了方向。海上风电安装市场随着技术更趋成熟，市场前景十分广阔，伴随而来的基础设施和安装将给港航疏浚市场带来可观的发展前景。

3.2.3 海洋工程

中国对资源需求依赖性日益增强，而海洋蕴含的资源超乎想象，近海域资源的充分开发将可能令中国从一个依赖能源进口的国家转变为资源大国。伴随着海洋贸易需求也日渐旺盛，海洋经济已经上升到国家战略，2015年占国内生产总值的比重将达到10%，成为中国经济发展的新增长点，相应的外海建设需求也持续提升，如山东、福建等地均提出了千亿级别的海洋建设工程包，诸如港口泊位、海洋产业园等均有较多基建需求。

3.3 推进专业化、一体化、信息化管理

积极推进"专业化"、"一体化"、"信息化"管理，在继续强化疏浚集团专业化经营能力的基础上，选定港航业务板块内部优势业务，以内部整合和外部并购的方式，打造一批占领高端市场的专业公司，使之成为新的效益支撑和品牌支撑；推动各经营管理领域的流程再造、体系梳理工作，在板块内建立体系完整、统一受控的管理体系，确保板块内部资源实现统一配置、合理流动，提高管理效率、降低运营成本；将信息技术与先进管理理念相融合，以此提升企业生产方式、经营方式、业务流程、管理方式和组织方式，获取最佳效益。

结语

应深入学习贯彻习近平总书记系列重要讲话精神，唱响改革创新主旋律，打好转型升级攻坚战，继续坚持"保基础、调结构、走出去"的发展重点，着力打造"五商中交"，以结构调整为主线，以管理和创新为抓手，更加突出海外优先发展、率先发展、统筹发展和科学发展，全面提升市场竞争力、机制活力和党建工作水平，为中交全面建设具有国际竞争力的世界一流企业提供港航疏浚业务领域的专业支撑。

参考文献

[1] 刘起涛. 适应和把握新常态，全面建设世界一流企业. 在中交集团暨中国交建2016年工作会议上的讲话

[2] 陈奋健. 坚持改革创新，加快结构调整，全面提质增效，开启建成世界一流企业新征程. 在中交集团暨中国交建2016年工作会议上的报告

[3] 中交集团暨中国交建"十三五"总体发展规划

[4] 中国交建港航疏浚业务"十三五"发展规划

港珠澳大桥岛隧工程项目全面风险管理

罗　冬　马宗豪　李金峰
（中交港珠澳大桥岛隧项目总经理部，广东珠海，519000）

港珠澳大桥岛隧工程项目，集桥、岛、隧为一体，具有工程规模超大、设计与施工技术面临世界级难度挑战、建设标准超出国内现有的规范体系、采用设计施工总承包模式、地质和水文条件复杂、外海孤岛施工作业工况环境差、通航安全和环境保护措施多、粤港澳三地共建共管程序复杂等各方面的特性。在工程项目管理的实践过程中，我们总结得出一个结论：风险管理和控制是岛隧工程项目管理的核心要素，也是项目实现目标的成败关键所在。为何得出这个结论，这是因为岛隧工程的特定属性所决定的，也是大家在经过几年项目管理具体实践过程当中深刻体会与达成的共识，更是成功经验的总结。

1　港珠澳大桥岛隧工程概况介绍

港珠澳大桥是我国“一国两制”下跨越粤港澳三地的大型跨海通道，东连香港、西接珠海、澳门，是集桥、岛、隧为一体的超大型跨海通道（图1）。

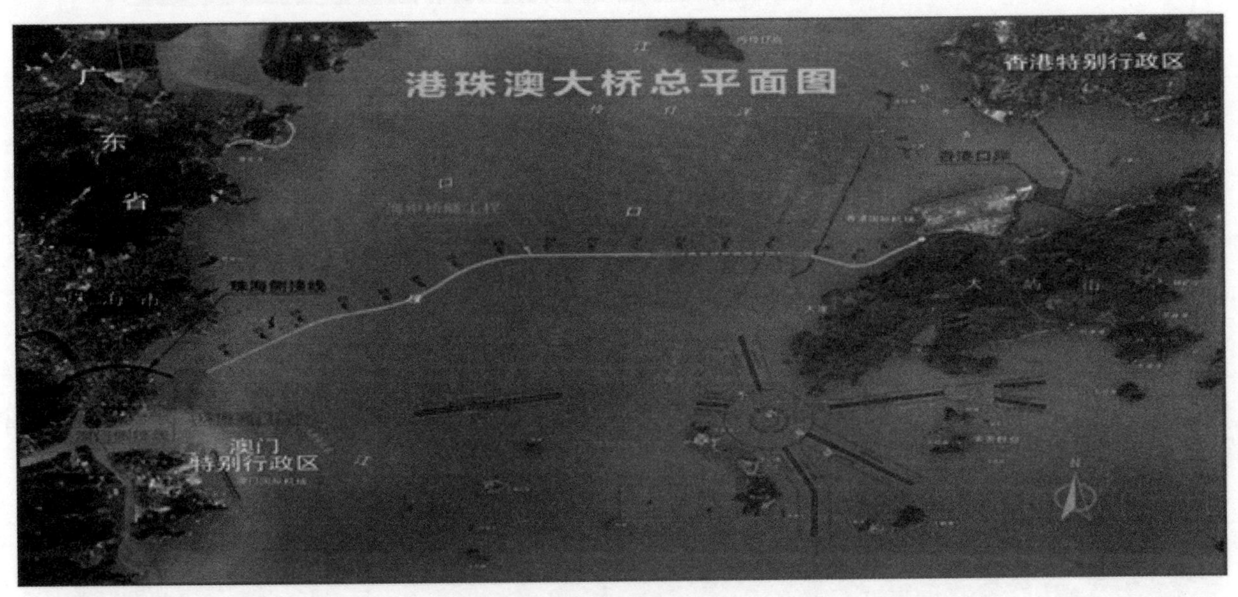

图　1

岛隧工程是港珠澳大桥整体工程的关键控制性工程，目标为在敞开外海水域建设成一条6公里长双向六车道，行车时速100公里/小时的沉管隧道，同时适用英国、欧盟和中国三地标准，采用就高不就低原则，设计使用寿命为120年（图2）。

岛隧工程由沉管隧道、人工岛、结合部非通航孔桥三大部分组成。东起于伶仃洋粤港分界线，沿23DY锚地北侧向西，穿越珠江口铜鼓航道、伶仃西航道，止于西人工岛结合部非通航孔桥西端，全长7440.546米（图3）。

东、西人工岛面积各约10万m^2，离岸20km，水深约8～10m，软土层厚度20～30m（图4）。

图 2

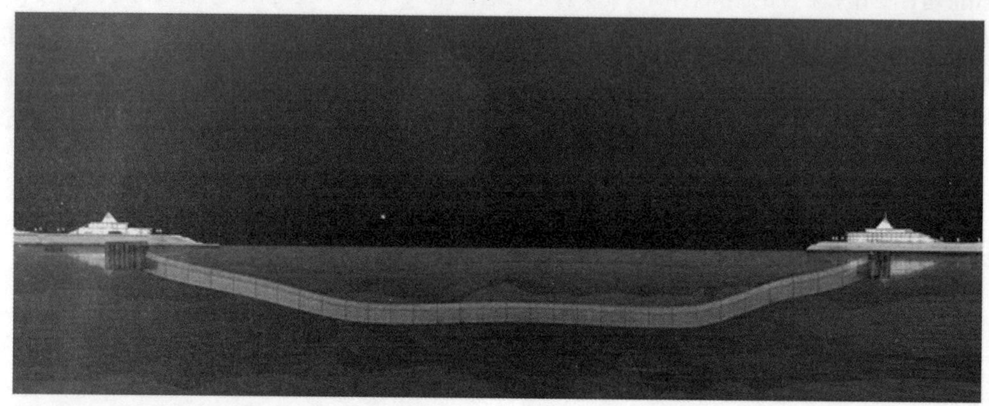

图 3

图 4

隧道沉管段总长 5664m，最大埋深为 45 米，由 33 根管节组成，其中 5 根为曲线管节，28 根为标准管节。标准管节长 180m，宽 37.95m，高 11.4m，单节重约 80000 吨（图 5）。

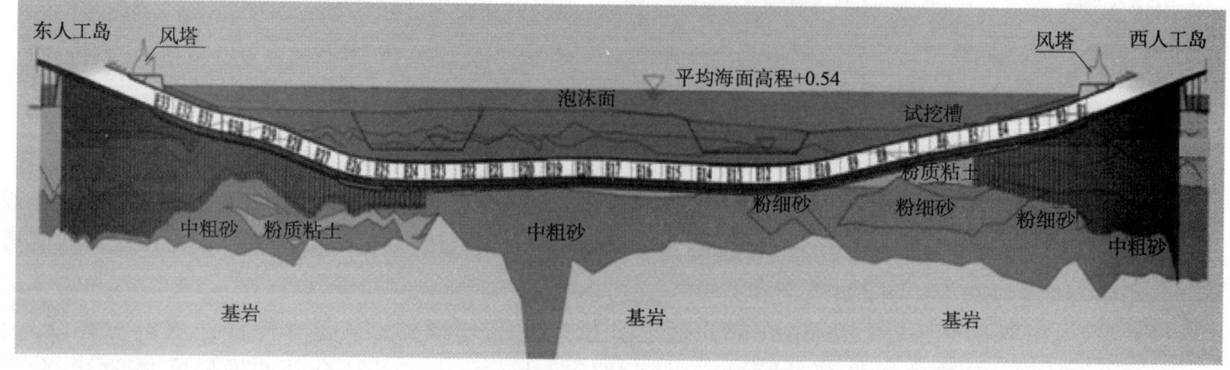

图 5

岛隧工程由中国交通建设股份有限公司作为总承包人，采用设计施工总承包方式承建，是我国首条在外海敞开水域环境下建设的沉管隧道，也是目前世界上最长的、隧道断面最大的、单根管节最重的公路沉管隧道。面临罕见的深厚软土地基、超长深埋、海域回淤强度大的建设工况特点，构成为当今世界上综合建设难度和技术挑战程度最高的沉管隧道。

2　岛隧工程特定属性决定了风险管理为核心要素

2.1　水下沉管隧道的工程特性决定了风险管理应为核心要素

用管节沉放法修建水下隧道，是一种重要的越河、过江、跨海的手段，是集水运、公路、桥梁、地下建筑、房建、钢结构、机电安装、通讯、照明、消防、给排水、交通工程、监控、结构健康监测和测量等综合技术的交通枢纽工程。

至今，仍没有较科学系统的设计施工规范和标准。沉管隧道工程从其项目的确立到设计、施工都要根据不同的水文、地质、航运及使用功能等方面的需要，建立大量的相应试验模型和数据库并进行技术分析论证，确保各项技术指标的科学合理。同时各专项试验贯穿施工全过程，利用试验确定的参数和现场勘测的数据，科学指导施工。沉管隧道施工技术含量高、难度大、多科学技术和多专业技术综合运用集中。

从大土木工程范围来讲，水下沉管隧道是涵盖了大部分行业和专业的集中性工程，加之至今仍然没有一个科学统一的设计施工规范和标准（有本质上区别于其他通常专业土木工程），需要通过各种实地勘测、试验、科研来对设计与施工进行指导和验证，可见不确定因素之多和风险之高，是土木工程最高风险类的典型。所以水下沉管隧道的天然特性就是技术含量高、施工难度大、不确定因素多、跨专业和跨学科综合运用集中，风险等级最高。所以水下沉管隧道工程的成功关键本身就是在于风险管理。

2.2　从项目管理理论对照工程项目性质分析，也归结于风险管理当属项目管理的关键要素

岛隧工程具备如下的工程项目性质特征：

(1)创新多、使用新技术多

岛隧工程设计施工适合英标、欧标和国标三地标准且就高不就低，设计使用寿命为120年，国内没有与之匹配的标准和规范，更是没有实际施工的经验，就是在国际上也是首次尝试。加上合同模式为设计施工总承包（DB模式），所以在工程设计施工实施过程中，需要填补大量的空白使用新工艺和新技术，催生出大批的发明与创新。已经取得了精细化地质勘查CPTU（孔压静力触探）实施规程；外海快速成岛关键技术；挤密砂桩地基处理技术；沉管隧道管节工厂法预制工艺；120年耐久性混凝土预制控裂工艺；管节浮运安装成套施工技术；管节浮运安装作业窗口预报技术；沉管隧道基槽开挖与清淤施工技术；沉管隧道地基处理复合地基设计方案；强回淤、深埋隧道节段式管节结构设计创新理念；自主研发和制造了17台套专用重大施工船舶、设备与装置等成果。岛隧工程申报实用型和发明型专利权项总数已达到了400多项。

(2)预研不充分，不定因素多

岛隧工程由于国内首次尝试建设如此超大规模的外海沉管隧道，设计与施工没有成熟的经验可循，所以初步设计阶段受到经验、时间与经费的制约，无法深入细化进行实地勘察和施工验证性试验，甚至就连地质和水文条件数据也相对不准确。后期在施工图设计阶段，进一步通过精细化的补充地质勘查，并且在众多的物理模型和数学模型试验、贯穿整个设计施工阶段的验证性试验、现场实际监测勘测数据采集、专项课题科研攻关和不间断的持续权威专家论证的基础上，对于绝大部分的初步设计方案进行了变更或优化，对于在招、投标文件里所描述的施工工艺方案也大部分被更改和优化完善，甚至就连合同价格清单里有的工程单元的项目名称都发生了变更，因为实际实施的是创新的方案和工艺技术。首次尝试与摸着石头过河的特点，加之无标准和规范可依，决定了预研无法做到充分，不确定因素必然众多。

(3)项目目标没有最终确定

工程项目有安全与环保、质量、进度和成本四大目标要素。由于上述两点岛隧工程的特点,面临诸多的不确定因素,原合同约定的工期 63 个月和 131 亿元设计与施工固定总价,在实际执行过程中被充分证明不合理与不科学,现在工程面临被重新评估,政府主管部门和业主建设单位已经批复同意进行概算和工期的调整。工程项目的两大核心目标没有最终确定。

(4)工程投资数额巨大

岛隧工程采用设计施工总承包模式,合同签约价格高达 131 亿元,港珠澳大桥整体投资额达到 1057 亿元,岛隧工程是新中国成立以来公路交通工程中单一标段合同额最大的工程。共计 33 根管节中每个 180 米的管节造价高达 2 亿元左右,且为非标设计,每根管节均有对应的坐标位置,根据地基状况而在结构设计、钢筋含量和内部预埋件和剪力件上各部相同,不能相互替换。从管节预制到管节浮运安装的过程当中不定因素众多、技术含量大、综合难度大。稍有不慎就会造成巨额经济和严重施工拖期的损失。

(5)边设计、边施工、边科研

由于岛隧工程在无有标准规范可循、无成熟施工经验下摸着石头过河的特点,再加上设计施工总承包模式,风险完全转嫁给承包商,所以在工程项目实施过程当中,就变成了边勘查、边设计、边施工、边科研试验、边修改制定标准规范的五边工程。

(6)管理关系复杂

政府与业主方面,由香港、澳门、中央政府和广东省政府共同投资、共同建设和共同管理的工程项目,又是在"一国两制"的政治体制下,三地间的法律、文化、管理思维、处理方式都有着较大的差别,决策机制复杂、决策程序繁琐而漫长。

(7)各种制约因素多、政府/业主期望值极高并要求严格

政府/业主在招标文件中,就把港珠澳大桥的建设目标设定为:"建设世界级跨海通道、为用户提供优质服务、成为地标性建筑"。设计使用寿命满足 120 年,设计施工标准规范与国际一流水平接轨。可见在国内首次尝试建造外海超长海底隧道,在无相对成熟的经验下,甚至没有对应设计施工标准规范状况下,对工程最终完成的目标期望值极高,进而体现在招标文件中的各种规定和标准控制也要求的极其严格。

各种制约因素包括:

①工程建设位于珠江口水域中华白海豚核心保护区,海洋生物和生态环境保护要求严格;

②珠江口水域为弱洋流水域,建设阻水比须严格控制在 10% 以下;

③人工岛和隧道临近香港国际机场,施工装备受航空限高严格;

④珠江口是全世界最为繁忙的航运水域,每天在施工区域过往的船舶高达 4000 多艘,施工作业船机设备与过往船舶的相互干扰影响程度大,通航安全与施工安全的制约双重压力大;

⑤珠江口水域夏季台风多发,冬季有强对流和突发季风,水文环境复杂,干扰和制约多;

⑥孤岛外海施工作业、高温高盐高湿、无水无电,条件艰苦和环境恶劣。

(8)具有重要政治、经济、战略和社会意义

港珠澳大桥是新中国成立以来继三峡大坝、青藏铁路、南水北调、京沪高铁之后,"十二五"期间启动的又一个超大型的基础设施建设项目。因建设规模当属世界第一、投资额巨大、技术综合难度大、质量标准要求高、与国际规范接轨,又在"一国两制"国策体制下连接香港和澳门两个特别行政区,变为世界举目,在国内外具有极高的社会关注度和巨大的影响力。同时对维护"一国两制"国策体制,保持香港繁荣与稳定,实现祖国统一和领土完整具有重要的政治战略意义。

港珠澳大桥建成可大幅减少香港与珠江西岸间陆路客运和货运的成本及时间。凭借大桥的连系,珠三角西岸会纳入香港方圆三小时车程内可达的范围,大大提升该区对外资的吸引力,有助优化区内工业结构,也能为港商提供大量拓展内地业务的良机,香港的旅游、金融、贸易、商业和物流等各主要行业将受惠于这片新的经济腹地。而且将对进一步密切香港与澳门之间、港澳与珠三角地区之间,进而与广大内地之间的联系,对于改善珠三角地区投资环境,加快产业结构调整和布局,形成泛珠江三角洲区域的共同

一体化发展具有重大的经济意义。

结论，从水下沉管隧道的本身属性和项目管理理论对项目性质分析这两个方面的角度论述，足以证明风险管理对港珠澳大桥岛隧工程的重要性，所以说风险管理是项目管理的核心要素与主线条，是项目成败的关键所在。

下面列举沉管隧道在管节沉放安装作业环节中曾经发生的典型风险事例作为佐证：

国内某隧道 E3 管节发生严重漏水和重新起浮安装事故：

隧道江中段 E3 管段（43m 宽 ×108m 长 ×9.5m 高）于 2002 年 4 月 7 日沉放结束，4 月 20 日完成灌砂基础，水上挖泥作业船移至 E4、E5 基槽部位施工。拟在 5 月 7 日沉放 E4 管段时，4 月 23 日晨 6 时 E2、E3 接缝发现漏水，且进水量迅速增值 $600m^3$/小时，至 24 日上午隧道已进水 $8000m^3$，至 4 月 30 日下午，接缝处漏水又开始增加，晚 20:00 左右进水速度增至 $4000m^3$/小时。根据 E2、E3 管段接缝水下探摸及水下测量，E2/E3 管节接缝处呈现北高（300mm）南低（80mm）的姿态，时至 5 月 4 日水位到达 -5.0 标高，总进水量为 18.9 万 m^3，形势十分严峻（图 6）。

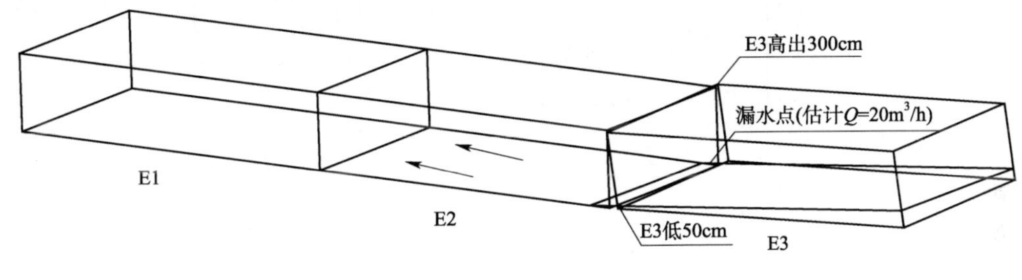

图　6

事故原因：E2/E3 接缝漏水事件经邀高等院校等单位的领导专家进行分析研究，原因为 E3 沉放结束后符合设计控制的施工阶段的稳定抗浮系数已经过多天，意外产生江底的管段附近水比重增加，使浮力超过原正常控制状态，引起 E3 管段尾部上抬，使 E2/E3 接缝下部张开进水，而使江水进入 E3 管段内，又使 E3 尾部回落过程中使 E3 水下位移，北侧下部 GINA 止水带位移，局部止水失效。

事故处理方案：经多次专家会议研究，征集了相关专业局、公司单位的意见，5 月 6 日确定了漏点体外封堵，并进行管段内积水排除、恢复封墙、起浮 E3 和重新进行 E3 沉放的方案。经过半年时间的努力，E3 管段的抢险、排水、恢复封墙、起浮准备工作就位，于 2002 年 10 月 29 日顺利起浮并拖回 B 坞系泊区，调换已损坏的 E2/E3 接缝 GINA 橡胶止水带，经 E3 基槽重新检查、整理后，11 月 14 日按照 E3 原有施工组织设计方案重新沉放了 E3 管段。

此起事故直接造成了工期被拖延了半年，并在事故处置过程中花费了巨额的费用。

3　岛隧工程项目风险管理的体系与架构

岛隧工程风险管理的体系与架构原则上参考了 ISO31100 规范以及国际隧道协会风险管理指南（Guidelines for tunnelling risk management. 2004 年出版，International Tunnelling Association）（图 7）：

在具体的管理实践中，结合工程实际情况进行了进一步的发展与创新，做到既与国际规范标准接轨又融合了本身的项目管理文化、组织架构、规章制度和国内实际管理的规程与习惯做法。

3.1　风险管理的原则与理念

（1）风险管理的方针

识别所有可能影响本项目结果的合理的风险；

减少这些风险到一个可以接受的水平或尽量避免风险发生的可能性；

缓解这些风险将会带来后果的严重程度；

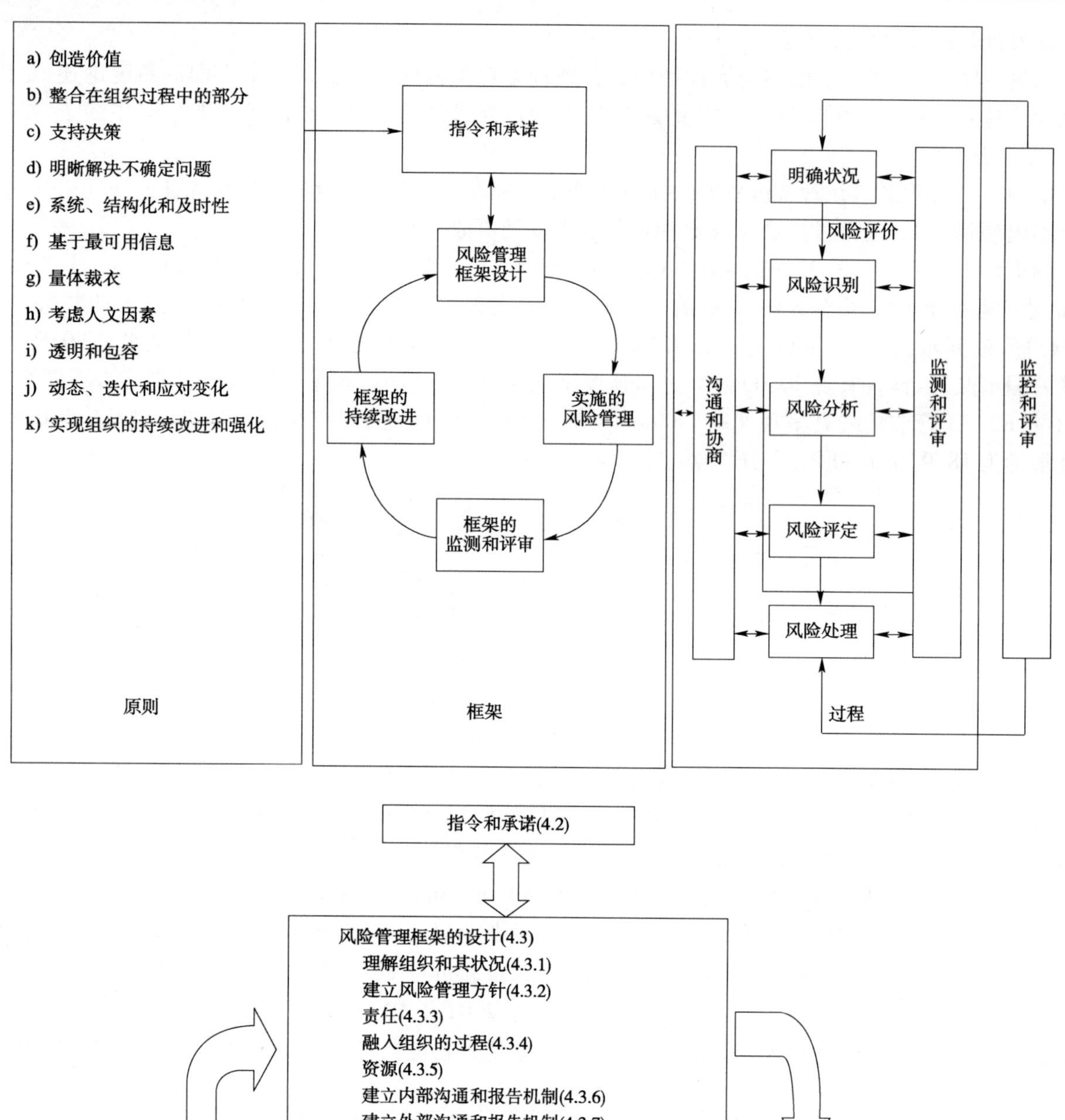

图 7

引入控制措施，以确保这些风险得到有效管理。

确保工程项目建设目标的实现

（2）风险管理的目标

风险管理将专注并达成下列重要的目标：

①保证岛隧工程质量达到并满足合同和设计使用规范的标准要求，争取达到世界一流品质；

②安全生产、环境保护和员工职业健康达到合同目标；

③设计与施工总承包在政府最终批复调整的合理概算内完成;

④岛隧工程建设的工期满足政府的实际要求;

⑤岛隧工程建设期间,将外部的干扰最小化并保持良好的公共关系和社会形象。

(3)风险管理的过程

通过全员参与、沟通和协调、全面识别、科学评估、综合防范、持续改进、监测和评审的综合管理,使得岛隧工程项目在实施的全过程中达到风险可控。

(4)风险管理的理念

引用通俗易懂的比喻来充分体现与强调工程项目风险管理的关键作用:“如履薄冰、如临深渊”;“千人集体走钢丝”;“每一天都是第一天、每一次都是第一次、每一节都是第一节”;“对失误零容忍”。

3.2　风险管理的组织架构

岛隧工程项目的风险管理分为四级层次,依次分别为决策层、领导层、管理层和作业层,如图 8 所示。

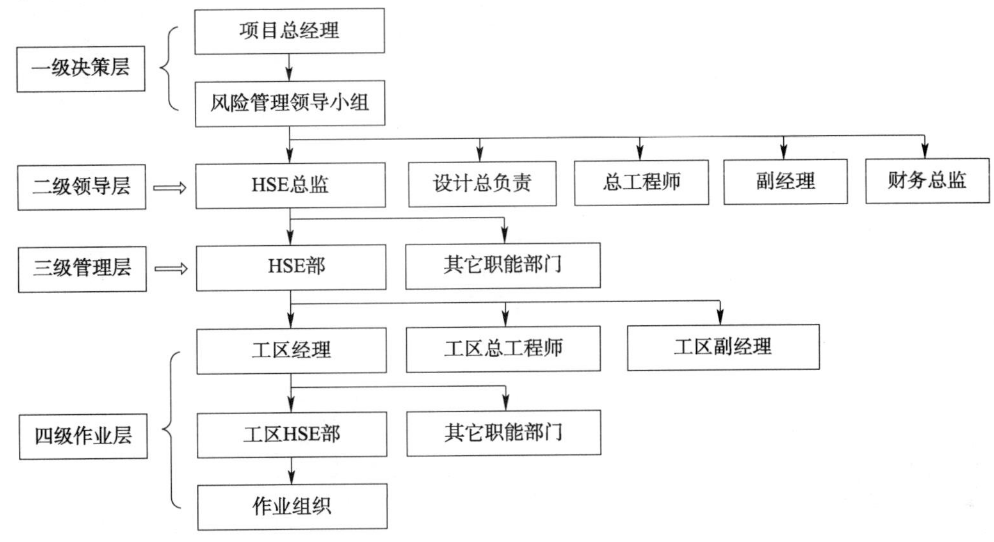

图　8

项目总经理部设立总经理领导下的风险管理委员会,联系战略层面和操作层面的风险观点,特别是关系到改变和持续的改进,通过专家委员会和国际咨询公司的参与和咨询评估,决定风险管理的资源配置和重大风险事件的处理决策。

项目风险管理委员会的主要任务是建立项目风险管理体系,负责监察和检讨系统中的政策、措施和流程,以及持续改进项目风险管理体系,确保项目风险管理体系是可持续改进的。项目风险管理委员会还将负责审查任务组对各重大风险所采取的专项风险管理方案和应急预案,并做出审批意见。负责审定各任务组《风险管理指南》、《风险管理手册》、《风险登记表》、《风险分析评估表》、《风险动态评估报告》等程序性文件。负责对总经理部和各任务组的风险管理工作进行监测与评审,建立考核和奖励机制。

项目风险管理委员会由以下人员组成:项目总经理(总工程师)、项目设计负责人、项目副总经理(多位)、HSE 总监、财务总监、质量经理、各工区常务副经理等,其中项目总经理(总工程师)将履行项目风险管理委员会主席的职责,副总经理(HSE 总监)将履行专职风险经理的职责。

作为第四级作业层,为将风险管理过程融入到项目管理的组织结构之中,根据工程项目实施作业层面不同性质的专业工程划分结合对应的各个工区组织架构,设定为六个专业任务组,分别是:设计分部、西人工岛 I 工区、东人工岛 II 工区、管节预制厂 III 工区、基槽开挖与基础清淤 IV 工区、管节浮运安装组 V 工区。

每一个专业任务组的主要风险主要职责为:按照各自专业工程,负责制定与编制自身工作范围的《施工作业风险管理管理指南》和《施工作业风险管理手册》,设计任务组应为《设计风险管理指南》和《设计风险管理手册》;负责明确风险源和编制《风险登记表》、《风险分析评估表》对每一风险源进行识别、分析和评估,制定风险处置方案包括重大风险专项处置方案和应急预案;负责按照风险管理的环节和流程进行全过程和全方位的风险管理和控制,编制《风险动态评估报告》和总结报告。

各任务组风险管理委员会人员组成:

(1)工区任务组:常务副经理、总工程师、各副经理、各部门负责人、设计协调员、任务组协调员、作业班组负责人等;

(2)设计任务组:设计负责人、任务组协调员。

在《岛隧工程项目风险管理计划》文件中,对各个管理层级和每个管理岗位均规定了详细的工作职责。

3.3 风险管理的文件体系

岛隧工程风险管理文件体系由四个层级构成,如图 9 所示。

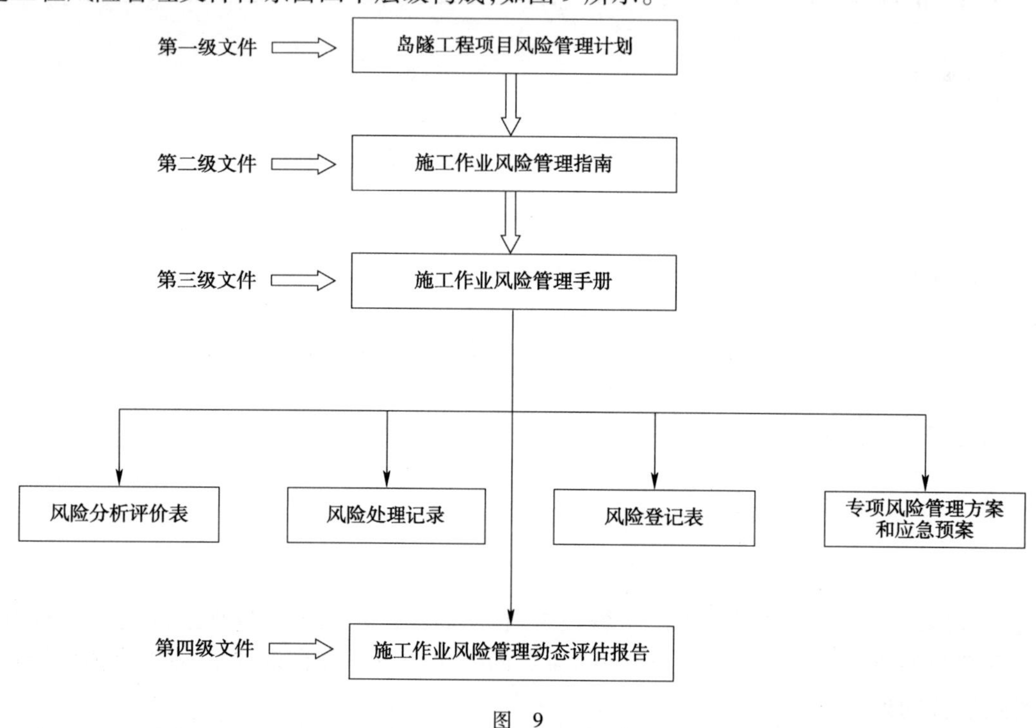

图 9

第一级:《岛隧工程项目风险管理计划》,由项目总经理部编制经项目风险管理委员会议审核后颁布,为岛隧工程风险管理的整体规划和指导性文件,包含风险管理体系设定、指导原则和方针、组织架构设定、工作流程和程序文件设定等。

第二级:《施工作业风险管理指南》,由各个任务组编制,经项目风险管理委员会审批后由总经理部颁布,为各个任务组风险管理工作具体开展的指导性文件,具有不同的专业特点,是《岛隧工程项目风险管理计划》文件向各个任务组的具体延伸。

第三级:《施工作业风险管理手册》,由各个任务组具体编制,经项目风险管理委员会审批后由总经理部颁布。为各个任务组风险管理工作的操作性文件,将风险源分类管理,以《风险登记表》、《风险分析评估表》、《风险处理记录表》形式对风险的名称、等级评定等信息进行明确,最终形成动态库,供管理人员、作业人员使用,包含《专项风险管理方案和应急预案》。

第四级:《施工作业风险管理动态评估报告》,为管理过程的动态分析与跟踪文件,由各个任务组具体编制,经项目风险管理委员会审批后由总经理部颁布。内容包括风险动态分析、动态评估,风险动态监测供管理人员、作业人员使用。

3.4 风险管理的主要方向

沉管隧道及人工岛的设计与施工,从风险源辨识来看将会存在上千项不同类别的风险源,根据风险发生的威胁性和影响程度、发生的概率值和频繁程度,也就是定性和定量综合分析的结果,规划为风险管理的主要方向(图10):

重大设计技术方案的风险评估与处置;

沉管管节浮运安装作业的风险评估与处置;

沉管管节预制施工的风险评估与处置;

西、东人工岛钢圆筒振沉施工的专项方案风险评估与处置;

西、东人工岛的岛头对接施工专项方案风险评估与处置;

沉管隧道最终接头的设计与施工专项风险管理方案;

通航安全与临时航道转换专项风险管理方案与紧急预案;

防台专项风险管理方案与紧急预案。

3.5 风险管理的环节流程

岛隧工程的风险管理的具体实施按照:风险规划→风险识别→风险分析→风险评估→风险处置→风险监测与评审,这个总的环节流程在进行(图11)。

在项目总经理部颁发的《港珠澳大桥岛隧工程风险管理工作规划》基础上,风险管理实施工作由风险管理委员会进行统一沟通与协调,并指导各个任务组在每个环节上的具体风险管理工作,包括审定相关程序文件,同时负责对各个任务组的监测与评审。各个任务组按照各自专业分工和自身工作范围做好每个环节上的具体风险管理工作,并编制相应的风险管理程序文件。

每个环节上的工作描述为:

风险规划:与风险管理委员会成员包含项目总经理、风险经理、各副总经理、总经理部各部门,特别是与自身工作行程交叉和关联的其他任务组进行充分的沟通与协调,编制符合任务组自身工作范围的《施工作业风险管理指南》作为本任务组的风险管理规划性文件,意指是建立施工作业风险辨识、分析、评估、处置、的循环动态管理体系,将风险管理活动贯穿至整个施工作业过程。

该文件主要的内容包括:

(1)规定自身任务组的风险管理的体系,包括任务组的风险管理机构设置,并描述任务组的风险管理主要职责。

(2)规范哪些重大风险和专项风险需要上报风险管理委员会决策;界定与设计分部任务组、其他交叉作业任务组的横竖向关系和沟通方式;界定下属施工作业班组在风险管理活动中的具体职责与任务。

(3)设定施工作业的风险管理流程,包含风险辨识、风险分析、风险评估、风险处置、风险总结评审与考核培训。

(4)对《施工作业风险管理手册》文件编写提出指导原则,规范《风险分析评估表》、《风险登记表》、《风险处理记录表》、《专项风险管理方案与紧急预案》的具体编制内容要求。

(5)规范《施工作业风险管理动态报告》的编制内容要求,包括更新频率和时间上的要求。

(6)规定相关管理文件的编号、标识和表格样式。

风险辨识:风险源辨识所采用的方法可根据各个任务组的不同专业特点和施工作业内容可自行判断选择与风险分类。不论是采用SWOT分析法、头脑风暴法、德尔菲法、专家调查法、生产流程分析法、分析分解法、失误树分析法、文件清单审核法等,或多种组合方法。但原则上应该尽可能全面系统地考察、了解各种风险事件存在和可能发生的概率以及损失的严重程度,风险因素及因风险的出现而导致的其他问题。损失发生的概率及其后果的严重程度,直接影响任务组对损失危害的衡量,最终决定风险处置措施选择和管理效果优劣。

最终接头
E1
E29
E30
E33
西人工岛
沉管隧道
东人工岛
大岛施工
小岛施工
基槽浚挖
基础施工
管节预制
管节浮运沉放
管节锁定回填
最终接头施工
东岛施工
◆地质勘探偏差造成SCP施工困难(RGD-001)
◆SCP打入困难(RGD-002)
◆SCP桩径及密实度达不到设计要求(RGD-003)
◆SCP施工船机设备故障(RGD-004)
◆SCP管架系统的结构疲劳(RGD-005)
◆岛壁结构形成过程中受损(RGD-010)
◆回填砂供应不足(RGD-011)
◆回填砂振冲效果达不到设计要求(RGD-012)
◆岛壁倒滤层局部失效导致漏砂(RGD-013)
◆格体吊运过程中变形过大(RGD-030)
◆格型钢板桩打入困难(RGD-031)
◆格型体填砂前稳定性差(RGD-032)
◆格型钢板桩锁口的止水效果差(RGD-033)
◆格型围堰变形过大(RGD-034)
◆基坑渗漏(RGD-040)
◆施工期越浪导致基坑积水(RGD-041)
◆混凝土浇筑意外中断(RGD-042)
◆暗埋段混凝土施工出现有害裂缝(RGD-043)
●基槽浚挖过程中遇到不明沉埋物(CGS-001)
●基槽开挖精度超标(CGS-002)
●成形后的基槽边坡局部坍塌(CGS-003)
●基槽回淤(CGS-004)
●碎石基床顶标高控制精度超标(CGS-021)
●刮铺好的碎石基床被损坏(CGS-022)
●送桩高程及平面位置偏差过大(CGS-030)
●桩帽的水下安装困难(CGS-031)
●干坞淹水(CGS-040)
●首批管节预制进度滞后(CGS-041)
●管节临时系泊安全受影响(CGS-042)
●管节预制作业突遇恶劣天气(CGS-043)
●管节混凝土浇筑不连续(CGS-044)
●混凝土检测未达到设计要求(CGS-045)
●管节出现有害裂缝(CGS-046)
●管节制作精度超标(CGS-047)
●管节检漏渗水(CGS-048)
●管节起浮失败(CGS-060)
●干舷高度偏差大(CGS-061)
●管节拖拽、转向困难(CGS-062)
●气象窗口预测偏差(CGS-063)
●气象窗口条件不出现(CGS-064)
●端封门结构失效(CGS-065)
●管节无法沉放到位(CGS-066)
●压载系统故障(CGS-067)
●沉放设备故障(CGS-068)
●初次压合失败(CGS-069)
●GINA出现不均匀压合甚至翻转(CGS-070)
●二次压合后的管段就位精度不够(CGS-071)
●深水区潜水作业效率低(CGS-072)
●岛隧结合部沉管施工受场地及绕流影响(CGS-073)
●管节沉放就位后上浮(CGS-080)
●管节沉放就位后侧移(CGS-081)
●最终接头接口误差偏大(CGS-100)
●最终接头水下测量精度(CGS-101)
●最终接头施工时GINA止水带回弹(CGS-102)
●最终接头止水板压合封水失败(CGS-103)
◆地质勘探偏差造成SCP施工困难(RGD-001)
◆SCP打入困难(RGD-002)
◆SCP施工工艺参数选择不合理(RGD-003)
◆SCP施工船机设备故障(RGD-004)
◆SCP管架系统的结构疲劳(RGD-005)
◆岛壁结构形成过程中抗风浪能力差(RGD-010)
◆回填砂供应不足(RGD-011)
◆回填砂振冲效果达不到设计要求(RGD-012)
◆岛壁倒滤层局部失效导致漏砂(RGD-013)
◆施工船舶及结构物受DY23锚地进出船舶的影响(RGD-020)
◆船机设备高度超限(RGD-021)
注：括号内代码为风险编号，其中RGD-代表人工岛，CGS-代表沉管隧道。
港珠澳大桥岛隧工程施工关键风险点

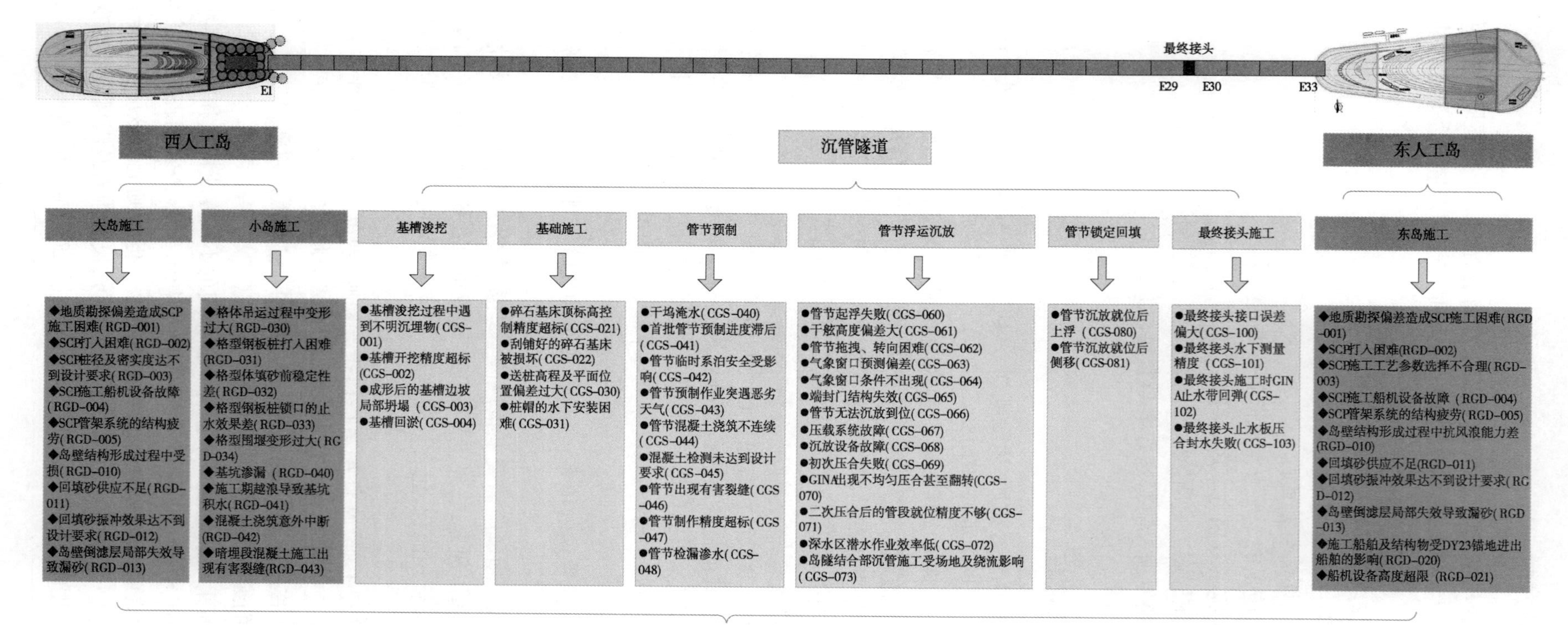

图 10

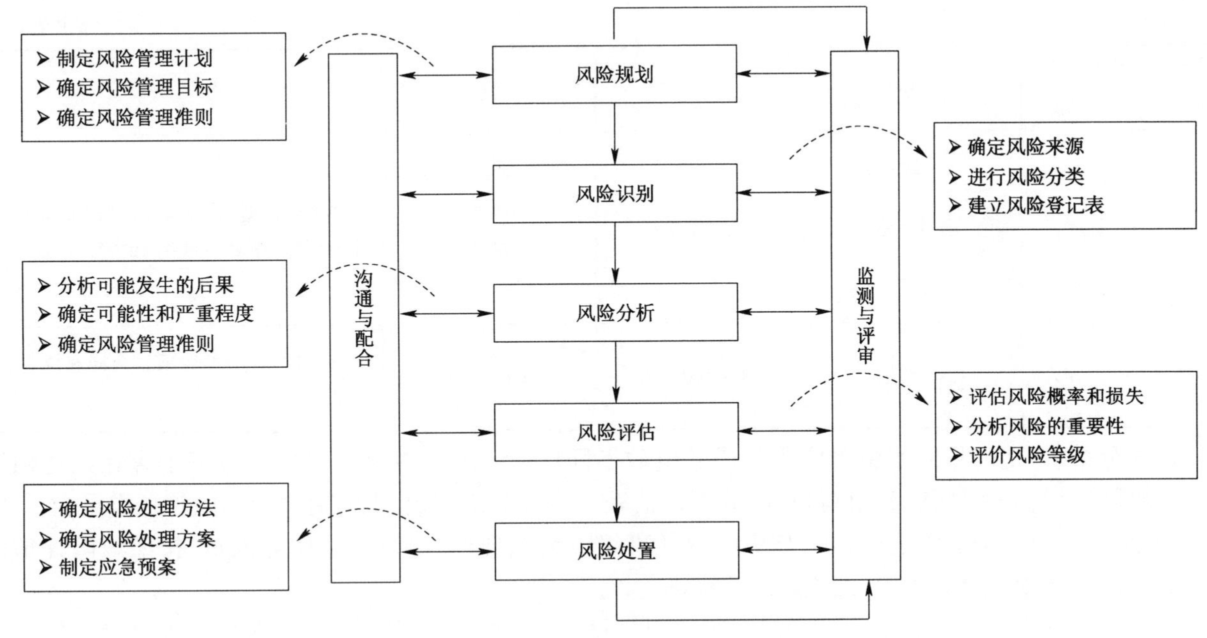

图　11

风险分析:在完成风险识别后对风险后果的严重程度进行定性分析,之后判定危害后果发生的概率。按照危害后果评估标准,危害后果划分为低、中、高三个级别,风险发生概率也分为低、中、高三个级别,其判定由经验丰富的施工人员综合现场施工情况确定,最终风险等级参照发生概率和后果严重程度,并按照“安全健康、环境、质量、时间、成本”五个类综合评定。

风险分析的主要内容及步骤如图 12 所示。

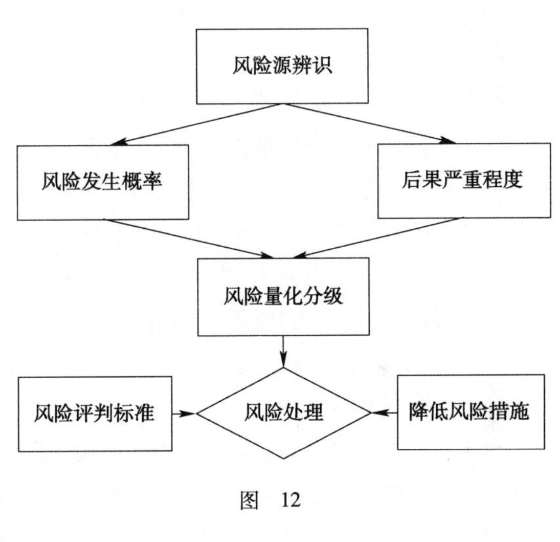

图　12

风险评估:对风险可能造成的后果及其严重程度进行判断并划定风险水平,据此判断风险是否可接受。针对风险评估结果,为那些不可接受的风险运用避免、转移、减小、承受风险的策略制定缓解措施、控制措施和应急预案(表 1)。

危害后果评估标准　　表 1

严重程度 / 后果类型	低	中	高	备　注
健康安全				
处于危险状况的人数	3 ~ 9 人轻伤或 <3 人重伤	3 ~ 9 人重伤或 <3 人死亡	≥10 人重伤或≥3 人死亡	参考性依据,参照项目 HSE 管理体系文件规定。
环境				
环境事故等级	一般事故	中等事故	严重事故	参考性依据,参照项目 HSE 管理体系文件规定。
时间				
关键活动和工程竣工延期	<2 周	2 周 ~ 3 个月	>3 个月	参考性依据,合同工期和重要节点规定和进度计划安排。

续上表

严重程度 后果类型	低	中	高	备　注
质量				
质量事故等级	质量问题	一般质量事故	三级严重 质量事故	参考性依据，参照质量手册"质量事故报告程序"中对不同事故的定义。
成本				
经济损失（人民币）	100 万以下	100 ~ 1000 万	>1000 万	参考性依据，参照项目合同和成本核算文件。

风险分析、评估的具体实施单位为各任务组的不同作业班组。各班组对作业过程中存在的通用风险、专项风险进行分析评估，并填写《风险分析评估表》，由任务组审定、汇总后提交风险管理委员会。

《风险分析评估表》填写过程中，相应的责任班组应组织现场管理人员、作业人员，按照风险评估的流程、标准，对各项风险处置前、处置后的等级进行评定。

《风险登记表》风险登记表由任务组按照通用风险、专项风险进行分类汇总，对风险处理前后的等级通过色标进行区分。

随着工程的进展，若有变化，由任务组及时更新《风险分析评估表》，并定期更新《风险登记表》。

风险处置：风险处置手段主要包括：规避风险、降低风险、分担风险和保留风险。针对通用风险、专项风险、专属风险的分类情况及风险等级划分情况，其风险处置适用的原则如下：

（1）针对通用风险，通过制定对策措施，将风险降低至可接受程度，在此基础上，将该对策固化，并融入日常管理或工艺流程，形成标准化管理制度或作业规程，降低施工作业全过程风险。

（2）针对专项风险并根据单位、分部、分项工程特点，通过专题研究、方案优化、工艺调整、系统改进等手段，制定针对性的风险防控措施。

（3）在施工作业前，对照风险管理指南及手册，梳理专属风险，对风险处置措施进行检查确认，并在准备和实施过程中落实。

（4）针对不同等级（低、中、高）风险，若能通过风险处置措施，将风险降低至可接受程度，则在后续施工中落实该措施；若在处置后，风险仍为不可接受，则应制定相应的风险预案。

（5）对于风险处置措施中，层次较低，实施难度小，则在任务组、作业班组层面解决；若层次较高、实施难度大，则由管理组提交风险管理委员会会商、协调解决，有必要可通过召开专项专家咨询会议解决。

（6）风险处置措施提出后，由相关责任班组或部门，填写《风险处理记录表》（表 2），对处置措施的具体细节（行动计划）及其完成日期进行明确，若措施中涉及监控或其他要求，也应在表格中一并提出。针对低、中风险，记录表最终由工区领导审批，对重大风险，记录表由项目管理风险委员会审核。

（7）对于危害程度高和/或发生概率高的，定性为重大的风险事项，任务组应编制专项风险管理方案和风险预案，提交项目风险管理委员会审定。

风险监测与评审：风险监测与评审分为任务组和风险管理委员会二个层次。

任务组层次：

（1）由任务组定期组织作业班组对风险管理体系进行自查，对风险进行动态管理，定期对已发现的风险进行总结检查再评估，并可交由施工管理顾问、专家委员会进行外审。

（2）任务组、作业班组根据风险管理的现场实施情况，对风险管理体系运行情况进行反馈，对各风险的状态（开放、闭合）进行检查总结，对新的风险点进行辨识。

（3）编制《施工作业风险管理动态报告》，组织编制对《施工作业风险管理指南》和《沉管风险管理手册》必要的修订。

风险处理记录表　　表2

责任班组																				
	风险处置前										风险处置后									
严重程度 后果类型	严重程度			发生概率			风险等级			综合风险等级	严重程度			发生概率			风险等级			综合风险等级
	低	中	高	低	中	高	低	中	高		低	中	高	低	中	高	低	中	高	
安全健康																				
处于危险状况的人数	3~9人轻伤或<3人重伤										3~9人轻伤或<3人重伤									
环境																				
环境事故等级	一般事故										一般事故									
质量																				
质量事故等级	三级严重质量事故									高	三级严重质量事故									中
关键活动和工程竣工延期	>3个月										>3个月									
成本																				
经济损失(人民币)	1000~5000万										1000~5000万									

风险管理委员会层次：

(1)组织对任务组编制的《施工作业风险管理指南》和《沉管风险管理手册》进行审定和批准发布，组织对任务组编制的《施工作业风险管理动态报告》进行审核和评定。

(2)每一季度定期召开风险管理委员会会议，全体委员会成员、联合体施工管理顾问、各任务组风险管理协调员参加会议，会议对上以季度每个任务组的风险管理工作进行总结，对各任务组的《风险处理记录表》和《施工作业风险管理动态报告》进行审核评判。对下一季度各个任务组的《风险分析评估表》、《风险登记表》进行审核并提出指导意见。

(3)负责组织对任务组编制的重大风险项的《XX专项风险管理方案》和《XX专项风险管理应急预案》的审核与评定工作，审核与评定通过召开专家委员会咨询会议和专项风险管理会议进行。

(4)对于重大专属风险，如每一管节的浮运安装作业，定期跟随每一节管安装作业之前召开专家委员会进行风险评估、各类专项评估和预判。

(5)制定风险管理考核和奖惩机制。

结束语

港珠澳大桥岛隧工程自2010年底开工以来，截止到2016年7月底历经了5年7个月时间，完成了东、西人工岛的陆域形成、结合部非通航孔桥和岛上隧道暗埋段的施工；完成了沉管隧道33根管节的32根管节的预制生产；完成了全部28根直线段管节的水下对接就位安装；海底隧道铺设长度已达4860米；总体工程进度已超过80%。工程质量、安全与环保、工期进度和成本均都得到了良好的管控，工程形象受到了国内外各界的广泛好评，也得到了各级政府与业主建设单位的高度肯定，彰显了中国土木工程建设科技发展与技术创新的崭新面貌。同时也展示了中国交建对超大型、综合复杂型和开创研发型项目设计与施工总承包管理的世界一流水准和核心竞争实力。

港珠澳大桥岛隧工程项目始终贯彻以风险管理为核心导向，建立了一套符合国际标准的风险管理体系;包括了四级分层的组织管理架构和责任体系;制定了风险规划、风险辨识、风险分析与评估、风险处置、风险管理监测与评审的一整套流程;规范了四级架构的风险文件管理体系;建立了重大专项风险管理的报告与评估机制;真正实现了风险的动态管理与不断持续改进(PDCA 循环)。通过科学化、系统化、标准化、流程化的管理与控制,抓住了重大风险源的管理,取得了工程项目质量、安全、进度和成本上的全面掌控。岛隧工程以风险管理为核心的理念以及国际标准化的管理实施过程与手段值得总结与推广。

半潜驳滑模工艺在大型沉箱预制施工中的应用

孙海军[1] 陈昊哲[2,3] 陶 然[1]
(1. 中国港湾工程有限责任公司,北京,100027;
2. 中交第四航务工程勘察设计院有限公司,广州,510230;
3. 中交机场勘察设计院有限公司,广州,510230)

摘 要:本文以以色列阿什杜德港项目的沉箱预制施工为背景,介绍了在半潜驳上采用滑模法进行沉箱预制施工的主要施工工艺及流程,并结合实际施工工效及控制要点进行评估总结,为类似项目参考借鉴。

关键词:沉箱预制;半潜驳;滑模工艺

引言

大型沉箱构件在水工结构中一般用于岸壁式码头、墩式码头、直立式防波堤、船坞坞墙等重力式结构,由于其体积大、可浮运、整体性好、安装速度快、造价适中等优点,近年来在港口工程中得到了越来越多的应用。目前,国内的大型沉箱预制施工主要通过三种途径:干坞或浮船坞、陆地预制场以及半潜驳。其中,在半潜驳上预制大型沉箱的施工方法,可以有效地解决现场安装场地面积不够的问题,并免去超大型构件的二次吊运。本文以以色列阿什杜德港项目的沉箱预制施工为例,介绍在半潜驳上采用滑模法进行沉箱预制施工的工艺方法及流程,并对实际施工工效进行评估分析。

1 项目背景

1.1 工程概况

本工程预制沉箱共计 18 个,作为码头后方作为陆域吹填的挡土墙(图 1)。

沉箱设计为同一尺寸(图 2),长 × 宽 × 高为:2448cm × 1420cm × 1700cm,由 1m 厚底板及上部 15 个井格组成,单个沉箱约重 3500t。

1.2 预制设备

沉箱预制采用的半潜驳(图 3)总长 36.5m,型宽 30m,型深 3.2m,最大下潜水深可达 17.2m。甲板沉箱预制平台区域为 36.5m × 24.0m,甲板容量 1500t,空载排水量 980t。半潜驳上带有混凝土布料系统,包含顶部进料、分料口和四条皮带布料机,每条皮带机有两口出料口,位于每条皮带两端。

2 施工工艺

2.1 总体流程

沉箱预制在半潜驳上采用滑模法(图 4)进行分段浇筑的施工方法。

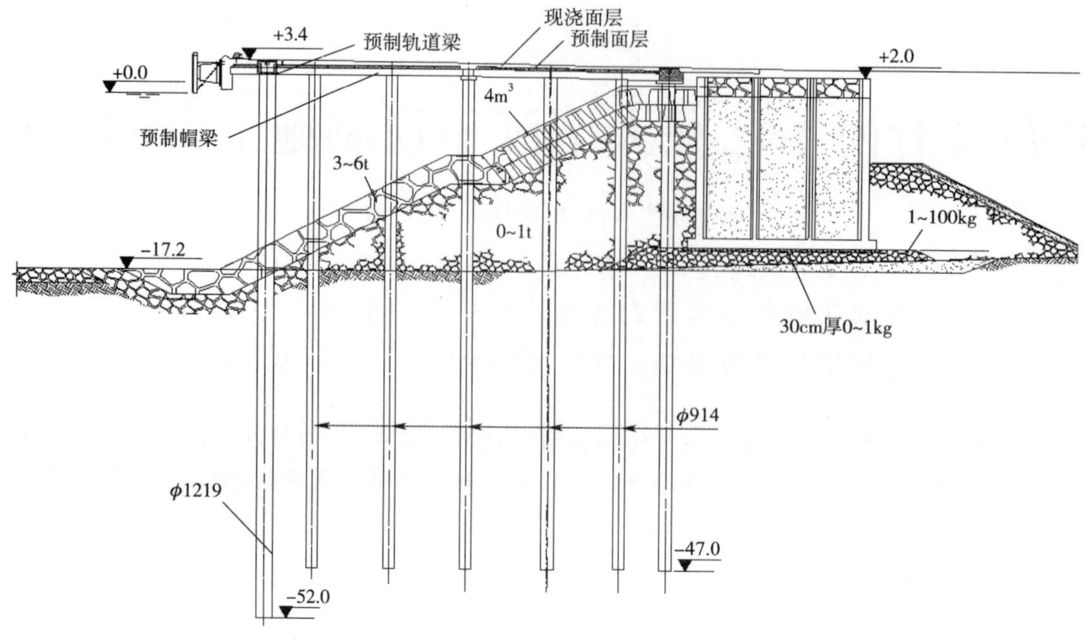

图1 码头典型结构断面图

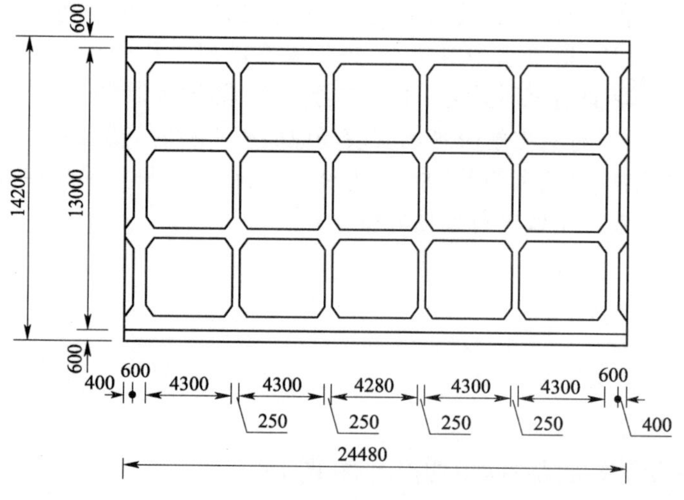

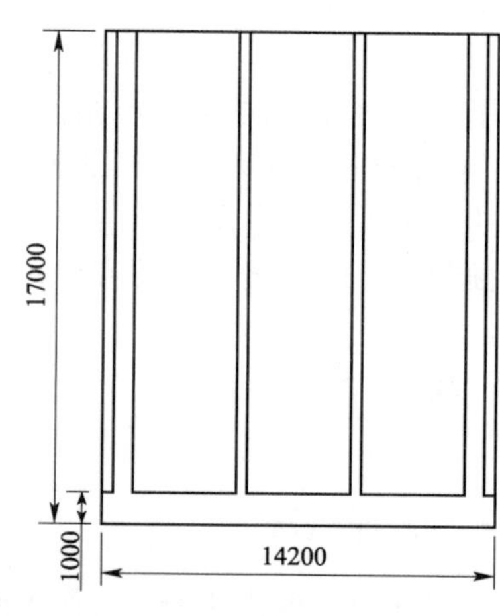

图2 沉箱结构设计图

图3 沉箱预制半潜驳

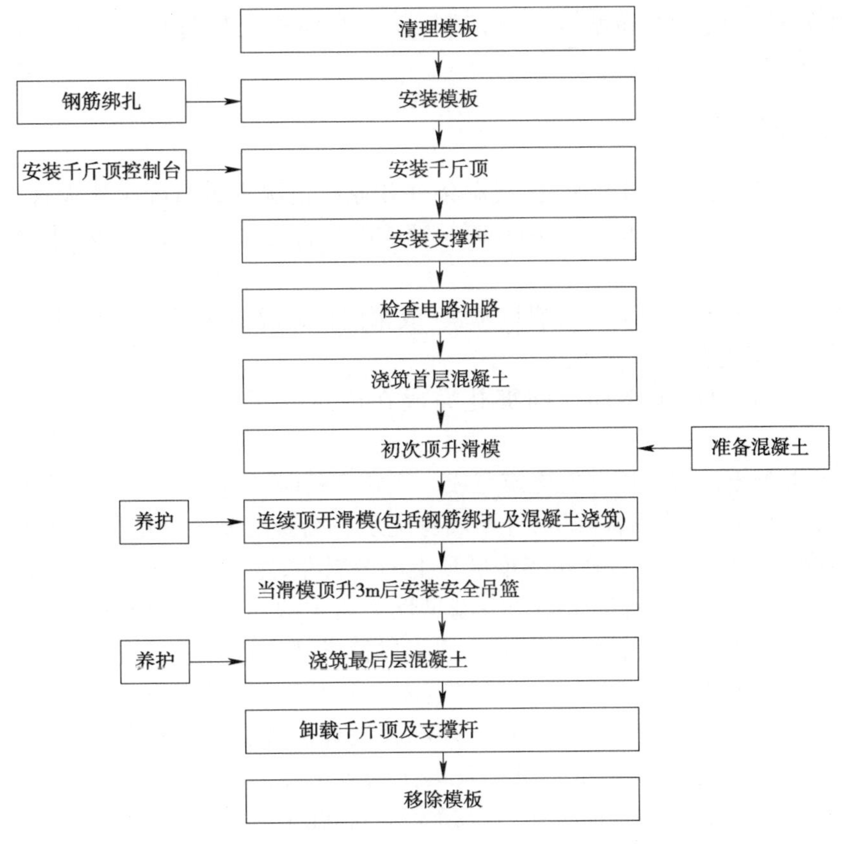

图4　沉箱预制总体施工流程图

2.2　模板工程

模版由双加劲钢锹连接1m高的刚性支架组成，向下略微呈“钟型”，以便于模版滑动并避免混凝土损坏。模板的形状与沉箱的几何外形保持一致，以确保施工过程中沉箱各仓格的内外墙的尺寸满足设计要求。

首先支垫沉箱底模，绑扎地板钢筋及壁身第一层钢筋(液压滑升模板高度)后，支立沉箱底板侧模，安装壁身液压滑升模板，并用联接件将底板侧模和滑模联一体，实行一次性连续浇筑，确保预制质量。浇筑至正常壁身，可滑升时，脱开与底板侧模联接体，实行壁身液压滑升工艺施工。

2.3　钢筋工程

设计采用以色列当地标准的非可焊钢筋，沉箱钢筋直径均不超过32mm，且不允许采用机械连接方式。

钢筋堆存区采用硬化场地，并且堆放钢筋之前要铺上枕木，堆放之后要用彩条布覆盖，以此避免钢筋接触地面及雨水。半成品的钢筋由厂家预制后运输到现场，并进行分类堆叠，并做好编号和标志，以供使用。使用前，现场需要对半成品钢筋的加工长度、弯曲度等进行检查，以确保钢筋质量满足设计要求，绑扎时也需严格按照图纸及技术规范进行，严格控制保护层厚度，确保绑扎好的钢筋笼坚实、稳定。

沉箱钢筋在预制现场加工绑扎，第一次浇筑的底板钢筋为先绑扎后浇筑混凝土外，正常壁身钢筋均随绑扎，随浇筑，逐层交替进行，沉箱上部3m高靠海侧均采用镀锌钢筋。

现场钢筋架立，竖向钢筋应保持钢筋下端位置准确，上端用限位支架予以临时固定，绑扎好的部分，采用拉结筋定位，水平筋根据浇筑层逐层绑扎，在每个浇筑层浇筑后，其上部至少保持有一道绑扎好的水平筋，严格控制混凝土保护层5cm，保护层垫块要求采用工厂预制的混凝土标号为B40以上的预制混凝土块，不允许采用塑料材质的垫块。

预埋件的安装需对留设位置和型号严格控制，首先在模板上做好标志，并在施工过程中按标高安放。

2.4　混凝土浇筑

采用混凝土标号B40，并根据滑升速度、气温条件和原材情况等进行配合比设计。同时考虑气温条件和滑升速度的可能变化，试配高温、低温两种凝结速度的配合比，供现场施工选用。混凝土的浇筑过程如下：

（1）半潜驳甲板表面铺上一层聚乙烯塑料薄膜（或相似材料或细沙）以作为沉箱底板的底模，有助于沉箱出坞时与半潜驳甲板的分离。

（2）墙身竖向钢筋需跟底板钢筋一同绑扎完成在浇筑底板的混凝土，以保证沉箱墙身的连续施工。

（3）沉箱底板的混凝土浇筑采用一次浇筑完成。浇筑底板时，滑模将挂到半潜驳顶上的支架上。

（4）当底板的顶面整平后，将滑模降下，开始墙身浇筑。墙身混凝土采用分层浇筑，浇筑同时进行横向钢筋的绑扎。混凝土由泵车直接泵送至半潜驳顶上的分料斗，然后再由分料管下料。当混凝土浇筑以后，立即用振捣棒进行振捣密实。混凝土必须在满足性能要求的同时兼容分料系统和滑模的可操作性。自爬升滑模通过液压千斤顶对支撑在沉箱底板上的支撑杆做功来进行缓慢上滑。千斤顶附在模板上的托架上，平均上滑速度为0.20至0.30m/h，一般浇筑2.5至3.5小时后混凝土到达模板上口。

需要注意的是，滑模施工时，混凝土灌置速度须配合模板上升速度，并严格执行分层均匀浇筑，每层厚度20～30cm，且依顺序前进小心震动，以获得混凝土最大密度。混凝土入模采用汽车泵泵送入模，并通过在壁墙钢筋笼之间设置溜筒将混凝土布料至指定位置，施工时并需密切注意气温与风速之变化，同时顾虑上层连续时效，避免产生冷接缝，以达滑模混凝土施工质量。混凝土顶面养护采用覆盖麻袋等织物并定保湿，混凝土侧面通过喷水保湿养护。沉箱在预制过程中即随半潜驳下沉，沉箱入水时的混凝土强度，现场根据经验确定。

此外，在沉箱浇筑滑模的过程中，还需注意以下几点：

（1）通过试制一个代表实际沉箱尺寸（或实际沉箱的一个仓格）的小沉箱的浇筑来验证配合比设计；

（2）混凝土每一层的浇筑厚度不能过厚（大约为25至30cm），以确保给底下一层足够的时间取得合适的硬度，从而在模板上滑后支撑混凝土本身。固定在模板上的特殊支撑钢筋用来保证钢筋的保护层厚度。

（3）施工作业时，加强浇筑现场与搅拌的沟通协调有助于保证混凝土浇筑的连续性。

（4）混凝土的下料和振捣必须根据模板上滑操作的进度进行。

（5）在每一个施工步骤开始的时候（如每一天的浇筑），每一层混凝土的顶部都要用压缩空气清理干净，并涂上接缝处理材料以提升混凝土的防水性和耐久性。

（6）浇筑之后，每层混凝土之间的接缝需由人工沿模板轮廓一圈涂抹一层水泥砂浆。

2.5　混凝土养护

通过采取正确的措施进行混凝土养护，可以防止混凝土湿度的损失、温度的剧烈变化和机械性损伤。所有暴露的混凝土表面，均需要洒水养护。气温超过35℃时，模板需要洒水以减少表面的热量，并对移开模板的混凝土表面进行特殊养护。沉箱不下水部分需喷洒养护剂进行养护。

3　工效分析

18个沉箱的浇筑总共历时9个月，平均每个月浇筑2个沉箱。单个沉箱浇筑用时最长的为33天，最短的为7天。其中，单个沉箱预制施工的具体流程及时间如表1所示。

单个沉箱预制施工流程时间汇总表　表1

序号	环节	时间
1	清理底模(一般在出坞后当天下午及晚上进行)	2h
2	在底模上铺塑料薄膜	0.5h
3	底板钢筋绑扎	8～9h
4	底板混凝土浇筑	7.5～8.5h
5	墙身第一次浇筑:接缝处理材料喷涂	0.5h
6	墙身第一次浇筑:墙身第一层混凝土浇筑(30cm)	0.5h
7	墙身第一次浇筑:等第一层混凝土初凝,准备钢筋	1～1.5h
8	墙身第一次浇筑:继续墙身混凝土浇筑(70cm)	1h
9	墙身第一次浇筑:模板上滑,绑扎钢筋,继续墙身混凝土浇筑	2h/m
10	墙身第一次浇筑:纵向钢筋加长,为第二天做准备	4h
11	后面每次墙身浇筑重复第一次浇筑的流程,一个沉箱正常浇筑五到六次墙身	

4　控制要点分析

4.1　模板工程

即使整体采用钢模,但在预制一定数量沉箱后仍然较容易出现模板变形。因此在每个沉箱出坞之后都要对模板进行检查,及时发现有变形的区域并进行调整,可以采用火烤加锤击的方法对变形的钢模进行校正。

4.2　钢筋工程

采用工厂全自动机械化加工的钢筋,虽然精度和一致性都比较高。但在现场绑扎时,仍需注意钢筋扎丝头需向内弯折或剪断,避免接触模板,同时须严格把控箍筋间距。

底板钢筋的保护层采用1.5m间距的混凝土垫块,墙身的钢筋保护层采用焊接固定在滑模上的钢筋垫块,精确控制保护层厚度。

4.3　混凝土工程

通过水洗砂,控制砂的含泥量达到0.4%,确保混凝土渗水高度达到规范要求的20mm。

此外,夏季进行混凝土浇筑时,需采取加冰等措施确保混凝土浇筑温度达到技术规范要求的25℃。

结语

(1)在技术经济方面,相比传统的预制厂现浇支模工艺,采用半潜驳滑模工艺不仅加快了施工速度、减轻了劳动强度、降低了施工费用,同时半潜驳调遣节省了建造预制厂的审批、建造时间,对于预制量不大的项目,可以大大提升项目进展速度、保障工期节点。

(2)在施工质量方面,采用半潜驳滑模工艺可以节约模板材料用量,适应现代港口工程大型化的发展,且混凝土通过滑模连续浇筑,不设施工缝,可以提升结构整体性和质量,此外现场施工占用场地小,操作条件方便也有利于安全施工。

参考文献

[1] 赵维军.大型沉箱构件预制和出运施工技术综述[J].华南港工,2005,01:9-13+50

[2] 朱德富. 滑模预制沉箱施工总结[J]. 华南港工,2005,04:45-49
[3] 陈舜. 浅谈大型沉箱预制技术[J]. 中国水运(下半月刊),2011,01:235-237+239
[4] 张家菠,颉永平. 沉箱预制施工技术[J]. 企业科技与发展,2011,18:51-54
[5] 李伟,刘玲. 采用滑模工艺预制沉箱施工技术综述[J]. 重庆交通大学学报(自然科学版),2007,S1:136-137+150
[6] 陈胜. 海南某防波堤巨型沉箱半潜驳预制安装施工[A]. 中国航海学会救助打捞专业委员会2004年学术交流会论文集[C]. 中国航海学会救助打捞专业委员会,2004:7
[7] 阎世刚,刘尔烈. 滑模工艺在沉箱预制中的应用[J]. 港工技术,2000,01:34-36
[8] 江小虎. 滑模施工工艺在方沉箱预制中的应用[J]. 中国水运(下半月),2015,08:282-283

浅谈外海桥梁施工商务管理

刘永胜　金　博　孙建波　徐　波
（中交一航局第一工程有限公司，天津市，300456）

摘　要：港珠澳大桥是两岸三地共建的国家级重点跨海大桥，是目前最长的外海大桥，社会关注度高，施工难度大。文章主要阐释了港珠澳大桥外海施工的项目特点，分析了项目商务管理中所面临的管理难点、关键点，并针对商务管理面临的难点及关键点进行商务管理策划，提出相应项目管理措施，保证了外海桥梁施工商务管理工作的顺利开展。

关键词：外海施工；商务管理；难点；关键点；管理措施

1　工程背景

港珠澳大桥是我国继三峡工程、青藏铁路、南水北调、西气东输、京沪高铁之后又一重大基础设施项目，东连香港、西接珠海、澳门，是集桥、岛、隧为一体的超大型跨海通道，桥隧部分总长约35.6公里，是目前最长外海大桥，设计使用寿命为120年。港珠澳大桥作为中国从桥梁大国走向桥梁强国的里程碑之作，被业界誉为桥梁界的“珠穆朗玛峰”，并被英媒《卫报》称为“现代世界七大奇迹”之一。

我项目部承建的港珠澳大桥桥梁工程CB03标段东起西人工岛连接桥，西接深水区CB04标段，总长8670米，合同工期57个月（施工期36个月），合同总造价24.02亿元，主要分为通航孔桥和非通航孔桥两部分施工内容，是离岸最远、水深最深、全线最长、造价最高的桥梁标段。

2　项目特点及商务管理的难点、关键点

2.1　项目特点

设计标准：施工标准采用港、澳、大陆三地最高标准，大量采用新技术、新标准、新工艺、新材料、新设备。

设计使用年限：120年。

承接方式：施工总承包。

合同类型：单价合同。

施工期：36个月，含施工准备期，项目处于珠三角外海无掩护海域，每年6～10月份台风盛行，有效作业时间短，台风期且需做好防风防台防护措施。

2.2　项目商务管理的难点及关键点

2.2.1　组织机构多，沟通难度大

工程施工设计组织机构多，监理及设计单位均为联合体单位，建设单位为新成立的港珠澳大桥管理局，其上层管理单位包括三地委、广东省交通厅、广东省发改委、交通运输部、国家发改委、港澳办等政府机构及单位。此外，受工程特点影响，工程实施过程中涉及工程技术咨询单位、造价管理咨询单位、会计师事务所等众多第三方技术服务公司，工程商务管理涉及单位众多，给日常沟通带来挑战。

2.2.2 合同履约风险高

港珠澳大桥设计使用寿命为120年,技术质量标准高于国内常规公路项目,工程大量采用新标准,经统计,本项目技术标准有28项高于国内常规工程规范,有54项指标属于新增标准;工程施工大量采用新工艺、新技术和大型专用设备,如钢管复合桩、埋置式墩台安装、分节墩身干接缝安装、超大钢箱梁吊装等新工艺;4000吨大型起重船、APE600八锤联动锤组、MHU800S液压冲击锤等大型专用装备,工程标准新、工艺新、技术新、设备新,施工中需要加强工艺研讨、试验验证。另外,本工程属于外海施工施工条件异常复杂恶劣,特别是施工海域位于中华白海豚深水区,对海水水质和海洋生物保护要求高,项目施工风险大安全环保要求高。综上项目建设特点,给项目合同履约带来极大的挑战性。

受项目建设特点影响,工程施工合同条款要求高、内容细,且多为闭口条款;施工内容多以"一切有关作业均已包括"等字眼描述;承包人违约条款多达10页,内容涵盖人员、机械设备、承包人行为、安全、质量、进度、工期及其他,内容细要求严违约金高;合同价款除钢筋、水泥价差调差外,3年施工期内不做任何调整;另外合同单列"发包人要求"一章,涉及项目管理、工期、分包及物资采购、接口管理、场地要求、关键控制点、现场监控等8节43页,对承包人的义务进行了进一步的细化和要求,无形中大大增加了承包人的合同义务。综上给项目商务管理带来极大挑战,合同履约风险高。

2.2.3 计价标准不适用,成本控制压力大

受工程设计建设标准为120年及外海施工影响,国内现行《公路工程基本建设项目概算预算编制办法》(JTG B06—2007)及其配套定额只适用于百年设计标准的工程,且只适用于内河、沿海常规水域工程。另外本工程施工大量采用新工艺、新技术和大型专用设备。现行定额也无法涵盖本工程所涉及的新工艺及新设备。但受国内计价方式和投标限价影响,中标价格低,项目商务管理中成本控制压力巨大,成本控制也是商务管理的关键点。

2.2.4 工程投入大造价低,资金管理压力大

港珠澳大桥开创性的推行大型化、工厂化、标准化及装配化的建设方式,设计采用超长钢管复合桩基、超大型埋置式承台、超大质量钢箱梁、超大索塔结型撑、超大钢套箱等结构形式,在提升国内桥梁施工水平的同时,也大大增加了工程投入。受工程造价偏低影响,项目自开工以来,就面临着巨大的资金压力,且随着工程开展,资金紧张的现象越发突出,给项目商务管理中带来严峻的考验,资金管理也是商务管理的关键点。

3 商务管理策划

3.1 组织管理机构策划

针对项目商务管理的难点及关键点,在项目初期成立时,项目部决定采用灵活主动的商务管理组织机构,安排技术、生产、商务三个部门人员交叉任职,并统一由商务经理分管。例如:工程部部长兼任商务部进度管理及变更意向管理,技术质量部部长负责商务部施工方案经济比选及方案优化,如此充分把施工现场的实际情况、优化措施、存在的问题及时的反馈给商务部,保障了信息沟通的通畅。

另外针对本工程大量采用新技术、新工艺及计价标准不适用的特点,在商务管理组织机构中成立了专家咨询组,具体包括技术专家顾问、公路定额站、水运定额站及第三方咨询单位,实行"走出去,请进来"工作模式,充分发挥专业人才优势,推动项目商务管理工作上一个台阶。

3.2 管理策划

在项目实施过程中,商务部注重技术准备和工作的计划性及前瞻性,将技术、生产、商务高度融合,超前谋划做好合同谈判,以施工工艺优化创新及二次经营管理为导向,规避风险,创造利润,解决商务管理中存在的难点及关键点。

4 商务管理难点及关键点应对措施

4.1 多方联动沟通,推动工作开展

在项目部内部管理中,借助商务管理组织机构,加强各部门工作互动、融合,梳理工作流程及主次责任岗位,保障商务信息的顺畅传递及工作的有效落实。例如在灌注桩桩底取芯变更管理中,现场工程部收到建设单位指令后,立即反馈给商务部合同管理员,商务部联合技术中心找到招标时桩底取芯相关技术规范要求,核查工程量是否超出合同约定数量,经双方与监理单位、建设单位对原约定文件进行多次研讨,确定原合同数量及超出部分数量,超出部分按照设计变更处理。

面对工程造价偏低,资金困难的现象,项目部积极多方联动沟通,一方面积极加强与上层单位沟通,将项目实际情况逐级反馈;另一方面,借助领导视察施工现场之机,在工作汇报中如实反馈现场存在的问题,并提出建议解决方案,推动了商务管理工作。

4.2 加强合同学习,强化过程控制,提高合同全面履约能力

加强合同交底学习,联合技术部、HSE 管理部、工程部对合同中的主要风险点逐条清理,对于合同工期、安全、质量等高违约金施工内容,在施工过程中,通过针对性的过程控制,提高合同全面履约能力。

实行首件制工艺验证,确保合同工期的履约。由于港珠澳大桥大量应用“四新”,国内暂无可借鉴成功经验,为此项目部施行首件制工艺验证制度,每道工序开始前,联合科研院所对施工工艺进行多次研究讨论与优化,做好首件施工的生产组织,验证工艺方案,首件典型施工成功后大面积推广应用。沿用上述技术路线,成功完成了船载式移动导向架高精度沉桩、大吨位全预制埋置式墩台整体安装、墩柱干接缝匹配对接、大节段钢箱梁安装等工艺和设备创新,率先完成了标段内的主体施工内容。

实行动态视频监控系统,确保合同安全环保履约。本工程为外海施工,施工管控跨距大,安全环保管理压力大,为此项目部实行动态施工视频监控管理。施工前认真分析施工作业条件,梳理安全风险作业点,选择安全环保管控重大危险点为施工监控布置点。经分析现场共布置施工监控点 12 个,并随着施工进度开展,随时调整施工视频监控点位置及方向,保证现场施工全程及时回传至后方施工视频监控中心,保障了施工安全有效施行。

强化质量程序化管理,确保合同质量履约。坚持每月的质量自查自纠和质量例会制度,对每个分项工程的质量控制点和施工风险点进行充分研讨和细化,认真查找技术质量管理存在的问题,检查工艺纪律执行情况,严格执行质量奖惩。特别针对嵌岩灌注桩施工、大型墩台安装、分节墩身安装和连接的每个环节,进行旁站监督,关键工序配备专人跟班作业,严格技术质量管理责任。

4.3 推动定额修编,注重工艺优化,实现降本增效

受工程设计标准和特点影响,大量新技术、新工艺、新设备施工项目无适用或无可参考的现行计价标准,导致真实的工程造价水平不能得以体现。故在项目开工伊始,定额测定及修编工作就随施工一同开展。在施工方案制定设备选型中,严格按照定额适配原则进行计算选定,确保施工资源的投入经济合理。施工前,根据施工工艺提前划分定额步距和定额施工子目,做好定额测定培训。在施工过程中,真实记录施工记录,认真填报各类数据报表,注重基础资料的真实性、及时性、完整性。施工后,根据施工记录和施工工艺,编制施工定额。通过现场的定额测定及编制工作,有力地推动了工程变更的审核工作,有力地推动了项目成本核算控制工作,有力地推动了合同费用调整工作。

施工工艺是决定工程成本的根本,本工程大量采用新工艺,故施工工艺优化是降低施工成本的关键,并以施工方案优化推动二次经营,实现项目增收。通过优化钢圆筒下节结构设计,钢圆筒利用率由原来

的2~3次提高至5~6次,大大降低了墩身安装成本。通过优化钢圆筒内挖泥工艺,墩台安装周期提前20天,缩减工期每个墩台可降低成本约100万元。

4.4 加强合同变更管理,推动合同费用调整,缓解资金压力

为缓解项目资金压力,项目部积极筹划,通过变更合同条款缓解资金压力。为推动合同条款变更,项目部多方收集交通运输部、广东省交通厅相关法规和要求,积极向业主单位传达合同条款变更合理性。经项目部努力沟通,成功将合同计量规则、质保金扣回方式、银行保函置换释放质保金、预付部分材料款、材料预付款缓扣等合同条款进行变更、补充,增加了工程计量款支付比例及额度,增加了一倍材料预付款,有效地缓解了资金压力。

为从根本上解决项目资金困境,项目部加强与建设单位及建设单位上层单位的沟通,请求协助解决资金压力,分别向国家发改委、交通运输部、广东省发改委、港珠澳大桥三地委、港珠澳大桥管理局上报了请求调整合同费用解决资金压力的报告。经过不懈努力,港珠澳大桥专责小组第七次会议同意开展合同费用调整工作缓解资金压力。根据现场实际投入情况,经第三方财务评估,将合同费用调整分两阶段进行,第一阶段为地材及船机设备费,第二阶段为大型措施费。经过为期半年的审核工作,项目部成功收取合同费用调整暂计量支付工程款,极大的缓解了项目资金压力。

5 取得的成绩

面对商务管理中的诸多困难和挑战,经项目部商务管理全体人员的不懈努力,取得了较好的成绩:

5.1 履约信誉评价第一

项目自开工以来,在业主组织的履约信誉评价中九次获得第一名,获得业主组织的劳动竞赛两次年度优胜单位称号,是第一个完成施工任务的桥梁标段,获得业主单位高度赞扬,为公司在广东省高速公司建设市场缔造了信誉。

5.2 HSE管理实现三零目标

项目自开工以来,未发生任何机海损,人身伤害,及环境污染事故。未发生任何相关方投诉事件。项目部连续两年(2014、2015)被局和公司被评为平安工地,项目部连续三年被港珠澳大桥管理局评为“HSE管理优秀项目经理部”、“防汛防台优秀项目经理部”,被广东省交通厅评为“2014年度防台优秀单位”。

5.3 项目品牌形象彰显

凭借在港珠澳大桥工程中的优异表现,项目部获得全国工人先锋号一个、天津市工人先锋号两个,全国五一劳动奖章一个,天津市五一劳动奖章两个,在2013年、2014年、2015年公司文明创建竞赛综合评比中,全部获得“综合竞赛优胜奖”、“好班子”。

结语

港珠澳大桥外海桥梁项目商务管理过程中,我项目部根据项目特点,认真分析了项目商务管理中存在的难点及关键点,提前谋划,做好项目商务管理策划,提出了组建多部门交叉的复合型商务管理组织机构,并采取了解决难点和关键点的针对措施,从根本上保障了项目商务管理工作的有序开展,维护了项目的良好运行,有效地保证了承包商的效益,取的良好成绩,可供其他外海施工工程借鉴。

参考文献

[1] 董晶. 工程项目管理[M]. 北京:机械工业出版社,2014. 30-50
[2] 杨志勇. 工程项目采购与合同管理[M]. 北京:中国水利水电出版社,2016. 170-200
[3] 戚安邦. 项目管理学[M]. 天津:南开大学出版社,2003. 198-236,331-415
[4] 卢有杰. 现代项目管理学[M]. 北京:首都经济贸易大学出版社,2014. 250-294
[5] 李涛,张莉. 项目管理[M]. 北京:中国人民大学出版社,2005. 110

海上自升式平台碎石桩施工工法及其应用

封有德[1,4]　孙海军[2]　冯先导[1,3]　李　聪[1,3]

(1. 中交第二航务工程局有限公司,湖北武汉,430040;
2. 中国港湾工程有限责任公司,北京,100027;
3. 中交二航局技术中心,湖北武汉,430040;4. 中交二航局三公司,江苏镇江,212000)

摘　要:针对无掩护海域利用自升式平台进行碎石桩施工的新型工法,依托以色列ASHDOD港工程项目,分析地中海的波浪特点,对该新型工法的提出缘由,工法特点及其应用效果进行了介绍。对现场利用常规浮式驳船进行试桩的情况进行了分析和总结,详细介绍了碎石桩施工平台三大系统组成及其施工方法,归纳总结了无掩护海域碎石桩施工平台系统的作业条件、施工效率和相应的质量控制措施,同时对施工过程出现的问题进行了归纳总结。为此工法的推广及应用提供借鉴。

关键词:碎石桩;碎石桩施工平台;试桩;地中海;施工;质量控制

1　以色列ASHDOD港项目概况

1.1　工程概况

以色列阿什杜德南部港扩建工程是以色列政府为促进本国与东西方贸易往来的一个重要举措。本工程位于以色列阿什杜德市,濒临地中海东岸,是以色列的第二大港口,距首都特拉维夫约40km,该港口主要进出特拉维夫及南部城市的外贸物资,出口附近地区的农产品和内地矿产品。

该项目主要工程内容包括:防波堤工程、码头工程、沉船打捞、航道疏浚、陆域吹填和地基处理、堆场路面结构等。

防波堤工程包括:长度600m的抛石斜坡式主防波堤延伸段,水深-20m到-25m;长度约1480m的斜坡式护岸防波堤,水深0~-17m。

码头工程包括:18个沉箱及钢管桩高桩结构组成的Q28码头,岸线长度434m,码头前沿港池浚深-17.5m;H+AZ组合板桩结构的Q27集装箱码头,岸线长度800m,码头前沿港池浚深-17.5m;H+AZ双排组合板桩结构的TRS工作船码头,岸线长度770m,码头前沿港池浚深-8.0m。

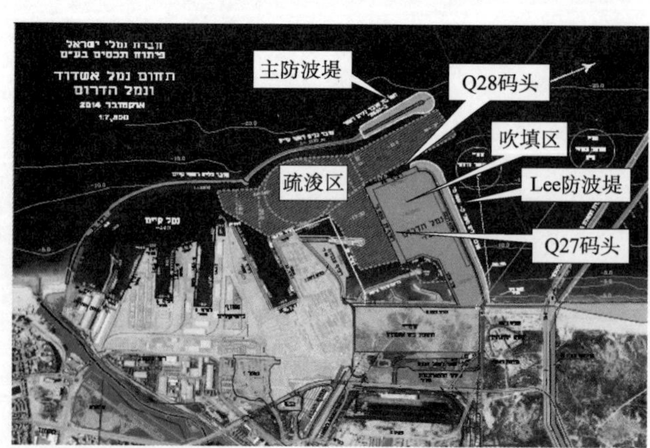

图1　项目总平面布置图

疏浚及吹填工程:疏浚区域主要是现有航道及港池,疏浚方量1039万立方米,同时作为填海造地材料来源。陆域吹填面积约80公顷,吹填后对表面至原泥面以下2米的范围进行振冲密实处理。

地基处理:主防波堤600m及LEE防波堤480m范围地基采用碎石桩处理方式,总处理土体体积为161万方,共23908根直径0.95m碎石桩。堆场吹填区域地基采用排水板加堆载预压处理方式。

工程的平面布置如图1所示。

1.2　地质条件

主防波堤地基土层分布情况：前 200m 范围表层分布一定厚度中密的砂，下部为松散的粉细砂层，标贯击数 5 ~ 8 击，后 400m 范围直接为松散的粉细砂层。粉细砂层（ULS）为碎石桩主要处理土层，处理深度 10 ~ 12m。地质剖面图见图 2。

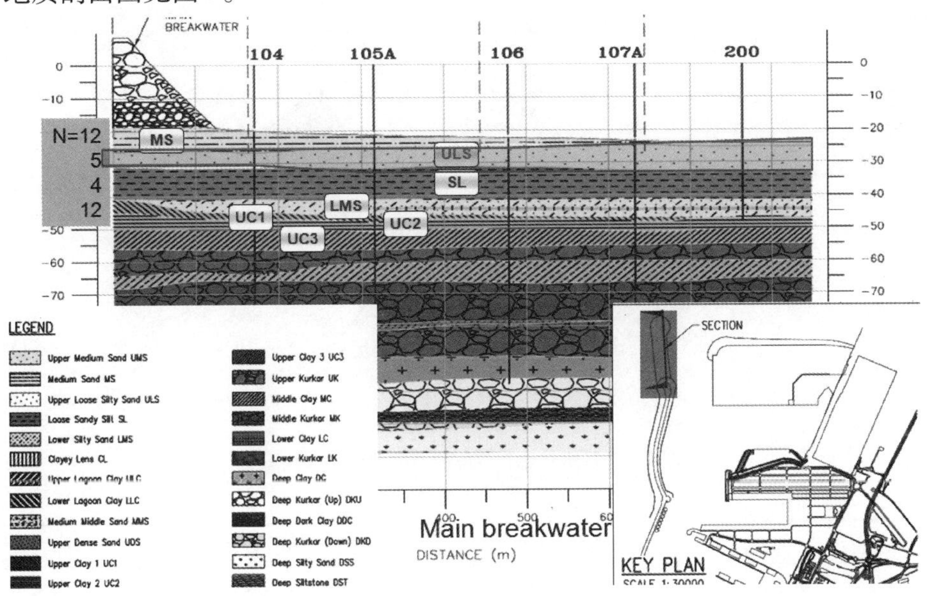

图 2　主防波堤地质纵剖面图

Lee 防波堤碎石桩处理区域表层为密实 ~ 致密砂（UMS 层），厚度约 5 ~ 10m，标贯击数最大达到 50 击以上，碎石桩处理土层主要为下部的粉细砂层（ULS），处理深度 17 ~ 19m，振冲器穿过表层密实砂层存在一定难度和穿不透的风险（图 3）。

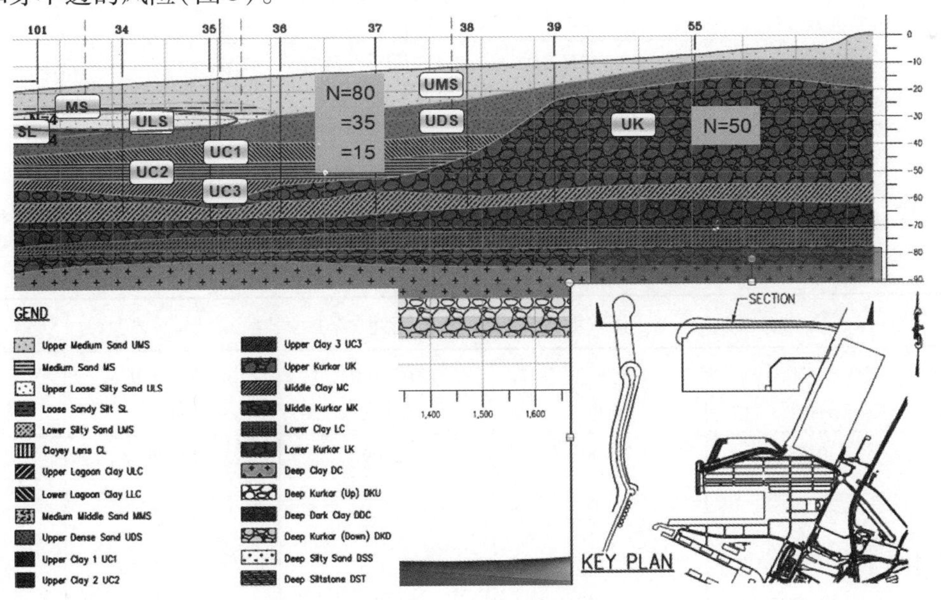

图 3　LEE 防波堤地质纵剖面图

1.3　波浪条件

以色列 ASHDOD 港波浪主浪向及强浪向均为 WNW，波浪周期多为 6 ~ 8s 及以上，为中长周期波。波高分布具有鲜明的季风性特点，冬季一般为 11 月至次年 3 月，据统计每个冬季都会出现至少 3 次风暴天气；夏季一般为4月至10月，$H_s > 2m$ 的波况很少，是施工的黄金时期。该工程设计波要素见表1和图4。

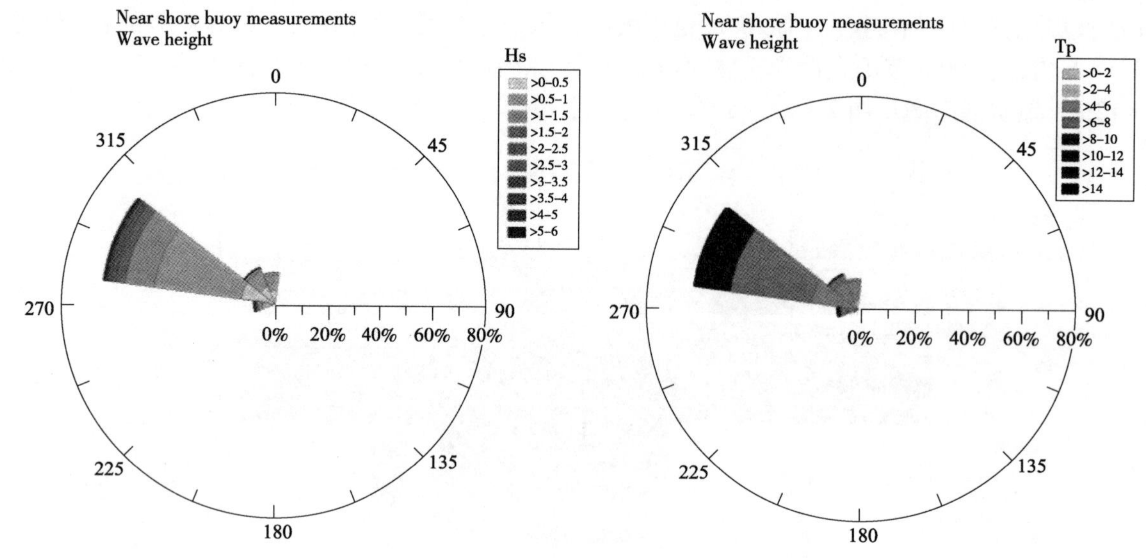

图4　项目所在地有效波高及周期分布玫瑰图

工程设计波要素　　表1

波向	重现期(年)	H_s(m)	T_p(s)
270°	1	4.9	11.1
	10	6.1	12.3
	25	7.1	13.4
	50	7.7	13.8
295°	1	5.0	11.2
	10	6.2	12.4
	25	7.4	13.6
	50	7.8	13.9
330°	1	3.8	9.7
	10	4.8	11.0
	25	5.8	12.0
	50	6.2	12.4

有效波高的频率分布统计(%)　　表2

波高分布	0～50(cm)	50～70(cm)	70～100(cm)	100～150(cm)	>150(cm)
全年	30.57	23.84	22.09	13.08	10.42
夏季(4～10月)	26.50	30.21	27.92	12.18	3.19
冬季(11～3月)	34.65	17.47	16.25	13.98	17.65

注：本表数据根据2011年4月～2016年3月实测波浪统计。

从表2统计结果来看，全年波高小于1m波高的出现频率为76%；非季风期，有效波高小于1m波高的出现频率为84%，季风期为68%；非季风期，有效波高小于0.7m波高的出现频率为56%；季风期为51%；非季风期，有效波高小于0.5m波高的出现频率为26.5%；季风期为34.7%。因此，从浮式船舶作业条件(一般 $H_s<0.5m$,$H_{max}<1.0m$),季风期和非季风期有效作业时间基本相当,唯一不同的是每年冬季都会出现风暴天气,施工船舶需要频繁进港避风。且根据现场经验,冬季每次大浪过后,都会有非常平静的海况($H_s<0.5m$)约一周时间,是水上作业难得的窗口时间。

2 浮式方驳 + 振冲设备试桩情况

根据项目要求,在碎石桩正式开工前必须进行试桩作业,主要目的为:(1)对碎石桩成桩工艺进行测试;(2)对振冲设备进行选型,确定控制电流;(3)对施工质量及计量系统进行摸底;(4)预测施工工效;(5)提出质量控制改进措施;(6)对不良地质情况进行预案等。

本次试桩采用传统施工方法:浮式方驳 + 振冲设备系统。资源配置见表3。

试桩设备资源配置表 表3

编号	名 称	型 号	数量	编号	名 称	型 号	数量
1	驳船	65m×15.8m(2000t)	1	7	射水泵		1
2	履带吊	180 t	1	8	发电机	700kVA/60HZ/440V	1
3	振冲头	B27	1	9	碎石泵		1
4	振冲头	B36	1	10	挖机	CAT 336E	1
5	空压机	500ft^3/min	2	11	RTK-DGPS		1
6	碎石水泵		1				

振冲设备(Better Ground 提供)在驳船上的布置如图5所示,包括:(1)碎石泵、水泵及射水泵;(2)6英寸碎石输送软管;(3)碎石接受罐;(4)BC2;(5)振冲头 B27/B36。

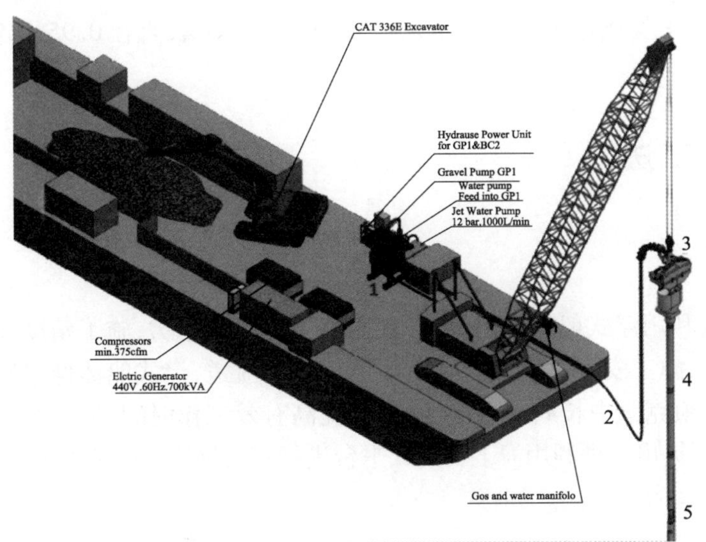

图5 振冲设备在驳船上的布置

2.1 碎石桩试验区

本次试桩依照主防波堤及 LEE 防波堤的地质分布特点,根据地质钻孔资料共选取4个典型并具有代表性的孔位附件作为试验区。每个试验区布设9根桩,如图6所示,其中5根0.95m@2.5m,4根0.9m@2.35m,均为正三角形布置,平面面积置换率为13%。其中0.95m直径碎石桩采用B36振冲头,0.9m直径碎石桩采用B27振冲头,两振冲头参数见表4。

振冲头性能参数比较　　表4

振冲头型号	B27	B36
功率(kW)	140	155
速率(min^{-1})	1500	1500
动力 (kN)	270	340
直径(mm)	354	390
长度(mm)	3480	3990
重量(kg)	2200	3700

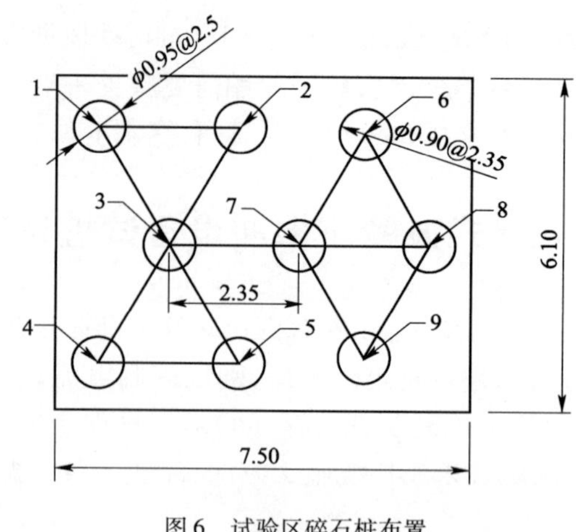

图6　试验区碎石桩布置

2.2　试桩情况及结论

根据4个试验区共计36根碎石桩的施工情况,振冲设备布置在驳船上在本海况中长周期波浪作用下难以满足平面误差±30cm以内的要求,只有在平静的海况(H_s<0.5m)才能勉强满足。同时,验证了传统方法在本项目的不可行性,波浪容许作业时间全年仅约30%。

试桩结论总结为以下几点:

(1)H_s>0.5m,T>6s的波况,平面定位误差统计为30~70cm;

(2)B27较B36振冲头更容易穿透硬土层(密实砂层);

(3)B27和B36振冲头施工过程电流分别达到200A和350A 3次则终止成桩;

(4)因驳船纵横摇及履带吊扒杆摇摆,垂直度及标高控制难度较大,测量方法难以体现实际情况;

(5)BG振冲设备的计量系统误差在±5%左右;

(6)主防波堤12m长直径0.95m碎石桩平均成桩工效为35min,LEE防波堤19m长直径0.95m碎石桩平均成桩工效为53min。

3　海上碎石桩施工平台施工工法

3.1　新工法的提出

对于中长周期波浪条件下的无掩护海域利用浮式船体进行碎石桩施工,波稳条件恶劣,施工精度及质量难以控制,施工可作业时间短,施工工效底,施工安全风险高。且主防波堤近临航道,浮式船体抛锚影响航道通航。因此,必须开拓新思路,一方面必须克服中长周期波浪的影响,提高有效工作时间;另一方面必须保证施工精度和质量,提高施工工效。从而提出一种利用海上自升式平台进行碎石桩施工的新型工法。

3.2　新工法装备系统组成

顶升平台进行碎石桩施工集合了三大系统而成,分别为:顶升平台及其附属设施系统,振冲设备系统和补料系统。

(1)顶升平台及其附属设备系统[1]

平台船体型长:50米;型宽:42米;型深:5.5米;月池尺寸27×19米;如图7所示。

本自升式平台箱型"回"字结构,四角上布置有四根采用液压驱动的桩腿,桩腿底部带有6.5m×6.5m桩靴;平台上部沿型宽方向布置门架,门架覆盖月池及两侧舷外一定区域,门架上部设置三台移动桁车,分别布置于月池和两侧舷外区域,平台单次驻位可同时施工中间月池、两侧舷外共计三个区域约200

根碎石桩；每个桁车上布置主起升小车和辅助起升小车，其中主起升小车吊装振冲器进行碎石桩施工。桁车可在门架上沿门架纵向移动，主起升小车带动振冲器可沿台车横向移动，实现平台单次驻位大范围作业能力。平台还配置了克令吊、两个300立方米碎石储料仓、供料皮带机、柴油发电机组、压舱注排水系统和锚机等各种辅助设备。

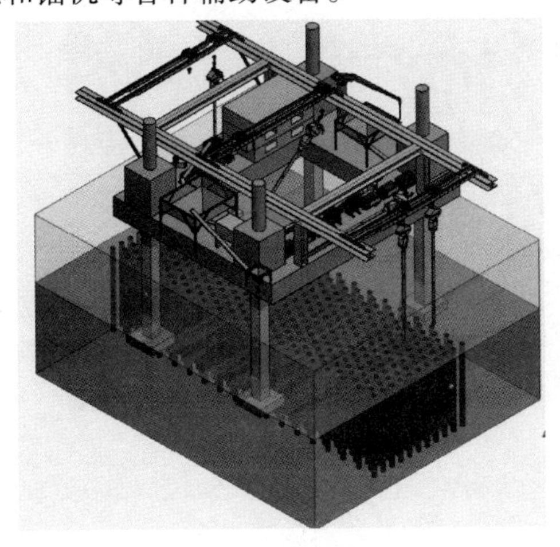

图7　自升式碎石桩施工平台

（2）振冲设备系统

振冲设备系统同试桩区，数量变为三套。振冲设备在平台上的布置见图8。

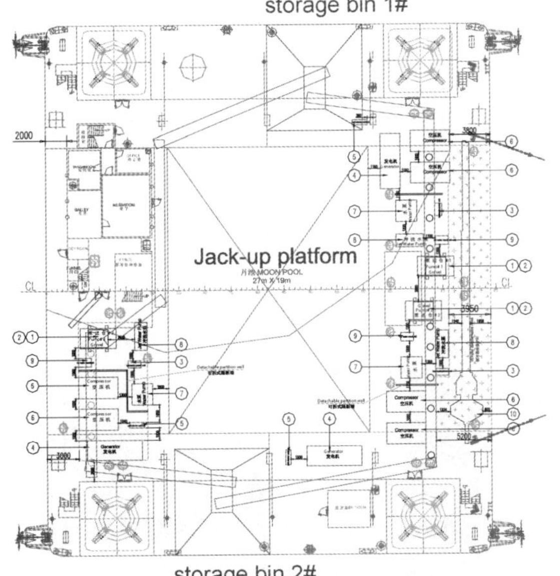

NO. 序号	MARK 代号	NAME & SPEC 名称	QTY. 数量	DIM. 尺寸	SIN. 单件 WEIGHT 重量(kg)	TOT. 总计 WEIGHT 重量(kg)	REMARKS 备注
10		VIBROFLOTATION DEVICES 振冲器	3+1	3068/1708X~28600			船东供货 其中一套备用
9		AIR WATER MANIFOLD 空气/水总管	3	1210X790X1210	120	360	船东供货
8		JET WATER PUMP 冲洗水泵	3	2600X1200X1120	1300	3900	船东供货
7	60m³/h	WATER PUMP 水泵	3	2000X2000X3500	~3000	9000	船东供货
6	XAHS237+（500cfm）	COMPRESSOR 空压机	6	3700X1988X1900	~3000	18000	船东供货
5		SOFT STARTER CABINET 软启动器	3	1400X500X1800	500	1500	船东供货
4	QIS710 (808kVA) 60HZ/440V	GENERATOR 发电机	3	5200X1870X2535	~6000	27000	船东供货
3		HYDRAULIC POWER UNIT 液压单元	3	650X1200X1700	400	1200	船东供货
2	7.5m³	GRAVEL PUMP 泵送舱	3	3410X1890X2000	~1700	5100	船东供货
1		GRAVEL PUMP 碎石输送泵	3	2250X2440X2000	~3000	9000	船东供货

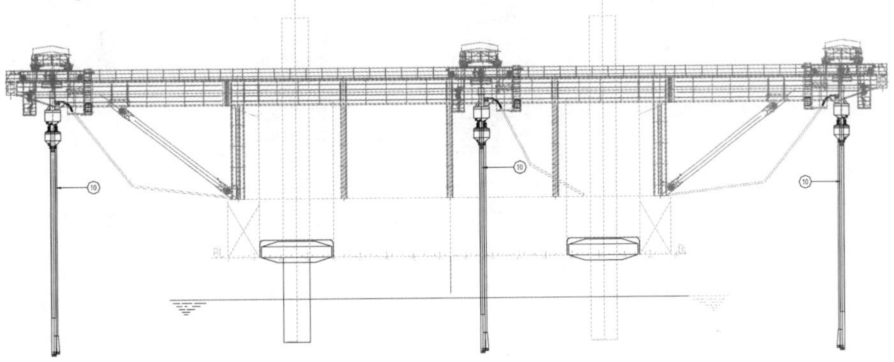

图8　振冲设备系统在自升式平台上布置

(3)补料系统

补料系统保护陆上皮带机系统,碎石补料船及平台皮带输送机(图 9)。补料流程为:陆域堆场—碎石补料船—平台料仓—碎石输送泵。

图 9　陆上皮带机及 2000t 碎石补料船现场照片

3.3　施工方法

3.3.1　施工工艺流程

平台拖航至待打桩区域—抛锚定位及平台顶升—补料船补料至平台储料仓—振冲碎石桩完成平台位所有桩基—振冲器故障维修—平台利用自身锚缆进行移位,如此循环。

3.3.2　碎石桩平台总体布位

碎石桩平台驻位后,可同时施工月池和平台两侧舷外三个区域的碎石桩。通过平台移位,下一次平台驻位后,可覆盖上次甲板下未覆盖的区域碎石桩。如此循环,完成整个断面的碎石桩施工。平台总体布位见图 10。

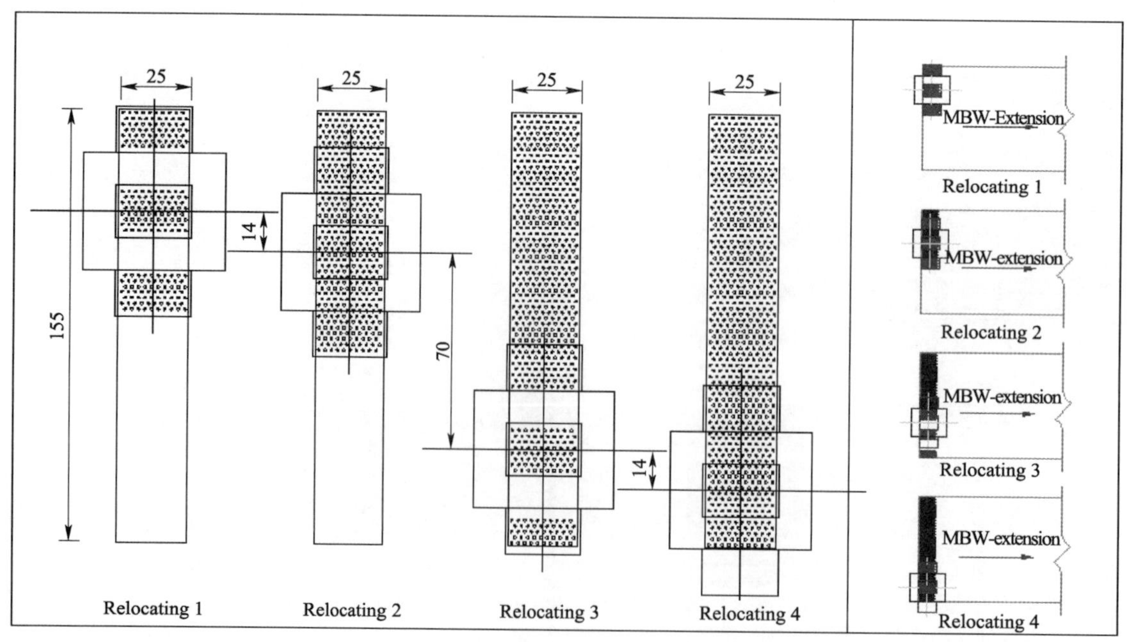

图 10　主防波堤碎石桩平台布位

4 碎石桩施工平台施工工效及质量控制

4.1 施工效率

4.1.1 作业条件(表5和表6)

平台作业及生存工况 表5

工况	有效波高	气隙	设计流速	设计风速	水深	碎石
打桩作业	1.5m	2m	1.0m/s	13.8m/s	25m	1000t
移位及升降	0.9m	/	1.0m/s	13.8m/s	>6m	700t
自存工况1	7.2m	9m	1.0m/s	30m/s	25m	200t
自存工况2	5.0m	8m	1.0m/s	51.5m/s	15m	200t

补料船作业工况 表6

工况	有效波高	设计流速	设计风速
作业工况	1.0m	1m/s	13.8m/s

4.1.2 作业条件及时间

根据表2的波浪统计分析,H_s <1.5m的波浪条件下,全年有90%的时间可已进行碎石桩沉桩作业。平台移位和补料船补料作业条件要求有效波高H_s <1.0m,夏季有85%的窗口时间,冬季有70%的窗口时间。根据现场实际情况,当前碎石桩平台施工作业几乎不受移位和补料窗口的影响。现场曾在最大波高H_{max}=2.0m情况下进行补料,补料效率仍能达到250t/h。

4.1.3 施工工效

根据现场主防波堤碎石桩的施工情况,桩长约11m桩径为0.95m的碎石桩,平均单桩成桩时间约30min,其中定位1~5min,冲孔5~8min,成桩0.5m³/min约22分钟。单日有效工作时间12个小时,3台振冲设备同时作业最高工效达到78根/天

4.2 质量控制标准及措施

4.2.1 碎石桩质量控制标准

(1)碎石级配要求(表7);

碎石石料粒度分布 表7

筛分粒度(mm)	通过率(%)	筛分粒度(mm)	通过率(%)
37.5	100	12.7	0~5
25.4	85~100	4.75	0~1
19	5~30		

(2)平面位置误差±30cm;

(3)底标高±30cm;

(4)垂直度1/20;

(5)置换率0.13;

(6)连续缩径超过10%的高度不大于1m,否则需要采取改善措施。

4.2.2 碎石桩质量控制措施

(1)石料尽量选取偏软石材,但点荷载试验强度需保证大于4MPa,同时要求石料尽量圆润,减小石料对碎石输送管及振冲设备的磨损。本项目采购的石料粒径集中在16～32mm,占比90%,属于单级配石料。

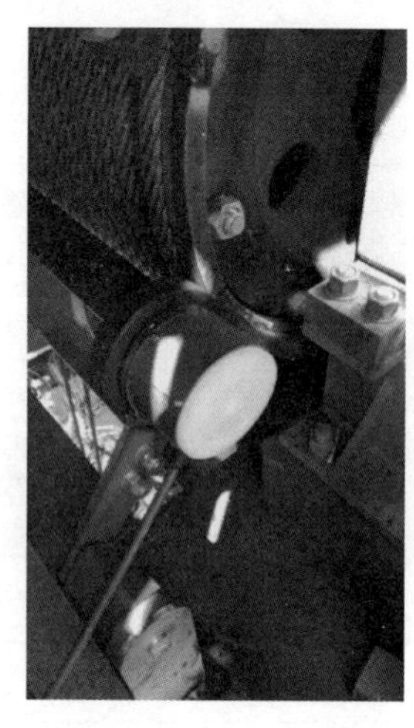

图11 测量仪器安装位置

(2)由于采用顶升平台进行碎石桩施工,平台顶离水面不受波浪影响,GPS安装在起吊振冲器的桁吊小车顶部,平面定位很准确;振冲器料管顶部安装了测斜仪传感器,可在控制室的屏幕上直接读取数据;高程控制主要依靠安装在钢丝绳卷筒上的角度传感器,通过角度换算钢丝绳长度来控制振冲器的标高,并定期对传感器进行校核。测量仪器安装位置见图11。

(3)置换率主要通过桩径和桩间距控制,施工过程应严格按照试桩总结的成果进行,即待振冲头达到设计标高后,振动器开始提升,每次提升1m,振冲下放0.84m,振冲密实桩体0.16m。每$1m^3$石料振冲9次,成桩高度为1.44m。

(4)遇到坚硬土层处理方式:振冲器启动后产生高频振动,开动空压机,用喷嘴射出的高压空气冲击孔底(或开动高压水泵,用喷嘴射出的高速水流冲击孔底),以1～2m/min的速度贯入地层,当电流升高时,最大值不宜超过200A;当电流超过200A时,减慢振冲器的下沉速度,甚至停止下沉或提起振冲器,让高压空气(或水流)冲松土层后再继续下沉。若仍不能穿透硬层,应采取引孔措施。

5 存在问题及应用前景

5.1 基于水力输送法的碎石桩施工工艺

本项目采用德国BG公司的振冲设备,其送料方式为水力输送工艺,即利用水泵形成高压水流携带碎石输送至振冲器顶端储料管。该工艺确保了石料输送的连续性,工艺先进且适应性较强,输送效率较高,约$30m^3/h$。

但水力输送石料存在最大的问题和风险是堵管。根据当前项目已打的约1000根碎石桩的统计资料发现,3套振冲设备发生堵管的概率约为10%,堵管程度较轻情况可用水冲解决,耗时约10分钟,堵管严重即完全堵死,则必须拆管处理,耗时约1小时。

5.2 碎石桩施工平台应用前景

振冲碎石桩是近几年比较流行的进行地基处理方式,这是由于碎石桩是一种环保的地基处理方式,碎石桩作为软土层的排水通道,土体固结速度快,加固地基效果快而明显。美国Seed等人曾研究表明[2],振冲碎石桩施工过程中振冲器对原状砂性土起到预振作用,可提高原状土的抗液化能力。同时,碎石置换了粉细砂土体,增加了大颗粒的比例,防止土体液化,从而达到抗震目的。

但是,随着大型水工项目的优势选址资源逐渐饱和,很多近海岸工程不得不向深海、地质和水文条件较恶劣的环境进行选址,碎石桩施工工艺也必须面临更恶劣的海况,利用自升式平台进行碎石桩施工具有广泛的应用前景。其主要优点为:(1)消除波浪对施工作业平台的影响,大幅度提高作业窗口($H_s<1.5m$),平台可在风暴天气生存,风暴过后可继续施工;(2)平台上设有储料仓($600m^3$),单次驻位可施打

约200根碎石桩,补料船可在有限的窗口及时补料;(3)平台不受波浪影响,碎石桩施工质量大大提高,安全风险降低;(4)平台布置3套振冲设备,三个区域可同时施工,极大地提高了施工效率;(5)平台仅需在移位时需要抛锚,对紧邻航道的施工区域可减少抛锚对通航的影响。

参考文献

[1] 徐杰. 长周期涌浪地区碎石桩施工方法及装备[J]. 水运工程,2015年第8期

[2] 许明军. 碎石桩处理液化地基抗液化研究现状及存在问题[J]. 防灾减灾工程学报,2003年第3期

桶式结构施工监控技术研究

孙洋波[1]　郑　炜[1]　金时峰[1]　石　鑫[1]　杨三元[2]
（1. 上海港湾工程质量检测有限公司，上海，201315；
2. 中交上海三航科学研究院有限公司，上海，201315）

摘　要：桶式结构作为一种新型、轻型、插入式基础结构，适用于承载力低的淤泥质地基；其结构应力及土压力是桶式结构设计及稳定计算的关键。本文基于连云港徐圩港区防波堤工程试验段工程的施工监控，研究了施工过程桶体应力、桶基础土压力和孔隙水压力的变化规律。监控结果表明，该新结构的稳定性易满足、在水上可以气浮运输、现场安装方便。

关键字：新型桶式基础；施工监控；施工参数；结构应力；土压力

引言

徐圩港区防波堤工程所采用的新型桶式结构作为一种新的水工结构形式，特别适合淤泥质海岸软土地基、具有工程造价较低、施工工期较短、耐久性较好等方面特点。但是作为一种新型的海堤结构，从理论分析和施工工艺方面都还有一定的不成熟性，该结构国内只在天津港使用，在连云港地区还没有使用经验。因此根据施工工艺，对试验工程段的 2 个桶体结构进行了气浮上升、气浮托运、自重下沉和负压下沉四个工况下桶身垂直度和摇摆度、桶体应力、桶基础土压力及孔压力等施工监控，收集了桶体结构现场浮运、下沉、结构变位、结构应力、结构与软土相互作用等方面现场资料，并为更好地把握该新型结构的受力状况、进一步完善结构设计、确定合理的施工参数、制定该结构相关验评标准以及今后推广应用积累了第一手资料。

1　工程概况

1.1　工程概述

徐圩港区防波堤工程所采用的桶式结构由 1 个带顶板的下层桶体和 2 个上部圆筒组成、呈椭圆形，图 1 为结构断面图和平面图。下层桶体呈长圆形、无底有盖、通过 2 道横隔墙和 2 道纵隔墙划分为 9 个隔舱，长 30m、宽 20m、高 11m（－17 ~ －6m），桶体壁厚 30 ~ 40cm（底部 4m 范围为 30cm）、隔墙厚 30cm、顶部盖板厚 45cm；为了减小施工阶段桶式结构长向内隔板及其上顶板的内力，在两端长向隔板半高各设置了两道 2m 高的肋梁。结构上部为 2 个直径 8.9m、壁厚 40cm、高 9.5m（－6 ~ ＋3.5m）的圆形桶体，坐落在下层桶体顶板上、并沿短轴方向排列。

桶式结构前期研究结果表明，增加肋梁后，负压下沉阶段能够使顶板的第一主应力改变位置，并有效减小第一主应力的数值；但是增加肋梁后使得桶式基础现场预制工序增加许多、工期也有所增长。为在本工程试验段探讨下桶顶板无肋梁情况下，下桶顶板及内隔板的受力情况，验证取消肋梁后桶式结构能否满足施工工况的要求。本文所介绍的两个桶式结构为无肋梁，板厚为 50 ~ 65cm。

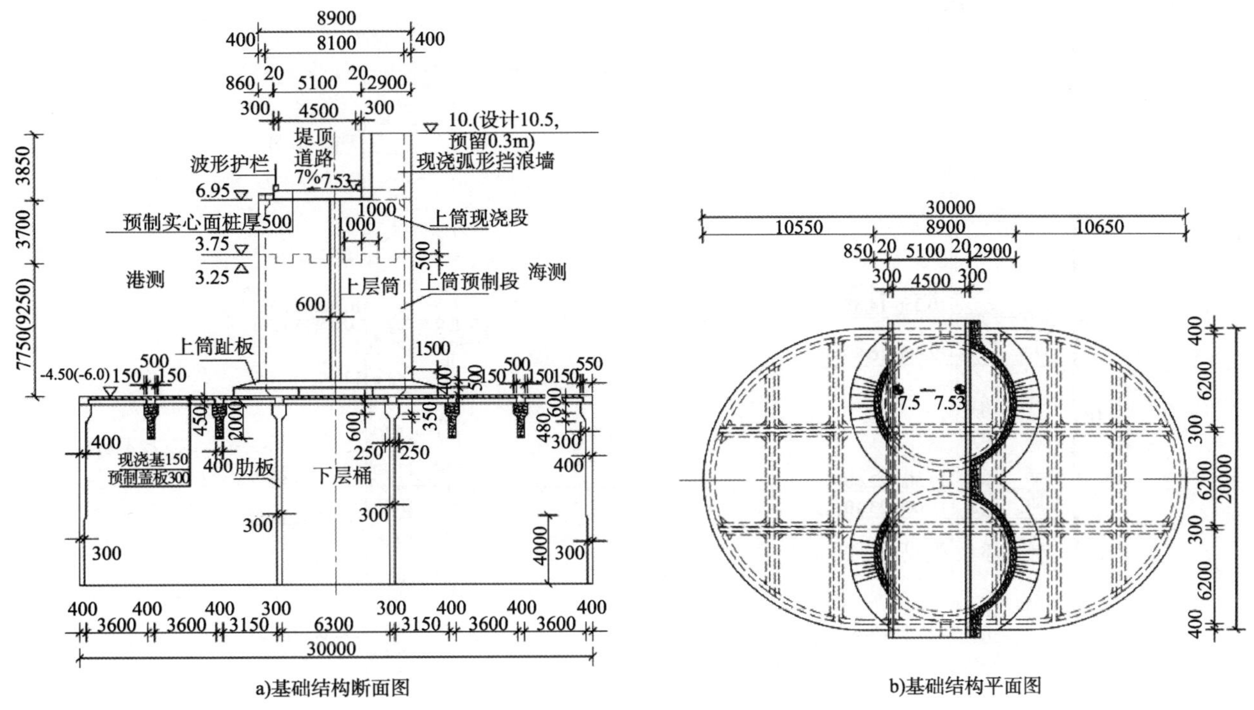

图1　基础结构断面图及平面图

1.2　地质概况

工程所在位置的地基土在基础底端以上均为第四系松散堆积物，地貌类型为水下淤泥质浅滩，总体水下地形较为平坦，场地稳定性较好；泥面标高一般在 -4.75 ~ -4.35m，浅部软土厚度一般在 9.90 ~ 10.50m，中、上部地层以砂性土夹粘性土为主，下部以软塑状粘性土夹粉土为主，力学强度较低，地基稳定性一般。图2为典型地质剖面图。

桶体下沉需要克服土体摩阻力及端阻力，由地质资料可知本工程土层分布相对均匀，下沉泥层主要为淤泥层，桶体穿过淤泥层后进入下层粉质粘土层 1 ~ 2m，淤泥层主要有淤泥组成，流塑，压缩性高，粉质粘土层主要由黏土、粉质粘土组成，可塑。

1.3　施工工艺

桶式基础结构的安装分以下4个阶段：气浮上升、气浮拖运、自重下沉、负压下沉。

(1)气浮上升：压缩空气通过进气管往舱内充气，桶式基础结构在大气压力和浮力的作用下缓缓上浮，直至达到浮运稳定状态，在上浮的过程中控制桶式基础结构的姿态，使之平衡、稳定的上升至目标高度。

(2)气浮拖运：当桶体到浮运稳定状态后，由拖轮拖动桶式基础结构到达目的位置，在拖动过程中，调整桶式基础结构的姿态，使其保持平衡，并维持在浮运稳定允许的高度。

(3)自重下沉：当桶体到达目的位置后，打开桶体上方的排气排水阀门，桶式在自身重力的作用下下沉入泥，桶体气体排出，同时通过排气速度控制下沉速率、下沉过程中发生倾斜时通过不同隔仓排气量调节至水平状态，直至桶体结构自重和浮力与土体阻力平衡、结构停止下沉为止。

(4)负压下沉：当桶体内的气体全部排出自重下沉结束后，打开抽水泵抽水，在无水可抽时，通过抽气形成负压加力，桶体在大气压力的作用下继续下沉；通过控制抽水泵的打开和关闭来控制下沉的速度和桶式基础结构的平衡，当到达设计标高时，关闭排水泵，负压下沉结束。

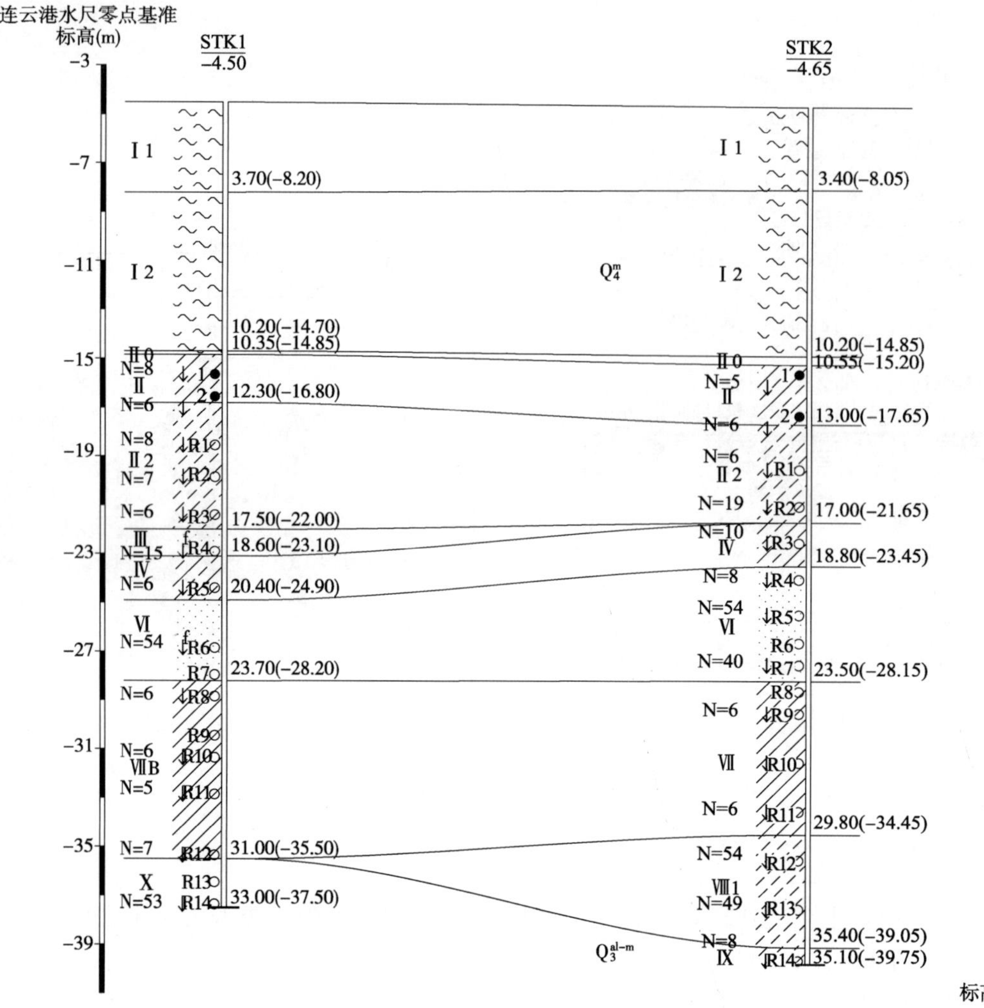

图2　典型地质剖面图

2　监控方案

2.1　监控内容

根据监控总体布置，本次施工监控的主要内容有：浮运时桶体垂直度和摇摆度；出运、浮运过程中及负压下沉时桶体结构的应力；负压下沉过程及下沉结束后桶体侧部及底端的土压力及孔隙水压力。整个圆桶共计布设应力测点155个、土压力测点81个、孔隙水压力测点18个。

2.2　自动监控系统

由于本工程测点数量多，测读工作量巨大，数据管理困难，特别是施工地点处于外海，监控过程易受恶劣天气的影响，因此，常规的人工施工监控具有一定的难度；尤其在台风等恶劣天气到来时，并不具备驻守监控的条件。因此采用自动化监控系统，可在无人值守的条件下定时获取监控数据，对施工安全与质量有重要的意义。根据本工程的特点，制定了远程无线自动化施工监控方案。远程无线施工监控系统由传感单元、无线测控单元、供电单元、数据服务处理单元和监控成果发布单元等组成，图3为远程无线监控示意图。

监控单元的采样间隔可远程设置，为了能够全面地反映桶体在各工况下的结构响应，在浮运及下沉期间的各种测试参数的变化规律，采样间隔设置为5min。

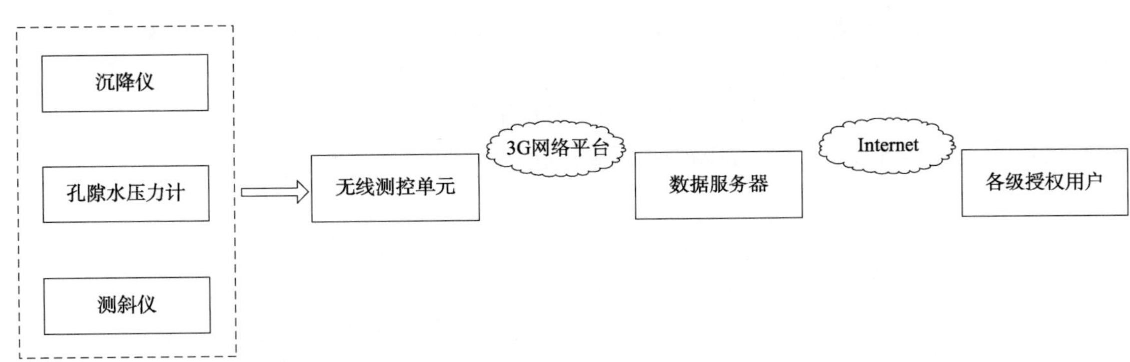

图3　远程无线监控示意图

3　监控结果及分析

3.1　垂直度及摇摆度分析

2个桶体监控数据的表明，在桶体装船出运、浮运工况下两个方向倾斜摇晃均不大于0.5°；在负压下沉过程会随隔舱压力变化，向压力小的方向倾斜，随后随着隔舱压力的调整会逐渐复位，正常情况下倾斜角度≤1.5°。由此可见该新结构出运、浮运的稳定性易满足，在水上可以气浮运输、现场安装较为方便。

3.2　桶体应力分析

桶体应力通过传感器测得钢筋或混凝土应变，然后根据钢筋、混凝土材料弹性模量计算各自的应力。桶体结构采用的钢筋是HRB400，HRB400抗拉强度设计值为360MPa，弹性模量为2.0×10^5MPa；混凝土是C40，抗拉强度设计值为2.39MPa，弹性模量为3.25×10^5MPa。

3.2.1　盖板应力

在桶式结构前期研究结果表明，盖板及两端长轴向隔板，在下沉过程中产生的应力较大，纠偏时可能会更大；施工下沉阶段对结构的气密性要求又很高，因此监控盖板应力大小及变化规律显得尤为重要。

为了监控在各个工况下桶体盖板应力大小及变化规律，在盖板长轴、短轴方向及盖板上下侧共埋设了42个应力传感器，图4为盖板应力测点布置示意图。

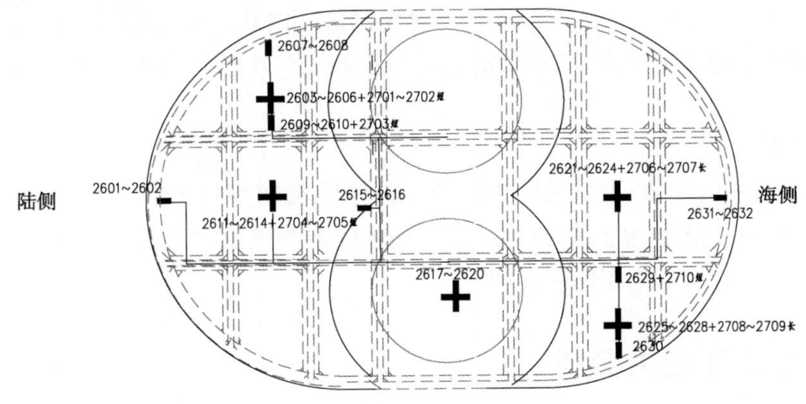

图4　盖板应力测点布置示意图

两个桶的测试结果表明：桶式结构在出运过程应力曲线平稳、没有较大变化，在下沉及纠偏过程较大，应力值在-21.6~37.3MPa范围内，但远小于钢筋的抗拉强度设计值；下沉后盖板钢筋应力变化较小,比较稳定。

3.2.2 下桶外壁及隔板应力

下桶外壁除了要满足承载力的要求外,在施工下沉阶段与隔板还有气密性要求。为了监控在各个工况下外壁及隔板应力大小及变化规律,在外壁布置了6条测线(竖向、环向各3条)、每条测线5个应力测点(盖板下1m、2m、3m、6m、10m各一个测点);在隔板布置了4条测线(竖向、环向各2条)、每条测线5个应力测点(测点高度桶外壁),图5为盖板应力测点布置示意图。

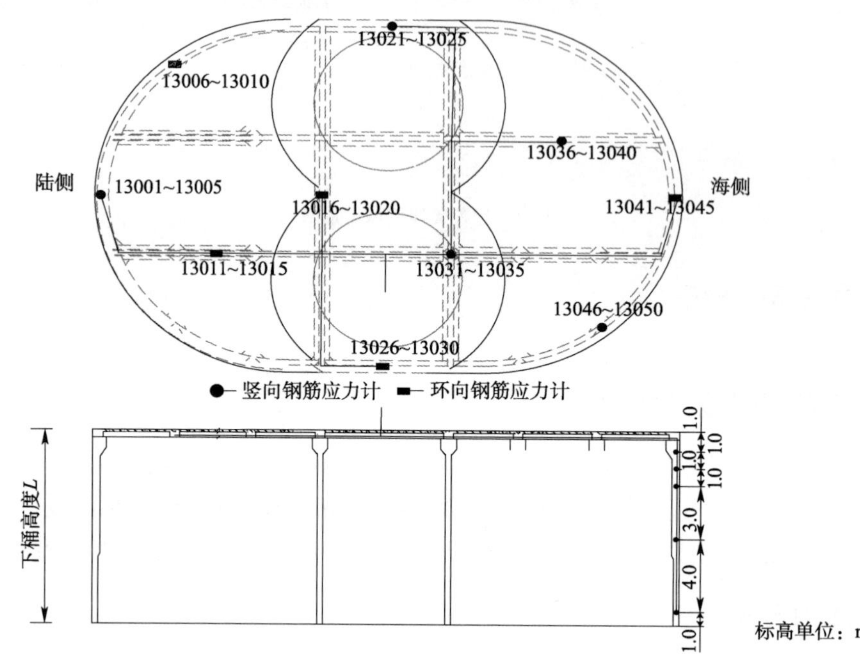

图5 外壁及隔板应力测点布置示意图

监控结果表明:浮运过程中,外壁钢筋应力较小;下沉过程中,桶体受多种因素影响,钢筋应力变化比较剧烈,最大值为115MPa;桶体结构安装完成后,钢筋应力逐渐趋于稳定且普遍较小;由不同测线位置的监控数据发现桶体短轴环向钢筋应力最大,短轴竖向钢筋应力其次;由同一测线不同高程监控数据发现,下沉过程中由于受负压及纠偏等因素的影响,受力较为复杂,桶体结构安装完成后桶体中下部钢筋应力普遍大于上部钢筋应力。

由于桶体下沉本身就是个自我调整、纠偏的过程,入泥后桶体扭转使下桶隔板产生的应力普遍较大。下沉过程中隔板长轴向部分测点应力峰值大于360MPa,超过钢筋抗拉强度设计值;由同一测线不同高程监控数据发现,桶体结构安装完成后,环向钢筋应力从上到下逐渐递增,竖向钢筋在隔板中间位置出现最大拉应力。

3.2.3 上桶应力

上层筒体在施工阶段的浮运、下沉过程中仅参与桶体姿态调整的工作,下桶舱内压力调整对上桶影响很小,上桶本身受外力亦很小,监控数据显示上层桶体应力测试值普遍较小,桶体结构安装完成后上桶应力趋于稳定。限于篇幅,这里不作详细介绍。

3.3 土压力及孔压力分析

下层桶体共安装了75个土压力传感器和9个孔隙水压力传感器;分别布置在盖板、外壁、隔板及底端。图6~图8为测点布置示意图。

浮运前盖板土压力传感器、孔压力传感器测试值均为零;浮运过程中两者测试平均值为50kPa左右,主要是由舱内气体压缩产生的气压；下沉过程中随着施工工况的变化，测试值在不断变化，最大值在150kPa左右，前期为气压、后期主要为水压，下沉后盖板土(孔)压力基本不变，测试平均值在100kPa左右。

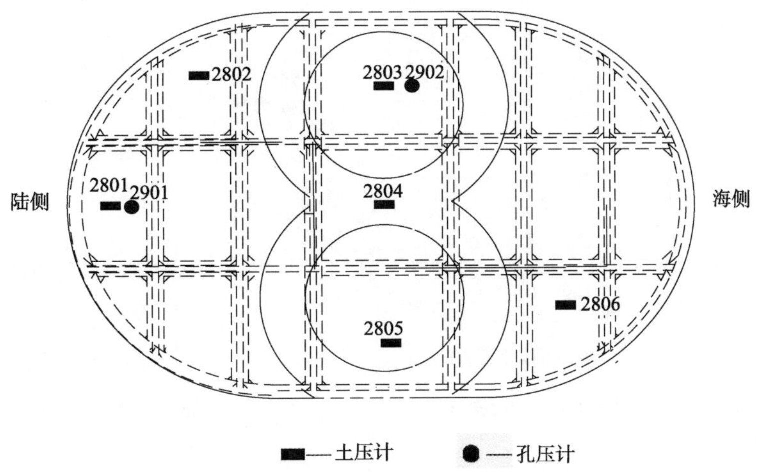

图6　盖板土压力、孔压力测点布置示意图

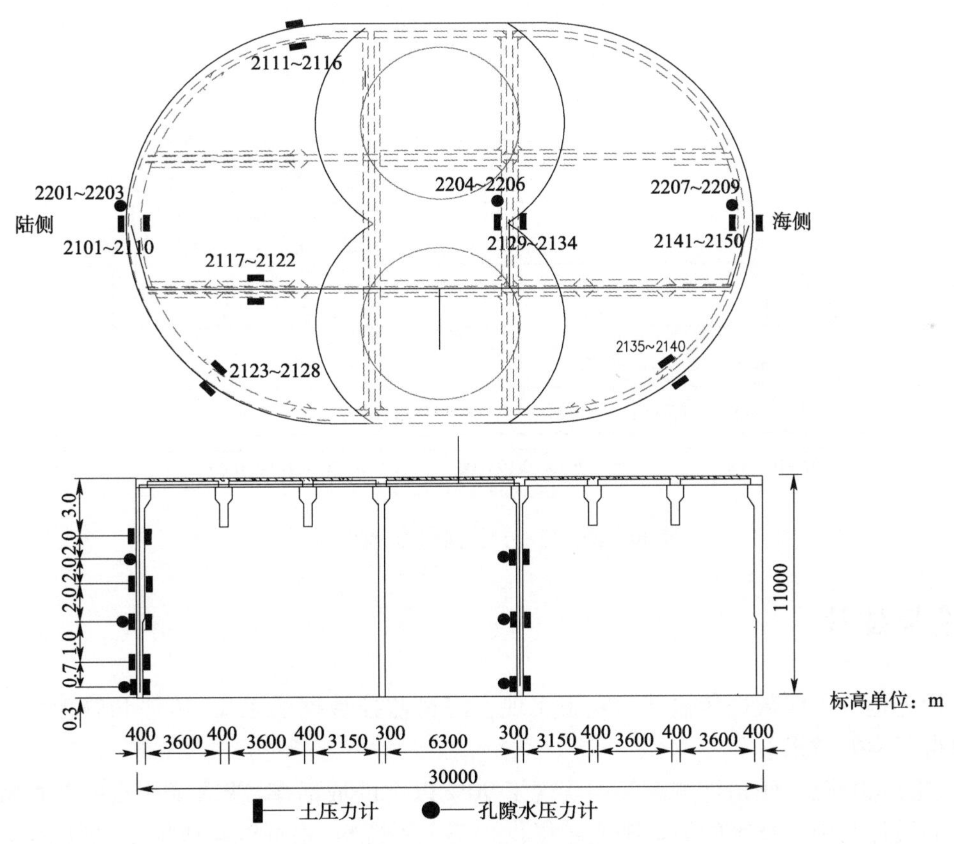

图7　侧壁土压力、孔压力测点布置示意图

浮运前侧壁土压力计、孔压力计测试值均为零；测试峰值均出现于气浮过程中；桶体结构安装完成后，土体逐步恢复，侧壁土压力少量增大，超孔压力逐步消散，孔隙水压力有所减小。同高程海侧、陆侧土压力、孔压力基本相等，无倾倒趋势；各高程断面土压力、孔压力测试平均值从上向下呈梯形分布，实测值与理论基本相符。图9为侧壁各断面土压力均值。

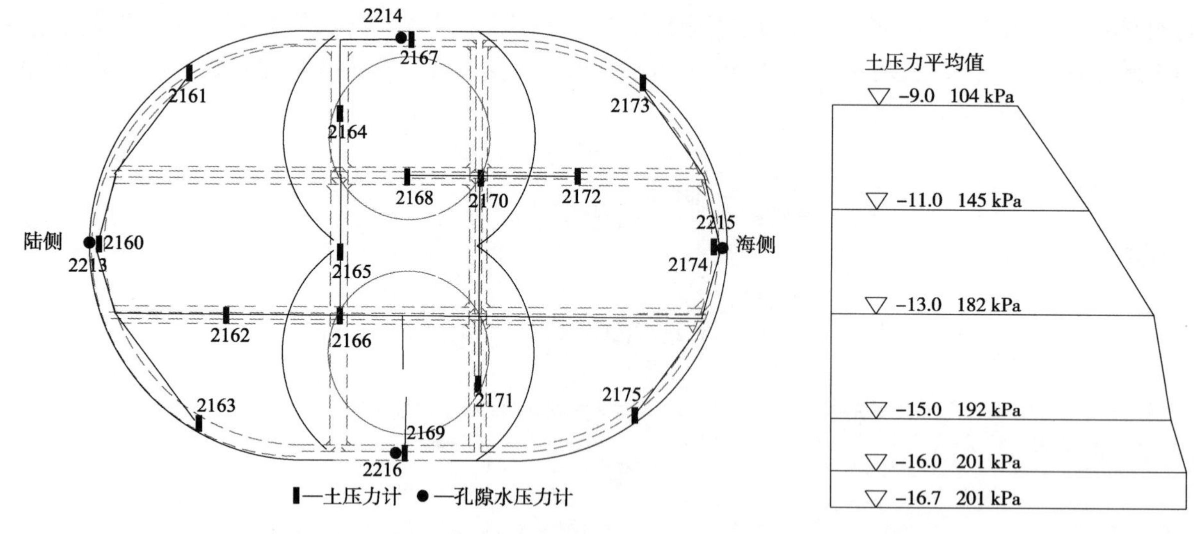

图 8 底端土压力、孔压力测点布置示意图

图 9 侧壁各断面土压力平均值(总应力)

底端土(孔)压力能较为准确、及时的反映下沉工况下的桶端阻力。浮运和下沉的前期,底端土压力计测试值较小,近视为桶端受到的静水压力;随着桶体不断下沉和施工工况不断变化(放气、抽气、负压下沉),土压力测试值也不断增大,桶体结构下沉到位后土压力(总应力)计测试平均值为 455kPa,孔压力测试平均值为 233kPa,图 10 为一组土压力监测值曲线图。

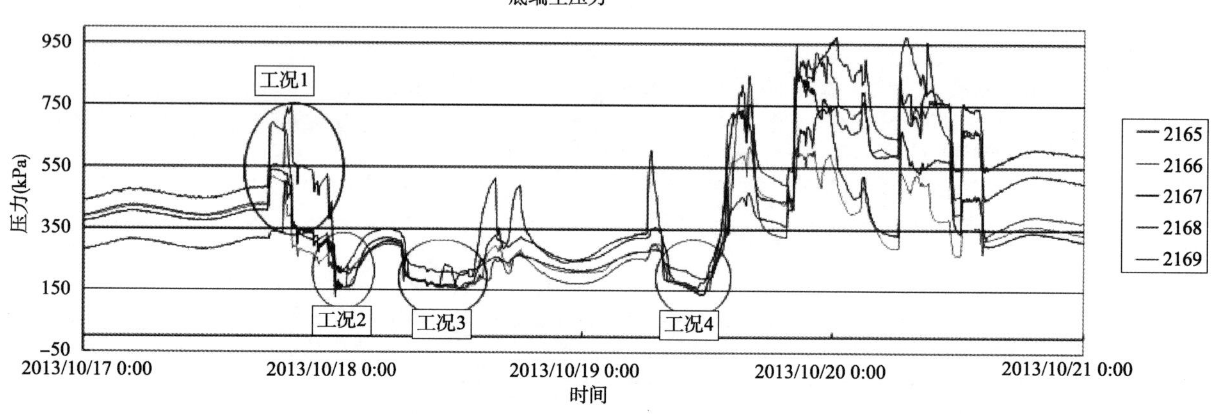

图 10 底端土压力变化曲线图(总应力)

4 结论与建议

本项目利用先进的无线数据传输技术克服实现了海量监控数据的采集、传输和管理,在圆桶运输与安装试验中取得了良好效果。

应力测点、土压力测点、倾角计测点等均实现了 90% 以上的成活率,获取了珍贵的监控数据,为新型桶式基础结构的设计与施工技术的验证和完善提供了第一手资料,根据试验成果得出以下结论和建议:

(1)多隔舱倒扣式杯体结构具有浮运稳定性,正常工况下倾角不大于 0.5°,解决了重心高于浮心的施工难点。如遇特殊工况桶体发生较大角度倾斜,亦可通过调节各舱内气压调整桶体平衡。

(2)通过预制阶段在桶体埋设钢筋计和实时监控可以真实反映各施工工况下桶体结构的应力情况。上层桶体和下层桶体顶板、外壁的钢筋受力总体较小,下层桶体纵向内隔板和横向内隔板的应力均较大。

(3)下沉纠偏阶段是桶体结构钢筋受力的最大阶段,其中长轴向内隔板部分测点应力峰值超过钢筋抗拉强度设计值。

(4)桶体结构安装完成后盖板土压力、孔压力测试值基本相同,无明显有效土压力;侧壁同高程海侧、陆侧土压力、孔压力基本相等,各高程断面土压力、孔压力测试平均值从上向下呈梯形分布,实测值与理论基本相符;下沉结束后底端土体逐渐恢复,有效土压力逐渐增大。

(5)取消肋梁后,下层桶体的顶板可以满足桶体结构的施工要求。

(6)建议适当调整纵向内隔板的厚度和配筋。

参考文献

[1] 中交第三航务工程勘察设计院有限公司. 连云港港徐圩港区直立式结构东防波堤工程初步设计[R]. 上海:中交第三航务工程勘察设计院有限公司,2012

[2] 高志伟,陈甦,李武,等. 桶式基础结构土压力分布规律[J]. 中国港湾建设,2013. 18-22

[3] 喻志发,朱耀庭,解林博. 箱筒型基础防波堤施工过程结构内力测试及分析[J]. 中国港湾建设,2009. 12-15

[4] 大连理工大学. 连云港徐圩港区防波堤工程桶式基础结构内力及构造研究[R]. 大连:大连理工大学,2012

液化判定标准对比及场区液化分析手段发展浅析

王沛一　陈伟浩　薛林虎　陈　猛
（中交四航局第二工程有限公司，广东广州，510231；
中国交通建设股份有限公司，北京，100088）

摘　要：从计算原理入手，对国内外液化判定标准进行对比分析和总结，以实际工程应用为例，进一步阐明NCEER法与LPI法针对不同抗震液化敏感性需求时的适用性。

关键词：液化分析；判定标准；NCEER法；LPI法

引言

沙特吉赞JIGCC取排水项目位于吉赞经济城，属于沙特沿红海周边地震频发区。应阿美业主要求，在开展结构施工前需对地基抗液化性能进行评估分析。整个场区的地基待处理面积达100万m^2，从时间和经济角度而言，地基抗液化性能的评析对于现场实际施工具有重要的意义。基于此项目部结合已有条件展开地基抗液化性能评析的相关研究和工作。

本文通过解析国内外常用液化分析手段，从理论发展、数据来源、计算依据等方面展开对比分析，选择符合现场情况的抗液化特性评析手段，用于指导现场实际工作。

1　影响液化的因素

当饱和松砂（或粉土）受到振动而孔隙水未及时排出时，则颗粒间体积减小的趋势将导致孔隙水压不断增高，有效应力相应减小，当土体有效应力降低为零时，土体丧失抗剪强度，转为液体状态，进而发生液化[1]。有学者基于前人的研究将对于液化影响因素做了较为全面的总结，如图1所示[2]。

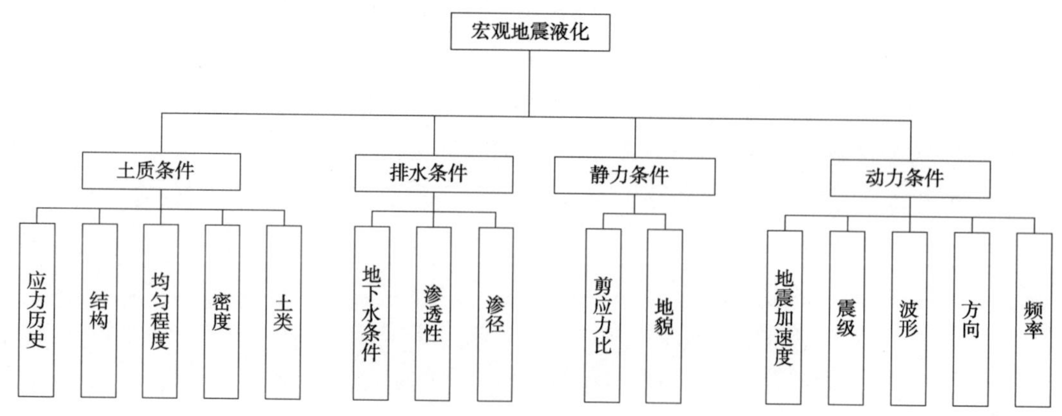

图1　液化影响因素

液化分析的影响因素众多，在构建液化判别式时，主要影响因素有[3]：（1）初始相对密度；（2）地震荷载强度和持续时间；（3）上覆土层有效应力；（4）排水条件；（5）砂土土质、先前应力历史及固结程度。区域差异性导致了不同区域在建立液化判定指标时对于影响参数的选取使用有着不同的考虑。

2　国内外液化判定标准对比

目前对于场地液化评价研究较多的区域主要可划分为四个区域，即中国、美国、日本、欧洲。其中美国、日本和欧洲的抗震规范主要是基于 Seed 于 1971 年提出的动剪应力分析思想的判别液化的简化方法[4]为基础发展了各自的方法。

我国普遍采用的是《建筑抗震设计规范(GB 50011—2010)》中的方法(后续简称“规范法”)[5]，主要是基于国内外大地震资料和结合标贯数据进行的一种经验性公式拟合确定，虽也有部分借鉴 Seed 法的思路，但整体与国外判定有较大差别。本文研究内容是国内规范法与美国 NCEER 法及 LPI 法的对比分析，进而选择合适的方法指导现场实际工作。

2.1　规范法计算原理

规范法进行液化判别时可划分为初判和复判两个步骤。在初判阶段，通过对土体的地质年代，粘粒含量百分比以及非液化土层和地下水位深度的相关关系这三个方面综合比较，即可初步判别为不液化或可不考虑液化影响：

初判后如认为需进一步进行液化判别时，则依据已有地震现场实测资料为基础建立起的经验公式，提出了在对应地震烈度条件下，场地土体发生液化对应的标贯临界值的计算方法。该法考虑了粘粒含量及地下水位的影响，公式如下：

$$N_{cr}=N_0\beta[\ln(0.6d_s+1.5)-0.1d_w]\sqrt{3/\rho_c} \tag{2.1-1}$$

式中：N_{cr}为液化判别标贯击数临界值；N_0为液化判别标准锤击数基准值；d_s为饱和土标准贯入点深度(m)；d_w为地下水位(m)；ρ_c 为粘粒含量百分率；β 为调整系数。

当现场标贯击数(未经杆长修正)小于或等于临界值 N_{cr}时，应判定为液化土。上式判定仅基于各标贯点的液化判定，对于总体液化程度强弱的判别，规范法中提出了液化指数 I_{lE}的公式：

$$I_{lE}=\sum_{i=1}^{n}\left[1-\frac{N_i}{N_{cri}}\right]d_iW_i \tag{2.1-2}$$

式中，I_{lE}为液化指数，0 ~ 6 时液化等级轻微，6 ~ 18 时液化等级中等，$I_{lE}>18$ 时液化等级严重；N_i、N_{cri}为 i 点对应的标贯实测值和临界值；d_i 为 i 点所对应的土层厚度(m)；W_i为单位土层层位影响权函数值(m^{-1})，该层中点深度≤5m 时采用 10，等于 20m 时采用零值，5 ~ 20m 时按线型内插法取值。

规范法对于地基抗液化性能的分析是一个基于标贯数据(SPT)的整体偏经验性考虑计算，计算时考虑了标贯击数、地震烈度、土层深度、地下水位及区域设防震级的影响，同时对于液化处理措施也是从较为宏观角度结合建筑抗震设防类别的结构需求综合考虑进行，具备一定的合理性。

2.2　NCEER 法计算原理

Seed 和 Idriss 在 1971 年根据美国 Alaska 和日本 Niigata 地震研究提出的砂土液化判别方式[4]，后续 Seed 法经过多次改善，美国国家地震委员会工作组 NCEER 在 1996 年和 1998 年分别召开两次会议组织 20 位专家结合 25 年研究成果分析总结形成了现有的 NCEER 法[6]。

NCEER 法也存在一个初判和复判的程序，在初判阶段认为地下水位以上的土体或当基本地震加速度值小于 0.1g 或地方震级 M_L小于 5 级时，不需进行液化分析(此判定方式与国内标准法类似)。

当初判后认为需进一步进行液化判别时，对需要进行液化分析的土体其分析出发点基于将砂土中由于振动产生的剪应力比(CSR)与产生液化的所需的剪应力比(CRR)进行比较，当 CRR 小于 CSR 时，将会发生液化，反之则不会。

2.2.1　CSR 的计算原理

地震荷载下由振动产生的剪应力比(CSR)计算原理如图 2 所示。

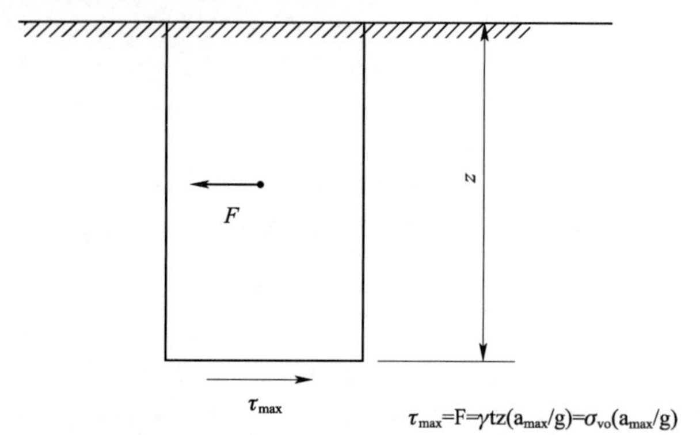

图2 假想土柱在地震荷载作用下的刚体运动

假定水平地面下存在一个具有单位宽度和长度的土柱，当地面在地震荷载作用下产生最大加速度为α_{max}的水平运动，如图2所示，土柱的重量为$\gamma_t z$，其中γ_t为土体容重，z为距地表深度。基于此假定，经公式推导[4]，同时考虑土体本身可变形，引入一个与深度相关的应力折减系数γ_d，则由于振动产生的剪应力比为：

$$CSR=\frac{\tau_{cyc}}{\sigma'_{vo}}=0.65\gamma_d\left(\frac{\sigma_{vo}}{\sigma'_{vo}}\right)\left(\frac{\alpha_{max}}{g}\right) \tag{2.2.1-1}$$

式中

$$\gamma_d=\begin{cases}1.0-0.00765z & z\leqslant 9.15\text{m}\\ 1.174-0.0267z & 9.15\text{m}\leqslant z\leqslant 23\text{m}\end{cases} \tag{2.2.1-2}$$

2.2.2 CRR的计算原理

产生液化所需的剪应力比(CRR)反映了地震荷载作用下土体的抗液化能力，CRR的计算也是基于对已有地震数据和原位试验的一种经验公式拟合，经过公式推导后[6]，CRR的计算公式如下所示：

$$CRR_{7.5}=\begin{cases}0.0833[(Q_{c1N})_{cs}/1000]+0.05 & (q_{c1N})_{cs}<50\\ 93[(q_{c1N})_{cs}/1000]^3+0.08 & 50(q_{c1N})_{cs}<160\end{cases} \tag{2.2.2-1}$$

$$MSF=(M_w/7.5)^{2.56} \tag{2.2.2-2}$$

$$CRR=CRR_{7.5}\times MSF \tag{2.2.2-3}$$

$$FS-CRR/CSR \tag{2.2.2-4}$$

式中，$CRR_{7.5}$是震级7.5时对应的产生液化所需的剪应力比；$(q_{c1N})_{CS}$是修正到100kPa压强下的锥尖阻力值；MSF是震级比例系数，对于其他震级M_w可进行转化；CRR是经由震级比例系数转化后得到的产生液化所需的剪应力比；FS为液化判定安全系数，当$FS>1$时，无液化风险，当$FS<1$时，有液化风险，FS越小，液化风险越大；

2.2.3 NCEER法小结

NCEER法相较于规范法其理论性有所增强，是一个基于CPT数据的半理论性(CSR求取)半经验性(CRR求取)计算思维。在CRR的求取过程中综合考虑了锥尖阻力、侧摩阻力、土体上覆有效应力、土层深度、地下水位、地震震级及峰值加速度等相关影响因素，对于每一段的液化可能性分析可达到2cm级别的精度判定。

2.3 LPI法计算原理

CPT的钻探一般是以2cm/s的速率连续取样，NCEER法计算时，1米深度范围内的样品数量就有50个，当这50点中只有1到2个点$FS<1$时(土层中存在2~4cm厚薄弱层时)，整体的液化风险几乎为0，但对于这种现象，NCEER法无法判定临界值。即NCEER法的液化判定能够较为精确的以2cm为精度判定每层土体的液化风险，但对于总体液化势的临界风险控制没有明确的划分。

后续学者在Seed法和NCEER法的基础上提出了LPI法，其起源是由Iwasaki提出，后经不同学者陆续改进而成[7]。LPI法的计算公式如下：

$$\text{LPI}=\int_0^{20\text{m}}Fw(z)\,\text{d}z \tag{2.3-1}$$

式中：$F=\begin{cases}1-FS & FS\leqslant 1\\ 0 & FS>1\end{cases}$；$w(z)=10-0.5z$，$z$为钻孔深度(m)；当LPI <4时认为液化风险极低，无需进行地基处理；当4≤LPI≤15时，认为液化风险较高，当LPI>15时，认为液化风险极高。

LPI 的计算思路与规范法中液化指数 I_{lE} 的求取方式是类似的,即通过对一个钻孔中各个深度的液化势进行权重加和统计,进而得到一个钻孔的总体液化势判定结果。从年代追溯应是规范法借鉴了 LPI 法的理念,其中 LPI 法最早源于 1978 年,由 Iwasaki 提出,而规范法于 20 世纪 90 年代后提出,所以二者理念承异曲同工之妙。

2.4　国内外液化判定标准对比

从前述章节对规范法、NCEER 法、LPI 法的计算原理解析可以看出,规范法较之于 NCEER 法与 LPI 法在较多方面均存在区别与对比,经总结后如表 1 所示。

国内外液化判定标准对比统计表　　表 1

方法名称	规范法	NCEER 法	LPI 法
数据来源	标贯试验 SPT,采样间隔 2 ~ 5m,可重复性差,可获取土样	静力触探试验 CPT 为主(也有 SPT 但较少),采样间隔 2cm,可重复性高,不可获取土样	
理论基础	基于标贯击数 N 以及场地地震烈度分析,经验相关性拟合公式	基于锥尖阻力 q_c 和侧摩阻力 f_s,半理论(CSR)半经验性(CRR)相关性拟合公式	
地震影响确定	抗震烈度	地震震级	
数据分析	单点液化性能、整体液化势	单点液化性能	整体液化势
适用国家	中国	美国、中东、非洲	

结合第 2 节液化主要影响因素,对各个方法所涵盖的影响因素统计如表 2 所示。

液化影响因素涵盖性统计表　　表 2

影响因素	初始相对密度	地震荷载强度	地震持续时间	上覆有效应力	排水条件	砂土土质固结程度
规范法	√	√	×	×	×	√
NCEER 法	√	√	×	√	×	√
LPI 法	√	√	×	√	×	√

由表 2 可见,三法在地震持续时间和排水条件这两种影响因素方面涵盖性略差,有待加强。在砂土土质、固结程度角度而言,规范法侧重于通过初判的土体年代和复判的标贯击数结合判定,NCEER 法和 LPI 法则更多通过锥尖阻力 q_c 与侧摩阻力 f_s 的摩阻比拟合的土性参数 I_c 来判定,对于固结程度未考虑土体年代,较之于规范法略有不足。

3　工程应用

NCEER 法对于场地液化判定较为细致,更适合于对于抗震液化敏感性需求较高的结构物,对于常规建筑结构使用时其较为保守;LPI 法对于场地总体液化势判定较为精确,更适合从比较宏观的角度把控结构的抗震液化特性,可联合 NCEER 法共同对于场区液化抗震性能加以评估。

本文以沙特吉赞 JIGCC 项目进水渠基坑一段为例,对 NCEER 法和 LPI 法在工程中的应用加以对比说明。进水渠基坑总长 2763m,结构形式为梯形截面块石护坡明渠;基坑底标高为 82.154m,顶面标高 91.354m;土方开挖深度约 10m,属于深基坑范畴。设计采用放坡大开挖形式,放坡坡度为 1:2,整体地基待处理面积达 9.6 万 m^2。典型里程坡面结构形式如图 3 所示,该区域整体土性钻孔如图 4 所示。

图 4 为进水渠区域典型 CPT 钻孔剖面图,图中自左向右依次为锥尖阻力,侧摩阻力,孔隙水压力,摩阻比以及基于摩阻比的土性拟合参数。由图 4 可见,在深度 10 ~ 10.2m 附近存在一个薄弱层,厚度在 0.1 ~ 0.2m 左右,存在一定的液化可能性,而两侧土体性质良好,基本无液化风险。

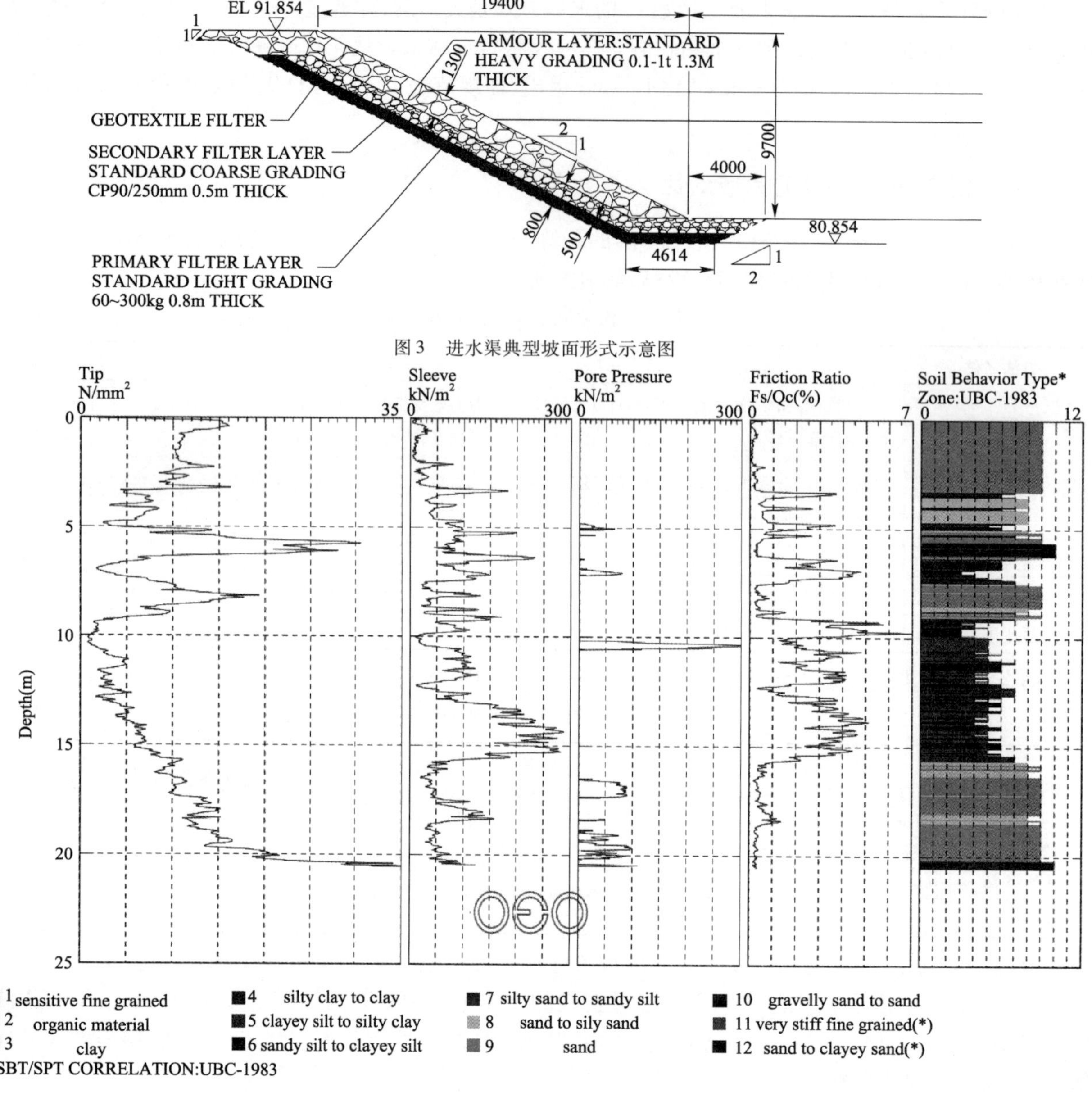

图 3　进水渠典型坡面形式示意图

图 4　进水渠典型 CPT 钻孔图

3.1　NCEER 法判定结果

10m 深处薄弱层存在液化风险，Worly Parson 设计依据 NCEER 法判定整个基坑均存在液化风险；强夯处理无法有效对该深度进行处理，故提出使用振冲碎石桩工艺，桩间距为 2m 的等边三角格网式进行布置，桩长 15m，桩径 1.2m，经核算，最终所需总碎石量达 26 万 m^3。

进水渠区域上覆无相关结构物，仅作海水引入作用，其结构对于抗震液化敏感性要求不高。采用 NCEER 法进行评估后，其对于精细的液化风险均给出判定结果，但对于总体液化风险又无法评估故而造成了总处理面积 9.6 万 m^2 的振冲碎石桩工艺，需消耗碎石量达 26 万 m^3。

面对这样一种地基处理结果，无论是从工时还是花费上其消耗都是十分巨大的，同时这样的判定也是不够合理的。

3.2　LPI 法判定结果

项目部判定 NCEER 法液化判定方式过于保守，故与设计进行沟通并向其论述了 NCEER 法与 LPI 法在不同建筑结构抗震敏感性要求前提下的适用性与合理性。最终设计接受了我方的建议并进行了设计变更,采用 LPI 法后的分析结果如表 3 所示(以 CH. 1600m ~ CH. 2200m 为例)。

进水渠 CH. 1600-CH. 2200 段 LPI 法分析结果统计表 表 3

区域	里程数	LPI 液化风险					
		南坡			北坡		
		坡顶	坡中	坡脚	坡脚	坡中	坡顶
CH. 1600m ~ CH. 2200m	1600 ~ 1700	0	2.5	4.7	4	2.9	0
	1700 ~ 1800	0	4.2	3	4	2.9	0
	1800 ~ 1900	0	0.2	2.5	5.8	1.5	0
	1900 ~ 2000	0	1.5	5.4	8.2	1.8	0
	2000 ~ 2100	0	1.3	9.1	6.6	0.2	0
	2100 ~ 2200	0	0.1	2.5	6.6	0.2	0

由表 3 可见,除深色区域其 LPI >4 需要进行地基处理外,其他区域虽存在一定的液化可能,但 LPI < 4,即总体液化可能性极低,不需进行地基处理。经此设计变更后的总地基处理面积变更为 2.4 万 m^2,处理工艺变更为无碎石消耗的双点振冲振冲工艺,振冲间距变更为 2.5m 的三角格网式振冲,为项目部节省了大量的花费与工时。业主已经接受设计变更且现场地基处理目前已通过验收,进水渠基坑也进入了后续的坡面护石结构施工阶段。

结语

本文取得的结论分述如下:

(1)规范法理论计算依据偏经验性,影响判别的相关参数为地震烈度、砂土状态(年代和粘粒含量)等,同时适用于单点液化性能评估以及钻孔整体液化势评估;

(2)NCEER 法和 LPI 法计算依据半理论半经验性,影响判别的相关参数为地震震级、土体应力状态等;NCEER 法适用于单点液化势评估,LPI 法适用于总体液化势评估;

(3)构建液化判定标准时,规范法未考虑土体应力状态,NCEER 法和 LPI 法对于固结程度判定未考虑土体年代,地震持续时间和排水条件方面三法均未考虑,存在可改进空间;

(4)当上覆结构较为简单,对抗震液化敏感性要求较低时,可考虑 LPI 法采用总体液化势进行液化判定;当上覆结构较为复杂,对抗震液化敏感性要求较高时,可考虑 NCEER 对各点液化特性进行判定。

参考文献

[1] 陈仲颐,叶书麟. 基础工程学[M]. 北京:中国建筑工业出版社,1991

[2] 任金刚,王玉芳. 饱和砂土地震液化研究方法概述[J]. 海河水利, 2006(3):51-53

[3] 李颖,贡金鑫. 国内外抗震规范地基土液化判别方法比较[J]. 水运工程, 2008(8):30-38

[4] Seed H B, Booker R. Stabilization of potentially liquefied sand deposits using gravel drains [J]. Journal of Geotechnical Engineering Div. JCED, 1976, 102(07): 1-15

[5] 中华人民共和国国家标准. 建筑抗震设计规范(GB 50011—2010)[S]. 北京:中国建筑工业出版社,2010

[6] T. L. Youd et al. Liquefaction resistance of soils: Summary Report from the 1996 NCEER and 1998 NCEER/NSF Workshops on Evaluation of Liquefaction Resistance of Soils [J]. Journal of Geotechnical and Geo-environmental Engineering 2001, 127(4), 817-833

[7] J. Dixit, et al. Assessment of liquefaction potential index for Mumbai city [J]. Natural Hazards and Earth System Sciences, 2012, 12, 2759-2768

超重大跨度钢箱拱肋整拱拼装及滑移装驳关键技术研究

郑　震
（中铁港航局集团有限公司，广东广州，510660）

摘　要：凤凰三桥钢箱拱采用现场低位拼装，沿码头栈桥整孔滑移，通过压排水并利用潮差变化实施体系转换，完成拱肋装驳、下河浮运。钢箱拱滑移、吊装重量约 4700t，为同类型桥梁钢箱拱吊装施工重量世界第一。施工中研发了拱肋拼装可调节支架、下河码头栈桥及超大吨位拱肋纵向滑移、压排水装驳浮运等关键技术。

关键词：钢箱拱；低位拼装；纵向滑移；压排水装驳；浮运

引言

目前，国内外多数大跨度钢拱桥均采用缆索吊机施工，锚碇设置对地质要求较高，不适宜淤泥层较厚的恶劣地质环境；节段悬臂拼装施工周期较长，在台风期施工风险大。针对本桥结构、水道航运繁忙的特点，主桥钢拱肋采用钢拱肋整孔提升方案。拱肋节段在拼装支架上低位组拼成拱，张拉临时系杆、落架后，在下河码头栈桥上顶推滑移至装驳位置，利用 15000t 运输平板驳趁涨潮顶托整孔拱肋装驳，拖轮拖拉浮运至桥位处，利用提升支架同步液压整体垂直提升完成拱肋安装。整孔拱肋滑移、浮运和吊装重量包含拱肋自重、船上支架自重、临时系杆及其张拉设备自重约 4700t。

1　工程概况

广州市南沙区凤凰三桥工程，主桥为中承式无推力钢箱系杆拱桥，跨越下横沥水道，全长 510m，跨径布置为（40 +61 +308 +61 +40）m（图 1）。

图 1　主桥效果图

主拱拱肋钢拱段跨度 249.5m，矢高约 68.44m（含三角钢架前斜腿），主拱矢跨比 1/4.5，拱轴线采用 $m = 1.25$ 的悬链线，主拱肋按 1/5 角度横桥向内倾，拱顶处拱肋间跨为 19.1m。两片拱肋的通过 9 道横撑连为一体,拱肋沿着桥轴立面内水平线分为54个节段,包括:钢混结合段,标准段(分有横撑及无横撑两类),合龙段,单肋最重节段为84t,全桥钢拱肋总重约3900t。

2　重难点分析

提篮式钢箱拱肋为空间线形,拱肋横截面内倾1/5角度,节段吊装角度控制、精确对接调整焊接工序复杂;整孔钢拱肋拼装重量3900t,异地低位拼装支架强度、刚度、稳定性设计,拼装过程不平衡荷载及沉降控制难;拱肋拼装完成系杆张拉、整体落架进行体系转换技术要求高;整孔4700t拱肋整体滑移100m,滑移过程中摩擦力克服、两端同步控制、拱肋整体滑移稳定性控制、滑移方向控制难;整孔拱肋利用涨落潮、运输船压排水顶托装驳拱肋整体稳定性控制技术难。

3　钢箱拱节段拼装支架系统设计

拱肋组拼场地处珠江三角洲平原前缘河口地带,广泛分布有软土,厚度较大,约厚14.6～27.1m,软土下卧层为亚粘土,砂层、花岗岩及其风化层,地质条件复杂。

拱肋拼装支架(图2)采用钢管格构式结构,结合钢拱肋上船支架综合考虑设计,支架顶端设计有鞍座调节系统,可对节段钢拱肋进行横向、竖向调节对位,靠拱脚两端设计了落架滑移结构。

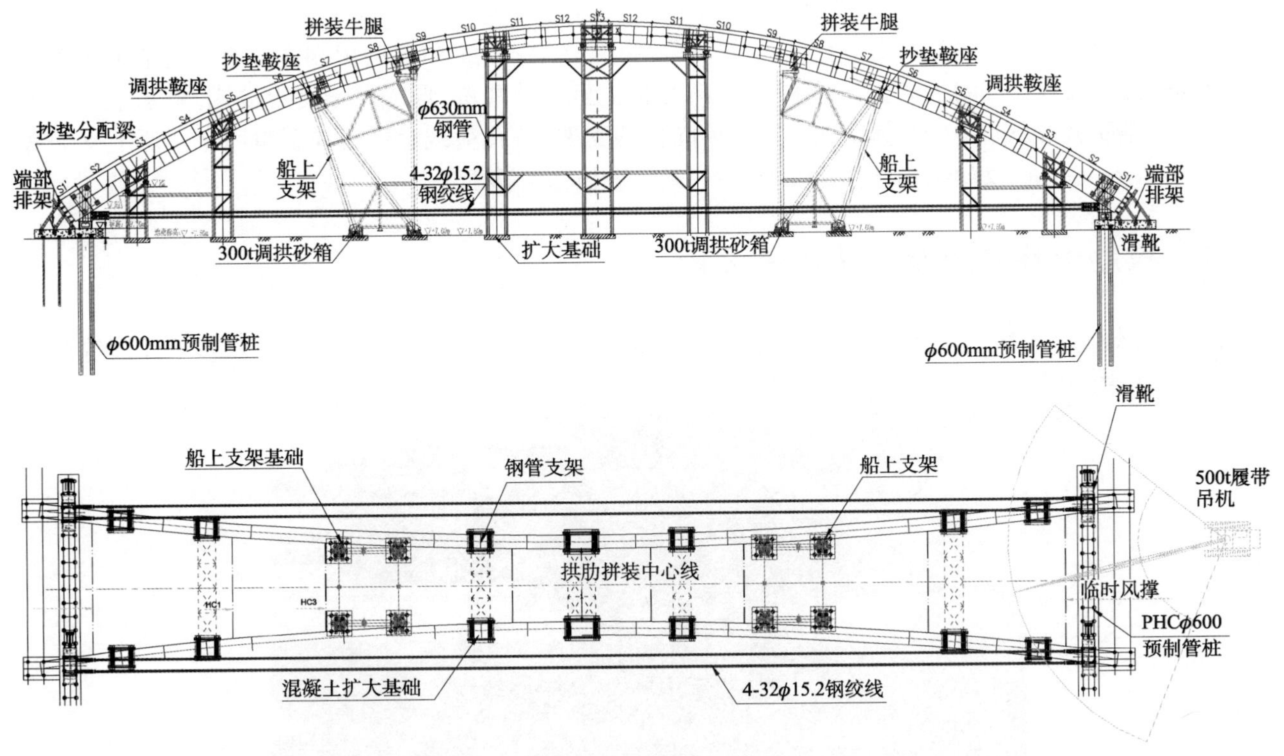

图2　拼装支架布置图

3.1　支架基础处理

为保证拱肋拼装支架整体稳定,支架承受荷载后支架变形、沉降量在可调范围内,中间支架采用钢筋混凝土扩大基础,地基处理采用换填碎石,分层碾压密实,承载力不小于200kPa。拱肋滑道及端头限位支座等受力大的基础采用PHCφ600mmAB型预应力混凝土预制管桩,管桩设计承载力300t,设计桩长与打桩贯入度双控,以设计桩长为主。为便于拱肋脱架后船上支架和拱肋一同滑移下河,拱肋船上支架基础设置了硫磺砂浆垫层，以便于脱空和体系转换。

3.2 拼装支架结构设计

拱肋拼装支架主要采用钢管格构式立柱和钢管桁架结构，这种结构形式整体稳定性好、抗倾覆能力强。分为端承排架、船上支架、一般支架三种结构形式。端承排架承担拱肋拼装过程中较大的水平分力，采用了 $\phi520 \times 6$ 的钢管桁架结构。船上支架在拱肋整孔上船后支撑整个拱肋的结构重量，因此采用 $\phi1400 \times 20$ 的钢管桁架结构，此结构需要较强的承载力和整体稳定性，以确保浮运过程中拱肋的安全。一般支架采用 $\phi630 \times 8$ 的钢管格构式立柱，支架间采用钢管联结系以增强立柱的整体稳定性。为保证整个拼装支架的整体稳定性，减小支架变形对拱肋拼装线形精度的影响，各组支架之间根据需要设置了纵、横向平联。

3.3 拱肋节段调节鞍座设计

由于为提篮式钢箱拱，拱肋为内倾的空间线形，为对拱肋节段接头进行精确对位，在支架顶端设计了L型鞍座式调节定位结构。该可调机构的设置，使钢箱拱节段在支架上实现了纵移、横移以及由纵横移相结合实现平面旋转微调、竖向标高微调，同时起到了支撑、定位节段拱肋的作用。拱肋节段吊装时利用吊机主、副钩和千斤绳调整角度，倾斜吊装，减少拼装支架顶的调整工作量。

3.4 临时系杆和整拱落架技术

钢箱拱肋节段拼装成形后，需进行体系转换拆除拼装支架。拱肋拼装时由端承排架承受整个体系的水平荷载，此时需在拱脚附近设置临时水平系杆，并张拉至设计吨位，形成弓形受力模式，将水平力变为内力，整个拱肋就形成了一个整体结构。逐步拆除拼装支架，整孔荷载全部落在了滑座上。船上支架底部硫磺砂浆垫层拆除，支架结构挂在原设计位置，随整个体系滑移上船。

4 拱肋滑移系统及码头栈桥设计

整拱体系通过滑移系统纵向滑移至上船位置准备上船。滑移系统由滑靴、滑道、纵移千斤顶等结构组成，整个机构支撑在下河码头栈桥上（图3）。

图3 滑移系统

4.1 滑靴

在拱脚对应底板焊接滑靴连接底座，通过螺栓与滑靴连接。滑靴采用 2500 × 1600mm 钢箱结构，底板镶嵌24块MGE工程塑料合金重物平移滑块。MGE工程塑料合金自润滑性能及承载抗压性能优越，比聚四氟滑板PTFE具有更好的硬度，耐磨性，非常适合大吨位重载移梁作业。

4.2 滑道及码头栈桥

拱肋纵移下河滑道长130.2m，分陆上和水上栈桥滑道，纵向不设纵坡。为保证在重载下滑道的稳定和控制沉降，陆上滑道基础采用PHCϕ600mm预制管桩，每排两根，排距为3m，大堤侧采用ϕ1.2m冲孔桩，水中选用PHCϕ800mm预制管桩，每排设2根，在河道内设置斜桩抵抗水平荷载。滑道纵梁采用5×2.5m钢筋混凝土梁，顶面精确找平后铺10mm厚钢板作为滑道板。

4.3 纵移控制技术

MGE干燥状态下摩擦系数0.045～0.065，顶推力按235t控制，布置两台120t液压连续千斤顶。千斤顶反力架设计为自行倒钩式顶座，设计了一组倒钩，顶推时倒钩于滑道梁上预留的槽口上，千斤顶顶推至最大行程后回缩时，自行带动反力架前进。千斤顶泵站采用智能控制技术，可对两端千斤顶推力进行智能调节，控制拱肋滑移速度和方向，保证在滑移过程中拱肋整体稳定。

5 顶托装驳技术

钢箱拱肋运输采用“重任1500”驳船水上运输，平面尺寸为110×32m，型深7.5m，载重量15000t，钢拱装驳后加上船舱配水压重后吃水深度约4.37m。

驳船在船厂栈桥水域抛锚带缆，右舷靠岸侧，启动卷扬机，松放锚链，使驳船缓缓进入栈桥水域，并使船上建筑物与桥拱下端支架错开(图4)。

图4 拱肋装驳

使用拉力机对驳船进行纵向定位，使桥拱下端支架落于船上定位槽处。驳船在涨潮时段利用船上排水泵全力排水抬浮，抬浮前驳船预先压水至吃水5.5m，整体抬浮后吃水为4.3m，整个过程排出压舱水约8500m^3，预计排水时间2h。在2小时内，潮水位上涨，使甲板标高升高0.7～1.0m，等量置换拱肋加载在船上的重量。在拱肋加载在船上时，涨潮和排水可使船上甲板标高共提高1.55～1.85m，顶起拱肋船运支架，由于支点转换两端最大下挠值为1.21m，足以使拱肋滑靴与栈桥脱空。当驳船整体抬浮完毕，将驳船纵向移动15m，拱肋装驳工序完成。

结语

风凰三桥的提篮式钢箱拱,空间线形拱肋低位拼装技术,创新性的设计了可调鞍座,方便了钢箱拱节段在拼装支架上进行纵移、横移以及由纵横移相结合实现平面旋转微调、竖向标高微调。船上支架设计结合陆地拼装支架,采用吊挂销板吊挂整个船上支架一起上船,能有效的调节位移,为船拱上船提供有效的途径。拱肋在岸上组拼成型,张拉脱架体系转换,通过设置顶推滑移装置整体移动至上船位置,充分利用涨落潮时段和船体压排水技术,使整体拱肋离开滑道上船浮抬。这些关键技术的研究和创新,使原来施工难度大、安全风险高转化为施工周期短、设备可靠、技术安全,为国内外同类型桥梁施工提供了新的技术案例。

参考文献

[1] 陈永宏,平胜大桥自锚式悬索桥钢箱梁顶推施工. 湖北,桥梁建设,2006(S1). 33-35

[2] 李钊. 浅谈新光大桥边拱拱肋拼装方案. 山西,山西建筑,2008. 第 34 卷第 12 期. 324-325

[3] 简永航. 新光大桥变拱肋提升技术. 湖南,中外公路,2007. 第 27 卷第 6 期. 122-123

大型耙吸船装舱管路压力脉动研究

杨正军[1]　高　伟[2]　王世伦[2]　王学田[2]
(1. 中交天津港航勘察设计研究院有限公司,天津市疏浚工程技术企业重点实验室;
2. 中交天津航道局有限公司)

摘　要:大型耙吸船具有操纵性能好、风浪适应能力强、对航行干扰小等优点,是航道施工首选装备。由于船上管路需要通过倒换闸阀实现装舱、吹填及艏喷等作业,再加上船上空间局限的影响,造成船上管路布置复杂,管路内流动压力脉动大,容易形成水力激振源。以我公司大型耙吸船上管路为研究对象,采用非定常数值模拟的方法对船上管路进行了计算,获得了管路内的流场,分析了监测点上的压力脉动特性。然后将计算得到的压力脉动与施工中管路的振动情况综合分析,发现压力脉动较大的区域是管路振动剧烈的位置,压力脉动频率与振动频率接近,进而可以确定管路的振动是由管路内不稳定的流动的压力脉动引起。为船舶管路改造提供技术支持,也为今后类似船舶造成积累经验。

关键词:管线振动;数值模拟;频率特性。

引言

大型耙吸船上有复杂的管路系统,为了船上布置空间的考虑,常常会有输泥管路连续弯转,造成了管路内部流动复杂,甚至引起水力激振。我司某大型耙吸船,在采用水下泵装舱过程,装舱管发生剧烈的低频振动,随着流速的增大,振动呈增大趋势,影响了船舶正常的运行,限制的船舶运行的能力的发挥。对耙吸船管路内压力脉动的研究较少,未调研到该方面的研究报道。在其他应用领域有管路压力脉动研究的报道。史淑娟等[1]报道了在火箭推进剂输送管路中的压力脉动,通过仿真得到了压力脉动的引起因素。王强等[2]研究了管路消振器与管路内压力降低的关系。但是上述研究对象与我公司遇到的有较大的差别,因此开展本文的研究内容。

1　数学模型

本文中采用了雷诺时均 N-S 方程[3],具体形式如下:

$$\frac{\partial \bar{u}_i}{\partial x_i}=0 \tag{1}$$

$$\rho\frac{\partial \bar{u}_i}{\partial t}+\rho\bar{u}_j\frac{\partial \bar{u}_i}{\partial x_j}=\rho\bar{F}_i-\frac{\partial \bar{p}}{\partial x_i}+\frac{\partial}{\partial x_j}\left(\mu\frac{\partial \bar{u}_i}{\partial x_j}-\rho\overline{u'_i u'_j}\right) \tag{2}$$

公式中 $\bar{u}_i$是时均速度,x_i是空间坐标,t 时间坐标,ρ 是流体的密度,$\bar{p}$是时均的压力,$\bar{F}_i$是其他外力,包括:体积力、升力等,$\rho\overline{u'_i u'_j}$是雷诺应力,具体计算方法如下:

$$\tau'_{ij}=-\rho\overline{u'_i u'_j} \tag{3}$$

$$-\frac{\tau_{ij}}{\rho}=\nu_t\left(\frac{\partial \bar{u}_i}{\partial x_j}+\frac{\partial \bar{u}_j}{\partial x_i}\right)-\frac{2}{3}k\delta_{ij} \tag{4}$$

$$\nu_t=\mu_t/\rho \tag{5}$$

$$\mu_t = \rho c_\mu \frac{k^2}{\varepsilon} \tag{6}$$

式中：τ_{ij}是雷诺应力，μ_t湍流粘性系数，k 湍动能，ε 是耗散率。k 和 ε 采用下面输运方程求解。

$$\frac{\partial(\rho k)}{\partial t} + \frac{\partial(\rho k u_i)}{\partial x_i} = \frac{\partial}{\partial x_j}\left[\left(\mu + \frac{\mu_t}{\sigma_k}\right)\frac{\partial k}{\partial x_j}\right] + P_k - \rho\varepsilon \tag{7}$$

$$\frac{\partial(\rho\varepsilon)}{\partial t} + \frac{\partial(\rho\varepsilon u_i)}{\partial x_i} = \frac{\partial}{\partial x_j}\left[\left(\mu + \frac{\mu_t}{\sigma_\varepsilon}\right)\frac{\partial\varepsilon}{\partial x_j}\right] + \frac{\varepsilon}{k}(c_1 P_k - c_2\rho\varepsilon) \tag{8}$$

式中：P_k是湍动能生成项，σ_k和 σ_ε是湍流 k 和 ε 的普朗特数，c_1和 c_2是模型系数[4]。

2 数值模型

2.1 计算域

耙吸船装舱管线包括舱内管和甲板以上的管线，目前船舶管线的主要振动区域如图 1 所示位置。考虑到计算的需要，取振动源上游和下游适当的延伸段作为计算域，如图 2 所示。

图 1 耙吸船装舱管线

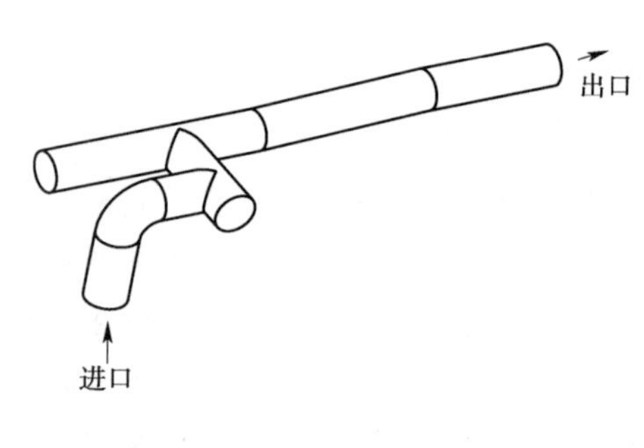

图 2 选取的计算域

2.2 网格划分

考虑到管路形状相对复杂，采用了非结构网格离散计算域，在一些几何细节部位网格进行了局部加密（图 3）。考虑到计算的精度和计算资源，总体网格单元 90 万左右。

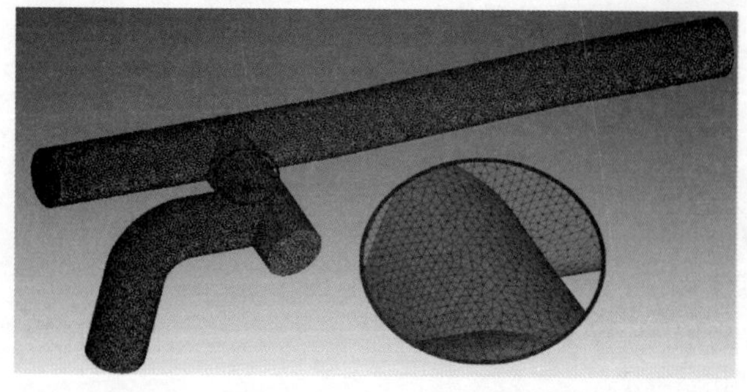

图 3 计算网格

2.3 边界条件

计算中进口（位置见图 2）采用速度进口，即在进口给定流动速度大小和方向。速度值给定 5m/s，速度方向设定为进口面的法向。管道壁面都采用无滑移边界条件，即 $u=0, v=0, w=0$。出口（位置见图 2）速度采用 Neumann 边界条件，即$\partial\varphi/\partial n=0$。

采用 SIMPLE 方法对速度和压力进行解耦。时间采用二阶格式离散，时间步设定为 0.0075s，计算残差设定为 10^{-4}，整过过程计算了 6000 个时间步。

3　结果与讨论

图 4 是不同时刻管路壁面上的压力分布云图。从图中可以看到管路的压力从流动进口到出口逐渐降低，在第三个 90 度转向后出现了局部低压区，并且该低压区分布情况随着时间变化而变化。在流动进一步向下游发展后，局部低压区消失，逐渐形成稳定的流动。该低压区的压力有周期行变化的趋势，并且在局部形成负压，这与管线上的空气阀间歇行的泄水现象一致（图 5）。在船舶运行过程中，该区域的管线振动强烈，与当前计算显示该区域有较强的压力脉动像吻合。由此可以推断管路的振动是由管路内部不稳定的流动引起。

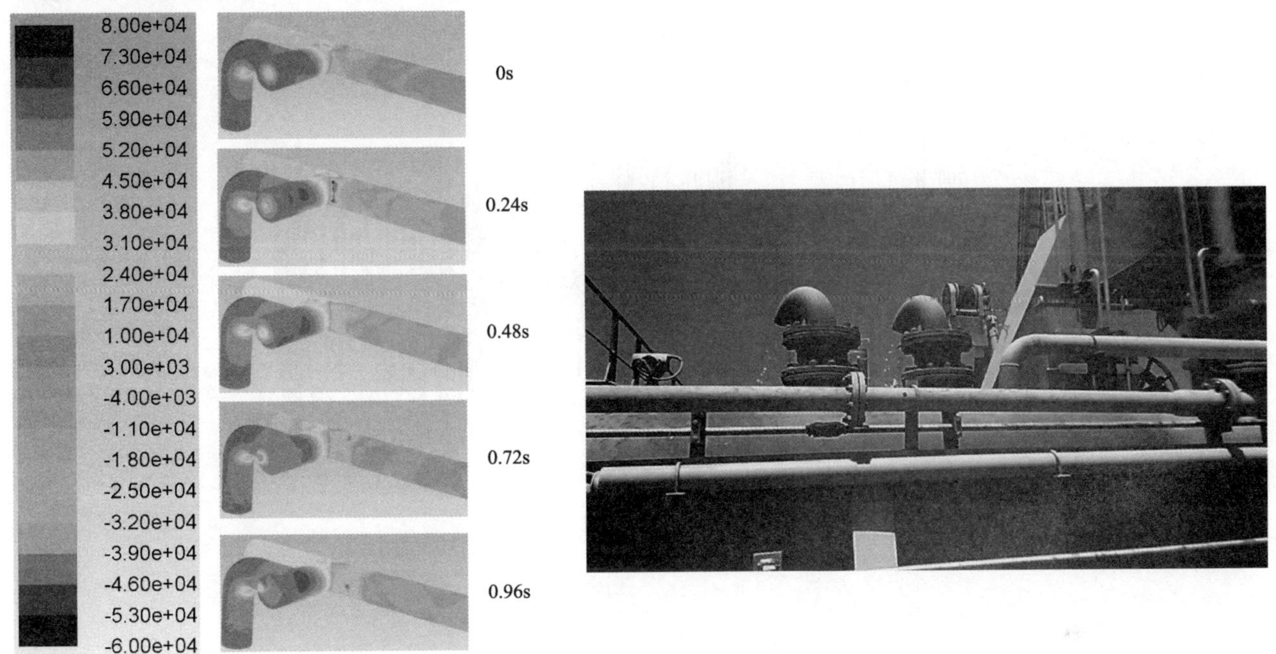

图 4　不同时刻压力云图

图 5　空气阀泄水情况图

图 6 是管线中的压力等值面。从图中可以看到等压面随着时间的推进呈无规律变化，但是该区域的大小有一定的周期性。从此图中也可以看出在弯管段压力脉动显著，流动非稳态性影响较重。为了进一步分析该区域的非稳态流动特性，在该区域设置了 12 个监测点，位置如图 7 所示。

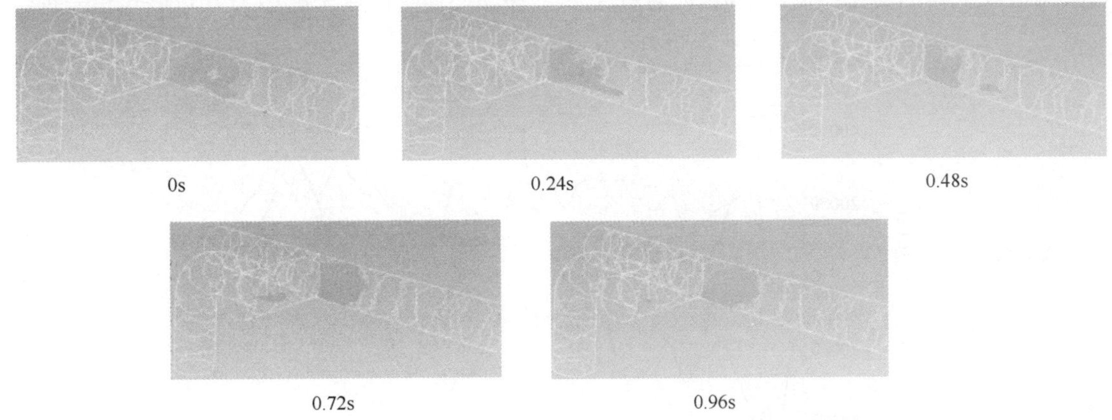

图 6　不同时刻压力等值面

图 8 是在船舶运行过程中振动管路周围采集的噪声信号时域图，从图中可以看到管路的振动信号存在一定的周期性，周期大约 0.3 ~ 0.4s，因此振动中包含了大约 3Hz 的振动成分，这与在现场听到的声音

情况相一致。

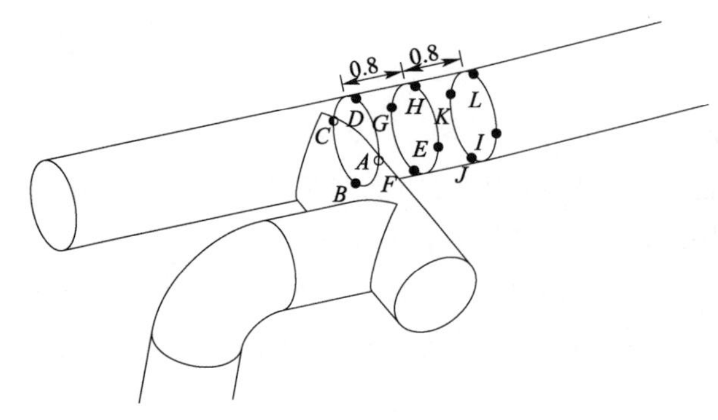

图 7　监测点布置图

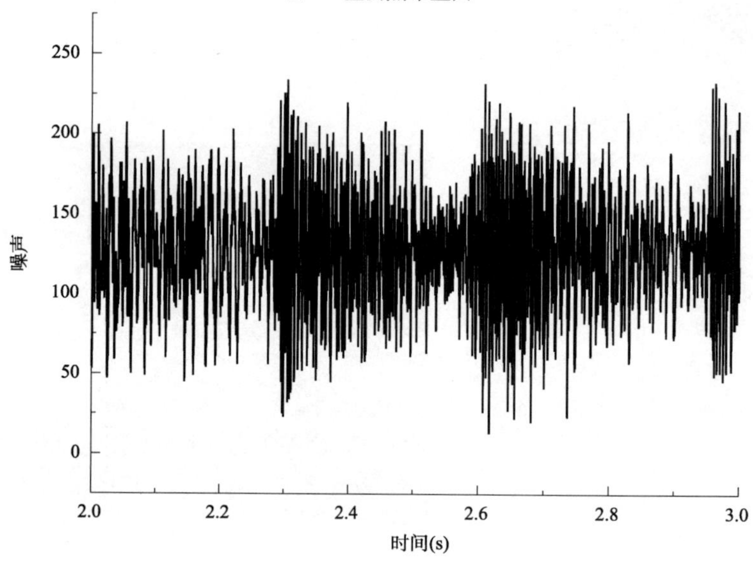

图 8　振动管线周围噪声波形图

图 9 ~ 图 11 是 12 个监测点上的压力时域图。图中显示各断面上监测点间的压力差别随着流动向下游逐渐变小。A ~ H 点压力脉动峰峰值较大,到 I ~ L 点压力脉动峰峰值变小。各点压力值具有一定的周期性,但是并没有较固定规律的周期变化。各监测点中 A 点的压力最低,这是由于 A 点处于管路转弯的内侧,是一个脱流区域,该区域流速大压力低。E 点 ~ H 点压力脉动峰峰值较大,这是由于该区域有一个周期运动的漩涡,漩涡造成了局部变化的低压中心,并且在空间上移动。这与图 4 中的压力分布形式相一致。

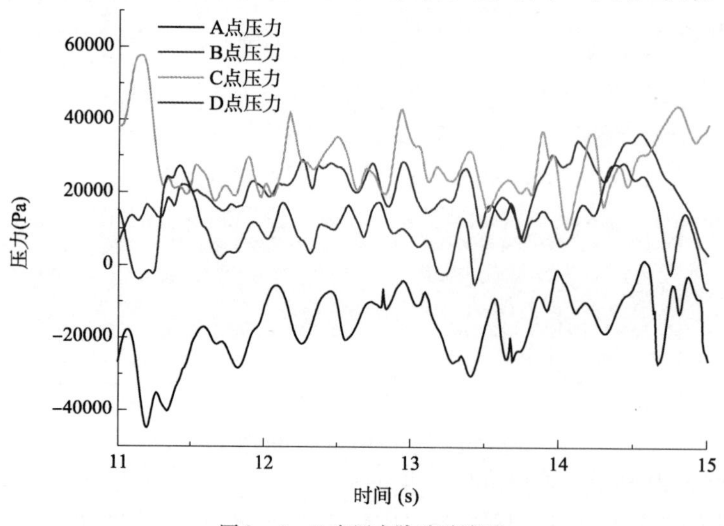

图 9　A ~ D 点压力脉动时域图

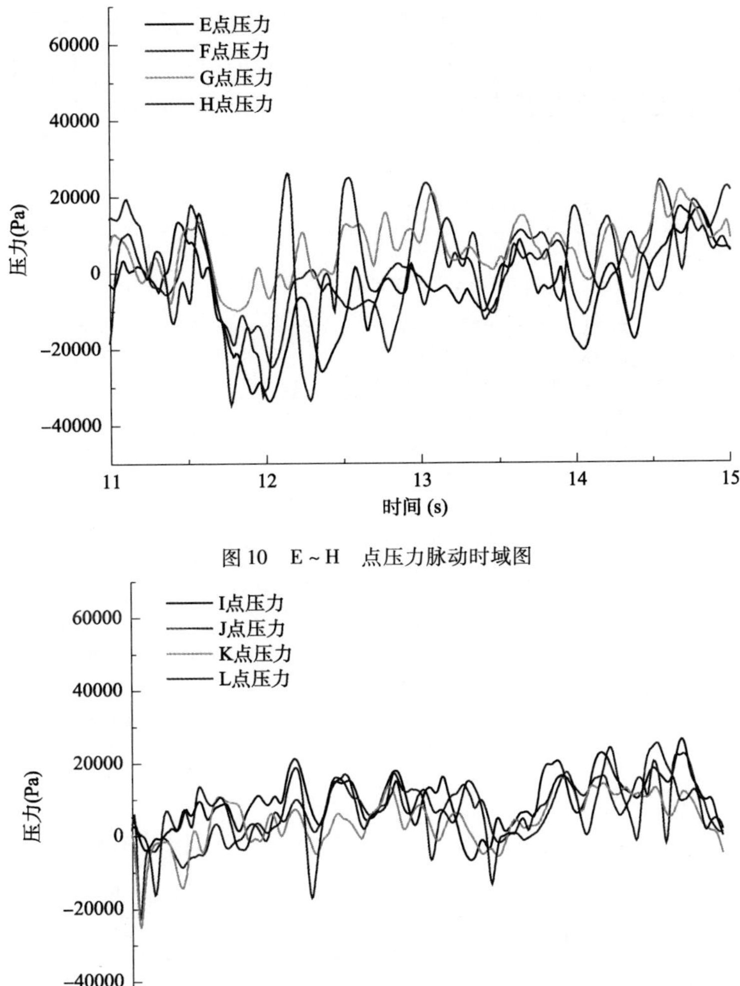

图 10　E～H　点压力脉动时域图

图 11　I～L 点压力脉动时域图

图 12～图 14 是 12 个监测点上的压力脉动频域瀑布图。从图中可以看到各点压力脉动都在低频区域出现较大的幅值，在大于 8Hz 以上的压力脉动成分较少。在 A～D 点压力脉动更集中在低频区域，随

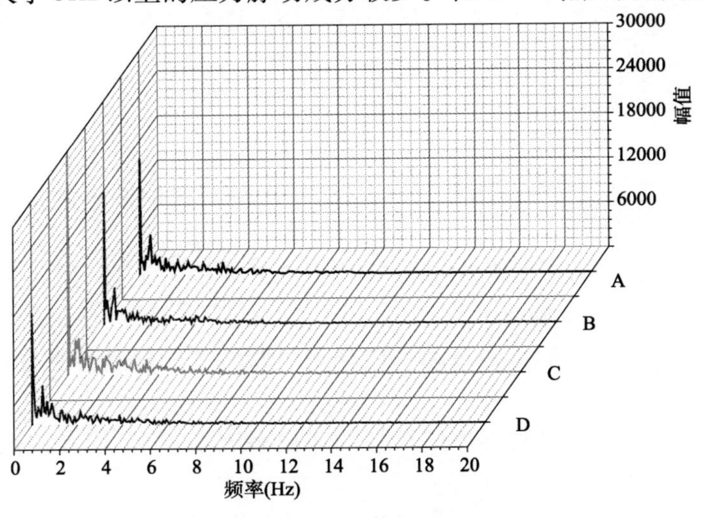

图 12　A～D 点压力脉动频域图

着流动向下游移动，到了 E ~ H 点后，压力脉动有向高频移动的趋势，压力脉动最大幅值变小。进一步向下游移动，到达 I ~ L 点后压力脉动继续向高频移动，最大幅值进一步减小。各点的压力脉动主要集中在 5Hz 一下，这与管路噪音中的低频信号频率接近，进一步证实振动由管路内的压力脉动引起。

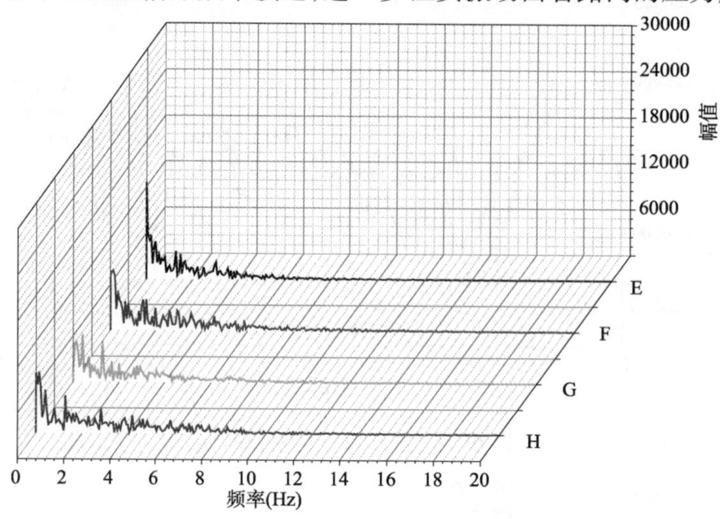

图 13 E ~ H 点压力脉动频域图

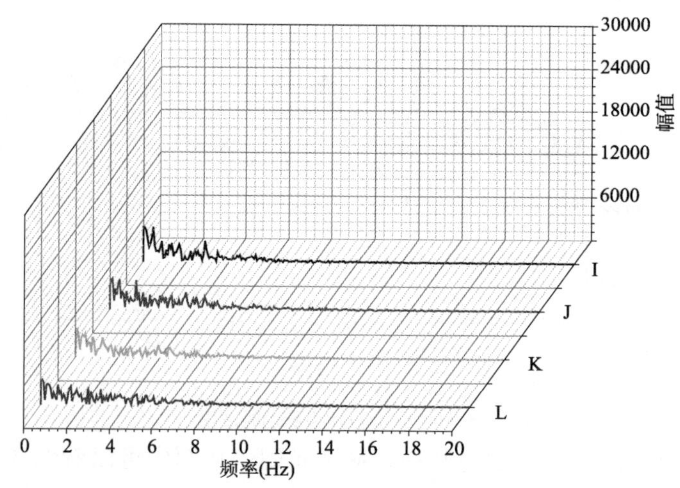

图 14 I ~ L 点压力脉动频域图

结语

本文针对我公司某大型耙吸船管路振动问题出发，采用数值模拟的方法研究了管路内部流场，分析了压力脉动特性，得到如下结论：

（1）采用数值模拟的方法可以模拟复杂船舶管线内部的非稳态流场，捕获到管路内部的压力脉动，为船舶管路改造与设计提供技术保障。

（2）采用的数值模拟方法得到的压力脉动特性与现场监测到的振动特性在空间分布和频率特征相一致。

（3）船舶管路的连续三个空间弯管会形成较强的非稳态流场，产生较大的低频压力脉动，激发管路振动，在船舶管线布置中尽量避免。

（4）当前船舶管路中流动产生了小于 8Hz 的低频压力脉动，该压力脉动激发的管路振动强烈，可以通过调整管路布置方法减少连续空间弯头解决管路振动问题。

参考文献

[1] 史淑娟，周浩洋，陈二锋，谷良贤，赵涛. 输送管路低频压力脉动研究[J]. 强度与环境 ,2014，03，pp 8-14

[2] 王强，沈荣瀛，姚本炎，丁炜. 管路消振器降低管路振动与脉动压力[J]. 中国造船，2003，01 ,pp 42-48

[3] Launder B. E. and Spalding D. B. . Lectures in mathematical models of turbulence[C]. London，Academic Press ,1972

[4] Farouk B. and Guceri S. I. . Laminar and turbulent natural convection in the annulus between horizontal concentric cylinders[J]. ASME Journal of Heat Transfer，1982，104：631-636

港珠澳大桥沉管隧道基槽的回淤控制

曹湘波　陈　林　何　波

（中交广州航道局有限公司，广东广州，510221）

摘　要：在建的港珠澳大桥工程，其沉管隧道基槽的高质量清淤施工极具挑战性。施工期间，承建商先后组合利用大型耙吸船、定点式清淤船和专用整平船，配置不同的吸淤头，实现了基槽开挖期间、抛石夯平前、碎石基床铺设前，以及碎石基床表面、基槽边坡及槽底不同位置高标准的清淤作业要求。本文介绍了沉管隧道基槽的回淤情况、基槽施工各阶段的清淤控制标准、区域内回淤控制手段、及基槽内清淤的主要方式，包括清淤船舶和设备的应用以及清淤效果等。

关键词：港珠澳大桥；沉管隧道；回淤控制

引言

在建的港珠澳大桥跨越珠江口伶仃洋海域，是连接香港、珠海及澳门的大型跨海通道，其中，主体工程是目前世界上埋设最深、跨度最长的海底沉管隧道，质量标准高、技术复杂、综合难度大，由以中交股份为首的联合体设计施工总承建，建设工期长达六年多。港珠澳大桥岛隧工程，起于粤港分界线，沿 23DY 锚地北侧向西，穿越珠江口铜鼓航道、伶仃西航道，止于西人工岛结合部非通航孔桥西端，全长约 7.4km。其中，沉管隧道基槽长约 5.7km，底宽 41.95m，最大底标高约-50m；横向按四种不同坡比放坡，纵向采用 0.3% ~3% 等多种坡率组合，呈 W 型布置。岛隧工程设计施工须解决一系列世界级难题，沉管基槽清淤是其中一项。由于伶仃洋海域海况复杂，气候多变，且沉管隧道几乎垂直于水流，导致基槽容易淤积。鉴于沉管隧道 120 年的使用寿命要求，隧道基槽基础的质量要求非常高，而且沉管安放对于基槽底部水密度要求极高，因此，本文通过采取有效的措施，包括利用大型耙吸挖泥船、定点清淤船等，并配置不同设备，开展基槽回淤控制技术成套研究，一方面可减少外部回淤来源，同时也对基槽内各施工阶段的回淤物质予以及时有效的清除。

1　沉管基槽回淤研究与调查

1.1　径流泥沙影响

岛隧工程所处的伶仃洋是珠江的几大支流汇集处，径流量季节性变化幅度很大，约为 3000 ~ 30000m^3/s。根据长期的水文观测以及数模推演分析，隧道基槽所处的伶仃水域月平均淤积量约为 15 ~ 25cm/月，以伶仃航道为界，西侧水域淤积强度大于东侧。为了获取工程所在位置的关键淤积数据，指导基槽设计与施工，开工前一年，承建商在隧道基槽西侧进行了原位试验槽开挖及为期一年的观测，观测内容主要包括多个坡比的边坡稳定性以及槽内的回淤强度。

根据图 1，原位试验槽试验发现，除 5 月、11 月至次年 2 月份回淤异常外，其他时间段试验槽回淤量相对较小。其中 5 月份主要受到洪汛影响；而冬季属于枯水季节，回淤大就不合常规。通过调研分析，可能是由于受到上游距离约十来公里的铜鼓航道疏浚施工作业影响，附近海域悬移物质含量增加，从而导致试验槽淤强加大。另外，在观测期间曾先后遭遇“浪卡”和“莫拉菲”两场台风的袭击，试验槽内淤积并未明显增大，这说明如果附近海域没有相应的悬浮物来源，即使在台风造成的强风浪海况下，基槽出现骤淤的几率也很小。

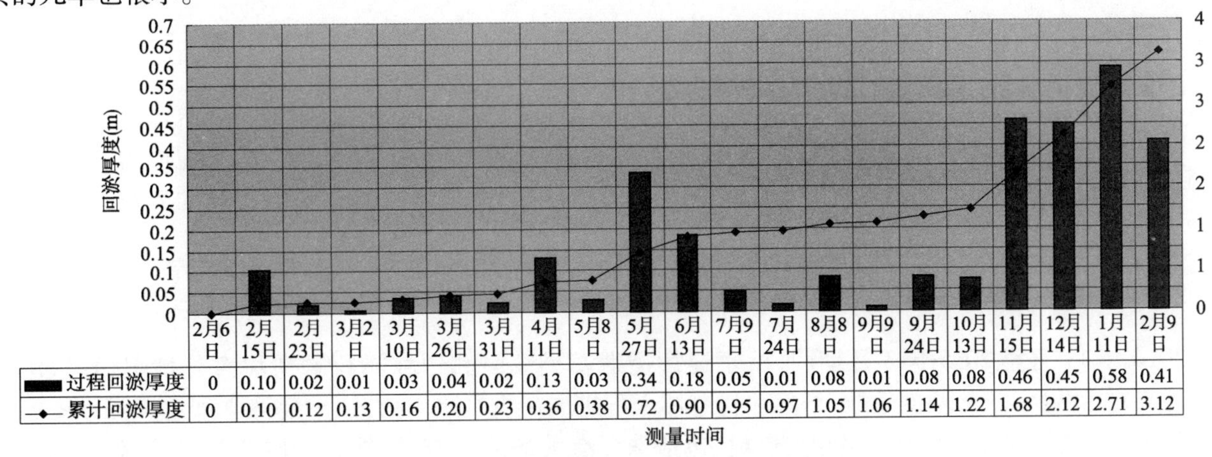

图1 槽底回淤厚度曲线图

1.2 周边水域的人为影响因素研究

岛隧工程施工期间，附近海域基本没有疏浚工程施工作业。但是，处于隧道基槽上游和伶仃航道东侧的矾石水域，一直存在大量的采砂作业，月均采砂量约达20万立方米，为珠三角地区工程建设用砂的主要供应地。岛隧工程施工期间几年，采砂作业从原先距离约30～40km处，往隧道基槽方向推进了约10km多，严重加剧了隧道基槽的回淤，远超开工前的预期。

1.3 基槽内其他工序的回淤影响

沉管隧道基槽开挖泥层厚度最大达30多米，开挖后还需进行精挖、抛石夯平、碎石垫层铺设等基础处理工序，各施工工序不可避免相互干扰。此外，由于受到跨越基槽的伶仃航道转换、沉管浮运和安装时间节点等因素限制，基槽开挖与后续基槽基础处理施工作业的时间跨度大，局部区段基槽晾槽时间甚至超过一两年，因此前后工序均对即将安放的沉管基槽段有回淤影响。

2 基槽回淤控制标准

为确保满足沉管隧道120年的使用寿命要求，及沉管安放的浮力条件，承建商制定了隧道基槽基础处理施工各阶段的清淤要求和水密度控制标准(表1)。

基槽清淤相关检测项目及标准

表1

序号	工序安排	淤泥清除标准	检测方法
1	基槽精挖前	密度 $>1.26g/cm^3$ 的淤积物厚度 $<0.3m$	多波束测深仪、泥浆密度仪
2	基槽精挖后 抛石夯平前	密度 $>1.26g/cm^3$ 的淤积物厚度 $<0.3m$	多波束测深仪、泥浆密度仪、潜水员查探
3	抛石夯平后 碎石整平前	密度 $>1.26g/cm^3$ 的淤积物厚度 $<0.1m$；或者密度 $>1.15g/cm^3$ 的淤积物厚度 $<0.3m$	多波束测深仪、泥浆密度仪、潜水员查探
4	碎石整平后 管节沉放前	密度 $>1.26g/cm^3$ 的淤积物厚度 $<0.06m$；或者密度 $>1.15g/cm^3$ 的淤积物厚度 $<0.08m$	多波束测深仪，泥浆密度仪、潜水员查探
5	碎石垫层铺设前基槽边坡清淤	淤积物平均厚度 $<0.4m$	多波束测深仪
6	施工期基槽维护清淤	淤积物平均厚度 $<2m$	多波束测深仪

3　回淤控制方法

3.1　隧道基槽基床设计增强纳泥能力

鉴于沉管隧道基槽无法避免回淤，为在满足基床基础功能的前提下尽量增强其纳泥能力，设计人员在沉管基床设计中做了一些技巧性处理。块石基床（抛石夯平）和呈"深 V"蛇形布设的碎石基床，均具有较强的纳泥功能。

3.2　关闭上游采砂场

2014 年 11 月至 2015 年 3 月期间，由于连续遭遇基槽突淤和边坡淤积物滑塌意外情况，导致沉管 E15 管节先后两次浮运，两次返航，岛隧项目总体工程进展严重受阻。为此，承建商立即组织泥沙专家进行调研，通过多种方法实测或采集相关资料，包括珠江有关支流径流量、邻近水域潮位、基槽附近固定站水体含沙量、附近水域巡测含沙量、基槽每日一测回淤资料、基槽布设回淤盒、基槽人工探摸、现场调查采砂船作业情况等。综合以上资料分析可知，海砂开采引起的高含沙浑水随落潮流向基槽水域扩散，是造成隧道基槽泥沙淤积的主要泥沙来源。一方面挖砂形成的高含沙水体随潮流运移导致工程水域含沙量增大；其中部分沉积在海床上，在潮流和风浪作用下，极易再次起悬运移，通过直接和再搬运的形式对基槽淤积产生重大影响。

采砂期间，槽中平均回淤强度可达到 3.7cm/d。采砂停止后，平均回淤强度可降低至 1.3cm/d。内伶仃岛附近停止采砂对基槽淤积的改善效果十分显著。但即使在停止采砂作业后，1.3cm/d 回淤强度仍远远大于碎石垫层上允许淤积物最大厚度 6cm 的标准，基槽清淤施工任务及相应的保障措施依然非常艰巨。

经上述调研，采砂场引起的回淤物以及悬移物二次搬运启动的时机和规模不确定性，已远远超出现有清淤船舶的清淤能力（限定的时间内）。为确保本工程的顺利推进，在当地政府的大力支持下，经努力协调，隧道基槽上游（北面）矾石海域的所有采砂场全部关闭。在此条件下，E15 管节第三次浮运安装成功，前后三次浮运安装历时五个月。

3.3　基槽清淤

结合基槽各阶段的清淤要求、淤积物分布情况、邻近区域工作面等情况及施工安全要求，承建商组合利用中大型耙吸式挖泥船、定点清淤船和整平船，进行相应的技术改造，配置不同的吸淤头，

3.3.1　耙吸式挖泥船

耙吸式挖泥船适合基槽槽中和边坡的大面积回淤清理，以及后期施工期维护清淤。

当流速较小是，基槽边坡清淤采用具备 DPDT 与 DTPS 操作系统的中大型耙吸船，而当流速较大时则通过人工操作的方式进行干预调整。耙吸船清淤施工作业一般结合涨退潮水流状况，对作业姿态进行调整，合理采用顺槽或垂直于基槽的方式，相对而言顺槽施工效率更高，而为更安全地靠近已安装沉管则须采用垂直于基槽清淤施工方式。当然，耙吸船清淤作业需要足够的安全作业水域，因此有必要对基槽处理施工各工序进行合理的总体部署。

3.3.2　定点清淤船

目前，国内外基槽清淤工程多属于浅水域施工，对深基槽清淤的工艺研究尚未成熟。在作业空间受限的情况下，基槽清淤施工显然不适合采用耙吸船；尤其是在临近已安装沉管钢封门前范围内清淤具有相当高施工安全风险，或在不破坏已铺设的碎石基床的条件下清淤，对吸淤头平面定位及高程控制要求都非常高的情况下，只能采用精度控制高的定点清淤船，但本工程之前国内没有适合的清淤设备。

普通绞吸船最大挖深约 30m，随着开挖深度的增加，船体也相应增大。经技改的定点清淤船"捷龙"

轮原为深水吸砂船,承建商联合荷兰 DAMEN 公司对桥梁架进行了专门设计制造,在原船现有条件下增加清淤深度,并且采用新型的浮力桥架结构。该结构在保证桥梁长度和强度的前提下,有效地减轻了桥梁的重量,保证了桥梁重量限制在已有设备的起吊能力范围。

定点清淤船适合于受限作业空间以及已安装沉管末端钢封门前 30 ~ 40m 的局部清淤。其吸淤头采用刚性桥梁连接,大大提高其定位精度和可控性。"捷龙"轮采用六锚定位,垂直于基槽布设,进行"盖章式"定点清淤。由于工艺特殊,定点清淤船的清淤施工效率相对较低。

3.3.3 整平船清淤

碎石垫层表面回淤物(如有)清理,是一项非常精细的活。尽管发生的几率不高,但一旦发生,锚定的船舶不可能做到即清除回淤物,又不破坏碎石垫层。因此,结合现场的碎石垫层特点,承建商针对桩腿定位的整平船进行专业技改增加高精度清淤功能。增加了一支刚性桥梁连接专用吸盘,通过行车控制桥梁与吸盘的升降与水平移动,吸盘沿着碎石基床的垄顶中轴线南北向移动清淤。为尽量降低对碎石的吸力,碎石垄顶上的主吸口为水平方向;另两个辅助吸口垂直悬空于垄沟上方。

4 成果及结论

港珠澳大桥岛隧工程,开工至今已历时六年多。基槽回淤历经简单、复杂到突变等各种情况,上述船舶设备技改和工艺优化及应用等均得到了检验,并取得了成功。至今已成功完成 E1-E28 管节安装,相应的基槽精挖前清淤、抛石夯平前清淤、碎石垫层铺设前清淤、碎石垫层铺设后、沉管安放前清淤、已安装沉管末端钢封门前受限区域内高精度清淤、基槽复合边坡精确清淤及基槽维护清淤等清淤工序,均顺利通过了苛刻的验收程序,充分证明了港珠澳大桥沉管隧道基槽的回淤控制设备、工艺技术及相应的保障措施是有效可行的。

参考文献

[1] 港珠澳大桥主体工程岛隧工程施工图设计文件[R]. 北京:中交公路规划设计院有限公司,2009

[2] 港珠澳大桥岛隧道工程专项质量验收标准[S]

[3] 港珠澳大桥岛隧工程基槽回淤预测及风险评估报告

[4] JTS 257-2008 水运工程质量检验标准[S]

[5] 疏浚工程技术规范(JTJ 319—99)

大型自航耙吸式挖泥船“精挖”施工技术在湄洲湾航道疏浚工程中应用浅析

王　林　葛新兴　姜　中　宋大军　陈　欢
（长江武汉航道工程局，湖北武汉，430014）

摘　要：大型自航耙吸式挖泥船在跨度较长的深水航道疏浚施工时受各种因素的影响，开挖深度大多严重超标。大型自航耙吸式挖泥船“长鲸6”在湄洲湾30万吨级主航道疏浚施工中采取“RTK”无验潮潮位控制新技术以及多波速测量和分层定深开挖等技术，从潮位数据、动态分层定深、测量成果等方面入手，特别是对临近疏浚区潮位观测站的潮位数据与施工船舶“RTK”无验潮实时数据进行了对比，对自航耙吸式挖泥船挖深的精确指导等方面的精确挖深（精挖）施工技术及管理措施进行了探讨。

关键词：自航耙吸式挖泥船；精挖；“RTK”无验潮；定深开挖

引言

目前国内的大型自航耙吸式挖泥船在跨度较长的深水航道进行疏浚施工时受潮位、风浪、地质、施工技术、操作人员水平等因素影响较大，往往为满足竣工验收设计水深达标要求致使开挖深度严重超标，不仅降低了施工效能，也造成了由于普遍超挖带来的极大浪费。本项目结合我单位大型自航耙吸式挖泥船“长鲸6”（13280m^3/舱）在湄洲湾30万吨主航道疏浚施工，通过引进目前水下测量采用的较先进RTK“无验潮”控制潮位和多波速测量方法，结合科学合理的施工方案，以及动态化管理指导自航耙施工，同时通过精细化的指导挖深和管理办法，以及相关的激励措施等，起到严控挖深，减少废方，甚至减少超深超宽工程量的开挖，达到了节约施工成本并满足交工验收的目标。本文主要对“RTK”无验潮潮位控制技术和方法进行阐述，其中潮位数据的采集和下耙深度的控制是该项目疏浚工程质量和成本控制的核心。

1　工程概况

1.1　工程简介

湄洲湾航道三期工程（Ⅱ阶段）MZW-HD01标段疏浚总工程量约619万m^3，疏浚土质主要为淤泥，部分为细砂混贝壳；泥层开挖厚度1.0～2m，平均厚度1.5m（包含超深），泥层较薄，施工难度大，对施工船舶要求非常高。疏浚区航道总长超过8km，航道宽500m，设计底标高－23.0m，超宽3m，超深0.4m。超宽超深方量约145万m^3，约占总疏浚方量的25%，为本项目施工控制和研究的重点（图1）。

1.2　工程工况条件

1.2.1　水文

湄洲湾潮汐属正规半日潮，典型往复流，流向较稳定，潮流急；高潮位由口外向口内逐渐增高，低潮位由口外向口内逐渐降低，潮汐日不等现象低潮较高潮明显，低潮不等最大差值可达1.0 m以上，高潮不等最大差值为0.5 m；潮差大，平均潮差4.65 m以上，最大潮差7.0 m以上，潮差由口外向口内逐渐增大。湾顶附近与口外相比，最大潮差增加0.9 m，最小潮差增加0.4 m，平均潮差增加0.7 m左右。

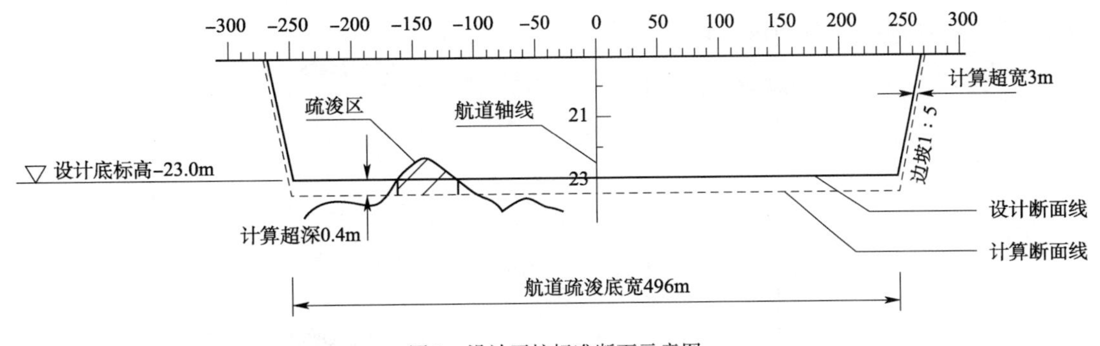

图1　设计开挖标准断面示意图

各潮位站基面关系见图2。

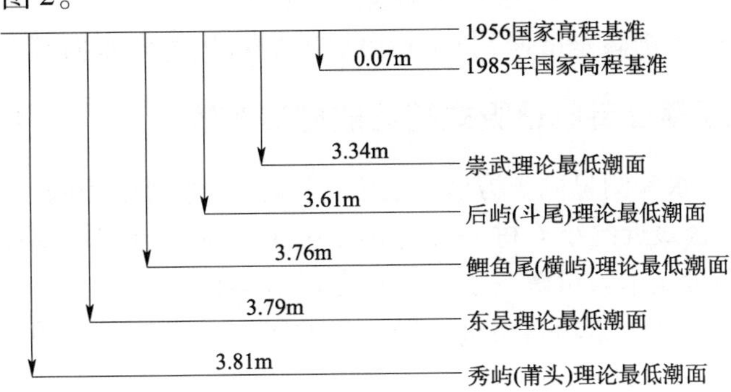

图2　潮位基面关系图

1.2.2　气象

台风为本海区主要灾害性天气，7～9月为台风季节，台风期间海域将出现大风天，最大风力在12级以上。每年10月～次年3月是季风季节，每月风力达8级天数超过1/3。

湄洲湾的波浪系由风生浪和涌浪组成的混合浪。湾口外和湾口附近因受外海风浪影响，涌浪显著，多年平均涌浪出现的频率高达91%，崇武站实测最大波高达6.5m。

疏浚区在湾口外海无掩护区域，工况条件恶劣，风浪大，且施工区潮差大，潮流急，最大潮差超过7.0m，施工区周边适合设置潮位站地方在最低潮时会出现露滩情况，潮位站布设困难，且施工区跨度较大，一个潮位站不能覆盖整个施工区，设置2～3个潮位站时潮位站之间潮差并非线性关系，涨落潮时均会变化，内插误差较大，影响船舶挖深精度控制；因施工区域面积较大，施工期过程测量采用传统的单波束测量无法满足施工需要，无法保证船舶施工质量和效率，进而影响项目成本控制。

1.3　投入船机

“长鲸6”为双桨、双机复合驱动自航耙吸挖泥船，主要用于沿海港口、航道疏浚和吹填作业。总长约157.80m，设计吃水（国际载重线，国际干舷）7.50m，挖泥吃水（挖泥标志、国际半干舷）9.00m，载泥19250t，舱容13280 m^3，自持力8000海里，吸泥管内径1200mm。在淤泥类土质施工每耙挖深达40～50cm，设计超深为40cm，施工开挖深度控制困难。优点为抗风浪能力强，疏浚开挖深度深，施工能力强。

2　“RTK”无验潮潮位控制控制技术

2.1　“RTK”无验潮潮位控制原理

“RTK”无验潮潮位控制是引用目前已经比较成熟的无验潮水深测量技术，其基本原理是利用已知控制点在岸上设置基站，在施工船舶设置移动站，利用RTK高程数据和已知船舶参数求得船舶实时、实地潮位的一种方法。在某一时刻RTK高程数据位 H，如果能够利用船舶某些固定参数求得海水面到GPS

接收机高程，就可以计算出此时潮位数据(图 3)。

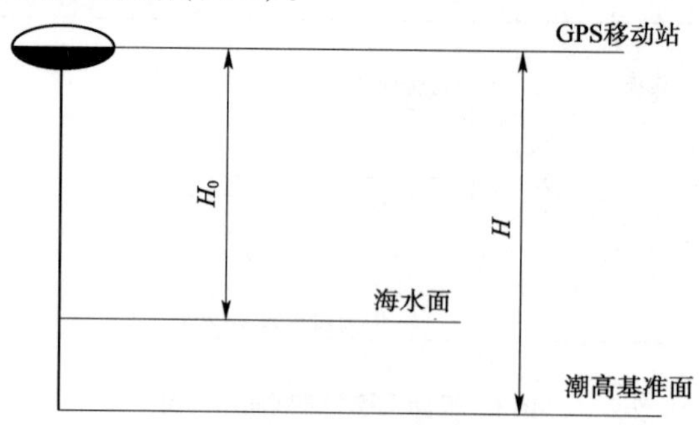

图 3　无验潮数学模型示意图

图 3 中 H 为 RTK 读数，即潮高基准面到 GPS 天线的高程；H_0 为海水面到 GPS 天线的高程。

2.2　"RTK"无验潮潮位自航耙吸式挖泥船施工布置

施工定位控制网采取与水深测量同步方法，共用一个基站：即利用控制点布设覆盖整个施工区的控制网(表 1)，然后在离施工区最近的小峰村一民房楼顶引出一基准点架设基站，为测量和"长鲸 6"施工定位共用基站，同时协助测量技术人员解决了两套设备的兼容问题。"长鲸 6"为艏楼结构，移动站布置在驾驶台外部中间位置，可以减小船舶摆动对数据采集的影响。通过对船舶相关参数的研究，利用船舶型深可求得潮位(图 4)。

平面控制坐标数据　　表 1

序　　号	高程(m)	平面坐标(CGCS2000)		位　　置	备　　注
1	5.13(85)	2779788.56	395876.36	峰尾	
2	5.166(85)	2752942.15	390879.21	崇武	验潮站
3	24.097(85)	2776355.07	412816.11	湄洲岛	
4	11.655(56)	2762250.80	400980.20	小峰	验潮站("RTK"基站)

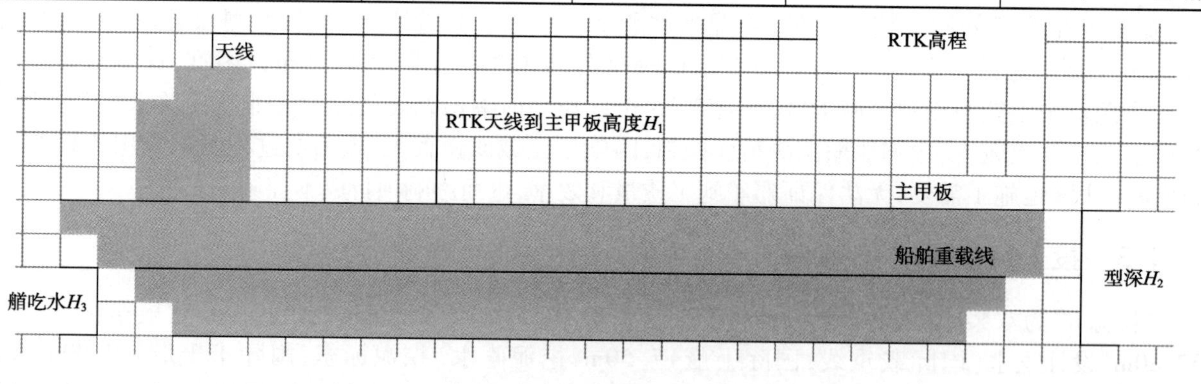

图 4　"长鲸 6"实时潮位换算示意图

2.3　"RTK"无验潮实时数据对比分析

综合考虑疏浚区离岸距离及现场条件等因素，分别在小峰和崇武设立潮位观测站(与疏浚区平距离分别为 4.5km 和 15km)，作为施工船舶"RTK"无验潮实时数据(移动站)对比的基础。以 2014 年 8 月小峰、崇武现场采集的潮位数据与施工船舶"RTK"无验潮实时数据对比为例。因小峰观测站位于湄洲湾湾口，湾口内外潮水涨落存在时间差，故该站潮位数据与"RTK"无验潮数据相差较大，暂不做比较。而崇武验潮站因与疏浚区同处于湄洲湾口外段，潮位涨落速度一致，仅因离岸距离产生比降导致的潮位差值，故两者数据较为接近，但两者之间的平均差值如下式：

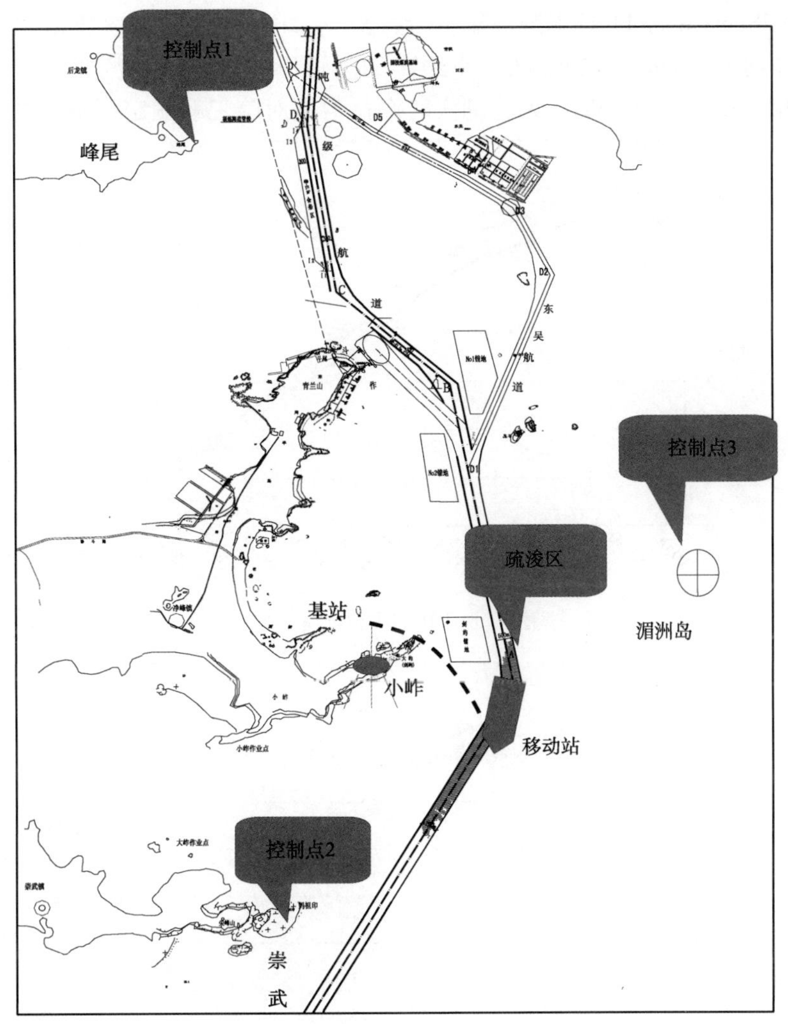

图5　RKT控制网布设示意图

$$S = \frac{\sum_{i=1,\cdots,n} |\Delta H_i|}{n}$$

式中：ΔH_i——各时刻潮位差值；

n——潮位观测次数。

从图6~8可知：8月9日小岞潮位数据10次，小岞与移动站潮位平均差值S_2为25cm；8月10日观

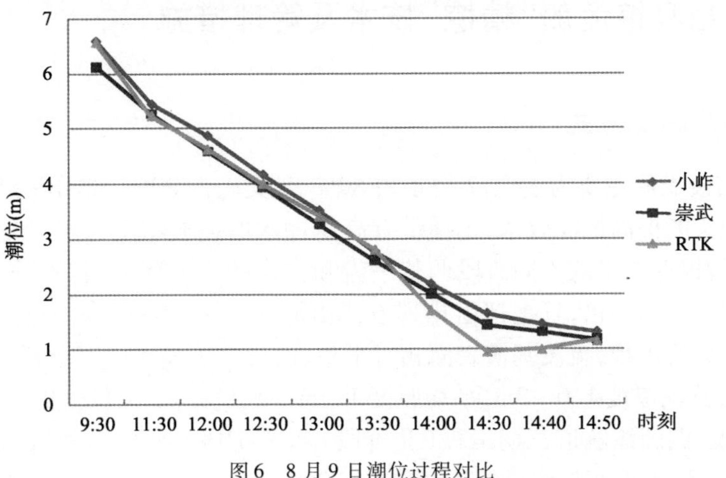

图6　8月9日潮位过程对比

测数据 12 次，S2 为 28cm；8 月 11 日观测数据 13 次，S_2 为 21cm。综合上述数据，“RTK”无验潮实时潮位与崇武站平均高差约为 25cm。受施工区离岸距离的远近以及湾内外潮位涨落高差影响，无验潮数据与潮位观测站差值相差较大。故“RTK”无验潮实时潮位数据对施工船舶定深施工的重要意义。

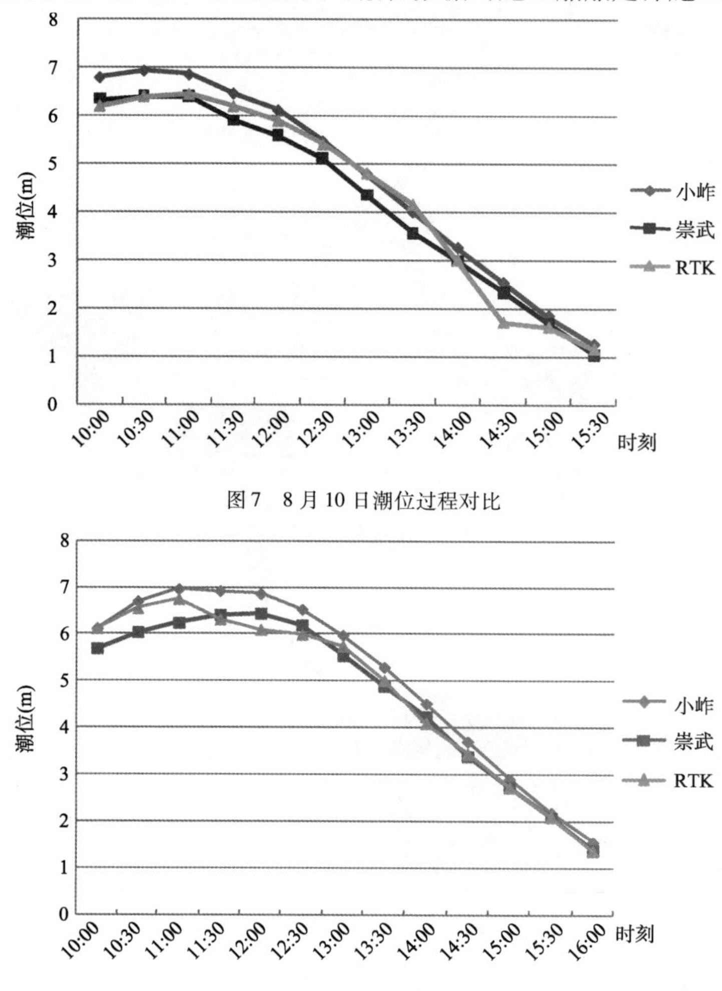

图 7　8 月 10 日潮位过程对比

图 8　8 月 11 日潮位过程对比

“长鲸 6“疏浚区面积超过 $4km^2$，潮位误差 ±25cm，则疏浚方量则可节约或超挖 100 万 m^3 以上。通过上述数据对比可以看出，潮位数据的准确性对自航耙吸式挖泥船施工的重要指导意义。

3　大型自航耙吸挖泥船“精挖”技术及管理措施

3.1　机具配备及施工方式

(1)本工程标段疏浚土质主要为淤泥，2 类土占 80%，8 类土占 20%，部分为细砂混贝壳。根据本工程土质，选择合适的耙头能提高挖泥效率，选择带有高压冲水的冲刷型耙头对开挖淤泥和细砂的破土能力大幅提升。同时耙齿根据施工的不同阶段调整平齿和尖齿的交替使用，特别的在收尾阶段，选择由原尖齿改为平齿，耙齿密度增加一倍，且把耙齿排列方式由原“一字”型平行排列改为前后交错排列，这样就有效避免了垄、沟现象的出现，疏浚基槽表面相对平整，而且对于浅点可以做到一次扫除。

(2)本疏浚区泥层开挖厚度 1.0～2m，平均厚度 1.5m，泥层较薄。潮位数据的准确性尤为重要，通过提高“长鲸 6”下耙精度，湄洲湾航道三期工程(Ⅱ阶段)MZW-HD01 标段湾外段疏浚减少废方开挖工程达 100 万 m^3 以上，此举不仅可加快施工进度，保证施工质量，同时也可创造相当可观的经济效益。

3.2　多波速测量控制

本工程施工区区域大，外海大风浪天气多，施工对测量质量要求，提高检测频率，以保证疏浚开挖质量。对此采取在开工初期采用单波束分段测量，船舶分段施工，及时动态调整施工方案的办法，到后期（特别是底层开挖和扫浅施工）采用多波速提高测量质量和频率，以满足施工船舶控制挖深，减少废方，达到节约成本的目的。

施工测量潮位采集采用"RTK"无验潮和潮位观测站潮位数据相结合的方法，从而保证测量精度，多波速测量技术的使用在本工程中不仅解决了测量及时准确的问题，而且对船舶控制挖深和平整度起到了很大的作用（图 9）。

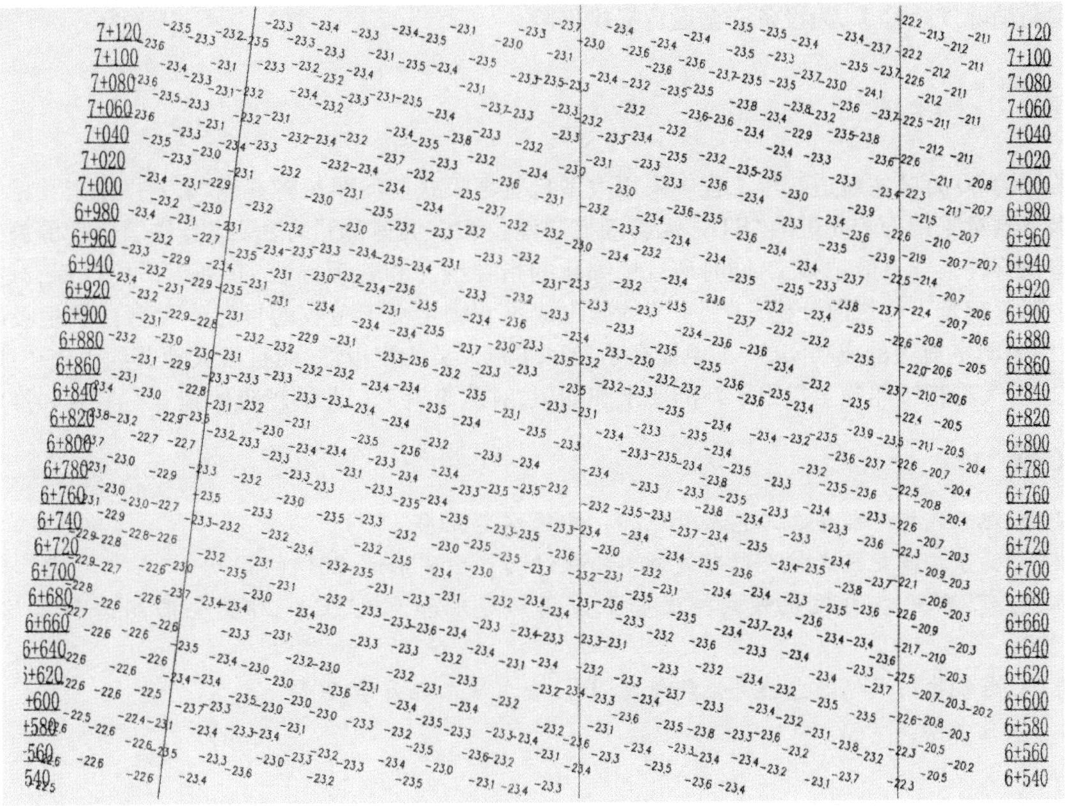

图 9　浚后局部水深平面图

3.3　"RTK"无验潮"精挖"动态管理

通过"精挖"动态管理办法，结合最新的疏浚区水深测量图纸，根据泥层厚度和施工区宽度进行分层和分条施工，关键在针对不同区域泥层厚度不一精确指导船舶施工下耙深度，对泥层较厚的区，辅以 RTK"无验潮"潮位控制技术，结合施工船舶性能及设计断面要求进行分层开挖，严格控制浚后平整度，尤其是对总体工程量浚后扫浅大型自航耙吸式挖泥船下耙定深的控制，尽量做到精细化控制达到最终工程交工验收合格标准并减少废方开挖以节约超深超宽工程量。

3.4　工程管理制度创新

3.4.1　有效的施工考核奖惩制度

根据工程进度要求，定期对施工船舶施工的航行轨迹进行分析，并根据航道测图，检测施工船舶前段的施工效果。实行单船分段包干考核奖惩制度，将施工效果与当月绩效工资挂钩，极大地调动了施工船舶的积极性。

3.4.2 技术团队指导与沟通落实

成立“精挖”技术指导团队，进行总体控制与监督，疏浚工程师驻船了解、掌握船舶施工情况，根据各船性能和特点，制定详细的施工作业指导书，以指导船舶施工。加强与船长、驾驶员的沟通，将每天施工意图落实到各个工班。分析航道测图，绘制航道断面图，及时送达各施工船舶，使各船对施工效果能一目了然，并对施工不足之处，作科学合理的调整。每月召集施工船舶船长、驾驶员到项目部进行月度施工总结、分析，不断完善施工工艺。

3.4.3 有效的船舶设备管理

良好的设备状况是保证施工能力的基础。要求各施工船舶加强现场设备管理，严格按照制度做好设备日常巡查和维护工作，利用补给抛锚的时间，合理安排一些设备维护保养工作，力争提高设备利用率。及时发现与消除安全隐患，为设备安全运行提供保障。

结语

在湄洲湾30万吨主航道疏浚工程中采用大型自航耙吸式挖泥船长鲸6轮“精挖”施工技术，通过引进目前水下测量采用的较先进的“RTK”无验潮控制潮位和多波速测量方法，结合科学合理的施工方案，以及动态化管理指导自航耙施工，同时通过精细化的指导挖深和管理办法，起到了严控挖深，减少废方，甚至减少超深超宽工程量的开挖，达到了节约施工成本并满足交工验收的目标。大型自航耙吸船“精挖“施工在湄洲湾主航道的成功实施，不但提高了项目实施人员的积极性，而且极大地节约了施工成本和工期，同时也对大型耙吸船施工提出了新的要求和期望，对疏浚施工行业的耙吸船施工有参照和推广价值。

参考文献

[1] 王望金. 耙吸式挖泥船施工工艺及管理[J]. 中国水运,2007,(9)

[2] 谢继泽. 关于提高耙吸式挖泥船疏浚效率的探讨[J]. 中国水运,2014(12)

[3] 包江,行莉. RTK在自航耙吸式挖泥船上应用的原理和意义[C]. 2009全国测绘科技信息交流会,2009

[4] 王春晓. 自航耙吸式挖泥船推进性能研究[D]. 哈尔滨工程大学,2012

北斗导航无人机 LiDAR 测量技术在吹填工程中的应用研究

徐 健[1] 郭素明[2]

(1. 上海达华测绘有限公司,上海,200136;2. 中交上海航道局有限公司,上海,200002)

摘 要:介绍北斗导航无人机 LiDAR 测量系统的组成、特性及优点,研究北斗导航无人机 LiDAR 测量技术在吹填工程中的应用,以储沙区沙堆测量和围区勘察测量为例,制定外业实施、内业处理和成果制作流程,总结这种新技术是对吹填工程测量工作的创新,节约测量成本和时间,并提出未来需要克服无人机电池组的限制,以便延长有效作业距离,进行大面积区域测量作业。

关键词:吹填工程;浅滩地形测量;施工检测;北斗导航无人机 LiDAR 测量系统

引言

当吹填工程选址在浅滩上时,吹填区工前地形测量和施工检测会遇到大量浅滩地形,这些浅滩地形在落潮后部分区域因淤泥地质,测量人员进场测量很困难。

针对这种情况,目前普遍采用的测量方法有:

(1)测量人员穿下水服、系安全绳,两人一组手持 RTK 设备进行测量。这种方法因地形淤陷,不但工作效率低,而且人员和设备的安全隐患较大。

(2)测量人员乘水陆挖掘机,手持 RTK 设备进行测量。这种方法看似安全,但是一旦挖机倾斜过度,很容易发生事故,因此安全隐患较大。

(3)测量人员使用相机拍照,再在测区选择部分测点进行定位测量,最终在内业数据处理过程中对照现场相片进行数据模拟插值。这种方法虽然工作效率高,但是无论是平面位置还是高程位置,数据精度均会产生较大误差。

因此,对能够克服这些问题的新技术的需求日益增长。北斗导航无人机 LiDAR 测量技术使用激光雷达进行测距定向,并通过目标的反射特性等信息来主动测量物体,可以在浅滩上空进行快速高精度的测绘作业。

1 北斗导航无人机 LiDAR 测量系统

1.1 系统组成

北斗导航无人机 LiDAR 测量系统由多旋翼无人机、机载 LiDAR 测量系统、点云处理软件、GNSS/RNS 后处理软件以及 GNSS 地面基站等组成,集成了高精度 IMU、存储控制系统、激光雷达和 GNSS 设备的无人机测量系统,系统组成见表 1。

激光雷达最基本的工作原理与无线电雷达没有区别,即由雷达发射系统发送一个信号,经目标反射后被接收系统收集,通过测量反射光的运行时间而确定目标的距离。

$$激光器到反射物体的距离(d)=光速(c)\times 时间(t)/2$$

北斗导航无人机 LiDAR 测量系统的组成　　表1

序号	系统组成部分	备　注
1	多旋翼无人机	电动
2	机载 LiDAR 测量系统	激光扫描仪\双天线 GNSS/INS 组合导航系统\微单相机\固定安装支架\存储控制系统\时间同步系统
3	点云处理软件	包括实时监控\数据采集\数据预处理\数据显示功能
4	GNSS/INS 后处理软件	用于 POS 数据的高精度事后解算
5	GNSS 地面参考站	采集静态 GNSS 原始观测量\固定三脚架\水平基座及其他配件

激光束发射的频率能从每秒几个脉冲到每秒几万个脉冲,接收器将会在一分钟内记录60万个点。结合北斗导航定位得到的激光器位置坐标信息,INS得到的激光方向信息,可以准确地计算出每一个激光点的大地坐标X、Y、Z,大量的激光点聚集成激光点云,组成点云图像,系统工作原理见图1。

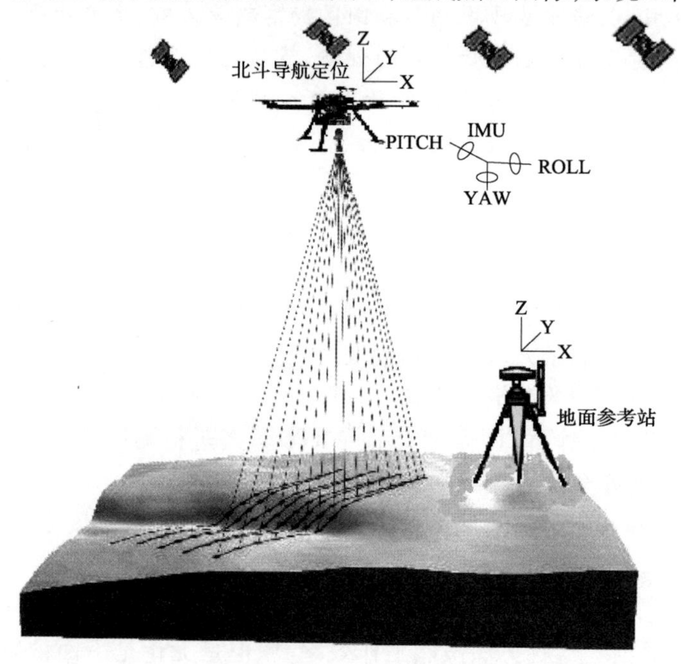

图1　北斗导航无人机 LiDAR 测量系统工作原理

1.2　系统特性及优点

北斗导航无人机 LiDAR 测量系统是目前比较新颖的无人机测量技术,通过 LiDAR 系统发射并接收经目标物体反射的激光脉冲,可主动获得目标物体的平面及高程数据,实现高程数据的快速主动获取及处理。该系统具有以下优点:

(1)作业条件便利,保障测量的及时性。

无人机 LiDAR 测量系统常规的作业高度是离地面50m左右,飞行速度在40km/h以内,因此不需要向部队申请二级空域,可以自主在目标区域进行飞行作业。

LiDAR 测量系统的搭载平台可以选择性能较好的多旋翼无人机,抗风等级达六级,可以垂直起降,对起降场地要求不高,便于快速地在目标区域进行开工准备。

(2)北斗 RTK 定位优势,提升工效。[1]

在中国区域内,与 GPS 系统相比,北斗系统具有可视卫星数多、定位信号更强、PDOP 值更小以及自主性、安全性更高的优势,可以使无人机 LiDAR 测量系统更快地进入 RTK 测量状态,提高工作效率。

(3)主动测量,全天候作业,控制工作量少。

以主动测量方式进行激光雷达测距,不依赖自然光,获取的数据精度完全不受传统航测方式无能为力的阴影地区的影响，例如太阳高度角、植被、大雾、夜间等，数据的绝对精度在 0.30m 以内。基本不需要地面控制点，基本不需要进入测量现场。

(4)点、面采样结合。

激光快速扫描获取目标物体的 3D 点云数据，配置的高像素的数码相机获取目标物体的 2D 面状影像数据，便于成果的快速处理与匹配。

(5)可同时测量地面和非地面层。

机载 LiDAR 测量系统具有一定的水下探测能力，可测量近海水深 70m 内水下地形，可用于海岸带、海边沙丘、海边堤防和海岸森林的三维测量和动态监测。

综上所述，机载 LiDAR 测量系统具有高度自动化、全天候作业、高效数据处理、高测量精度等技术特点，是目前较先进的航空遥感系统。

2　北斗导航无人机 LiDAR 测量系统在吹填工程中的应用研究

2.1　适应性分析

目前吹填工程选址以浅滩区域居多，且通常具有如下一些特性：

(1)工程量大、工期紧，测量强度大，测量成果时效性要求高；

(2)在浅滩地形中，测量外业工作受自然条件影响大，经常需要候潮作业，夜晚作业少；

(3)专业性强，从沿海地形控制测量到浅滩地形、水下地形测量均需要专业海测技术人员保证施工测量的效率与质量；

(4)基本都是临水作业，需要小艇、安全船舶、救生设备等，安全管理难度大；

(5)大面积的水域影响 RTK 差分定位，导致失锁定，影响质量及功效。

1.2 节已经介绍了北斗导航无人机测量的优势，在吹填工程上使用北斗导航无人机 LiDAR 测量系统进行浅滩地形测量、施工检测，可以保障测量作业的质量、作业人员安全及作业效率，不需要投入太多的技术人员进行低效的野外作业，也不需要使用船舶设备，可以保障安全、质量、工效的需求，满足工程施工测量的诸多要求。

应用选例：

某吹填工程储沙区需要定期测量储沙情况，但是储沙区周边水浅且有渔网，测量人员不能进场跑点测量，可以使用北斗导航无人机 LiDAR 测量系统进行定期航测，而不依靠船舶上沙堆进行测量(图 2)。

某吹填工程需要勘察围区内情况，围区不方便人员船舶进入，可使用北斗导航无人机 LiDAR 测量系统进行勘测(图 3)。

图 2　吹填区沙堆测量

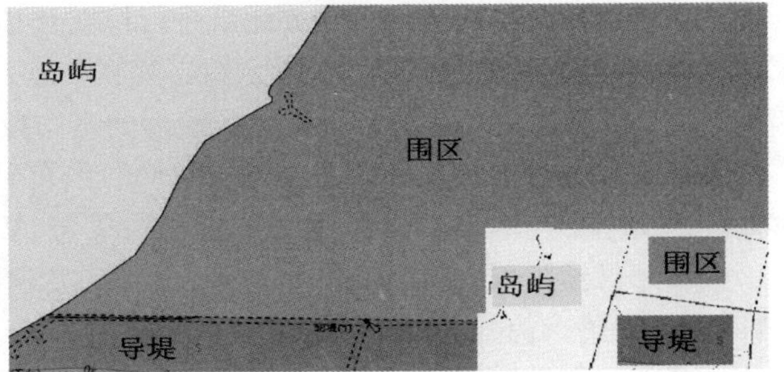

图 3　吹填区沙堆测量

2.2　外业作业实施

无人机 LiDAR 测量外业实施过程主要有：测区资料收集、航测作业规划、航测飞行作业。

（1）测区资料收集

收集测区已有的控制资料、地形资料、作业时段的气候条件等，并判断设备是否可以进行飞行作业。

（2）航测作业规划

通过已有的测区范围坐标及大概地形信息，计算出飞行高度，并根据 50% 的旁向重叠度要求进行航线布设，并根据控制网设定 RTK 参考站及地面控制台的位置。

（3）航测作业

在拟定的基站点设置好北斗 RTK 参考站，在控制台设置好作业参数。

驾驶员遥控无人机起飞后，尽量选择逆风飞行，以加快高度爬升速度，待无人机飞到目标高度附近后，设定进入导航区域，进入自动作业模式执行航测任务。

地面控制台的人机界面便于驾驶员监视飞行状态，也可根据实际情况修改航线、航向。

无人机任务执行完毕后，进入归航点，驾驶员待无人机进入归航点后，设定归航模式，控制并观察无人机到达降落点高度后，驾驶无人机平稳降落，也可以选择弹射自携的降落伞在指定位置进行伞降。

无人机作业也特别需要注意几点事项，需要由经过专业培训的持证驾驶员操作，无人机的调遣需要专车专人运输，无人机在作业前必须先进行试飞作业。

2.3 内业数据处理

数据处理应包括数据预处理、数据精化处理、激光点云分类和制作成果等工作，吹填工程测量成果一般只需要生成 DEM 即可，数字作业流程见图 4。

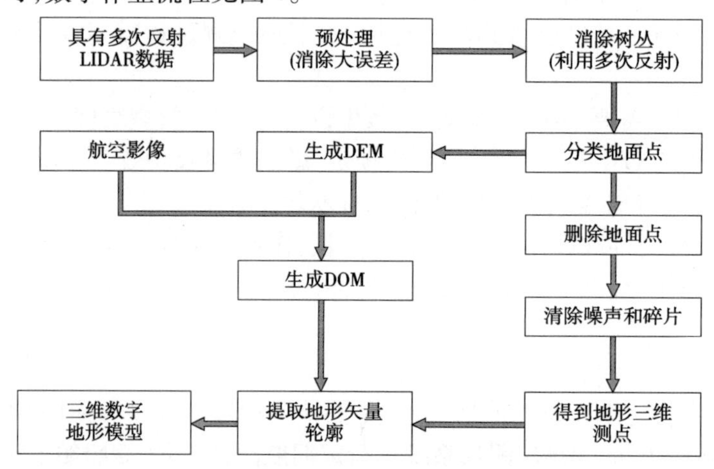

图 4 北斗导航无人机 LiDAR 测量系统内业流程

（1）数据预处理

根据规范对航测数据及相关记录进行检查及预处理，并最终获得影像资料及点云数据，预处理应包括 POS 数据处理、影像预处理、点云数据解算和点云条带平差工作。

①POS 数据处理应选择距离摄区最近的基站数据进行解算或采用多基站数据联合解算，确保采用最优解算结果，选择最小几何精度因子（GDOP）的可见卫星组合，保证最终差分数据质量，激光扫描中心位置应采用已量测的偏心分量值，基于差分结果与 IMU 数据进行解算。

②影像预处理应将影像进行匀光、匀色和几何畸变校正等处理，并基于原始数码影像数据、航迹文件，解算数码影像外方位元素。

③点云数据解算应联合 POS 数据、激光测距数据和附加系统检校数据进行解算，生成三维点云。

④点云条带平差应将不同条带间的点云数据进行条带拼接和系统误差改正，激光点云拼接误差应小于点云限差。

（2）数据后处理

将预处理后的点云数据根据成果需求进行粗细分类、分层分类、特征分类。[2]

激光点云自动分类应符合下列规定：

测区高悬在空中或明显低于地表的噪音激光点，宜按绝对高程进行分类；

提取初始地表面激光点时，可按地形类别分别设置坡度阈值进行分类；

地面类激光点应合理确定回波对应反射点；

提取植被、人工建筑、水系类别激光点时，应根据激光点高程及点云形状、密度、坡度等特征，对非地面点云进行分类；

形状及空间特征明显的地物，可通过参数设置自动提取。

关于激光点云的分类检查应符合下列规定：

点云分类成果可靠性检查，应按点云类别采用高程显示、三维透视及晕渲等方法，目视检查分类后点云；对模型不连续、不光滑处应重新核实地面点分类的可靠性；对有疑问处宜用剖面图进行查询、分析；

点云分类成果一致性检查，应利用点云分类结果与影像套合，分析所分激光点云类别与影像显示是否一致；

点云数据分类符合性检查，应利用野外实测检查点与激光点云分类的地面点进行断面形态的高程符合性检查。

2.4　成果制作

适用的成果即数字产品主要包括数字高程模型（DEM）建立与数字正射影像图（DOM）制作。

（1）数字高程模型（DEM）建立

DEM 的数据源应选择激光点云的地面类点作为特征点，反映地表特征的特征线应具有高程信息，利用 ArcGIS 软件将分类后的三维地形数据进行提取并建模，经典的提取算法有基于线性预测的 DEM 提取法，该提取法是通过不断向初始较低的促成 DEM 中内插数据，不断细化而实现 DEM 的提取，另外还有三角网内插法、模型驱动法等。

（2）数字正射影像图（DOM）制作

DOM 制作应包括数据准备、DOM 处理、DOM 镶嵌、DOM 裁剪和质量检查工作。

DOM 应做匀光、匀色处理，使区域整体影像色彩平衡，影像纹理清晰、层次丰富、无明显失真。

质量检查应包括 DOM 平面精度检查、接边检查和一致性检查工作。

DOM 平面精度检查应符合下列规定：

抽检面积应不少于 DOM 产品面积的 10%；检测样本应均匀分布，兼顾不同地形类别；

应利用野外实测的平面检查点或激光点进行精度检测；

平面检查点应均匀分布，其密度应为图上每 100mm × 100mm 内不少于 1 个；

DOM 接边检查应检查相邻两 DOM 影像图接边处的较差，超过限差的产品应重新生成 DOM；

DOM 一致性检查应检查相邻 DOM 的图案、纹理、亮度、反差、色调、色彩一致性。

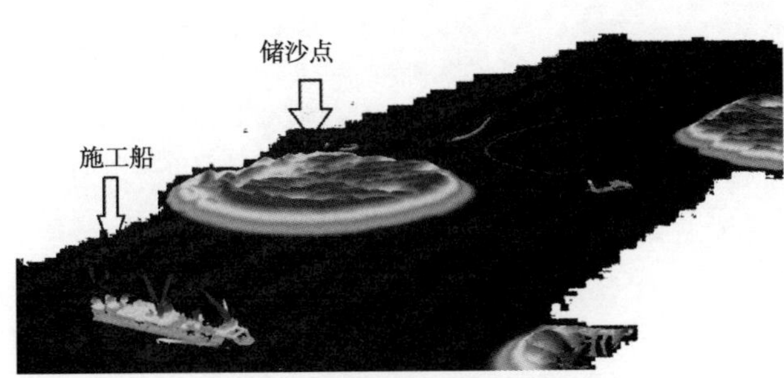

图 5　储沙点测量应用成果图

图 6　围区勘察应用成果图

结束语

北斗导航无人机 LiDAR 测量技术是对吹填工程测量模式的创新，推动了吹填等沿海工程数字化、智慧化，不使用传统的 GPS 定位系统，而使用我国研发的北斗全球定位系统，保障了工程信息安全以及工程顺利施工。

不过，北斗导航无人机 LiDAR 测量技术也有需要改进的地方，例如多旋翼无人机的电池组的功效在很大程度上影响了外业作业的效率，如激光脉冲高精度的有效作业距离不够，导致大范围作业的困难等。

参考文献

[1] 何龙云，李明戟. 北斗 RTK 技术在水利工程测量中的应用[J]. 吉林水利，2013，369（2）:39-42

[2] 黄克城，宋时文，阎凤霞. 机载 LiDAR 技术在地形图测绘中的应用[J]. 地理空间信息，2016，14(4)：99-101

第二篇

优 秀 论 文

超大面积港池深基坑截渗与降水分析

李松斌　谢小明　肖莹萍
（中交四航局第二工程有限公司，广东广州，510300；华南理工大学，广东广州，510640）

摘　要：卡塔尔多哈新港港池基坑为石灰岩上覆沉积砂层的双层强透水地层中的超大深基坑，该工程地下水控制设计采用嵌岩地下连续墙和深井降水的组合方法。此文通过对地下连续墙内外水位实测资料的分析可知，其隔渗效果较差。本文采用地下水模拟系统软件包 GMS 中的 MODFLOW 模块进行了港池基坑局部片区的基坑降水计算，通过改变深井降水的各参数，对深井降水进行优化设计。

关键词：挖入式港池；深基坑；降水；地下连续墙；深井

引言

挖入式港池是港口平面布置中一种常用布置形式，在地形条件适宜或岸线不足时常可采用。挖入式港池建设过程中需要开挖大量土石方，为了便于施工，往往采用干开挖形式施工。由于港池面积大，开挖深度大等因素，将形成超大面积深基坑。此外，港池基坑邻近外海或内河，地下水补给迅速，这将给港池基坑开挖施工带来巨大困难，基坑止降水措施是否得当。

卡塔尔多哈新港港池基坑为双层强透水地层中的超大深基坑，意味着止降水将作为制约工程顺利开展的关键所在。本工程对周边环境的变形控制不严格，采用地下连续墙截水和基坑内深井降水的组合方法。

1　工程概况

1.1　工程概况

多哈新港地处卡塔尔 MASAEED 工业城内，离多哈市区 40km，该工程为内挖式港口，码头岸线长 7845m，包括集装箱码头、散货码头、汽车码头、牲畜码头、海事码头等共 11 个码头，如图 1 所示。

卡塔尔多哈新港，港池面积达 400 万 m^2，最大超深达 22m。工程场地原地面标高约为 +2.0m（取海图基准面标高为 ±0.0，下同），东侧及南侧为海，平均海水位为 +1.3m，港池基坑最深开挖至-19.7m 标高。基坑采用放坡方式进行干开挖，典型开挖断面如图 2 所示。

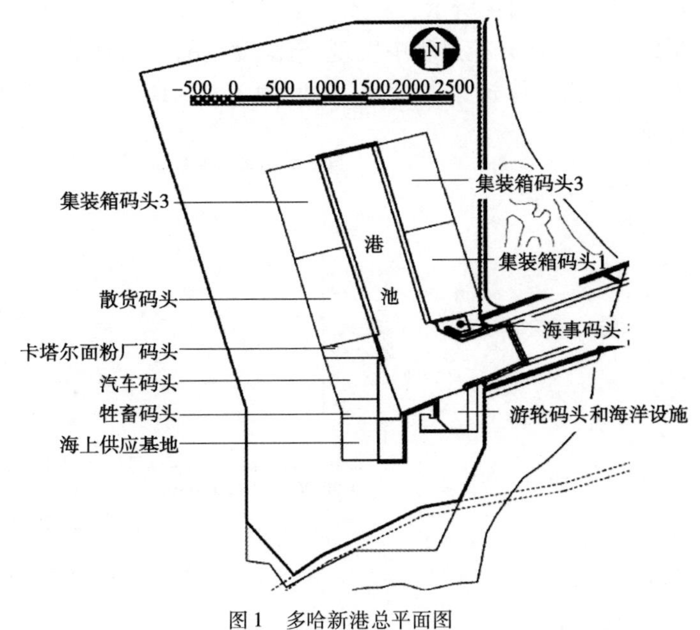

图 1　多哈新港总平面图

1.2　地质条件

该工程场地大范围地层情况从上至下依

次为:粉细砂层,较破碎强风化石灰岩层和较完整的石灰岩层。典型地质剖面如图 3 所示。

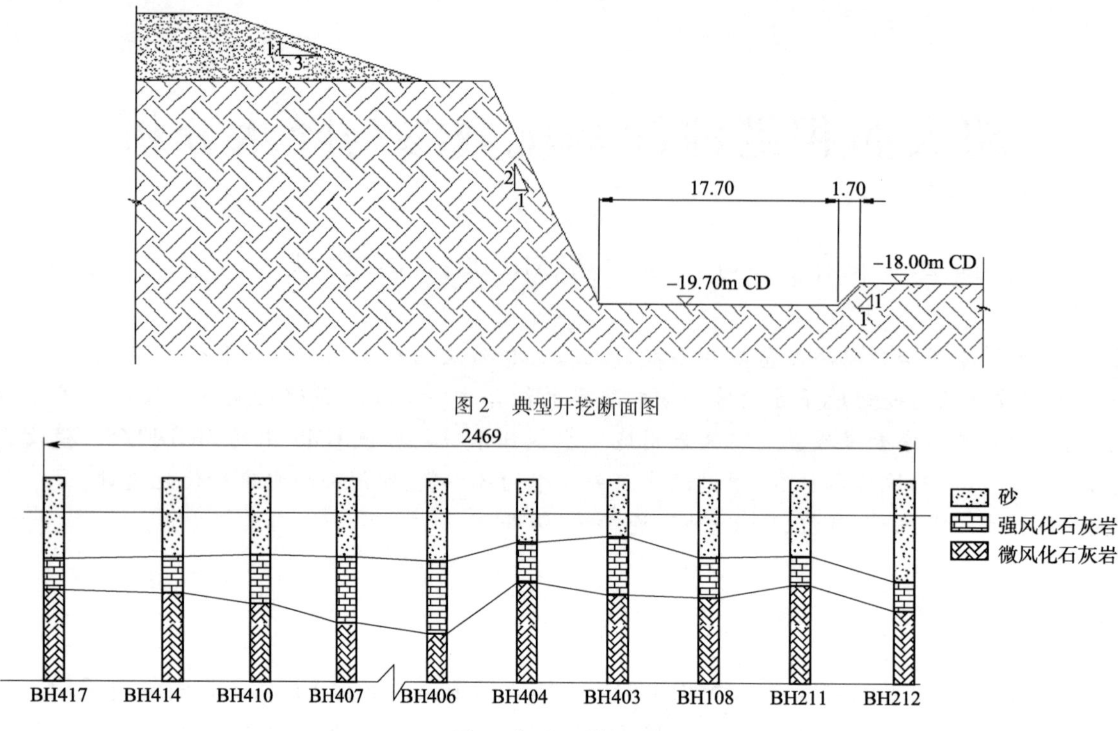

图 2　典型开挖断面图

图 3　典型地质剖面图

1.3　现场抽水试验和压水试验

为查明场地砂层的渗透性和富水性,测定有关水文地质参数,为基坑降水提供水文地质资料,在现场选取两处进行了抽水试验。根据现场抽水井和观测孔的观测资料计算水文地质参数。

依抽水试验结果,渗透系数均值为 5.1×10^{-4}cm/s,由于抽水试验主要在上部砂层中进行,根据工程经验,粉砂的渗透系数一般介于 $6.0\times10^{-4}\sim1.2\times10^{-3}$cm/s,可见试验所得结果稍小于经验值,这主要是因为粉砂层下部存在 1 ~ 3m 厚不等的粉土或粉质黏土层,导致地层的整体渗透系数有所降低。

为了探查岩层的裂隙性和渗透性,在现场选取若干钻孔进行了分段压水试验。并,绘出标高-渗透系数统计图,如图 4 所示。从图可见, -8.0m 至 -14.0m 标高段的岩层渗透系数稍大,为 1.0×10^{-3}cm/s 量级。在港池开挖过程中发现,该深度范围的岩体确实较为破碎。在标高 -14.0m 以下,石灰岩层完整性趋于提高,渗透系数变小,一般为 1.0×10^{-4}cm/s 量级。由此可知,该工程场地的石灰岩层透水性较强。

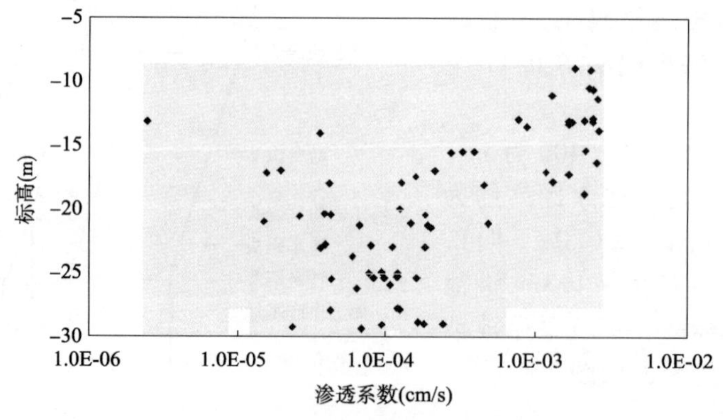

图 4　标高-渗透系数统计图

2 地下连续墙截渗效果分析

多哈新港项目在港池基坑的北侧、南侧和东侧设计了地下连续墙进行截渗。地下连续墙施工总长度达8760m，平面布置如图5所示。地下连续墙墙厚0.4m，墙顶标高+2.0m，墙底标高为-6.0至-12.0m。地下连续墙入岩深度不小于1m。

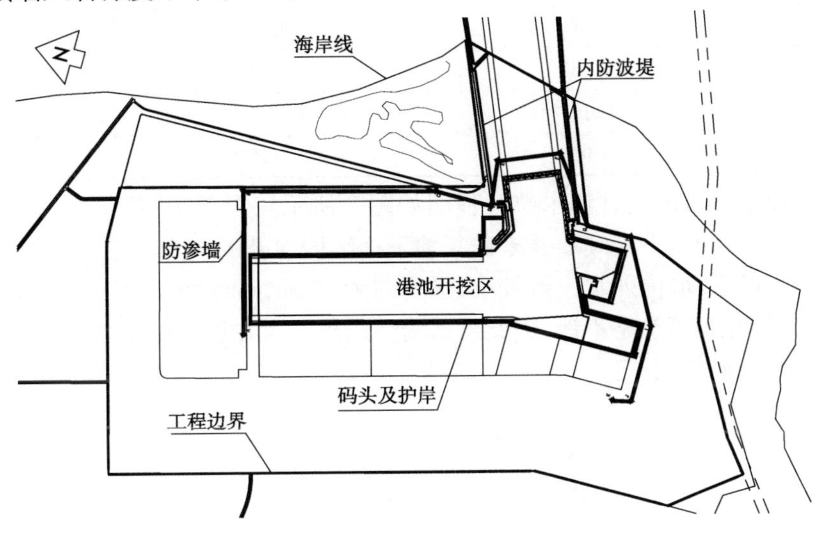

图5 地下连续墙平面布置图

2.1 地下连续墙内外水位对比分析

在港池基坑降水及开挖施工过程中，如果地下连续墙能够起到很好的截渗作用，将会大大削弱地下连续墙内外的水力联系，那么地下连续墙内外将存在较大水位差。所以可以通过监测地下连续墙内外的水位差，对地下连续墙的截渗效果进行分析评价。

该工程选取地下连续墙两处位置布设了两组水位管，每组水位管均为地下连续墙内外侧各布一支，如图6所示。第1组水位管的水位观测结果如表1所示。第2组水位管的管底标高为-7m，两支水位管均未测得地下水位。

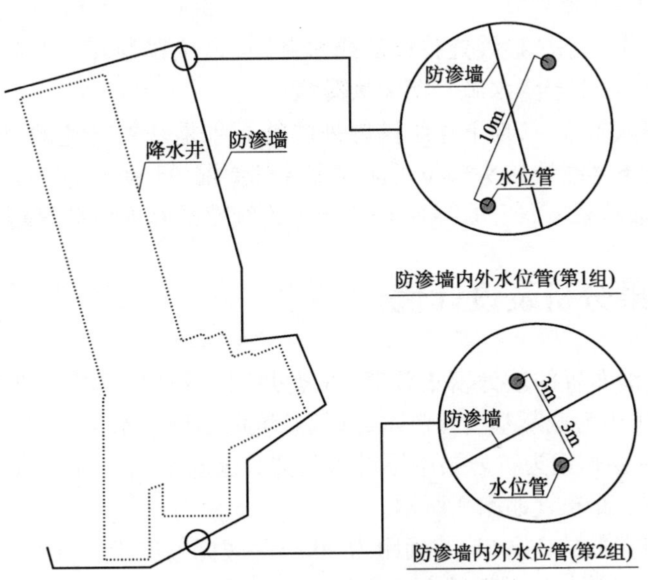

图6 地下连续墙内外水位管布置

第 1 组水位管观测成果　　表 1

观测水位时间	水位(m)		地下连续墙内外水位差(cm)
	地下连续墙内	地下连续墙外	
2013.4.3	-0.986	-0.788	19.8
2013.4.9	-1.131	-0.828	30.3
2013.4.18	-1.116	-0.858	25.8
2013.4.24	-0.716	-0.508	20.8
2013.4.30	-0.561	-0.356	20.5
2013.5.8	-0.102	0.047	14.9
2013.5.15	-0.021	0.126	14.7

第 1 组水位管处地下连续墙内外侧水位时程图如图 7 所示。由图 7 可知,第一组水位管处,地下连续墙内外水位同步变化,可知地下连续墙并未截断地下连续墙内外的水力联系。第 1 组水位管处地下连续墙内外水位差如图 8 所示,墙内外水位差较小,平均约为 20cm,对于两支相距为 10m 的水位管来说,该水位差值几乎在误差范围内,可忽略不计,因此可认为墙内外不存在明显的水位差,即地下连续墙对墙内外的水力联系几乎没有削弱作用。

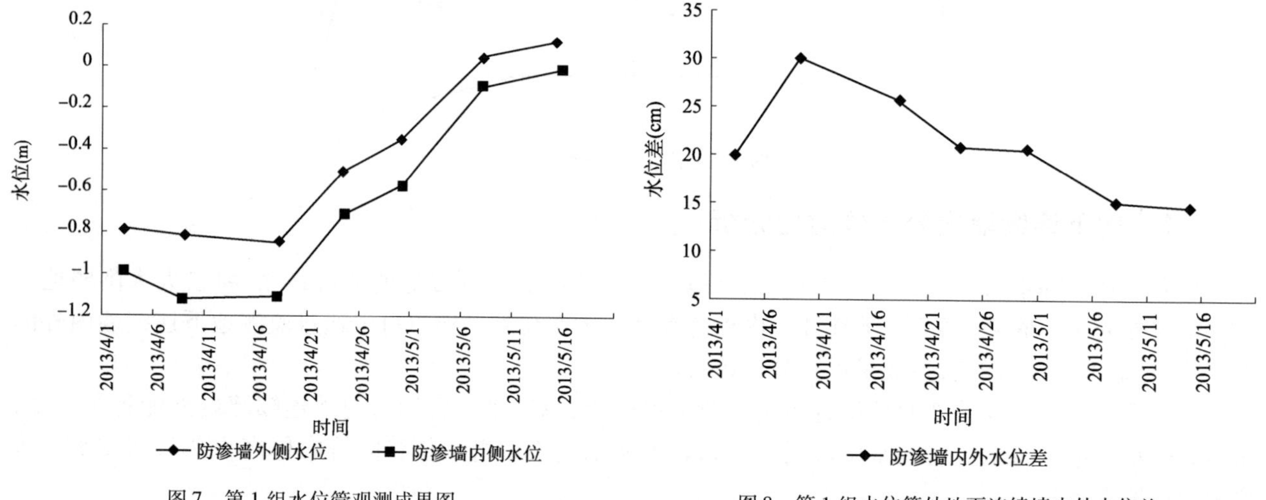

图 7　第 1 组水位管观测成果图

图 8　第 1 组水位管处地下连续墙内外水位差

第 2 组水位管由于较靠近基坑边线处打设的降水井,且该位置的降水时间已经较长,因此未测得地下水位,说明墙内外的水位均由于降水施工而大大降低。

从两组水位管的观测成果来看,地下连续墙内外的地下水是基本连通的,地下连续墙未起到较好的截渗效果,主要原因是:地下连续墙接头部位可能存在局部渗漏,且地下连续墙底部的浅层的破碎石灰岩层渗透性较强,其隔渗效果与某一深度的“悬挂式”地下连续墙的隔渗效果等同[1]。

3　深井降水效果分析及设计优化

深井由港池开挖区边沿布置的较为密集深井(A 类井)以及开挖区内较为稀疏布置的抽水井(B 类井)组成。A 类深井主要作用为截断基坑外渗水,降低基坑周围地下水位,同时与 B 类深井一起保证码头的干作业条件;B 类深井主要作用为将岩层中原有水及部分渗漏水抽干,保证石方爆破、开挖以及码头施工的干作业条件。深井的平面布置如图 9 所示。

该工程原设计中 A 类深井共 242 口,井间距为 50m,井底标高位于基坑底标高以下 10m,即井底标高为 -30m。深井结构如下:(1)钻孔:钻孔直径 ϕ800mm,A 类深井钻孔底标高位于基槽面标高以下 10m,B 类深井钻孔底标高位于港池底标高以下 5m。(2)井壁管:采用 ϕ400PVC 管,井口高出地面以上 0.5m。

(3)过滤管:地表 1m 以下,井管底部以上 1m 起在井壁管打孔即为过滤管。(4)沉渣管:沉渣管接在滤水管底部,直径与滤水管相同,长度为 1m,沉渣管底部封死。(5)填砾料:PVC 管与钻孔孔壁之间空隙围填 10 ~ 25mm 粒径碎石。深井结构大样图如图 10 所示。

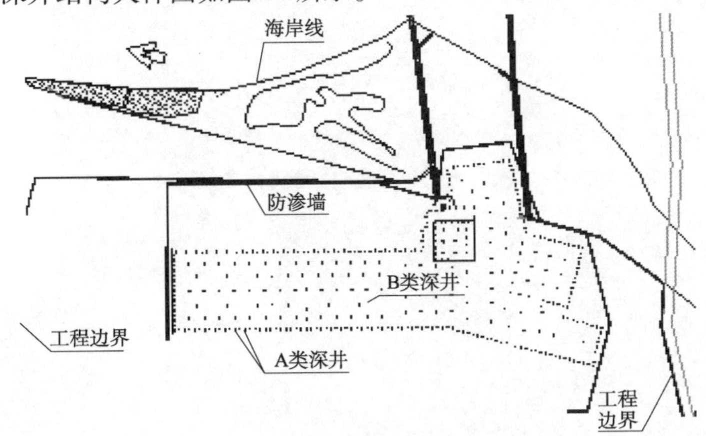

图 9　深井平面布置图

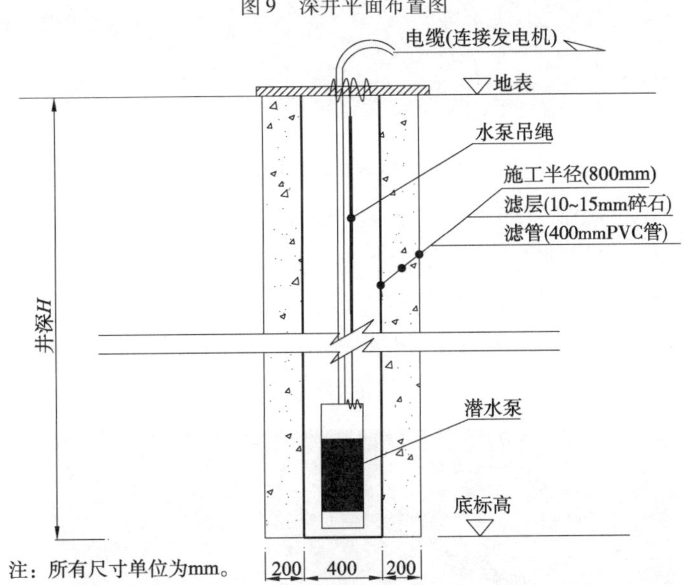

图 10　深井结构大样图

3.1　深井降水数值模拟

该工程场地东侧及南侧为海域,地下水的流向为从东及南侧的海岸线往西和往北流入基坑。基坑分片区进行开挖施工,总体降水顺序为从南至北逐步推进片区基坑的降水,各片区开挖完成后,均继续进行维护性抽水直至港池充水,因此本文仅选取局部片区进行深井降水计算。有限元数值计算中仅考虑基坑边线处的 A 类井。

建立模型 1,对该工程原设计中的 A 类深井的降水效果进行数值模拟。模型 1 中开挖区面积 300m ×300m,将开挖区域四边均往外延伸 300m,形成 900m × 900m 的计算区域,取该区域四周边线为定水头边界 +2.0m。降水井沿基坑边线布置,井径 0.8m,井间距 50m,当抽水量为 500m^3/d,计算得等水头线如图 11 所示。由图 11 可见,300m × 300m 开挖区的水位均在-20m 以下,而港池基坑的最深开挖标高为 -19.7m,因此可保证港池基坑的干开挖要求。现场共 242 口 A 类井,单井抽水量按 500m^3/d,则总抽水量为 12.1 万 m^3/d。现场测得沉淀池往海里的排水量为 5300m^3/h,即 12.7 万 m^3/d。可见,计算值与实测值接近。

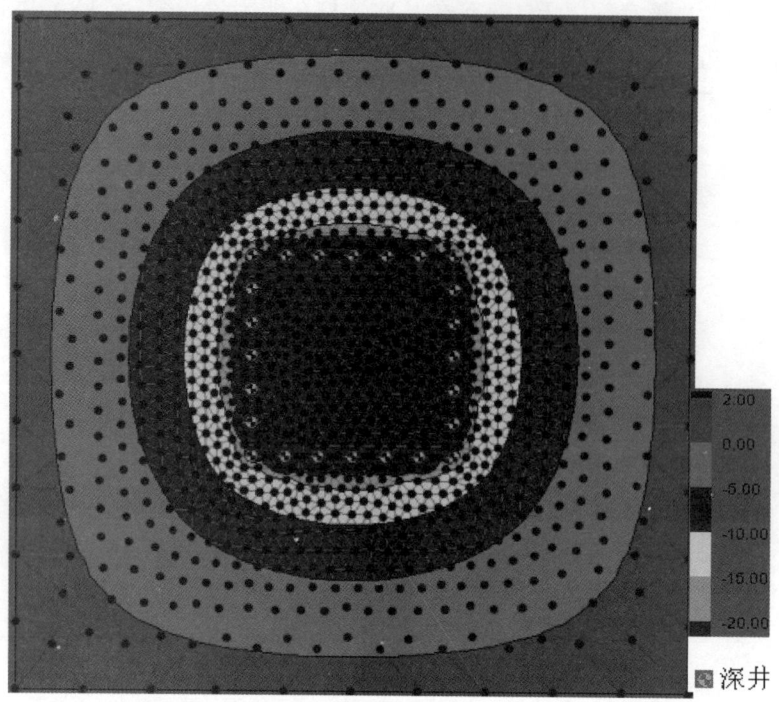

图 11　模型 1 等水头线图

由于深井的出水能力及抽水泵的抽水能力均超过 $500m^3/d$，因此可考虑提高单井抽水量，并增大井间距，从而在保证港池基坑的干开挖要求的情况下，减少井的数量，节省施工成本。现在模型 1 的基础上，调整单井抽水量和井间距，对 A 类深井进行优化设计。

在模型 1 的基础上，将井间距增大至 100m 得到模型 2，当抽水量为 $1000m^3/d$，计算得等水头线如图 12 所示。

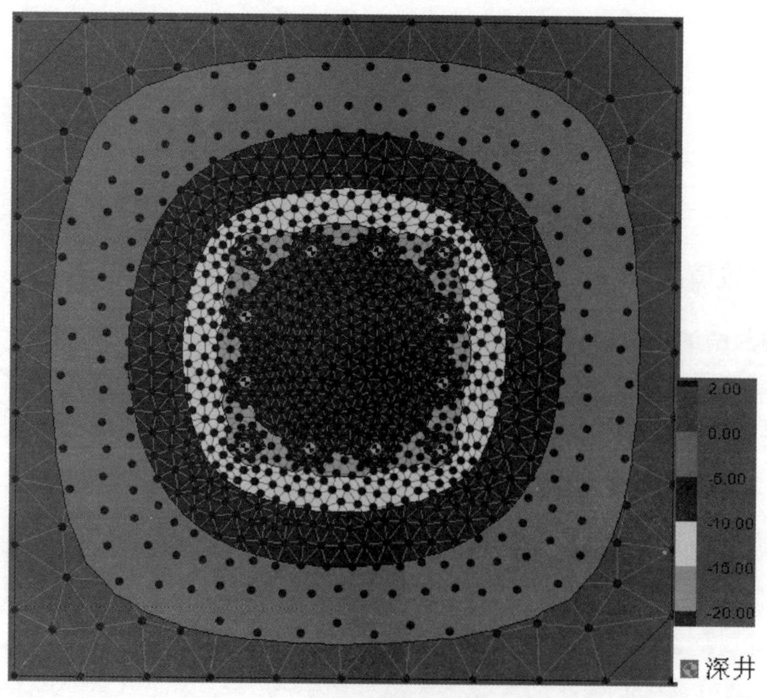

图 12　模型 2 等水头线图

分区域的水位在 -20m 以下，然而由于井间距拉大，导致小部分区域的水位在 -20m 至 -15m 之间，无法满足基坑干开挖的要求，因此须加由图 12 可见，300m×300m 开挖区大部大抽水量。

在模型 2 的基础上，将深井抽水量增大至 $1100m^3/d$ 得到模型 3，计算得等水头线如图 13 所示。

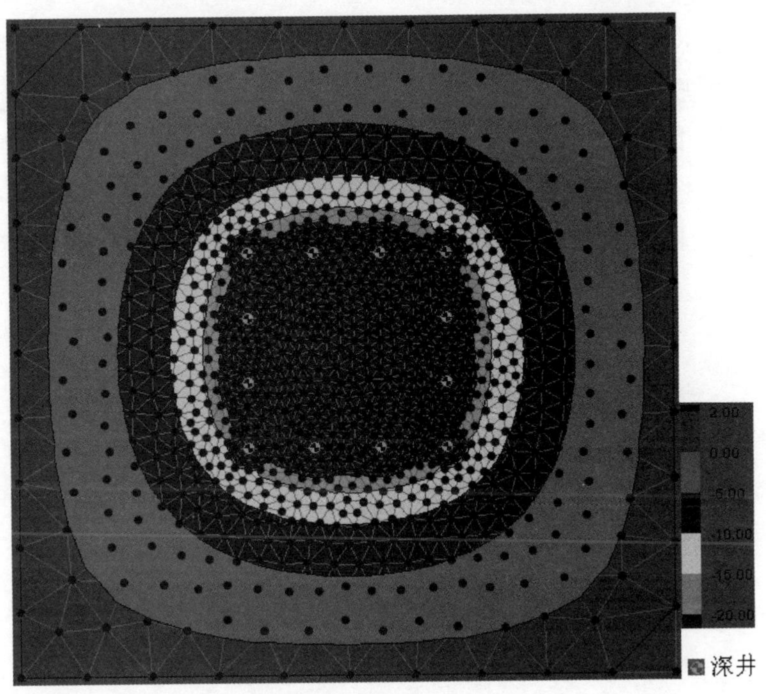

图 13 模型 3 等水头线图

由图 13 可见，300m×300m 开挖区的水位均在 -20m 以下，可保证港池基坑的干开挖要求。相比模型 1，模型 3 中的深井数量减少了一半。将三种模拟结果及实测结果汇总于表 2。

综上所述，经有限元数值模拟分析，对原设计中的 A 类深井设计做如下优化：井间增大至 100m，单井抽水量增大至 $1100m^3/d$，并保证了基坑干开挖的要求。

三种模拟结果及实测结果汇总表 表 2

编号	单井抽水量 (m^3/d)	井间距 (m)	A 类深井数量 (个)	总抽水量 (万 m^3/d)	开挖区的水位情况
原设计	500	50	242	12.7	均在 -20m 以下
模型 1	500	50	242	12.1	均在 -20m 以下
模型 2	1000	100	121	12.1	小部分区域的水位在 -20m 至 -15m 之间
模型 3	1100	100	121	13.3	均在 -20m 以下

结语

本文通过对卡塔尔多哈新港港池深基坑截渗与降水分析，得到以下几点结论：

(1)对于类似于该工程中石灰岩上覆沉积砂层的双层强透水地层的情况，止水结构物需穿透强透水的破碎石灰岩层进入弱透水的石灰岩层，方能起到良好的截渗效果，从而减少基坑渗流量。

(2)利用有限元数值模拟片区基坑的降水对原设计中的 A 类深井进行了优化设计。在原设计的基础上，通过提高单井抽水量，并增大井间距，从而在保证港池基坑的干开挖要求的情况下，减少井的数量，从而节省施工成本。

参考文献

[1] 徐杨青,刘国锋,盛永清.深基坑嵌岩地下连续墙隔渗效果分析与评价方法研究[J].岩土力学,2013,10:2905-2910

[2] 王昆泰,胡立强,吕凯歌.悬挂式帷幕条件下基坑渗流特性的计算分析[J].建筑科学,2010,01:81-84

[3] 祝卫东,韩同春.悬挂式止水帷幕插入深度的数值分析[J].水利水电技术,2009,07:19-21

[4] 孙蓉琳,梁杏,张晓伦,陈树林.数值模拟技术在基坑降水中的应用[J].岩石力学与工程学报,2003,S1:2333-2337

创新项目管理载体增创线型工程效益

李　祯　孙明远

（中交一航局第四工程有限公司，天津塘沽，300456）

摘　要：线性工程组织能够体现项目管理的水平，也是创造项目效益的关键，结合蒙文砚高速公路项目的管理实践，针对项目管理过程中存在的管理不足，结合现场实际不断提出管理新载体，激发新活力、发挥新动力，提出一些项目管理的载体，并在蒙文砚高速公路项目上应用得到了一定的效果，为线性工程创造了效益，其项目管理经验仅供参考与借鉴。

关键词：创新管理；线性工程；增创效益

引言

随着国家基础设施建设继续加大投入、"一带一路"战略的实施和互联网快速发展，近年来对建筑企业的发展影响较大。"一带一路"建筑业发展新引擎，未来十年中国对一带一路地区的出口占比有望提升至1/3左右，中国在一带一路上的总投资有望达到5万亿美元。目前各地"一带一路"拟建、在建基础设施规模已经超过1万亿元，跨国投资规模约524亿美元。互联网+建筑业消除信息鸿沟，在"互联网+"的烽火狼烟中，传统建筑业企业的供应商和采购商都是受益者。"互联网+"让信息更流通，资源更充分的运用，互联网平台把建筑项目、建材供应商和建材采购商有效的联合起来，建材电商更会拓宽销售渠道，助力企业转型升级。面对海量数据，谁能更好地处理、分析数据，谁就能真正抢得大数据时代的先机。研究表明，建筑行业是数据量最大，业务规模最大的行业，但同样是当前行业中数据最缺失的行业。当前建立和完善价格动态数据库、企业定额数据库、BIM数据库，是建筑行业生存和发展的核心竞争力。

中交集团"五商中交"战略的实施，PPP项目是日后公路、铁路等基础设施项目的主要模式，公司将在今后一段时期内会紧跟中交集团的发展战略，所以公司今后在公路、铁路等基础设施建设项目中的施工份额会不断提高，在集团内部施工环境比较好，安全、质量、标准化施工等方面要求高。为此，线性工程的施工管理将体现公司管理的整体水平，也是施工成本控制、安全管理、质量管理及项目效益等方面的综合管理，本文以云南省蒙自至文山至砚山段高速公路项目第2合同段的施工管理为例，针对项目管理过程中提出的管理载体，并采取的相应措施探讨，为业内日后在线性工程施工管理方面提供参考。

1　工程背景

云南省蒙自至文山至砚山段高速公路项目第2合同段施工范围位于云南省红河州蒙自市，经过新安所镇、文澜镇、芷村镇三镇，从东山隧道进口至芷村隧道出口，左线路线全长12.3km，右线路线全长12.2km。施工范围包括互通式立交1座，长隧道2座，中隧道1座，路基6段，大桥5座，中桥1座，涵洞18道，通道2道，天桥1道。

隧道3座5988m/右线，均为分离式隧道，下设人行横通道及车行横通道。隧道主洞采用半径5.50m的单心圆衬砌断面，隧道净宽设计为11.00m，净高为7.10m。

桥梁6座2100m/右线，上部结构均为预应力T形连续梁，下部结构分为双柱墩、空心薄壁墩、桩基础等。路基4132.5m/右线，整体式路基宽度为24.5m，分离式路基设计宽度为12.25m。路堑边坡最大高度为33m,最高填方高度32m;采用锚杆框格梁、拱形格、SNS柔性防护、客土喷播植草。

2 项目管理

2.1 项目前期策划

超前谋划是项目能否迅速、高效、有序开展的先决条件,超前谋划的水平直接影响项目的综合效益,通过借助公司和局项目部的力量,集思广益,动态完善项目策划。项目部坚持以严控工程成本管理为核心,以标准化建设为起点,以技术管理为突破口,协调平衡成本、安全、质量、进度目标的管理理念。项目部组建严格按照项目管理标准化手册要求,认真做好项目前期策划工作[1]。

针对工程线路长,本着"分区、分段,以隧道、桥梁、高挖高填路基为关键"的思路组织施工,路基按照涵洞桥台优先干的总顺序,系统策划,突出重点、兼顾一般、平行流水、均衡生产。

(1)首先重点突破红线内纵向施工便道的贯通,保证线路全面施工不受影响。

(2)各段路基施工前期以抢涵洞为主,后期以土石方施工为主,每个作业区段根据现场情况,排出涵洞施工先后顺序,调配设备资源配合施工涵洞,当形成作业段后,组织大面积土石方施工。

(3)桥梁施工组织,以高墩和架梁顺序为控制重点,确保尽快完成桩基施工,以尽早提供墩柱、桥面施工工作面。

(4)隧道以老鹰山隧道和东山隧道出口为关键控制工程,属于节点工期和安全风险控制的重点,组织尽早进洞,施工过程中以控制开挖为重点,加强超前支护,严控安全步距,落实精细化管理措施,保障施工安全、质量。

施工进度计划体现的是合同履约,这是项目管理的大事,事关公司在中交云南的形象,是项目部必须把控和主导的工作之一。管理中把进度计划管理作为重中之重,与各个工区反复讨论施工组织安排的各个细节,明确了公路项目施工组织应以"预制场不停工为核心、连续架梁为主线"的思路,明确了各工区的施工总体顺序和关键节点,统一管理人员对现场工作的认识,以及各项工作的优先顺序。

2.2 项目创新管理

根据线性工程的管理特点,线路长、结构形式多、管理人员年轻、协作队伍多等因素,对于项目整体管理来说是一个很大的挑战,而且以往的管理理念在当前管理人员、协作队伍中执行存在疲劳效应,所以需要改变管理思路来激发现场管理活力。

2.2.1 成立电工协会

施工现场的临时用电始终是项目管理的一个风险源,蒙文砚高速公路项目在项目正式开展之前,项目管理的目标是以高标准、高要求的思路,统一项目部内的管理和标准化建设,为此,项目部将协作队伍的电工与项目部的电工纳入到一起建立电工协会,主要是为项目现场安全建设服务,服务一线,培养动手创新能力,提供交流平台为宗旨,互相学习,交流经验,全面提高一线人员的综合素质,做到具有专业性、技术性、实践性的电工管理团队。

电工协会定期组织交流会议(图1),每月评选优秀电工,并给所有电工配备标准工具、安全防护用品,提高了现场临时用电的管理水平。

2.2.2 成立隧道开挖支护俱乐部

为及时掌握隧道围岩变化情况,项目部成立了隧道技术交流俱乐部,借助隧道技术交流QQ群,吸纳一线有技术的作业人员,每天对开挖后的掌子面拍摄照片,及时反馈到交流群,对于隧道掌子面围岩变化第一时间掌握,第一时间调整支护参数,确保施工安全。俱乐部定期组织技术交流活动(图2),有针对性的给予奖励。

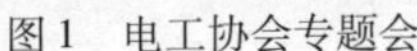
图1　电工协会专题会

图2　隧道开挖支护俱乐部总结会

2.2.3　建立管理交流平台

项目部为提高管理人员的执行力，及时服务施工现场，建立了不同类型的QQ管理群，例如隧道技术交流群、施工日志管理群、机械设备管理群、执行力管理群等。

为加强施工日志管理，施工日志管理采用QQ群，每天晚上23:00施工员、领导等将当日施工日志发至QQ群，由专人管理，及时将问题给予指点。形成日常管理办法，每月检查评比，并进行通报，促进项目部整体水平。建立机械管理群，每天将机械使用情况以签证单形式发至QQ群，设备部门每天进行收集，每周与协作队伍确认，降低项目管理的风险。

2.2.4　设立项目管理曝光台

项目部设置安全曝光台如图3所示，安全曝光台曝光现场安全隐患，对各工点安全违规行为进行曝光，并曝光责任领导，提高管理人员和协作队伍的安全认识。

2.2.5　设立项目管理排行榜

项目部对协作队伍采用质量、安全、进度排行榜，每周进行评比，定期评比奖优罚劣。落实管理制度考核，每周例会采用PPT通报和考核排名，并在项目部大厅公示排名，提高全员安全、质量意识（图4）。

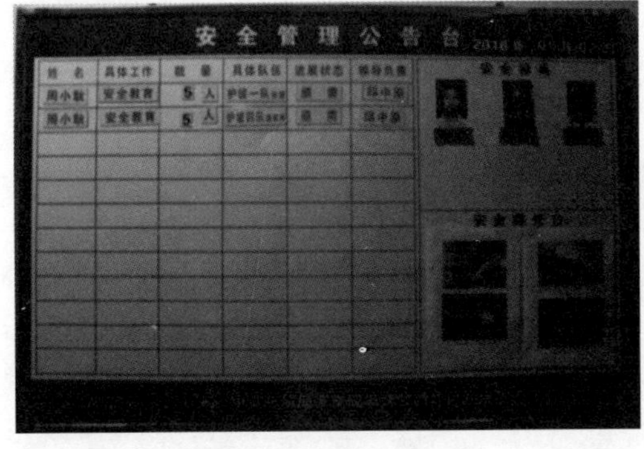

图3　安全管理曝光台

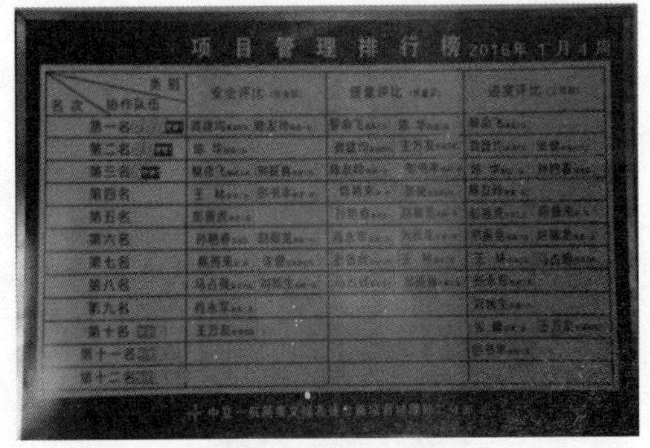

图4　项目管理排行榜

2.2.6　建立安全宣传载体

安全宣传电视每天播放安全教育视频。安全管理团队通过安全会演、安全知识竞赛、安全讨论、事故现身说法、非正式聚会等形式积极学习安全管理知识，探索安全管理新模式，提高安全管理活力，确保安全管理“全员参与、全过程控制”（图5和图6）。

2.2.7　建立工友之家

“互联网+”思维已经在各行各业中展现出其强大的生命力，如何将“互联网+桥隧施工”贯彻落实到工程实体中，让传统的基建产业享受科技发展的成果，提升管理品质，提高管理效率，减少过程的不确定性，列表式思维，精细化落实，展现项目管理高度，在落实分包一体化的过程中，体现项目部管理的优越性和前瞻性，发挥教育、引领、监督、服务的功能。

利用云端数据共享实现数据的实时传输，利用大数据整合后的智能分析，在手机端实现安全管理的无缝化落实，由于现场工程技术人员的程序编辑能力不足以开发如此复杂的软件，专业的程序编辑员或者深坐于办公室的数据研究的工程技术人员不了解现场的实际需求，基于云端数据共享和大数据整合分析又是一项较新的互联网技术，所以在国内外现有的资料中在工程现场应用只限于讨论阶段或利用互联网做简单的网站宣传，真正的基于云端数据共享和大数据整合的施工应用软件暂时没有检索到。图 7 所示为项目开发的工友之家 APP。

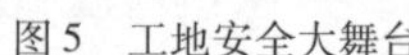

图5　工地安全大舞台

图6　安全知识竞赛

(1)开发内容：该 APP 的主要内容体现在以下两个方面。

功能设置：情绪分析功能、应急处理功能、教育功能、信息查询功能、安全资讯、工会关怀、积分兑换功能。

端口：设置了手机安卓端、手机苹果端、电脑官网端、电脑后台端。

(2)预定目标：落实安全管理的精细化，达到应急、教育、鼓励、关怀、引导、监督的作用，减少安全管理的不确定性，提升安全管理品质、提高安全管理效率。

(3)创新点：利用云端数据共享实现数据的实时传输，利用大数据整合后的智能分析，在手机端实现安全管理的无缝化落实，平台新颖，内容恰当，功能强大。

(4)经济技术效益：有效地解决了以往安全管理人员投入多，无法融入现场，无法沟通互动的矛盾，能无路径的解决安全问题，安全就是效益。

图7　工友之家 APP

2.3　项目管理理念

结合公路工程路线长、构筑物多、地质条件变化大、外界影响因素多、相关利益方多等特点，经过近一年的管理实践，不断优化创新工作思路，确定“技术为质量、安全、成本、进度把好第一道关”的工作思路，转变管理理念，尽力做到从“技术”要效益，并总结出“7、4、2、1”的管理原则：

“7”是指“履行七项职能”：计划、组织、协调、指导、服务、检查、控制。

“4”是指“提升四项能力”:即提升项目部的综合管理与整体掌控能力、承担责任与敢于担当能力、强化落实与快速执行能力、提高项目部学习与创新能力。

“2”是指“把握两个关键”:把握好项目成败的两个关键,一是各工区提高对项目的综合管控水平;二是促进管理人员不断学习总结,掌握综合施工技术。

“1”是指“实现一个目标”:打造中国交建一流桥隧专业施工管理团队。

项目部以“打造紧密型项目团队,实现公司整体利益最大化”为目标,通过不断强化教育,统一思想,团结力量,强化领导干部的责任和担当,加快与航保公司、机械分公司融合过程,引领了工程项目的正确方向,为工程稳步进展奠定了坚实基础。

项目部应具有的核心精神是“担当”,体现的是责任;项目部应具有的状态是“融合”,体现的是做事的合力;项目部应具有的心态是“服务”,体现的是工作状态;项目部应具有的水平是“能力”,体现的是做事的结果。

3 项目效益

3.1 项目策划效益

(1)引进航保公司进行混凝土拌合站专业化集约管理,提高了效率,节约了成本。

(2)将梁场设置在正线路基上,预制梁场如图8所示,节约临时用地23亩,节约费用169.4万元。

(3)根据现场地质情况,增加碎石场一座,加工碎石预计15万吨,与市场价相比,节约原材料费用120万元。

(4)通过与铁路局协调,将跨昆河铁路立交便道改为平交道口,节省费用78万元。

图8 预制梁场

3.2 项目管理效益

严格现场管理,确保施工质量,芷村隧道的初期支护、老鹰山进口二衬作为全线施工样板,被蒙文砚全线树立为标杆,代表蒙文砚迎接了云南省交通厅的数次检查。2015年8月份预制梁场全线第一批通过指挥部验收,获得指挥部奖励50万元。2015年10月27日成功架设蒙文砚全线第一片预制T梁,获得指挥部奖励30万元。奖励文件如图9所示,指挥部奖励统计如表1所示。2015年7月13日指挥部组织相关单位到芷村隧道进口左线进行二衬防排水施工技术现场交流会议(图10)。2016年4月1日指挥部组织全线标段在老鹰山隧道进口左线进行二衬施工技术现场交流会议(图11、图12)。2016年4月16日,蒙文砚指挥部组织全线标段在东山坡大桥右线进行防撞墙、桥面铺装现场施工技术交流会议(图13)。

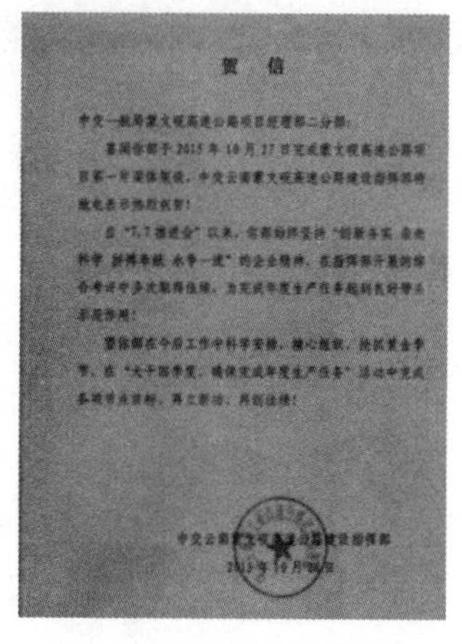
贺信

中交云南蒙文砚高速公路建设指挥部文件

中交云南蒙文砚合发〔2015〕188 号

关于八月份梁体预制节点目标考核结果的通知

总经理部、各施工单位：

2015 年 7 月 28 日，指挥部下发了《关于对梁体预制节点目标进行考核的通知》（中交云南蒙文砚指发〔2015〕149 号）（以下简称“节点目标”），现将八月份考核结果通知如下：

1. 一航局二分部第一家开始桥梁 T 梁架设；

2. 三公局二分部第一家完成桥梁桩基施工；

3. 二航局二分部第一家完成隧道贯通。

为鼓励先进，调动各单位的生产积极性，经指挥部研究决定，对以上率先完成节点任务的分部分别奖励 30 万元，奖金在当期计量中列支。望各单位优化资源，科学组织、合理安排，为完成蒙文砚高速公路建设作出更多的贡献。

中交云南蒙文砚高速公路建设指挥部

2015 年 12 月 3 日

图 9　指挥部奖励文件

指挥部奖励统计表

表 1

奖励文件编号	奖励时间	文件名称	评比单位	名次	奖励金额
中交云南蒙文砚指发［2015］155 号	2015 年 8 月 4 日	中交云南蒙文砚高速公路七月份综合考评的通报	13 家	第一名	30 万元
中交云南蒙文砚工发［2015］182 号	2015 年 9 月 6 日	中交云南蒙文砚高速公路八月份综合考评的通报	13 家	第三名	30 万元
中交云南蒙文砚合发［2015］188 号	2015 年 9 月 10 日	关于八月份梁体预制节点目标考核结果的通知	13 家	按照节点目标完成	50 万元
中交云南蒙文砚合发［2015］259 号	2015 年 12 月 3 日	关于对率先完成节点任务的分部进行奖励的通知	13 家	全线第一榀 T 梁架设	30 万元
中交云南蒙文砚工发［2016］2 号	2016 年 1 月 10 日	中交云南蒙文砚高速公路四季度综合考评的通报	13 家	第一名	200 万元

图 10　芷村隧道现场技术交流会

图 11　老鹰山隧道二衬施工现场技术交流会

图 12　老鹰山隧道观摩会

图 13　防撞墙、桥面铺装现场施工技术交流会

3.3　项目安全标准

安全标准化施工是保证施工安全、施工质量、进度的一个重要因素。创新安全管理载体,凝聚安全共识,项目部成立了电工协会统一全线电工作业标准,统一食堂煤气罐设置,统一隧道配电箱,规范用电管理,现场临时用电管理是蒙文砚全线的标杆。

隧道内施工因其特殊的环境,照明用电部位很多,开挖台车、二衬台车、洞内照明等,易发生触电事故。采用节能型 LED 灯和标准电箱(图 14、图 15),规范隧道内的照明,减小触电事故的发生。隧道内台车上标准电箱和 LED 灯的使用,杜绝了多项安全隐患,防止了多项安全事故的发生,LED 灯既节约能源且厂家保证使用质量,规范使用,整体划一,确保安全和标准化[2]。

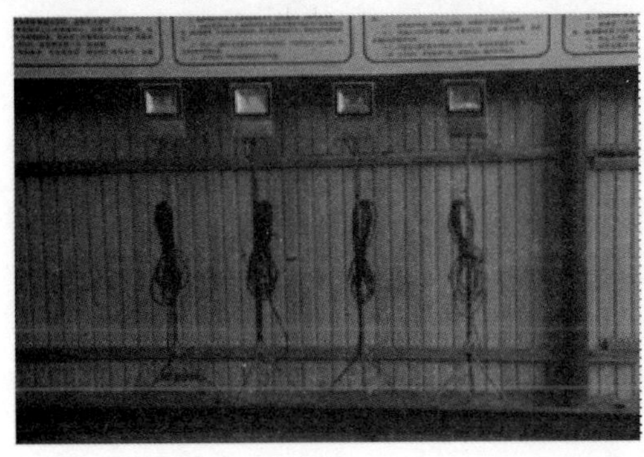

图 14　隧道内节能型 LED 灯

煤气罐统一布置在食堂外侧,消除人员煤气中毒、消除了电源火花引起煤气爆炸事故。煤气罐外侧统一配置防晒罩棚,罩棚增设通气孔,确保棚内外空气流通,规避煤气罐遭受太阳暴晒和罩棚内气温过高而引起意外事故[2](图 16)。

图 15　隧道内标准电箱

图 16　煤气罐统一配置

3.4　项目效益预测

通过该工友之家 APP 的实施,为安全落实分包一体化提供了良好的互动平台,快速的了解施工现场,了解一线动态,解决人多效益低的矛盾,展现项目部高瞻的安全管理精神和务实的安全管理思路,作为全线乃至全集团首家,带来良好的品牌效益。

结语

随着社会竞争日趋激烈,建筑企业转型升级是适应市场经济发展的必然趋势,工程项目要取得良好的经济效益,创新管理是建筑企业面临的重要课题。通过对线型工程的管理实践,在原有的项目管理基础上需要不断创新项目管理的载体、转变管理理念、利用互联网平台信息共享、关注协作人员的动态,激发管理人员和协作队伍人员的活力和激情,提升对施工成本、安全管理、质量管理及项目效益等方面的综合管理,为项目创造更高效益。项目管理要紧紧抓住项目效益、科学履约、团队淬炼三个关键集中突破,以提升自身执行力、管控力和技术能力为抓手,对提升项目管理质量、创造项目效益具有重要意义。

参考文献

[1] 中交第一航务工程局有限公司. XMGL/YH-2014,项目管理标准化手册[S]. 天津, 2014

[2] 云南省交通运输厅. 云南省高速公路施工标准化实施要点工地建设第1册[S]. 北京:人民交通出版社, 2012

大坡度粮仓仓顶锥形混凝土屋面施工关键技术

张友春 张文亮

（中国交通建设股份有限公司总承包经营分公司，北京，100088）

摘 要：随着我国工业化程度不断提高，储粮工艺不断发展，粮食仓储逐渐由房式仓转为向高空发展的筒仓。为确保密闭、防火和安全储粮，仓顶通常设计成钢筋混凝土锥形屋面。仓顶锥形屋面施工属于高空、大跨度、重载施工，施工技术难度较高，危险性大，为保证黄骅港冀海散杂货码头锥形粮仓锥顶施工安全和锥形坡度混凝土施工质量，对锥形混凝土屋面模板支撑体系构造、受力分析、施工工况分析计算，优化工艺，项目得到顺利实施，并取得了较好社会经济效益。

关键词：粮仓；锥顶；支撑体系；混凝土施工

引言

近年来圆形粮仓因其储量大，占地空间小，经济安全，在港口粮食倒运储藏领域的应用越来越多，但因其顶面采用锥壳形式的混凝土顶屋面，锥形坡度大、中心半径跨度大，高程高，经常出现施工过程中锥形坡混凝土在浇筑时由于坡度大导至混凝土流淌，形成局部锥板厚度增加，造成板断面不符合设计要求。为解决类似状况，确保混凝土施工过程质量的保障，本文以黄骅港黄骅港综合港区冀海散杂货码头筒仓锥形混凝土屋面工程施工为例，对锥形混凝土屋面施工关键性技术进行探讨。

1 工程简介

黄骅港综合港区冀海散杂货码头工程共三座大豆筒仓，筒仓采用圆形的现浇钢筋混凝土结构，内直径36m，壁厚400mm，建筑高度53.8m（含屋顶）。内附20个扶壁柱，标高为-2.00～+3.500m（部分至4.200m），+3.500m为卸粮平台。仓顶环梁高1.8m，宽0.8m。圆形筒仓顶为锥形混凝土屋顶，径向坡度为30°，连梁按照筒仓半径方向布置，环梁按照圆形布置。环梁最大尺寸为400×700mm，连梁最大梁截面尺寸为250×610mm。环梁最大跨度为4.32m，连梁最大跨度为4.85m。板厚200mm（图1和图2）。

2 工程施工关键技术

仓顶结构混凝土锥形坡度大、中心半径跨度大，高程高。施实过程中首先要确保锥形混凝土屋面外形尺寸及混凝土施工质量，其次是对高支模支撑系统的稳定牢固，模板加工精度、覆模施工质量控制、屋顶结构底部沉降分析与纠偏监测、混凝土浇筑时垂直运输、防止混凝土流淌、混凝土浇筑顺序进行质量控制。

本项目采用先进的计算机软件建立模型，并制定相应措施，从混凝土浇筑顺序、支撑体系方面提出了新的方案，完善了施工过程中质量控制。

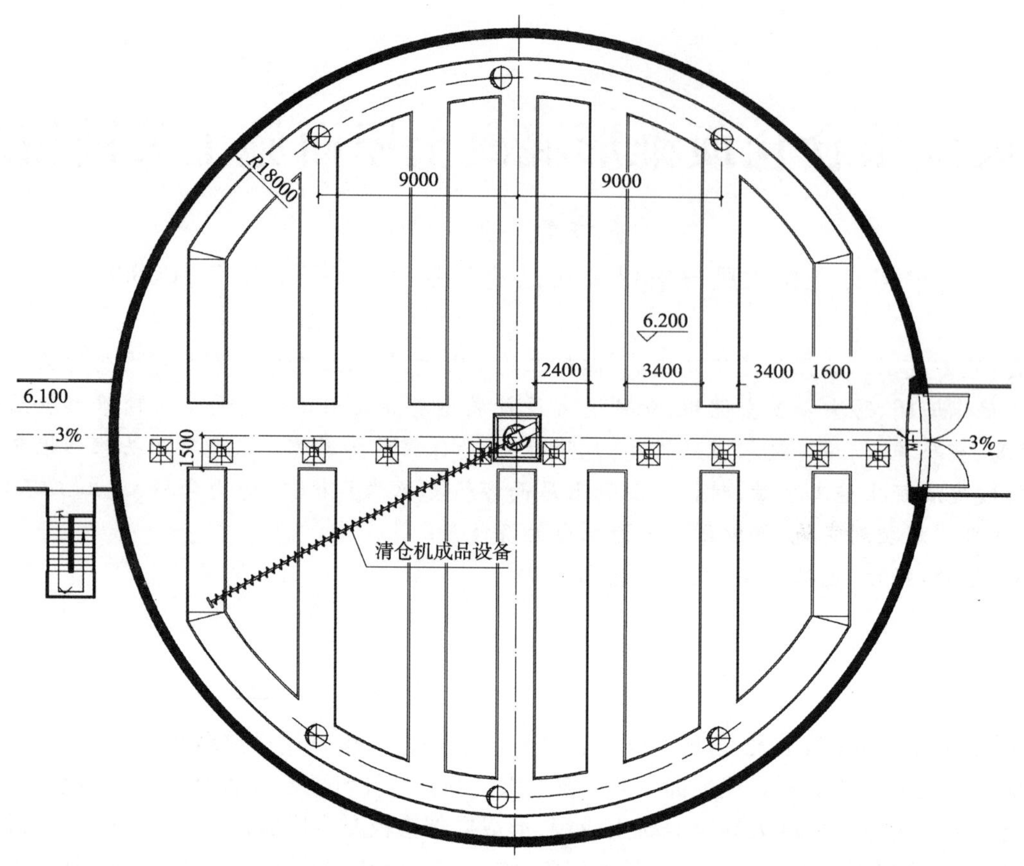

图1 立筒仓平面图

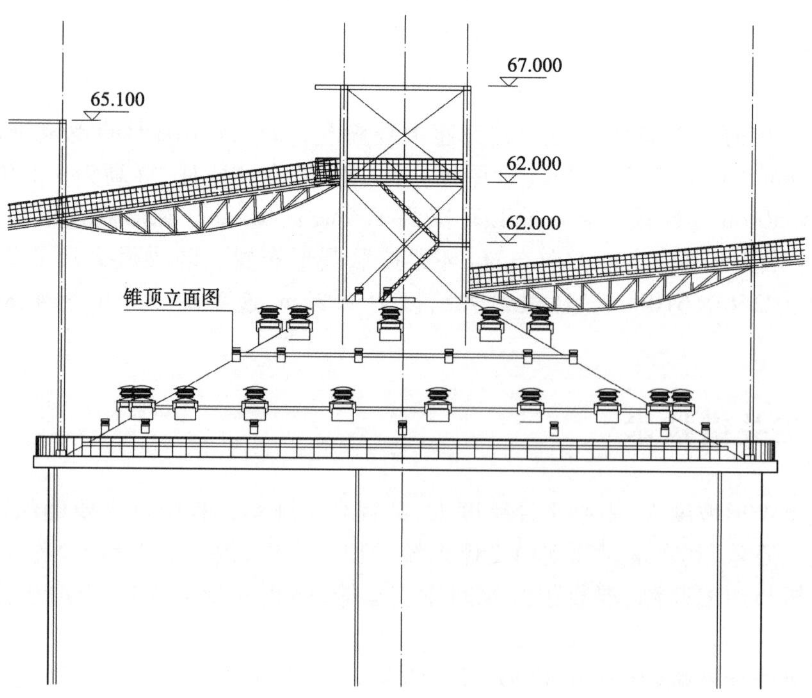

图2 立筒仓立面图

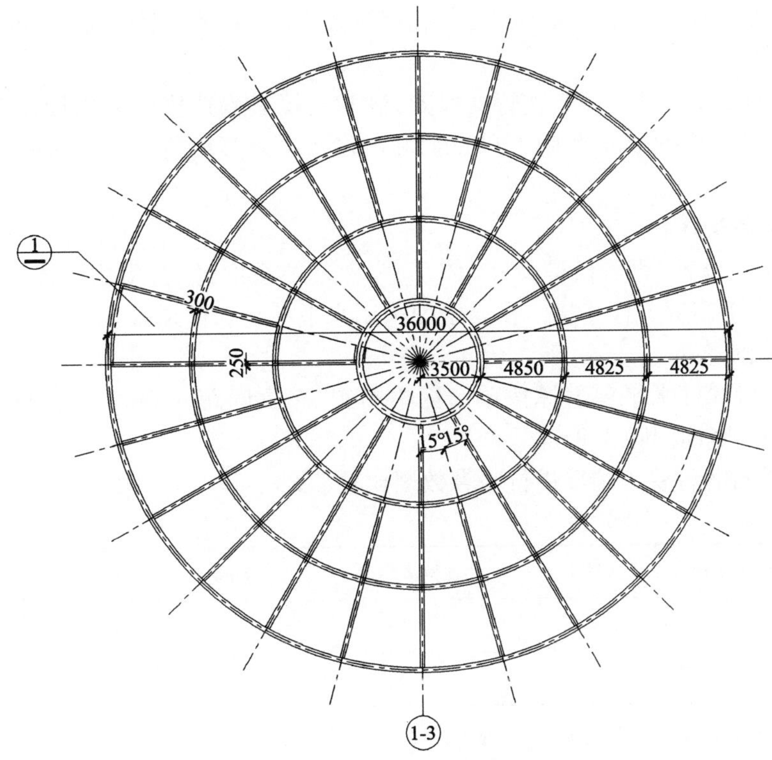

图3 仓顶结构平面布置图

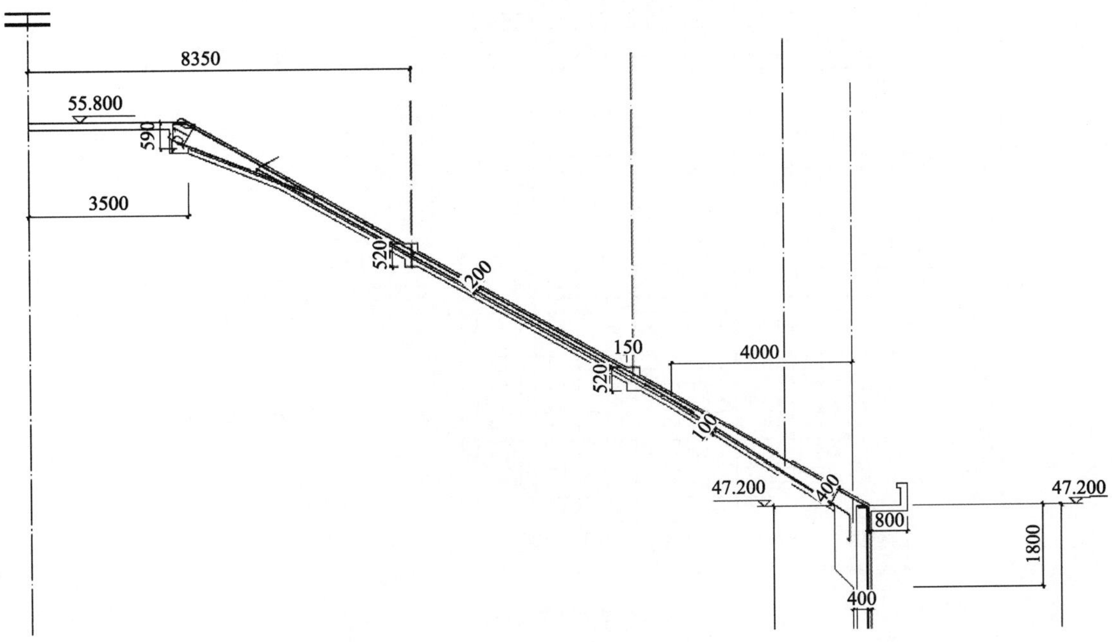

图4 斜屋面结构形式

3 关键性施工技术措施

3.1 支撑体系设计与施工

模板支撑体系搭设跨度36m，搭设平均高度45m，施工总荷载最大值$4kN/m^2$，最大集中线荷载18.35kN/m。属于高大模板支撑系统，较常规支撑系统施工技术复杂，危险性大。

模板支撑架跨度大、搭设高度高，由于施工荷载相对较小，模板支撑架在设计过程中主要考虑对模板体系的整体稳定性分析。

模板支撑体系计划采用扣件式满堂钢管支撑架，满堂支撑架构造措施采用加强型。经过计算，仓内脚手架立杆间距为750mm×750mm，步距1300mm，并增设水平及竖向剪刀撑。为防止架体失稳，水平杆与筒壁顶紧。

3.1.1 模板支撑架设计

(1)在筒仓上环梁处设置“钢管格构筒柱”体系，为保证体系的稳定，格构柱体系与筒仓壁及中心格构柱筒体采用竖向及水平向剪刀撑连接。在仓壁处采用水平杆与仓壁顶紧。

钢管格构筒柱支架布置：

构造措施：钢管格构筒柱水平剪刀撑按单个区格布置，布置间距3.0m。竖向剪刀撑每个区格内布置，布置水平间距3.0m，竖向间距3.9m。

(2)利用计算软件对各种受力情况进行验算数据比较(表1)

表1

体系验算	(强度)立杆应力 σ_{max}(MPa)	扣件抗滑移(kN)	(刚度)立杆压缩变形(mm)	整体稳定性
规范数据	<205	<8.0	<49.4	>4
实际数据	145	2.12	4.16	5.67

支撑体系的强度、刚度、稳定性均满足要求(图5～图7)。

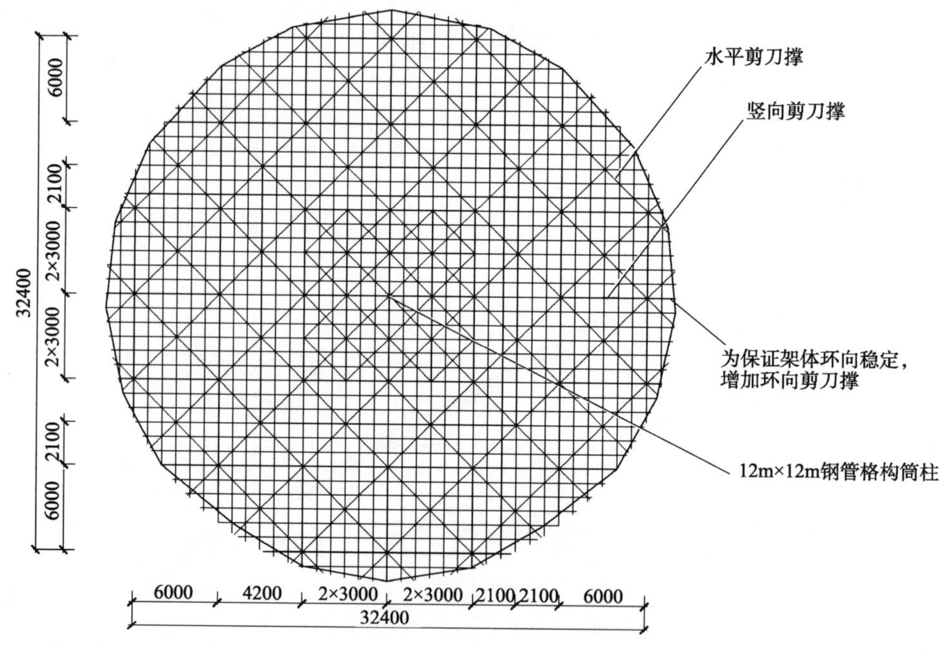

图5 脚手架平面布置图

3.1.2 模板支撑架施工

(1)锥顶施工工艺流程(图8)

(2)支撑体系搭设关键技术控制

①+3.50m层板混凝土浇筑完成后，仓内高支模待+3.50m层板混凝土强度满足施工要求后直接在顶板面安设撑体系。

②在双立杆顶部+23.400m、+33.000m，+43.000m设置分段卸载措施，采用6号钢丝绳和花篮螺丝与架体拉结。钢丝绳拉结应牢固、顺直，拉结过程中不得使架体有明显变形。钢丝绳拉结角度不得大于15°钢管弯曲变形，各种杆件钢管的端部弯曲不得大于5mm，立杆垂直度控制在$H/1000$范围内。

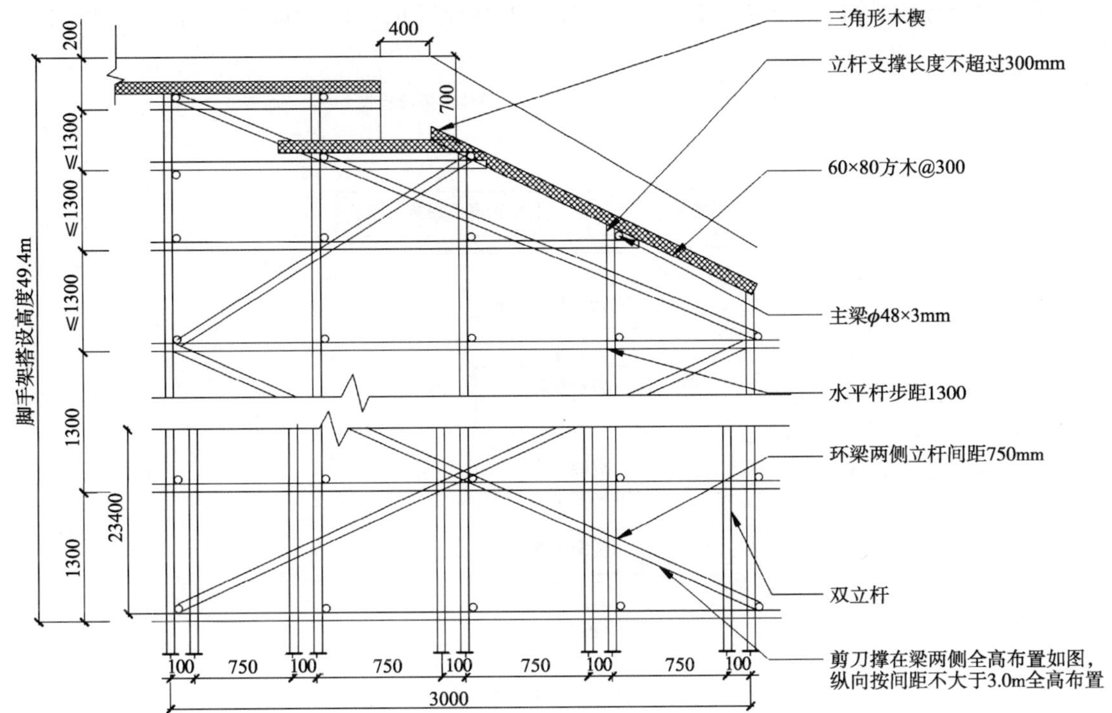

图6　钢管格构柱剖面布置图

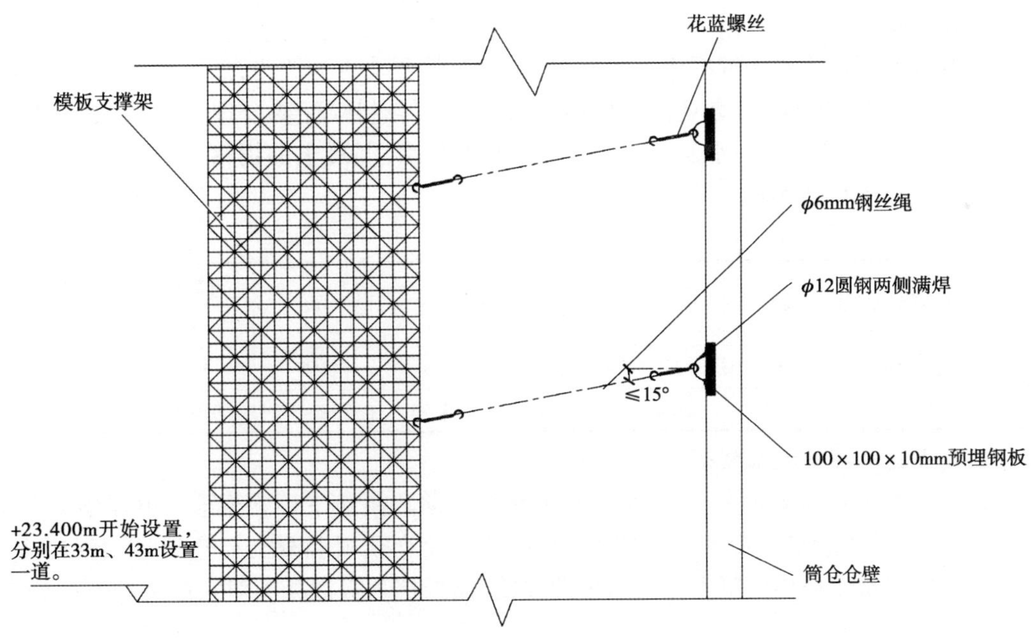

图7　模板支架分段卸载剖面示意图

③安装后的扣件螺栓，采用扭力扳手对其紧固力矩进行检查，对梁底的扣件应全数检查，使其扭力矩控制在45～65N·m范围内，不合格的应重新拧紧至合格。

超承重高支模架施工完成后，由项目负责人组织验收，并经专业监理工程师和总监验收合格后进入后续工序的施工。

④锥形模板翻样、安装。

仓顶结构倾斜面混凝土坡度较大，只安装底部模板不易控制混凝土流淌，因此采用双侧模板。上侧模板按每步浇筑高度预留出灌注孔带，分层、分步对称地进行混凝土浇筑，保证模板及支架均衡承载，提高模板体系稳定性。锥形顶板底模事先确定其尺寸，模板翻样完成后进行加工，安装时按照翻样图依次安装。

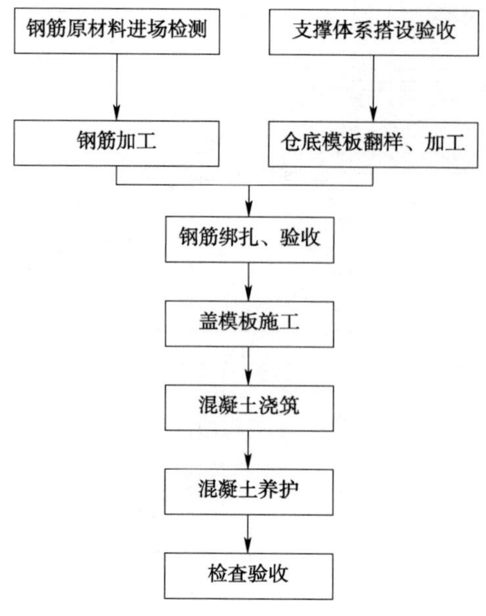

图 8　锥顶施工工艺流程图

3.2　混凝土施工

3.2.1　配合比设计

根据现行的设计规范，为确保混凝土拌制质量，对骨料的要求更为严格，砂子为中粗砂且含泥量不得超过 3%，碎石粒径以 5 ~ 30mm 为宜且含泥量不得大于 1%，骨料级配要合理，以增加混凝土的和易性。根据施工经验，严格控制混凝土的水灰比，增强混凝土密实性，混凝土的坍落度以 10 ~ 15cm 左右为宜（表 2）。配合比编号 w150300540。

表 2

材料名称	(金隅)水泥	砂	石子			水	外加剂	掺合料	
			1	2	3		减水剂	粉煤灰	矿粉
用量	280	764	110	770	220	160	5.2	60	60
质量配合比	0.70	1.91	.0.28	1.92	0.55	0.4	0.018	0.15	0.15

3.2.2　混凝土施工关键技术控制

（1）锥形顶分四个阶段浇筑混凝土，根据设计要求第一阶段浇筑下环梁至第一道环梁 1/3 处，第二阶段至第四阶段浇筑见图 9，浇筑混凝土缓慢进行，其目的是使仓顶板混凝土与仓顶环梁混凝土交接良好不形成施工缝，又要尽量使环梁混凝土完成的早期强度，能抵抗顶板混凝土对它产生的侧向施工荷载，不产生裂缝。

（2）在进行第二圈的浇筑时，可浇宽度 1m 左右，以后每圈浇筑宽度可掌握在 1 ~ 1.5m，以浇筑到交接时，原浇筑混凝土没有完成初凝为宜。整个仓顶板施工不得留施工缝，并能逐渐形成封闭的圆形状薄壳体，减轻对模板及支撑的受力，有利于施工荷载的均匀分布。

（3）在混凝土浇筑完成后，根据当时的气候情况，采取积极有效的养护条件，用麻袋覆盖严密，保持潮湿环境和养护温度。

（4）防止混凝土流淌措施。

为保证混凝土浇筑振捣时混凝土沉落现象，使用盖模保证混凝土振捣时的密实及保证截面尺寸，盖模位置按图 10 所示。盖模采用对拉螺栓与底板对拉，对拉杆间距横向为 500mm，纵向为 600mm。

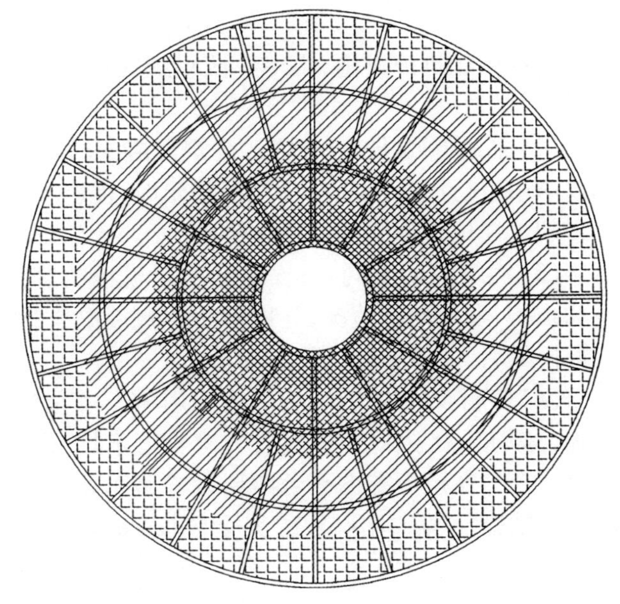

图9 混凝土分阶段浇筑

(5)模板的拆除操作。

拆模应遵循先支后拆,后支先拆,先拆不承重的模板后拆承重部分的模板;支架先拆侧向支撑,后拆竖向支撑等原则。对于此高支模模板的拆除应从中间开始向两边延伸。

模板工程作业组织,应遵循支模与拆模统由一个作业班组交待作业。其好处是,支模同时就考虑拆模的方便与安全,拆模时,人员熟知情况,易找拆模关键点位,对拆模进度、安全、模板及配件的保护都有利。

图10 混凝土盖模施工图

3.3 质量安全控制措施

3.3.1 混凝土工程施工控制

(1)泵送混凝土时,应随浇、随捣、随平整,混凝土不得堆积在泵送管路出口处。

(2)混凝土浇筑时,安全员专职负责监测模板及支撑系统的稳定性,发现异常应立即暂停施工,迅速疏散人员,及时采取处理措施。

(3)筒仓锥顶混凝土强度等级为C40,保护层厚度为30mm,抗渗等级为P8。

(4)现浇混凝土尺寸允许偏差满足表3的要求。

表3

项目		允许偏差(mm)	检验方法
轴线位置	墙、柱、梁	8	钢尺检查
	剪力墙	5	
垂直度	全高(H)	H/1000 且不大于 30	吊线检查
标高	全高	±10	水准仪检查
截面尺寸		+8,-5	钢尺检查
表面平整度		8	2m 靠尺和塞尺检查
预埋设施中心线位置	预埋件	10	钢尺检查
	预埋螺栓	5	
	预埋管	3	
预留洞中心线位置		15	钢尺检查

3.3.2 安全措施

（1）安全防护措施，安排专人做好各工作部位的安全防护设施，由专业队组织完成。对高空临边进行有效防护，保证施工人员的安全。

图11 混凝土盖模图

（2）泵送混凝土安全措施，浇筑混凝土时用62m汽车泵辅以塔吊进行混凝土浇筑。梁板浇筑时，混凝土的堆积厚度不得超过模板设计时的计算厚度。

（3）浇筑混凝土同时，安排专人对模板及其支架进行观察和维护，发现异常情况，立即停止浇筑混凝土，并卸载纠正变形模板后，才能继续浇筑混凝土。

（4）照明及逃生措施，筒仓内采用36V安全电压照明，满足施工需求。上人通道位置设置逃生警示灯，作为竖向逃生通道。仓外在模板支撑平台四周设置照明灯具，并以塔吊照明作为辅助照明。在模板支架上留设1m×1m上人逃生孔洞，并设置安全维护等冗余措施。

4 技术经济效益分析

（1）技术效益：项目实施工过程中，成立了《提高储粮立筒仓滑模垂直度偏差合格率》QC小组，该成果获得了2016年度中国交建优秀QC成果三等奖，全国工程建设优秀QC小组优秀奖，获得了2015年度河北省水运工程“平安工地”建设示范等级项目，提高了技术管理水平。

（2）经济效益：该施工方法保证了施工质量，从而减少了对质量缺陷维护的费用。最合理的利用了材料，提高了机械设备使用的功效，防止材料浪费。通过方案的实施节约人、机、料成本投入22.3万元。

（3）社会效益：锥形屋顶施工在生产实践过程中的到了建设单位、监理单位等的重视，施工质量安全得到有效控制，项目2015年12月交工，2016年6月正式运行，提高了港口粮食储运能力，对今后锥形仓顶施工有较好的指导意义。

5 应用实例

图 12

黄骅港综合港区冀海散杂货码头工程原料仓储区土建及机电安装工程——立筒仓，开竣工时间：2015年3月15日～2016年1月6日。每座筒仓内直径36m，仓顶混凝土浇筑511m^3，锥形顶板在+45.500m，+53.000m，+53.800m设计3道环梁，沿筒仓中心轴向每隔15°设计一道斜梁。其中各道环梁模板支撑架搭设高度为41.300m，45.000m，49.400m。通过以上方案实施，确保了筒仓仓顶混凝土浇筑质量安全，加快施工进度，节约劳动力，施工成本得到了良好的控制，满足业主的使用要求。

结语

本文总结了港口转运粮仓锥形屋面混凝土施工工艺，针对大坡度、较大跨度、超高粮仓在施工方法及措施上提出了先进的施工思路，叙述了该技术的工艺原理，完善了施工安全措施，为类似工程提供了借鉴。

图　13

参考文献

[1] 国家储备局武汉科学研究设计院. 黄骅港综合冀海散杂货码头工程施工图纸和施工组织设计. 2015.6

[2] 中华人民共和国住房和城乡建设部. GB 50669—2011,钢筋混凝土筒仓施工与质量验收规范. 北京:中国建筑工业出版社,2011.5

[3] 中华人民共和国建设部、国家质量监督检验检疫总局. GB 50204—2002,混凝土结构工程施工质量验收规范. 北京:中国建筑工业出版社,2002.4

[4] 中华人民共和国建设部、中华人民共和国国家质量监督检验检疫总局. GB 50026—2007,工程测量规范. 北京:中国计划出版社,2008.5

[5] 中华人民共和国住房和城乡建设部. JGJ59—2011,建筑施工安全检查标准. 北京:中国建筑工业出版社,2012.7

[6] 中华人民共和国住房和城乡建设部、中华人民共和国国家质量监督检验检疫总局联合发布. GB 50009—2011,建筑结构荷载规范. 北京:中国建筑工业出版社,2012.5

[7] 中华人民共和国住房和城乡建设部. JGJ 162—2008,建筑施工模板安全技术规范. 北京:中国建筑工业出版社,2008.12

[8] 中华人民共和国住房和城乡建设部. JGJ80—91,建筑施工高处作业安全技术规范. 北京:中国建筑工业出版社,1992.1

地基加固技术在珠机城际施工中的综合应用分析

李敏方　林映标

（中交四航局第二工程有限公司，广东广州，510231）

摘　要：文章结合国内地基加固技术应用现状，以珠机城际轨道交通工程金融岛车站及横琴车站施工为背景，对搅拌桩、旋喷桩施工技术在软土基坑施工中的应用进行了综合分析，并简要介绍了金融岛车站及横琴车站的地基加固施工方法。

关键词：地基加固；应用；施工；分析

引言

在我国工程实践中形成了成熟的搅拌桩、旋喷桩地基加固技术，两种技术在加固机理、适用条件、加固型式、所取得的效果及工程经济性等方面各有特点。通常情况下，地基加固技术在软土基坑施工中的应用主要从土体加固的用途出发，分为基坑周边被动区土体加固、场地内软弱土层土体加固、基坑运输通道区域加固等，旨在改良土体、提高土体稳定性以减少基坑开挖过程中的变形；而在其他工程（例如路基工程、房建工程、市政管道工程）领域中，地基加固技术在施工中的应用主要从上部结构对地基的要求出发，旨在通过必要的加固或改良，提高地基土的承载力，保证地基稳定，减少沉降或不均匀沉降。本文结合工程实践所取得的成果，对搅拌桩、旋喷桩加固技术在珠机城际金融岛车站及横琴车站施工中的应用进行了论述分析，为类似基坑工程设计、施工优化提供了参考建议。

1　工程概况

1.1　地质情况

金融岛车站与横琴车站中心里程距为 3.15km，两座车站工程地质勘查报告中所揭露的地质情况基本一致，加固深度范围内共揭示 10 个地层，各土层推荐地基承载力从 40～200kPa 不等。

典型工程地质纵剖面及主要土力学参数分别见图 1、表 1。

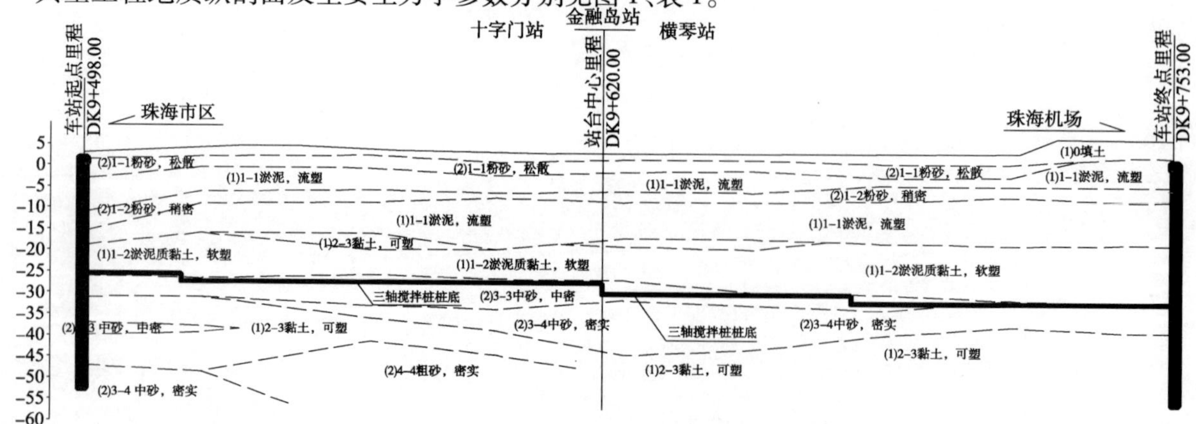

图 1　典型工程地质纵剖面图

土力学参数表 表1

地层编号	地层名称		天然重度 γ (kN/m^3)	粘聚力 c (kPa)	内摩擦 φ (度)	推荐地基基本承载力 (kPa)
(1)0	填土		/	/	/	/
(1)1-1	淤泥,流塑		16.5	6.54	3.58	40
(1)1-2	淤泥质黏土,软塑		17.6	19	6.53	60
(1)2-2	黏土	软塑	17.6	19	6.53	100
(1)2-3		可塑	18.3	31.23	10.14	120
(2)1-1	粉砂	松散	19	2	28	70
(2)1-2		稍密	19	2	28	90
(2)3-2	中砂	稍密	19	0	35	110
(2)3-3		中密	19	0	35	150
(2)3-4		密实	19	0	35	200

1.2 设计概况

两座车站均为明挖法施工车站,采用地连墙 + 内支撑的支护结构型式,围护结构施工前需进行地基加固,车站主要设计参数见表2~表4、图2~图3。

车站主要支护结构设计参数表 表2

序号	车站名称	最大开挖深度	地连墙厚度/深度	内支撑设计情况	地基加固方法
1	金融岛站	28.0m	1.2m/44~56m	标准段设6道支撑,端头井设7道支撑,第一至三道为钢筋混凝土支撑,其余为钢管支撑	三轴搅拌桩
2	横琴站	22.0m	1.0m(1.2m)/37~43m	标准段设5道支撑,第一、四道支撑为钢筋混凝土支撑,其余为钢管支撑,端头井设4道钢筋混凝土斜撑	高压旋喷桩

金融岛车站地基加固设计参数表 表3

序号	施工范围	桩长	桩径	桩间距	水灰比	水泥掺量	外加剂及掺量	备注
1	地连墙槽壁加固	30~35m	850mm	600mm	0.5	20%	氯化钠 1%	平行地连墙两侧各施工2排
2	坑内土体加固	同基坑深				5%		满堂格栅式加固 (小里程端头井未加固)
3	坑内基底加固	4~8.5m				18%		

横琴车站地基加固设计参数表 表4

序号	施工范围	桩长	桩径	桩间距	水灰比	水泥用量	备注
1	地连墙槽壁加固	24~32.5m	600mm	400mm	1:1	200kg/m	平行地连墙两侧各施工2排
2	坑内基底裙边加固	3~10.5m					平行地连墙基坑内侧施工2排
3	坑内基底抽条加固	3~10.5m				250kg/m	垂直于线路施工,各抽条间距8~9m

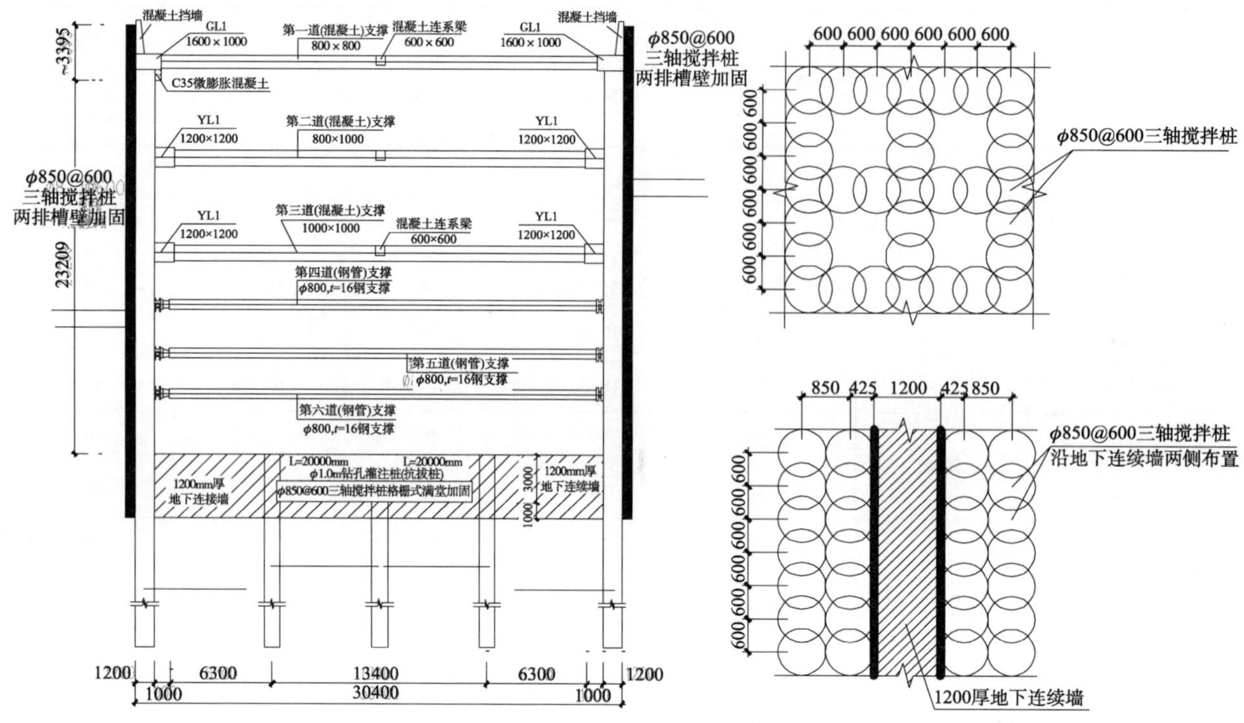

图 2　金融岛车站地基加固剖面图及大样图

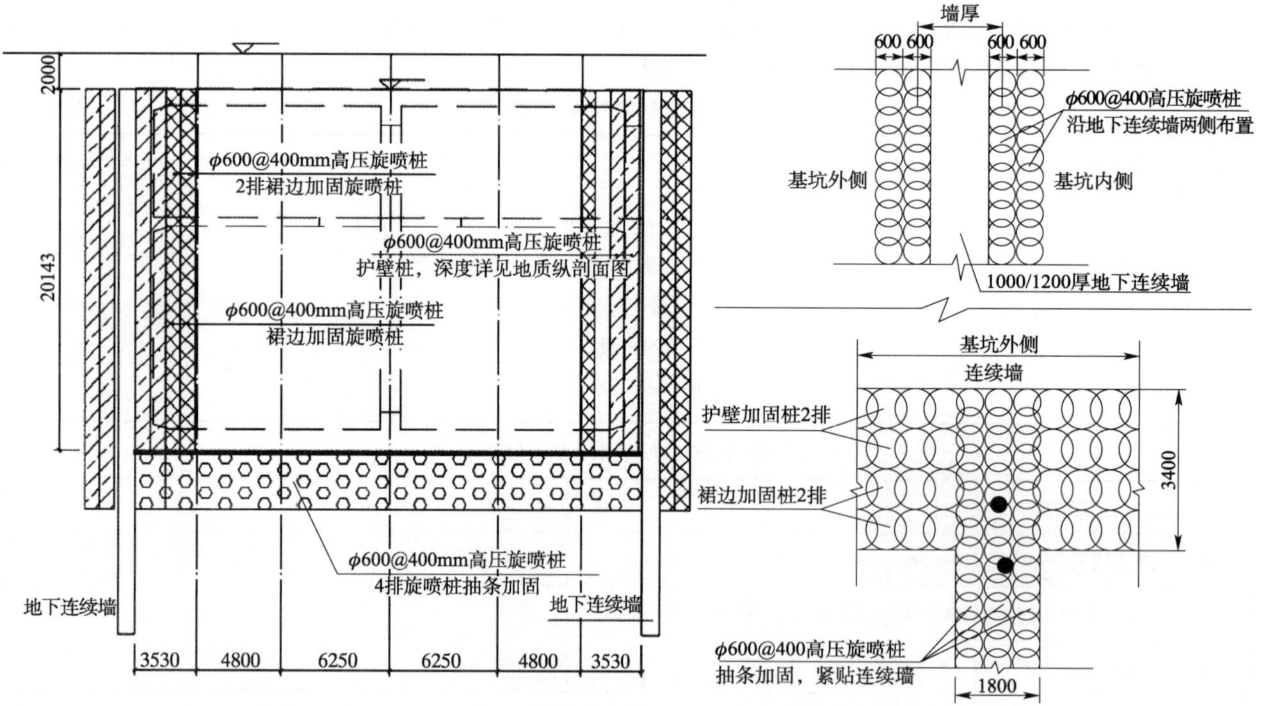

图 3　横琴车站地基加固剖面图及大样图

2　地基加固施工方案

金融岛车站三轴搅拌桩施工采用“四搅四喷”施工工艺，横琴车站高压旋喷桩施工采用双重管法喷射注浆工艺。工程开工前均进行了试桩，试桩平面布置及试桩参数等见表 5、表 6。

金融岛车站试桩概况一览表

表5

项目名称/组号		桩径	桩长	下沉速度	提升速度	空钻速度	浆液流量	泵送压力	其他参数
三轴搅拌桩	JA8-24	0.85m	4.0m	0.5m/min	1.0m/min	1.0m/min	100 ~ 200L/min	1.0 ~ 2.0MPa	水泥:P. O42.5 水灰比:0.5 水泥掺量:18% 氯化钠掺量:1% 实桩长:4m 空桩长:26.4m
	JA8-25			2.0m/min					
	JA8-26			1.0m/min					
	JA8-27			1.5m/min					
	JA8-28			0.5m/min	0.5m/min				

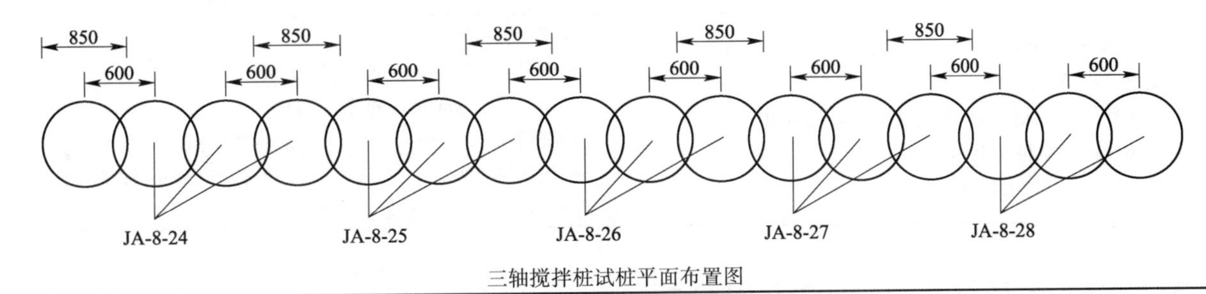

三轴搅拌桩试桩平面布置图

横琴车站高压旋喷桩试桩概况一览表

表6

项目名称/组号		桩径	桩长	提升速度	注浆压力	喷射流量	旋转速度	水泥掺量	其他参数
高压旋喷桩	A组	0.6m	24m	20cm/min	>20MPa	35L/min	20r/min	150kg/m	水泥:P. O42.5 水灰比:1:1
	B组			15cm/min			15r/min	200kg/m	
	C组			12cm/min				250kg/m	

高压旋喷桩试桩平面布置图

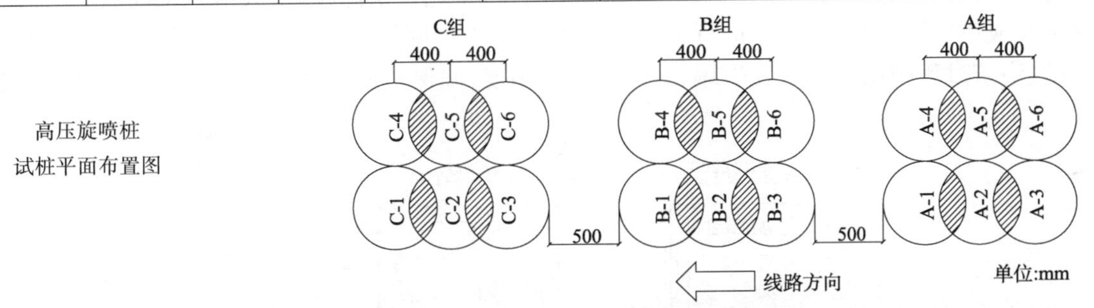

试桩完成后进行了成桩28天取芯检测试验(取芯照片见图4)。

图4　现场钻孔取芯照片(左为金融岛,右为横琴)

从金融岛站现场 JA-8-24、JA-8-26、JA-8-28 中心桩处各取芯 1 根进行检测试验，无侧限抗压强度代表值最小为 0.64MPa，满足设计大于 0.5MPa 的要求。

横琴车站现场开挖已试成的桩，检查成桩质量及咬合情况，实测桩径最大为 650mm，咬合良好，通过钻芯法于 A、B、C 每组取芯 3 根进行检测试验，无侧限抗压强度代表值最小为 1.73MPa，满足设计大于 1.2MPa的要求。

根据试桩检测成果，确定施工参数如下：

地基加固施工参数表 表 7

三轴搅拌桩施工参数	高压旋喷桩施工参数
下沉速度：0.5～1.0m/min　提升速度：1.0 m/min； 空桩钻进及提升速度：1m/min； 泵压：2.0MPa（空桩时 1.0MPa）；管道压力：2.0MPa； 流量：200L/min（空桩时 100L） 水灰比：0.5　水泥：P. O42.5	喷浆压力：25MPa 钻杆升速：15cm/min（槽壁、裙边加固） 12cm/min（抽条加固） 钻杆转速：15r/min　注浆流量：35L/min 水泥掺量：200kg/m（槽壁/裙边加固）、250kg/m（抽条加固） 水灰比：1∶1　水泥：P. O42.5

3　在软土基坑施工中的应用分析

3.1　在围护结构地连墙施工中的应用分析

3.1.1　确保地连墙成槽精度、结构尺寸

两座车站基坑开挖深度大，地连墙成槽垂直精度要求高，由于地质条件较差，成槽施工前需先行施工槽壁两侧护壁桩及成槽导墙，对槽壁土体进行地基加固处理。当加固桩深度大于基坑深度时，能够有效防止地连墙成槽、浇筑过程中两侧槽壁发生塌孔，保证成槽精度，确保地连墙结构尺寸不侵入车站主体建筑限界（图 5）。

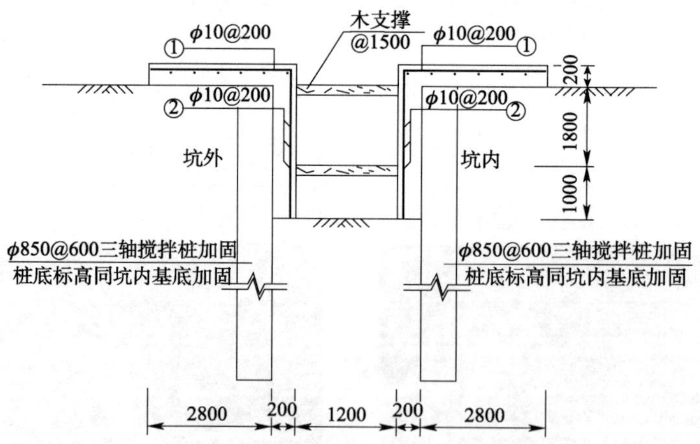

图 5　车站护壁桩及导墙结构图（以金融岛为例）

3.1.2　确保地连墙钢筋笼吊装施工过程安全

两座车站地连墙成槽深度大，最深可达 56m，设计的最大钢筋笼（“一”字型）笼重达 66t，地连墙钢筋笼需采用双履带吊进行一次性整体吊装入槽，履带吊进行钢筋笼抬吊行走时引起的超载会对地连墙成槽槽壁产生附加应力，计算公式如下（图 6）：

$$\Delta p_H = \frac{2q}{\pi}(\beta - \sin\beta\cos 2\alpha)$$

式中：Δp_H——附加侧向土压力（kPa）；

q——地表局部均布荷载（kPa），取 $q = 130$kPa。

α、β 可参照以下两式求得：

$$\tan\left(\alpha+\frac{\beta}{2}\right)\approx\frac{a+b}{z}\qquad\tan\left(\alpha-\frac{\beta}{2}\right)\approx\frac{a}{z}$$

a——履带吊距地连墙安全距离，取 1.5m；

b——履带吊履带宽度，取 1.45m。

经计算，在深度 $z=1.8\text{m}$ 时（1.8m 以上为导墙侧壁，不予考虑），履带吊负荷行走所产生的附加应力 $\Delta P_h=95.04\text{kPa}$，达到最大值。

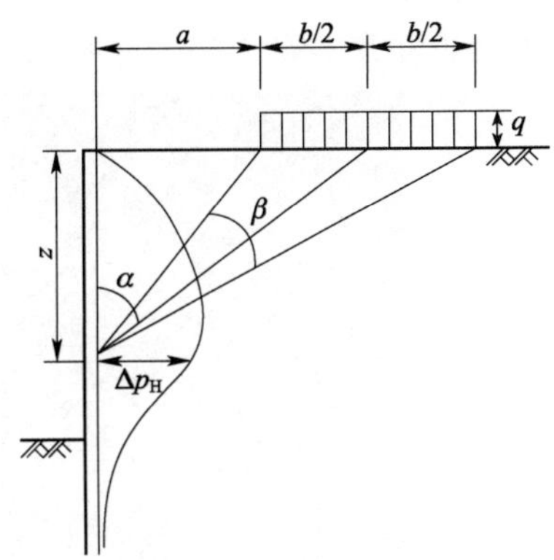

图 6　履带吊负荷行走所产生的附加应力计算示意图

根据相关资料，水泥搅拌桩的抗剪强度 τ_{f0} 可取芯样无侧限抗压强度的 1/2 ~ 1/5，两座车站地基加固桩参数最小值 $\tau_{f0}=0.64\text{MPa}/5=0.128\text{MPa}=128\text{kPa}>\Delta P_h=95.04\text{kPa}$。

即通过对软土基坑围护结构侧壁进行地基加固，能够有效防止地连墙钢筋笼吊装过程中两侧槽壁发生因超载引起的坍塌，保证槽壁的稳定性，并减少土体侧向位移引起的地基下沉，确保围护结构地连墙施工安全。

3.2　在基坑开挖过程中的应用分析

3.2.1　形成有效的止水帷幕

两座车站均临近南海，做好围护结构止水对基坑开挖施工至关重要，车站所采用的支护结构地连墙（C40/P10）具有良好的抗渗能力，但墙体之间采用工字钢接头的型式在防混凝土绕流方面易出现一些问题，可能造成接头渗漏或出现涌水。

于基坑外侧紧贴地连墙设置的两排槽壁加固桩挡水效果显著，作为第一道止水帷幕，有效避免了地连墙接头渗漏可能造成的不良影响，在基坑开挖及主体结构施工过程中，槽壁桩与地连墙形成的双重止水帷幕未出现大面积渗水、线状流水等渗漏情况，充分保障了基坑施工条件。

3.2.2　提高地基承载力及土体自稳性等

车站地基加固深度范围内基本以淤泥质土、软塑 ~ 可塑状黏土等软弱土为主，其压缩性高、承载力低并具有明显的触变性、流变性，通过进行地基加固取得了以下效果：

（1）提高了地基承载力

金融岛车站基底所揭露的地层为软塑 ~ 可塑状黏土，推荐地基基本承载力 ≯120kPa，基坑开挖至基底后，第三方对地基承载力进行了复合地基静载试验，经检测复合地基承载力特征值均大于 300kPa（表 8）。

金融岛车站静载试验结果汇总表　　表 8

试验点位置	设计要求		最大试验加载值（kPa）	试验结果		
	桩长（m）	复合地基承载力设计值（kPa）		复合地基承载力特征值（kPa）	承压板总沉降量（mm）	承压板回弹量（mm）
17-18 轴北侧	6.5	300	≥600	320	26.87	6.09
25-26 轴北侧	8.5			304	31.59	7.39
29 轴北侧	4.0			312	30.93	7.45

（2）土体的自稳性得到了提高

土体作为一种典型的黏弹塑性体，在基坑开挖的过程中，原状土受到扰动，原有的三向应力状态发生改变，降低了土的强度，很快地使土变成稀释状态，易导致基坑内软土形成侧向滑动，这一点对于淤泥质土体表现尤为明显。

在同等的地质情况下，将未进行地基加固区域（图 7a）与进行了坑内临时加固区域的土体进行对比（图 7b），可以发现土体的颜色、性状发生了显著改变，自稳性得到了明显提高，这对提高基坑开挖工效、确保基坑施工安全是十分有利的。

a)

b)

图7 开挖过程中揭露的土层对比

(3)动力特征的改善及抗隆起稳定性的提高

车站设计按地震设防烈度7度考虑,工程地质勘查报告相关说明要求适当考虑软土的震陷影响,通过对坑底存在的软土层进行地基加固,可以改善抵抗振动荷载的性能。

国内已成功取得的设计经验及相关研究表明,通过地基加固提高坑内土体的 c、ψ、γ 值,可以有效增大坑底抗隆起稳定性。

3.2.3 减少基坑围护结构变形

大量的工程实践及研究证明,基坑内土体的侧向约束和墙体变形密切相关,墙体变形过大时表明坑内土体已处于局部破坏状态。一般情况下最大墙体变形主要分布在坑底一定深度范围内,这与两座车站基坑监测所得到的变形数据也是完全一致的(表9)。

通过水泥土搅拌法、旋喷法对坑内土体进行地基加固,能够有效提高基坑被动区软弱土体的抗压强度及土体侧向抗力,减少基坑围护结构变形。

车站深层水平位移数据(部分)统计表 表9

金融岛车站/地连墙测斜管编号	CX5-1	CX5-2	CX7-2	CX9-1	CX13-1	CX13-2	墙顶到基底深度(m)
最大累计位移(mm)	22.3	29.0	34.9	52.1	46.9	81.0	24.8
深度(m)	22.0	23.5	26.5	24.0	22.5	23.0	
横琴车站/地连墙测斜管编号	YCX3	ZCX3	YCX38	ZCX38	YCX77	ZCX77	墙顶到基底深度(m)
最大累计位移(mm)	36.0	29.5	52.6	43.2	48.5	37.2	19.6
深度(m)	21.5	22.0	18.5	19.0	18.5	21.5	

3.3 优缺点分析

3.3.1 三轴搅拌桩加固优缺点

(1)三轴搅拌桩成桩直径有效可靠,采用的"四搅四喷"工艺较好地保证了土体加固效果,但成桩直径固定,且成桩桩径相对较小(500~850mm),深度一般不大于35m。

(2)相对于单轴、双轴搅拌机械,三轴搅拌机械施工工效更高。

(3)搅拌桩适用于处理正常固结的淤泥与淤泥质土、素填土、黏性土等多种地基,但不适用于砾砂层、松散堆积且含有块石的人工填土层等。

(4)施工机械设备比较大,现场组装、调试、拆机维护时间长,施工过程中频繁坏机造成了一定的工期延误;加固施工需要提供较大的施工场地,占用了较多的平面空间,且自行只能沿两个垂直方向进行移位,这会给已有多道交叉工序的施工场地协调造成很大困难。

(5)地基加固施工时,将要置换出一部分泥浆。虽然施工前开挖沟槽可以避免泥浆的溢出,但由于加固深度的增加置换出的泥浆会逐渐增多,置换出的泥浆在短时间内无法固结致使无法及时运到指定的弃土场,对施工现场的文明施工造成一定的影响。

(6)工程造价较旋喷桩低,施工无振动、无噪音。

3.3.2　高压旋喷桩加固优缺点

(1)双重管高压旋喷法成桩强度较水泥搅拌桩更高,成桩桩径也更为灵活(最大可达1.2m),深度可达55m,但在软土地区基坑加固施工中,受高地下水位、复杂地层影响,地下深层成桩桩径难以充分保证。

(2)高压旋喷桩适用于砂性土、黏性土、填土等多种土体的加固,且对于桩身上部穿越含有卵石的砾砂层、松散堆积层、含有块石的人工填土层等地层,可通过先行施作引孔的方式进行加固,其适用范围较水泥土搅拌桩更为广泛。

(3)施工机械设备较小,便于组装、调试、拆机维护,场地内可设置多套设备展开作业,可在一定程度上缩短工期。

(4)工程造价较水泥土搅拌桩高,施工无振动、无噪音,但在市政道路区域内施工时,提钻喷浆至加固桩顶需严格控制好喷浆压力,否则路面结构容易因高压产生的气拱效应发生破坏。

结语

每一种地基加固方法都有其适用范围和局限性,为确保施工过程中工程和周边环境的安全,必须采取相应的工程措施,其中对基坑土体进行预加固就是一种行之有效的技术措施。地基加固技术对金融岛车站及横琴车站,因其结构设计型式特点,在软土基坑围护结构地连墙、基坑开挖施工中得到了较好的应用,取得了较为显著的应用成果。文中着重从工程施工角度对上述应用成果进行了分析,但在具体实施过程中,现场管理人员仍发现不少有待解决的问题,就如何综合考虑基坑结构形式、基坑规模、地质情况、周边环境、现有施工技术水平及工程经济性等进一步提高地基加固技术在软土基坑施工中的应用,仍是今后研究的重要方向。

参考文献

[1] 刘国彬.王卫东 基坑工程手册(第二版)[M].中国建筑工业出版社,2009

[2] 梁鹏宇.坑内土体加固对软土基坑变形的影响分析 [J].湖南大学硕士学位论文,2013

堆场高杆灯照明系统的研究与应用

仇广同
（日照港工程设计咨询有限公司，山东日照，276826）

摘　要：根据 GB 50034—2013《建筑照明设计标准》、JTS 165—2013《海港总体设计规范》中对堆场照明的要求，作者通过对智能照明、光源选择等方面的研究，设计了一种新型的堆场智能照明系统，并介绍了照明系统现场安装、调试和实验的方法。实践应用证明，新型智能照明系统与常规的高压钠灯照明相比，日均耗电量约下降 50%，具有较高的推广和应用价值。

关键词：智能照明；高杆灯；LED；节能

引言

随着日照港货物吞吐量的高速增长，堆场照明水平逐年提高，照明电能消耗量逐年上升。现在堆场照明大多采用传统灯具照明系统，无法根据生产需要进行调节，导致电能严重浪费，在堆场照明中推广新型的照明技术是亟待解决的课题。

智能化控制技术、信号检测技术和微电子技术的迅速发展和融合对促进照明控制技术的进步起着至关重要的作用，但长期以来企业对港口堆场的智能照明未能引起足够重视，如今节能减排越来越受到重视，开发满足堆场照明要求的智能照明技术，以适应未来港口堆场照明布局和控制方式的转变成为当务之急。

1　智能照明控制系统

1.1　工程概况

石臼港区南区焦炭码头后方堆场工程总面积约 10.5 万平方米，共设置 30 座高杆灯，堆场照明设备的耗电量较大，本工程采用 PLC 智能照明控制系统，该系统由现场控制层、中间层和监控层构成，为独立树型网络结构，现场控制层的硬件设备包括现场 I/O 设备，光收发器、控制直流电源和控制继电器等，中间层的硬件设备包括光纤机架、光收发器和交换机等，监控层则包括光纤机架、光收发器、交换机和监控站等硬件设备，可以提供良好的人机监控界面，各层之间均通过光纤连接，向上一级可连接到日照港管理网络系统。

1.2　堆场照明系统的功能

根据焦炭码头后方堆场照明系统的设计方案，在每座堆场高杆灯旁均设有照明配电箱，配电箱系统图详见图 1，每座灯杆上设 15 个照明灯具，照明灯具分成 3 组，每组灯具都有独立的供电回路，高杆灯控制箱原理图详见图 2。

变电所内设有 8 个用于路灯照明的供电回路和控制配电箱，每个照明回路中设置开关量输入输出和模拟量输入，用于照明控制接触器状态和回路电流的采集，在某些照明配电控制箱内还设有光敏开关，用于采集自然光的亮度实现高杆灯的光控功能，堆场智能照明控制系统见图 3。

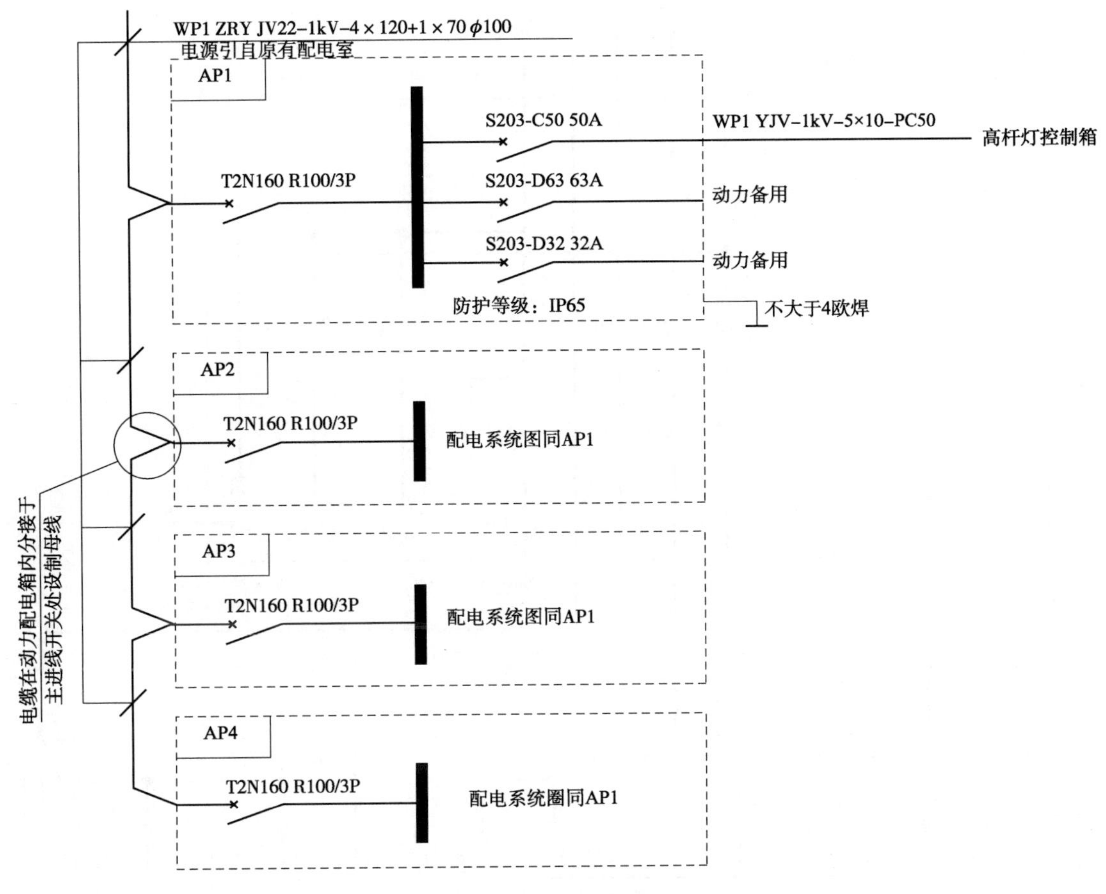

图 1　高杆灯配电箱系统图

如图 3 所示，由设在变电所内和高杆灯下的控制站通过控制接触器实现对高杆灯的智能控制根据实际需求可将每座高杆灯划分为 3 个或多个方向的灯组进行分别控制，每个方向的灯组均能分别开启，所有 I/0 控制站均采用总线方式经通信管道连接到综合楼中央控制室进行统一控制，智能照明控制系统能够自动记录各回路的实时操作信息，主要记录内容包括灯杆编号、回路编号、启闭操作类别、操作时间和操作模式等。

1.3　控制方式

(1)手动控制模式：手动控制模式分为回路控制和区域控制，回路控制以单个灯杆路灯回路为单元控制单个回路上照明灯具的启闭，区域控制是以堆场的堆存区位划分控制区域，分别控制与各堆存区位相关的照明回路的启闭。

(2)适用于堆场照明的自动控制模式，根据堆场的作业计划，照明控制系统的相关软件可自动生成照明控制计划，自动控制堆场不同堆存区位内高杆灯的启闭，在控制操作执行前系统可根据提前设置的时间节点进行语音预告，如现场情况发生变化调度人员可进行干涉，取消或调整控制动作的时间。

2　照明灯具的选择

灯具选型是堆场照明系统节能设计的重要环节，本工程堆场在采用智能照明系统的基础上在选用新型照明灯具方面也进行了有益探索，尽量选用光效较高、光通量维持率较高、显色性较好和污染较少的灯具。目前国内港口堆场普遍使用发出黄光的高压钠灯，高压钠灯含有汞和卤族元素容易污染环境，灯泡每年要更换，每两年更换一次整流器。本工程堆场如采用高压钠灯，则每座高杆灯上需要布置 15 盏功率 1000W 的高压钠灯，每座高杆灯的灯具造价约 2 万元，总功率为 15kW。

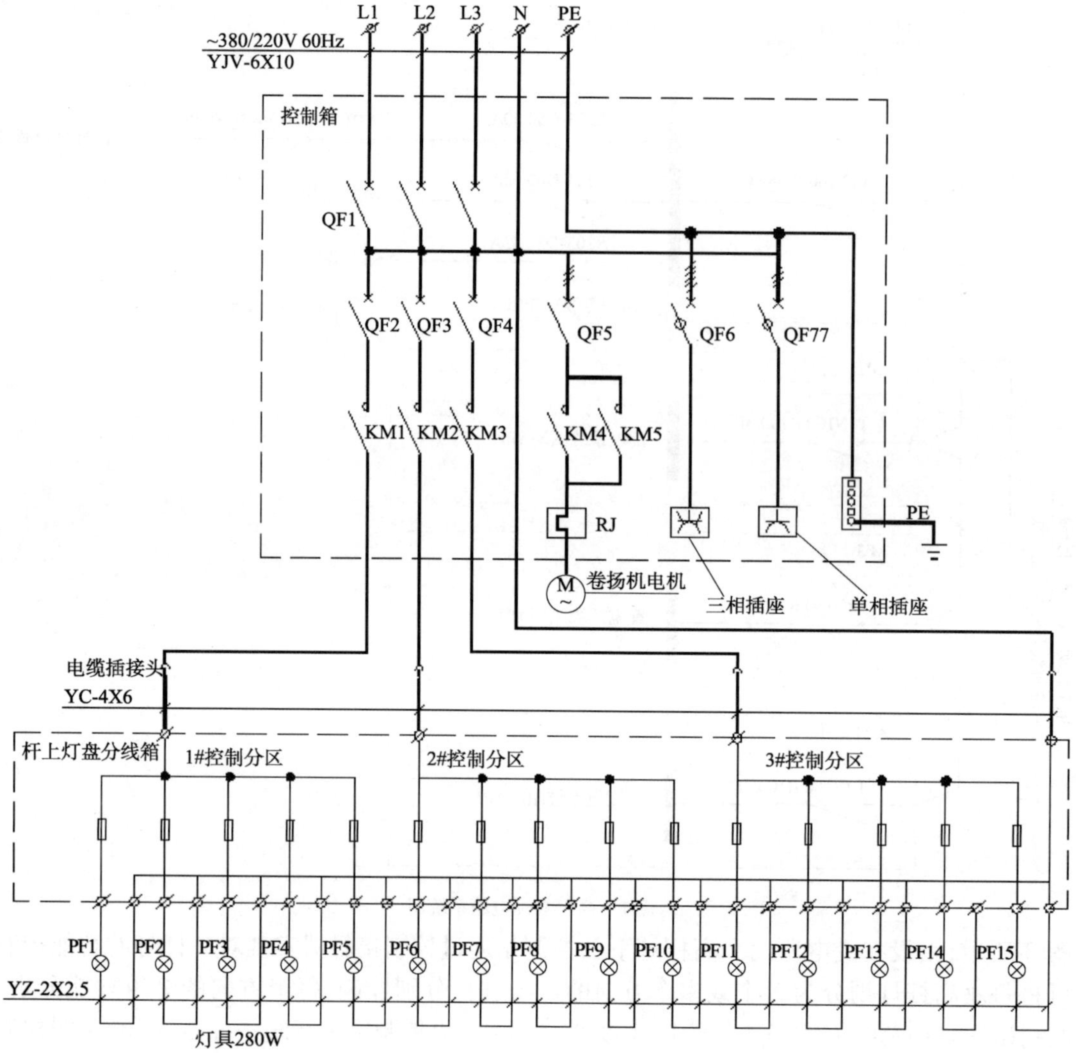

图 2　高杆灯控制箱系统图

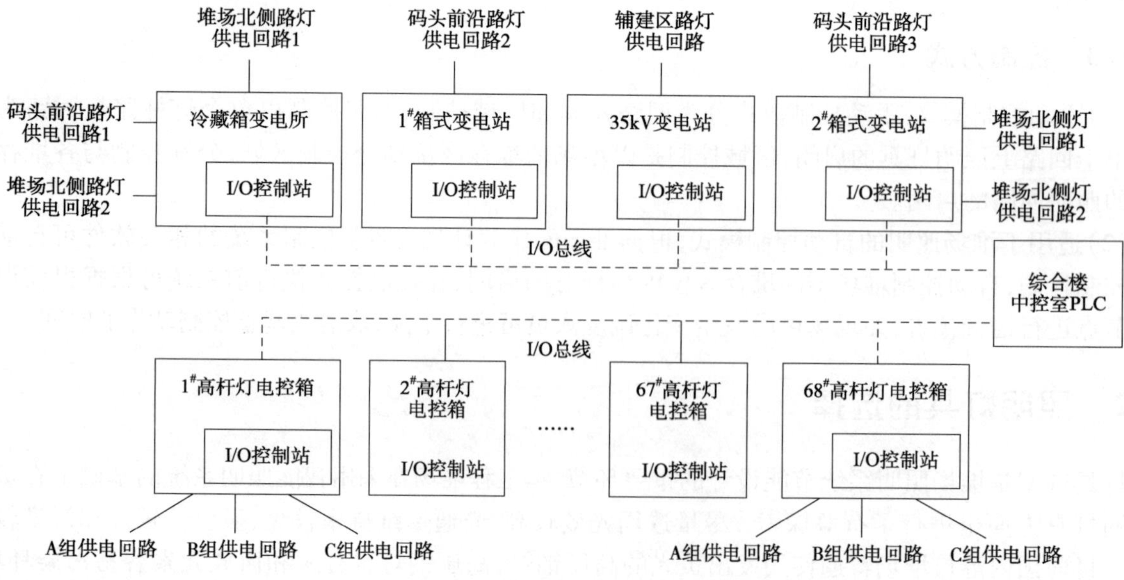

图 3　堆场智能照明控制系统

由于 LED 光源具有结构紧凑、可控性强、附件简单、高亮度、高防潮、节能环保等一系列优点，使 LED 光源成为堆场照明的优选产品。

2.1 照明灯具的性能对比

2.1.1 光效

LED 光源光效是衡量堆场照明灯具光源效率优劣的基本指标，受现有堆场堆场区域的特点限制，灯具的光效需要达到一定水平才能满足标准要求，才可以替换传统站台照明所采用的高压钠灯等灯具，各类光源的光效对比如表 1 所示。

各类光源的光效对比 表 1

光源类型	光效(lm/W)
白炽灯	12.5
荧光灯	100
高压钠灯	90~120
卤素灯	25
LED 灯	120~250

2.1.2 显色性

数据显示，光源的显色指数在大于 70 的条件下即可较真实的反映物体颜色，且显示效果较好，在 30 以下时物体的显示效果较差，各类光源的显色指数如表 2 所示；LED 光源显色指数可达 75 以上，与其他光源相比，LED 光源在较低亮度时即可达到较好的照明效果，便于现场操作人员工作，降低了电源功耗。

各类光源的显色指数对比 表 2

光源类型	显色指数 Ra
白炽灯	97
荧光灯	75~85
高压钠灯	20~30
金属卤化物灯	60~65
LED 灯	75~85

2.1.3 低能耗

相比于其他灯具，LED 光效特性决定了其低能耗的特点，此外，LED 光源具有良好的可控性，结合光时控装置的使用，将实现堆场照明分时、分区域控制，有效降低车站能耗。

2.2 本工程堆场照明系统的节能效果分析

根据本工程堆场的实际作业情况和照明系统布置方案，经测算在采用 LED 光源的智能照明系统后，总的节电率约 60%，高压钠灯和 LED 灯光源的对比见表 3。

高压钠灯和 LED 灯光源的对比 表 3

<table>
<tr><td colspan="3">光源 / 项目</td><td>高压钠灯</td><td>LED 灯</td><td>备注</td></tr>
<tr><td rowspan="3">初期投资</td><td rowspan="3">灯具</td><td>规格</td><td>1000W</td><td>400W</td><td></td></tr>
<tr><td>灯具单价</td><td>￥2000</td><td>￥5000</td><td></td></tr>
<tr><td>造价(小计)</td><td>￥90 万</td><td>￥225 万</td><td>450 盏</td></tr>
<tr><td colspan="3">初期节约支出(合计)</td><td>—</td><td>￥-135 万</td><td></td></tr>
</table>

续上表

项目 \ 光源			高压钠灯	LED 灯	备注
耗电量	光源功率		1000W	400W	
	配电器		镇流器	开关电源	
			50W	30W	
	综合线损(6%)		12W	10W	
	单位灯具功率		1062W	440W	
	5 年耗电量		8721MWh	3613MWh	每年以 365 天计 电费以 1 元/度
	5 年电费		¥872 万	¥361 万	
	5 年节约电费(小计)		—	¥510 万	
维护费用	光源	寿命	<5 年	>5 年	
		更换次数	2 次	0 次	
		单价	¥500.00	—	
		维护费用	¥46.8 万		
5 年节约支出(总计)			—	¥556.8 万	
投资回报	初期全部投资	¥90 万	¥225 万		
	初期节省投资	—	¥ -135 万		
	5 年节省电费	—	¥510 万		
	5 年节省维护费用	—	¥48.6 万		
	回收期	—	<2.5 年	计入维护费用	
5 年净收益			—	¥421.6 万	计入维护费用

虽然 LED 灯初期投入的成本略高，但其后期的维护量少；因配套的 LED 照明灯具功率降低，如新设计照明线路系统时，线路线径、控制开关等可减小，整个照明控制系统可节约较多的费用。对堆场作业的影响也较小，通过采用 LED 光源，耗电量每天节约 50%，另外通过配套智能照明系统，智能控制缩短灯具的开通时间，每天可缩短 1 小时，节能约 10%，通过对比，5 年净收益 421.6 万元，本工程堆场最终选用 LED 灯照明，使用效果和节能效果显著，

结语

焦炭堆场传统的照明控制方式为手动开关，操作时必须逐一进行，给生产带来诸多不便，效率较低且极易造成能源浪费，智能照明技术的控制方式更多、范围更广，可根据实际需要控制灯具的开启方向和数量，能有效提高生产效率、节约电能。

本工程采用的 LED 灯可见光占比高，对环境造成的辐射污染少，属于真正的绿色照明，LED 灯使用寿命更长，降低了维修更换成本，LED 不含卤素和汞等有害的物质，在灯泡制造和报废处理过程中不会污染环境，采用上述的节能技术后石臼港区南区焦炭码头后方堆场工程照明设备的耗电量降低约 60%，设备投资和维护费用降低约 35%，不仅节能效果显著，还能大大降低用户的营运成本。

参考文献

[1] 北京照明学会照明设计专业委员会. 照明设计手册(第二版). 北京：中国电力出版社. 35-77

[2] 中国航空工业规划设计研究院. 工业与民用配电设计手册[M](3 版). 北京：中国电力出版社. 2005. 57-63

[3] GB 50034—2013 建筑照明设计标准

[4] JTS 165—2013 海港总体设计规范

俄罗斯布朗克工程多种船型在扫浅施工中的联合应用

李金峰　吴永彬　啜景信　贺立军　肖　勇
（中交天津航道局有限公司，天津，300450）

摘　要：俄罗斯布朗克港港池与航道疏浚工程土质复杂，投入了多组反铲船组、多条耙吸船施工作业。工程尾期，耙吸船施工区内形成顽固浅梗，局部土质坚硬难以开挖，针对此类浅梗或硬区，常规施工方法施工效果差、效率低。本文在工程实践基础上总结形成了一种反铲船与耙吸船、耙平器船联合扫浅的施工方法，详细介绍了其施工原理、操作步骤、注意事项。

关键词：反铲船；耙平器；耙吸船；扫浅；

引言

俄罗斯布朗克港港池与航道疏浚工程是中国交建承建的第一个欧洲疏浚项目（图 1）。

图 1　布朗克工程施工区示意图

本项目施工区内土质分布不均，多区段内分布坚硬粘土，工程投入了反铲船、耙吸船、耙平器船等多种船型，在工程后期耙吸船施工范围内形成大量浅梗、垄沟，且落差较大，局部区域形成多处坚硬浅区难以开挖。顽固的浅梗、坚硬的浅区土质主要为硬质粘土夹杂细粉砂及石块，土质粘性大、含水量低。对于此类浅梗和硬区，耙吸船上线率低、溜耙严重，开挖效果差；反铲船定点装驳需要反复移船靠离驳，有效时间利用率低；耙平器扫浅对硬土质的切削能力不足，扫浅效果差。

反铲船、耙吸船、耙平器的联合施工为此类浅梗、硬区的开挖提供了新的方法。采用反铲船开挖浅梗边抛至超深区域，或进行原地松土作业，再由耙吸船浚挖、耙平器耙平疏松土质，超深废方减少，扫浅效率大幅提升，有效缩短了扫浅时间，充分发挥了反铲船定位精度准确、挖硬能力强的特点，耙吸船动态挖泥、松软土质施工效率高的特点，以及耙平器削高补缺、扫浅面积大的特点。

1　反铲船边抛及松土作业

进入 10 月份以后，布朗克港区大风天气增加，而反铲船需要配合泥驳进行疏浚作业，由于配套泥驳舱容较小、抗风浪能力不足，施工区风浪大时，配套泥驳无法出海抛泥，此时反铲船将无法采用常规装驳作业方式施工。而反铲船边抛、松土作业无需泥驳配合，仅依靠反铲船单独完成，对于耙吸船不适宜开挖的区域，如顽固浅梗、坚硬浅区、陡峭边坡、码头前沿等，当气象条件不允许传统装驳作业时，反铲船可以进行边抛或松土作业，疏松的土质由耙吸船二次浚挖，或由耙平器耙平扫浅(图 2)。

图 2　反铲船边抛施工

1.1　边抛作业

反铲船边抛施工采用无装驳操作工艺，将开挖区土体挖起后抛至边侧超深区域，减少废方，或将耙吸船无法上线的边坡等区域开挖后抛至边侧。反铲船根据分条边线、超深区方向及习惯装驳方向进行船舶下桩定位，保证操作人员在进行边抛作业时具有最好的观察视野(图 3)。

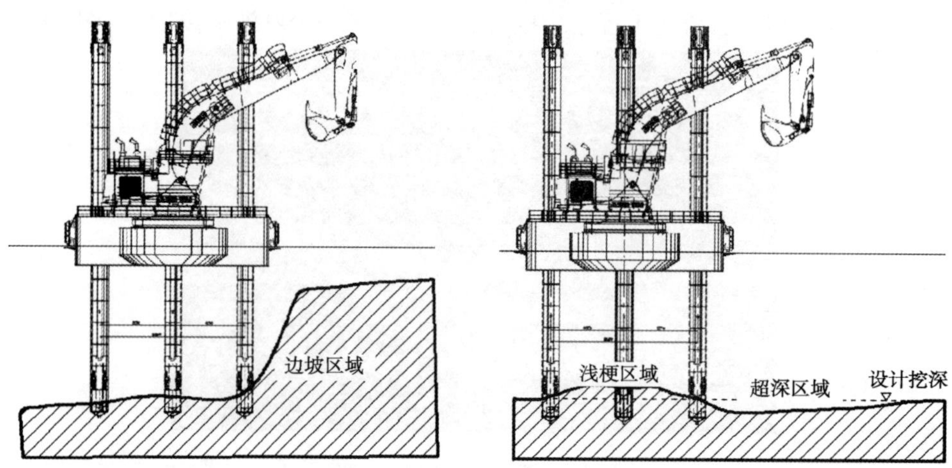

图 3　反铲船边抛作业示意图

下桩定位后下斗挖泥，边抛开挖顺序自靠近超深区域一侧开始向另一侧开挖(如图 4 中 A1-A2-A3 施工顺序)，开挖过程中控制下斗深度在设计底标高与超深线之间，挖掘过程完成后抬大臂、小臂，使铲斗底部抬离水面，开始摆臂动作，控制摆臂速度，超深区域内抛泥顺序由远离浅梗区域一侧向另一侧边抛(如图 5 中 D-A1、D-A2、D-A3 施工顺序)。抛泥完成后仍保持铲斗底部抬离水面返回挖泥区继续挖泥操作，进入下一边抛循环。

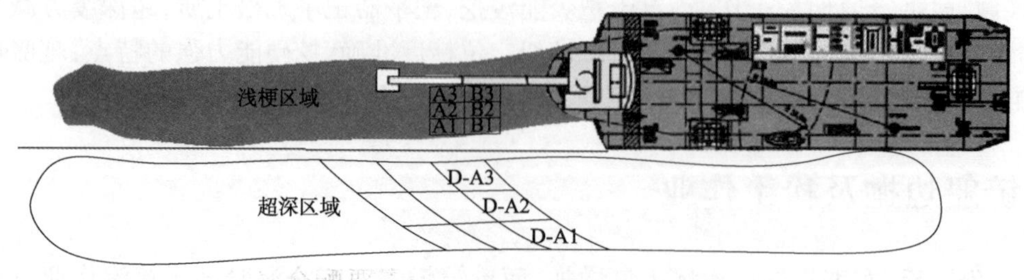

图 4　边抛作业平面布置示意图

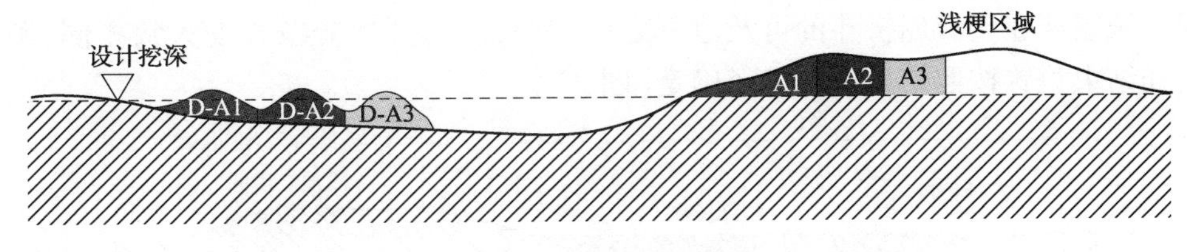

图5　边抛顺序示意图

1.2　松土作业

反铲船松土作业采用无装驳操作工艺，开挖区土体挖起后抛至原地。

针对松土深度要求不同，采用不同的施工方法。当铲斗单层疏松厚度满足松土深度要求时，采用单层松土，铲斗挖起土体后提升铲斗距离原泥面1至2m，将铲斗内土体抛至原来位置，完成单层松土作业(图6)；当铲斗单层疏松厚度不满足松土要求时，采用双层共进松土方法，即上层边侧第一斗开挖后抛至另一侧施工分条以外，进行边侧下层土体疏松，然后上层边侧第二斗开挖后抛至第一斗上层，继续进行第二斗下层土体疏松，以此类推，最后将施工分条以外的土体抛填至松土区(图7)。

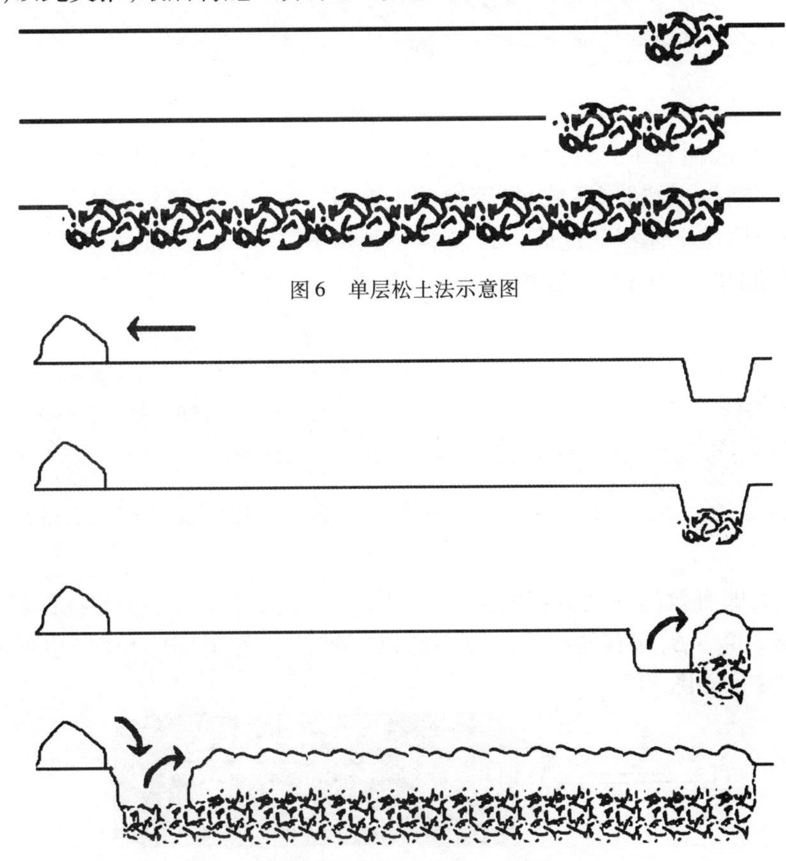

图6　单层松土法示意图

图7　双层共进松土法示意图

2　反铲船施工区域规划

对于陡峭边坡、码头前沿等耙吸船无法上线区域，在气象条件恶劣时，反铲船采用边抛作业，将土体抛至耙吸船可以上线开挖区域；对于耙吸船施工区内的顽固浅梗、坚硬浅区，要根据实际情况确定采用反铲船边抛或松土作业方式，当浅梗、浅区两侧具有超深区域时，采用反铲船边抛作业，当两侧无超深区域，或边抛后抛泥区水深不能满足耙吸船吃水要求时，采用反铲船原地松土作业(图8)。

当反铲船边抛超深区域时，需要对开挖区、边抛区进行规划，开挖区按照反铲船最佳摆宽进行分条。

浅梗一侧超深区域需要在反铲船铲斗的可及范围之内，其长度与开挖分条长度大致相同，抛泥区域在长度方向的开始和结束位置按照铲斗旋回半径确定（图9）。

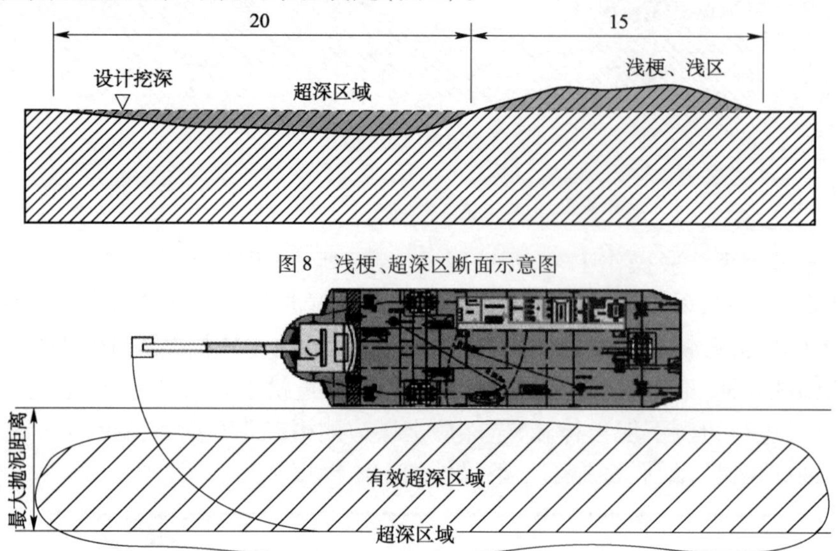

图8　浅梗、超深区断面示意图

图9　有效超深区域示意图

分别以超深线（设计底标高＋允许超深）为标准，计算浅梗区域需要浚挖的工程量 W_1，并计算反铲船可及的最大超深区域范围（有效超深区域）可容纳的土方量 W_2。考虑土体挖抛后的膨胀系数 η（$\eta>1$，表示土体挖抛后的体积与原状土体积的比值），以及容量系数 β（$\beta<1$，表示边抛后的土体体积与超深区可容纳最大体积的比值，取0.9～0.95）（图10）。

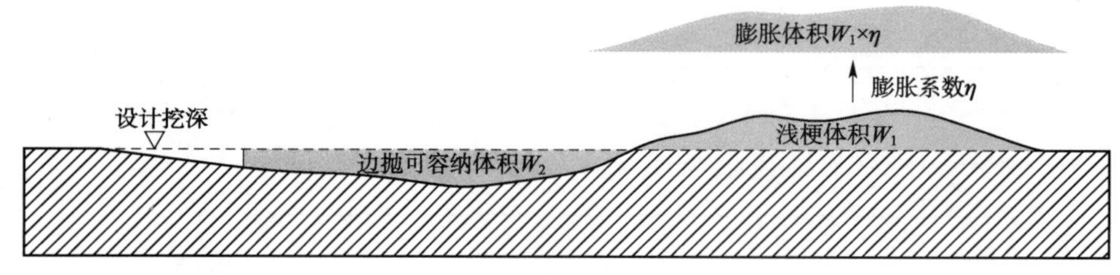

图10　施工区剖面图

当 $W_1\times\eta<W_2\times\beta$，即有效超深区域容纳土体体积足够大时，可适当减小超深区域的宽度，使得 $W_1\times\eta=W_2\times\beta$。当 $W_1\times\eta>W_2\times\beta$，即有效超深区域不足以容纳浅梗处土体体积时，边抛后首先由耙吸船浚挖，后期用耙平器耙平扫浅（图11）。

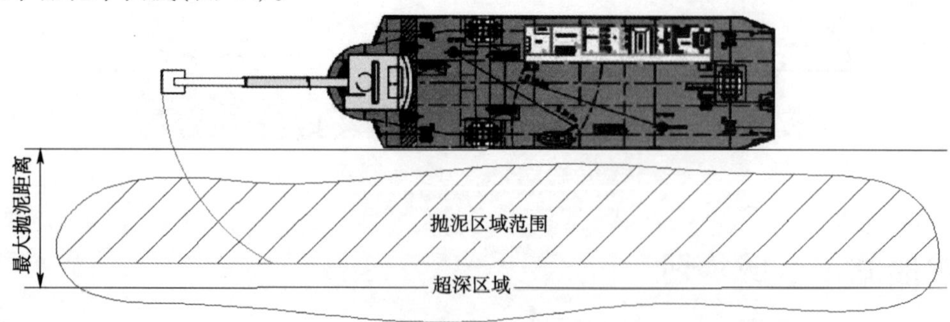

图11　边抛区域示意图

边抛区域范围内需要进行分块。边抛区域分块面积控制在铲斗敞口面积的4～9倍（经验值），按照铲斗旋回路径对抛泥区域进行初步分块并编号，计算每块分块区域可容纳的土体体积 V_D，通过铲斗斗容、充斗率计算每斗的抛泥体积 V_b，从而根据 V_D、V_b 计算各分块的抛泥斗数 n，保证抛泥区域良好的整体平整度，利于耙平器上线扫浅。对于非超深区边抛作业，也要按照相同的方法规划反铲船边抛位置及斗数，保证抛泥区整体平整度（图 12）。

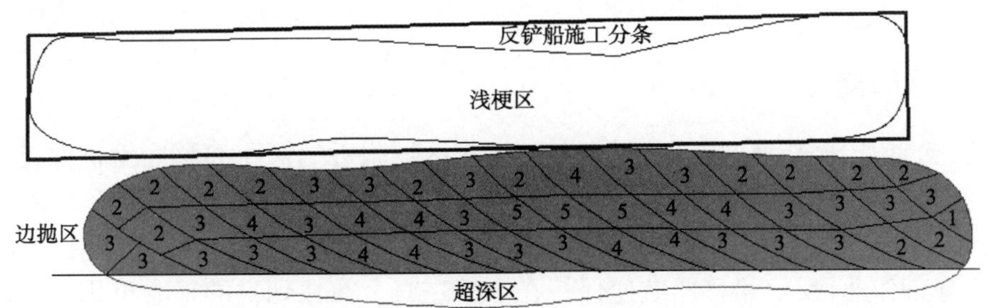

图 12　边抛区分块示意图

3　耙平器扫浅施工

反铲船边抛超深区域后，当超深区域可容纳土体体积不足，需要耙吸船对边抛土体进行上部开挖，视开挖效果决定是否投入耙平器施工；当超深区域可容纳土体体积足够时，只需要投入耙平器进行专项扫浅，下面主要介绍耙平器扫浅航线布设。

边抛结束后进行水深测量，一般情况下，反铲船边抛后将会在边抛区出现有规律的浅点分布，在每个边抛区中标记超深线（设计底标高 + 允许超深）以上的浅点范围、浅点水深、设计航线。其中边抛区内航线设计以顺浅点分布为主，穿插进行 S 型布线（图 13）。

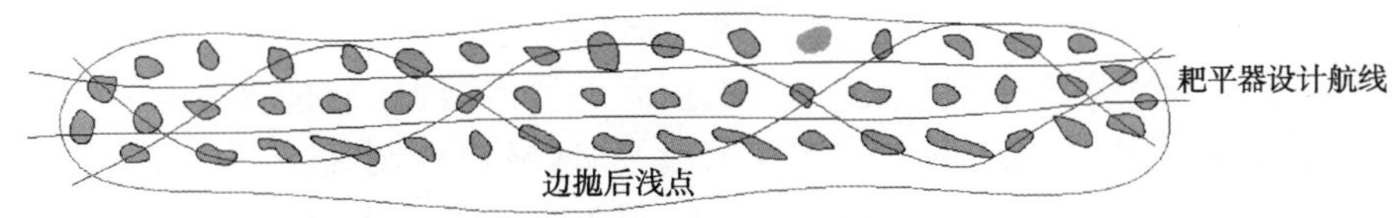

图 13　边抛区内航线设计

针对边抛区中不同的浅点分布，采用不同的耙平器布线形式，当耙平器长度d_p不小于相邻浅点之间的距离d_s时，边抛区内航线设计采用浅点间布线，相反时，采用浅点串点连线，针对细长型浅点形式，可适当采用横向串线（图 14）。

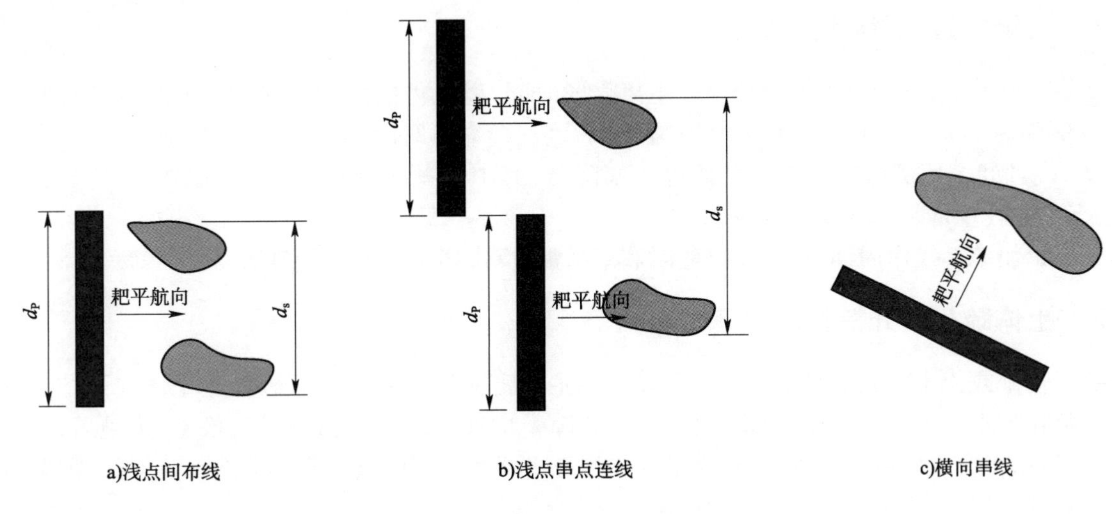

图 14　边抛区内耙平器上线方式

4 施工操作注意事项

4.1 反铲船移船操作

反铲船在执行松土、边抛作业时需要频繁移船，工作区域附近的短距离移船钢桩保持直立，下放至船体以下大约5m的位置，挖掘机设备在甲板上处于伸展状态。具有自航能力的反铲船在风浪情况较好时于工作区域内短距离移船时自行移船，自航反铲船在风浪情况较差、移船距离较远时，或非自航反铲船，需要拖轮、驳船等拖带作业，反铲船移船航速保持在3kn左右。在快到目的地时可用铲斗反复点地、抬起帮助停船，在挖泥船停下后下放钢桩，反铲船立稳钢桩后，调平船体，按照施工分条位置进行船位微调。

4.2 耙吸船疏挖操作

反铲船边抛、松土完成后及时进行水深检测，根据开挖量、土体疏松后体积计算土体体积膨胀倍数，估算疏松土质状态，从而确定耙头下放深度、波浪补偿器压力、引水窗开启程度、对地航速、泥泵转速等耙吸船施工参数。由于边抛或松土后土体含水量增大，要适当调高波浪补偿器压力、降低船舶航速、适当调大引水窗开度，防止闷耙现象，泥泵转速根据泥泵真空、流速适当调整。

4.3 耙平器扫浅操作

耙平器船在施工前对耙平器下放深度进行校核，考虑多方面因素。耙平器下放深度根据潮位、浅点水深、切削深度、耙平器标尺误差等进行计算。本工程中切削深度按照0.3~0.4m考虑。耙平器标尺误差需要考虑由于吊缆倾斜造成的下放深度误差、船舶航行时由于受到螺旋桨和耙平器的拖地作用船尾下沉造成的误差，以及船舶日常燃油淡水消耗造成的船舶吃水变化。

耙平器下放深度确定后驾驶员开始下放耙平器，在靠近浅点、浅区时航速保持在5~6kn，根据设计好的航迹线调整船位，驾驶员确认船舶进入扫浅区域后，扫浅航速控制在1~2kn，当耙平器触碰浅点航速下降到1kn时应及时加速，提高舵效控制船位。船舶调头时耙平器提离泥面3~5m，转向时控制船舶旋回圈，避免满舵或大舵角转向时拖缆缠绕螺旋桨。

5 施工效率分析

5.1 反铲船边抛、松土效率分析

反铲船正常装驳作业时，不可避免地产生离靠驳时间，以及可能的待驳时间、气象影响时间，反铲船时利率为60%~80%。反铲船边抛、松土作业无需待驳、离靠驳时间，对气象海况的适应性好，平均时利率提高20%。同时，反铲船单斗操作周期也大幅降低，其中边抛作业单斗操作周期较正常装驳减少约30%，松土作业较正常装驳减少约50%。

由于反铲船单斗操作周期减小、反铲船时利率增加，反铲船施工效率提升35%至80%。

5.2 土体疏松后开挖扫浅效率分析

反铲船边抛或松土区域的坚硬土质主要以硬粘土和密实细粉砂为主。砂性土土体在开挖过程中克服土体的负孔隙水压力，土颗粒之间将重新排列，孔隙率增加，发生剪切式破坏，松土、边抛后，土体充分浸泡，土体体积将会发生膨胀，土体含水量增加。粘性土开挖过程中会出现卷曲式、流动式、撕裂式破坏，粘土呈现碎块状态。

耙吸船疏挖原状土时耙头破土能力不足，造成施工效率低，边抛、疏松后的土体含水量增加、即使粘土也会在土体中出现裂缝，土质的可挖性，耙吸船过泵生产率提高 3 至 5 倍。同样，耙平器扫浅作业时，耙平的土质是经过挖掘、松动的土体，扫浅难度大大减小。

结语

俄罗斯布朗克港港池及航道疏浚工程中，反铲船、耙吸船、耙平器在顽固浅梗消除、坚硬浅区及陡峭边坡开挖方面互相配合、联合施工，保证了项目进度，节省了项目成本，也给予我们一定的启示，即不同类型的疏浚船舶有各自适宜的工况，面对一项复杂的疏浚工程，单一船型往往无法顺利地完成疏浚任务，多船型联合施工、组织不同类型船舶之间互相弥补、相互配合，创新施工新方法，将充分发挥不同类型船舶的特点和优势。

参考文献

[1] 上海航道局. 疏浚技术培训教材[M]. 上海航道局，2001

[2] 天津航道局. 疏浚技术[z]. 1997

[3] 冯晨，弓宝江. 大型反铲挖泥船开挖硬质岩石施工工艺[J]. 中国港湾建设. 2015(10)

高、低置换率变径挤密砂桩在港珠澳大桥东人工岛的应用级

莫日雄　王　伟　宋子鹏
（中交三航局第二工程有限公司，上海，200122）

摘　要：港珠澳大桥岛隧工程东人工岛在地基处理中采用高低置换率变径挤密砂桩进行软基处理，在确保地基加固效果的前提下，提高工效、节约成本。文章介绍了变径挤密砂桩的关键施工技术及施工效果，可供类似工程参考。

关键词：高低置换率；变径；挤密砂桩技术

引言

变径挤密砂桩作为一种较新型的深海软基处理技术，大规模使用的工程案例不多，为了实现经济合理性，在确保工程质量的前提下，港珠澳大桥东人工岛在不同结构处采用了不同置换率的变径挤密砂桩进行软基加固。经工程验证，所选用的置换率经济、合理，可供类似工程参考。

1　工程概况

港珠澳大桥岛隧工程东人工岛是港珠澳大桥主体工程重要项目之一，其东联非通航孔桥连接香港，西联沉管隧道，是作为隧桥转换的重要枢纽。而东人工岛所处地域存在较厚的软弱土层，根据地质勘查资料，软弱土层主要为淤泥、粘土、淤泥质粘土[1]：灰色，饱和，流塑～软塑，滑腻，偶含少量细砂及贝壳碎，平均标准击数较低，地基承载力较小，如表1所示。该层厚达3.5～25.4m，平均厚度约13.4m，软弱土层上的结构主要为：岛壁结构（抛石斜坡堤）、重力式沉箱救援码头、沉管隧道，为了确保地基承载力满足要求，在上述结构所处区域采用变径挤密砂桩进行软基处理，处理区域如图1中阴影所示。

软弱土层性能指标一览表　　表1

土　　层	地基承载力建议值（kPa）	标贯击数
①$_2$淤泥层	40	1
①$_3$淤泥质粘土层	70	1
③$_1$淤泥质粘土层	80	4.4

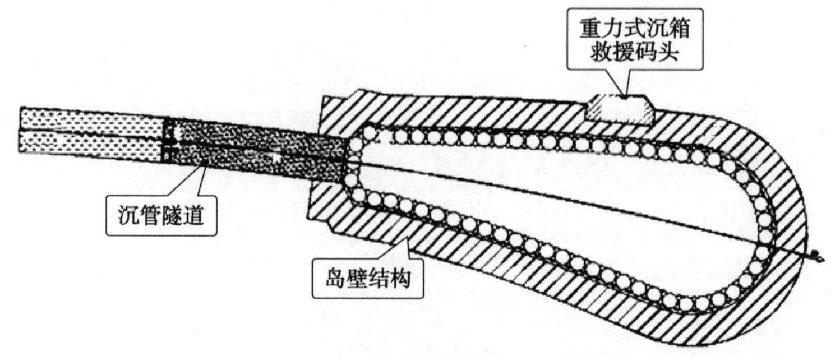

图1　东人工岛挤密砂桩处理区域示意图

2　挤密砂桩置换率的选用

在港珠澳大桥东人工岛的挤密砂桩施工过程中，置换率选用原则：①根据结构的重要性、所需承载力、软基处理时间而选择不同置换率；②根据土层的标贯击数，不同深度选择不同桩径，即不同的置换率。各区域置换率选择如表2所示。

各区域置换率一览表　　表2

区域	置换率	平面布置形式	桩径变化
岛壁抛石斜坡堤区域	25.6%	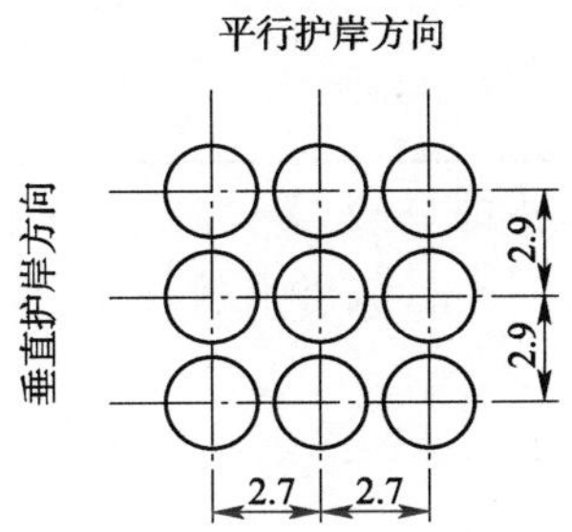 平行护岸方向 垂直护岸方向 2.9　2.9 2.7　2.7 平面图	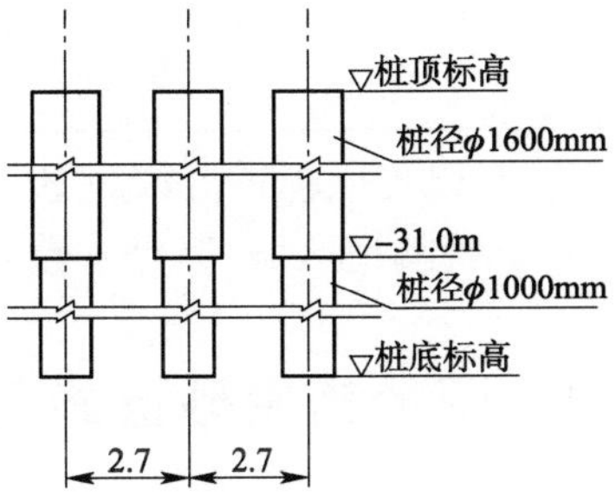 ▽桩顶标高 桩径ϕ1600mm ▽-31.0m 桩径ϕ1000mm ▽桩底标高 2.7　2.7 断面图
重力式沉箱救援码头区域	62.0%	平行护岸方向 垂直护岸方向 1.8　1.8 1.8　1.8 平面图	▽桩顶标高 桩径ϕ1600mm ▽-37.0m 1.8　1.8 断面图
沉管隧道区域	A8区 上55% 下29%	1.8　1.8 1.8　1.8 平面图	▽桩顶标高 桩径ϕ1500mm ▽上下层分界线 桩径ϕ1000mm ▽桩底标高 1.8　1.8 断面图
	A7区 上47% 下25%	2.1　2.1 1.8　1.8 垂直沉管隧道中心方向 平面图	▽桩顶标高 桩径ϕ1500mm ▽上下层分界线 桩径ϕ1100mm ▽桩底标高 1.8　1.8 断面图

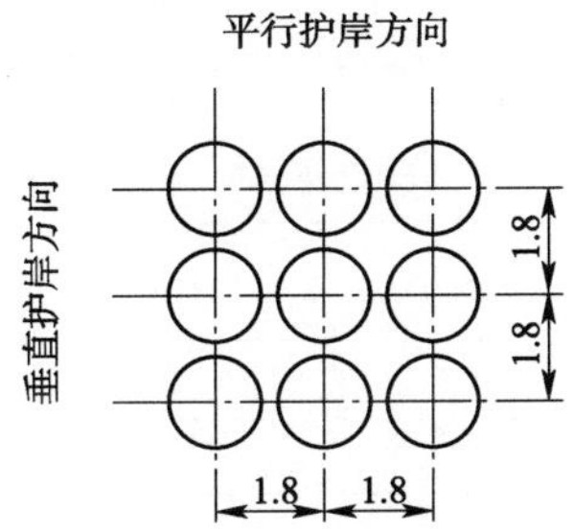

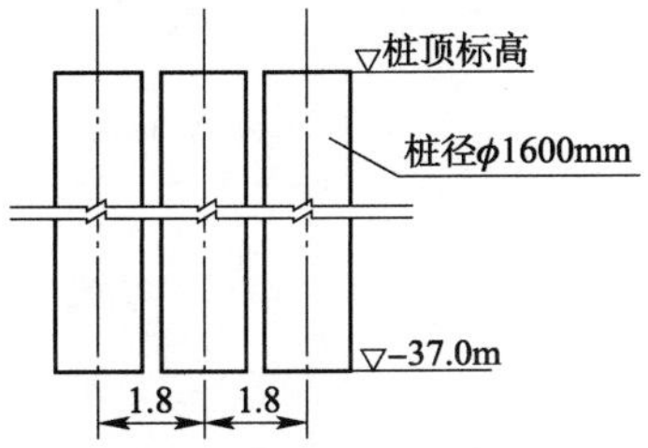

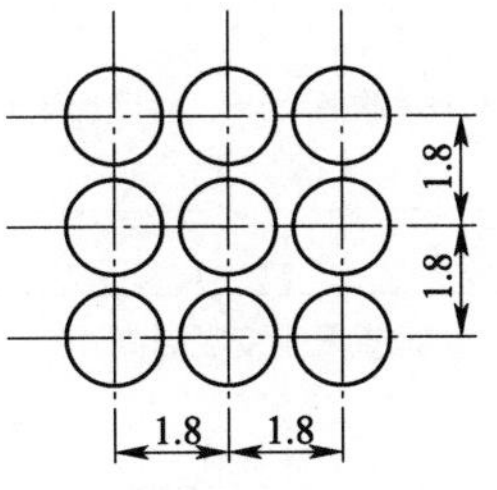

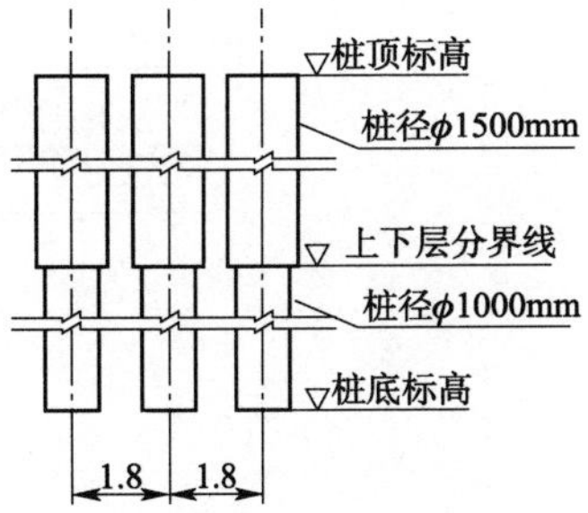

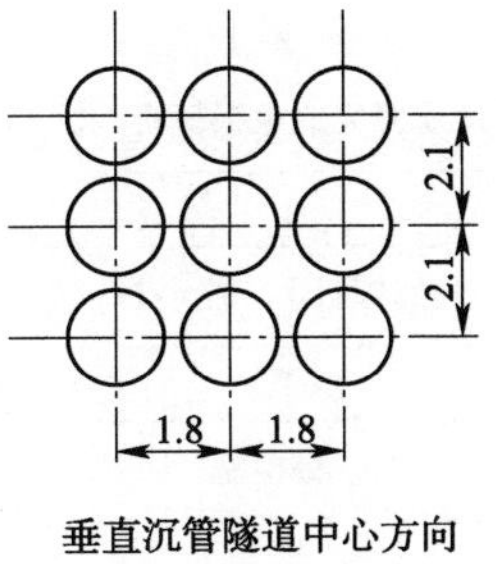

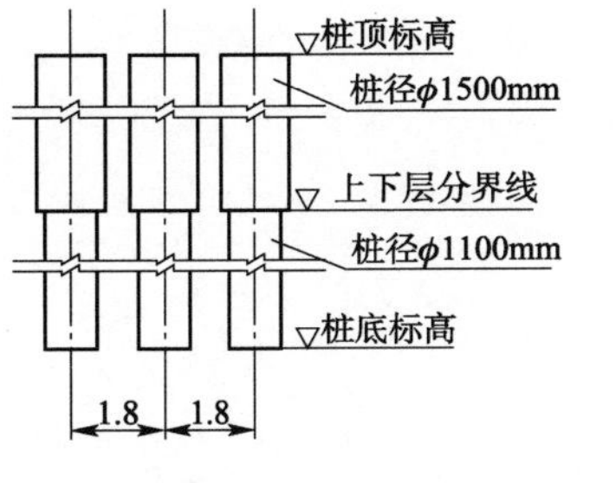

续上表

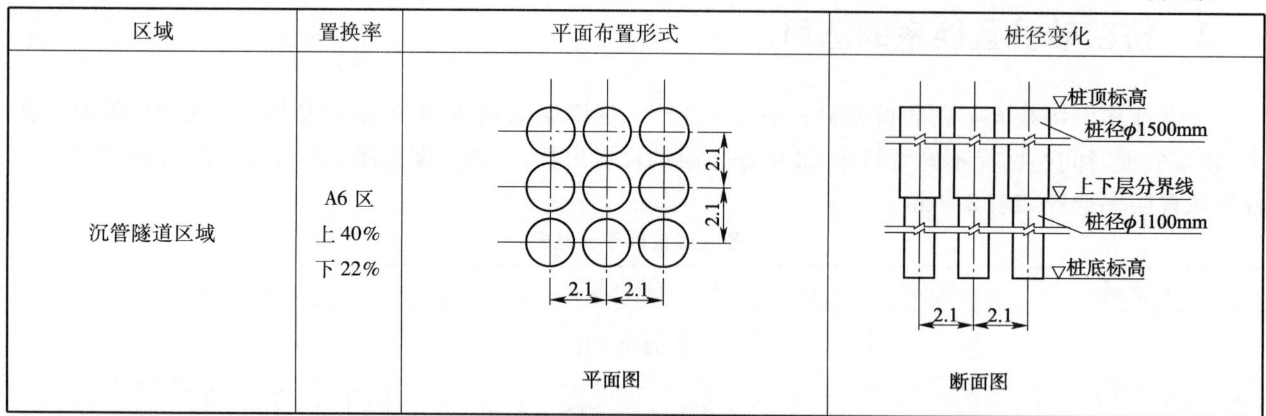

区域	置换率	平面布置形式	桩径变化
沉管隧道区域	A6 区 上 40% 下 22%	平面图	断面图

其中，以土层标贯击数为 10 作为地基处理分界（标贯击数 >10，砂土密实度为稍密，黏性土状态为硬[2]），沉管隧道区域：标贯击数 <10，桩径 1.5m，标贯击数≥10，桩径 1.1m。

3 变径挤密砂桩施工技术

3.1 施工流程

变径挤密砂桩施工流程如图 2 所示，图中参数为沉管隧道区域的施工参数。

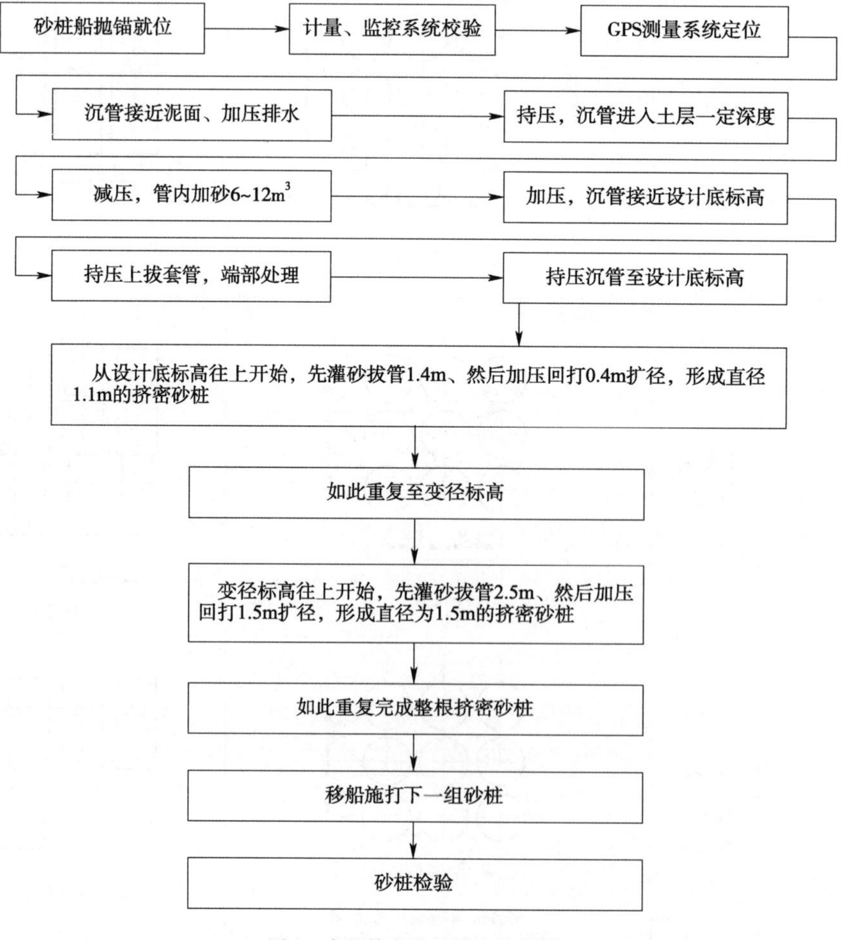

图 2 变径挤密砂桩施工流程图

3.2　关键施工技术

3.2.1　振沉系统

砂桩船主要使用液压振动锤将桩管振沉至设计标高，振沉系统主要由吨位计、振动锤电流计、绞车电流计组成，主要控制成桩底标高、变径标高、桩径。

在沉管过程中，吨位计能实时反映桩管钢丝绳所受到的桩管、振动锤的总重量及振动锤的激振力（即桩管钢丝绳的拉力），振动锤电流计能反映激振力的大小，综合两者所显示的数值可判断能否继续沉管。如在某一标高处，吨位计所显示的数值远小于钢丝绳所受到的理论拉力，且电流计显示的数值大于振动锤的额定电流，则此时的钢丝绳为放松状态，振动锤为超负荷状态，不宜继续沉管。应分析地质资料，查看是否存在硬土层，再采取措施继续沉管。

在成桩过程中，绞车电流计能实时反映桩管钢丝绳的拉力，综合绞车电流计及振动锤电流计所显示的数值可判断成桩的难易。如在某一标高处，绞车电流计、振动锤电流计所显示的数值均大于额定电流，则说明桩管所处土层较硬、成桩比较困难，需采取相应措施以防断桩，如向下回打 1 ~ 2m 后再上拔，松动周围的土层，同时，手动加大管内压力，增加排砂量。

3.2.2　测量系统

测量系统主要由两台 GPS 流动站、一台测倾仪、一台砂面仪及钢丝绞车的编码器组成，主要控制变径挤密砂桩的平面位置、桩底标高、变形标高、桩管的垂直度、管内的砂面高度。

在施工过程中，两台 GPS 流动站能实时反映船舶的高程 H_0 及平面位置，钢丝绞车的编码器可根据绞车的转数及钢丝绳的滚装半径换算出钢丝绳的收、放长度，继而实时反映桩管的入水深度[3]。结合 GPS、编码器所显示的数据、船型参数中 GPS 流动站到甲板的距离以及甲板到水面的距离，可实时得出桩底标高。

测倾仪可反映桩管的垂直度，可根据测倾仪的数据，调整船舱相关压舱水以调整船舶平衡状态，进而调整桩管的垂直度。

砂面仪位于桩管内顶部，其工作原理为向桩管内垂直发射红外线波束，该波束遇障碍反射，系统过滤因砂料而反射的波长，并记录波束发射与反射的总时间，从而得出管内砂面的高度。

3.2.3　成桩系统

成桩系统主要由管内压力计、数据处理器及显示器组成，主要控制成桩的质量。

管内压力计可通过预设参数来自动调整桩管在向下贯入和提升制桩过程中的压力，使桩管内的压力保持在合适范围内，以保证贯入时能够排出端部桩管内的淤泥，制桩时套管内的砂料能够顺利排出。

数据处理器将测量系统及振动系统的相关数据汇集并形成相应曲线及成桩参数，显示器显示上述数据成果，方便操作人员控制成桩质量。其中主要曲线为 GL（桩底标高曲线）、SL（管内砂面高度曲线）、SL'（排砂量曲线），如图 3 所示，操作人员可根据上述三条曲线调整拔管速度、灌入砂量等来有效控制桩径，确保桩身密实、连续。

3.2.4　关键控制点

3.2.4.1　测量系统校核

测量系统的准确性关系到变径挤密砂桩的平面位置、桩底标高、变径标高、垂直度、灌砂量等是否满足设计及规范要求，故在施工过程中若 GPS 流动站非 RTK 状态（即处于失锁状态）或砂面仪卡死（因外界因素导致所显示的管内砂面高度一直不变），必须暂停施工，待测量系统恢复正常，再继续施工。同时，要定期对测量系统进行校核。校核方法及频率如下：

（1）GPS 流动站的校核。利用天宝 R8GPS 流动站校核船上的 GPS，确保船上 GPS 所测数据的准确性（必要时，在附近的测量平台上架设一台全站仪，桩管上放置棱镜进行比对）。校核频次可根据施工过程中 GPS 的运行情况而调整，一般每月做一次；砂桩船进入新的施工区域进行施工时需要重新校核。

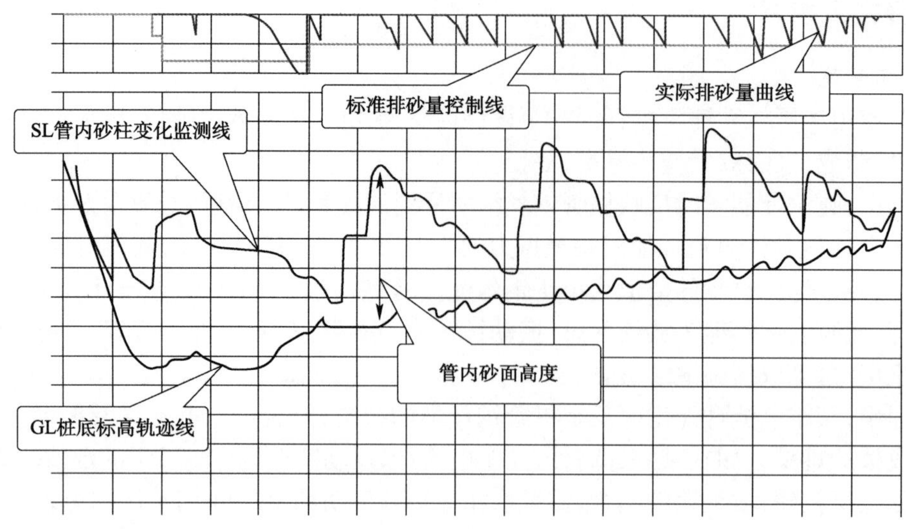

图3　成桩曲线图

(2)编码器的校核。将桩管拔至水面,在离桩底10m处做标记,然后桩管绞车放钢丝绳下放桩管,当10m处的标记进入水面时,若此时成桩系统上显示的下管深度为10m,则编码器运作正常。根据所用钢丝绳的伸缩性及现场施工经验,若每10m,误差达5cm以上,需对编码器进行初始化。方法如下:将桩管端部绞至水面附近,在软件界面中编码器选项下选择计算并初始化编码器选项。实际桩管端部位置(水面以上为负以下为正)在第一点输入实测值,后锁定,放桩管绞车,钢丝放出(桩管下沉)一定距离,实测放出距离后输入放的长度,将长度输入后点第二点锁定,然后点计算,得出编码器新值后点发送。校核工作宜根据施工强度定期进行,一般一周进行一次。

(3)测倾仪的校核。利用水平靠尺或铅绳及水平钢尺测量桩管的垂直度来比对测倾仪,宜每天施工前进行比对。

(4)砂面仪的校核。将桩管贯入泥面一定深度(一般为5m),往管内灌入一定砂量(一般9~11m^3),然后开启振动锤3分钟,将管内砂料振密实,砂面仪测量管内砂面高度,计算管内砂面高度的理论值,两者进行比对。若每20m,两者相差5cm以上,则需对砂面仪进行初始化。初始化方法类似于编码器,此处不再赘述。

3.2.4.2　端部处理的控制

端部处理是确保成桩长度满足设计要求、管内无淤泥的重要措施。端部处理时宜往管内灌入一定砂量,以本工程为例,管内砂量为6~12m^3(灌入砂量宜根据现场施工情况及地质情况而定;过多,则砂料在端部处理过程中因振动而密实,将难以排出;过少,则难以有效将管内淤泥排出且难以阻挡管外淤泥回淤),并根据排泥情况手动干预管内压力,确保淤泥全部排出。端部处理应以在砂面仪正常运作下,成桩系统显示的管内砂面高度等于或小于已灌砂量在管内形成的柱长为结束标准。以本工程为例,在沉管时往管内投入10m^{3}砂,沉管至设计底标高时管内砂已被振密实,密实系数为1.3[3],桩管内径为0.756m,则在管内能形成17m砂柱,即当GL曲线与SL曲线间距小于17时,管内淤泥已被排清,可开始成桩。若未能将管内淤泥全部排出,严禁成桩。

3.2.4.3　灌砂量的控制

灌砂量影响变径挤密砂桩的桩径及置换率,故所灌砂量不能少于设计灌砂量。以沉管隧道区域为例,桩径1.5m,对于每米成桩循环应上拔桩管2.5m,回打1.5m,管内砂面下降高度不得小于3.9m。在成桩过程中,操作人员需严格按照成桩系统所显示的GL、SL、SL'来控制拔管速度、上拔桩管的高度及回打的深度,以确保每米的灌砂量不少于设计灌砂量,保证砂桩不中断、脱节、缩径。

4　应用情况

港珠澳大桥岛隧工程东人工岛变径挤密砂桩打设情况如表3所示。对每个区域打设的变径挤密砂桩进行标准贯入检测，检测结果如表4所示，均满足设计要求。由表4可知，同一区域土层分布相差不大时，置换率越高，标贯击数越大，软基处理效果越好；同时，由该表可知，岛壁区土质较好，虽然置换率最低，但标贯击数却最高，验证了该区域 -31.0m 以下采用桩径 1m 的砂井的合理性。

变径挤密砂桩完成情况一览表　　表3

区　域		根数(根)	方量(m^3)
岛壁区		9539	331432.9
沉箱码头区		684	29480.91
沉管隧道过渡段区	A8 区	5086	229033.27
	A7 区	216	8576.33
	A6 区	3311	67056.98

标贯击数统计表　　表4

区　域		置换率(%)	平均标贯击数	设计要求
岛壁区		25.6	34.1	≥15
沉箱码头区		62	32.9	≥20
沉管隧道过渡段区	A8 区	55/29	30.7	≥20
	A7 区	47/25	26.4	
	A6 区	40/22	24.2	

变径挤密砂桩可有效改善软弱土层的地基承载力，以岛壁结构区域施工为例，通过实测的桩体标贯击数，可建立标贯击数 N 值与内摩擦角 φ 间关系，进而得到复合土层的内摩擦角和粘聚力，最终计算可得置换率为25.6%的复合地基承载力特征值为120.1kPa，较原地基至少提高了50%。

除了软基加固效果满足设计要求外，采用变径挤密砂桩不仅提高了工效，缩短了工期。以沉管隧道为例，直径1.5m挤密砂桩每个成桩循环平均需1.5min，而直径1.1m每个成桩循环仅需1min。采取变径挤密砂桩，共有81300个1.5m的成桩循环改为1.1m的成桩循环，至少缩短工期28.2天，而随着打设深度加深，1.5m的成桩循环越难回打扩径，耗时越长，对机器损耗越大，故实际有效缩短工期达2个月。

结语

在港珠澳大桥东人工岛地基处理中根据不同的结构荷载及土质情况，合理地采用了不同置换率的挤密砂桩，在确保地基承载力及沉降满足要求的前提下，提高了工效，降低了施工成本。且变径挤密砂桩相对于其他软基处理方法如高压旋喷桩、塑料排水板更加环保、高效，过程中对施工水域不产生水污染，同时，采取液压式振动锤，噪音分贝较低，符合环境保护的要求，施工方法可供类似工程参考。

参考文献

[1] 中交第四航务工程勘察设计院有限公司. 港珠澳大桥岛隧工程东人工岛地质勘察报告[R]. 广州：中交第四航务工程勘察设计院有限公司，2011

[2] JTJ240—1997 港口工程地质勘察规范[S]

[3] 莫日雄，杨胜. 砂桩成桩参数分析[J]. 水运工程，2011，472(11):194 - 197

[4] 上海港湾工程质量检测有限公司. 港珠澳大桥东人工岛砂桩检测报告[R]. 上海：上海港湾工程质量检测有限公司，2011，2013

固本强基　勇于创新
打造标准化质效型项目部

柳　光

（中交一航局第一工程有限公司，天津，300456）

摘　要：近年来第六项目部致力于项目基础管理模式创新，以民主管理、安全管理、质量管理、成本管理等多个方面为切入点，打造标准化工作流程，锻造了一支标准化质效型的管理团队，并在项目管理上总结了一些经验。

关键词：标准化；提质增效；管理

引言

中交一航局第一工程有限公司第六项目部致力于标准化管理的探索。2013 年，项目部首次明确提出将"打造标准化质效型项目部"作为管理目标，并确定了以"制度化、数据化、信息化"和"可考核、可追溯、可复制"为原则，以"权责分明的绩效考核"为抓手，全方位推动标准化建设，最大限度地夯实管理基础，减少人为原因所带来的管理盲点、管理漏洞，实现管理提质增效的作用。

1　崇尚民主，激发有为，夯实综合管理基础

项目部不断创新民主管理形式，充分调动全体员工的主动性和参与精神，通过管理的民主性来提升综合管理标准化程度，依托三条主线打造一系列民主管理的标准化工作流程，如图 1 所示。

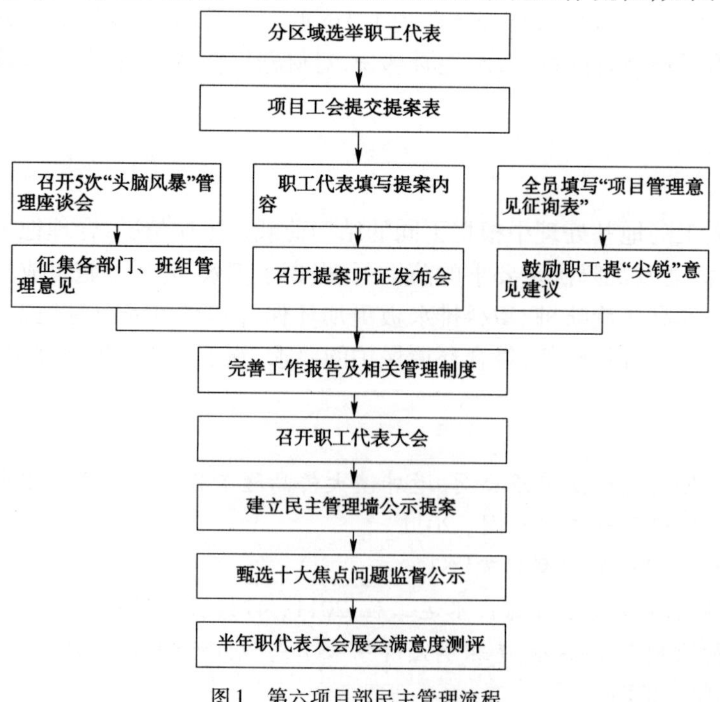

图 1　第六项目部民主管理流程

1.1　拓宽意见征询渠道，激发职工参与热情

每年职代会召开之前，组织全员召开“头脑风暴”管理座谈会，通过划分“生产管理”、“技术质量”、“船机安全”、“合同商务”、“后勤人事”5大讨论组，营造一种“自由开放、平等对话”的气氛，启发职工从管理者角度出发，思考日常施工管理出现中的漏洞及不足之处，进一步激发了职工参与管理的积极性和干事创业的激情。

1.2　选举职工代表，明确管理热点问题

分区域选举职工代表，由职工代表撰写并递交提案，项目部召开提案听证会，评选出优秀代表提案。在激发职工参与管理积极性的同时，明确职工集中反映的管理热点问题，进一步锁定了项目管理的关键风险点。

1.3　鼓励职工提尖锐意见，建立职代会流程闭合机制

组织全员填写不记名的《项目意见管理征询表》，针对项目部现行的管理制度，鼓励职工表达自己的真实想法，提出尖锐问题，进一步培养职工参与民主管理的能力与动力，提升了职工的主人翁意识。

根据三条管理主线征集的意见，修改项目管理制度和职代会各项文件，把职工提案建立建立民主管理墙进行公示，并从中甄选出职工关注的“十大焦点问题”设置责任人和监督人公示解决。在半年职代会上组织职工对提案解决情况的满意度测评，完成管理流程的闭合。以2015年职代会为例，38名职工代表共提交79份提案，落实情况满意度测评达到了87%。从中甄选的十大焦点问题均得到了有效解决。

2　完善体系，严抓狠管，确保安全平稳受控

安全管理工作要求考虑全面、细致，稍有疏漏便有可能引发各类安全事故。为此，项目部经过多年的探索、实践，形成了全面覆盖、富有项目部特色的“三横三纵”网格式安全管理标准化体系，将繁琐的安全管理工作化为一张网、两个方向、六项工作。一张网：“三横三纵”安全管理网；两个方向：纵向基础管理工作，横向安全管理措施；六项工作：安全管理体系、安全技术、安全文化（三纵），安全教育培训、安全检查、安全考核（三横）（图2）。

三条纵线为安全管理的三项基础管理工作，从上到下贯穿始终；三条横线为安全管理的三项管理手段、措施，横向穿插于各纵向工作中，促进各项基础管理工作的落实、推进。

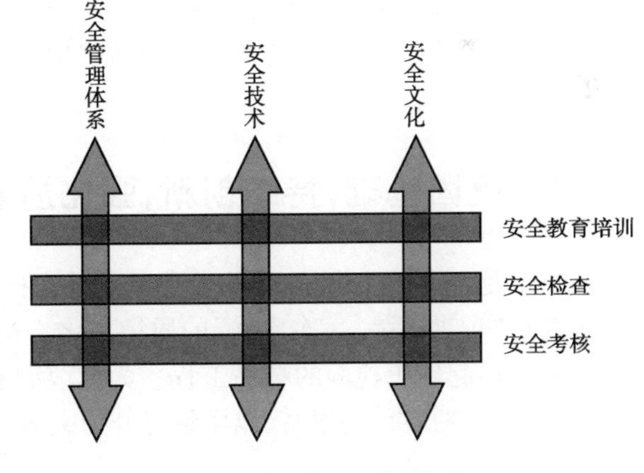

图2　三横三纵安全管理体系

2.1　三条纵线

2.1.1　安全管理体系

这其中包括职业健康安全环境管理制度体系，安全生产责任体系。项目部组织进行了系统的修订、完善，形成了包含35项安全制度的《职业健康安全环境管理制度汇编》。

2.1.2　安全技术

注重“技术保障安全”，涵盖相关的安全生产技术层面的工作，包括工程开工前危险源的辨识与评价、月度安全生产风险分析、应急管理、专项施工方案的编制、安全技术交底工作。近年来，项目部编制了《安全管理标准化手册》，探索建立安全管理标准化流程；编制了《施工现场安全监管实施细则》，规范安

全行为的常态管理;完善了《方块、卸荷板安装专项施工方案》、《沉箱出运安装专项施工方案》等施工方案;在项目部范围全面推行了受力计算标准化并编制成册。

2.1.3 安全文化

项目部不断完善“三零方针”理念,形成“操作零违章、管理零滞后、目标零伤害”安全文化理念,延伸落地形成“安全是一项天大的事、安全是不可逆的、管安全是行善积德的事、安全是需要全员共同努力的”四种意识,过程中强化“引领人、严规章、肃监管、营氛围”四大制度载体。

2.2 三条横线

2.2.1 安全教育培训

项目部在职工系统层面开展了每月 2 次的以学习“一条法律、一个文件、一起案例、一项安全小知识”的“安全培训一刻钟”和“安全大考问”、“安全随手拍”等活动,树立全员“我是兼职安管员”的意识;在协作单位负责人层面推动月综合大检查、安全月例会、月安全生产领导小组会等安全管理计划的参与和落实;在协作单位专职安管员层面推动每月安全技能培训工作;在协作单位作业人员层面,每月开展一次“协作单位班组长课堂”,对班组长进行培训,注重安全意识的培养,同时加强一线操作人员的三级教育、培训交底、日常安全教育、安全月教育、节日教育、现场安全课堂等。

2.2.2 安全检查

形成了日巡查、旬督查、月综合大检查的三级检查模式。旬督查分船机专项检查、后勤消防专项检查、安全专项检查三个检查组,分类化进行检查;月综合大检查要求各协作单位负责人参加,检查结束后召开安全例会暨安全生产领导小组会议。分析检查发现的问题,倡导全员树立“隐患即事故”的安全观念,将检查发现的问题按照“四不放过”的原则进行处理。

2.2.3 安全考核

以全员安全风险抵押金为抓手对职工安全生产责任制落实情况进行考核。实行全员安全风险抵押金月度动态考核,每月根据职工安全责任落实情况(以各级检查发现的问题为主要依据),对风险抵押金予以负 100% 至 200% 不等的兑现,并进行公示。以“形形色色看现场”活动为抓手对各区域、协作单位进行安全考核、评比,每月将检查发现的问题拍摄制作成视频,连同各区域、协作单位的考核评比结果一起在职工大会、综合检查讲评会上播放。

3 巩固基础,持续创新,强化质量引领作用

质量是企业的生命,更是企业形象的外在体现。作为交通部水运工程质量通病治理的示范项目,项目部素有“项项精品、一次成优”的质量文化。在具体管理中,项目部注重强化源头、过程和细节控制,力求打造经得起历史检验的精品工程。为此,项目部明确了“两个定位”、两个抓手”的指导思想。两个定位:即质量是项目部的根基、以质量提升为突破口提升项目整体管理水平;两个抓手:即抓巩固基础、抓持续创新。

3.1 抓巩固基础方面

一是坚持技术质量的制度化管理,以标准化建设为突破口,项目部先后完成调度会记录分析、受力计算、拌合站管理等 10 余项标准化设计。以受力计算标准化为例,通过统一受力计算方式方法,规范模板吊具受力计算、沉箱浮游稳定验算等技术基础工作,确保了重点和关键工序的质量,并且计算书分三版由公司专家组、大连理工大学、一航院专家进行审核,确保了技术科学安全。在管理过程中,对管理制度进行优化和完善,确保管理的规范化和严肃性;二是重视技术质量管理人员素质的提升,每月组织技术质量管理人员对“双标”等管理性文件的学习,并定期组织关于技术标准的考试,实现管理人员的意识教育、技能培训的常态化,实行“月度优秀施工日志”评比工作,变单一鼓励为奖罚并举;三是加强对工程实体

质量的管控，重点对混凝土配合比、测量、原材料质量及检验、拌合站管理、钢筋间距、垫块质量等方面进行加强，改变以往“重外观质量轻实体质量”的习惯，如探索预制测温养护标准化，通过对混凝土实测温度变化及实时检测的大数据，检验温控膨胀剂在水工工程大体积混凝土中的使用效果，为治理大体积预制混凝土构件长期存在的裂缝通病问题提供了依据；四是巩固以往质量通病治理成果，采取“回头看”的形式，对通病治理近10年来的成果加以梳理巩固和坚持，同时坚持月度质量检查制度，完善检查流程，充分发挥检查的纠偏和指导作用，确保质量受控；五是消除区域间的差距，针对项目部区域多且质量管理不均衡的特点，通过执行月度综合大检查和专项督查、施工质量评比等形式对各区域的质量管理情况进行比较，形成竞优氛围，在辽宁省的评比和公司的督查中，均得到了“项目部的区域差距已经消除”的评价。

3.2　抓持续创新方面

一是打造成立“高平原创新工作室”，依托公司品牌职工教授级高级工程师高平原成立创新工作室，每月召开专题研讨会，分析现有工艺在质量控制上的不足，并且加以改进和优化；二是实施“攻关大奖”项目，每年设置30项左右的专项攻关课题，如2015年攻关奖励金额最高达181000元，以通病治理为目标，以自我创新为核心推动力，加大对技改技革的奖励力度，培养全员的创新思维和学习意识；三是规范合理化建议的收集、评估、反馈及发布机制，建立评议和评审制度，加大奖励力度，通过每月的职工大会发布优秀的合理化建议，在项目部各区域间推广。

通过以上举措，项目部所承建工程先后荣获2项国家优质工程、4项部优工程、12项中国交建优质工程。仅最近三年，项目部完成了52项质量通病治理和技术创新成果，获得交通部治理质量通病示范项目，连续多年荣获辽宁省水运工程质量第一名。

4　加强分析，创新管理，挖掘成本管控效益

为了让成本更好服务于项目管理，为项目带来更大利润，项目部从成本分析、创新成本管理模式两大方面进行了深层次挖掘。

4.1　加强成本分析方面

项目部坚持每月召开成本分析会，分析存在的问题和不利因素，定期对计划进行细化和纠偏。推行成本分析标准化制作了成本分析模板，按区域核算在建项目成本盈亏、材料损耗、船机使用效率，并通过盈亏平衡点等方法分析原因查找赢利点和亏损源，成功降低了砂、石、水泥等材料的损耗率和船机成本支出。

4.2　创新成本管理模式

坚持“抓大不放小”的理念，减少人为因素，做到成本管控“滴水不漏”。一是建立完善《限额领料管理办法》，出台《限额领料管理手册》，建立精确的领料定额数据库，每一段胸墙、轨道梁、大板、每一部沉箱都设置了领料额度，根据年初各区域工程实际工作量制定材料理论消耗总量，并进行奖罚，实行两年来，为项目部节约720万元；二是进行仓库管理标准化建设，自主设计研发仓库管理软件，涵盖材料计划审批、仓库管理流程、库存信息查询、限额领料考核四大主要功能。运行效果良好，实现了网络办公，部门之间沟通更便捷。实现四区域库存共享，各区域仓库管理人员都可以查询每个仓库的库存材料，方便各区域及时调拨，避免部分材料因使用不及时导致过期浪费现象。实现了总量控制，项目部专门将限额领料数据引入仓库管理软件，通过材料申请计算，便可以得知此材料今年的限额领料总额度，从而合理安排材料使用量；三是坚持大宗主材集中采购，根据年度施工总计划计算出在建工程主要材料用量计划，并按照施工进度安排材料进场，最大限度的降低采购价格，控制物资库存，避免造成物资积存占用资金成本；四是严格公开招标制度，制定了《物资招标采购管理办法》并成立了招标采购管理小组和监督小组，招标

采购管理小组成员负责采购物资数量、质量、价格、供应商等的审核及确认工作，监督小组成员负责对整个采购工作各环节的程序进行监督，钢材等大宗材料也实现了在中国交建采购平台上招标；五是改变管控模式，罐车供油模式由以往项目部提供罐车油料改为租赁单位自采油料，规避管理风险，土石方施工分包结算形式由按机械台班的租赁合同结算改为按工程量的分包合同结算，提高土石方施工单位工作效率，协作单位方块掺加块石采取量化考核制度采用单价分离模式、实施混凝土总量控制统计掺加量，确保块石掺加得到有效落实。管控模式的改变使成本管理趋向可考核，做到让“提质增效成果颗粒归仓”。

结语

项目部务实求实、勇于创新，通过在项目管理的各个方面建立标准化的管理制度和体系，全员、全方位、全过程地推行标准化管理，努力做到人人讲规范，事事讲标准，使标准化管理成为工程项目制度文化建设的主旋律，成为每个职工的自觉行为，进而集中精力学习标准、了解标准、崇尚标准、敬畏标准、维护标准，让“标准成为习惯、习惯符合标准、结果达到标准”，通过标准化的建设强化基础管理，为项目管理提质增效，努力实现打造标准化质效型项目部的管理目标。

浚测一体化系统在航道疏浚实时测量中的应用

艾志雄[1]　瞿　巍[2]
（1. 长江航道局，湖北武汉，430010；2. 长江航道局，湖北武汉，430010）

摘　要：疏浚测量与疏浚施工相辅相成，疏浚测量提供反映疏浚施工效果的水下地形图，疏浚施工又根据测图成果来调整作业，但测图成果指导施工存在滞后性。为了提高长江航道疏浚施工效率和效益，基于三维矢量声纳测深、多维数据融合技术，开发了疏浚船舶施工配套的翼展式水深测量机构和浚测一体化系统，实现了航道疏浚施工和实时测量同步，真正提升了航道疏浚治理的能力。

关键词：浚测一体化系统；三维矢量声纳测深；多维数据融合；翼展式水深测量机构

引言

航道疏浚和航道水深测量相互影响、相互支持。航道疏浚改变航道水深和水下地形，而航道水深测量为航道疏浚提供技术支撑和施工参考。当前的航道疏浚和测量结合并不紧密，一般均是在航道疏浚完成后，航道测量才能展开，航道疏浚和航道测量无法同时进行，航道测量无法实时提供航道疏浚施工所需的技术参数。且须为航道疏浚配备专用的测量船艇，测量周期长、消耗成本高。针对以上问题，通过基于三维矢量声纳测深、多维数据融合的航道疏浚测量一体化系统[1]，简称"浚测一体化系统"，实现航道疏浚与水深测量一站式"浚前测量、浚中调整、浚后检验"，从而降低航道疏浚测量工作量，缩短航道疏浚周期，提高航道疏浚的时效性，为航道疏浚工程的自动化、现代化提供有力支撑。

1　航道疏浚船型选择

目前在长江航道维护性疏浚施工的船舶类型主要包括自航绞吸式挖泥船、自航耙吸式挖泥船（含带艏冲和不带艏冲两种船型）、自航和非自航式抓斗式挖泥船、自航吸盘式挖泥船。基于浚测一体化系统的可用性和易用性角度出发，依托船舶的选型条件：①船舶具备自航能力，可以独立完成测量工作。②受测量设备选择的限制，尽量选择单次挖宽适中的船型，也就控制了单次测量的宽度。③船舶施工的挖槽应保持均匀连续平行分布，以能最大化提高测量效率。④船体结构上便于加装或改造测量设备和装置，实现随船测量。⑤船舶上配备先进的信息化系统和设备，能为浚测一体化提供基础信息化资源保障。

通过上述选型条件进行过滤和筛选，前期确定吸盘式挖泥船适合应用浚测一体化系统来实现疏浚和测量相结合的施工作业方式，以提高施工质量和施工效率。选择在吸盘2号挖泥船上安装浚测一体化系统，实现吸盘2号挖泥船疏浚与水深测量的实时互动，实现一站式"浚前测量、浚中调整、浚后检验"，从而降低航道疏浚测量工作量，缩短航道疏浚周期，提高航道疏浚的时效性。在吸盘2号疏浚测量一体化系统的基础上，推广到自航绞吸挖泥船上，实现了长江中游水域航道疏浚的实时测量[2]。

2　三维矢量声纳测深系统

浚测一体化系统基于三维矢量声纳测深系统将航道疏浚施工与水深测量同步进行，疏浚数据与测量数据相互融合、同步显示、自动成图，显著提高了施工效率和施工质量。

浚测一体化系统中采用三维矢量声纳测深系统，它综合了单波束和多波束的特点，不但具备单波束测深仪测深精度高、抗干扰性强、安装布置简单、系统造价低的特点，还具备多波束测深仪测量效率高、可倾斜测量、在施工船舶浑浊水域条件下的精确测量的优点，并且适应航道疏浚船舶浅水深大测宽的要求，可有效控制系统成本，兼顾测量速度快、测量精度高等优点。

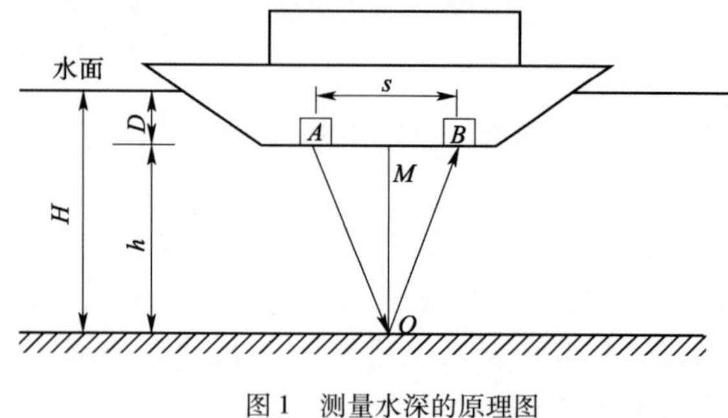

图1　测量水深的原理图

航道疏浚水深测量是疏浚施工数据采集的基础，一般采用回声测深，即利用测量超声波自发射至被反射接收的时间间隔来确定水深。测量水深的原理如图1所示。

在船底装有发射超声波的发射换能器 A 和接收超声波的接收换能器 B，A 与 B 之间的距离为 S，其连线称为基线。发射换能器 A 以间歇方式向水下发射频率为20～200kHz的超声波脉冲，声波经海底发射后一部分能量被接收换能器 B 接收。从图1知，只要测出声波自发射至接收所经历的时间，就可由下列公式求出水深：

$$H = D + h = D + \sqrt{AO^2 - AM^2} = D + \sqrt{\left(\frac{ct}{2}\right)^2 - \left(\frac{s}{2}\right)^2}$$

式中：H 为水面至海底的深度；D 为船舶吃水；h 为测量水深；s 为基线长度；c 为声波在海水中的传播速度，标准声速为1500m/s；t 为声波自发射至接收所经历的时间。

显然，只要测出时间 t，即可求出水深 H，若换能器是收发兼用换能器，即 $AB = s = 0$，取 $c = 1500$ m/s，则测量深度 h 可表示为：

$$h = \frac{1}{2}ct = 750t$$

三维矢量声纳水下测深系统由带双轴高精度姿态仪的小波束角变频水下换能器（后简称小波束换能器）、三维带反馈运动机构、含闭环控制多通道采集主机、后端数据处理系统软件组成，实现了水下声纳测量、换能器姿态调整、数据采集和通讯、数据的计算和处理的集成，使三维矢量声纳测深系统成为可独立运行的模块化系统。

小波束换能器在浚测一体化系统中是测深数据感知的基础。通过对声纳发射陶瓷进行特殊设计和加工，将小波束换能器的声纳发射和接收波束角约束在1.5度以内从而缩小测深工作时的测量脚印。和双轴高精度姿态仪在高精度的时间同步芯片的同步下进行测距和姿态测量，然后进行换算为测深数据。变频设计使声纳测量适应浑浊水域的测量，根据上端处理软件提高的水域浑浊预测结合混响分析，智能调整声纳频率以获取稳定可信的测量数据。

三维带反馈运动机构用于调整小波束换能器在水下的X、Y轴角度以及Z轴下放深度，调整结果及时反馈给采集主机形成闭环控制。浚测一体化系统软件分析施工现场情况后计算出测量系统的测量要求，然后通知采集主机控制运动机构调整小波束换能器的姿态，以进行适应当前施工要求的水深测量。

含闭环控制多通道采集主机承担着运动机构的闭环运动控制、小波束换能器测量时序的控制、测量数据的采集和初步计算、成果数据的传输等工作，是整个测量系统的控制和数据中枢。采集主机可同时接入多个小波束换能器，并让这些换能器协同工作、互不干扰。

后端数据处理系统软件通过和采集主机采用多种总线接口进行通讯，实时获取测深数据，包含回波能量数据、小波束换能器姿态数据、回波时间数据、声纳频率数据等，采用各种滤波、降噪、纠正算法结合对应测量环境现状的策略计算出测深数据并加上高精度的时间标志。

3 多维数据融合

3.1 多传感器集成

疏浚船舶船载多传感器集成主要解决不同采集频率、不同安装位置和不同类型的测量传感器在时间和空间上的同步,解决多传感器数据的时空对准。主要包括多传感器选型,三维矢量声纳水下测深设备与船载平台的(卫星定位、姿态传感器)综合集成,多传感器的同步控制,以及解决多传感器的时间和空间协同问题,为航道疏浚船浚测一体化系统的实际应用奠定基础。

3.2 多源测量数据配准融合处理

多源测量数据具有不同的时间和空间基准,多源测量数据配准融合处理主要以三维矢量声纳水下测深系统获取的水下地形,三维点在 GPS/IMU 定位定姿数据支持下的高精度空间配准,综合利用三维矢量声纳水下测深,三维点高密度三维坐标进行疏浚地形空间数据和属性数据的一体化采集。

3.3 水深测量数据修正

测深系统进行水深测量时,因受风浪的影响,测量船不免产生摇摆,导致测量船坐标系的倾斜,使测得的水深出现系统偏移,从而需要同时进行船舶姿态测量,并对水深进行倾斜改正。姿态传感器可以测量船舶的横摇与纵摇,依此可进行横摇改正与纵摇改正。横摇综合偏差和纵摇综合偏差包括多波束探头和运动姿态传感器安装偏差的共同影响;艏向综合偏差则包括多波束探头和电罗经安装偏差的共同影响。除了进行上述几项偏差测定外,对于采用 GPS 等设备定位的,还应先进行定位时延测定。

4 翼展式水深测量机构

为符合航道疏浚挖槽施工测量宽度要求,实现航道疏浚施工与测量的同步,在不影响疏浚船舶正常运行,在疏浚船舶两侧增设水深测量装置,并保证测量装置稳定可靠的工作,设计制作了翼展式水深测量机构,负责测深器平台的启动、伸出、下放、收回等全自动机械操作,并保持测深器平台的稳定。

根据吸盘 2 号轮型宽为 15m,吸盘头宽度为 10m,单次施工挖槽宽度为 10 ~ 15m 的船型特点,在疏浚施工时设计制作了翼展式水深测量机构见图 2。

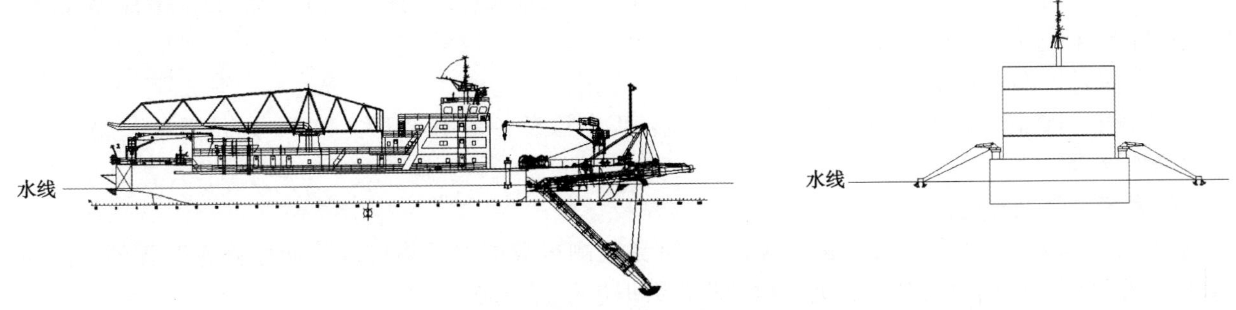

图 2 吸盘 2 号安装翼展式水深测量机构示意图

在吸盘 2 号轮每侧的测量机构上布置三维矢量声纳水下测深系统,测量机构外伸长度约为 8m,包含 6 台测深仪换能器,各换能器保持不同测量角度,横向测深点按照挖槽宽度均布,负责不同位置测点的深度测量。在 3 ~ 20m 水深范围内,每侧测量机构均满足单次测宽大于 15m 的要求,测点测量水深点间距符合施工测量要求,测深精度为 5cm ± 0.1% h(h 为测点水深)。测量设备采样频率为每秒钟 10 ~ 20 次,即使船舶按照 10 节航速航行,也满足纵向测深点间距不大于 1m 的要求(图 3)。

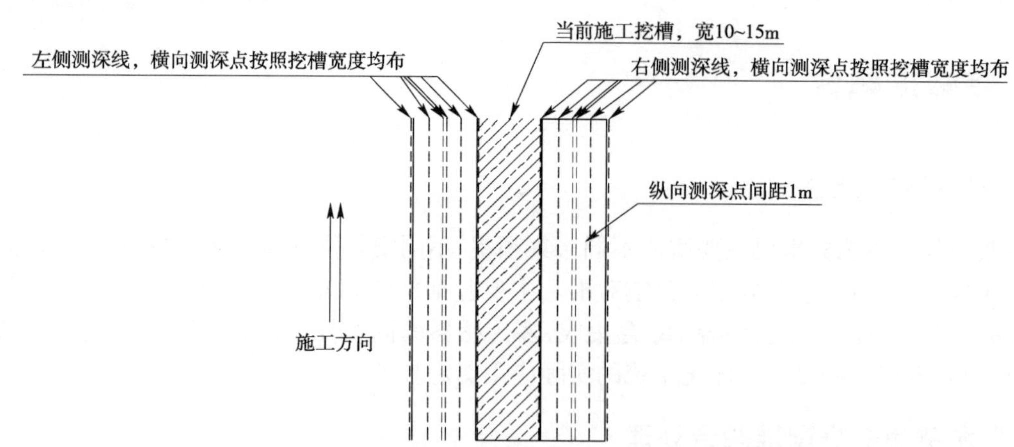

图 3　吸盘 2 号翼展式水深测量机构测点分布示意图

在测量施工开始时，操作人员控制测量机构，使测深换能器平台从船舷内旋转至船舷外 90 度，然后下放至水面。本设计两组换能器，每组 3 ~ 8 只换能器，左右两侧换能器安装于换能器平台，负责测量浚前、浚后水深；测量结束时，操作人员控制测量机构，关闭所有测量设备，使测量臂离开水面，升至测量臂水平位置，然后旋转测量臂至船舷内即完成测量机构回收。

在吸盘 2 号边抛施工时应用浚测一体化系统进行的浑浊水域条件下测深精度测试、测宽测试和数据融合测试均满足要求，实践证明本系统工作环境适合航道水流≤5m/s，疏浚施工浓度≤40%，疏浚船舶航速≤10km/h，水温 1 ~ 50℃之间，水深 1 ~ 50m 之间。

5　浚测一体化系统

浚测一体化系统组成涉及设备、软件包括：翼展式水深测量机构、三维矢量声纳测深系统、定位及船舶姿态设备、系统软件及环境。系统的具体实施方法包括：翼展式水深测量机构的架设、水深数据的采集、水深数据的处理与校正、与航道疏浚施工管理系统的协同。

（1）翼展式水深测量机构

翼展式水深测量机构为全自动机械设备，负责测深器平台的启动、伸出、下放、收回等操作并保持测深器平台的稳定。

（2）三维矢量声纳测深系统

三维矢量声纳测深系统为测量设备，可以通过先进的三维矢量声纳技术完成测点的水深探测及测点相对换能器平面位置的偏移值。

（3）定位及船舶姿态设备

定位及船舶姿态设备为测量数据修正辅助设备。定位设备采用双天线 DGPS 定位系统。船舶姿态设备为测量船舶纵倾、横倾及吃水的设备。

（4）系统软件及环境

系统软件安装于符合下述要求的工控机上，可完成测量数据的采集、清洗、误差修正并存储，并可提供人机交互界面协助用户控制测量机构和对测量数据进行查询统计。

浚测一体化系统工作流程为：

（1）吸盘式挖泥船的疏浚施工一般采用逆水施工方式，采用分槽纵向直线施工，分槽施工的方向可向左侧，也可向右侧。本文以向右侧分槽为例进行说明。

（2）展开测量机构。在测量施工开始时，操作人员控制测量机构，使测深换能器平台从船舷内旋转至船舷外 90 度，然后下放至水面。

（3）启动双天线 DGPS，开始设备定位；然后启动船舶姿态仪，开始船舶姿态定位；再启动三维矢量声纳测深系统,开始水深测量及数据采集。

(4)采集到的 GPS 数据,船舶纵倾、横倾、吃水数据,测点水深数据、测点相对换能器的偏移值等数据均通过传输线缆传输至工控机上的系统软件。系统软件即可计算出每一测点的大地坐标数据并进行记录存储。

(5)船舶行进时,测量机构保持展开姿态,相关测量设备持续实时回送测量数据。位于右侧船舷上的换能器回送的测量数据为浚前测量数据,位于船底板的换能器回送的测量数据为浚中测量数据,位于左侧船舷上的换能器回送的测量数据为浚后测量数据。

(5)船舶到达本槽施工终点后,将会退回至下一槽的施工起点。在此航行期间,系统通过 GPS 天线判断船舶行驶方向为退回,则自动停止相关水深测量。

(6)船舶开始下一槽施工时,即重复 2 - 6 的测量过程,直到完成本次疏浚施工的全部挖槽,即完成全部水深测量。

(7)回收测量机构。操作人员控制测量机构,关闭所有测量设备,使测量臂离开水面,升至测量臂水平位置,然后旋转测量臂至船舷内即完成测量机构回收。

(8)系统软件按照时间段自动保存为测量数据,测量数据自动成图,成图数据支持导出为通用测深文件格式,支持将数据导入到 HyPack 等主流软件中。测图数据以多种方式显示在软件界面上,支持等深线显示、文字显示、色块图显示、回波图显示等。文字显示支持由用户根据深度方位自定义文字大小和颜色;色块图支持用户自定义色标。

(9)系统软件将水深测量数据实时显示在施工管理界面中,与施工中的重要数据结合叠加在一起,比如电子航道图、施工设计图、浚前或浚后测深图、挖槽设计线、施工轨迹线等,帮助施工人员直观观测这些数据,提高施工效率,并具备自动深度过滤、浅点智能搜寻和标识、施工质量分析等功能。另外,在系统软件中设置图层开关功能用于切换图层和开闭图层显示。

(10)实时测量数据还可以通过船载远程施工管理系统实时远程传输至岸基中心服务器,项目管理人员也可实时观察到施工船舶附近水域的水深变化情况,及时指导船上人员制定施工方案。

结语

针对目前航道疏浚与水深测量分离实施方法存在的不足,通过基于三维矢量声纳测深的疏浚测量一体化方法,实现航道疏浚与水深测量的实时互动,极大降低航道疏浚测量工作量,并且缩短疏浚工程周期,提高疏浚工程的时效性,具有经济效益和社会效益。

参考文献

[1] 长江航道局、武汉德尔达科技有限公司.航道疏浚测量一体化系统.2015 年 1 月

[2] 万滔.绞吸挖泥船疏浚实时测量技术的研究与应用[M].上海:船舶,2015(4).91-94

离散元计算模型在气垫输送机胶带跑偏问题的应用

庞志宁　连　涛　张　雨　贾兰辉
（中交机电工程局有限公司，北京，100088）

摘　要：针对青岛港董家口散粮码头进仓工艺项目采用的全气垫输送机在运行时胶带跑偏的问题，对其中部分跑偏的输送机的尾部上方溜管及受料靴的内部料流流向和流速进行分析，并结合离散元计算模型对溜管和受料靴的内部结构进行改造，从而控制料流的流量大小和流向，达到防止全气垫输送机胶带跑偏的目的。

关键词：散粮；离散元；跑偏

引言

溜管和受料靴作为一种输送散料的过渡装置，广泛应用于粮食、矿石等散料运输行业中，其原理是利用物料自身重力作用而使物料流动，不同溜管和受料靴的布置形式和内部结构使得物料运输的衔接过渡具有不同效果。

根据不同的制作工艺和使用要求。溜管的截面形状有方形（或矩形）、圆形和菱形等形状，不同截面形状的溜管对物料的流动具有不同的阻力，阻力越大对于物料的流动性能也越差，此外，物料在溜管中的充满程度不同，对所受的溜管管壁阻力也有差别。物料对溜管的冲击作用力的大小关系到溜管的使用，如果溜管的布置形式和结构形式处理不当，还会导致物料在溜管内部的死角造成积料，甚至流速缓慢造成堵料（图 1）。

图 1　衔接溜管的不同布置形式和结构形式

为了降低物料与溜管或受料靴内壁的摩擦力大小，溜管和受料靴内壁常安装聚氨酯衬板或锰钢等耐磨材料衬板，防止溜管磨坏。一般地，提高内部衬板的耐磨性有两种方法：一是降低物料流速；二是提高自身的耐磨性能。其中，降低物料的流速可以从两方面入手：一是改变溜管的内部结构降低物料流速，可根据上下衔接口的布置空间大小制作成螺旋溜槽或增加闸门调节流量；二是在溜管内部或下端连接口处增加缓冲阻尼装置，国内散料运输港口码头工程大多采用可调节挡板、受料靴、缓冲锁气器等缓冲装置（图 2）。

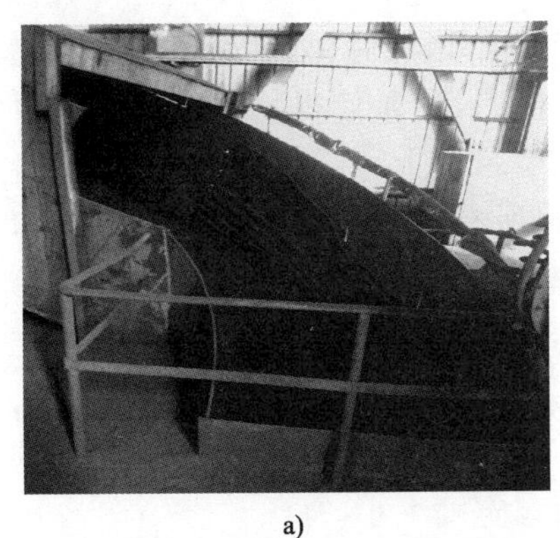
a)

b)

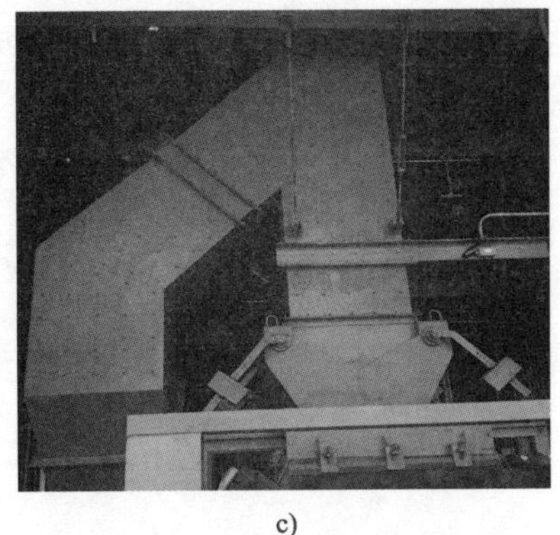
c)

图 2

a)螺旋溜槽(天津港中煤华能煤码头);b)可调节挡板(黄骅港矿石码头);c)缓冲锁气器(青岛港董家口散粮码头)

1 工程概况

青岛港董家口港区北三突堤通用泊位工程位于琅琊台湾北作业区,进仓工艺设备采用全气垫胶带机和普通托辊式胶带机,进仓胶带机额定能力为2000t/h,带速3.5m/s,董家口港区北三突堤码头全长445m,水深-17.5m,可停靠12万吨级船舶,年设计吞吐能力为335万吨,目前建有混凝土筒仓26个,单个筒仓的容量为1万吨,除此以外,该粮食码头还具备胶带机部件的在线测温系统以及国内散粮行业最大的电子斗秤。

2 问题原因

近几年来,气垫输送机在散粮输送行业中起着重要作用,气垫输送机通常是利用风机对气室进行鼓风吹气,然后气流通过气室的盘槽上的出气孔流出,通过气流的压力托起输送带及物料,其主要优点是在运行过程中输送带和气室盘槽之间的摩擦力较小,但当受料不均的不利工况发生时,容易出现胶带跑偏的情况,这时往往不能像普通带式输送机一样去调整托辊架的位置来防止胶带跑偏;只能通过利用调节溜管及受料靴的内部料流大小和流向对受料输送机的胶带跑偏进行调整,但利用此种方法去调整跑偏尚存在以下问题:

(1)不易于调整受料靴出料口至胶带面的合适距离,当距离较大,当物料冲击胶带时在运行胶带上蔓延洒料,当距离较小,当物料流速过快或流量较大时容易发生堵料。

(2)由于物料冲击溜管内部壁板扬尘较大,无法通过溜管或输送机尾部的观察窗明确地观察到物料流向和料流大小。

因此,可借助仿真模拟物料流动的手段来解决此问题。以青岛港董家口港区散粮码头进仓工艺的BM1至BC1-1和BC2-2的溜管及受料靴为例,利用离散元计算模型对此类问题进行分析,并对溜管及受料靴的内部结构进行修改,从而防止BC1-1和BC1-2全气垫输送机跑偏和洒料(图3)。

图3 全气垫输送机跑偏洒料现象

3 解决方案

在重载试车过程中,BC1-1和BC1-2胶带机重载试车运行时出现跑偏现象,为防止胶带机重载运行时跑偏的情况再次发生，在BM1胶带机至BC1-1和BC1-2胶带机的溜管内部增加倾斜的固定挡板，将溜管中的物料挡在溜管的另一侧，目的是使得物料能够顺着受料靴尾部的斜面缓慢地流入胶带机上，并且适应日后运输各种不同物料的工况。同时，将所有的受料靴的内部梯形收口变小，并控制受料靴的出料口与胶带之间的高度距离。将修改调整后的效果与修改前的情况进行比较。据此，通过建立离散元计算模型来进行仿真模拟计算需要控制参数有三个，即：(1)挡板的倾斜角度；(2)受料靴的出料口与胶带之间的高度距离；(3)受料靴的出料口宽度大小。

图4　溜管三维模型

4　离散元计算模型

4.1　建立模型

利用三维建模软件按照溜管的实际尺寸进行1∶1建模，并将模型进行网格划分，生成.msh格式的文件，然后将.msh格式的文件导入离散元计算软件中(图4)。

4.2　定义物料材料属性

青岛港董家口港区散粮码头在重载试车期间运输的是大麦物料，经查阅资料，得出表1中大麦的物料参数，并根据该物料参数在离散元软件中定义物料参数。

大麦物料参数　　表1

大麦物料泊松比	0.4
大麦物料剪切模量(Pa)	1.1×10^{7}
大麦物料密度(kg/m^3)	750
大麦颗粒与大麦颗粒之间的恢复系数	0.6
大麦颗粒与大麦颗粒之间的静摩擦系数	0.5
大麦颗粒与大麦颗粒之间的滚动摩擦系数	0.01
大麦颗粒冲击刚体后的恢复系数	0.6
大麦颗粒与刚体之间的静摩擦系数	0.3
大麦颗粒在刚体表面的滚动摩擦系数	0.01

大麦物料的颗粒粒径大小范围一般在0.005～0.008m之间，在此定义物料颗粒粒径为0.005m，并采用快速填充的方法将定义的颗粒球体填充成大麦颗粒三维模型。根据三维模型计算出关于大麦物料颗粒的质量、体积以及关于X、Y、Z三个坐标轴的惯性矩(图5和图6)。

4.3　工况条件及计算结果分析

工况条件：BM1至BC1-1和BC1-2的溜管为人字形的分叉溜管，从入口至出口的高度为4.5m，BM1全气垫输送机的带宽为1800mm，带速为3.15m/s，溜管截面为1000mm×1000mm，受料靴出料口的宽度为350mm。

根据BM1输送机的头部漏斗中的抛料位置和抛料速度的大小和方向定义颗粒工厂的位置和颗粒的速度大小及方向。计算结果如图7所示。

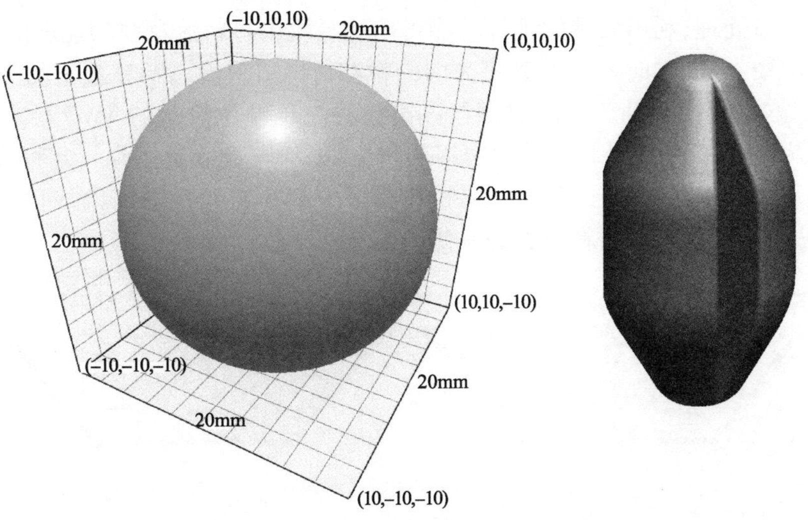

图5 颗粒球体和大麦物料颗粒的三维模型

图6 大麦颗粒的物理参数

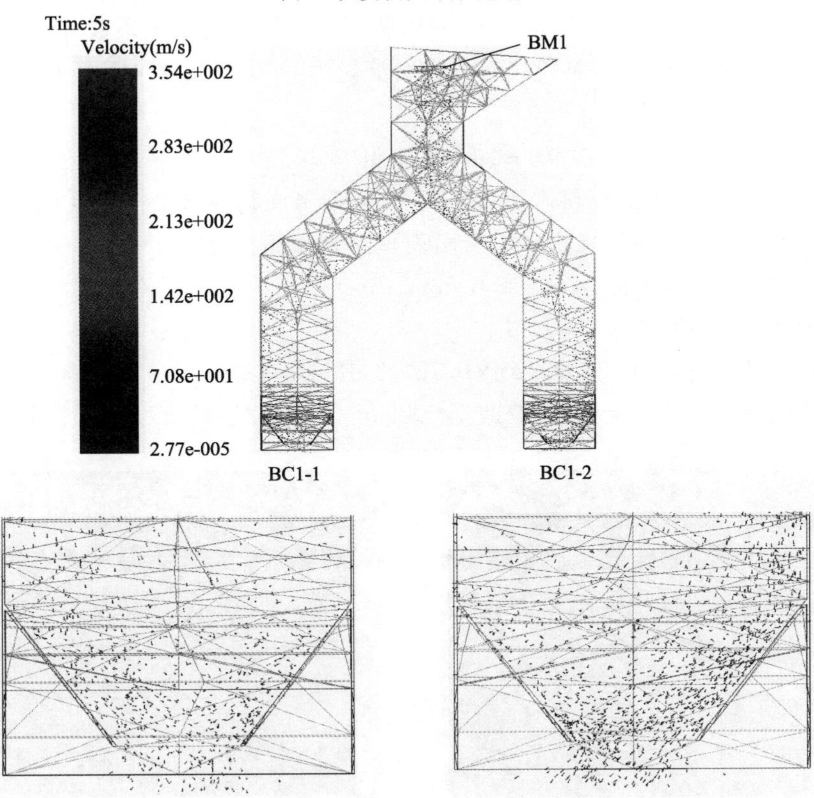

图7 受料靴出口宽度为350mm的计算结果

对计算结果进行后处理,利用软件的统计功能得出受料靴出口料流颗粒的速度的大小和方向。在左侧受料靴出口的料流中,速度方向朝着 X 轴正方向的颗粒占出口料流总颗粒数量的 74%;在右侧受料靴出口的料流中,速度方向朝着 X 轴负方向的颗粒占出口料流总颗粒数量的 75.3%。左右两侧的受料靴出口料流速度大小为 7m/s。从统计计算结果可以看出,当物料颗粒数量达到一定程度时,落入 BC1-1 和 BC1-2 输送机胶带上的物料并不均匀,出现一端物料较多一端物料较少的现象,而物料较多的一侧会给胶带一个侧向力,从而导致胶带向物料较少的一侧跑偏(图 8)。

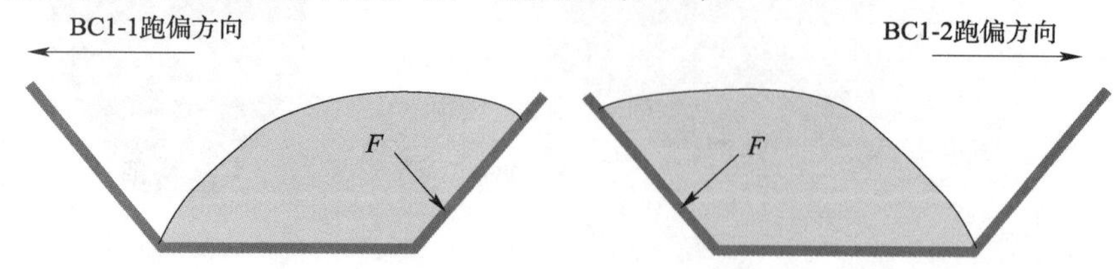

图 8 BC1-1 和 BC2-1 跑偏方向

5 溜管和受料靴的修改

针对 BC1-1 和 BC1-2 跑偏情况,在人字形分叉溜管内部各添加一块长度为 800mm、宽度为 500mm,且与竖直方向成 45°角的固定挡板(45°角是根据大麦物料的安息角进行设定,大麦物料的安息角为 30°~44°),挡板表面与聚氨酯衬板采用螺栓连接。

同时,需要计算出受料靴的开口宽度 B:

在重载情况下运送物料的断面积 $S_1 = 0.319\text{m}^2$,输送机带速 $v = 3.15\text{m/s}$,则单位时间 1s 内所能运送物料 $Q_1 = 0.319 \times 3.15 \approx 1\text{m}^3/\text{s}$;

而物料从头部漏斗中的落料初始位置流到受料靴出料位置所需时间大概为 1.5s,物料通过人字形溜管的有效长度 $L = 5.74\text{m}$,受料靴出口面积 $S_2 = 1.7B$,物料在溜管中的填充系数 $\eta = 0.6$,则人字形溜管内部物料的体积 $V = LS_2\eta = 5.85B$,从受料靴出口的物料流量为 $Q_2 = (5.85B)/1.5 = 3.9B$,当物料完全顺畅通过人字形受料靴时,$Q_2 = Q_1$,即:

$$3.9B = 1\text{m}^3/\text{s},\text{解得 } B = 0.25\text{m}$$

但由于添加挡板后溜管内部的物料流速有所减缓,需要考虑物料流量折损系数 ψ:

折损系数 ψ =(溜管截面积 - 挡板水平投影面积)/溜管截面积;

挡板水平投影面积 $= 0.8 \times 0.5 \times \cos45° = 0.28\text{m}^2$;

所以,折损系数 $\psi = (1 - 0.28)/1 = 0.72$。

取折损系数 $\psi = 0.72$,则 $B \times 0.72 = 0.25 \times 0.72 = 0.18\text{m}$。

因此,将受料靴的开口宽度富余考虑,修改至 200mm。将修改后的方案按照同样的工况条件重新进行计算(图 9)。

图 9 修改后的溜管和受料靴

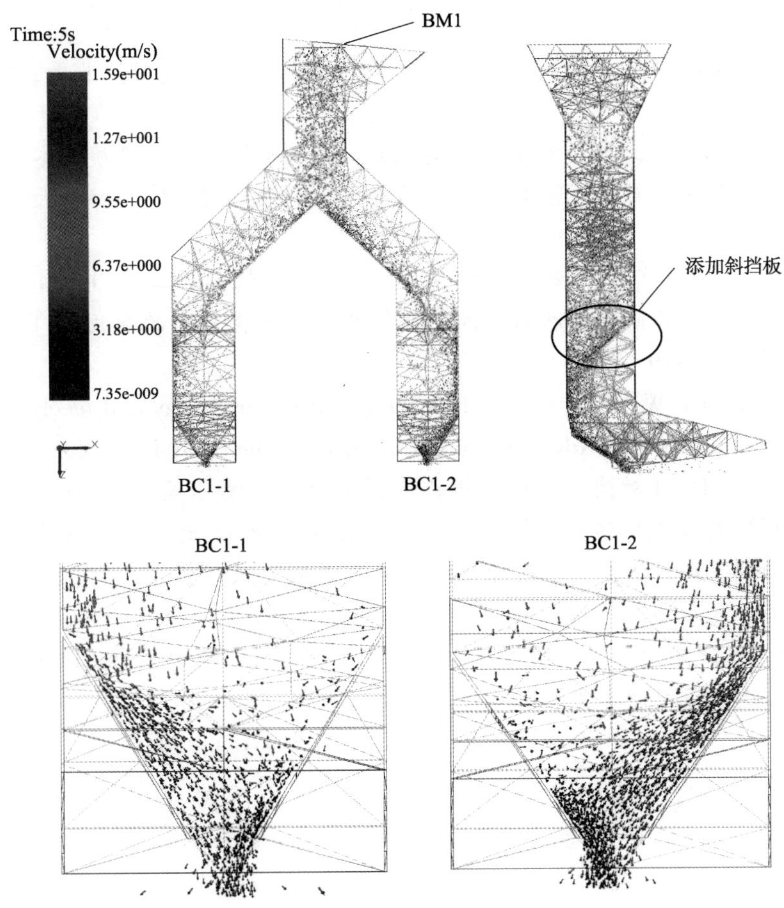

图 10　受料靴出口宽度为 200mm 的计算结果

通过计算得出结果(图 10),并统计得出受料靴出口料流颗粒的速度的大小和方向。在左侧受料靴出口的料流中,速度方向朝着 $X=0$ 方向的颗粒占出口料流总颗粒数量的 58%;在右侧受料靴出口的料流中,速度方向朝着 $X=0$ 方向的颗粒占出口料流总颗粒数量的 62%。出口物料的平均速度为 3.16m/s,而在 $t=5$s 时刻,料流出口速度由修改前的 7m/s 降至 3.1m/s。从统计的计算结果可以看出,添加固定挡板和将受料靴的出口宽度尺寸减小能够减缓物料对下方胶带的冲击作用,并且能够使得物料均匀地落入在胶带上,有效地防止全气垫输送机运行时的胶带跑偏现象,而且没有发生堵料。

结语

离散元分析方法在应用于青岛港董家口港区散粮码头进仓工艺系统调试过程中取得良好的效果,经过整改后的溜管和受料靴的内部结构,没有再造成输送机胶带出现跑偏的现象。通过建立离散元计算模型可以在较短的时间内分析出落料点的位置和物料流动的趋势,是一种行之有效、立竿见影的方法。此外,根据上述计算结果以及现场实际情况进行比较和总结,可以得出以下几点经验:

(1)溜管内部挡板应制作成可调节挡板,以便适用于不同的物料的工况条件要求。

(2)在受料靴内部应采用耐磨聚氨酯衬板,避免使用陶瓷衬板,因为陶瓷衬板容易受到物料冲击而导致剥落。

(3)在粮食发生板结成块的最不利的工况下,溜管的横截面积要保证粮食顺畅地通过溜管和受料靴的流通截面,同时,可调节挡板的倾斜角度应按照物料的安息角进行调节设置,避免溜管中积料。

参考文献

[1] 心男.基于EDEM-FLUENT耦合的气吹式排种器工作过程仿真分析[D].长春:吉林大学硕士学位论文,2013.25-28

[2] 沈宏明.基于EDEM的煤炭采制样初采器仿真模拟与分析[C].北京:煤质技术,2015.20-36

[3] 马利英.卸料斗几何参数对自由下落微粒流流场特性的影响研究[D].天津:天津商业大学硕士学位论文,2015.45-47

[4] 毛广卿.不同截面形状的溜管对物料流动的影响[C].陕西:粮食加工,2004.34-36

[5] 吴松华,黄旭兵,丁一蓉.带简易缓冲器的溜管在竖井混凝土浇筑中的应用[C].哈尔滨:水利科技与经济,2010年7月.818-819

[6] Dai F, Han Z S, Zhang F W, e tal. Research of the fracture morphology and mechanical connection properties of plot breeding wheat ear. Advance Journal of Food Science and Technology .2014

[7] 李帅,李晔,等.基于EDEM对圆形导料溜槽的仿真分析[C].哈尔滨:煤矿机械,2012.23-25

[8] 孟宪振,基于EDEM的带式输送机转接溜槽结构优化[C].北京:起重运输机械,2016.43-45

[9] 聂国权,王海华,沈英明.拉格朗日法对溜管输送混凝土流变数学模型探讨[C].石家庄:石家庄铁道学院学报,2005.66-68

[10] 王金芝.散粮储运系统中溜管及其耐磨材料的应用[C].武汉:港口装卸,2006.8-10

[11] 史中煜,吴凤丽.浅谈下料溜管改造[C].昆明:云南冶金,2006.36-37

[12] A. W. Roberts. Chute Performance and Design for Rapid Flow Conditions[J]. Chem. Eng. Technol. 2003(2)

泥泵除气系统在挖泥船上的应用及发展

郭素明
(中交上海航道局有限公司,上海,200002)

摘　要:自航耙吸挖泥船经常需要疏浚含气土质,其中所含的甲烷等易燃气体,不仅会影响挖泥船的施工效率,还会引起环境风险。这些问题促使国内外疏浚界开展了对除气系统的研发和应用。本文对这些研究和应用作了简要回顾,并介绍了中国疏浚业在这方面的最新进展。

关键词:自航耙吸挖泥船;除气系统;研究与进展

引言

自航耙吸挖泥船在进行疏浚或吹填施工时,经常会遇到含气土质,其中所含气体可能是硫化氢、二氧化碳或甲烷,也可能是其他气体,它们通常是淤泥中有机物生化分解的结果,或者来源于污水排放。含气土质不仅会影响自航耙吸挖泥船的施工效率,而且还会对环境造成不利影响。

就技术方面而言,由于气体的存在,使泥泵的吸入流可能会出现断流,由此产生的"水锤"现象会使泥泵发生严重破坏甚至完全损毁,从而导致维修成本的增加,以及由于修理泥泵而导致的工期延误和罚款。根据相关研究,一旦将土壤从海底挖出并暴露在泥泵内的真空状态下,其中所含的气体就会释放出来,其体积会发生膨胀,导致混合物密度的下降,这极大地降低了疏浚效率,如果土体中含有超过5%的气体,就能使疏浚物完全停止流动,这将导致完全无法施工[2]。

就环境方面而言,自航耙吸挖泥船的溢流水中可能含有大量的"次生水",将使施工区域的水质受到"次生水污染"。此外,这些气体可能有毒、易燃、比空气重,尤其是硫化氢的存在会造成很多问题,在较严重的情况下,甚至不允许自航耙吸挖泥船进行溢流施工,这将极大地影响其施工效率。2005年,在Jan de Nul公司承接的韩国蔚山防波堤工程上,"Gerardus Mercator"号自航耙吸挖泥船碰到了富含硫化氢的疏浚土质,施工时甲板上弥漫着刺鼻的高浓度硫化氢气体,严重时可危及船员生命安全;另外,硫化氢还严重腐蚀了船上的电力设备,例如配电板、电缆等,造成极大的火灾隐患[3]。

这些问题促使国内外疏浚界开展了对除气系统的研发和应用。本文将对这些研究和应用作一简要回顾。

1　国外情况

现代化挖泥船虽然始于美国,但是欧洲的荷兰、比利时和德国等国家后来居上,成为集挖泥船研究、设计和建造,疏浚设备研发,疏浚技术创新、自动化的集大成者。具体就泥泵除气系统而言,美国是最早开始研究且研究时间最长的国家。荷兰等国家虽然开始研究的时间较晚,但是凭借高速发展的计算机模拟和机械制造以及最新的流体动力学研究技术和成果的优势,取得了更好的研究成果。

1.1　美国

美国海岸线漫长、河流众多。根据美国陆军工程兵团(the U. S. Army Corps of Engineers)20世纪50年代前后对美国众多河道、港口的土质进行取样分析的结果,总体上含气量较高,包括甲烷、氮、氢、氧和二氧化碳等，其中尤其以二氧化碳和甲烷居多，而甲烷是易燃气体，这给疏浚施工造成了安全隐患[1]。

早在 1946 年，在"Atlantic"号等自航耙吸挖泥船上就安装了原始的除气系统，该除气系统有一个结构简单的蒸汽喷射器，其吸入端与泥泵吸入管顶部相连（靠近泥泵），喷射器直接向舷外排气。这种原始的除气系统规模较小，排气量不能适应连续泵送高含气量的土质。1950 年在"Goethals"号和"Essayons"号自航耙吸挖泥船上安装了比较完善的除气系统。

然而，这些除气系统的有效性还没有经过科学的验证。因此，美国陆军工程兵团在 1962 ~ 1967 年委托里海大学（Lehigh University）的弗里兹工程实验室（Fritz Engineering Laboratory）对典型除气系统的性能进行了模型研究，研究是以"Essayons"号自航耙吸挖泥船的泥泵为原型，按照 1:8 的比例建造了一套与其几何相似的模型泥泵，试验设备的布置情况见图 1 和图 2。

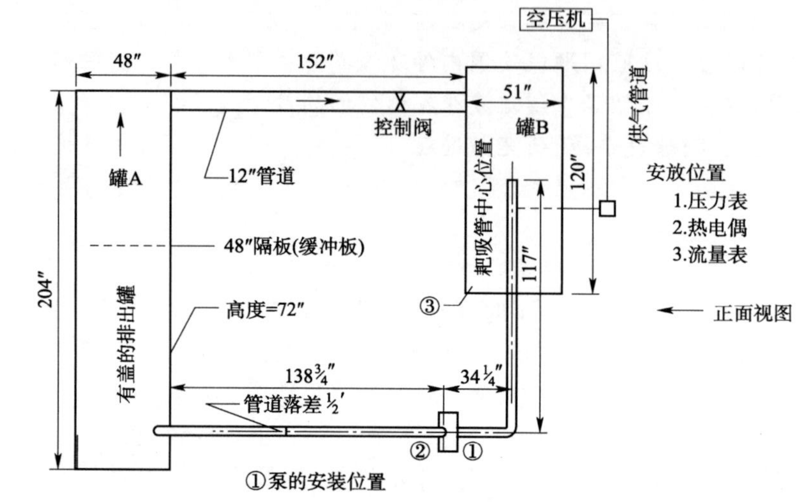

图 1　试验设备布置图

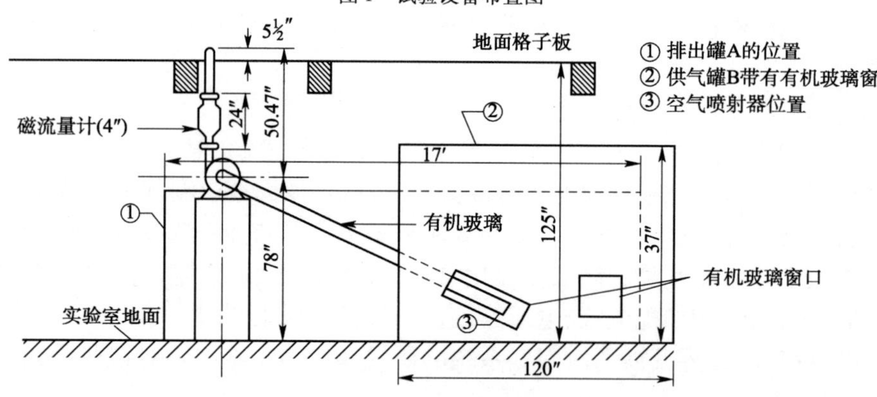

图 2　试验设备侧视图

美国陆军工程兵团在其自航耙吸挖泥船上所安装的除气系统都有一个集气罐和一个真空源。集气罐是一个立式圆筒，位于泥泵附近，其直径与吸泥管的直径大致相同，筒高是直径的 2 ~ 3 倍。集气罐用于搜集气体，并将气体从泥浆中分离出来，再利用真空系统从其顶端将气体清除。真空可由真空泵或喷射器来产生。

模型试验首先研究了含气量为 0 时泥泵的特性，随后研究了从低到高的含气量对水流量的影响、含气量对形成总水头的影响以及泥泵转速对含气量与泥泵排量关系的影响。此外，还对真空泵和射流泵进行了比较。

试验结果显示，所用集气罐的进口尺寸和集气罐的高度太小。因此，对原始集气罐进行了如下改进：加长了吸管顶部的开口，为气体进入集气罐提供了更多的时间；在集气罐的上游侧设计了一个带坡度的吸入段，使气体上升到吸管顶部和进入集气罐的距离增加了 1 倍。原始集气罐和改进型集气罐如图 3

所示。

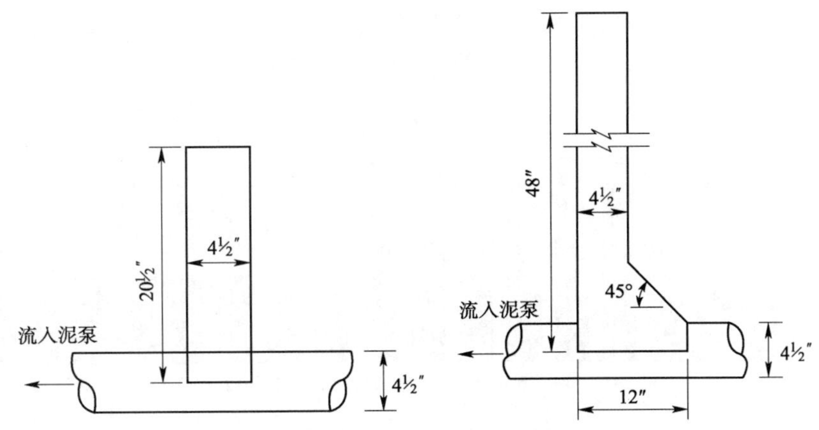

图3　原始集气罐和改进型集气罐

模型试验的结论如下：

- 使用改进型集气罐可清除吸泥管中多达40%的气体；
- 射流泵比真空泵的除气量大、结构简单、坚固，而且不受集气罐排带水气体的影响；
- 集气罐中的液位必须加以控制，并保持在尽可能高的液位上；
- 泥泵转速对除气系统几乎没有影响；
- 自航耙吸挖泥船在高含气量的区域施工时，应安装除气系统。

为了防止泥泵吸入过量气体而发生问题，美国陆军工程兵团及其他私人自航耙吸挖泥船大都安装了除气系统。

1.2　德国

德国 Körting Hannover AG 公司专门为自航耙吸挖泥船开发了一套除气系统。该系统是一套所谓的"捆绑式喷射器除气系统"（图4），它利用水喷真空技术，将小型喷射器并联组合在一起，通过调节喷射器的工作数量，使除气系统能够适应不同的含气条件，大大提高了耙吸船的施工效率[4]。

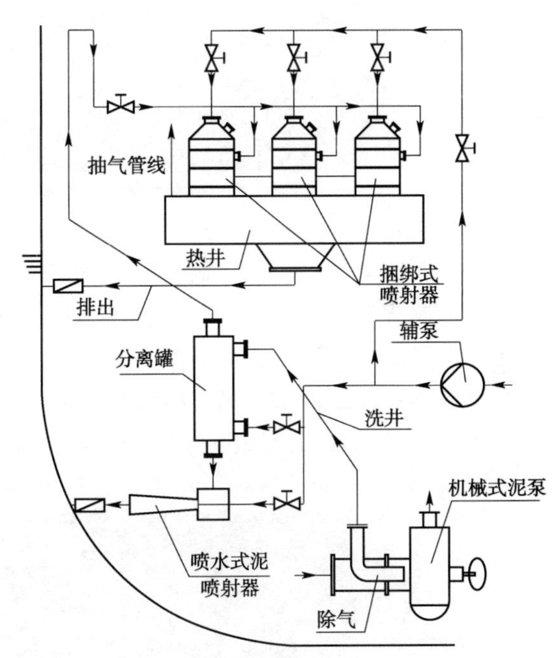

图4　捆绑式喷射器除气系统

理论上，自航耙吸挖泥船的流量越大、含气量越高，则所用的射流泵就越大，而且只有在垂直安装时效率最高。因此，在大型自航耙吸挖泥船上安装该系统时不能使用一个射流泵，需要将几个小型射流泵组合在一起，根据自航耙吸挖泥船的大小将若干个这样的组合并联使用。这个方案还有一个好处，即可以调整组合的开关数量，从而适应不同的流量和除气量的需要。

Johann Bunte 疏浚公司在其"F. Volker SR"号自航耙吸挖泥船上安装了该除气系统，图5是该船安装除气系统前后各航次的装舱量图。第1~7航次没有安装除气系统，第8航次开始安装除气系统。从图中可见，安装除气系统后，该船每航次的干土方量最高提高了约100%。

1.3　荷兰

荷兰 Damen 公司是专门的挖泥船制造商，在疏浚领域具有强大的研发能力，自主研发了泥泵除气系统，可以根据雇主的要求将其安装到该公司设计建造的或其他的挖泥船上。该除气系统在泥泵的前端设置了一根特殊的抽气管（图 6），它有一个伸到叶轮中心部位的“舌头”，抽气管与一个分离罐（图 7）相连，利用甲板上的一组射流泵使分离罐处于真空状态，以便从泥泵内抽出气体和泥浆的混合物[2]。

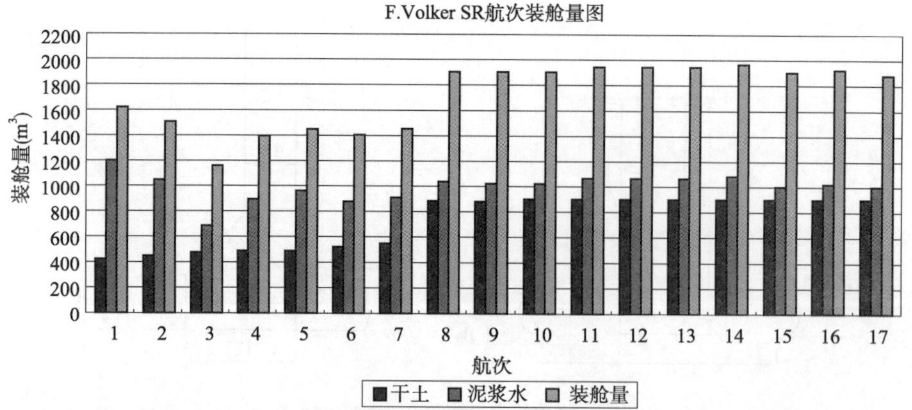

图 5 “F. Volker SR”号各航次装舱量

图 6 具有一个伸进泥泵中心“舌头”的特殊抽气管

在分离罐内，气体上升到罐顶，泥浆沉降到罐底。分离罐具有若干个液位传感器，可以检测出分离罐内气体和泥浆的界面。使用可编程逻辑控制器根据分离罐内气体和泥浆界面的高度值起动射流泵，随着分离罐内气体和泥浆界面的升降开启或关闭射流泵。该系统具有两个大小不同的喷射泵，可形成四种不同的组合形式以便调节流量，从而使分离罐处于不同的真空状态。

泥浆通过泥浆回流泵（或者淤泥泵）返回到疏浚管系，而气体则通过甲板上的喷射泵进入溢流箱（图 8），喷射泵使用高压冲水提供动力。根据需要，使用位于驾驶台的除气系统控制面板开启或关闭射流泵。

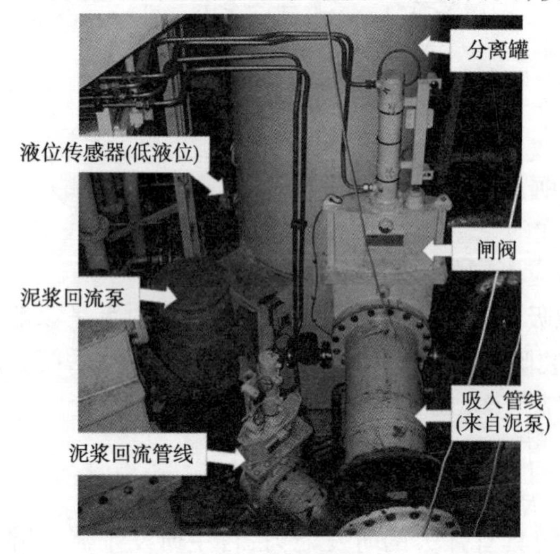

图 7 分离罐

图 8 甲板上的喷射器和溢流箱

该除气系统可保证自航耙吸挖泥船连续施工,浓度平均可提高15%。同时对环境也有益,因为泥浆都保留在泥舱内,可以加大耙头在淤泥层里的下放深度,降低了水体的混浊度。

此外,Damen公司还开发了一种安装在耙臂水下泵上的除气系统,即在下段耙臂上安装一个完整的分离罐以及一台泥浆回流泵。法国"Samuel De Champlain"号自航耙吸挖泥船在耙臂上安装的水下除气系统如图9所示。该系统的工作原理与上述舱内泥泵除气系统的工作原理相同。

图9 安装在下段耙臂上的除气系统

荷兰IHC公司是全球高效疏浚设备市场的领头羊,从业几十年来积累了大量的经验,为来自包括中国在内的全球客户提供定制高效挖泥船的服务,在包括除气系统的研发等方面都处于国际领先水平。IHC在2002年和2004年分别交付中交集团上海航道局和广州航道局的自航耙吸挖泥船新海龙轮和万顷沙轮都安装了IHC先进的泥泵除气系统(图10)。其主要组成设备为:气体收集器、泥泵前短管、泥气分离柜、真空柜、气水分离柜、高压水泵和淤泥泵[5]。其工作原理与Damen公司的除气系统相似。

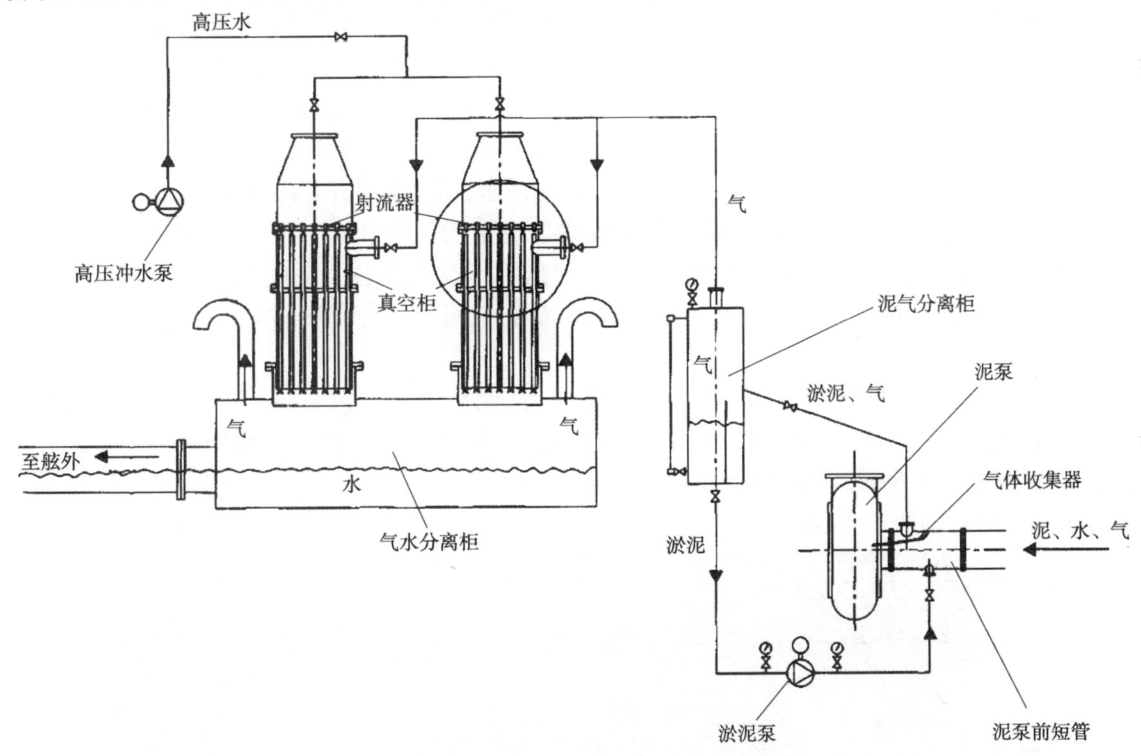

图10 新海龙轮和万顷沙轮的泥泵除气系统

2 国内情况

以前国内疏浚企业的挖泥船和设备完全依靠进口,或是从日本、荷兰等定制,或是从其他国际疏浚公司手中租赁、购买。进入21世纪以来,我国挖泥船建造突飞猛进,新建挖泥船数量居世界前列。然而我国在疏浚装备配套以及自动控制等高端技术的研发与应用方面与荷兰这样的疏浚强国相比差距还很明显。而挖泥船作为一种特殊的施工类船舶,对配套设备的可靠性和作业效率要求极高,挖泥船的先进性主要体现在疏浚设备上。目前,我国挖泥船及配套产品制造无论是技术含量还是可靠性,与国外相比仍有较大差距,特别是高性能泥泵、耙头、绞刀、液压元器件、自动化仪表等关键配套设备的差距更为突出。

就泥泵除气系统的研究而言,国内鲜有记录。

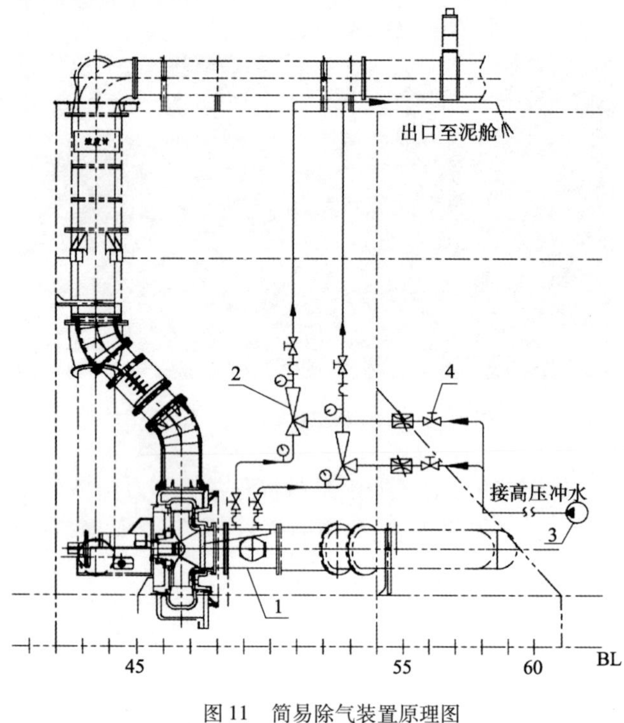

图11　简易除气装置原理图

1-气体收集器;2-射流泵;3-高压水泵;4-阀

2011年,中交上海航道局航浚5001轮在委内瑞拉的马拉开波湖航道疏浚工程中遇到了含油气土质,疏浚施工效率大幅下降,且对施工设备造成诸多不利影响。虽然上海航道局的新海龙轮上安装了除气系统(见1.3节),但是因为国内极少遇到含气土,因此对该系统缺乏认识和操作经验。这成了即将调遣至委内瑞拉施工的新海虎4轮的一个新挑战。在时间紧、任务急的情况下,上海航道局的科技人员研发了一套简易除气装置(图11)。该设计方案使用高压冲水为射流泵提供真空动力达到除气目标,从而取代了国外传统除气装置中所使用的价格昂贵、结构复杂的土气分离罐;对泥泵的吸入短管与排气管的连接处也做了相应的改造。在疏浚吸入短管内部的上方安装了一块曲形板(舌形)使之伸入泥泵吸口,此曲形板形成了从泥泵进口处吸走达到最大真空压力的空气的通道,并在短管内形成一个集气腔以利于气体的聚集[6]。

由于含气土以淤泥为主,施工中不需要开启高压冲水,所以设计中综合利用了船上原有的高压冲水泵系统配以适当的管系、气体收集器、截止阀来提供射流泵的工作水源。这样,高压冲水泵可以有两种用处:一种是适时用作疏浚过程中的高压冲水;另一种是用作除气设备上的喷射动力装置。由于高压冲水泵为变频控制,可以根据疏浚土中油气的含量,在一定的范围内进行可控调节,为射流泵提供最合适的驱动功率。

根据新海虎4轮的实际施工数据,开启除气装置后,泥浆进舱浓度提高了约45%,装舱土方量从1200m^{3}左右提高到了7000m^{3}左右(图12),施工效率提高了约5.8倍。尽管在使用过程中发现该简易装置还存在一些问题,例如射流泵与泥泵的匹配以及高压冲水系统与射流泵的匹配等,但是简易除气装置达到了预期的目的并创造了大效益。

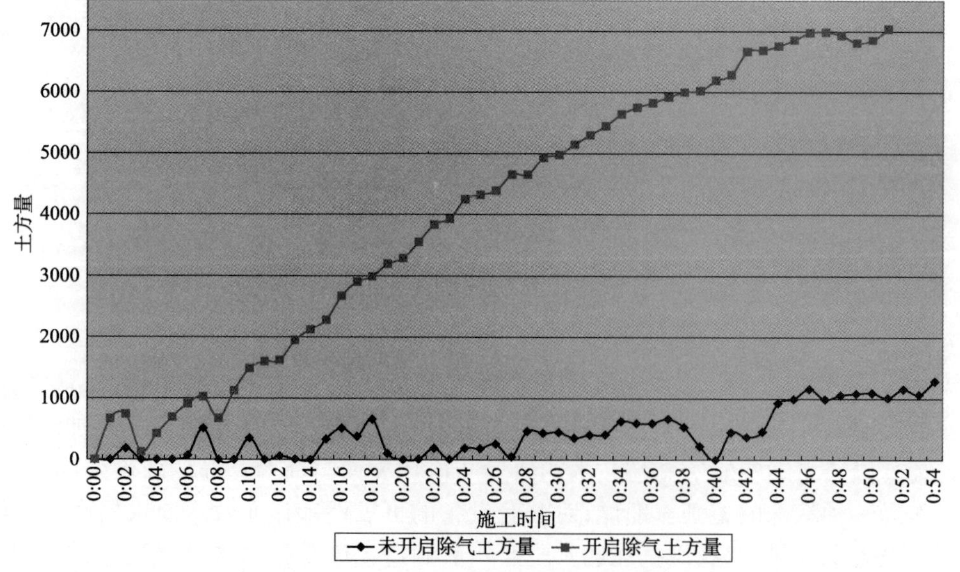

图12　除气装置使用前后装舱土方量对比

结语

近年来,国内疏浚业通过对主要系统装备和核心部件的“引进、消化、吸收、创新”,积极推进挖泥船国产化进程,已经取得了不小的成就。但是,国外疏浚强国已经从成熟的整船建造,走向了高精尖设备的研发和应用,依靠科技提升质量,凭借质量提高效率,降低单方疏浚成本,创造企业的市场竞争优势。因此,笔者建议国内疏浚业应加强对疏浚工程的精细化研究,在关键配套设备上与造船和配套企业一起,有针对性地进行研发。

参考文献

[1] John B. Herbich. Handbook of Dredging Engineering[M], McGRAW-HILL, INC, 1992

[2] Marc Van de Veldd. "Degassing systems" for dummies[Z], The Art of Dredging, Nov. 2011

[3] Marc Van de Veldd. H_2S (Hydrogen sulphide) [Z], The Art of Dredging

[4] Körting Hannover AG. Dredging Technology with Körting[Z]

[5] 郑捷.“万顷沙”泥泵除气系统[J],中国港湾建设,2008,155(3),62~66

[6] 中港疏浚有限公司提高耙吸船对含气疏浚土施工效率关键技术研究报告[R],Mar. 2013

企业合同管理中存在的问题和应对措施

许靖莉　毕　洁
（中交第一航务工程勘察设计院有限公司，天津，300222）

摘　要：加强合同管理、制定完善的合同管理制度有助于规范合同的签订行为，防范规避企业风险，促进企业健康良好发展，本文针对合同管理中存在的一些问题进行了一些探讨，并给出了一些应对措施。

关键词：合同管理；法律意识；合同签订；合同履行；风险防范

引言

合同管理是市场经济条件下现代企业管理的一个重要内容，它是一个全过程的、多部门的、动态的、实时的管理。合同管理的全过程是从双方有合作意向、制定合同、合同生效开始，直至合同履行完毕为止，不仅要重视双方合同签订之前的各项准备工作，慎重签订合同，更要对合同生效后的管理加以重视；多部门就是完成合同中的内容需要多部门配合，企业要将内部各部门一起来管理，确保合同约定内容的顺利实施；动态性就是在合同实施过程中的对合同的修改、变更、补充或中止和终止等，要对不同变化进行掌握；实时性就是对整个合同管理中的变化做到第一时间掌握并处理。从合同的签订和履行的实际效果来看，企业的合同管理还存在着一定的问题，存在后续管理隐患及法律风险，需要从几个方面采取相应措施。

1　合同管理在现代企业管理中的重要性

对市场来说，合同管理的重要性在于：实现企业对市场的承诺，承担社会责任，体现企业的诚信，提升企业的品牌和形象，使企业更牢固的立足市场，实现可持续发展。对企业而言，合同管理的重要性在于：使企业的生产经营与市场接轨，满足市场的需要，提高企业适应市场和参与市场竞争的能力；同时使企业在履约过程中维护自身的合法权益，避免和减少企业损失，提高企业的经济效益。

2　当前企业合同管理工作中存在的主要问题

2.1　合同相关人员法律风险防范意识不足。

现阶段我国水运工程建设取得一定的成绩，但是工程的建设市场竞争日渐激烈，很多企业或承包商为能够中标，获取利益，一味地迁就建设单位，签订不合规范的合同，忽视细节，为后期履行合同带来风险。另外，在合同签订时习惯了格式化文本，没有结合项目和其他实际情况仔细认真地对合同条款进行深入研究规避风险，或明知是不对等条款却因建设单位已经盖章而不再追究不利企业的条款，草率地签订合同，给企业带来了一定的法律风险。

2.2　合同签订不规范、不认真，急于求成

主要体现在两个方面，一是对方当事人不具备签约资格。有时为了拿到项目，急于跟建设单位签订

合同,但并没有深究对方的是否具备签约资格。根据我国相关法律规定,法人的分支机构需有法人的授权委托才可以对外签订合同,作为法人职能科室是无权对外签订合同的。二是合同随意拿来就用,不选择合适的合同类型和规范的合同文本,不按项目实际情况灵活调整充实合同内容及条款,合同条款过于简单,约定不明确,不完善,导致合同履行过程中产生分歧,引发合同纠纷。

2.3　合同履行缺乏有效的监管制度

企业内部承办单位和合同管理部门没有很好的配合和制约,部门间协调或深入监控的程度不够,合同履行情况反馈不畅通不及时,合同履行中出现漏洞,将不能及时解决,规避风险,一旦发生合同纠纷,也常使企业蒙受不必要的损失。

2.4　企业相关人员法律专业素养有待提高、风险防范意识有待加强。

导致合同履约情况不理想的原因较多,但企业中合同相关人员法律知识贫乏,风险防范意识低,往往在合同签订前不调查对方资信情况,合同履行过程中不规范来往交接活动,遇到问题没有及时发现,不能采取相应措施,一旦情况向不利的方向变化,很容易使企业陷入被动地步,引发合同纠纷,蒙受不必要的损失。

3　企业合同管理问题的应对措施

3.1　为有效防范企业合同风险,必须加强企业合同相关人员的风险防范意识

企业领导要意识到合同法律风险是客观存在的,有效的控制该风险是企业经营管理成功的关键内容。企业相关人员应提高合同法律风险防范意识,改变合同管理工作中的错误观念,对合同法律知识的学习应变为常态,使其贯穿整个经营活动中。只有培养一支懂法律、懂合同的经营队伍,诚实守信,规范市场开发行为,在生产经营活动中,才可能减少和避免发生潜在的法律风险。

3.2　建立有效的合同管理制度

严格执行合同审查、审批、履行工作流程,做好合同管理工作,生产部门若能及时发现问题,引起重视,会同相关部门采取措施,在造成损失前规避风险,维护企业合法权益。需要重视以下几个方面的工作:

首先企业应设立单独的合同管理部门,并配套专职人员进行管理。

其职责是:制定承包和分包采购合同管理办法,检查合同的完整性、资质的适宜性和条款的合理性等审核及合同盖章等综合管理的日常工作,归口管理企业各类经济技术合同,跟踪监督合同执行情况;建立合同专用章使用制度,负责合同盖章的日常工作。

其次合同管理工作应当就合同签订前审查、签订中审批,签订后履行制定相应的管理办法,指导合同的全过程,保证合同的合法性,提高履约率,保证资料的完整性,及时处理合同纠纷,维护企业的合法权益。

3.2.1　合同签订前的管理

合同签订前,要审查、落实几个方面的内容:审查对方是否具备签订合同的主体资格,代理人是否具有授权书、对方企业履约能力及资信状况是否符合法有效,有无能力完成合同约定的义务;与投标文件中约定的合同或草拟的合同双方有不一致的意见是否得到解决;对方提的要求是否得到书面或邮件确认;各项要求,如合同名称,工作内容,质量要求,报告数量是否已明确;工作成果交接和收付费是否明确时间结点等,企业能否满足合同中各项要求的技术能力、交付期限的能力。以上这些方面都要在合同签订前认真确认、落实。

3.2.2 合同签订中的管理

合同一经签订,就具有法律效力,为了使合同从订立时起就合法、有效,将纠纷和不利于企业的条款杜绝,合同管理部门必须做好签订合同的审批工作。尽量使用统一的合同文本,在有关部门发布的合同示范文本基础上制定适合企业不同业务类型的合同版本(如建设工程设计合同,技术咨询、技术服务、勘察合同文本,劳务分包合同、采购合同、总包合同文本等),经企业法务人员核定后作为企业的合同示范文本,既可以提高合同管理人员的审核效率又有利于维护企业自身权益;合同文书要做到:内容完整,条款齐全、文字严谨,语言表述准确,责任明确清楚,避免出现易产生歧义和误解;合同文本准备完毕后,合同审查是关键的一环。设定相关部门参与的科学的审批流程,将各级领导提出的问题,进行整改,减少合同中对企业的不利因素。以Y公司为例,合同经过承办单位、财务部、法律科等多部门审核—审核后的整改—领导签批—签字盖章—合同生效。

3.2.3 合同履行阶段的管理

建立、完善合同登记工作。以Y公司为例,将盖完章的合同编号录入公司办公平台合同管理系统,以便日后查找、变更、补充合同,并随时掌握合同履行情况及收付款的情况。

合同履行中,对于与履行合同有关的各项工作,制定管理办法,形成系统文件。合同管理部门密切与生产部门沟通,履行监督职责。比如,对项目开展过程中与顾客的沟通要有会议纪要,让顾客签字确认,来往文件及邮件要妥善保存;交付中间资料、成果报告,要让顾客及时签字确认,以免引起不利企业的权益的纠纷。对合同中约定的工作内容和范围有争议,或者工作量变更,按规定期限交付成果确有困难的,生产部门要及时报告给合同管理部门,合同管理部门得到消息要上报企业主管领导,进一步与生产部门及相关职能部门进行沟通协调,对发现的问题及时沟通、解决,争取按合同约定向顾客交付成果。协商确有困难的,要及时与业主签订变更、解除或终止协议,维护企业的合法权益及时处理纠纷。如双方无法达成一致,只能按合同中约定的争议解决方式,起诉或申请仲裁。

3.3 进一步提高合同相关人员的法律素养

合同管理人员和经营人员等合同相关人员的法律素养直接决定了合同管理质量,提高法律意识显得至关重要,改变传统思想与行为模式,降低违法事件的发生率。企业要组织安排合适的培训课程,不仅要学习合同管理相关的知识,还要学习合同法等相关法律知道,提高法律意识,掌握签约技巧,熟悉签约流程,也可以以资鼓励,并对通过考核的人员颁发资格证书,持证上岗,通过以上方式提高合同管理人员的法律意识。

结束语

企业加强合同管理,制定合理、可行的合同管理办法,是建立现代企业制度一项重要内容。发挥合同管理部门的审核、监督作用,提高相关人员的法律风险防范意识,规范合同管理流程,严格执行合同管理办法的规定,把握好合同签订前、签订中及签订后这三个关键环节,可以最大限度地降低合同法律风险,有效地规避合同纠纷的发生,对维护企业的合法权益起着非常重要的作用。

参考文献

[1] 雷志勇.商业文化(下半月).2010,(12)
[2] 王利明.民法学[M].中央广播电视大学出版社.1995
[3] 龚子轩.浅谈合同管理[J].行政事业资产与财务.2014(11):40
[4] 陈秋兰,王传庆.关于企业合同管理的重要性及策略[J].山东煤炭科技.2012(6):248-249
[5] 徐军红.我国建设工程合同管理存在的问题及对策研究[J].财经界.2014(11):49-51
[6] 郑微.论勘察设计企业项目管理过程中的合同管理[J].铁道勘察.2013(4):93-94
[7] 李树涛.浅谈企业合同管理的风险防范[J].山东煤炭科技.2013(6):181-183

浅层真空预压加固温州吹填淤泥质土技术试验研究与应用

覃志达 张树彬 万华林
（中交广州航道局有限公司，广东广州，510221）

摘 要：以温州市某吹填淤泥质土浅层加固工程为依托，开展现场试验，根据监测检测结果，分析影响加固效果的因素及制定解决措施，并在工程中进行应用验证，最终形成如下结论：(1)浅层加固后的吹填淤泥质土地基承载力大幅提升，满足后续施工需求。(2)吹填的水力分选作用对后续浅层加固平整度及质量的影响较大；(3)固结时间相同时，排水板间距更小的区域固结效果更好；(4)控制真空加载速率，避免"土桩"过早形成；(5)采取有效措施避免地表浮泥堵塞排水系统有助于提高加固质量。

关键词：浅层真空预压；吹填淤泥质土；现场试验；监测与检测；加固效果

引言

近年来，随着我国沿海新区的快速发展，土地需求不断扩大，以温州市苍南县为例，根据该县最新功能区划要求，该区域将被打造成海洋经济特色发展区，浙台（苍南）经贸合作示范区、临港产业新城。考虑到该地区海域辽阔，港湾、滩涂和海洋生物资源得天独厚。为满足该区域的最新功能区划要求，形成必要的土地条件，利用沿海滩涂进行围海造陆建设无疑是解决这一问题的有效手段。该地区围海造陆的吹填土一般采用近海港池和航道疏浚淤泥，经水力吹填形成陆域。其吹填土呈流塑状态，具有含水率高、无侧限抗压强度低、塑性指数高，孔隙比大、渗透性差、强度及承载力极低、灵敏度高、十字板强度几乎为零的特性[1]，大部分属流泥的超软地基。由于工程建设工期短，基本无强度与承载力的新近吹填土，不经表层处理，施工人员和机械设备无法进场施工。

近几年的工程实践表明，采用浅层加固技术处理新近吹填的淤泥、浮泥等吹填淤泥质土，表层土体可形成一定强度的硬壳层，可以满足后续软基处理机械进场施工要求。然而，相比于成熟的传统真空预压法，吹填淤泥质土浅层加固技术工程应用仍处于探索阶段。为此，本文以温州市苍南县某吹填淤泥质土浅层加固工程为依托，开展浅层真空预压加固现场试验，根据监测检测结果，分析影响加固效果的因素及制定解决措施，并在后续工程中进行应用验证。

1 浅层真空预压加固技术

浅层真空预压加固吹填淤泥质土是通过一定加固技术，大幅降低浅层土体含水率，改善其物理力学性质，并使其表层形成一层具有一定承载力的硬壳层，从而满足吹填砂垫层、机械插板或者交工验收所需要的承载力要求。浅层真空预压加固施工工艺流程为[2]：(1)架设浮桥或采用轻质泡沫塑料板，形成施工平台；(2)铺设一层编织布；(3)人工插设塑料排水板；(4)布设滤管并绑扎；(5)铺设无纺布；(6)铺设两层真空膜；(7)布设真空设备；(8)浅层真空预压；(9)卸载。

2 试验方案

试验区位于温州市苍南县东海岸海涂围垦区，新近吹填淤泥厚度3.0～6.0m，含水率为80%～

200%，呈浮、流泥状，基本无承载力和强度。试验区面积约为 2.5 万 m^2，为了分析排水板间距对浅层加固效果的影响，将试验区分为 4 个分区，如图 1 所示。各区排水板间距为：一区 80 × 80cm，二区 90 × 90cm，三区 90 × 100cm，四区 100 × 100cm。

为了检验浅层吹填淤泥质土加固效果，对各区膜下真空度、地表沉降和孔隙水压力等进行监测，孔压计埋设深度分别为 1m、3m、5m。卸载后，根据现场踏勘情况判断加固效果，选取具有代表性的位置分别进行标贯、十字板剪切等原位试验，以及钻孔取样，测试土体物理力学指标。

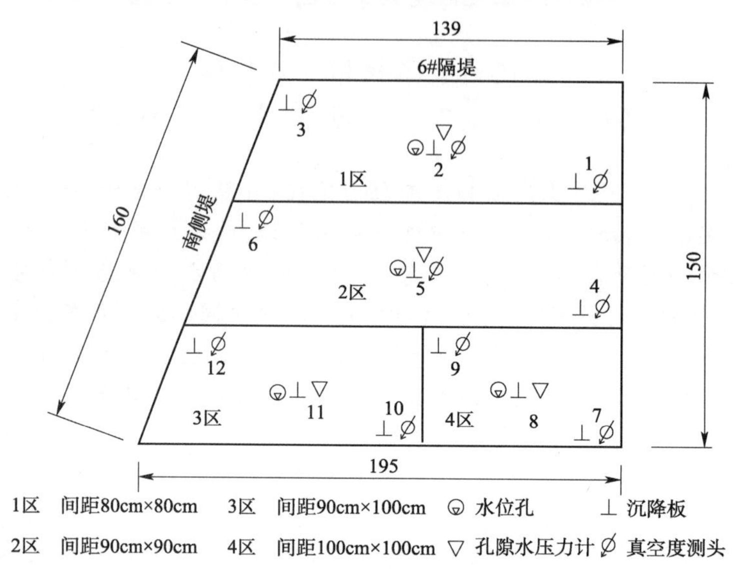

图 1　试验区平面布置图

3　试验区监测、检测及加固效果分析

3.1　膜下真空度

试抽真空 3 天后，各区膜下真空度达到 50 ~ 90kPa，恒载期间，各区的真空度平均值基本稳定在 80kPa 左右。说明横向水平滤管可以替代砂垫层来传递真空度和排水。

3.2　地表沉降

各区块平均地表沉降随时间变化情况如图 2 所示，从图中可以看出，浅层真空预压期间，各区沉降速率较快，平均沉降速率约为 1cm/d，前期沉降相对较大，后期逐渐趋于收敛。其中，四区的最终沉降量平均值略大于其他区域，考虑到试验各区的吹填厚度基本相同，沉降略大的原因应该是吹填施工时，吹填管口距四区较远，由于吹填的水力分选作用导致四区粗颗粒相对较少，从而自固结沉降略大。由于试验区的面积相对较小，相应吹填水力分选作用并不明显。当大面积吹填施工时，吹填管口应设法不断往吹填区内延伸，以降低吹填水力分选作用，提高整个吹填区浅层加固平整度及质量。

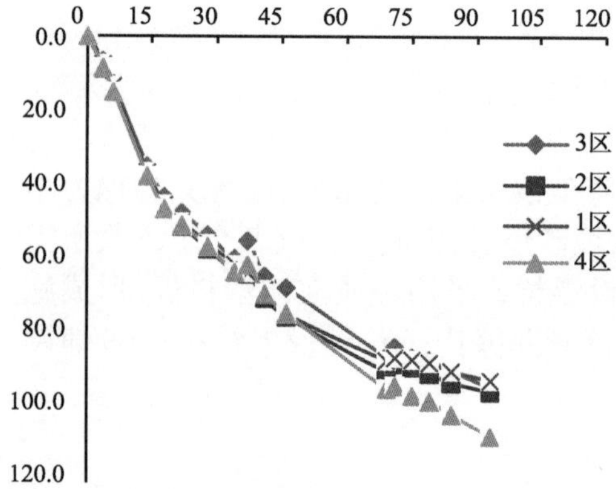

图 2　试验区各区块平均地表沉降值

根据规范[3]介绍的预压地基最终沉降量及固结度推算方法（双曲线法），推算各区块最终沉降量及固结度如表 1 所示。

各区块最终沉降量及固结度值　表1

区块	实际累计沉降量(cm)	理论最终沉降量(cm)	固结度(%)
一区	94.35	124.27	75.9%
二区	97.42	131.95	73.8%
三区	96.35	132.4	72.8%
四区	109.75	155.49	70.6%

由表1可知，相同的固结时间内，排水板间距更小的区域固结效果更好，也即排水板间距更小的区域可更早满足加固区的固结度要求。

3.3　孔压消散规律

试验各区块的孔压消散规律总体类似，现选取其中四区实测孔压随时间变化曲线为例，如图3所示。从图中可以看知，与常规真空预压相比，浅层真空预压不仅孔压消散值偏小，而且上部孔压消散值小于下部，这与常规真空预压的孔压消散规律不同。出现此类现象主要有两方面原因：(1)是横向水平滤管传递真空度效果不如水平排水砂垫层，此外，插板施工会在土工布上形成缺口，此处上涌的淤泥会堵塞排水系统，一定程度上也会影响真空度的传递；(2)上部土层颗粒软细，颗粒间连接很弱，土颗粒随水流动性强，在真空负压差作用下，细颗粒向排水板周围聚集形成所谓的"土桩"，如图4所示，即近似以排水板为中心轴、自上而下呈倒锥形的柱状体[4]。"土桩"包裹着排水板，其极低的渗透性严重阻碍真空度向周围土体的传递，而下部土层颗粒较粗，结构性相对软好，有利于真空度的传递和孔压的消散。

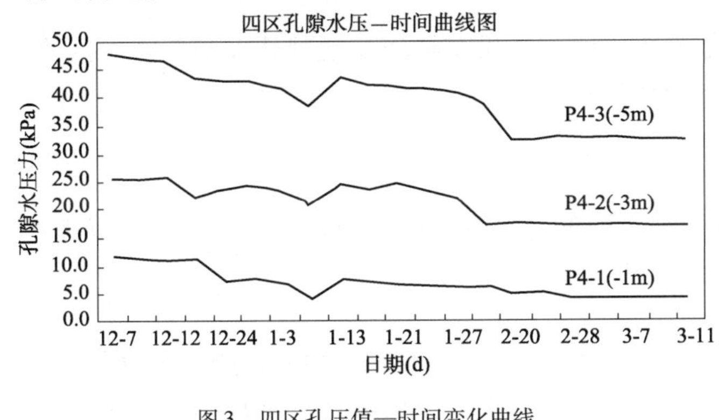

图3　四区孔压值—时间变化曲线

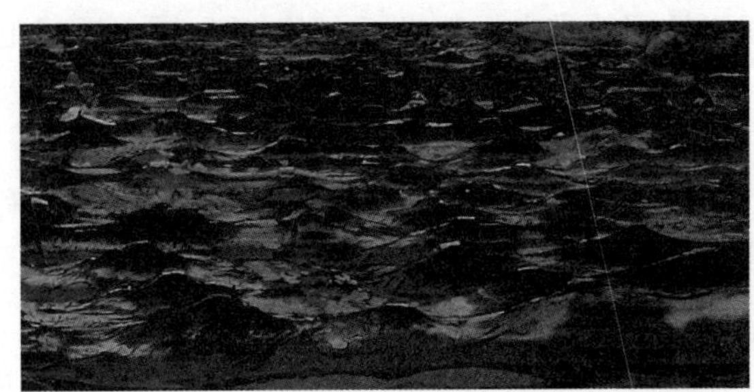

图4　现场"土桩"实照

3.4　十字板剪切试验成果

浅层加固前的吹填淤泥含水量极高，呈浮泥～流泥状，其抗剪强度近乎于零。为检验浅层加固后吹填淤泥抗剪强度的增长情况，现场开展了十字板剪切试验。以一区为例，相应成果见表2。

一区加固后的十字板剪切试验结果　表2

深度(m)	1.5	3	4.5	6	7.5	9
C_u(kPa)	22.6	15	11	14.5	24	20.7

从表2中可以看出，处理后吹填淤泥表面形成厚度约2m的硬壳层，十字板抗剪强度 C_u = 22.6kPa，其下的淤泥抗剪强度仍较低，最低值11kPa位于4.5m处，深度6m以下则进入原滩面，强度出现明显上升，达到了24kPa。

3.5　土工试验成果

为进一步检验浅层加固效果，在标贯和十字板剪切试验点附近，进行土体取样及土工试验，土工试验结果表明，经浅层软基处理后，吹填土含水率从最初的150%大幅下降至47.47%，孔隙比为1.23，液性指数为1.47，说明浅层吹填淤泥经处理后已从浮泥～流泥状态转变为软塑状态。快剪试验得到的抗剪强度指标黏聚力 $C = 8.06\text{kPa}$，内摩擦角 $\phi = 7.21°$。室内土工试验成果表明，经浅层加固后吹填淤泥物理力学性质明显改善。

4 工程应用及成效

苍南县东海岸的某海涂围垦工程，其中B2区浅层加固面积为394.70万㎡，原滩面高程为－2.0～3.0m，平均标高为0.83m，吹填标高为5.0m。采用一次吹填的成陆及浅层无砂垫层真空预压处理的方案，相应的验收标准主要为：(1)处理后地坪标高：＋3.5m，允许标高最大高差－30～＋30cm。(2)表层0～1.5m范围内地基承载力≥50kPa。

根据B2区的验收标准等相关要求，结合上述试验区的研究成果，B2区浅层地基处理施工过程中主要采取的措施如下：

4.1 提高吹填平整度及均匀性

为了消除因吹填施工的水力分选作用导致的吹填区土质偏差较大，并最终造成浅层加固后高程、承载力偏差较大的情况，采用管线平台和PE浮体组装水上浮管向吹填区内不断延伸，并在吹填区内辅以一台水陆两用挖掘机疏导、调整吹填泥浆水的流向，提高吹填区内平整度及土质均匀性。

4.2 选择适合的排水板参数

根据试验区不同排水板间距的监测结果，考虑到该工程的建设工期短及地基处理要求高，浅层真空预压处理的排水板选择正方形布置，排水板间距采用0.8m。

4.3 保障排水系统通畅

根据试验区的研究结果，为取得理想的加固效果，重要的是采取有效措施避免地表浮泥堵塞排水系统，保证真空度的传递和扩散，施工过程中应注意以下要点：

(1)底层编织布铺设及缝合

铺设底层编织布除了为后续工序提供必要的施工作业面外，更为重要的是将水平排水系统与其下淤泥质土隔开。底层编织布铺设应尽量平整，避免插打排水板等施工造成破口处严重冒泥。此外，由于土工材料都是分块铺设的，底层编织布需要用手提缝纫机缝合成整体，接缝严密，防止泥浆从接缝处冒出。

(2)陆地外裹无纺土工布绑扎排水板头与滤管，排水板底封口(图5和图6)

图5 吹填区内布置水上管线

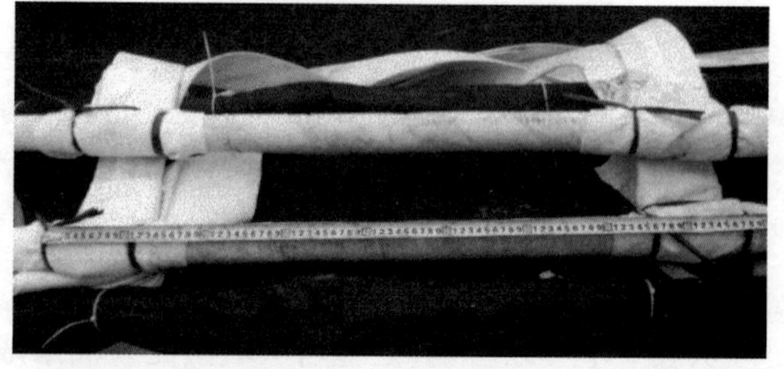

图6 陆上外裹无纺土工布绑扎排水板头与滤管

考虑到人工插板后从编织布破口处冒出的泥浆会包裹排水板头与滤管的连接处，为了保证横向水平滤管与排水板的连通性，确保滤管中的真空度能有效地传递到排水板，排水板头与透水滤管采用外裹无纺土工布绑扎连接，相应的加工处理工作采用陆地预先加工，从而减少材料搬运次数和取消现场绑扎工序，尽可能降低冒浆程度。此外，抽真空期间，排水板中负压会将板底的流泥吸入板槽，从而堵塞排水通道，所以排水板底采用塑料胶带封口。

4.4　工程成效

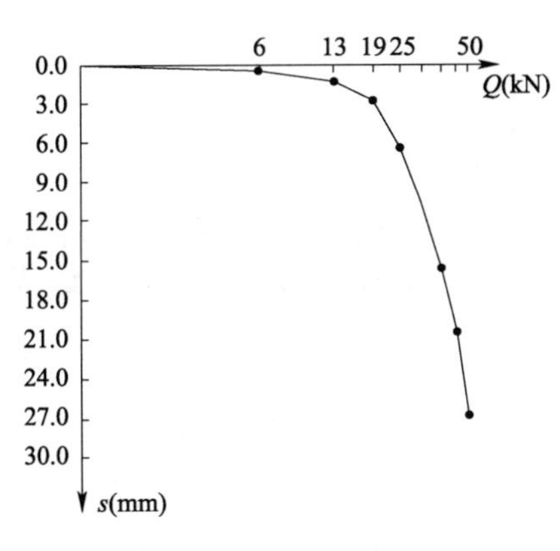

图7　浅层加固区的 s ~ lgQ 曲线

浅层真空预压处理后的土体物理力学指标及地基承载力检测结果表明，该工程的吹填淤泥质土经浅层真空预压加固后，吹填淤泥质土经排水固结后沉降达到了相对稳定，浅层平板载荷试验法（图7）及室内土工试验法（地基天然强度计算法、塑性状态计算公式法及土体物理指标查表法）评估地基承载力结果表明，承载力统计值 $f_{ak} \geqslant$ 50kPa，满足设计要求，该软基处理方法达到了预期的处理效果。

此外，由于上述施工过程中采取的多项保障措施，相比于相同排水板间距的试验一区，该工程的物理力学性质及承载力均有一定程度的提高。

结论

通过现场试验及工程应用，对浅层真空预压加固吹填淤泥质土技术进行研究，主要结论如下：

（1）工程实践表明，经过浅层加固的吹填淤泥质土完全可以满足吹填砂垫层、机械插板及交工验收的要求，达到了加固目的，工程应用取得成功。

（2）大面积吹填施工时，考虑到吹填的水力分选作用，吹填施工管口应设法不断往吹填区内延伸，以提高吹填区后续浅层加固平整度及质量。

（3）通过采用0.8m、0.9m、1.0m（正方形）间距的排水板组合试验，结果表明，相同的固结时间内，排水板间距更小的区域固结效果更好，也即排水板间距更小的可更早满足加固区的固结度要求。

（4）由于真空吸力作用，在排水板周围会形成渗透性极低的"土桩"，严重阻碍较远处土体的排水固结，造成加固效果的差异性。抽真空加载期间应控制加载速率，避免"土桩"过早形成，以保证加固效果的均匀性。

（5）为取得理想的加固效果，重要的是采取有效措施避免地表浮泥堵塞排水系统，做好排水系统接头部位的密封效果，保证真空度的传递和扩散。

参考文献

[1] 曹永华，李卫，刘天韵. 浅层快速超软基处理技术[C]. 全国超软土地基排水固结与加固技术研讨会论文集，2010：49-56

[2] 丁明武，林涌潮，陈平山，等. 浅层加固技术在温州丁山垦区吹填及软基处理工程中的应用[C] 全国超软土地基排水固结与加固技术研讨会论文集，2010：102-105

[3] GB/T 51064—2015，吹填土地基处理技术规范 [S]

[4] 陈平山，董志良，张功新. 新吹填淤泥浅表层加固中"土桩"形成机理及数值分析[J]. 水运工程. 2012（1）：158-163

[5] 武亚军，杨建波，张孟喜. 真空加载方式对吹填流泥加固效果及土颗粒移动的影响研究.[J]2013（8）：2129-2135

浅论创新提质增效理念下基础管理落实策略

杜正昱　王　刚

（中交一航局三公司，辽宁大连，116001；中交第一航务工程局有限公司，天津，300461）

摘　要：在"一路一带，发展海洋经济"背景冲击下，基础性管理问题逐渐引起了人们关注，但就当前的市场现状来看，部分建筑企业在管理工作开展过程中仍然存在着经营压力大、施工任务不饱满、盈利水平不高、基础管理工作水平较低等问题，影响到了工程项目的有序开展。因此，为了稳固企业在市场竞争中的地位，需要企业在项目实施过程中创新工作方法，以提升施工质量和效益为目的，不断加强基础管理工作，以满足项目实施要求。内容从基础管理概述分析入手，详细阐述创新提质增效理念下基础管理工作落实策略。

关键词：提质增效；基础管理；对策

引言

在经济新常态背景下，互联网+、领域拓展、经营创新等方面逐渐发展起来，因而在此基础上，为了扩大施工单位市场竞争实力，要求企业应扩大"基础管理"宣传工作，如，明晰基础管理与企业执行力等的关系。同时，为了保障项目过程管理的高效性，需制定基础管理方案，落实"扁平化"管理模式，打造良好的项目运营空间，并在良性管理环境带动下，达到提质增效，拓展企业创新水平的目的。以下就是对企业基础管理问题的详细阐述，望其能为企业创新提质增效发展战略的实施提供有利参考。

1　基础管理概述

基础管理，要求企业在运营过程中应注重对项目各项生产经营业务中最基础的标准、制度等实施管理，同时在基础管理环节实施过程中需将规章制度、标准化工作、信息工作、项目培训等纳入到重点管理范围内。由于管理是企业发展的核心，关系着企业提质增效效果，因而若企业管理缺乏创新，忽视基础管理环节的开展，将削弱企业项目实施原动力，影响经济利益、社会价值等的获取。为此，在建筑市场竞争日益激烈背景下，要求企业在项目实施过程中应提高对基础管理环节的关注度，优化基础管理体系，增强企业竞争实力[1]。而基础管理理念在企业项目实施中的应用，要求管理人员在基础管理工作实施过程中应注重基础管理板块规划，在基础平台建设过程中健全规章制度、管理流程、管理标准等内容，营造战略化、创新性企业管理环境，以统一、标准、规范的管理体系缓解基础管理问题，带动企业创新提质增效。

2　当前企业基础管理现状

就当前的现状来看，部分建筑企业在项目实施过程中，基础管理工作仍然存在着某些不可忽视的问题，主要体现在以下几个方面：

第一，经营压力大，即建筑市场仍处在低迷形势，且存在着众多不确定因素，因而在工程基础管理工作开展过程中扩大了承揽难度，增大了基础管理风险；

第二，施工任务不饱满，并存有项目资金短缺、征地问题等干扰因素，就此限制了基础管理工作的有序开展；

第三，基础管理流程不完善，即在项目实施过程中部分管理人员缺乏对基础管理工作重要性的认知，继而在工作执行力、创新力等层面呈现出良莠不齐的现象，诱发了低效率基础管理问题[2]；

从以上的分析中即可看出，目前企业在基础管理工作开展过程中仍然存在着某些不可忽视的问题，为此，应注重将“创新提质增效”作为基础管理导向，优化基础管理流程，落实基础管理措施，打造良好的企业管理氛围。

3 基于创新提质增效理念下基础管理落实策略

3.1 实施“扁平化”管理模式

3.1.1 推进项目前期策划制度

“扁平化”管理模式，即通过减少管理层级、增加管理幅度的方式，实施分权管理制度，就此适应信息化发展趋势，集中处理企业人力、物力、财力等资源环境，创造项目绩效，落实提质增效创新理念。而在“扁平化”模式实施背景下，为了打造良好的基础管理环境，要求管理人员在内部管理工作实施过程中应结合基础管理要求，推行项目前期策划制度，即在制度实施过程中，首先应注重组织“项目交接会”，即针对企业新中标项目所涉及的投标文件、投标过程资料、合同内容等进行交接，且由相关主管负责人提出意见，完成项目交接工作。其次，在基础管理工作实施基础上，需在前期策划制度推进过程中，对企业人力资源进行统一化管理，即参照《项目管理标准化实施手册》，配置企业内部人力资源，同时遵从“一岗多责、一专多能”人员配置原则，强化项目人员设置[3]。再次，在项目前期基础管理作业中，需注重对企业《现场考察报告》等的宣传力度，鼓励管理人员在实际工作开展过程中从社会环境、建设背景资料、劳务人员、设备组织等角度出发，对项目实施现场管理，识别项目风险，满足增效需求。

3.1.2 加强项目实施过程管控

在“创新提质增效”理念推动下，要求企业在基础管理工作开展过程中应注重加强项目过程管控，为此，应注重从以下几个层面入手：

第一，从技术创新角度来看，在企业基础管理工作开展过程中，需进一步发挥技术中心、技术质量部的部门职能，重大、高新技术方案和关键工艺需由技术中心、技术质量部对执行方案进行编制，保障技术交底环节的可操作性、规范性，满足企业技术创新条件。同时，为了规避技术不严谨问题的出现，亦应邀请技术专家，对项目施工现场进行考察，协助处理项目技术性问题，最终以技术创新带动企业效益质量的提升，落实“创新提质增效”管理理念。

第二，从安质管控角度来看，扎实的安质管控措施是市场竞争的有力武器，为此，企业需要建立严格的安质管控工作体系，牢牢落实“一岗双责、党政同责、齐抓共管”的安全理念，签订安全生产责任状，明确各岗位安全职责；并以安全标准化为主线，群众安全监督网为依托，围绕“文明工地、平安工地、精品工地”创建，狠抓安全管理，强化工艺执行；加强职工安全教育和质量专题培训，增强全员的安全生产和质量管控意识，有效防范安全质量事故，形成安全生产长效机制，为降低基础管理风险提供强有力的支持，同时保障施工人员更好的投入到企业运营工作中，带动企业经济效益的增长。

第三，从成本管理角度来看，首先，在项目实施管控过程中，应严格遵从“事前、事中、事后”管理原则，编制成本目标预控方案、标后预算等，同时由财务管理部、经济管理部共同管控项目成本基础管理工作，全面分析项目经济运行状况，处理清欠、变更索赔等事项，达到降本增效基础管理效果[4]；其次，为了增强企业市场竞争实力，需提高基础工作的信息化管理意识，引进物资采购管理信息系统，继而通过系统操控营造独立化线上管理空间，对项目实施中物资、设备组织等进行集中管理，同时借助信息化优势，分析、统计项目材料成本，达到降低成本基础管理效果，并就此提高企业标准化建设水平，为降本增效的实现提供基础条件；再次，基于“营改增”背景下，在基础管理工作实施过程中，需完善纳税开票环节，同时亦应结合“事前、事中、事后”基础管理原则，编制成本预控方案，反馈项目所需投入资金，且完善成本费用列支项目，实现对企业项目实施中成本的管控，达到降本增效运营目的。

3.2 统筹规划，合理布局

在施工技术管理工作开展过程中“统筹规划、合理布局”发展战略的实施，有助于达到项目增效实施目的。首先，企业应制定市场经营规划，面对复杂多变的市场竞争形势，应将传统业务纳入到基础管理重点，传统水工市场项目进行实时跟踪，及时分析跟踪信息。同时，加大市政市场经营力度，“一业为主，多业辅助”，达到经营业务的合理布局，为创新提质增效做好铺垫。其次，加大资产经营业务的推进，即要求信德管桩在基础管理工作实施过程中通过“专家研讨会”等形式组织业主单位、设计、专家等到企业产品区域进行参观，就此提高企业知名度。同时，需借助示范效应，于丹东、大连等区域建构示范点，在项目示范点建设过程中不断加大PHC桩、TSC桩等科技研发力度，提高管桩的市场竞争力，并由科技创新力度的提升，带动企业施工质量的不断强化，满足提质增效作业需求；积极利用企业空置场地，拓展多领域的发展空间，最终以创新性发展形式，提高企业的经济效益。从以上的分析中可以看出，在企业基础管理工作实施过程中，统筹管理规划的落实可推进“创新提质增效”理念的推进，为此，应强化对其的有效落实。

3.3 加强团队建设

实现占领传统市场、拓宽经营领域、提升履约质量、增强盈利能力等各项目标，团队才是根本。因此，团队建设是企业基础管理工作的核心。为此，在基础管理中应注重结合项目业务结构，紧跟市场信息变化，及时增设“PPP模式”相关知识培训，通过名师带徒、专题培训等形式，提高职工自身复合型知识掌握程度，顺应当代建筑市场的发展。同时，要加强攻关课题研究，结合项目施工实际，以外海30万吨级原油码头施工关键技术、防渗墙施工关键技术、TSC管桩研发等课题，成立课题攻关小组，提高企业团队科研创新能力，满足项目实施需求。除此之外，在团队建设过程中，亦应注重将“创新提质增效”作为素质培训核心，引导职工在实际工作开展过程中，增强自身创新理念，最终在工程建设中带动企业运营项目的进一步增效。此外，在团队建设过程中，为了达到创新提质增效目的，亦需丰富项目文化内容，即运用微信、微博等新兴手段，引导职工践行项目文化，即创新、增效、提质，并以培育特色鲜明的“三精意识”（通过培育精品意识，增强卓越履约能力；培育精细意识，提升卓越创效水平；培育精英意识，打造卓越团队），引导职工主动在市场变化中调整思路，不断提升执行力、战斗力，且就此提升项目提质增效发展战略实施效果。

结论

综上可知，企业在基础管理工作实施过程中仍然存在着管理意识薄弱且管理方法滞后等问题，影响到了企业增效程度。为此，为了打造良好的企业发展环境，要求建筑企业在可持续发展过程中应注重结合自身发展现状，扩大对基础管理工作的宣传力度，同时从加强团队建设、统筹规划，合理布局等层面入手，应对传统基础管理作业中突显出的相应问题，达到最佳的基础管理状态，满足降本增效企业发展需求。

参考文献

[1] 赵中奇，高杰．供电企业营销基础管理现状及提升策略[J]．科技创新与应用，2015，12(02)：184

[2] 崔霞．常德烟草搭建精益物流管理方法体系[J]．湖南烟草，2015，11(03)：52-53

[3] 王云飞，赵云．落实企业责任加强基础管理——打造互联网行业管理“江苏模式”[J]．江苏通信，2015，15(05)：20-21

[4] 季生平．企业快速发展下的基础管理检查模式探索[J]．上海建设科技，2014，13(05)：68-70

浅析 PPP 项目建设期项目公司的管理模式

王长辉　汪　磊　殷天翔
（中交投资开发启东有限公司，江苏南通，226241）

摘　要：PPP 项目是指由私营部门获得公共部门授权，为公共项目进行融资、建设并在未来的一段时间内运营项目的特许经营项目。PPP 项目在公共基础设施建设、海洋经济发展具有很大的应用空间，特别是在当前深化改革、城镇化建设和地方债务加大的特殊时期。本文将结合江苏启东吕四港区环抱式港池 PPP 项目建设期，项目公司在项目融资及风险管控进行介绍。

关键词：PPP 项目；项目公司；项目融资；风险管控

引言

PPP 项目作为政府授权的特许经营项目，当前国有企业是国内 PPP 市场上重要的市场主体。为了管理的方面，一般由项目主办人出一定的资金和其他股东一起成立项目公司的法人实体，具体实施项目，项目公司也成为了 PPP 项目的融资主体。正是由于项目公司的特殊性，也成为了政府、项目主办人及放贷金融机构多方不同利益的集中体现。本文将结合江苏启东吕四港区环抱式港池 PPP 项目的项目公司——中交投资开发有限启东公司，在项目建设期的管理经验，为 PPP 项目公司的运营提供借鉴。

1　项目简介

1.1　项目公司介绍

中交投资开发启东有限公司（以下简称项目公司）于 2015 年 10 月 15 日成立，是由上海振华重工（集团）股份有限公司、中交天津航道局有限公司、启东沿海开发有限公司三方共同出资设立。公司依法自主经营，独立核算，自负盈亏，独立承担民事责任。

公司经营范围：港口码头项目、航道疏浚项目、海堤项目、围海造地项目、滩涂围垦项目、市政工程项目、地基与基础项目投资与管理，工程勘察设计，房地产开发经营。

1.2　工程概况

吕四港区位于江苏启东，是南通港两个沿海港区之一，是上海港口群中外海深水港口的重要组成部分，具有良好的区位优势和建港条件。

随着苏通大桥、崇启大桥的建成，港区已融入上海一小时经济商圈。港区的建设将为苏北及长江中上游地区开辟新的出海通道，促进长三角地区海洋经济的均衡发展（图 1）。

1.3　项目建设内容

本项目包括投资融资、建设、运营维护、移交等内容，通过滩地围垦、开挖，建设横向约 10 公里、南北纵深约 3 公里、总平面面积约 35 平方公里的环抱式港池，港池总体呈翼形布置，并设置防沙堤，通过 6 公里支航道与 10 万吨级深水航道相联，建设后形成陆域面积 23 平方公里，新增岸线 21.5 公里，5 ~ 10 万吨级深水泊位码头 55 个。本项目包含 4 个子项目:(1)东港区吹填造地项目;(2)西港区吹填造地项目(可适当分期实施);(3)北围堤西侧连接段围堤项目;(4)2 个 5~10 万吨级码头项目,以及各子项目的 10 年运营维护等(图 2)。

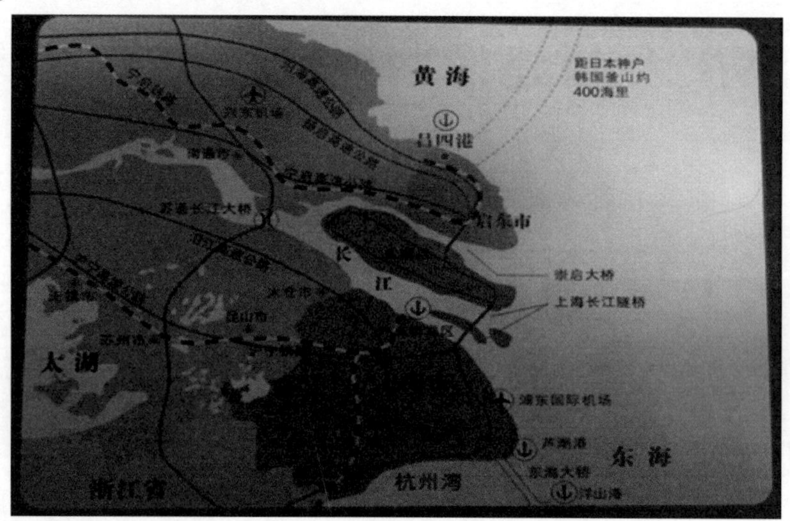

图 1　吕四港区位置图

图 2　工程平面图

1.4　项目总工期要求

本项目的项目周期分为建设期和运营期,建设期为全部子项目建设完成的工期;每个子项目运营维护期为 10 年,分别单独运营维护。

各子项目成熟一个建设一个,每个子项目建设期从监理工程师对施工单位下达开工令开始计算,子项目建设期不超过 2 年(具体建设周期在项目开工时再行确定)。子项目运营期自工程交工验收合格交付之日起计算,为 10 年。

2　项目融资方案

PPP 项目投资大、周期长、涉及面广,为更好地管理风险,从融资安排而言多采用项目融资模式,即基于项目或者通过项目去融资。

2.1　融资金额

本项目总投资约人民币 20 亿元，项目资本金按 30% 的比例筹措，约人民币 6 亿元。三家股东将以自有资金向项目公司注资人民币 6 亿元用作本项目资本金。其余 14 亿元通过政府购买服务协议预期收益权质押方式向银行申请贷款。

2.2　融资方式

根据项目特点，拟采用利息低，周期长的国家政策性扶持贷款即国家开发银行贷款方式进行项目融资，以通过政府购买服务协议预期收益权质押方式向国家开发银行贷款。

考虑到国家开发银行内部审批流程周期较长，根据工程进度安排，自有资金将无法及时满足工程进度款的支付需求，项目公司将适时与中交建融租赁有限公司申请保理融资业务，此项保理融资业务拟采用应收账款转让的形式进行融资贷款，利率为中国人民银行当期公布的五年期基本贷款利率，主要用于支付 PPP 项目工程进度款。

2.3　融资计划

融资是 PPP 项目实施的前提条件，也是 PPP 项目投融资管理工作最关键的环节。融资资金，特别是银行贷款等债权性融资一般是随着项目的推进逐步到位的，而融资资金何时到位、到位多少须与项目实施资金需求相匹配。融资计划与投资计划高度匹配，才能高效利用资金，减少资金沉淀和短缺，合理减少融资成本。因此，在投融资实施过程中，融资计划管理尤为重要。

项目公司依照政府在《吕四港区环抱式港池 PPP 项目合作协议》中提出的工期要求，对各子项目投资总额、年度投资计划、资金需求总额进行测算，融资计划如表 1 所示。

江苏启东吕四港区环抱式港池 PPP 项目融资计划　　表 1

序号	单项工程	总融资（万元）	平均月融资计划付款数（万元）	施工期（月）	计划开工时间	计划完工时间
1	东港池吹填造地项目	45000	5625	8	2015-11-6	2016-8-31
2	西港池吹填造地项目	51300	2700	19	2015-11-26	2018-3-30
3	北围堤西侧连接段围堤项目	20000	3333	6	2017-3-1	2017-9-30
4	2 个 5～10 万吨码头项目	60000	2500	24	2017-10-1	2018-7-31
5	合 计	176300				

为保证融资计划的顺利实施，项目公司编制了《进度款支付规定》，从当月完成计划和累计完成工程量两方面进行控制，明确了不同的完成计划情况和累计完成工程量情况下，所应支付的工程进度款比例，具体比例见下表。例如，当月实际完成工程量不到计划工程量的 70%，或累计完成工程量少于计划 300 万 m^3 及以上，项目公司扣发当月进度款。在实际融资时，项目公司根据项目部每月实际完成工作量进行融资，保证资金使用最大化。

工程进度款支付比例关系　　表 2

当月完成计划（%）	计划累计完成工程量与实际完成之差	进度款支付比例（%）
<70%	>300 万 m^3	0%
70% ~80%	100 ~300 万 m^3	80%
80% ~90%	50 ~100 万 m^3	90%
90% ~100%	0 ~50 万 m^3	95%
100%	0	100%

在实际融资时，项目公司根据项目部每月实际完成工作量进行融资，保证了资金成本最小化和资金

使用最大化。

3 风险管控

项目风险管理是指通过风险识别、风险分析和风险评价去认识项目风险，并以此为基础合理地使用各种风险应对措施、管理方法技术和手段，对项目风险实行有效的控制，妥善处理风险事件造成的不利后果，以最少的成本保证项目总体目标实现的管理工作。

PPP 项目在建设期时，项目公司应承担项目融资、建设、采购、经营和维护等风险。针对不同的风险中交投资开发启东有限公司建立了相应的风险防控措施。

3.1 政治风险

为避免政府方人事变动风险，项目公司各层级管理人员在日常管理过程中，加强与政府方相关人员的沟通及联系，密切关注项目政府方项目参与人员动态信息，如有人员变动信息，及时处理好相关事项，并在工作交流过程中留有必要的文字记录，避免因政府方人员变动给项目建设带来不利影响。

3.2 项目合同风险

项目公司应加强合同管理，降低项目公司潜在的投资风险，维护自身合法权益。为此项目公司应从以下几方面加强合同管理：

3.2.1 加强合同起草的管理

合同的起草是以合同双方的谈判的内容为依据，结合项目的实际情况，起草合同。后期项目实施过程中，都以合同的内容为依据，因为必须重视合同的起草，使合同的内容符合约定项目公司的利益，规范合同中用词，使合同中语句明确，无歧义。

3.2.2 强化工程中合同管理

建立以合同管理为核心的管理机制，理顺合同各方权利义务。在项目投资建设过程中，按照合同内容开展工作，并督促合同的相对方履行合同。收集和整理各种原始资料及数据以备索赔、政府审批、诉讼时需要。

3.2.3 注重项目实施阶段合同交底

合同交底牵涉到双方履行通知、告知义务，通过实施合同交底，可以降低对方不诚信的法律行为，防止出现相对方以不知道、不知情、没收到为由拒绝或者延期履行合同，将违约责任推卸到我方。

3.2.4 做好合同台账管理工作

合同台账管理有利于合同负责人及时了解合同动态，第一时间查找合同所放位置及内容，防止合同丢失遗漏。

3.2.5 抓好履约检查。

在合同履约过程中定期检查，及时发现问题，制订相应对策，排除风险及隐患，将合同风险降到最小。

3.2.6 制定项目公司税收筹划方案

项目公司成立“营改增”小组，合理规划项目公司项目各个环节的税种及缴纳情况，力争税收优惠。因目前营改增政策尚未公布，我公司将做好税务准备工作，争取在第一时间能够完成公司营改增税务工作。

3.3 法律风险

PPP 项目为新兴项目建设模式，相关法律、政策及制度正在不断完善，为预防项目运营过程中法律、政策及制度变化带来的风险，项目公司计划加强项目公司管理人员相关法律知识的学习，提高风险意识，同时项目公司指定合约预算部负责项目公司风险管理工作，并在项目建设过程中，如遇到重大法律事项，有必要的聘请专业律师予以协助解决。

3.4 设计变更、索赔、计量工作的确认等带来的风险防控

建设期施工过程中，项目公司及时收集各类信息，尤其各类书面材料，以作为索赔的支撑依据；由于工程的单价暂未确定，需后期财审部门跟进后确定，因此工程单价作为本工程的重点核心，应在前期施工组织中及时记录好各项施工数据，各方落实确认，为单价最终确定提供文字证明材料，项目公司应积极跟进单价确定相关工作的进展，争取项目利益最大。工程计量按合同根据第三方测量为准，项目公司在建设期督促施工单位定期测量，防止最终结算计量偏差较大。

3.5 资金回收风险防控

为降低项目资金回收风险，落实政府方实际还款来源和回款路径。本项积极争取启东市人民政府认可，并下发了《市政府关于江苏启东吕四港区环抱式港池项目采用 PPP 模式的批复》，同意江苏启东吕四港区环抱式港池项目采用 PPP 模式实施方案；项目资金回收方面取得了启东市人民代表大会常务委员会《关于同意将吕四港区环抱式港池 PPP 项目总采购价款分年度列入财政专项预算的批复》，同意将江苏启东吕四港区环抱式港池 PPP 项目总采购价款分年度列入 2017 ~ 2026 年度财政专项预算。

3.6 成本超支风险防控

成本超支是指 PPP 项目工程建设期间内的费用超过了预算费用。为降低成本超支风险，项目公司采取如下措施：

3.6.1 制订清晰合理的计划用以控制项目工期和成本

规范预算编制，严格执行预算，按期统计费用支出情况，同时项目公司参与合同索赔工作，确保工程变更真实、合理、符合程序，纳入项目预算，最终结果以财审批复为准。

3.6.2 根据项目实际，审慎选择最优融资方案，做好融资谈判，合理化融资成本

选择多种筹集建设资金的渠道，紧紧抓住国家鼓励和支持疏浚造地行业发展的大好机遇，积极争取政府资金的支持和吸收社会其他资金投入，尽可能的降低债务投资的比例，从而准备好备用的资金以保证项目建设的顺利进行。

3.7 不可抗力风险管控

不可抗力是指在订立合同时不可预见，在项目实施过程中不可避免发生并不能克服的自然灾害和社会性突发事件。项目公司已经购买足够的保险，以涵盖不可抗力风险对机械、设备、或者建设工程在协议执行期间可能造成的损失，防止项目的收益损失；同时在与政府的协议中约定不能按期竣工的，应合理延长工期，项目公司不需支付逾期竣工违约金。

3.8 工程建设风险管控

为防止由于工程管理不善造成的风险，项目公司组建了一支有能力、有经验的项目管理团队。根据《公司章程》，并结合项目公司的实际情况，项目公司设合约造价部、建设管理部、安全监督部 3 个职能部门专门对工程的质量、安全、进度及文明施工环境保护进行管理监督，在进行日常管理的同时，也采取了相关措施，降低工程施工的风险。

3.8.1 完善会议制度，及时发现问题解决问题

每周召开周例会，项目公司、监理、施工单位参加。由监理单位组织召开，汇报施工进度、质量、安全进展情况和干扰施工的问题，项目公司及时协调解决施工中遇到的问题，并对安全、质量、进度提出合理要求和建议，确保施工进度和质量。

3.8.2 施工进度管理

3.8.2.1 完善施工计划体系

项目公司根据 2016 年项目实施策划报告制定了 2016 年投资计划,并要求施工单位根据投资计划上报月度施工计划,项目公司有权对施工计划进行更改,并对实际完成情况进行考核。对出现的进度偏差采取针对性措施实现进度的动态管理,并根据《进度款支付规定》以决定工程款支付比例,确保施工进度和投资进度。

3.8.2.2 选用对实现项目进度有利的施工技术

对施工方上报的施工技术方案,项目公司由建设管理部负责,对技术方案和技术问题及时论证、及时决策、及时上报,切实为施工现场扫清技术障碍。

3.8.3 质量管理

凡是在施工过程中的关键环节、质量薄弱点,均设立质量管理点。例如在吹填区泄水口施工,项目公司配合监理单位对施工现场有目的进行巡视和旁站,对发现的质量问题及时要求施工方整改,并严格组织隐蔽检查工作,从而从根本上消除工程质量的诸多缺陷和隐患。

3.8.4 安全管理

在施工初期,项目公司对施工安全专项方案组织召开专家评审会。通过专家意见对施工过程中的安全隐患和防控措施进一步完善补充,更加有力的指导后续安全施工;在施工过程中项目公司定期组织安全专项大检查,对发现的问题及时要求整改。

结语

PPP 项目在我国正处于发展初期,很多地方还需要进一步完善。本文立足于项目公司建设期项目融资及风险管控的管理经验,对 PPP 项目公司的管理做了浅显的总结,希望更多的人来关注 PPP 项目的运营,提升 PPP 项目公司的管理。

参考文献

[1] 柯永建,王守清.特许经营项目融资(PPP):风险分担管理.[M].北京:清华大学出版社,2011.8.29-46

[2] 柯永建,王守清.特许经营项目融资(BOT、PTI 和 PPP).[M].北京:清华大学出版社,2015.8.89-119

[3] 盛和太,王守清.特许经营项目融资:PPP/BOT:资本结构选择.[M].北京:清华大学出版社,2015.9.1-35

强震作用下高桩码头结构的动力响应分析及破坏模式研究

王 荣[1] 张浩强[2]

(1. 中国港湾工程有限责任公司,北京,100027;2. 中国交通建设股份有限公司,北京,100088)

摘 要:为了明确强震作用下高桩码头的破坏机理,本文基于高桩码头的三维有限元模型,研究了强震作用下高桩码头的地震动力响应和破坏模式。研究发现,高桩码头混凝土桩的地震加速度响应随着高度增加先增大后减小,在桩和岸坡交界面处达到顶峰,会产生尤为严重的破坏。桩身弯矩从桩底到岸坡面先增大后减小,且在桩体与岸坡交界面附近及土层分层附近均存在弯矩突然增大现象。在岸坡面以上,弯矩先是减小,然后在岸坡面以上5m后显著增大,最后在桩顶达到峰值。桩顶部受到的地震剪力明显大于桩顶以下各部位,桩身弯矩反应在桩顶处达到最大值的现象,桩顶部位在地震动作用下易产生塑性铰。因此对于高桩码头抗震设计,保持桩顶部位的弯曲变形能力和受剪承载力是十分重要的。

关键词:强震;高桩码头;有限元模型;动力响应;破坏模式

引言

近年来,随着国内外高桩码头建设范围进一步加大,同时,高桩码头的建设走向强震区。因此,开展高桩码头结构抗震研究,完善强震区高桩码头结构抗震技术,对提高结构抗震性能,增强结构稳定性,减轻结构在地震中的损害程度具有重要意义。

在高桩码头抗震分析方面,究,验证了该单元模型可用于普通结构分析中。Mageau 等[1]对塔科马港的一处新建高桩码头结构进行了地震稳定与变形分析。Oyenuga 等[2]对奥克兰港码头斜桩的板连接处进行了研究,评估了结构的稳定性明确高桩码头破坏机制。Ung Jin Na 等[3]对美国西海岸的高桩按摩头进行了弹塑性地震动力响应分析。李颖[4]将 pushover 方法用于高桩码头的抗震分析,在桩身滞回特性的基础上,得到了等效阻尼比和延性系数的关系,通过迭代计算确定了高桩码头结构的目标位移。王雪婷[5]对中、美、日高桩码头抗震设计方法进行了比较,指出了各国规范之间的差异。对比结果表明,我国的高桩码头在抗震设计方法较之日本、美国落后,主要表现在多水平抗震设防、变形验算、延性设计等方面。

然而国内外对高桩码头的研究多集中在高桩码头的地震动力响应方面,较少对高桩码头在地震作用下的破坏机理进行研究。基于此,本文基于高桩码头的有限元模型研究了强震作用下高桩码头的破坏模式。

1 高桩码头的有限元模型

1.1 模型的建立

选择3000吨级杂货泊位的岸坡—高桩码头结构体系为典型分析剖面。结构采用无梁面板式高桩结构,桩台宽22.5m,桩排架间距4.4m,每一结构段由12~13榀排架构成;桩台面板厚330mm,路面及磨耗层70mm。桩台下基桩共6根,每根长25.25m,550mm×550mm的方形截面,混凝土强度等级为C40,钢筋采用冷拉Ⅲ级锰硅粗钢筋，桩中钢筋对称布置。

分析的区域岸坡底宽为 115m，高 30.65m，地基宽度与结构宽度比足以消除边界效应对结构地震反应的影响。模型中共有 37843 个节点，31234 个单元。划分有限元模型网格时，岸坡土体、混凝土板和桩均采用 8 节点减缩单元 C3D8R。将靠近桩土接触面的单元网格进行细分，而远离桩体的岸坡土体划分的相对稀疏。模型中包括 132 个接触面，混凝土板与桩顶之间、桩底和土体之间采用约束命令（Constraint）中的 Tie 命令将其共有的节点自由度完全耦合起来。土体左边界和右边界为垂直于该面的链杆约束，前后面为垂直于该面的链杆约束，底面 $z=0.0$m 为固定约束。图 1 为建立的高桩码头有限元模型。

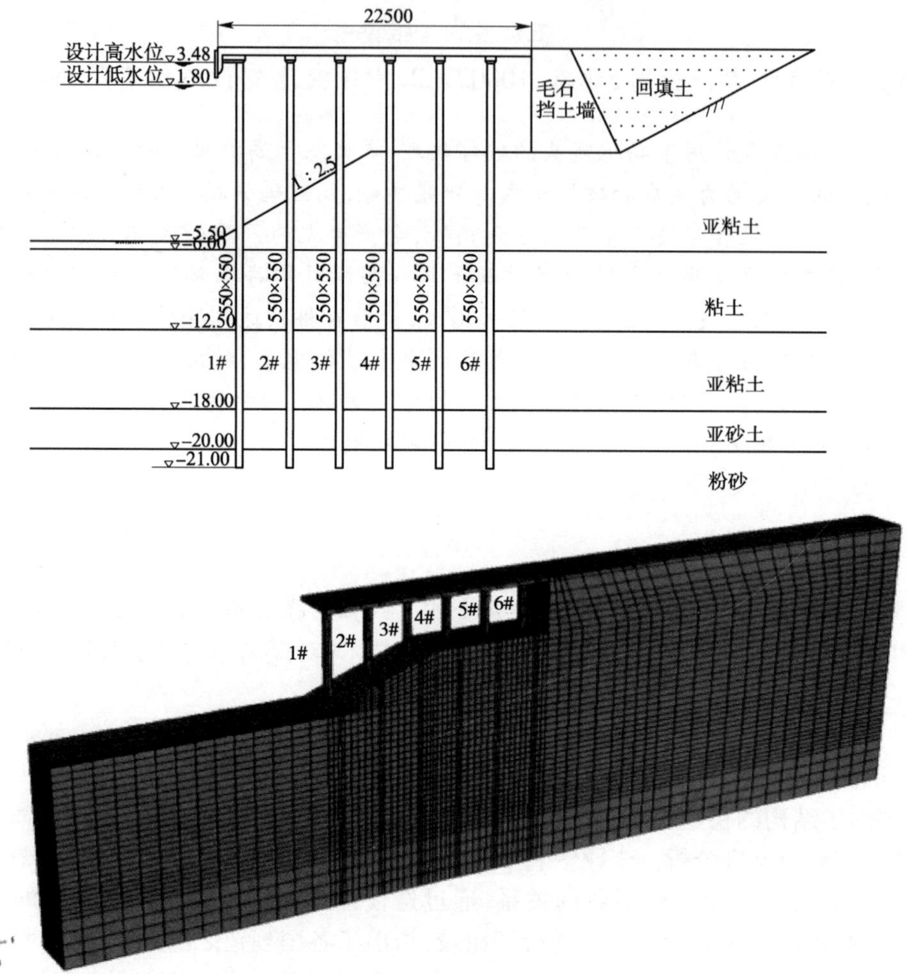

图 1　高桩码头有限元模型

根据常规土工试验测得各层土的物理力学性质指标如表 1 所示。

土　体　参　数　　表 1

土名	密度（kg/m³）	弹性模量（MPa）	泊松比	摩擦角（°）	粘聚力（kPa）
回填土	1600	40	0.26	15	18
毛石	2039	210	0.3	35	0
亚粘土	1910	25	0.35	20	10
粘土	1780	20	0.4	5	18
亚粘土	1970	30	0.36	13	23
亚砂土	2030	38	0.33	22	19
粉砂	1800	40	0.3	33.2	20

1.2　地震波的选取

进行地震计算时仅考虑水平地震荷载的作用[6]，水平向基岩输入地震动选用具有频谱差异的前 10s Kobe 波、El－Centro 波和 Loma Prieta 波，地震动加速度时程见图 2，为考虑地震动强度的影响，输入地震动峰值加速度取 0.1g、0.2g 和 0.4g 三个水平。

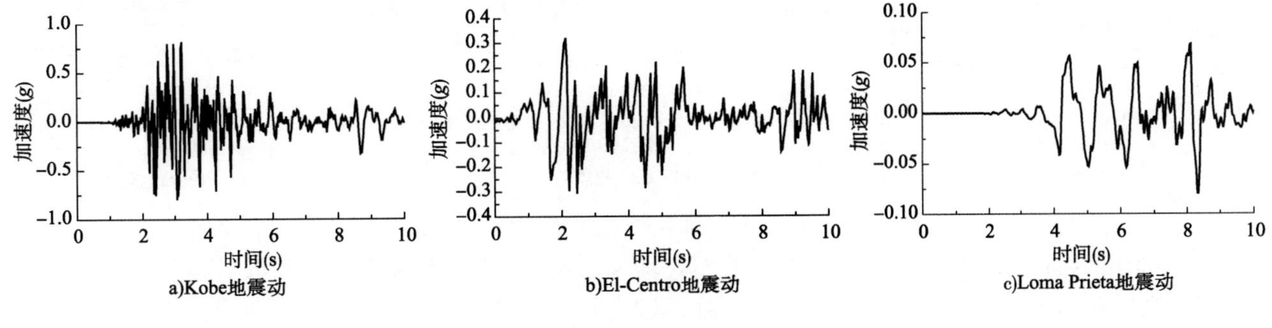

图 2　地震动加速度时程

2　高桩码头的地震动力响应分析

2.1　桩身位移和加速度反应

研究了地震作用下高桩码头 1#桩身沿高度的位移和加速度值，如图 3 和图 4 所示。

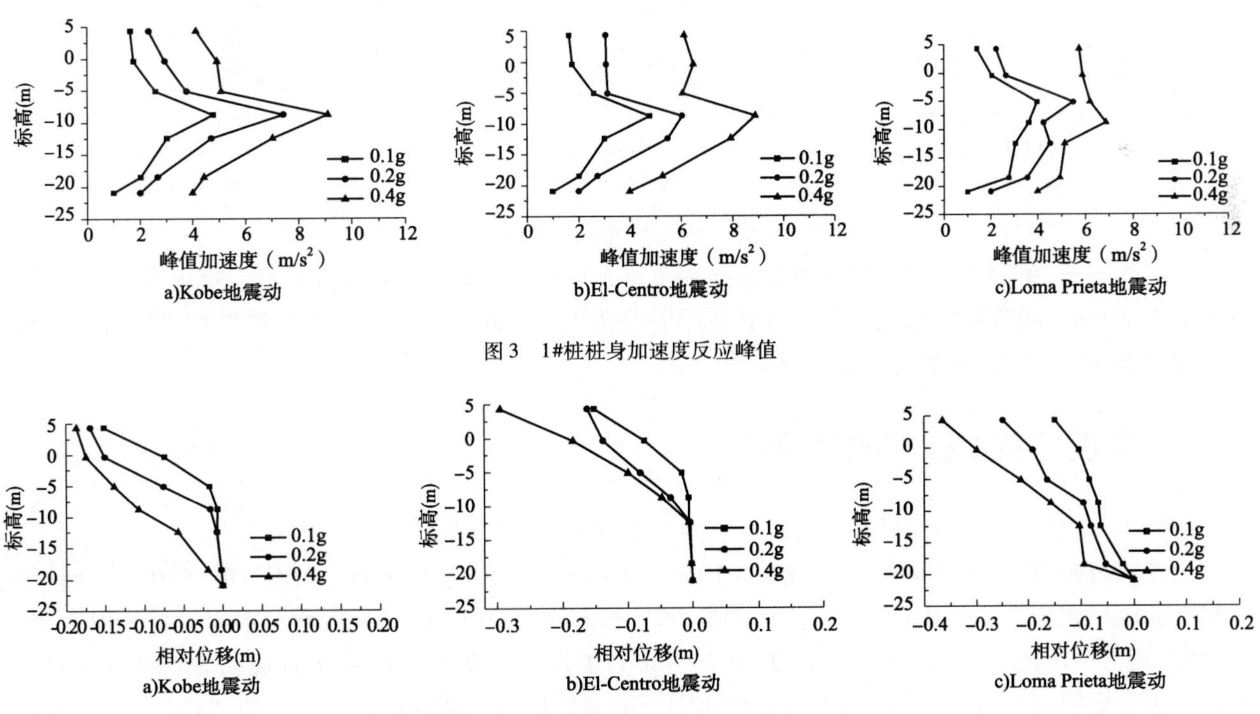

图 3　1#桩桩身加速度反应峰值

图 4　1#桩桩身相对位移反应峰值

由图 2 和图 3 可知，高桩码头混凝土桩的地震加速度响应随着高度增加先增大后减小，在桩和岸坡交界面处达到顶峰，因此桩和岸坡交界面处承担较大地震荷载分量，会产生尤为严重的破坏。1#桩在不同地震动作用下会产生向海侧位移，桩身各点相对桩底的位移反应峰值从桩底到桩顶逐渐增大，最后到桩顶达到峰值。

2.2 桩身内力反应分析

计算了给出 1#桩桩身弯矩反应峰值如图 5 所示。

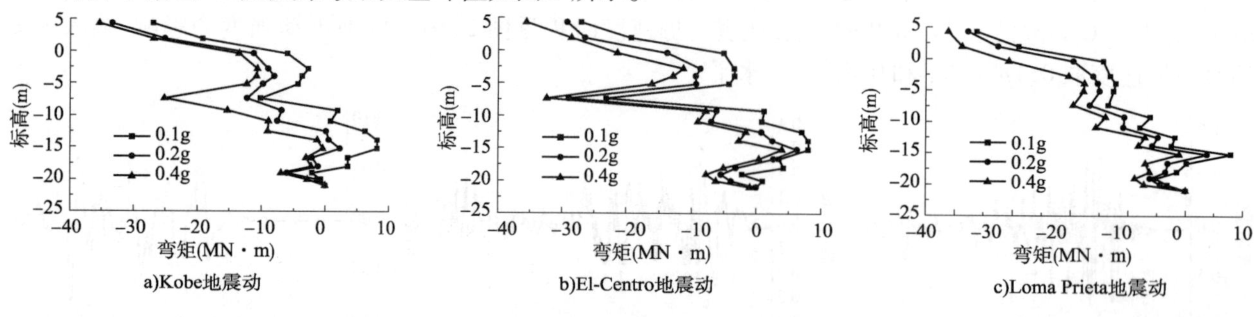

图 5 1#桩桩身弯矩反应峰值

由图 5 可以看出，桩身弯矩从桩底到岸坡面先增大后减小，然后在标高 = -15m 处达到反向正弯矩最大值；之后转向负向弯矩，在桩体与岸坡交界面附近、亚粘土与亚砂土交界面附近以及亚粘土与粘土分层面附近均存在弯矩突然增大现象。在岸坡面以上，弯矩先是减小，然后在岸坡面以上 5m 后显著增大，最后在桩顶达到峰值。输入 Kobe 地震波和 El - Centro 地震波时，地震作用使桩体与岸坡交界面附近的弯矩明显增大，而在输入 Loma Prieta 地震波时，地震作用对桩身弯矩的影响就很小，但它对标高 -15m 处的弯矩影响较为明显。由此可见，桩身弯矩受地震波形式影响较大。

计算了 1#桩桩身的剪力反应峰值，如图 6 所示。

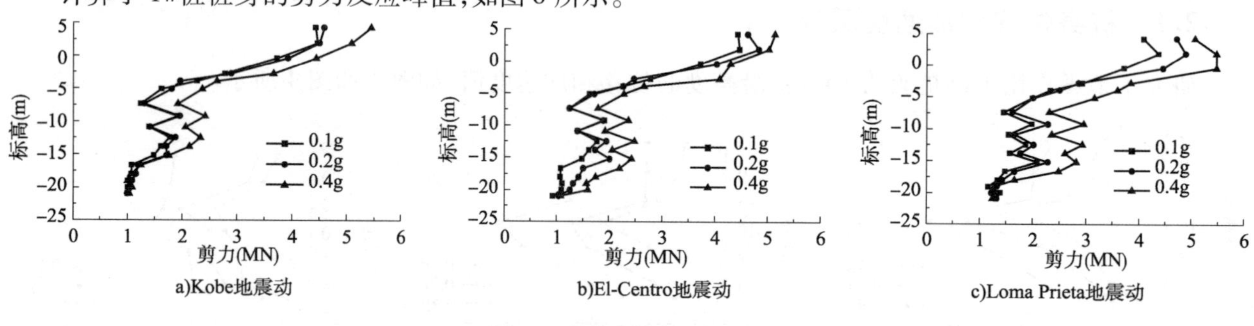

图 6 1#桩桩身剪力反应峰值

由图 6 可知，桩顶部受到的地震剪力明显大于桩顶以下各部位，结合 1#桩桩身弯矩反应在桩顶处达到最大值的现象，桩顶部位在地震动作用下易产生塑性铰。因此对于高桩码头抗震设计，保持桩顶部位的弯曲变形能力和受剪承载力是十分重要的。

3 高桩码头的破坏机理分析

研究 Kobe 地震作用下高桩码头的塑性铰的发生位置，如图 7 所示。

由图 7 可知，在 0.1g Kobe 地震动的 t = 10s 时刻，1#桩内的钢筋应力到达峰值 192.5MPa，未超过锰硅粗钢筋的屈服应力 380MPa，其他桩内钢筋应力均低于 192.5MPa，结合地震此刻混凝土桩未发生屈服的现象，高桩结构在 0.1g Kobe 地震动的 10s 内基本处于弹性阶段。0.2g Kobe 地震动的 t = 2.75s 时刻，3#桩桩顶处钢筋应力为 390.5MPa，超过锰硅粗钢筋的屈服应力 380MPa，开始屈服进入塑性状态；当 t = 8s 时刻，1#桩内距桩顶 1.2625m 处出现塑性铰，此处钢筋应力达到 382.4MPa，且在当 t = 10s 时，此处钢筋产生最大应力 391.6MPa。0.4g Kobe 地震动的 t = 1.067s 时刻，4#桩桩顶处出现塑性铰，钢筋应力为 382.6 MPa，随后 t = 1.133s 时刻，3#桩桩顶出现塑性铰，钢筋应力为 392.2MPa；当 t = 1.2s 时，1#桩距桩顶 10.84m 处出现塑性铰，此处位于桩与岸坡交界面以下的 3 倍桩径处；当 t = 1.5s 时刻，3#桩距桩顶 7.585m 处钢筋也进入塑性状态，此处位于桩与岸坡交界面以下 2.58 倍桩径处；当 t = 3.25s 时刻，5#桩桩顶钢筋应力为 398.7MPa,达到塑性状态。

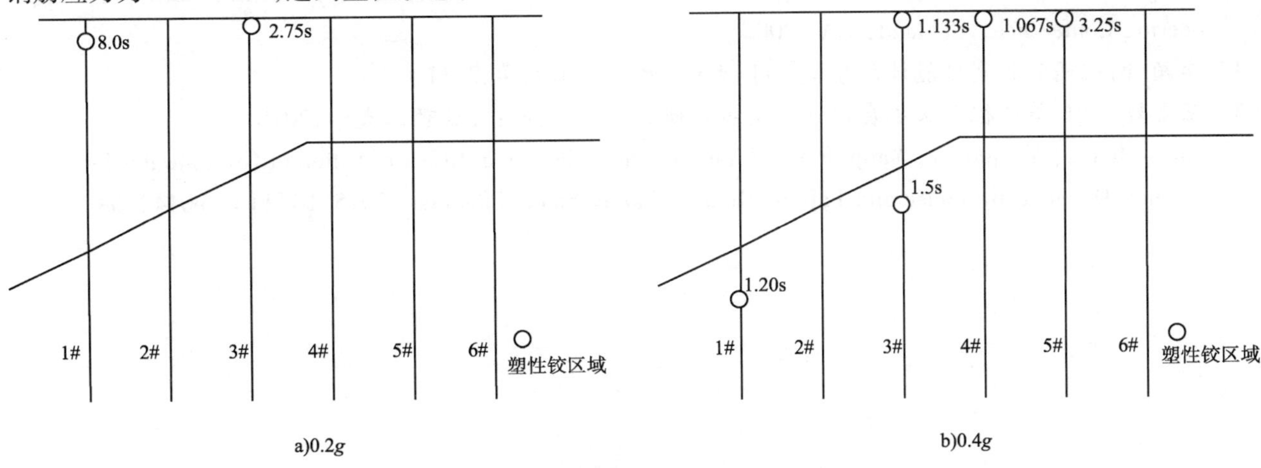

图 7　Kobe 地震作用下塑性铰出现位置

计算了高桩码头岸坡土体在受到 Kobe 0.4g 地震波作用后产生的水平残余位移和竖直残余位移,如图 8 所示。

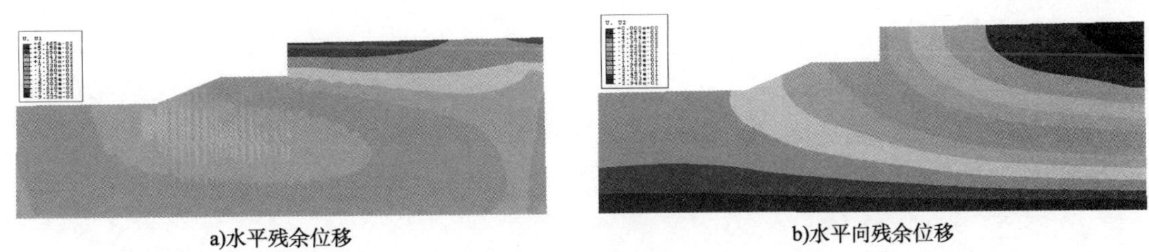

图 8　岸坡的残余位移

由图 8 可以看出,虽然高桩码头下的岸坡无明显整体滑动迹象,但岸坡存在局部沉降,位于码头后方的路面和回填土有 120 ~ 290mm 的下沉,而水平方向的变形较小。

结语

(1)高桩码头混凝土桩的地震加速度响应随着高度增加先增大后减小,在桩和岸坡交界面处达到顶峰,因此桩和岸坡交界面处承担较大地震荷载分量,会产生尤为严重的破坏。

(2)桩身弯矩从桩底到岸坡面先增大后减小,且在桩体与岸坡交界面附近、亚粘土与亚砂土交界面附近以及亚粘土与粘土分层面附近均存在弯矩突然增大现象。在岸坡面以上,弯矩先是减小,然后在岸坡面以上 5m 后显著增大,最后在桩顶达到峰值。

(3)桩顶部受到的地震剪力明显大于桩顶以下各部位,桩身弯矩反应在桩顶处达到最大值的现象,桩顶部位在地震动作用下易产生塑性铰。因此对于高桩码头抗震设计,保持桩顶部位的弯曲变形能力和受剪承载力是十分重要的。

(4)直桩码头结构在地震荷载作用下,危险截面在桩顶处和桩与岸坡交界面处。

参考文献

[1] Mageau, K H Chin. Finite element modeling of new marine terminal at the port of Tacoma[J]. Journal of Waterway, Port, Coastal, and Ocean Engineering ,2001,(8):1-10

[2] DOyenuga, E Abrahamson, AKrimotatetal. A study of the pile-wharf deck connection at the port of Oakland [C]. Ameriea's Ports-Gateways to the Global Economy, Proceedings of Ports Conference, ASCE, 2001

[3] Ung Jin Na, Samit Ray Chaudhuri, Masanobu Shinozuka. Performance evaluation of pile-supported wharf

under Seismic loading[C]. Proceedings of the 2009 ASCE Technical Council on Life line Earthquake Engineering Conference, Oakland, CA, 2009

[4] 李颖. 高桩码头抗震性能计算分析[D]. 大连:大连理工大学,2011

[5] 王雪婷. 中日美高桩码头抗震设计方法对比研究[D]. 大连:大连理工大学,2010

[6] Shuai Huang, Yuejun Lv, Yanju Peng, Lifang Zhang, Liwei Xiu. Effect of Different Groundwater Levels on Seismic Dynamic Response and Failure Mode of Sandy Slope. Plos one, 2015,10(11): e0142268

深水滑道工程倒垂测量系统设计方法研究

郭　劲[1,2,3]　陈少林[1,2,3]　李宗哲[4]
(1. 中交第二航务工程局有限公司技术中心,武汉,430040;
2. 长大桥梁建设施工技术交通行业重点实验室,武汉,430040;
3. 中交公路长大桥建设国家工程研究中心有限公司,北京,100088;
4. 中交武汉港湾工程设计研究院有限公司,武汉,430040)

摘　要:本文提出了深水滑道工程施工中的倒垂测量系统的设计方法,以倒垂测量精度为控制目标,通过考虑测量时的风荷载及水流力的影响确定钢丝绳所需浮力,同时考虑浮子浮游稳定确定浮子形状及基本尺寸,在此基础上分析工装偏差可能引起的测量偏差,给定工装控制指标。工程算例及应用表明,该方法有效实用,与工程实际符合较好,对类似工程具有一定参考意义。

关键词:滑道工程;倒垂测量;设计方法

引言

倒垂测量法最早应用于大中型水电站大坝的位移变形监测,我国20世纪70年代首次将倒锤法引入到滑道梁的水下施工测量中[1],但滑道工程中的倒垂测量与大坝监测中的倒锤法在使用上有极大区别:(1)滑道工程中的倒垂测量在江河中进行,受风速和水流影响;(2)滑道工程中的倒垂测量在多榀滑道梁水下安装时需反复使用;(3)倒垂测量受水下滑道梁调位的影响;(4)倒垂测量系统需适应导管中心与滑道梁钢轨中心线的偏差。这些特点和差异决定了滑道梁安装过程中的倒垂测量系统与大坝监测的倒垂系统的不同。

以往滑道梁施工采用的倒垂测量系统,基本上是在参考大坝的一些设计要求后,结合自身的工程特点,依据经验来进行设计制造;测量系统的设计、加工和制造没有具体的设计方法和相应的指标要求。本文从深水滑道工程倒垂测量自身的特点出发,提出与其相适应的倒垂测量系统设计方法,该方法以力学平衡原理、浮游稳定理论、重心和浮心移动原理为理论基础,通过建立倒垂测量系统设计计算模型,分析确定钢丝所需浮力,依据浮力需求确定浮子基本尺寸,在此基础上分析工装偏差对测量结果的影响并给出工装控制指标。

1　滑道工程倒垂测量系统模型

1.1　倒垂测量基本原理

倒垂测量应用浮体在静水压力作用下其水平合力等于零,垂直力即浮力始终铅直向上的原理,使水下测量目标通过倒垂线反映到水面棱镜,再通过测量棱镜平面位置达到确定水下测量目标平面位置的目的。

1.2　滑道工程倒垂测量系统基本组成

深水滑道工程倒垂测量系统主要由水上部分和水下部分组成(图1),水上部分包括测量棱镜、浮子、钢丝锚固装置、水箱及钢导管,棱镜固定在浮子上,水箱安装于倒垂架上;水下部分包括水下锚具、钢轨等;钢丝绳穿过钢导管连接浮子与钢轨,如图2所示。

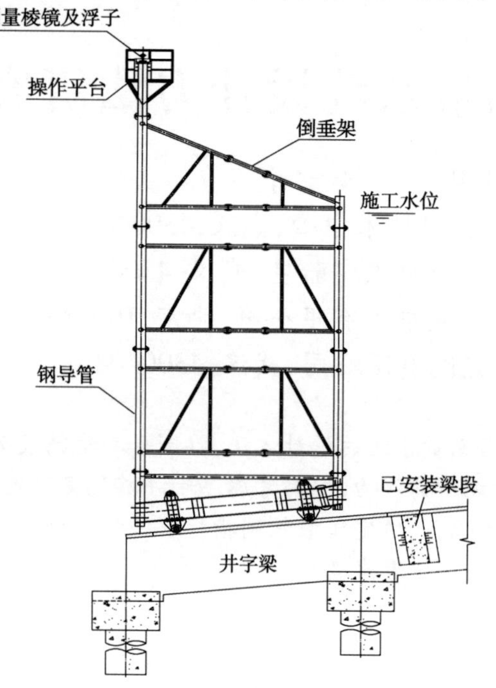

图1 滑道工程倒垂测量总体布置图

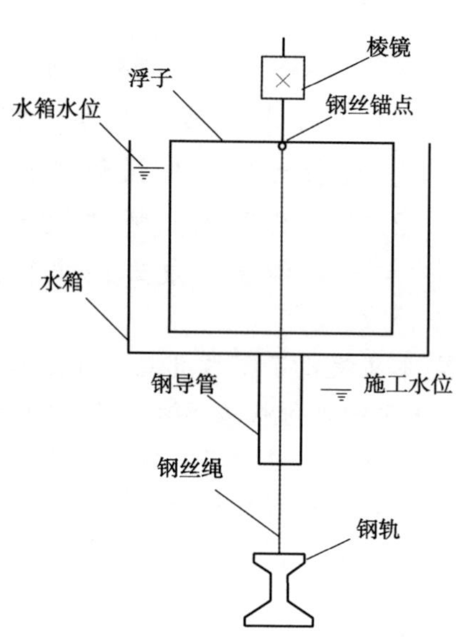

图2 倒垂测量系统组成图示

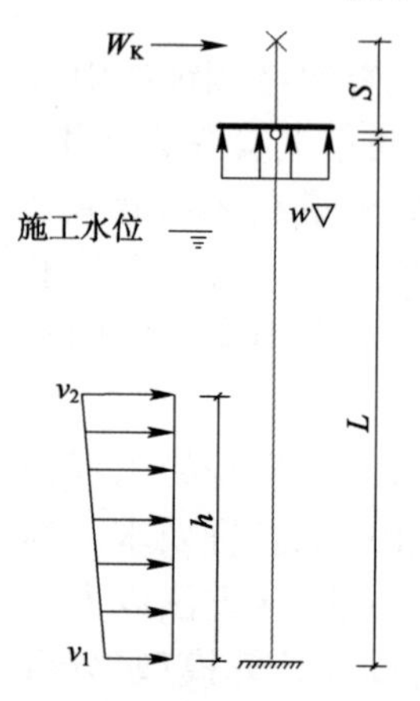

图3 倒垂测量系统计算模型

1.3 深水滑道工程倒垂测量系统计算模型

倒垂系统在测量过程中,除竖向的浮力 $w\nabla$、浮子与棱镜总重力 G 及钢丝拉力 T 外,还受到水平风向的阵风荷载 W_K 和水流力荷载 F_w 所示。本文对倒垂测量系统分析模型做如下假定:

(1)假定钢丝绳为完全柔性索结构,不承担弯矩作用;

(2)忽略风荷载对浮子静水压力分布的影响;

2 考虑测量偏差的钢丝绳索力表达式

2.1 风荷载对测量偏差的影响

浮子受到自身重力、浮力及钢丝绳的拉力作用,在有风条件下,钢丝绳产生一定偏角 φ,以水平分力 $T\sin\varphi$ 抵抗横向风荷载,如图4所示。

由力学平衡可得:

$$\delta_1 = \frac{W_K}{T}L$$

其中,δ_1 为风荷载引起的测量偏差;W_K 为棱镜所受风荷载;T 为钢丝绳拉力;L 为钢丝绳长度;

2.2 水流力对测量偏差的影响

浮子受到自身重力、浮力及钢丝绳的拉力作用,在水流作用下,钢丝绳产生一定相对位移以抵抗水流力,如图5所示。

由力学平衡可知:

$$\delta_2 = \frac{M}{T}$$

其中，δ_2 为水流力引起的测量偏差；M 为水流力作用于钢丝绳对钢丝绳下端锚固点的力矩作用；T 为钢丝绳拉力。

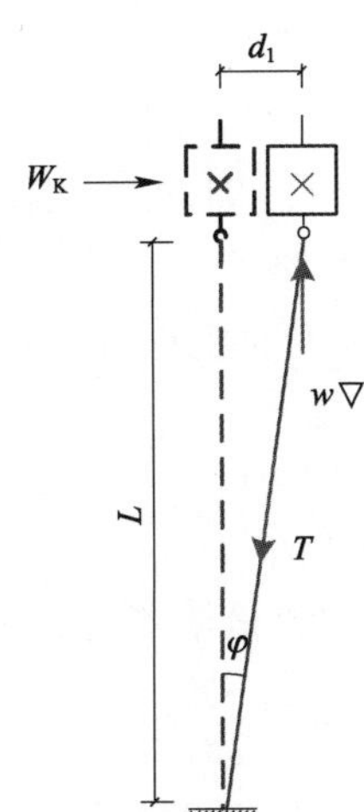

图 4　风荷载对测量系统影响

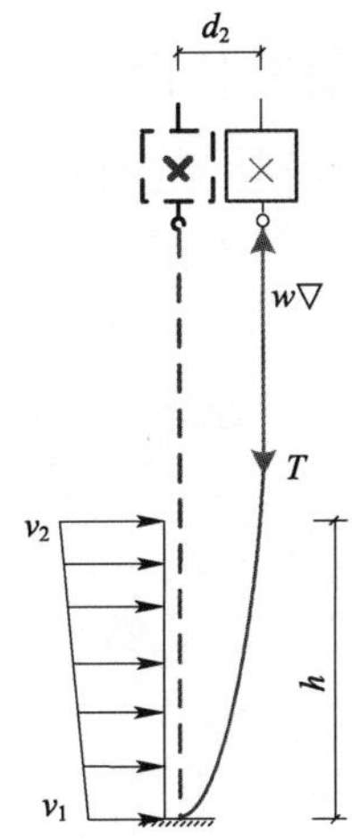

图 5　水流力对测量偏差的影响

2.3　考虑测量偏差的钢丝绳索力表达式

由外荷载可能引起的测量偏差为：

$$\delta = \delta_1 + \delta_2$$

考虑测量精度，测量系统需满足可能测量偏差小于允许偏差：

$$\delta \leqslant \delta_0$$

可得：

$$\frac{W_K}{T}L + \frac{M}{T} \geqslant \delta_0$$

由上式可得考虑测量偏差的钢丝绳拉力需求为：

$$T \geqslant \frac{W_K}{\delta_0}L + \frac{M}{\delta_0} \tag{1}$$

3　满足浮游稳定的浮子计算方法

水箱水中浮子需确保在钢丝绳拉力作用下自身的稳定，因此必须满足[2]：

$$\overline{MB} - \overline{BC} > 0 \tag{2}$$

其中，B 为竖直状态浮子浮心所在位置；C 为浮子自重、棱镜自重及钢丝绳拉力的竖向合力的等效质心位置；M 为稳心位置。

由浮游稳定理论可知[2]：

$$\overline{MB} = \overline{MB_1} = \frac{I_T}{\nabla}$$

同时有静力平衡方程：$w\ \nabla = T + G$，$\overline{MB}$可表示为：

$$\overline{MB} = \frac{wI_T}{T + G}$$

式中，I_T 为浮子横向惯性矩；∇为排开水的体积；w 为水的重量密度；T 为钢丝绳拉力；G 为浮子和棱镜自重。

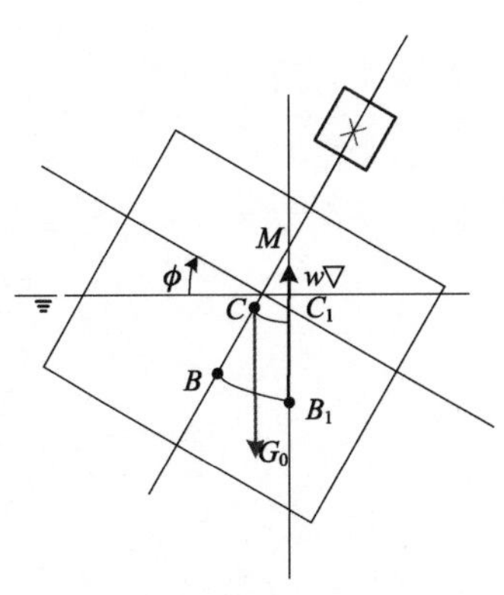

图 6　浮游稳定计算模型

拟定浮子结构尺寸后，可依据式(2)判断浮子结构是否满足浮游稳定。

4　考虑安装偏差的倒垂系统设计流程

4.1　钢丝绳锚固偏差分析

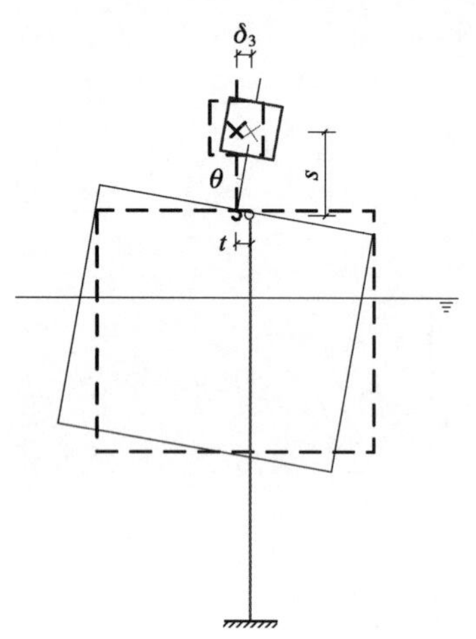

图 7　钢丝绳锚固偏差图示

钢丝绳拉力相对于浮子重力较大，因此，当钢丝绳锚固点与浮子重心不在一条铅直线上时，偏心距将会使浮子产生偏转，如图 7 所示。

将钢丝绳拉力 T 等效为重量为 T 的质点，由重心移动原理和浮心移动原理[2]可推导得如下公式：

$$\theta = \frac{Tt}{(T+G)\overline{MB}}$$

因此，由钢丝绳锚固偏差引起的测量偏差为：

$$\delta_2 = s\theta = \frac{sT}{wI_T}t$$

其中，s 为棱镜到钢丝绳锚固点直接的距离；t 为钢丝绳在水平方向上的锚固偏差。

于是，钢丝绳在水平面内的锚固偏差 t 应控制在如下范围内：

$$t \leqslant \frac{wI_T}{sT}\Delta \tag{3}$$

Δ 为因钢丝绳锚固偏差引起的测量偏差的最大允许值。

4.2　考虑钢丝绳锚固偏差的倒垂系统设计流程

综合 1 ~4 节的分析，提出考虑钢丝绳锚固偏差的倒垂系统设计流程如图 8 所示。

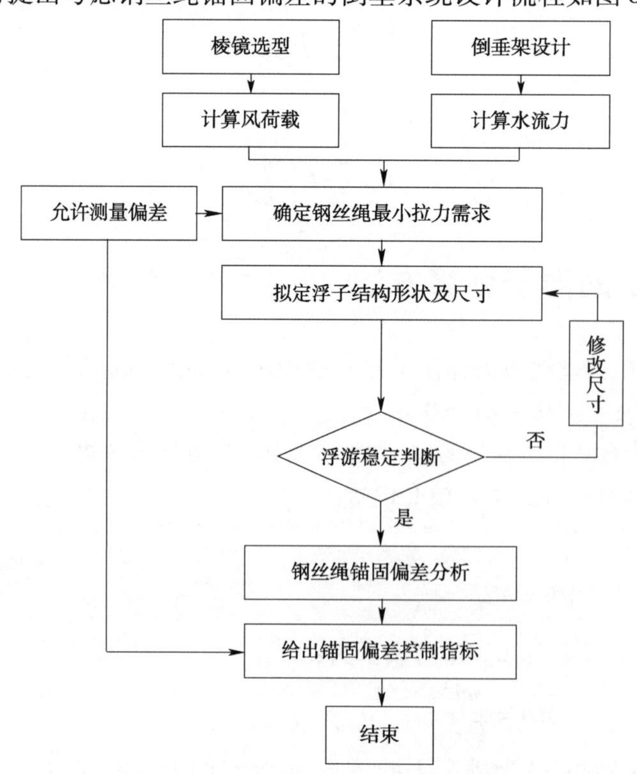

图 8　考虑钢丝绳锚固偏差的倒垂系统设计流程

5　工程算例

以武汉阳逻双柳基地武船滑道工程[3]井字梁水下施工测量系统为例，测量棱镜采用360度圆棱镜，直径60mm，高36mm，棱镜测量点到钢丝绳锚固点间距离 s = 150mm。钢丝绳直径 D 为2mm，裸露在外面尺寸长 h 为220～300mm，最大施工水深15.6m，浮子采用不锈钢双圆桶结构，圆桶中心间距为0.732m，横梁截面为50×25×1.5mm，圆桶直径400mm，高300mm，顶板厚2mm，底板厚14mm，侧壁厚1mm，如图9所示。最大测量风速条件为微风(风速3.4～5.4m/s)，施工水域最大流速为2.7m/s。

图9　武船滑道工程实例

5.1　风荷载及水流力

参考《公路桥梁抗风设计规范》[4]，计算风荷载大小为：

$$W_K=\frac{1}{2}\rho V_g^2 C_H A=0.0459\text{N}$$

参考《港口工程荷载规范》[5]，钢丝绳受到的水流力作用为：

$$F_w=\frac{1}{2}\rho V_w^2 C_w D=5.3217\text{N/m}$$

相应水流力对钢丝绳底端锚固点弯矩为：$M=\frac{1}{2}F_w h^2=0.239\text{N}\cdot\text{m}$

5.2　最小拉力需求

参考《水运工程质量检验标准》[6]可知，滑道井字梁轨道施工偏差验收控制标准陆上为±5mm，水下为±10mm，取 $\delta_0=5$mm，$\Delta=5$mm；取钢丝绳锚固长度 $L=20$m。则，浮子最小拉力需求为：

$$T\geqslant\frac{W_K}{\delta_0}L+\frac{M}{\delta_0}=231.5\text{N}$$

5.3　浮游稳定验算

浮子、横梁和棱镜自重 $G=388.6$N，$I_T=2.513274\times10^9\text{mm}^4$，则

$$MB=\frac{wI_T}{T+G}=40.5\text{mm}$$

在拉力 $T=231.5$N 作用下，浮心B到圆桶底面的距离为125.5mm；浮子自重、横梁自重、棱镜自重与钢丝绳拉力竖向合力的等效质心 C 到圆桶底面的距离为139.6mm，则$\overline{BC}=14.1$mm，于是

$$\overline{MB}-\overline{BC}=26.4>0$$

浮子满足浮游稳定。

5.4　钢丝绳锚固偏差控制

由4.1小节可知，钢丝绳在水平面内的锚固偏差 t 应控制在如下范围内：

$$t\leqslant\frac{wI_T}{St}\Delta=3.6\text{mm}$$

因此，钢丝绳水面面内的锚固偏差控制在3.6mm以内可满足测量要求。

结语

本文通过对倒锤测量基本原理的分析，结合深水滑道梁安装的特点，针对常规设计中存在的问题，提出深水滑道工程倒垂测量系统的设计方法。

（1）根据钢丝绳拉力需求明确了关于外荷载、测量控制精度及钢丝绳长的表达式；

（2）依据浮游稳定理论提出了判断浮子稳定的计算方法和表达式；

（3）依据重心移动原理和浮心移动原理，结合测量精度控制要求，提出了在相应测量精度要求下钢丝绳锚固偏差控制值；

（4）归纳总结了倒垂测量系统的设计流程；

依据此方法设计的倒垂测量系统成功地应用于武船双柳船台滑道工程中，有效地验证了该设计方法的可行性，对类似工程具有参考和指导意义。

参考文献

[1] 浙江省交通局航道勘测设计室. 倒锤法在深水滑道测量中的应用. [J]测绘通报,1978

[2] 盛振邦,刘应中. [M]船舶原理. 上海:上海交通大学出版社,2003

[3] 中船第九设计研究院工程有限公司. 武船双柳基地造船区水工设施滑道工程水工结构施工图设计说明书,2012

[4] JTG/T D60-01—2004,公路桥梁抗风设计规范

[5] JTS 144-1—2010,港口工程荷载规范

[6] JTS 257—2008,水运工程质量检验标准

深水滑道井字梁可视化、智能化安装新技术

唐如蜜　陈少林　谭永安

摘　要：武船双柳基地滑道工程，属特大型深水横向梳式滑道。共设置32组水下钢轨，钢轨的安装精度达毫米级。钢轨在陆上预拼装安装好后，随井字梁一同吊放入水，常规倒锤架安梁方式难以满足高精度要求，本依托项目工程研发了"可视化、智能化"安装的新工艺，实现了水下钢轨对接可视，调位快捷精准，有效解决了这些难题。该新工艺在武船双柳滑道工程的应用，充分验证了其可行性和适用性。

关键词：预拼装；水下井字梁安装；可视化智能测控；三向千斤顶调位

引言

随着水运交通的发展，船舶吨位及结构尺寸越来越大，滑道入水深度也随之加深，在深水、大流速、大浪的复杂水文情况下，保证轨道梁的安装效率和精度是船舶滑道项目面临的技术瓶颈。传统安装工艺主要由潜水员水下探摸，指挥起重船移船，通过撬杠反复调整至指定位置；该方法需要潜水员长时间潜水作业，施工风险较大，同时受风浪和水流影响，安装精度难以保证。

针对以上问题，本文提出，将滑道井字梁水下安装精度控制转变为陆上工厂高精度预制、水下再现预拼线形，实现了水下可视化高精度测量及自动调位替代人工探摸。该技术能有效解决了水下测量难、精度低、效率低下等问题，具有高效、低碳、环保的特点。

1　新工艺简介

1.1　工艺结构

安装系统由倒锤架、吊架、可视化智能测控系统及三向千斤顶调位系统组成。倒锤架顶部采用水箱浮筒结构，用以井字梁的初步就位及精调位过程中的测控复核；倒锤架底部为吊架，吊架下设4个吊耳与井字梁吊环连接，同时，四支腿处安装三向千斤顶，并在纵梁上通过工装将水下摄像头、位移传感器等固定；可视化智能测控系统主要包括主监控台、水下图像采集系统（图1）、水下传感器系统及电源信号处理箱四个部分；三向千斤顶调位系统由水下调位油缸、TX－Q40×2/6P液压泵站、计算机控制系统组成（图2）。

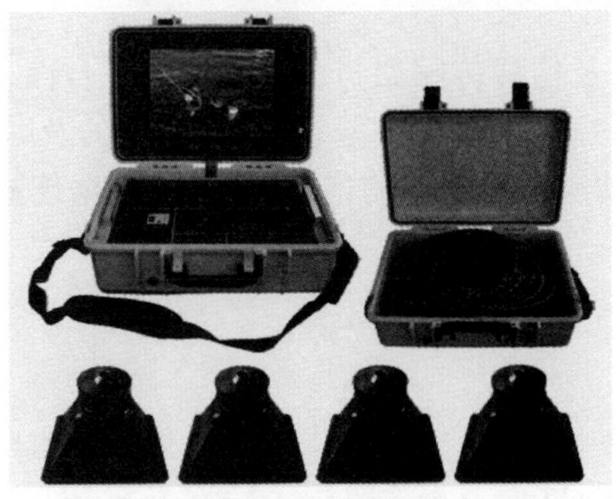

图1 水下图像采集系统

图2　三向调位千斤顶

1.2 工艺原理

本工艺技术采用全过程控制理念,将深水滑道井字梁自动化施工分为预制、预拼和水下安装三个不同施工阶段进行全过程施工控制。井字梁采用短线匹配法进行预制,预制后的井字梁按次序在预拼台座上进行预拼装,完成钢轨安装、匹配和预拼线形数据的采集、分析及调整。利用可视化在线测量系统克服大水深、可见度低的复杂水下环境,对相邻井字梁钢轨对接进行可视化的在线测量与误差评估;利用三向调位系统克服大水深、大流速水域环境对水下井字梁进行调位,还原井字梁在路上的预拼装状态,以完成水下井字梁的高精度安装(图3)。

2 井字梁预拼装

水下井字梁安装前,必须在陆上按安装顺序在模拟桩帽高差的台座上进行预拼装(图4)。目的有以下两点:(1)安装钢轨,并通过测设调整,将钢轨偏差调整在设计要求的范围内,焊接挡板固定。(2)为满足水下安装新工艺可视化测量要求,对相邻钢轨端头喷设三角标识。

图3 钢轨拼装

图4 陆上预拼装阶段钢轨测控

3 陆上预演

“水下摄像头可视化智能控制 + 水下新型三向千斤顶调位”系统为研发的新型工艺。因此,正式投入使用前,必须在陆上进行整体预演试验工作,验证及完善以下事项(图5):

图5 陆上预演现场

(1)吊架的刚度及稳定性,纵向主架所允许的最大弹性变形;

(2)可视化摄像头基于光线和水质的敏感度、成图效果及偏差识别;

(3)四肢脚三向调位千斤顶 X、Y、Z 方向同步微调的适应性及协调性;

(4)倾角及位移传感器与系统设备的配合性;

(5)中央控制系统接收偏差、发出指令的及时性及准确性,调位系统自动辨识及联动的连贯性,整体数据传输的通畅性。

4 可视化、智能化调位方法

4.1 数据传输方法

可视化、自动化调位主体含三方:测量方、监控方及调位方(图6),控方把待装品字梁目标参数及坐标发送给调位方启动安装过程;调位方发送指令给测量方进行测量,测量方将测量结果发送给调位方,调位方依据测量信息进行调位,调位后再次启动测量;测量—调位过程反复进行,直到测量值与目标值符合,本榀安装完毕,调位方将最终测量值发送给监控方,存档。调位方只在调位停止时才能启动测量,测量方接到测量指令才开始测量(图7)。

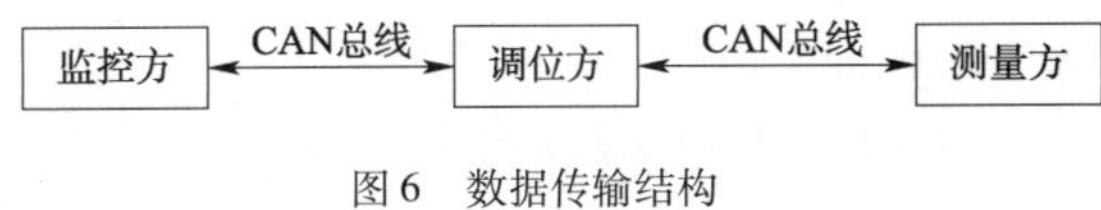

图6　数据传输结构

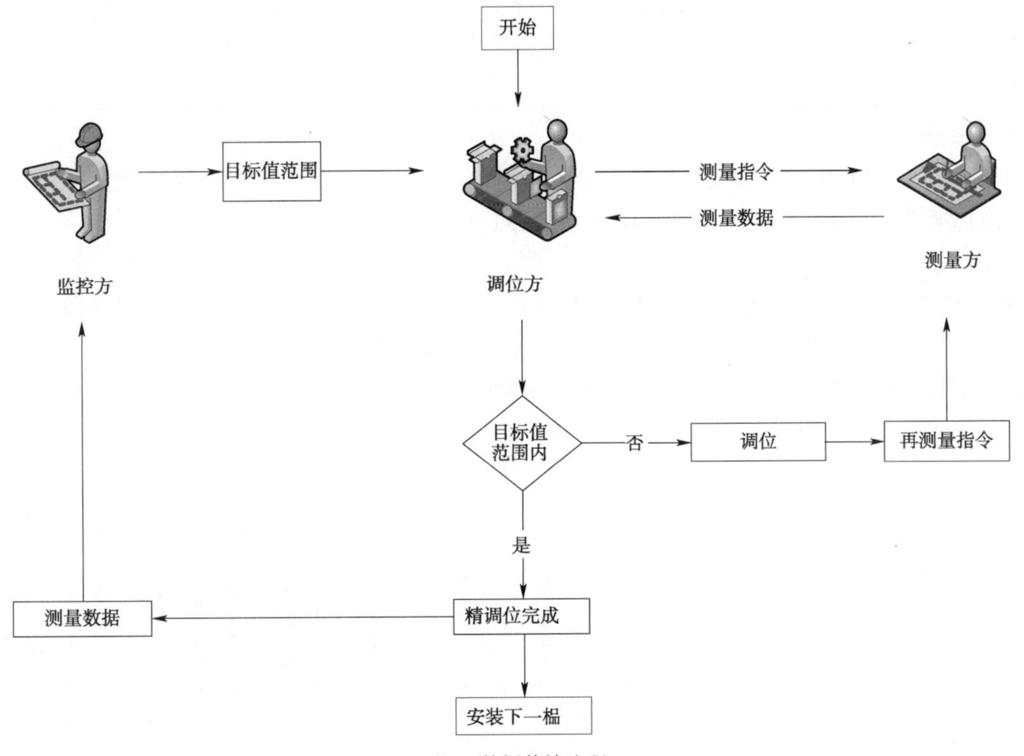

图7　数据传输流程

4.2　"水下可视化摄像头"智能测控系统

水下可视化智能测控系统使用高精度的电子原器件传感器、高分辨率水下摄像机获取轨道水下安装数据,通过自主研发的图像处理算法软件测量并计算轨道相关要素,进而使执行机构获取控制调节轨道的几何参数以达到设计精度要求(图8和图9)。

图8　可视化图像采集

图9　可视化测量

4.3　"水下三向千斤顶"自动调位系统

4.3.1　系统组成

水下新型三向千斤顶调位系统主要包括:水下调位油缸、TX-Q40×2/6P液压泵站及计算机控制系统三个组成部分。

（1）水下调位油缸（表 1）

调位油缸参数表 表 1

名　　称	缸径（mm）	杆径（mm）	理论行程（mm）	推力 T（MPa）	拉力 T（MPa）
X 向油缸	90	45	200	0.636	0.477
Y 向油缸	125	63	200	1.227	0.915
Z 向油缸	160	140	200	2	0.471

（2）液压泵站

采用 TX-Q40 ×2/6P 型液压泵站，该泵站附带远程通信模块，能够实现远程控制。泵站由液压泵为调位油缸供油，油路通过阀组能够实现压力调节、换向、比例调速等功能。

（3）电控系统

电控系统基于 CAN 总线组建实时网络控制系统，由主控制柜、泵站控制系统和磁致伸缩传感器组成。主控制柜是电控系统的核心，其通过 CAN_A 端口与泵站控制系统通信，用于发送控制数据，同时，CAN_A 端口与监控系统和测量系统通信，用于接收监控数据和测量数据；通过 CAN_B 端口与磁致伸缩传感器及 iCAN3800 通信，用于接收油缸行程数据和油压数据（图 10）。

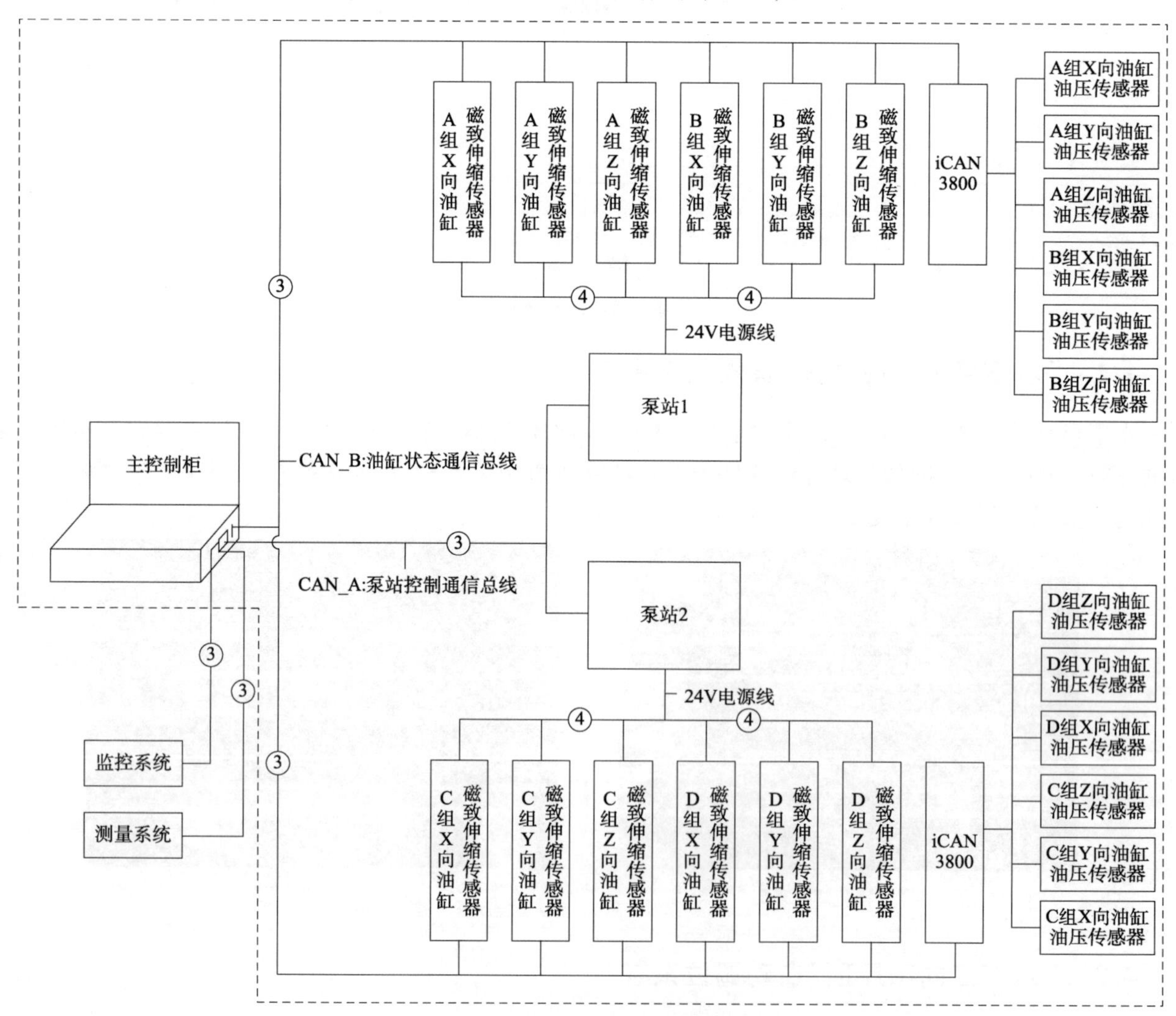

图 10　电控系统组织框图

4.4 精调位方案

在精确调位过程中,滑道井字梁的运动方式主要有:升降、横移、进退、侧滚、俯仰和定点回转。其中,升降、横移、进退、侧滚、俯仰等均属于平移调位方式,这些动作的实现均通过4个三向千斤顶实现。因此,对井字梁空间姿态调整分解为4点六自由度调整动作的组合:X向同步平移,Y向同步平移,Z向同步顶升,X轴旋转,Y轴旋转和Z轴旋转。千斤顶布置如图11所示。

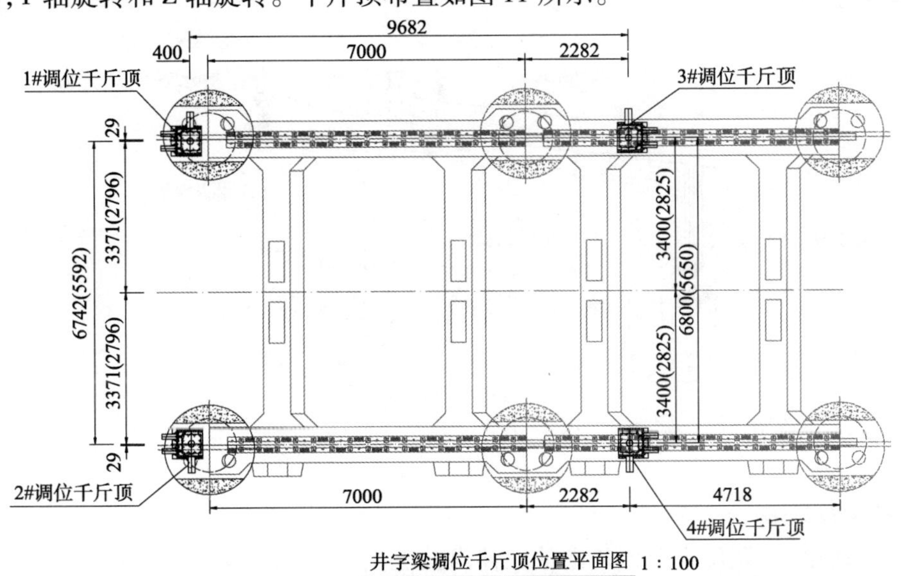

图11 调位千斤顶布局图

4.4.1 四点六自由度调整动作组合的实现

X向同步平移、Y向同步平移、Z向同步顶升通过位移同步实现,X轴旋转、Y轴旋转及Z轴旋转则需通过几何关系实现(图12)。

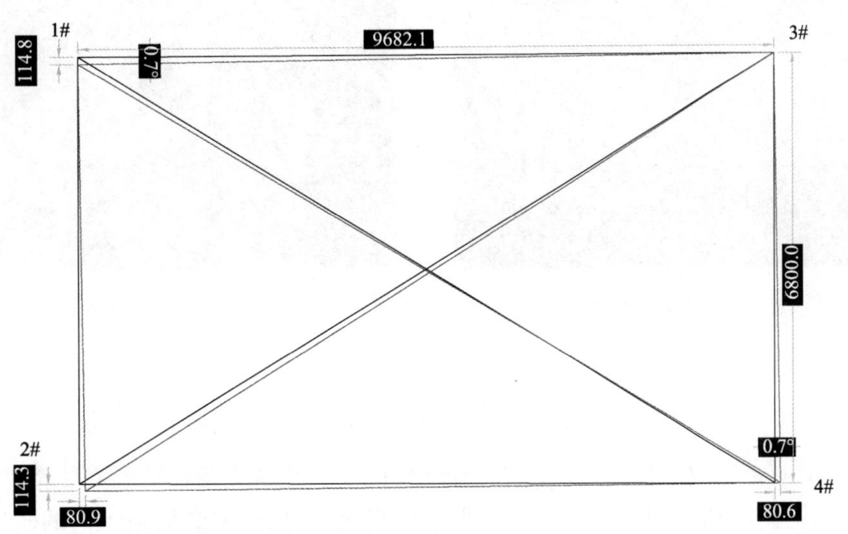

图12 3#点Z轴旋转工况

选用6800间距的井字梁为例,4个调位千斤顶的平面位置 $B=6800$,$L=9682$。虚线部分为待安装井字梁,实线部分为已安装井字梁。待安装井字梁绕3#调位千斤顶Z轴转动0.7°由图测量,转角0.7°时,4#调位千斤顶位移 $X_4=80.6\text{mm}$,$Y_4=0$;1#调位千斤顶位移 $Y_1=114.8\text{mm}$,$X_1=0$;2#调位千斤顶位移 $X_2=80.9\text{mm}$,$Y_2=114.3\text{mm}$。上述数据满足如下几何规律:

$$\frac{X_4}{Y_1}=\frac{80.6}{114.8}=\frac{B}{L}=\frac{6800}{9682} \tag{1}$$

$$Y_4=0;X_1=0$$

$$X_2=X_4;Y_2=Y_1 \tag{2}$$

故调位控制策略可依据式(2)理论计算出 2#调位千斤顶的位移量。同理,其他调位点与控制测量采用亦可采用同样方法实现。

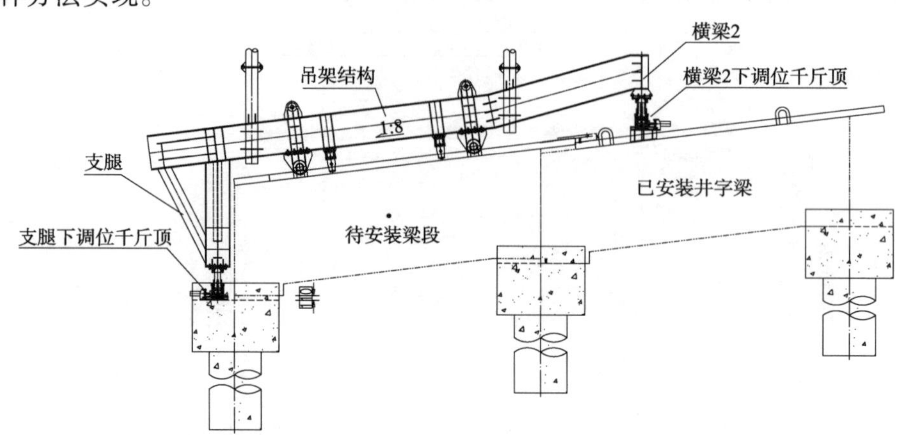

图 13 受力转换

4.4.2 调位实施过程

井字梁初就位落梁后,调位千斤顶 Z 向油缸伸出至桩帽,完成受力转换,如图 13 所示,打开水下可视化测量系统,完成初始数据测量与采集,根据水下可视化测量数据和调位目标值,由监控方发送调位指令,分别调整 X、Y 至满足精度要求,测量相邻轨道间距,倒锤架测量复核完成平面精调位。依据监控方给定井字梁脚趾下方桩帽上的永久垫板厚度完成高程调整并落梁(图 14 和图 15)。

图 14 调位控制现场

图 15 井字梁及设备下水

结束语

该新工艺已应用于武船双柳造船基地滑道工程项目,水下井字梁及钢轨的安装精度达到了设计规定的毫米级要求,得到了业主和监理的一直好评。水下可视化、智能化安装梁新工艺的研发及使用,使国内水下构件高精度安装技术上了一个新的层次,对于后续类似水下构件的安装,具有广阔的应用前景。

参考文献

[1] 胡军,沈兵. 水下梁安装施工技术探讨. 海南建筑,2008 年 03 期
[2] 李利文,罗国强. 水下测控技术数字化研究. 中国水运,2009 年 06 期
[3] 纪晓刚,甘志. 水下液压顶升装置同步性改进原理. 中国交通建设,2010 年 08 期

无接收井的大直径钢管顶管施工关键技术

李廷就
（中国铁建港航局集团有限公司，广东珠海，519070）

摘　要：通过自主研制改进顶管工具头、优化刀盘，并精确计算管节措施，成功开创了针对无接收井大直径钢管顶管施工的网格式水冲法。其突出技术难点体现在顶管工具头的顶进过程、入海过程及工具头的割取等。该法可成功控制顶管轴线、各地质层对工具头产生的阻力和解决顶管工具头出海过程中重心压载问题，并且具有明显的工期和成本优势。

关键词：网格式水冲法；工具头改进；大直径顶管

引言

顶管施工技术是非开挖施工技术之一，顶管施工技术在国内外已使用多年，国内呈现出沿海运用多而内陆较少的布局，而且在施工过程中除了上海地区以机械化掘进为主外，其余地区多以人工掘进为主，机械化顶管以上海地区最为成熟。顶管法施工和地质条件密切相关。

通过多年的工程实践，如今顶管的顶进技术可分为敞开式顶管和封闭式顶管，就顶管设备而言，根据顶管方法的不同可将顶管机分为敞开式顶管机包括手掘式、挤压式和网格式等；封闭式顶管机包括土压平衡式、泥水平衡式以及混合型。机型的选择决定工程的成败，通过技术积累我国已总结出以下经验：

（1）在粘性土或砂性土层，且无地下水影响时，宜采用手掘式或机械挖掘式顶管法；

（2）当土质为砂砾土时，可采用具有支撑的工具管或注浆加固土层的措施；

（3）在软土层且无障碍物的条件下，管顶以上土层较厚时，宜采用挤压式或网格式顶管法；

（4）在粘性土层中必须控制地面隆陷时，宜采用土压平衡顶管法；

（5）在粉砂土层中且需要控制地面隆陷时，宜采用加泥式土压平衡或泥水平衡顶管法；

（6）在顶进长度较短、管径小的金属管时，宜采用一次顶进的挤密土层顶管法。

1　工程概况

1.1　项目情况

宝钢广东湛江钢铁基地项目自备电厂 2×350MW 机组工程布设 4 根引水钢管，管外径 $D=3664$mm，管壁厚 $h=32$mm，每根长 107m（共 18 节），相邻顶管中心间距为 11.2m，管的中心标高为 −6.75m，管底标高为 −8.55m。属大直径钢顶管施工（图 1）。

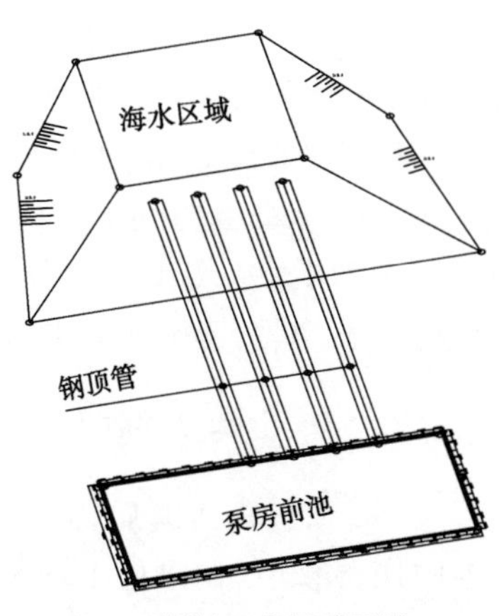

图 1　顶管施工布置平面图

1.2　地质情况

根据地质资料显示，该地区地质属中软、软弱场地土层。顶管施工过程需穿越粘土、淤泥质粘土、粉细砂、中粗砂、铁板砂、沉管碎石桩等各类土层。但主要以粘土为主（表 1）。

物理力学指标统计表

表1

岩土编号	岩土名称	统计项目	天然状态物理性质指标						压缩指标		快剪(Q)指标	
			土粒比重 G_S	含水率 ω_0 (%)	密度 ρ_0 (g/cm^3)	干密度 ρ_d (g/cm^3)	孔隙比 e_0	饱和度 S_r (%)	压缩系数 a_{v1-2} (MPa^{-1})	压缩模量 E_{s1-2} (MPa)	粘聚力 c (kPa)	内摩擦角 φ (°)
④	粘土	统计个数	18	18	18	18	18	18	13	16	11	15
		最大值	2.74	60.5	1.99	1.63	1.70	97.8	0.63	5.38	27.3	15.5
		最小值	2.68	22.3	1.61	1.00	0.65	92.4	0.34	2.07	8.9	5.4
		平均值	2.71	44.6	1.75	1.22	1.26	95.9	0.49	3.83	17.8	10.3
		标准差	0.02	10.21	0.10	0.17	0.28	1.17	0.09	1.09	6.48	3.90
		变异系数	0.01	0.23	0.06	0.14	0.22	0.01	0.18	0.28	0.36	0.38
		标准值									14.3	8.5

2 工程技术难点

针对本项目大直径钢顶管工程施工不设接收井的特点。施工过程存在较多的不确定因素，现从以下几方面进行分析：

2.1 工具头顶进过程

(1)顶管顶进过程中，工具头穿越不同地质层时，受到的阻力会随着不同地质层的变化而变化。这时顶推力过大有可能造成工具头前端土体塌方或后靠背墙出现断裂的现象。相反，顶推力过小，则管节未能顶进，影响顶管施工。

(2)顶管施工过程中，在顶推力作用下，工具头在不同地质层中的走向存在轴线偏差及沉降方面的问题，且各土层的顶推力各不相同。极难控制顶管轴线偏差及沉降量。

(3)无接收井的情况下，工具头顶进过程中存在透水现象，施工上存在安全隐患。

2.2 工具头出海

(1)在无接收井的情况下，工具头入海后存在海水对其作用产生的浮力，会使工具头产生上浮，使顶管不能准确到达设计位置，影响后续取水口安装，石块堆载施工等一系列问题。

(2)工具头及管节入海后，水面至管顶深度约6m，工具头及露在水中的管节受到海水作用产生的浮力约150t。因水作用产生的浮力大于工具头及管节之和的自重，如果管内的压载量不够、管节压载物过轻、压载长度过短以及工具头管节内压载不均匀，将会造成工具头或管节上浮及工具头两头重中间轻等现象，其损失是不可估量的。

(3)管节压载物、压载量及压载长度：因块石外购，需经垂直和洞内运输，工作空间较狭窄，工程成本较大。同时水下切割工具头后，块石需二次处理，极大增加施工难度，难以保证施工质量。

(4)用大水袋作为水的载体，存在密封性不好可能出现漏水现象，会造成工具头压载量不够，管节压载重心不均匀，影响工具头入海的施工质量。且对袋装水极难处理，存在较大的安全隐患。

2.3 工具头割取

(1)工具头入海后，需通过人工在水里进行割取，因水下工具头与管节焊接处难以辨认，存在切割过程中伤害管节，切割处不均匀等现象。

(2)顶管施工过程工具头入海时为全封闭状态。工具头切割完后。需垂直起吊，因海水自重自动下沉,造成工具头内形成真空状态。总重量增加,给起吊带来极大难度。

3 施工工艺确定及顶管设备选型

根据本项目设计及现场地质资料情况,综合考虑,多次方案比选,顶管施工最终采用网格式水冲法施工工艺,并对以下几个方面的顶管设备进行改进。

(1)顶管工具头

选用自主研制加工的钢工具头,具有施工方便,易封闭、易拆卸,海水适应性强等特点。工具头长约4.5 m,其中将工具头加工成前端(长约800mm)、后端(长约1000mm)比中间高约10mm,其作用是减少工具头顶进过程中中间部分与土体的摩擦。且工具头后端另加厚10 mm钢板,为以后切割工具头做预留准备。

(2)刀盘配置

工具头前端刀盘主要作用是人工进行水冲时在主顶推力的作用下对前方土体进行充分切割,掏空前方土体,使管节顺利向前推进。工具头前端刀盘采用厚20mm的钢板改装成600mm ×600mm网格,并在中央刀盘位置设置两个切割后的吊取孔,后端设置冲水闸门(入海时密封)防止海水倒灌(图2)。

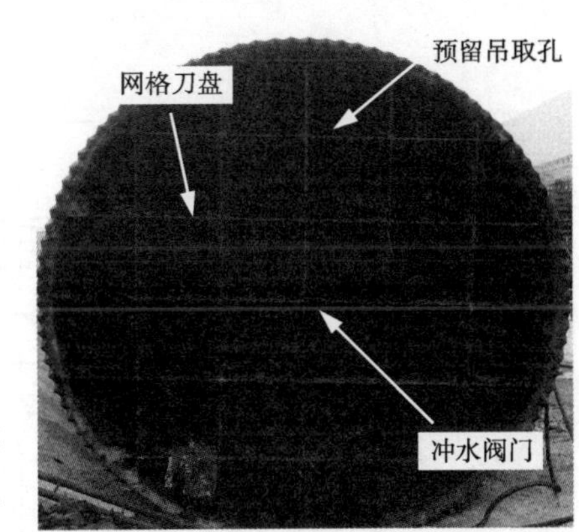

图2 顶管工具头加工图

(3)辅助设备

顶管出洞导轨由两道平行的工字钢钢轨固定在钢支架上,工字钢以1:2的坡度与钢支架焊接牢固,在管节顶进过程中稳定管节导向,使管节沿导向进入土体。导轨根据工作井及顶管轴线要求,采购钢材加工成型。

触变泥浆系统由膨润土浆池、渣浆泵、输送管组成。主要作用是在顶进油缸压力过大时,向管壁注入膨润土泥浆,填充管身与周围土体的间隙,达到减阻、防止周围泥土将管身抱死的目的。

排土系统包括高压水泵、高压泥浆泵以及高压防爆管。使用高压泵将经过工具头钢格栅切成块状的泥块稀释成泥浆,再由泥浆泵抽到晒泥区,保证管节顶进。

4 施工关键措施及效果分析

4.1 各土层平均顶推力值

顶管施工顶进过程中,工具头在不同土层中所受阻力均不相同,采用水冲法起减阻作用,经施工现场实操,水冲法减阻起到很好作用(表2和图3)。

顶管轴线偏差表 表2

土层情况顶推力	原状土层平均顶推力值(冲水前)(MPa)	水冲法平均顶推力力值(MPa)
黄色粘土	12.4	6.0
黄黑粘土	12.8	5.7
黑色粘土	13.2	6.9
黑色粘土(含30cm砂土)	15.3	10.5
黑色粘土(含80cm砂土)	15.4	10.9
淤泥质粘土	16.1	13.3
碎石桩	18.1	15.0

4.2 顶管高程及轴线偏差

(1)施工措施

为保证顶管高程及轴线的准确性,在纠偏节中安装千斤顶进行纠偏,纠偏角度保持 1°以内。每次纠偏幅度以 5 mm 为一个单元,每节管节顶进结束后,及时测量管节中心轴线和标高偏差,并记录。顶进过程中根据顶力变化和偏差情况随时调整顶进速度,速度一般控制在 35mm/min 左右,最大不超过 50mm/min。

(2)施工效果

顶管轴线累计偏差满足规范要求。累计高程偏差比规范要求高出 25mm。但实际不影响后续工作(详见表 3、表 4 及图 4)。

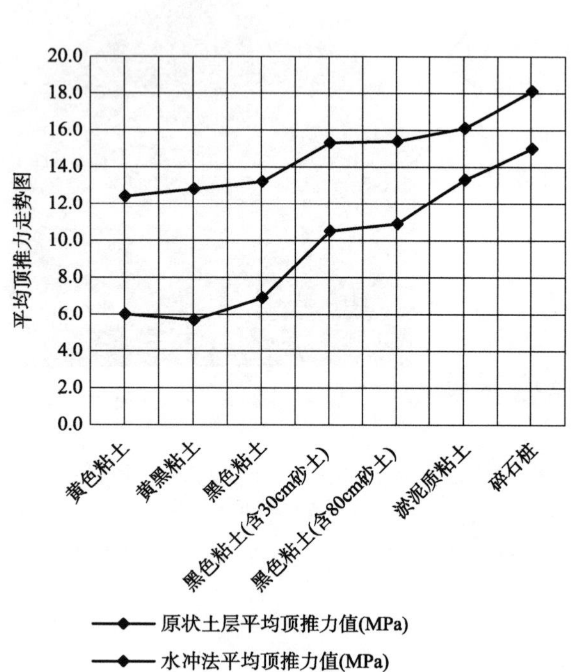

图 3 各土层平均顶推力走势图

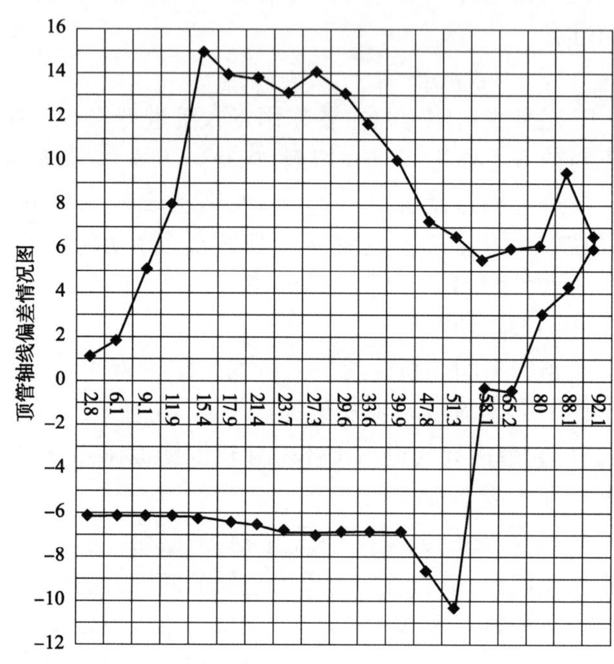

图 4 顶管高程、轴线偏差图

一般情况顶管施工的最大允许偏差值表 表 3

项 目			允许偏差(mm)
轴线位置	顶进长度 < 300m		100
	300m ≤ 顶进长度 < 1000m		200
管道内底高程	顶进长度 < 300m	$D < 1500$	+30, -40
		$D \geq 1500$	+40, -50
	300m ≤ 顶进长度 < 1000m		+60, -80
相邻管间错口	钢管		≤2
对顶时两端错口			50

注:D 为管道直径(mm)。

顶管轴线偏差表（以工具头前进方向为基准）　　表4

土　层	顶进累积长度（m）	累积高程偏差（cm）	累积中心（轴线）偏差（cm）
黑色粘土	2.8	-6.2	1.1
黄黑粘土	6.1	-6.1	1.8
黄黑粘土	9.1	-6.1	5.0
黑色粘土	11.9	-6.1	8.1
黑色粘土	15.4	-6.2	15.0
黑色粘土	17.9	-6.3	13.9
黑色粘土	21.4	-6.5	13.8
黑色粘土	23.7	-6.8	13.1
黑色粘土	27.3	-6.9	14.0
黑色粘土	29.6	-6.9	13.1
黑色粘土	33.6	-6.7	11.6
黑色粘土	39.9	-6.9	10.0
黑色粘土	47.8	-8.7	7.3
黑色粘土	51.3	-10.5	6.5
黑色粘土	58.1	-0.3	5.6
淤泥质粘土	65.2	-0.4	6.0
淤泥质粘土	80	3.1	6.1
碎石桩	88.1	4.2	9.5
最终至设计位置	92.1	6.5	6.0

4.3　工具头入海施工

（1）管节内压载物及压载量

为满足抗浮要求，需压载块石。考虑块石需外购。运输需经垂直和狭窄的洞内运输，工程成本较大，同时水下切割工具头后，块石需二次处理，极大地增加了施工的难度，不满足现场实际施工要求，经过组织召开多次专家评审会，最终决定采用水载。

本项目设计管节在海水中的长度为12m，海水覆盖深度8m。为满足设计要求、管节内压载物的压载重心及施工安全需进行详细的计算。详见下计算公式：

浮力计算：

管身段浮力：$F_{管身}=\rho g v=1025\times10\times126=1292\text{kN}$

其中：

$$v=R^2\times\pi\times L=1.83\times1.83\times3.14\times12=126\text{m}^3$$

$$L=12\text{m},R=1.83\text{m},\rho=1.025\text{kg/m}^3$$

工具头封闭段浮力：

$$F_{工具头}=\rho g v=1025\times10\times27=276\text{kN}$$

其中：

$$v=R^2\times\pi\times L=1.85\times1.85\times3.14\times2.5=27\text{m}^3$$

$$L=2.5\text{m},R=1.85\text{m},\rho=1.025\text{kg/m}^3$$

$$F_{浮总}=F_{管身}+\text{F}_{工具头}=1568\text{kN}$$

自重计算：

$$G_{总}=mg=(G_{工具头}+G_{管身})\times 10=(37+34)\times 10=710\text{kN}$$

其中：

工具头自重 37t，管身自重 34t

压载量计算：$F_{压}=F_{浮总}-G_{总}=1568-710=858\text{kN}$

压载水量计算：$m=F_{压}/g=858/10=85.8\text{t}$

压载海水体积：$V=m/\rho=85.8/1.025=84\text{m}^3$

(2)水载密封性

水载的密封性最为关键。在顶管即将入海时，停止顶进，在确定的管节压载长度终端，采用 10mm 厚钢板作为封堵板与管节焊接，钢板背侧采用 500mm ×500mm 10 #槽钢作为加强纵横肋，确保钢板能够承受密闭箱的水压。同时，在钢板顶部约 100mm 位置预留两个直径 100mm 孔洞，分别作为注水孔及排气孔。钢板与管节内壁满焊，焊缝位置 100 mm 范围涂抹改性环氧铝粉耐磨漆，厚度不得小于 400μm，待钢闷板焊接完成后进行密水试验，确保钢板无漏水现象(图 5)。

图 5　管内钢闷板封堵图

(3)钢闷板水下处理

工具头切割起吊后，潜水员进入管节内，打开钢闷板上的进水阀门，水流入管节内，待闷板内外水压平衡后，水下切除钢闷板，浮吊配合吊取。

(4)实施效果

①经现场实际施工，以海水替代块石作为压载物。在工具头压载位置焊接一块挡水钢闷板，利用高压水枪向工具头内注水，一方面减少外购材料，节约成本，方便运输；另一方面省去对压载物的二次处理，提高施工效率，同时又满足抗浮要求。顶管工具头已准确安全到达设计位置(图 6)。

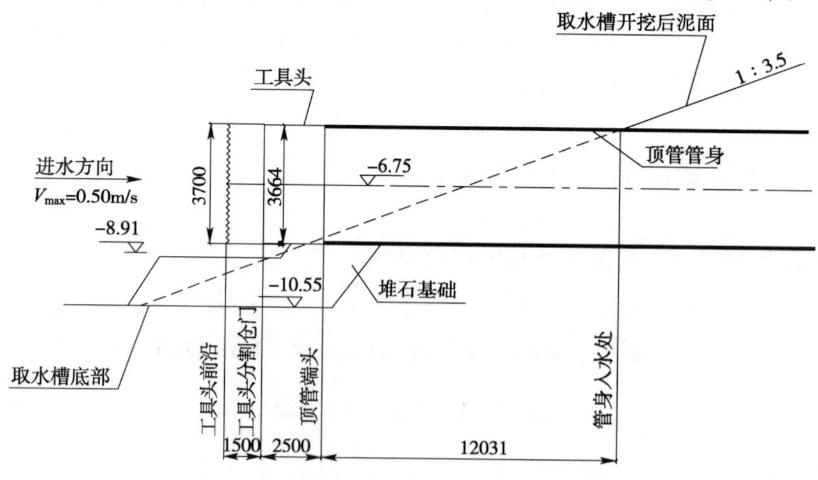

图 6　理论顶管工具头接海水平面图

②增加压载长度、压载量，提高管节抗浮能力，降低工具头入海后管节因周围不均匀土压力及海水作用产生的浮力，保证了顶管轴线的稳定性。

③采用厚 10 mm 的钢板替代大水袋作为水载密封板。工具头割取后，经现场检查，无漏水、工具头上浮、管节重心压载不均匀等现象。

④经现场实操，钢闷板处理能二次循环利用，切割过程无损伤管节，满足设计及施工要求。

4.4 工具头割取施工

(1)施工措施

工具头入海后需要在水里切割回收利用,故在顶管开顶之前,将一根 ϕ8mm 圆钢焊接在工具头与第一根管节的焊缝约 50mm 处,起到水下切割时定位及辨认作用。并在工具头前端约 1900mm 处,割一个 50mm 的小孔作为排气孔,起吊过程中消除管内真空。用木塞及碎布封堵,通过挤压覆盖在排气孔上的粘土确保管节顶进过程中密封。待工具头切割完后,敲落即可。

(2)实施效果

通过采取以上技术措施,切割位置极易辨认,切割过程无伤及管节,提高了工具头切割效率。采用在工具头前预留排气孔,管内真空极易消除,减轻工具头总重量的同时,又缩短起吊时间。

结语

(1)技术方面

采用网格式水冲法成功控制顶管轴线,纠偏极易,工具头穿越不同地质层时,很好控制各地质层对工具头产生的阻力,增长管节压载长度很好控制顶管工具头出海过程中重心压载问题。

(2)社会价值方面

采用网格式水冲法施工进度快,工期短,经济效果明显,施工工艺简单,易掌握,特点明显优于机械顶管施工法。

随着越来越多的应用,国内相关设计逐渐成熟,运用行业较多,水冲法工艺在顶管施工中前景较好。

参考文献

[1] 彭瑜华,张传英.超大直径钢筋混凝土管顶进施工、纠偏和工具头地下改造技术.岩土工程界,2001.第 10 期(10)

[2] 魏纲,魏新江.徐日庆.顶管工程技术.化学工业,2011(05)

[3] 赵永刚,陈东.魏振伟.杨俊明.泥水平衡式顶管在长输管线施工中的应用.新疆石油科技,2007(1)

[4] 葛金科,沈水龙.许烨霜.现代顶管施工技术及工程实例.中国建筑工业,2009(10)

[5] 陈琳.控制大直径顶管穿越长江大堤引起堤面沉降的技术措施初探.岩土工程界,2009(12):78-81

移动模板支撑体系在港珠澳大桥东人工岛清水混凝土施工中的应用

陈利军　王　岩

（中交三航局第二工程有限公司，上海，200122）

摘　要：随着工程行业的发展，传统的散拼散装、满堂支架的模板工艺逐渐被新型模板工艺替代，越来越多的工程趋向采用移动模板支撑体系。移动模板支撑体系不仅具有支拆效率高、方便移动、易周转等特点，同时提高了模板支撑的安全性。本文以港珠澳大桥东人工岛非通航孔桥内侧防撞护栏、现浇挡浪墙及隧道敞开段清水混凝土施工为背景，阐述三个典型的移动模板支撑体系在本工程上的应用。

关键字：移动模板支撑；清水混凝土；周转

引言

随着土建施工机械化程度的不断改善，及工程施工对进度、安全、质量及节能等方面的要求逐渐提高，传统施工行业也必将走向创新提质增效的道路。整体式可移动模板支撑体系是当前模板工艺创新提质增效的一个典型，也必将引领模板工艺发展的方向。当下，国内工程模板工艺多由操作班组自行设计，拼装复杂且不利于周转，对人力及物质资源造成较大浪费，整体可移动式模板的研究尚有较大空间。本次典型模型的介绍，旨在提高人们对整体式可移动模板的认识，将其设计构想灵活运用到其他生产实践当中。采用移动模板支架与木工字梁模板体系结合，通过模板、木梁、背楞、木梁连接爪、背楞连接芯带、移动台架、撑杆几种常规的单元便可以在施工现场做到简便的组装、拆卸及周转，从而达到降低成本，缩短工期的施工目标。

1　工程概况

1.1　内侧防撞护栏

东人工岛结合部非通航孔桥内侧防撞护栏西起东人工岛岛体东侧，东至非通航孔桥粤港分界线，桩号从 K5 + 962. 454 ~ K6 + 351. 954，全长 386. 25m。护栏线型随桥型的曲线变化而变化，处于半径为 5500m 的平曲线上，外侧临海，底部与箱梁翼缘板边缘结合。

防撞护栏采用清水混凝土护栏型式，混凝土标号为 C45，护栏顶部两边设计圆弧倒角，箱梁上表面 20. 5cm 以上设置 55 度的斜倒角，结构示意如图 1 所示。

1.2　挡浪墙墙身结构

东人工岛挡浪墙沿护岸前沿线一周布置，全长 1386. 15 m，为素混凝土结构，主要结构断面形式为“L”型，如图 2 所示，底部有倒梯形前齿，南侧墙身顶标高为 +8. 5m，底板宽度为 6. 5m；北侧顶标高为 +8. 0m，底板宽度为 5. 0m，墙身顶部坡度为 1%。每一分段在前沿线上的长度为 4. 49m ~ 16. 047m 不等。混凝土强度等级为 C30。

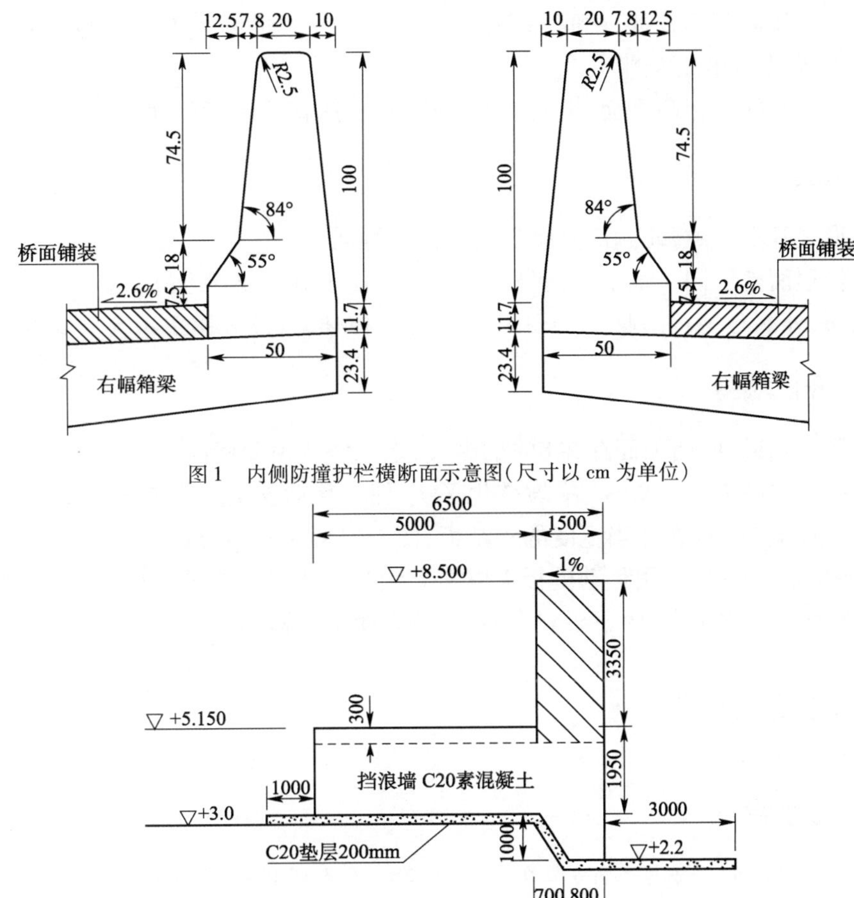

图 1 内侧防撞护栏横断面示意图(尺寸以 cm 为单位)

图 2 挡浪墙墙身结构典型断面图(阴影部分为清水混凝土,尺寸以 mm 为单位)

1.3 隧道敞开段墙身

东人工岛敞开段全长 288.781m,纵向有 2.98% 坡度。敞开段结构为钢筋混凝土结构,共分为 10 段(OE1 ~ OE10),每段之间设置一道变形缝。混凝土强度等级为 C45,其主要结构断面形式为山字型,如图 3 所示。

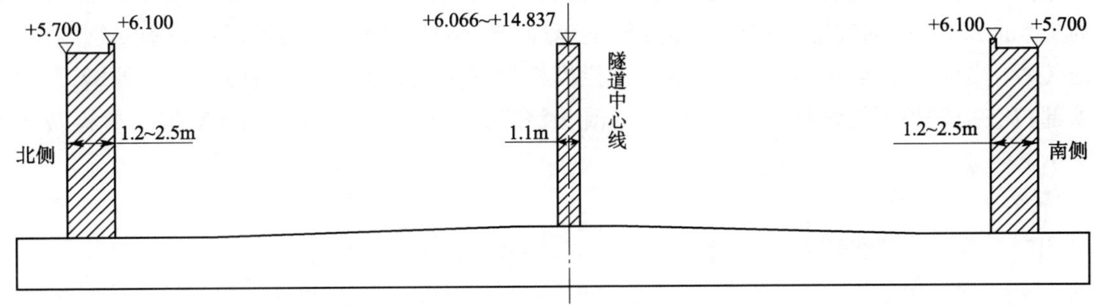

图 3 敞开段结构示意图(图中阴影部分为清水混凝土墙身)

2 结构特点分析

2.1 内侧防撞护栏

(1)内侧护栏均为同种类型护栏,结构尺寸固定,适宜采用钢模,便于支撑与拆卸。

(2)左右幅护栏横桥向距离较近,中间临海,采用门字形支架横跨左右幅,悬吊模板,能有效的提高模板拆卸的效率及临海作业的安全性。

(3)左右幅桥面处于同一标高平面,纵向坡度变化平缓,适宜采用可移动支架。

2.2 挡浪墙墙身

(1)结构断面形式基本一致,北侧部分墙身高度较南侧低。

(2)挡浪墙底板顶面处于同一水平面,底板宽度较大,便于搁置支撑台架。

(3)前沿线临海,外侧有抛石作业,无法采用门字形支撑架,因此采用单边支立支架。

2.3 隧道敞开段墙身

(1)结构断面形式相近,中墙顶面存在 8% 的纵坡,南北侧墙顶面标高一致。

(2)敞开段底板纵向坡度为 2.98%,横坡变化平缓,便于移动支架的固定与移动。

(3)OE1 ~ OE6 侧墙外侧存在适当宽度的外趾板,便于门型支架的布置。

根据构件的结构特点可得,采用移动模板支撑需要满足以下基本要求:①结构横断面尺寸相同或相近;②支撑面水平或坡度变化不大,便于架立支架,同时方便支架移动。

3 构建移动支架模型

3.1 内侧防撞护栏

采用 14 工字钢制作定型钢支架,钢支架的宽度以横跨左右幅护栏且方便模板拆卸为宜,长度略少于单块钢模长,以便在模板接缝处设置支撑,若构件体积不大,混凝土侧压力较小时宜可考虑支架与钢模等长,将支撑设置在支架支腿上,如图 4 所示。采用拉杆将钢模悬吊在支架顶部的背楞上;支架底部四个角点设置定向滑轮(若模板长度过长,构件纵向线型变化明显,宜采用万向滑轮)。钢筋绑扎完成后,将悬吊模板的钢支架从箱梁靠岛体侧滑动至横跨左右幅护栏,由于箱梁纵桥向坡度较缓,且钢模自重较小,人工移动即可,不然则采用电动葫芦。同一段的左右幅防撞护栏同时施工,以便模板加固。左右幅护栏模板之间的加固方式采用上下两道伸缩撑杆,顺桥向模板两端及中间位置均设置一个支撑点,以便模板接缝附近的稳固。模板底口与翼缘板侧面结合处设置通长止浆带,防止漏浆。护栏模板背水侧采用两道长度分别为 1.5m 和 2.5m 的伸缩支撑杆支撑在箱梁表面,顺桥向 2.5m 一道,支撑在模板接缝附近,支撑杆通过锚地装置锚锭在箱梁表面,如图 5 所示。护栏模板顶部采用 A20 对拉螺杆对拉,另外增设反拉装置,将钢模顶部拉在护栏顶部的钢筋骨架上,防止混凝土浇筑过程中模板上浮。内侧防撞护栏模板支撑模型如图 6 所示。

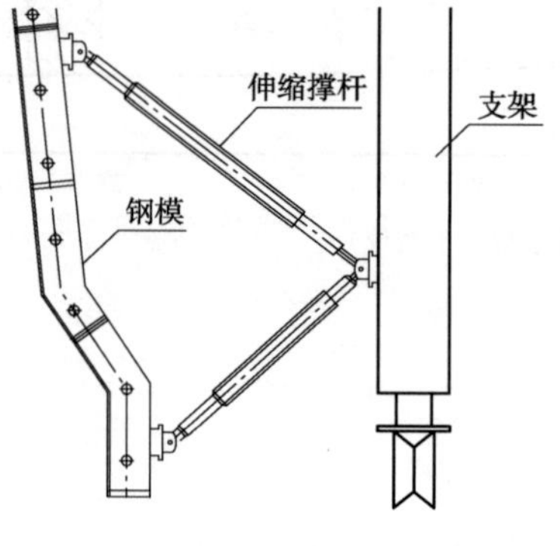

图 4 支撑设置在支架上示意图

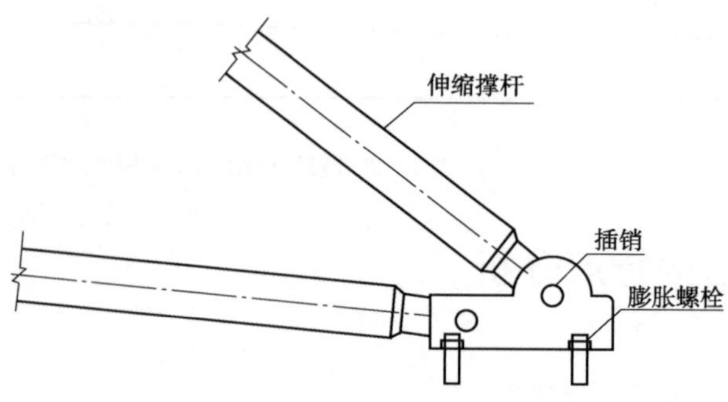

图 5 锚地装置示意图

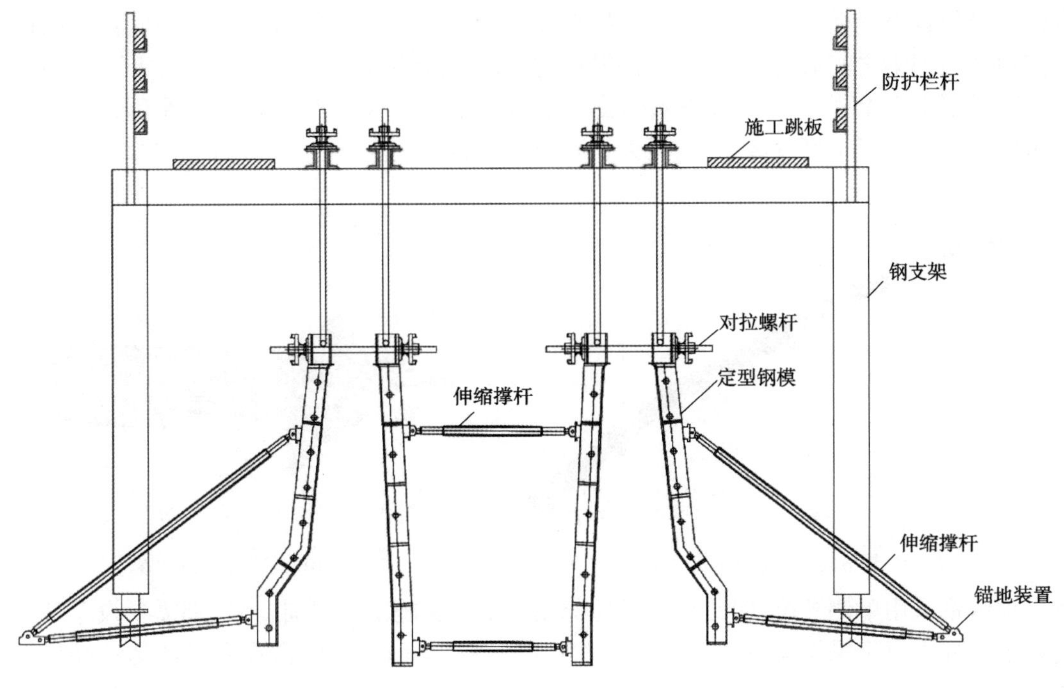

图6 移动模板支撑示意图

3.2 挡浪墙墙身结构

挡浪墙墙身施工在底板浇筑完成后,因此底板可作为墙身模板的支撑面。墙身迎水面避免与抛石作业冲突,且模板距地面较高,不宜设置支撑面。因此挡浪墙的整体支撑构思为"Z"字形单边着地、一端悬挑、可移动的支撑模型。

由于清水混凝土的设计要求,本工程引进德国的模板设计理念,采用桁架式台车作为模板的支撑体系。模板通过8根直径为A15的精轧螺纹钢悬吊在台车悬臂端的起吊梁上,前沿线方向每2根精轧螺纹钢一组,用上下双贝楞在台车顶部操作平台拉住(下方的长贝楞横跨模板两边吊点),上下贝楞之间设置承重250t的千斤顶,一方面承受模板整体的重量,另一方面通过轻松旋转千斤顶的油泵手轮便能调节模板标高,千斤顶调节模板标高布置如图7所示。下方的长贝楞可在台车的龙骨上通过伸缩杆沿挡浪墙横断面方向水平滑动,模板拆卸时旋转伸缩杆便可使模板轻松脱离混凝土面,伸缩杆拉合模板装置如图8所示。清水混凝土外观质量控制中最为重要的即为结构线型控制,为满足清水规程5mm的平面位置偏差要求,本工程采取模板"以直代曲"的方式,通过弯折起吊梁实现模板的折线变化,其中起吊梁分三节,在两两接头处内外两侧通过螺栓进行限位。起吊梁调节曲线段线型如图9所示。

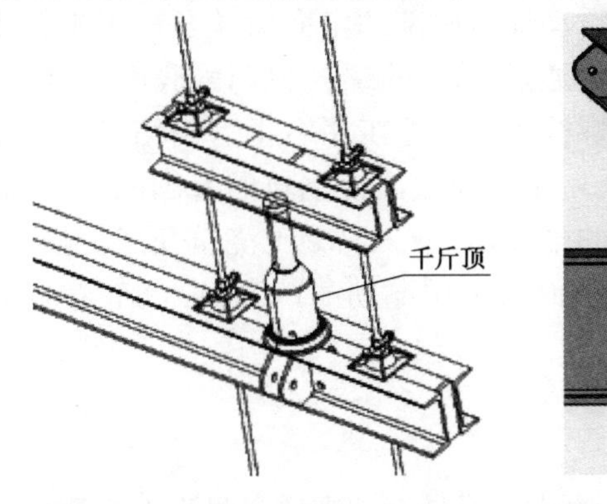

图7 千斤顶调节模板标高布置图

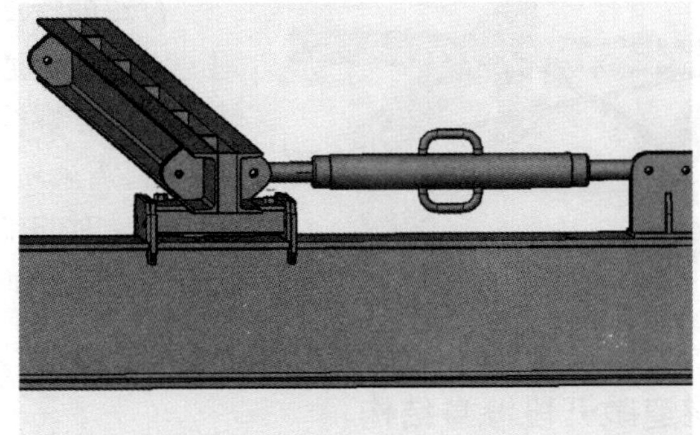

图8 伸缩杆拉合模板装置

为防止模板在移动过程中及闲置时受风力作用出现剧烈晃动,同时方便调节模板平面位置,在模板的高度方向适当位置设置横向支撑杆,一端支撑在模板背楞上,另一端支撑在固定在台车立柱上的钢梁上。其中支撑杆与钢梁之间通过插销连接,钢梁通过"U"型对拉装置与立柱咬合,"U"型对拉装置如图 10 所示。横向支撑杆设置位置还需考虑撑杆旋转的活动空间。模板对拉螺杆拆除后,只需轻松旋转伸缩撑杆便可使模板与混凝土面脱离,从而大大提高模板周转的效率,横向支撑杆设置如图 11 所示。

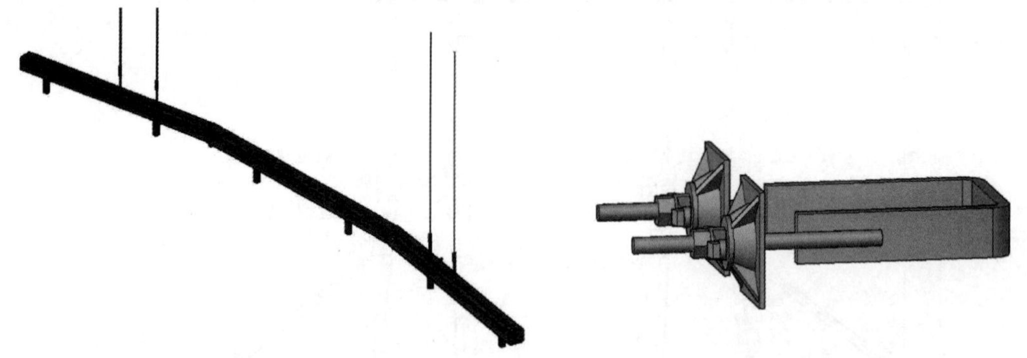

图 9 起吊梁弯折调节曲线段线型

图 10 "U"型对拉装置

由于支撑体系采用单侧支撑,因此在台车悬臂端悬吊模板施工的同时,另一端需要设置荷载,使台车趋于平衡。本工程中由于采用模板骨架均为双拼 14#槽钢,模板自重较轻,在台车的另一端设置大于 19t 的重物压载即可使台车稳定。荷载的位置设置在台车尾部立柱外侧,通过受力分析发现,未悬吊模板前,荷载加载后台车可以维持原平衡状态,从而使台车在施工平台周转更为便捷、安全。台车正式施工时,使用精轧螺纹钢将台车底座拉在施工平台上,通过带膨胀螺栓的锚地装置与地面锚固,如图 12 所示。

图 11 横向支撑杆布置图

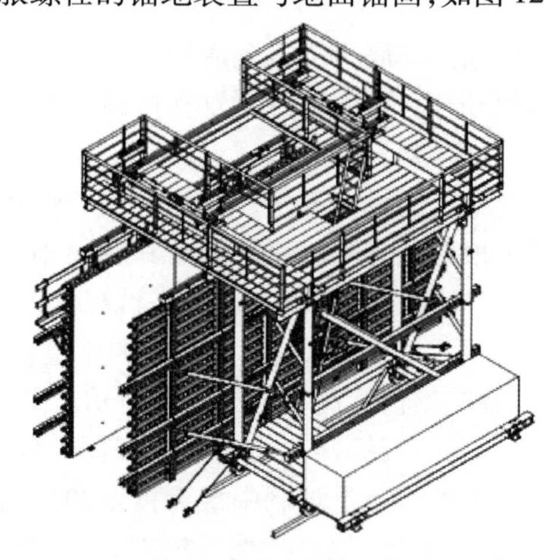

图 12 台车平衡示意图

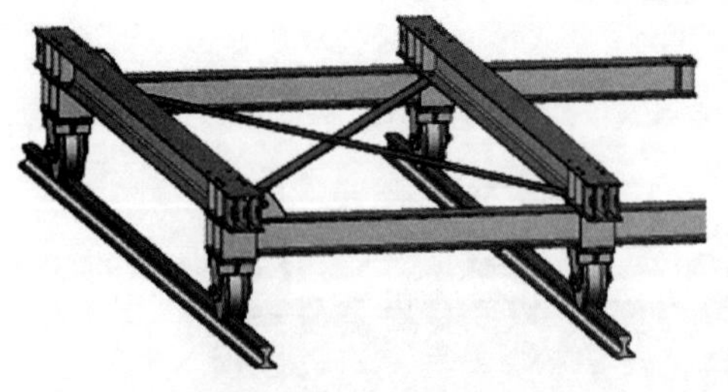

图 13 台车滑动轨道示意图

台车的滑动通过底部的定向滑轮及施工平台上的钢轨实现。定向滑轮通过 M25 的螺杆与钢梁底座结合牢固,滑动钢轨采用膨胀螺栓固定在施工平台上。当墙身混凝土处于圆曲线上时,需采用千斤顶顶推使钢轨顺着圆曲线方向弯折,保证台车移动时的平顺、安全。混凝土浇筑完成拆模后,台车移动到下一段施工面时采用电动葫芦牵引,台车滑动轨道如图 13 所示。

3.3 隧道敞开段墙身结构

作为隧道进出口景观效果的关键一环,敞开段墙身的清水混凝土外观质量显得尤为重要。

相对于内侧护栏及挡浪墙,隧道敞开段墙身体积更大,高度更高,且墙身内部钢筋及预埋件密集,给模板的安装及加固带来了巨大挑战。采用传统的搭设脚手架、布置加固斜撑的模板加固工艺，不仅很难确保模板的稳固，给施工质量及安全带来风险，且脚手架及斜撑的布置过程复杂，不利于后续施工周转，模板安装时还需吊车协同作业，给施工成本及进度造成较大浪费。

根据敞开段的结构特点，本工程采用门字型台车横跨墙身两侧，顶部布置施工平台。跟挡浪墙类似，墙身模板通过 8 根 A20 的精轧螺纹钢拉杆悬吊在起吊梁上，可通过千斤顶调节模板标高。墙底部支点设置定向滑轮，通过在底板上布设滑动钢轨实现台车的平稳移动。台车中部即模板上下适当位置布置横向伸缩杆，一方面方便调节模板横向平面位置，另一方面简化模板拆卸过程及保持移动过程中的稳定。台车在移动到下一段墙身施工时，两侧支腿采用电动葫芦牵引。由于台车较高，在进入正式施工轨道时需采用缆风绳临时加固。台车加固模板施工及台车周转移动如图 14 和图 15 所示。

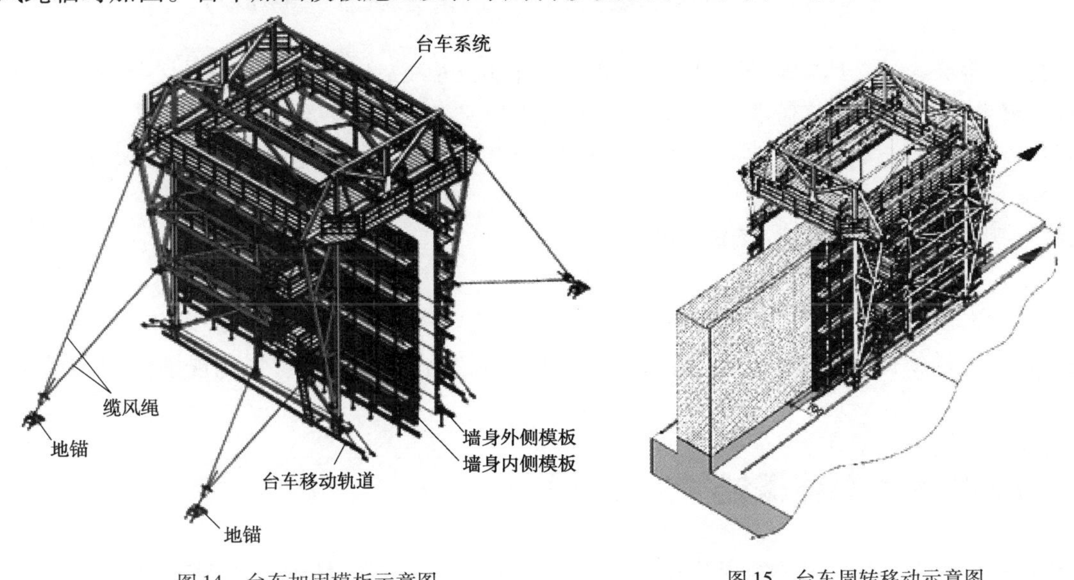

图 14　台车加固模板示意图　　图 15　台车周转移动示意图

4　应用成效

通过采用移动模板支撑系统，不仅使得模板加固牢靠，避免了常规的模板质量通病，且对于优化清水混凝土墙身线型质量及标高控制起到了关键作用，同时大大的提高了流水作业周转的速度，给进度及成本控制带来诸多益处。

结论

移动模板支撑体系，结合木工字梁模板系统，充分发挥了其对于清水混凝土结构精细施工的优越性，使得模板安装时的平面位置及标高调节变得十分便捷，简化了模板拆卸流程，流水作业上的周转速度也得以成倍提升。本工程中的移动模板支撑，基本都用到牵引设备、滑动轨道、顶推设备以及悬吊装置，通过机械自动化，大大减少人工及设备的投入，降低了施工成本，提高了作业的安全性，对于模板加固工艺的发展具有重要意义。

参考文献

[1] 中交股份联合体港珠澳大桥岛隧工程第Ⅱ工区项目经理部. 东人工岛隧道现浇暗埋段施工组织设计[R]. 2014

[2] 王金龙，莫日雄. 港珠澳大桥东人工岛隧道现浇暗埋段结构防裂技术[J]. 中国港湾建设，2015，35(7)：22-24

以“五化”活动为抓手　强化现场管控
不断提升项目管理水平

王国锋　高子双
（中交烟台环保疏浚有限公司，山东烟台，264000）

摘　要：烟台公司在“十二五”和“十三五”期间，通过开展“五化”活动，将烟台公司各部门和所辖各项目部的管理水平提升到新的高度。为烟台公司近几年平稳、快速发展提供了坚定的基础和坚实的后盾。在今后的管理工作烟台公司还将严格管理要求，加强施工基础管理，提质增效，为烟台公司“调结构，促发展”阶段助推新跨越贡献力量。

关键词：项目管理；提质增效；经营创新

“十二五”以来，烟台公司以“五化”活动为抓手，各项工程管理工作紧紧围绕着年度预算这一工作中心，通过开展管理创新提升活动等手段，完善项目管理机制，优化资源配置，强化现场管控，力促项目管理水平的提升。

1　“五化”活动总体概述

“五化”是指项目管理过程中的规范化、制度化、标准化、信息化、精细化，囊括了项目管理的全部内容。“五化”是项目管理新生事物的旧内容，“五化”涉及项目部（前台）管理和公司（后台）管理，是我们过去常说“提升项目管理”的系统理论总结，简言之：规范化是核心，制度化是基础，标准化是支撑，信息化是手段，精细化是目标。

公司开展活动的最终目的就是要以“五化”为抓手，快速提升项目管理的整体水平，从而夯实管理基础，提升整体竞争力。

1.1　项目管理的规范化

规范化是根据项目管理的需要，制定项目的组织规程和管理制度以及各类管理事务的作业流程（包括各类报表、图表、CI规范等等），形成统一、规范和相对稳定的管理体系，并通过不断完善体系，达成项目管理动作的井然有序、协调高效的目的。

对于管理规范化的要求可以细分为以下几个方面：组织系统化、权责明晰化、决策程序化、工作流程化、目标计划化、控制过程化、考核定量化。

（1）组织的系统化。就是首先要建立一个完善的、运作高效的、相对合理的项目组织结构，从而为项目的顺利实施提供组织保证。

（2）权责明晰化。在此次活动中尝试在项目管理上推行使用“权责清单”的方法，来明晰项目管理的权责。

（3）决策程序化。分为技术和组织两个方面，技术方面的程序化是根据既定的信息建立数学模型，把决策目标和约束条件统一起来，进行优化的一种决策。组织方面的决策程序化是指项目管理过程中的一些重大决策必须严格遵循一定的组织程序。

（4）工作流程化。就是预先规定和设计好项目管理过程中的各项工作的流程，在实施时按预先设计好的流程逐步操作。

(5)目标计划化。就是项目开始时,在质量、工期、安全、效益等方面设定目标,并编制月度、季度、年度和项目整个施工期实施计划。

(6)控制过程化。就是对施工的全过程进行控制,及时发现和纠正偏差,保证项目自始至终处于受控状态。

(7)考核定量化。是指对项目管理的质量指标、成本指标、收款率指标、安全施工指标、文明施工指标和进度指标尽可能的量化,以期达到全面性、动态性、激励性、可操作性。

1.2 项目管理的制度化

制度化就是用制度作为基本手段协调组织集体协作行为的管理方式。一是重新梳理与项目管理相关的各项制度,修改和完善制度,使其更具有可操作性和完整性。二是从管理环节、激励环节、培训环节、文化塑造四个环节入手制订措施,以期尽快提高制度的执行力。

1.3 项目管理标准化

标准化是质量标准、技术标准、管理标准、工作标准等各类标准的制定、发布和实施标准的活动过程。工作重点是完善标准化三级管理体系。

1.4 项目管理信息化

信息化是充分利用信息技术,通过构建数据平台,将项目管理的各类数据高度集成和深度挖掘,从而提高管理效率和决策的精准度。

1.5 项目管理精细化

精细化是专注地做好每一件事,工作精益求精,重细节、重过程、重基础、重具体、重落实、重质量、重效果。

2 以“五化”活动为主线,切实夯实项目管理基础,提升管理水平

烟台公司以“五化”活动为抓手,通过着力开展“五化”活动,达到提升公司整体管理水平。自“五化”活动开展以来,烟台公司为积极推进活动的开展做了如下工作:

(1)成立了“五化”活动领导小组,制定了小组工作职责。领导小组负责对“五化”活动的领导和推进;推动小组负责“五化”项目管理的规划协调组织。主要包括:负责“五化”目标的制定;负责“五化”各种标准、制度的制定和完善;负责督导试点项目部“五化”的具体实施、实效检验、总结优化、改进提高、全面推广等。

(2)“五化”工作领导小组和推动小组成立后,小组相关人员根据小组职责相继展开工作,制定、下发了烟台公司《“五化”管理活动实施方案》。在活动实施方案中,对开展“五化”活动的指导思想和目标任务进行了说明,对五化的内容进行了解读、梳理,并对公司开展五化活动的总体工作时间作出了详细安排。公司“五化工作小组”认真细化梳理,列出项目管理全过程中每一项工作内容,细化到具体工作名称,作为工作清单的基本单元,然后每项工作对应工作任务说明、责任人和完成时限,并在试点项目部实行。

(3)选取了烟台西港项目部和潍坊航道项目部作为“五化”活动的试点项目部,试点工程项目为潍坊港中港区3.5万吨级航道工程、烟台西港区防波堤二期工程三标段。试点项目部制定了各自的“五化”活动实施方案,建立了项目部层面的“五化”活动领导小组及工作小组,对各项活动内容进行了责任分工,规定了完成时限。对项目内部工作程序及管理制度进行了梳理、完善。

(4)烟台公司各职能部门对项目管理程序规定、管理制度、相关文件进行了一次梳理,形成项目管理实施手册并予以下发。梳理、搜集了港航、水利水电、路桥、市政等施工领域现行施工规范、标准名录并下发。要求各项目部在施工过程中注意各类施工规范、标准的更新、废止情况,以保证施工规范、标准的合规性,提高项目管理的标准化水平。制定了项目管理过程工程资料管理细则,对工程项目施工过程资料管理的设置标准提出了指导性意见。

(5)公司组织相关职能部门人员对烟台西港区防波堤二期工程(三标段)在"五化"活动开展情况进行了一次督导、检查。根据各项目部"五化"活动情况的自查结果,对查找出来的问题进行了整改,结合三季度检查,烟台公司对相关项目部"五化"开展活动情况检查工作。制定了项目管理过程工程资料管理细则,对项目过程资料管理的设置标准提出了指导性意见。

目前烟台公司市政、水利水电等新施工领域的施工水平、能力还有待提高,相关管理制度还有待规范、完善,在已有成熟经验的施工领域对工程的全过程做到精细化管理的同时,将"五化"活动作为一个提升烟台公司新施工领域的管理水平的手段,补强烟台公司市政、水利水电等型施工领域的短板,为公司发展新业务提供最基础的管理保证。

3 项目部"五化"活动实例

以烟台公司潍坊项目部为例对 2015 年"五化"活动开展以来所做工作进行说明。

3.1 项目管理的制度化

重点完成两大项工作,一是根据《公司项目管理手册》,结合项目部的实际,重新梳理项目管理的各项规章制度,做到全覆盖,一并进行制定、修改和完善,形成了具有可操作性和完整性的《潍坊项目部管理制度汇编》,每名员工手持一本,二是采取有力的措施,解决制度的执行力,逐渐达到各项管理工作的规范化、程序化、精细化。

图 1

组织项目全员进行宣贯,并做到管理有依据,扎实开展管理活动。

3.2 项目规范化管理

组织的系统化。重新梳理了项目组织结构,有原来的六部一室,规范为六部三室,六部为:工程管理部、技术质量部、财务管理部、合同预算部、安全监督部、机务部;三室为:"五化"活动办公室、综合办公室、调度室,增加了五化活动办公室,加大五化活动的力度,为"五化"管理活动的顺利实施,提供组织保证。

权责明晰化。在项目管理上推行使用"权责清单"的方法,修订了各部室的职责和各岗位的职责,并上墙公示,进一步明晰项目管理的权责。

决策程序化。分为两个方面,一是安全生产技术、资金调度方面的决策程序化,二是人事、组织方面的决策程序化。具体工作内容是列出项目管理过程中需要决策的重大问题清单，制定以上两方面的决策程序。

工作流程化。项目部各项管理工作都重新分类、梳理并列出清单，依照清单逐项梳理和制订工作流程，并上墙公示。

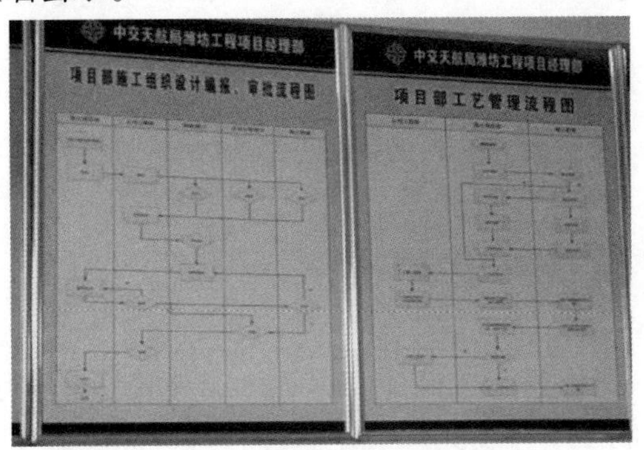

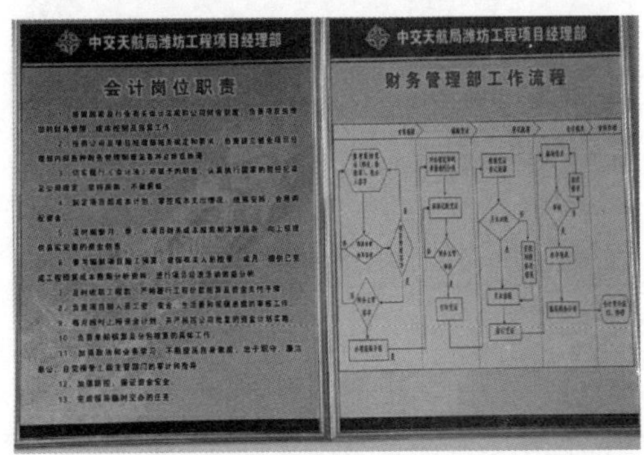

图 2

控制过程化。包括项目部自身对项目的过程控制和公司或业主管理部门对项目的过程控制两部分，项目部重新完善修订工程过程控制方法，并在施工过程中进行控制。

考核定量化。项目部组织专业人员重新对现有的项目管理考核体系进行评估，重新修订完善新的考核方法，在项目管理工作中进行考核实施，效果明显。

每月初项目部根据船舶施工情况制定下月船舶生产指标，月底进行考核，根据实际施工情况考核船舶奖金，此法较好的激发了船舶施工积极性。

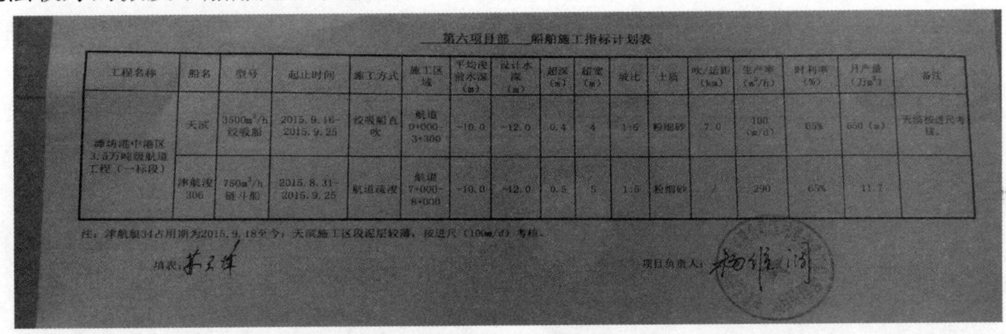

第六项目部 船舶施工指标计划表

工程名称	船名	型号	起止时间	施工方式	施工区域	平均浚前水深（m）	设计水深（m）	超深（m）	超宽（m）	坡比	土质	吹/运距（km）	生产率（m³/h）	时利率（%）	月产量（万m³）	备注
潍坊港中港区3.5万吨级航道工程（一标段）	天滨	3500m³/h绞吸船	2015.9.16-2015.9.25	绞吸船直吹	航道0+000-3+300	-10.0	-12.0	0.4	4	1:5	粉细砂	7.0	100（m/d）	65%	650（m）	天滨按进尺考核。
	津航浚306	750m³/h链斗船	2015.8.31-2015.9.25	航道疏浚	航道7+000-8+000	-10.0	-12.0	0.5	5	1:5	粉细砂	/	290	65%	11.7	

注：津航舶34占用期为2015.9.18至今；天滨施工区段泥层较薄，按进尺（100m/d）考核。

填表：

项目负责人：

图 3 船舶生产考核指标

3.3 项目管理标准化

项目部进一步完善了标准化管理体系，设置标准管理岗位，制订标准管理办法、明确了岗位职责，编制所需的标准项目标准化管理目录清单，各部室按照目录清单，认真执行工作标准，效果较好。

图 4

组织项目部利用生产间隙、总工课堂等时间组织员工进行标准、规范学习，提高员工业务水平。

项目部适用标准、规范清单

行业标准

地方标准

企业标准

图 5

定期对项目部现有施工规范及标准进行检查更新，确保目前项目部使用的标准及规范是现行版本。

施工中严格要求各船舶按照标准、规范施工，潍坊航道于年初完成航道整体 -10m 深度施工，并通过 2 万吨级通航验收。

本年度施工下层质量层，项目部严控船舶超深、超宽。因航道距离长，潮位难以掌握。项目部与天津海事测绘中心合作，在航道外侧设置自动验潮仪，提高了施工精度。

3.4 项目管理精细化

项目管理过程资料严格执行“编制 - 审核 - 审批”制度，确保项目管理过程资料的完整性、准确性。项目过程资料严格进行分类保管。

强化精细化管理思想宣贯，让每个员工认识到“细节决定成败”的重要性，提高了员工对精细化管理的能力。

组织专业技术培训，提高员工管理和专业技术水平，培养了员工工作“精”“细”的工作作风。

图 6 项目过程资料严格进行分类保管

强化项目过程管控深化管理精细程度，提高船舶生产效率。

本年度主要施工下层质量层，确定质量控制点为：

(1)疏浚施工中的挖深、平整度控制

(2)疏浚施工中边坡的质量控制。

采取以下质量保证措施：

(1)项目总工负责，按程序进行施工交底；

(2)定期校核自动报潮仪，加大测量频率，视气象情况隔天测量；

(3)开工后进行试挖分析，确定船舶在本工地最优施工参数，及时向船舶下达施工作业指导书；

(4)利用断面曲线叠加对比和施工区水深矩阵对比两种方法，直观了解耙吸船施工质量情况；

(5)分析测图，调整施工方法、工艺，确保工程进度和质量；

(6)施工中采取直线、曲线结合的方法布耙,耙吸船布耙过程中保留航迹线,根据航迹线均匀布耙,保证施工平整度。

绞吸式挖泥船“天滨”施工区段泥层较薄,若严格控制质量层则会造成船舶施工生产率较低。在保证施工进度、施工质量的情况下,最大限度地提高生产率,减少后期补吹方量。项目部与船舶多次进行工艺研究,探讨前移距、挖深以及横移速度等参数的匹配情况,寻求最优组合,确保最大进尺的情况下,提高单日产量。

链斗式挖泥船津航浚306进行航道质量层施工,施工区距离口门较近,施工土质为粉细砂,船舶扰动回淤和自然回淤较大。项目部加大了津航浚306测量密度,及时进行测图分析,优化施工参数,根据回淤监测情况,分析不同段施工时间距验收时间预留不同的备淤深度,在确保通过验收的前提下最大限度减少废方。

加强自航泥驳管理,为防止泥驳漏泥造成回淤,开工前期派专人驻船跟踪泥驳装泥、卸泥情况,督促泥驳更换密封条、及时加压。目前不定期去泥驳检查,发现漏泥限期整改。

严格工程物资、排泥设备、备配件、燃物料的采购管理。物资使用数量和时间应经过计算并事先制定计划;实际采购(或招标)前应进行市场调查,实际采购(或招标)中应在合法有据的前提下提高采购物品品质降低采购成本。

加强项目成本指标管控,降低运营风险。

一是加强成本核算,量化成本变动对产出和效益的影响,并以此为依据控制资源的投入,谋取最大的经济效益。

二是进行成本预控,在成本预算的基础上编制资金使用计划,力求成本开支的合理性和资金投入时间上的最佳;做好工程变更、索赔证据的资料搜集整理签认工作;追求更高的经济效益。

三是加强工程进度款款催收力度,用足资金的升值潜力,最大限度降低财务费用支出。

3.5　项目管理信息化

项目部建立了高效的信息管理平台,专人管理信息传递,规定了信息传递人员的信息管理职责,建立了各类信息采集、传递、处理、反馈的内容和流程,建立潍坊工程船舶施工动态群,采用电话、微信等通讯平台传递信息,及时处理施工中各项突发事件,做到了信息传递无缝衔接。

本工程为边通航边施工工程,施工船舶与生产运营船舶之间极易产生冲突,做好施工船舶和商船、货船的避让工作,确保航行安全,是本工程实施过程中的重点工作。项目部制定专项避让方案,加强了船与船、船与岸的信息沟通,工程安全生产无事故。

(1)与潍坊森达美港保持密切沟通和联系,有船舶计划通过航道时,提前1小时通知施工船舶做好避让准备,并随时通报船舶状况和位置。

(2)挖泥船每次变换锚位或更换施工区域时,都需提前向潍坊森达美港调度申请,完毕后报告相应位置。

(3)施工作业期间,施工现场设置调度值班室,施工船舶和调度室保持VHF16/26/68频道畅通,24小时值守。

(4)自航船穿越航道时,要提前与航道通行船舶建立有效联系,并应大角度穿越,尽量缩短穿越时间。

(5)工程管理部、财务管理部、安全监督部、机务技术部、预算管理部、综合办等部门制定信息台账,详细记录了工程施工信息、财务信息、施工安全信息、设备信息、市场信息、内部管理信息。各类信息的分类、汇总分析、上传、下达、发布保管均有专人负责

(6)通过强化信息化管理,目前项目部逐步实现了通过网络随时随地办公,初步实现了无纸化办公。

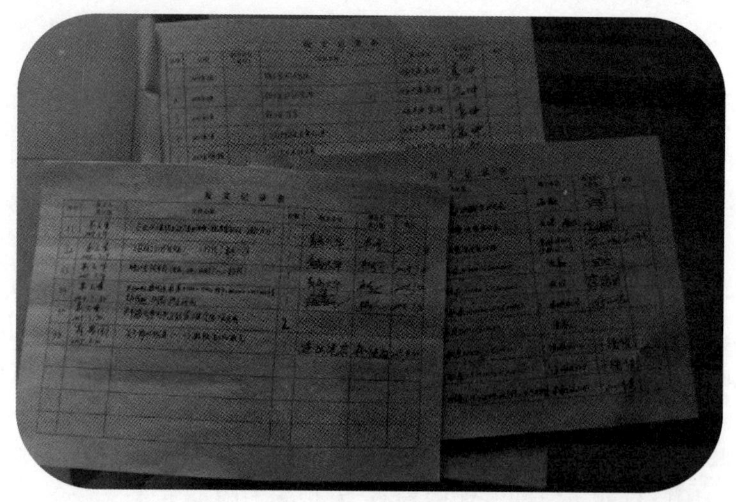

图 7

+增加 −删除 修改 【上报确认】

单位 中交烟台环保疏浚公司 项目经理部 第六项目经理部 项目 潍坊港中港区3.5万吨级航道工程（二标段）在建项目

年份	月份	施工概述	疏浚量	产值	简报
2014	6	本月施工： 津航浚109在航道23+000~27+000段施工。	400,000.00	10,000,000.00	
2014	7	本月施工： 津航浚109在航道23+000~27+000段施工。	300,000.00	11,700,000.00	
2014	8	工程施工： 1.通坦在航道26+000~29+000段施工。 2.鸿霖浚18在艏吹区施工。 3.津航浚	1,608,000.00	45,212,000.00	
2014	9		1,732,000.00	36,700,000.00	
2014	10	工程施工： 1.鸿霖浚18在艏吹区施工。 2.通坦在航道20+000~24+000段施工。 3.通远在	1,781,000.00	37,584,000.00	
2014	11	工程施工： 1.通远在航道24+000~29+900段施工。	440,000.00	8,580,000.00	
2014	**12**		**750,000.00**	**10,500,000.00**	
2015	9	通恒本月在航道34+000-40+000段施工	950,000.00	37,050,000.00	
2015	10	1.通恒施工航道34+000-48+000段。	950,000.00	37,050,000.00	

打印 关闭

序号	步骤名称	处理人	处理意见	到达时间	处理时间
1	申办人	葛百宁	请审核。	2015-09-24 08:28	2015-09-24 08:28
2	申办部门	杨维阁	同意。	2015-09-24 08:28	2015-09-24 08:33
3	承办人	高阳朝	请审核。	2015-09-24 08:33	2015-09-24 08:46
4	承办部门	宋珊珊	同意。	2015-09-24 08:46	2015-09-24 10:31
5	承办人	高阳朝	请审核。	2015-09-24 10:31	2015-09-24 11:06
6	会签部门	潘君	同意。	2015-09-24 11:06	2015-09-24 11:11
7	承办人	高阳朝	请审核。	2015-09-24 11:11	2015-09-24 11:40
8	经营预算部	宋珊珊	同意。	2015-09-24 11:40	2015-09-24 15:42
9	主管领导	于仁臣	同意。	2015-09-24 15:42	2015-09-25 13:07
10	分管领导	巴特尔	同意。	2015-09-25 13:07	2015-09-29 09:50
11	总经理	王国韡	同意。	2015-09-29 09:50	2015-09-29 11:27
12	承办人	高阳朝	请查收，并及时上报合同会签。	2015-09-29 11:27	2015-09-29 1

图 8

3.6 开展“五化”管理活动的亮点工作

(1)开展“五化”活动的范围不仅是项目部全体正式员工，项目外聘和劳务人员都参与到活动中来，使整个项目部的工作都覆盖在“五化”标准之中。

图 9

(2)在“五化”管理活动中，项目部针对“天滨”和“开进18”两条绞吸船在潍坊港3.5万吨航道工程施工中，吹距7000～9000m，管线数量多、距离长，且水下管线铺设区域狭窄，各船舶存在交叉作业的实际情况，项目部制作了“管线管理看板”，让管理人员能够直观掌握“天滨”和“开进18”两船管线走向、管线数量变化，管线的库存数量、规格、测厚分类、堆放位置且每垛堆放的管线，都有指示牌等，提高了管线管理效率。

(3)为了时刻提醒全体员工注意安全生产，做到警钟长鸣，项目部制作了“安全管理看板”，发布每天的气象信息，及时传达安全信息，张贴安全文件，提醒员工安全注意事项，公开安全当班领导，接受员工监督，营造了良好的安全文化氛围，警示员工“生产再忙，不忘安全”确保了从工程开工至今安全生产565天。

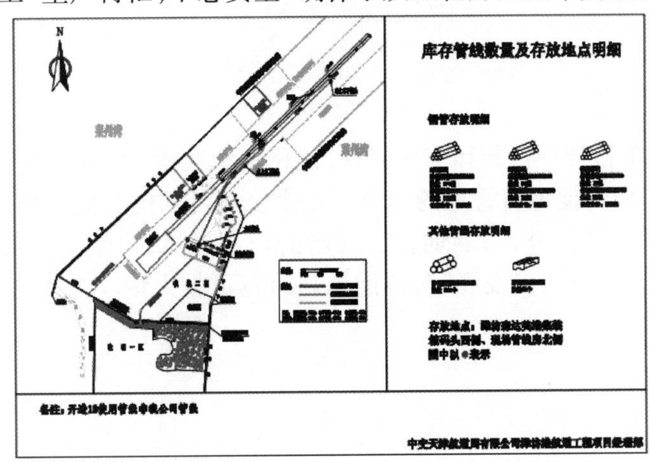

图10　管线管理看板

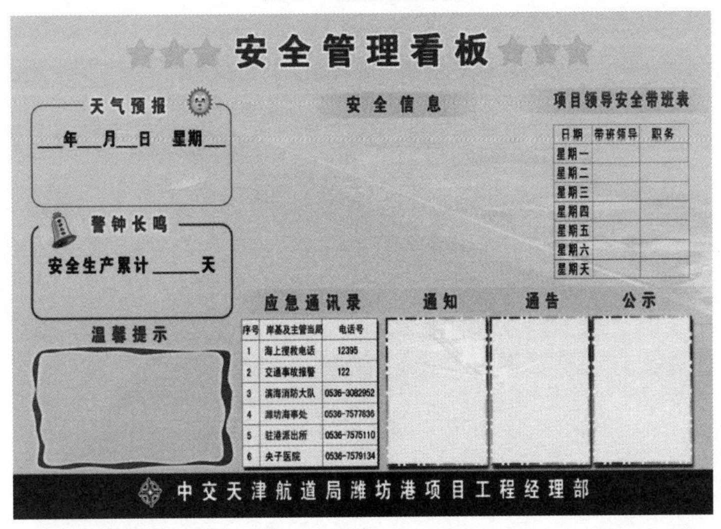

图　11

3.7　开展五化管理活动成效

(1)员工的成本意识和工作积极性、能动性提高幅度很大

通过开展“五化”管理活动，使员工职责更清晰，标准更明确，考核更规范，在很大程度上提高了员工的工作积极性和能动性，日出成本管理工作，带动了员工人人关注成本，关注效益，使员工的成本意识有了大幅度提高。

(2)提高了项目部整体管理水平

提高活动的开展，进一步健全项目管理体系，明晰项目管理责任，夯实项目基础管理，同时，增强了项目员工的工作主动性，能动性，提高了工作效率，使员工逐步养成按职责、按规范、按标准工作的作风，提高项目整体管理水平。

(3)安全生产形势稳定

及时对进场的施工船舶进行了安全交底，对进场的管线工人安全交底及安全培训人次达48次；对船舶安全检查18次，提出整改项63项，均进行了整改，督促施工船舶制定了防台风、突风、防冰冻预案，安全生产形式稳定可靠。

(4)确保完成公司下达的各项经济技术指标

9月、10月份，一标段完成工程量154万 m^3，完成工作量4928万元；二标段完成工程量208万 m^3，完成工作量 8112 万元；完成 9 月、10 月份施工计划的 110%。

结语

“五化”活动意在完善项目管理机制和工作流程，优化资源配置，加强对项目现场的规范化、标准化、制度化、信息化、精细化管理，力促项目管理的提升。在全公司各部门共同协作和努力下，通过以“五化”活动为抓手，力促项目管理水平提升，拓展烟台公司新的业务领域，为烟台公司在日益激烈的竞争环境下，实现烟台公司“稳增长，调结构，促发展”阶段助推新跨越贡献力量。为公司提质增效，提升整体项目管理水平，做出更大的贡献。

以成本快速反应为抓手
提升项目基础管理 成就精品工程

刘春洋 迟 速 杨兴柏 信瑞旺
(中交第一航务工程局第五工程有限公司,河北秦皇岛,066000)

摘 要:钦州港国投煤炭码头工程合同总价约6.63亿元。工程内容包括港池疏浚、码头泊位工程主体、陆域形成、地基处理及土建施工等。项目实施前提前策划,细化目标,制定了详细的基础管理措施,以成本快速反应为抓手,带动项目工期、质量、技术、安全等各项基础管理工作稳步提升,圆满地实现了策划目标,确保提质增效工作取得实效。

关键词:创新;科技;基础管理;快速成本分析;提质增效

引言

钦州港国投煤炭码头工程施工存在工期紧、队伍多、质量要求高、社会资源匮乏、交叉干扰施工等原因,项目部以成本快速反应为抓手,加强项目基础管理,在提质增效上取得显著的效果,保证项目履约,提高经济效益。

1 项目背景与工程简介

钦州港国投煤炭码头工程是国投集团于北部湾地区投资建设的第一个交通基础设施项目,也是广西壮族自治区重点建设工程项目,在实现国投集团“北下南上”的煤炭运输布局的同时,又可满足北部湾经济区快速发展的需要,提高了广西电力供应保障能力。

本工程新建5万吨级煤炭接卸码头长度为278米,年接卸能力为640万吨,位于钦州燃煤电厂以东、金鼓江口西岸、电厂一期循环水排水口以南,对岸隔金鼓江为中港区的大榄坪作业区;新建陆域堆场位于钦州燃煤电厂以西,临海大道和果鹰大道之间,堆场面积约为54万m^2。

2 管理重点与难点

广西地区降雨频繁,且雨季较长,连续施工作业困难,影响施工工期。施工过程中多次遭受台风侵袭,导致部分已完工项目造成较大损失。施工队伍数量较多,且存在诸多工序交叉作业,导致施工组织管理难度大。码头主体施工临水作业,且要根据潮水合理组织施工,增加了施工安全及技术质量管理难度。钦州地区资源匮乏,砂、石料组织尤其困难,加大物资采购管理难度及成本。本项目施工与电厂施工存在相互交叉干扰的情况,施工过程中协调工作量大,极大地影响了施工进度。

3 项目管理策划及创新

3.1 全面策划

以科学策划为指导,以规范项目部管理制度、闭合管理流程为手段,强化项目基础管理全面提升为主线，坚决贯彻落实各项目标，实现项目部在新形势下降本增效，稳健发展[1]。策划过程中明确职责分工，强化责任制落实，以成本快速反应为抓手，带动项目技术、质量、物资、财务、安全及文明施工等基础管理工作全方位提升，最终达到重成本、严控制、快反应、见实效的总体目标。

3.2 施工技术创新

沉箱预制及胸墙施工均采用模板专用限位扣件，消除了模板拼缝处漏浆、错台等质量缺陷，取得了良好的效果，并在2015年取得了国家知识产权局实用新型专利证书（图1和图2）。

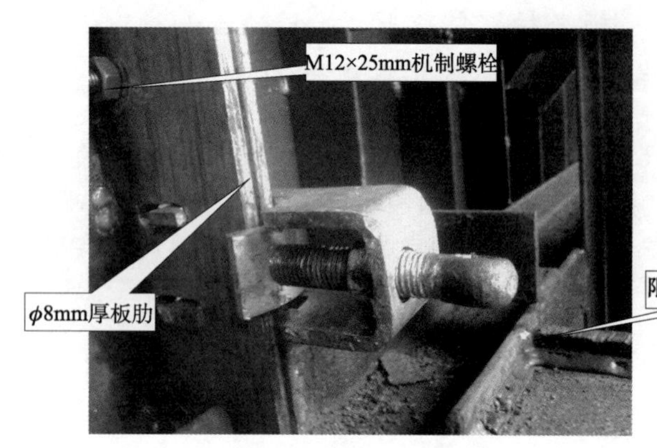

图1 模板限位扣件图

图2 沉箱预制图

4 项目基础管理措施

4.1 成本管理措施

项目部成立成本管控领导小组，建立当期成本快速反应体系，细化完善了项目成本管理业务流程，强化了各部门人员岗位职责的落实，以成本快速反应为抓手，结合项目部在钦州地区施工累积的经验，认真做好成本预控方案、项目全面策划，将成本管控重点放至优化施工方案、合理组织上[2]，同时制定相应的基础管理措施，带动项目部综合管理水平提升。

4.2 财务管理措施

项目部财务资金管理工作中，工程款能严格按规定程序落实支付。每月项目经理组织主管领导、业务部门人员、财务人员召开资金计划会，照轻重缓急、灵活调配的原则进行内外部资金平衡，保证付款合理、合法、合规，为现场的施工进度提供了有力的支持。

项目部资金实现全过程管理，各管理部门是资金业务的发起者，资金计划、资金支付申请均由各部门指定的经办人发起，从而真正发挥本岗位的资金管理责任，共同防范资金风险，提升项目管理水平，达到了公司引进浪潮系统资金系统的目的。

4.3 安全管理措施

项目部强化安全是最大成本的理念，在成本管控中列出安全生产专项资金，加强财务审计，确保专款专用[3]，保证安全生产零事故，避免增加项目成本。

同时，项目部落实“党政同责、一岗双责”的安全生产责任体系，逐级签订安全生产责任书，分解落实安全生产责任，落实安全专项资金的使用情况。做好《新安全生产法》宣贯，责任细化分解到项目部各职能部门及协作队伍各班组，根据不同岗位突出各自的重点内容，开展形式多样的培训活动，把新安全生产法内化于心、外化为生产经营的规章制度，建立健全安全生产工作的长效机制，促进施工生产有序推进，保证了企业的效益。

4.4　技术质量管理措施

自工程开工以来，建立健全了项目组织机构，以成本快速反应为抓手进行项目技术质量策划，通过技术方案讨论会、设计优化、工艺创新等措施降低施工成本[4]。项目部制定了《技术例会制度》、《质量管理制度》、《质量奖惩制度》等制度，同时还制定了《质量检验计划》、《质量管理方案》、《沉箱预制质量通病防治实施方案》、《预防和消除质量通病计划》等质量计划与方案，签订了《质量目标责任书》，将创优目标逐层分解、落实到人、严格执行，从源头上保证工程质量。

本工程质量控制重点为胸墙面层防裂，项目部充分利用方案讨论会形式集思广益，分析质量控制的关键点和难点，比选方案的经济性与可行性，最终确定合理的施工方案，在施工过程中严格执行并完善改进。通过将钢筋下调至胸墙主体从而减少钢筋束缚产生的裂缝，面层设置 $\phi8$ 双层双向钢筋网片、结构转角处设置钢丝网，增加了面层的抗拉强度，进一步采取优化混凝土配合比、设置散热孔、覆盖土工布及洒淡水养护、避开高温天气浇筑混凝土等措施，保证了工程质量的同时也达到了提质增效的目的。目前胸墙面层已浇筑完成近两年，面层表面平整、线条顺直、表面裂缝极少，得到质监站及上级检查部门的高度好评。

4.5　物资管理措施

完善项目部《物资管理细则》，建立甲供物资管理办法。针对项目部采购的主材协作队领用持有量大、使用情况难掌握的特点，项目部实行主材总量控制的原则。制定月度甲供材使用、消耗、跟踪管理台账，增设半成品盘点内容，形成月度分项分部工程用料盈亏分析表，对协作队主材用料实行动态管理，形成项目部施工用料分项（分部）形象动态，对出现余料及时调拨，提高了物资使用率，增强了物资部快速反应调拨能力。

5　过程检查控制措施

5.1　月度成本过程检查措施

每月 25 日召开月度成本分析会，技术员、预算员、机务员、材料员及财务员将成本数据及时上报到计合部，由计合部以同一时间点实际完成的形象计收入和支出，建立了项目成本管理台账。“台账”清晰录入了公司收入、项目部标后收入、分包费用、机械租赁费用、材料费用、项目管理费用及工程变更、签证、索赔确认完成情况和未确认部分的进展程度，录入数据均链接支持性依据，项目当期成本一目了然（图 3）。

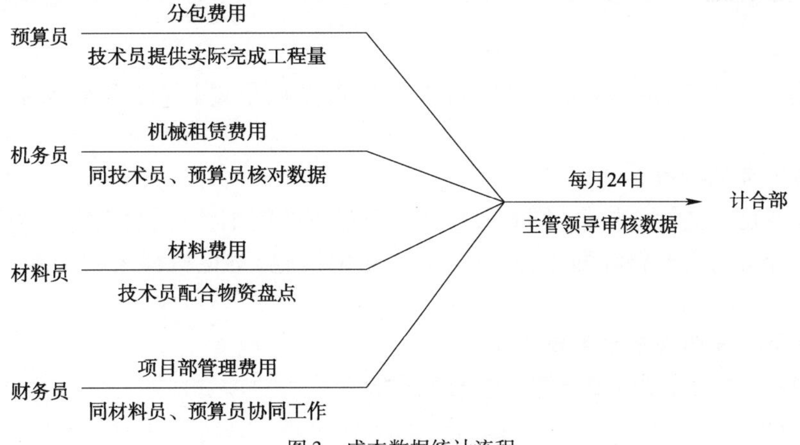

图 3　成本数据统计流程

通过月度成本管理台账反映出项目分包费用、机械租赁费用、材料费用、项目管理费用的支出情况，对于费用起浮变动较大的部分具体分析、查找原因，对项目管理的漏洞追根溯源，消除管理盲区，制定相应针对性措施[5]，夯实并完善了项目基础管理，做到提质增效(图 4)。

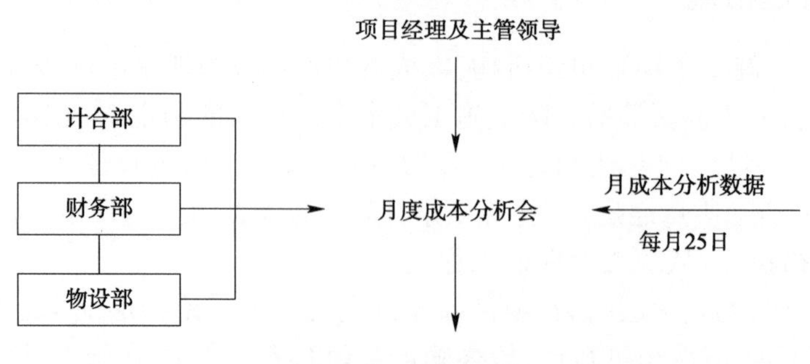

图 4　月度成本分析会流程

5.2　分包合同结算检查措施

各分项工程完成后一周内，主办技术员编写成本分析报告，并组织物资、预算、机务、安全等职能部门人员及项目主管领导，通过会议的形式对成本控制情况进行分析、总结，包括分包结算量对比(附计算说明、计算书及图纸)、物资损耗量、机械设备投入量、项目管理费(对应施工阶段按产值比例计算)、索赔等内容，作为施工过程的成本管控，为类似的施工项目提供了参考依据(图 5)。

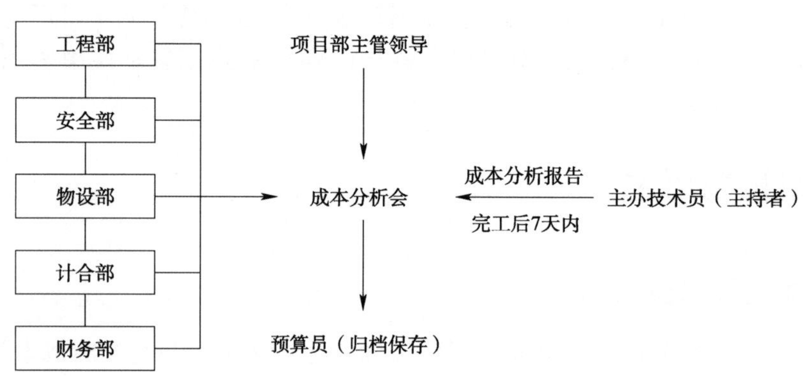

图 5　分包合同工作内容成本分析会流程

5.3　物资检查措施

5.3.1　物资盘点

每月 20 日，各分项工程主办技术员协助物资人员负责盘点主要材料(含半成品)统计，并报物设部备案。

5.3.2　月度物资消耗分析会

每月 24 日为月度物资消耗分析会(图 6)，通过物资盘点的精细统计，材料员汇报物资计划量与使用量偏差值，主管领导分析物资材料计划的合理性，批示纠偏措施，避免材料采购的随意性，减少物资库存量及资金占用量。

5.3.3　重视电子化采购及集采管理

按照公司要求制定并完善制度及流程，完成任务指标。

5.3.4　自采管理

完善自采物资管理的流程及制度，多方比价，最大限度降低成本。

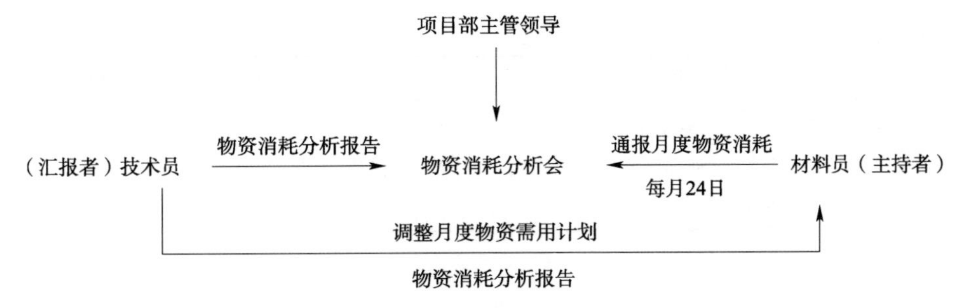

图6 月度物资消耗分析会流程

5.4 技术质量管理检查措施

由项目总工组织技术质量总结的编写工作，主办技术员在施工过程中收集资料，并认真做好总结的提炼和初审工作，确保上报的成果质量高、有推广和借鉴意义。

6 提质增效效果评价

以成本快速反应为抓手，带动及提升了项目各方面基础管理，管理人员成本意识和项目管理思路有很大提高，每月对于费用起浮变动较大的部分具体分析、查找原因，制定相应针对性管理措施，有效地降低了成本。

钦州港国投煤炭码头工程始终按照《公路水运工程平安工地考核评价标准》开展日常安全日常管理工作，在三次"平安工地"考核中均取得了"示范级"考核评价成果。

项目部在施工过程中对基础管理进行了全面而细致的梳理，总结成功经验的同时也总结经验教训。项目部编制了各部门工作总结计划，明确编制人员及审核人员，通过集体讨论会形成最终版本并打印装订成册，为今后类似施工的基础管理提供借鉴。

项目部重点控制地材采购过程中的司磅环节，针对广西地区雨季时间长，降水量大的特点，对购进的河砂重点监测含水量，采取每批次含水量检测登记制度，对超出含水量2%的部分予以扣除，同时详实记录备案检测结果，得到公司好评并得以推广。

提质增效效果详见表1。

提质增效效果汇总表 表1

序 号	策 划 事 项	产 生 的 效 益
1	广西地区台风及暴雨频发，台风过境前项目部快速做出反应，将损失减少到最小，同时对现场损失情况及时进行了统计、拍照并进行了上报，事后积极与公估公司、保险公司进行赔偿商谈	共计获得保险公司赔偿金额约569万元，使项目部在台风及暴雨袭击后挽回了损失，保证了公司的利益。
2	房建工程装饰装修工期紧、资金有限、业主单位监管部门多，提出的要求复杂多变。项目部在装修施工过程中，充分利用钦州地区附近装修案例、积极向业主及二次装修设计单位提出合理化建议。	按时交付业主使用，同时业主方对装修效果也十分满意，预计增效约132万元。
3	结合现场施工进度合理增减设备，在满足现场施工使用的前提下考虑机械租赁型式	节约机械费约23万元。
4	本工程防风网高度为21m，且广西地区受台风影响严重，因此对防风网基础稳定性要求较高。项目部通过设计优化，为顺利完成本项目创造条件。	节省工期72天，效益约72万元，为防风网基础稳定性要求较高的类似项目提供参数依据

续上表

序　　号	策　划　事　项	产 生 的 效 益
5	灌注桩施工针对地质岩样复杂多变的情况,同设计沟通,优化灌注桩的入岩深度,将部分灌注桩变更为PHC管桩,同时保证了设计承载力要求。	缩短工期35天,增效约125万元。

结语

为确保项目策划得到有效的执行,项目部以现代企业标准化、规范化的理念夯实基础管理,对标先进,查找不足,制定改进方向和改进计划。把提升项目部领导和管理人员的能力作为主要管理目标,着力提高"三种能力",即:专业能力、管理能力、执行能力。倾力打造项目部的"四个一流",即:项目决策一流、项目执行一流、项目管控一流、项目成果一流。通过以成本快速反应为抓手,提升了项目领导和每位员工的工作能力,进而全面提升项目基础管理水平,在新常态下提质增效升级,提高企业竞争力。

参考文献

[1] 李洁玉.建筑施工企业全面成本管理的研究[J].时代经贸,2008

[2] 杜训.施工项目成本管理[M].北京:中国建筑工业出版社,1995

[3] 李鸿彬,张泽忠,罗云.安全生产成本管理.北京:煤炭工业出版社,2007

[4] 杨永英.施工企业项目管理[M].北京:中华工商联合出版社,1999

[5] 王长峰,李建平,纪建悦. 现代项目管理概论[M].北京:机械工业出版社,2009

以前期策划为计划管理抓手　实现项目提质增效

章小旺
（中交一航局第二工程有限公司，山东青岛，266071）

摘　要：长江南京以下12.5米深水航道工程，是我国“十二五”期间内河水运建设投资规模最大、技术最复杂的工程，项目部承建的和畅洲整治工程工程量大、工期紧，加之面临深水、大流速恶劣工况条件，施工难度大，给实现项目高效履约带来较大挑战，为突破管理难题，项目部从和畅洲标段施工实践中逐步探索形成了一套“以前期策划为计划管理抓手，实现项目提质增效”的管理方法，取得了较好的实际效果。

关键词：深水航道；前期策划；计划管理；提质增效

引言

前期策划是项目组织与管理的纲领性文件，是计划管理的总纲领，传统意义上的前期策划都是从项目中标后开始的，有一定局限性，项目部创新管理方法，将前期策划向标前延伸，超前谋划，并进行全面标后策划及过程计划管理，对工程施工具有重要的意义。

1　工程概况

长江南京以下12.5米深水航道二期工程范围为：下端起于南通天生港与一期工程上端点顺接，上端止于南京新生圩港区的上游边界，并与上游航道顺接，河段全长227千米。自下而上整治福姜沙、口岸直、和畅洲、仪征4个重点碍航水道。我公司承建的和畅洲水道整治工程位于江苏镇江与扬州之间的镇扬水道，施工区域距离上游南京市约95千米。和畅洲水道整治工程内容包括新建2道长度分别为1817米和1919米的潜堤及其接岸工程，共11.329千米的护岸专项工程，以及完成上述工程所需的一般项目。工程平面布置见图1。

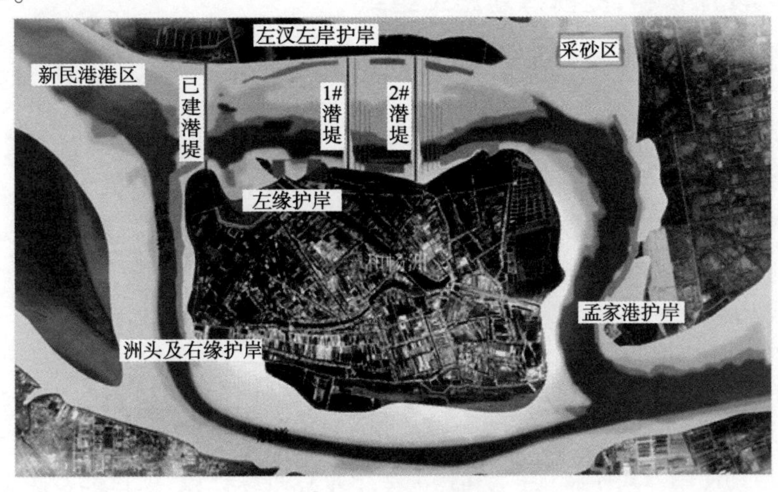

图1　工程平面布置

和畅洲标段具有以下特点和难点：一是安全、环保要求极高。工程施工水域通航环境复杂，业内称为“老虎口”，航道弯曲、狭窄、船舶数量多、通航密度大，有长江水道咽喉之称，处理好施工与通航的关系尤为重要；同时施工区域位于长江豚类省级自然保护区内，每年4～9月涉水施工要求暂停，环保要求高，工期压力巨大。二是深水大流速工况下施工难度极大。和畅洲标段堤身范围内最深处泥面标高-36.2米，余排范围内最深处泥面标高-44米，护岸工程中泥面标高最深达-49.2米；施工区域枯季稳定时段最大流速为2.10米/秒。深水大流速工况下软体排铺设施工安全风险大、抛石和袋装砂芯堤成堤难度极大，成本控制风险大。面对工期压力和施工难点，项目部坚持以“计划管理引领各项工作”的思路，全面细致的做好项目前期策划，为项目高效履约奠定了坚实的基础。

2 前期策划向标前延伸、超前谋划

传统意义上的前期策划都是从项目中标后开始的，有一定局限性，在二期工程中，项目部创新管理方法，将前期策划向标前延伸，超前谋划。

在长江深水航道一期工程临近收尾阶段，项目部即着手二期工程标前策划工作，研究工可文件，确定目标，重点研究跟踪相应的标段。同时，项目部将施工和投标相结合，筹划二期工程预制厂、码头等临建工程的筹备；通过总结一期工程的成本，以之为依据，深入调研市场价格体系，用以指导投标工作和后期施工。

2.1 分析本项目部优劣势、选定目标，重点跟踪

工程可行性报告出来后，项目部第一时间拿到相关文件，经过仔细研究可行性报告后，进行本项目部优劣势分析。了解到福姜沙标段设计有齿形构件混合堤，齿形构件数量多。在一期工程中，项目部积累了齿形构件预制的成熟施工经验；在横沙岛建设的预制场具备配套的大型工装设备(450t门机，16t塔吊)，能够满足齿形构件预制需要，且预制场地经过简单地改造即可投入生产；所以项目部将福姜沙标段定为首选标段。

同时，我们了解到，和畅洲标段软体排铺设面对深水、大流速恶劣工况，而我公司在一期工程中设计改造了两艘国内最大的深水铺排船，具有船机装备优势，所以将和畅洲标段也定位重点跟踪标段，但其他标段也不放弃。

通过提前分析本项目部的优劣势，有针对性的选定把握较大的目标进行重点跟踪，做到“有的放矢”，能大大提高投标成功率。

2.2 深入研究设计资料，提前筹划施工组织

确定重点跟踪目标后，项目部深入研究设计资料，成立投标策划小组，明确责任人，从以下几个方面提前筹划施工组织：

(1)密切与设计院保持沟通联系，及时获取并研究工可资料、初设资料，编制施工组织设计

通过各种渠道关系以及与各标段设计院建立友好关系，项目部第一时间掌握了最新设计资料，各投标小组认真研究，编制初步施工组织设计，制定各标段分项工程施工方案。为了实现最佳的策划效果，各投标小组根据掌握的设计文件，编制了详细的施工进度计划，各部门结合施工进度计划，论证大型船机设备租赁、大宗物质采购组织可行性。

(2)开展现场调研，选址预制场、出运码头、项目驻地

2014年7月份开始，项目部班子带队，各投标小组开始奔往各标段进行实地勘察，考察各标段周边环境，提前选址预制场、出运码头、项目驻地，碰头会上集体讨论，决定最终选址。投标前全部签订协议，一旦中标，能够立即启动使用。对于福姜沙、和畅洲2个重点跟踪标段，项目部多次组织人员到水上实地考察，以现场会的模式进一步讨论验证施工方案及施工进度计划的可行性。

长江航道整治工程政治影响力大，结合一期工程的施工经验，为实现工程开工后快速启动，施工组织顺畅，避免因联锁块的供应压力大而影响软体排铺设施工进度，项目部策划提前建设标准化预制厂。

（3）安排测量人员前往各标段进行水深、流速、流向监测，核验设计资料

项目部专门安排测量人员到各标段分别进行枯水季和洪水季的水下地形、水文、流速检测，验证设计资料提供的水文资料的准确性。同时，安排测量人员关注施工区域相关水文网站，记录统计相关流量、水位信息。通过监测获得的施工区域水文资料尤其是原泥面变化数据可以作为将来工况变化索赔的依据。

（4）核算铺排船、整平船船舶性能

和畅洲标段水深、流急，软体排铺设施工对铺排船船舶性能要求高，为了确保公司自有船舶满足和畅洲标段施工需要，项目部组织工程部人员对公司三条铺排船及整平船进行了船舶适应性分析。结合收集到的设计资料及自测数据，重点对“半潜一”、“方驳126”深水铺排窗口作业条件进行计算确认，以便合理安排施工作业时间段。

2.3　做好投标的策划工作

（1）总结一期工程经验，分析航道整治工程价格组成，指导二期投标报价

对一期工程结束后项目部即对各个分项工程进行了详细的成本分析，通过比对，彻底掌握各类综合单价的价格组成，研究价格体系，为二期工程投标报价提供指导。

（2）深入市场调研，掌握一手资源，提前签订大宗物资供货协议

投标前策划阶段，项目部物资采购部一方面对一期工程大宗物资采购单价进行梳理。另一方面主动出击，深入各类物资供应市场，通过多种渠道，应用各种手段摸查土工布、加筋带、丙纶绳、块石、水泥、碎石、砂等大宗物资市场销售结构，探底市场单价组成，为投标报价提供参考。

（3）调研大型船机租赁市场，提前签订租赁协议

按照投标要求，根据各标段不同的船舶需求情况，提前与各船舶租赁公司签订租赁协议，确保投标工作顺利开展。

（4）积极与设计院沟通，掌握工程量变化情况，指导不平衡报价

长江航道整治工程实施动态管理模式，施工图纸根据进场后工前测量进行设计，在招标过程中使用的招标图纸跟施工图纸存在工程量的调整。而招标报价中虽然实行的清单计价法，但是设置最高限价，按照一期工程经验，设计院为了实现施工过程中设计变更增加工程量而总造价不超概算，招标图纸提供的工程量往往较蓝图工程量有不同程度的富余。因此，要实现最佳报价组合，必须详细掌握招标文件中各分项工程工程量中的虚量。项目部积极与各设计院深入沟通，把握相关信息，指导不平衡报价。

通过全面标前策划、超前谋划，项目部顺利中标和畅洲标段，5个标段的标书编写评分均为第一名。

3　全面标后策划、抓管理、保履约

3.1　项目组织机构设置、人员配置的策划

项目管理团队是项目成败的关键，项目部的组建要精干高效，机构设置合理，职能划分明确，结合本项目的实际情况并满足业主的要求，能对项目的实施进行有效管控，优质高效实现项目的各项管理目标。

3.2　现场平面布置和临建设施方案的策划

临建工程包括驻地建设、拌合站预制场建设、用水用电设施、便道、临时征地等，这部分费用在投标时往往是总价包干，且费用较高，因此对临时设施布置要进行详细的策划，最大限度降低临建费用。

3.3 施工组织及技术方案策划

通过前期策划，分析工程中的风险和重点、难点，对项目施工组织进行科学设计、对重点工序施工方法和工艺进行比选优化，对工程重点和难点研究制定经济可行的对策和措施。

同时，项目部需从结构安全、节约成本等角度出发，积极与设计院进行沟通，优化设计与施工方案，节约成本，编制技术先进、经济合理、管理科学的施工组织设计，为项目提供强有力地技术支撑。

3.4 工期策划

施工进度的总体策划是非常重要的，在满足总的工期要求的同时，详细规划各分项工程的工期，保证工程高效履约。

在和畅洲标段深水软体排铺设工期策划中，通过对现场观测和收集的数据分析，每年 12 月中旬至次年 1 月中旬，为现场流量及流速最小的时段，深水软体排铺设施工风险大大降低。因此在前期策划中，将深水区域排体的施工安排在 1 月份。通过合理工期策划，项目部提前业主工期 2 个月完成了软体排铺设任务，超额完成了业主第一阶段工期目标。

3.5 安全、环保策划

和畅洲标段安全、环保要求极高，通过从目标制定和体系建立、危险源辨识和控制、安全技术方案等方面进行安全、环保策划。开工以来，实现了安全无事故，通过各项保护举措，施工期内未发生江豚伤害事故，项目部的江豚保护工作也得到了指挥部和镇江长江豚类省级自然保护区的肯定。

3.6 质量管理策划

质量策划是项目前期策划中的一项重要内容，直接关系到项目的成败。质量管理策划主要从以下几个方面开展：(1)质量目标及创优目标的建立；(2)辨识项目主要技术难点、质量控制点；(3)对材料质量控制和检测进行策划；(4)质量控制策划；(5)质量监督策划；(6)质量培训教育策划；(7)档案管理策划；(8)分包单位质量管理策划。

二期工程中，项目部通过程序化、规范化、标准化的质量监督管理，工程质量始终处于受控状态，开工至今未发生质量事故。

3.7 分包管理策划

在工程项目分包策划中，项目部坚持以项目履约和效益最大化为目的，因地制宜，多元化模式并用的原则，对铺排、抛石、抛砂、护岸施工认真分析和剖析选择最优的施工模式。

3.8 设备、材料管理策划

项目所需关键设备，按照技术先进、经济合理的原则配置。公司自有船机设备能够满足施工要求的，优先使用内部船机设备；不能满足施工要求的，要比较自购和租赁的优缺点，确定自购还是租赁，超过一定额度的设备租赁进行公开招标租赁。

针对我标段块石用量大，特别是第一阶段护岸钢丝网兜块石需求量为 29 万 m^3；块石规格较小，粒径为 15 ~ 30㎝，需要在石场进行破碎、分拣、装箱，定点安放工效低。项目部根据施工进度计划对材料的需求，编制物资计划、主要施工用料及周转材料使用计划，提前进行块石采购策划，同时重视技术创新在物资采购中的应用，优化钢丝网兜、尼龙网兜装填工艺，大大提高了装填效率(图 2 和图 3)。

传统的石料采购计量工艺为现场量方，而网兜块石在装船时，往往存在人为的堆放出较多空隙，俗称“垒鸡窝”，若用传统量方收料方式会导致巨大方量亏损。因此经项目部集思广益在前期策划中制定了采用电子称重的方式计量，通过采用先进的电子技术实现自动生成每包重量直接采用电子打印，避免人为因素,实现钢丝网兜精确计量(图4和图5)。

图2　原钢丝网兜块石装箱方式

图3　改进后的装箱方式

图4　电子吊钩秤及自动打印机

图5　电子吊钩秤应用

3.9　标准化施工策划

项目部主要围绕“现场布设标准化、工艺工法标准化、管理行为标准化”三个方面开展标准化管理活动策划,提高项目标准化管理水平。

3.10　资金管理策划

在前期策划中进行明确的资金收入策划、资金支出策划、资金保障方案,通过策划明确资金管理要求,确保资金管理高效运行。

3.11　风险分析和规避策划

分析项目管理过程中可能存在的风险,对风险管理进行策划。根据国家法律法规、投标文件、工程承包合同等应由项目部承担的风险、合同价格的初步分析、市场价格及当地劳务及设备租赁市场的行情,进行市场风险预测,有针对性制定出规避、转移和降低风险的方案、措施。

3.12　成本管理策划

主要包括项目成本的测算、二次经营策划。项目成本要根据前期策划中的资源配置、工艺策划、总进度计划进行测算。项目部要根据施工预算全面加强成本控制,有针对性的采取有效措施,提质增效,实现利润最大化。

3.13　项目文化建设策划

对项目队伍情况、管理现状进行分析,结合上级单位的要求,明确自身的管理理念体系、管理目标等,确定项目部的文化理念,明确项目文化宣贯、推进和落实的措施,切实起到凝聚共识、引领管理、促进生产经营的作用。

在项目实施过程中,单是有了细致全面的前期策划还是不够的,需根据前期策划进行细化至分项的工艺、组织模式、工期节点,以计划管理引领项目实施;根据过程中的完成情况,动态调整工期,优化船机资源配置;以技术创新为手段,解决关键问题,实现提质增效。

结语

前期策划是指导工程投标和施工的纲领文件,通过标前、标后全面前期策划,并以之作为计划管理的抓手,实现项目全过程管控,保证项目"经营、履约、创效"三条主线全面受控。工程开工至今,项目部在开工 7 个月的时间里累计完成施工产值 7.07 亿元,单月平均产值均过亿元,工程的生态环保、安全、质量、进度等各方面全面受控,2016 年 5 月份,在指挥部组织的"我为深水航道添光彩"立功竞赛活动评比中,项目部各项运行指标全面领先,荣获立功竞赛第一名。"以前期策划为计划管理抓手,实现项目提质增效"的管理方法在和畅洲标段实施中取得了良好的效果,实现了项目的提质增效,在今后类似航道整治工程中具有较好推广意义。

参考文献

[1] 朱玉青,叶建林,姜保刚. 围海造地工程前期策划有关问题探讨[J]. 天津:港工技术,2015. 72-74
[2] 裴文明. 浅谈工程施工方项目前期策划管理[J] . 北京:水电施工技术,2014. 106-107

以色列阿什杜德港(ASHDOD)施工关键技术

茅兵海[1] 冯先导[1] 孙海军[2] 熊 韬[1] 王 超[1]
(1. 中交第二航务工程局有限公司,湖北武汉,430040;
2. 中国港湾工程有限责任公司,北京,100027)

摘 要:本文通过对以色列阿什杜德港恶劣施工条件的分析,结合工程特点和难点,对中长周期波浪条件下的外海碎石桩施工、码头桩基施工、深水防波堤等施工关键技术进行了分析介绍,供类似项目借鉴。

关键词:深水防波堤、中长周期波、海上碎石桩、钢管桩、组合板桩

引言

阿什杜德 Hadarom 港是以色列的第二大港口,本项目是现有阿什杜德港的扩建工程,主要用于集装箱、杂货以及散货的进出口,位于以色列首都特拉维夫以南40km 的城市 ASHDOD。本项目总投资为9.46亿美元,总工期 94 个月。

1 工程概况

该项目的主要工程内容包括:防波堤工程、码头工程、沉船打捞、堤头拆除、航道疏浚、陆域吹填和地基处理、堆场路面结构等。

防波堤工程包括:长度 600m 的抛石斜坡式主防波堤延伸段,水深 -20m 到 -24m;长度约 1480m 的抛石斜坡式护岸防波堤,水深 0 ~ -17m。

码头工程包括:18 个沉箱及钢管桩高桩结构组成的 Q28 码头,岸线长度 434m,;H + AZ 组合板桩结构的 Q27 集装箱码头,岸线长度 800m,;H + AZ 双排组合板桩结构的 RS27 工作船码头,岸线长度 770m;以及 H + AZ 组合板桩结构的出运码头,岸线 363m。

疏浚工程:疏浚区域主要是现有航道及港池,疏浚量 1039 万 m^3 作为填海造地材料。

陆域吹填及地基处理:陆域吹填面积约 80 公顷,吹填后对表面至原泥面以下 2m 的范围进行振冲密实处理,局部采用排水板加堆载预压处理,同时包括防波堤基础的碎石桩地基处理。工程的平面布置如图 1 所示。

2 工程环境条件

2.1 潮位

平均海平面 0.08m,最大潮差 0.6m。

2.2 波浪

阿什杜德南部港处于开敞海域,涌浪作用比较明显,多为中长周期波(6 ~ 8s),在正常气候下,主波方

向为WNW，夏季为黄金施工期，有效波高$H_s<1.0m$频率在80%左右。冬季有效波高可达5～8m，根据现场1992年至2011年极端波浪（波高3.5m以上）统计数据显示，总次数是91次，平均每年5次，最少2次，最多9次，均出现在11月至次年3月，每次平均持续时间约47小时，最长100小时，最短18小时。

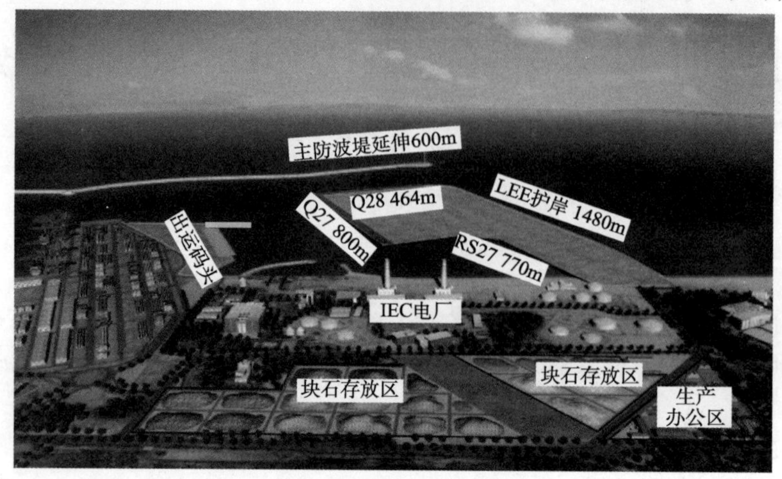

图1　项目总平面布置图

2.3　地质

工程范围的地层由上到下主要有上层粗砂层（UMS）、密实砂层（UDS）和钙质砂层（UK）等，钙质砂层（UK），粘土层（UC）。

3　工程施工重难点

3.1　工程规模大，施工环境恶劣

项目规模大，结构形式多样，几乎涵盖港航专业所有典型结构及施工技术；各单位工程相互交叉、相互影响、环环相扣，施工组织及总体协调难度大。随着项目各主体工程的进展，施工区域波浪场在不断变化，船机作业环境在不断变化，需要根据项目进度进行施工区域波浪场分析，以指导现场施工。

3.2　深水防波堤工程

（1）防波堤的基础采用碎石桩进行处理，碎石桩海上施工处于无掩护的开敞海域，受中长周期波浪影响，采用传统浮式船舶进行碎石桩施工，施工质量难以保证，且作业窗口较少；

（2）深水防波堤0～1t堤心石、1～3t护面块石的精确抛填及理坡难度大；3～6t护面块石及Antifer护面块需要定点随机单个逐一安装，护面块安装精度为±30cm，难度极大；

（3）防波堤冬季堤头临时防护，受外海中长周期波影响较大，特别是冬季风暴期的大浪对施工期的堤头产生较大影响，临时防护措施的研究和实施存在较大难度。

3.3　外海码头桩基施工

（1）工程区域地质条件复杂，尤其在Q27码部分区域，地质剖面出现土层分布突变，特别需对H型桩的打入钙化胶结砂土层（Kurkar）的方案需进行充分研究，包括桩头处理和锤型选择；

（2）SHQ及TRS均为组合钢板桩码头，施工区域基本无掩护，受施工区域中长周期波浪影响，浮式打桩船难以定位，施工难度大。

（3）Q28码头为高桩梁板结构，沉箱挡墙，桩间抛石护坡。受沉箱直立墙反射波叠加作用，浮式作业

船舶难以定位,且施工作业窗口极少,钢管桩施工难度大。

4　施工关键技术

4.1　波浪场数值模拟[1]指导施工组织及顺序

项目规模大,各单位工程不同进度情况下,施工港区波浪场分布在不断变化(图2)。研究施工过程的波浪场分布,可有效指导总体施工组织设计的编排,优化各单位工程的施工顺序。

4.2　海上碎石桩平台施工技术

(1)传统施工工艺的适用条件

海上碎石桩施工通常采用浮式船舶的作业方式。传统工艺有浮式船舶 + 履带吊 + 振冲设备(图3),改进后出现浮式船舶 + 桩架 + 3 ~ 4 套振冲设备的施工工艺(图4)。根据现场试验区碎石桩工艺试验,浮式船舶施工工艺主要缺点有:

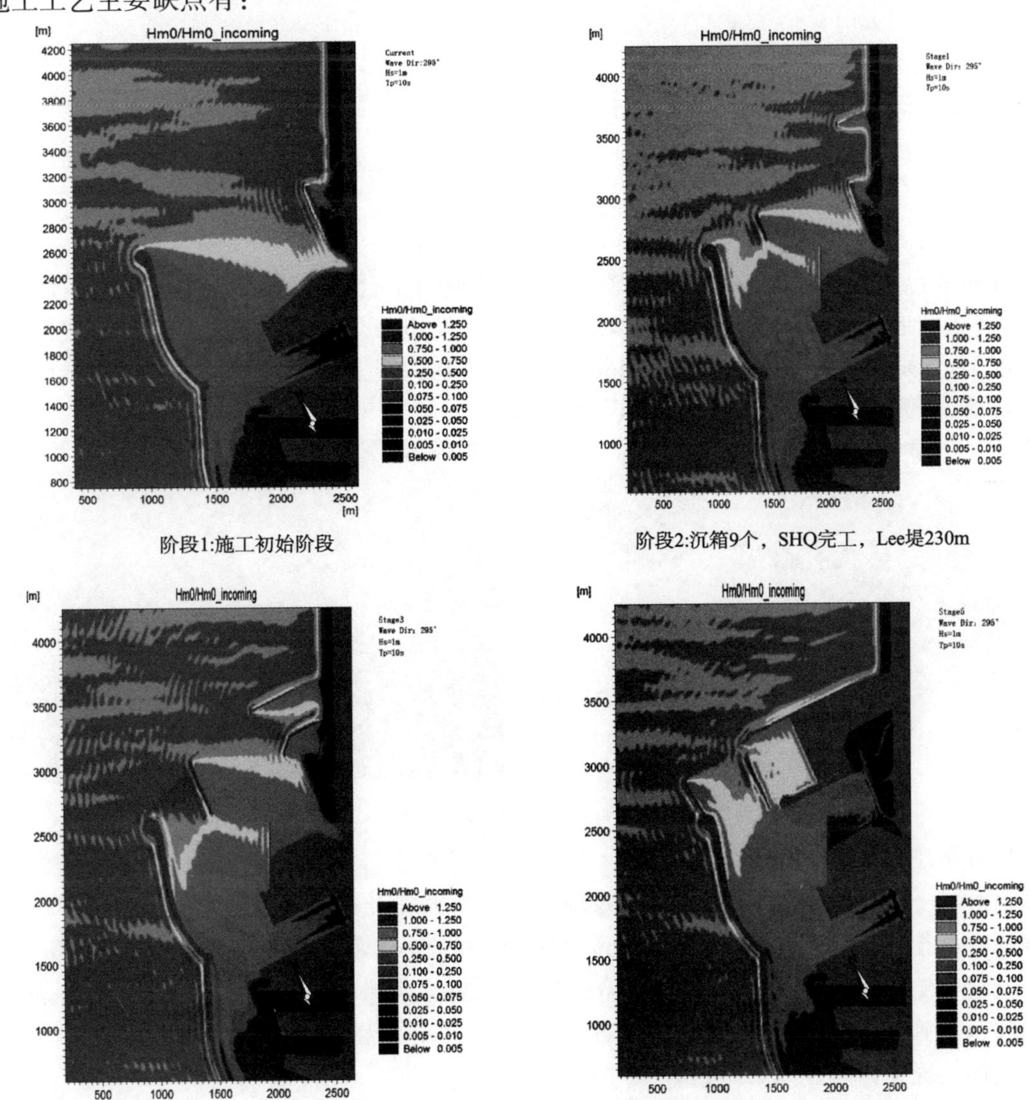

图2　典型施工阶段波浪场分布变化[1]

a. 受制于长周期涌浪对船舶作用产生的横、纵摇及升沉运动，直接影响振冲器的定位精度；

b. 仅能在 $H_s < 0.5$m 的条件下施工，其作业窗口仅为 26.5% ~46%；

c. 随着波浪周期及波高的增加，振冲器与起吊装置产生冲击或干扰会加剧，甚至发生破坏；

d. 冬季风暴天气期阶段，作业窗口因频繁调遣船舶利用率低。

e. 抛锚会影响航道及港区的正常营运。

图 3　驳船 + 履带吊 + 振冲设备

图 4　驳船 + 桩架 + 振冲设备

(2) 实际海况条件影响分析

经分析本工程区域的水文波浪资料，有效波高 $H_s < 0.7$m 全年约 40% 的施工时间，有效波高 $H_s <$ 0.5m约 25% 的施工时间。且波周期多分布在 6 ~10s，浮式船体波稳条件恶劣，施工精度难以控制，施工安全风险高。

(3) 顶升平台方案

利用自升式平台为碎石桩施工作业平台[2]（图 5），作业时平台定升至水面以上 5m 左右以排除波浪条件的影响，增加可施工作业时间。平台顶部布置门架，门架覆盖月池及两侧弦外一定区域，门架上部设置三台移动桁车，分别布置于月池和两侧弦外区域，桁车可在门架上沿门架纵向移动，平台单次驻位可同时施工中间月池、两侧弦外共计三个区域的碎石桩施工。

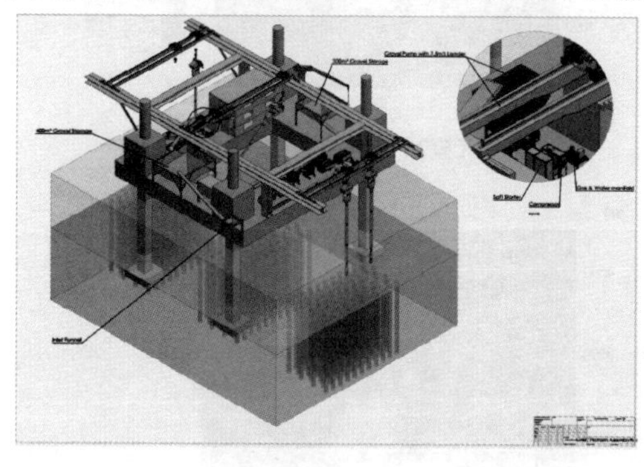

图 5　自升式碎石桩施工平台

顶升平台方案主要优点：

a. 消除波浪对平台作业的影响，定位精度及施工质量大大提升；

b. 大幅度提高作业窗口（$H_s < 1.5$m），可充分利用冬季的作业窗口，全年作业时间超过 80%；

c. 平台上设有储料仓（600m^3），选择合适窗口（$H_s = 0.9$m）快速补料，满足 3 ~5 天的作业量；

d. 单次驻位可施打 200 根碎石桩，三套设备同时施工，工效提高；

e. 平台生存工况条件可在风暴中自存，冬期可施工。

4.3　深水防波堤施工技术

(1) 深水防波堤护面结构的精确安装技术

a. 0 ~ 1t 堤心石及 1 ~ 3t 护面块安装

思路为，陆域采用约 20 个开体铁箱（图 6）将块石按照堆积密度要求预先装好，再运输至施工船舶，利用船机上吊车的 GPS，进行精确安装，从而节约前场时间，提高施工效率；

图 6　开体铁箱

b. 3 ~ 6t 护面块石及 Antifer 预制块安装

大型块体采用单个逐一起吊的方式，按照精确坐标位置进行安装。Antifer 预制块采用液压夹钳（图 7）按照施工网格图逐一摆放（图 8）。

c. 深水防波堤理坡

堤心石采用开体驳抛填，长臂挖机理坡，长臂挖机配备 Trimble GNSS 三维定位系统及智能理坡程序，可根据预先设定好的坡度进行理坡，功效大大提高。1 ~ 3t 护面块石采用开体铁箱精确抛填，多波束测量后，根据实测数据与设计断面进行对比，局部使用抓斗进行补填，目前该项目已引进 150 吨级的 CAT 1605B 型重型长臂反铲，对 1 ~ 3 吨护面块石进行深水理坡作业，该工艺将大大提高作业工效和理坡的质量，为后续护面块体安装提供精度更高的作业面（图 9）。

图 7　Antifer 预制块夹钳

图 8　大型护面块安装图

图 9　长臂挖机配 GNSS 三维定位系统智能理坡程序现场照片

（2）施工期风暴堤头防护[3][4]

本项目冬期风暴出现概率极高，根据历年统计资料，每年 12 月、1 月及 2 月都会出现风暴天气。自项目开工以来，2014 年 12 月已出现最大波高 $H_{max}=12m$ 的巨浪，2015 年 1 月出现最大波高 $H_{max}=10.8m$ 的巨浪，2016 年 1 月出现最大波高 $H_{max}=10.2m$ 的巨浪；防波堤堤头防护异常重要，因此采用物模试验进行堤头冬期临时防护的研究，主要方案有：

a. 预制块体防护

采用原设计断面的同等重的预制块进行堤头斜坡的防护，同时放缓堤头斜坡坡度。该方案优点是安全可靠，可利用现成的 Antifer 进行防护，成本较低；缺点是安装及拆除速度慢(图 10)。

图 10　利用 Antifer 预制块进行堤头防护

b. 钢丝绳石笼防护

将钢丝绳编织成网兜，块石安装形成石笼，整体下放。每条链上有 2 个石笼，总重 40t 左右。石笼链防护物模试验见图 11。

根据现场条件，堤头冬季防护方案现场采用单层 Antifer 进行防护，块体重量同原设计断面的 Antifer。大浪过后，进行现场防护块体的检查，仅发现外坡部分块体有移位现象，堤心石保护效果良好(图 12)。

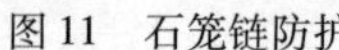

图 11　石笼链防护

图 12　大浪过后 Antifer 部分移位

4.4　码头桩基施工关键技术

(1)针对复杂地质条件的桩锤可打性分析

分析桩基施工区域的地质条件及分布规律，选择典型具有代表性的钻孔柱状图进行专门分析和计算。即利用专业打桩分析软件 WEAP-WAVE 进行桩基可打性分析。选择合适的液压冲击锤及振动锤型号。对于 H 型桩基，采用阶梯型桩尖，增加桩尖的穿透能力(图 13)；

(2)H + AZ 组合板桩施工技术

采用 250t 顶升平台，配置 130t 履带吊和运桩船进行组合板桩的施工。使得打桩过程受波浪影响减小，桩基施工质量大大提高(图 14)。

(3)沉箱前波浪反射叠加区域钢管桩施工技术

Q28 码头桩基施工区域完全处于外海，且桩基整合位于沉箱直立墙的反射波叠加区域。利用传统浮式打桩船难以定位，且紧邻航道，抛锚会影响航道正常运转。必须变换思路，变水上施工为陆上施工，特利用步履式打桩平台进行施工，平台利用已打设钢管桩为支撑，通过桩顶的顶推定位装置进行移位。根

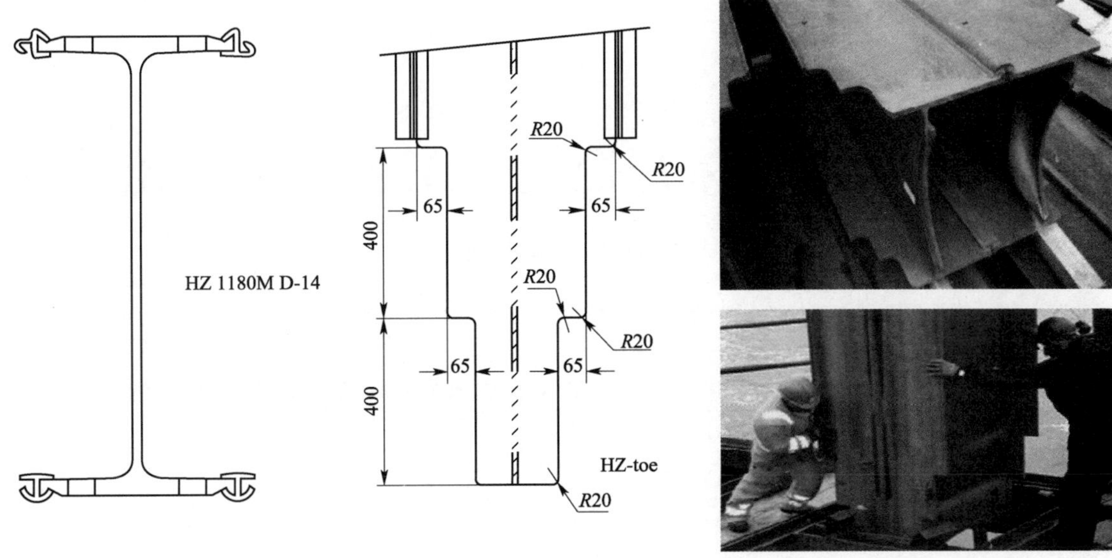

图 13 H 型桩尖形式

据现场施工工效统计数据，本平台每天工作 10 小时，可打设 4 ~5 钢管桩(图 15)。

图 14 250t 顶升平台施工组合板桩现场

图 15 桩顶步履式可移动打桩平台施工现场

结语

以色列 ASHDOD 港是中国施工企业第一次在发达国家承接的大型复杂水运工程类项目。项目规模大，结构型式多样，施工区域为中长周期波浪条件，地质分布广而复杂，施工精度及质量要求高，建设周期长是本项目的典型特点。本项目在实施前期进行了大量的专题研究，根据现场实际应用效果，重难点的施工关键技术得到成功应用，值得类似项目借鉴。

参考文献

[1] 黄涛. 强浪条件下半掩护港区波浪场数值模拟[J]. 水运工程,2015 年第 8 期
[2] 徐杰. 长周期涌浪地区碎石桩施工方法及装备[J]. 水运工程,2015 年第 8 期
[3] 曹兵. 印尼 Adipala 防波堤施工期波浪与堤头防护分析. [J]水运工程
[4] 周加杰. 印尼 Adipala 防波堤水文特性分析及施工技术. [J]水运工程

运用传统抓斗定深开挖施工工艺实现平挖功能

林镇定　何　波

（中交广州航道局有限公司，广东广州，510221）

摘　要：本文介绍了“金雄”轮在港珠澳大桥岛隧工程中采取定深开挖工艺开展基槽开挖施工流程，论证抓斗挖泥船定深开挖工艺切实可行。

关键词：定深开挖；基槽开挖；精挖

引言

“金雄”完成精挖系统升级改造后，调遣至港珠澳大桥岛隧工程项目施工。为保障港珠澳大桥岛隧工程隧道基槽各工序施工正常推进，笔者在已成熟精挖工艺的基础上寻求应急替代手段，并在港珠澳大桥岛隧工程西人工岛选划一定范围开展定深开挖试验专题研究，取得预期效果。

1　工程概况

1.1　工程概况

在建的港珠澳大桥跨越珠江口伶仃洋海域，是连接香港特别行政区、广东省珠海市、澳门特别行政区的大型跨海通道，是国家高速公路网规划中珠江三角洲地区环线的组成部分，是跨越伶仃洋海域的关键性工程，是具有国家战略意义的世界级跨海通道。

港珠澳大桥工程包括三项内容：海中桥隧工程；香港、珠海和澳门三地口岸；香港、珠海和澳门三地连接线。其中，海中桥隧是跨越珠江口伶仃洋海域，连接香港、珠海、澳门的大型跨海通道，全长35.6km，其中穿越伶仃西航道和铜鼓航道约6.7km采用沉管隧道方案，隧道两端各设置一个海中人工岛，东人工岛东边缘距粤港分界线约366m，西人工岛东边缘距伶仃西航道约2000m，东、西人工岛长度均为625m，两人工岛最近边缘间距约5584m。

岛隧工程，起于粤港分界线（K5＋972.454），沿23DY锚地北侧向西，穿越珠江口铜鼓航道、伶仃西航道，止于西人工岛结合部非通航孔桥西端（K13＋413），全长7440.546m。其中沉管隧道基槽长5664m，底宽41.95m，底标高－16.3～－46.0m（1985国家高程基准）；横向按1∶3和1∶7两种比例放坡，纵向采用3.098%、2.996%、1.613%、1.49%、0.3%等多种坡率组合，呈W型布置。基槽开挖精度对边坡稳定及隧道基础质量影响大，是沉管隧道安全运营的关键。

1.2　岛隧基槽开挖技术要求

岛隧基槽开挖技术要求见表1。

基槽开挖技术标准　　表1

分　项	开挖质量			槽底泥水密度控制（kg/m³）
	轴线偏差	超深	超宽	
隧道基槽	－0.5～0.5m	0～0.5m	－0.2～2.5m	基槽底水密度小于1100kg/m³

1.3 与常规水运疏浚工程的区别

隧道基槽槽底的精挖(层厚 2 ~3m),须满足超深 0 ~ -0.5m、超宽 -0.2 ~2.5m;常规疏浚工程验收标准定义平均超深、超宽分别为 0.6m、4m(斗容 >8m^{3}抓斗),最大超深、超宽不超过平均超深、超宽的 2 倍。同时,隧道基槽槽底的清淤,须将槽底泥水密度控制在 1.1g/cm^{3}以内(海水密度 1.02 ~1.03g/cm^3),是本工程的难点之一。隧道基槽因其超深控制、槽底泥水密度控制等指标远超疏浚或水运工程现行规范,属特殊工程。

2 技术准备

2.1 测定抓斗闭斗运动轨迹

为准确掌握“金雄”轮目前用于开挖淤泥质土的 90t 抓斗(最大斗口距离约 9.1m,斗宽 3.2m,高 11m)在闭斗过程中的运动轨迹,以便为下一步施工工艺研究、探讨提供可靠的理论依据,采用以下方法对闭斗运动轨迹进行测验。

(1)将抓斗起吊、回转至甲板面,将斗口张口至最大(100°),斗唇距离甲板面约 1.0m 的位置定住;采用皮尺测量抓斗两斗唇之间的距离,用钢卷尺测量斗唇距离甲板面的垂直高度,并记录相应初始数据。

(2)每闭斗 5°记录两斗唇之间的距离以及斗唇距离甲板面的垂直高度,直至抓斗闭合。相应得到一组抓斗开口度、张口距离以及斗唇垂直高度变化的抓斗闭斗运动轨迹相关参数。

(3)重复(1)、(2)过程,分别记录 5 组数据取平均值。

经数据整理,得到“金雄”轮闭斗实测轨迹。

2.2 “金雄”定深开挖工艺的研究

根据实测抓斗闭斗轨迹,抓斗在闭斗过程中,斗唇的运动轨迹随着张口度(或者说斗唇间距)的变化而呈弧形曲线运动。单次闭斗循环过程中,将在斗的中线位置(斗唇闭合线)产生一个约 1.2m 的尖峰(浅点)。

为消除该浅点,同时将超深控制在港珠澳大桥岛隧工程基槽开挖允许超深范围(0 ~ -50cm)内,本工艺利用实测闭斗轨迹曲线模拟不同施工步长情况下的“消峰”效果。以下为分层厚度为 2m 的情况下,对前进步长分别为 6m、3.5m、2.5m、1.75m 的理论开挖效果进行分析。

(1)施工步长取 6m

该工艺将在闭斗中线处产生一个约 1.2m 的尖峰。若横向排斗按 1/4 重斗,步长取 6m,则从第二步起,每斗有效开挖方量约为 28m^3,接近设计斗容 30。该工艺有效施工效率较高,可用于对开挖精度要求相对较低的粗挖施工或常规疏浚施工。

(2)施工步长取 3.5m

该工艺将在相邻两步之间遗留一个高约 0.1m 的浅点。根据模拟开挖示意图,理论上每连续前移 3 个步长以后,可将抓斗前移一个斗长距离 9.1m,重新开始一个新的施工循环。该工艺可用于对精度要求控制不十分严格的粗挖施工或常规疏浚施工。

(3)施工步长取 2.5m

该工艺理论上可一次性讲所以浅点消除,并造成最大 0.17m 的超深。在每完成前移 3 个步长的循环后,可向前推进 9.1m,重新开始下一个施工前移循环。

2.3 选定施工工艺

综合考虑开挖精度控制效果、施工效率以及可操作性等因素,初步选定第三种开挖工艺。为避免遗留浅点增加后续扫浅施工难度，同时造成工期延误，经过综合评估后，在实际运用中，将施工工艺调整为：分层厚度取2m、分条宽度20m、步长1.75m、横向排斗1/4重斗，每前移3步后，向前推进7m（纵向重斗2.1m）。

3 应用效果

结合理论分析并为研究验深开挖工艺实际施工效果，安排"金雄"进行精挖施工应用试验，验证施工区域选划在西人工岛，精挖厚度为1m，开挖标高为16m。选划范围根据不同施工步长分为三个试验区域：(1)步长6m基槽精挖区域，20m（东西）×40m（南北）；(2)步长3.5m基槽精挖区域，20m（东西）×40m（南北）；(3)步长1.75m基槽精挖区域，20m（东西）×40m（南北）。施工位置如图1所示，施工具体操作均严格按上述"'金雄'定深开挖工艺的研究"的方法执行。

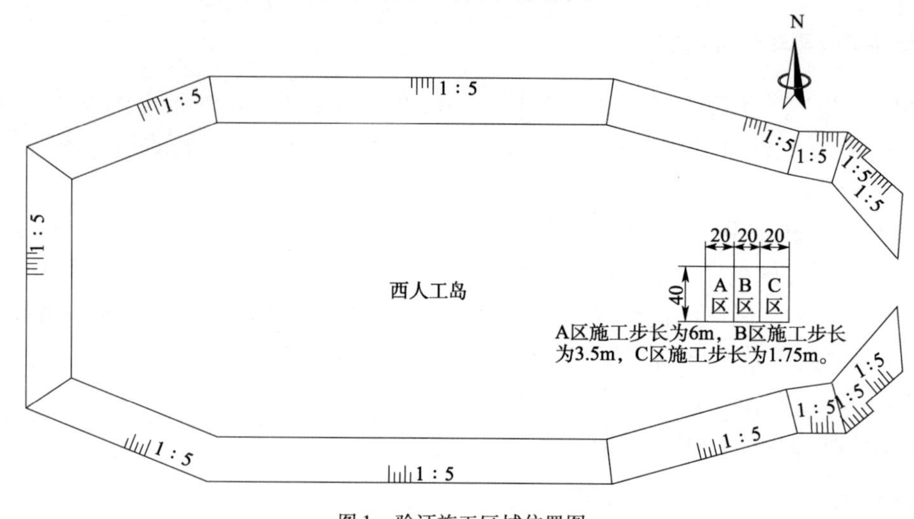

图1 验证施工区域位置图

3.1 原理介绍

"金雄"轮定深开挖工艺的控制系统基本沿用"精挖直接数字化控制系统"（简称DDS系统）除了"平挖功能"以外的相关控制原理。施工前，根据设计及施工方案要求，通过主控制计算机设定"计划挖深"（85高程）以及相应的"减速高度"及"挖泥修正参数"等参数。主控制计算机通过实时接收安装于扒杆顶端的RTK高程基准数据（85高程），以及系统设定的"计划挖深"，自动控制抓斗钢丝绳下放长度。安装于钢丝绳卷筒的脉冲计数器，可将钢丝绳下放长度精确值厘米级，大大提高了抓斗定深开挖精度。

3.2 施工过程简述

"金雄"轮于2011年4月4～6日在西人工岛附近进行了定深功能精挖试验施工，4月4日正式开始试验施工，4月6日在计划进度要求之内完成试验区域精挖，经检测，施工效果满足设计要求。

3.3 效果评价

施工过程中按照设定挖深标高16m作业，每一排排斗呈"扇形"分布，为了减少漏挖区域，每排的首尾两端会安排多挖一斗，经最终检测，三种步长的典型施工纵断面图及横断面如图2～图4所示。

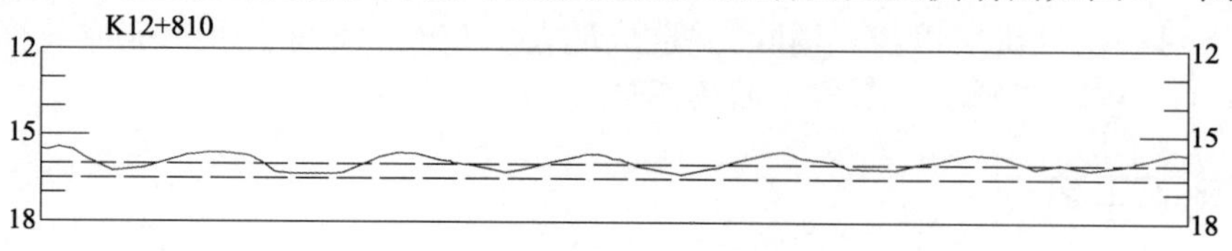

图2 施工步长6m精挖横断面图（K12+810）

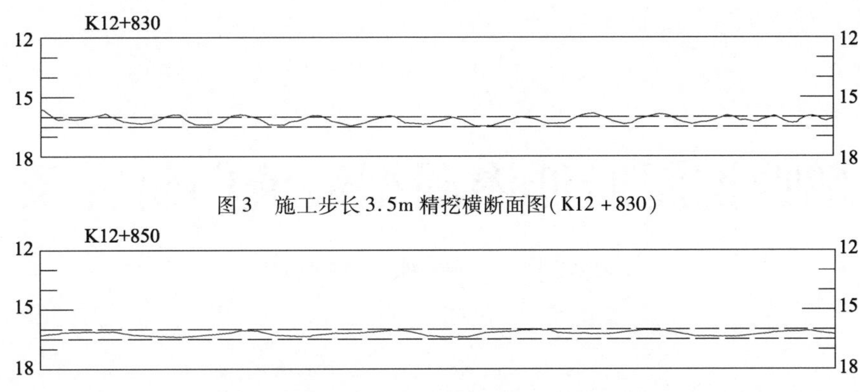

图3 施工步长3.5m精挖横断面图(K12+830)

图4 施工步长1.75m精挖横断面图(K12+850)

通过验证施工结果分析,本次1.75m步长施工区域定深开挖工艺基本达到精挖技术要求,且施工效果最佳。超宽、超深控制在允许误差范围内。

4 结论与建议

采用“金雄”轮定深开挖工艺,可满足精度要求,定深开挖工艺经实验验证可行,并可作为平挖工艺的补充手段。结合本工程严格的精度控制要求,下一步施工过程中须继续以下两方面进一步具体改进。

(1)港珠澳岛隧基槽表层淤泥质土、回淤快等影响,悬浮物、浮泥层,由定深效果较好的“广州号”辅助清淤。

(2)加强施工过程的控制手段,防止超深开挖造成基槽难以修复的破坏。如可在船舷加装音叉密度计、电子水砣等手段,在施工过程中实时检测开挖效果,及时纠正偏差。

自航耙吸挖泥船低渗漏型溢流门研究及应用

胡京招　郑琳珠　杨锡刚
（中交疏浚技术装备国家工程研究中心有限公司，上海，201208）

摘　要：溢流门是耙吸挖泥船的重要装备之一，其渗漏性是影响挖泥船装舱效率和溢流损失的重要因素。本文以长江口航道疏浚维护工程为依托，结合长江口管理局对耙吸挖泥船的泥舱渗漏要求，着重分析了溢流门的工作原理和密封性能，综合对比现有溢流门的优缺点，深入研究适用于溢流门的硬性密封形式，并将硬性密封形式应用到低渗漏型溢流门研发设计中，采用有限元理论对溢流门结构刚性和强度进行计算，研究出适用于长江口疏浚施工要求的低渗漏型溢流门形式并在航浚 4006、4007 等多艘耙吸挖泥船上应用验证。

关键词：耙吸挖泥船；低渗漏；溢流门结构；有限元

引言

耙吸挖泥船在施工过程中，溢流是装舱过程的一个重要环节，是在挖泥装舱过程中通过溢流门不断将泥舱内上部低浓度泥浆水排至舱外，泥舱内泥浆浓度逐渐提高，泥沙逐渐沉积，最终达到设计装舱量的一个重要过程。溢流门渗漏是指由于溢流门密封不严密或者密封结构受到破坏而引起的在溢流门闭合状态下泥浆从溢流门漏出的状况。溢流门渗漏在装舱溢流过程中并不会产生严重问题。但是在耙吸挖泥船装舱结束运输过程中，会造成部分泥浆水渗漏至舷外，装舱泥沙流失，并且会对耙吸船运输航道造成泥沙颗粒悬浮扩散污染。现阶段，随着对生态保护意识的增强，人们对疏浚工程施工作业的环保性要求越来越高，尤其是对疏浚船舶在挖掘和运输泥沙过程中产生的泥沙渗漏和扩散量的要求也越来越严格。长江口管理局要求参与长江口航道疏浚工程施工的耙吸挖泥船在溢流门、泥门关闭状态下，泥舱装满水 10 分钟内水面下降不得超过 10cm。这就对耙吸挖泥船的溢流门、泥门的密封性能提出了具体的新的要求。

1　溢流门结构及密封原理分析

溢流门结构较为简单，主要为门板式钢结构组合件。因此，国内外对溢流门结构的研究较少，与其相关的文献资料也很少见到。溢流门、泥门的密封形式也是采用常见的橡胶条密封，即门框结构上镶嵌橡胶条，门板与门框闭合时，之间的橡胶条产生压缩变形，形成对缝隙的密封作用。这种形式的密封效果好，但是对橡胶条的硬度、完整性以及密封时的压缩量有一定要求，一旦橡胶条出现撕裂破损或者在海水中长期浸泡引起材料变化，其密封性能都会大幅降低。因此，橡胶条压缩式密封通常将橡胶条镶嵌在不被泥浆冲刷，受外载荷较小的位置，如锥形泥门框、预卸泥门框。这些泥门框面向海底，在卸泥过程中，泥沙只冲刷到泥门板，对泥门框及橡胶条影响较小，且泥门在开闭过程中对橡胶条不产生摩擦拉力，橡胶条密封形式在这些区域的适用性较好（图 1）。

对于溢流门结构，其安装位置通常位于泥舱舱壁板内侧，开闭方式采用液压缸拉杆推拉方式，门框面向泥舱内部，门板压在门框上，泥浆内部水压力压在门板上。当液压缸拉杆向上提起门板时，门板沿着门框向上缓缓滑动，泥浆通过门框开口流出；当液压缸拉杆向下放置门板时，门板沿着门框向下缓缓滑动，门框开口闭合，泥浆停止流出。整个开闭过程中，门框受到泥浆冲刷的同时，门框与门板相对滑动摩擦。因此，这种特殊的开闭方式使得门框区域不适合安装橡胶条，否则橡胶条极易被撕裂破坏。

针对溢流门的特殊工况，我们采用硬性密封方式，即门框与门板采用直接贴合的方式，贴合面采用不锈钢加工制作，利用泥舱内泥浆水压力将溢流门板压紧贴合在门框平面上，形成对泥浆的密封，这种密封方式形式简单，耐冲刷和滑动摩擦，使用寿命长。但是，硬性密封形式对门板、门框的刚性，贴合面表面加工精度以及现场安装工艺有很高的要求。就目前国内加工能力而言，能够达到水密封效果的硬性贴合面加工精度是比较容易做到的，因此，实现溢流门硬性密封的研究问题主要落在门板与门框的结构刚性以及制作安装工艺上。针对这两个问题，我们做了进一步的研究设计（图2）。

图1 安装于锥形泥门框的橡胶条密封型式

图2 溢流门结构及安装位置

2 溢流门结构刚性研究及受力分析

溢流门硬性密封对其结构刚性有较高的要求主要体现在要求溢流门框和门板在安装后受到泥浆水压力时变形量很小，不能影响密封效果。溢流门框安装于泥舱壁板上，且泥舱壁板为船体板，参与船体强度，在船舶长期作业过程中，泥舱壁板本身就存在变形。因此，影响溢流门框的结构变形原因有两种：与泥舱壁板连接引起的变形和受到泥浆水压力引起的变形。对于溢流门板，影响其结构变形的原因只有一种：泥浆水压力引起的自身结构变形。由于门板受压后贴合在门框上，反而使得贴合面接触更加紧密，其均匀变形对密封性影响较小。因此，针对影响溢流门框及门板的变形原因，研究相应的措施，避免溢流门结构受外界影响而变形，设计中提高其刚性，将变形量控制在允许范围内。针对泥舱壁板平整度差的情况，在溢流门框四周增设大尺寸角钢，使得溢流门框与泥舱壁板的对接式焊接安装改为泥舱壁板与大尺寸角钢折板的角接式焊接，同时焊缝区域设在角钢的折板上，避免了焊接对贴合区域的影响。针对溢流门框、门板在泥浆水压力作用下的变形量，我们通过有限元理论对其进行建模计算分析，确保其设计刚性满足使用要求。

溢流门在关闭状态下，受到的外界力除自身重力外，主要有泥舱内泥浆水对门板产生的水压力，以及泥浆水在泥舱内流动时对泥门产生的冲击力，计算公式分别如下：

泥浆水对门板产生的水压力：

$$F_a = \rho g h A_w$$

式中：F_a——泥浆水压力，N；

ρ——泥浆水密度；

h——溢流门中心线距泥浆水面高度，m；

A_w——溢流门正投影面积，m^2；

g——重力加速度，取9.8。

泥浆水流动对门板的冲击力：

$$F_c = \frac{1}{2}\rho V^2 \cdot 1.2 A_w C_x$$

式中：F_c——泥浆水流力，N；

ρ——泥浆水密度；

V——泥浆水流速度，m/s；

A_w——溢流门正投影面积，m^2；

C_x——阻尼系数。

耙吸挖泥船溢流门主要参与施工船舶装舱溢流和泥沙运输两个过程，在装舱溢流过程中，溢流门附近的泥浆水为低浓度泥浆水，作用在溢流门上的力包括泥浆水压力和溢流过程的泥浆水流力；当耙吸船通过高位溢流完成装舱过程后，即开始下一个运输过程，此过程中溢流门附近泥浆水密度较高，为耙吸船设计装舱密度，由于停止装舱和溢流，此时作用在溢流门上的力只有泥浆水压力。

根据溢流门密封原理和受力分析分别对溢流门框和门板进行设计，在设计过程中，以保证溢流门门框受力区域刚性和强度为原则，以贴合面具有抗腐蚀、耐磨损性能为材料选择标准进行合理化设计。设计出的溢流门框及门板结构三维立体图如 3 和图 4 所示。

图 3　溢流门框结构立体图

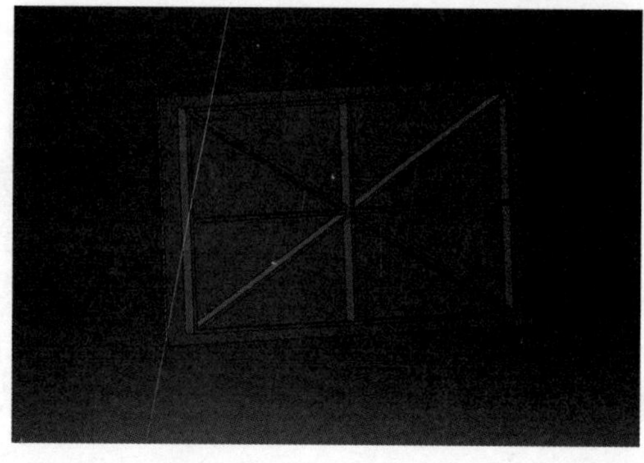

图 4　溢流门板结构立体图

3　基于有限元理论的溢流门强度及刚性分析

3.1　装舱过程中溢流门强度校核及刚性分析

在装舱过程中，溢流门门板主要承受泥浆水压力和泥浆水流冲击力，并通过门板与门框贴合面将载荷传递给门框结构。门框结构贴合面的变形情况直接决定着溢流门框与门板之间的硬性密封情况。此时泥浆水密度较低，假定此时泥浆水密度为 $1.1 \times 10^3 kg/m^3$，泥浆流速 1.2m/s，阻尼系数取 1.4；溢流门中心线距离泥浆水上表面高度为 0.9m，溢流门板正投影面积为 $A_w = 2.18 \times 1.28 m^2$。

计算可得到：

$$F_a = \rho gh\,A_w = 1.1\times10^3\times9.8\times0.9\times2.18\times1.28\ \text{N} = 27.07\times10^3\text{N}$$

$$F_c = \frac{1}{2}\rho\,V^2\cdot1.2\,A_wC_x = (1.1\times10^3\times1.2^2\times1.2\times2.18\times1.28\times1.4)/2 = 3.7\times10^3\text{N}$$

针对门框结构，根据有限元分析理论，采用 ANSYS – WORKBENCH 计算软件，对溢流门门框结构 1∶1 建立有限元模型，将泥浆水压力和泥浆水流冲击力以均布载荷的方式施加在门框贴合面上，对溢流门框结构进行强度校核和刚性分析。

建立溢流门框结构有限元模型，其中网格划分尺寸设置为 20mm，有限单元数为 38298 个，节点数为 133998 个。根据溢流门结构实际受力情况，将门板所受的合力以均布力形式施加在不锈钢条贴合面上。使用有限元软件对溢流门框进行受载计算，校核其在外载荷作用下内部应力分布情况和变形情况，计算结果见图 5 ~ 图 7。

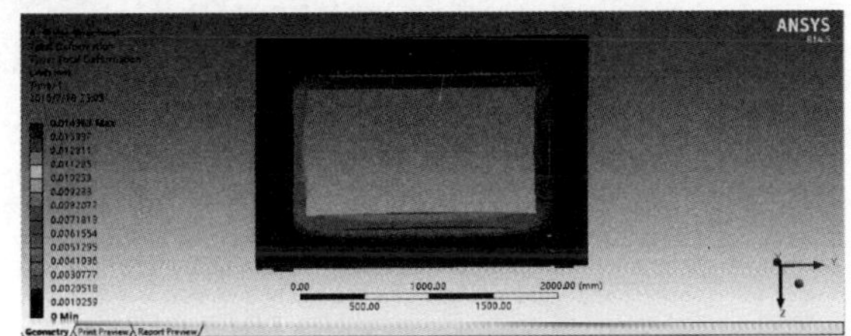

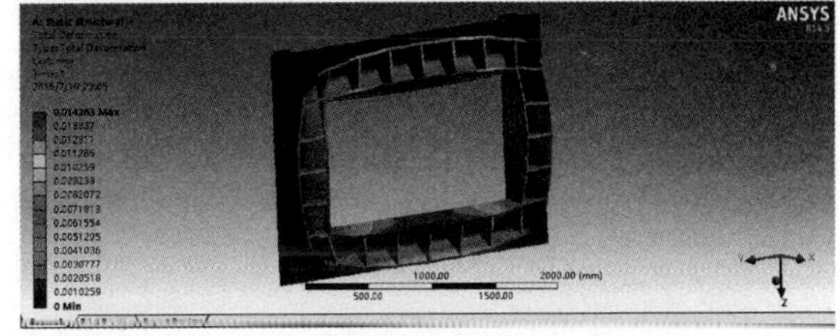

图 5 溢流门框受力变形分布图

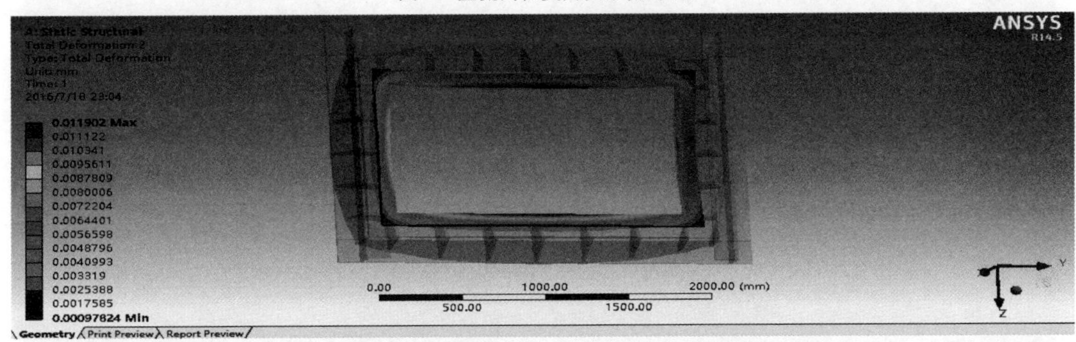

图 6 溢流门框不锈钢贴合面结构变形分布图

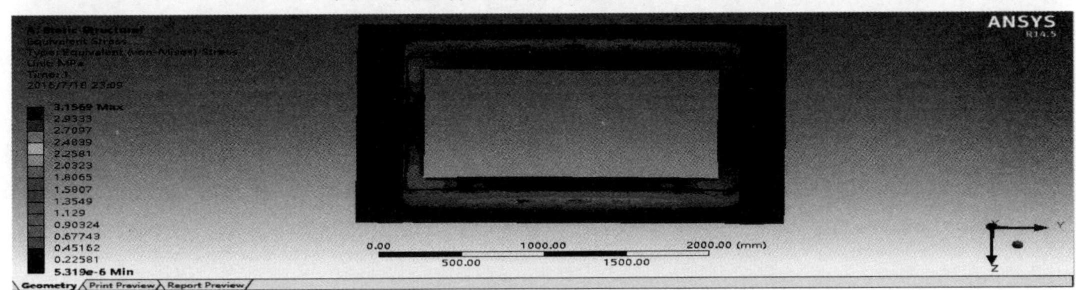

图 7 溢流门框内部应力分布图

从计算结果可以看出，在耙吸挖泥船装舱溢流过程中，溢流门结构受到泥舱内泥浆水产生的载荷作用，其最大变形量为 0.014363mm，且不锈钢贴合面结构的最大变形量为 0.011902mm；溢流门门框内部最大应力值为 3.1569MPa。因此，从计算结果来看，溢流门结构在受力后贴合面变形量非常小，远小于设计允许值，整体结构刚性较好，满足设计要求，在受力变形后依然能够保证其密封性能。同时，门框结构内部最大应力也远小于许用值，结构强度满足要求。

3.2 泥沙运输过程中溢流门强度校核及刚性分析

耙吸挖泥船在装舱溢流完成后，将满载泥沙运输到指定抛泥点，在运输过程中，溢流门始终处于关闭状态，阻止泥浆通过溢流门渗漏到船体外造成泥沙流失和航道水域悬浮物污染。此过程中，溢流门门板主要承受泥浆水压力，并通过门板与门框的贴合面将载荷传递到门框结构。门框为主要的受载结构，结合面的刚性及变形决定着溢流门的渗漏程度。此时泥浆水密度较高，假定此时泥浆水密度为 1.4×10^3 kg/m^3，溢流门中心线距离泥浆水上表面高度为 2.7m，溢流门板正投影面积为 $A_w = 2.18\times1.28m^2$。

计算可得到：

$$F_a = \rho g h A_w = 1.4\times10^3\times9.8\times2.7\times2.18\times1.28\ \text{N} = 103.368\times10^3\text{N}$$

针对溢流门框结构，使用 ANSYS-WORKBENCH 有限元软件，导入其有限元模型，将泥浆水压力以均布载荷形式施加到贴合面上，计算溢流门框及其上不锈钢结构贴合面在外载荷作用下的应力分布和变形分布情况。使用有限元软件对溢流门框进行受载计算，校核其在外载荷作用下内部应力分布情况和变形情况，计算结果见图 8 ~ 图 10。

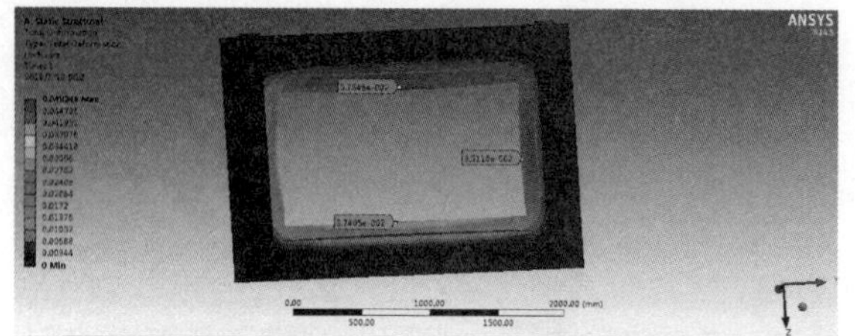

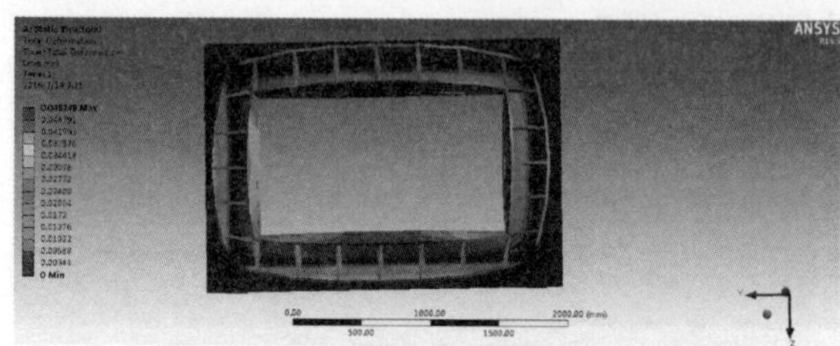

图 8　溢流门框受力变形分布图

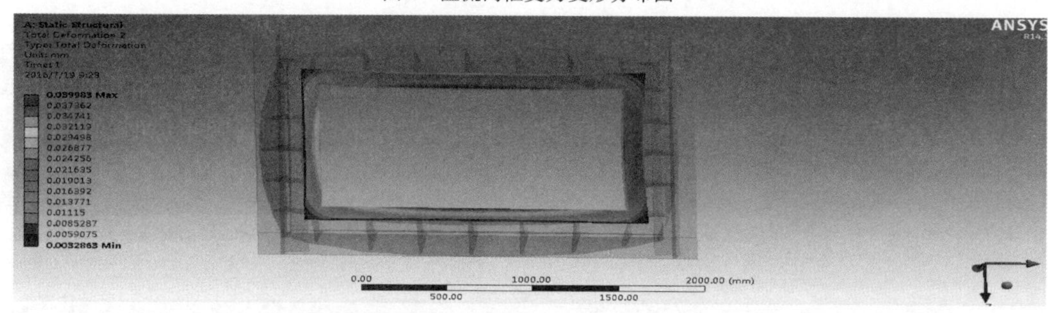

图 9　溢流门框不锈钢贴合面结构受力变形分布图

图 10　溢流门框内部应力分布图

从 ANSYS-WORKBENCH 计算结果中可以看出，耙吸挖泥船在泥沙运输过程中，溢流门结构受到泥舱内泥浆水压力的作用，其最大变形量为 0.048249mm，不锈钢贴合面结构在外载荷作用下最大变形量为 0.039983mm；溢流门门框内部最大应力值为 10.605MPa。因此，从计算结果数值来看，溢流门结构在耙吸船运输过程中，受力后贴合面变形量非常小，远小于设计允许值，整体结构刚性满足设计要求，在受力变形后能够保证其密封性能。同时，门框结构内部最大应力也小于许用值，结构强度满足要求。

4　溢流门结构实船清水测试及应用

为满足长江口航道疏浚维护工程泥浆低渗漏要求，将此种硬性密封型式溢流门结构首先安装于航浚

4006 轮耙吸式挖泥船，如图 11 所示。并在上海外高桥码头进行实船清水测试，将泥舱内加水至满舱，待稳定后查看溢流门区域渗漏情况，标记泥舱内水位高度，记录时间，十分钟后查看泥舱水位高度变化，如图 12 所示。

图 11　溢流门结构实船安装

图 12　溢流门清水密封测试

清水试验过程中，泥舱内低水位情况下溢流门无任何渗漏，待水位达到最高水位时，溢流门密封区域在高位水压力作用下出现局部微小渗漏。经过十分钟测试，泥舱内水位线基本无变化，满足低渗漏施工要求。同时，施工人员针对局部渗水区域进行贴合面清理打磨处理。

经过实船测试，此种硬性密封型溢流门满足耙吸船疏浚工程中低渗漏低流失的施工要求，因此，将硬性密封形式溢流门推广应用于航浚 4007 轮、航浚 4008 轮、航浚 4009 轮耙吸式挖泥船，在长江口航道疏浚维护项目中取得了很好的应用效果。

结语

通过研究计算和实船试验，硬性密封的低渗漏型溢流门结构简单、密封性能优良，能够减少耙吸挖泥船施工运输过程中的泥沙流失，降低对航道水域的悬浮颗粒物扩散污染。具有很好的应用前景。此外，随着人们对工程建设环保要求的日渐严格，耙吸挖泥船疏浚装备的环保性能也日益凸显，因此，将环保性能纳入疏浚装备的研究开发过程中也逐渐成为一种研究发展趋势。

参考文献

[1] 上海航道局. 疏浚工程手册[M]

[2] 李广信. 高等土力学[M]. 北京：清华大学出版社，2004

[3]李云旺，王玉铭. 耙吸挖泥船溢流损失的分析[J]. 船舶，2005(6)：16-22

[4] Braaksma J. Model – based control of hopper dredgers [D]. Netherlands：Delft University of Technology，2008：30，57

[5] 曹祥志，李炜，李彦，齐亮. 基于模型的耙吸挖泥船溢流损失估计及模型验证 [J]. 水运工程. 2014 (10)：184-188.

[6] Pawef M Stano. Nonlinear state and parameter estimation for hopper dredgers [D]. Delft：Delft University of Technology，2013：141-156.

第三篇 交流论文

大海外专题

奥里诺科河外航道船舶装舱工艺改进

徐　琰　黄国林
（中港疏浚有限公司，上海，200120）

摘　要：对于上方计量的疏浚工程而言，船载方量的多少直接与经济效益挂钩，同时对浮泥层较厚航道通航水深的提高亦起到决定性作用。优化装舱工艺，提高单船土方量，是提升施工效率，确保经济效益和社会效益的有效途径。

关键词：耙吸船；溢流；量舱；淤泥；效益

引言

2014 年第三季度新海虎 4 轮投入奥里诺科河航道恢复设计水深项目外航道工程施工。施工中遇到舱内部分残留积水不易排出的难题，直接影响船载方量计量结果。通过对船舶装舱工艺进行优化，单船产量得到提高。

1　工程概况

委内瑞拉奥里诺科河航道为单向航道，分为外航道（河口段）和内航道（河流段）。其中外航道全长 77.8km，设计底宽 122m，疏浚目标水深 11.60m。

测量结果显示外航道水下有比较厚的浮泥层（图 1），最大厚度达到 8m。整个外航道除了最里段含有细粉砂外，其余区段多为粘土物与细沙的混合物质，称为 Fluff，该土质的特点是：较为粘稠、流动性差、不易沉淀。

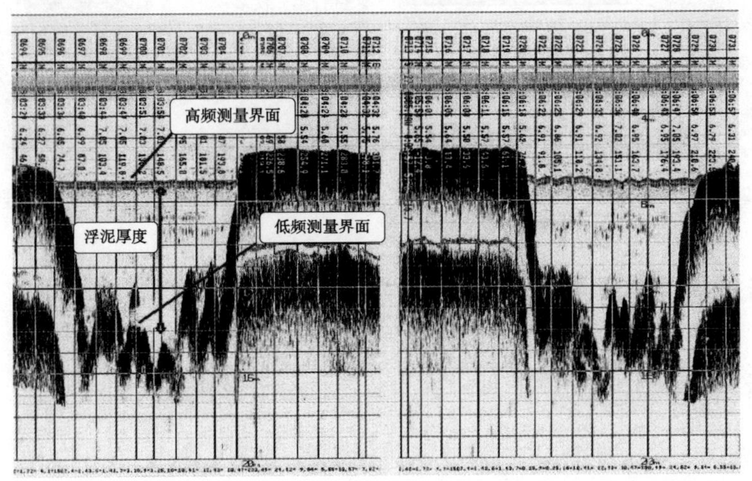

图 1　外航道测深纸（部分）

外航道工程采取上方计量，即起耙后使用量锤进行现场量舱计算得出的船载方量作为疏浚土方量。

2 装舱工艺

2.1 初始工艺

根据外航道工况特征，结合以往船舶施工经验，新海虎4轮投入施工之初采用的工艺如下：轻载航行过程中完成抽舱，扩大舱容。航行至施工区域，空载调头，船头朝抛泥区方向上线作业。下耙后先打旁通，待浓度变高时打后进舱。装舱过程中时刻注意保持高浓度进舱，低浓度旁溢。满舱后视舱内残留水的情况进行适当溢流。而后切换成旁通起耙，挖泥时间约半小时，完成量舱后提速开赴抛泥区进行卸泥。

2.2 装舱工艺改进

采用原来的工艺，通过操作人员良好的控制，效果差强人意。经观察发现，在泥舱的前端会存在比较明显的清水，其余部分舱面残留的清水较少。量舱结果显示，船艉方向前几组量舱孔，尤其是第一组，孔内含水较多，取值很不理想。显然，那些没有能够排出去的水直接影响了量舱的效果。解决此问题的有效途径有二：一是尝试改变进舱方式，减少舱内部分区域清水的堆积；二是分阶段溢流以提高溢流的效果，有效排出清水。经过分析与试验，新海虎4轮对原来的装舱工艺局部进行了优化，具体做法是：

在完成抽舱、上线、下耙、旁通等工序后，泥浆浓度满足要求时先打前进舱。提前把溢流井的高度降低至12.0～12.5m左右，保持高浓度、高流量进舱，待舱内液位升高至溢流位，即进行第一次溢流（图2）。根据舱内的具体情况灵活控制溢流时间的长短。然后将溢流井高度升至最高位14.3m，继续保持高浓度、高流量装舱。当装舱容积达到约9000～10000m^3，泥浆液面距舱面的工字钢约0.5m左右时切换至后进舱。待舱内液面再次达到溢流位，视情况适当进行第二次溢流（图3）。最后切换旁通，停泵起耙，装舱完成。

图2 溢流井12.5m高度进行第一次溢流

图3 溢流井14.3m高度进行第二次溢流

3 改进后的装舱方法带来的益处

3.1 采取先前、后后的进舱方式

由于水的流动性要强于高浓度的泥浆，泥浆通过前进舱口进入舱内，会驱使混入的清水或者低浓度的泥浆往船艉方向流动，因此可以大幅减少积于舱前难以排出的水量；此外，泥浆的流动性比较差，采用前进舱可以利用泥浆进舱时的动能增强前舱内泥浆的流动性，在溢流的时候能够更有效地排出清水。

后续当装舱快结束时，切换至后进舱。舱内泥浆液面没过位于泥舱顶部的工字钢时，后半舱表层残留的清水在后进舱泥浆的驱使下通过泥浆表面顺流至舱前由溢流井溢出。

3.2　采取两次溢流

（1）解决量舱孔附近残留积水排出的问题

新海虎4轮船艉方向第一组量舱孔的位置设计的不是很合理，恰处在泥舱横梁和纵梁围成的矩形区域当中。当舱内泥浆液面高度达到纵、横梁的高度时，量舱孔附近残留的积水就会处在一个封闭的区域内，再也流不出去，直接影响量舱的结果。

通过分两次溢流可解决此问题。在进行第一次溢流的时候，由于当时的溢流井高度是低于泥舱横梁和纵梁高度的，量舱孔附近的积水能够流出来，通过溢流井排出去。

（2）克服船舶艏倾带来的积水排出难题

船舶由于结构设计、载荷以及油水消耗等问题，有时满载后会出现不同程度的艏倾现象。船舶艏倾导致清水容易堆积在泥舱最前端的区域，而溢流井的位置则位于泥舱的中前部，泥浆比较厚实，不似液体般会完全保持水平状态，流动性也差，加之舱面顶部横梁的阻隔，残留于泥舱前端的清水很难再通过后面的溢流井流出去。

当溢流井高度处在低位进行第一次溢流时，由于装载量少，船舶通常处于近似平吃水状态，且无横梁阻隔，此时通过充分溢流可以把泥舱前端的积水排出去。

4　经济、社会效益

奥里诺科河外航道工程采取上方计量，很明显提高单船土方量是提升经济效益最直接有效的手段。

采用本文所述的方法，可将混入舱内的清水或者低浓度泥浆水基本排干净（图4），量取的土方数据较高。根据前后记录的数据对比，装舱工艺改进以后，单船次可提高约200～300m^3的方量，经济效益显著。

图4　装舱完毕后的泥舱舱面（前、后部）

生产效率的提升也带来了不小的社会效益。奥里诺科航道工程航道水深浅，工期紧，通过优化装舱工艺，发挥出船舶最大工效，能够在短时间内基本打通航道，缓解了航道大船无法通行的窘境，在当地赢得诸多的赞誉和良好的口碑，为奥达兹工业重镇的矿砂出口提供了良好的水上通道。

结语

在生产实际中，综合考虑工况、施工机具等具体情况，灵活运用和改进施工工艺，可以产生良好的效果。需要说明的是，本文所述的装舱方法是针对类似于奥里诺科河外航道粘稠性强、流动性和沉淀性差的淤泥质土，并且需要上方计量的情况下在施工中摸索出的方法，对于其他土质和工况条件则需要在今后的生产中继续探究。

参考文献

[1] JTJ 319—99，疏浚工程技术规范[S]

加强海外经营财务管理研究和对策

秦树平
（中交一航局第五工程有限公司，河北秦皇岛，066000）

摘 要：以沙特延布海岸开发Ⅰ、Ⅱ、Ⅲ期工程财务管理为基础，通过对沙特经济政治、金融、税收背景介绍，对项目财务管理工作进行研究，阐述具体方法和对策，旨在对海外工程项目财务管理供一定的参考。

关键词：财务管理；风险防范；税务筹划

引言

2009 年 2 月 10 日，中国铁建与沙特阿拉伯王国签署了合同，施工完成沙特麦加轻轨铁路项目，按照合同约定，中国铁建预计总收入为人民币 120.51 亿元，截止 2010 年 10 月 31 日，预计总成本高达人民币 160.45 亿元，另发生财务费用人民币 1.54 亿元，项目亏损 41.48 亿元。项目不仅毫无利润，反要政府对巨额亏损进行埋单。

在 2013 年 9 月和 10 月，习近平总书记先后提出了建设“新丝绸之路经济带”和“21 世纪海上丝绸之路”的战略构想，为企业“走出去”带来新的机遇。近些年，越来越多的企业参与到一些实行竞标机制的国家基础设施项目中，亏损项目并非个例。我们在实施“一带一路”战略时如何加强海外财务管理，提高项目盈利水平，成为亟待解决的重要课题。

1　沙特经济背景研究

沙特阿拉伯，位于亚洲西南部的阿拉伯半岛，东濒海湾，西临红海。沙特是名副其实的“石油王国”，石油储量和产量均居世界首位，使其成为世界上最富裕的国家之一。现在，沙特是中东最大的工程承包市场，位居世界第 23 位，沙特承包市场繁荣，年发包额在 150 ~ 200 亿美元。

沙特的金融也比较发达，银行业对外开放度较高。沙特实行紧盯美元的汇率制度，多年来沙特里亚尔一直保持在 1:3.75 不变，货币政策稳定。沙特实行外汇自由汇兑政策，国际间的资金自由流动。

2　内部财务管理

沙特延布海岸开发Ⅰ、Ⅱ、Ⅲ期工程合同额 1.67 亿美金，是目前公司完成的最大境外景观工程，产值利润率超公司平均水平。同时，项目还为公司培养了大批海外高素质管理型人才。

2.1　项目资金管理

公司领导及项目部领导高度重视海外项目资金问题，反复强调资金问题无小事。项目部经理作为货币资金管理的主要责任人，财务部门负责人作为项目资金管理直接责任人。项目部根据中交股份相关文件要求，建立健全货币监管规章制度：现金盘点记录盘点人、检查复核人签字齐全，不为同一人；银行对账单的获取、核对和银行存款余额调节表编制不为同一人；银行账户预留印鉴为两人共同签字有效；货币资金的支付由项目经理签字后支付;杜绝虚开发票、编制虚假工程量结算单、伪造人员奖金发放表、计提奖金等方式套取资金存入个人银行账户,用于账外账;杜绝将出售的废旧物资、资产租赁等收入存入个人银行账户,形成账外资金;杜绝以个人名义开立银行卡,将资金从单位银行账户转入个人账户,再从中对外支付款项。

2.2 项目原始单据审核

由于原始支出凭证是反映和记录经济业务发生的书面证明,也是明确经济责任,并作为财务人员付款和编制记帐凭证的依据,同时也是沙特阿拉伯每年报税的重要依据。为了维护财经纪律和确保会计核算的质量,财务部门从以下几个方面对原始凭证进行严格审查:真实性、合法性审核,拒绝白条入账;审批程序审核,审批手续是否完备,所附票据是否完整;报销单据的内容必须填制齐全,包括报销人、报销日期、事由、大小写金额等;报销人在报销前须将发票上对应的阿拉伯文的内容、数字翻译成中文已便于以后审计;票据金额审核,数量乘单价是否等于金额;分项金额相加是否等于合计数;小写金额是否等于大写金额;阿拉伯数字是否涂改。

2.3 项目票据管理

项目 80% 以上的成本支出都通是过支票或银行电汇,票据管理成为项目成本管理的重中之重。

2.3.1 零星材料采购

材料采购由经办人填写采购清单,需所属部门经理、分管领导审批,合同、收款人、金额等手续齐全后财务部准备支票(或转账),经办人领用支票并在 14 天内带回发票(Invoice)、收据(Receipt)、支票签收复印件(Copy of the Cheque with the Receiver's signature)填写《报销凭单》销账。

2.3.2 工程或商务合同性质付款

工程或商务合同性质的付款需附经项目经理审批过的《合同结算单》,无论金额大小,都必须合同及票据齐全后由商务部(QS)制单,现场人员、QS 确认工程进度与付款进度是否相符后,财务部按《合同结算单》所确认金额付款。

以上支付单笔金额 > SAR 10,000 的,必须提供合同或协议、收款人、金额,原则上均通过支票或转账支付,另需转账支付的需要求对方提供帐户名称(A/C Name)、开户行(Opening Bank)、银行账户(A/C No.)、开户行地址(Bank Address)以及银行代码(Bank Swiftcode)。

预付款原则上不得大于合同价款的 20%,支付预付款原则上需要对方提供保函担保或其他质保;分包等工程进度款项支付进度不得超过该项工程实际完工进度;大宗材料采购原则上滞后三个月付款。

2.4 员工差旅费管理

根据公司总部《临时出国人员费用开支管理办法》规定,未经总公司领导同意不得乘坐飞机头等舱/公务舱;自沙特出发前往外地出差的单程或往返机票,应由项目部指定部门统一购买。项目部人员在沙特境内出差不享受交通补贴和出差补贴,交通费实报实销。赴第三国出差或回国其费用开支标准、补贴标准及报销办法参照公司文件执行。住宿、工作餐按照标准限额报销。

2.5 固定资产管理

2.5.1 固定资产定义

固定资产是指使用期限在一年以上,单位价值在 SAR3750(或 USD1000)以上,并在使用过程中保持原来物质形态的资产。固定资产分为非生产性固定资产和生产性固定资产。供生活和办公用的土地、房屋及建筑物、汽车和家俱等为非生产性固定资产;其他为生产性固定资产。

2.5.2 固定资产采购/改造管理

采购/改造金额≤SAR250000 的,由采购人填写《固定资产采购/改造申请单》,使用部门、商务部审批后再报项目经理审批，手续齐全后财务部安排付款；采购/改造金额大于 SAR250000 的，需报公司审批。

2.5.3 固定资产的管理

财务部为固定资产牵头管理部门。船机部、工程部和行政部为固定资产职能管理部门；职能管理部门应及时、完整、准确记录固定资产相关信息，包括但不限于建立健全固定资产管理卡、台帐、技术档案、按月与相关财务部门核对固定资产原值和累计折旧等；职能管理部门应定期盘存固定资产，掌握其运营状况和完好率，确保账、卡、物三相符，及时向公司职能管理部门提供盘活固定资产使用效率的建议。

2.5.4 固定资产的使用

固定资产的使用和维修保养，应贯彻“安全第一、预防为主”的方针；固定资产购置交付、改造竣工验收后，应及时办理入账和登记手续；固定资产保管和领用应办理书面领用手续，并有保管或领用人签字；固定资产所有权证书由固定资产台帐管理部门保管，并设置台帐妥善保管；项目人员调离项目时，所使用固定资产必须交还项目部。固定资产的维修，应事先确定修理内容，预订备配件，做出费用预算，严格执行修理技术标准和验收标准。固定资产使用过程中发生的事故，应及时报告公司职能管理部门，并本着“三不放过”的原则（即原因不清不放过，员工未受到教育不放过，改进措施不落实不放过）进行善后处理。职能管理部门对损失和影响较大的事故应进行调查，并提出处理意见供领导决策。

2.5.5 固定资产折旧

固定资产的分类和折旧年限按相关规定执行；采购的二手设备、船舶等固定资产计提折旧时，以固定资产的购置/改造价按其剩余年限进行摊销；完工项目所有的固定资产处置收益（除土地、房屋及建筑物外）归项目部所有；无法处置的固定资产，在考核项目利润时，由公司核定剩余价值，以核定的剩余价值与项目账面余值的差额调整项目的考核利润。

2.5.6 固定资产报废

固定资产报废必须经过技术鉴定。凡属于提前报废的由使用人提出报告，详细说明原因，因事故报废的固定资产必须查明原因，追究责任人的经济责任。

3 汇率风险防范

我国实行有管理的浮动汇率制度以来，人民币连续 8 年不断的稳步升值，2005 年 8 月美元兑人民币的中间价为 8.10，2016 年 6 月美元兑人民币的中间价为 6.57。由于沙特当地货币里亚尔与美元绑定，固定汇率为 1 美元 =3.75 里亚尔，所以人民币兑美元的升值直接导致人民币对里亚尔的升值，势必对国内公司在沙特承担工程项目造成影响。

人民币升值对项目的影响分析：人工费的增加，在沙特项目中的中方员工薪酬都是以人民币制定的薪酬标准，保证在人民币升值的过程中，中方员工的收入不会降低，所以当人民币升值时项目的人工成本随之增加；当材料及设备以人民币从国内采购计入项目成本时，人民币升值后这部分材料成本随之增加。

针对影响因素，项目应从以下几点采取措施降低因应人民币升值对企业造成的损失：加大机械设备和原材料当地采购的力度，充分利用沙特低关税市场开放度高等特点；确实需要从国内进口设备或材料，做好风险分析，尽可能的签订美元合同以转嫁汇率风险；尽可能的员工当地化，由于外籍雇员采用当地币种制定薪酬标准，不存在汇率损失，所以培养高素质的中方管理人员，减少国内雇员数量，增加外籍工的数量，降低人民币计价的薪酬在人工费的比例，降低人民币升值对项目人工费造成的影响。

4 税务筹划

沙特对沙特人或海湾 6 国公民只征收宗教税而不征收所得税。沙特对外国人，或是外国人和沙特人合伙的经营机构即股份公司、有限责任公司、外国公司的分支机构、合伙人、承包商或商行等征收所得税。

个人所得税工资收入不征税。所得税和宗教税是沙特的基本税种。沙特税法规定外资企业应纳税所得额应缴纳20%所得税，应纳税所得是指企业所得扣除为实现所得而产生的支出和成本。如何在法律法规允许的前提下降低企业税赋值得研究。

收入认定范围：所得税法规定纳税主体在每个税收年度内，实现的收入将被征税；成本认定范围：纳税人在税收年度的任何时间内进行的活动发生的支出和成本；我公司在沙特地区在建项目，基本都是港口基建等传统建筑承包项目，成本构成主要包括材料费、代理费、人工费、调遣费、设计勘察费、燃油费、机器设备使用费以及其他间接费用等。材料费，人工费和机器设备使用费所占比重较大，理所当然成为税务关注的重点。

材料费，可以确认为成本，需要提供合同、形式发票和付款证明，国外的材料还需要提供关税证明进行佐证，税务筹划中可以适当提高报关价进行避税，但虚增成本部分需要承担最低5%的关税。

人工费，只有持有所在单位工作签证员工并缴纳工资总额2% GOSI的人工费才能被认可。税务筹划中可以虚增工资报酬增加人工费总额，但是工资总额过高会引起当地劳务部门的关注。

机器设备使用费，可以通过提高报关价，以达到增加折旧成本的目的。

间接费用，可以通过收集各种类型的间接费用小额发票，达到减税的目的。

5 提高财务人员自身素质

任何行业，人才都是核心竞争力，是成就事业的基础。海外项目财务人员，工作量大、任务艰巨，这就给财务人员提出了较高的要求，财务人员至少应具备以下几方面能力：

有比较不同国家会计制度的能力，海外项目与国内企业所处会计环境有很多差异，如会计准则的差异、税收制度的差异等，这都加大了财务集中管理的难度。应该说：中国会计准则尚未与国际会计准则完全接轨，存在不少制度性差异和技术性差异。因此国内企业在财务管理上要放开眼界，不仅要实现“国际化”，还要实现“本土化”。

比较强的语言学习能力，派往海外项目的财务人员要能与当地税务、银行和客户进行直接沟通，避免由于财务的沟通障碍耽误项目的生产经营。企业除了积极组织各种技能培训，还应该为海外工作人员提供经验交流的平台，许多海外经验不是课堂上可以学到的。

6 建立对海外项目经营者长期的激励和约束机制

海外项目与国内项目不同，其独立性比国内项目强得多，从客观上要求海外项目的负责人必须有高度的责任心，因此必须建立适合海外经营特点的激励机制，同时也应该有不同于国内项目的约束机制。

我们应该认识到：即使有合适和有能力的经营人才，如果缺乏对其有效的利益驱动，也会影响海外项目的发展。有效的激励和约束，可避免有作为的经营者因个人能力和所得酬劳不对称，而利用企业的资源为个人谋取利益，造成国有资产实质性的流失。

结束语

“一带一路”格局之宏大，路向之开阔，气象之多彩，都是前所未有的。它蕴含着中国梦，也应当融合沿线各国人民的美好梦想。这一“超级战略”如同长风浩荡，必将为中国企业“走出去”起到强大的引领和支撑作用。作为企业，盈利能力才是首要的，“走出去”需要对所在国政治、经济、法律环境进行研究，实施过程中必须要加强自身财务管理水平，降低成本，提高效益，避免出现巨额亏损，给企业和国家造成损失。同时还要兼顾人才培养，这有这样，才能让企业走的出去，更能走的远！

参考文献

[1] 朱青,对付国际避税各国政府各有高招[J],北京:中国税务,2003.6-7
[2] 敏敬,海湾区域经济合作的进展与挑战[J],北京:阿拉伯世界研究,2006.31-35

路基级配碎石的加州承载比的影响因素分析

陈 利 陈伟浩 薛文杰
(中交四航局第二工程有限公司,广东广州,510231;中国交通建设股份有限公司,北京,100088)

摘 要:加州承载比(CBR 值)是评定路基承载能力的重要参数,其大小取决于许多因素,通过结合多哈东部高速项目的级配碎石的组成材料的特性,对级配碎石进行室内 CBR 试验,分析了成型方式、最大粒径、通过 5mm 筛的颗粒含量、通过 0.075mm 筛的颗粒含量、掺沙量以及泡水时间对级配碎石 CBR 值的影响,为级配碎石的生产和质量控制提供指导。

关键词:级配碎石;加州承载比;掺沙量;泡水时间

引言

多哈东部高速项目主线长度为 10.736 公里,双向 10 车道,预留场地将来拓宽至 14 车道;级配碎石设计总量约为 30 万立方米,设计厚度为 440mm。

加州承载比(CBR 值)是国际公路工程中广泛使用的一个性能指标,是衡量无粘结粒料强度及抗永久变形能力的重要指标,反映了级配碎石的强度。级配碎石的强度主要是由碎石本身的强度以及碎石颗粒之间的挤嵌力组成。加州承载比试验是一种评定基层材料承载能力的试验方法。公路工程中通过室内加州承载比试验选取高密度、强度高的级配碎石来指导现场施工,保证现场压实后的级配碎石强度、稳定性均符合规范要求。

本文结合多哈东部高速公路项目,对路基级配碎石的加州承载比的影响因素进行了探讨分析。

1 级配碎石的材料组成

级配碎石的强度主要是由碎石本身的强度以及碎石颗粒之间的挤嵌力组成,级配碎石针片状含量过高会降低级配碎石强度,造成级配组成发生变化,从而颗粒之间的嵌挤力也随之降低,不利于施工质量,所以要严格控制级配碎石材料的质量。多哈东部高速公路项目的路基级配碎石的材料组成包括沙漠砂(dune sand),0 ~ 5mm 辉长岩石屑(Gabbro),5 ~ 20m 和 20 ~ 37.5mm 石灰岩碎石。项目部试验室根据卡塔尔规范[1]要求,通过大量室内配合比试验设计出质量稳定、经济合理的级配碎石生产配合比,如表 1 所示。

级配碎石生产配合比 表 1

材料	沙漠砂	(0 ~ 5mm) 辉长岩石屑	(5 ~ 20mm) 石灰岩碎石	(20 ~ 37.5mm) 石灰岩碎石
比例(%)	10	23	30	37

以下是级配碎石使用的几种组成材料的性能概况:

1.1 沙漠砂

沙漠砂属于风化砂,它是岩石等在风化作用下形成的风化产物,在卡塔尔地区非常容易获取且较干净，属于非塑性类型，其级配情况如表2所示。

沙漠砂级配情况 表2

筛孔尺寸(mm)	1.18	0.600	0.300	0.150	0.075
通过率(%)	100	69	45	7	0.4

1.2 0～5mm 辉长岩石屑(Gabbro)

辉长岩是一种基性深层侵入岩石，是良好的建筑材料，在卡塔尔地区用作为混凝土的碎石原材，其级配情况如表3所示。

0～5mm 辉长岩石级配情况 表3

筛孔尺(mm)	6.3	5.0	3.35	2.36	1.18	0.600	0.300	0.150	0.075
通过率(%)	100	98	80	65	45	33	24	18	13

1.3 石灰岩碎石

石灰岩(Limestone)，以方解石为主要成分的碳酸盐岩，由生物化学作用生成的灰岩，常含有丰富的有机物残骸，通常会含有一些白云石和黏土矿物。石灰岩在卡塔尔地区非常容易获得。5～20mm 与 20～37.5mm 的石灰岩碎石的级配情况如表4和表5所示，

5～20mm 石灰岩碎石级配情况 表4

筛孔尺寸(mm)	25.0	19.0	12.5	9.5	5.0
通过率(%)	100	95	52	33	6

20～37.5mm 石灰岩碎石级配情况 表5

筛孔尺寸(mm)	50.0	37.5	25.0	19.0
通过率(%)	100	85	20	1

2 试验方法

多哈东部高速公路项目加州承载比试验采用美标[2]，按标准击实试验确定的最大干密度和最佳含水量制备所需的试件，制作三种试件，分别按照每层10击、25击、56击，每个试件都分5层击实，按照为了模拟材料在使用过程中的最不利状态，加载前泡水96小时后测得CBR。

本文结合多哈东部高速项目实际，对路基级配碎石进行了室内CBR试验，分别从以下主要影响因素入手，进行试验并分析对CBR值的影响：

(1)成型方式，通过击实成型与振动成型两种成型方法进行试验分析。

(2)最大粒径，分别选取最大粒径为50mm，37.5mm，31.5mm，25mm进行试验分析。

(3)通过5mm筛颗粒含量，以最大粒径为37.5mm的碎石规格进行筛分，分析不同的5mm筛分通过率对CBR值的影响。

(4)通过0.075mm筛颗粒含量，分析不同的0.075mm筛分通过率对CBR值的影响。

(5)不同掺沙量对CBR值得影响。

(6)泡水时间，通过两种料源的泡水时间进行试验分析。

3 试验结果与分析

3.1 成型方式对CBR值的影响

在试验中主要对比了击实成型和振动成型两种方式对CBR值的影响。

击实成型是指试件在坚硬的模具中成型，一定质量的锤由一固定的高度落下，并分层击实一定次数。振动成型是指试件放置在坚固的模具中，在材料的表面放置一重物，试筒的表面被轻击后，整个试筒和试件放置在振动仪器上振动成型。

振动成型与击实成型相比，粗集料之间相互挤嵌较好，能够充分发挥骨架的强度，细集料作为填料能充分填充骨架的空隙，振动成型的方式与现场施工的方式相近。振动成型对材料产生冲击波作用，被压实材料沿纵深的方向扩散和传播，颗粒之间相对位置产生变化，颗粒相互填充，之间的间隙随之减小，颗粒之间的紧密接触也增大的被压实材料的内摩擦阻力，使基础的承载力随之提高[3]。

从图1中可以看出，无论最大粒径的值为多少，相同的材料和级配，使用振动成型能够得到更大的CBR值。

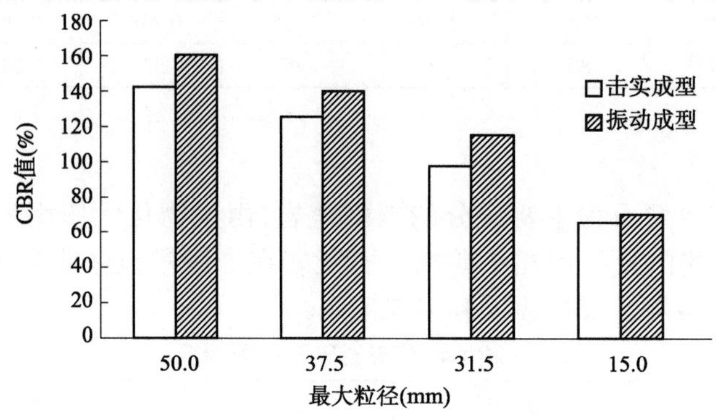

图1　成型方式以及最大粒径与CBR值的关系

3.2　最大粒径对CBR值的影响

从图1可以看到集料的最大粒径越大，CBR值越大，即强度越大，稳定性越好。但是通过现场施工发现当粒径大于37.5mm时，碎石在摊铺运输过程中容易发生粗细颗粒离析，离析后的级配碎石其强度、稳定性能会大大降低，同时采用较大粒径碎石时，也不利于机械整平，影响级配碎石基层平整度，也会对后续沥青层的平整度产生影响，同时也使设备磨损更严重。所以最大粒径37.5mm更符合项目部的经济性和施工工艺，同时应避免最大粒径小于31.5mm，当最大粒径小于31.5mm其强度、稳定性也随之降低，CBR值也不满足规范要求，不利于公路基层质量控制。

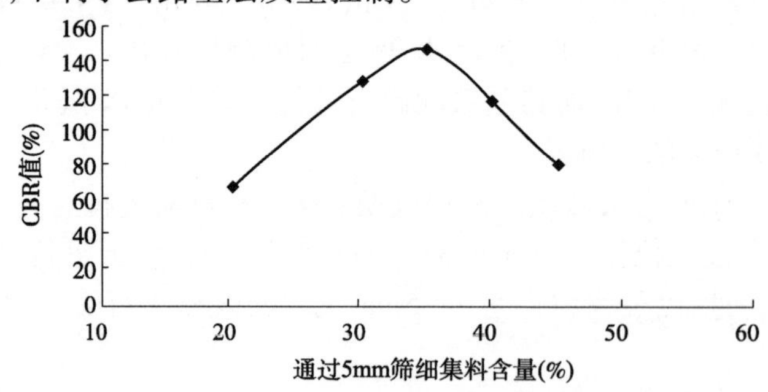

图2　通过5mm筛细集料含量与CBR值关系

3.3　通过5mm筛细集料含量对CBR值的影响

级配碎石在美标中是以5mm为粗细集料的划分界限。通过对37.5mm为最大粒径的碎石规格，进行了不同细集料含量情况下的CBR值分析。粗细含量不同对级配强度的影响见图2，从图中可以看出：5mm以下颗粒含量与CBR值呈驼峰关系，当5mm含量在35%左右CBR值最大。通过5mm筛细集料含量在35%以前，细集料含量逐渐增加既不会影响级配碎石结构中粗集料嵌挤作用，又能填充骨架空隙使强度进一步扩大,当通过率从35%增加到50%时,细集料过多使粗集料悬浮级配碎石中的粗集料失去嵌挤作用,导致CBR值迅速下降。因此选择通过5 mm筛细集料含量为35%左右最有利于CBR值。

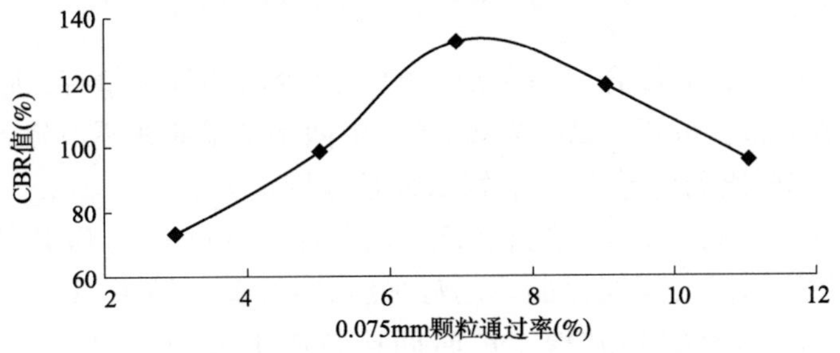

图3 通过0.075 mm筛颗粒含量与CBR值关系

3.4 通过0.075 mm筛颗粒含量对CBR值的影响

从图3中可以看出,0.075mm的含量与CBR值也呈驼峰关系,在7%达到最大值。当达到某一含量后,CBR值又会随着0.075mm增加而迅速降低。0.075m以下颗粒和水一起作用可以起到胶结作用,能提高级配碎石的整体强度。0.075mm颗粒通过率高的级配碎石的整体结构性较好,强度较高,在非潮湿地区表现较好[4]。卡塔尔地区炎热干燥,级配碎石适合选择0.075mm颗粒通过率较高的合理值。

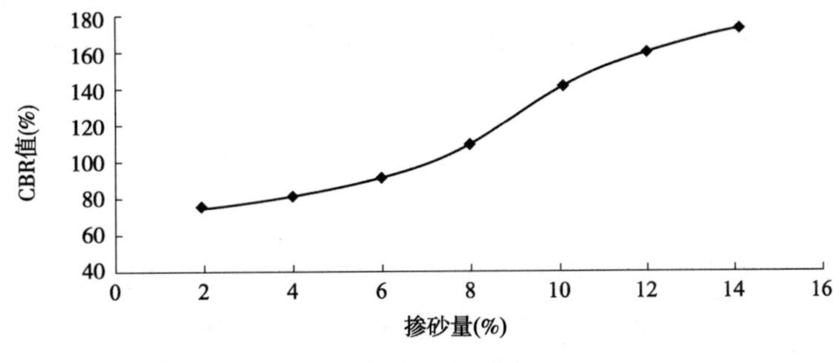

图4 掺砂量与CBR值关系

3.5 掺砂量对CBR值的影响

根据项目技术规格书要求,液限不得超过25%,塑性指数最大为6,通过掺沙溴砂是控制液塑限值,试验证明发现掺砂量不仅有利降低液塑限,还有利于提高CBR值。

试验结果如图4所示,CBR值随着含沙量的增加而逐渐增大,提高砂的用量可以逐渐填充混合料的空隙,从而提高CBR值,含沙较多的级配碎石比含石屑较多的级配碎石具有较好的抗水性能。但是掺砂量太高会影响压实性能,因此需综合考虑,选择一个合理值。从图中可以看出,掺砂量在10%时CBR值有较明显的提高。

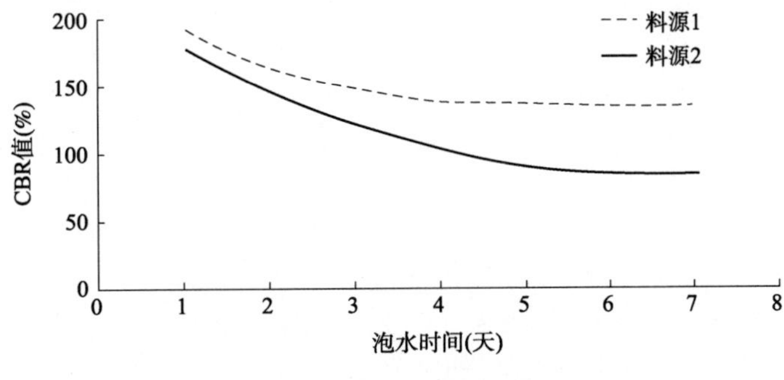

图5 泡水时间与CBR值关系

3.6 泡水时间对 CBR 值的影响

根据 CBR 值试验规范的要求和结合卡塔尔地区的干燥少雨的气候情况,进行了主要两处料源不同泡水时间对 CBR 值的影响的试验分析。试验发现,图 5 中两条结果曲线不一致,不仅泡水时间对 CBR 值影响显著,不同的料源对 CBR 值也呈现不同的效果,而且差别很大。

料源 1 的结果,经过连续 7 天的泡水试验,在泡水时间小于 4d 时,其 CBR 值随时间减少程度较大,当泡水时间达到 4d 后,CBR 值随时间变化曲线趋势平缓;料源 2 的结果,其初始 CBR 值要比料源 1 的 CBR 值要小,而且 CBR 值下降较快,达到稳定的时间比料源 1 要晚,且最终的 CBR 值要比料源 1 小很多。

经过对料源的调查,是由于石灰岩碎石的本身的材料属性引起的,与花岗岩不同,有的石灰岩中含有一些白云石和黏性矿物,这些矿物成分对软质岩的性质产生极其重要的影响。特别是石灰岩中夹杂着粘土颗粒,其表面上看跟石灰岩碎石无明显差别,而且坚硬,但是一泡水后会软化,呈现粘土状,因为其中含有较高的易风化和浸水软化矿物。

在实际施工过程中,要特别注意对石灰岩碎石的原材料质量控制,不仅要选择强度高的母材料源,并且当石灰石含粉料过多时,必须进行二次筛分,除去碎石表面粘性较大的细颗粒,有利于碎石质量控制。洁净的石灰岩碎石击实试件浸水膨胀量测试值极小,CBR 值随碎石干密度增大而增大,但吸水量变化不大,膨胀量变化很小,试验表明石灰岩经压实,仍具有浸水不易软化,强度稳定的特点,在卡塔尔地区,可以采用此类岩石填筑路基。

结语

本文结合多哈东部高速项目实际,对路基级配碎石进行了室内 CBR 试验,分别从成型方式、最大粒径、通过 5mm 筛颗粒含量、通过 0.075mm 筛颗粒含量、掺砂量以及泡水时间几方面进行试验,并分析了不同的因素对级配碎石 CBR 值的影响,为原材料的选择优化及现场施工提供数据支持,保证了项目部级配碎石质量符合规范要求,为后续沥青层的顺利施工奠定了基础。

参考文献

[1] QCS 2010 Section 6 Part 4: Unbound Pavement Materials [S], 卡塔尔:卡塔尔工程委员会出版社,2010

[2] ASTM D1883-07, Standard Test Method for CBR (California Bearing Ratio) of Laboratory-Compacted Soils [S], 美国:美国试验与材料学会出版社,2007

[3] 袁峻,邵敏华,黄晓明. 级配碎石的级配选择[J]. 公路, 2005,(12):140-145

[4] 龚璐,级配碎石基层级配设计及应用研究[D],长沙:长沙理工大学,2008

论海外项目施工阶段风险分析与管控

李永升
（中交一航局第二工程有限公司，山东青岛，266071）

摘　要：巴拿马科隆港集装箱码头CCT三期一阶段项目是中交一航局进驻巴拿马市场的首个项目，施工环境较为陌生，面临着不同程度的人文、气候条件风险、当地政策法规风险、财税风险、劳工风险等各种风险，施工过程中，项目部通过加强海外项目风险的预判与分析，制定了详细的风险管控措施并加以实施，实现了项目按期履约，取得了良好效果。

关键词：风险；管控；履约

引言

全球经济一体化以及国家"一带一路"战略引领，越来越多的中国企业参与到国际工程项目的竞争中，海外项目施工面临着诸多不确定性因素及施工风险，对施工风险的分析与管控直接影响着项目能否顺利履约，更甚至关系企业的生存及发展，因此，海外项目风险管控尤为重要。巴拿马科隆港集装箱码头CCT三期一阶段项目是公司在巴拿马中标的首个水工项目，首次进入巴拿马进行项目施工，施工环境陌生，施工过程中面临着各种风险，加之本项目是一个涵盖了地表清理、码头施工、疏浚施工、集装箱堆场建设及钢结构施工等诸多分项于一体的综合性工程，涉及工艺较多，10万吨级的集装箱高桩码头采用陆上施工工艺，国内外没有类似成功经验可借鉴，整个项目施工风险高，履约难度大。对此，项目部制定了《巴拿马CCT项目部风险管控管理办法》，成立风险管控小组，建立起项目部商务、生产、技术、财务、安全协同反应机制，同时，在劳工管理、合同管理、财税管理、商法管理等方面，项目部聘用巴拿马当地有名的专业律师事务所和会计事务所协助进行管理，有效避免管理过程中出现漏洞，最终实现了项目按期履约。

本文主要分析了项目实施过程中所面临的各种风险，总结了在巴拿马CCT三期一阶段项目施工过程中在风险管控方面的经验和教训，重点突出海外项目与国内项目管理中的不同之处，对后续项目施工具有极高的借鉴作用

1　工程概况

巴拿马科隆港集装箱码头CCT三期一阶段项目位于巴拿马北部沿海科隆省巴拿马运河大西洋出口处的科隆港区内，濒临利蒙（LIMON）湾的东侧，紧邻和黄码头和MIT码头，项目共分C、G、H三个标段。

C标设计为新建10万吨级顺岸式高桩板梁式结构集装箱码头，全长320m共分5个单元，码头面宽48m，码头后方连接道路宽27m，码头基础为钢管桩结构。G标新建堆场及道路约50000m^2及相应水电等配套设施；H标新建堆场及道路约35000m^2及相应水电等配套设施，主要施工内容包括单双孔箱涵排水系统、通讯及供电管道、排水井及4U管道排水系统，沥青及混凝土道路等。

2　项目风险分析

2.1　外部环境风险

巴拿马全年持续高温，一年之中分旱季和雨季两个季节，5月至12月为雨季，雨季持续时间长，降雨

频繁且降雨量大，常有倾盆大雨，有效作业时间短，影响工程施工。社会环境复杂，劳工管理难度大。

2.2 劳工管理风险

海外项目受地域限制及所在国外来劳工比例限制，现场聘用的大多数工人是当地人，巴拿马劳动法比较健全，建筑工会影响力大，倾向保护劳工利益，加上错综复杂的外部环境，在劳工管理过程中，很容易出现罢工和索赔等问题。劳工管理风险主要涉及合同签订风险、用工过程中的依法合规风险、工资及各种福利保障风险、合同解聘风险等。

2.3 物资采购风险

巴拿马材料供应属于卖方市场，多数厂家均需先付款再发货，各类材料供应量不能满足施工需求，交易时间卖方掌握主动权，供货效率低。对于材料价格，供货方式，付款方式等方面的要求，买方处于被动位置，对采购成本的管控有较大的制约。

2.4 合同管理风险

部分行业的垄断性经营致使发包方在合同谈判阶段，身为甲方但主动性不高，分包商在合同条款制定上会要求增加明显保障其利益的内容，因此签署一份规避所有风险的合同很难实现。

2.5 财税管理风险

巴拿马国家对财务票据要求十分严格，财务科目与国内有很大不同，录入专门的外帐系统工作量大且繁琐。项目结束后，能否足额提供符合要求的票据也非常重要，一旦项目不能够提供与收入相对应的成本票据，会交纳 25% 的企业所得税。

2.6 技术管理风险

海外项目技术管理与国内项目存在较大的差别，最大之处体现在程序与施工做法上的不同。每一道工序的实施前都要得到批准，每一项技术提交都要有符合美标和更多的背景支撑资料，一次通过率低。此外，本项目涉及工艺复杂，技术难点多，是一个涵盖诸多分项于一体的综合性工程，10 万吨级高桩码头采用陆上施工，国内外没有类似成功经验可以借鉴。

2.7 进度管理风险

本工程分码头和堆场 3 个标段，总工期仅为 23 个月，过程中设置多个节点工期，业主急于将码头和堆场投入使用，合同中对逾期罚款额度较大，且施工过程中面临雨季影响，工期压力极大。

2.8 HSE 管理风险

巴拿马国家对于项目周边自然环境和野生动物保护、传染病和员工职业病预防，劳动保护以及安全施工等方面要求严格，需投入较多的人力、精力和财力。

2.9 成本管理风险

本工程为现汇项目，面临陌生的施工环境，施工过程中存在诸多不确定的因素，因此成本控制难度大。

3 风险管控措施

3.1 外部环境风险管理

自然环境：针对巴拿马雨季持续时间长的特点，项目部认真研究和分析本项目实施中的特点和难点，制定出科学、可行的施工进度计划，尽量将受降雨影响大的施工分项安排在旱季进行，并以此配置相关资源，指导项目实施。过程中将施工进度计划层层分解，明确职责分工，量化考核指标，推行激励措施。

社会环境：针对复杂的社会环境，项目部积极与劳工局、当地工会协商，提高中国工人引入比例，以此提高工人整体工作技能。同时，采用“本土管理”的方式加强对当地劳工的管理，定期与劳工代表进行交流及时解决其提出的合理要求，为项目顺利实施创造良好的外部环境。

3.2　劳工风险管理

由于存在各种客观原因，对于不熟悉当地法律法规，不会讲当地官方语言（西班牙语）的中方管理人员，直接管理当地劳工不仅无法达到预期的管理效果，还会引起很多不必要的麻烦和纠纷，甚至是罢工和索赔。在前期的工作中，项目部浪费了很多不必要的精力，也吸取了很多这方面的教训，因此，在受当地法律、文化及语言的限制下，采用因地制宜的管理模式势在必行，简单总结为“本土管理”的方式（图1）。

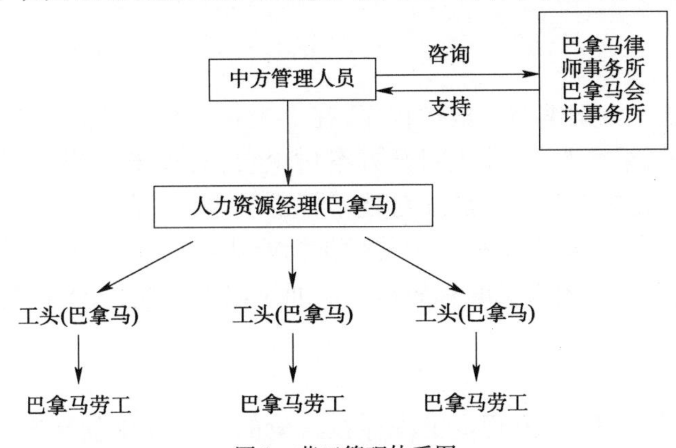

图1　劳工管理体系图

在劳工管理的过程中，人力资源经理扮演着关键且核心的角色。人力资源经理了解当地人力管理体系和专业知识，了解劳动法及相关政府部门要求和规定，懂得如何用适当的交流方式、合理的管理手段来与当地劳工进行交涉，可以很大程度地减少劳工与项目部之间的摩擦和矛盾，降低罢工或索赔的风险和频率，保证外籍人员管理合法、有序、有效进行。人力资源经理直接与巴拿马当地工头对接，由工头管理当地劳工。整个管理体系，只需管理好几个主要的巴拿马籍管理人员，抓好关键岗位的关键人物，然后利用巴拿马人来管理巴拿马人，以点带面，做到等级分明、职责分明、规定分明，劳工管理清晰有序。

在此基础上，聘用专业的律师事务所和会计事务所参与劳工管理。律师事务所主要负责劳工合同的起草与签订、项目施工过程中法律援助、劳工合同的解聘、劳工辞退清偿金计算等；会计事务所主要负责劳工工资及各种福利的计算和发放等。依此来保证劳工管理严格遵守巴拿马当地法律要求，规避用工风险。

3.3　物资风险管理

物资采购主要分为国内和当地两种采购方式。项目部根据施工进度要求，制定出所需各种物资采购时间节点，安排专人负责跟踪，确保工程需要。在设定各种物资采购时间节点时，充分考虑海外项目材质报验周期长的特点，提前做好预判。国内采购大宗物资由公司组织招标，根据招标结果选定供货商签订合同；当地采购，项目部通过各种渠道评估供应商在巴拿马当地的信誉度，根据信誉度情况决定是否与之合作，在签订合同前，先由律师事务所对合同风险进行评估，根据风险评估情况决定是否签订。对于碎石、水泥等必须先付款才能发货的材料，控制单笔预付款额度。

3.4　合同风险管理

本工程合同风险主要包含与业主间的合同风险和与分包商间的合同风险。针对与业主间的合同风险，项目部建立了针对业主合同的商务、生产、技术风险的反应机制，对监理、业主下发的信函及时上传项目部QQ群，相关人员第一时间根据合同条款对风险做出响应，避免风险的同时也提高了项目部相关人员的风险防范意识。针对与分包商间的合同风险，合同签订前，组合各科室进行专题会议，明确合同中必须明晰的重要约束条款，合同起草后，由专业律师事务所进行审核，检查合同中是否存在语言理解上的歧义以及潜在的法律风险，并且在专业分包、设备租赁、加工制造等合同形成固定的模板，并针对不同项目不断优化。

3.5 财税风险管理

针对巴拿马国家对财务票据要求，项目部一方面严格控制项目部内部相关票据管理；一方面积极与会计事务所进行沟通，做好财税工作的策划，避免造成企业经济利益的损失。

3.6 技术风险管理

3.6.1 技术管理方面

重点举措是明晰项目施工方案编制与报批程序，在上报相关材料前首先与监理沟通，了解监理关注的重点、难点之处，有的放矢，组织监理、业主召开方案讨论会，对提出的相关疑点进行解答，并且根据对方提出的合理化建议不断优化施工方案。加强对技术标准的翻译、整理和学习，相关技术人员详细研究技术规格书及美标中相关规定，确保上报材料中技术指标能达到要求。聘用当地工程师专门从事施工图绘制工作，实现现场技术人员与绘图人员的有效衔接。通过以上措施，大大提高了文件报批的通过率，为项目实施创造先期条件。

3.6.2 施工技术方面

开工之初，通过详细的前期策划，发现本工程存在大量的工艺技术创新突破点，施工过程中，项目部根据课题攻关需要，积极邀请公司技术研发中心及相关社科单位参与课题攻关会议，为重大课题的设立、攻关等提供技术指导，最终设计并成功实施了150t履带吊配导向架吊液压冲击锤打设超40m钢管桩施工技术；设计可拆分式简易模板在面板预制中应用；自制钢板桩用于砂基础管道井施工；设计组合式移动钢平台结构，使150t等大型履带吊设备到纵横梁上部进行抓砂、抛石施工技术，通过以上各项技术创新，从而实现了10万吨级高桩码头由水上施工改为陆上施工。

3.7 进度风险管理

项目部制定出科学、可行的施工进度计划，并以此为纲领，配置相关资源，指导项目实施。同时，积极与劳工局、当地工会协商，提高中国工人引入比例，以此提高工人整体工作技能。此外，通过律师事务所掌握巴拿马劳工法中关于工人作业时间的相关法律规定，在不违反劳工法的前提下，增加夜间及周末作业班组，弥补当地劳工效率低下的缺陷。通过此举，项目施工进度明显得到改善。

3.8 HSE风险管理

项目部HSE工作实行公司管理和属地化管理有机结合的一体化管理模式，对于项目部职工和中国工人实行以公司管理体系为主的管理，同时遵守巴拿马当地的有关要求；针对外籍工人的HSE管理，实行以当地HSE工程师为主展开，项目部进行领导和监督。

3.9 成本风险管理

3.9.1 优化施工工艺，降本增效

项目部通过不断优化施工工艺，在保证质量的前提下，加快施工进度，减少了各项资源的投入，从而达到降低成本的目的。在项目施工过程中，码头由水上施工改为陆上施工，这种工艺改变节省了大型船舶的投入，进而节省了船舶的调遣费和使用费，仅此一项即节省500万美元。

3.9.2 改进分包模式，鼓励节约成本

分包采取“包工、包料耗”模式，海外项目施工材料均为项目部供应，项目部根据施工分项制定各分项材料消耗系数，限定材料损耗率，如超出预定损耗，超额部分由分包单位承担，如未超出预定损耗，节省部分项目部与分包单位共同分享，激励分包单位减少材料损耗。

3.9.3 材料多方比价，降低成本支出

虽然巴拿马为卖方市场，项目部在材料采购上没有充分的主动权，但对于大众物资采购，仍可通过多方比价多轮谈判方式或第三国采购方式降低材料采购价格，降低工程成本。零星材料提前汇总，货比三家，按月采购。

3.9.4 合理控制工料机投入，降低成本

以确保工期为控制成本的主线，提前谋划、合理进行工料机资源分配，通过控制工期达到降低成本的目的。根据项目现场工作面的展开情况，分阶段增加当地工人，即控制人工费的同时又避免当地工人难于管理等一系列负面问题。

结语

经过项目部全体员工的不懈努力，巴拿马科隆港集装箱码头 CCT 三期一阶段项目克服了施工中遇到的各种风险，于 2015 年 11 月顺利通过交工验收，项目部在风险管控方面积累了一定经验和教训，对今后在巴拿马施工具有借鉴意义。海外项目风险管控直接影响着项目能否顺利履约，更甚至关系企业的信誉、生存及可持续发展，重要性不言而喻，因此，海外项目应加强风险管控。

参考文献

[1] 刘绍泉. 海外工程承包项目的全过程风险管控 [M]. 湖北：水利水电施工，2012

[2] 彭涛. 国有企业海外经营风险管控 [M]. 北京：国际经济合作，2011

纳卡拉煤码头项目的混凝土质量控制及通病防治

熊开兵　陈　滨　郦守信
（中国港湾工程有限责任公司，北京，100027）

摘　要：基于混凝土质量控制的基础理论，结合纳卡拉煤码头项目实践，从混凝土原材料、配合比设计和施工控制技术三个方面采取混凝土质量控制和通病防治措施。现场混凝土质量检测结果表明：纳卡拉煤码头项目混凝土质量可控，未发生大面积混凝土质量通病，取得了良好的实践效果。

关键词：混凝土；质量控制；通病防治

引言

混凝土结构以强度高、整体刚度好、抗震能力强而广泛应用，但其施工现场作业工序多，难度大。如果施工中管理不严，盲目追求进度，不严格执行操作规程，将造成混凝土结构施工质量问题。

为确保工程质量，对经常出现的混凝土质量通病，国内很多学者对其进行了比较多的研究。李继业等认为混凝土质量问题与防治主要从模板工程、钢筋工程和混凝土工程等三个分项工程方面入手进行研究[1]。北京土木建筑协会编写了《混凝土工程现场施工处理方法与技巧》，全面总结了混凝土工程常见问题及预防、处理方法，涵盖了混凝土工程常见“疑难杂症”[2]。吉林大学杨明山认为混凝土质量控制必须是全过程控制，深入施工现场掌握混凝土工程施工的实际情况，弄清了混凝土质量问题的主要因素和次要因素[3]。浙江大学张明轩利用排列图法对混凝土质量缺陷进行了分析，结果表明不同构件的主要缺陷各不相同，并对不同部位的缺陷提出了不同的处理意见[4]。西安建筑科技大学田月华通过对施工项目质量控制的研究，明确了质量控制的组织机构和职责划分，强调施工项目质量的事前控制、事中控制及事后控制[5]。湖南大学谭勇翔以问卷调查的方式对我国混凝土结构工程质量的整体水平进行了综合评价[6]。

国家实施“走出去”战略以来，越来越多国内建筑企业走出国门，参与海外工程基础设施建设。针对海外工程的混凝土质量通病治理技术进行研究很少，相关文献较少，尚处于摸索阶段。通过对海外工程的混凝土质量通病现状调研、分类与成因分析，系统全面地总结海外工程的混凝土质量通病治理措施，有利于减少和消除混凝土质量通病，全面提高海外工程建设质量水平。

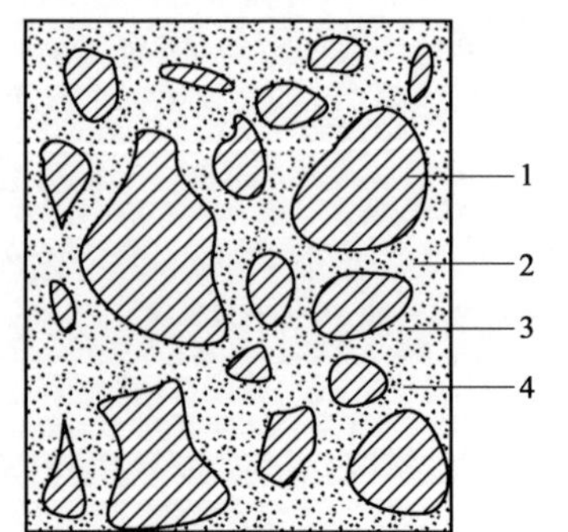

图1　混凝土组成成分
1-石子；2-砂子；3-水泥浆；4-气孔

1　混凝土质量控制理论基础

混凝土是以水泥作为胶凝材料，砂、石骨料作为骨架，与水、外加剂和掺合料按比例混合，经拌合、浇筑成型以及适当养护后形成的建筑材料，如图1所示。

混凝土质量通病是指在一定时期内，一个地区的混凝土工程易发生的、常见的、影响安全、使用功能及外观质量的缺陷。由上述定义可知，混凝土质量通病按危害程度可分为以下二种情况：一是影响混凝土结构安全和使用功能的质量缺陷，如混凝土强度不足、裂缝、制作及安装偏差、构件变形和倾斜等；二是影响混凝土工程观感和耐久性的质量缺陷，如蜂窝、麻面、露筋、孔洞、夹渣、胀裂、掉角、磨损等。各类混凝土质量通病定义见表1[7]。

混凝土质量缺陷　表1

名　称	现　象	严重缺陷	一般缺陷
露筋	构件内钢筋未被混凝土包裹而外露	纵向受力钢筋有露筋	其他钢筋有少量露筋
蜂窝	混凝土表面缺少水泥砂浆而形成石子外露	构件主要受力部位有蜂窝	其他部位有少量蜂窝
孔洞	混凝土中孔穴深度和长度均超过保护层厚度	构件主要受力部位有孔洞	其他部位有少量孔洞
夹渣	混凝土中夹有杂物且深度超过保护层厚度	构件主要受力部位有夹渣	其他部位有少量夹渣
疏松	混凝土中局部不密实	构件主要受力部位有疏松	其他部位有少量疏松
裂缝	缝隙从混凝土表面延伸至混凝土内部	构件主要受力部位有影响结构性能或使用功能的裂缝	其他部位有少量不影响结构性能或使用功能的裂缝
连接部位缺陷	构件连接处混凝土缺陷及连接钢筋、连接件松动	连接部位有影响结构传力性能的缺陷	连接部位有基本不影响结构传力性能的缺陷
外形缺陷	缺棱掉角、棱角不直、翘曲不平、飞边凸肋等	清水混凝土构件有影响使用功能或装饰效果的外形缺陷	其他混凝土构件有不影响使用功能的外形缺陷
外表缺陷	构件表面麻面、掉皮、起砂、沾污等	具有重要装饰效果的清水混凝土表面有外表缺陷	其他混凝土构件有不影响使用功能的外表缺陷

本文主要从混凝土原材料、配合比设计和施工控制技术三个方面总结了纳卡拉煤码头项目在实施过程中采取的混凝土质量控制及通病防治措施。

2　纳卡拉煤码头项目混凝土质量控制

2.1　项目概况

纳卡拉煤码头项目位于非洲莫桑比克，合同金额9018万美元，业主是巴西淡水河谷公司。项目是莫桑比克纳卡拉经济走廊的终点和出海口，用于出口莫桑比克煤矿。

项目为突堤式高桩梁板结构，主要工程量包括引堤、栈桥、拖轮码头和码头主体。各分项工程规模如下：(1)引堤550m，回填石料约17万m^3；(2)栈桥776m，嵌岩桩207根，上部结构的预制构件总量633片；(3)拖轮码头80m，嵌岩桩18根，上部结构的预制构件总量90片；(4)码头主体435m，嵌岩桩220根，上部结构的预制构件总量916片。

项目混凝土总方量5.66万m^3，其中预制构件的混凝土方量0.88万m^3，桩基混凝土2.28万m^3，现浇构件混凝土2.52万m^3。混凝土均长期受到海水腐蚀，强度等级为C40。

2.2　项目混凝土原材料质量控制

混凝土原材料直接关系到混凝土质量，而项目所在地的砂、石和水泥等质量不稳定。在试验阶段，混凝土拌合物出现了和易性差，塌落度变化大的现象。如不事先采取适当质量控制措施，会造成混凝土出现质量通病，影响整个工程质量。下面主要从水泥、水、骨料、外加剂和掺合料等五方面介绍项目混凝土原材料的质量控制措施。

2.2.1 水泥的质量控制

选择水泥的主要依据是混凝土强度和水泥品种，并结合工程特点和所处环境。由于莫桑比克对水泥产业采取保护政策，对进口水泥征收高额关税和增值税，且清关程序繁琐，清关时间长，清关后水泥剩余质量有效期短，不利于水泥的质量控制。因此项目选用纳卡拉市当地水泥厂 CIMPOR 供应的 P. O42.5 号水泥。

该水泥厂生产规模小，水泥质量不稳定、水泥强度等级变化大。为保证混凝土质量，实验室持续跟踪 P. O42.5 号水泥质量，对每一批水泥都进行化学成分、3 天和 28 天强度、细度、安定性、初凝和终凝时间检测，并且规定：当地水泥比表面积必须大于 300kg/m^2，否则为不合格；初凝时间不得早于 45 分钟，否则为废品；终凝时间不迟于 390 分钟，否则为不合格品；水泥体积的安定性检测必须合格，否则为废品；铝酸三钙少于 8%，28 天后水泥的强度要大于 32MPa[2]。

同时现场建设专门的水泥仓库，水泥按批次分别存储。如因存储不当造成水泥质量有明显降低或水泥出厂时间超过 3 个月，在使用前对其质量进行复验，并按复验结果使用。

2.2.2 水的质量控制

混凝土拌合用水和养护用水应满足以下要求：(1) 不得影响混凝土的和易性和凝结；(2) 不得影响混凝土的强度增长或降低混凝土强度；(3) 不得污染混凝土表面；(4) 不得降低混凝土的耐久性；(5) 不得腐蚀钢筋。

项目混凝土的拌合用水和养护用水为现场海水淡化水。经实验室专门检测，氯离子和盐含量均在规范要求的范围内，可用于现场生产。

2.2.3 骨料的质量控制

项目所在地气候炎热干燥少雨，没有地表河流，没有常规的碎石和河砂可供开采。项目所用的粗骨料为人工制造的碎石（G19mm（80%）+ G6.5mm（20%）），细骨料为山砂。

为保证混凝土质量，粗骨料的最大颗粒粒径不得超过结构截面最小尺寸的 1/5，且不得超过钢筋间距的 3/4。砂中的含泥量不大于 3%，砂的细度控制在 2.4，即中粗砂，含水量不超过 5%[8]。

在生产、采集、运输与存储过程中，按品种、规格分别堆放，不得混杂，严禁混入影响混凝土性能的有害物质。防止太阳直晒或雨淋湿，以免影响混凝土拌合物温度和水胶比。

2.2.4 外加剂和掺合料的质量控制

根据项目所在地的气候条件、混凝土原材料及配合比等因素，项目所用的外加剂为聚羧酸高效减水剂 HSP-V-HMS1 型，其氯盐含量少于 0.1%；矿物掺合料为硅灰，其掺量不超过水泥用量的 5%。

2.3 项目混凝土配合比设计

混凝土配合比设计是基于各种原材料在混凝土中所占的绝对体积。混凝土配合比应满足强度等级（95% 的保证率）、耐久性以及和易性的要求。

混凝土和易性是指混凝土运输、浇筑、振捣等过程中便于施工、操作和硬化的一系列性质，主要表现为混凝土的流动性、黏聚性和保水性[9]。通过查阅和总结资料，在进行混凝土配合比设计时影响其和易性的主要因素有以下几点：

(1) 砂率适当。砂能填充粗骨料之间的空隙，且起到润滑的作用，使混凝土具有良好的和易性。砂率过大，则砂石总表面积随之增大，混凝土拌合物干稠，流动性差；砂率过小，砂浆量不足，使石子间程松散状态[10]。在进行混凝土配合比设计时，应降低砂率，即增加粗骨料用量，能防止混凝土开裂性能劣化。

(2) 用水量、水泥用量和水灰比越大，则收缩越大[11]。混凝土强度相同时，增加单位用水量会相应增加水泥用量，随之会增加混凝土结构内部毛细孔的数量和浇筑成型后毛细孔含水量，使泌水增多，造成混凝土内有更多的毛细孔相通，将会增大混凝土的塑性收缩和干燥收缩。在满足混凝土强度要求的前提下,在进行混凝土配合比设计时应减少用水量和水泥用量,严控水灰比值。

(3)坍落度会影响混凝土和易性。坍落度大,则混凝土流动性好,便于浇筑,有利于消除混凝土的质量通病,但会使混凝土密实性差;坍落度小,则混凝土流动性差,易产生蜂窝、麻面、孔洞和露筋等质量缺陷。

综上所述,为保证混凝土和易性,项目混凝土配合比设计选取的砂率为0.4,水灰比为0.4,坍落度控制在180±20mm,混凝土配合比设计结果见表2。实验数据表明:项目混凝土和易性和混凝土3天和28天强度等级能够满足设计要求,可用于现场施工。项目混凝土C40试验结果见表3。

纳卡拉煤码头项目混凝土配合比设计　表2

配合比编号	坍落度(mm)	水泥P.O42.5(kg/m^3)	硅粉(kg/m^3)	水(kg/m^3)	砂(kg/m^3)	碎石(kg/m^3)		减水剂(kg/m^3)
						19mm	6.5mm	
1#	180±20	389.5	20.5	164	732	915	229	5.33

纳卡拉煤码头项目混凝土实验结果　表3

配合比编号	混凝土技术指标					
	坍落度(mm)	含气量(%)	温度(℃)	抗压强度(MPa)		
				3d	7d	28d
预制构件	180	2.6	31	30.6	43.7	54.2
桩基	200	2.7	30	30.3	40.2	51.5

2.4 项目混凝土施工技术的质量控制

混凝土外观质量应符合施工验收规范的要求,不应有缺棱掉角、蜂窝、麻面、孔洞、露筋、缝隙及夹层和裂缝等质量缺陷。为避免项目出现上述的混凝土质量问题,通过查阅和总结资料,项目制订了以下混凝土施工技术措施[12-13]:

(1)混凝土局部掉落,结构表面损伤,缺棱掉角。

产生原因:模板表面未涂隔离剂,模板表面未清理干净;模板表面不平,翘曲变形;振捣不良,边角处未振实;拆模时间过早,混凝土强度不够;拆模不规范,撞击敲打,损坏楞角;拆模后结构被碰撞等。

控制措施:拆除承重模板时,混凝土应具有足够的强度,强度达到1.2MPa以上;拆模时不能用力过猛过急,注意保护棱角;吊运时严禁模板撞击棱角;加强成品保护,用槽钢保护通道处的混凝土阳角,以免碰损。

(2)麻面、蜂窝、孔洞,内部不密实。

产生原因:模板拼缝不严,板缝处漏浆;模板未涂隔离剂;模板表面未清理干净;振捣不密实、漏振;混凝土配合比设计不当或现场计量有误;混凝土搅拌不匀,和易性不好;一次投料过多,没有分层捣实。

控制措施:模板面清理干净,不得粘有干硬水泥砂浆等杂物;木模板浇筑混凝土前,用清水充分湿润,清洗干净,不留积水;模板缝隙拼接严密,防止漏浆;钢模板脱模剂要涂刷均匀,不得漏刷;选用质量好、保质期长的脱模剂;浇注混凝土时,发现有模板移动、变形或漏浆,立即停止浇注,并在混凝土初凝前修整完好;

混凝土配料时严格控制配合比,保证材料计量准确。混凝土拌合均匀,坍落度适宜,颜色一致;混凝土分层均匀振捣密实,每层混凝土均匀振捣至气泡排除为止;混凝土自由倾落高度不得超过2m;如超过,要采取串筒、溜槽等措施下料;防止砂、石中混有粘土块、冰块、模板、工具等杂物。

(3)钢筋局部裸露在结构构件表面,局部或全部没有混凝土。

产生原因:混凝土保护层垫块脱落,导致钢筋紧贴模板;拆模时损坏混凝土保护层;钢筋密集处,混凝土的粗骨料粒径过大,浇筑困难,振捣不仔细。

控制措施:操作时不得踩踏钢筋;浇筑混凝土前,检查钢筋位置和保护层厚度是否准确,固定好保护层垫块;每隔 1m 在钢筋上绑一个水泥砂浆垫块;为防止钢筋移位,严禁振捣棒撞击钢筋;钢筋密集处,应选用适当粒径的骨料,可用细石混凝土浇注,可采用直径较小或带刀片的振动棒进行振捣;保护层处混凝土要仔细振捣密实。

(4)混凝土内存在水平或垂直的松散夹杂物;施工缝处混凝土结合不好,有缝隙或夹有杂物,造成结构整体性不良。

产生原因:未清除木块、锯末、泥土、砖块等杂物;接缝处混凝土振捣不密实;浇筑混凝土接缝时,留槎或接槎时振捣不足。

控制措施:接缝处的锯末、木块、泥土、砖块等杂物必须清除干净,并用清水将接缝表面冲洗干净;在已硬化的混凝土表面上继续浇筑混凝土前,凿除表面水泥薄膜、松动碎石、垃圾杂物和软弱混凝土层,并充分湿润和冲洗干净,不得有积水;施工缝浇注前,宜先铺抹水泥浆一层或 5 ~ 10cm 厚与混凝土内成分相同的水泥砂浆,以便良好接合,并加强接缝处混凝土振捣。

(5)混凝土柱、墙和基础浇筑后,顶部出现粗糙和松散现象。有明显的颜色变化,内部呈多孔状,局部不密实,砂浆多、骨料少,混凝土强度低。

产生原因:混凝土配合比不当,砂率不合适,水灰比大,坍落度大,振捣后骨料下沉,造成上部松顶;混凝土振捣时间过长,造成离析,使气体浮于顶部;浇捣速度过快,上层未排除水分就二次浇捣,使顶部形成一层含水量大的砂浆层。

控制措施:严格控制混凝土配合比,要求水灰比、坍落度不要过大,掺减水剂或早强剂,减少用水量。合理安排好浇筑混凝土柱的次序,适当放慢混凝土的浇筑速度,混凝土浇筑至柱、墙顶时应二次浇捣和二次抹面;连续浇筑高度较大的墙或柱时,应分段浇筑。

(6)混凝土表面凹凸不平,厚薄不均匀。

产生原因:混凝土浇筑后,未找平压光,造成表面粗糙不平;模板未支撑在坚硬土层上,或支撑面不足,或支撑松动、泡水,致使新浇筑混凝土早期养护时发生不均匀下沉;混凝土未达到一定强度时,上人操作或运料,使表面出现凹陷不平或印痕。

控制措施:混凝土浇筑后,先用 2m 的直刮尺刮平一道,然后拍平压实,最后压光。模板支架应支撑在坚实的地基上,支架底部垫厚木板或枕木,支架和模板要有足够的刚度和稳定性。混凝土浇筑完毕后,要加强养护,强度达到 1.2N/mm^{2}以上,方可在已浇结构上走动、施工。

结语

通过从混凝土原材料、配合比设计和施工控制技术等三个方面,项目提前策划混凝土质量控制方案,提高现场技术管理人员和一线操作手的质量意识,施工过程中采取混凝土量通病防治的措施。现场混凝土质量检测结果表明:纳卡拉煤码头项目的混凝土质量优良,混凝土强度和表观质量可控,未发生大面积的混凝土质量通病。

参考文献

[1] 李继业,等. 建筑工程问题与防治[M]. 北京:化学工业出版社,2005.

[2] 北京土木建筑协会. 混凝土工程现场施工处理方法与技巧[M]. 北京:机械工业出版社,2009.

[3] 杨明山. 混凝土工程施工质量全程控制与应用研究[D]. 长春:吉林大学,2007

[4] 张明轩. 混凝土结构工程施工质量调查研究[D]. 杭州:浙江大学,2004

[5] 田月华. 混凝土结构施工质量控制[D]. 西安:西安建筑科技大学,2005

[6] 谭勇翔. 混凝土框架结构施工质量控制[D]. 湖南省长沙市:湖南大学,2002

[7] 孟文清. 建筑工程质量通病分析与防治[M]. 郑州:黄河水利出版社,2005

[8] EGT Engenharia. DETAILED DESIGN OFF-SHORE – STRUCTURES CONCRETE SPECIFICATION

TECHNICAL REPORT [C]. Brazil,2012

[9] 中华人民共和国国家标准.普通混凝土配合比设计技术规程(JGJ 55—2000),北京:中国 建筑工业出版社,2000

[10] 中华人民共和国国家标准.建筑用砂(GB/T 14684—2001),北京:中国建筑工业出版社,2002

[11] Concrete Manual,8th Edition. WPRS(U.S),1981

[12] 中华人民共和国国家标准.混凝土质量控制标准(GB 50164—92),北京:中国建筑工业出版社,1992

[13] 彭圣洁.建筑工程质量问题与防治[M].北京:中国建筑工业出版社,2001

浅析海外工程项目管理

叶永强　苏大勇　邵　峰　梁　峰
（中交一航局第一工程有限公司，天津，300456）

摘　要：随着公司“走出去”发展战略的实施，海外在建工程越来越多，为了提高海外工程的整体施工组织能力，我们应不断探索海外工程的项目管理模式，努力提高企业的经济效益和发展质量。海外工程项目管理要坚持深化改革、创新机制，通过自我优化、引进吸收的方式提升项目管理水平，以适应复杂多变的国际市场竞争，不断提升企业国际竞争力。

关键词：海外工程；项目管理；提质增效

引言

海外工程建设风险大、不可控因素多，施工企业应创新项目管理思路、优化项目管理模式，严细项目管理中的每个环节，落实项目精细化管理。海外工程项目管理涉及多个方面，本文主要从海外工程特点、组织机构与制度建设、分包管理、物资采购、成本管理及财务管理等方面进行论述，分析和总结海外工程的项目管理经验，不断提升项目管理水平，为企业在海外事业的发展打下坚实基础。

1　海外工程特点

海外工程建设涉及到工程所在国家的自然环境、人文环境、资源供给、法律法规及税收政策等多个方面，制约因素纷繁复杂[1]。为更具体的阐述海外工程精细化管理，我们以毛塔友谊港 4#、5#泊位工程和挡沙堤工程为依托进行分析和总结。毛塔地区特点主要体现在以下三个方面：

1.1　自然环境

毛塔地区自然条件恶劣，影响工程施工的主要因素有沙尘暴、高温天气、异常降雨及每年 12 月至次年 3 月的大浪期。友谊港海域在长周期波涌浪影响下海况恶劣，尤其在大浪期期间浪高基本都在 1.5m 以上，涌浪冲击力极强，海况极为恶劣。

1.2　人文环境

毛里塔尼亚属于伊斯兰民族，宗教信仰虔诚，每天上班时间内有 3 次朝拜，约 20 分钟/次，且周五下午因朝拜必须休假。在每年为期 1 个月的斋月期间，当地人白天不吃饭、不喝水，工作效率极其低下。当地医疗条件很差，药品供应严重不足。

1.3　资源供给与税收政策

毛塔经济条件落后，资源匮乏，地材供应非常紧张，可选择的供应商很少，且规模小，合同履约性差。当地供水供电条件较差，施工用水须自行配备海水淡化设备，施工用电须自配发电机组。毛塔船机设备租赁较难，价格高或根本没有，甚至很多设备配件当地都无法采购。毛塔的税收政策较为复杂，种类繁多，且政府部门工作效率低下。

2　组织机构与制度建设

2.1　组织机构

根据毛塔地区特点，在常规项目组织机构基础上进一步优化，组建精干高效的项目经理部。例如，为破解劳务工管理难题，明确一名副经理主抓国内劳务工和当地劳务工管理，有效避免了各类纠纷；毛塔官方语言为法语，故增设外联部与监理、业主及其他外界环境沟通。

2.2　制度建设

项目部总结以往的施工管理经验，加强了项目管理制度化建设，并在实践中不断创新和改进，形成了多项完善的管理制度。在形成的管理制度中，主要体现在分包管理、劳务工管理、物资管理、成本管理及财务管理等方面。

3　分包管理

3.1　分包单位选择

海外工程分包单位的选择对工程的顺利实施具有重要影响，因人员、船机设备调遣周期长、费用高，所以必须高度重视分包单位的选定。严格审查分包单位的相关资质、类似工程业绩、有无不良记录等，优选与公司长期合作且实力强、信誉好的分包单位，通过招标方式，择优选择。

3.2　工程分包管理

根据4#、5#泊位工程和挡沙堤工程的施工经验，能分包的工程尽量采用分包模式，工程材料限额使用。挡沙堤工程施工中的沉箱预制和现浇胸墙施工采用工程分包模式，有效避免了劳务清工的怠工现象，降低了劳务工管理风险，在提高生产效率的同时降低了施工成本。例如4#、5#泊位时，沉箱预制高峰期中方劳务工 40 人，加当地劳务工总计 186 人，月平均完成约 10 步，单月最高 16 步；挡沙堤时，项目部通过细化工程分包细则、奖罚机制，沉箱预制高峰期中方劳务工仅 19 人，加当地劳务工总计 90 人，月平均完成 12.5 步，单月最高 18 步。挡沙堤工程中，在劳务工大幅减少情况下，劳动效率大幅提升，突显了工程分包管理的优势。

3.3　劳务分包管理

海外工程施工中，劳务工管理是关键环节，无论对提高施工效率、节约成本及培养当地队伍建设都具有重要意义。项目部实行中、毛劳务工差异化管理，完善激励与约束机制[2]，努力发挥中方劳务工和当地劳务工的特长，实现劳务工队伍的合理化配置。

3.3.1　中方劳务工招聘

项目部严把劳务工招聘关，杜绝中介介入。严细劳务管理协议，并请公司法律事务部审定，保证各项条例明了清晰，不含糊、不遮掩。劳务工必须具备相应专业技术，持有效的技能证书，经实际考核技能素质过硬者优先录用。严格执行项目部《劳动力配置标准》，秉承“精英团队”思想，重点培养“一专多能”的员工，人员素质得到根本保证。

3.3.2　中方劳务工管理

转变劳务工管理方式，重视班组建设，并根据其工作性质制定相应激励机制。关注劳务工的思想动态，吸取过去“小病不治，酿成癌症”的教训，及时排除可能导致劳务事件的各种隐患，维持劳务工队伍稳定。根据毛塔项目的管理经验,应从以下几个方面强化劳务工管理。

3.3.2.1　薪酬确认制度

在4#、5#泊位工程施工期间,劳务工即将回国时提出"五险一金"及"节假日加班费"等问题,百般纠缠,要无赖,甚至到大使馆诉求。针对上述情况,项目部制定了劳务工月度考勤、薪酬确认制度,明确薪酬包含所有福利待遇,执行月度本人签字确认制度,有效规避后期风险。在挡沙堤工程施工中,项目上采取了该项管理制度,有效避免了劳务纠纷,效果显著。

3.3.2.2　计件工作制

针对中方劳务清工,推行"计件工作制",责权利结合。例如,由3名中方劳务工承包扭王字块预制,明确单价,该单价包含中方和毛方劳务人员工资,每月产值扣除所发工资后作为中方劳务人员奖金。计件工作制的实施,不仅节约了施工成本,还降低了当地劳务工的管理风险。

3.3.2.3　一专多能、不定时工作制

施工生产中执行"一专多能、不定时工作制",在本岗没有工作时安排到其他岗位,岗位工作不饱满时,暂不设本岗位。执行该制度后,劳务工每天都有具体的工作任务,提高了劳动力使用效率、减少劳务工的数量,且规避了工种限制的纠纷。

3.3.3　当地劳务工管理

毛塔当地劳务工普遍劳动技能差、时间观念不强、纪律性差,管理难度大、风险较高,因此在人员招聘、现场管理及培训等环节必须严格把关。为充分利用当地劳动力的廉价优势、进一步加大属地化力度,项目部根据施工生产需要建立了人才培养基地,将"导师带徒"推广到当地劳务工中,通过"传、帮、带"的方式培养多工种的优秀劳务工,储备了大量当地劳务工人才,并建立了人才信息库。当地劳务工管理已经形成完善的管理制度,目前当地劳务工管理规范、有序。

4　物资采购与管理

海外工程物资采购与管理应逐步建立完善的管理体系,利用网络平台采购及规范化采购流程,有效降低成本,提升企业市场竞争力[3]。毛塔项目部物资采购主要为国内采购和当地采购两种方式,目前正逐步向毛塔周边国家延伸。

4.1　国内物资采购

毛塔工程建设过程中很多重要物资都需要从国内调遣,尤其是钢筋、模板、外加剂,养护液等物资。国内物资采购的周期一般在60~75天,并须根据总进度计划合理安排物资采购、发运船次时间,既要保证现场正常施工,又要避免有效期短的材料尚未使用就已过期。从国内采购、调遣的物资必须写清楚规格,标准、型号,配图片或实体相片,避免请购与采购存在细小差异致无法使用,造成不必要的浪费。

4.2　当地物资采购

在工程开工前对当地及周边国家的市场信息进行充分的调研,通过多个渠道掌握市场动态,建立完善的信息跟踪制度。尤其对水泥、块石及河砂等大宗物资供应量是否充足,价格浮动区间等要掌握准确信息,对后续供应量、价格预期合理的评估,为项目决策提供准确数据。为应对雨季砂石料运输困难,提前储备块石、河砂等大宗材料,确保工程施工不受雨季影响。

4.3　物资储存与出库

海外工程物资库存量比国内相同规模工程大得多,基于库存管理的重要性和复杂性,物资储存的科学管理尤为重要。仓库必须定期清点库存,并检查防火防盗是否满足安全规定。库存的物资须根据其性能特点,按产品说明书要求进行检查、保养,确保其使用性能。物资出库需要严格把关,按规定履行相关审批手续,严格控制物资消耗量。

5　成本管理

成本管理是海外工程项目管理的核心,涉及从签订合同至竣工结算为止的全过程,项目部高度重视全员、全过程、全方位的成本管理。本文主要从合同、变更与索赔、优化施工方案和目标责任制等方面进行阐述。

5.1　合同[4]

海外工程中,合同是法。工程的实施过程及一切争端、争议解决都必须以合同为依据。仔细研读合同文件,吃透合同中的特殊条款、通用条款和特殊技术条款。如发现合同中存在不严谨、措辞不当或歧义,应立即向业主发函要求澄清,保存澄清记录并存档,避免因合同文件歧义而导致损失。

5.2　变更与索赔

海外工程业主和咨工普遍接受的是西方教育,具有很强的商务合同管理能力,工程实施过程中实现变更索赔的难度要比国内大得多,所以必须重视提高自身商务合同能力、沟通能力,据理力争、确保变更索赔成功。投标前应做好风险分析,编制风险清单,并进行详实的现场踏勘,避免决策失误;全面熟悉设计文件和采用的标准规范,发现设计文件中的瑕疵,及时提出或为后续有利变更埋下伏笔。索赔是工程实施战略的重要组成部分,必须重视前期准备,制造索赔项目、杜绝反索赔,实现利润最大化。

5.3　优化施工方案

施工方案的选择对项目成本控制起到决定性的作用,优化施工方案能在成本控制上带来规模性的效益或成本节约。海外工程经常受到施工材料和船机设备等诸多限制,在施工方案选择是更须进行充分的论证,并根据现场船机设备的特点进行不断优化,制定更为合理的施工方案,在满足施工的同时降低施工成本。

5.4　目标成本责任制

项目部与全体员工签订《全员成本目标管理责任书》,执行成本目标抵押金制度。根据岗位分工不同,明确每个人的成本管控目标,年末根据具体实施情况给予相应奖惩,提高了全员成本意识,减少了现场材料浪费和不必要的支出。

6　财务管理

6.1　财务管理特点

海外工程财务管理不仅需向国内提交符合国内法律法规的会计资料即财务报表及账簿,还需向所在国相关机构提交符合当地法律法规的财务报表及账簿,即在做好“内帐”的同时做好“外帐”。由于海外工程依托窗口单位承包海外工程,“内帐”中,窗口单位与项目部作为项目总分包关系分别进行核算;“外帐”中,窗口单位与项目部需作为一个整体,以窗口单位的名义全面核算。当地物资采购大都要求现金方式交易、不允许赊欠,因此导致库存现金币种多且存量大,现金安全风险较高。

6.2　财务风险管控

海外工程受施工周期长,不确定因素多等特点的影响,面临较大的成本控制风险。海外工程受当地市场材料价格上升、运输成本提高、汇率波动及劳动力成本增加等风险。这就要求我们在日常管理中严格控制成本费用的支出,尽量避免汇兑损失,严格把控对外付款及费用报销流程,所有对外付款及费用报销必须做到程序合规、手续齐备、支持性文件健全。

6.3 税务管理

海外工程不仅按国内税法规定缴纳相关税费,同时应按所在国税法规定向当地税务机关缴纳相关税费。毛塔地区经营环境较差,即使免税项目也需要多方面、长时间努力才取得财政部颁发的免税指令和税务拨款文件,且依然不能免除个税等税费。项目部经过长时间的工作积累,逐渐摸索出一套成熟的外账管理模式,即按照"搭建内外帐连接框架,内帐牵引外帐,内外帐并行"的外账管理模式开展外帐工作。在税务稽查过程中加强与稽查人员的沟通,据理力争以此减低税务负担。分包单位应该承担本分包工程所需缴纳的一切税费,做好合理的税负转嫁。

结语

通过海外工程的建设,我们的施工组织能力、综合管理能力都有了较大提升,同时也建立起完善的管理制度和创新机制,逐步适应了海外工程的复杂环境,具备了良好的盈利能力及市场竞争力。海外市场复杂多变,我们应不断提升精细化管理水平、加大属地化管理力度,进一步降本增效,提高发展质量,为公司海外战略的实施提供更加有力的保障!

参考文献

[1] 李树军. 浅析海外港口项目的特点和设计[A]. 湖北:中国水运,2011. 201-203
[2] 陈小平. 浅谈国际承包工程项目中的员工队伍管理[C]. 安徽:安徽建筑,2012. 217-218
[3] 姜斌,栗国. 海外承包工程设备物资采购管理模式及发展趋势[A]. 湖北:物流技术,2012. 10-12
[4] 乔峥,郑海鹏,王桂珍,王萍. 海外总承包工程项目的效益管理[C]. 湖北:交通企业管理,2013. 16-18

沙特地区大型滨海景观工程施工技术综述

李天茂　杨俊甲　刘海民
（中交一航局第五工程有限公司，河北秦皇岛，066000）

摘　要：景观项目涉及系统多，工艺杂，施工难，技术及管理要求高。文章重点介绍了境外大型滨海景观项的施工技术，及部分通病的分析及治理。

关键词：管线；电力；压印混凝土；工艺；质量通病治理

引言

本文针对管线系统、电力照明系统、压印混凝土铺面、房建等几个关键系统进行了详细的研究。欲在该景观项目施工的基础上，掌握各系统的施工技术和工艺，尤其对质量通病问题进行了认真的研究和分析，并提出了切实可行的应对措施，旨在对未来类似项目提供借鉴和参考。

1　概述

滨海开发项目通常为集娱乐、休闲、消费等多功能于一体的综合项目，主要内容包括场地回填整平、挡土墙、道路、雨排、灌溉、绿化、饮用水及消防、电气、通信、照明等系统，以及网球场、足球场、高尔夫球场等运动场地。项目有以下特点：

(1)各系统管线错综复杂，与原有管线连接需过路；电力管线需与延布电力公司连接，连接区域施工受延布电力公司苛刻的管理程序制约；

(2)场地大，施工项目繁多，质量控制难度较大；

(3)主要施工区域为陆域施工不受潮汐影响；

(4)气温高，炎热干旱，铺面混凝土面层易裂；

(5)景观工程多，表观质量要求苛刻；

(6)绿化工程树木各类繁多，数量较大，种植受季节和供水制约，无法全年施工。

2　施工总体部署

2.1　场地布置与总体工艺流程

由于场地较大，结合项目移交顺序，场地分为三个施工区。各分区施工顺序安排如图 1 所示。

2.2　总体施工原则

根据各种管线系统的设计深度，由下至上安排施工工序。由三区向一区施工，从下向上、流水施工。结构物及房建等相对独立，涉及到的地下管线系统先行施工以使结构物施工具备工作面。

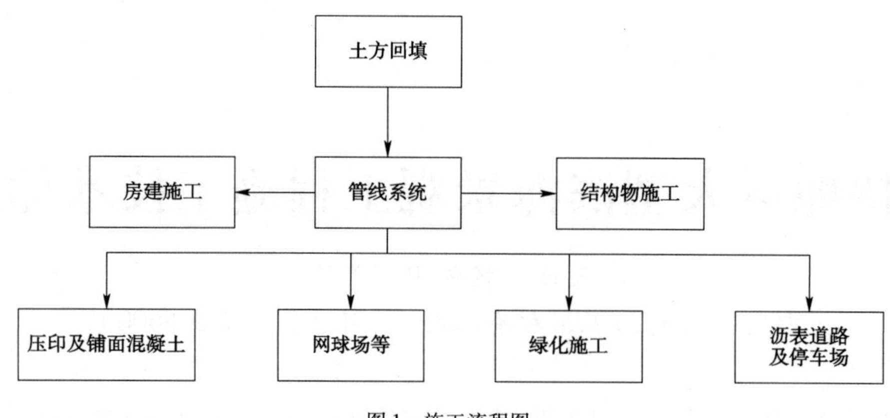

图 1　施工流程图

3　主要系统施工技术

3.1　管线系统

管线系统包含污水、饮用水消防、雨排、电力、通信、灌溉等系统，由深到浅布置，其中污水系统处于整个系统空间的最低层，施工难度也最大。以下以污水系统为例阐述管线系统的基础施工技术。

污水系统主要为回收施工范围内各建筑单元的生活污水。主管线沿着场区道路两侧敷设或者直接敷设在场区道路的正下方，支管通向各个建筑单元。本系统敷设 25 条无压主管线和 2 条压力主管线，此外安装 105 个成品 GRP 人孔井，32 个成品清扫口。本系统管线与合同外管线有 2 个接入点。管线为直埋敷设，底部为 300mm 砂垫层，顶部为 300mm 砂层，顶部砂层上敷设警示带。

3.1.1　主要工艺

材料报验、采购→测量放线→管沟开挖→砂垫层铺设→管道、污水井安装→管顶铺砂→管线测试→管道接头处回填、敷设警示带→回填。

3.1.2　管沟开挖

污水管线大多处于现场地面标高以下，因此管沟可以直接开挖。开挖时按照撒出的最小边线开挖，管沟边坡暂时按照 1∶1 考虑。开挖时根据现场地质情况，调整管沟边坡，为了防止超挖或扰动原土，机械开挖至距基底 100mm，改用人工清槽。开挖回填剖面如图 2 所示。

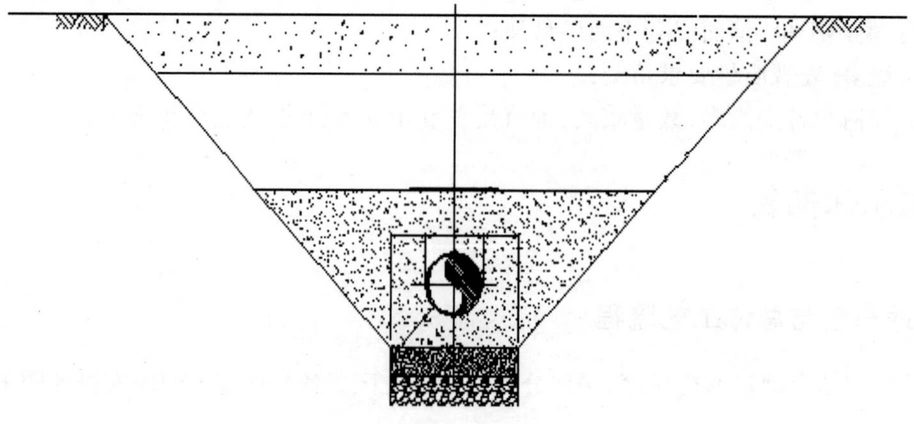

图 2　污水管线断面图

降水利用下游的 GRP 井开挖后的基坑作为集水坑，管沟的水汇流到此坑内，然后采用柴油机抽水泵抽水。

3.1.3　砂垫层铺设

砂垫层厚度为300mm,砂质量符合 ASTM C-33 要求。采用手扶式压路机为主,振动夯为辅的夯实方式,夯实砂垫层,密实度达到95%。

3.1.4　管道、污水井安装

管道安装前,应再次放出管道的轴线,并用白灰在砂垫层上做出标示。压力主管道上的弯头处设有止推墩。管道在穿越行车区、道路及箱涵位置时,若管上方覆土小于1.2m,则管道要进行混凝土包封保护。

污水管线所用的管材有两种,一种为玻璃纤维增强塑料管(GRP),采用 GRP 双钟型管箍连接,一种为未增塑的硬质聚氯乙烯管(uPVC),采用橡胶圈密封承插连接。

断管使用细齿锯或者专用的 uPVC 管切管工具,将管材按照要求尺寸切匀,并保持垂直切开。GRP 管的安装方法类似,由于 GRP 的管径较大,在 GRP 安装时,为保证管均匀的插入管箍,应在接头两侧各使用一个倒链,同时操作。管道应在水平和垂直方向严格对齐,不允许任何一点与理论直线偏斜超过20mm(图3)。

图3　污水管线安装

3.1.5　管顶铺砂

管道安装完毕后,除接头外,应及时回填砂,砂层厚度为300mm,应符合 ASTM C-33 细骨料要求,回填密实度达到95%。

3.1.6　管线测试

试验在管道安装完毕后进行。试验长度小于3km。试压前复查管道轴线、标高。试验用水为淡水。管线和污水井一起测试,试验开始前,试验段两端应做好封堵。在测试段最上游的 GRP 试验完毕合格后将相关试验资料上报业主,获取批准后进行回填。

3.1.7　回填、敷设警示带

压力测试完毕后,接头处暴露的地方应回填砂,砂层厚度300mm,夯实,密实度达到90%。在管道顶端上方300mm处放置专用警示带。最后,剩余部位按照200mm厚度回填分层夯实,使密实度达到95%。

3.2　电力照明系统

施工内容:照明变压器14台,低压电缆49900m,仪表柜14台,灯柱及泛光灯1970盏,景观灯1373盏。

根据本工程特点可分为灯杆基础安装、线缆敷设、灯杆灯具安装、照明控制柜安装、通电调试五个施工阶段,采用"先地下,后地上"的原则安排施工顺序。

3.2.1　灯杆基础安装

施工工艺:基础开挖→垫层防水制作→灯杆基础安装。

3.2.2　线缆敷设

施工流程:线缆沟槽开挖整平→线缆敷设→电缆盖板浇筑及警示带敷设→土方回填。

3.2.3　灯杆灯具安装

灯杆及灯具人工安装,机械配合。安装由专业的电工进行。施工流程:灯杆灯具运输摆放→灯具通电调试→灯杆灯具装配安装→灯杆接线级垂直度调整(图4和图5)。

3.2.4　照明控制柜安装

施工工序:基础浇筑→管线安装→照明控制柜安装→接地制作。基础为素混凝土,施工工艺较为简单,施工效果图如图6所示。

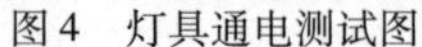

图4 灯具通电测试图

图5 灯杆灯具接线

3.2.5 通电调试

通电调试为照明系统的最后一道验收工序，通过开关对照明系统进行测试确保线路及灯具的完好。如有问题需查找原因进行处理。

3.3 房建施工

项目的房间建筑物均为单层现浇钢筋混凝土框架结构，屋顶为斜面屋顶，上面覆盖彩色钢压型屋面瓦，美观的同时起到隔温的作用。建筑物外侧下部墙面为大理石墙面，上部为油漆饰面，洗手间内侧地面和墙面镶贴瓷砖，警察室、保安室、急救室内侧为大理石地板和油漆饰面。房建完工效果图见图7。

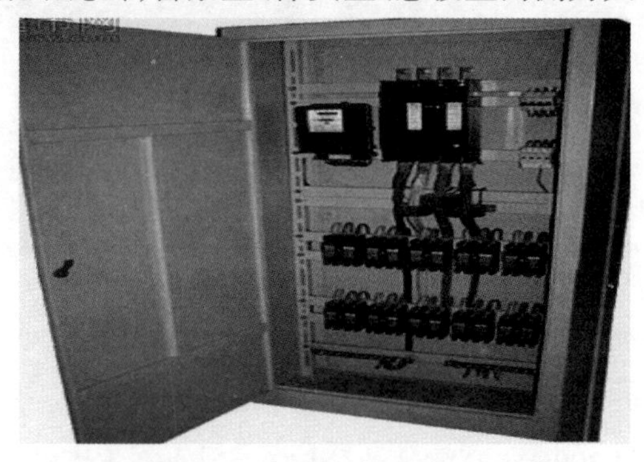

图6 照明控制柜安装

图7 房间竣工效果

根据本工程特点可分为基础工程→主体结构工程→屋面工程→装饰工程→电气安装工程→给排水工程六个施工阶段，采用“先地下，后地上”、“先结构，后装饰”的原则安排施工顺序。

3.4 压印混凝土施工

印混凝土人行道采用专用压印混凝土材料，包括强化粉、脱模粉及保护剂，设计断面如图8所示。

3.4.1 施工工艺

压印混凝土地坪系统是通过彩色强化料、着色脱模粉、密封保护剂、专用模具、专业工具和专业的施工工艺六个部分的搭配与组合对混凝土表面进行彩色装饰和艺术处理。

其施工主施工序流程为：混凝土浇筑→强化粉铺设→脱模粉铺设→混凝土表面压印→压印混凝土表面清洗→涂刷保护剂。

3.4.2 主要施工方法

(1)混凝土浇筑

支模完成后，在模板范围内铺设塑料布。混凝土强度等级为C30厚125mm，浇筑过程中，先浇筑底部60mm后部分的混凝土，摊平后，迅速在混凝土中部设置一层聚乙烯土工格栅，然后再浇筑第二层混凝土，用抄平尺对混凝土进行找平，表面初凝前用人工抹平(图9)。

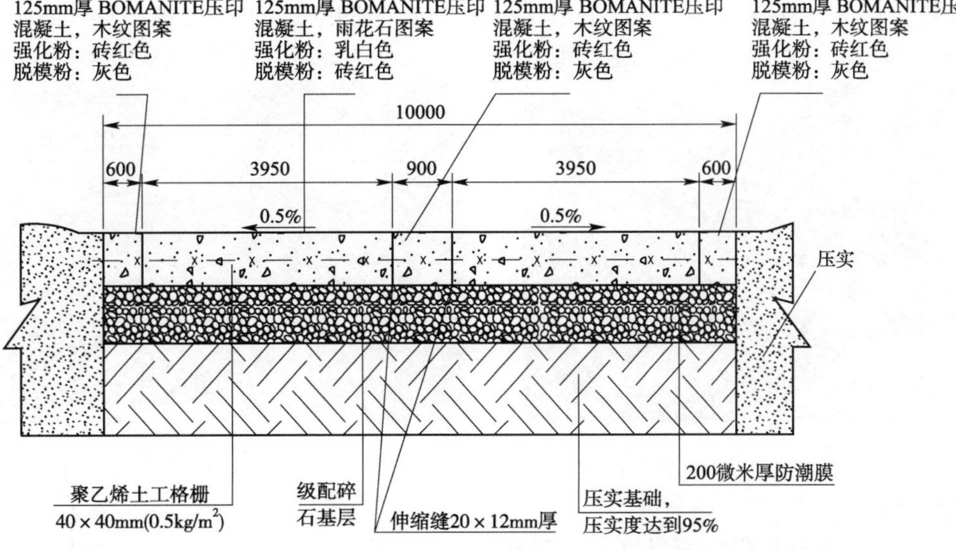

图8　设计断面图

(2)撒布彩色强化粉

强化粉为含特殊矿料，高标号水泥，无机颜色及聚合物添加剂合成的彩色的颗粒材料，主要作用是与初凝阶段的混凝土发生物理、化学反应，将混凝土表面进行着色。

在初凝阶段，混凝土表面达到一定硬度时，将标准用量(约4.5kg/m^2)彩色强化粉均匀铺撒在的混凝土表面；待强化粉荫湿后用手工铁板或大抹刀进行第一次找平收光。检查收光后强化剂，在第一次未撒均匀的地方进行二次撒布，待荫湿后第二次收光(图10)。

图9　模板与混凝土浇筑

(3)撒布彩色脱模剂

彩色脱模粉为彩色粉状的材料，颗粒非常细。彩色脱模养护剂的功能除了脱模功能，还有一项很重要的功能即对于艺术路面能够开始进行水养前的24至36小时以内的养护。施工方法为在彩色强化粉表面干燥无明显水份的情况下(图11)。

图10　强化粉撒布

图11　彩色脱模粉撒布

(4)表面压模

压模是实现压印混凝土地坪产生各种图案的过程。脱模剂撒布完成后、混凝土初凝以前，用专用的模具对混凝土表面进行压模。模具为聚氨酯材料，具有较好的韧性。压模时要用力应均匀一致，保持模具固定平整，压制图案要一次成型，不能反复压印(图12)。

(5)表面清洗

在压模完成3天后，用淡水均匀的清洗混凝土表面，清洗时可加入少量绦剂。清洗擦刷表面一定要保证整个地坪清洗程度一致，否则会造成地面颜色深浅不一，直接影响整体的感观效果(图13)。

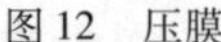

图12　压膜

图13　表面冲洗

(6)涂刷保护剂

保护剂为压印混凝土材料供应商提供的配套材料，为无色透明的液体。主要作用是使压模地坪表面防污染防滑性能再次加强.对混凝土表面起保护作用，提供高混凝土地坪的总体观感效果。

冲洗的地坪表面干燥后，用滚刷均匀的在混凝土表面进行涂刷。

(7)接缝处理

沿人行道长度方向，每7m设置一段伸缩缝，伸缩缝部位采用专用的抹子进行处理，确保伸缩缝部位平滑、美观。伸缩缝采用18mm后的沥青木丝板作为填缝材料，表面用专用的密封剂进行密封。以防止混凝土大面积开裂缝，增强混凝土表面的观感效果及耐久性(图14)。

图14　密封剂施工

4　质量通病及处理措施

4.1　铺面混凝土裂缝的治理

本项目包含约4万平米的铺面混凝土，铺面混凝土厚度为15cm，底部为压实的碎石土层。铺面混凝土中设置一层塑料土工格栅网增强铺面混凝土的抗裂性能。

在实际施工中，铺面混凝土均出现了不同程度的裂缝。裂缝的种类及原因如下：

4.1.1　干缩裂缝

中东热带地区气候炎热，铺面混凝土施工过程繁琐，尤其是抹面过程较长，虽然混凝土内部有冰块降温，但外部炽热的温度依旧会使铺面混凝土表面水分散失过快，从而引起干缩裂缝；此类裂缝多发生于铺面混凝土终凝前后的时间，处理此类裂缝的方式为在混凝土终凝前将少量干水泥涂抹在裂缝区域，并在后期加强养护，裂缝多会愈合。

4.1.2　收缩裂缝

施工区域属于热带沙漠气候，白天气候干燥炎热，夜晚潮湿，混凝土内部由于水泥水化产生的热量与外界温度差别较大，从而产生温度应力导致裂缝的产生。加强混凝土的养护，在铺面混凝土抹面完成后铺盖塑料薄膜，并在上方覆盖土工布洒水养护，可以有效的减少裂缝。

4.1.3　沉降裂缝

铺面混凝土分布在大多数景观设施的周围，包括房建、灯杆基础及树坑等的周围，由于铺面混凝土结构与上述设施结构存在差异，且多数基础存在不同程度的沉降，对于薄壁结构的铺面混凝土来说细微的沉降，亦会成为其裂缝的缘由，故以上区域多为沉降裂缝多发区。

4.1.4　细丝网与砂浆结合修复裂缝

先将裂缝处凿毛，然后涂抹砂浆并在砂浆内部放置聚乙烯网，处理后抹平并用土工布覆盖洒水养护；此法主要是为了放置由于地下基础处理不当造成的沉降裂缝，由于沉降或持续发生会导致裂缝宽度及深度不断的生长，砂浆内部添加一细丝网可有效的抵消由于裂缝膨胀造成的应力。

4.1.5　凿除与切割缝方式

对由于软基的处理不当，或树坑周围的塌陷造成的裂缝，采用的切除小面积裂缝区域，并对基础重新进行压实等处理，在新浇注的混凝土两侧做切割缝，防止由于沉降造成再次裂缝。

该方法可以有效的解决铺面混凝土裂缝的再次产生，缺点就是费时费力，在混凝土的切割和基础处理过程会花费大量的时间，并且混凝土的重新浇筑必然造成了材料的浪费。

4.2　网球场气泡的处理

施工区域白天东部及北部沙漠气候影响炎热干燥，晚间则较为潮湿。工程包含的网球场上部为3～4mm橡胶面层覆盖。

在网球场面层典型施工时发现橡胶面层出现了部分气，气泡的产生极大的影响了网球橡胶面层的质量，会导致抗滑性急剧下降，且容易出现运动伤害同时造成橡胶面层破坏。通过反复研究，确定了气泡产生的原因为不同时间段施工的温差及早晚潮湿所致，施工时间调整后，有效解决了气泡问题。

结论

本文主要总结了大型滨海景观工程的施工发放，及施工中遇到的主要困难的处理措施。旨在为类似施工条件及项目提供一定的借鉴和参考。

参考文献

[1] 张国栋. 安装工程[M]. 河南：河南科学技术出版社. 2010

[2] 白建国. 市政管道工程施工[M]. 北京：中国建筑工业出版社. 2007

沙特红海岸大型施工项目经营解析

张云溪　杨俊甲　曾　光
（中交一航局第五工程有限公司，河北秦皇岛，066000）

摘　要：当今，中国工程承包业正迎来走向世界的大好机遇，随之而来的也有艰辛和风险，特别在工程成本的控制与管理层面，面临着巨大的挑战。文章在总结沙特工程项目特点的基础上，结合工程实例，指出了海外工程与国内工程项目的差异。

关键词：沙特；项目；经营总结

引言

目前经营管理工作一直以来都得到了各方面的高度认可和关注，海外工程项目的经营管理工作更是如此，抓得紧定能抓出预期的成效和成果，稍不注意，就会经营不到预期的目标。我们各级人员还需要在人员素质、技能技巧、知识理论的运用等方面下功夫，夯实基本功，才能在国际工程施工的大舞台上发挥更大更好的作用。

1　国情概况

1.1　走出国门的意义

一带一路是中国资本输出计划的战略载体。交通基础设施建设是一带一路的基础。我国在基础设施建设、港口运营、设备制造等领域的管理与技术优势，推动中国标准、技术、装备、服务和交通运输企业在更大范围和更高层次上“走出去”。

中国的港口有用丰富的基础设施建设和运营经验。同时，东南亚及南亚国家存在强烈的建设大港口的需求，这些领域的优质企业存在建设和运营“走出去”的良好前景。

借力一带一路政策走出国门，是当前施工企业都必须要重视的一个话题。

1.2　沙特市场情况前景

沙特阿拉伯是世界上最大的石油输出国，经济结构较为单一，以石油出口为主，但生活消费品主要依赖进口。目前，随着石油价格走低，沙特政府加强对财政预算的控制，减少各领域的投资。作为“一带一路”建设的天然和重要合作伙伴，沙特阿拉伯当前的发展战略和“一带一路”不谋而合。

1.3　沙特境内建筑业现状

2007 年 6 月 23 日中国商务部与沙特城乡事务部签署《中沙工程合作谅解备忘录》，沙特政府为中资企业进入沙特建筑市场提供了便利，随着越来越多的中国建筑公司希望进入沙特工程承包市场，沙特市场内部竞争越来越激励，2008 年时投标皇家委员会时某景观项目投标时只有 8 家单位参与投标，2013 年类似项目的投标增长到 20 家（其中有 5 家中资企业），投标的激烈程度可想而知。

1.4　沙特环境概述

沙特地广人稀,目前沙特基础设施相对落后,需要建设的项目多,项目选择余地比较大,且沙特境内政治稳定,治安良好,社会福利高,政府预算充足,因此对建筑施工企业来说有着巨大的吸引力。

但同时地处中东的沙特属于最保守的穆斯林国家,严格的宗教制度及高温天气对施工效率影响很大。

2　经营开发阶段

2.1　投标的选择

在沙特地区主要的业主有4家:(1)沙特阿美石油公司(Aramco);(2)沙特皇家委员会;(3)沙特港务局;(4)沙特基础工业公司(SABIC)。其中沙特阿美石油公司(Aramco)为世界最大的石油公司,拥有完善的体系及各种标准;沙特基础建设公司为世界500强企业(SABIC),阿美公司及Sabic公司侧重技术方案,如果技术方案不能通过,直接淘汰出局,相比之下皇家委员会及沙特港务局为比较偏重商务报价,一般情况下低价中标。

2.2　投标期间的工作

沙特境内工程以美国标准(ASTM)及英国标准(BS)为主,在施工过程中对工程质量要求非常严格。在投标期间需要花时间对招标研读,招标文件所包括内容非常详细,部分施工项目会在技术规格书中指定或推荐相应分包商。

同时还要了解当地常规施工工艺,例如在某高桩码头投标中询价阶段,将用于钢管桩及混凝土防腐用锌块及铝块误认为普通材料,导致钢管桩防腐及混凝土防腐单项中标价格远低于实际采购价格。

在投标期间就图纸及招标文件中不明确的部分可以要求业主进行答疑,业主会以正式信件的形式对投标人提出的问题进行澄清,因此在投标中发现施工难点也可以及时提问,让所有投标人看到施工难点,也会使其他投标人相应的提高报价,从而使己方报价更有竞争力。

3　项目施工阶段

3.1　材料采购

3.1.1　*沙特材料市场现状*

近年来沙特建筑市场发展过快,建筑材料供不应求,建材价格高速上涨,给工程报价和施工增添了不确定因素。沙特工程合同中一般情况下要求同类产品优先在本地采购,但目前沙特工程市场持续增长,建筑材料供应不足,交货期难以满足施工进度要求,尤其是水泥和钢材供应经常断档。加之当地人生活懒散,工作效率低,所以在供应时间上也难以保证。因此在材料方面需要有充分的准备。

3.1.2　*选择采购方式确定供应商*

随着中国日益融入世界,中国的产品也逐步得到沙特认可,例如在沙特某房建项目中,70%来自中国的装饰材料已经通过业主审核。

随着快递业务的兴起,DHL,EMS等快递业务可在7天内将项目常用配件及小型工具发送至沙特境内。因此在材料的选择上中国产品所占比重将会越来越大。

在国外可以充分利用网络资源,通过网络寻找各国包商通过多家比价降低成本,通过多次谈判,往往可以获得满意的价格。

对于对成本影响较大的单项如，如高桩码头施工中钢管桩一项几乎占据工程总成本的三分之一，采用邀请招标可以有效降低成本

3.2 加强预算管理，严格控制成本、费用支出

经营工作的重点是成本控制和效益增加。一是要控制好成本，从下到上要有成本指标，对各部门下达目标成本，形成全员参与成本控制；二是要节约成本，分包和采购时要询比价，要找到价格优惠，信誉好，服务质量好的资源；三是要控制好劳动力的使用，不能有怠工和窝工的现象；四是队伍有稳定，避免人工时和效益的流失；五是调动工人的劳动积极性，提高劳动生产率。建立完善的 QS 体系可以对项目盈亏进行分析，有效的指导项目进行。

3.3 对规范标准的熟练应用对施工图纸的优化设计

境外项目的工程图设计不像国内的二阶段施工图设计，业主所给的图纸仅是概念性设计，是一种思路，任何工程部位必须先对图纸进行优化设计，完善其细节并得到监理工程师的批准才可以进行施工。为了确保工程的顺利进行，项目部必须进行施工图设计对原图纸进行优化，对细节进行设计计算。对规范的合理使用及对施工图纸的优化可以有效地降低成本，沙特某景观项目合同清单内混凝土阴极保护项目为一包干项目，通过对图纸的合理设计，项目部成功的减少锌块使用数量，节省项目成本。

4 项目风险问题

4.1 汇率风险问题

因里亚尔与美元挂钩，无论用美元和里亚尔计价，都摆脱不了美元贬值对工程成本的影响。以沙特项目为例，在投标时美元与人民币的汇率为 1∶1.73，实施过程中汇率变为 1∶1.63。一个 6 个亿里亚尔的项目就由 10.38 亿人民币变为 9.78 亿人民币，差额为 6000 万人民币。为了减小汇率风险，一是尽可能多的使用当地货币进行物资的采购，尤其是大宗的物资，可以在收到甲方当地货币的情况下，一次性进行采购，尽量将汇率风险降到最低，二是参与施工的单位分摊汇率风险，在与国内分包商或者供应商签订施工合同时将汇率直接锁定，在今后的结算中按照合同约定的汇率进行结算，这样做就要求对汇率的走势有明确的分析，否则就会出现事倍功半的效果。

4.2 市场风险

透明国际的报告认为，沙特法律明显偏袒当地人，极少给外国人和机构与当地人平等的机会。中国公司不能指望用法律手段来找回损失，应尽力保护自己，避免授人以柄，诉诸法律解决合同纠纷既劳民又伤财，但是企业还要保留好索赔证据，不放弃追索和法律诉讼的权利。

沙特政府实行就业沙特化政策，施工项目中要有 30% 的合同额由当地分包商完成，且沙特雇员不少于总人数的 10%，沙特籍雇员不愿意作建筑工人，除管理岗位外，只能做保安之类的工作，而且工资水平高，企业报价时必须考虑沙特化因素。

5 沙特延布项目经营总结

5.1 项目经营成果总结

（1）海外项目管理团队日渐成熟，项目管理及施工人员的综合素质得到了巨大的提高，初步培养出与国际接轨的施工技术管理、商务管理、外协沟通等各方面的人才。

(2)掌握了报关、清关的流程和运作模式,能使各种进场物资顺利、及时到达指定地点。

(3)通过充分的物资采购调查和对比,确立了合格材料供应商名册,为今后的全面发展奠定了物资材料方面的坚实基础。

(4)通过充分的机械租赁调查和对比,确立了合格机械供应商名册,为今后的全面发展奠定了机械租赁方面的坚实基础。

(5)成功的摸索出沙漠地区种植绿化的技术方案,海岸的混凝土及钢管桩防腐的技术方案。

(6)掌握了 P-3 等项目管理软件,可及时、动态的调整项目上的工、料、机,为确保项目按期完成提供了技术支持。

(7)掌握了直接面对外方业主和外籍监理的管理程序和模式。

(8)初步积累了管理外籍员工的经验,为下步的本土化经营和管理战略奠定了坚实的基础。

(9)初步掌握了沙漠高温地区的施工经验。

5.2　人工成本

随着工作面的逐步增多,最初所带的中方工人无法满足现场施工的需要。根据实际情况从国内调又不太现实,因为从人员招聘、办护照、办签证等所需时间周期较长,只能招聘外籍劳工来补充人力资源的不足。外籍工人的技术水平相对较差,仅能做一些重复性的简单工作,只能跟随中方工人一起工作兼学徒,当然,以少量的熟练中方技工做支撑是项目顺利实施的支柱,但是,从各项的实际情况证明招聘外籍劳工也是非常正确的,此举不仅解决了人力资源问题,还相应节约了成本,且初步培养出属于自己的工长,可谓一举三得。人力成本具体如下(以沙特景观项目为例):

一个中国工人的月平均工资是 7000 里亚尔(项目部提供食宿、签证及机票)

一个巴基斯坦工人的月平均工资是 3000 里亚尔(项目部提供食宿、签证及机票)。

通过对比不难发现外籍工人的劳动成本是相对较低的,且无需管理签证等其他事宜,展望未来,随着海外项目的逐步增多,充分运用项目所在地的外籍劳工,将会减少项目支出成本,增加项目盈利水平。

5.3　变更及索赔经验

干好在手的项目,和业主方、监理方、分包方保持一种有序、良好的合作关系,会对我们项目的经营产生意想不到的效果,通过业主我们了解到沙特政府有相关文件对 2008 年 5 月以前招标的项目中所使用的钢筋混凝土等项目进行调价补偿,对此项目部积极争取,在合同外获得沙特政府 85 万美元的额外补偿。

项目的变更管理与索赔管理主要分为业主总包方的主动变更管理、对承包商的索赔和承包商主动找到的变更点、索赔点经过业主确认后形成的变更、索赔两大类。对于总价包干的合同项目,变更、索赔要看原来合同中明确的包干范围而定,工程量的增加和减少并不能影响合同价格,关键在于工作范围的确定,合同范围之外的工作是总价包干合同下变更、索赔的对象和来源。项目启动前,项目主要领导要针对合同范围进行全面的研读和掌握,分别类选出可能要出现的变更、索赔事项,并做好业主可能的反索赔的预案。

通过延布景观项目的经营管理,我们深刻感悟到国际工程项目变更、索赔的重要性,及其艰巨性。需要我们的经营管理队伍有良好的素质和对合同的掌控。具体来说就是,一要精确掌握合同内容,明确合同内不明确的定义,责任范围,或者相互矛盾的叙述等有利于变更、索赔工作的依据。二是对索赔工作保持敏感性。在施工过程中,对于工作是否属于合同内的范围要敏感,并注意收集证据,包括来往信件、电子邮件、现场照片、电子资料如 google 地图等等。三是适时调整索赔策略。根据既定的索赔工作策略思想,开展索赔工作的过程中,要灵活运用,随机应变,根据对方反应,及时地适当地调整索赔策略。四是索赔的执行力和协调性。在确定经营策略以后,确保索赔策略的执行力和协调性是重点。五是对设计影响成本要高度重视。在施工图详细设计阶段对施工的成本影响较大,作为 LumpSum 项目,项目内的工作量增减不影响包干价，而投标时是没有详细设计的，因此将部分专业性较强的项目分包给专业分包商，由专业分包商进行设计并施工可以有效降低成本。

索赔是经营管理工作的重点、是项目效益的主要增长点、是一项综合性的复杂工作，需要各部门人员共同协作配合，要从投标报价时或签订合同时就应充分考虑为索赔留下伏笔。索赔取得成功的关键是在项目执行过程中以合同为依据及早发现索赔事项或潜在的索赔机会，及时将索赔意向书面通知给业主、总承包方，提交的索赔报告要有理有据，索赔谈判时要注意策略和技巧、在坚持原则的基础上要有灵活性，要尽力争取单项索赔，避免一揽子索赔。

截至 2013 年 7 月景观项目已经通过索赔获赔金额 120 万美元，通过变更增加合同金额 1100 万美元。另有约 100 万美元索赔项目正在争取中。

结语

随着国家一带一路大战略的提出，走出国门是施工企业需要面对的新课题。国外的经营工作与国内相比更加复杂，为了更好的参与国际竞争，提高自身竞争力，必须不断的适应并学习国际市场的规则。才能更好借力的实现国家一带一路的大战略，为一带一路做出应有的贡献。

参考文献

[1] 李丽丽，胡瑞法，王怀豫. 沙特经济发展现状及中沙经贸可持续性[C]. 北京：经济论坛，2015. 123-124
[2] 孙振波. 开发沙特工程市场的几点思考[J]. 北京：建筑与工程，2010. 116

沙特红海岸大型疏浚护岸工程施工技术综述

杨　易　杨俊甲　刘海民
（中交一航局第五工程有限公司，河北秦皇岛，066000）

摘　要：沙特红海岸大型疏浚护岸工程施工技术综述综合介绍了沙特延布海岸开发Ⅰ&Ⅱ期工程的施工技术，主要包括疏浚、灌注桩、海墙、桥梁、箱涵、沙滩、护岸等工程的施工控制。

关键词：疏浚；灌注桩；海墙；桥

引言

沙特延布海岸开发Ⅰ&Ⅱ期工程，作为一个大型的滨海景观工程，包括多种施工项目及工艺，并且现场条件及所用施工技术规范与国内有很大差别。其中灌注桩全护筒工艺及阴极保护施工技术在海外均为首次，希望能通过本工程的施工，为以后国外项目的发展提供借鉴和参考。

1　工程概况

沙特延布海岸开发Ⅰ&Ⅱ期工程，位于沙特西海岸，频临红海，是由沙特政府麦地那和延布皇家委员会投资建设的红海岸边的景观项目，造价约6.6亿人民币，工期730天（图1）。

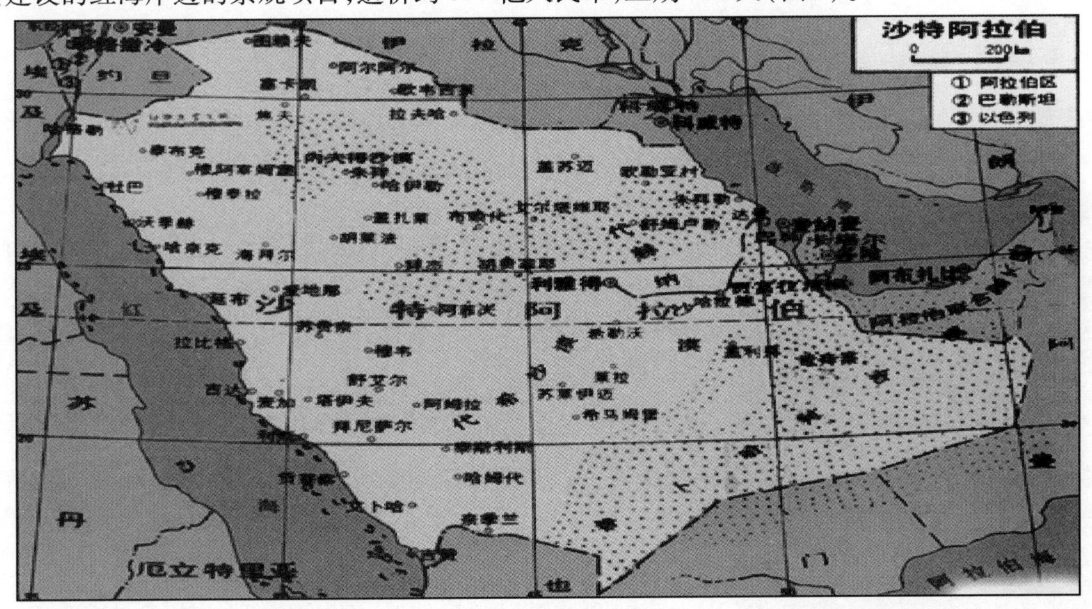

图1　项目位置示意图

2　工程特点分析

（1）该工程施工区域纵向长5.5km，横向2.5km，施工总面积约300万m^2，施工区域大，施工组织难度高。

(2)沙滩工程量大，岸线长，坡度缓，宽度大，材料组织困难。施工区域处于水下部分需要干施工，开挖区除珊瑚礁即为淤泥，开挖难度大、危险性高。

(3)疏浚工程量大，大部分为淤泥质土质与不均匀分布的珊瑚礁，软硬程度变化大，船机设备损坏严重，疏浚施工效率低下，设备损坏率高。

(4)在土方的挖填平衡中，挖方大于填方 324 万 m^3，业主要求 20kW 以外弃土，现场堆存场地有限，软弱带水的土方处理，是本工程的一大难题。

(5)淤泥质地基，给灌注桩施工、海墙基坑开挖和吹填区地基处理增加了巨大困难。

(6)受当地伊斯兰教习俗的影响，每天五次祈祷时间，每年一次斋月与古尔邦节累计将近 40 天无法正常施工，施工效率较低，影响工程的施工进度。

(7)受当地资源影响，很难找到成熟的分包队伍，劳工以印度和巴基斯坦籍为主，交流困难，施工效率低下。对于大范围的施工管理增加了难度。受配额和签证影响，尽管国内调遣比较困难，在海墙和桥梁结构施工组织中，仍以国内队伍为主。

(8)本工程执行的规范为英美标准，技术规格书适用范围过大，针对性较差，存在诸多问题，与国标存在比较大的差别。

(9)环保要求比较高，根据海洋环境影响研究报告，定期进行水质检测，对施工区域内的海草、红树林和珊瑚礁要重点保护。

(10)延布地区炎热少雨，受风浪和潮汐影响小，增加了有效工作天数，有利于工程进度延迟后的赶工。

(11)沙特地区 6 ~ 10 月属高温时期，最高温度达 50 多度，大体积混凝土施工不宜在白天进行，施工组织难度大。

3 施工工艺流程及方法

3.1 灌注桩施工

灌注桩总量 1068 根，设计桩长 20 ~ 29m，桩径 1.0m，作为海墙、挡土墙和桥梁的基础，是本工程最大的一个分项工程。灌注桩最大钻孔深度为 35.35m。混凝土强度等级 35MPa，环氧钢筋。

图 2 灌注桩成孔

3.1.1 成孔工艺

由于地质条件比较差，软弱土层最大达 21m，而且中间夹杂珊瑚礁，选用了长螺旋钻机全护筒成孔施工工艺。该工艺对于我公司属于一项新工艺，首次使用。施工设备选用 120M-608 型长螺旋钻机，如图 2 所示。

在成孔前要完成一项准备工作，连接护筒与其驱动装置。具体步骤如下：

(1)首先在钻孔附近开动钻杆钻进，至地面以上剩余 15m 左右，卸掉钻杆的驱动连接销，旋转钻机，将钻杆留在土中；

(2)吊车吊护筒，套在钻杆外侧；

(3)钻机旋转将护筒驱动装置对准护筒，对正旋转将其连接；

(4)开动驱动装置，将护筒向下驱动，至钻杆顶部以下；

(5)连接另一个驱动装置与钻杆；

(6)旋转拔出护筒和钻杆，钻杆和护筒同时连接到钻机上。

具体过程如图 3 所示。

成孔方法和步骤：

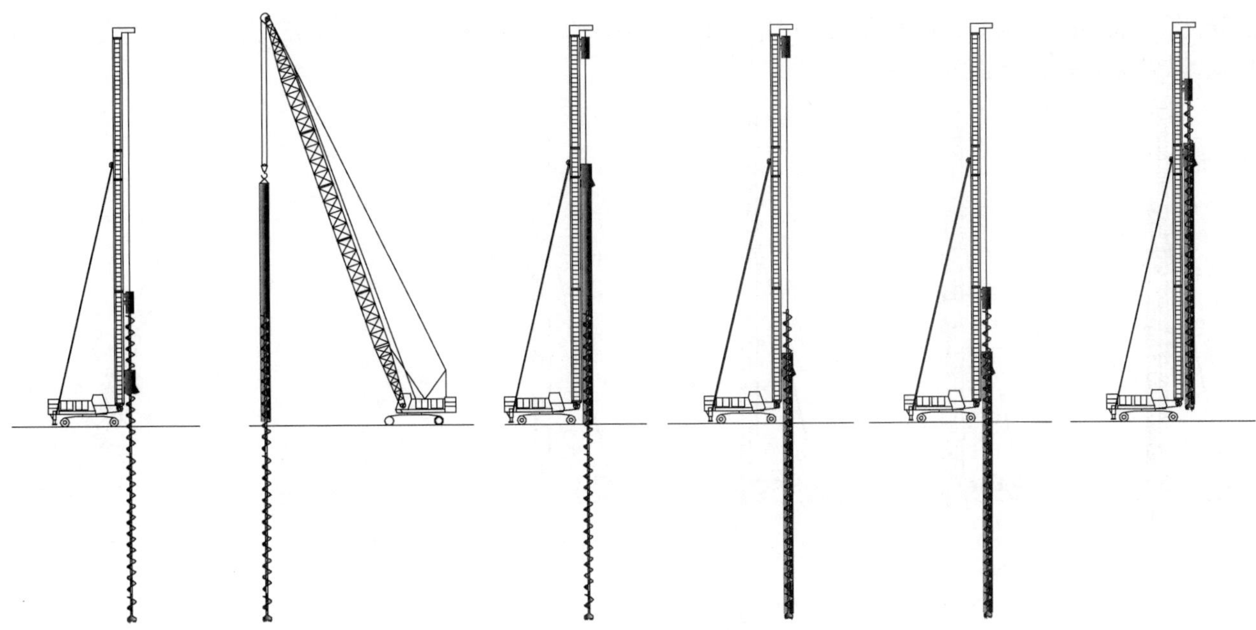

图3 护筒连接步骤示意图

(1)钻机对准钻孔位置后,开动钻杆驱动,顺时针旋转钻进;

(2)钻进约2~3m后,同时开动护筒驱动,逆时针旋转跟进,保持护筒底部与钻杆底部基本上平齐;

(3)在钻进过程中,土方随螺旋上升,从护筒驱动上部的排渣孔向外排放,至孔底;

(4)达到要求的深度后,钻杆逆时针旋转,慢慢提升,清理钻孔内的土方;

(5)采用气举反循环或旋挖钻机清孔;

(6)孔深验收合格后,下钢筋笼。

各步骤如图4所示。

3.1.2 钢筋工艺

钢筋采用环氧涂层钢筋,钢筋搭接为绑扎连接,加工场地上一次加工成型,为增强钢筋笼的刚度,内加强钢筋与纵向钢筋之间点焊加强,纵向钢筋之间连续焊5d,焊接后涂刷环氧漆。钢筋笼起吊采用1台履带吊5点起吊。

3.1.3 混凝土工艺

混凝土强度等级为C35,使用抗硫酸盐的V型水泥。采用导管法浇注水下混凝土,使用混凝土泵车向导管内供灰。在混凝土浇筑后,使用钻机开始起拔护筒,其最大上拔力60t,将钢护筒拔出2~3m时暂停,护筒驱动装置旋转向上,与钢护筒脱离。补浇混凝土,其高度根据统计和经验值确定,最后将护筒全部拔出。

3.2 海墙施工

海墙处在人工岛上,采取回填造陆的方式,陆上施工,采用开挖换填珊瑚礁和钢板桩围堰相结合的方式,进行基坑开挖和支护。

海墙和挡土墙总长度993.7延长米,长海墙工程量最大,是整个工程的主线和重点。标准段长度30m,墙体高度7.3~8.3m,顶宽0.3m,底宽1.0~1.1m。

3.2.1 钢筋工程

钢筋采用GRADE 60螺纹钢筋,加工场地下料弯曲加工,运至现场,履带吊配合人工绑扎,第二、三层墙体钢筋在绑扎架上绑扎,整体吊装。

3.2.2 阴极保护

海墙全断面采用外加电流阴极保护,在钢筋绑扎后,人工安装预埋件,包括钛带、钛网、电缆和参比电极等,安装过程防止钛带和钛网连接,导致短路。在模板安装和混凝土浇注前以及浇筑过程中进行电阻测试,以确保系统能够正常运转。

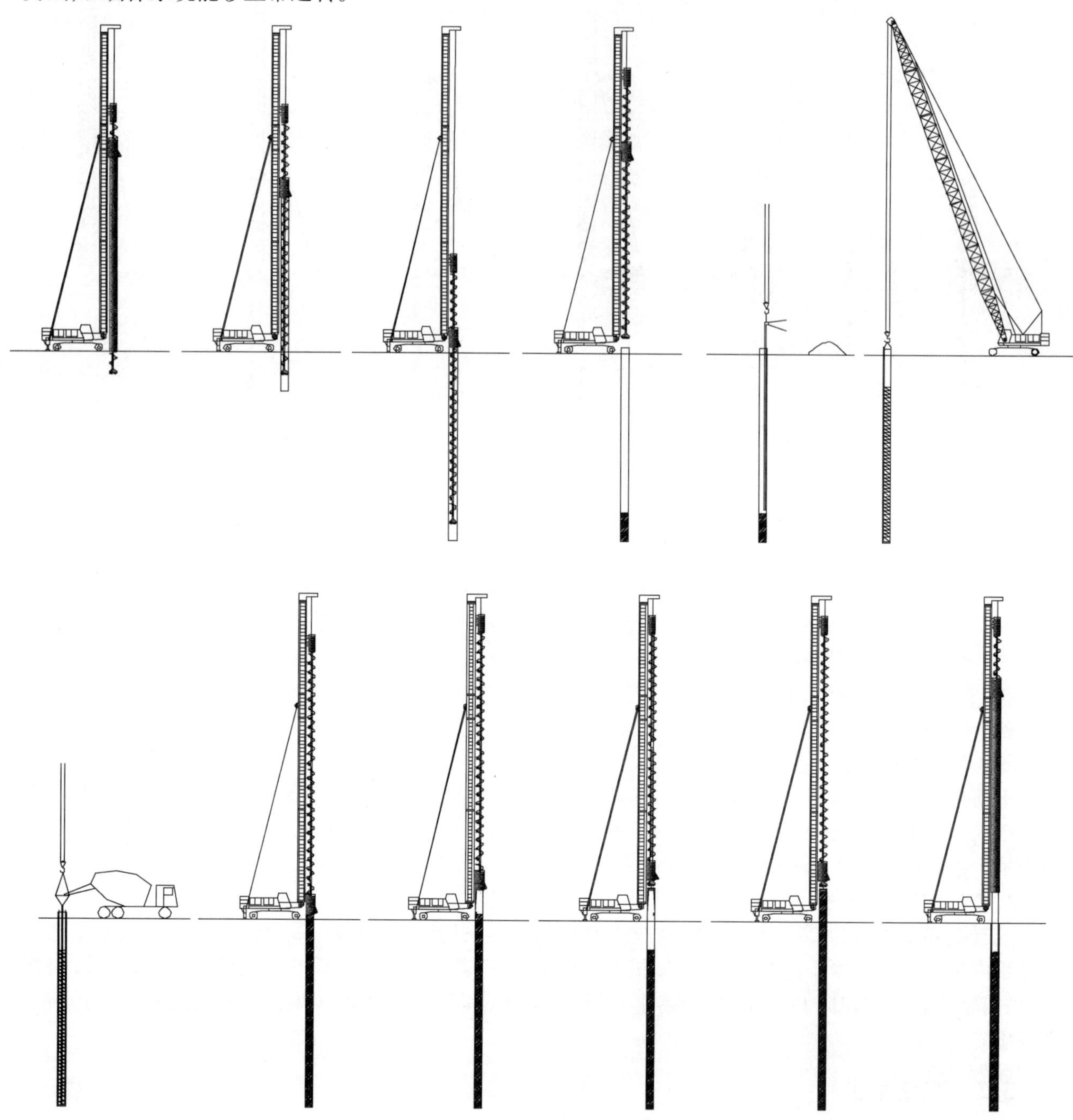

图 4　成孔骤示意图

3.2.3　模板工程

海墙采用大片钢模板,墙体第一、二层模板高度 3m,第三层模板高度 1.8m 和 2.3m 两种,单片长度 10m,中间横肋断开、板面连续,能够调整夹角大小,以适应海墙轴线的曲率变化。

3.2.4　混凝土浇注

混凝土强度等级为 C35,使用 V 型水泥,采用混凝土泵车浇注混凝土。

3.3　桥梁施工

桥梁总长 91.7m,宽 14.56m,桥面顶标高 5.95m,为三跨简支结构,基础为灌注桩,灌注桩上部设有桩帽,桩帽上设有桥台、桥墩结构。桥主梁为跨度 27.2m 的后张法预应力 T 型梁,T 梁间用横隔梁连接固定成整体,T 型梁顶面为现浇混凝土面层,面层两侧为现浇混凝土护栏。T 梁两端为桥头搭板,搭板外侧回填土形成斜坡连接至道路。施工分为下部施工和上部施工,下部施工的现场基础施工和 T 梁预制两部分同时进行,上部施工从 T 梁安装开始从由下至上依次进行。

3.3.1 现场基础施工

设置围堰将桥梁基础施工区围护起来,并采用大开挖方式开挖出基坑。人工凿除桩头后进行桩帽、桥台、桥墩、盖梁钢筋混凝土结构施工。

桩帽长 15.5m,宽 7m,高 1.5m。桥台由受力承台、牛腿、幕墙、翼墙等部分组成,总高 1.75m,总宽 14.46m,分三层施工。桩帽总共有 4 座,桥台共有 2 座,这两部分采用木模板工艺进行施工,混凝土由泵车泵送入模。

桥墩直径 1.4m,高 7.116m,内部主筋直径 32mm,承台以上部分高 8.2m。主筋采用 25t 汽车吊起吊至设计位置,并焊接在已浇筑在桩帽内的第一分段,焊接接头按 50% 相互错开。模板采用圆筒状钢板工艺,圆模板分三段,每段由两片半圆弧模板组成,半圆弧模板板面厚度 4mm,外侧设钢板加固,接缝设 10mm 等用接口以防止漏浆,并用 M18 螺栓固定,外侧斜支撑调节模板垂直度。混凝土由泵车泵送入模,泵车末端设 4m 长软管伸入到模板内部下料,保证混凝土质量。混凝土分层下灰,并采用 ϕ85mm 气动式振捣棒分层振捣,振捣棒由 1m^3 空压力提供风动力。施工时混凝土比设计高度多浇筑 10cm,模板拆除后将顶部浮浆部分凿除,保证桥墩混凝土质量。桥墩施工时在周围搭设碗扣式脚手架以形成施工平台,保证施工安全。

盖梁施工前先将桥墩底部回填并压实至-1.0m 标高,再搭设脚手架作为底模板支撑,上设工字钢、木枋、木板以形成施工平台。在施工平台上进行钢筋绑扎施工。侧模板采用木模板工艺,混凝土由泵车泵送入模。

除灌注桩以外的下部基础均采用外接电流对钢筋进行阴极保护,混凝土内所有钛带、钛网、参比电极、电缆均在钢筋绑扎完后安装,安装由专业人员进行,保证阴极保护施工质量。

3.3.2 T 梁预制

T 梁在位于桥梁东侧的预制场内预制,预制由混凝土底胎作为底模,侧模采用大片钢模板工艺。混凝土浇筑时设同条件养护试块,待混凝土强度达到 35MPa 后进行预应力张拉施工,预应力张拉采用 YCW500B 型千斤进行,控制张拉力为 3962kN。

3.3.3 上部结构施工

下部结构施工完后进行 T 梁安装,T 梁长 27.2m,自重为 60t,采用 30m 板车进行 T 梁运输,275t 汽车吊进行 T 梁安装。

采用木模板工艺进行横隔梁和 T 梁间接缝板施工。桥梁面层分三段进行浇筑,浇筑前在混凝土顶面设置刮平轨道,混凝土浇筑后由刮杠沿轨道将混凝土顶面刮平。

护栏侧模板采用大片钢模板工艺,搭设脚手架形成支撑,上设木枋、木板形成底模。

3.4 阴极保护

阴极保护是一项新工艺,采用外加电流进行钢筋混凝土结构的防腐。本工程的海墙、挡土墙、桥梁和三孔箱涵,均设置阴极保护。阴保总面积约 2.5 万 m^2。

阴极保护原理:阴极保护由外部提供电力,参比电极收集混凝土内部电压信息并反馈至 LU 箱,CU 箱通过电脑读取 LU 箱信息,LU 箱再通过对外部电源变压整流处理,并将处理后的直流电流提供给 JB 箱,JB 箱通过接线板将各阴极保护单元连接起来,通过施加的直流电流防止钢筋的腐蚀(图 5)。

阴极保护的钛带、钛网、参比电极和电缆在钢筋绑扎后、混凝土浇注前安装,钛网沿钢筋网片布置,钛带连接,通过电缆与外部控制系统连接。在钢筋绑扎、模板支立和混凝土浇注过程,要注意保护预埋构件免受碰撞,以免与钢筋接触,发生短路,导致整个系统失败。

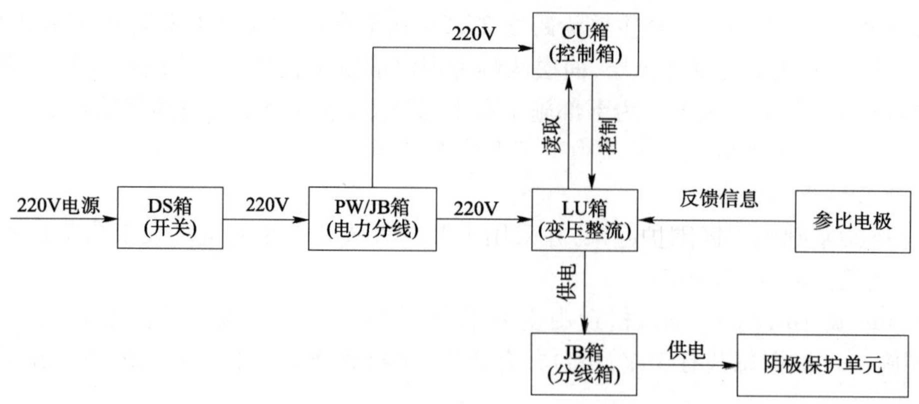

图5　阴保原理示意图

3.5　C3航道施工

C3航道全长1.8km,顶宽14～34m,沿海岸线顺岸布置,是一条旅游观光的水上交通通道,土方开挖方量24万m^3,砌石方量5.5万m^3,坡度1:1和1:2两种。部分区域在水上,部分区域在陆上。

3.5.1　施工准备

首先规划一条沿C3航道的施工便道,位于水上的部位沿海侧回填围堰。沿C3航道布置3处块石堆存场地,现场设立斗容0.3m^3的自落式砂浆拌和机,砂浆运输使用装载机。

3.5.2　土方开挖

根据土质情况不同,采取不同的开挖方法。

(1)粉砂地质条件下,首先使用330反铲从航道中部开挖,在开挖的过程中将降水井也开挖成型,后利用长臂反铲进行理坡成型。

(2)淤泥地质条件开挖

为了尽量避免塌方,采取了间隔开挖方式,使用移动式的的抽水车降水。分段长度15m,中间留6m的平台驻设备,同时也作为基坑的支护使用。通过持续的抽水,使水位降低,淤泥的表面开始晒干硬化可以保持坡型。在每个小开挖段完成开挖后及时铺布抛石,在抛石后再开挖中间6m的区域。

(3)土质条件极差的区域开挖

进行淤泥质区域开挖时,土方坍塌严重,边坡无法成型。施工中采用珊瑚礁等材料将淤泥置换出来,后再整形修坡。

3.5.3　土工布铺设

土工布采用包缝缝合的形式,土工布铺设采取长臂反铲配合人工的方式,要求土工布搭接长度不得小于1.0m。

3.5.4　浆砌块石

C3航道的脚趾厚度为1.5m,采用先干砌后灌浆的方式。坡面厚度为1m,长臂反铲配合直接人工浆砌。

结语

沙特延布海岸开发Ⅰ&Ⅱ期工程,作为一个大型的滨海景观工程,涉及港池和航道疏浚、沙滩及游泳池、人工岛海墙及护岸、桥梁及箱涵,以及凉亭、绿洲、绿化、人行道等项目,各分项工程都有区别于国内施工的特点。其中灌注桩全护筒工艺及阴极保护施工技术均为首次,希望能通过本工程的施工,为以后国外项目的发展提供借鉴和参考。

参考文献

[1] 中华人民共和国交通部. 疏浚工程技术规范[S]. 北京:人民交通出版社,2005. 74-84
[2] 刘毅强,刘伟. 浅谈沙特地区水工工程试验管理[J]. 北京:工程技术杂志社,2015(2). 00161-00162

水稳联锁块结构在沙特港口工程首次应用

杨学通　宋振远　谢鸿东
（中交一航局第五工程有限公司，河北秦皇岛，066000）

摘　要：本文依托沙特延布工业港基础设施扩建工程，对沙特港口的水稳联锁块结构使用现状进行调研，采用当地材料进行水稳配合试拌，根据国际规范《ICPI》对水稳联锁块进行设计，最后成功将混凝土大板变更为水稳联锁块结构，最终实现了业主与项目的双赢局面。本文总结水稳联锁块结构在沙特港口的应用现状、设计方法及施工经验，为后续类似项目提供了借鉴经验。

关键词：沙特；水稳；联锁块；设计变更；ICPI

引言

水稳联锁块结构因其施工便捷、造价低廉、后期维修方便等优点而在世界范围内广泛应用。沙特延布工业港基础设施扩建工程服务区堆场总面积约13.7万 m^2，原设计为40cm钢筋混凝土大板，造价高昂，且设计使用的普通非环氧钢筋在高温潮湿环境下无法保证其使用年限，存在设计缺陷。为减少业主投资，弥补设计缺陷，此工程服务区堆场最终变更为水稳联锁块结构，成功在沙特港口工程进行首次应用，实现业主与项目的双赢局面，为沙特后续港口水稳联锁块设计及施工提供经验。

1　沙特地区水稳联锁块应用调研

1.1　延布工业港1#,2#,3#泊位

延布工业港1至3#泊位总长680m，后方堆场总面积约为15万 m^2，面层为8cm联锁块，5cm找平层，基层为35cm厚水泥稳定土层，平面图及断面图如下。此工程所采用联锁块为普通长方体，并不具备联锁功能，且建造年代久远，相关资料不详，无法确定其设计强度及设计使用年限（图1）。

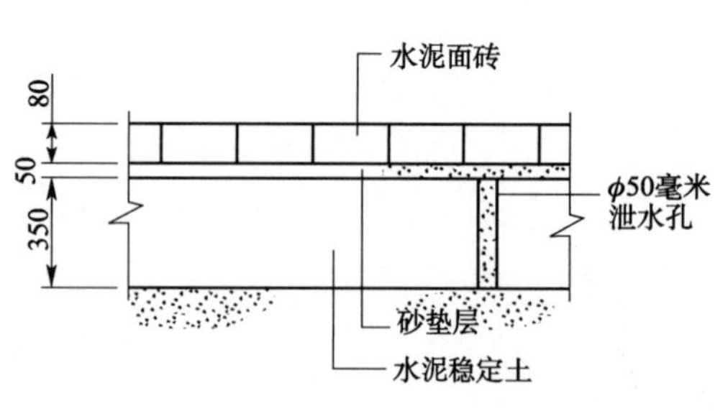

图1　延布工业港1#,2#,3#泊位联锁块

1.2　RAS AL KHAIR港

此工程位于沙特东部省，堆场面层为联锁块，总面积约12万 m^2。面层为10cm高强联锁块，下设3cm中粗砂找平层，基层为C10素混凝土层，厚度190mm至410mm，典型结构形式如图2所示。

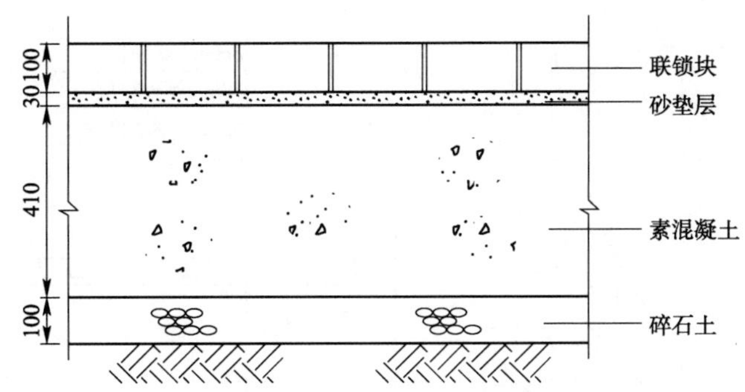

图 2 RAS AL KHAIR 港典型断面图

此工程施工使用的联锁块厚度 10cm,混凝土强度等级为 50mpa,而沙特当地生产的高强混凝土联锁块厚度一般为 6cm 或 8cm。厚度 10cm 的高强联锁块乃沙特朱拜勒厂家为此项目特制。

1.3 调研结论

调查发现除上述 2 个港口对联锁块有所应用,其他港口无联锁块面层。水稳联锁块层结构在沙特港口尚无应用,且无相关厂家生产水稳。为此联锁块尚可考虑当地采购,而水稳需从沙特境外引进设备自行生产。

2 水稳联锁块设计

根据业主提供的荷载参数(表 1),及《ICPI》(Interlocking Concrete Pavers Institute)规范。按照轴向荷载值及其设计通过率进行计算,取得设计 C10 混凝土厚度值,再根据《ICPI》规范中联锁块、水稳层及底基层材料与 C10 混凝土换算系数计算验证确定水稳联锁块厚度(表 2)。

设计荷载参数 表 1

设备类型	总负荷载(t)	轮数	类型	最大单轴空荷载(t)	最大单轮负荷载(t)
16 轮 (RTG)	200	16	成对	10	21.5
45t 吊运机	107	6	双轮	16.5	25
32t 叉车	72	6	双轮	10	17
集装箱堆高机	48	6	双轮	8	10
16t 叉车	38	6	双轮	6	9
40t 汽车吊	50	4	单轮	12	25
65t 拖车	80	14	双轮	3	8

设计通过次数 表 2

区域分类	拖车		RTG		吊运机		集装箱堆高机	
	40′	20′	40′	20′	40′	20′	40′	20′
堆载区			1.2	1.6			1.2	1.6
重载区	0.3	0.4			0.3	0.4		

注:单位为 1000000 次。

经计算,RTG 在本次设计中取决定因素,其荷载值为 462kN,通过率 5460000 次,根据图 3 确定 C10 混凝土厚度值为 628mm;经过计算及咨工复核,最终确定联锁块厚度 80mm,强度 50MPa,找平层 30mm,水稳层厚度 650mm,强度 2.9MPa(表 3),设计典型断面如图 4 所示。

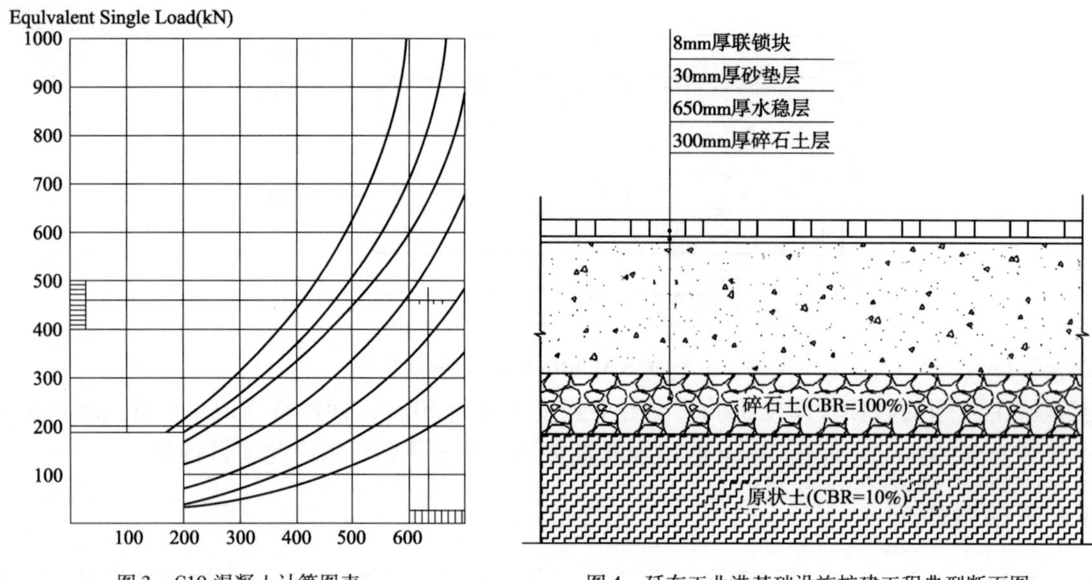

图 3　C10 混凝土计算图表

图 4　延布工业港基础设施扩建工程典型断面图

设计结果校核表　　表 3

结构层组成	设计厚度(mm)	材料换算系数	换算 10MPa 混凝土厚度(mm)
联锁块	80	0.7	114
砂垫层	30	—	—
水泥稳定土层(2.9MPa)	650	1.75	371
碎石土层(CBR = 100%)	300	2.00	150
合计	1060		635

设计断面相当于 C10 混凝土厚度 635mm >628mm，满足设计要求；

3　水稳配合比

3.1　基地材料配比

为充分利用自有基地材料，降低水泥用量；验证水稳配合比在延布地区项目实施的可行性，根据实验室对现有材料的筛分结果以及《公路路面基层施工技术规范》中对水稳级配的要求制定如表 4 所示。

基地材料水稳配比　　表 4

配比编号		基地材料(%)	5 ~20 碎石(%)	细砂(%)	水泥(占干料的百分比)	试拌时间
001	理论	47	40	13	6	
001	施工	45	45	10	6.3	2014 年 5 月 4 日

碾压结束后混合料送 OEO(当地第三方检测机构)进行筛分检测，并进行压实度检测，试验结果：

最大干密度 2.215g/m^3；压实度：99.7%　,94.4%；7 天取芯强度：5.1mpa，6.1mpa 取芯都较完整(19cm、16cm)。001#配合比水稳强度理想，然所采用的基地材料级配分配不均匀，需进行过筛处理方能使用。

3.2　碎石土配比

碎石土是当地使用最普遍的土料，在试拌过程中加入了该材料分析，根据相关经验数据制定配比如表 5 所示。

碎石土水稳配比　　表 5

配比编号		碎石土	水泥	试拌时间	取芯时间
002	施工	100	6	2014 年 5 月 5 日	5 月 12 日
003	施工	100	5	2014 年 5 月 5 日	5 月 12 日

002# 配比试验结果：最大干密度 2.181g/cm^3；压实度 98.3%，96.9%；7 天强度 5.6MPa，5.0MPa；取芯完整(20cm，20cm)；003# 配比试验结果：最大干密度 2.181g/cm^3；压实度 94.9%　94.4%；无 7 天强度；

碎石土作为主材进行水稳试拌效果良好，若严格按照规范其级配不能达到要求。但试拌结果显示 002#配比强度满足要求且取芯效果良好；003# 配比失败，压实度未达到要求(设计要求大于 98%)，且无法取出芯样。

3.3　配合比确定

经过当地材料的试验确定水稳施工的可行性，于是委托国际知名检测机构 FUGRO 公司进行配比设计，试验规范采用美标要求，涉及的规范包括 ASTM D1633，ASTMD1632，ASTM D558，ASTM D2940。2014 年 11 月设计变更得到批复，水稳级配筛分工作已经完成，最终 FUGRO 公司于 2014 年 11 月 25 日提供水泥含量 4%，5%，7% 三个配合比供施工使用。尽管水泥含量 4% 的配合比水稳强度能满足设计强度 2.9MPa，我部根据配合比试拌经验判断，水泥含量低于 5% 无法取出完整芯样，试验段施工结果验证了这一判断(图 5)。

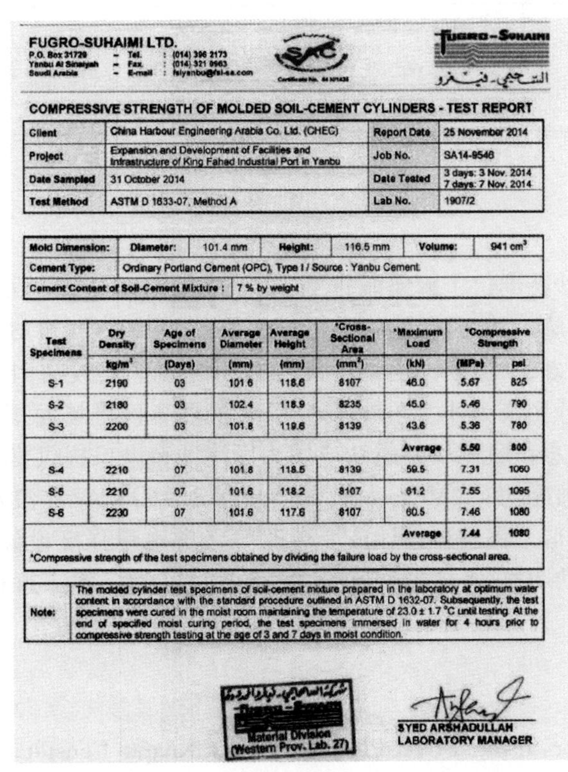

FUGRO-SUHAIMI LTD.
P.O. Box 31729 – Tel. : (014) 396 2173
Yanbu Al Sinaiyah – Fax. : (014) 321 0963
Saudi Arabia – E-mail : fslyanbu@fsl-sa.com

COMPRESSIVE STRENGTH OF MOLDED SOIL-CEMENT CYLINDERS - TEST REPORT

Client	China Harbour Engineering Arabia Co. Ltd. (CHEC)	Report Date	25 November 2014
Project	Expansion and Development of Facilities and Infrastructure of King Fahad Industrial Port in Yanbu	Job No.	SA14-9546
Date Sampled	31 October 2014	Date Tested	3 days: 3 Nov. 2014 7 days: 7 Nov. 2014
Test Method	ASTM D 1633-07, Method A	Lab No.	1907/2

Mold Dimension:	Diameter:	101.4 mm	Height:	116.5 mm	Volume:	941 cm^3
Cement Type:	Ordinary Portland Cement (OPC), Type I / Source : Yanbu Cement					
Cement Content of Soil-Cement Mixture :	7 % by weight					

Test Specimens	Dry Density	Age of Specimens	Average Diameter	Average Height	*Cross-Sectional Area	*Maximum Load	*Compressive Strength	
	kg/m^3	(Days)	(mm)	(mm)	(mm^2)	(kN)	(MPa)	psi
S-1	2190	03	101.6	118.6	8107	46.0	5.67	825
S-2	2180	03	102.4	118.9	8235	45.0	5.46	790
S-3	2200	03	101.8	119.6	8139	43.6	5.36	780
						Average	5.50	800
S-4	2210	07	101.8	118.5	8139	59.5	7.31	1060
S-5	2210	07	101.6	118.2	8107	61.2	7.55	1095
S-6	2230	07	101.6	117.6	8107	60.5	7.46	1080
						Average	7.44	1080

*Compressive strength of the test specimens obtained by dividing the failure load by the cross-sectional area.

Note: The molded cylinder test specimens of soil-cement mixture prepared in the laboratory at optimum water content in accordance with the standard procedure outlined in ASTM D 1632-07. Subsequently, the test specimens were cured in the moist room maintaining the temperature of 23.0 ± 1.7 °C until testing. At the end of specified moist curing period, the test specimens immersed in water for 4 hours prior to compressive strength testing at the age of 3 and 7 days in moist condition.

Material Division
(Western Prov. Lab. 27)

SYED ARSHADULLAH
LABORATORY MANAGER

图 5　沙特延布工业港基础设施扩建工程水稳配合比

4　水稳施工

由于当地无水稳施工经验，无法找到合适水稳生产厂家，为此由国内进口 MBW500 型水稳搅拌机，集装箱运输至现场后拼装而成，搅拌站配备 2 台装载机上料。水稳施工采用 2 台 25t 压路机，1 台

CAT320 挖掘机;3 台自卸车;1 台 HB14 型平地机,1 台 10t 洒水车。

2015 年 1 月 14 日水稳搅拌站投产,进行了服务区水稳层第一层典型施工。由典型施工确定水稳配合满足要求;7 天强度 5mpa,大于设计强度 2.9mpa;松浦系数为 1.09,小于预计 1.15 的系数;含水率 5.1% 能满足现场施工需要,小于配合比中的 8.6% 的要求,后续施工天气逐渐炎热含水率控制在 6% 左右。

5 联锁块施工

联锁块厚度为 8cm,强度为 50MPa,由当地 AMC 公司加工、运输至现场;由国内经验丰富的联锁块安装工铺砌,验收标准执行《ICPI》规范。

6 荷载试验

联锁块施工结束后,按照设计要求对水稳联锁块进行荷载试验,采用 2 × 1 × 1m 混凝土块进行荷载试验,持续 7 天,最大沉降量为 3mm,满足设计要求(表 6)。

荷载试验结果　　表 6

序号	坐标 Y(m)	坐标 X(m)	原标高(m)	压后标高 (m)	标高差(m)
1	2650314.639	419238.571	3.71	3.708	-0.002
2	2650315.607	419237.409	3.708	3.705	-0.003
3	2650316.776	419238.386	3.999	3.696	-0.003
4	2650315.805	419239.539	3.702	3.699	-0.003
5	2650315.668	419238501	3.703	3.7	-0.003

7 结论

水稳联锁块结构应用在沙特港口工程实属首例,变更前期对沙特市场及港口工程进行了充分调研,并对水稳进行试拌,明确水稳施工的可行性,且在设计变更前期研究《ICPI》规范,按照国际规范进行相关设计,奠定设计变更成功的基础;水稳联锁块结构代替钢筋混凝土大板结构,满足工程质量要求,同时为业主节约 1000 万元,节约部分用来为业主拓展了 4 万 m^2 的服务区堆场面积。项目部创收 1600 万元,实现了公司与业主的双赢局面;水稳联锁块的成功应用为后续沙特港口提供借鉴经验。

施工期间水稳 7 天平均强度约 4.2MPa,大于设计强度 2.9MPa,存在浪费水泥现象。然而降低水泥含量现场将无法取芯,故在类似工程进行设计或变更时可考虑水稳强度设计值,减小水稳层厚度降低施工成本。当地联锁块质量波动明显,不同批次联锁块存在色差问题;施工过程要加强控制联锁块抗压强度检测。

参考文献

[1] Interlocking Concrete Pavers Institute(《ICPI》) [S];John Knapto Consultants and David R. Smith;2012-5;19-38

[2] ASTM D 1633,"Standard Test Method for Compressive Strength of Molded Soil-Cement Cylinders" [S];American Society for Testing & Materials; USA; 1993;1-4

[3] ASTM D 1632,"Practice for Making and Curing Soil-Cement Compression and Flexure Test Specimens in the Laboratory" [S];American Society for Testing & Materials; USA; 1993;1-6

[4] JTJ 034—2000 公路路面基层施工技术规范[S];人民交通出版社;交通部科学研究所;2000-9-1;6-22

振冲碎石桩工艺在巴新莱城港中的应用和质量控制

樊　莽
（中国港湾工程有限责任公司，北京，100027）

摘　要：振冲碎石桩在软基处理中有着广泛的应用，该论文根据复合地基理论，结合中港在巴布亚新几内亚莱城港碎石桩加固软土地基的工程实践，探讨了碎石桩的主要施工工艺，分析了影响碎石桩成桩质量的主要因素，对成桩控制要点进行了具体的分析，通过实际分析，得出振冲碎石桩工艺对降低莱城港复合地基的液化性和增强抗震性有显著作用，是该地基处理案例中最为适合的施工方法。

关键词：振冲碎石桩；复合地基；留振时间；液化土；水压水量

引言

振冲碎石桩是加固松软土地基，增强地基抗液化能力和抗震性的有效方法之一。该地基处理方法广泛应用于加固黏性土、粉土、饱和黄土、松散砂土和人工填土地基。符合地基在20世纪70年代在国外得到了极大地发展，其中以碎石桩为代表。以振冲法形成碎石桩的施工工艺，在我国最为普遍。1977年，开始在国内进行振冲碎石桩的现场试验工作。但是，由于不同工程地质情况各不相同，成桩影响因素较多，因此精确的控制成桩要点是该工艺的重点难点，也往往是出现质量问题的集中点。本文通过巴新莱城港碎石桩施工实例，论述了碎石桩施工过程中如何有效地安排施工，控制碎石桩成桩质量，对类似工程有一定的借鉴意义。

1　地基加固原理

振冲碎石桩加固复合土地基的主要目的，是提高地基土承载力、减少变形和增强抗液化性。碎石桩加固砂土地基抗液化的机理主要以下三个方面：

挤密作用：在成桩过程中桩管对周围砂层产生很大的横向挤压力，桩管体积的碎石挤向桩管周围的砂层，使桩管周围的砂层孔隙比减小、密实度增大。

排水降压作用：碎石桩加固砂土时，桩孔内充填碎石（卵石、砾石）和粗砂等反滤性好的粗颗粒料，在地基中形成渗透性能良好的人工竖向排水降压通道，可有效地消散和防止超孔隙水压力的增高，防止砂土产生液化，并可加快地基的排水固结。

砂基预震效应：碎石桩在成孔及成桩时，振动锤的强烈振动，使填入料和地基土在挤密的同时获得强烈的预震，对砂土增强抗液化能力是极为有利的。复合土层起垫层作用，垫层将荷载扩散使应力分布趋于均匀，从而提高地基整体的承载力，减少沉降量。

2　施工工艺

2.1　工程概况及处理方案的选择

巴布亚新几内亚莱城港一期发展项目的碎石桩地基处理主要位于码头前沿新建堆场区域。此区域临近一片热带雨淋，并且位于一个河流的河口，所以原始地基为淤积的淤泥，平均厚度约3.3m。现场地质勘探结果表明，表层软土为含树根淤泥质粘土，标准贯入击数SPT几乎为0，下卧层部分区域有较薄的细砂夹层，其余主要为中粗砂。其中细砂夹层均较为松软，测得的SPT一般为2~10，颗粒均匀，不满足该地区地震抗液化要求，也属于需要外弃软土。显然，该类土壤采用传统强夯处理已不能满足设计标准。

离堆场边界3~5m处，为一私人集装箱厂房，因地基沉降，厂房围墙已经出现了轻微的裂缝。所以为保证集装箱厂房的安全，避免纠纷，开挖换填的方案被淘汰。为满足后期地基沉降、承载力及抗液化要求，经综合分析后决定采用振冲碎石桩进行地基加固。

根据设计，碎石桩共计3146根，桩长分别为4.70m、5.33m、9.00m，桩径均为0.8m，桩距按1.5m的等边三角形布置。

2.2 施工设备

本工程采用100kW振冲器1台，30t汽车吊1台，装载机1台，潜水泵和清水泵各1套，电控设备1套，通过装载机配合人工进行施工。施工顺序采用“由一侧向另一侧”的施工方法。具体机械设备信息见表1。

施工设备配置表 表1

设备名称	规格型号	功　率	数　量	备　注
振动桩机	BJV100E-377L	100kW	1套	施工
装载机	ZL-10A	—	1台	施工填料
汽车吊	BK-500	40kw	1台	机具维修
水泵	—	—	2台	机具维修
水准仪	S3	—	1台	高程测量
钢卷尺	50m	—	1盘	测量放线

关于施工桩长的选择，场地原有地坪标高平均+3.2m，场地处理完成后标高+2.76m，在地基处理完成标高基础上设计桩长为5.5m，为保证成桩质量，考虑原有标高因素，桩长选择为6m。

2.3 施工工艺

2.3.1 工艺流程图(图1)

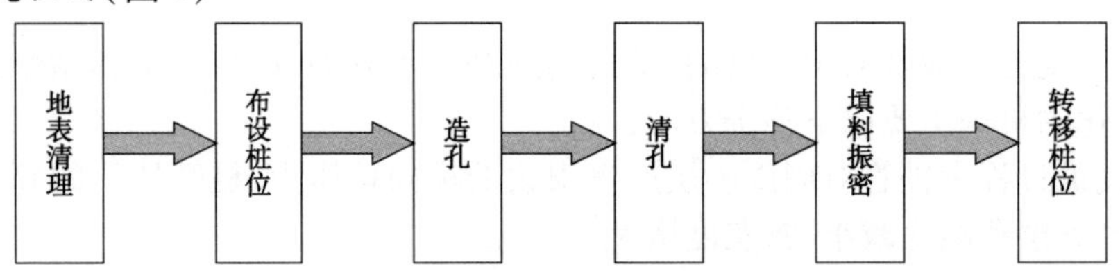

图1 碎石桩施工工艺流程图

2.3.2 工艺简述(图2)

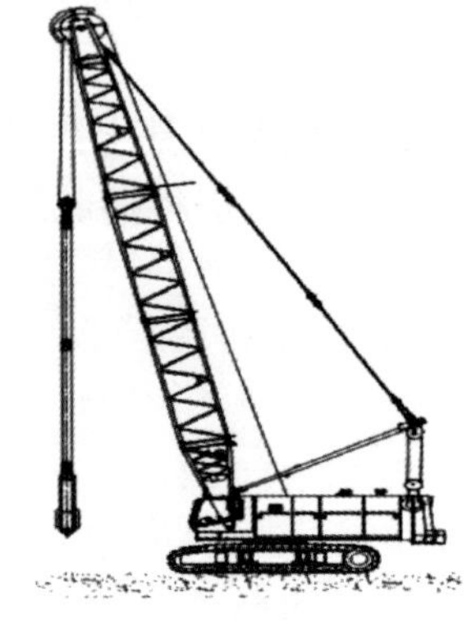

图2 碎石桩施工工艺图

地表清理：施工区域接近堆场边界区域，在进行碎石桩施工前，采用挖掘机配合装载机先进行地表清理。

布设桩位：根据设计图纸绘制桩位平面图，测量员根据桩位图预先定出两侧控制桩位，现场工人再由控制桩位定出其他桩位。

造孔：按照预定桩长在导杆上标记长度，起吊振冲器并对准桩位，待射水孔水压、振冲器内的偏心块转速均达到额定标准时，下沉振冲器进行造孔作业。

清孔：当造孔达到设计深度时，以5~6m/min的速度上提振冲器至孔口，再次下沉，反复2~3次，最后停留在孔底上部30~50cm处，冲水清孔30~60s，以减小桩孔含泥量。

填料振密：由于影响装载机填料的不确定性因素较多，本工程采用连续间断相配合的填料形式。清孔后，通过装载机向孔内填入卵石，振冲器挤压填料直至达到规定的密实电流，再次提升振冲器50~80cm，重复上述填料过程直至地表成桩（图3）。

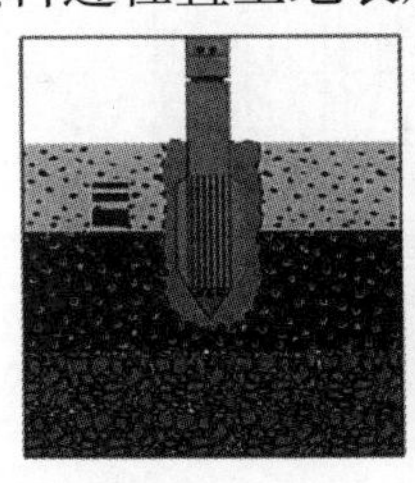

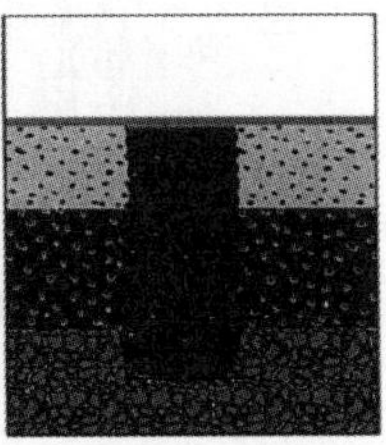

图3 碎石桩成桩示意图

2.3.3 关键工艺控制

鉴于以往的施工经验，结合该工程特点，在施工中重点抓填料量，提升速度和高度等因素。

（1）确保填料量满足设计要求。按照设计要求的填料量算出桩管内的填料高度，在填料口 处设置明显标志，填料后以测绳实测填料高度。

（2）拔管成桩过程中，严格控制提升速度，确保桩管内下料均匀。

（3）必要时向管内加水，防止桩管带料。

（4）控制桩顶填料高度，确保桩顶密实度。

3 施工质量控制要点

3.1 主要控制参数

由于施工初期无标准或规范指导碎石桩成桩要素控制值，需要通过试桩以及实验求得，本工程根据该区域地质特性，得出成桩控制参数如表2所示。

成桩控制参数 表2

序号	控制项目	控制值	序号	控制项目	控制值
1	空转电流	60~70A	5	水压	400~600kPa
2	造孔电流	80~140A	6	水量	800L/h
3	加密电流	120A	7	加密段	50~80cm
4	电压	380±20V	8	振留时间	10~15s

3.2 电流控制

根据现场试验，典型电流时值曲线如图4所示。

分析电流时值曲线，成桩过程主要可划分为四个阶段：即空转阶段、造孔阶段、清孔阶段、振密阶段。

空转阶段：振冲器处于造孔准备中，尚未接触土层，电流变化范围较小为65~70A。

造孔阶段：振冲器随着土体松动，边振冲边下沉。根据试桩要求，造孔下沉速度应控制在1~2m/min之内，由于振冲器间段性接触各土层，电流呈间断性变化，处于80~140A。电流值越大，说明土层越密实。如振冲器下沉速度过快，电流值会超过其额定电流，此时应减小下沉速度或暂停下沉，甚至上提一些，待高压水冲松土层后再继续下沉。有时正常下沉过程中电流也会突然增大，且振冲器下放困难，这可能是由于遇到硬土层所致，同样需要借助高压水冲破硬土层。

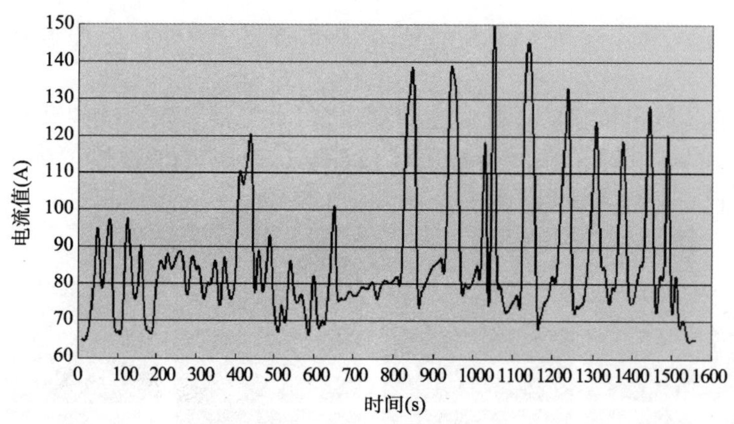

图4　典型电流时值曲线

清孔阶段：初期桩孔内为泥浆，电流变化范围减小，一般为75～85A，泥浆越稠密，电流时值越大。在粘性土层中，清孔过程孔内泥浆太过稠密时，将阻碍振密阶段碎石料的下降速度，进而影响成桩进度，因此要留有一定的清淤时间，利用回水把稠密泥浆带出地面，降低泥浆密度。振冲器清孔一般2～3次，3次以上依然有较稠密泥浆溢出，且电流变化范围较大时，可能由孔壁土坍塌引起，此时应注意及时填料，采用强迫填料振密工艺，防止串桩发生。

振密阶段：振冲器间断性振密填料，电流变化范围较大，控制好密实电流是保证成桩质量的关键。根据成桩实验该地质段密实电流选择120A，但在成桩过程中电流最大值可能达到160A，这可能是由于振冲器倾斜，依靠振冲器及套管重力作用于加密段增大了电流时值。在实际施工中，如果遇到较硬的土层或者砂性较大的地基，振冲电流有时也会超过密实电流规定值，但是在留振过程中电流通常会缓慢的下降到密实电流值以下，这可能是因为振冲器较快的进入石料产生瞬时电流高峰，决不能以此电流来控制成桩质量，此时应提拉振冲器继续填料，直到达到规定的密实电流为止。

3.3　留振时间控制

留振时间是指振冲器在地基土中某一深度处振动的时间，足够的留振时间可以保证地基土完全液化或具有足够大的液化区。在振动停止后，地基土由于液化颗粒会重新排列，此时的孔隙比比原状土的孔隙比更小，密实度相应增加。在一定的水平振动力作用下，碎石桩的桩径随卵石不断挤入桩周土而逐渐扩大，当碎石桩的挤入力和土体的抗挤入力相平衡时，桩径不再扩大而稳定在某一数值，而这一稳定数值才能反映此时已经达到要求的密实度。根据规范以及试桩要求，当振冲器的电流达到或超过密实电流且在原位置留振10s以上时，表示该振动点处桩体已经振密。

3.4　填料控制

填料是影响成桩质量的关键因素之一。桩体材料一般可用含泥量不大于5%碎石、卵石、圆砾、矿渣或者其他性能稳定的硬质材料，不宜使用风化易碎的石料。本工程填料采用粒径为8～70mm卵石，含泥量小于5%。

在填料起始阶段，由于桩孔较深，为保证石料充分挤入桩周土中，填料速度应保持适当。如果一次加料太多，可能会造成孔道堵塞，桩孔内的水不能正常排出，下料困难。因此填料应遵循"少食多餐"的原则，每批填料应控制桩孔堆高0.8m左右。有时在正常填料过程中由于流塑性黏土的存在通常会发生缩孔现象，此时为避免串桩发生应采用强迫填料工艺，加快振冲器提拉以及填料速度。

填料量根据不同的地质以及成桩高度会有所变化。例如，在粘性土地基施工中，由于土层中常夹有软弱层，为达到规定的密实电流，此处填料往往会增多。另外，填料初始阶段，由于部分石料沿途粘在孔壁上，同时孔底下面的土体受高压水破坏造成局部柔弱区，当振密最深处桩体时，为满足密实要求所需填料甚至占到整个桩体的1/3。

针对本工程实际情况，实时记录成桩填料情况，随机抽取某一区域50根桩长为6m的碎石桩用料为 $V'=205\text{m}^3$。

平均每根碎石桩实际用料 V_1：

$$V_1=V'/T'=204\div50=4.08\text{m}^3$$

理论计算成桩体积：

$$V_2=(\pi R_2/4)\times6=3.0114\text{m}^3$$

假设充盈系数为 K_1，损耗系数 $K_2=1.1$，则 K_1 可求解如下：

$$K_1=V_1\div V_2/K_2=1.23$$

根据规范要求，成桩充盈系数为1.1～1.3，由于 $K_1=1.23$，满足设计要求。

3.5 水压、水量控制

制桩过程中，水压水量同样是影响成桩质量的重要因素。水量不足，孔内不能充满水，容易造成塌孔；水量过多被水带走的土颗粒多，泥浆稠度变小，也容易造成塌孔。本地质段根据试桩要求，水量一般控制在800L/h左右。

水压大小与土的强度有关，土的强度较高时，水压宜大；强度较低时，水压宜小。此外，成孔临近设计加固深度时，要适当降低水压，以免破坏桩底以下土。振密过程中要适当降低水压，减小至能维持孔口有一定的回水量，又可带走较细颗粒为度。本工程根据试桩标准，造孔及成孔水压均选择控制在400～600kPa。

3.6 综合指标控制

综上分析，影响成桩质量的关键点是控制好填料量、密实电流、留振时间和水压水量，这四者实际上是相辅相成的。水压水量是保证具有一定成桩环境的前提，而只有在一定的填料量的情况下才能达到一定的密实电流，此时也需要一定的留振时间，才能把填料挤振密实。一般来说，在软土层较厚的部位制桩，填料量和留振时间容易达到规定的数值，这时还要把握好密实电流。

4 效果检验

4.1 实验要求

依据雇主要求，对本工程碎石桩桩间土进行标准贯入度试验，检验数量为1point/500m²，检验位置选择在桩周土的中心点。

在制桩过程中，由于振动、挤压、扰动等影响，桩间土会出现较大的附加孔隙水压力，从而导致原地基土强度降低。制桩结束后，一方面原地基土的结构强度会随时间逐渐恢复，另一方面孔隙水压力会向桩体转移消散，使有效应力增大，甚至超过原土体强度。因此对碎石桩的质量检验要考虑龄期问题，通常检测时间间隔定为3～4周。

4.2 检测结果

依据实验相关要求，现场检验结果均满足要求（表3）。

SPT 报 告 表3

序号	钻孔深度(m)	实测 N 值	转换 $(N_1)60$	标准 $(N_1)60$
1	0.55～1.00	15	43.02	24.5
2	1.55～2.00	15	31.30	24.5

续上表

序号	钻孔深度(m)	实测 N 值	转换$(N_1)60$	标准$(N_1)60$
3	2.55~3.00	16	30.04	24.5
4	3.55~4.00	17	29.25	24.5
5	4.55~5.00	18	28.76	24.5
6	5.55~6.00	18	26.96	24.5
7	6.55~7.00	22	31.12	24.5
8	7.55~8.00	24	32.25	24.5
9	8.55~9.00	25	32.06	24.5
10	9.55~10.00	28	34.41	24.5

图 5　碎石桩标贯试验

结语

由于莱城港处于地震多发带,此施工区经过振密碎石成桩,增强了地基的强度,改变了复合地基排水条件,加速了地震时超孔隙水压力的消散,对地基防液化和提高抗震程度均有较大帮助。

振冲碎石桩施工质量控制实际上就是对成桩影响要素的控制。本方论述的成桩质量控制要素以及提供的相关数据,为类似工程施工提供了控制标准及经验,具有一定指导意义。

参考文献

[1] 何广讷. 振冲碎石桩复合地基[M]. 北京:人民交通出版社,2001

[2] 吕惠萍. 基于质量管理视角下深基坑土体支护技术探讨 [J]. 管理观察,2011(08)

[3] 龚晓南. 地基处理手册. 北京:中国建筑工业出版社,2008

[4] JGJ 79—2002. 建筑地基处理技术规范 [S]

中东地区防波堤 GPS 测量技术

陈　凯　吴俊龙
（中交一航局第二工程有限公司，山东青岛，266000）

摘　要：沙特阿拉伯海尔港四期新建北防波堤属于四脚块体护面式斜防波堤，其测量方法主要采取GPS参考线放样和极坐标放样，直线段采取参考线放样，圆弧段采取极坐标放样，并对这两种方法在防波堤工程的应用进行了实例说明。

关键词：参考线放样；极坐标放样

引言

海尔港新建北防波堤，测量仪器为GPS，GPS测量快捷高效，精确度较高，对于防波堤这种结构型式有明显优越性，能提高效率，是质量控制的主要手段。参考线放样用于直线段能高效得出相对于某参考线的横、纵偏移，极坐标放样应用于圆弧段能快速得出极径和角度，弥补了参考线放样的缺陷，提高了弧段施工和自检验收效率。

1　工程简介

工程处于中东地区沙特阿拉伯扎瓦尔工业城海尔港区波斯湾海域，属于热带沙漠气候，年平均降雨不超过200mm。近岸海流的走向一般为西北—东南走向，平行于正常海岸线，且受潮汐的涨退影响，近岸海流通常介于0.2和0.6m/s之间，一般在退潮时达到最大海流速度。海域潮差较小，其主要潮位数据如下：MHHW/平均高潮位，CD +1.6m；HAT/最高天文潮位，CD +1.75m；MSL/平均低潮位，CD +0.93m；LAT/最低天文潮位，CD +0.00m。

最大设计水位 = HAT + 风浪 + 增水 = CD + 1.75m + 0.5m + 0.25m = CD +2.5m。

工程结构为四脚块护面的抛石斜防波堤，平面布置上属于突堤。四脚块示意图如图1所示。

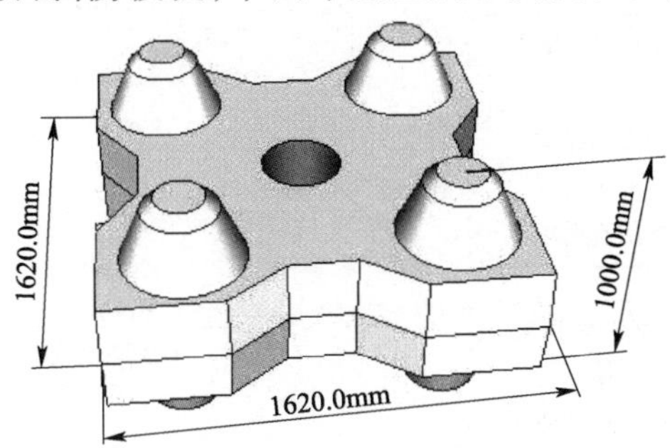

图1　四脚块示意图

防波堤总平面布置如图2所示。

堤身长1580m，走向为斜"一"字型，施工底面标高为 -4.0m，堤顶标高 +5.6m，外侧坡比为1:2.25，内侧坡比为1:1.75。

堤头为半圆台结构，设计底标高 -4m，设计顶标高为 +6.5m，设计坡比为1:3。如图3所示。

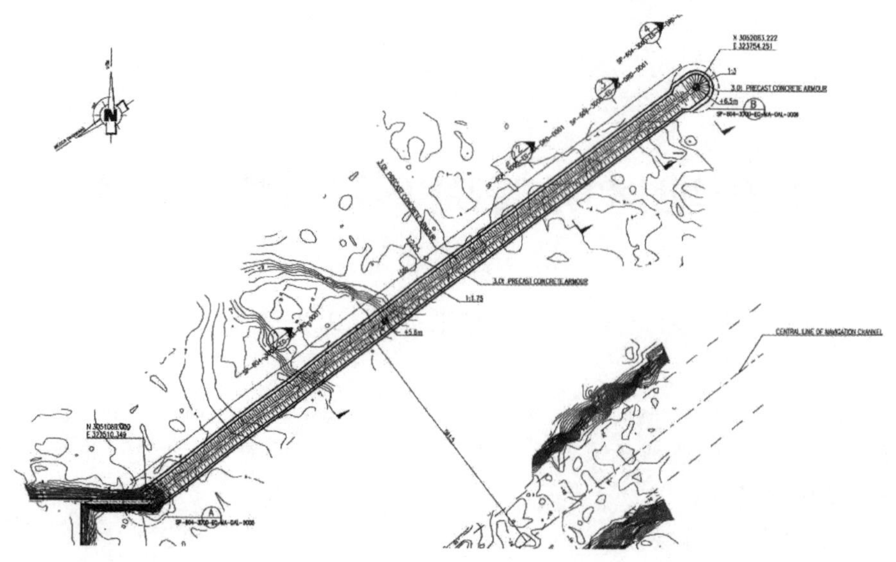

图2　防波堤总平面布置图

堤根为新老防波堤衔接，新防波堤是在老防波堤基础上进行扩建，见图4。

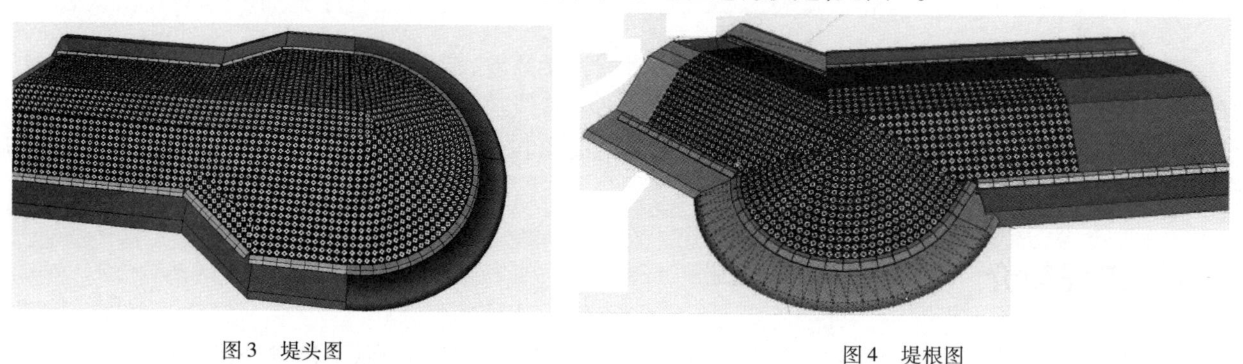

图3　堤头图　　　　图4　堤根图

2　施工概述

根据自有设备情况，施工能力，图纸，水深、波浪潮位资料，综合考虑技术、经济等因素，防波堤施工采取陆上推进分层施工。

(1)施工工艺流程如图5和图6所示。

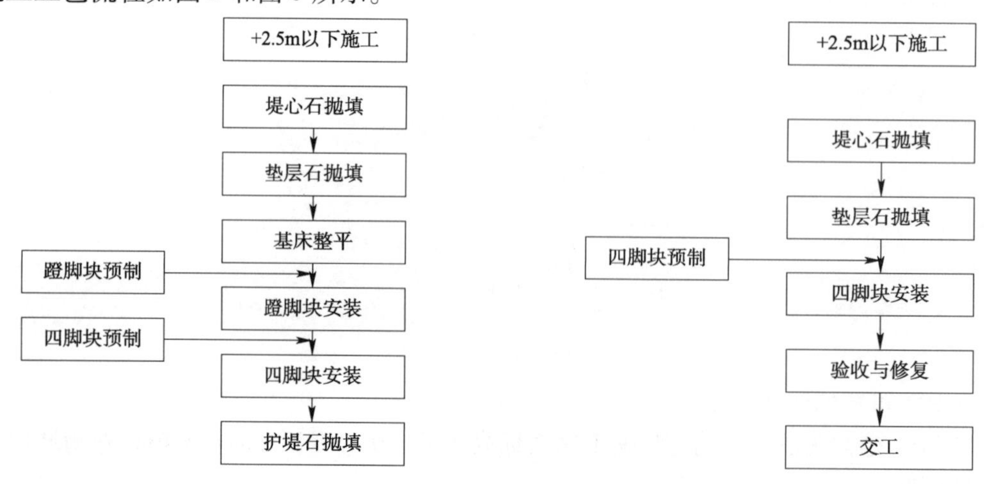

图5　施工工艺流程

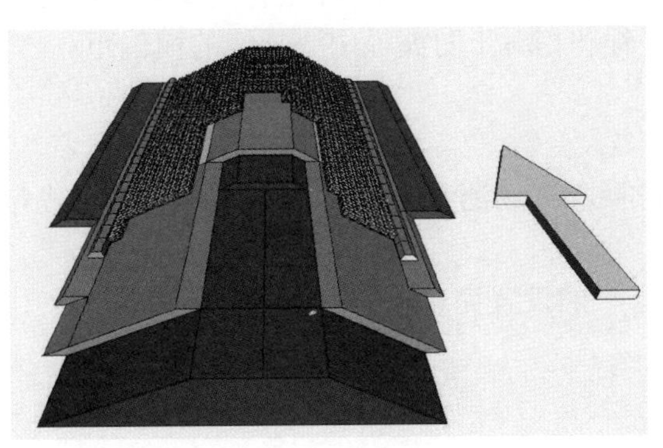

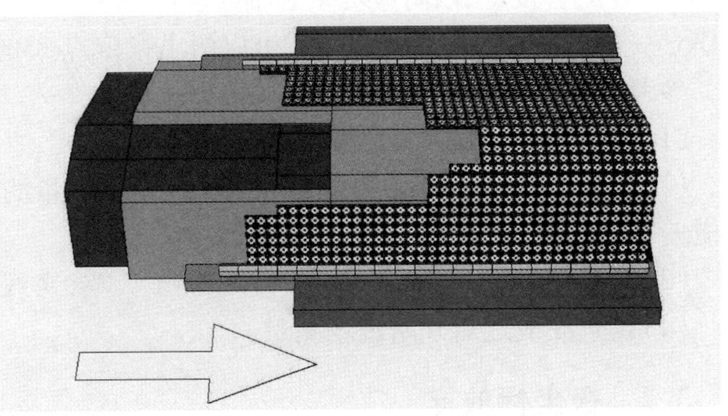

图6　施工流程示意图

(2) +2.5m 水下部分施工方式采取陆上推进的方式(由堤根往堤头方向施工),自卸车直接往施工前沿卸料,挖机协助抛石,抛石、理坡、安装互不干扰同时进行。

(3) +2.5m 水上部分采取海上推进(由堤头往堤根方向施工),四脚块体倒运在100t前方(堤根为前方,堤头为后方),100t站在2.5m标高位置的一侧安装四脚块,自卸车从另一侧卸料,挖机在顶层抛石理坡。施工方式如图7所示。

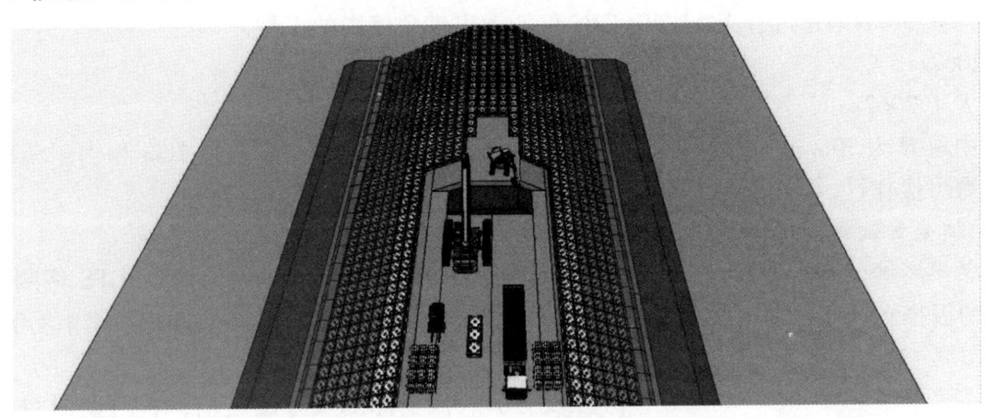

图7　+2.5m以上施工方式图

各工序施工都得靠GPS测量定位,因此GPS在整个防波堤施工中,起着非常重要的作用。

3　GPS 放样

直线段:参考线放样主要是放样标高、相对于参考线的横偏和纵偏距;圆弧段:极坐标放样主要是放样相对于极点的平面极径、相对于极轴的平面角度、标高。类比分析可知极坐标放样的标高、极径、角度分别等同于参考线放样的标高、横偏距、纵偏距。其测量思路相似,但观测参数不一样。

GPS测量采取的是RTK动态测量模式,其平面误差为1cm,高程误差2cm,满足设计精度要求。

3.1　参考线放样

测量仪器为GPS型号为LEICA VIVA GS14 GNSS。

参考线放样:建立一条参考线作为测量的基准线,GPS将测量出到此参考线的横偏和纵偏,从而将复杂繁琐的坐标转化为横向偏移和纵向偏移,简单易测量,示意图见图8。

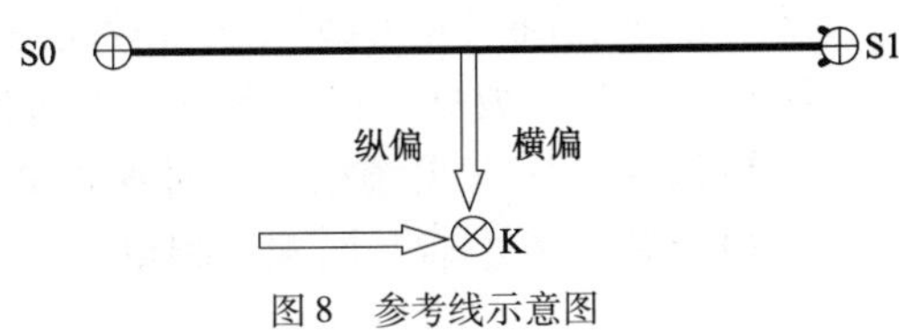

图8　参考线示意图

海尔港北防波堤参考线为防波堤中心轴线。通过GPS

的 FN 选择配置设置,以防波堤中心轴线起点 S0(里程为零)和中心轴线终点 S1(里程为 1 +580)的两个点建立一条参考线。GPS 测量仪就可以测出指定点 K 的里程和相对于防波堤中心轴线的横偏距。

参考线放样具体操作流程:

(1)选择 GPS“放样”,进入“放样”测量模式;

(2)设置、选择“参考线”,此参考线作为现场测量的基准线,现场测量数据将根据此参考线生成相应的横偏和纵偏;

(3)选择放样方式,确定“内外/左右放样”,“参考线放样”的设置完成;

(4)设置完成之后开始现场测量。

3.2 极坐标放样

3.2.1 极坐标放样误差分析

对于极坐标测量,由于存在角度,极径的因素,当极径很大时,误差便会放大。故需对极坐标的测量精度进行分析,采取类比参考线方法计算。

取一半径为 R(m),弧度为 θ(度)的弧计算分析(假设弧长为 1cm,1cm 为 GPS 的平面测量误差):$X/60=\theta$(此处 X 的单位为角度制中的分,GPS 能读出来角度中的秒)

有 $\pi RX/60/180=0.01$

推出 $X=34.38/R$(分),且 $X\geqslant 1/60$(GPS 仅能读出来角度中的 1 秒)

则 $R\leqslant 2062$m;

当极径大于 2062m 时,极坐标测量失效。

本工程中取 R 为 30m 进行分析:则 $X=1.15$ 分 $=69$ 秒,则平面位置误差 1cm 相当于角度中的 1.15 分。完全具有可操作性,符合精度要求。

3.2.2 极坐标放样方法

建立一条参考线(极轴)作为测量角度的基准线,选取参考线上的一点为极点,GPS 将测量出指定点 K 到此极心的极径和到此参考线的角度,从而将复杂繁琐的坐标转化为极径与角度,简单易测量,示意图见图 9。

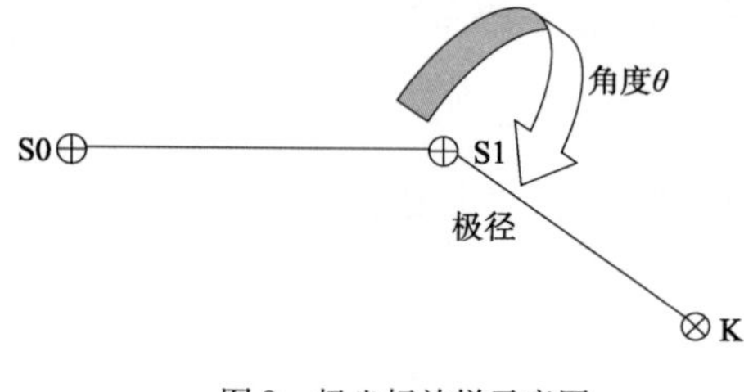

图 9 极坐标放样示意图

在没有引入极坐标测量方法之前,对于圆弧段施工及验收,一般的验收方法是技术员先在 CAD 图纸中,找出某个点的横偏、纵偏(或者 N&E 坐标),然后拿着数据去现场测量这个点,校准这个点,不能实现随机测量,并且工作量大,需要测量员、技术员同时在场,现场的施工偏差也无法直观看出;而对于监理要求的随机验收更加繁琐,必须借助钢卷尺拉尺配合 GPS 打标高,严重影响施工和验收。

引入极坐标测量方法之后,测量员能通过 GPS 能够直接读出极径,精确判断施工是否满足要求,此方法应用于堤头圆弧段施工,自检验收具有极好优越性,并且显著提高了施工功效。

海尔港北防波堤极坐标放样是以防波堤中心轴线起点 S0 和中心轴线终点 S1(里程为 1 +580)的连线作为参考线,S1 作为极点。GPS 就可以测出指定点 K 到极点 S1 的平面极径和平面角度。

极坐标放样具体操作流程:

(1)选择 GPS 的“放样”,进入“放样”测量模式 ;

(2)设置、选择“参考线”,此参考线的方向作为现场测量的基准方向,参考线端点可作为极坐标放样的弧心,现场测量数据将根据参考线方向和弧心生成相应的极径与角度;

(3)选择放样方式,确定“方向 & 距离”,“极坐标放样”的设置完成;

(4)设置完成之后开始现场测量。

3.3　N&E 坐标放样

标放样对于 CAD 绘图，测面积、打指定点坐标，输入参考点坐标等内业数据的处理、校核基准点等越性较高。但实际施工测量中不快捷、不方便。坐标放样在北防波堤测量工作中主要用于内业资料和特殊点的处理。

3.4　GPS 测量技术应用

主要以防波堤的蹬脚块的基床整平工序为例，从 GPS 参考线放样和极坐标放样的角度，对防波堤施工的测量技术进行实例说明。

整平基床，需要测量出基床的标高，基床的边界线（内外边线）。

堤身直线段，整平基床需要定位高程及相对于防波堤中心轴线的横偏距；防波堤堤头段，整平基床需要定位高程及相对于极点的极径。而 GPS 的参考线放样和极坐标放样能快速实现这个目标，提高功效。

实际工程施工中，利用 GPS 参考线放样或者极坐标放样方法定位出基床整平控制点，将测深钢管定位于基床整平点上方，GPS 置于测算钢管之上记下读数 H_1，则可以求出基床的标高 $h_1 = H_1 - 5.4\text{m}$，与设计基床标高对比，潜水在水下基床上堆石，垫沙袋和水泥方块调整到设计标高，并进行水下抛石和整平。

结语

防波堤施工是一项传统施工，本文通过 GPS 测量技术在防波堤施工的应用，以参考线和极坐标放样的方法，分别针对直线段和圆弧段进行了测量总结，意在保重质量的基础上提高功效。通过本文希望对类似海外施工项目及海外测量提供借鉴和参考。

参考文献

[1] 水运工程测量规范(JTJ 203—2001)

[2] 水运工程质量检验评定标准(JTS 257—2008)

[3] 防波堤设计与施工规范(JTS 154-1—2011)

[4] 王立强，王立军，马津渤. GPS-RTK 技术在防波堤施工水下地形测量中的应用分析. 港工技术，2010 年 05 期

[5] 孙洪梅. 浅谈 GPS-RTK 测量在小凌河断面测量中的应用[J]. 科技信息，2010 年 14 期

中东地区竣工资料移交体系管理

胡靖宇　江秀龙
（中交一航局第二工程有限公司，山东青岛，266071）

摘　要：重点介绍中交一航局二公司在沙特朱拜勒海滨公园项目竣工移交过程中摸索出来的经验，并于其他公司项目历经过程作比较，梳理出中东沙特皇家管理委员会竣工移交体系。尝试为中国企业在中东收尾项目提供建设性意见，并为后续项目履约过程如何做好过程控制资料准备、收集及存档提供理论依据。

关键词：沙特皇家管理委员会；竣工资料整理体系管理；现场移交管理

引言

中东沙特地区项目履约和竣工移交均普遍具有拖延性，时间持续性较长。以中资企业承建的某景观工程为例，合同工期为2014年12月31日，移交工作开始于2015年初，截至2016年4月2日，移交通过率仅达79%，剩余部分意见较多且闭合难度较大项，项目合同完全竣工仍需较长时间。

沙特朱拜勒—延布皇家委员会(RCJY)，成立于1975年9月21日，为沙特政府自治机构。委员会由其董事会进行管理，主席向理事会汇报工作。其董事会位于首都利雅得，主要负责制定政策，及通过其位于朱拜勒和延布两个地区的指挥部监督方针政策的实施运行。

虽同为皇家管理委员会管理项目，但业主管理模式和管理思路存在较大不同。延布地区的皇家管委会业主直接依托工程部对项目进行管控，不再委托咨询管理公司进行，业主不驻地监管，过程资料控制范围窄但执行要求严格；而朱拜勒区域皇家管理委员会业主则全权委托柏克德公司进行现场驻地管控，管理模式体系齐全但执行过程宽松。

综合考虑以上异同点，笔者试图结合皇家委员会不同地区项目竣工移交过程，比较项目竣工移交过程要求，明确重点工作，探索出不同点，为顺利推进中东沙特地区皇家委员会项目资料整理和现场移交工作提供指导性意见。

1　中东沙特市场整体概况

沙特阿拉伯正处于大力建设基础建设项目时期，中资企业在沙特市场前景广阔。中交一航局二公司中东分公司驻地位于沙特阿拉伯东部省朱拜勒市，承建项目业主主要为沙特皇家管理委员会。朱拜勒市是中东地区最大的工业城市，濒波斯湾，距首都利雅得490公里，夏季炎热干燥，最高气温可达50度；冬季气候温和。分公司自2013年7月1日成立以来，尚未有项目完成整体竣工移交工作，且当前中资企业在沙特未形成任何关于中东皇家管理委员会竣工移交的系统性总结。所以，通过摸索海滨公园项目竣工移交工作经验，形成中东沙特皇家管理委员会项目竣工移交工作管理，为中资企业中东市场健康持续发展提供经验显得颇为重要。

2　沙特皇家管理委员会项目竣工移交简介

沙特皇家管理委员会项目竣工移交，分为两大部分，第一部分为竣工资料整理，即对项目履约过程中资料管理体系进行一次大融合与整理；第二大部分是现场分项移交，这是对项目实体施工履约质量的最终检验与签认。项目竣工移交顺利与否，不仅影响项目后期整体完工的节点，还制约项目进度款项的顺利取回，同时在一定程度上影响项目后期成本费用。

下面，笔者将从这两个部分进行系统的阐述。

3　沙特皇家管理委员会项目竣工资料管理

本部分主要不同点体现在业主管理方式的不同，最大区别是延布地区项目履约过程中所有的资料均是以正式文件的形式上报，如现场报验严格执行"24 小时报验（重大验收需提前三天上报）"制度，结合延布项目竣工资料整理的实际情况，归纳总结皇家管理委员会项目资料整理如下：

3.1　技术资料提交（Technical Submittal）

本部分主要包含 Design Updates（设计计算）、Method Statement（施工方案）、Shop Drawings（施工图）、Material Submittal（材料报批）、Supplier Submittal（厂家报批）、Technical Query（技术澄清）、Field Change Document（现场更改）等技术基础资料。

因本部分资料在项目履约过程中均已通过正式文件上报业主，故后期集中分类整理工作相对较容易。我们重点需做好履约过程中的资料准备，既要按照要求提交规范确定的技术资料，又要按照业主要求期限内闭合相关资料，只有两项都完成，本部分才算闭合。

3.2　质量控制文件（Q. C. Documentation）

本部分主要包含 Material Receiving Report（MRR，材料接收报告）、Non-Conformance Report（NCR，不符合规范报告）、Quality Action Notice（QAN，质量整改通知）、Inspection Test Plan（ITP，验收检测计划）、Request For Inspection Notice（RIN，验收申请报告）、Hold Point Release（HPR，重要计量报告）、Test Report（含全部报告）等过程质量控制资料。

因本部分资料主要为履约过程中对到场材料、现场施工、试验检测等进行控制时准备，故后期整理工作的顺利与否主要取决于过程控制中的资料准备及签认质量。

需重点注意的是，验收申请报告（RIN）、材料接收报告（MRR）和重要计量报告（HPR）等三项资料过程控制和后期分类整理，这是项目履约过程中的最重要签认资料，在后期发生纠纷时，可与业主谈判的重要筹码。这过程需保证履约过程中报告齐全无缺失，同时签字齐全，切忌后期出现大批量补签情况。

这项工作也是沙特皇家管理委员会朱拜勒地区与延布地区管理模式和资料整理过程中最大差异的体现，具体施工过程如何控制以上两大项工作在各单位的技术质量管理体系中均会有所涉及。

3.3　竣工图（As-Built Drawings）

本部分内容较为单一，但准备过程中需综合 TQ、FCD、DCN 等导致 IFC 图纸改变的因素，综合履约过程中的红线图，见图 1，形成最终竣工图。竣工图绘制过程中，建议在最新的 DCN 变更图纸上进行，需重点注意竣工图格式要符合规范要求，见图 2。

竣工图准备中的具体要求：

（1）关于 IFC 原图纸上的标注要清楚；

（2）承包商名称部分要用英语和阿语共同标注；

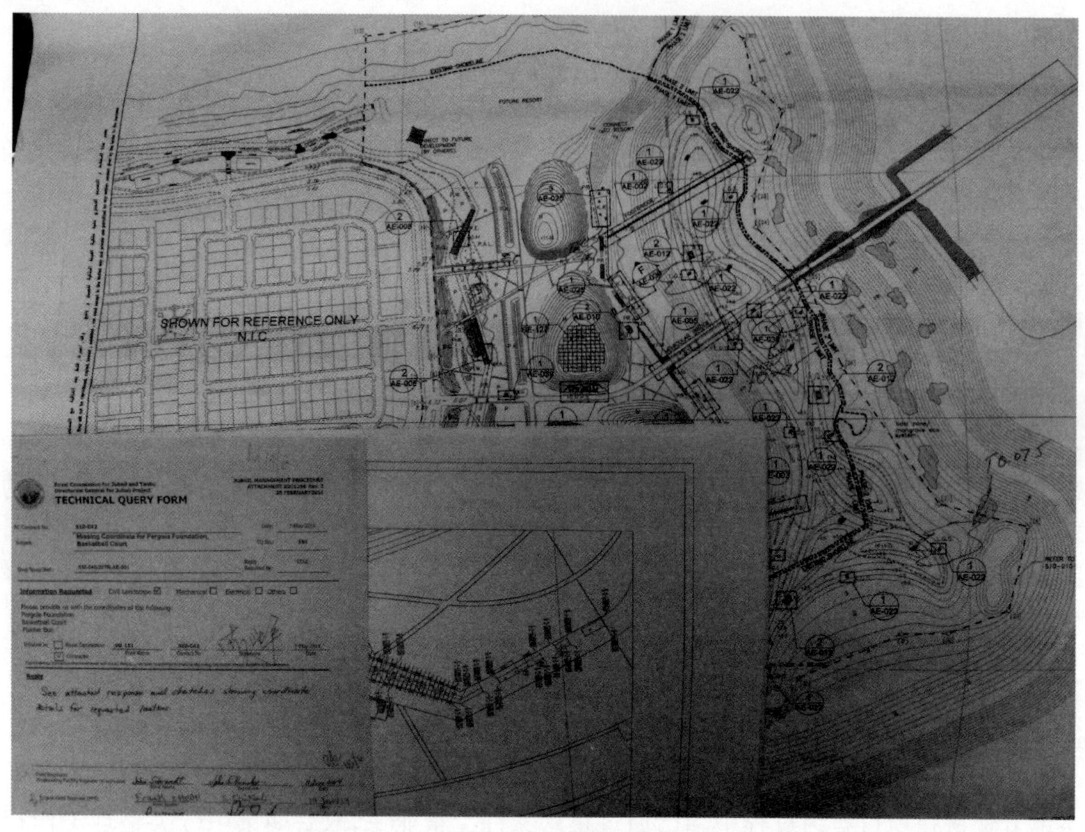

图 1　施工过程中的红线图

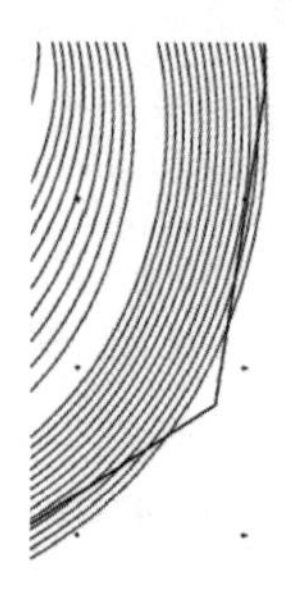

图 2　竣工图最新格式

(3)图号部分从 2016 年起，统一变更为 X0，不需再根据图纸变更梳理次数进行标记；

(4)签字部分由现场工程师和承包商质量经理(QC)进行签字，正式部位签字由项目经理签字，提交审核后业主内部专人签字通过；

(5)竣工图正式提交后，审批过程因业主审批团队不同而有所不同，需警惕的是，竣工图批复通过后，更要催促业主在图纸上进行签字，此项工作对最终工程量核算影响较大；

(6)虽为同一地区的同一业主，但现场咨工要求有所区别，部分业主会先要求在红线图进行签字，随后在竣工图签字，但最终报批及移交均为最终的 As-Built Drawing。

3.4　最终工程量核算(Final Quantities)

本部分工作紧跟竣工图进行(过程执行中可同步或超前)，只需待业主竣工图通过后进行标记附图，完成签字提交即可。具体的表格与最初 QS 核算表格一致，只需将 IFC-QUANTITY 换为 AS BUILT DRAWING-QUANTITY(或 Final Quantity)。

本部分为最终工程量核算，是项目与业主最终结算的依据，同时也是项目与分包商谈判的重要参考，核算过程中要充分参考 IFC 核算、CCO 导致的 BOQ 更新、DCN 变更等全部信息。牢记核算的最终结果，在原有事实的基础上，实现项目效益最大化。

在业主提供竣工资料清单中，将变更及索赔(Change Orders and Claims)列为单独一项，实际操作过程中，其与最终工程量核算进行合并操作。

3.5　检测检修指南(Operation & Maintenance Manuals)

这项工作是整个资料整理中最难且量较大部分,前期竣工移交的皇家委管理员会项目因对本部分不熟悉均出现准备滞后严重的情况。中交系统内延布项目就是典型例子,准备不充分给后期负责竣工人员造成极大困难,同时业主审批起来更加缓慢。

对比沙特皇家管理委员会两个地区运行检修指南的清单目录,内容涵盖基本一致,仅有部分无关紧要的内容有细微差异。在业主提供竣工资料清单中,将配件(spare parts)列为单独一项,具体编写过程中可与本项合并进行。

检测检修指南编写是整个竣工资料整理中内容最丰富、难度最大、耗时最长的工作,也是难以一次性通过业主审批的技术性文件,主要涉及整理的专业为管道系统、电力系统、照明系统、仪器仪表系统等专业性要求极强部分,需皇家管理委员会项目各单位引起高度重视。

整体而言,竣工资料整理主要共含以上五部分(其中两项分别对应合并到相应部分),其中技术资料部分是整个工作的基础,质量控制部分是整个资料收集过程的核心,这两部分为朱拜勒地区业主单独要求部分,需根据现场咨工具体要求有所侧重的进行准备。竣工图、最终工程量核算、检测检修指南部分是整个资料整理的关键部分,同时这三项也是朱拜勒-延布地区整个皇家委员会项目共同要求的部分。

4　沙特皇家管理委员会项目现场移交管理

参考延布项目现场竣工移交,结合与朱拜勒项目实际进展情况,总结现场移交工作流程,如图3所示。

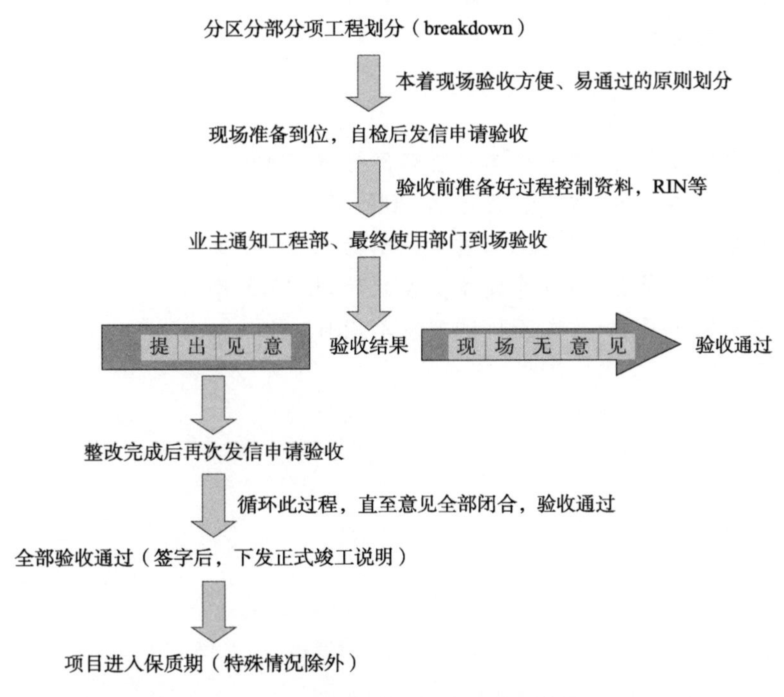

图3　沙特皇家管理委员会项目现场移交流程

关于现场移交重点做以下说明:

(1)重视分部分项工程的划分,这将直接关系到项目竣工移交后期工作量的大小和整体进度,建议本部分按照系统为主,区域为辅的原则进行;

(2)重视第一次分项验收,第一次验收工作的准备情况及过程为后期验收奠定基调,因此验收前将资料准备和现场准备力争到最好,这就要求技术部和施工部通力配合;

(3)因最终验收移交时,现场咨工、业主工程部、最终使用方均要到场,组织一次相对不易,这就要求我们避免因自身问题导致验收不通过的情形,这也是延布地区项目验收迟迟未能全部移交出去的主要原因;

(4)分项竣工移交验收工程中,相关专业人员需在现场就位,小问题需要立即整改,争取第一时间闭合相关意见;

(5)施工过程中的控制资料齐全是验收的基础,但验收过程中使用方将实际验收实体质量和按图施工等内容,过程中的报验单仅代表施工过程中咨工到场,不对后期质量负责,本部分需引起各单位在建项目的高度重视;

(6)对于业主已经同意项目,需要催促业主尽快签字确认,形成正式接收报告;

(7)以上涉及到的所有工作内容和需业主明确签认的内容建议以正式信件(文件)的方式进行上报,避免后期出现问题无实质性支撑材料。

结论

中东沙特皇家管理委员会项目的竣工移交管理,尤其是朱拜勒地区的整体内容,充分吸收融合了延布皇家管理委员会和阿美石油公司的主要特点,形成独特的管理模式和竣工移交管理,具有内容全面、适用范围广等特点,可充分满足当前沙特主要业主的项目管理和竣工移交。该体系是中交一航局二公司中东分公司通过在建项目,历时两年多时间摸索,逐步改进总结出来的,具有很强的指导性和实用性,既便于收尾项目的系统性组织竣工资料整理和筹备现场移交工作,又可根据此体系建立新动工项目资料管理体系,将资料整理落实到履约过程中。中东沙特皇家管理委员会竣工移交流程的规范必将对集团海外战略,尤其是中东战略具有深远意义。

参考文献

[1] 沙特朱拜勒—延布皇家委员会. 建筑施工安全环保标准. 2006 年
[2] 沙特朱拜勒—延布皇家委员会. 竣工资料标准. 2006 年
[3] 沙特朱拜勒—延布皇家委员会. 建筑施工质量控制标准. 2006 年
[4] 沙特朱拜勒—延布皇家委员会. 项目建设质量控制计划. 2013 年
[5] 沙特朱拜勒—延布皇家委员会. 竣工资料整理清单. 2015 年

新领域应用研究专题

3D 打印技术在水运工程中的探索

陈明佳 何 扬 李 河
(中交海洋建设开发有限公司,天津,300000)

摘要:工程建设领域内正在兴起的3D打印技术,在成本节约和加快工期上都有着巨大的优势,并在当前水运工程建设中有较多的切入点。结合3D打印技术在工程建设领域的特点,以沉箱为例进行3D打印技术在水运工程中的探索,将有助于推动水运工程的技术变革以及水运工程领域的改革创新、提质增效。

关键词:3D打印技术;水运工程;沉箱;创新;基础管理

引言

3D打印技术出现在20世纪90年代中期,是快速成型技术的一种,目前3D打印技术主要运用在制造业上,在经济下行压力较大、经济结构调整的今天,被看作是第三次工业革命标志的3D打印技术,除了在制造业上有望为我国实现弯道超车外,在水运工程市场3D打印技术同样具有极大的优势。文中对3D打印技术在水运工程中的探索,结合3D打印技术在施工领域运用的现状,从3D打印技术的优点和目前存在的问题进行分析,并以沉箱预制为样本进行与传统工艺的比较,以求推进该技术在水运工程中的应用,进而希望能够有助于水运工程领域的改革创新、提质增效。

1 3D 打印建筑概述

3D打印建筑是按照预先设计的建筑图纸程序(可基于BIM技术),使用特制的打印材料,通过机器设备自动打印出来(图1),达到建筑标准且具备实用功能的建筑。目前阶段该技术主要是以选择性沉积打印技术为基础的"轮廓工艺"[1-2](南加州大学赫洛克·霍什内维斯教授发明),将混凝土等建筑材料通过3D打印机的喷头挤出(图2),采用连续打印、层层叠加的方式进行建造,打印材料挤出后会很快凝固,保证打印机能连续打印。

3D打印建筑的建造方式主要包括装配式3D打印构件拼装、现场整体3D打印成型两种。装配式可在3D打印的框架空腔中配置横向、竖向钢筋,并可在空腔内进行材料填充形成3D打印配筋砌体、剪力墙等结构,其代表建筑为盈创公司在苏州厂区打印的六层试验建筑,该建筑采用配筋砌体、剪力墙标准打印,装配式安装,建筑面积865平方米,一天打印一层,5天安装一层。现场整体3D打印成型一般是在绑扎成型的建筑钢筋骨架上直接进行3D打印,其代表建筑由北京华商腾达在2016年现场整体打印完成,建筑共两层(层高3米),整体400平方米,墙体厚度为250毫米,该建筑的基础和墙体使用了大约20吨的钢筋、380立方米的C30级混凝土,实际成本约每平米造价500元,经试验检测可承受八级地震的强度。3D打印技术在水运工程的运用中,可以综合考虑装配式3D打印构件拼装、现场整体3D打印成型两种建造方式。

图1　3D打印建筑施工示意图

图2　3D打印机施工照片

3D打印建筑技术与传统施工工艺的区别主要体现在3D打印技术可以智能化快速施工、在混凝土打印过程中无需模具、与BIM技术的关联度高。3D打印的设计和施工可以更多的采用计算机操作输入输出完成，能够更快速更精密的完成建筑产品的制造，适应当今社会对复杂工艺和高效率的要求；由于无需模具，可以有效的节省人工、材料，并大大缩短工期，从而颠覆传统施工中使用庞大建筑工程队和大批模板模具等现象；3D打印建筑的设计和施工可以更有效更紧密地使用BIM技术，而非传统施工中大家常见的建筑设计院所出的建筑设计图纸。

2　3D打印技术的优势

2.1　节省人工

3D打印取消了施工模具的装拆，混凝土无需进行人工振捣，大大减少了建筑工人的使用，并降低了工人的劳动强度。工人是3D打印建筑机器设备的遥控者，只要按按电钮，一个技术工人可以看管多台3D打印机器设备。

2.2　节省材料

在混凝土构件中，3D打印可以打印空心构件，任意设计结构和选择填充材料，可有效降低混凝土使用量，且可以选择性降低结构吊装自重。另外可以省去大批模板费用，由于水运工程中很多异形结构，在一个工程上使用过后很难在另外的工程中继续使用，导致模板浪费较大，而3D打印不需要模板。

2.3　缩短工期

由于3D打印技术不需要模板，大幅缩短了传统工艺中拼装模板、加固模板、拆卸模板等所占用的时间，有效缩短了工期。

2.4　质量可靠

相较传统水运工程施工工艺，3D打印可克服人为操作偏差，且抗震保温效果均有增强，产品质量有更好的保障。

2.5　变废为宝

3D打印技术所使用的“油墨”原材可采用建筑垃圾、工业垃圾、矿山尾矿等，通过科学分类处理可以用在水运工程主体结构或者填充材料中，实现可循环经济。

2.6 绿色施工

在施工过程中可采用干法施工,有效避免施工粉尘和噪音,且打印废料极少。

2.7 简便高效

由于3D打印建筑的设计在计算机上完成,简化了设计建筑流程,突破了现行设计理念,可以高效、高精度地实现多样化、功能化复杂结构的设计与建造。

3 在水运工程中应用的展望

从上文可知,能够节省人工、节省材料、缩短工期、绿色施工的3D打印技术相较传统施工技术有着明显的优势,在将来水运工程中有较为广阔的发展空间。

3.1 在沉箱预制场的运用

传统沉箱预制工艺(图3)极为繁琐,沉箱分层浇注受模板高度限制,一个仅12米高的沉箱一般从下到上分成3段(进行三次循环施工,每次循环时间大约为一周,完成3次循环需要3周时间),每一段的施工都包括以下步骤:制作整平台座→平台铺设及放线→绑扎钢筋→跳仓吊装一半内芯模板→绑扎全部钢筋检查验收→吊装另一半内芯→吊装外模板→模板尺寸找平验收→浇筑混凝土→接茬面处理→拆模→养护→下一循环。沉箱预制的每一个循环都占用了大量的时间和人力;沉箱预制场的场地基础要求比较严格,需要的场地较大,场地建设费用较高;沉箱模板费用较高且极为笨重,在混凝土浇筑过程中模板的安全风险也较大。

如果采用3D打印建筑技术,将有效解决以上问题。首先可以放弃笨重繁琐的模板、减少操作人工,在绑扎完成钢筋骨架的基础上,只需工人启动3D打印机的打印程序,即可自动化打印无需模板的沉箱结构(图4)。其次,由于3D打印建筑可以打印特有的内部空心桁架混凝土结构(图2),通过空心桁架结构替代传统沉箱壁的实心厚壁结构,可有效降低混凝土和钢筋的使用量,并可降低沉箱自重节约出运成本。另外,3D打印技术在工期节约上效果明显。如12米高的沉箱按照一层打印0.2米高度、半小时打印一层(单层打印所用的时间≤混凝土初凝时间)的速度计算,整个12米沉箱单纯打印混凝土的时间总计仅30个小时。由于钢筋绑扎需要时间,且混凝土一次不宜打印过高,可考虑每打印4米的高度(耗时10小时)就暂停打印,即将12米高的沉箱分三段进行打印,每段的施工主要工序包括“绑扎钢筋检查验收→3D打印混凝土→下一循环”。从工期上进行计算,每段(4米高度)打印10小时就进行养护并绑扎钢筋,绑扎钢筋时间按照1个工作日计算,总计约7天即可完成一个12米高沉箱的打印。相比传统工艺所需的3周时间和繁琐的工艺,3D打印技术在工期和工序上优势明显。

图3 常规沉箱预制场景

图4 可参考的3D打印建筑模式

此外,在传统施工中,一般使用半潜驳进行沉箱的出运。半潜驳由于其体积大、两侧壁高,比较适宜

图 5　沉箱出运照片

改造为水上 3D 打印船，由于半潜驳两侧的高壁可以有效替代 3D 打印设备的轨道门机，仅需在半潜驳上安装打印喷头和仓储设备即可，半潜驳改造成为 3D 打印船的成本极低。沉箱直接在半潜驳上面进行 3D 打印，打印完成后，移至水中养护和存放，这样就一次性的省去了沉箱预制场选址建设的巨额费用，大大提高了重力式码头的施工利润。

3.2　在防波堤及码头胸墙上的运用

对于港口施工，除了重力式码头的基础箱体在预制上采用 3D 打印技术可取得突破外，在防波堤及码头胸墙等上部结构上也可以广泛的应用 3D 打印技术，可以将 3D 打印机械运至码头现场直接进行现场打印或者是工厂打印后运至现场进行安装。在充分考虑胸墙抗滑移和抗倾稳定性的同时，可在 3D 打印后的内部框架中进行其他材料的填充。这样可以在满足设计要求的前提下，充分的加快工期并节省材料。

3.3　催生相关航运物流及租赁业务

在水运工程比较集中的区域，如大型港口城市，可以设置 3D 打印工厂，通过航运物流系统运转到周边水运工程所需区域进行安装。对于 3D 打印短时间需求较大且远离 3D 打印工厂的大型水运工程，比如非洲地区的沉箱预制工程，可以考虑 3D 打印设备通过航运调遣到施工现场。待 3D 打印建筑技术普及到一定阶段时，可在全球布局 3D 打印设备租赁基地，比如在非洲、东南亚、拉美等地设置租赁基地，当周边地区有大型港口、房建、桥梁项目时，就可以通过物流系统将打印设备运输至工程场地进行直接打印施工，待完成相关打印工作后，再调遣至周边其他使用区域或运回租赁基地进行维修保养。

4　3D 打印技术在水运工程中存在的问题

4.1　规范标准

3D 打印建筑目前没有专业的规范和标准，在水运工程中也未有过应用，水工建筑采用 3D 打印方式的行业标准尚属空白，在设计建造时只能参考借鉴相近的结构和外观建筑标准，并通过实验设计来确保其结构等方面的安全可靠。

4.2　3D 打印设备

3D 打印建筑设备还有较大提升空间。盈创公司所用的 3D 打印建筑设备高 6 米、长 36 米、宽 12 米，底面占地面积有一个篮球场那么大，未来仍需将其结构大幅缩小，并使设备更加智能化。

4.3　打印材料

打印材料抗压强度、抗折强度、耐久性等综合性能[3-4]是否符合标准，还需权威检测和认证。

4.4　实践和推广

国内 3D 打印建筑现阶段整体尚处研发和概念性阶段，前期研发成本相对较高，业主和设计人员对 3D 打印技术在水工上的运用还比较陌生，还需要加强技术实践和宣传推广。

5　夯实基础工作，稳步推进 3D 打印技术

因为 3D 打印技术在水运工程中还存在着不少的难点和困难，所以在实践中要夯实基础工作的管理，

稳步推进3D打印技术在水运工程中的应用。

首先,从基本工作着手,把3D打印技术在水运工程中应用的相关打印材料、工艺流程、施工方法、技术路线、验收规范等都形成标准。在相关过程要收集确定标准的技术指标、参数、性能要求、试验方法、公式、检验规则等的论据(包括试验、统计数据),以及主要试验(或验证)的分析、综述报告,技术经济论证,预期的经济效果,贯彻标准的要求和措施建议(包括组织措施、技术措施、过渡办法等内容)。

其次,在3D打印建筑成品的基础研发中,不仅要对外形,更重要的是对内部结构、刚度、综合强度、防火性、使用年限等许多方面进行综合系统考虑。要把相关产品送至机构测试认证,确保符合监管标准。

结语

3D打印技术作为一种新兴的技术类型,在未来水运工程中具备着广阔的运用前景。在该领域的探索和实践,不仅有益于水运工程中新的技术工艺的涌现,更是我们推动水运工程领域改革创新、提质增效的良好载体。此外,在探索的过程中也需要我们夯实基础管理进行体系支撑,只有这样才能更好的促进3D打印技术在水运工程中早日取得突破。

参考文献

[1] KHOSHNEVIS B,BEKEY G. Automated construction using contour crafting—applications on earth and beyond[J]. NIST SPECIAL PUBLICATION SP,2003: 489-494

[2] KHOSHNEVIS B,HWANG D,YAO K T,et al. Mega-scale fabrication by contour crafting [J]. International Journal of Industrial and Systems Engineering,2006,1(3):301-320

[3] 李福平,邓春林,万晶. 3D打印建筑技术与商品混凝土行业展望[J]. 北京:混凝土世界,2013,03:28-29

[4] 3D打印建筑,离我们还有多远?[N]. 北京:中国建设报,2014-03-12007.

LNGC-FSRU 双船并靠模式系泊试验研究

李 飞 尹祖宏
(中国港湾工程有限责任公司,北京,10027)

摘 要:为满足某海外LNGC-FSRU码头工程设计的需要,进行了双船并靠模式下的数据模型试验,以测定船舶在风、浪、流、船行波联合作用下、不同工况组合条件下的船舶运动量最大值、最大系缆力、船舶对护舷的挤靠力。数模试验结果表明,码头布置方案能够满足系泊要求。在LNG接卸作业时受船行波及风速的影响大。

关键词:双船并靠;系泊数模试验;系缆力;船行波

引言

浮式LNG气化装装置(FSRU)以其功能齐全、缺点少、造价低等优势,成为当下LNG接收站的主要形式[1]。海外某LNGC-FSRU码头设计为蝶形墩式,采用双船并靠模式。工况组合多,系缆分析等较复杂。通过DIODORE软件建模,模拟了各种自然条件和过往船只对系泊船舶运动量、系缆力和对护舷挤靠力的影响,为码头布置方案和安全系泊条件的确定提供了科学依据。

1 试验条件

1.1 工程概况

该码头泊位长375m,可满足26,600m^3 Q-max运气船的安全靠泊需要。如图1所示,码头设计包括:2个靠船墩,4个系缆墩,一个装卸平台,均为桩基墩式结构。每个靠船墩布置两套SCK2500H(E1.4)一鼓一板橡胶护舷。由于码头离航道位置近,码头前沿距离现有航道250m,且临近集装箱码头,过往船舶频繁,需分析船行波对LNG-FSRU双船并靠模式的影响。

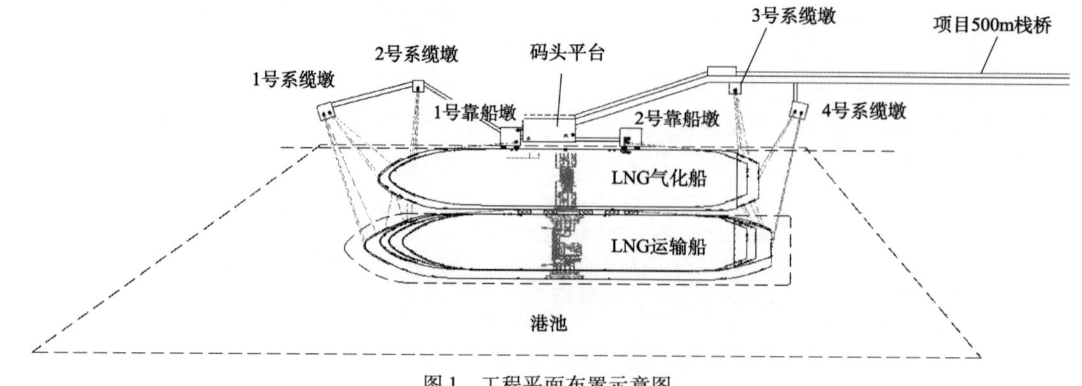

图1 工程平面布置示意图

1.2 船型尺寸

试验船型分别为17.3万m^{3}FSRU及26.6万m^{3}Q-max LNG船,船型主要参数如表1所示。

FSRU 及 LNGC 试验船型参数表 表1

参数	单位	FSRU	LNGC (Q-max)
船舶级别	m^3	173,400	266,000
船总长	m	294.5	345
船型宽	m	46.4	53.8
型深	m	26.5	27
设计吃水	m	11.6	12
横向受风面积(空载时)	m^2	8600	-
横向受风面积(压仓时)	m^2	8000	9400
横向受风面积(满载时)	m^2	7400	8500
纵向受风面积(空载时)	m^2	1800	-
纵向受风面积(压仓时)	m^2	1700	1850
纵向受风面积(满载时)	m^2	1600	1700

1.3 风浪流及船行波条件

(1)风:根据当地情况,设定风速以 20.6m/s 为主,考虑风向包括离岸横风 40°、离岸艉来风 70°和 130°、迎岸来艉风 190°、迎岸横风 220°及离岸艏来风 310°。

(2)波浪:结合实际情况,将典型工况设定为以艉来浪 130°为主,波高 0.5m,平均周期 9.5s。

(3)潮流:顺码头方向,最大值流速 $V=0.4$m/s;垂直码头方向,最大流速为 2m/s。

(4)船行波:模拟 LNGC 侧方 150m 处航道穿过的船舶为,船总长 310m,型宽 40m,吃水 14.5m 的 85000 吨级别货轮。船速为 4~8 节。临近船舶通过产生的船行波对码头及其系泊船舶的影响见图 2。

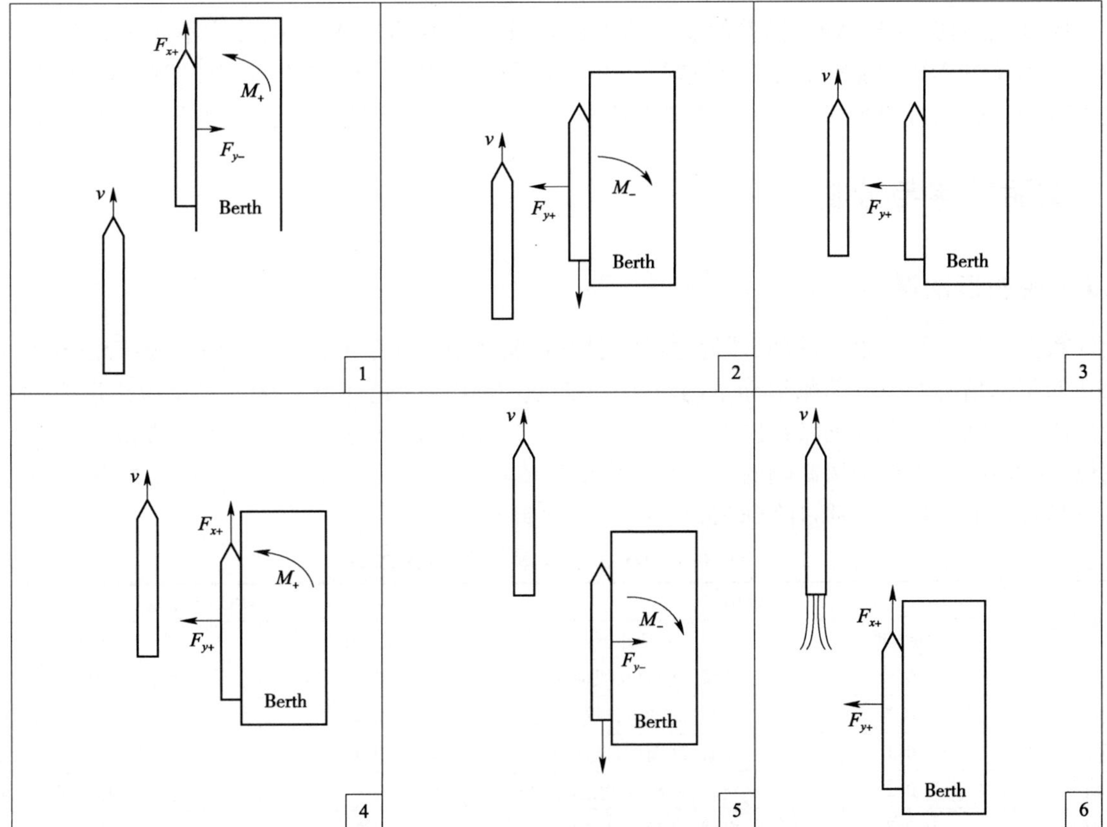

图 2 船行波对码头及系泊船舶的影响示意图[2]

2 DIODORE 模型设计

采用DIODORE软件建模分析LNGC和FSRU并泊时,在风浪流及船行波共同作用下船舶纵移、横移、升沉、纵摇、横摇等运动量。各种工况下系泊船舶缆绳的最大拉力,对护舷的挤靠力。在正常工况条件下分析的基础上,模拟一个缆绳断开的不利情况下的缆绳受力情况。

2.1 船体模型的建立及计算参数

确定系泊船体的物理几何和流体静力学特征、建立船体模型是数模试验的先行步骤。结合表1,建立3D网格式船体模型,动态模拟各工况下船舶的受力情况,同时满足配载及吃水等静力条件(图3)。缆绳和护舷模块根据几何相似、弹性相似的原理进行建模,将材料的实际受力-变形等参数作为软件建模输入条件。系泊船体的流体动力学分析,受风浪流等多因素影响,包含大量的强非线性问题。DIODORE软件在传统的波浪三维线性理论等基础上,耦合了Lagally's theorem, Haskind theorem, Morison equitation, Runge-Kutta algorithm 等算法,并对各工况条件的系泊情况进行长达3小时的时域分析。

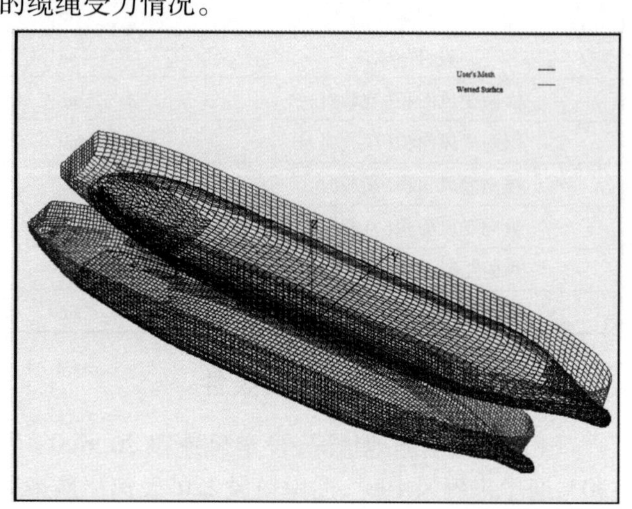

图3 DIODERE建立的船舶3D模型

2.2 相关系泊安全标准

参考国际航运协会(PANIC)推荐的船舶最大运动量允许值,即:纵移、横移均不超过2.0m,纵摇、横摇与回转均不超过2.0°对数模试验结果进行分析。根据OCIMF[3]分析缆绳受力,钢缆所受的最大拉力不应大于其最小破断力的55%,合成纤维缆不超过50%。船舶的挤靠力需小于护舷的设计反力[4]。

3 试验结果与分析

3.1 船舶运动量

统计数据模型试验结果后发现,邻近通过的船舶在航速小于6节的情况时产生的船行波和发生一根缆绳断开的不良情况产生的船舶运动量均较小,未超过PANIC的允许值。从全部模拟工况下的船舶运动量最大值统计结果(表2)可以看出设定的绝大多数工况下,船舶的运动量都在允许范围内,仅LNGC在低潮位、压舱吃水、受东南风影响的工况下发生横移值超过允许值的情况。将LNGC缆绳数量从18根加到22根后,船舶的最大横移量降到2m以下,达到设计要求。

FSRU和LNGC在各工况下的最大运动量 表2

船舶运动量	FSRU		LNGC(Q-max)	
	最大值	对应工况	最大值	对应工况
纵移(m)	0.5	空载,高潮位,风向东北	0.7	满载,高潮位,风向东北
横移(m)	0.7	空载,高潮位,风向东北	2.4	压舱,低潮位,风向东南
升沉(m)	0.1	空载,高潮位,风向东北	0.1	压舱,高潮位,风向东南
纵摇(°)	0.2	空载,高潮位,风向东北	0.2	压舱,高潮位,风向东南
横摇(°)	0.7	空载,高潮位,风向东北	0.7	压舱,高潮位,风向东南
回转(°)	0.4	空载,高潮位,风向东北	0.8	压舱,低潮位,风向东南

3.2 系缆力分析

在正常工况下，模拟得到的所有缆绳最大拉力均小于 OCIMF 的规定值。如表 3 所示，航道船速达到 6 节产生的船行波和风浪流共同作用下 LNGC 最大系缆力达到最小破断力的 60%，超出限值。将 LNGC 缆绳数量从 18 根加到 22 根后，模拟得到的 LNGC 最大系缆力小于限值，达到设计要求。

FSRU 和 LNGC 在各工况下的最大系缆力 表 3

对应系缆力最大值的工况条件	FSRU		LNGC（Q-max）	
	最大值	占最小破断力比例	最大值	占最小破断力比例
空载，高潮位，风向东东北	510kN	42%	—	—
满载，低潮位，风向东东北	—	—	403kN	30%
6 节船速船行波；FSRU 空载 LNGC 满载，低潮位，风向东东北	510kN	42%	806kN	60%
1 根缆绳断开；空载，低潮位，风向东东北	607kN	50%	336kN	25%

3.3 船舶挤靠力

双船并靠模式下，在靠船墩和两船之间均需布置靠船墩，分别采用 SCK2500H 型护舷（设计最大反力 3120kN）和大圆筒式护舷（设计最大反力 3169kN）。如表 4 所示，各工况下，船舶挤靠力均未超过两类护舷的设计反力，满足设计要求。

FSRU 和 LNGC 在各工况下的船舶挤靠力 表 4

对应挤靠力最大值的工况条件	FSRU（SCK2500H）		LNGC（大圆筒护舷）	
	最大值	占最大反力比值	最大值	占最大反力比值
FSRU 和 LNGC 均满载，高潮位，风向南西南	718kN	23%	—	—
LNGC 满载，高潮位，风向南西南	—	—	1838kN	58%
6 节船速船行波；FSRU 空载 LNGC 满载，低潮位，风向东东北	312kN	10%	1363kN	43%
1 根缆绳断开；FSRU 空载 LNGC 满载，高潮位，风向东东北	250kN	8%		

3.4 LNG 连接卸载时运动和位移

FSRU-LNGC 双船靠泊时，多数时间在进行 LNG 接卸作业。根据船舶运营商的要求，LNG 接卸作业时两船相对纵移、横移及升沉均不得超过 0.5m。统计各工况下的船舶运动量的结果表明，在风速大于 15m/s，或邻近过往船速超过 4 节及发生缆绳断开等工况条件均不能进行接卸作业。

结语

DIODORE 软件建模分析结果表明，在传统码头布置基础上的优化方案，能够满足 PIANC 推荐的各运动量值。在受船行波影响时，船舶最大系缆力会超过限定值，可通过将 LNGC 缆绳数量从 18 根增加到 22 根，来可以达到设计要求。各工况下船舶对护舷的挤靠力均小于所选护舷的设计标准值。在 LNG 接卸作业时受船行波及风速的影响大，在风速大于 15m/s，或航道船舶速度大于 4 节时，不得进行接卸作业。通过数据模型试验，很好的验证了设计方案的可行性，并为后期码头操作运营提供了建议。

参考文献

[1] 都大永,王蒙. 浮式LNG接收站与陆上LNG接收站的技术经济分析[J]. 天然气工业,2013,33(10):122-126

[2] Piero Silva. Mooring layout verification and mathematical mooring model study of LNG Jetty at Port Qasim. Artelia Eau & Enviroment. 2014

[3] OCIMF. Mooring Equipment Guidelines; 3rd Edition [M]. United Kingdom: Witherby Seamanship International. 2008

[4] 高峰,王炜正,李焱. 大型LNG船舶在风浪流共同作用下的系泊试验研究[J]. 水道港口,2013,34(5):338-402.

ProfibusDP 网络通讯在散货码头控制系统中的应用

李　伟

（中交机电工程局有限公司，北京，100088）

摘　要：针对港口散货码头输煤系统现场远程网络分布范围广等现状，设计了基于 ProfibusDP 总线形式的港口皮带机远程 IO 自动化系统。介绍了该自动化系统的特点，着重介绍系统硬件结构、软件设计及通讯设置。现场运行表明，ProfibusDP 现场总线，能够将输煤系统中分散的点位及设备进行集中管理，通讯稳定且数据传输速率高，较大的提高了生产效率，改善了工人工作环境。

关键词：Profibus DP ；PLC；港口散货；输煤系统

引言

PROFIBUS 是过程现场总线（Process Field Bus ）的缩写，于 1989 年正式成为现场总线的国际标准。在多种自动化的领域中占据主导地位，全世界的设备节点数已经超过 2000 万个。

目前在国内应用中主要以中短距离百米、或者 1KM 以内的现场使用，或者站点相对集中的地方进行实施。较长距离的运用该种网络除受制于实施场所本身原因外，外界如环境温度、大电流设备干扰等因素同样对网络的数据传输稳定性带来不确定因素，同样由于这些原因也会导致控制系统本身不确定性。

本文描述的是在华能曹妃甸煤码头工程中通过调整通讯参数、与现场工况做匹配、调整路由方式最终实现网络长距离传输，最长传输距离达到 2.6KM。

1　Profibus DP 总线技术

1.1　Profibus 协议的结构

PROFIBUS 协议结构是根据 ISO7498 国际标准，以 OSI 作为参考模型的。PROFIBUS-DP 定义了第 1、2 层和用户接口。第 3 到 7 层未加描述。用户接口规定了用户及系统以及不同设备可调用的应用功能，并详细说明了各种不同 PROFIBUS-DP 设备的设备行为。PROFIBUS-FMS 定义了第 1、2、7 层，应用层包括现场总线信息规范（FMS）和低层接口（LLI）。FMS 包括了应用协议并向用户提供了可广泛选用的强有力的通信服务；LLI 协调不同的通信关系并提供不依赖设备的第 2 层访问接口。PROFIBUS-PA 的数据传输采用扩展的 PROFIBUS-DP 协议。另外，PA 还描述了现场设备行为的 PA 行规。根据 IEC1157-2 标准，PA 的传输技术可确保其本质安全性，而且可通过总线给现场设备供电。使用连接器可在 DP 上扩展 PA 网络。

1.2　PROFIBUS 的传输技术

PROFIBUS 提供了三种数据传输型式：RS-485 传输、IEC1157-2 传输和光纤传输。

1.2.1　RS-485 传输技术

RS-485 传输是 PROFIBUS 最常用的一种传输技术，通常称之为 H2。RS-485 传输技术用于 PROFIBUS-DP 与 PROFIBUS-FMS。

RS-485 传输技术基本特征是:网络拓扑为线性总线,两端有有源的总线终端电阻;传输速率为9.6kbps ~ 12Mbps;介质为屏蔽双绞电缆,也可取消屏蔽,取决于环境条件;不带中继时每分段可连接32个站,带中继时可多到127个站。

RS-485 传输设备安装要点:全部设备均与总线连接;每个分段上最多可接32个站(主站或从站);每段的头和尾各有一个总线终端电阻,确保操作运行不发生误差;两个总线终端电阻必须一直有电源;当分段站超过32个时,必须使用中继器用以连接各总线段,串联的中继器一般不超过4个;传输速率可选用9.6kbps ~ 12Mbps,一旦设备投入运行,全部设备均需选用同一传输速率。电缆最大长度取决于传输速率。

采用 RS-485 传输技术的 PROFIBUS 网络最好使用9针D型插头。当连接各站时,应确保数据线不要拧绞,系统在高电磁发射环境下运行应使用带屏蔽的电缆,屏蔽可提高电磁兼容性(EMC)。如用屏蔽编织线和屏蔽箔,应在两端与保护接地连接,并通过尽可能的大面积屏蔽接线来复盖,以保持良好的传导性。

1.2.2 IEC1157-2 传输技术

IEC1157-2 的传输技术用于 PROFIBUS-PA,能满足化工和石油化工业的要求。它可保持其本质安全性,并通过总线对现场设备供电。IEC1157-2 是一种位同步协议,可进行无电流的连续传输,通常称为 H1。

1.2.3 光纤传输技术

PROFIBUS 系统在电磁干扰很大的环境下应用时,可使用光纤导体,以增加高速传输的距离。可使用两种光纤导体:一种是价格低廉的塑料纤维导体,供距离小于50m情况下使用;另一种是玻璃纤维导体,供距离小于1km情况下使用。

许多厂商提供专用总线插头可将 RS-485 信号转换成光纤导体信号或将光纤导体信号转换成 RS-485 信号。

1.3 PROFIBUS 总线存取控制技术

PROFIBUS-DP、FMS、PA 均采用一样的总线存取控制技术,它是通过 OSI 参考模型第2层(数据链路层)来实现的,它包括保证数据可靠性技术及传输协议和报文处理。在 PROFIBUS 中,第2层称之为现场总线数据链路层(FDL, Fieldbus Data Link)。介质存取控制(M A C, Medium Access Control)具体控制数据传输的程序,MAC 必须确保在任何一个时刻只有一个站点发送数据。PROFIBUS 协议的设计要满足介质存取控制的两个基本要求:

在复杂的自动化系统(主站)间的通信,必须保证在确切限定的时间间隔中,任何一个站点要有足够的时间来完成通信任务。

在复杂的程序控制器和简单的 I/O 设备(从站)间通信,应尽可能快速又简单地完成数据的实时传输。

因此 PROFIBUS 主站之间采用令牌传送方式,主站与从站之间采用主从方式。令牌传递程序保证每个主站在一个确切规定的时间内得到总线存取权(令牌),令牌在所有主站中循环一周的最长时间是事先规定的。在 PROFIBUS 中,令牌传递仅在各主站之间进行。主站得到总线存取令牌时可依照主—从通信关系表与所有从站通信,向从站发送或读取信息,也可依照主—主通信关系表与所有主站通信。所以可能有3种系统配置:纯主—从系统、纯主—主系统和混合系统。

在总线系统初建时,主站介质存取控制 MAC 的任务是制定总线上的站点分配并建立逻辑环。在总线运行期间,断电或损坏的主站必须从环中排除,新上电的主站必须加入逻辑环。

第2层的另一重要工作任务是保证数据的高度完整性。PROFIBUS 在第2层按照非连接的模式操作,除提供点对点逻辑数据传输外,还提供多点通信,包括广播和选择广播功能(图1)。

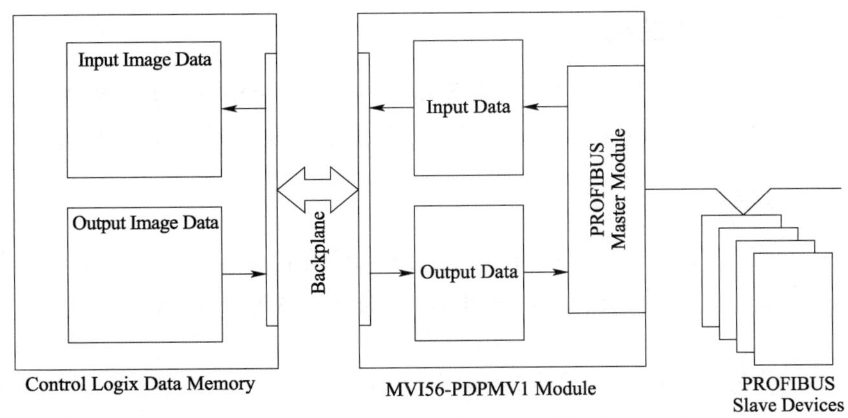

图1　DP 数据传输原理

1.4　工程 Profibus DP 设备选型

在华能曹妃甸港口输煤控制系统（以下简称本项目）中，现场皮带机长度不均，现场范围广，但每条皮带机的保护设备相对独立，种类和功能也相对固定，使用 Profibus DP 总线形式，可以将集中的皮带机保护设备划分到同一个 Profibus DP 网络中，Profibus DP 网络能够将现场的各类保护装置、辅助系统等分散的设备进行集中管理，实现高速数据传输。系统采用主从式系统配置完成数据通信，CPU 采用 AB 公司生产的 1756-L7 系列 CPU，通信主站采用 Prosoft 公司生产的 MVI56-PDPMV1，从站采用 AB 公司生产的 1794-APBDPV1 远程通讯模块，主从之间通过屏蔽双绞铜电缆进行连接，并严格按照通讯电缆布线、接线方式进行。

由于 Profibus DP 通讯速率决定通讯线路长度，故当遇到远距离传输时，采用中继器方式进行增益连接，华能曹妃甸煤码头现场通讯网络的中继器选取西门子 6ES7972，设备运行稳定，抗干扰能力强，使整个传输距离能达到 2 公里以上。

2　输煤系统结构

2.1　输煤系统工艺流程

港口散货码头输煤系统用于将装有煤炭的火车经翻车机卸车后通过皮带机的启停控制，将煤炭输送至堆料机、堆取料机等单机设备，同时协调配合堆料机、堆取料机的功能，待有装船作业时，堆取料机、取料机将指定煤种取煤至皮带机，再通过辅助设备将煤炭运输至装船机装船。整个系统包含辅助设备如伸缩给料装置、电动三通装置、环保除尘装置、排水器、除铁器以及采制样系统等联锁控制（图2）。

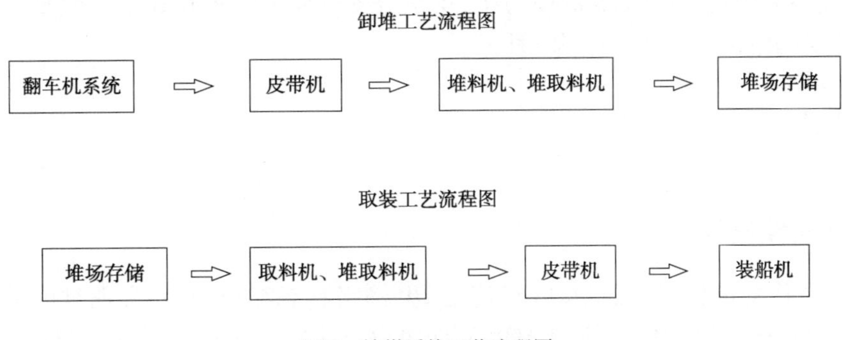

图2　输煤系统工艺流程图

2.2 输煤控制系统硬件结构

港口输煤自动化控制系统由 PLC、工控机、服务器、变电所电源柜、变电所控制柜、现场控制箱、现场中转箱、交换机、控制网网络传输设备、现场保护设备、打印机、其他辅助设备等组成。

2.3 节点数目的确定

由于 Profibus DP 总线物理层均采用 RS-485 通讯，RS485 允许连接的收发器数标准并没有规定，但规定了最大总线负载为 32 个单位负载（UL），每单位负载的最大输入电流为 1.0mA/-0.8mA，相当于约 12kΩ。

实际信号在电缆的传输过程中受传输衰减、信号反射、带载能力的影响。因此直接所带的节点数目有限。为了扩展节点数目，一般有两种做法，其一是采用重复器，通过重复器的信号整形、放大、转发，将节点数目扩大。另一个是增加收发器的输入电阻，例如输入电阻为 48kΩ 以上，节点数就可以增加到 128 个。

在本项目 Profibus-DP 应用中，采用上述第一种办法增加节点数目。Profibus-DP 系统最多可连接 126 个站（站号从 0 ~ 125），总线系统可以分为 4 个段，段与段之间用重复器连接。但在实际应用中，建议总线段数最好不超过 3 段。

在 DP 规范中每个段最多可连接 32 个站，重复器的每一端也作为一个站包含在内。由于模块间采用底座内的 PCB 布板线作为通讯连接线，因此破坏了阻抗连续的原则，此外还涉及到通讯总线到模块的引线，因此所带模块数目也与所配的模块的类型有关。综合上述考虑后的实验表明，工程配置为：每个段内最多 12 个站。

2.4 引出线（分支）的长度

对于 RS485 来讲，其网络拓扑结构一般采用终端匹配的总线型结构，不支持环形或星型网络。但每个收发器总要通过引出线挂在总线上，因此引出线是不可避免的。当引出线如果过长时，会由于信号在引出线中的反射，会影响总线上信号的质量。

系统所能允许的引出线长度也和信号的转换时间、数据传输速率有关。下面经验公式可以帮助估算引出线最大长度：

$$L_{max} = (\text{Trise} \times 0.2\text{m/ns})/10$$

典型双绞线的信号传输速率在 0.2m/ns（24AWG PVC 电缆），MAX843 上升或下降时间为 250ns，则 L 约 5m。

对本项目所用的 DP 而言，出于工程安全的考虑，在工程应用中不得通过引出线构造现场网络，出于测试、侦听目的的，可以将测试、侦听设备通过引出线挂在总线上，引出双绞线长度在 1000m（传输速率 < 19600kbps）之内。

DP 在低传输速率应用场合（≤1.5Mbit/s）下，引出分支线要求小于 6.6 米。但是通过西门子的中间放大器可以改变总线网络传输距离及结构（图 3）。

3 软件设计

3.1 下位机软件设计

码头系统中 PLC 作为下位机，通过接收和传送 DP 网络状态和控制字，实现对现场设备状态监视及对应生产工艺现场设备的启停动作。使用 AOI56PDPMVI_FlEX 子例程，通过组态软件，设置数据格式、数据对应方式，把现场对应模块数据转换成 MVI56PDPMV11. PROFIBUSData. Input 内的数组，操作数据指向 MVI56PDPMV11. PROFIBUSData. Output 内的数组，通过 Profibus DP 网络传输至现场输出模块(图 4)。

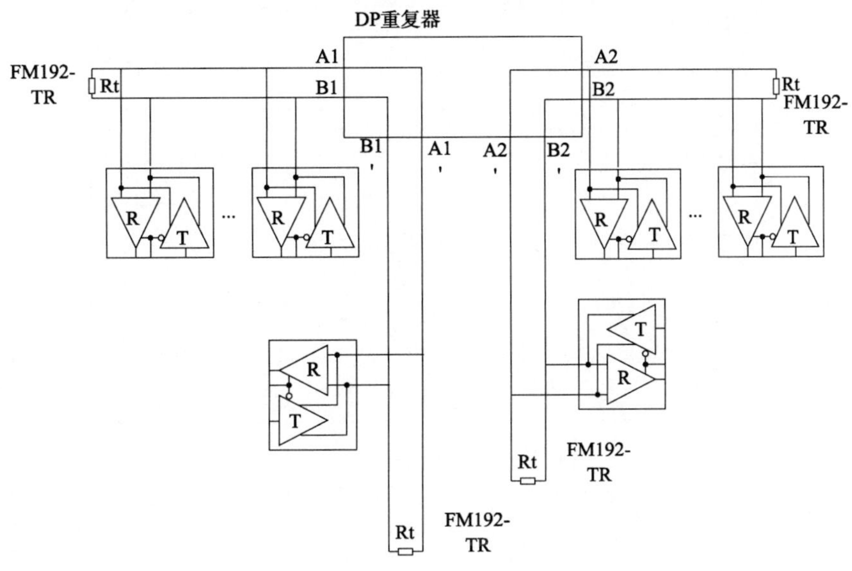

图 3　用中间放大器改变网络传输距离

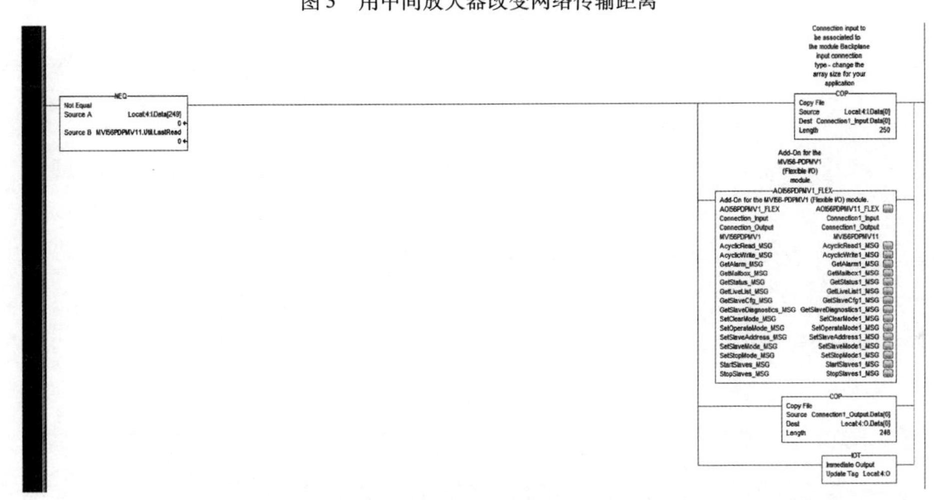

图 4　通讯转换调用子例程

3.2　人机界面设计

本应用中选用输入、输出数据高八位与低八位互换，使数据与 logix 5000 系统中的数据应用习惯相对应。由于在样例程序的选择，在 Use Legacy Mode 中选择不使用传统模式(图 5)。

将主通讯模块下包含的所有分站组态到主模块当中，并将各分站地址与实际物理地址对应(图 6)。

在模块组态中，分配每个模块的对应地址，该地址为程序直接可用的对应数组编号(图 7)。

4　Profibus DP 通讯设置

Profibus 的传输速率为 9.6K ~ 12Mbps，最大传输距离在 9.6 ~ 187.5Kbps 时为 1000m，500Kbps 时为 400m，1500Kbps 时为 200m，3000 ~ 12000Kbps 时为 100m，可用中继器延长至 10km。其传输介质可以是双绞线，也可以是光缆，最多可挂接 127 个站点。Profibus 支持主—从系统、纯主站系统、多主多从混合系统等几种传输方式。主站具有对总线的控制权，可主动发送信息。对多主站系统来说，主站之间采用令

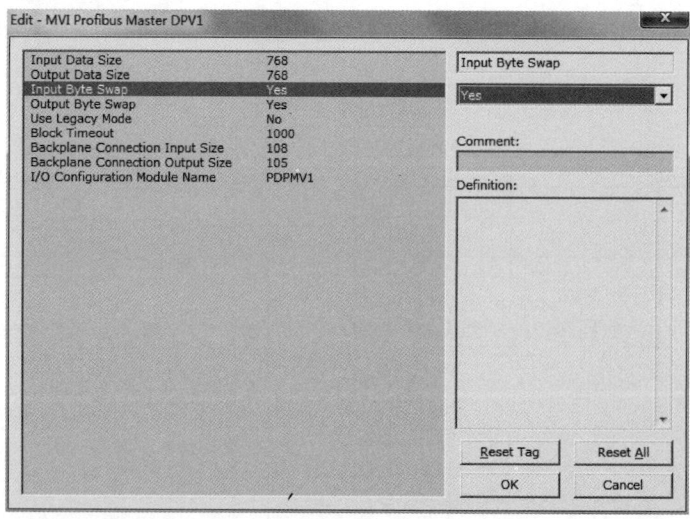

图 5　数组数量及高低位对应设定

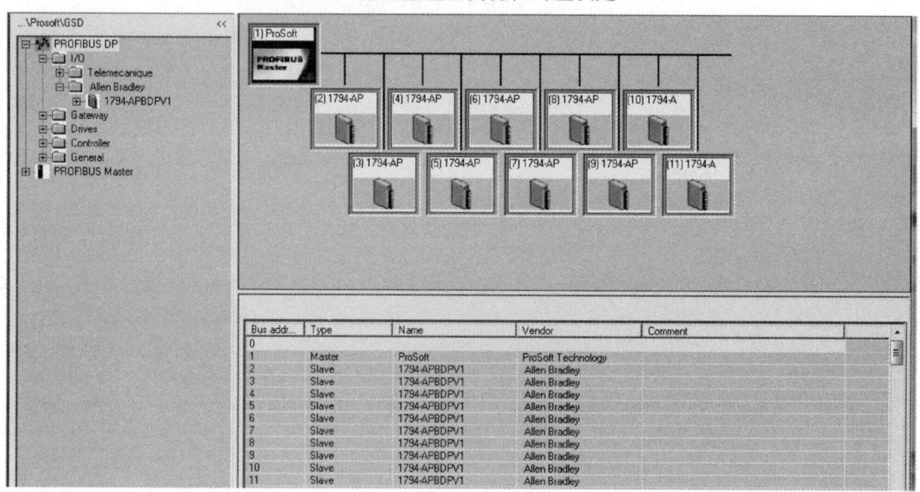

图 6　主通讯模块组态

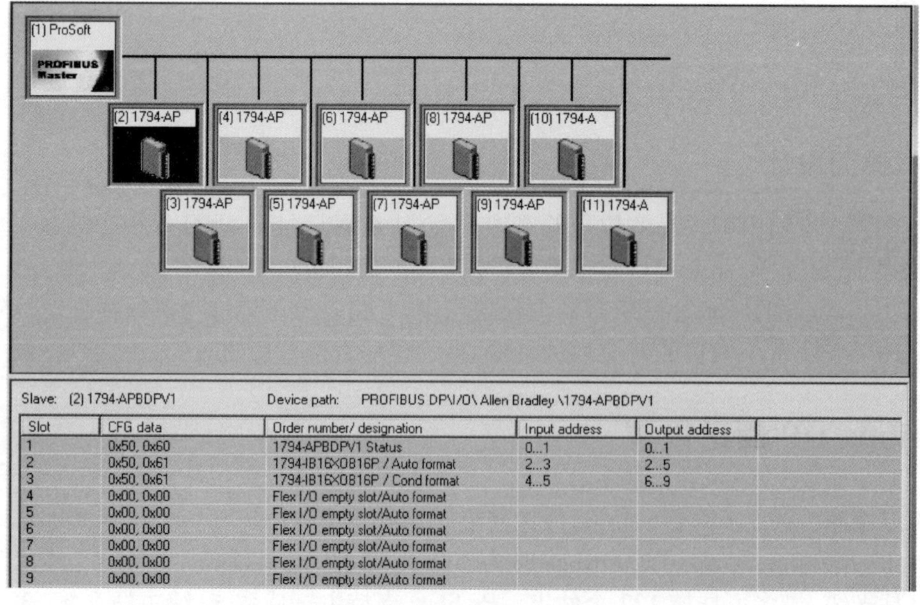

图 7　远程 IO 模块组态

牌方式传递信息，得到令牌的站点可在一个事先规定的时间内拥有总线控制权，共事先规定好令牌在各主站中循环一周的最长时间。按 Profibus 的通信规范，令牌在主站之间按地址编号顺序，沿上行方向进行传递。主站在得到控制权时，可以按主—从方式，向从站发送或索取信息，实现点对点通信。主站可采取对所有站点广播（不要求应答），或有选择地向一组站点广播。

本应用所使用链路如图 8 所示。

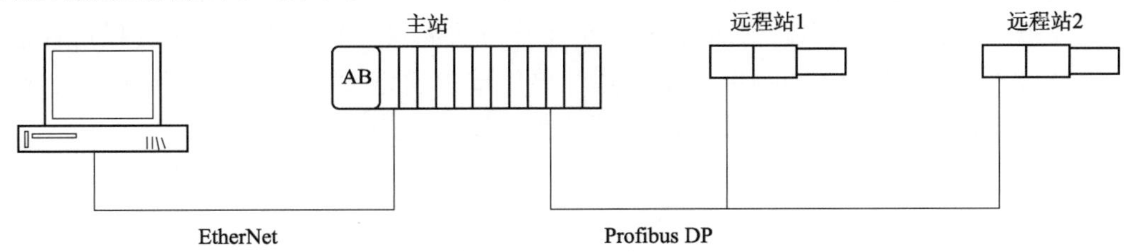

图 8　网络拓扑图

首先选择进入到 Profibus 主站设置界面，选择文件下载方式为串口下载或 CIP 下载，该项目应用为 CIP 下载，如图 9 所示。

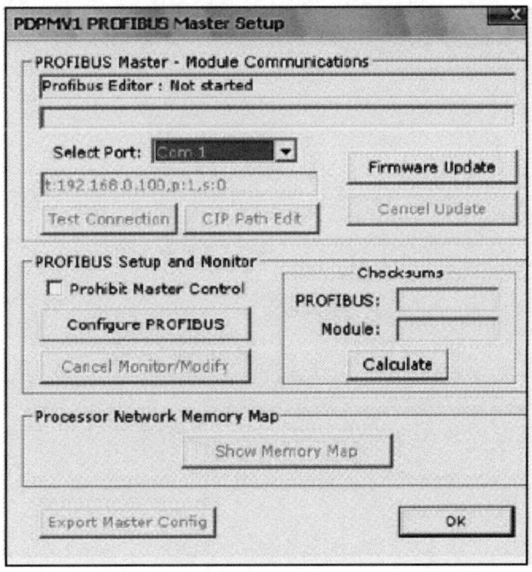

图 9　选择 CIP 下载

对于 MVI56 模块通过机架上的 1756-ENBT 进行配置，首先 Select Port 处选择 1756-ENBT，打开界面后，Source Module 选择 1756-ENBT，Source Module IP Address 中设置该 ENBT 地址，目标模块选择本项目的 MVI56-Module 最后设置 MVI56 模块所在的槽号，各项参数设置完成后，建立 CIP 连接（图 10）。

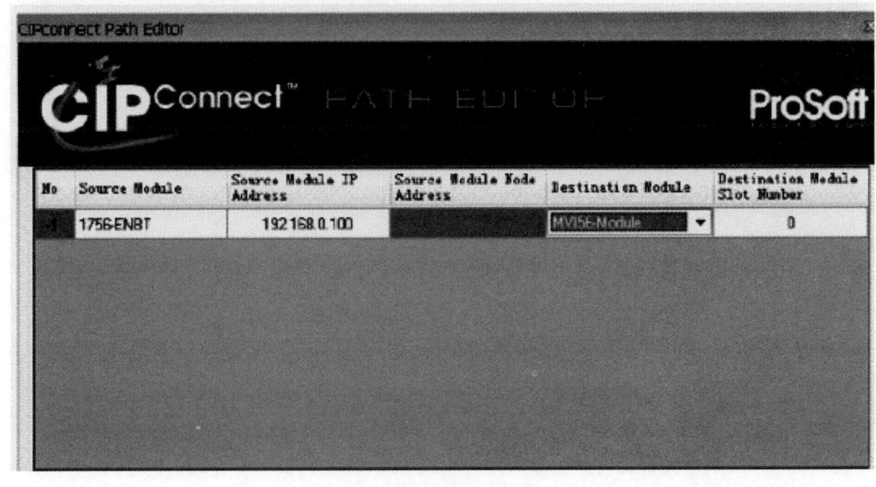

图 10　通讯路径设置

结束语

就PROFIBUS-DP的应用趋势而言,本项目主要应用以下方面:华能曹妃甸煤码头工程中应用此项技术现场信号传输实时性大大提高,同时由于通讯设置的优化,现场设备震动产生保护装置误动作而引起生产作业停机故障也能够在通讯中得到捕捉,从而为生产和设备维护部门进行维护提供可靠依据。

针对本项目,提供了一种Profibus DP网络在远距离传输中通讯设置的一种思路和方法,同时根据现场运行状况也证实该种方式有效,为今后Profibus DP网络设计思路提供参考依据。

参考文献

[1] 于浩洋. PROFIBUS现场总线概述[J]. 自动化与仪表,2002

[2] 冯地斌. 吴波 PROFIBUS现场总线技术[J]. 自动化与仪器仪表,2002

[3] 罗红福. PROFIBUS-DP现场总线工程应用实例解析[J]. 自动化技术实例解析,2008

[4] 周志敏,纪爱华. Profibus总线系统设计与应用[J]. 现场总线技术,2009

层次分析法在长江南京航道工程局船舶基地复建工程风险评估中的应用

王小华[1]　唐风建[2]
（1. 长江南京航道工程局，江苏南京，210011；2. 长江航道局，湖北武汉，430010）

摘　要：针对长江南京航道工程局船舶基地复建工程风险评估的特点，介绍了层次分析法的基本理论。依照本工程各风险因素的隶属关系建立层次关系，并在各层次内部运用判断矩阵计算求出各指标对于目标的风险权重，从而最终得出各风险因素轻重程度的排序。根据各风险因素的排序和风险控制准则，制定相应的风险控制措施，确保工程顺利实施。

关键词：层次分析法；结构模型；判断矩阵；风险评估；风险控制

1　层次分析法理论介绍

层次分析法是由美国运筹学家托马斯·塞蒂在20世纪70年代正式提出。它是把与决策相关的元素分解成目标、准则、方案等层次，在此基础之上进行定性与定量分析的决策方法，层次分析法的基本步骤如下：

1.1　建立层次结构模型

首先对复杂问题进行层次化改造，建立层次结构模型。将决策的目标、考虑的因素和决策对象由上至下分解为目标层、准则层和方案层三个层次。其中目标层是最高层。准则层是中间层，是实现目标层的中间环节。最低层是方案层，也是层次结构模型中最基本的表现形式。层次结构模型如图1所示。

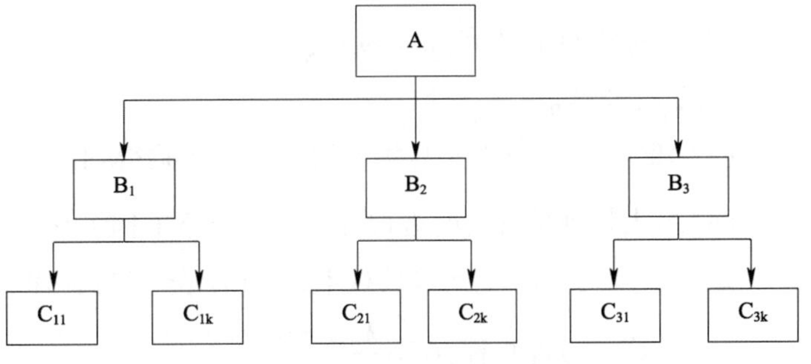

图1　层次分析法的构造模型

1.2　建立比较判断矩阵

把各项指标进行两两相互比较后，按1～9层次比例标度排定各评价指标的相对优劣顺序，从而建立指标权重评判标准并构造判断矩阵，如表1所示。

相对重要性比例标度　　表1

元素 i 和元素 j 比较	标度 a_{ij}	意　义
元素 i 和元素 j 同样重要	1	$a_i = a_j$
元素 i 相对元素 j 稍微重要	3	$a_i = 3a_j$
元素 i 相对元素 j 比较重要	5	$a_i = 5a_j$
元素 i 相对元素 j 重要的多	7	$a_i = 7a_j$
元素 i 相对元素 j 重要很多	9	$a_i = 9a_j$
元素 i 和元素 j 重要性处于上述判断之间	2,4,6,8	
元素 i 和元素 j 重要性比较结果互为倒数	$a_{ij} = 1/a_{ji}$	

给定一个准则,假设有 n 个元素 $C_1, C_2, \cdots, C_n$,利用表1所给的相对重要性比例标度,对元素 C_i, C_j 做两两比较判断,获得相对重要性的值为 a_{ij},构成矩阵。专家根据评判准则对各个因素的权重两两比较并进行了打分之后,经过整理,可以得到因素权重的判断矩阵 A:

$$\begin{array}{c|cccccc} A & A_1 & A_2 & \cdots & A_j & \cdots & A_n \\ \hline A_1 & a_{11} & a_{12} & \cdots & a_{1j} & \cdots & a_{1n} \\ A_2 & a_{21} & a_{22} & \cdots & a_{2j} & \cdots & a_{2n} \\ \vdots & & & & & & \\ A_i & a_{i1} & a_{i2} & \cdots & a_{ij} & \cdots & a_{in} \\ \vdots & & & & & & \\ A_n & a_{n1} & a_{n1} & \cdots & a_{nj} & \cdots & a_{nn} \end{array}$$

矩阵 A 中的各元素 a_{ji} 表示行指标 A_i 对列指标 A_j 相对重要性的比例标度,则判断矩阵 A 中指标两两比较的结果有:$a_{ij} > 0, a_{ii} = 1, a_{ij} = 1/a_{ji} (i, j = 1, 2, ..., n)$,该结果表明:

如果 $a_{ij} < 1$,表示 A_j 比 A_i 重要;

如果 $a_{ij} = 1$,表示 A_j 比 A_i 同样重要;

如果 $a_{ij} > 1$,表示 A_j 比 A_i 重要。

1.3 计算特征向量和指标权重,并进行一致性检验

判断矩阵权重计算方法有两种:几何平均法和规范平均法。本文采用几何平均法计算指标权重。首先对一级指标的特征向量和指标权重进行计算:

(1)对矩阵 A 各行各元素的乘积进行判断:$m_i = \prod_{i=1}^{n} a_{ij} (i = 1, 2, \cdots, n)$

(2)指标权重的计算:$\omega_i = \overline{\omega_i} / \sum_{j=1}^{n} \overline{\omega_j}$

其中:$\overline{\omega_i} = \sqrt[n]{m_i}$

(3)AW 矩由阵矩阵 A 与指标权重集合相乘得到;

(4)最大特征值 $\lambda_{\max}$ 的近似算法:$\lambda_{\max} = \sum_{i=1}^{n} (AW)_i / n\omega_i$

式中 ω_i 表示第 i 个元素的权重,$(AW)_i$ 表示矩阵 AW 的第 i 个分量。

(5)计算一致性指标:$CI = \dfrac{\lambda_{\max} - n}{n - 1}$

(6)相对一致性指标的计算:$CR = CI/RI$

所谓判断矩阵一致性是指判断思维的逻辑一致性,通过一致性检验可以确保判断矩阵的偏离在合理范围以内。随机原因可能会造成一致性的偏离,因此在对检验判断矩阵进行一致性检验时,还需将 CI 与平均随机一致性指标 RI 进行比较,从而得到相对一致性指标 CR。上式中 RI 即为平均随机一致性指标,对足够多的随机发送的判断矩阵的一致性指标进行计算,取其平均值。阶数1~10的 RI 取值如表2所示。

平均一致性指标 *RI* 取值　　表2

矩阵阶数 n	1	2	3	4	5	6	7	8	9	10
RI	0	0	0.58	0.9	1.12	1.24	1.32	1.41	1.45	1.49

通常来讲,CR 值越小则表明判断矩阵越好,一般认为 $CR \leqslant 0.1$ 时,判断矩阵的一致性比较满意。

1.4 计算组合权重

得到一级指标权重后,再进行下一级指标权重的计算,如果一级指标层对目标层的相对权重计算公

式为：$\overline{\omega_i} = (\overline{\omega_1}, \overline{\omega_2}, \cdots, \overline{\omega_k})^T$

那么二级指标层对一级指标层的相对权重计算公式为$\overline{\omega_i} = (\omega_{1i}, \omega_{2i}, \cdots, \omega_{ni})$

因此，方案层中的各方案对目标层的相对权重计算公式如下：

$$W_1 = \sum_{j=1}^{k} \omega_j \omega_{1j}, W_2 = \sum_{j=1}^{k} \omega_j \omega_{2j}, W_n = \sum_{j=1}^{k} \omega_j \omega_{nj}$$

2　工程风险评估

对本基地复建工程的风险评估主要分为三步：首先，通过调查和专家打分法确定各风险因素，并对这些风险因素进行评价得到层次分析法中B层风险判别矩阵；其次，通过层次分析法得到各级风险因素的判断及权重，依据计算的结果，对各风险因素的影响程度进行评估和排序，计算值越大，那么就越重要；最后，根据风险因素的排序和重要性不同，制定相应的风险控制准则。

2.1　工程风险因素的确定

工程实施之前，采用往年类似工程的风险因素汇编，再组织专家对本工程进行安全评估，确定工程风险因素。本文对本工程的项目风险因素进行了归纳整理，并按风险来源将本项目风险划分为技术风险、施工风险和自然风险。根据层次分析法的需要，再分解为目标层（A）、准则层（B）和方案层（C）三类不同层次，具体见表3。

南京工程局基地复建工程实施风险因素清单　　表3

A 工程实施风险	B1 自然风险	C11 地质风险
		C12 水文风险
		C13 气候风险
	B2 技术风险	C21 施工技术风险
		C22 技术标准风险
		C23 设计技术风险
	B3 施工风险	C31 进度风险
		C32 质量风险
		C33 安全风险

2.2　风险因素权重计算

先采用调查和专家打分法对南京工程局基地复建工程实施风险因素清单中B层风险因素进行评价，从而得到B层风险判别矩阵，再通过层次分析法得到各级风险因素的判断及权重，具体计算如下：

（1）判断风险因素的比较矩阵

根据各专家对风险因素结构图第二层以上3个风险因素（即B1自然风险、B2技术风险和B3施工风险）进行两两比较，得到B层次风险判别矩阵（表4）。

B层次风险判别矩阵　　表4

B	B1	B2	B3	$\overline{\omega_i}$	ω_i
B1	1	1/3	1/5	0.405	0.109
B2	3	1	1/2	1.145	0.309
B3	5	2	1	2.154	

（2）B层次指标权重的计算和一致性检验

根据公式$\overline{\omega_i} = \sqrt[n]{m_i}$和$\omega_i = \overline{\omega_i} / \sum_{j=1}^{n} \overline{\omega_j}$可以得到B1～B6的权重集合。

下面进行 B 层次指标的一致性检验：

$$AW=\begin{pmatrix}1 & 1/3 & 1/5\\ 3 & 1 & 1/2\\ 5 & 2 & 1\end{pmatrix}\begin{pmatrix}0.109\\ 0.309\\ 0.582\end{pmatrix}=\begin{pmatrix}0.328\\ 0.927\\ 1.745\end{pmatrix}$$

$$\lambda_{\max}=\sum_{i=1}^{6}(AW)_i/3\omega_i=3.002$$

$$CI=\frac{\lambda_{\max}-n}{n-1}=0.00124$$

$$CR=\frac{CI}{RI}=0.002\leqslant 0.1$$

$CR<0.1$，一致性检验通过，表明该比较矩阵有效。

（3）C 层次指标权重的计算和一致性检验

①自然风险判断矩阵计算如表 5 所示。

C 层次自然风险判别矩阵 表 5

C	C11	C12	C13	$\overline{\omega}_i$	ω_1	一致性检验
C11	1	1/3	1/4	0.437	0.162	$\lambda_{\max}=3.002$
C12	1/2	1	2	1.000	0.371	$CI=0.001\quad RI=0.58$
C13	4	1/2	1	1.260	0.467	$CR=CI/RI=0.002<0.1$

②技术风险判断矩阵计算如表 6 所示。

C 层次技术风险判别矩阵 表 6

C	C11	C12	C13	$\overline{\omega}_1$	ω_1	一致性检验
C11	1	3	2	1.817	0.519	$\lambda_{\max}=3.054$
C12	1/3	1	1/3	0.481	0.137	$CI=0.027\quad RI=0.58$
C13	1/2	3	1	1.145	0.327	$CR=CI/RI=0.046<0.1$

③施工风险判断矩阵计算如表 7 所示。

C 层次施工风险判别矩阵 表 7

C	C11	C12	C13	$\overline{\omega}_1$	ω_1	一致性检验
C11	1	1/2	1/5	0.464	0.123	$\lambda_{\max}=3.025$
C12	2	1	1/4	0.794	0.210	$CI=0.012\quad RI=0.58$
C13	5	4	1	2.714	0.718	$CR=CI/RI=0.021<0.1$

（4）指标综合权重分析

求出 B 层次指标和 C 层次指标的权重系数后，可得到各风险因素的综合权重，如表 8 所示。

综合权重向量计算表 表 8

层次 B / 层次 C	B1	B2	B3	ω_i	排序
	0.109	0.309	0.582		
C11	0.162			0.018	9
C12	0.371			0.040	8
C13	0.467			0.051	6
C21		0.519		0.160	2
C22		0.137		0.042	7
C23		0.327		0.101	4
C31			0.123	0.072	5
C32			0.210	0.122	3
C33			0.718	0.418	1

3　工程风险评估结论

由表 8 综合权重向量计算表中的排序可知，在 B 层次风险因素中：B3（0.582）> B2（0.309）> B1（0.109），即施工风险 > 技术风险 > 自然风险。依此类推，在 C 层次风险因素中，排序由重到轻依次为：安全风险 > 施工技术风险 > 质量风险 > 设计技术风险 > 进度风险 > 气候风险 > 技术标准风险 > 水文风险 > 地质风险。根据本工程的特点和表 5 ~ 表 7 对风险程度的划分，在 B 层次中，可将风险程度按排序分为高度、中度、低度三个等级；在 C 层次中，排序 1 ~3 划为高度风险，排序 5 ~6 划为中度风险，排序 7 ~9 划为低度风险，得出风险评估结论表（表 9）。

风险评估结论表　　表 9

风险因素			风险程度	
A 工程实施风险	B1 自然风险	C11 地质风险	低度风险	低度风险
		C12 水文风险	低度风险	
		C13 气候风险	中度风险	
	B2 技术风险	C21 施工技术风险	高度风险	中度风险
		C22 技术标准风险	低度风险	
		C23 设计技术风险	中度风险	
	B3 施工风险	C31 进度风险	中度风险	高度风险
		C32 质量风险	高度风险	
		C33 安全风险	高度风险	

经调查并咨询了相关资深专家的意见，将长江南京航道工程局船舶基地复建工程的实际风险状况与本文所得的风险因素评价排序等级进行对照，结果吻合度较高。说明层次分析法可以应用于类似工程的风险评估，作为风险管理的参考依据。

4　工程风险控制准则和措施

对于各种风险因素，根据不同的风险程度，决策者需要制定不同的风险控制准则。根据本工程的特点和不同的风险程度，本工程风险控制准则如表 10 所示。

风险控制准则　　表 10

风险程度	控制措施制定准则
高度	需决策，立即制定控制、预警措施
中度	引起重视，需制定相应措施
低度	需注意，加强日常管理和审视

根据风险控制准则中的要求，对于不同的风险因素，需要制定相应的控制措施，从而确保工程顺利实施，各风险因素控制措施如下：

4.1　施工风险控制措施

根据风险评估结果，施工风险是三大风险中风险程度最高的，属于高度风险，应立即采取相应风险控制的方法，对风险进行管控。从风险评估结论表（表 9）可知，施工风险包括进度风险、质量风险和安全风险。

其中，进度风险属于中度风险，应采取如下措施：

（1）从组织管理上保证进度。根据本工程的施工特点，组建精干、高效、有经验、熟悉本地区施工环境条件的项目经理部负责本项目的施工,建立岗位目标责任制,加强监督与考核,增强其工作的责任感,提高施工生产的效率。

(2)从计划安排上保证进度。加强施工生产的计划管理工作,运用统筹法、系统工程的原理严密编制总体工程、各分项工程及各施工阶段的实施性的施工组织计划。

(3)从资源上保证进度。根据总进度计划,合理配置充分利用现有船舶基地的场地和水、陆交通便利,人力资源充沛的有力条件,多上预制构件、钢结构安装的生产线,将作为本工程生产特点,做到突出重点、统筹兼顾、科学组织、精心施工。

(4)从技术上保证进度。项目经理部设置工程技术部,负责制定施工方案,编制施工工艺,精心组织、精心施工,及时解决施工中出现的问题,以方案指导施工,防止出现返工现象而影响工期。

质量风险属于高度风险,需要立即采取如下措施:

(1)制定施工阶段质量风险控制计划和工作实施细则,并严格贯彻执行。

(2) 编制高风险分部分项工程专项施工方案,并按规定进行论证审批后实施。本工程的专项施工方案包括抛石护坡专项施工方案、深层搅拌桩施工方案、钻孔灌注桩施工方案和水下沉桩施工方案。

(3)在建设单位组织下,在开工前设计、施工、监理单位进行设计交底,明确存在重大质量风险源的关键部位或工序。本工程的质量关键部位或工序是测量工程、沉桩施工、桩帽、墩台、下横梁施工、预制构件安装、面层施工、现场混凝土浇铸及附属设施的施工。

(4)加强对预制构件、材料质量的控制,确保不将不合格的构件、材料用到项目上。

(5)在项目施工过程中,对质量风险进行实时跟踪监控,预测风险变化趋势,对新发现的风险事件和潜在的风险因素提出预警,并及时进行风险识别评估,制定相应对策。

安全风险属于高度风险,需要采取如下措施:

(1)施工前,组织编制本工程的安全专项方案,包括确定安全管理目标、制定安全管理体系等,并严格遵照执行。

(2)制定施工现场安全措施。本工程主要包括水上作业区安全措施、起重安装作业安全措施、高空作业安全措施、用电安全措施和保护工程结构的安全措施。

(3)制定船舶设备使用安全措施。本工程配备主要机械设备为打桩船、起重船、拖轮、方驳等,要消除机械伤害事故,重视机械的安全使用十分重要,机械在使用中应严格遵守安全操作规程。

(4)制定秋、冬季施工安全专项措施,做防寒、防大风准备。

(5)制定防台、防汛安全专项措施和安全应急预案。

4.2 技术风险控制措施

根据风险评估结果,技术风险属于中度风险,应该采取措施对风险进行管控。可以通过制定严格的工程可行性评价、设计、施工风险评估程序,对风险进行严格的控制,从而降低风险。从风险评估结论表(表9)可知,技术风险包括施工技术风险、设计技术风险和技术标准风险。

其中,施工技术风险在本工程中属于高度风险,需要立即采取如下措施:

(1)在施工阶段,制定详细可行的施工技术方案,对主要项目制定专项技术方案,并组织相关单位论证其技术可行性。本工程主要施工技术方案包括引桥施工、码头施工、测量工程、削坡挖泥施工、管桩制作、水上沉桩施工、抛石施工、钻孔灌注桩施工、现浇结构承重结构设计及模板施工、现浇码头平台、引桥横梁施工、构件预制安装、现浇面层施工、变电所施工、码头钢系缆平台施工和附属设施施工。

(2)对于新工艺、新技术、新材料的使用,在使用之前,一定组织相关单位和专家进行充分的论证,确保技术的可行性。

(3)在招投标阶段,选择资质可靠、技术过硬的施工单位,可以大大降低施工技术风险。

设计技术风险在本工程中属于中度风险,应采取如下措施:

(1)在设计阶段,尽可能使用成熟技术和工艺,从而降低技术风险。

(2)在设计招投标阶段,选择资质等级高、经验丰富的设计单位。

技术标准风险在本工程中属于轻度风险,可以采取如下措施:

(1)确保使用的技术标准和规范属于最新版本。

(2)确保引用的技术标准和规范与本工程需要一致。

(3)两种规范对同一工艺进行描述时,应选择规范颁布单位更权威的标准或两者中较高标准。

4.3　自然风险控制措施

根据风险评估结果,自然风险属于轻度风险,需要加强日常管理和审视,对风险进行管控。从风险评估结论表(表9)可知,自然风险包括地质风险、水文风险和气候风险。

其中,地质风险属于低度风险,可以采取如下措施:

(1)选择专业勘察单位对本工程进行水下地质勘测,确保勘察结果准确,与工程实际地质情况相符。

(2)在地质复杂地段,需要加密勘察点的布设,特点是沉桩和抛石水域及其附近。

水文风险属于低度风险,对本工程有影响的水文特征主要有水位、水流、含沙量和冰况,可以采取如下措施:

(1)选用合适的水文监测系统用于本工程的设计与施工,确保水文数据准确。常用的水文监测设备主要有ADCP、潮位仪(水位仪)和流速仪等。

(2)注意搜集整理历年的水文资料,特别是水位特征值,用于计算设计水位。

气候风险属于中度风险,需要采取如下措施:

(1)及时收听气象信息,做好防台、防大风、防汛、防寒、防冻准备,确保施工和港口作业安全。

(2)充分搜集本工程项目所在地的历年气候资料,确保项目在建成投产后有足够的港口作业天数。

(3)充分搜集历年大风、强降雨、大雾、冰雹等恶劣天气信息,合理计算工程的施工进度,确保工程进度科学可控。

长江南京航道工程局基地复建工程从立项、工程可行性论证、设计到施工,对项目风险都进行了充分论证,并根据风险程度的大小,制定了相应的风险控制措施,为工程的顺利施工和投产奠定了基础。

港口管控一体化三维实时生产作业平台

宋文涛　王　红

（中交机电工程局有限公司，北京，100088）

摘　要：港口管控一体化三维实时生产作业平台整合港口管控一体化信息和无人作业激光扫描数据，通过建立空间坐标系、三维建模、图形图像可视化技术手段直观展示设备、堆场、人员信息、作业管理信息、故障信息，指导码头生产作业。

关键词：三维可视化；自动化无人作业；实时生产；作业平台

引言

港口装卸码头作为大宗货物的集散地，是物流输送链条上的关键节点，在物流过程中起着承上启下的作用。目前港口控制系统、信息管理系统、单机设备的状态监控系统都达到较高的自动化水平，为信息的整合与综合利用提供了前提条件。本项目课题北方分公司自2009年开始，就一直致力于港口装卸工艺管控一体化系统及堆场单机无人作业系统的技术研究。2013年在黄骅矿石一期项目中实施了管控一体化系统，2014年在国投曹妃甸煤码头实施了起步、续建两期管控一体化系统整合工程。2013年在国投曹妃甸煤码头续建工程中，主导实施了一台取料机的无人取料系统。对于管控一体化系统及无人取料控制技术具有很丰厚的实践经验。在2012年，在北方分公司实施国投曹妃甸续建工程中，已将三维技术引入到控制系统的上位机设计中。在与三维模型搭建、与控制系统接口通讯等方面有很好的实践经验。

为进一步提升港口装卸效率和智能化水平，平台将管控信息、无人作业信息、堆场料堆三维图像信息、设备状态信息整合而成港口管控一体化系统实时三维化生产作业平台，根据三维平台显示更直观的指导港口维修维护人员对现场故障进行排查，提高作业效率的同时提高控制中心对港区可视化程度。

1　作业平台研发背景

目前管控一体化技术在现代化港口建设中逐步推广，但整个行业发展不平衡且没有行业规范指导，管控一体化系统的建设水平参差不齐。

以管理系统、控制系统融合形成的管控一体化系统在一些新兴港口得以应用。如起步较早的上海罗泾港将管控一体化系统直接对接港区控制系统，形成了生产业务流与实时控制数据流的整合。神华黄骅港也于2012年将神华黄骅一、二、三期工程管控信息整合，形成能指导生产的管控一体化综合系统。由中交机电局负责实施的国投曹妃甸煤码头管控一体化系统，将原有生产管理系统更换，全面的整合国投曹妃甸煤码头起步、续建两个5000万吨煤码头的控制系统及生产管理系统的信息数据，实施管控数据的统一。中交机电局于2013年实施的黄骅矿石一期管控一体化系统，首次是在建设期即实施管控一体化系统，目前也已实施完毕。

堆场无人化作业系统通过自动化控制技术，将现场单机司机室的操作设备移至中央控制室，通过中控室远程控制单机本体的操作。同时为实现更高的智能化要求，在单机安装成像设备，通过成像设备进行远程扫描所需作业的料堆，生成可供计算机系统识别的三维料场模型，再将三维料场信息交由计算机系统分析、处理，根据作业情况反馈给堆场单机进行自动化堆取料作业。

在信息表达方面，以往系统用文字、表格的形式体现各方面的参数指标，无法直观清晰的体现港区设备作业状态、堆场料堆情况、生产流程等信息，对于生产作业指导作用不明显。如果以三维可视化的方式直观简便地展示上述信息，将非常有助于中控操作人员直观了解现场的堆存及设备状况，有助于提高堆场单机远程操作的可靠性和作业效率。

目前国内外港口散货装卸系统尚没有一个有效直观的基于三维实时模型的生产作业指导平台，将各种生产设备的状态信息直接体现于实时三维模型，同时反应出堆场实时作业及堆存状态的信息，直接用于生产作业指导。

华能曹妃甸煤码头工程作为依托工程，其中管控一体化系统及堆场自动无人作业系统为建立管控一体化三维实时生产作业平台提供了实现的前提条件。

随着科技的发展和技术进步，三维成像新型激光扫描成像技术得到了革新发展，成像精度满足无人作业需要，可以为三维模型的建立提供数据保证，利用三维图形可视化技术与实时三维扫描数据结合，构建港口管控一体化系统实时三维可视化生产作业平台。

2　作业平台主要功能

该平台采用中间件技术实现控制与管理数据的融合，同时整合自动化无人堆取料系统堆场激光扫描数据和单机 GPS 定位数据，实现港区各类数据的实时自动化采集。通过使用高效的数据存储和数据挖掘技术，结合实时三维图形可视化技术直观反应港口当前设备作业状态、堆场堆存信息、生产作业等信息。

数据采集后，采用先进的数据压缩存储技术进行大数据存储，通过数据挖掘技术为三维模型提供数据支撑。主要功能包括：

(1)三维展示全场煤垛的实际垛形。

(2)多角度、自由旋转视角，查看各个皮带机、单机等设备的三维立体图像。

(3)实时展示港区内各设备运行、停止、故障状态，热点可查询故障原因、维修计划及保养信息等。如转至驱动部位，可观察各驱动的实时数据，可查看驱动运行时间、润滑系统保养情况、电压电量等信息。

(4)建立多路管控信息热点，点击相应区域，直接调用管控系统相关信息。如点击单机司机室，可显示正在作业的司机人员名称、当班作业量等各种信息；显示垛位煤炭信息，显示货主、品种、计划作业量、剩余量等基本信息。

(5)无人作业监视：根据无人作业信息情况，实时显示无人作业时单机、垛位的状态变化，以及自由视角查看作业周边环境情况。

3　作业平台技术方案

3.1　平台总体方案

以三维图形可视化技术为基础平台，整合单机位置及工作状态信息、单机故障维修信息、堆场外形扫描信息、堆场物料信息，采用模块化结构构建港口管控一体化系统实时三维化生产作业平台。

系统配置如 1 所示。

将不同系统采集到的数据压缩整理后放在三维作业平台中间数据库中，三维展示系统将中间数据库中的数据以三维图形等形式进行展示，采用中间件技术实现了数据采集与数据展示的融合。作业平台软件系统采用 C/S 结构，服务器 + 多终端方式展示，局域网采用千兆以太网，远程可以使用 4G 网络进行直接访问。

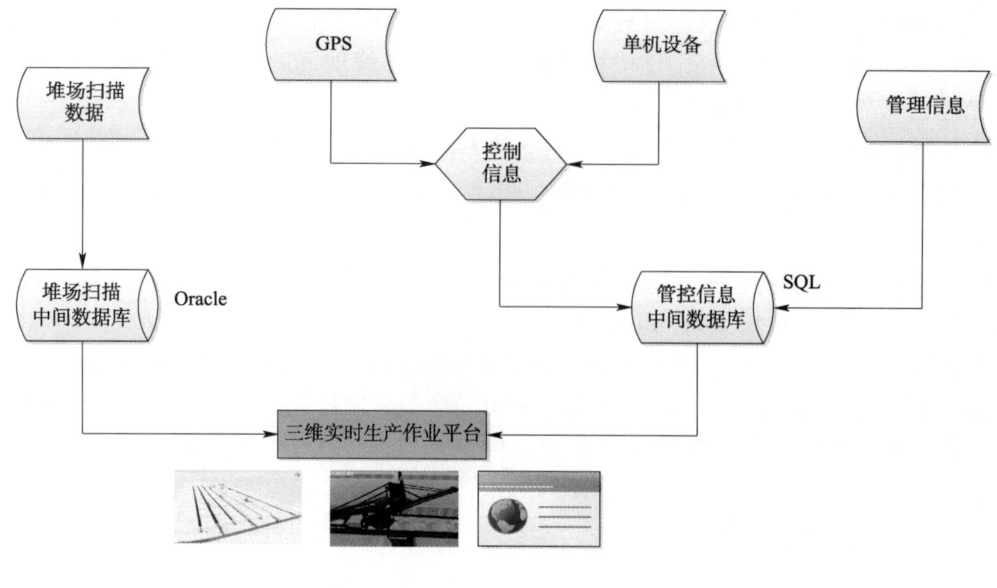

图 1

3.2 平台场景

三维作业平台构建三维的单机模型和堆场模型组成三维场景。场景分为全场及单机无人作业两类。

场景中可以任意角度展示整个堆场及单机的三维几何形状信息、单机(堆料机、取料机、堆取料机)位置及动作状态信息、皮带机的运行、故障及驱动部位减速机、耦合器、制动器状态等信息。堆场全场数据实时显示设备的运行状况及堆场的变化状况。

场景具有统一的坐标系,统一全港区的原点及堆场定位的具体数据。其中导航以 UI 图形界面整合单机、皮带机、堆场信息,直接点击图形进入具体场景,显示角度:单机覆盖全部设备;皮带机是驱动部位;堆场显示单个堆场。

3.3 信息显示

(1)堆场单机位置及工作状态数据

单机编号、位置、俯仰、摆臂、运行、堆取料、故障等。

(2)皮带机驱动部位设备状态信息

皮带机编号、皮带运行、皮带故障、减速机运行、减速机故障、耦合器运行、耦合器故障、制动器运行、制动器故障。

(3)在界面上设置热点触发区域,点击后弹出网页(嵌入式)。以网页形式查询以下信息:

- 皮带称信息:皮带秤:瞬时量,累计量,班累计
- 单机司机:设备编号、姓名、编号、班次等信息。
- 堆场物料信息:堆场号、计划编号、计划作业量、已作业量、剩余量、货主、品种、堆存量等。
- 设备维护保养信息:设备编号、运行时间、故障原因、润滑系统保养情况、电压电量等。

3.4 系统硬件配置

在一个局域网内,设三个虚拟服务器和十个图形工作站。一个虚拟服务器作为堆场扫描数据库服务器,一个作为管控系统中间件数据库服务器,一个虚拟服务器作为三维生产作业系统平台服务器。图形工作站作为操作显示终端。

4 作业平台应用前景

随着科技发展及自动化控制系统的技术进步,目前国内港口市场对全场自动化控制及管控一体化的需求日益增高。管控一体化三维生产作业系统的应用,为无人作业及生产实时指导提供了精确的数据依据,系统以三维实景的方式展现,降低了用户的使用难度,能够有效减少生产辅助作业时间,提升生产效率。同时,依据精准数据的支撑,可以大幅降低无人作业在复杂天气(夜间、大雾、下雨等天气)的作业难度。全场物料实际堆存信息三维化显示,也为生产作业调度提供直观的作业指导。

除去硬件采购成本以外,软件及三维模型系统搭建完毕后,复用性较高。在港口管控一体化系统实时三维生产作业平台应用以后,可以直观地以三维视角展示设备状态,结合管控数据提供更全面的港区生产作业信息,同时为无人作业提供实时作业指导,大幅度降低生产人员的劳动强度。可作为实用产品推向市场,推广对象可以为已建、在建和正在筹建的港口单位,市场前景广阔。

结语

该平台采用中间件技术实现控制与管理数据的融合,同时整合自动化无人堆取料系统堆场激光扫描数据和单机 GPS 定位数据,实现现场各类数据的实时自动化采集。采用高效的数据存储和数据挖掘技术,提供用于展示的基础数据。在目前港口行业建设速度放缓的大形势下,可以针对已建港口,以较小投入建立港口管控一体化系统实时三维生产作业平台,借助技术手段提高港口管理水平,实现向管理要效益。

参考文献

[1]《港口管控一体化三维实时生产作业平台研究》科技研发项目立项申请书

[2] Broadview. 数据库索引设计与优化. 北京:电子工业出版社,2015

[3] 王占刚、朱希安. 空间数据三维建模与可视化. 北京:测绘出版社,2015

海绵城市建设案例和设计方法简析

刘凌云[1]　钟梅华[2]

（1. 中交上海三航科学研究院有限公司，上海，200032；
2. 中交第三航务工程局上海分公司，上海，200122）

摘　要：国内海绵城市建设正处于发展初期，因有巨大的市场前景而吸引了各行各业的关注和参与。建设过程中积累了一定的经验，也暴露出了一些问题。因此从海绵城市的起因和概念开始，深入分解剖析了建设部指导意见中的措施、标准和目标；然后总结分析了国内外几个典型案例，总结国内现有海绵城市的建设情况，结合中交集团业务领域，提炼出海绵城市的建设设计理念和方法。

关键词：海绵城市；城市内涝；年径流总量控制率；设计方法

引言

近些年经济的大力发展的同时也伴随出现了一些严重的环境问题。一方面城市内涝不断发生，而另一方面全国三分之二多的城市缺水，城市地下水位的下降导致了地面的下降进而在某些地区加速了土壤的盐碱化进程，这些问题随着人们环保意识的增强，开始引起海绵城市的建设热度。在两批 30 个国家级的试点海绵城市的引导下，各省市也开始大力推进海绵城市的建设和试点。现在国内海绵城市建设中出现了几大观点，水利行业强调河湖水系是最大的天然海绵蓄水体，景观专业人员则强推绿色基础设施工程，风景园林拍坚守着原有城市绿地生态的概念，而市政和工程部门则偏向于传统灰色官网的铺设。随着试点工作的推进，各观点的落实中也导致海绵城市实施出现了碎片化的趋势，影响了海绵城市在一个地区的统一规划和落实。而海绵城市建设的目标在于利用和开发雨水，变废为宝，进而把城市建设成为生态宜居环境友好的家园城市。因此海绵城市是一个体系，单独分块建设的海绵城市，都不是最终目标的海绵城市。

1　海绵城市的概念分析

海绵城市国际上通用的定义是“低影响开发”（Low Impact Development，简称 LID），是指的城市或城区建设的前后，雨水的径流比例基本保持不变，城市建设对雨水的影响低。LID 城市像海绵一样，遇到有降雨时能够就地或者就近“吸收、存蓄、渗透、净化”径流雨水，补充地下水、调节水循环，在干旱缺水时有条件将蓄存的水“释放”出来并加以利用，从而让水在城市中的迁移活动更加“自然”。

住建部发布《关于推动海绵城市建设的指导意见》[1] 指出“海绵城市”建设采取的措施是：“渗、滞、蓄、净、用、排”。意见指出定量考核的标准是：年径流总量控制率不低于 70%，到 2020 年城市建成区 20% 以上的面积达到目标要求；到 2030 年城市建成区 80% 的面积达到目标要求。而最终建设的目标是：做到“小雨不积水、大雨不内涝、水体不黑臭、热岛有缓解”。海绵城市建设指导意见，通过措施、标准和目标，勾画出了未来生态型城市图景。该意见作为国家总的指导原则，实施过程中，还应综合各地的地形、降雨量、绿化植被等多方面因素进行规划和设计。

因此海绵城市的六字措施，是“渗和滞、蓄”，即雨水来临时，能渗到地下的尽量实现下渗，不能渗的通过地表的湿地、湖泊或者地下的蓄水池等空间蓄存。第二层是“净”化利“用”雨水，实现海绵城市的最终目的。第三层是降雨太多用不完才要“排”。

海绵城市考核标准主要是年径流总量控制率70%的指标。该指标与场地地面的类型有直接关系，如通常一般的绿化草坪的径流系数为0.15～0.2，而混凝土或沥青路面的径流系数为0.85～0.95。通常将面积和径流系数加权平均后得到某个地区的径流系数。随着现代城市的建设，城市的年径流总量控制率往往达不到70%，因此海绵城市建设中以规划为先导，充分利用河湖水域蓄存，增加绿化植被率，并配合建设必要的地下蓄水空间。

海绵城市建设的目标，也分三个角度。首先“小雨不积水，大雨不内涝”是指通过海绵城市实现雨洪管理的目标。第二个角度是“水体不黑臭”，是“净”的概念。一般初期雨水（1～2mm）冲刷地面，污染物含量较高，所以通常前期雨水要处理后才可以进入雨水系统。最后是“热岛有缓解”，通过增加地表水和绿化的面积，利用水的热反应特点，降低城市地表温度，减轻热岛效应。

2　国内外海绵城市建设经验

2.1　国际的项目经验

（1）荷兰鹿特丹[2]，由于城市地面比海平面低，不能利用重力将雨水排到海里，因此探索了一条独特的海绵城市建设方法。如Benthemplein广场，一年内90%的时间保持干燥，平常雨季里将雨水存贮到下部的水池里。当特大暴雨时下部水池蓄满，外围的水通过净化流进广场，使广场变成地面蓄水的水上乐园，达到控制延滞雨水径流并减轻城市内涝的目的（图1）。

图1　荷兰Benthemplein广场蓄水前和蓄水后

（2）新加坡是一个典型的赤道附近热带岛国，淡水资源紧缺，雨量充沛，所以政府非常重视雨水的管理和利用。从早期的加大排水沟减轻城市内涝等LID理念，到现在重视蓄积雨水并倚势建设生态城市的ABC（Active，Beautiful，Clean）。如在marina bay入海口横建一拦水坝，分开淡水和海水，尽可能增加淡水蓄积量。新加坡的海绵城市建设经验，值得我国城市深度借鉴（图2）。

（3）德国雨水资源丰富但分布不均，因此政府依然非常重视地下工程，其80%的路面是渗水透水路面，全国有515000km的地下排水管网，每年可以处理94亿m^3的污水和雨水。以慕尼黑为例，暴雨来临时，慕尼黑的13个总容量达70.6万m^3的地下储水库可暂时贮存雨水，然后将雨水缓慢释放到地下排水管道。德国近年来开始推广的“洼地—渗渠系统”使各个就地设置的洼地、渗渠等设施与带有孔洞的排水管道相连，形成了一个分散的雨水处理系统（图3）。

（4）日本与新加坡类似，也是多雨的岛国。日本东京应对集中暴雨的“法宝”是“下水道＋地下蓄水池”。如位于东京外围琦玉县春日部市的“东京外围排水系统”，被称为世界规模最大，深埋地下50多米、全长6.3公里，由五个巨大的圆柱形蓄水坑、宽度达10米的输水管道，以及更为巨大的“调压水槽”构成。而59根巨型大柱子，撑起一个巨大的地下空间。蓄水池面积达13806平方米，高18米。“调压水槽”能将从五个蓄水坑流来的大量雨水“吞入肚中”。调控时需要用飞机引擎改装的抽水泵，排入附近的江户河(图 4)。

图 2　新加坡的雨洪管理和生态城市

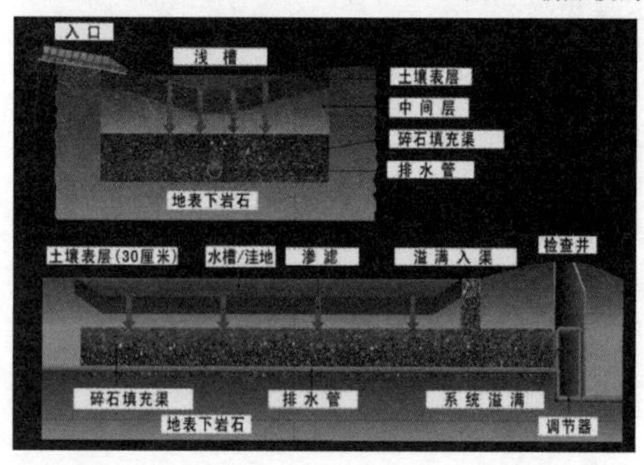

图 3　德国的雨水系统和地下蓄排水设施

世界各国均积累了雨水管理利用系统的先进经验,另外如澳大利亚的水敏感城市设计,英国的可持续城市排水系统,美国的最佳管理措施和低影响开发,新西兰的低影响城市设计和开发等,也都是在各自特殊条件基础上发展而成的海绵城市设计理念。从调研结果来看,各国各城市的海绵建设,都需要建设利用地下蓄水的灰色建筑以最大程度管控利用雨水。

2.2　国内海绵城市案例

国内的海绵城市建设总的来说还处于起步阶段。历史上也有优秀的案例,如北京故宫城的渗水排水和用水系统、青岛老城区的德国留下的排水系统、赣州老城区的福寿沟、安徽宏村的排水系统等,这些案例基本都还是集中在“排”的阶段,对雨水的利用率不高。雨水利用率最高的是西北地区近十年左右兴建的“母亲水窖”,利用埋置于地下的蓄水池,将房顶雨水收集起来备用,解决西北部地区的缺水问题,但都是小规模的单点微型工程,没有应对暴雨洪水的作用。上海世博会的雨洪管理系统,基本是参照国外海绵城市的规划理念,走在了国内的前列。

(1)赣州的福寿沟

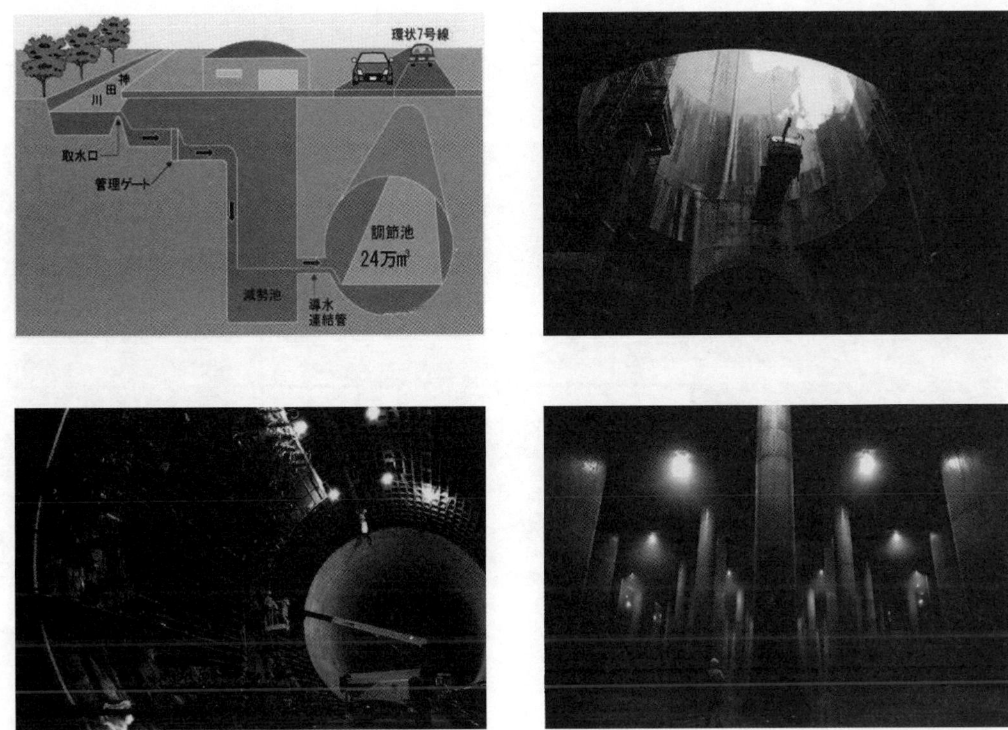

图4　日本海绵城市和地下蓄排水设施

宋代刘彝主政赣州时期建设并保留至今的福寿沟，利用街区布置并巧妙利用水的重力将水引至江中。设计时也考虑了城区水位和江水水位的差异，利用水窗来调节水流方向，实现了雨水的管理和排放(图5)。

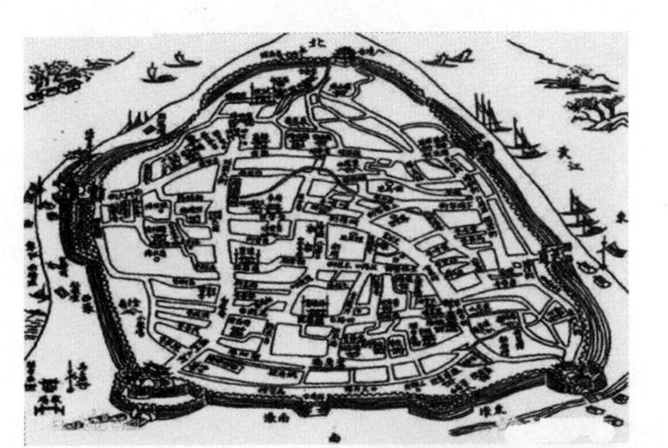

图5　赣州福寿沟和天窗

(2)上海世博会

上海世博会几乎是当前国内海绵城市和雨洪管理的最高水平。首先世博园区内的所有建筑都有雨水收集设施,收集来的雨水用以灌溉喷淋周边的植被,中国国家馆周边还建了几个小型的人工沼泽,增加地表水面积。特别时在世博轴下建了800m长,约7000m^{3}容量的地下蓄水池,蓄积的雨水还可以提供周边场馆喷淋和日常用水。世博会设计规划中充分考虑来雨水的利用问题(图6和图7)。

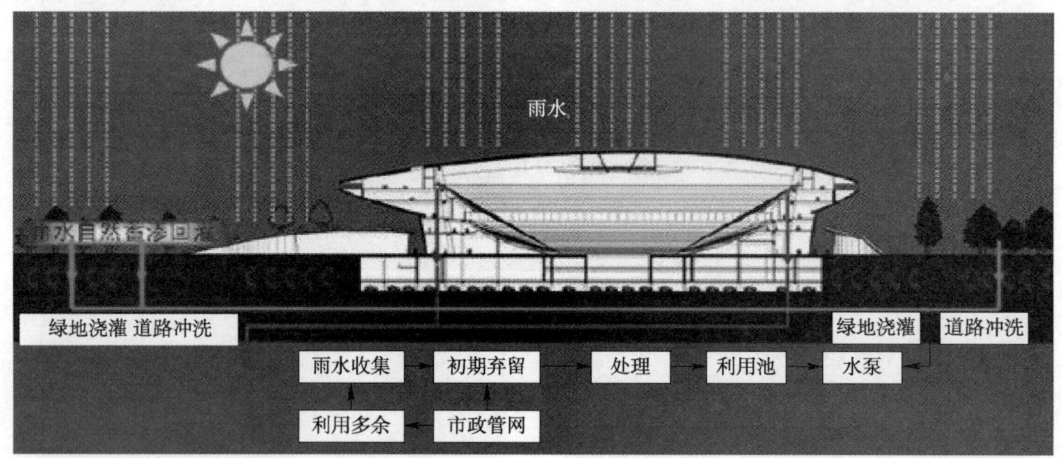

图6 上海世博会场馆雨水管理

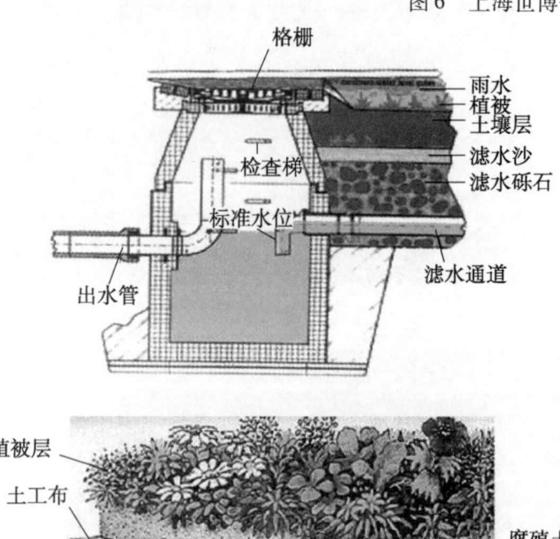

图7 上海世博会道路地面雨水收集系统

另外,世博园区停车场采用渗水材料,道路路面也采用钢厂矿渣作为原料增加渗透性。公园绿地下设浅层蓄水层,就地蓄积雨水。由于初期雨水冲刷路面导致污染物浓度高,所以初期雨水先进入到后滩和浦明的污水处理站经过处理后再排入黄浦江。

3　海绵城市建设设计方法初探

现在国内30个国家级试点城市,以及各省市设置的海绵城市试点城市或项目,正在为我国的海绵城市建设积累宝贵经验。其中也暴露出一些认识误区。(1)重绿色环保轻灰色建筑,忽视灰色建筑如地下蓄水空间的建设,导致有些所谓建成区今年依然出现城市内涝。(2)简单认为海绵城市就是解决城市内涝。忽略其最终建设生态宜居家园的目标。(3)割裂城市建成区之间的联系,孤立的看待某个片区或某个专业的海绵城市建设,造成海绵城市建设的碎片化。(4)过分解读海绵城市,把它看成是解决城市问题的最终手段。把很多城市建设都归类为海绵城市建设范畴,过多挤占了建设资金。(5)盲目跟风,忽视技术的积累和研发。海绵城市建设,尤其是地下蓄水设施建设,给工程界带来新的机遇,也是挑战,很多技术问题需要解决。所以,本文力争从海绵城市基本概念入手,解析海绵城市的设计方法和思路。

3.1　汇水面积和降水量的计算问题

海绵城市建设首先要明确海绵城市建设区域内的汇水面积和降雨量,得到要处理和消渗的雨水总量,再根据70%的径流控制率来决定设计中要采取的措施。

汇水面积直接与地形地貌有关系,可以利用现有的地形图和infraworks、civil 3d等软件来计算。但由于市区里的地下排水管有可能利用管路的坡降而改变地面的汇水面积,会影响真实的汇水面积计算,设计时要把这个因素考虑进去。

其次,确定降雨量。指导意见中年径流总量控制率不小于70%,是指将一年的降雨量(不小于2mm的降雨)按照从小到大排列,小于某个数值的总和与全年降雨总和的比例。然后查指导意见中给出的各城市的不同的控制率对应的日降雨量。比如在上海65%,70%,80%的年径流总量控制率对应的日降雨量分别为13.4mm,18.7mm和26.7mm。但实际实施中还得结合当地的具体情况,在临界值及更大的降雨量中,考虑到一日中不同时间段的雨量差异,进一步细化规划和设计目标。

3.2　海绵城市雨水渗滞蓄用的设计方法探索

确定了某个地区的降雨量后,开始对区域内场地的渗透地面的比例和渗入量进行精确设计。由于场地铺设的种类及其径流量的经验系数不同(如表1所示),规划设计的面积加权汇总后计算总的年径流控制率不小于0.7。由于各地的地形地貌的差异较大,所以必须综合考虑不同地区的差异,因地制宜地选择最合理,最低影响度的建设方法。如上海地下水位高土壤中的容积量小,所以雨水下渗难。如青岛,丘陵地貌汇水面积不均衡但雨水汇集快,极易在低洼地区快速产生内涝,同时青岛严重缺水城市,需要加强雨水的利用。武汉城市地表低于长江水位,雨水排放难度大,所以需要重视蓄水空间的建设。要提高地面的径流空置率,在现有技术的基础上,应研发新的透水材料、和地面铺装工艺,或者浅层蓄水体,提高雨水在浅层土体中的蓄积比例,延迟洪水高峰,减轻排水管道和蓄水池的泄洪压力。

各类场地径流系数经验表　　表1

场 地 类 别	径 流 系 数	场 地 类 别	径 流 系 数
绿地	0.15~0.2	级配碎石路面及广场	0.4~0.5
各类屋面,混凝土、沥青路面及广场	0.85~0.95	干砌砖石级碎石路面及广场	0.35~0.4
大块石铺砌的路面和广场	0.55~0.7	非铺砌土路面	0.25~0.35
沥青表面处理的碎石路面及广场	0.55~0.65		

对于某个地区的海绵城市建设而言，根据年径流总量控制率和地表径流的计算，可以得到需要蓄积的雨水的量，从而得到需要建设的地下蓄水空间的大小和规模。因此地下蓄水池设计过程中需要解决的内容包括(1)城市总体规划，合理协调利用现有设施和地面的河湖体系，根据地形和雨水排水管的走向合理优化布置雨水的径流方向和径流量，针对3年或5年一遇的降雨强度，减轻城市内涝的发生。(2)地下空间的合理布置和优化，由于城市地下10～20m深度范围内的空间大量用于地铁工程、高层建筑地下室、人防工程、地下商场或停车场等，地下空间紧张，所以在地下蓄水空间设计规划时，要尽量合理利用，或者可向下用到地下50～60m的地下空间，避免对城市地下空间的挤占但给工程实施就带来来很大难度。(3)地下蓄水空间水流径的合理规划。合理的水流方向，可以初步沉淀泥沙，甚至做初步的污染物处理，同时也能兼顾到安全问题，避免北京721暴雨事件中人被卷入地下管道中的事故发生。(4)地下空间结构安全和稳定，地下蓄水空间作为超深超大的深基坑工程，其施工期间的施工方法、支护工艺和降水方法等，都有很多需要迫切解决的问题。(5)防水的技术和材料。地下蓄水空间如上海待建的苏州河下巨大的地下蓄水池的建设，在地下50～60m的深度建蓄水池，要考虑到结构的防水效果和寿命，避免引发江水的侵入。(6)"用"好雨水资源。对于地下50～60m的超深地下蓄水池，将数十万方的雨水泵送到地面供再利用也是个很大的技术难题。日本用飞机发动机改装的超大功率的水泵来提水，研发高功率高扬程的水泵，成了一个技术攻关点。(7)新能源的应用。在风能、太阳能等新能源蓬勃发展的时期，如何将新能源融合到海绵城市的建设中去，减少碳排放，降低雨水再利用成本。如英国爱丁堡充分利用太阳能，建立了零能耗的海绵城市体系。

3.3 PPP 模式在海绵城市中的应用初探

海绵城市建设总潜在市场有2万亿之大，需要政府资金和民间资金的合作才可以完成。政府也在大力推动PPP的投资模式，希望借助于民间资本共同完成海绵城市大业。而目前我国海绵城市的建设，民间资本比较难直接从项目上获利。澳大利亚的水敏感城市设计(wsud)，以州政府为中心形成了权责明确、适度统一、运转有效的水资源管理体制。这样的结构有利于管理信息的传播和反馈，能够制订出符合实际的政策，减少实施的环节，避免政出多门的矛盾。而水价改革是澳大利亚供水业改革的关键，各地新水价的制订和供水企业化几乎是同步进行的。目前，澳大利亚不论是城市供水企业，还是农业灌溉公司都能盈利运行，其投资回报的落脚点在于社会或个人购买供水企业或灌溉公司的服务。

嘉兴在望吴门广场等三个项目的建设中，探索了PPP模式，总投资17.74亿，社会资本占75%。其中的PPP合作模式，是政府除了支付前期投资外，运营期间每年以购买服务的形式支付一定额度的服务费。这种模式降低了项目风险和成本，平滑了财政支出，另一方面也在引进资本的同时引进了更高效的管理模式和技术。探索出了一条政府购买服务的ppp投融资思路。

结语

在国内海绵城市建设初期积累来经验也暴露出了一些问题，比如各专业各地区的规划设计中出现了碎片化的问题。本文从海绵城市定义入手、深入解析了我国海绵城市建设指导意见中的措施、衡量标准、建设目标。

调研总结了国外和国内的海绵城市建设案例，总结得出国外海绵城市成功案例的建设中都因地制宜的探索了很多理论和方法，同时也都重视地下蓄水空间的建设和开发，加大对雨水的管控和利用。这对于我国探索尝试海绵城市建设有很重要的参考价值。

最后，从海绵城市建设的流程角度，分析了如何确定地区汇水面积和年径流总量控制率，列出常见地面铺装方法的径流系数，在此基础上提出利用地下空间的蓄积功能完成海绵建设的目标，并初步提出了地下空间建设的注意事项。同时还初步探讨了海绵城市建设PPP投融资模合作式的经验和方法。

参考文献

[1] 国务院办公厅关于推进海绵城市建设的指导意见[M].国办发[2015]75号文

[2] 参考自中国海绵城市网案例 http://www.calid.cn/

混凝土重力式平台在油气开发中的应用

黄云峰　张明哲　陈明佳
（中交海洋建设开发有限公司，天津，300000）

摘　要：随着“一带一路，发展海洋经济”战略的实施，油气整个产业迎来新的一波利好政策。通过对国外已经投产 Malampaya 凝析气田项目进行深入研究，重点介绍该项目中应用的混凝土重力式平台，同时对其中部分工艺与港工技术横向对比，论述两者相通之处，分析混凝土重力式平台优点与面临的技术挑战。为未来我国海洋油气田开发提供一种新思路。

关键词：油气；平台；混凝土；沉箱

引言

早在 2010 年国务院公布的《关于加快培育和发展战略性新兴产业的决定》，提出了要大力扶持和重点发展的产业就涉及海洋油气业、海洋新能源、海洋高端装备制造业等，表明海洋将成为国家发展战略性新兴产业的主战场。而后党的十八大报告也提出，要“提高海洋资源开发能力，发展海洋经济，建设海洋强国”。当前，更是随着“一带一路，发展海洋经济”战略的实施，油气整个产业迎来新的一波利好政策。中国已是世界最大的能源消费国，目前中国原油对外依存度接近 60%，天然气对外依存度达 30%，未来中国天然气对外依存度还将增加。而最近 20 年来，我国石油产量增长的 50% 以上来自海洋开采，而海洋油气开发中海洋石油工程装备尤为重要。通过介绍菲律宾 Malampaya 凝析气田开发中应用的混凝土重力式平台，同时结合港工技术，为未来我国油气田开发提供一定参考。

1　工程背景

菲律宾群岛西部巴拉望岛西北的 Malampaya 凝析气田，该工程位于马尼拉以南 500 公里南海巴拉望岛（Palawan）西北部海域。该工程项目是一项集深水天然气开发、燃气发电的综合项目，总投资额 45 亿美元，由壳牌菲律宾勘探公司（SPEX）作为作业者与德士古公司（Texaco）各占有 45% 的股份，菲律宾国家石油公司（PNOC）拥有其余 10% 股份[1]。预计拥有 2.6 万亿立方英尺的天然气可采储量。项目采用混凝土重力式平台，混凝土重力式平台的底部通常是一个巨大的混凝土基础，多为沉箱结构。用三到四根混凝土柱支撑甲板结构，在平台底部巨大基础中被分隔许多储油舱和压载舱。这种平台的重量极大，正是依靠平台自身的巨大重量，使平台可直接作用于海底。该平台混凝土原油舱其设计天然气处理能力为 508MM scf/d，凝析油处理能力为 32800b/d，设计开采期为 30 年。该项目的输气方案是通过一条 504 公里的管线，将该气田的天然气输送到八打雁的 3 个燃气电厂。这条输气管线的一半水深超过 600 英尺，因此成为世界最长的深水管线之一（图 1）。

2　Malampaya 项目中混凝土重力式平台介绍

该平台分为两部分，其一为上部钢结构平台包括其上生产、生活设施、直升机起落坪。其二为平台之下的混凝土支撑及重力稳定结构（CGS）。CGS 由四个巨型支撑塔柱及其下沉箱组成，塔柱高 59 米，直径 11 米为甲板提供支撑；沉箱沉入水下 45 米深，沉箱规格长 112 米、宽 70 米和高 16 米。整个 CGS 除了为上部钢结构平台提供支持外,CGS 还用来为凝析油临时存储。而原油经过稳定处理后,存入 CGS 储油舱内,处理后的凝析油再由通过穿梭油轮运走[3]。

3 Malampaya 项目中混凝土平台与港工技术相通之处

该项目中混凝土重力式平台与港口工程中重力式码头工程施工技术存在相通之处,具体分为以下四方面。

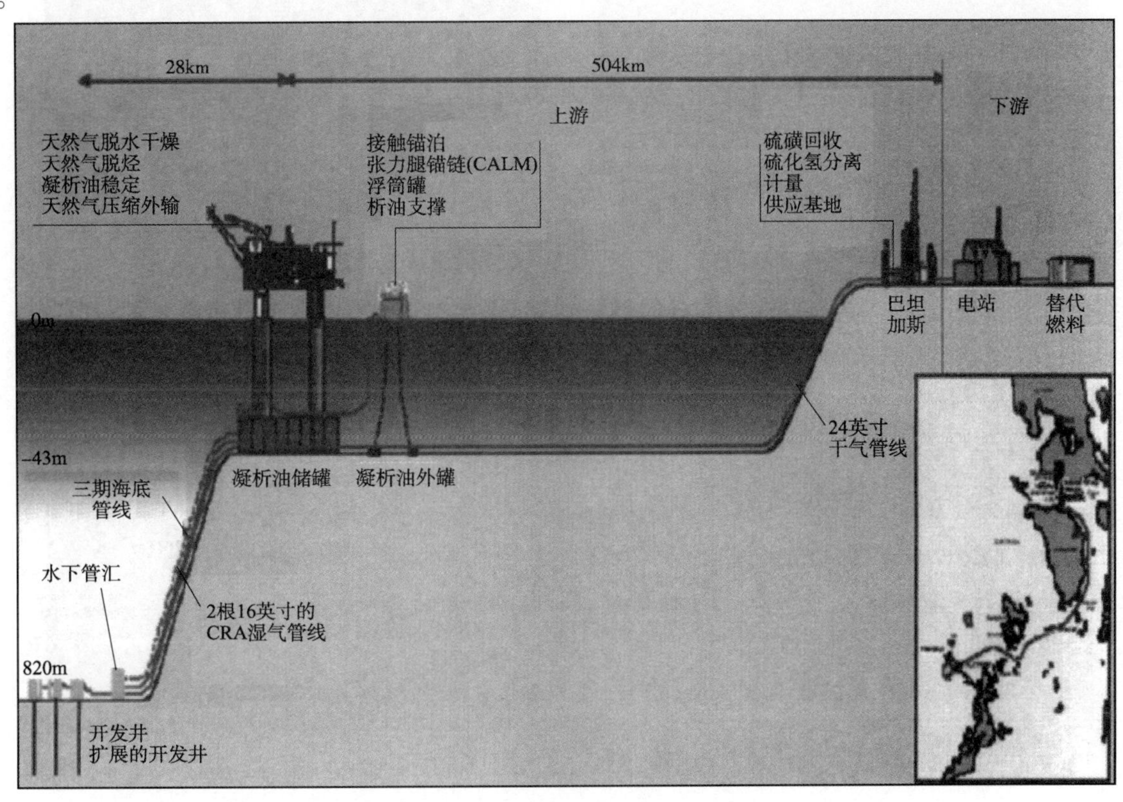

图 1 Malampaya 凝析气田开发模式示意图[2]

3.1 结构、建造材料

CGS 为矩形沉箱结构与港口工程中重力式码头沉箱结构相似,沉箱内设置纵横隔墙,将沉箱分成若干个舱隔,作为储存舱与压载舱。CGS 的建造材料同样为钢筋混凝土,整个 CGS 建造用 66000t 混凝土,7100t 钢筋和 600t 预应力钢绞线。

3.2 基础工程施工

在港工领域中抛石基床是重力式码头中广泛应用的一种基础形式,作用为减小沉箱在施工和使用时的沉降同时保证基床能够均匀地承受上部荷载的压力。该项目基础施工与港口工程中重力式码头基础施工相似,为了适应海底原海床的不均,同时确保 CGS 基础是一个平坦的表面,先利用挖泥船对原海床进行疏浚挖泥,开挖一个 12 米深 150 米宽的基槽,再进行基槽抛石施工,共抛填 361 堆岩石,共计 17000t。

3.3 沉箱预制、出运方式

国内特大型沉箱预制出运,通常选用修造船用的干船坞内预制下水出运。例如由中交第一航务工程局有限公司建造完成的迄今为止国内最大沉箱重 2.6 万吨,2012 年 5 月 11 日在旅顺中远 2#船坞预制出运。CGS 预制出运同样采用干船坞加浮运拖带安装,奥雅纳公司专门为 CGS 预制出运设计的一个专用的干船坞,保证两年的建设期在一个安全的工作环境、船坞位于苏比克湾。并在其中进行预制施工待预制完成,通过事前挖好的航道将海水引入船坞内开启船坞坞门,船坞不断进水直到沉箱处在漂浮状态,利用拖轮拖带,将 CGS 拖带到指定海域。施工过程复杂,需要对施工全过程设计和精确计算。CGS 顶部平台安装采用高位降落法:将岸上已经建成钢结构平台置于驳船上,其下用支架垫高,使得在高潮位时平台底部高于 CGS 塔柱顶部。然后拖至现场,利用落潮及控制驳船进水,将平台准确降落在四个支点上[3]。

图 2　CGS 基础抛石后示意图

图 3　CGS 挖泥船基槽开挖示意图

图 4　上部钢结构平台安装

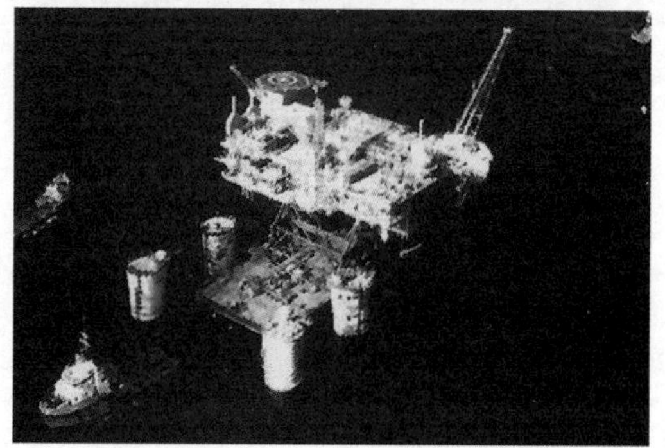

图 5　CGS 海上浮运拖航

3.4　沉箱内回填

在港口工程重力式码头中,一般沉箱下沉完毕后,条件允许的情况下应立即进行填充工作,在短时间内将沉箱填充到不会被风浪流推动的程度,以免沉箱发生位移和破坏箱壁[4]。必要时为防止基床的淘刷,要考虑在基床上安放压肩块体。CGS 安装后,同样进行块石回填,将 75000 吨的块石回填到 CGS 的压载舱中,以保证其稳定性。同时为了避免平台基础受到冲刷,将 3000 吨岩石抛填在 CGS 周围作为防冲刷保护。

图 6　CGS 压载舱回填示意图

图 7　CGS 防冲刷保护示意图

4　混凝土重力式平台对比钢制平台优缺点分析

4.1　混凝土平台优点

钢制平台存在耗钢量大、造价高、维修较为困难等缺点，混凝土重力式平台有其独特的优点，在它问世后的几十年间，得到快速发展，已引起世界各国的重视。混凝土重力式平台一般具有钻井、采油、储油等多种功能，海上作业条件好，可提供较大的甲板面积和负荷能力，节省钢材，并具有抗海水腐蚀、防火、防爆性能好，抗事故性荷载能力强，维护工作量小，费用低，使用寿命长，易于就地取材等优点。通过国外的经验认为，混凝土平台在坞内建造的时间较长，而海上安放及吊装的时间短，可大大减少，例如北海StatfjordB平台，从拖航、定位沉放坐底至基础下灌浆，全部海上作业时间只用了18天，大大低于海上钢制平台安装所需时间。海上安装费用和风险从平台建造到平台作业的总工期进行综合考虑，混凝土平台所用周期并不比钢平台长，甚至还要短几个月。另外两种平台的维修、操作及搬移所需费用也相差很大。根据国外的经验，钢导管架平台、海底管线等每年需要大量的水下潜水维修工作，维修费用一般为造价的5～7%；而混凝土平台无需维修，费用只占其造价的0.05%～0.1%[5]。

除此之外混凝土重力式平台还具备以下优点：

(1)平台可自浮，可利用拖轮拖带采用湿拖法、安装费用低；

(2)混凝土重力式平台重量大，平台坐底稳性较好、抗台能力强；

(3)利用底部沉箱外壁安装立管护管，井槽配置数量较多；

(4)混凝土结构费用低，甲板面积大，可以考虑安装大型钻机；

(5)原油外输可采用普通穿梭油轮，油轮造价、租金及运营操作费用较低；

(6)混凝土重力式平台可增设大型橡胶护舷靠船墩设施，即对平台具有保护作用，又为穿梭油轮及拖轮提供靠泊设施；例如地中海意大利海域，水深28米的Adriatic液化天然气接收站。该接收站为混凝土沉箱结构，长180米、宽88米、高47米。可供大型液化天然气运输轮直接靠泊；

(7)多功能性，平台具有钻、采、储、系泊等多种功能，沉箱内可布置其他液舱，节省甲板空间。

4.2　混凝土平台缺点

(1)海上就位安装对地基的要求高；基础的好坏，将成为重力式平台成败的关键；

(2)作为大体积混凝土结构混凝土平台受力情况、结构分析、制造工艺比较复杂；

(3)其建造和运输场地要求较高，临岸需要有深水区及深水航道；

(4)重复利用难度较大。混凝土平台弃置拆除较为困难；

(5)混凝土平台国内建造经验较少，国内技术实力较弱；

(6)混凝土平台质量一般比较大，吃水较深，拖航风险高。

5　混凝土平台使用条件及目前存在的技术问题

5.1　混凝土平台使用条件

混凝土平台已经历了四十多年的发展，从国外的相关经验来看，混凝土平台使用限制条件主要是水深和地基承载力。从国外已投产的混凝土平台来看，适用水深最浅至5m，最深达350m；混凝土重力式平台安装在海床地基上，由于其质量巨大，所以对海床地基要求较高，要求海床地基相对平坦，承载力较高。同时混凝土平台出运需要较大较深的施工水域和深水航道。

5.2 环境荷载的正确确定

设计考虑荷载比一般建筑复杂，海洋环境荷载包括风、浪、流、冰和地震等荷载，例如需要考虑海浪冲击力，油轮停靠的冲力及拉力，强台风冲击及风振效应，静力水压，空舱浮力，高空坠物，以及顶部钢结构甲板平台降落安装时产生的冲击力等等。其中波浪荷载和冰荷载最难确定[3]。

5.3 混凝土平台拖航吃水问题

混凝土平台重力式基础结构质量一般比较大，吃水较深，给平台的拖航和海上安装带来较大的困难，解决这一问题方法可以考虑采取如下方法[6]：

（1）选址合适的建造场地，减少建造场地与海上安装点的距离，缩短海上拖航距离。

（2）采用非常规沉箱，如用钢隔板代替钢筋混凝土隔板，形成混合结构。

（3）采用高强轻质混凝土，以减少吃水，例如用于 350 米水深的 Heidrum 半潜式平台就采用了高强轻质混凝土，用量 65000m^3，混凝土抗压强度为 75MPa，密度为 1.94t/m^3，平台重量减轻了 22.4%。

（4）采用有效的减少吃水施工措施，增加辅助助浮措施如用浮筒助浮，也可以合理利用潮位乘潮拖航作业等。

5.4 混凝土平台抗滑问题

平台底部与海底相互作用产生的抗滑力不足以克服风"浪"流"冰等对平台作用的水平滑移力，需采取有效的方法增强混凝土平台的抗滑移动能力，确保混凝土平台不发生滑移，根据国外经验可采用纵向钢裙板或混凝土裙板，将钢裙板或混凝土裙板穿透海床上部松软土层至更坚硬的土层使结构能比较稳定地"站"在海床上，我国浅海海域也可考虑设置抗滑桩防止平台发生位移。

5.5 混凝土平台基础问题

混凝土平台自身重量巨大，海上就位安装对地基的要求高，同时海底冲刷比较严重，如何防止海底冲刷以及降低冲刷危害是一个技术难点，根据国外相关经验可在海床上挖出一个与平台底座同样大的基坑，将平台底座沉入坑中泥线以下 1.5 米处，然后在底座周围抛填碎石从而达到防冲刷的目的。

结语

在自 1973 年英国北海建成的第一座混凝土储油平台至今已有四十余年的历史，国外混凝土平台发展经验证明，用混凝土重力式平台开发我国滩海油气田具有明显优越性，通过与港工施工技术进行横向对比，发现混凝土重力式平台与其存在许多相通之处，将港工技术与海洋工程专业相结合发挥各自优势所在，使混凝土重力式平台早日投入到我国油气田的开发建设应用中，为我国海洋石油装备注入新的元素。

参考文献

[1] 张春贺. 菲律宾油气产业的发展思路[N]. 中国石油报,2005-06-27(07)

[2] 喻西崇,谢彬. 国外深水气田开发工程模式探讨[J]. 中国海洋平台,2009,24(3):52-56

[3] 黄吉奇,邓东. MALAMPAYA 石油平台抗震设计[J]. 工程力学增刊,1999:829-833

[4] 周福田. 水运工程施工[M]. 北京:人民交通出版社,2004,8

[5] 彭军生. 重力式混凝土浅海采油平台的发展现状[J]. 中国海洋平台,1994,9(2):47-49

[6] 路继臣. 滩海石油工程技术[M]. 北京:石油工业出版社,2006,3

积极拓展机电新领域的探索

侯卫兵
（中交机电工程局有限公司，北京，100088）

摘　要：通过分析集团铁路业务范围及市场前景，并根据目前集团、公司铁路业务所存在的问题、现状，本文依据集团“五商中交”的要求结合中交机电工程局有限公司铁路及轨道交通机电技术团队的发展需求，提出了打造铁路及轨道交通机电团队的方法、团队能力及执行力的提升途径，保证了集团及中交机电局的转型升级中集团战略的有效落地。

关键词：转型升级；机电；创新

引言

在国家“十三五”规划和目前的经济新常态情况下，公司为有效拓展机电新领域，占领铁路及轨道交通市场，补齐集团短板，突破目前铁路及轨道交通市场的不足，采用新思维、新方法，快速营造发展新机遇，开启公司发展新征程。

目前在国内铁路及轨道交通机电领域主要是由中铁、中铁建及通号集团下属的设计院和各工程局占主要份额，其中有能力实施全过程的是中铁电气化局集团、中铁建电气化局集团，中铁电气化局集团所属设计板块业务经过整合基本也脱离；中铁建电气化局集团所属设计板块业务由于与站前的融合度不高发展了十年现在业务量仍旧很小，通号集团现正在打造全专业的团队。这几家单位是铁路及轨道交通机电领域发展了多年而且现在根据形势的变化仍在继续整合。

1　公司业务现状

中交机电工程局有限公司是与中国交通建设股份有限公司总承包经营分公司一套人马，两块牌子运作。

总承包经营分公司成立于2006年2月，主要承担以中国交建名义承建的重大项目的实施和管理，组织实施BT、BOT项目的经营管理，包括对项目公司的管理，以及其他以中国交建名义承建的项目运作及管理。

在多年的项目运作过程中，尤其是在实施“五商中交”战略、延伸产业链、实施差异化经营和打造“升级版”中交的战略进程中，集团及公司领导经过实施差异化经营、完善产业链、开发市场增量等综合考虑，于2013年9月9日成立了中交机电工程局有限公司，致力于提供土建—机电工程一体化综合服务，是集科技研发、设计咨询、工程施工、运营维护、产品制造和商务开发为一体的机电成套系统集成商和工程总承包商。立足于港口、公路机电业务，同时支撑中国交建海外业务发展，支持中国交建向轨道交通市场进军，支持中国交建港口业务的升级。

2　公司业务存在的问题

2.1　集团业务范围

公司业务主要是与集团所承接业务配套，根据集团年度报告：在2015年度，其中基建建设（约占

85%)、基建设计(约占5%)、疏浚工程(约占5%)、装备制造(约占4%)、其他业务(约占1%),其中基建建设包括:港口建设、道路与桥梁建设、铁路建设、投资类业务、海外工程业务、市政等其他业务。

其中2015年全国完成铁路建设投资规模达到8,238亿元,但中交集团2015年于中国大陆铁路建设新签合同额为270.63亿元,与中国中铁和中国铁建两家传统铁路基建企业在中国区域的市场份额方面还有较大差距。

同时根据规划,最近三年铁路投资达2万亿、城市轨道交通也有1.6万亿。具体如表1所示。

集团基础建设投资统计表　　表1

项　目	重点推进前期工作	新建改扩建	投资
铁路	86个	2万公里	2万亿
城轨	103个	2000公里	1.6万亿
公路	54个	6000公里	5800亿
机场	50个	—	4600亿
水路	10个	—	600亿

由此可见铁路与轨道交通占据了近三年交通基础建设的大部分。

集团在制订"五商中交"战略规划时,已经意识到了未来基建项目的发展趋势,做出了向铁路和轨道交通发展的部署,但由于市场壁垒、队伍专业性等问题造成在国内市场份额不大。然而,在境外市场方面,公司已经占中国企业铁路"走出去"对外承包工程份额的三分之一以上。

2.2　公司存在的问题

在占集团业绩较大份额的港口建设、道路与桥梁建设有饱和的趋势的前提下,公司与集团内其他企业一样积极转型加大对铁路与轨道交通的投入,推动企业转型升级。

2014年集团党代会提出了"五商中交"战略,同年即在海外快速落地实施,集团承接了肯尼亚百年以来第一条铁路——蒙内铁路。蒙内铁路项目的实施是集团在海外铁路市场里程碑式的事件,对中交意义深远、重大。在该项目上,集团承建了站前所有专业的设计施工任务,由于集团专业的欠缺,铁路机电业务委托了其他单位。

彼时,公司已有一部分铁路及轨道交通机电人才,但形成团队进入市场全面竞争还很显不够。如果不配齐所有专业团队,那么随着国家铁路、轨道交通基建项目的强力发展和"一带一路"战略的快速实施的过程中,中交集团总是要受制于人,所以打造铁路及轨道交通机电技术团队、完善整个铁路、轨道交通产业链已成为公司也是集团迫切需要解决的问题。

3　团队建设规划

市场转型升级首先离不开一个强有力的专业团队,但由于国内的铁路市场多年的建设以及铁路中长期规划、轨道交通规划的庞大性,造成铁路及轨道交通机电的专业人才缺口很大,尤其是高端人才。为了确保有效、快速完成团队建设,公司从产业链的上中下游进行了合理的计划。

3.1　源头打造

规划、设计是所有基建项目的源头,对项目有着宏观、大局性的把握程度,因此组建设计团队成了首要任务。公司经过多方比选和考虑,于2016年6月成立中交机电局武汉技术中心,业务以设计为主,辅以对公司业务的技术支持。

3.2 巩固中段

施工过程是项目建设的最长阶段，是完成项目的关键保障，加强对施工力量的升级改造，完善组织架构，提高技术水平，是公司面临的又一课题。公司集思广益，根据项目特点组建项目部，合理调配资源，同时引进专业人才，按需设岗，充实施工力量的建设。

3.3 拓展下游

一个项目的竣工完结，需要进行大规模、全方位的检验、测试，是对整个工程质量、功能的全面验收，只有达到设计要求的项目，才能交付用户。为此公司准备成立试验中心，具备全面的联调联试能力，保证工程的顺利实施。

4 团队建设规划方法

一个团队的组建，不仅仅是人才的拼凑，如何保证团队的能力和效率，以及保持团队的可持续性，我们采用了以下方法：用“差异互补”方法遴选组建高素质团队；用“卓越绩效”方法管理团队；用“创新思维”方法提升团队；采用“大数据”、“互联网思维”等方法完善团队构建。

4.1 差异互补

根据国内外研究表明，群体差异性与其创造性成正相关，差异性群体对快速变化的环境更适应，当解决复杂、非常规问题时，由拥有不同技能、知识、能力和观点的个体组成的差异群体会更加高效。因此在组建专业团队中，我们在遴选人才时根据专业知识互补、智能互补、年龄互补、个性互补的原则按需适时引进，目前我们的专业团队体现出差异互补所带来的积极作用。

4.2 卓越绩效

卓越绩效模式是当前国际上广泛认同的一种组织综合绩效管理的有效方法/工具，根据 GB/T19000-2008 的界定：通过综合的组织绩效管理方法，为顾客、员工和其他相关方不断创造价值，提高组织整体的绩效和能力，促进组织获得持续发展和成功。

目前公司专业团队均已或准备采取这种模式，达到有效管理。

4.3 创新思维

创新思维的本质在于将创新意识的感性愿望提升到理性的探索上，实现创新活动由感性认识到理性思考的飞跃。

由于铁路及轨道交通机电所采用的均是世界上发展最快的专业领域，如果只拘泥于以往的经验，那么就跟不上时代的发展。在公司的发展规划中，积极向铁路及轨道交通机电倾斜，在申报集团、公司科研项目中占据最大份额，只有这样才能更好提升团队。

4.4 大数据、互联网思维

大数据、互联网是保证企业快速发展的重要手段和方法，国家早就已经意识到其重要性并作为国家战略加以明确。公司在组建团队时并规划了信息化建设，同时采用 BIM 等手段来提高专业水准，利用“大数据、互联网思维”来完善团队建设。

5 团队组建的创新

在团队的组建中，以创新来建立一套可实施的模式，为以后公司的发展提供一套思路。

5.1 模式创新

一是建立设计-施工无障碍结合机制与平台,实现无缝对接;二是建立知识共享机制和平台将隐性知识转化为显性知识,实现知识共享;三是建立知识保护机制,保护知识产权;四是建立工作分担机制和激励分配制度,留住知识载体——人才;五是建立推动知识积累和引进工作制度,实现知识持续创新。

5.2 模式创新全面性

以构建核心能力、提高持续竞争力为导向,以价值创造或增加为目标,以各种技术要素,如技术、组织、市场、战略、管理、文化、制度等的有机组合与协同创新为手段,打造从规划、设计、集成、施工、研发、运营全方位的技术专业团队。

5.3 先进性

一是体现观念创新—"无为管理"的管理理念;二是体现组织创新—扁平化的组织结构;三是体现制度创新—学习型的企业组织;四是体现战略创新—全球化的经营战略;五是体现文化创新—以人为本的企业文化;六是体现市场创新—自由多变的营销手段;七是体现技术创新—知识型的生产要素。

6 成果初显

通过不断努力,在海外业务方面,相继完成了肯尼亚蒙内铁路的电力设计、通号图纸的专业审核,内马铁路的报价分析、电力永临结合设计,内罗毕轻轨投标报价;埃塞俄比亚WM铁路初设文件审查到设计管理;乌干达标轨铁路的报价分析;莫桑比克MM铁路及BRT的投标报价;马来西亚南部铁路的投标报价及技术支持;匈塞铁路的技术支持。这些工作彰显了公司的技术实力,在集团"一体两翼"框架内得到了广泛的认可,为公司开展海外业务打下了良好基础。

在国内业务方面,专业技术团队为公司轨道交通业务开拓了更加广泛的市场,尤其是佛山地铁2号线一期工程,从一开始的"你们能做什么"对公司的实施能力持有极大的怀疑态度到现在的"你们想做什么"并得到集团"专业人做专业事"的肯定,协助中交铁道设计研究总院取得了整个机电项目的设计管理任务,并协助公司争得了整个机电项目的总包,成为了集团轨道交通发展的一个模式。

同时,公司也与集团内兄弟单位开展了广泛的合作,签订了战略合作协议,联合完成了一些项目,为公司谋取更大的发展空间做了有益的尝试。

结论

集团、公司领导高瞻远瞩,做好顶层设计,制订的一套有效的方式实现了在公司主营的机电业务的拓展,为公司的发展提供了新的模式和方向。

当在机电领域占领一席之地后,为保证企业的长久发展,建议不仅在设计、施工、咨询、承包、集成方面有所建树,积极与企业合作,采取并购、研发、生产,成为铁路及轨道交通机电领域知名的设备制造商,同时根据国家发改委的要求,根据集团的投融资方式,积极参与运营管理,使企业真正成为全产业链的知名品牌,也为全产业链转化成价值链给公司带来发展向上的动力。

在完成本公司的业务扩展同时,同时也弥补了集团的业务短板,保证"五商中交"的快速有效落地。

参考文献

[1] 中国交通建设股份有限公司.2015年年度报告,2016-3-29

[2] 刘起涛.适应和把握新常态 全面建设世界一流企业.中国交建2016年工作会议,2016-1-27

[3] 杨永胜.从竞争力到核心竞争力[M].中国发展出版社,2016 年 3 月
[4] 杨云香.科研团队成员差异互补研究.河南教育学院学报,2009-4
[5] 杜胜熙.‘五商中交’宣教读本.中国交建学习资料,2016 年 5 月
[6] 王建.中国交建路桥轨道交通业务发展现状与战略解读.中交 12 期中青班培训,2016-5
[7] 郭驰.卓越领导力与高效执行力.中交 12 期中青班培训,2016-5

基于 FactoryTalk 平台散货码头管控接口实现方案浅析

李海洋　王欢腾　李　伟
（中交机电工程局有限公司，北京，100088）

摘　要：近年来散货码头信息化程度越来越高，管控一体化系统也日益完善。管控接口作为管理信息系统和现场控制系统交互的渠道，有多种实现方式。通过近几个散货码头工程 FactoryTalk 平台下管控接口的开发，以及多种接口实现方式的实验与研究，发现不同实现方式各有优缺点，在执行项目的时候需要针对具体的功能需求，选用合理的接口开发实现方式，将多种方式有机的结合起来，以更好的满足项目管控一体化开发的要求。

关键词：散货码头；管控一体化；管控接口；FactoryTalk；VBA；OPC；Transaction Manager

引言

国内很多散货码头的控制系统都基于 Rockwell 公司的 FactoryTalk 平台，早期码头推行管控一体化的时候大多采用 OPC 协议方式实现管控接口的开发，后来 Rockwell 公司 Transaction Manager 软件的逐渐成熟对管控接口的实现提供了更加稳定的方式，同时 FactoryTalk View 软件集成的 VBA 开发环境也可以实现数据库与 FactoryTalk 平台控制标签点的交互。经过近几年多个项目管控接口的开发与实验，参考各类文档以及与不同厂家技术支持的深入交流，结合项目管控接口数据交互的具体需求，我们尝试了多种管控接口的实现方式，在实践过程中，积累了大量的开发调试经验，并对各类接口实现方式进行了深入研究。本文就这些接口方式进行讨论，希望对以后管控接口开发提供一定参考价值。

1　管控接口数据交互简介

1.1　数据交互需求及交互流程

管控一体化，需要指令流程相关信息在管理系统中完整的存储，包括正常的流程指令以及卸车换垛、装船移舱等流程数据都需要在管控接口中进行双向的数据交互、处理。调度员在管理系统中制作生产作业任务，编写指令；计划员细化流程信息，然后下发到管控接口数据库中；管控双方接口数据库同步后，控制系统即可根据下发的多个指令流程信息选择相应的作业流程，待现场条件完备后带指令启动流程，直到作业完成，控制系统将相关作业信息随控制系统的操作同步写入到管控接口数据库中，管理系统从接口数据库中读取流程信息，形成完整的数据环。数据交互流程如图 1 所示。

与此同时，包括设备状态、报警故障信息、皮带秤瞬时值及累计值等大量的生产作业相关的数据也需要依据管控接口的要求从控制系统中采集并发送到管理系统中进行汇总、处理、分析，形成完善的数据，从而对生产管理、设备管理、场存管理等提供数据支撑。这些需要反馈的数据有些是实时性要求特别高的，有些则可以容忍几秒钟的传输延迟。信息反馈流程如图 2 所示。

1.2　软硬件要求

除了现有的 PLC 控制设备、流程监控站、控制系统服务器、管理系统服务器，以及 RSLogix 程序组态、

RSLinx 数据通信、View SE 画面组态软件、管理系统数据库等软硬件外，为了满足管控接口的实现需求，还需要增加 1 台服务器并配置数据库作为控制系统端接口数据库服务器，同时还需要根据接口开发采用的不同方式配置 Transaction Manager、Visual Basic 6.0 等软件。

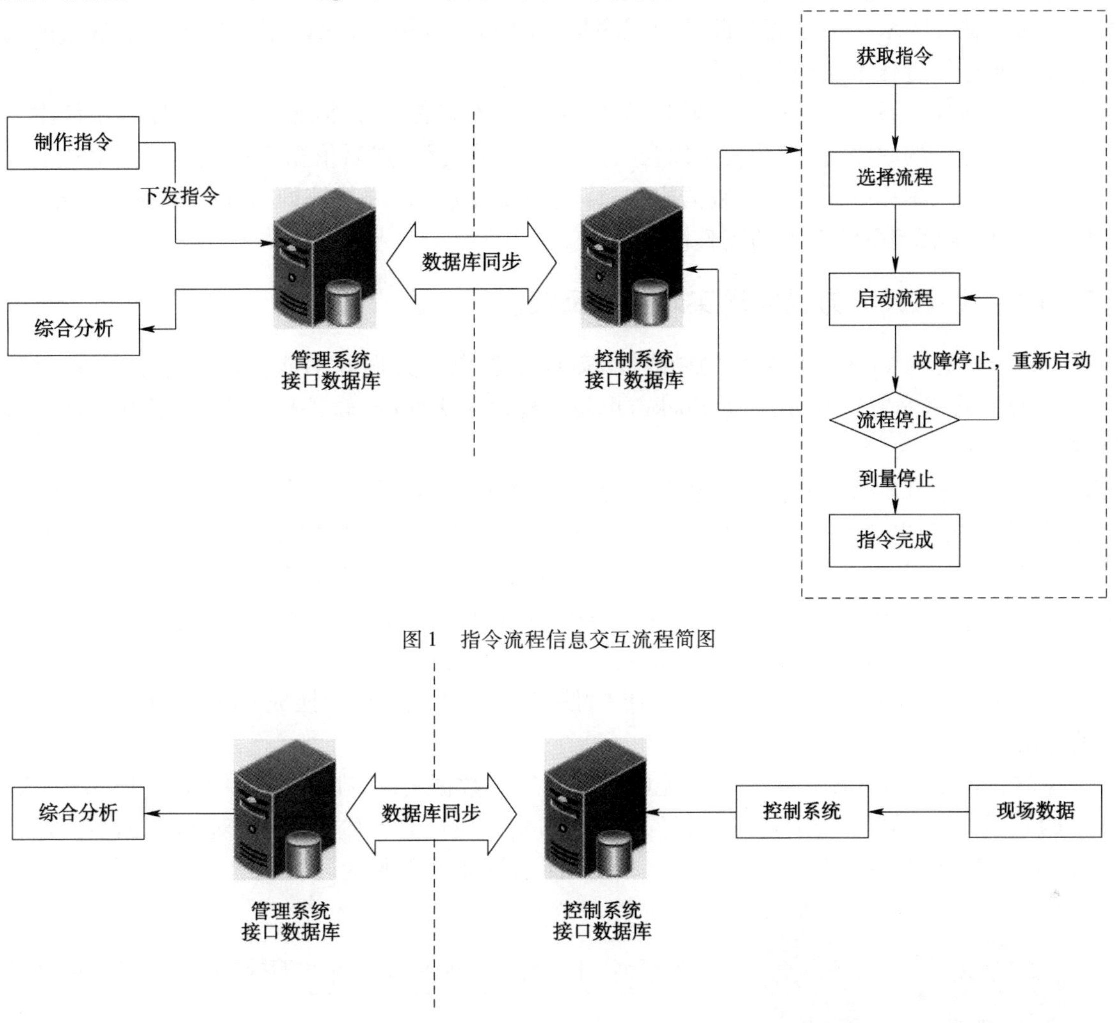

图 1　指令流程信息交互流程简图

图 2　设备、皮带秤、故障等信息反馈流程简图

之所以在控制系统端也配置数据库服务器，是为了避免网络间通信故障，保证数据安全，以及程序调试时数据故障排查的需要。在管理系统和控制系统中分别建立相同的接口数据库，接口数据库间定期同步数据，并设置其他的安全策略，可以确保管控双方只能看到接口相关的数据内容，从而保证数据安全。

2　管控接口的实现方式

2.1　VBA 代码方式实现指令流程交互

Rockwell 工控软件广泛应用于工业自动化领域，在散货码头中应用尤其突出。View SE 是多用户开发和运行的分布式服务器 HMI（人机界面应用程序），用于散货码头生产作业的流程控制及设备监控。View SE 集成了 VBA 开发环境，通过 VBA 代码可以实现数据库与 PLC 控制系统的数据交互。

在 HMI 界面中查看流程列表按钮下，需要附加 VBA 代码实现如下功能：从管控接口数据库中读取管理系统下发的相应设备的指令流程信息，并显示在备选列表中；当操作员选择相应流程时，需要将选择的整条流程信息存储到 PLC 系统为管控接口建立的结构体中，即完成指令流程的获取，控制系统此时即可依据现场情况自行启动相应的指令流程。代码编写时特别注意在定义标签点变量后,需要在 VBA 程序中为相关标签点开辟存储空间并关联标签点变量和所添加标签点。

当现场流程启动或者流程停止时,需要将启停时间等信息写入到接口数据库中,以满足管理系统指令流程数据的完整性需求。为了避免此部分程序执行时的异常情况,保证相关指令流程数据的完整性,需要使用数据库存储过程来实现此需求。

当管理系统与控制系统网络通信故障时,管控接口将不能传递指令流程信息到控制系统中,此时为了保证生产作业优先的原则,控制系统可以自行选择要启动流程,然后依据管控接口数据格式要求,同步将相关操作信息写入到控制系统接口数据库中,待网络恢复后,管理系统即可从管控接口数据库中获取作业信息,从而保证管控系统数据的完整性。

2.2 OPC 协议代码方式实现实时数据反馈

由于 View SE 集成 VBA 开发环境的局限性,实时反馈 PLC 数据并不能在该软件中实现。但是可以通过 OPC 代码方式来完成这部分操作,Rockwell 公司提供了 RSLinx 软件作为 OPC 服务器,向其他通信厂家提供 OPC 接口。

OPC 是一种工业标准,由 OPC 基金会进行管理,为了实现不同厂商设备和应用程序之间的软件接口标准化,使其数据交互更加简单化,OPC 协议应运而生,且正在不断的发展完善。这个标准目前已经遍布全球,广泛应用于自动化控制、仪器仪表及过程控制领域。它包括一整套完备的接口、属性和方法的标准集。OPC 是典型的 C/S 架构,设备厂商提供统一 OPC 接口标准 Server 程序,软件开发者只需要按照标准 OPC 协议编写 Client 程序访问 OPC Server,即可实现与硬件设备的通信。当使用 Visual Basic 6.0 作为 OPC 开发工具时,需要引用 OPC 自动化包装 DLL,使 OPC 自动化接口变换成 OPC 定制接口,从而对 OPC 服务器进行访问。

RSLinx 软件需要 Gateway 版本授权才能够支持第三方数据访问,在 RSLinx 中建立 Topic 关联控制系统中相应 CPU,第三方 OPC 应用程序即可经 DLL 索引到相应控制标签值,从而对 PLC 标签值进行读写,实现控制系统数据实时向接口数据库的流入。数据流示意如图 3 所示。

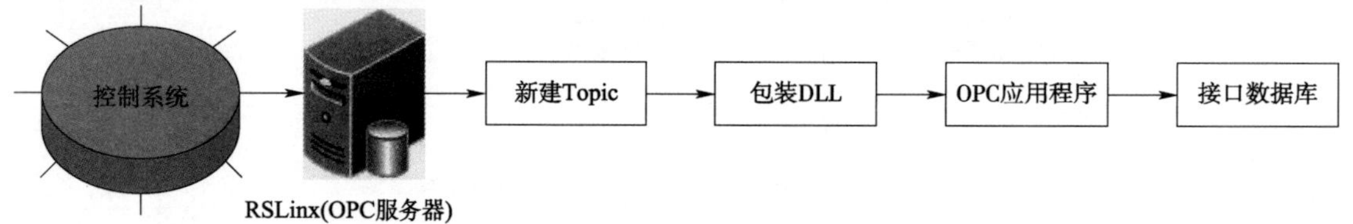

图 3 控制系统反馈设备信息数据流简图

当然也可以依据接口开发的需求实现接口数据库向控制系统的数据流入,从而形成双向数据交互。

2.3 Transaction Manager 软件实现管控数据交互

为了与工业自动化软硬件及商业数据库更好的通信,Rockwell 公司推出了 RSLinx 软件作为 OPC 服务器。而为了更加简单高效的实现这个需求,Rockwell 公司又推出了 Transaction Manager 信息交换软件,它可以实现底层 PLC 标签和上层数据库之间的直接信息交互,省略了中间繁琐的信息转换及配置过程。Transaction Manager 集成了与工业自动化软硬件通信的 Live Data、OPC 等接口,同时也集成了与商业数据库通信的 OLE-DB、ODBC、OCI、COM + 等接口,是一个综合型的数据交互软件。

Transaction Manager 软件的配置过程并不需要管控接口开发者编写代码,开发者只需要熟悉数据库、PLC、Rockwell 其他相关软件即可。其主要配置步骤如下:

(1)依据现场工控软硬件布置情况及接口数据库实现方式选定 Transaction Manager 软件与控制系统软硬件和接口数据库的接口方式,与 Rockwell 软硬件推荐用 FactoryTalk Live Data 接口方式,与接口数据库可以采用相关合适的接口形式。

(2)根据之前配置的账号密码配置控制系统连接器和管理系统连接器,此时应注意相关账号密码不要轻易改变,以免对 Transaction Manager 接口软件的正常运行产生影响。

(3)通过 Transaction Manager 接口软件内置的标签浏览器添加管控接口需要的 PLC 数据标签点到接口软件备用池中。

(4)通过接口软件内置浏览器关联需要通信的接口数据库中对应数据表字段,并选择以何种方式进行数据交互(Insert、Update 等)。

(5)配置管控接口数据库中数据与上述第三步添加到标签池中标签点的对应关系,并选择数据触发及交换方式。

3　三种管控接口实现方式的优劣分析

3.1　View SE 集成 VBA 代码方式优劣分析

由于流程选择及流程启停操作是控制系统操作员主动性行为,如果这一部分信息采用实时传输,当管理系统下发过多作业指令时会对控制系统的存储产生影响,为了避免这一情况,指令流程选择操作建议在 View SE 集成 VBA 开发环境中实现,在流程选择时直接从数据库中读取并选择待作业流程信息,并下发到控制系统 PLC 中,以备控制系统启停该流程。

但是由于集成 VBA 开发环境的局限性,它只能实现可视化的一些相关操作,对于定期或者实时反馈现场设备状态、故障信息等功能无法实现,需要采用其他方式补充实现。

3.2　OPC 代码方式优劣分析

OPC 协议是国际上通用的一种信息转换协议,绝大多数工控软硬件都支持这种协议,Visual Basic 6.0 软件开发工具可以和 OPC 协议良好的兼容。使用 OPC 代码实现管控接口,尤其是控制系统需要实时反馈的相关信息以及管理系统需要下发给控制系统的实时性信息,可以根据管控接口的需求更加灵活的实现这些功能,同时也可以依据需求开发出更强大的功能。

但是,由于需求的复杂性,需要开发者掌握扎实的理论基础并拥有一定程度的程序开发调试经验,开发者需要编写大量的代码,以满足管控接口的多样化需求。同时,OPC 接口服务器的稳定性也会对 OPC 接口程序产生重大影响。

3.3　Transaction Manager 软件配置方式优劣分析

Transaction Manager 集成了多种控制接口及商业型数据库接口,可以实现底层 PLC 数据和上层数据库之间的直接数据交互,开发者根据管控接口需求即可完成无代码的接口配置工作,操作相对简单,由于其与其他 Rockwell 软件一样都基于 FactoryTalk 平台,Transaction Manager 与底层 PLC 交互更加稳定。

但是,该软件也具有一定的局限性,它不能完成相对复杂的管控接口需求,如果有此类需求,建议考虑 OPC 代码方式实现。

4　项目实际应用情况

在黄骅港神华煤码头三期的管控接口开发中,使用了 OPC 协议及 ViewSE VBA 开发环境相结合的方式,基本满足接口开发的需求,但是由于采用程序代码实现方式,花费了大量的精力用于接口程序的代码编写及调试工作。在黄骅港矿石码头和曹妃甸煤码头的管控接口开发中,采用 Transaction Manager 软件配置方式,能够满足现阶段的管控接口开发需求,同时由于软件配置不需要编写大量的代码,节省了开发的时间成本。由于曹妃甸煤码头项目正在实施,针对后期有可能出现的相对复杂的接口开发需求,将考虑增加其他接口实现方式。

结语

本文讨论了管控接口的三种实现方式，无论哪种实现方式，都有一定的优势与不足，当管控接口需求相对复杂的时候，需要依据项目具体情况，综合考虑选用哪种接口方式，或者将这些方式有效的结合起来，从而开发出更加稳定、高效的管控接口程序。

参考文献

[1] 司纪刚. OPCDA 服务器与客户程序开发指南. OPC 中国论坛,2005
[2] OPC 应用程序入门. 日本 OPC 协会
[3] 黄亮. RSSQL 在某炼钢厂综合管理系统中的应用. 计算机与数字工程,2010
[4] 黄胜,张兴彤. RSSQL 系统在 ProcessLogix 系统中的应用. 四川有色金属,2009

浅谈边坡生态修复技术

张雪娇 王志岩
(中国水电建设集团港航建设有限公司,天津,300000)

摘 要:边坡生态防护技术作为一种针对岩石边坡防护和绿化而开发的边坡生态防护技术,在边坡生态修复中得到了广泛的应用和发展。它将边坡裸露部分加固并与坡面的植被恢复结合起来,实现了生态修复与工程边坡的有机结合,解决了基础建设与生态环境结合的重大难题[1-2]。

关键词:边坡生态修复技术;植被混凝土

引言

基础工程建设造成的不良影响,制约了社会经济的可持续发展,对人类生存和社会发展构成了威胁,而此类问题仅靠植被的自身恢复能力是难以解决的,如不尽快进行人工生态治理,将导致生态破坏程度进一步加剧,最终难以实现经济与环境的可持续发展。

1 边坡生态修复必要性

1.1 宏观政策需求

“十五”以来,国家加大了对水电、公路、铁路等基础设施建设的投入,众多大型建设项目的实施,在人力或机械的介入下,不可避免地对工程所在地造成巨大的工程扰动,大规模的改变了地表结构,破坏了生态系统的空间连续性,对生态系统造成了强烈干扰,植被遭到大量的破坏,次生裸地伴随出现,进而导致工程扰动区内出现生物多样性降低,水源涵养能力下降,水土保持功能丧失等一系列的生态环境问题,严重影响工程扰动区及周边的环境、景观及可持续发展。

1.2 水土保持需求

植被具有显著的水土保持功能,这种功能所产生的巨大作用,使林草植被建设在防治土壤侵蚀和控制水土流失的各项措施中,成为一项长远且有效的根本性措施。林草植被建设是融生态、经济和社会效益于一体的人与自然协调发展的生态工程,越来越受到人们的重视。像任何其他事物一样,植被能够保持水土存在其自身的内在规律以及特征,只有弄清这些规律及特征,并总结相关的研究成果,才能在总体上把握植被在时间上和空间上保持水土的能力,进而阐释它对外界作用因素的影响,这对客观分析和评价植被的作用和效果、正确制定和实施水土保持政策具有及其重要的意义。

1.3 生态保护需求

中国作为当今世界上生态破坏最严重的国家之一,恢复和重建受损生态系统显得更加迫切。我国当前正在进行西部大开发,既要发展区域经济,又要保护当地生态环境,必须将经济开发与生态治理有机结合起来。在认为合理干扰下,充分利用生态系统的自我修复功能,达到经济发展与生态环境的协调统一。因此,重视并开展生态修复研究具有十分重要的现实意义。

2 边坡生态修复研究进展

2.1 边坡生态修复技术的发展

边坡生态修复可定义为:用活的植物,单独用植物或者植物与土木工程和非生命的植物材料相结合,以减轻坡面的不稳定性和侵蚀。国内也有边坡生态防护、植被护坡、植被固坡、生态修复,坡面生态工程等名称。边坡生态修复的雏形是植被护坡,最初用于河堤护岸以及荒山的治理。1591 年中国最早将柳树等应用于河岸边坡的加固与保护。17 世纪利用植被护坡技术保护黄河河岸。1633 年日本学者采用铺草皮、栽树苗的方法治理荒坡,直至 20 世纪 30 年代,这种生物护坡方法首次被引入中欧,并在欧洲推广应用。1936 年北美开始应用植被护坡技术,并借鉴中欧的经验致力于与农林业和道路建设相关的土壤侵蚀控制。20 世纪 50 年代美国 Finn 公司开发出喷播机,实现了边坡植被恢复与重建的机械化,随后英国发明了用乳化沥青作为粘结剂的液压喷播技术,至此边坡植被与重建的技术飞速发展。

国内常见的边坡植被重建方法根据实施手段的不同,可分为点播法、铺挂法和喷播法。其中,关于岩石边坡的植被重建技术,通过技术鉴定并获得科技进步奖项的有 TBS 植被护坡技术、植被混凝土生态防护技术、植生基材喷射技术(PMS 技术)等,国内的应用也以这几种技术为主。

3 边坡生态修复技术在工程中的应用

边坡生态防护技术目前已广泛应用到水利水电工程、市政工程、公路工程及矿山工程、航道工程等领域。植被混凝土生态防护技术作为一种针对岩石边坡防护和绿化而开发的边坡生态防护技术,在边坡生态修复中得到了广泛的应用和发展。它将边坡裸露部分加固并与坡面的植被恢复结合起来,实现了生态修复与工程边坡的有机结合,解决了基础建设与生态环境结合的重大难题。

以青岛中德生态园山王河改造工程两岸护坡为例进行详细说明。

3.1 山王河改造工程概况

山王河发源于青岛红石崖街道灵雀山、大顶子山一带,主要承担中德生态园中部区域的防洪排涝任务。由于该段河道现状与规划昆仑上路冲突,且昆仑山路已实施,故将该河道进行治理。

3.2 工程施工中体现的生态工程理念

山王河改造工程设计的主要内容包括了河道生态护岸、挡墙护岸工程、护岸以上土坡植草绿化。其中的河道生态护岸、护岸以上土坡植草绿化运用了边坡生态防护技术(图 1)。

3.3 施工方案及要求

山王河河道采用梯形断面,底宽 6m,两侧边坡 1:2,采用垒砌生态袋护坡(图 2),种植草皮护坡。

(1)施工前按图纸设计要求对边坡进行回填,夯实,整平。

(2)在河道两岸铺设一层土工布,再做厚度为 200mm 的碎石垫层。

(3)生态袋护坡设计坡比为 1:2,单个袋体的尺寸为 35 × 15 × 60cm,底部设有格宾石笼基础。

(4) 每个袋体均用连接带与相邻的生态袋进行连接,使整个坡面形成一个整体。

植物根系的相互连接可使袋体随时间的推移越加稳定。生态袋(图 2)选用高分子环保材料,具有保土透水功能以及良好的固土能力,植物根系通过植生袋生长到基层土壤中,从而实现边坡的稳定。

图1 山王河改造工程

图2 生态袋

3.4 施工实例照片

施工前后对照图见图3和图4。

图3 施工前

图4 施工后

3.5 山王河改造工程经验总结

工程结束后,河道进行开闸放水,坡面下部的生态袋由于长时间浸泡在水中,导致了植被种子不能萌发,对此次工程改造产生了严重损失,总结此次工程经验得出,植被种子的萌发与成活对整个生态修复技术的影响尤为重要,在工程实际中要结合自身工程条件,对坡面不同区域要选取不同的植被种子,山王河改造工程中坡面下方应选取能适应水生生活的藻类植物,由于河水随季节的变化河床高程会略有不同坡面中部应选取能适应水—陆生活的草种,考虑到施工成本,坡面上部则可以选择普通的、成活率高的草种。

4 边坡生态修复技术发展前景

结合国内外研究现状以及目前尚需解决的问题,生态修复研究的发展趋势可归结以下几点:

(1)工程防护与植被防护的有机结合。工程护坡的不足之处是缺乏生态效果,但是能为边坡提供支挡加固措施,使之做到深层稳定和浅层稳定,为植被生长提供稳定的立地环境。特别是在高陡边坡植被防护与工程防护有机结合尤为重要。

(2)景观效果设计。目前国内植被护坡发展趋势是不满足于单一品种的植草绿化,而是选用多品种结合综合景观效果。正因为如此,植被护坡的景观设计应运而生。

(3)植被护坡的区域性。不同的区域气候条件不同,植被群落不同。不同的岩土,土壤特性不同,提供给植物生长的条件不同。针对不同区域的不同岩土,应研究适应的土壤改良措施和种植混合基材配方,保证植被护坡的效果,又降低工程造价。植被护坡工程应针对当地气候和土壤特性,选择适应的土壤改良措施和经济合理的种植混合基材配方。

(4)优势植被群落品种选育及组合应用。植被群落组成成分越复杂其多样性指数越高,抗干扰能力越强也越稳定,其中的优势种对地带性的生态条件有最好的适应性。边坡植被护坡技术应用的植被类型应以优势乡土植物为主,尤其是自然条件下对岩石创面生境具有良好适应性的一类植物,应用这些乡土植物比起购买昂贵的草坪或牧草草种,经济投入低,而且后期管理费用低,并可与周围环境融为一体。

(5)边坡植被护坡工程设计原理及方法的完善。生态工程的设计和实施要按照生态工程的原理,特别是整体、协调、自生、循环、因地制宜原则,在少量人类辅助功能的帮助下,以生态系统自我组织、自我调节功能为基础。边坡植被护坡工程首先应将防止水土流失、确保坡面稳定等放在首位,在设计上应以植被生态系统长期稳定为宗旨,这是一种取代传统设计的新途径,其目的就是要创造更自然的生态景观,提倡用种群多样、结构复杂、和竞争自由的植被类型,发挥其生态环境保护功能。

参考文献

[1] 吴钦孝,赵鸿雁.植被保持水土的基本规律和总结[J].水土保持学报,2001,15(4):13-15

[2] 许文年,王铁桥,李建林,等.清江隔河岩电厂高陡混凝土边坡绿化技术研究[J].水利水电技术,2003,34(6):43-47

空化磨料水射流除锈除漆装置的研发

刘景民[1] 张洪亮[1] 李小峰[2] 邹国辉[2]
（1. 中国海洋工程公司；2. 广州海运船舶工程有限公司）

摘 要：从国内外发展形势分析看，传统的干喷砂工艺方法已经越来越不适应环境经济发展的需要，近年来，在船舶除锈中，国际上已大量使用高质、高效、低污染的超高压水、磨料水射流表面处理技术。无论从哪个角度来讲，我国船舶修造行业除锈、除漆领域急需缩短与国外同行业的差距，用满足环境要求的各种新型除锈、除漆工艺技术取代喷砂、喷丸等作业方法来进行船舶表面处理，防止污染，提高经济效益。

关键词：磨料；水射流；除锈；除漆

1 概述

在船舶建造和船舶维修工业中，我国现阶段广泛采用的仍然是传统的干法喷砂或喷丸等工艺。干法喷砂除锈是以机械离心力或压缩空气等为动力，将磨料通过专用喷嘴，以很高的速度喷射到工件的表面上，凭借冲击力及摩擦力去除污物和锈层。虽然干法喷砂除锈方法成本低廉，但是在工作中产生大量粉尘，对环境造成很大污染，其粉尘中含有大量砂、锈、有机毒物等，严重的危害了操作人员的身体健康，可引起尘肺等疾病；其产生的大量噪声污染，损伤人的听觉系统，严重者可导致失聪。干法喷砂除锈在工作中有时会产生火花，无法在易燃易爆场所中应用。受国内修造船行业成本价格的影响，修造船行业除锈、除漆仍大多采用成本低廉的干喷砂方式作业，现我国沿海部分地区根据国家相关环保法规，将逐步禁止在敞开的环境下使用干喷砂除锈、除漆作业。

我们在水下空化射流技术的基础上，通过添加少量的磨料，利用人工淹没特殊技术手段，设计开发一种价格低廉、环保高效、本质安全的除锈、除漆装置。

2 理论依据

空化射流是液体流在一定压力和一定温度下发生的含有数量不等气泡的水射流。每当降低液流压力、液流速度或提高液体温度等都可使液流发生空化。空化泡形成、发展和溃灭不仅与流体的汽化压力有关，还与液体中气核的大小和数量有直接关系。影响空化初生的主要因素有：液体本身的特性（表面张力、抗拉强度、温度、总空气含量、自由气体浓度、核谱即空化核的大小和尺度分布、黏性、压缩性、密度、饱和蒸汽压等）液体的流体动力特性（湍流度、流场中的压力梯度、压力随时间的变化过程、热传导、气体扩散效应等）和沉浸物体面的物化特性（表面浸润性、多孔性、粗糙度等）。其中空化核的存在是液体空化的先决条件，围压场的作用是液体空化的外因，压力幅值和施压时间决定液体空化状态。由于液流形成水射流能诱发空化泡，产生具有介孔气泡的水射流，将它冲击物面时，便会比无介孔气泡的水射流有更大的冲蚀动能。如果将含有介孔气泡的水射流为载体，加入适量的磨料粒子配置成一种非牛顿流体，则这种三相磨料水组成的射流称为三相空化磨料水射流。考虑空泡溃灭和回弹阶段冲击波对携带磨料的影响，当磨料颗粒粒径与泡径之比小于0.05时，空泡溃灭时可使磨料颗粒的速度增加100m/s，这样速度的磨料颗粒对固体表面具有强的破坏作用，加速物料的冲蚀破坏。由于空化磨料水射流可至浆体流均匀化，使空化磨料射流呈现剪切稀化特性，大大降低了流体在输送管路中的压力梯度。在围压淹没环境下，流体中的空泡不紧起到传递能量的作用,形成高速射流时,射流束表现出显著的密集型,而且当浆体射流冲击到物体表面时,又表现为类固体的瞬时刚性,可以把更多的能量聚集,形成对物面的打击合力。

空化磨料水射流在冲击靶面时,除滞止压力、冲蚀和磨削外,还有空化、水锤作用,剪切应力、楔劈等多种作用力的聚合,使除锈除漆在低压状态下得以实现。迄今为止,利用超高压水(200MPa)、高压水、水射流加磨料的除锈除漆技术已得到了普及应用。但利用空化技术的三相空化磨料水射流的除锈除漆工具,特别是能用于易燃易爆危险环境的除锈除漆工具仍是空白,本装置有较大的经济意义和重要应用价值。

3 设计要求

3.1 除锈除漆质量

本装置在一般污损状态下工作,可彻底清除钢结构表面凹陷中的锈蚀,清除形状和结构复杂的物体表面,达到Sa2.5级船体除锈标准要求等级,能在空间狭窄或环境恶劣的场合进行除锈作业,因此特别适用于修船除锈等工作。

3.2 除锈除漆效率

本装置单枪效率可达25m^2/h,双枪综合除锈能力不低于50m^2/h 。

3.3 环保

基本满足环保要求,可减少高达99%的浮尘,可彻底解决干喷砂对环境和人体的粉尘污染和伤害,改善劳动环境,适合工作在易燃、易爆、热敏、压敏、脆性、有毒、危险等特殊场合。

3.4 用途

本装置只需调整压力参数,更换喷枪,就可用于水下海生物清洗,可以做到一机多用。

3.5 成本

本装置除锈成本低于超高压水和高压水射流加磨料的两种作业方式。同等机型的设备、配件均低于国外产品价格,同时,可利用船厂在海边的地理优势使用海水,减少淡水的使用量,进一步节约成本。

4 设计方案

空化磨料水射流是指磨料与空化水射流相互混合而形成的三相介质射流,由于在高速流动的含有介孔气泡的水流中混入一定数量的磨料粒子,空化水射流的动能部分传递给磨料,从而强化了射流对被冲击物体的作用方式,发生磨料对物体的冲击。高速的粒子还将产生高频冲蚀,极大提高了射流的作用。

水射流与磨料水射流的混合方式不同,除锈除漆质量也不同。在同等工作条件下,预先将磨料与水混合,所需的水射流动能设备功率相对减小,装置的体积和重量明显降低,设备制造成本也随之下降,装置的可靠性、安全性得到提高,装置组件使用寿命也进一步延长,因此,选用本设计的方案。

4.1 总系统设计

本装置整体由四部分构成:水路系统、供砂系统、动作执行机构和控制模块。水路系统主要由柱塞泵、柴油机、空化发生器、过滤器和高(低)压水胶管等组成。供砂系统主要由磨料罐、旋柄盖、旋转喷嘴和高压磨料水胶管等组成。动作执行机构主要由磨料输送管和喷枪等组成。控制模块主要是安全阀、单向阀、调压阀、溢流阀、换向阀、控制开关、各种仪表等。

4.2　水路系统设计

(1)柱塞泵参数选择:选用三缸柱塞泵,流量为75L/min,柱塞直径 $d=0.03\mathrm{m}$。根据柱塞直径,选用卧式三柱塞泵,用耐海水腐蚀的D304不锈钢制造,柱塞选用抗磨、抗腐蚀的陶瓷材料。其特点是体积小,结构紧凑,动力段曲轴与连杆采用滚针轴承结构,摩擦系数小、润滑性好、传动平稳。动力段升温低,适合于长时间连续作业。

(2)柴油机参数选择:根据已选定柱塞泵的压力 $P=200\mathrm{bar}$,流量 $Q=75\mathrm{L/min}$,可确定柴油机功率 $W=36\mathrm{kW}$。见技术参数表1。

柴油机技术参数表　　表1

功率(kW)	排量(mL)	缸径(mm)	行程(mm)	最大功率时的峰值扭矩(N·m)	压缩比
36	2199	88	90.4	144	22.5:1

该类柴油机为四冲程柴油发动机,直列气缸,液力冷却带轴流式风扇,燃油间接喷射,曲轴带双取力口,取力口逆时针方向旋转,机油泵强制润滑,全流式机油滤清器,自动加浓启动装置,可变速调速器,可重镗的铸铁气缸,铸铁曲轴箱,铸铁缸盖。

(3)空压机参数选择:为了用气体控制相关的气控阀门、开关,根据柴油机的参数,选择其自带的空压机,排气量为183L/min,轴功率2.1kW,工作压力0.8MPa。

柴油机上的空压机是经过柴油机运转带动的,一般由皮带传动,压缩机实际上就是个单缸内燃机,只不过不需要它输出动力而已,自然空气由滤芯经进气门进入气缸,再由气缸内经排气门排出进入储气罐,就这样连续工作,产生压缩气体,活塞上下运动就是由柴油机带动压缩机曲轴完成的,当气压达到规定压力时由限压阀限压。

(4)过滤器参数选择:考虑到使用海水,本装置采用两级过滤,水箱中采用网带式粗过滤,过滤掉大部分的泥沙、漂浮物等。管道使用Y型精过滤器。

Y型过滤器是输送介质的管道不可缺少的一种装置,通常安装在减压阀、泄压阀、定水位阀或其他设备的进口端,用来消除介质中的杂质,以保护阀门及设备的正常使用。该过滤器具有结构先进,阻力小,排污方便等特点。适用介质可为水,油、气,其外型基本相同(Y型),内部件全部采用不锈钢,坚固耐用。当需要清洗时,只要将可拆卸的滤筒取出,去除滤出的杂质后,重新装入即可,使用维护极为方便。该过滤器体形小、滤眼细、阻力小、效果高、安装检修方便、成本低、并排污时间短。Y型过滤器选用不锈钢壳体,公称通径为20mm,滤框滤网材质为不锈钢,公称压力为30MPa,过滤精度为200目/in。

(5)高压水胶管参数选择:根据柱塞泵压力,选用两层高抗拉钢丝胶管,内径19mm,外径32mm,最高工作压力34MPa,爆破压力51MPa,最小弯曲半径205mm。

(6)空化发生器参数选择:根据小孔出流基本理论,对于含有介孔气泡的磨料射流,在设计方案时,选孔直径为20mm。空化发生器采用海工公司与中科院联合研发的硬质合金材料制造,含有C、Mn、Si、Cr、Ni、Mo、W、Co、P、S等十多种元素,按照一定比例混合而成。该种合金是以钴作为主要成分,含有相当数量的镍、铬、钨和少量的钼、铌、钽、钛、镧等合金元素。适于制作航空喷气发动机、工业燃气轮机、舰船燃气轮机的导向叶片和喷嘴导叶以及柴油机喷嘴等。

4.3　供砂系统设计

4.3.1　磨料罐结构参数选择

为便于操作,磨料罐高度应不大于1.4m,参照磨料罐的传统形状,内径为0.25m,罐高初步确定为 $H=1.275\mathrm{m}$。罐的材质:30CrMo,设计压力25MPa,设计厚度10mm,设计容积102L。

4.3.2 磨料输送管参数选择

由液固二相理论知，压力管道中磨料浆的流动速度需大于临界流速的1.2～1.4m/s，磨料才不会沉积。磨料水管内径0.15～0.20m，可以选用内径19mm胶管。本方案选用两层高抗拉钢丝胶管，通径20mm，内径19mm，外径29.2mm，最高工作压力21.5MPa，爆破压力85MPa，最小弯曲半径240mm。该高压胶管选用特种合成橡胶配合制成，具有优良的耐油、耐热、耐老化性能；承压力高，脉冲性能优越；管体结合紧密、柔软，在压力下变形小；具有优良的耐曲绕性和耐疲劳性；钢丝编织胶管长度大，可生产连达数十米甚至百米以上。

4.4 动作执行机构设计

喷头是水射流发生装置的执行元件，将空化水射流和磨料粒子聚合，在射流动能的作用下，以高速磨料水的形式向外喷射，对作业清洗面进行清洗、破碎，喷头出口速度约100m/s，靶距20cm，射流宽度6cm，打击面积约30cm^2。喷砂枪喷头采用文氏原理，选用高抗磨碳化硼合金材料制作。

碳化硼合金极硬又耐磨，与酸碱不起反应，耐高(低)温，耐高压，密度≥2.46g/cm^3；显微硬度≥3500kgf/mm^2，抗弯强度≥400MPa，熔点为2450℃。因为碳化硼喷嘴具有以上耐磨、高硬度的特点，碳化硼喷砂嘴将逐渐取代已知的硬质合金/钨钢和碳化硅、氮化硅、氧化铝、氧化锆等材质的喷砂嘴。

总结

为了控制平衡喷枪喷嘴流量、磨料喷嘴流速、混合器及磨料供给装置的参数，稳定供给系统空化磨料水射流，喷射角度、靶距，磨料种类、粒径大小的影响，需要使用不同类型的磨料、粒径、射流压力、喷射距离和角度，完成最佳喷射角度对比试验，最佳喷射距离对比试验，最佳磨料类型对比试验，最佳磨料粒径对比试验，最佳压力和流量对比试验，磨料浆浓度试验等对比试验。

进过对比试验，我们认为工作压力应根据作业对象的不同选择压力：推荐工作压力5～10MPa；磨料要求颗粒坚硬、有棱角、无泥土及杂质，以石榴石和金刚砂最好，石英砂也可，同时，应考虑砂料运输条件，单价高低，回收能力等因素，磨料粒径以40～100目为宜。喷嘴到作业钢材表面距离以10～20mm为宜，喷射方向与作业钢材表面法线夹角以30°～45°为宜。

参考文献

[1] 刘大有. 二相流体动力学[M]. 北京：高等教育出版社，1993：16-54

[2] 赵建福，李炜. 变速运动颗粒所受非恒定作用力分析[J]. 力学与实践，1998，20(3)：43-44

[3] 顾承珠，贺云花. 高压水射流切割技术和磨料水射流切割技术的机理分析与研究[J]. 煤矿机械，2004(3)：18-20

[4] 陆国胜，龚烈航. 高压水射流在军用舟桥装备清洗除锈中的应用[J]. 工兵装备研究，2002(5)：31-33

[5] 王洪伦，龚烈航，姚 笛. 高压水射流切割喷嘴的研究[J]. 机床与液压，2005(6)：80-82

空化射流水下清洗机器人简介

刘景民[1]　张洪亮[1]　潘常军[2]　冯　夕[2]　李小峰[3]　邹国辉[3]
（1. 中国海洋工程有限公司；2. 西安天和防务技术股份有限公司；
3. 广州海运船舶工程有限公司）

摘　要：船舶长期在海中锚泊和航行会导致船体大量附着海生物，使船舶行驶油耗增加，并对船体有一定腐蚀性。为了清除大型船舶附着海生物的，减少船舶运行的综合成本，降低潜水员工作强度，提高作业效率，我们在潜水员手持空化射流设备清洗船舶的基础上，联合西安天和防务公司及中远海运集团，共同研发了空化射流水下清洗机器人。机器人采用履带结构与永磁吸附技术实现导磁壁面的稳定吸附和爬行，机载智能化电子系统可实现爬行路径的自动规划与遥控操作，实现远程监控，通过其携带的空化射流清洗盘实现船体海生物的清除。

关键词：空化射流；机器人；船舶；水下清洗

1　概述

船舶常年在海水中航行，大量海生物会附着于船体之上。对于船舶而言，海生物的附着会带来动力下降、航行受阻、油耗增加和加速船体老化等问题。一般情况下，附着的海生物超过一厘米时，船舶航行速度下降至10%至50%，同时燃油损耗增加15%至45%。因此，为了延长船舶的使用寿命，保证船舶的安全航行，必须及时清理附着在船体上的海生物。据统计，全球5万吨以上的大型船舶有几十万条，每年用于船舶清洁和燃油损耗增加的费用高达数十亿美元。

目前船体清洁的主要方法是船舶定期进坞清洗，该方法耗时长、费用高、效率低、环境污染严重。且船坞数量不足，清理修复时间长等问题，无形中增加了船舶的成本损耗和非运营时间。另一种常见方法是由潜水员水下清洗，但清洗大型船舶时，该方法的效率太低。传统船体清洁主要方式，无论是进船坞作业还是潜水员水下作业，在洗船过程中会对船体油漆、底漆、防腐防蚀涂层产生严重的破坏，因而船体清洁后需要对船体重新喷涂防护层。我们所开发的机器人加载了空化射流清洗装置，该装置是利用海水或其他液体在20MPa左右的压力作用下，通过空化喷嘴，在液体射流中诱发空化泡，这些空化泡破裂时产生高温高压，有强烈的剥蚀作用，在冲击清洗物面时便会比无空化泡的水射流有更大的剥蚀物面的清洁能力，从而清洗掉海生物等污垢。因此，机器人在清洗船体海生物过程中不会伤及船体油漆和其他防护层，不会对海洋环境造成二次污染。

空化射流水下清洗机器人外观及工作效果如图1和图2所示。

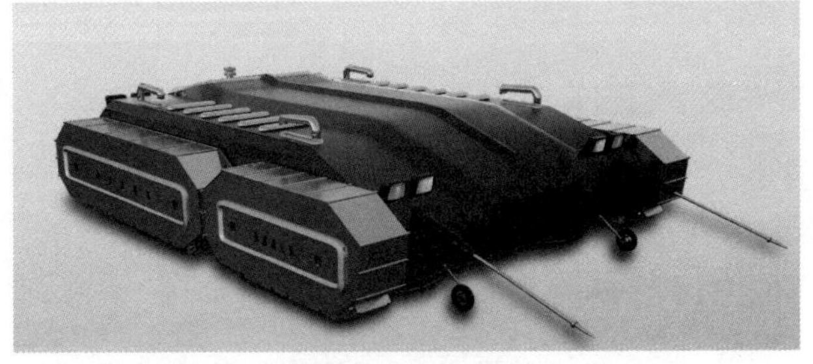

图1　机器人外观

2　产品特点

空化射流水下清洗机器人是一种自动化清洁设备，主要用于大型船舶船体海生附着物的快速清洗。

系统由机器人主体、操控系统、清洁供水系统三大部分组成。机器人采用履带结构与永磁吸附技术实现导磁壁面的稳定吸附和爬行；机器人机载智能化电子系统可实现爬行路径的自动规划与执行，亦可实施接收操控系统指令实现遥控操作，同时，实时向操控系统发送机器人状态信息以实现远程监控；通过其携带的空化射流清洁盘与射流枪实施清洗作业。

图2　机器人系统作业概图

机器人采用永磁吸附履带式，摆脱了传统水下ROV式机器人无法清洗水面以上船体的弊端，实现了水上水下全覆盖作业（图3）。机器人设计清洁能力为500～600 m^2/小时，保守计算机器人每天工作8小时，则可完成清洁面积4000～4800m^2，相当于27～32个潜水员的最大清洁能力。

机器人具有三个突出的特点：（1）水上水下全覆盖作业，适用于船舶在停泊、锚系或干船坞检修等各种条件下的船体全区域清洁；（2）效率高，1～2人操纵机器人工作效率可代替传统方式30名潜水员作业；（3）绿色环保，清洁过程不损坏原有涂层，不会污染海洋环境。

水上清洁

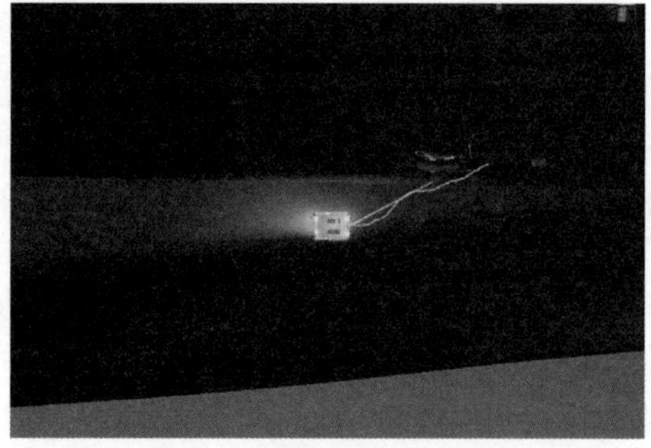

水下清洁

图3　机器人清洗过程

3　工作过程

机器人的工作过程可以分为以下几个阶段：

3.1　系统自检

机器人布放之前，首先运用专门的输送设备（特定区域有绝磁特性的小车）运送至待清洗船上指定区域；再完成机器人本体与操纵系统、供水系统和电源之间的电缆和供水管的连接；然后上电、系统进行初始化与自检。自检过程主要是使用操纵系统与操纵软件（上位机软件），按照设定的操作流程，依次对机器人各功能模块特别是机器人通信与控制系统中的各电路板块进行上电操作与自检，直至系统完全通过。

3.2　遥控布放

机器人自检完成之后，利用操控系统遥控机器人爬行至布放设备（导磁材料）之上。利用布放设备将机器人过渡爬行至待清洁船体的侧面，此时机器人所处位置应为待清洁船体的较为干净平整的壁面。然后给机器人清洁装置供水、启动，遥控爬行至待船体清洁的区域。

3.3　壁面自检

将机器人布放至预定区域，通过操控系统遥控机器人传感、摄像、强光等反馈单元进行上电操作并自检。确保机器人与操控系统能够获得各种参数的反馈。

3.4　任务规划

通过操控系统软件，对将要执行的清洁任务进行规划，通过人机界面绘制机器人的工作路径，生成可执行的路径文件。然后将任务文件下载至机器人通信与控制系统计算机之中。

3.5　任务执行

机器人执行任务时，按照预设的规划路径（“几型”）爬行清洗。在任务执行过程中，操控人员可以根据传感器与摄像设备的反馈信息随时干预其任务执行的进程，包括终止、继续、遥控爬行等。

3.6　应急处理

任务执行过程中，遇到紧急情况，如倾覆预警、障碍警报、超深、超出预设范围，或其他故障，机器人将按照预设的应急方案执行后续动作，或自动停止前进并转为遥控模式。

3.7　遥控回收

清洁任务执行完毕后，停止清洁装置的供水，然后遥控机器人爬行至船体特定位置准备回收。遥控回收的过程步骤与其布放步骤相反，通过布放装置将机器人由船体位置过渡至被清洗船的甲板，然后在遥控爬行到专门的运输设备上。

4　其他类型机器人载体

为了丰富机器人在其他领域的用途，如小型船体、罐体、管道等较小区域的清洁、检测等应用，空化射流技术还可搭载其他型号、类型机器人进行各种领域的清洗作业。

4.1　悬磁轮式机器人

如图4所示，机器人由对称设置的两个主动轮和后部万向轮组成，磁体设置于机器人横梁下方位置，运动过程中磁体与机器人运动面存在特定的间隙，因而，机器人运动阻尼小、功耗低。

图4中，左图为悬磁轮式机器人三维立体设计图，万向轮上部平台位置按照所需的执行机构，即可实现特定应用功能，如装载空化射流清洁枪机器人摇摆控制组件则可执行遥控清洁任务。右图则为原理性吸附试验结果图，试验显示，加装数块标准化磁体块，可实现其在垂直金属面的稳定吸附。

4.2　小型磁吸附履带机器人

针对小型船只清洁任务所开发的小型磁吸附履带机器人如图5所示，机器人采用永磁吸附、后驱动履带形式，加载一个空化射流清洁盘。体积小、重量轻，存储运输便捷，适用于小型船只航行携带并随时执行船体清洁任务。

立体设计图

原理性吸附试验

图4 悬磁轮式机器人

图5 未封装的小型磁吸附履带机器人

4.3 内磁轮式机器人

如图6所示,机器人由前部一对对称布置的动力轮机构及后部一个万向轮组成,永磁体封装于轮内且始终指向机器人运动面。该型号机器人结构紧凑、标准化程度高、改装便利、对环境适应能力高,适用于各种船体、管道、罐体的内外表面的清洁、喷涂、检测等作业。

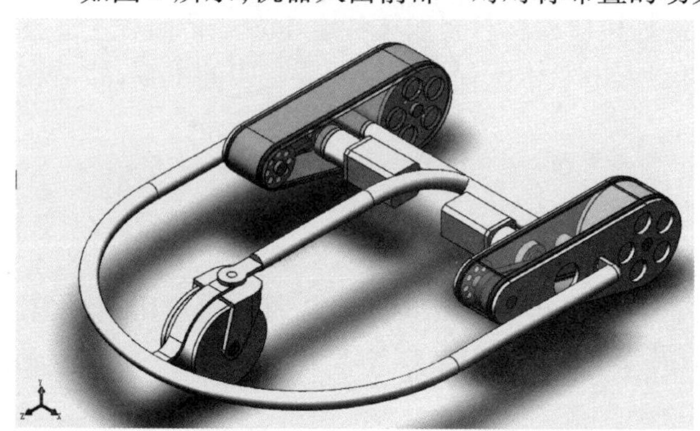

图6 内磁轮式机器人整机效果图

5 发展前景

(1)机器人采用永磁吸附方式,保证了其行走的稳定性与可靠性,尤其确保了清洗靶距的固定,进而使清洗盘产生的负压与磁吸附力形成合力,使外载伺服电机在满足清洗作业的前提下,能效比最大。

(2)由于空化噪声的负面影响,在强噪声的环境下,潜水员不能长时间使用空化清洗盘在水下作业。但机器人可装备三个(甚至更多)空化清洗盘,呈三角型布置于前部,最大化利用清洗盘组合成无缝清洗作业面,提高效率,满足大船在短时间内的完成清洗作业的要求。

(3)在清洗功能的基础上,机器人作为搭载平台,通过功能切换,能满足水上除锈、除漆和水下切割等用途,适用性强,操作维护简单,综合成本低。

(4)机器人本体支撑结构采用框架式,有利于船体剥落下的海生物扩散,避免了其在机器人腹部内的堆积和对履带吸附能力的影响。

参考文献

[1] 刘淑霞,王炎,徐殿国,等.爬壁机器人技术的应用[J].机器人,1999,21(2):148-155

[2] 刘淑良,赵言正,高学山,等.喷砂、喷漆、测量用磁吸附爬壁机器人[J].高技术通讯,2000,10(9):86-88,99

[3] 戚伟.电缆管道机器人视频监测系统的开发[D].上海交通大学,2008

[4] 袁夫彩,陆念力,王立权,等.水下船体清刷机器人关键技术及其试验的研究[J].机械设计与研究,2008,24(1):36-38,45

[5] 李志海.轮足混合驱动爬壁机器人及其关键技术的研究 [D].哈尔滨工业大学.2010:22-26

[6] 熊光明,高峻峣,徐正飞,等. 基于 ADAMS 的四轮驱动移动机器人越障预测[J].计算机仿真,2005,22(7):142-144

[7] 桂仲成,陈强,孙振国,张文增,刘康. 爬壁机器人永磁吸附装置的优化设计[J]. 电工技术学报,2006,21(11):40-46

[8] 王庆延.六相盘式永磁同步电机的有限元磁场分析与参数计算[D].天津大学,2008

[9] 王军波,陈强,孙振国,等.爬壁机器人变磁力吸附单元的优化设计[J].清华大学学报(自然科学版),2003,43(2):214-217,226

[10] 张大伟,陈佳品,李振波,等.电磁微马达驱动全方位永磁轮式爬壁微机器人[J].机器人,2011,33(6):712-718. DOI:10.3724/SP. J. 1218. 2011. 00712

经营管理创新专题

安全标准化的“超级工程”样本

——中交港珠澳大桥岛隧工程安全文化建设解析

黄育波　傅秀萍

(中交港珠澳大桥岛隧项目总经理部,广东珠海,519000)

被誉为“新世界七大奇迹”的港珠澳大桥,是世界上规模最大的集桥、岛、隧为一体的跨海通道。岛隧工程是大桥的控制性工程,由两个外海人工岛、一条深埋沉管隧道及两座结合部非通航孔桥组成,全长7440.546 米。它是我国首条在外海建设的沉管隧道,是目前世界唯一深埋大回淤沉管工程,建成后是世界上最长的公路沉管工程,无论建设规模、质量标准、技术难度,都堪称是世界之最的“超级工程”。

面对全新模式、国内外多军团参建的工程组织,探索未知、突破多项世界第一的工程技术,认知自然、全部过程高危运行的施工风险,外海孤岛、众多工序重复作业的现场管理等全方位挑战,探索标准化的管理模式从而加强风险管控,落实安全生产工作成为一项非常必要的工作,也是一项值得研究的重要课题。6 年多来,中国交建港珠澳大桥岛隧工程在攻克一个又一个世界级难题中推进工程建设,也逐步探索出具有特色的安全标准化“超级工程”样本。

1　“6S”,管理超级工厂

“高温天气作业,大家要注意多补充水分和盐,设备保养过程中要做好记录……”,清晨七点多,在港珠澳大桥岛隧工程沉管安装船上,V 工区“津安 3”大副刘国兴正在跟船员们开着班前会。以此同时,在预制厂门口,工友们三五成群走进厂区,穿戴整齐统一的工作服,脸上洋溢着幸福的微笑,举手投足之间显露着十足的朝气和干劲。工人们每天的工作都是从标准化的早班会开始,总结昨天工作、布置今天任务、讲述安全要点……

要在流水线上生产出长 180 米、宽 37.95 米、高 11.4 米这样全世界体量最大的“超级沉管”,面临着工期紧、难度高、风险大、环保要求严格的困难,加上可供借鉴的经验几乎没有,安全生产风险无处不在,安全管理的难度可想而知。

既然是流水线作业的工厂,标准化管理对于安全生产和管理来说同样适用。为此,建设人员深入广汽丰田、文冲造船厂参观调研后,在国内首个沉管预制工厂决定推行 6S 管理(整理、整顿、清扫、清洁、素养、安全),以引导预制厂生产行为的标准化管理和操作。为此,建设者制定了《沉管预制厂制度汇编手册》,推出了原材料卸货令、钢筋笼顶推令、混凝土浇筑令等以工程实际相互配套的制度体系。

“每件物品有指定的位置,每件物品要在它的位置上!”这是 6S 现场管理的一条重要法则。沉管预制厂按流水作业设置原材料钢筋绑扎区、底板钢筋绑扎区、墙体钢筋绑扎区、模板休整区、混凝土浇筑区、养护棚区、浅坞区、深坞区,科学规划使作业间衔接顺畅。

在整体规划基础上,合理设置现场设备、材料、器具存放区域,绿色通道,安全宣传区,休息区等,“这里不用晒太阳,有饮用水、应急药箱、通风设备、长凳、安全宣传材料、烟灰缸、灭火器等物品,真的是大工厂"虽然还是跟模板、钢筋、混凝土打交道,但工人们穿着整洁的工作服,干起"体面活"。

连续30小时近3000方的混凝土浇筑,夏季高温天气下施工更是一场体力和耐力的挑战,工厂结合实际情况配备了6台5匹冷风式中央空调向墙体输送冷风降温,既防止了工人中暑,还有效地提高了混凝土浇筑的质量。后来,为大体积混凝土浇筑作业配备空调成了岛隧施工的"标配",也让人本主义"在凉风中传播"。

工厂的6S标准化不仅是生产进度计划控制的保障,更是安全管理的最重要措施,为此,建设者为钢筋加工、钢筋班组、混凝土浇筑、沉管浮运等等班组制定了标准化操作流程,开展标准化作业流程培训,并开展职业技能资格认证考试。

"滴答",一声清脆的微信消息提示音传来,协作队伍的负责人老龙打开手机,看到微信群里的图片和信息:"气瓶摆放的位置不对,马上安排人移走。"得知情况后,老龙马上安排人员,将气瓶转移到合适的位置。"将互联网+用到我们沉管预制厂安全管理中也是棒棒哒!"沉管预制厂二分厂HSE总监聂四生谈起建立安全管理微信群初衷时调侃道。把管理人员和协作队伍负责人加入该群,在群里发布有关安全通知、学习活动的信息,方便及时整改和交流。图片和文字发布后,HSE部要求相关责任人立即整改,并将整改后的情况及时在群内发布。"这种做法及时消除了隐患,也起到了警示作用,大家都自觉地遵守安全制度,做到了本质安全。"聂四生说。如今,微信群成为岛隧工程标准化管理的"新常态"。

2　300项,"超能排查"

外海沉管浮运安装是岛隧工程安全风险最大、技术难度最高的作业项目,全世界鲜有先例。岛隧工程一个标准管节长180米,宽37.95米,高11.4米,总排水量近8万吨,管顶面积相当于12个篮球场,体量堪比航空母舰,管节浮运时由11艘大马力拖轮、10多艘海事警戒船和10多艘辅助船舶护卫,如同浩大的海上舰队。如何保障管节浮运安装作业安全,是项目总经理部、V工区考虑最多的问题,为此也花费了很大精力。

沉管浮运安装期间,临水作业、起重作业、交叉作业、潜水作业等危险性很大,甲板上绞车缆绳密集,操作室设备仪器精密,外来登船人员较多,风险管控难度很大。"一丝不苟,不让隐患出坞门",有效的风险管理成为保证工程成功建设的关键一环,"到2014年初,我们总结形成了一套标准化的沉管安装风险辨识、分析、评估、处置、总结评审的循环动态风险管理体系,每次浮运安装作业都要开展18大类近300多项的超级风险排查."V工区HSE总监范铁锐表示。

首先把好源头关,做好出坞前安全准备工作,V工区从施工技术安全交底、登船人员劳保用品发放和使用、登船人员证件发放三个方面共10项工作落实标准化措施,明确每项工作负责人、安全职责、时间和地点,所有登船人员凭证件上船,在浮运安装期间随身佩戴证件。对登船人员明确安全须知,包括注意事项、严禁事项、媒体采访拍摄和休息区、友情提示四个部分共17项内容,制作登船人员安全风险告知牌、登船人员安全须知卡,提醒所有登船人员做好安全防护,维持安全秩序。

按照"一岗双责"和"谁主管谁负责"的原则,明确管节浮运安装期间"津安3"、"津安2"、海事指挥船上主要负责人员共27人的岗位职责、安全职责和联系方式,包括项目经理、书记、总工、副经理、HSE总监、技术主办、班长、船长等,所有人员各司其职,各负其责,共同做好浮运安装安全工作。

安装船根据工作需要应划分为采访和拍摄区、潜水作业区、克令吊作业区、拉合作业区、管上作业区等不同区域,因此对指挥室、甲板及管节上实施区域化、模块化安全管理十分有必要。指挥室操控台设置标准化隔离带,甲板上布置宽30cm"蓝色安全通道",锚缆危险区域布置宽20cm"黄色安全警戒线",危险部位设置警示标识。各区域设置安全值班人员,明确值班职责,两船共设7人巡视值班,做好现场安全监督和值守。

作业期间各船舶的沟通联系非常重要,现场作业设置了专频,主要人员全部配备对讲机保持联络。管节浮运安装期间设置77、81、83、85分别为浮运、施工、测量、安全专用频道,安装船、海事指挥船等各组人员全部配备甚高频对讲机,对讲机与持有人统一编号管理,确保联络畅通有效。

管节浮运航线穿越榕树头航道、伶仃航道、伶仃临时航道和来往港澳和珠海的高速船分隔航道,浮运航线周边水域有来往于珠江三角洲地区各港口与港澳地区之间的中小型船舶和高速客船航线,往返香港澳门的高速船频率高度密集,通航环境极为复杂,通航管制难度很大。面对这样的情况,配合海事部门,及时向海事部门报送浮运安装信息是通航安全保障的基础。按照《港珠澳大桥岛隧工程沉管浮运与安装水上交通安全工作手册》要求,管节浮运安装期间,施工指挥组信息员及时向总指挥部办公室值班员报告节点信息、整点信息等,并在"津安3"上通过VHF向广州海事交管中心(09频道)报告节点完成情况,海事信息报告工作设置A岗、B岗,由浮运组成员负责。

3 "两件宝",守护海底隧道

"没有隧道准入证,没有审批,都不许进入隧道内"。无论哪个参观单位到访沉管隧道,隧道内HSE管理员王宇总会提出这个要求。

目前沉管隧道长度近4.8公里,最深处已达海底四五十米,如有突发情况,后果难以估量。管道内压载水箱和钢封门拆除转运、压舱混凝土浇筑、场地清理、通风、照明设施安装等各项施工同步展开,人员和车辆进进出出,大批施工人员分散在"两孔一管廊"这一复杂的作业环境中,对进出隧道人员精确掌握,对隧道内施工环境有效监控,是隧道安全管理首先要解决的问题。

标准化的管理流程,标准化的HSE设施配备,是隧道内施工一直遵循的理念。中交港珠澳大桥岛隧工程贯彻"科技兴安"理念,用起了两件宝贝——"小纽扣"和"大眼睛"守护管内施工安全。

"小纽扣"其实就是一枚硬币大小的电子芯片,科学名称叫做"有源识别卡",它采用了世界领先的微波频段远距离射频识别技术,被粘贴在管内作业人员的安全帽内。系统中预先录入了施工人员的姓名、工种、班组等基础信息,一旦作业人员进入管道内,"小纽扣"会不断发射微波信号传输到系统中,沉管隧道门禁出入口处的LED显示屏上,就会实时滚动显示着隧道内人员信息,可以对进出隧道的人员及其所处的位置做到动态掌握,每个管内作业人员的进出具体时间清清楚楚。"解决了传统翻牌登记管理模式中存在的部分人员不翻牌、漏翻牌或是误翻牌等诸多弊端,确保了一个都不会少",I工区安全总监赵立新比划着说。

"大眼睛"是工友们对高清摄像头的戏称。在港珠澳大桥沉管隧道进出口处和隧道内部重要施工部位,都安装了可进行360°旋转的工业级高清摄像头,对隧道进出人员及管内作业实施24小时全程监控,将隧道内的实时画面传送到项目总部调度中心。监控系统不仅能实时传输,而且能够自动记录,整个施工过程完全可以追溯。只要有网络,在任何地方登陆账号后都可以看到现场的实时生产情况。

"一小一大",珠联璧合,将"隧道作业人员考勤安全管理"及"现场视频监控"整合在一起,管内作业现场的安全状况、施工人员的具体位置、工程进展情况,在屏幕上一目了然。

空气质量对隧道内人员职业健康产生重大影响。隧道内电气焊作业、车辆设备尾气、混凝土浇筑作业等都产生大量有毒有害烟尘、气体,加上隧道逐渐深入海底,因此持续向隧道内排入新鲜空气十分必要。隧道南北两个车道入口处各设置有一台大功率风机,风机连接通风管直到隧道最前端,风管直径有一米多,持续为隧道内提供新鲜空气,也压迫有毒有害气体外排。隧道内施工产生的粉尘,时间一长会积攒在路面上,如不及时清理,一旦有车辆经过,粉尘就会被带动起来,弥漫在空气中,为此隧道内引进两台大功率吸尘器,对隧道内施工车道、作业面实行全面除尘。在这样的硬件措施下,管内分部安排专人每天两次对隧道内不同部位的空气质量进行检测,并进行记录,如空气质量超出标准范围,将强令一线人员暂时撤离隧道,待空气质量好转后才能进入继续施工。一线施工人员全部佩戴呼吸口罩,是保护职业健康的最后一道防线,管内分部制定了明确的管理制度,要求隧道内所有人员必须佩戴呼吸口罩,并按照使用要求定期更换。

防火防爆是隧道安全管理的重中之重。管理人员制定了"禁止存放氧气乙炔瓶,在用的氧气乙炔瓶必须符合危险品管理规定，氧气乙炔瓶压力表完好有效、气管无破损”，“隧道内不得存放汽油、柴油等各类易燃易爆物品”，“隧道内各类车辆邮箱加油不允许超过车辆自身油箱的三分之一”等等消防管理规定。所有人员经过隧道门禁，工作人员都会提醒进入管内人员应将随身携带的香烟和打火机存放在隧道口处保管箱内，为此门禁处设置了专门的储物箱。隧道内消防器材的配备必不可少，管内分部设置了有效而且足够数量的消防器材，按照每60米布设2具4公斤干粉灭火器、每个箱变布设2具4公斤二氧化碳灭火器的原则布置消防器材，并设有明显标志。为对隧道内动火作业进行统一管理，动火作业必须填写动火审批单，管内分部针对动火作业内容，实地检查动火作业部位的作业环境、消防措施落实情况等，才审批同意。对一线作业人员定期开展人员疏散演习，是提高应急能力的捷径，每个月隧道内各施工单位都会组织一次消防疏散演习，学习消防安全知识，实操事故现场逃离疏散。

隧道南北车道都划分了人行道、车行道，之间用铁质围挡隔开，围挡一直延伸到隧道最前端，人车分离，为交通安全提供了基本保障。隧道内车辆有交通车、混凝土罐车、扫地车、叉车等，管内分部为施工车辆统一装载了射频识别芯片，进出隧道时显示在隧道门禁出入口处的LED显示屏上，隧道内车辆行驶限速10km/h（隧道口处5km/h），按划定的行车道行驶，停车全部停靠在停车位内，考虑隧道路面有坡度，车辆停靠后统一设置车挡，这样车辆停止作业时均整齐安全地停靠在停车位内。管节内临时通道统一使用标准踏板，按照安全通道设计数量配备跨管廊通道，步梯则根据沉管结构特点采用可调高度形式，安全通道口处悬挂安全警示标志，其余隔墙开孔处设置引导标识。

保障3000多人建设者、几十平方海里施工区域和每一次沉管浮运安装的安全，时刻都像一把“达摩克利斯之剑”悬挂于中国交建港珠澳大桥岛隧工程建设团队头顶，而“安全标准化”管理文化让每个工作岗位人员都有了制度化的操作流程、精细化的责任分工和匹配化的安全意识，让标准化的安全管理渗透到每个建设者的一言一行，一举一动之中，为超级工程建设保驾护航。

从分工合作到集成管理

——集成思想在大项目管理中的启示与应用

王有祥

（中交港珠澳大桥岛隧项目总经理部，广东珠海，519000）

为期六年的超大型工程总承包管理模式的实践，给我们提供了一次剖析自身，取长补短的机会。港珠澳大桥岛隧工程项目部以充分实践和经验摸索为契机，积极探索大项目行之有效的管理模式——集成管理。

集成管理就是管理者以集成思想为指导，将集成的基本原理和方法创造性的运用到管理实践中，优化配置生产中的各个要素，以达到整合增效的目的，满足现代建设项目日趋大型化、复杂化的要求。对于如何在大项目中实施集成管理，笔者就自身体会简言如下。

1 集成管理之分工合作

合作的理念是集成管理的基础。相对于强调分工的传统管理模式而言，大项目管理更多的是强调集成和合作，即项目整体目标需要共同的理念作保证，合作理念意味着参与各方并不将其他参与方单纯的视作传统的竞争对手，而是视作共同利益基础上的合作伙伴，参与各方将各自的重点工作放在如何保证和扩大共同利益上，即传统意义上的“没有大家就没有小家”的理念。

就港珠澳大桥岛隧工程（下称本项目）而言，岛隧工程是国内第一条采用先铺法施工的外海沉管隧道，也是世界上最长的外海沉管隧道。仅沉管安装项目，此前以 7000 万欧元的价格被荷兰的 SAT 公司中标取得，当国外以技术垄断压制国内项目的实施时，中交果断放弃中标合约，转而投入自主研发，希望开中国外海沉管隧道施工的先河。

为满足参与各方的利益诉求，确立了“建设世界级跨海通道，为用户提供优质服务，成为地标性建筑”的总体理念。以这个理念为指引，制定各方行为规范，互相监督执行，一切有悖于这个理念的行为都将受到谴责，无法实施。

在本项目上，管理者要求所有参与各方只有一个中心，就是以实现总体目标为中心；只有一个行为，就是以项目主导方为标杆的行为。具体到工区而言，要与总项目部保持高度一致，既要完成自身的任务，又要符合总项目部的整理利益诉求，两者不可拆分。

要实现“围绕中心做工作”的目标，就必须借助企业文化对管理的引领作用，一是由于文化本身具有向导性和感召力，二是文化建设具有强大的吸引力，三是文化处处不在，可以发挥从点到面、因人而异的广泛作用。首先是研究项目特性，知道这支团队的“魂”在哪里；其次是进行由上到下的宣贯，以文化建设引领管理品质的提升；然后是建立完整的载体推动机制，通过系统的文化活动，将管理理念发散到工作的各个方面。

2 集成管理之组织结构

组织是系统目标能否实现的决定性因素。项目组织结构犹如人体的筋脉，筋脉不通，身体则不畅。就项目管理而言，组织结构不合理必将导致管理效率低下，推诿扯皮现象丛生，因此建立一个简洁高效的组织机构就是集成管理的重中之重。

本项目总承包是以中交牵头的六家单位组成的联合体，参与方仅集团内部就有十几家之多，加上其他单位，直接参与本项目的有数十家乃至上百家，如果组织机构不明晰将给管理带来很大的麻烦。

本项目在实施过程中确立了以中交为主体的管理团队，联合体之间签订协议，明确合同关系下的权利和义务；集团内部单位，则采用扁平化管理模式，由集团项目部直接到三级子公司组成的工区，总项目部与工区之间签订目标责任书，打破传统上以合同为主体的模式，以求达到政令统一，上行下效的目的，旨在追求整个系统一体化，减能增效。

港珠澳项目通过两个网络的建立，保证组织架构的执行力。

一是专业部室加作业队的架构，建立陆地管理网络。沉管安装依靠的是成编队的船机设备，一次一根75600吨重的沉管隧道的安装，至少动用8艘大马力拖轮、2艘锚艇、2艘安装船、1艘潜水船、1艘测量船、1艘技术保障船和1艘交通船，还有密集的测控安装设备，在狭窄的水面上同时聚集近20艘大型船舶，需要严密可靠的指挥系统，专业部室和作业队交叉确保指挥人员和作业人员思想素质稳定，指令执行有力的任务。

二是专业工作委员会的架构，建立海上执行网络，充分发挥管理者和组织者的作用，抓工作主要矛盾，例如船机保障委员会、风险管控委员会等，对项目开展的重点和难点真抓实干，把如何促发展、解难题作为中心任务，发挥主观能动效应。在技术攻关和方案筹备的紧张时期，技术创新委员会牵头组织两次大型方案编制审查会，打造与中交、局和国内外领导专家的交流平台，推动成套技术方案的完善和升级；组织由国外专业风险管理机构AECOM进行的项目风险管理培训，建立长期的合作关系，力保全面防范风险；在船机进场时期，牵头进行船机及船员管理制度体系的建立，编制《船舶管理手册》，从油料使用、设备保养、安全考核、船机综合管理等方面出台了考核办法，对船机设备的进场、施工起到直接的保障作用。

3　集成管理之信息平台

信息平台是集成管理的支撑工具。在工程项目集成管理方式中，管理者需要大规模的实时信息和反馈，从而进行科学、系统的动态决策，要提高决策的效率和效果，信息的高效传输和流动必不可少。

传统的沟通方式类似渔网，各要素之间既有联系，又有交叉，沟通过程中不可避免造成信息冲突。集成化的信息管理则依靠数据库技术和网络技术，建立信息平台，对项目信息进行结构化分类、集中管理和存储，打破点对点的沟通方式，为管理者掌握全局信息提供便利。

本项目建立的OA办公平台，融入了业主、咨询、设计、施工、监理、供货等各方，实现了信息的集中存储和处理，传递迅速，保存及时。与此类同，我公司目前实施的即时通协同办公平台，也是一种良好的集成管理的信息沟通模式，应该在实践过程中不断改善丰富、推广和应用。

在项目信息平台建设中，建立了交互式的信息传递、执行和反馈机制，具有了平台式传播的四个要素：

第一，层次性。信息平台具有技术系统的一切特征，它包括两个方面：一是结构上的层次性，二是功能上的层次性。剖析港珠澳项目的信息发布平台，其基本构造就兼具了以上两个方面，项目总部的信息平台包含了承接上级信息来源和下达信息要求的功能，通过制度体系建立基础信息单元，通过业务联系单机制建立中间信息单元，通过月度和年度考核建立高级信息单元，具有自下而上的“套箱式”结构。

第二，交互性。信息平台的交互性包括横向交互性和纵向交互性两个方面。通过部门管理对项目总经理的负责制建立横向交互性，保证生产调度、工艺创新、进度管控等不同信息作战平台之间是交互的，即互通互联互操作。通过总部与工区的例会制度、现场办公会、工地例会等建立纵向交互性，实现不同层次的信息平台之间是交互的，既有总部对工区的指挥控制，又有工区对总部的信息反馈，下级是上级的信息源，上级是下级的信息源，上下之间互为信源和信宿。

第三，统一性。统一性就是信息一体化，它包括功能一体化和结构一体化两个方面。通过建立各项工作职能的领导小组、工作委员会等，将通常由若干单独系统分别来完成的职能，改由同一个系统来完成。项目部总部在技术攻关阶段建立了“外海沉管隧道施工成套技术方案”攻关小组，面对一系列世界级难题，分阶段组建“深水深槽”攻关小组、“强回淤”技术攻关小组等，实现了整合内外优势资源的一体化结构，使得项目体系与大专院校、科研院所有了统一的信息格式、数据接口、文本协议、操纵环境等结构，使信息平台的使用和开发按统一标准进行，确保横向和纵向兼容，保证技术系统的可持续发展。

第四，开放性。开放性是指信息平台的功能、结构、层次等系统结构要素本身是发展变化的，反映了信息平台实际上是一个开放的复杂系统。在自身信息系统无法满足施工生产需要的情况下，积极开放自身管理网络，引进交通部、管理局、海事部门参与的每节沉管安装的专家会系统，E15 安装遇阻后联合广东省政府开展的泥沙预警预报系统等，实现了自身系统功能的不断扩张，使得信息处理能力不断提高。

4 集成管理之自身建设

加强自身建设是集成管理的保障。“打铁还需自身硬”，如果自身不硬，再好的管理方式也无法实施。笔者认为在集成化管理模式下虽然强调合作共赢，但参与各方并不等同于没有竞争，为了保持在未来竞争中胜出，只有不断加强自身建设。

其一，做到专业设备自有化。为抢占沉管隧道这个领域的未来市场，项目在前期策划之初就力求做到专业设备自有化。集团内部自主研发了深水整平船、供料回填一体船、安装船等专业船舶，合作开发了深水测控系统、沉管拉合系统、管内精调系统等核心装备，无论是自主开发还是合作开发都要做到产权自有，不能受制于人。

其二，做到核心技术专利化。对本项目涉及的深水基床整平技术、沉管覆盖回填技术、沉管浮运安装技术，以及配套的供电、通风、通信等核心技术及时申报专利，依法享有自主知识产权，技术具有自身的归属性，谁申请谁拥有。在港珠澳项目连续创造的 200 余项技术发明专利中，中国交建统一规划技术专利申请进度，建立沉管隧道施工产业化规划，统一申报、统一管理、统一使用，成为中国“走出去”的第四张名片。

其三，做到人才储备专业化。在施工过程中培养掌握沉管安装整套施工技术的专业人才，在施工过程中有目的的使技术人员在不同岗位上锻炼，使其能适应沉管安装施工的各个环节，建立人才选、培、育制度。一是以技术规划人才，以人才推进技术，二是以管理服务人才，以人才提升管理。培育高级经营管理骨干、高级经济管理人才、科技拔尖人才和高技能人才，项目通过 IPMP 培训考证、专业英语培训、工程硕士班等举措，有利利用大型项目时间维度和地域维度的优势，实现了人才的长效成长和有效输出。

其四，做到班组建设军事化。“打虎亲兄弟，上阵父子兵”，施工班组是项目实施最前沿的力量，保证施工班组的战斗力是目标成功实现的关键。V 工区成立的测量队、起重班、机工班、抛石班，全部由我公司人员组成，在班组建设方面采用自行培养的模式，弱化分包，强化班组自身能力和文化素质的提升，采用半军事化方式进行管理，培养一支关键时刻顶得上，靠得住、肯吃苦、技能高的一线操作队伍。

总而言之，集成管理就是管理者在生产要素的调配中，进行能动的计划、组织、协调、控制，以达到整合增效目的的过程，运用集成思想和理念进行管理和实践，优势互补，聚变放大。

从应收账款资产证券化到积木式的管理创新

赵子鉴
（中交天航港湾建设工程有限公司）

摘　要:长期被拖欠的应收账款常常被看作是一项不良资产,大多数企业对于不良资产的处置经常犯难,而且只抱有如何甩掉包袱的简单思路。其忽视了一些不良资产可利用的价值。本文将提出对于应收账款采取资产证券化的一个方式使其在一定维度变废为宝,让其发挥出催款与内部资产流转、平抑汇率的三重效能,其次接连引出当下被看好的积木式管理结构,阐述为何在创造出的内部自由资本市场去推行积木式的创新管理结构,本文将用新的不良资产处理手段这单一较小的设想简单阐述积木式管理的未来可能性和正确性。

关键词:不良资产;应收账款;资产证券化;自由资本市场;积木式管理结构

引言

在建设施工企业领域里被拖欠应收账款已是家常便饭,在地方政府债台高筑的同时应收账款的收缴已成难以处理的难题,现有国内施工企业在处理此问题上基本有两种方式,第一硬抗与忍受,让长周期去化解;第二绕路而行,成立控股投资公司,自融自建。这两种方式都没有有效把问题解决。长期应收账款被看作是不良资产,但不是所有的不良资产都没有可利用价值。应收账款存在的根基有其意义和能量,我们应该看到这一点,将能量释放出来。自由市场主义的价值注入将会是发挥其效能的一种手段,在自由市场主义注入后,我们会发现扁平化的结合结构的优势,此相对优势是根据比较结构复杂和大体积的多层级凸显的劣势即被束缚在复杂系统里的能量难以挣脱得来的。激发企业员工的活性要靠一定的游离介质环境,这个环境的简述就是每个员工问自己我价值几何,我能力几何,我如何与企业的机会链接进行创造。

1　应收账款资产证券化的设想与优势

1.1　假设一

为阐述应收账款证券化的利用模式,我借用一个假设事实进行描述,如下:

假设一:国有企业集团公司 A,下属全资子公司 A1、A2、A3 各有优质应收账款 5 个亿,当 A3 经营状况遇到困境时,常规做法就是 A3 向集团公司 A 寻求资金支持,此时如果集团公司总部要保持轻负债时就会想方设法让 A1 和 A2 出资资助 A3 度过难关。这样很容易产生在集团内部产生一种惰性经营。

如果 A 总公司对集团内部发行虚拟货币"A 币"15 个亿单位将下属子公司应收账款收回作为本位金,下属 A1、A2、A3 可以利用内部“A 币”进行相互资金拆借和资本流转,一可让集团内部对暂时经营不善的分公司产生有限的资金支持;二可在集团内部形成自由化、竞争性资源配置市场,比如 A1 可以用“A 币”收购 A2 的船舶设备的同时也可收购 A3 的人才为己所用,形成内部转会机制。类似现足球俱乐部的球员转会机制可以一定程度解决了“个人理性约束”问题,每个员工在控制和寻求被控制中积极的参与公司经营活动。其优势是降低部分二级单位的依赖性经营,同时大大激发集团内部资源活性,使得 A1、

A2、A3 更加独立而不依赖 A 的资产划拨和无偿资金调配。

1.2 问题与难题

当然这里会产生一个问题和一个难题:

问题:一个濒临倒闭的二级公司通过内部资产流转丧失人才换取轻负债不可长久持续,因为人才在某种意义上决定了公司未来,痛失人才的公司会陷入恶性循环直到破产或被兼并重组。

难题:如何动态量化每一位员工的身价。

优势的带来的同时必将会产生一些问题,这是不可避免的,是否采取这种破坏式的创新要从长远考虑从未来经营着眼。

对于以技术开发为主的单位可能没有实施应收账款资产证券化的必要,而是需要合理的加大投入,所以建议在集团内部施行双轨制运行。

1.3 假设二

假设二:集团公司 A 有大量的应收账款,但短时间内资金紧张。此时集团公司 A 可以借助第三方金融平台,利用收购来的优质应收账款进行按风险和贴现率向社会发售,等公司 A 要回应收账款后再进行回购,举例:集团 A 有 15 个亿单位优质应收账款,先由第三方的平台审核,然后对社会按 1:0.8 发售一部分“A 币”,之所以按 1A 币换 0.8 人民币兑换是因为考虑应收账款回收的周期长度和风险,集团国企 A 如果提前从欠债公司要回应收账款,可以按 1:0.85 回购,回收兑换基数按承担风险大小和回收期长短来确定,以刺激收款周期缩短。

注:第三方平台需要做的是,及时公布应收账款债务人的信誉评级、债务人的运营情况、债务人的资产抵押情况等。

其创新点是利用社会资源解决公司暂时的经营困难,盘活不良资产,对不良资产的情况增加透明度,同时也能起到让社会的眼睛约束和看管政府投资的作用。

1.4 假设三

假设三:集团公司 A 有大量海外项目,承担着大量应收账款的汇率风险时,可以根据一部分应收账款证券为基础做期权交易,发行汇率看涨期权和汇率看跌期权,在汇率涨跌起伏中让社会热钱与集团公司共担风险,引入外来资金将企业汇率金融风险平抑。

问题:需要国家外汇政策的进一步放开和建立通道以及配套监管。

2 由应收账款资产证券化导引积木式管理结构

在应收账款资产证券化内部优势发挥后,将会产生一种可能:更多的企业内部链接将会打开,更多的合成小主体单位将会慢慢形成,大的组织细胞将会被瓦解,在每个最小单位的活力被激发后,每个员工将会为自己勾画与自己现有能力和未来能力相匹配的位置、价值。

大的结构主体就像笨重的机器,在其内部管理中会产生很多间接成本、管理成本和交易费用,小单位团队将会为企业瘦身,减少管理层级和中间不必要环节。

在非劳动密集型的工作领域,如何需求资源和如何搭建合作将成为每个员工更多会去主动思考的问题。这也与稻盛和夫的“阿米巴”经营模式相吻合。把大组织分解成流动的小组织也会减少大企业内部的“租值消散”问题,企业内部将会产生更正向激烈的竞争。

3.1 横向的创新要素组合

施工企业横向的要素是指项目产品的每个环节所需的组合要素,包括质量控制系统、进度控制系统、成本控制系统、合同管理系统、安全管理系统、信息管理系统、外部协调系统的组合搭建,管理的人员不在多,而在于精准和高效。

3.2　纵向的创新要素组合

施工企业纵向的创新要素是指项目运作每个阶段决策权的组合因素,包括:融资、技术开发和学习积累、经营等。每个自由组合体将成为一个战斗力团体。在构建团队的连接中每个人没有挂在墙上的岗位职责,但却有明确的合理分工和交融的协作。精简的组织将会具有强大的工作爆发力和强烈的团队意识。

3　关于以往的施工企业内部的"租值消散"

由于施工企业的每一个项目相互独立,很多施工单位并没有建立起能够纵向比较的可靠标准,能为高的人员有时会处在项目管理的中下层没有决策权,一些潜在利润高的项目机会有时赚不到该赚得的利润,企业内部高层忙于各种事务,不能观察到每一个有能为人的潜力,但其实非有决策权的管理层有时会看到,这就产生了一个机会成本过高的现状。人才的选拔在一个复杂系统中有时是在寻求一种博弈的均衡状态,产生了资源浪费。自由团队的结合将会破除这层不合理的硬壁,真正的人才将会努力赢得更多机会获得更多链接而闪光,过去的均衡链接将会被打破,积极工作的人都会想象和相信自己是企业不可缺少的资源。

结语

本文构想的思路是想为大的施工集团级企业注入一针应收账款资产证券化的活力针剂,在针剂逐渐产生效果后让集团级企业走可能通向正向未来的"阿米巴"之路。因为我们相信每个个体的价值,所以我们不能过度的捆绑他们,自由正向的结合将是一条通往未来新结构的必由之路。传统企业不光光是要做好实业,同时也要利用好金融工具,凭借合理的金融手段去挖掘和激发自身能量,创新是一步步探寻的,一旦打开局面寻找到一种新的合理模式,过去的陈旧将会摧古拉朽式的倒塌,我们不能因为新的变革会带来阵痛而不敢迈进,我需要的壮士断腕的决心和敢于尝试的胆识,畏首畏尾,会让我们措施改革的机会,企业需要在波涛的浪潮中不断的重新认识自己,迎接挑战才会迎接到更美好的未来。

港口机电设备EPC总承包项目管理

张升学　陈惠龙
（中交一航局安装工程有限公司，天津，300457）

摘　要：针对港口机电设备总承包项目的特点，结合锦州港煤炭码头一期工程装卸系统EPC总承包工程，运用建设项目工程总承包管理规范和管理理论，在项目组织实施中运用动态控制原理管理方法，通过项目管理策划、设计管理与协调、设备采购及监造、工程施工、项目文化建设和团队建设等管理工作，取得了良好的项目管理效果，实现了预期各项指标。

关键词：EPC总承包；项目设备采购；施工管理；团队建设

引言

港口机电设备EPC总承包是指在港口建设项目中，工程总承包企业按照合同约定，承担工程项目的设计、采购、施工、试运行服务、竣工验收及售后服务等工作，对承包的工程安全、质量、工期、技术性能（设备运载能力、环保指标、噪声指标、合同设备的完整性）全面负责。由于港口机电设备具有自动化、专业化程度高等特点，采用总承包模式，无论对承包方还是业主方，都有很多优势。对业主方来说，实行EPC交钥匙总承包发包模式：一方面有利于整个项目的统筹规划和协同运作，可以有效解决设计与施工的衔接问题、减少采购与施工的中间环节，顺利解决施工方案中的实用性、技术性、安全性之间的矛盾；另一方面有利于控制总体投资和工期整体控制，能够最大限度地发挥总承包的优势，通过总承包方内部的统筹协调实现项目管理的各项目标，减少业主方的协调工作量。基于以上优势，港口机电设备EPC总承包模式被行业逐渐认可并成为主流模式而被广泛推广。

中交一航局安装工程有限公司作为一航局唯一的以港口机电设备为主营业务的专业公司，具备相应的工程总承包施工资质、人才队伍和相关资源网络。经过神华黄骅港三期、四期，珠海高栏港神华煤炭储运一期工程三个大型港口机电设备总承包项目锤炼和积累，已形成了一套相对完善的港口机电设备总承包项目管理体系。基于对锦州港煤炭码头一期工程装卸系统EPC总承包工程在具体实践中的理解与管理经验的总结，本文将着重对EPC总承包工程在项目管理的具体实践中可能遇到的重点、难点，尤其是在设备采购与施工管理等方面进行深入的探讨与经验总结，希望给予港口机电安装设备总承包工程的实施与管理以参考和借鉴。

1　项目管理策划

"谋无主则困，事无备则废"，项目管理策划的重要性不言而喻。港口机电设备总承包项目合同签订后，需要经过设计、采购、施工和试运行等阶段。不同的阶段，里程碑事件主要包括合同签订、制造施工图纸提交、设备采购完成、基础施工、基础移交安装、设备单机调试、系统调试及系统性能考核完成、竣工资料交付等环节。根据工程特点，结合公司项目管理标准化手册，对项目实施的全程进行策划，对项目管理各项目标指标、组织机构及管理职责、设计管理与协调、物资采购与监造、成本控制、进度管理、职业健康安全及环境保护管理、文明施工管理、技术质量管理、物资管理、分包商管理、信息化管理与沟通、风险管理、项目文化建设等多方面进行前期策划，为项目的实施提供详细的管理方法和依据。

2　设计管理协调

设计是EPC总承包项目的龙头工作,设计工作的质量直接决定了总承包项目的成败优劣,因此做好设计工作是重中之重。设计阶段要充分参考、借鉴以往设计和设备监造积累的经验,深化设计,优化产品,同时对与其他专业或设备衔接的地方重点考虑,减少或避免后续施工中出现干涉等问题。项目的质量、进度、成本、系统性能以及投产后的经济效益是否能够达到业主的要求,社会效益是否能够满足相关的标准和需要,在很大程度上取决于设计的优劣。

港口机电设备总承包项目中的图纸是以合同技术规格书和初步设计为基础,依据相关的国家标准、设计规范设计的。在项目执行过程中,总承包商充分发挥项目整体协调优势,而在项目初期,应充分考虑设计对采购、成本和施工的影响,实现设计、采购和施工的深度交叉和融合。

设计工作的控制点主要集中在各阶段设计审查联络会,由业主方和总承包方的技术专家对设计资料进行认真审查,把设计中的各种缺陷消灭在设备采购和施工前,不仅能减少实施过程中的返工,缩短工期,而且能够有效减少材料浪费,节约工程成本。

加强设计和设备采购、现场施工的衔接。由设计工程师编制设备、材料采购技术协议,使之作为合同的一部分。设备材料制造过程监造人员严格按照技术协议进行质量监督。同时,让设计代表常驻现场,及时解决设计技术问题,以此保证施工进度和质量。

3　设备采购监造

在港口机电设备总承包项目中,设备材料采购额占合同总额的60%以上[1],为有效合理控制采购成本,大宗设备材料由公司采购小组统一采购。采购小组由公司设计工程师、工程、物资、合同费用、党群和项目经理部抽调人员组成,采购合同签订后,再移交项目经理部。项目经理部则负责合同执行过程中的设备监造、催货、接收和点验工作。设备材料的质量和供货进度是关系到项目质量目标和工期目标能否实现的最关键工作。主要通过以下措施来控制:

(1)主要设备和材料由设计工程师提供请购单及技术规格书,项目经理部组织技术员对技术规格书和数量进行核对,发现问题及时反馈采购小组。

(2)按照设备材料加工制造周期及项目总进度计划及时编制物资采购计划,设备材料需求计划。

(3)要求各供货厂家根据需求计划和技术规格书,编制详细设备材料制造计划和质量控制计划,经双方签字确认后执行,便于能提前发现各供货厂商相应的加工制造能力,若加工制造和质量控制能力达不到要求,及时采取补救措施。

(4)编制《设备监造大纲》,并严格执行。驻场监造工程师严格按照《设备监造大纲》要求、技术规格书、设计文件及规范要求进行节点验收,按周、月编制书面材料汇报进度质量情况。

(5)对重要设备材料,派员常驻制造厂家,掌握第一手设备材料制造进度、质量情况。驻厂监造人员与厂家建立及时有效的沟通机制并紧密跟踪监控进度和质量情况,及时准确地反馈到项目部,以便项目部及时有效进行决策或对策。

(6)另外,应加强设计部对制造过程的监控,尤其是涉及与其他设备和土建衔接的地方应加强设计部与驻厂监造人员的沟通,对材料、结构、设备类型及性能参数都应从设计方面尽可能地提出优化建议。

(7)合同需明确相关违约责任和处罚措施,严格执行合同。

4　现场施工管理

4.1　分包控制管理

对分包商的控制是对项目的进度、质量、费用、安全等各方面控制的主要工作,是项目控制内容中的

重要环节,主要采取以下控制手段:

(1)完善合同条款,充分利用合同约束作用进行分包管理。分包商现场负责人普遍不了解合同条款的现象,作为总承包方,合同条款需明确例如进度、质量、安全义务,分包工程界限,设备材料供货界限,进度、质量、安全达不到要求有权采取措施等条款,严格按照合同和管理制度规定进行管控。另一方面,项目部要落实安全交底、技术交底工作,切忌流于形式。

(2)创新分包形式,分散施工风险。对施工任务较大的专业引进至少两家分包单位同时施工。在进度、质量、安全等方面营造相互竞争的氛围,对存在问题分包队伍减少其后续施工任务。

(3)严格按照实际情况对分包商进行综合评价,将优秀的分包商纳入合格分包商名录,长期合作,对不合格的分包商予以剔除。

4.2 进度控制管理

进度管理是项目能否履约的重点控制环节。进度控制的关键是计划的合理性、严谨性。合理性方面,在于不同专业、不同工序的合理衔接,关键线路的确定。严谨性,不能仅仅考虑是否设备材料到货、基础是否移交就计划开始施工,对不在关键线路上的工序应充分考虑专业技能要求和市场相应人力资源情况[2],合理分配作业时间。因此,进度计划的制定要充分考虑设备供货周期、设备安装周期、现场作业条件和各工序合理衔接。计划执行前首先要进行任务分解并层层传达落实,责任落实到人,过程中应定期进行对比分析,分析偏差原因并及时采取补救和纠偏措施,严格按照进度计划执行,确保总体计划的全面实现。

4.3 质量控制管理

(1)项目策划前期,确定质量目标,进行全员宣贯,确保全员质量意识、责任意识。质量管理方面要始终注重“过程”和“细节”。

(2)旁站到位,责任到人。质量控制坚持预防为主的基本要求。在方案编制时,将各道工序进行分解,制定工程质量控制要点和措施。各专业工程师严格执行工序质量控制措施,质量人员加强过程监督,质量责任逐级落实到人。对构件加工厂家实行驻厂监造,强化质量全过程控制。

(3)加大监督、检查力度。狠抓重点部位施工质量,特别是工程的重要部位关键工序的施工,对每项工程都做到自检,自检合格后上报监理工程师进行验收,验收合格后进行下道工序施工。

(4)严格执行技术交底制度。把质量事后检验,转向质量的事前控制,明确工程项目质量标准,对关键、特殊工序专项进行交底。交底时横向到边,纵向到底,并把交底内容作为项目部对施工技术人员考核的重要内容。针对施工人员流动频繁的问题,实行定期、循环交底。

4.4 安全文明管理

安全管理是各项管理工作中的重中之重,应始终把安全管理工作放在首位,切实做到安全第一,预防为主。

(1)全面落实安全生产责任制。及时认真做好《职业健康及环境管理安全目标责任书》、《消防安全目标责任书》的逐级签订和考核工作,形成“安全人人有责,人人管安全”安全管理局面。

(2)加大宣传力度,推动安全文化建设工作。以“杜绝隐患,珍爱生命”为安全文化核心理念,通过悬挂宣传条幅、安全警示牌及安全文化长廊等多种载体,推动安全文化建设。

(3)加强安全培训和教育。组织分包商人员参加安全培训,培训内容以安全知识、安全常识、专业管理要点等为主。同时,通过召开分包商负责人专题会议、安全专题培训、分项工程安全技术交底、日班前会等形式,将安全管理的有关要求、管控重点等进行安排和部署,以提高全员安全意识和安全知识为目标,以达到安全管理全员参与的目的。

(4)确定安全管理重点。分析港口机电设备安装项目特点,把高空作业、吊装作业、临时用电、机械伤害作为安全管理工作的重点监控对象。及时编制《安全文明施工方案》,对危险性较大的钢结构高机房、栈桥安装编制专项施工方案,并进行交底和过程监管,将安全工作由事后处理变为事前控制,达到预期效果。

(5)加大安全投入,合理使用安措费。对安措费进行严格管理,确保每笔费用用到实处。安措费的投入重点主要在以下几方面:安全防护设施一次性投入和维护;现场作业人员安全防护用品支出;应急物资器材配备和演练投入支出;安全警示标牌、安全文明施工宣传条幅设置支出;安全管理人员技能培训和安管人员薪酬支出。

5　文化团队建设

一个好的项目部离不开整体的文化和团队建设,通过对项目部的文化建设和团队管理,促使整个项目的高效运转。结合本人在锦州港煤炭码头一期总承包工程中的具体管理经验,分别就这两方面进行浅析。

5.1　项目文化建设

文化建设对于整个项目部的精神层面的提升与塑造都十分必要。好的文化建设有助于推动项目管理的提升。锦州港项目部根据工程生产管理实际需要,提炼出“让业主满意、让员工受益”的项目文化核心理念。致力于将文化建设融入管理,使之与团队建设紧密结合,以此推动整个项目工程的精神文化内涵。具体举措如下:

(1)立足文化引领,健全制度体系。以文化为引领,建立信息化档案管理办法、技术质量管理办法、机务安全管理办法、人事管理办法、奖金分配管理办法、宿舍管理办法、宣传报道管理办法、班前宣誓管理办法等规章制度,提升管理水平。

(2)立足文化宣传,营造积极和谐氛围。在核心理念的引领下,职工队伍和谐、稳定、幸福度高,真正做到了“让业主满意、让员工受益”。同时,充分调动青年知识分子写作的主动性和积极性。及时挖掘典型事迹及先进人物,以优秀员工人物事迹为典型,利用典型起到引领作用,激发全体员工积极向上、创优争先精神。

5.2　项目团队建设

组建精干、高效的项目管理团队,亦是项目成功的必要条件。一般而言,增强团队凝聚力、落实绩效考核和建立公正、合理的分配机制一直都是建设高效项目团队的良策,结合锦州港项目部管理中实际情况,总结了如下团队建设经验:[3]。

(1)坚持学习培训,提升素质。组织内部培训讲堂,项目班子带头宣讲,职工走上讲堂,共同学习专业知识、文化礼仪,努力提高全员素质。

(2)坚持互动交流,凝聚全员。秉承“以人为本”的理念,将关心职工落到实处。随时倾听职工心声,与员工保持经常性的互动交流,特别关注和倾听职工工作上、生活上、家庭困难以及个人职业规划的愿望和需求,切实为职工办实事、解决事,及时关注职工情绪,确保职工队伍稳定和谐。

(3)坚持月度考评,激励全员。开展月度考评工作,提高员工执行力。逐步完善月度优秀员工评选制度及奖励机制,从专业技能、团结协作、工作纪律、执行能力等几个方面进行综合考评,评选月度优秀员工,以此增强职工危机意识、责任意识,营造人人争先的团队氛围。

(4)建立公开、公正、合理的分配机制。制定奖金分配制度并予以公示。同时,对全体职工进行月度考评,根据考评结果和出勤情况,进行奖金分配。

结语

EPC 交钥匙工程总承包模式在当今的工程建设领域已逐步发展为主流模式,我国的工程建设业也在积极推广工程总承包模式,通过对锦州港煤炭码头一期工程装卸系统 EPC 总承包工程在设计管理、设备采购、施工管理和团队文化建设方面的探讨与经验总结,可以看出,总承包商的管理水平对整个项目工程的质量与履约信誉起到了举足轻重的作用。中交一航局安装工程有限公司作为港口机电设备总承包商,通过数次信誉履约,为业主创造出精品工程,为中交集团“五商中交”战略作出了独特贡献。

参考文献

[1] 中华人民共和国建设部, 国家质量监督检验检疫总局. GB-T50358—2005, 建设项目工程总承包管理规范[S]. 北京:中国建筑工业出版社, 2005

[2] 乌云娜, 等. 项目管理策划[M]. 北京: 电子工业出版社, 2006

[3] 李钰, 陈赟. 大型工程项目团队知识学习范式构建[J]. 长沙理工大学学报(社会科学版), 2009, 24(4): 104-107

国际工程施工项目采购管理

陈 庚[1] 陈伟浩[2]
(1. 中交四航局第二工程有限公司,广东广州,510231;
2. 中国交通建设股份有限公司,北京,100088)

摘 要:文章结合从事卡塔尔四个项目采购工作的实际情况,对海外项目设备、材料国际采购工作的特点、流程、出现的问题和应对措施,以及发展趋势等进行了分析、总结和思考,认为各海外项目应不断的总结国际采购过程中的经验教训,并通过加强采购人员自身综合素质培养、优化采购程序、学习适应新形势下的国际采购模式等方式逐步提高项目的国际采购管理能力。

关键词:国际采购;经验教训

引言

随着对外承包业务的快速发展,对外承包业务不仅从区域上得到了长足扩展,如从非洲市场、东南亚市场逐步开拓到中东市场。同时,在承包形式上也向着大型化、复杂化等趋势发展,如 PPP 模式、EPC 模式等。但是,随着项目的不断复杂化和高端化,项目实施所需材料和设备多需从第三国引进,进而导致项目实施过程中越来越多国际采购参与的必然性。

1 国际采购工作的特点

1.1 市场准入条件苛刻

准高端市场项目在招标阶段已提供合格供应商名录,多为西方设备和材料,大多国内设备材料包括合资生产的不被接受,致使选择范围窄,多为供方市场。

1.2 技术性强

项目技术规格书,对工程的材料和设备等要求详细,而且需经咨工、业主以及最终使用方报审通过后方能确定。另外,生产过程也需组织厂家及第三方测试等。

1.3 采购周期长

厂家资质和材料审查均需按程序经过咨工、业主和最终使用方的层层审查,每层审查耗费较长时间。同时,跨地域性特点也使其订货、制造和运输时间均不同程度延长,约 4 ~6 个月时间。

1.4 程序复杂

跨国采购的供应程序复杂,包括:计划、货源选择、推荐供货商、询价、报送咨工或业主批准、比价、谈判及签订合同、开具信用证、办理进口许可、清关、内陆运输及仓储、现场物资管理等。

1.5 价格影响因素多

产品价格不仅与其型号、规格和质量有关,还将根据订货数量、交货方式、运输方式及付款条件的不同而变化。同时,还受国际市场需求、汇率变化等影响。

1.6 语言和法律风俗习惯不同

国际采购人员语言水平参差不齐,势必影响采购过程中信息的交换,特别是对合同语言的理解将给采购带来一定风险。同时,不同国家采用的法律不一,对合同的执行依据也不同。

2 国际采购工作的流程

2.1 采购流程

国际采购是一跨地域、多部门相互合作、协调的过程,不仅牵涉到需与内部部门确定采购计划,与业主讨论移交资料,同时也牵涉到需与厂家、代理商、运输公司、清关服务公司协调合理的供货计划,最终保证每个环节能够按时保质进行。国际采购工作的通用流程如图1所示。

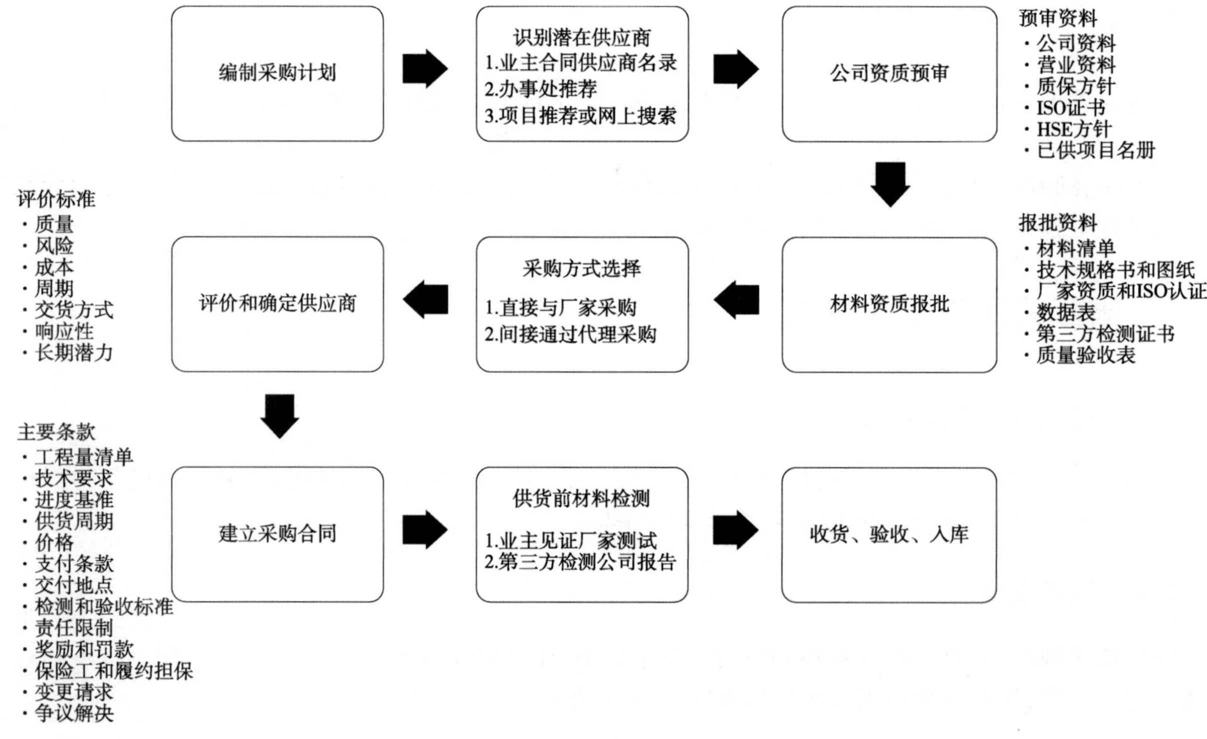

图1 国际采购工作流程图

2.2 流程要点

2.2.1 采购方式

采购方式主要分同厂家直接购买和通过代理两种:前者采购单价低但要求采购人员精通采购流程特别是运输和报清关流程,程序复杂,所对应的采购合同分出厂价和到岸价两种方式;后者则只需同项目所在国代理洽谈,省去所有中间环节,仅在项目现场收货,所对应的采购合同为到场价方式,缺点是单价高。

2.2.2 付款条件

多数供应商要求付款同货物发运同步,但会导致项目现金流减少。因此,在合同谈判时尽可能的增加付款周期或者通过远期支票的方式进行。

2.2.3　送货计划

材料能否按时到货将直接影响项目总体计划能否顺利进行，因此合同需严格规定送货计划，并附加延迟罚款条款，以保证按时送货。同时，对于跨国采购中要求的厂家测试或第三方检测，也需同咨工和厂家及时安排，避免因未及时检测导致整个采购周期延长，不仅影响项目总体施工计划，也可能引起供应商的索赔。

2.3　人员要求

作为采购的主要实施者，采购人员知识结构的高低将直接影响采购的成败。总体来看，国际采购人员需要具备以下能力：

(1)熟悉采购产品的主要生产厂家，了解其在项目所在国供货情况；

(2)熟悉采购产品的市场供求关系、价格水平及变化趋势；

(3)熟悉采购产品的性能、特点、技术要求和质量标准；

(4)熟悉不同国家谈判的特点；

(5)熟悉国际贸易惯例和相关法律；

(6)做好产品价格分析，制定期望目标和可接受目标。

3　国际采购工作中出现的问题与建议

3.1　询价文件不完整致使后期合同谈判反复

较多项目采购人员，在编写询价文件时只关注采购项目的类型、数量以及技术规格，却忽视项目的供货周期、付款条件、验收标准等，导致项目仅能接受供应商的价格，而不能接收供货周期和付款条件，而使合同谈判停滞，严重会使供应商按项目所要求的条件重新报价，致使合同谈判反复。

询价文件作为征求潜在卖方的建议书，力求清晰、完整和简练，从而便于潜在卖方做出完整、准确的应答。询价文件应基本包含规格、数量、性能参数、供货周期、付款条件、验收标准等，但也应有足够的灵活性，以便得到供应商的底价。同时，询价文件也应以正式信函发出，避免邮件形式。

3.2　供应商资信差致使采购被动

供应商的选择标准包括供货能力、价格、供货周期等众多条件，但实际采购中却把价格作为首要选择标准，其他标准却给予一定的妥协，某种程度上导致一些小型供应商、代理商的趁虚而入，最终导致产品不能按时交货，或者交货后质量有问题，致使项目除了继续等合格产品外而无它法，而使采购陷入被动，而且采购合同的索赔通常是弥补不了主合同的延误损失的。

选择诚信、合格的供应商，是保障合同顺利履行的前提条件。正常情况下，一般国际大型供应商报价都较真实，而且签约后能保证供货质量和交货时间。相比之下，小型供应商和代理商的履约能力相对较弱，缺乏对市场风险的承受能力，出现迟交货或质量问题的几率也大。所以，在供应商选择上，一定要进行资信调查，可通过行业协会等机构，也可通过与供应商合作过的第三方(如保险公司)进行了解，必要时可安排人员到供应商工厂进行实地考察。

3.3　采购周期无法保障

采购周期无法保障应该是跨国采购经常遇到的问题。影响采购周期的因素也较多，如采购计划的延迟，供应商资格预审及材料资质报批耗费时间太长，或者是供应商生产周期延长，又或者是运输环节如订船、报关、清关和路运等环节出现问题，以上任何一个环节出现问题，就会导致采购产品无法按计划送至现场，进而导致项目延误。

一般国际采购的周期从立项到采购完成需要 4 ~ 6 个月，采购计划作为采购的发起节点一定要提前进行，对于咨工和业主的报批环节，要按合同文件准备争取一次通过，另外做好过程文件记录以备后期索赔使用。采购过程也要加强同供应商和运输方的沟通，及时了解状态并做灵活调整，如海运转空运。另外，避免在合同谈判阶段，不合理的压缩交货期，不仅会导致采购成本的上升，而且生产周期难以保证。

3.4 跨地域监管不足导致二次采购

由于供应商多为国际供货商或其代理商，受时间、地域以及人力的限制，产品生产过程中的质量和进度监控无法实时进行，多是通过供应商和代理商反馈，最终导致产品到场后验收不过，造成重新订货等情况。

针对这一问题，采购人员应加强与供货商或者代理商沟通，实时了解产品制造及运输动态，特别是建立包括项目采购人员、代理商、制造厂商在内的沟通渠道，以时时了解状态，同时做好记录。另外，采购合同也应包括履约保函和保留金等条款，虽然采购成本增加，但能有效加强合同的履约。

4 项目国际采购的发展趋势

4.1 建立承建商自有合格供应商名录

随着国际项目 PPP 模式和 EPC 模式的兴起，大项目成为未来项目的必然发展方向，项目的设计、采购、施工将会被大型承建商所包揽。基于此，承建商将渐渐摆脱业主的合格供应商名录，从而建立自有的合格供应商名录，以实现由采购管理向外部资源管理的转变。

4.2 竞争关系转变为合作关系

供需关系也将打破原有的临时或者短期的竞争关系，而是选择有实力的供应商联合进行国际项目的投标，投标方在投标伊始就确定主要材料或者设备的供应商，不仅投标竞争力大，而且在中标后也能各自发挥自己优势，承担对应的风险，以达到双赢局面。

4.3 互联网技术在项目采购的深层次应用

互联网技术对于当前工程项目的采购仅仅局限于对市场信息的了解、供求情况的查阅等起步阶段，远未达到目前小商品采购应用层次。利用互联网技术整合整个采购过程包括信息发布、内部采购评审系统、物流系统、支付系统等，以最大程度的对采购过程的每一步进行响应、监控。

4.4 吸引和培养一流的基建采购专业人才库

项目大型化、复杂化后必然导致项目的分工更加精细，配置专门的懂采购、懂施工、懂合同、懂国际贸易的采购人员将成为项目实施的必须。同时，专业的采购人员也能逐渐建立起自己的供应商网络、市场信息网络，从而为项目在成本上和进度上更好的服务。

结束语

国际采购作为海外项目实施的重要一环，能否顺利、有效地实施不仅影响着项目的进度是否按计划进行，同时对整个项目的效益情况也将产生直接而重大的影响。因此，项目在实施过程中要不断的对已采购项目总结经验教训，继而优化采购程序，并通过加强采购人员的综合素质培训等方式，不断地提升项目的综合采购能力，从而为项目的顺利实施做好最基础的服务。

参考文献

[1] PMI. PMBOK GUIDE (项目管理知识体系指南第5版)第12章项目采购管理
[2] 任莉. 试论跨国采购的风险与防范[J]. 经济师, 2004.8

海外工程业主原因造成开工延误的分析及对策

王　欣
（中交天航局海外部，天津，300000）

摘　要：针对海外工程具体的市场环境和合同条件，承包商借助菲迪克合同条件的思路和程序去处理实际遇到的由业主方原因造成的工程开工延误问题。对工期及费用影响小的开工延误，承包商应本着合作的精神去解决问题；对工期及费用影响大的开工延误，承包商要敢于索赔，善于索赔。

关键字：开工延误；菲迪克合同条件；分析；索赔

引言

业主授标后，承包商最关心的问题之一就是什么日期开工了，而承包商收到开工通知后首先要做的就是占有现场，以保证后续工程的开展。其中，开工日期应在承包商收到中标函后的 42 天内，工程师至少应提前 7d，也就是最迟必须在承包商收到中标函后的第 35 天签发开工通知。而承包商进入现场的时间一般在投标函附录中有规定或以承包商提交给业主并获得业主批准的进度计划中的施工要求的时间为准。然而，不同的海外工程承包商将面对不同的业主，在实际中难免遇到与上述正常情况不一样的问题。具体问题需具体分析，只有分析正确，承包商才能对症下药。

业主原因造成的开工延误，承包商应依据具体工程的情况，分析问题背后的原因，借助菲迪克合同条件的思路和程序来处理。根据分析得出的结论，承包商采取合理有效的对策，才能使自身受益。

业主原因造成的开工延误，一般可以分为两种情形：发生延误后业主仍努力按期完成建设和发生延误后业主对事态的发展漠不关心。其中，发生延误后业主对事态的发展漠不关心的情形，大多数是由于其自身原因导致其履约能力不足，常见的情况有：

（1）受国际、当地或自身经济形势等情况的不良影响，业主的建设资金在项目刚开始即出现问题（从这里可以看出，海外市场某些建设审批不如国内建筑市场的严格完备），例如目前中东的部分建筑市场，受美国页岩气技术对中东传统石油开采冶炼的冲击，其国民经济也受到不良影响，用于基建的资金难免出现捉襟见肘的情形，当地业主会采取故意拖延批复承包商上报文件的手段，来缓解自身资金周转的同时，也意图规避承包商的索赔。

（2）业主的工程管理机构繁复，职能不清，其管理人员办事“人人管却又说了都不算”，承包商在施工准备阶段按着合同要求推进项目实施的过程中，可能为了一件小事，都无法前进半步，甚至和业主的基层管理人员打成一锅粥而真正做决定的业主高层还什么都不知道，承包商运行项目的困难可想而知。例如：卡塔尔的 LUSAIL CITY 建设的某个标段，业主有投资方、管理方下设的各个部门，业主聘请的咨询公司有两家，该工程整个规模巨大，工期长，业主高层对某个标段的建设未给予充分重视。项目刚开工，就存在所有的上报文件得不到及时而彻底地批复的问题，导致现场无法开工，而且对同一事宜承包商会收到来自各个管理方的意见不统一的各种指令。相邻的韩国三星施工标段，已放弃接收各管理方的各种指令而按自己的策划进行施工，这种孤注一掷的做法不知会引起什么样的后果。

针对上述情况，承包商要将项目管理重心转移到商务上来，平时项目运行中大部分的管理要和商务挂钩，言必称商务，日常基础工作要做好对自己有利的各项记录，要更加修炼好内功，不被业主方抓住把柄，不放弃任何“准备”索赔甚至仲裁的机会。如果承包商索赔意识和能力很强，当初签订的合同没有影响索赔的漏洞，该工程业主聘请的咨询公司在承包商与业主的矛盾中向业主不会站得太偏，通过承包商与业主高层密切的沟通，承包商花费大量精力的商务工作有望保全其自身的利益。其实，对于这种情况，承包商的索赔很大程度上只是承包商不得不依靠菲迪克条款保全自身利益的一种手段（经常性地对业主施加对自身有利的影响），索赔工作可能贯穿项目实施的全过程，工程工期可能很难保证。承包商在实施索赔的过程中，需考虑是否适当牺牲自身利益"为了占有市场"做长期打算，还是考虑"承包商做工程就是为了赚钱"的短期打算。

而对于另一种业主原因造成开工延误的情形，即发生延误后业主仍努力按期完成建设，承包商发起索赔成功的几率会高很多，因为最起码业主会和你按着菲迪克条款的程序来谈索赔，为了工程的顺利实施，业主不得不考虑既定承包商的利益。

现以沙特某海岸开发工程为例，对承包商正常的索赔过程做一论述。本工程承包商在现场移交后遇到如下两个问题：

（1）在该工程的起始阶段，咨工（即皇家委员会工程部）省却了签发开工通知，而是直接于2008年10月11日签发了工地移交证书。2008年12月17日，承包商施工人员在现场进行板房场地准备作业时，遭到当地海岸警备队的阻拦，随后，承包商得知：当地的海岸警备队禁止了现场及其周围所有皇家委员会的工程，除非得到海岸警备队签发的施工许可。

（2）业主批准了承包商临时储料场修建的图纸和方案，而施工时发现，临时储料场的位置布置却与另一家承包商的施工区域有冲突，业主因此欲改变其所做的决定，这将影响承包商的施工总体布置安排。

针对上述两个问题，依据具体工程的合同条件，借助菲迪克合同条件的思路和程序分析如下：

（1）该工程中标之后，承包商即全力投入施工准备，虽然皇家委员会已签发工地移交证书，但在现场，海岸警备队却数次阻止承包商在现场的作业，导致承包商无法做出合理的开工安排，设备和人员的闲置和发生无效的费用。原来，皇家委员会与海岸警备队在历史上有矛盾，暗地里勾心斗角。对于承包商而言，已经积极遵守了沙特当局制定的程序，业主皇家委员会也向承包商签发了现场移交证书，现场遇到的这种延误和打扰是无法提前预见的。在该事件发生后，业主却以一些文件尚未获得业主批准及合同中规定承包商应尽力配合、协调沙特政府部门为由，欲将现场无法开工的过错强加到承包商头上。承包商回函指出：承包商已数次提交文件，结果是有的文件的批复超过14天，有的文件只是改动一下格式上业主认为不妥的地方（尽管承包商采用业主提供的样本），而且周而复始几次都是业主在挑格式上其认为不妥的地方，这就是业主的无故拖延；而且承包商一直都在尽力配合、协调沙特政府部门，而由海岸警备队引起的现场停工不只针对本承包商，还有其他承包商。该问题是由于皇家委员会与海岸警备队之间的矛盾造成的，尚需举行四方会谈来解决，这完全是由公共当局引起的延误。

（2）尽管承包商对现场没有专用权，承包商在提交临时储料场修建的报批文件之前却未在招标文件提供的信息中查找到有关其他承包商承包的工程部分的实施计划，况且业主已经批准了承包商的报批文件。如果业主坚持改变其所做的决定，势必打乱承包商的施工布置总体安排并导致承包商发生因此而产生的费用，这笔费用当然是不可预见的。

根据上述分析得出的结论，承包商采取了如下措施：

（1）对于临时储料场修建的问题，虽然咨工的决定超出了承包商在合同中的任务范围，并且承包商还可以主动要求咨工按变更程序处理，但考虑到合作精神及自身利益，承包商积极与施工区域发生冲突的另一家承包商沟通，并在外借料分包商的帮助下，可以免费将临时储料场布置在另一家分包商的施工范围之内，避免了不必要的争议，也照顾了业主的体面。

（2）对于海岸警备队引起的延误，由于业主方原因，致使承包商无法开工，受到经济和工期两方面的巨大损失。虽然一个项目没有开工就发生索赔事件，无论对业主，还是对承包商绝非什么好事，但承包商不是慈善家，必须敢于索赔。承包商在该事件发生后的28天内发出信函，就现场无法正常开工导致的直接延误和对后续工程实施的延误向业主索赔工期和费用。在此期间，承包商保持着现场发生的海岸警备队阻止承包商作业的影音、日报等同期资料。因该事件的发生持续数月，承包商数次向咨工提交了进一步的临时索赔报告,并在该事件结束后提交了最终的索赔报告。每份索赔报告都附有相应的支持索赔的证据,包括人员和机械索赔明细、批准施工计划中的相关信息、设备到场文件、及人员护照复印件等。

从上述问题的解决过程中可以看出承包商索赔成功的原因如下:

(1)业主出于按期完成规划中建设的制约条件保持着和承包商的合作,业主和承包商都基本上认可并遵守着游戏规则,即国际菲迪克条款;

(2)承包商持有无可辩驳的对自己有利的书面及影像记录;

(3)查找问题真正的症结所在,积极合作,有舍有得;对于临时储料场修建的问题,承包商绕过业主使问题得以解决,没必要和业主为此大动干戈;对于海岸警备队引起的延误,承包商则必须坚持到底,当然该索赔不影响承包商的继续履约。

海外工程项目开工的问题牵扯到的菲迪克合同条款主要有"咨工的决定"、"与业主其他承包商的合作"、"工程开工"、"承包商的进度计划"、"竣工时间的延长"、"当局引起的延误"、"承包商的索赔"等。

结语

业主的行为很大程度上决定其项目的结果,承包商需看清其手段与目的、处理好短期和长期的关系,使自身最终获利。对实施海外工程的承包商而言,业主和承包商志同道合的合作很重要。

参考文献

[1] 张水波,何伯森. FIDIC 新版合同条件导读与解析. 北京:中国建筑工业出版社. 2002

建筑工程现场安全管理中存在问题与对策

朱守艳
（中海工程建设总局，北京）

摘　要：在建筑工程施工现场存在着很多的安全隐患，影响到建筑工程施工作业的安全，进而常常发生安全问题，造成巨大的经济损失，并且也影响到建筑企业的长远发展。因此，对建筑工程施工现场的作业进行全面、科学、高效的安全管理是非常有必要的，通过科学实施，能够确保建筑工程施工现场作业的安全，从而促进建筑工程施工的顺利开展。但是，从目前的实际情况来看，建筑工程施工现场的安全管理工作依然存在着诸多的不足，因此，本文主要针对于建筑工程施工现场的安全管理现状及具体的管理措施进行了研究。下面进行详细的探讨。

关键词：建筑工程；施工现场；安全管理；问题；对策

引言

加强安全管理，防范和减少安全事故隐患，及时妥善处理安全事故，减轻因事故造成的人身伤害和经济损失，从而使工程得以顺利进行，所以说安全生产管理是建筑工程施工管理中不可忽视的一个重要内容。本文提出了建筑施工安全管理存在的问题，探讨了建筑施工安全管理对策。

1　建筑工程施工现场安全管理的重要性

1.1　有助于提升建筑企业的综合管理水平

近年来，国内各类建筑工程企业的数量也在不断攀升，企业与企业之间的竞争也日趋白热化，为使自身在激烈的市场竞争中占有一席之地，现代建筑企业管理者也纷纷加大了对企业综合管理能力的优化，而工程项目施工现场的安全管理能力正是衡量建筑企业综合管理水平的重要指标，也只有具备了高水平的建筑项目现场安全管理能力，企业的综合管理水平才能够得到全面提升，才能够在激烈的市场竞争大潮中做到“引流而上”。

1.2　有助于降低工程项目安全事故发生率

如上所述，近些年来，我国各类建筑工程项目施工中的伤亡率呈现居高不下的态势，究其原因，与各级建筑工程企业在项目施工中，忽视安全管理有着一定的关联，也正是这种日常安全管理中的疏忽大意，为各类工程项目现场安全事故的引发埋下了隐患。基于此，不断强化建筑项目现场安全管理，提升项目安全管理的级别，并切实落实好相应的安全管理措施，对降低建筑工程项目的伤亡率将有着积极的作用。

1.3　有助于提升现代建筑工程企业的经济利润

现代建筑工程企业若想实现稳定、高效的经济利润增长，不断打造企业利润获取的“第三桶金”，就必须从提升施工现场安全管理着手，逐渐构建起完善、稳固的安全管理生产体系。所以，一旦发生建筑工程项目安全事故，为企业带来的不仅仅是人员伤亡代价，更是巨额的经济损失，例如，设备经济损失、人员赔偿经济损失、项目误工经济损失等。因此，不断强化建筑企业的工程项目现场安全管理能力，对提升企业自身的经济利润有着重要意义。

2 建筑工程施工现场安全管理存在的问题

2.1 安全意识方面的问题

意识是人脑的机能，是对客观现实的反映，它包括认识的感性阶段和理性阶段。从意识的能动性而言，它能够指导人们的行动，使人们的行动具有目的性、方向性和预见性。因此，意识的存在会对事物发展进程起到巨大的促进抑或阻碍作用。而在工程施工当中，各类安全隐患较多，事故的发生后果严重。所以，施工安全管理工作就必须以“预防为主、预防为上”的方针进行，即在事故发生之前，就需要及时发现、并采取解决措施、进行有效防范或制止，不能坐等事故的发生，再就事论事的进行认识、教育。

也就是说，在工程施工当中，是要先提高施工管理人员和工程施工人员的安全意识，才会有他们的安全行为；有了他们的安全行为，才能保证工程施工的安全进行。所以，在工程施工的安全管理当中，如何提高安全意识，使施工管理人员和工程施工人员都具有对施工安全的自觉能动性，就变的尤为重要。

2.2 管理制度方面的问题

系统建筑施工是一项十分复杂的工作，各种因素相互交错，管理难度大，容易出现安全事故。施工安全管理必不可少，其目的是减少事故，促进生产。安全事故发生的原因是多方面的：有技术上的，有管理上的；有直接原因，有间接原因；有人的不安全状态，有物的不安全状态；有偶然性，又有必然性。而且，这些原因又在不断变化。因此，施工安全管理是个整体的动态的概念，是一项复杂的系统工程。

在建筑施工的过程中对每一项工序，都需要进行危险性研究。首先，对整项工序的过程作充分了解。其次，利用鱼刺图、事故树等科学分析方法，分析潜在的危险因素，让施工人员明白其所从事工作的内在危险实质和危险因素，使其在工作中提高警惕，从而减少事故发生的概率。再次，对危险因素的发生概率进行估计。最后，根据结果制定相应的预防措施、操作程序，使安全事故频率和强度降至最低。

2.3 施工技术方面的问题

建筑施工安全管理及施工技术问题是一个复杂的系统工程，它不仅涉及社会科学领域，与自然科学更有着不可分割的关系，企业管理、施工组织、工艺工序方法、材料、机械及设备等等，都与建筑施工安全密切相关。因此，在施工生产中，必须坚持“安全第一，预防为主”的方针，按照定置管理的要求，采取各种行之有效的安全技术，做到标准化生产、高效生产、安全生产，以提高建筑施工技术和安全管理水平。建筑施工安全工作的整个过程都必须要有强有力的技术工作做支持。搞好建筑施工技术和安全工作是紧密相联的，因为工程技术工作的整个过程都含有安全工作，这是他的本质所决定的。

2.4 安全监管方面的问题

建筑施工的过程中，基层的劳动人员很多，假如管理人员对操作技术方面的需求并不高，让很多基层施工人员在工作的过程中因技术性能不强、操作失误，而对建筑的施工要求不明确等等情况。对技术需求太过宽松，管理不严，发生许多违反规定的施工情况，让建筑施工的效率降低，也让建筑项目的质量大大降低。

3　建筑工程施工现场安全管理的措施

3.1　加强制度建设和安全教育

要实行安全的责任制，务必使施工现场的安全系数提高。要积极的贯彻和宣传上级的各项安全规章制度，并监督检查公司范围内责任制的执行情况；制定安全工作计划、方针目标，并要负责贯彻实施；协助领导组织安全活动和检查。使施工现场的任何工作都是安全的，都是有制度有责任的，所以更要制定或修改安全生产管理制度，负责审查企业内部的安全操作规程，并对执行情况进行监督检查；对广大职工进行安全教育，参加特种作业人员的培训、考核，签发合格证；参加架子搭设方案、安全技术措施、文明施工措施、施工方案会审。安全责任制的提出，是为了使企业或施工人员都有一个好的发展，使得大家的工作环境不再那么恐怖，所以这就更加要求凡进入现场的单位或个人，安全人员有权监督其符合现场及上级的安全管理规定，发现问题立即改正；督促班组长按规定及时领取和发放劳动保护用品，并指导工人正确使用。以上这些，都是为了降低安全隐患，有效提高安全系数，使企业、施工人员都可以得到最好发展的因素。

3.2　做好危险源辨析和预控

根据施工现场不同危险源的危险程度进行科学合理的划分，明确各个危险等级的责任主体，对不同危险等级进行不定时、不定期的安全检查。针对检测过程中暴露的安全隐患，应依据不同的危险性质和危险程度，做出相应的处理，及时反馈给相关人员，并对其进行书面形式的记录。如检查出安全隐患要及时反馈给相关的责任主体或责任人，使其迅速排除安全隐患。因没有按照规范进行检查而导致安全事故发生的，将追究其责任主体法律责任。

3.3　合理划分和布局施工区域

依据项目工程的特点对施工现场进行划分，可以分为施工作业区域、建筑材料存放区域、日常活动区域。施工作业区和日常活动区要有足够的安全间距。在日常活动区域设立防坠物范围，加设安全保护措施，避免从业人员进入危险范围，造成人身伤害。

根据工程项目的特征和不同的施工阶段，在施工现场出入口、基坑支护边沿、施工机械、临时用水、用电设施、易燃易爆存放处等位置加设安全保护措施、设置危险范围、悬挂明显的安全警示标牌。建筑工地应建立互相连接且没有缺口的围挡。围挡应选用坚固、稳定的固体材料，确保围挡良好的实用性。施工场地大门应标有明显的企业全称，配备专业的施工场地安保人员。所有进入施工场地的从业人员都必须佩戴相应身份的安全帽。

3.4　做好专项方案评审和技术交底

公司主管安全的副总经理、总工程师、安全质量部会同其他有关部门评选出专项安全施工方案评审人员，评审组成员必须取得工程师以上职称的人员担任，组成专项安全施工方案评审组。第四条 基坑支护、模板工程、起重吊装工程、脚手架工程、栈桥搭设、爆破工程、国务院建设行政主管部门或其他有关部门规定的其他危险性较大的工程等专项施工方案和安全验算记录应在形式前由项目部技术负责报公司专家评审组审批，由专家评审组对专项施工方案的主要内容进行审核并提出审批意见，报总监理工程师签字后实施，由专职安全生产管理人员进行现场监督。对于下列危险性大的分部分项工程，能造成重大事故隐患的工程的专项施工方案，必须报建设安全生产监督管理机构审查。

结语

建设工程安全生产管理，坚持安全第一，预防为主，综合治理的方针，这是我们党和国家的一项重要政策，是社会主义企业管理的一项基本原则。近年来我国安全生产工作面临新的挑战和机遇，生产必须安全，安全是生产的保障，如何倡导安全生产文化，提高企业安全管理水平，着重在"管理"两字。

参考文献

[1] 彭本. 建筑安全管理存在的问题及对策研究[D]. 大连理工大学,2013

建筑施工工程现场管理的重要性及管理策略

朱守艳
（中海工程建设总局，北京）

摘　要：在城市不断发展的进程中建筑工程施工是必不可少的重要环节，而施工现场管理的重要性也越来越受到社会各界的广泛关注。为了能够有效实现对施工过程中的质量控制，则需要加强施工现场管理。施工现场管理作为建筑施工企业管理工作中非常重要的组成部分，是施工企业进行生产活动过程不可或缺的重要环节，通过施工现场管理，不仅有利于施工质量的提升，确保施工企业经济效益、社会效益的提升具有极其重要的意义。文中从加强建筑施工现场管理的重要性及施工现场的管理原则入手，对建筑施工现场管理的优化措施进行了具体的阐述。

关键词：建筑工程；施工现场；管理措施

引言

随着社会经济的发展，建筑行业迎来的发展的良机，越来越多的建筑工程出现在人们的视野中，建筑施工作为建筑工程施工的关键环节，其现场管理的重要性愈发显现出来，这是保障建筑工程施工质量和施工安全，控制建筑工程施工进度和施工成本的根本途径。因此，分析建筑工程建筑施工现场管理的措施，对推动建筑行业的健康可持续发展有着积极的意义。

1　现场施工管理的重要作用

1.1　有助于提高工程质量

随着我国城市建设速度的加快，我国建筑行业也不断得到发展。在建筑行业发展的过程中，需要先进的管理理念和模式来保证建筑工程的质量。建筑工程包含的项目较多，施工周期长，其建设的过程较复杂。但是，在建筑工程施工过程中，施工现场管理则是建筑施工工作中最重要的部分，是建筑工程高质量顺利完成的保障。

1.2　有助于保障施工安全

对于施工现场管理人员，其关注的重点不仅是施工质量，还需要关注建筑工程的安全，如果出现了较大的安全事故或质量问题，会对建筑工程的建设带来严重影响，因此，加强现场施工管理是建筑企业应当重视的问题，对建筑企业良好的发展具有重要意义。

1.3　有助于加快施工进度

施工现场管理工作包括的内容较多，包括施工质量、施工施工安全及施工进度等，其工作的核心是保证建筑工程建设工作顺利完成。对于劳务分包团队，其在合同规定的时间内完成施工工作，就能够获得较高的经济效益，因此，劳务分包团队将其重心放在施工工期上。

1.4 有助于加强成本控制

在建筑市场竞争激烈的今天,工程项目管理对各施工企业来说是一个永恒的话题。能否在市场竞争中立于不败之地,关键在于能否成功改革,提高市场竞争力最终要在项目施工中以计量少的物化消耗和活劳动消耗来降低工程成本,把影响工程成本的各项耗费控制在计划内,必须加强成本管理,强化项目经理管理体制。成本管理的内容很广泛,涉及项目管理活动的全过程和每个方面,从项目中标签约开始到施工准备、现场施工直至竣工验收,项目施工的每个环节都离不开成本管理工作,但施工现场管理是其中最重要的环节。

1.5 有助于建设文明工地

施工现场的管理是文明施工的保障。文明施工是现代化施工的一个重要标志,是施工企业一项基础性的管理工作,坚持文明施工具有重要意义。建设文明工地不但要保证职工的生命财产安全,时要加强现场管理,保证施工井然有序,改变过去脏乱差的面貌,对提高投资效益和保证工程质量也具有深远意义。

2 建筑施工现场管理的原则

2.1 科学合理原则

科学合理原则,建筑工程项目现场施工管理必须坚持科学合理的原则,严格按照操作方法和作业流程展开管理,充分合理利用现场各类管理资源和现有资源。

2.2 标准化、规范化原则

标准化、规范化原则这是建筑工程项目现场施工管理的最基本要求,施工现场管理的各个环节必须保证标准化和规范化操作。

2.3 经济效益原则

经济效益原则,现场施工作为建筑工程项目施工管理的重要环节,必须以经济效益为核心,不能为了搞好现场管理而不计成本,必须在坚持效益最大化的基础上保证现场施工管理成本最小化,坚决杜绝不必要的浪费和不合理的开支。

3 优化建筑施工现场管理的具体措施

3.1 建立完整的施工现场管理体系及制度

首先,施工单位需要建立完善的施工现场管理条例,确保在管理过程中做到有据可依、有章可循。督促施工人员认真遵守,从而建立专业技术过硬、管理经验丰富和工作纪律严明的施工管理队伍,保障建筑工程施工质量和土建施工现场管理效果。其次,施工单位需要建立以项目负责人、项目经理和班组负责人的层级现场管理体系,彼此之间分工明确,通过层层监督的方式,保证建筑工程土建施工的顺利进行。最后,施工单位需要实施严格的奖惩制度,对现场管理过程中有突出表现的施工人员进行奖励,对有违规行为的施工人员进行处罚,在调动施工人员工作积极性的同时,提高其责任意识、安全意识和质量意识。

3.2 优化施工现场技术管理

建筑工程施工的专业技术要求很高,现场施工的技术管理工作极为重要。工程项目的现场负责人需要有丰富的工作经验和极高的技术水准。在施工现场,现场负责人需选用经济合理、切实可行的措施来解决遇到的困难和问题,保证工程的质量和成本。同时施工现场的管理团队需对各个施工环节和工序进行有效的控制,保证工程建设的施工进度。技术管理也要将施工完成后对工程的验收进行负责,确保工程质量。

3.3 加强施工质量管控

加强管理力度,对于每一位现场工程师要求做到"五勤":即眼勤,要经常到现场了解施工情况,多看施工图,熟悉设计哪些是重要部位;手勤,发现问题要常记,处理哪些问题要有记录;腿勤,常到现场转转;口勤,对于施工队易查出现的质量隐患要常提醒,对施工队要经常交底;脑勤,熟悉图纸,动脑筋想措施来保证工程质量。对于重要部位或有特殊工艺要求的部位施工过程中,发现问题及时处理。如混凝土工程,每次浇混凝土时,质检工程师都亲自在施工现场测定混凝土坍落度是否稳定;试块抽取、制作是否符合要求,甚至还要亲自取样;监督后料台上料的计量,工人的操作是否符合标准。发现质量问题,及时通整改,消灭质量隐患。

3.4 加强现场安全管控

强化安全管控首先可以体现在施工人员的责任意识方面,而且通过不断的强化他们的施工技术能力,以满足监督管理建筑工程现场施工管理的目的。而且强化施工安全管控,还需要从安全监管机制的完善方面入手,即通过责任的落实,强化相关人员的思想以及安全意识,然后将安全责任落实到位,即要求各个人员各司其职各负其责,同时要求相关主要责任人能够担负起监管的职责,同时按照监管机制进行现场施工环境的监管,而且需要结合施工的实际情况进行监管,监理人员必须对施工的环节以及方向都具有一定了解,而且一旦发现与施工流程完全违背的操作行为或者一些安全隐患,监理人员都需要及时进行指出,从而避免不必要的安全事故产生,保证所有施工人员的人身安全。

3.5 加强施工材料管理

在材料管理的起始阶段,应该了解工程整体流程进度安排,掌握不同时期各类材料的需求情况。及时协调好材料管理相关部门并签订有效合同。在材料尚未购置前做好存放场地、仓库以及运输路线的安排工作。这是材料管理的先决条件。

施工过程是劳动主体对材料进行加工、改造的过程,也是材料消耗的过程。该过程为材料管理的实施阶段,首先应做好材料质量的严格把关,确保工程使用的材料符合建筑材料规定要求。其次应该根据不同阶段的需求情况,合理安排材料的平面布置。再次,材料使用过程中应建立材料限额和余料回收的制度,减少材料的损失和浪费,使建筑成本有效降低。在施工过程中,应该严格根据使用计划进行,避免材料的不合理消耗。

施工结束后是材料管理的盘点、收尾阶段,此时应该做好材料使用账物是否相符,对不相符的找出原因。对材料过程中使用出现的错误应及时纠正或追究责任,并向上级主管部门上报提出审核。对剩余材料应及时清理回收,并进行退库或转移,以减少材料的浪费。

结束语

总而言之,一个成功的管理建筑施工现场,不只是要求施工企业具备优秀的专业知识、管理能力以及精益求精的态度,同时还需要施工企业能够认识到工程项目管理的重要性。建筑施工现场管理有利于增强建筑工程的施工质量,必须把质量管理这一理念深入到施工企业负责人的思想中,这样不但可以做好建筑施工现场人员的管理工作,在确保工程项目施工现场的安全的同时还可以完善施工技术等措施,总之可以提高施工现场的管理水平。

参考文献

[1] 叶俊武. 建筑施工工程现场管理的重要性及管理策略[J]. 江西建材,2015,No. 17118:293-298

[2] 李成尧. 建筑工程施工现场管理的策略探究[J]. 广东科技,2013,v,22;No. 30810:20-21

践行标准化管理　打造进取型项目

——浅谈福清项目部项目管理经验

丁德伟　赵尚哲

（中交一航局总承包分公司，天津，300450）

摘　要："PPP"模式项目管理和工程所在地地方环境都有其自身特点，施工方必须研究与之对应项目管理办法。通过管理实践，项目部有针对性地在前期策划、征拆协调、分包一体化、沟通与形象展示、经营管理和项目文化建设等各个方面，深入研究，创新管理手段，探索出一套管理办法和经验。

关键词：项目管理；PPP 模式；提质增效

引言

中交一航局福清市汽专二期及东部新城市政道路工程项目经理部负责管辖福建省福清市汽车专用线二期工程（以下简称汽专二期）和福清市东部新城核心示范区市政道路工程。其中汽专二期项目线路全长 5.184 公里，合同额 43848 万元；东部新城道路工程共包含 9 条路，全场 6.33 公里，合同额 25000 万元。该工程由中交（福清）投资有限公司投资，中国交建总承包经营分公司负责总承包管理，业主为福清市城建投资控股有限公司。项目属于公私合营模式（PPP 模式）管理，本文结合福清项目管理实践，通过七个方面论述该模式的项目运作特点和相应管理措施。

1　抓开局，落实项目前期策划

"凡事预则立"，项目部高度重视前期策划管理。项目部通过对项目本身、当地自然条件和社会条件进行了深入走访研究，重点评估项目实施风险，从"征地拆迁"、"安全环保"、"合同预算和资金支付"、"分包管理"等几个方面分析了项目存在的风险，提出应对措施。对全线房屋、地貌、地物、管线、道路、水系等进行详细踏勘，并绘制图文并茂的征迁平面图，作为后期推动征迁工作开展的基础资料；明确以征迁日志的形式详细记录征迁工作进程，为后期索赔工作留存证据；对分包合同和分包方式进行充分论证，通过招标比选择优选择符合项目要求的分包商；及早介入预算编制工作，加强与业主、设计单位和第三方评估机构沟通联系，争取项目部利益最大化。

2　攻难点，深度介入项目征拆

汽车二期建设用地 767 亩，贯穿 5 个村庄，涉及拆迁房屋达 205 户 190 幢，总面积约 6.5 万平方米。且大多为 3～6 层独栋别墅，建设标准高、装修豪华，拆迁压力之大可想而知。业主方福清市城建投资控股有限公司成立时间晚，大型项目管理经验不足，协调工作效率低。项目部进场伊始就摒除"等、靠、要"思想，主动出击，深度介入项目征迁工作，全力协助业主方协调问题。

针对项目实际情况，由项目经理主抓协调工作并成立协调管理部，配备 2 名专职协调员，明确协调管理部职责，制定了协调工作制度和管理办法。在前期绘制的征拆问题平面图基础上，实时更新现场情况和问题，突出重点。项目部通过积极与各管理方充分沟通，2015 年共促成福清市委市政府领导到项目视察 14 次，通过在征拆困难区域设置汇报点，形象直观的反映项目征拆困难。

项目部始终坚持“以征迁保生产、以生产促征迁”工作思路。结合项目年度生产计划，倒排工期，明确各时间段征迁匹配计划与工作要点，以施工生产为主线指导征迁工作开展。在施工过程中做到“见缝插针”，一旦具备工作面及时组织资源施工，营造大干的生产局面，通过生产传递征迁压力。

采取灵活多变的沟通方式，充分利用地方政府、福清城投、投资公司、总经理部与街道村镇各层级影响力与优势，分层级、分渠道推动征迁工作开展；加强与街道、村委领导、片区负责人和驻村干部等联系，建立直接沟通渠道，掌握一手准确信息。派驻一名人员到福清城投作为“联络人”，优先了解相关信息和跟踪督促各项工作进度；委派2名工程专业技术人员进驻街道拆迁组工作，协助做好统计、绘图及协调工作，以加快房屋拆迁进度。

3 保履约，宣贯分包管理思想

深入落实分包一体化管理，注重在项目实施过程中的成本检测和风险管控。通过现场沟通和会议宣贯等各种手段和方式，积极频繁地向分包队伍宣贯一体化管理思想。在施工现场设置多处标语宣传企业文化；项目部和分包管理人员制作和分发统一工装，体现视觉一体化管理；针对上级下发文件，安排项目部和分包管理人员统一学习。

以投资公司和总经理部综合评比和各上级单位检查为契机，对施工现场实施严格管控，促进分包方养成良好施工习惯。项目部在便道修筑宽度、平整程度、刀旗位置和间距设置、宣传标语悬挂等各方面都对分包方作出明确要求。在各项细节上力求做到最好，使项目部“同舟共济争一流”的管理理念深入人心，力争让标准成为习惯，让习惯符合标准。

将分包管理人员纳入项目部管理体系，落实分工责任。通过建立微信、QQ管理群等方式，加强沟通和进度日报，提升分包管理人员主人翁意识；做好分包方施工员责任区段划分，对应项目部各管段施工员，通过月度例会，制定各管段的进度、安全、质量管控目标，让分包管理人员与项目管理人员共同承担责任，使大家劲往一处使，拧成一股绳。逐步做到思想统一、目标一致、执行有力，形成团结一致，凝心聚力的良好局面。

4 重承诺，做好沟通形象展示

本项目总承包方为中国交建总承包经营分公司成立的“中国交建福清二期工程项目总经理部”，其负责中交（福清）投资公司在福清的全部七个投资项目的施工总承包管理，各项目分别由一航局、二航局、天航局、三公局、四公局等公司组建的项目部负责施工，整体“比学赶帮超”氛围浓厚。总经理部对各项目实行月度和季度考评制度，其考评结果与集团路桥轨道事业部信用评价挂钩。在这样的背景下，项目部在夯实自身管理的基础上，注重加强与总经理部和投资公司沟通，在集团内部展示公司的良好形象。

4.1 夯实基础，开展快速响应

“打铁还需自身硬”，项目部在自身管理上坚持不松懈，严抓项目自身的技术、安全和经营管理，管理成效获得总经理部和投资公司充分肯定。2015年项目部连续12个月（4个季度）获得技术质量考评第1名，第二季度安全环保及文明施工第1名，连续2个季度获得综合管理考评第1名，并获得年度综合管理第1名的好成绩，被总经理部授予2015年度“先进集体”称号。充分实践了项目部“同舟共济争一流”的文化理念。

对于业主方的各项指令，无论大事小情，项目都能够做到快速响应。“执行力强，落实迅速”是投资公司和总经理部对项目部的一致评价。

4.2 主动作为,强化大局意识

福清项目部从开始就摒弃“等、靠、要”的思维习惯,始终坚持认为自身是集团业主的一部分。在考虑问题和管理行为上都从大局意识出发,主动作为,替业主排忧解难。

征地拆迁是项目实施的最大困难和风险所在,受到投资公司和总经理部的高度重视。项目部在征拆协调过程中始终与投资公司和总经理部站在一起解决问题,主动与村庄、街道和城投公司联系,提出解决问题思路和建议,从而把征拆矛盾和压力传递向城投公司和政府部门。项目线路穿越的三个村庄村委干部经常向项目部征拆协调同志反映征拆问题和村民诉求,项目部成为征拆协调工作中不可或缺的重要一环。

同时,项目部派驻一名管理人员代表投资公司到城投公司工作,充实其管理力量,帮助城投公司协调福清整个项目征拆,尤其是电力迁改问题。虽然汽二征拆协调难度大,但主动作为的方式受到集团业主高度评价。

项目实施过程中,项目部结合当地村民需求,为珠山村修筑水泥村路,地方街道政府向我部赠送了锦旗和感谢信。不仅体现了作为央企应有的社会责任担当,更加促进地方共建,加深了企地关系,为项目征拆工作开展创造了良好的沟通氛围。

4.3 注重细节,铸就良好沟通

项目部在各项细节上注重与业主方的沟通方式,例如:当业主进行日常工地巡查时,项目所有现场人员都要做到“主动靠上去”,主动与业主沟通现场问题;积极承办中交公司组织的篮球和羽毛球友谊赛;工作之余,主动邀请业主管理人员参加项目部篮球、爬山、真人 CS 等集体文娱活动,增进了相互了解和感情,更加有利于工作过程沟通。

经过与业主与总包单位多次沟通、协商,总经理部在全线七个分部中率先批复了我部《支付款比例上调申请》,将工程进度款支付比例从 65% 调整为 75%,为完成应收账款回收指标奠定基础,在一定程度上缓解了项目部资金短缺的不利局面。

通过一系列措施和沟通方式,福清项目部给投资公司和总经理部留下了良好印象。不仅在集团内部展示了分公司的良好形象,也为后续承接投资公司和总经理部其他项目,为深耕福建市场、持续经营打下良好基础。

5 提质效,拓展经营管理模式

由于福清项目实施采用“PPP”模式,异于传统的招投标项目。在工程开工伊始合同价格未定,只有设计单位出具的设计概算,致使在后续预算价确定及经营管理工作中存在一定的管理风险,这就需要项目在经营管理中推陈出新、与时俱进,适应“PPP”模式发展新常态[1]。

5.1 重视预算编制,掌握主动谈判

与招投标项目的预算价确定不同,“PPP”模式下预算价的确定对施工单位来说更为有利,自主性更强,商谈的空间与时间更充足,施工单位可以有充足的时间在工程所在地进行调查,收集当地的造价信、定额信息、法律法规及其他可能影响工程造价的资料。

在预算编制时,仔细复核施工图纸工程量,并对图纸中描述不清或描述模糊的部分进行整理和确认。其次根据图纸工程量,对施工主材、地材的供应数量、价格情况进行调查,为后续的综合单价编制提供依据,如果某项材料的供应量不足或单价成本太高,立刻启动变更程序,主观上避免损失。

5.2 融入五商中交,提升四新理念

《孙子兵法. 兵势篇》:“故善战人之势,如转圆石于千仞之山者,势也”。在新经济模式中,经过一年

的磨合、探索，福清项目已经逐渐适应“城市综合体开发”类的投资管理新形势，顺势而为。在没有明确的合同价格的前提下，项目部不断经营，紧跟投资公司，紧靠总经理部，紧抓社会资源，加强与业主和第三方预算机构沟通，争取利润最大化，并在以后的管理中提质增效，在福州乃至福建谋求新发展。

5.3 执行招标比选，严控物资成本

结合中国交建关于大宗物资的采购管理要求，项目部优先选用中国交建华东区域供应商网络内和中国交建供应商网络内多家供应商进行招标比选，选择质优、价低、服务好、垫资能力强的钢筋供应商。今年 9 月，中交物资公司入驻福清，开始对大宗材料集中采购开展工作。我项目部最先与之接洽，率先与之合作，得到了中国交建福清投资公司的肯定。中交物资公司的钢材供应除供货价格相对较低外，货款支付还可自供货时间起压后半年至一年，极大缓解我项目的资金压力。

5.4 注重变更签证，确保竣工结算

通过对已完工项目的竣工结算情况分析总结，我项目认为竣工结算并非在工程竣工以后才开始，而是在项目中标时就要为竣工结算做准备，事先谋划。我项目由经营部牵头，组织相关部门对工程变更、签证业务进行跟踪管理，建立了变更签证台账及追溯记录。项目部完成施工便道、型钢门洞等措施项目签证 6 项，为以后可能出现的结算纠纷情况做好充足准备，确保竣工后顺利结算。

5.5 加强成本监测，严格风险管控

项目进度计划制定后，由施工员根据相应人员、材料和机械匹配计划严密监控现场人员和机械投入情况，监控材料进场、使用和损耗情况，从而掌握一手数据，为项目成本和经济活动分析积累原始资料。同时，一旦项目遭遇因征拆等因素引起的索赔，这些材料也可以作为重要的索赔依据[2]。

6 铸文化，促进项目优质实施

现代企业竞争不仅是经济实力的竞争，更是一种文化实力的竞争。“一年企业靠产品，十年企业靠品牌，百年企业靠文化。”实力企业已经形成了通过推动企业文化建设增强企业内部凝聚力、促进企业发展的成熟路线。项目部是施工企业文化落地的关键环节，将文化建设推及到施工企业管理的“最前线”，对于促进项目优质实施异常关键。福清项目部通过管理实施经验，推进项目文化落地，将文化融入生产中心，促进项目优质实施。

6.1 凝心聚力，形成文化理念

项目组建之初，项目团队多为社会招聘且普遍年轻化，面对经验相对不足、团队处于磨合期、项目未形成凝聚力等问题，项目部提出了通过推动项目文化建设促进管理步入正轨的思路。确立了以“同舟共济争一流”为内容的核心文化理念，加强项目思想引领，强化内部沟通，提升项目执行力。并配合核心文化理念的提出，制定周密计划，明确创建目标，开展了一系列工作，如强化项目党群工作、促进工会建家活动，在日常工作生活中不断营造和谐向上的氛围，凝聚团队士气。

6.2 多种途径，推进文化落地

福清项目部在推动项目文化落地，将文化融入生产中心过程中，主要通过打造“营造和谐，文化引领，构建和谐向上项目团队”的途经。

以开展“领导班子建设年”活动为契机，强化班子建设，提升团队意识，积极打造“想干事、敢干事”的班子；及时掌握了解职工的思想状况，听取征集职工对项目管理的建议；对表现突出的职工以后备干部推荐、局评先评优等形式予以奖励，在全员中形成了争先竞优的良好氛围；出台了项目部岗位聘任办法和绩

效考核管理办法，起到了正向激励的作用。

项目部从完善办公、生活、文体设施入手，严格食堂管理，健康饮食；组织职工体检并建立职工健康档案；组织重要节日聚餐活动，承办“中交杯”篮球赛与羽毛球赛，开展“快走快乐”健走活动，努力营造项目和谐氛围，让广大职工在健康温馨的环境中工作与生活，持续提升项目部凝聚力和战斗力。

项目部年内修订并宣贯《福清项目部项目文化建设规划》，按照“同舟共济争一流”的文化理念，致力培育精品意识、合作意识，提升合同履约能力及项目管理水平；在文化实施过程中，注重与项目管理的融合，通过以精品工程塑形、以文明工地塑形、以诚实守信塑形的方式，加大宣贯力度，完善各项保障措施，丰富文化落地推动载体，使“同舟共济争一流”的核心理念深入人心。

6.3 丰富载体，加强文化宣传

为推进项目文化建设工作，抓好文化落地，引领项目管理品质提升，福清项目部通过举行“项目文化主题周”等活动，对项目文化工作进行指导梳理。

通过邀请上级领导、企业文化建设专家深入职工，融入项目，开展专题讲座。讲座内容结合实例、贴近实际，深入浅出地向职工讲述了项目文化建设的重要意义、职工如何融入项目文化、职工如何将本职工作朝着符合项目文化理念的方向开展等内容。企业文化建设专家、项目领导和员工同座一堂，共同深入交流研讨，解决问题并积累经验。

项目经理带头以“有效沟通和个人成长及职业规划”为主题进行宣讲。从理论结合实际，形象生动地阐释了沟通的艺术；在职业规划方面，将实际案例、项目环境、个人发展相结合，广大职工感同身受、受益匪浅，对进一步明确个人发展规划，做好职业定位，增进企业融入度，提升沟通水平有了更深层次的认识，特别受到青年职工们的一致好评。

项目职工结合自身岗位工作，畅谈自己对“转型升级、提质增效”的理解，围绕“大讨论”活动七个方面内容踊跃发言、畅所欲言，纷纷对企业的发展献言献策。活动起到了“争鸣-共识”的效果，深化了全员对“转型升级、提质增效”精神实质的理解与认同，对统一全员思想，坚定发展信念，开展好年度各项工作奠定坚实的思想基础。

通过组织观影活动，挑选一些轻松、向上的电影，以润物细无声的方式传播正能量，丰富了职工业余文化生活，提高了个人自信心和精气神，起到正向激励的作用。

结语

总而言之，“PPP 模式”下的项目管理具有宽泛到专业的过程，从近两年的管理实践看，项目从前期策划、征拆协调、分包管理、经营管理、文化建设等方面逐步总结出了一套适应“PPP 管理”模式和当地地方特点的管理经验，可以预见，该模式下项目管理在实现提质增效、转型升级具有积极的借鉴参照意义，但也要看到现阶段“PPP 模式”管理中存在的问题，并制订相应的对策。只有这样，才能进一步实现管理手段的创新，从而提升项目管理品质。

参考文献

[1] 李涛，张莉. 项目管理[M]. 北京：中国人民大学出版社，2005
[2] 王守清，柯永建. 特许经营项目融资(BOT、PFI 和 PPP)[M]. 北京：清华大学出版社，2008

精细化管理对施工成本的作用

陈 强

(广东金东海集团有限公司,广东省汕头市,515000)

摘 要:随着我国建筑行业的迅速发展,建筑施工企业竞争力越来越大。因此,实施精细化管理,是企业做大做强的必由之路,它将不断推进企业提升管理水平,提高经济效益,增强发展动力,为企业持续稳定健康发展提供有力支撑。在这种新形势下,如何有效地进行施工项目成本控制,以降低成本,提高收益,实现收益的最大化,不仅是企业实现收益的必要手段,也是保障国民经济发展效率的重要途径。

关键词:施工成本;精细化;管理措施

引言

成本管理贯穿工程项目的所有阶段。对于一个建筑施工企业来说,项目成本管理是一个永恒的话题。如何进行成本管理以及成本管理的好与差,直接关系到一个企业经济效益的好与坏,甚至关系到企业的生存和发展。建筑施工企业要提高市场竞争力,就要通过精细化成本管理来降低成本,提高利润率。本文将结合工程成本管理的内容,深入探析建筑施工企业精细化成本管理。

1 精细化成本管理的内涵

所谓的精细化成本管理,主要是在市场经济背景下,将精细化管理理念作为基础,坚实定量化、细微化的成本管理方式,落实成本计划、分析、核算、考核等各项内容,不断的优化资源配置,降低成本,提升整体的经济效益。具体来说,精细化成本管理具有以下几个方面的特点:第一,精细化管理强调全过程。采用精细化管理模式,针对企业运营的全过程,并非针对某一环节。强调事前、事中以及事后控制;第二,精细化管理需要树立成本效益观念,不断的优化成本结构,挖掘潜在的价值,尽可能的提升企业的经济效益;第三,全员参与性。精细化管理提倡全员参与,让每一个员工都参与到精细化管理中。

2 工程项目精细化管理作用

2.1 为构建和谐项目施工创造条件

工程项目精细化管理,有利于密切管理人员与工程施工人员的关系,为构建和谐项目施工创造条件。施工现场实施精细化管理,实现效益真正与员工的收入挂钩,并作为奖金分配的唯一参考标准,通过实施精细化施工管理,使管理者与施工人员互相信任,互相尊重,化解了矛盾,理顺了关系,稳定了施工人员的情绪,调动了施工人员工作的积极性。作业层是施工现场最小的组织单位和细胞,每个作业层都按标准做好,安全和效益就有保证,项目质量安全就有保证,企业稳定发展就有保证,为构建标化作业层、标化项目、标化企业奠定了坚实的基础。

2.2　确保工程项目的经济效益

在现代工程建设中，工程项目精细化管理是企业获得经济效益的关键，只有对工程项目中的各个环节管理到位，才能确保建设工程的进度、质量、安全受控，减少工程项目成本的投入。所谓工程项目精细化管理，是指对建设工程项目中的各个环节实行全过程的精细管理，并且形成相互联系、相互制约、相互影响的管理链。严格按照建设施工规范要求进行施工作业，采用先进的施工技术，完善施工中的各个工序，从而实现整个建设工程项目管理的规范化、系统化、精细化和流程化，以保证建设设工程施工质量，确保工程项目的经济效益。

3　施工企业成本控制中存在的问题

3.1　控制对象与决策对象不配比

在承接工程项目之前，施工企业往往根据工程项目的施工图纸、工程所在地的预算定额和收费标准计算工程造价，决定工程项目的报价、预计工程项目未来成本。而在项目成本控制中却只把工程项目所消耗的直接费用作为成本考核对象，将与项目直接相关的经营费用、管理费用等作为期间费用，计入当期损益。使项目核算的成本与预算费用不能相互对比，不利于企业管理者准确了解企业在成本控制方面的真实情况。

3.2　成本精细化管理的考核和激励制度尚待完善

一是企业尚未建立起完善的奖惩制度，员工在预算目标的执行过程中，有意回避监督部门的考察，发现问题时互相推卸责任，部分未达标的员工没有受到及时的惩处；更有甚者，企业成本管理工作不规范，企业内部徇私现象突出，员工考核不够严谨，大搞人情债，掺杂较多个人主观情绪，对相关责任人的惩处力度不够。二是部分企业在成本管理的过程中，缺少应有的奖励机制，没有将员工目标的落实情况与薪酬奖励联系起来，在企业中出现“干得多，干得少，工资都一样”“干得好、干得差，工资都一样”的现象，严重打击了企业员工的工作积极性，削弱了成本精细化管理的有效作用。

3.3　机械使用效率低

我们把机械单独列出来分析，是因为现在的工程施工中，各种机械的使用程度最高，因此机械成本将占工程成本的部分低大。虽然机械逐步代替着人工，节约了人工成本，可以说是一个降低成本的途径，但是在机械施工过程中，人们没有重视起来，认为机械损坏维修是很正常的事。事实上很多工程机械，在不断的改进和人性化制造，一旦发生机械故障，耽搁工程进度不说，就连维修起来，要花费很多成本。所以机械维修将会造成双重损失，加倍提高工程成本。

4　施工企业成本精细化管理有效措施

4.1　建立全员管理

施工企业需要树立全员参与的成本管理理念，从施工项目成本计划、核算、执行、考核等几个方面入手，引导企业员工主动的参与到成本管理中，转变传统的施工企业成本管理理念，建立更加宽阔的成本管理渠道，降低成本对企业的影响，提高企业员工的成本管理意识。另外，还需要建立有效的责任机制以及奖罚措施，对企业精细化管理实行监督，将成本管理的责任细化到每一个单位和员工，同时实行成本管理的量化处理，将员工成本管理考核与员工工资、绩效等挂钩，提高员工参与施工成本管理的积极性。施工成本管控中要构建完善的激励机制,通过制度的奖惩约束、激励作用促使各个环节做好成本管控,减少成本管控风险,激发施工人员参与成本管控积极性,融入以往项目管理经验与相关规定,构建高效的成本管理体系。

4.2 完善成本精细化管理的考核和激励制度

建筑施工项目成本精细化管理要求企业在实现项目施工目标的同时,还要为员工设立客观的绩效考核机制,并对此进行奖励惩处。充分发挥企业成本精细化管理监督部门的作用,利用监督部门在工作中的有力效用,对项目施工各项工作的执行情况进行监督,对员工工作过程中的表现进行客观的考核评价,加强成本管理的控制作用,明确项目目标落实结果与企业员工的薪酬工资相联系,做到奖惩分明,有功必奖、有错必罚,以此充分调动企业员工的工作积极性,积极投身于施工项目成本精细化管理的工作中。企业要建立起配套的考核奖励机制,将员工绩效考核与企业的发展战略结合起来,促进施工项目目标的落实,多方面综合性考核评价员工,如财务能力、项目实施、成长进步等多个方面全方位的构建成本精细化管理的考核指标。

4.3 原材料成本控制

原材料管理是企业成本管理过程中最为重要的环节,主要是因为原材料是产品生产的基础材料,只有提供满足条件的原材料,才能保证企业政策生产。另外一方面,对于企业来说,原材料成本管理也是最基础的控制行为,主要控制手段应该是从预算开始进行控制,保证预算按照计划实施,建立相应目标成本,然后设计采购方案,并根据相应方案选择最为合理的原材料合作伙伴,形成长期合作机制,确保后期正常供应,达到质量和成本双方面的控制。具体来说,原材料成本控制主要途径为:根据指定目标成本确定相应的预算,并实时监督资金投入和支出,杜绝任何行为的徇私舞弊现象,切实确保原材料管理在透明化下操作,达到真正降低成本的目的。

4.4 升级管理手段

要加强施工企业成本管理精细化,单单依靠管理和制度执行的自觉性是远远不够的,如果缺少了积极有效的管理手段也是无法达到预期效果的。在管理手段的改革方面,首先要重视信息化管理手段的应用,不仅要全面普及办公自动化,更加需要针对企业自身的管理需求进行自动化管理软件的开发与应用。结合以上管理要求进行特色管理模块设计,充分实现施工企业成本管理精细化,防止资金浪费,提高资金使用效率,强化管理。

结语

精细化管理思想在成本管理中的有效应用,能够显著提升企业的核心竞争力,是企业走向成熟的重要标志。成本的精细化管理应该延续到业务的多方面,对企业业务过程进行全面管理,依照正确的理论以及制度,培养企业员工精细化管理的理念,不断提高企业员工的素养,进而促进企业经济的发展,增强企业的竞争力。

参考文献

[1] 汪克俭. 试论施工单位成本精细化管理的突出问题及对策探讨[J]. 新经济,2014,Z2:90

[2] 林杰. 工程施工项目精细化管理的运用[J]. 城市建设理论研究(电子版),2015.24

[3] 刘光忱,张丽丽,赵亮. 施工项目成本控制的探讨与思考[J]. 沈阳建筑大学学报(社会科学版),2011(01)

[4] 朱双颖,刘亮,李煊午. 再议房地产项目设计阶段成本控制[J]. 价值工程,2013,10(13):68-70

精准高效的绩效考核在项目管理中的深入应用

王　中　雷望斌
（中交一航局第五工程有限公司，河省秦皇岛，066002）

摘　要：通过阐述前项目管理中的难点与特点，并对开展扎实基础管理、精准高效的绩效考核活动的实践及应用效果的描述，在项目管理中起到提高执行力、明确管理流程，达到提质增效的作用，并谈一谈对其的几点思考。

关键词：精准高效；绩效考核；目的；效果

引言

随着全国工程大项目的增多，施工企业的管理一步步走向了正规，同时也存在如下几个方面的问题：一是制度大而多，但可操作性不强，无法落地；二是目标不明确，责任分工不清晰，导致执行力下降；三是管理流程不清晰，标准化程度低，导致项目管理水平不高。

面对以上三个问题，通过我们的多次研究讨论，以“绩效考核”为主线贯穿整个项目管理过程，以扎实基础管理、如何实现“精准高效”的绩效考核为目标进行研究，并通过实践，取得的明显的效果，达到了提质增效的目的。

1　绩效考核在项目管理中的作用

要做好绩效考核，就要以围绕“落实基础管理”为中心，首先要做的就是把项目管理全过程要做的哪些工作内容，按类别进行梳理；第二步：进行分工，明确管理层、执行层，确定目标值（最好能量化）；第三步：明确工作方法导向（主要是什么时间做、完成时间、具体工作思路）及操作流程、岗位衔接处理方法等；第四步：制定指标完成情况的考核时间及带有激励机制的考核办法；第五步：组织全面学习、讨论，让各岗位人员能熟知自己的职责、工作内容和方法导向、执行流程及完成目标。采用这种绩效考核方法，在项目管理中有五个作用：有利于理清各职能的分工及权责归属，避免管理漏洞；有利于理清各项工作的管理流程，提高可操作性；有利于激励和鼓励各岗位人员工作的主观能动性，起到高效管理、提高执行程度的作用；通过过程中的周期性考核，能及时的发现管理中存在的漏洞和弊病，并能及时的纠正，避免对执行力及各岗位人员的工作积极性造成影响，达到提质增效的目的；通过岗前学习、实际操作及周期性考核，可以给新员工提供工作导向、尽快的掌握工作基本知识，对老员工可以不断的提高各岗位人员的业务能力及工作技能，形成“标准化管理”，达到文化传承的目的。

2　精准高效的绩效考核在项目管理中的应用

我项目部从2010年至今，面对各方面高标准、严要求的压力及项目部自身的目标要求，通过不断摸索、总结、分析，将庞大的制度等管理体系当做一种历史沉淀的经验，针对各种制度及要求，分析其来由，按层次、类别统计具体工作内容，将其消化为“指标、流程、考核”三个核心，在这核心周围又形成“疏导与督导、沟通、诊断”三个要素，以共同形成三步式管理的思路。通过制定制式表格化管理方式，形成了一套精准高效的绩效考核“标准化”管理办法,并在项目中得到实践,取得了扎实基础管理的效果。

2.1 梳理工作内、确定目标、明确分工

梳理,就是研究基础工作到底有哪些内容。项目管理全过程工作有很多内容,其涉及范围包括了施工过程中的各个环节,我们将这些内容整体归为五类,包括安全管理、技术管理、质量管理、成本管理、综合管理,每一类又分为管理层与执行层。梳理过程中主要围绕“要做什么”、“谁来分管”、“谁来做”、“什么时间做”、“操作思路”“达到的目标”、“谁来检查”这个原则,确定管理流程及秩序。

如成本管理的梳理,在项目开工前,首先组织相关人员对该项目所用的材料、人工、机械的近 1 ~ 2 年内的市场价进行调查,并绘制价格曲线;第二步是对该项目可能存在的风险进行分析,包括招投标文件与合同的风险、单价风险、工艺技术风险(特别是地质条件、项目特征的因素)等,并列出详细的清单、分析该风险可能增加的成本、谋划风险防控方案;第三步是根据所构建价格体系,并对施工单价进行分析及项目成本策划,确定单项或主要分项工程的目标成本及索赔项目。在项目成本策划中,按工程分成本控制指标、安全文明施工费用控制指标、管理费控制指标、工程索赔指标等进行策划,重点明确分项工程单价控制区间,主要分项工程成本控制点及控制目标(材料消耗控制点,改变工艺、提高效率控制点,额外发生的费用控制点等)等,具体见样表(表 1 和表 2)。

***成本管理工作数量清单(工程成本部分) 表 1

序号	分项/单项工程名称	成本控制点	控制指标	控制措施	负责人	主管领导	完成时间	备注
1	工程成本							
1.1	***工程	***	***	1. 对外沟通思路及流程 2. 工艺控制思路及流程 3. 材料控制思路及流程 4. 风险防控思路及流程	***	***	***	
2	管理费	***	***	***	***	***	***	
3	安全文明施工	***	***	1. 固定支出及可重复利用的控制思路 2. 转嫁给协作队伍支出的项目	***	***	***	

***成本管理工作数量清单(工程索赔部分) 表 2

序号	分项/单项工程名称	索赔点	索赔依据	费用	索赔流程	负责人	主管领导	完成时间	备注
1	必须索赔项目								
1.1	***	***	***	***	1. 上报索赔意向的思路 2. 上报及洽谈单价的思路	***	***	***	
2	争取索赔项目								
2.1	***	注明需要改变的内容		***	1. 对外沟通思路及流程,创造索赔条件。 2. 上报索赔意向及费用	***	***	***	

2.2 制定科学化、标准化的考核细则,以提高管理水平

2.2.1 以项目领导为考核组织,形成“管理层对执行层”的管理考核秩序

我们成立了以项目经理为组长、各分管领导为组员的考核小组,以公平、公正、公开的原则,以专题会的形式对各个考核小组及人员进行打分考核。当然,要形成考核,首先就要建立清晰的管理秩序,明确管理层、执行层。管理层的作用主要是根据分管项目进行谋划、指导工作思路及导向、完成指标;执行层主要是按照管理层的意图、工作安排进行进一步细化并执行直到目标实现。但是,管理层与执行层之间必

须以“疏导与督导、沟通、诊断”为核心，共同面对各项工作，共同来实现目标。

2.2.2　明确细则及标准，达到有据、精准考核的目的

2.2.2.1　考核细则及标准的制定

为确保考核的公正性和可操作性，我们按施工项目的不同，划分若干个施工组，并又按技术、质量、安全、成本、综合管理分别进行考核。其考核评分组成分为日常指标完成情况及月度综合指标完成情况。考评划分为A、B、C三等级，A类为“优”（先进个人），B类为“好”（工作表现平庸的班组和个人），C类为“一般”。

每个月考核小组对每个人进行考评，考核表见表3。评为A最多者，为所对用的优秀星级称号，每次评选前5名；评选C最多者，为所对应的一般星级称号，每次评选后3名，见考核统计表4。

五星员工考核表（姓名：* * *）　　表3

考核项目	考核内容	考核等级				
		考评者1	考评者2	考评者3	考评者4	考评者5
安全之星	安全文明施工日常管理情况					
	安全检查评价情况					
	资料、日志、记录等情况					
	管理创新和合理化建议情况					
	执行力、工作态度、劳动纪律等情况					
…	…					

注：考评者对该被考核人，每项考核内容所对应的空白处评A、B、C。

五星员工考核统计表　　表4

序号	姓名	技术之星			质量之星			安全之星			成本之星			管理之星			称号
		A	B	C	A	B	C	A	B	C	A	B	C	A	B	C	
1	* * *																
2	* * *																
3	* * *																
4	* * *																

注：考核一个项目中当遇到A与C共存的情况，取消评选优秀的资格（如技术之星，既有得A，也有得C的情况）。

为了体现考核公正、考核内容有数据支撑、考核责任到人，考虑开工前所梳理的“管理工作清单”中的只是工作事项，在施工过程中根据施工现场进度情况，我们按照所梳理的“管理工作清单”事项，按季度制定了详细的“具体工作内容责任分工清单”，并明确具体的操作方法，以之作为精准考核依据。

比如安全考评依据，为了促使安全责任考核精准化，我们将各项管理管理制度、上级要求等将其纳入到安全责任分工中，包括施工准备安全管理责任清单、施工活动/过程危险源责任清单、物质管理危险源责任清单等，并也按A、B、C三等进行考核打分，以此作为月度五星考评的精确打分依据，其考核细项样表见表5和表6。

*** * 工程施工活动/过程危险源责任清单**（施工操作安全部分）　　表5

序号	活动过程		危险源清单	责任人	检查人	检查日期	检查结果	整改情况	备注
1	* * 工程	临时用电	有无上岗证	* * *	* * *	* * *	* * *	* * *	
			…	* * *	* * *	* * *	* * *	* * *	
		电气焊作业	是否办理动火作业票	* * *	* * *	* * *	* * *	* * *	
			…	* * *	* * *	* * *	* * *	* * *	
		…	* * *	* * *	* * *	* * *	* * *	* * *	
2	* * 工程	* * *	* *	* *	* *	* * *	* * *	* * *	
3	…	* * *	* * *	* * *	* * *	* * *	* * *	* *	

*** *工程施工活动/过程危险源责任清单**(工艺、结构安全部分)　　表6

序号	活动过程		危险源清单	责任人	检查人	检查日期	检查结果	整改情况	备注
1	* *工程	吊装作业	吊车型号、吊点位置是否符合方案要求	* * *	* * *	* * *	* * *	* * *	
			…	* * *	* * *	* * *	* * *	* * *	
		模板作业	模板支立及加固方式是否符合方案要求	* * *	* * *	* * *	* * *	* * *	
			…	* * *	* * *	* * *	* * *	* * *	
2	…	* * *	* * *	* * *	* * *	* * *	* * *	* *	

安全精确考核过程中,按照所细化的责任清单及分工,按月进行考核,其考核内容包括:管理人员对自己所管辖区域内的危险源有排查、治理的责任,依据每月月底由主管领导签发的月度风险分析所确定每个管理者所负责的危险源内容。

(1)通过隐患百分率进行考核:隐患百分率=(业主(监理)下发隐患整改数量+检查人员查出隐患数量)/各自危险源总数×检查人员检查次数

考核结果分A、B、C三个层次:A:不得出现重大安全隐患,一般隐患百分率区间:0%～10%;B:不得出现重大安全隐患,一般隐患百分率区间:11%～20%;C:存在业主(监理)罚款项目,出现重大安全隐患,一般隐患百分率区间:21%～100%

(2)要求:检查人员对所有隐患进行全覆盖检查每月不得少于8次(检查人员检查次数不足8次则直接评为C),每次全覆盖检查对所有检查区域进行照相,体现检查的全面性,隐患数量以照片形式体现;主管领导对所有隐患进行全覆盖检查每月不得少于4次。

2.2.2.2　考核流程

每月8日,项目召开月度考核评审会议,有各检查人汇报检查情况,考核组成员对各人员进行ABC评比,评选星级员工及优秀施工组,分析管理中出现的漏洞及弊病,并讨论处理措施;每月10日召开月度考评总结会,有各施工组及部门汇报上月工作完成情况及下步工作部署,考核组分别进行点评、并安排问题处理分工及措施。

2.3　分析管理漏洞,建立反馈程序,实现闭合管理。

考核只是一种解决问题、促进管理提升的手段,重点是要将各项工作内容、按照规定的流程及秩序落到实处,最终是要将目标实现。则需要在考核的同时,分析管理中出现的漏洞、弊病、难点,以及考核体系中出现的问题,促使考核与实际对应。项目部在进行绩效考核过程中,采用数据整理的方式,分析管理工作中出现问题,管理层与执行层进行沟通,研究处理措施(措施的研究处理思路:一是从工艺技术方面采取措施进行规避,二是从管理行为方面加大处理力度),并将出现最多的几个问题列为下期考核的一个重点落实对象及重点考核指标,以实现管理提升。问题处理记录如表7所示。

问题处理记录　　表7

序号	问题种类	问题内容	当月出现的频次	责任人/检查人	主管领导	处理措施	处理结果及检查日期

3　精准高效的绩效考核在项目管理中的实际效果

近5年来,我们一直围绕"精准高效的绩效考核"为中心展开各项工作,其贯穿于整个项目的管理过程。从起初的探索到实践、到不断的总结与纠偏,在我们已形成了一项较为完善的管理体系,并得到了项目所有员工的支持与认可。对扎实基础管理、提质增效起得了了明显的引导作用。

3.1　与薪酬合理挂钩，提高员工的积极性，更好的提升执行力

绩效考核的目的就是要实现项目管理水平的提高及利益更大化，这其中员工的积极性是影响管理工作的主要因素，最直接的方法一是考核要精准、要有依据可循、要能精确体现各个员工的工作表现，二是考核与薪酬挂钩，形成“凭真本事吃饭、靠业绩拿钱”的有效竞争，才能调动职工本身的工作积极主动性，对培养个人的业务能力，特别是对培养新员工吃苦耐劳的精神、对老员工积极向上的精神起能到了很大的促进作用。

3.2　切实有效的解决了内部存在的问题，提升了项目管理水平

通过绩效考核的总结分析，我们发现了项目管理过程中的漏洞及问题有几大类：一是资料整理及时性问题、管理层与执行层沟通问题、安全检查及时性问题、技术工艺与施工成本对接的问题等，通过我们不断的纠偏，一步一步的完善考核体系，促使考核与执行的结合更加具备可操作性。

3.3　增强了团队荣誉感，使项目文化落地生根。

通过建立与执行考核机制，在枯燥的施工环境中，营造了一种“活跃”的氛围，对打造出了一个能干事、能成事的管理团队起到了很大的作用。项目部这几年，各项管理工作均排在公司前列，国投煤码头工程先后获得鲁班奖、詹天佑奖、国优金奖三项大奖，目前刚完工的华能翻车机房工程获得了局精品工程奖；获得了交通部督查第一名的成绩，获得了平安工地及平安工地冠名，河北省文明工地等；在华能项目中，多次获得业主嘉奖，是参建华能单位里面获得嘉奖次数最多、评选先进个人最多的单位等。

以上的荣誉，是项目部全体员工共同创造的，项目部每一个人都为获得了荣誉感到自豪，团队的荣誉感已经深入了每一位员工心中，不管人员如何变化，只要考核机制存在，就能使“干一流的，做最好的”项目文化落地生根，具有较高的推广意义。

4　几点思考

4.1　绩效考核贵在精准与坚持

绩效考核一个系统、繁杂的工作，其囊括了项目管理全过程、各个环节，该体系的运作，最主要的体现是考核结果能与实际相对应，达到提升项目管理水平的目的。绩效考核不是一种形式，而是一个围绕绩效考核为核心、开展各项系统工作的管理体系，通过考核来充分调动积极性、主动性、活跃性，给每一个人一个展现自我价值的平台，所以要系统开展各项工作，就得坚持把绩效考核真正的落实到实处。

4.2　切记考核只是手段、不是目的

考核的作用是不断的提升项目部管理水平与效益，是一个通过每个人业绩考核来集中体现集体成绩的表现，奖惩只是一种方法，是让各员工正确认识自己优缺点的方法，不能因为绩效考核而影响个人前途。作为管理层要善于知人善用，且要不断创新考核办法，使其能对提质增效起到更大的作用。

论技术创新工作在疏浚企业的作用与发展

周志强　秦　亮　余　奇

摘　要:技术创新是疏浚企业不断前进和发展的动力,通过技术创新可以增强企业的核心竞争力。文章对比了国内外疏浚业的发展现状,分析当前技术创新工作在疏浚企业的“角色”及技术创新工作推进过程中的“困惑”,最后结合实际情况提出技术创新工作持续发展的建议。

关键字:技术创新;疏浚;持续发展

引言

企业技术创新是指企业依靠技术上的创新推动企业的发展,也就是通过引入或开发新技术,使企业满足或创造市场需求,进而增强企业竞争力。随着市场经济和知识经济的发展,企业的技术创新水平越来越成为企业竞争优势的来源。因此,企业应建立合理的机制,促进技术创新的开展,提高企业的技术创新能力,掌握行业核心技术,提高市场的竞争力。

1　国内外疏浚企业科技发展现状

我国疏浚行业主要企业包括中国交通建设集团、交通部长江航道管理局及其下属单位,部分地方交通、水利系统的疏浚单位以及部分民营疏浚公司。中国电建、中国铁建、中国中铁等也都成立港航公司,在集团母公司的强大资金支持下,正在积极开拓市场。对于一次作业量偏小的工程,更适合一些民营企业去进行,一些资金实力较强的民营企业积极抓住市场机遇,努力结合自身优势拓展市场,在近年来实现了快速发展。国内疏浚企业中,中国交通建设股份有限公司下属的天津、上海、广州 3 家航道局,集中了国内主要的大型疏浚设备,拥有国内最大型、最先进的各类耙吸、绞吸挖泥船及大量疏浚配套船舶。总的年实际疏浚能力占国内总体疏浚能力的 50% 以上,约占国内市场份额的 80% 。

世界疏浚市场主要由世界四大疏浚公司即波斯卡利斯、凡诺德、德米和杨德诺控制,市场总额占国际疏浚市场总额的 60% ,这四家疏浚公司拥有世界上先进的耙吸、绞吸挖泥船,能够承接世界上各种大型疏浚工程。其中杨德诺集团坚持做大做强的战略,不断加大疏浚船的规模,目前拥有世界上最现代化的疏浚船队,在疏浚市场独一无二。

近年来,我国疏浚企业有了很大发展,但受疏浚设备现状、技术水平发展、科技研发投入等方面因素的限制,和世界著名疏浚企业相比,不仅资产规模小,资产收益率和利润率也很低,其中技术创新短板是限制疏浚企业发展的一个瓶颈。目前疏浚市场呈现出“船舶大型化、港口大型化、航道深水化、吹填规模化”趋势,这就要求疏浚公司增加尺寸更大、功率更大、技术水平更高的设备,而我国的疏浚设备制造方面还与国际领先水平存在一定差距,其中很多关键设备都要依靠国外进口。因此要提高我国疏浚业水平,需要加大科研投入,培养技术人才,掌握疏浚核心技术,为企业的快速发展提供技术支持。

2　技术创新工作在疏浚企业中的“角色”

随着疏浚企业的不断发展,企业对技术工作的要求也越来越高,从快速产生效益的“短、平、快”项目,到具有前瞻性解决未来可能遇见的较高科技含量的技术难题等,技术工作应做到“竞争核心”“贴近现场”、“技术引进”与“自主研发”,达到技术支撑企业的目的。

2.1　竞争核心,提高市场竞争力

一个企业在市场竞争方面最大的优势在于是否拥有所竞争业务的核心技术,特别是高端的疏浚装备、独特的施工工艺、独有的核心技术,这些优势将会解决一些重难点、特大型工况复杂项目的施工方案,同时会降低项目的实施成本,增加项目的中标率,为项目如期履约提供了重要的保障。

2.2　贴近现场,创造产能最大化

作为疏浚企业,考虑的是产值最大化、利润最大化。技术工作首先要贴近生产,贴近施工现场,解决现场急需的技术难题,快速发挥技术优势。通过“引进”或以往研究的科技成果进行成果转化,提升施工现场的工作效率,达到快速解决生产技术难题的目的,得到企业的认可。让企业看到以往的科技投入能够在企业的经营竞争中、施工生产中起到关键作用,并不是获得较高奖项之后的“束之高阁”。

2.3　技术引进,实现创效快捷化

企业在技术引进中信奉“拿来主义”,“拿来主义”必须要与自主研发相结合。一般来讲“拿来”的一般都是果实,必须有一个合适的环境,加上善于栽培的园丁才可将其培育为对自己有用的果子。当前企业管理应适当的采用“拿来”的办法,但必须要有“拿什么来”、“拿来”后如何改良的清晰思路。我们不仅仅是一味的“拿来”,也不仅仅是拿来后一味的“模仿”。拿来后我们要深入分析“果实”的研究思路、对比我们的不足,研究是否有进一步提升空间,进一步提升成果应用范围。

2.4　自主研发,核心技术自主化

国家科技部部长曾讲过,“要更加注重科技创新的基础性与前瞻性,我们要把青年人创新创业的激情、潜力激发出来,为他们提供更多更好的服务条件,使新动能化为新的增长点。”行业内部应根据企业自身特点制定自身的发展思路,在科技研发上有专攻,具有较强的目的性与实用性,能够达到掌握行业关键核心技术的目的。目前施工企业特别是疏浚企业,核心技术在于装备、材料、试验资料以及对历史资料的收集、整理与分析的详细程度。对于这些内容我们不能完全否认国际疏浚企业的领先地位,也不能将国外的技术完全神化,我们应加强与国内大学院校、科研院所进行深度合作,利用大专院所的专业知识武装自己,对于施工企业的核心技术进行详细发展规划,同时,开发的核心技术能做到很好的知识产权保护。

3　当前疏浚企业技术创新工作的“困惑”

技术创新工作的根源在于人才的培养。对于疏浚企业来说,一个技术人员的成长要经过多年的工程、船舶工作经验,以及潜心钻研专业知识、深入研究各类辅助学科的应用方能成才,这个过程是一个需要长时间的不断积淀而发的过程,这样才能培养出专业的技术人才,为企业的技术创新工作贡献力量,一个企业培养出来一个高水平的技术人员不是一朝一夕的事情。然而当前疏浚企业往往想得到“拿来就能用”,立刻就能出方案、能够解决工程实际难题的技术人员,而往往忽略了技术人员的培养与发展。因此疏浚企业技术管理往往存在矛盾的现象,即:从企业角度来讲,企业认为专业技术人员不够优秀而苦恼;从技术人员考虑,有些人感到无事可做,有劲使不上,或者不知道怎么使劲。另外也存在技术人员晋升渠道较窄而导致思想上不安定、不踏实的问题。这些现象与问题在企业与技术人员中普遍存在,给企业的发展和技术人员自我价值的实现造成很大障碍。

(1)由于衡量技术工作对企业价值创造的尺度有一定的局限性,多数疏浚企业的薪酬分配、激励

机制通常向管理岗位倾斜，导致广大工程技术人员普遍存在"重经营管理、轻技术创新"思想，心态普遍浮躁，很少人能有静下心来钻研科技文献或攻关技术难题，加剧了技术岗位人员工作的流动性，导致技术积累也是"浅尝辄止"，很难出现行业级领军带头人物，进而导致技术团队综合实力较弱、体系不健全。

(2)企业缺乏科技工作的中长期规划，易进入急功近利、走捷径的误区，科研经费的投入、对广大科技人才的待遇、重视等还显得不够。

4 技术创新工作在疏浚企业的发展对策

疏浚行业属于施工企业，决策者往往首先考虑的是经营与施工工作，技术工作投入不足，大多数情况下是遇到问题后再想办法，这种现状不利于科技促进生产的科学发展道路。要改变这种状况，必须重视科技研发，看到技术工作所带来的长远利益。技术进步是一个不断积累的过程，从量变到质变，不能因为一时无明显成果就放弃。促进技术进步，提高疏浚企业的核心竞争力，可以从以下方面着手。

4.1 疏浚企业做好科技相关制度的顶层设计

真正体现对科技人才的重视和人文关怀，薪酬分配要有所倾斜，保持科技团队的相对稳定，保持科技团队人员结构相对优化，充分激发科技人才的潜能，使科技真正转化为生产力；

4.2 多渠道打造科技创新平台

疏浚企业技术创新的落脚点应紧密围绕生产经营的实际需要和公司未来发展战略，具体而言就是围绕工程项目和施工船舶，针对工况复杂、技术要求高的项目，做好课题攻关，鼓励多一些的工程技术人员能够参与进来，通过联合攻关等形式来促进科研团队整体水平的提升。

4.3 全员参与，共同提高

技术创新工作的发展不是一个人或者技术部门的事，而应该是整个公司的事。从公司领导到项目施工员，人人都需要关注技术创新工作的发展。当前疏浚企业专职技术人员较少，且要面对较多管理类工作内容，因此在开发相关科研项目时，项目部人员可以参与研发过程，提高自身能力。同时还可以了解技术创新工作有哪些成果，哪些成果可以解决当前工程项目的难题，实现科研工作与实际工程的对接。

4.4 增加投入，注重人才培养

公司领导要充分意识到技术工作的重要性，增加科研项目的投入，推动科研成果的转化。同时注重人才的培养，增加相关培训，增强与高等院校以及科研机构的合作，提高技术人员的科技研发能力。

4.5 拓宽技术人员的职业发展通道

打铁还需自身硬，作为项目管理者首先要具备足够强的技术能力。企业机关技术管理岗位应与施工现场采用合理的轮换制度，促进施工现场与企业机关技术管理人才横纵向全面发展，拓宽技术人员的晋升通道，例如公司进行某项工程进行招标工作，经营期由公司机关技术工作岗位有较高技术水平人员担任此项工程技术标的编制工作，全程参与项目经营工作；施工期由该名技术人员到项目担任总工，主管该项目的技术工作；施工后将所有技术资料带回企业归档，完成一个项目的循环。担任过几个项目总工的技术人员在技术水平上得到广泛认可之后，着力培养其为项目副经理的岗位，培养其他工作的管理能力，逐步晋升，打开技术管理人员晋升通道。

4.6　增加对科研项目的正确认知

由于企业技术创新工作是一个长期的艰苦过程，任何创新项目的实现都存在很多未知的失败和风险。因此必须要大力弘扬敢于创新，勇于竞争的精神。着力营造尊重知识，尊重人才、尊重创造、宽容失败的文化氛围，鼓励企业员工从事技术改革，技术发明工作。

技术创新是一个投入、转化、实现的过程，这是一个长期的过程，决策者需对此有正确的认知，切不可急功近利。因此需要建立长效的投入机制，保证科研项目的顺利进行，待技术创新成果“成熟”后，将会给企业带来巨大的经济效益。

落实六化管理措施　提升项目管控水平

王锦华　陈　刚
（中交一航局第四工程有限公司，天津，300456）

摘　要：针对目前新的形势下，总承包单位在施工队伍管理过程中存在的问题，结合天津港东疆港区瞰海轩项目项目管理实例，按照标准化管理要求，严格落实基础管理工作，采取“六化”管理措施，在管理质量和效益方面取得了较好的效果，为施工队伍管控和项目管理提升提供了好的施工管理经验。

关键词：标准化；分包队伍；六化管理；推广

引言

随着社会经济持续发展以及科学技术水平的不断提高，国际、国内的建设工程项目规模日趋庞大化，所包含的专业技术日趋复杂，对承包商的项目管理水平提出了更高的要求；另一方面，由于日趋激烈的市场竞争，造成项目盈利空间不断被压缩，建设周期的加快也造成施工成本上升，建筑施工企业通过企业自身转型、细分建筑市场，以分工协作的方式共同应对不断增长的施工管理难度和施工风险，以求得企业自身的发展。

对于每一个工程项目，虽然分工合作是大势所趋，但由于总包单位及各施工队伍的利益诉求及盈利点存在较大的差异，总包单位制定的各项施工方案及管理措施很难在各分包队伍的具体实施过程中得到贯彻落实，一直是施工管理工作中的老大难问题。

同时施工队伍的施工管理能力及技术能力由于农民工未受到良好培训就直接上岗所导致的操作能力低下，有许多工人甚至是“直接放下锄头上工地的农民”，导致工程进度跟不上、质量没保证问题层出不穷，同样是项目管理的老大难问题。

在此背景下，探索采取新的管理方法成为必然，总包将基础管理工作进行细化分解，严格落实总分包一体化管理工作，来进一步强化管控能力，从而更好的保证施工进度、安全、质量各方面受控。

1　项目管理现状

1.1　分包管理艰难性

分包队伍难管，特别是有一定管理制度但又不完善的分包队伍，自身有一套既定的简单管理模式。这套既定的管理模式与总包的管理模式存在一些差异，施工初期难以全面接受及融合。分包队伍以追求利润最大化为第一目标，与公司及项目部对工程质量、安全文明施工的要求产生矛盾较大，分包队伍出于自身利益的考虑，对项目实施过程中的安全、文明施工及环境保护工作态度漠然，不重视。

各个施工队伍自身管理水平参差不齐，难以达到总包实现项目管理目标的要求，总包制定的施工方案、技术交底、安全技术措施等分包执行不到位，分包队伍施工措施投入不足、能省则省，难以适应公司项目标准化管理要求。

1.2　标准管理重要性

项目标准化管理的贯彻落实是一个持续改经的过程。制定、执行和不断完善标准的过程，就是不断提高质量、提高管理水平、提高经济效益的过程，也就是一个可以使企业持续发展的过程。但在当下建筑施工企业施工管理，尤其是分包管理过程中要实行标准化管理是非常困难的。在实际工程项目管理过程中，大力推行《项目管理标准化手册》[1]及《分包一体化管理办法》[2]，不断完善项目管理内部流程，探索结合具体项目特点采取有针对性的管理措施就显得越来越重要。

2 落实六化管理

为了推动公司资源投入结构合理调整、确保经营利润、提升工程质量及安全文明施工管理，寻求实现“走技术管理型、标准型道路”方式转变的最有效途径，结合公司成熟的项目管理体系及程序文件，通过贯彻落实局《项目管理标准化手册》和公司《总分包一体化管理办法》，将分包队伍的管理有效融入公司管理体系，实现总分包管理一体化管理，借助分包技术管理和经营能力，进一步强化项目管理，助推项目管理提升，为今后项目管理中的施工队伍管理模式提供新的借鉴。在瞰海轩项目管理实践中，总包总结并应用了“六化”管理，取得了良好的效果。

2.1 前期策划细致化

项目部在投标前，提前介入，由预算员牵头，施工技术管理人员共同参与核对工程量清单，并邀请常年合作的施工队伍管理人员共同讨论天津港东疆港区瞰海轩主体部分一标段，设计施工图纸中有争议的项目，由项目部单独与清单量核对。查找是否存在量差，及时与业主进行沟通，做到超前控制，避免出现漏项、少量及工程量清单计算错误现象。

通过实际调查，结合招标文件要求，细致分析现场措施费组成。分包合同制定过程中，负责项目的生产副经理与施工技术管理人员及预算员共同分析，综合各种因素后纳入分包合同要求中，使施工措施费符合实际。项目安全、文明施工及环境保护措施费，安排专人进行把关，按照文明施工要求，在分包合同中明确要求，现场实施过程中由安全总监进行考核。

施工风险提前预控，科学合理的做好风险识别、分析、规避，及时采取解决措施显得非常重要。瞰海轩项目针对可能存在的风险，在工程开工前，组织各部门对业主风险、合同风险、施工过程风险、质量风险、安全文明及环境保护风险、工期风险、分包风险等进行详细识别后进行分析研究，并有针对性的制定措施加以规避、减低。有效保证了后期工程项目的高效运行。

2.2 管理目标分量化

2.2.1 施工目标明确

开工前，项目部明确质量管理目标为创建天津市“海河杯”奖，文明施工目标为确保天津市“市级文明工地”。施工队伍进场后，首先按照“海河杯”和“市级文明工地”要求进行交底，安全文明施工要求采用图片及样板方式进行交底。创优要求的各种数据，分类后进行培训式交底，打破以往只有文字，没有图片及具体尺寸数据的交底模式。

在责任制度落实方面，通过管理分区，明确创优责任人，签订质量创优责任书和安全环保目标责任书，责任落实到各管理人员。分包合同签订中，单独写入要实现的各项管理目标，实现总包与分包两级创优责任主体同时发挥积极性作用目的。

2.2.2 指标详细分解

在文明施工指标分解过程中，项目部提前组织人员进行策划，按照工程特点、占地要求、文明工地建设要求，制定详细的文明施工规划，充分考虑到现场条件、公司资源。分析工程施工的各个阶段，现场场地条件、建筑设施料和机械设备等资源投入情况、安全危险源等状态，结合瞰海轩项目设计施工图纸，对现场做了整体平面布置，并在平面布置图中明确钢筋场地、设施料堆放场地、模板加工、钢筋制作场地的具体位置及详细尺寸，严格按照平面图布置，全面量化了各项分解后的目标，施工队伍只需按照图纸依葫芦画瓢布置就行，取得了良好效果。

瞰海轩项目以有效、实用、新颖、美观、经济的原则选择基坑围护、电缆防护盒、防砸棚等的做法，在不做过多投入的情况下，实现各项管理目标。

2.3 过程管控列表化

在施工过程中，单独采用常规的制度控制已很难取得好的效果，为此总包采取了“生产会召开列表化办法”和“工序验收列表化办法”，取得了不错的效果。

以前召开生产会时大多由项目部各管理部门和人员进行直接的宣讲，分包人员在生产会过程中要记录大量的管理人员口述信息，多数分包管理人员不能够记录全面，更谈不上严格执行，即使记录下来后也很容易忽视，从而导致生产会不能起到实际作用，只是流于形式。针对这种情况制定了新的生产会召开办法，即每周五上午 10 点召开生产会，8 点到 10 点为现场检查时间，检查完成后，对分包队的要求一一列表，附在生产会材料上，使分包单位对现场存在的问题一目了然，并在下周生产会进行核对考评。这种办法使生产会召开的目的很明确，问题清晰，有追索性，在实施的过程中能将施工管理问题一一追踪解决，行之有效，详见图 1。

针对项目上的主要施工员毕业时间不长，施工经验不足，在管理的过程中暴露出工作热情很高，但不清楚现场工程实体检查的重点是什么，在重点控制环节上和控制过程中理不清头绪，成了无头苍蝇，造成施工员每天在现场忙上忙下，工作起来很累但工程质量仍得不到有效的提高的问题。总包采用了“列表式”的检查方法，即将瞰海轩项目设计施工图中标准层的主要控制内容浓缩到一张图上，混凝土结构几何尺寸、材料技术指标、钢筋数量、型号以及检查验收程序、报验程序等列入到表格中，施工员只要拿着这一套表格，所有的工作内容和报验程序都一目了然，有效的规避了管理上存在的漏洞。实践表明，这种“列表式”的管理办法，从形式上规范了施工员和各职能部门的管理程序，明确了控制重点，使每个施工员知道该管什么，哪些是控制重点。“列表式”管理办法推行后得到了业主、监理的一致认可和表扬，详见图 2。

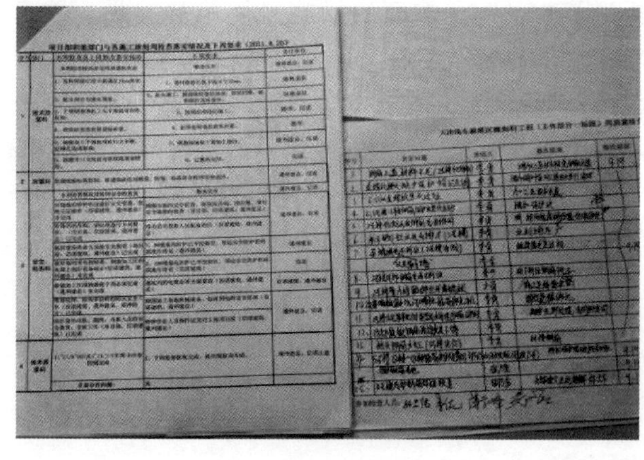

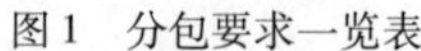

图 1　分包要求一览表

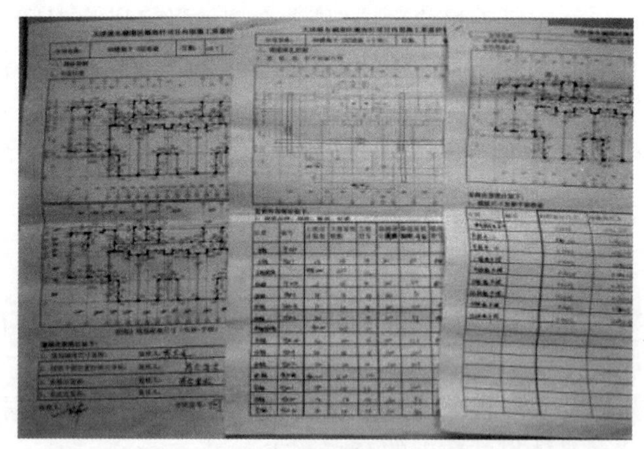

图 2　工序验收表

2.4 交底样板模型化

传统的施工交底均由施工技术管理人员对着交底文字一念了事。交底偏于理论、不形象，被交底人坐了大半小时听着不知所以，最终的效果只是班组人员签完字不了了事，缺乏实际交底作用和效果。如何让交底直观形象的让被交底人明确标准、掌握工艺技术做法，特别是节点细部做法是个难题。

为了解决这一问题，总包先后在现场搭设了脚手架标准模型，混凝土墙梁板模板支设模型，楼梯施工缝留置模型，进行实物交底，形象直观的对作业人员讲解，工人容易接受，达到了交底的真正目的，详见图 3 和图 4。

图3　脚手架标准模型

图4　混凝土墙梁板模板支设模型

2.5　方案实用可行化

项目上的管理人员大多感觉到分包队伍难管，制定的方案形同虚设，现场实际施工不按方案执行。总包进行了认真分析，认为原因有两个：

(1)分包队伍以经济效益为目标，而总包制定的方案完全从施工手册和规范出发，缺乏对技术的改进和经济效益的分析，造成分包队伍不愿按照方案执行；

(2)总包的技术管理人员多为新入职没几年的学生，书本上的内容和实际情况没能有效的结合起来，造成制定的方案过于"书生气"，也没能充分利用分包队伍中的一些好的、行之有效的施工方法，以至于存在方案写的是一套，现场实际做的是另外一套的现象。

施工方案执行不力的解决措施：

(1)制订方案必须结合分包队伍中的技术人员进行充分讨论，在保证满足规范及设计要求的基础上，充分吸收他们切实可行的施工方法，使方案在制订的过程中和分包队伍的意见一致。

(2)充分考虑分包队伍的效益，从技术改革和创新上创造效益，使分包队伍愿意采取总包制订的方案，从而使管理起来更容易。在灌注桩施工过程中，针对砂性地质造浆困难的问题，总包改进了原来全部采用红粘土造浆的方案，采用泥浆箱，使泥浆能循环利用，大大减少粘土用量，不仅使现场文明施工得到较好改善，而且得到了分包队伍的大力支持。

施工过程中经过积极和分包队伍沟通，反复讨论施工方案，汲取分包队伍中的一些好的实用的技术、管理办法，在正式施工前，将讨论的办法融合灌输，达到分包队伍和总包在施工方案上的意见一致，从而在管理上"顺水推舟"。避免强压式交底和执行方案，减少相互间的分歧。事实证明采取这些措施后，达到了非常好的效果。

2.6　分包管理一体化

在总分包一体化建设方面，主要强化了班组建制工作。班组建制的目的是：通过班组活动把分包队伍的管理系统有效的融入到总包的管理系统中，从而达到总分包一体化管理的目的。班组建制活动不流于形式，日常生产管理工作的各个环节详细体现班组活动的内容。为做好班组建制活动，瞰海轩项目在方案讨论，技术交底，日常管理活动，创优工作，培训学习等日常工作中，起到真正的把分包队伍融入到总包的管理制度中。

3　项目管控水平

3.1　能力显著提升

采取各项有效管控措施后，瞰海轩项目在施工管理过程中实现了从传统意义上的管与被管转化成共同管理，全面加强了合作关系。技术管理优势得到了充分发挥，工程质量全面提高，分包队伍难管现象得到扭转，安全文明施工效果显著，资源配置和投入合理有效，项目管理精细化和精益化水平进一步提高，从而推动整体项目管理的提升。

3.2 形象显著提升

项目管控水平的提升，不但获得了多项荣誉及成果，也提升了企业形象。主要表现在：

(1)瞰海轩项目在天津港质量安全监督站组织的天津港安全检查中，本工程获得第一名。

(2)先后两次接受一航局"项目管理督察组"各位专家督导检查，得到督察组专家一致好评。

(3)于 2012 年 7 月 18 日顺利获得"天津市市级示范文明工地"称号。

(4)质量 QC 成果获得天津市优秀奖。"瞰海轩项目班组"被中国质量协会、中华全国总工会共同授予"全国质量信得过班组"。顺利获得天津市"结构海河杯"奖。先后三次作为港区房建项目观摩工地。

(5)瞰海轩项目是天津港第一个高层住宅项目，工程项目管理能力得到各级领导的肯定和好评，为公司在天津港打造了品牌，提升了企业形象，社会效益显著。

结语

经过近几年对工程项目管理方法的总结，探索出了一些行之有效的管理方法，并在具体项目管理过程中进行了完善落实，夯实基础管理工作采取有效的管理措施，彻底扭转施工队伍难管现象，初步实现总分包管理一体化。虽然在综合管理方面仍然存在一些问题，但在施工过程中落实"六化"尚属首次，得到分包队伍的认可并顺利实施，工程实体质量、综合管理效率进一步提升，取得了较好的经济和社会效益，为后续项目管理及企业发展进步提供了好的经验，值得推广。

参考文献

[1] 中交第一航务工程局有限公司. XMGL/YH-2014，项目管理标准化手册[S]. 天津，2014

[2] 中交一航局第四工程有限公司. 分包一体化管理办法[S]. 天津

浅谈大数据应用为管理创新做加法

朱　江
（中交机电工程局有限公司，北京，100088）

摘　要：用做加法的方式完成管理创新，回避重新构建的风险；探讨在工程单位现有管理模式中增加大数据的有效应用方式以完成无机管理向有机管理的转变，真正令企业的数据管理成为核心竞争力同时令管理可控突破。让信息化建设真正帮助企业完成管理创新并同时带来多层面效益。

关键词：管理创新；大数据；数字化；信息化

引言

当前，企业都在思考管理创新之路，但成功的管理创新之路常常伴有两道分岔，其一是担心离经叛道而采取的保守尝试，其二是大刀阔斧后带来的终极杀伤。探讨企业的管理创新的接纳方式的同时鲜有采纳或者提及大数据应用的，原因可能是普遍认为大数据是网络公司或者购物网站的需求物，又或者是找不到大数据应用的契合之处。

事实上，当购物、教育、医疗都已经要求在大数据、移动网络支持下的个性化的时代，创新已经成为企业的生命之源，随着信息流动以及网络新生代的成长，昨天传统企业可能通过强大的体制控制力，或者信息不对称的优势地位进行的封闭管理的模式，今天已经越来越行不通了。我们已经没有任何理由还继续要求企业员工遵循工业时代的规则，强调那种命令式集中管理、封闭的层级体系和决策体制。当个体的人都可以通过佩戴各种传感器，搜集各种来自身体的信号来判断健康状态，一个企业是否已经具备了这样的传感系统，适时判断企业的健康状态是否发生了改变了呢？

本文提出大数据在管理中的有效应用，尝试以此来优化管理模式，达到企业在多个层面上产生可量化或不可量化的管理效益。

1　企业的管理创新之路

欲赢得未来，先优化和创新管理。一个企业如果不能够坚持创新，那不仅难以发展，甚至生存都是问题。不创新不足以激发出企业的生命力，但创新时，或担心离经叛道而采取保守尝试，或是大刀阔斧后而带来终极杀伤，稳扎稳打的管理创新之路在哪里？

继影响了数代学者和企业家们的现代管理学之父彼得・德鲁克之后最有影响力的管理大师加里・哈默，这位四度赢得“麦肯锡奖”，世界一流战略思考家并被称为“核心竞争力”大师在其《管理大未来》一著中，将创新分为了四个层次，自下而上依次是：营运创新，产品、服务创新，战略创新和管理创新[1]（图1）。

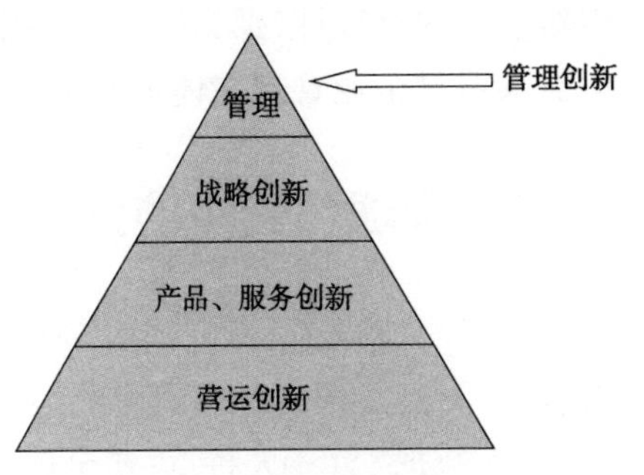

图1　创新的四个层次

哈默认为打造一个新的商业模式比抛弃管理者固有的管理理念要简单很多，总体来讲，哈默是对管理创新持积极和推荐的态度的。管理创新是最高级的创新境界，它是一个系统化的且较为漫长的过程，这一过程并不容易。

1.1 国有企业的创新机制存在问题

改革开放以来，特别是近年来通过拉动内需和“走出去”战略的推动，国有企业在经济含量、效益提升等方面有了较大的进步，但综合性创新带来的企业成本控制与效益提升的影响力度问题，并未得到根本的解决，或者说被当前的经济力度掩盖了。

换句话说，当前国有企业没有充分认识到建立企业长效发展而存在的隐患，自身固有的管理理念、措施落后，生产技术无法适应市场发展的变化，这些在将来或者说在现阶段的国际市场上都将影响到国有企业实现升级转型的最终目标。

国有企业建立综合性创新机制现存的问题：

一是政企分离不够明朗，未形成主观意识上的机制创新理念，国内的形势、有关要求限制了企业的决策权限和战略布局。

二是企业管理基础的滞后影响了建立创新机制的实施，进而形成了国有企业建立综合性创新机制的“瓶颈”。

三是企业的信心不足且支持能力有限，表现在三个方面：繁琐的内部协作一定程度上不能达到高度配合的要求；国有企业面对的更多是在一定范围一定时间段内的经济效益的考核；在未能取得既定的经济利益时形成的创新机制被冷落或者被动建立的局面。

四是创新引进技术没有发挥全部的功能，不能形成企业的技术创新特点；由于管理机制的不到位引起资金不能长期投入从而形成了对创新的限制；能力上不足以形成对引进的创新技术的翻新与创新。

五是缺乏必要的科学培训。由于过分重视员工的当前价值和手动操作能力，而忽略了对员工的科学培训。

1.2 做加法式的创新之路

国有企业转型难，最重要的原因是国有企业的“生态圈负担”[2]。转型会带来内部组织和外部合作关系之间的一系列变化，这些都需要综合考量。

对于轻型的新兴企业来说，只要做出0到1的突变即可；而对于国有企业来说，要改变原来的“100”，才能变成“101”。问题是原来的“100”中要做出哪些改变并不能确定。创新的过程带有极大偶然性，即便是有清晰的方向，也难以做出精准的规划。

所以，在这种“生态圈负担”之下，国有企业的转型不可能一蹴而就，而是需要在后续运营中不断改变、不断修正。

常常有管理者在提到创新时认为就是转型，但创新不同于转型。转型是在破坏之后的重新构建，而创新可以做到基于在原有核心优势之上做加法。

既然短时间内无法从根本上扫清国有企业在创新机制上的存在问题，同时也不可保证所采取的管理创新手段的有效性，那么引入一种相对“保守”的管理手段可以在当前条件下为管理注入新能量，同时避免引入后对企业管理主体带来冲击。

2 管理创新中的大数据应用

对于“大数据”，研究机构Gartner给出了这样的定义：“大数据”是需要新处理模式才能具有更强的决策力、洞察发现力和流程优化能力的海量、高增长率和多样化的信息资产。

“大数据”有三大特点：要全体不要抽样，要效率不要绝对精确，要相关不要因果[3]。这看似简单的三个特点必将引起思维变革，商业变革和管理变革。

大数据并非互联网公司的独有产物,对于我们这样的国有工程企业同样有不可或缺的作用,互联网思维在管理创新层面具备引入的必要性。它在我们企业中的存在与否及发展趋势在一定程度上将决定企业的发展高度。

2.1 应用一:核心竞争力的资源化

社会主义的绝对计划经济,高度集中的管理体制僵化了企业管理制度,统一的经济模式和生活方式产生了同一的思维方式,而改革开放后的市场经济,引起人们在思想观念、价值取向和思维方式的巨大变革,要适应新的环境,改造企业管理制度,就必须完成新旧的思维方式的转变,引入更多的头脑风暴。

这使职工变成了企业的主体,一切管理活动变成以调动人的积极性为入口,企业的核心竞争力很大程度上取决于人的态度、能力、经验等等。

何为资源化,是指大数据成为企业的重要战略资源。

最大程度的通过管理手段令企业存在于个人的能力、经验转变为企业的重要战略资源即为管理创新之路上的一个可供实践的“+”号。

举例说明,以某工程的报价工作为例:

依赖于经验人员对工程的判断而提供的报价具备这样的特点:一是经验人员的判断数据是离散和随机的,受报价人以往工程经验限制;二是离散和随机的经验数据不可视、不可操作、不好衡量,令报价可控度随人改变,无法做到不偏失;三是随着经验人员的不到位,将存在报价工作的不到位。

若在报价管理上引入大数据,通过软件化和信息化的手段,可将离散的经验数据边界化、线性化、可视化,增加了可控度。有利于迅速判断报价的偏失程度。见图2。

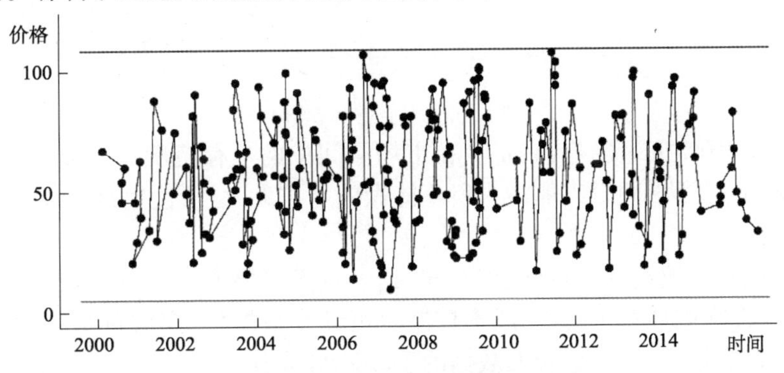

图2 大量离散数据的边界化

而达到这一目标,手段的建立首当其冲,经验人员辅助软件开发人员逐步完成输入判断等影响成果的边界条件的确立,随后逐步建立起同类工程的大数据输入。通过不断的完善和补充,相信在报价管理这一局部层面上讲,将实现最大程度的管理可控。

多层面推而广之,企业的发展将基于此,有了新的起点,核心竞争力资源化。因为起步的反复磨合和困难,初速度不高,但加速度一定远超应用前。

2.2 应用二:管理的突破

企业多以目标管理而立。不是企业不想完成过程管理,而是无效的过程管理容易出现目标的偏差,同时也没有有效的工具或手段来完成这一管理过程。目标管理是企业管理的重要内容,但只注重目标不注重过程,那么只能治标不能治本,因此管理制度以过程展开,将时间和空间相结合,要运用现代管理思维的时效观念和动态观念,强调管理的过程和过程的管理。

大数据的应用可以作为这一有效的工具或手段,来完成过程管理的工作,通过大数据的基线参考和比照作用,可在管理过程中发现偏差,及时纠偏。见图3。

企业管理越来越扁平化,这要求企业对信息和迅速反应的要求不断提升;同时,官僚体系内的“聪明

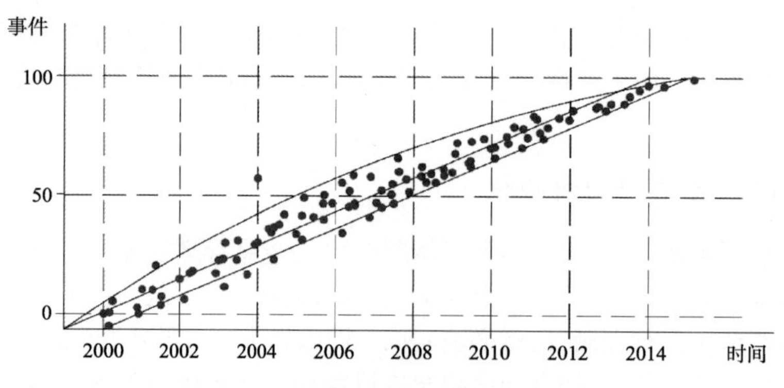

图 3 过程管理中的基线参考及纠偏

和功利”的扭曲数据也会通过大数据的应用而被剔除掉。

基于大数据这个基础平台，也可建立起跨专业甚至跨领域的数据共享平台，数据共享及数据应用将扩展到整个企业管理层面，并且成为核心一环。

2.3 应用三：数据管理成为核心竞争力

市场有限且竞争激烈，但同时，市场是一个开放的环境，如何扩大企业的生存空间成为至关重要的一个核心问题。见图 4。

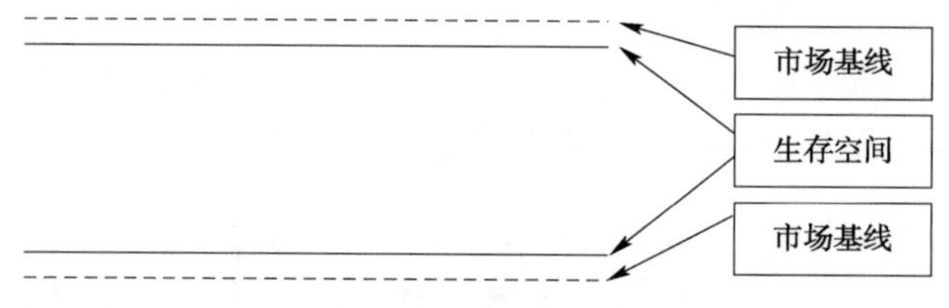

图 4 市场与企业生存空间

图 4 中，虚线代表市场空间，实线代表企业在市场空间中的生存范围。企业扩大市场的传统方法通常是以能忍所不能忍向下扩大，同时以能做人所不能做向上扩大，尽量让生存基线靠近市场基线，在一丝一毫中求得份额的扩大。

换句话说就是向成本要效益、以跨行业扩空间，这一点无可厚非。但其一，这两方面都有限制，成本下压有限，跨行业同样存在同质竞争；其二成本控制也可综合数据化，完成科学合理的成本控制，跨行业谋发展以差异化的方式立足后，更需结合大数据的手段做精做强。

近几年互联网企业发展迅猛，反之推动扩大了互联网市场，在这一事实之中，我们不仅要看到这一行业的发展动态，更应该思考它的发展因果。互联网思维对企业而言是一种竞争力，可以预见到数据资产竞争力在企业中所占比重将越来越大。运用数据资产并将数据管理转变成战略性规划，以此开拓市场并谋求利润。当其成为企业管理的核心手段之一时，数据资产的管理效果将直接反应到企业的财务表现上。

从战略的角度来看，数据资产可为其提供成本领先战略、标歧立异战略和目标集聚战略[4]的参谋数据。

2.4 大数据应用的起点

当前，我们企业的大数据应用并不是从零开始。企业的信息化、一体化、辅助软件等信息手段的应用已然是大数据管理的初步应用手段，并已初步体会到信息化在管理中的部分有效应用。而在此基础上需要逐步搭建模块化、标准化、软件化以及程序化的大数据库，通过使用商业化的智能工具进行大数据处理，以此来保存原始数据、逐步增强数据分析能力进而获得最佳的决策管理能力。

大数据不只是一个单一的、巨大的计算机网络，而是一个由大量活动构件与多元参与者元素所构成的生态系统，各个部门的参与者共同构建的生态系统。在这一数据生态系统中要从基本雏形开始理解，逐步趋向于完成系统内部角色的细分,机制的调整、结构的调整,进而复合化程度增强,最终做到市场竞争环境的调整。

结语

当前的管理文化,从某种程度或者角度上理解就是解决组织价值和成员价值的一致性问题。成员通过表达积极性、主动性和创造性,来赢得组织的价值认可。随着成员的进步发展,组织激励其成为管理的核心成员,进而产生新的组织价值,周而复始。但这不足以完成管理平台的根本性提升。

换句话说,管理树的成长不以新增或消除枝叶而茂盛,基于前文所述的内容,信息化大数据的应用或可成为嫁接的手段,令老树长新芽,绿树开红花。企业在管理中若能对大数据有效应用,那么就像个体通过佩戴传感器搜集身体的信号来判断健康状态一样,有了一个了解到企业自身的健康状态的手段,通过该手段能清晰明确的了解到是否发生了改变,改变在哪里,并通过数据的导向来清晰的分析出企业管理决策和走向的正确性和先进性。

大数据应用为管理创新做加法,在管理中有效的结合大数据应用可令企业形成自己的独树一帜的先进的管理体系。

参考文献

[1] (美)加里・哈默,(美)布林. 管理大未来. 北京:中信出版社,2008

[2] (美)J・F・穆尔著,梁骏,等译. 竞争的衰亡——商业生态系统时代的领导与战略. 北京:北京出版社,1999 年版

[3] (英)维克托・迈尔-舍恩伯格,(英) 肯尼思・库克耶. 大数据时代,2013

[4] (美)迈克尔・波特. 竞争战略. 2005

[5] 周健临. 管理学教程. 上海:上海财经大学出版社,2002

[6] 周三多,等. 管理学—原理与方法(第四版). 上海:复旦大学出版社,2003

浅谈港口电气控制系统施工管理

宋文涛　李　伟
(中交机电工程局有限公司,北京,100088)

摘　要:在华能曹妃甸管控系统中,通过探讨电气控制系统在港口建设过程的施工管理方式,根据电气控制系统在施工过程方面的问题,对电气控制施工管理方面进行研究分析,制定电气控制系统施工管理方案,对施工现场的实施过程制定施工样板细则。在华能管控项目中,施工前的筹划、施工过程中质量把控、施工后效果都能得到控制。因工期紧张、施工顺序不规律、施工人员更换等原因,在实施本管理办法后避免了因上述原因而造成的大量整改工作,且实施过程中得到各方认可。

关键词:施工管理;质量管理;安全管理;施工分析;

引言

电气控制工程(本文泛指港口散货码头中弱电工程)是工程项目的重要组成部分,随着港口智能化的迅速发展,电气控制工程的地位和作用越来越重要,直接关系到整个工程的质量、工期、投资和预期效果,工程质量直接影响到港口整体设备的安全运行、节能效果及投入使用后的使用功能。

在以往散货码头中,施工之前的设计阶段非常重要,设计的结果决定了后续工程的施工计划和进度安排,但实际上多数施工管理人员在施工过程中的技术监督比较到位,却忽视了施工之前的设计问题。其次,港口工程中对电气控制工程的管理中,多数管理人员只关注非常明显的质量问题以及对工程投入运行有重大影响的工程质量问题,例如设备安装错误、电缆敷设不够长等,而忽视了对施工细节等较为隐蔽的问题的管理,例如电气控制施工中,焊接的接头材质、绑扎的效果、管线的质量,设备运行和调试等都可能成为被忽视的问题。最后,管理人员对施工过程中的临时用电、焊接防护、设备防水、施工场地卫生等环境情况不够重视,一些管理人员甚至会认为施工现场就应该是杂乱无序的。

电气控制施工管理的运用,是结合各行业规范、相关合同书,同时根据现场施工情况,制定符合该项目的电气控制施工样板,从根本上解决了各个行业规范之间同时应用在一个地方而引发的问题,系统功能应包括美观的造型,牢固的结构,实用的布局和各种设备的稳定可靠的运行。

1　港口电气控制施工过程控制

1.1　施工准备工作

施工准备工作能够有效推进施工进度,其中包括对电气控制工程设计图纸进行准确的审核、对电气控制工程施工要求以及各项功能标准、电气设备施工安全性等全方面进行严格的施工管理,对于电气控制施工人员严格把控操作人员的操作技能和操作范围。

1.2　施工质量影响因素

目前,影响建筑工程质量的主要因素共有五点:

人(Man),是指直接参与工程建设的决策者、组织者和操作者,其素质的高低理论、技术水平的高低,以及是否有责任感，是否积极主动，都会影响到工程项目的质量水平。

环境(Environment)，包括工程技术环境、工程管理环境、劳动环境等诸多因素，而且复杂多变。

方法(Method)，包含了工程项目实施过程中所采用的设计方案、技术方案、工艺流程、组织实施、检测手段、施工组织设计等的控制，会直接影响工程项目三大目标的实现。

材料(Material)，包括原材料、成品、半成品、构配件等，是工程项目施工的物质条件，材料质量是工程质量的基础。

机械(Machine)，是工程实施机械化的重要物质基础，对工程质量和进度都会有影响。

1.3　施工样板管理

1.3.1　施工样板的目的

施工样板工程度是按照预防为主、先导试点的原则，在分项工程中选择一个施工项目作为样板工程，并将样板工程中的每一个工序作为样板工序，对每一道工序制定作业指导书方案，按照严格程序进行策划、修正、实施、验证总结，成熟后进行推广实施。将抽象的设计要求和繁复的质量标准、规范、规程等具体化、实物化、使施工管理人员，尤其现场操作工人能看得见、摸得着。通过推行施工样板工程，以样板工程样板示范，引领后续同类工程的标准化施工，以提高项目的施工工艺水平和技术质量管理水平，提高功效，确保施工安全，创造更多的精品工程。

1.3.2　施工样板的编制依据

(1)《华能唐山港曹妃甸港区煤码头工程控制与通信系统采购及安装》合同；

(2) 华能曹妃甸港口有限公司《电气施工标准化专题会》会议要求；

(3)《华能唐山港曹妃甸港区煤码头工程控制与通信系统采购及安装 施工组织设计》；

(4)《华能唐山港曹妃甸港区煤码头工程控制与通信系统采购及安装 调试大纲》；

1.3.3　施工样板的确定

样板工程应结合施工合同条款、图纸会审、现场勘察等，根据本项目的具体情况制定《施工样板项目清单》，经技术负责人确定后，由建设单位、监理单位、施工单位共同现场讨论后执行。

1.3.4　施工样板的执行

按照《施工样板项目清单》中所列分项工程开始施工，施工员按照施工样板项目清单及技术交底的内容分别对参与样板工程的人员、材料、机械设备、施工环境等逐一确认，满足要求后方可开工。具体如下：

材料：选用合格的材料，材质要符合设计及验收规范要求，装饰装修材料还要注意色泽及形体完整、洁净等要求。

技术工人：一般情况下选用技术水平中上等的技术工人操作，这样容易大面积推广。

实施执行：根据样板工程施工细则，明确后续施工工艺标准不得低于样板工程描述。

样板工程的确定：施工样板施工完毕后，项目技术、质量工程师应及时组织建设单位、监理单位电气、设备及质量相关人员对“样板”质量进行评定，合格后由工程项目部根据现场验收反馈意见进行样板段施工整改，整改完成后组织相关人员进行再次验收直到完成样板段。项目技术人员填写样板工程施工方案，报建设单位、监理单位确认。

施工样板一经鉴定通过，即可指导全面施工，项目严格要求施工作业队按照样板工程施工，建设单位、监理单位、现场施工员、质量员应加强过程抽查，发现不合格项立即进行整改，达到样板标准后方可进行下步工序施工。

样板工程实施过程中，对样板工程施工过程中发现施工样板不妥之处，及施工过程发生的问题，及时进行研究、改进，确定合适施工方法，并记录现场改进过程和方法，上报项目经理部。

2　施工样板项目清单

2.1　变电所保护屏、控制柜安装样板

(1)屏柜采用统一规格、颜色的产品;

(2)屏眉、绝缘接地体齐全,安装后屏底槽钢不外漏;

(3)利用盘柜搬运专用车,做到安全、环保、文明施工。

图1　柜体安装标准

图2　柜体接地

2.2　变电所柜内接线样板

(1)采用样板开路,确保二次电缆接线工艺美观,弯曲度对称一致;

(2)柜内接线排列整齐,无交叉,同时全部线芯有机打线号管,线号明确,线号对外,与原理图严格对应;

(3)柜内备用芯置于端子槽端子排的最上端,保持统一高度,采用彩色塑料套头封闭,并附带电缆编号;

(4)柜内接地线应严格接地,与土建预留接地点做可靠连接,测试接地电阻值 <1 欧;

(5)柜内线缆挂牌整齐规范,统一采用机打标号,标号内容应包含电缆名称及型号、电缆起始位置、电缆终端位置信息,且选用不易掉落材质;

(6)进入柜体线缆应在进入柜体前保持整齐,在进入电缆槽前横平竖直,不得有鼓包、打弯等现象,不使柜内电缆槽发生拥挤而变形。

2.3　电缆敷设、绑扎样板

(1)电缆敷设前,根据路径及设计确认合理走向,避免控制电缆交叉;

(2)电缆敷设排列整齐,转角处弯曲弧度一致,过度自然,弯曲地方应间隔每1米排列绑扎,直线段时,每间隔6~8米绑扎一次,绑扎采用电缆绑丝进行绑扎,保证工艺美观,并在适当部位留有部分余量,以适应冬夏季温差造成对电缆的损害;

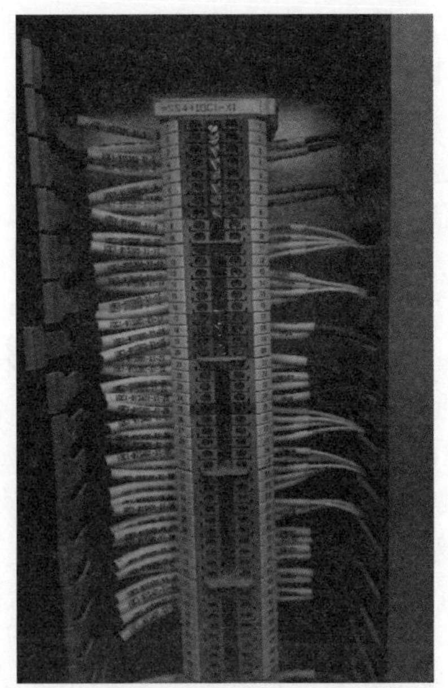

图3　柜内接线标准

图4　备用线芯处理标准

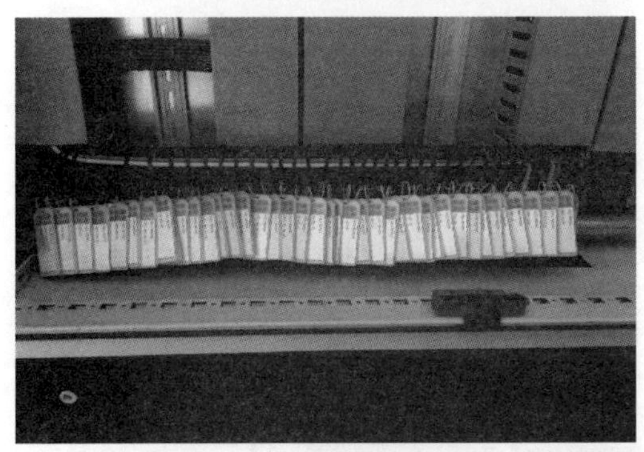

图5　柜内后进线挂牌标准

图6　柜内前进线挂牌标准

图7　电缆敷设绑扎标准

图8　电缆拐弯标准

(3)室外控制电缆进入控制柜前绑扎排列规范整齐,全部挂牌,统一采用机打标号,标号内容应包含电缆名称及型号、电缆起始位置、电缆终端位置信息,且选用不易掉落材质;

(4)电缆敷设过程中宜采用专用电缆盘支架支设,电缆应从电缆盘上端引出,不应使电缆在支架上及地面摩擦拖拉,且坚决不允许对线缆生拉硬拽严重违规行为;

(5)电缆不宜采用平行敷设于热力管道和热力设备上面。

2.4 远程IO控制箱(DP中继箱)安装、电缆敷设、接线样板

(1)箱体安装位置根据原理图位置确定大概范围,根据现场电缆桥架路由情况,确定安装在皮带机钢结构或沿线护栏钢结构上,固定后箱体边缘与皮带机最近距离不应少于15cm,同时不得影响单机行走电缆,箱体固定应多考虑使用四边形、三角形等稳定性的固定方式,箱体中心线应距离最终人行走面1.5~1.7米高,如遇到安装位置无法满足上述要求,应重新确定安装位置,并敷设电缆桥架;

(2)采用样板开路,确保二次电缆接线工艺美观,弯曲度对称一致;

(3)箱内接线排列整齐,无交叉,同时全部线芯有机打线号管,线号明确,线号对外,与原理图严格对应;

(4)控制电缆绑扎排列规范整齐,全部挂牌,挂牌要求机打,文字规范,标明电缆型号、电缆编号、起始位置等信息,同时焊接完成后打磨补漆,恢复原样。

图9 安装方式标准

图10 电缆进接线箱标准

图11 打磨补漆标准

图12 控制箱与皮带机距离标准

2.5　保护设备安装、接线样板

(1)保护设备安装牢固可靠,根据控制原理图要求,对于有预留安装孔位置的,应严格按照安装孔位置进行安装,对于安装位置无预留孔洞,应及时上报管理人员解决,待确认解决方案后进行焊接或等待开孔后继续安装;

(2)接线在进入拉绳开关、跑偏开关、速度检测开关、料流检测开关、撕裂检测开关、声光报警器、料堵开关等保护设备前进行打环处理,预留线缆因小幅振动产生摆动,并进行绑扎,同时在出配管的地方加优质电缆护口并固定牢固可靠,防止脱落;

(3)保护设备接线统一规范,保证与原理图描述完全一致,端子号完全一致,进行接线,所有接线均应套包含原理号的线号管。

图13　保护装置接线标准

图14　配管封堵标准

图15　保护装置配管标准

2.6　中间(尾部)接线箱安装、电缆穿线、接线样板

(1)中间(尾部)接线箱安装位置根据原理图位置确定范围,现场中间接线箱应安装在驱动部附近,能够兼顾驱动站位置,考虑电缆桥架路由,箱体中心线应距离最终地平面1.5~1.7米高,现场尾部接线箱为避开导料槽、除尘器等设备应安装在沿皮带机方向尾部滚筒100米左右或机房内立柱,同时考虑尽量使用现有电缆桥架路由,箱体安装在皮带机钢结构、机房立柱等位置,并做好接地;

(2)接线在进入接线箱应包缠绕管,缠绕管缠绕整体统一,不得有绕管接头,绕管外观平整,整齐划一,一端伸入电缆桥架内,另一端固定于锁扣装置中;

(3)箱内接线统一规范,严格按照原理图信号排列,当接线电源时,严格按照设备标注的L\N,P\N进

行接线，所有接线均应套机打包含原理号的线号管，线号管的线号对外整齐排列；

（4）确保电缆接线工艺美观，弯曲度对称一致。

图 16　尾部接线箱安装位置标准

图 17　中间接线箱绕管标准

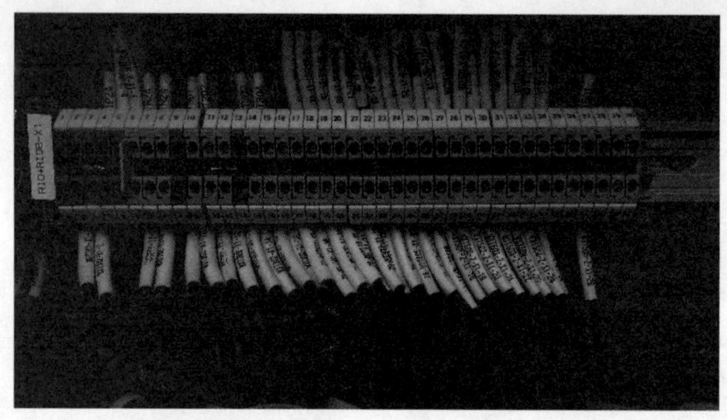

图 18　中间接线箱接线标准

2.7　电缆桥架安装样板

（1）控制系统尽可能不新增电缆桥架，如遇到安装位置桥架无法满足时，可选用小型电缆桥架；

（2）固定桥架连接板的螺栓应由里向外穿，连接牢固可靠；

（3）电缆桥架连接部位采用两端压接镀锡铜鼻子的铜绞线跨接或用不少于两个有防松螺帽或防松垫圈的螺栓固定；

（4）电缆桥架应安装整齐划一，牢固可靠；

（5）电缆支架安装牢固，横平竖直，各支架的同层横档应在同一水平面上，其高低偏差不大于 5mm，托架支吊架沿桥架走向左右偏差不应大于 10mm；

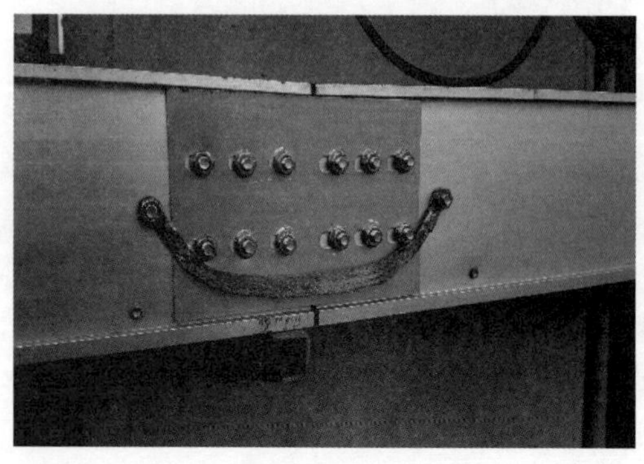

图 19　电缆桥架连接标准

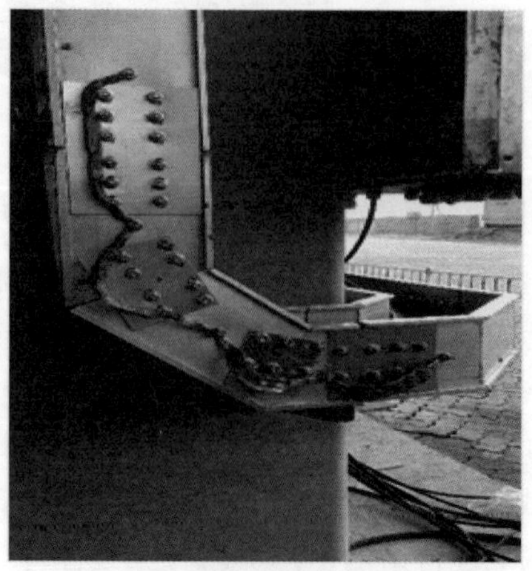

图 20　电缆桥架弯头标准

(6)支架焊接牢固,无显著变形,无明显扭曲,切口无卷边、毛刺;

(7)弯头、三通使用定型产品,如需自制弯头,做到对缝严密,边缘齐平;

(8)桥架对接采用连接片,桥架对接无错边;

2.8　电气配管样板

(1)电缆保护管排列整齐,工艺美观;

(2)采用热镀锌钢管,弯制后不应有裂缝和显著的凹瘪痕迹;

(3)弯曲半径、埋设深度、接头等应符合规范要求;

(4)管口无毛刺和尖锐棱角;

(5)施工接线完成后应对配管进行封堵,防止水、异物等进入配管中。

图21　配管弯曲标准

图22　配管敷设标准

结束语

通过对项目施工的特点及存在问题的分析,找出施工项目管理存在的缺陷和不足,积极调动管理人员的积极性,并通过电气施工样板段的推行和实施,做好工程施工质量管理。同时结合建筑施工项目质量管理的特点,在工程开始前做好充分的准备,在工程进行中加大对工程质量的监管力度,在工程完成后严格验收,进而从最大程度上保证建筑工程施工的质量。

参考文献

[1] JTS 257—2085 水运工程质量检验标准.2008

[2] 唐丽.浅谈建设工程施工质量管理的要点.城市建设.2008(5)

[3] GB 50303 建筑电气工程施工质量验收规范.2002

[4] 许云兴.论影响电气工程施工质量的因素及对策,中小企业管理与科技(下旬刊),2009

[5] 陈亚成.基于建筑电气工程施工管理及分析.广东科技,2008

[6] 刘浩强.浅析电气工程施工管理.科技研究,2014

浅析施工企业项目全过程跟踪审计

赵 霞

（山东港湾建设集团有限公司，山东日照，276826）

摘 要：近年来，基建腐败的新闻不绝于耳。立足内审，强化内控，管控风险，确保政府投出资金效益，加强施工企业项目全过程跟踪审计迫在眉睫，已成为施工企业管理的工作重心。

关键词：工程项目全过程跟踪审计；内部审计；关键控制点

引言

施工企业在工程施工的各个环节中，往往设计、监理、审计、施工之间相脱节，基础管理工作较为混乱，缺乏必要的事前预防、事中控制和事后监督的全过程控制手段。

1 工程项目全过程跟踪审计的概念

工程项目跟踪审计是运用现代审计方法对建设项目决策、设计、施工、竣工结算等全过程的技术经济活动和固定资产形成过程中的真实性、合法性和有效性进行审计监督和评价。

2 工程项目全过程跟踪审计的重要性

通过工程项目全过程跟踪审计，能不断强化财务管理，完善内控制度，有效控制和如实反映工程造价，促进管理和廉政建设，提高投资效益，避免施工全过程中出现投资失控、工程质量隐患、滋生腐败等风险具有重要意义。

2.1 强化监督，确保资金安全

基建工程项目通常周期长，涉及的资金大，且牵涉的单位多，在管理存在较大的难度。从工程开工到人员进场，随之的招投标环节、建设环节、验收环节均存在着内部控制的风险。施工企业要有效确保资金安全，需要依托内审部门，通过早期介入，全程跟踪，强化管理，完善内部控制。

2.2 控制变更，规范审核

在实施工程量清单计价方式的过程中，工程量清单容易存在漏项、描述不详等诸多问题，从而导致项目概算超估算、预算超概算、决算超预算等现象。在项目管理全过程中加强内部审计和预算约束，促进内控制度进一步完善，规范变更的审核审批，成为实现预期的目标的重要途径。

2.3 内审延伸，提高资金使用效益

基建工程项目审计要求内审人员全方位融入项目管理，要具备建筑、设计、合同等跨行业领域的一些基础知识，在项目建设期间进行全过程的跟踪。向前延伸到招投标环节，了解工程设计和清单描述；向后延伸到配合外部审计单位进行决算审计，梳理工程的收支情况，评估资金使用效益。同时要具备建筑、设

计、合同等跨行业领域的一些基础知识。

2.4 完善内控，保证工程质量

基建领域存在着很多“质次价高”的项目案例，造成这种窘境的主要原因是施工企业普遍缺乏项目管理的专业人才。为了将内部风险控制在合理范围内，施工企业需要不断完善内控制度，定期或不定期开展内控制度审计工作，检验内控制度在设计上的合理性和运行上的有效性，从而达到以制度管控风险的目的。

3 工程项目全过程跟踪审计的关键控制点

工程项目跟踪审计的审计行为应贯穿建设项目的全过程，由事后结算审计向事前、事中、全过程的延伸。设置跟踪审计的关键控制点，将审计风险降低至可接受的程度。

3.1 内部控制审计

3.1.1 通过对被审计单位内部控制情况的的了解，掌握被审计单位内部控制情况

对内部控制的健全性、合理性等做出初步评价，评估出控制风险水平，确定是否采取依托内部控制制度的审计策略。

3.1.2 检查内部控制制度的建立健全情况

评价内部控制制度是否违背于国家的法律法规和总公司的管理制度，能否有助于实现项目的控制目标，该项检查主要针对合同管理、材料管理、机械设备管理、资金管理、付款审批等内容。

3.1.3 检查在实际工作中对内部控制制度的执行情况

是否严格按照制度操作各项经营业务。

3.1.4 对被审计单位进行后续审计

对被审计单位内部控制制度的缺陷以及在日常操作中存在的经常性、普遍性问题采取重点关注的措施，定期或不定期的进行检查，并提出整改建议，以及时纠正和得到完善。

3.2 材料管理审计

3.2.1 审查供应商的供应能力

是否对合格供应商建立合格供方名册；重点审查在名册外的供应方使用情况，是否按照规章制度要求进行必要的考察和筛选。

3.2.2 审查材料的验收

首先检查验收记录是否完整，材料验收手续是否完善，其次检查是否对材料进行筛选和必要的质检、试验，对不合格品是否退回或向供应商作相应的索赔。

3.2.3 审查材料价格的合理性

建立材料价格数据库，多方采集当期材料价格，与以往年度同期价格进行纵向比较，与各分公司、项目间的材料价格进行横向比较，以确认其价格的合理性。

3.2.4 审查库存保管情况

审查是否建立有库存保管制度和出入库领用手续，材料账面余额与库存实物是否一致，采购总量是否控制在施工合理的需求量之内。

3.2.5 审查材料损耗率

协同工程造价部门、技术部门、生产部门等相关部门和人员，全面分析工程设计用量与实际用量的差额，施行目标责任成本单价，查找影响材料损耗的原因。

3.2.6 审查废旧物资处理情况

施工项目均存在着程度不同的废旧物资处理,其处理的数量和价格是否合理,处理回收的资金是否上交财务冲抵项目成本等情况,确定项目操作过程中的资金使用是否存在“小金库”等违规现象。

3.3 资金审计

3.3.1 资金来源是否合法

审查有无非法集资、摊派和收费;建设项目资金是否落实;建设资金是否及时到位;资金使用是否合规,有无转移、侵占、挪用资金的情况发生。

3.3.2 工程款结算是否真实

审查工程收款是否符合国家法律法规及公司的相关制度;是否将不合理的费用摊入工程成本,单位工程成本是否准确;往来款项是否真实,应收、应付账款等是否经过函证;是否有“账外账”等违纪情况。

3.3.3 材料、设备采购是否合理

审查材料、设备款的支付是否按照项目建设的合理需要进行采购,有无盲目采购行为。尤其要对建设单位关联企业所供设备、材料的价格进行检查,防止从中加价。对已购设备、材料因故不能使用的,要分析原因,分清责任,并督促建设单位及时处理,避免造成更大的损失。

3.4 工程结(决)算的审查

3.4.1 合同履行情况的审查

检查与建设项目有关的单位是否认真履行合同条款,有无违法分包、转包工程。如合同出现变更、增补、转让或终止情况,应检查其真实性、合法性。避免先干后变的状况,也是避免工程造价突破概算,有效控制工程造价的重要环节。同时加强合同管理,保障发包方与承包方平等互利。

3.4.2 工程量的审查

工程量是工程造价计算的基础,工程量的准确程度是影响竣工结算的重要因素之一,实际工作中工程量也是施工单位多计工程造价的重要环节,因此审计人员要对工程量进行重点审查。在进行工程竣工结算时,必须到工地现场核对,严格审查工程量计算是否准确,使工程造价结算确切、合理。

3.4.3 材料价格合理性的审查

重点审核主要材料的单价是否合理,材料调价是否有依据等,防止采购以劣充好,抬高材料价格。

3.4.4 施工结算资料的审查

检查工程设计变更、施工现场签证手续是否合理、合规、及时、完整、真实。审查隐蔽验收记录和设计变更及各种经济签证是否真实,防止施工单位事后补办签证或虚假记录的发生。

4 建设项目跟踪审计的方法

4.1 强化施工企业对内部审计工作的重视度

施工企业应建立、健全内部审计工作制度,对内部审计机构的职责、权限做出明确的规定,使内部审计工作在企业内部开展得到应有的保护和支持。内部审计机构开展的各类审计工作直接向企业主要领导汇报,并在企业经营管理中充分利用审计结果。

4.2 扩大审计范围,将单一的财务审计延伸到经营审计、管理审计和效益审计

随着“全过程跟踪审计”的实施,施工项目的全过程都将在建设单位的监控中,施工企业应将“全过程跟踪审计”的精髓运用在施工企业的管理中。使内部审计不仅仅是企业的经济“警察”,而应成为企业的“保安”,保证企业的经营、管理以至于效益的安全运行。

4.3　改进施工企业内部审计的方法与技术

推广计算机审计,充分调高审计效率,实现内部审计的质量考核。

为提高施工企业内部审计质量,企业可以建立内部互查制度。

4.4　加强施工企业后续内部审计

施工企业的后续审计,是保证审计结果得到充分利用的保证,也是使被审计单位严格执行企业各项管理制度的有力保证。可以更好地了解被审计单位的实际工作,对审计意见和建议的可行性和正确性进行检验,总结成功经验、查找改进不足。

结语

总之,建设项目跟踪审计作为现代审计的一种方式,已经在大中型建设项目审计中采用,并且取得了明显的管理效益和直接经济成果。只要在审计过程中与施工、监理、建设管理等工作密切配合,以内部控制审计为重点,科学合理地选择审计跟踪点,准确掌握审计参预的程度,把握内部审计的相对独立性原则,建立一套科学合理的审计程序和审计质量保证体系,跟踪审计就会逐步完善并步入程序化、规范化、制度化的轨道。

参考文献

[1] 鲍国明,刘力云.现代内部审计[M].北京:时代经济出版社,2014

[2] 曹延忠.建设项目全过程跟踪市计流程现状及优化路径研究[J].现代经济信息,2013(11)

[3] 支凤生. 建设工程跟踪审计各阶段造价控制[J]. 经济研究导刊,2016(2)

浅议 PPP 项目的风险控制

赵　祥　唐金燕

（中国水电建设集团港航建设有限公司，天津，300467）

摘　要：政府和社会资本合作模式（PPP）以公共服务和基础设施为主，是化解地方财政风险的一条新路子，但在项目的回报率、项目持续时间长的履约、项目全方位的信息公开、PPP 模式的认识等方面也存在一定的项目风险。鉴于此，结合相关工作经验，对 PPP 项目风险控制方面展开相应的探讨。

关键词：PPP 项目；风险；风险应对

引言

2015 年李克强总理在政府工作报告中提出要"积极推广政府和社会资本合作模式"，至同年 11 月底国家发改委公布的信息显示公开推荐的第一批 PPP 项目中已签约项目比例达到了 31.5%，签约项目覆盖了市政设施、公共服务、交通设施等领域，其中单个项目投资额最大的约 495 亿元。由此可见，各级政府、建筑企业、社会资本均已大量参与到 PPP 项目的实施中来，但由于 PPP 模式自 1992 年在英国首次采用发展至今仅 20 年，在国内大量兴起 PPP 模式不足十年，从国内的政策支持、法律法规到专业人才储备均存在着明显的短板。因此，建筑类企业在积极参与 PPP 项目实施中进行风险分析、风险控制就显得尤为重要。

1　PPP 模式简介

PPP 模式本身是一个意义非常宽泛的概念，加之意识形态的不同，世界各国对 PPP 模式的确切内涵一直没有形成统一认识。从国内的实际情况看，我国推广的 PPP 项目的运作形式主要包括委托运营（O&M）、管理合同（MC）、建设—运营—移交（BOT）、转让—运营—移交（TOT）、改建—运营—移交（ROT）、建设—拥有—运营—移交（BOOT）、建设—拥有—运营（BOO）等多种类型，属于广义的 PPP，具体是指公共部门与私营部门为提供公共产品或服务而建立的各种合作关系，可分为外包、特许经营和私有化三类。

2　PPP 模式在国内的发展背景

城镇化建设和基建投资带来巨量融资需求，而地方政府依赖的土地财政却难以为继，信贷刺激的老路也被证明遗患无穷。城镇化是本届政府在经济领域要打好的第一仗，据财政部测算，预计 2020 年城镇化率达到 60%，由此带来的投资需求约 42 万亿元。且从中短期来看，在地产投资和制造业投资持续萎靡的情况下，基建投资是稳增长的重要抓手，需要投入大量资金。之前地方政府财政收入的很大一部分来源于"卖地"，但人口红利将尽，地产大周期面临拐点，土地财政恐难以为继。调整结构的目标和稳健的货币政策的定调又堵住了信贷扩张的老路，而通过 PPP 可撬动社会资本参与基础设施投资建设，缓解地方政府财政支出压力。

PPP 的推出有利于缓解地方政府债务压力，降低系统性风险，且与预算改革和地方债改革相得益彰，将隐性债务转变为显性债务，各级政府能做到"心中有数"。融资平台模式下，平台对融资成本不敏感，形成资金黑洞推高无风险利率,PPP 模式剥离了政府信用,将隐性政府信用转化为企业信用或项目信用,有利于降低融资成本,拉长融资期限。地方政府承诺的财政补贴和税收优惠等将纳入预算管理,符合预算改革提倡的公开透明化要求,中央政府能对地方政府债务做到心中有数。

3 PPP 项目的特点和风险

3.1 项目回报率低

目前 PPP 项目主要以公共服务和基础设施为主,从在建 PPP 项目的情况看,主要集中在污水、垃圾处理、供水、供热、燃气、学校、医院、体育场、铁路、公路、港口等项目,预计大多数项目的投资回报率不会超过 8%,且投入较大,资金回笼慢。对于一些追逐高回报而且融资成本不低的社会资本,这样的回报率欠缺吸引力。

3.2 项目持续时间长

很多 PPP 项目的运营期至少 10 年以上,最短的 PPP 项目也是建设期加采购期共计 10 年,因此社会资本长时间被占用,资金成本的增加、盈利周期的拖长均不同程度的降低了社会资本的参与热情。此外,由于周期长,如何确保地方政府和社会资本双方的契约精神也是 PPP 项目需要重点考虑的风险因素。尤其是从社会资本的角度来看,在和地方政府合作 PPP 项目的过程中,地方政府永远是占据强势地位的一方,地方政府的契约精神也极大的影响着社会资本的积极性。例如,在长春汇津污水处理厂项目中,汇津公司于长春市排水公司于 2000 年 3 月签署《合作企业合同》,设立长春汇津污水处理有限公司,同年长春市政府制定《长春汇津污水处理专营管理办法》(简称《专营办法》)。2000 年年底,项目投产后合作运行正常。然而,从 2002 年年中开始,排水公司开始拖欠合作公司污水处理费,长春市政府于 2003 年 2 月废止了《专营办法》,排水公司 2003 年 3 月起停止付费。汇津公司认为《专营办法》是政府为支持项目而做出的行政许可和行政授权,废除等于摧毁了项目运营基础。经过近两年的法律纠纷,2005 年 8 月最终以长春市政府回购而结束。

3.3 PPP 项目信息仍很难全方位的信息公开

鉴于 PPP 项目规模大、周期长的特点,政府对 PPP 项目进行的可行性研究分析报告、物有所值分析极大的影响社会资本的积极性。现阶段全国各地的政府履约能力各不相同,如何深入分析项目的风险点、利润点由于信息的不够公开会带给社会资本极大的疑虑。同时,因为信息不公开,政府很难实现充分的社会资本竞争,也不利于政府选择价低质优的社会资本来承担相应的公共服务。

3.4 各地政府对 PPP 模式的认识不清

由于当前 PPP 模式非常火热,很多地方本来准备采用总承包模式、BOT 模式、TOT 模式实施的项目,突然提出要改为 PPP 模式来实施。这就源于各地政府对 PPP 模式的误解,这会成为推进中国 PPP 模式的良性发展的障碍。而且社会资本对 PPP 模式的研究、分析往往超出政府的认识,因此这类项目往往预期服务质量具有不确定性、难以明确项目要求或者难以明确划分风险,极易使项目相关方产生纠纷,影响项目的顺利履约。

4 建筑类企业的风险应对

4.1 认真研读国家有关 PPP 模式的各类法律法规

随着国内建筑市场广泛采用 PPP 模式开展实施,国家各部委已经高度关注各类项目在实施过程中出现的问题,并对示范项目进行了研究、分析,针对 PPP 项目在实施过程中出现的共性问题,各部委已相机出台了指导意见、法律法规对 PPP 项目进行了一定程度的规范。建筑类企业应认真研读、分析出台新政策中的导向,了解 PPP 项目的关注重点以及新规定,时刻把握开展 PPP 项目时应予以高度关注的风险点。例如,江苏某污水处理厂采用 BOT 融资模式,原本计划于 2002 年开工,但由于 2002 年 9 月《国务院办公厅关于妥善处理现有保证外方投资固定回报项目有关问题的通知》的颁布,项目公司被迫于政府重新就投资回报率进行谈判。

4.2 充分利用社会咨询机构对项目进行评估

PPP 模式归根结底是一种新型的以项目为主体的融资模式,主要根据项目的预期收益、资产以及政府扶持措施的力度而不是项目投资人或发起人的资信来安排融资。建筑类企业往往缺乏相关领域的专业人才,而伴随着 PPP 模式的火热,市场上出现了大量的咨询公司,选择优质的经验丰富的 PPP 项目咨询公司对项目的资本运作模式、收益、风险进行全方位的评估可帮助建筑类企业充分了解 PPP 项目的风险点,提前做好风险应对措施。

4.3 高度重视 PPP 项目的成本测算

由于 PPP 项目往往规模较大,涉及到的工程类别较复杂,而且在实施过程中施工成本的确认往往没有现成的地方定额作为编制依据,这就要求建筑类企业在进行成本测算时全面了解项目的设计思路,逐条梳理工程造价的组成,尽可能精确的提前掌握项目实施总成本,以达到对预期利润的准确估算。

4.4 强化 PPP 项目合同的管理力度

针对 PPP 项目的特点,建筑类企业在开展 PPP 项目谈判的过程中,应高度关注合同条款的各项规定,提高自身的合同管理意识,展示自身的契约精神,避免因项目周期长造成后期履约的纠纷,尽可能降低因外界原因带来的损失。

4.5 充分考虑市场需求变化,构建科学风险分担机制

因 PPP 项目周期长,宏观经济、社会环境、人口变化、法律法规调整等其他因素使得市场需求不断变化,易导致市场预测于实际需求之间出现差异。建立有效的风险分担机制,在社会投资人的经济利益和政府方的公共利益之间寻求有效平衡点。例如,山东中华发电项目,该项目是我国迄今为止装机规模最大、贷款额最高的 BOT 电力项目,也被誉为 1998 年中国最佳 PPP 项目。为了促成合作,项目公司与山东电网签署了《运营购电协议》,约定了每年的最低售电量。项目 2004 年建成后运营较为成功,根据 1998 年原国家计委签署的谅解备忘录,已建成的石横一期、二期电厂获准 0.41 元/度这一较高的上网电价,基本保障了项目收益。然而在 2002 年 10 月菏泽电厂新机组投入运营时,山东省物价局批复的价格是 0.32 元/度,这一电价无法满足项目的正常运营,更糟的是从 2003 年开始,山东省发改委将中华发电与山东电力间的最低购电量从 5500 小时减为 5100 小时。由于合同约束,山东电力仍须以计划内电价购买 5500 小时的电量,价差由山东电力自行填补,导致合作无法为继,项目收益锐减。同时伴随国企改制,国家电力公司被拆分为五大发电集团公司,竞争压力倒逼发电企业“竞价上网”,中华发电项目合作双方之间的《运营购电协议》失去了继续执行的体制机制基础。

参考文献

[1] 亓霞,柯永建,王守清. 基于案例的中国 PPP 项目的主要风险因素分析[J]. 北京:中国软科学,2009,5. 107-113

[2] 陈辉. PPP 模式手册—政府于社会资本合作理论方法与实践操作[M]. 北京:知识产权出版社,2015. 150-154

强化基础管理工作　确保不停航施工安全

黄沅平　张宏恩

（中交一航局第四工程有限公司，天津，300456）

摘　要：在机场禁区不停航施工中，特别是停航后的禁区不停航施工，安全是重中之重。所以必须以"阶段实施、集中突破、确保运营、有利施工"为原则，做好基础性的管理工作，提升管理质量，以实现机场不停航施工的安全，从而提升企业效益。

关键词：禁区不停航；基础管理；提质增效；四个安全

引言

不停航施工是指在机场不关闭或者部分时段关闭并按照航班计划接收和放行航空器的情况下，在飞行区内实施工程施工，但不包含日常维护[1]。目前国内许多大型机场面临扩建和维修的需要，在扩建和维修施工进行时又要保证正常的航班计划，就要采用不停航施工的组织形式开展施工。

机场不停航施工工程主要包括：飞行区土质地带大面积沉陷的处理工程，围界、飞行区排水设施的改造工程等；跑道、滑行道、机坪的改扩建工程；扩建或更新改造助航灯光及电缆的工程；影响民用航空器活动的其他工程。

不停航施工的特点包括：每天作业时间短，在机场停航后进场，在翌日早上航班起降前要进行适航恢复，有效作业时间很短，施工组织必须分秒必争；靠近跑道、滑行道、站坪的区域地下管线非常复杂，牵涉单位众多，且每条管线都直接影响机场正常运行，管线探摸和保护工作难度大，施工安全要求极高；每天的作业内容一般是从开挖到地基处理和基层以及道面混凝土全断面施工，施工任务艰巨，工序衔接必须分毫不差；施工中一般要与机场运营单位、建设单位、其他施工单位配合、协作，协调问题众多，协调难度大；施工过程中车辆不可避免要穿越跑道、滑行道或站坪，必须做好防扬尘、防掉落措施，确保机场运行安全。

在机场禁区不停航施工中，如何做到不停航施工安全，最终实现"运行安全、空防安全、管线安全、施工安全"的管理目标。本文主要针对机场不停航施工如何做好基础性管理工作，落实各项管理制度，从而确保不停航施工安全，从而提升企业效益展开论述。

1　提高思想认识，加强部门配合

1.1　机场单位，核心地位

在不停航条件下的禁区不停航施工，既需要指挥部、监理单位对不停航施工实施完善的管理，也需要机场运行管理单位的积极配合、协调、支持，整合不停航施工管理的整体管理优势，在禁区施工突出"指挥部、机场运行管理单位"的协调核心地位，在机场运行区和禁区内的施工无条件服从"指挥部、机场运行管理单位"的安排，有疑义的问题可以在事后提出，出现影响到机场运行的事件时第一时间向"指挥部、机场运行管理单位"上报，请求协助解决，不得隐瞒，以免酿成大患。

1.2 机场运行,安全为天

机场运行安全无小事,任何一件小的隐患都可能造成大患,造成不可挽回的事故,工程施工中将坚持“机场运行安全为天”的原则,认真安排每天的施工,认真向所有进场施工的人员安全教育及交底,并同所有施工人员签署安全责任书,让每一位参建施工人员从思想上认知禁区不停航施工的重要性,从态度上正视禁区不停航施工的责任感。

1.3 机场制度,严格遵守

严格按照民航总局191号令组织安排禁区不停航施工,严格遵守各项不停航施工管理制度。随时同机场运行管理单位、指挥部保持24h联系,随时上报施工现场情况,做到有问题“不隐不瞒”,第一时间发现问题,第一时间上报问题,第一时间解决问题,以“三个第一”为施工准则,绝对不能出现工程影响机场运营的现象,确保机场正常运行。

1.4 机场部门,团结协作

施工中必须顾全大局,与机场有关管理部门相互协作,一切以保证机场安全运营为前提,合理安排每一天的施工计划,确保整个工程总工期和质量,同时保证机场的正常运行。发扬“团结协作,顾全大局”的精神,一切从建设单位和机场运行单位在施工过程中宏观调控。积极与机场管理部门联系,遵从管理部门的协调,制定应急措施,安排专人负责,以大局为重,不讲条件,不为私利,全力以赴,预防飞机失事,专机戒严等突发事件,保障机场正常运行。

2 制定规章制度,强化基础管理

2.1 建立施工管理体系

禁区施工前,组建以民航管理局、空管局、机场公司、建设指挥部、设计、监理和施工单位组成的四级不停航施工阶梯式管理体系,明确各自的分工与职责。禁区施工在各级不停航施工安全领导小组的具体协调下,以“四个安全”为第一要点,牢固树立风险意识,把不停航施工管理措施落实到每一个环节。

2.2 制定施工管理制度

在禁区不停航施工前,应根据民航总局第191号令,针对机场运行特点,制定多项不停航施工管理制度,包括禁区施工培训/考核及上岗制度、禁区施工人员/工具管理制度、禁区施工车辆机械设备管理制度、禁区通行证管理制度、禁区施工动火管理制度、每日开工前准备工作检查制度、禁区施工值班制度、禁区施工安全生产例会制度、禁区施工适航恢复检查制度、应急预案工作检查制度等并建立相应的台帐内容和记录格式。

2.3 完善施工应急预案

针对禁区施工所可能遇到的各种情况,建立并完善各种应急预案[3]。包括紧急撤离预案、管线及机场设施抢修预案、机械故障应急预案、受运行影响未能完成工作量处理预案、天气突变中断施工应急预案、航空器应急救援等各类非正常情况应急预案、75m范围内突发损坏影响机场运行应急预案等。应急预案制定后组织演练,演练后及时由机场职能部门、指挥部、监理及施工单位进行总结,并提出改进方案,务必使得应急预案切实可行。

2.4　规范施工安全措施

机场各类管线是机场的动脉，施工期间必须绝对确保机场管线安全。禁区施工前，多方面联系机场管线管理单位、管线物探单位、根据管线物探成果报告，对管线进行了梳理，针对每根管线制定专项保护方案，并严格按照管线保护程序进行管线保护。并在施工中邀请机场公司和空管局等管线权属单位全程监管，确保管线安全。

2.5　标准施工警戒标识

施工中，在距离跑道中心线西侧 75m 线位置设置警戒线、警戒牌和专职看护人员，阻止施工人员、机械进入，影响航空器滑行和起降。跑道区域内自 75m 线（限制高度 5m）向外按内过渡面限高要求[2]，每隔 15m 设置一个限高标志牌。所有施工机具不得穿透障碍物限制面，并按规定设置警示灯及红白方格旗帜[2]。

3　完善精细管理，提升管理质量

3.1　禁区考核管理

进入禁区施工的全体人员均要办理禁区通行证，同时根据民航总局 191 号令的要求，对施工人员进行 3 级不停航施工安全培训与考核。

第 1 级安全教育：聘请指挥中心、运行保障分公司、安检护卫分公司、机场公安等部门对监理单位和施工单位进行不停航施工安全培训与考核。

第 2 级安全教育：由指挥部、监理单位对施工单位员工进行培训与考核。

第 3 级安全教育：监理及施工单位内部对管理及施工人员进行培训与考核。

考核合格上发放上岗证，所有施工人员必须持证上岗。

同时，在施工过程中，根据施工的进展情况进行多种形式的教育、培训，包括日常教育、专项教育等，并建立教育培训档案，建立安全教育培训记录台帐、安全教育记录卡。密切关注施工人员的情绪，如发现情绪波动较大需要重点关注，必要时禁止其进入禁区施工，以防做出过激行为，危害机场运行安全。

3.2　禁区通行管理

所有进出禁区施工人员均须按规定办理施工通行证，并在施工中加强人员、车辆通行证及机械使用证等证件管理。所有证件集中管理，设立专职证件管理员，负责对禁区通行证件管理和引领人员、车辆进出施工现场，当施工结束离开禁区时，对禁区通行证进行收缴并妥善保管。

加强施工人员和机械操作人员的教育、培训及考核，施工车辆和车辆必须从指定的临时门和指定的路线进出禁区，配置红白警示旗、蜗牛式移动警灯和灭火器材等，严格根据建立的施工人员、车辆及机械禁区管理规定执行。

材料必须集中堆放，四周用“注水塑料隔离墩 + PVC 横杆”明确标识，并且堆放高度不能超过 2 米，同时完全覆盖，以防止吹拂、散落。

3.3　禁区应急管理

针对施工中需临时人员（应急）进行禁区，如机械修理工、应急救援人员、特种车辆驾驶员等均只进入禁区一次或较短时间的人员，如办理禁区通行证，在考虑时间和重要性的角度上，协商机场公司相关部门商定临时人员（应急）进出禁区管理办法。由建设指挥部提出书面申请，指挥中心审批后通知安检，安检按审批的申请放行，同时要求临时人员（应急）在禁区门岗抵押身份证，穿易于识别不同于有证施工人员的黄色反光背心。

3.4 禁区工具管理

施工中,与机场公司运行指挥中心、公安空防、安检等部门协商决定施工工具进出和存放飞行禁区的管理办法。对施工中需带入禁区的工具每日进场前必须做好登记,填写工具单交安检护卫查验。同时,对工具进行分类,危险性工具必须当天带出禁区;需存放在禁区内的工具通过设置集装箱作为工具存放点进行存放,严禁乱丢乱放;对不能存放在禁区内的工具在施工结束后必须全部带出禁区,并请安检护卫人员签字确认,进行消项。

3.5 禁区补给管理

施工中,需启用油罐车进入禁区为施工作业机械加油,由于油料为易燃易爆物,需协调机场公司做好并落实安全对应措施后方可进场加油。

进场施工前,由施工单位根据机械油料消耗情况估算需补给油料时间,向建设单位提出书面申请,由建设单位在当日施工例会上向机场公司相关部门及公安提出申请,得到批准后由安检护卫保障部通知门岗放行。

油罐车进场前严格进行各项安全检查,配备四个灭火器,由施工单位安全员和四名手持灭火器的专业工人全程陪同管理,在规定时间内(如:5:00~6:15或23:00~0:15),并在距离跑道中心线外较远处的巡场路边给机械补给油料。补给结束后,油罐车立即退出禁区,不得在禁区内逗留。

4 科学组织实施,技术保证安全

4.1 合理施工分区,实行标化管理

禁区内为便于施工集中管理,满足区域化施工推进,集中精力打歼灭战的要求,根据现场实际情况,将禁区划分为多个个施工小区(施工小区的大小根据禁区不停航施工演练确定)。实施施工区标准化管理,每个施工小区平面布置做到基本一致,保持每一时段人员、机械投入平衡稳定。施工按照预定顺序逐步推进,有利于禁区安全控制,确保禁区施工安全。

4.2 规范进出顺序,保证进出有序

禁区安检道口繁忙,机组人员、机场保障人员众多,车辆进出频繁。为保证安检道口进出秩序井然,禁区内外设置人员、车辆及机械集合区、等待区,正式进场前在禁区外集合区集中,便于统一进场、统一查证,并在集合区由监理及施工单位进行班前教育,将当日施工内容及注意事项对施工人员进行交底,然后发放禁区通行证由专开的安检通道进入禁区等待区,统一在机场公司监管人员带领下进入施工区域,出场反之。

4.3 组织施工交通,保障机场运营

禁区施工中施工车数量较多,为保证施工交通组织和禁区施工安全,做好施工车辆的交通组织安排是重点。所有施工车辆均从业主指定的施工道口进入禁区,沿固定路线行驶,空车和载重料车不交叉,通行路线均设专职引导员指挥,确保不影响交通及机场车辆通行。施工车辆较多时,将大部分车辆停放在禁区外,根据施工机械数量等实际情况,分批放行,将组织3倍于机械投入数量的车辆在禁区内指定位置等待,其他车辆将在禁区外等候,不在禁区内造成拥挤。

4.4　规范标志标牌，促进文明施工

为实现禁区施工标准化管理，规范施工中的各类标识标牌，建立了统一的人员、机械、现场施工标识，主要包括交通、人员集合区、等待区、现场材料堆放点、各类管线、警戒线、禁区穿越、限高等各类安全警示标牌等。同时，施工中所有照明灯光均背向跑道布设，不应影响航空器活动[3]。

4.5　细化施工区域，防止道面污染

施工期间明确施工范围，严禁人员、车辆、机械等擅自进入非施工区域。施工易污染道面工序时在周边区域铺设完好的军用帆布，施工中经常检查帆布有无损坏，若有损坏需更换后才能投入使用。每天施工结束退场前将道面清扫干净达到适航条件后交由飞行区管理部检查，检查合格签字认可后方可撤离。

4.6　控制易漂浮物，保证运行安全

施工中由施工单位安排专职保洁人员，负责施工区域的保洁工作。施工结束后安排 1 台扫地车普扫后，再安排足量工人进行人工清扫，重点确保施工区域的清洁，防止松散颗粒、易漂浮物残留，危机飞行安全。

对施工中易漂浮的物体、堆放的材料加以遮盖，防止被风或航空器尾流吹散，材料需堆放于距跑道中线 105m 以外的范围内[2]。大于 5 级风时安排专职人员对现场材料覆盖情况进行检查核实。对沥青施工中的土工布铺设，采用粘层油与道面基层粘结后，四周钢钉加铁片订在道面基层上，防止被风或飞机尾流吹起。施工期间安排洒水车随时洒水以防扬尘，每天施工结束清扫完毕后由机场监管部门进行检查，并办理交接。

4.7　明确联络途径，确保通讯畅通

每个施工作业点必须配备一台对讲机，并与机场管理部门建立联系（和运行指挥中心保持同一频道）。各参建单位之间配置一套独立的无线对讲联络系统（不得干扰机场无线电通讯），施工期间保证通信系统完好，确保各项指令和信息及时传达[1]。禁区施工开始前将施工、监理、建设单位及机场有关部门联系电话编制通讯录，分发给各有关单位，保持通信联络始终处于正常畅通状态。

4.8　组织安协会议，搭建沟通平台

每天召开的施工准备会，将禁区每天施工情况向各班组通报，并对机场公司提出的相关意见和建议在后续施工中进行整改或落实。主管领导每天参加建设指挥部召开由飞行部、监理和施工单位参加的施工准备会，对当日禁区施工情况进行点评，并针对夜间施工进行计划、安排和调整。

每天在现场会议室召开由运行指挥中心、安检护卫、公安空防、建设指挥部、监理和施工单位等参加的施工前例会，会议包括对当天施工情况的讲评，夜间及第二天的施工计划以及需要协调解决的问题；根据当天机场运行情况和天气状况确定当天是否施工；明确当天预计进场和退场的时间，行车路线以及施工注意事项。会前施工单位提前准备当日施工计划表（初步安排），讨论通过后向机场有关部门、监理、建设单位各提供一份。

每月向机场公司上报禁区施工月报，每周由监理整理并编制禁区不停航施工周报，及时汇报不停航施工动态、工程进展情况和需协调事项。

结语

机场禁区不停航施工往往是是一个机场改扩建工程成败的关键，也是企业创精品、提效益的关键。本文通过强化基础管理工作，历经上海浦东机场、虹桥机场、杭州萧山国际机场、温州永强机场等不停航

施工,总结形成了一套以上完善的不停航施工管理措施制度来指导规范施工,并在施工过程中取得了良好的效果。在机场禁区不停航施工领域,成功打造了“中交一航”品牌,创造了一个个机场禁区不停航施工典范工程,建立和奠定了在国内民航系统禁区不停航施工管理的绝对领先地位。

参考文献

[1] 中国民用航空总局令第191号. CCAR-140,民用机场运行安全管理规定[S]. 2008

[2] 中国民用航空局. MH5001-2013, 民用机场飞行区技术标准[S] .2013

水运工程施工企业生产安全事故发生原因及解决对策浅析

卜文鑫　宫　政
（山东港湾建设集团有限公司，山东日照，276826）

摘　要：水运工程建设领域日渐繁荣，与此同时一系列水运工程生产安全事故多发频发，严重威胁到施工人员的人身安全，影响到企业的健康发展。为满足工作需要，实现企业健康、安全生产、稳步发展，根据工作实际进行了施工安全生产管理方面的研究。

关键词：施工安全；安全生产措施；安全管理对策

引言

面临着企业深化改革、新的生产力和生产关系的大调整，针对企业的安全生产管理如何适应新形势的要求，如何提高安全生产管理水平，是摆在我们面前的一项新课题，本文从生产安全事故发生原因分析入手，提出几点提高安全生产管理水平的措施。

1　水运工程施工生产安全事故发生原因

1.1　施工企业和人员安全生产意识淡薄

国家近年来加大了对安全生产的管理力度和水平，中共中央、国务院也高屋建瓴的提出了新理论、新举措，但笔者认为高层强调重视安全生产，现实情况落差很大。主要表现在基层施工组织忽视安全生产管理，人员安全生产意识淡薄，各种规范、要求流于形式，许多文件、要求、规定写在纸上多，落实在行动上的少，应付日常检查；未按照施工规范操作，轻视安全生产管理，重视施工进度等眼前利益，未能将水运工程施工的安全生产管理工作放在首要位置去抓；管理层对安全生产工作重视程度不够，未建立起齐抓共管的安全生产工作机制，未做到领导带班检查深入一线的要求，安全生产工作思路不够清晰，管理措施不够周密得力，管理不够严格，日常工作体现不够充分。管理层各岗位人员安全生产职责无正式书面规定，无明确安全生产工作分工，安全生产管理存在较大漏洞。确定的安全生产会议制度流于形式，不落实或落实不到位，致使国家新的法规、要求、行业规定传达不及时，落实不到位。

1.2　施工企业的安全生产工作计划执行不到位

大多施工企业有相应的安全生产工作计划，但是安全生产工作计划的执行力不到位缺少系统性和可操作性。诸如有的企业有相应的安全生产工作计划，但是安全生产工作计划的执行力不够；缺乏一套执行的监督保障体系。没有计划的责任人、负责人，计划执行不到位没有监督体系，没有奖励、处罚保障措施。保障措施的缺乏导致了职工工作上有所懈怠，积极性不高，从而使得安全生产工作计划不能真正的落实到位，或者使得安全生产工作计划执行结果大打折扣。

1.3 安全生产教育培训不到位

安全生产教育工作的全覆盖性有待解决。安全生产教育工作有没有负责人、主管部门或主管人员；有的有负责人但分工不够合理，责任界定不够清晰，安全生产教育组织工作存在一定随意性。根据相关调查，我国水运工程工地一线的员工处于高危环境，特别是农民工数量占一线人数的百分比大，基本素质偏低。部分施工企业为了追逐眼前的经济利益，缺乏对作业人员的岗前安全生产培训，或岗前安全生产教育培训不到位，一线作业人员自我保护技能缺乏，防护能力较差导致违章指挥、违章作业、违反作业纪律的事件时有发生。比如新的行业规定这一知识管理人员较为了解，但是这一知识到了一线作业人员后就会大打折扣，有的一线作业人员甚至没有听说过。

1.4 安全生产检查及隐患整改不到位

安全生产检查和隐患治理的成效性、深入性有待解决。多数企业安全生产检查工作有分管负责人、主管部门或主管人员，但分工不够合理，责任界定不够清晰，安全生产检查组织工作存在一定随意性。对于深层次的原因诸如安全生产费用的提取与使用，工程分包过程的合规性等不检查、不分析，只检查表面问题、表层现象。部分企业虽安全生产检查有计划，但针对性不强 ，内容、标准不明确，检查不能结合工作任务特点、专业检查，没有实效性。整改不到位，部分施工企业更重视经济利益，忽视隐患的整改，对于需要花费较大的隐患更是束之高阁。隐患的长期存在是导致事故发生的重要原因。

1.5 小结

水运工程建设领域内日渐繁荣，与此同时一系列水运工程施工生产安全事故多发频发，严重威胁到施工人员的人身安全，影响到企业的健康发展。生产安全事故的频发，主要是安全生产工作计划执行力不到位，安全生产工作实施过程如安全生产检查、安全生产培训不到位使得安全生产工作的整体处于不良的循环之中。要解决以上问题就必须从问题根源入手着力解决以下几点问题。

2 减少水运工程施工生产安全事故的解决对策

2.1 强化安全生产意识对策

(1)企业领导安全生产意识的强化对于整个团队的工作氛围有着重要的影响，企业基层管理者也会效仿企业领导的行为，顺从管理，从而形成良好的安全生产管理文化和氛围，为企业安全生产管理奠定思想的养分和土壤。要强化领导的安全生产意识，就要强化其对安全生产工作重视程度，建立起齐抓共管的安全生产工作机制，建立足够周密得力管理措施，严格管理。管理层各岗位人员安全生产职责应有正式书面规定，有明确安全生产工作分工。要确定的安全生产会议制度，不流于形式，落实到位，使国家新的法规、要求、行业规定传达及时，落实到位。

(2)强化员工主动的安全生产意识。员工被动的安全生产管理和主动的安全生产意识看似差不多，效果有着天壤之别。员工被动安全生产管理是治标不治本，很难固化为员工的自觉行动，而主动安全生产意识是安全生产管理的重要内容，在生产安全中发乎着重要的作用。强化员工主动安全生产意识，不断提高员工的安全生产意识是安全生产管理成败的关键所在。只有员工安全生产意识的提高，时时处处都想着安全生产，才能从根本上改变员工的行为，从而减少隐患和事故的存在与发生。

2.2 保证安全生产教育培训到位的对策

(1)加大力度，进一步落实企业培训主体责任。企业应按照国家有关规定，落实全员安全生产培训，特别是高危作业新招录的人员，必须实施强制性岗前安全培训，经考核合格方能上岗作业。宣贯法律法规手段，生产经营单位依法对其各种从业人员进行安全生产培训、提高生产经营单位全员安全生产素质。主要负责人、安全生产管理人员必须自觉接受安全生产培训，特种作业人员必须经专门的安全生产培训并取得特种作业人员操作资格证书方可上岗作业。

（2）加强企业负责人对安全生产生产培训的重视程度。随着经济社会的快速发展，必须树立全新的培训观念，加大宣传，促使生产经营单位的主要负责人主动承担安全生产宣传教育培训的职责，高度重视安全生产培训工作的重要意义，认真组织参加国家规定的各项安全生产培训工作。

2.3　确保安全生产检查及整改到位的对策

（1）安全生产工作责任制落实到位。把安全生产责任落实到人。做到分工明确，职责落实。在此基础上，企业加强对安全生产工作的指导与监督。完善值班制度，形成" 人人、事事、时时、处处，想安全，抓安全" 的良好氛围。

（2）重视生产安全生产隐患排查力度。生产安全生产隐患管理不到位是企业发生事故的重要原因，企业应重视对生产安全生产隐患的检查、整改力度，将影响企业职工生命安全生产的隐患当做重点工作内容去抓；难以解决的问题应向企业负责人反映，或上级有关部门反映，知道问题整改完毕为止。对于影响企业职工生命安全的隐患，整改不到位的应坚决停工整改。对于重要危险源、重要隐患的检查整改不能含糊不能马虎。这需要各级各部门有关人员统一思想，加强认识才能落实到位。

2.4　建立安全生产管理制度建设，形成安全生产管理常态化标准化局面

安全生产制度是企业安全生产管理中最基本的一项制度。它明确规定了各级领导，各职能部门和各类人员在生产活动中应负的安全生产职责。有了安全生产制度，就能把安全与生产从组织领导上统一起来，增强各级管理人员的安全生产责任心。加强职工安全生产制度教育培训，各企业必须依法对从事水运工程施工安全生产技术和管理工作的人员进行严格的专业培训，开展以水运工程施工安全生产检查标准、安全生产技术规范等为主要学习内容的年度培训考核，实施持证上岗；企业每年必须对职工进行 2 次专门的安全生产培训，并开展多层次、多种形式的安全生产教育，以全面提高职工的安全生产意识及自我防护能力，共同增强搞好安全生产的自觉性、积极性和创造性，使各项安全生产规章制度得以更好地贯彻执行。

2.5　强化对生产安全突发事件的应急处置能力

对生产安全突发事件的应急处置是指当发生了重大隐患、险情或者是事故相关部门对该事件的紧急处理、安置、安排，包括减小隐患、险情，对受伤人员的抢救，对相关人员的撤离以及事后的安置等。突发事件的应急处置是否到位，直接关系着相关人员的生命安全和财产安全。因此对生产安全突发事件的应急处置能力是对安全生产管理纰漏的重要补充。各部门、企业应该按照国家规范，积极开展应急处置方案、预案的编制，积极开展方案、预案的研究，积极开展方案、预案的演练、修改等工作，确保生产安全突发事件的应急处置到位。

3　在实际施工管理中的应用与验证

我公司在近期承揽的“日照港石臼港区西作业区 2#、3#泊位码头前沿地面维修改造工程”主要施工内容是：拆除原混凝土面积 14556m^2，原联锁块及水泥稳定碎石面积 6731m^2；新铺西 2#和 3#泊位 300 厚混凝土硬化面积 22333m^2。局部或用水泥稳定碎石找平。修缮或抬高原雨水井、阀门井及消防井等多座。修建 500 盖板排水沟 377 米和 400 盖板排水沟 400 米。西港 1#变电所房屋拆除，并加固修缮旁边电缆沟。

本工程是我们公司承揽的水运工程项目，该项目施工现场原址比较复杂，工期要求紧，又处于北方初

冬季节,以上施工实际给生产安全管理带来了较大的困难。公司决定在该项目部运用以上五点具体对策,一是为了强化现场生产安全管理水平,二是为了验证以上分析的科学性与可靠性。

该项目部前期施工的另一个项目"日照港区 16#泊位改造工程"工程量、工程难度与本项目相当,隐患数量较高。与未应用本对策的项目相比较,应用了本对策的项目有了较好的效果。隐患数量减少 30 个,减少了 75%,未发生任何物体打击等伤害事故和险情。

结语

要使生产安全事故减少就要从日常生产工作中的一点一滴做起,要从思想意识、安全生产教育培训、安全检查及整改、建设标准化流程化的安全制度文件等各个方面发力,最后形成安全管理的合力。相信一个安全思想意识到位、安全管理手段科学可靠、安全行动落实的企业就一定会有一个更加辉煌灿烂的明天。

参考文献

[1] 谭磊,孙鹏,张东焕. 水运工程施工企业管理过程中存在的问题及解决措施[J]. 中国集体经济. 2010(06)

[2] 范新河. 浅析当前建筑安全生产中存在的问题及对策[J]. 淮北职业技术学院学报. 2004(02)

细化管理措施　提升项目质量

付海兴　匡　磊
（中交一航局第二工程有限公司，山东青岛，266071）

摘　要：结合烟台港西港区一期工程创国优项目的质量管理经验，总结优质工程如何以精细化的管理手段提升施工效率，通过优化设计、创新工艺、严格实施来实现质量通病的有效防治，最终达到项目管理经验共享，进而对同类项目起到一定指导作用的效果。

关键词：质量通病；项目管理；提质增效

引言

面对竞争日益激烈的国内水工市场，作为一线施工企业，需要不断总结管理经验，坚持以高质量提升企业竞争力。在保持公司传统核心理念的基础上，以不断提升工程质量为目标，创新思维夯实质量管理，做好企业的提质增效工作。

1　多项举措提质增效

1.1　实施背景

烟台港西港区一期工程是烟台港对外开放的重要窗口，完成矿石码头由老港区到西港区的转移，是烟台港整体规划的重要一环，对促进烟台市、山东省的经济发展起着至关重要的作用。该工程工期紧、任务重、质量要求高（一次交工验收合格率达到100%、争国家级大奖），技术创新多，技术管理难度极大（出运全国首个万吨级沉箱）。该工程是全国首个建设40万吨级泊位的大型深水矿石码头。

1.2　项目前期策划

项目部确定工程管理目标，质量目标是争创国家级大奖，交付的产品满足规范和合同的要求，分项工程合格率100%。安全文明管理目标：杜绝死亡、重伤、火灾事故，一般工伤事故率小于0.1%，创省级文明工地。

1.3　工程创新特点及提高施工效率措施

1.3.1　坚持典型施工与标准段施工相结合，树立优质样板

工程初期，制定典型施工计划。根据计划编制典型施工方案，典型施工后做好典型施工总结，完善施工工艺。通过典型施工完善新技术、新工艺；对观感质量有特殊要求的分项制定明确的创优计划和实施方案。在每个分项工程施工过程中以第一段作为标准段，通过开展施工工艺讨论，预防和治理质量通病，确保了在首段施工中消除各项质量通病，作为标准段指导后续工程施工。

1.3.2　深入开展QC小组活动，提高施工效率

本工程确定基床整平质量和上部结构施工质量为QC活动的课题，通过PDCA循环开展研究，极大推动了施工质量的提高。基床整平QC小组针对整平船施工工艺效率展开，经过比较分析确定出产生无效

作业时间的关键因素，并提出了解决措施，为提高整平效率，加快施工进度提供了保证。

《缩短基床整平无效作业时间》成果已获得 2012 年度全国工程建设优秀 QC 活动成果一等奖。

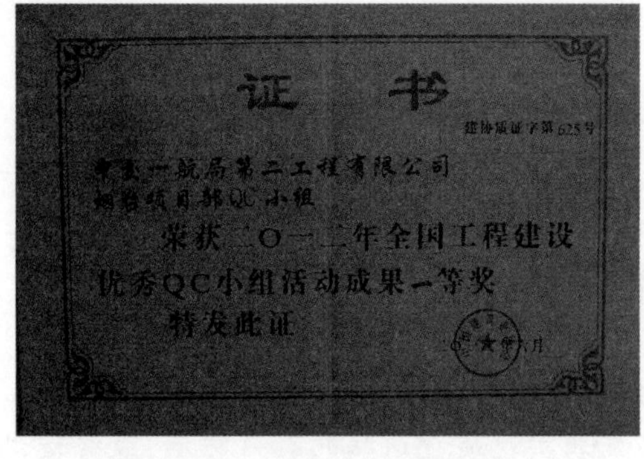

证书

建协质证字第625号

中交一航局第二工程有限公司
烟台项目部QC小组
荣获二〇一二年全国工程建设
优秀QC小组活动成果一等奖
特发此证

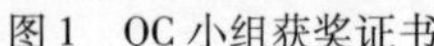

图 1　QC 小组获奖证书

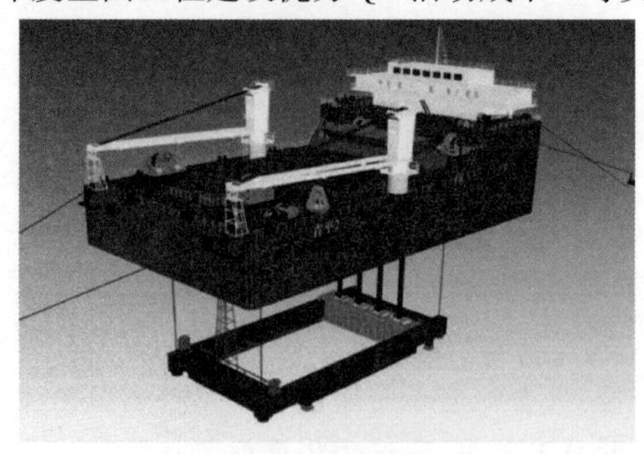

图 2　整平船原理图

1.3.3　大力开展工程质量过程控制

坚持每月召开质量例会，落实日常质量检查。加强对施工现场的监督检查工作，按照包括组织机构建设、三标一体管理体系运行、三检制执行情况、原材料检验和工序验收情况、质量检查等五个方面的检查内容，对施工项目进行定期和不定期的检查。对每个施工现场都要监管到位，不走过程、不留死角。检查前制定检查计划，在检查过程中对工程特别重要工序、关键工序、特殊工序逐一进行检查和监督，督促项目部要做好工程质量的过程控制。要求各管理人员要积极参与质量管理，让工程质量在每一道工序，每一个细节都处于受控状态。质量管理人员组织好"三检制"工作，"自检"必须认真完成，"专检"要用数据说话，工序的各种检试验要按规定要求完成，精细要求，严格控制，把好质量关。

另外，每个工地建立健全质量奖惩实施台账，对分包单位和技术人员出现的质量有缺点进行整改、奖惩，督促技术人员和协作队伍齐头并进。

2　开展质量通病防治，创优质工程

质量通病治理的好坏是影响工程质量优劣重要因素，工程细节的把控是一个企业是否拥有厚重的施工经验的重要指标。因为水工工程工艺基本确定，质量通病的开展可以把工程做精做细，这种多质量的精益求精正好切合了我公司的质量理念和质量目标。

2.1　宣贯创优理念，使创优意识深入人心

2.1.1　制定创优计划 宣贯创优理念

工程开工之初制定创优目标和创优计划，并成立创优小组，在国内打造质量精品工程，在同行业质量管理中处于引领地位。在组织施工过程中，通过定期和不定期组织管理人员、施工班组及协作队伍人员进行学习，不断强化质量意识，使打造精品工程的质量理念深入人心，牢固树立"质量是企业的生命，优良的质量是员工永恒的追求"的质量方针。

2.1.2　健全管理制度 提高质量意识

在公司完善的质量管理体系下，项目部建立和完善了《项目部管理制度》，坚持以制度化、标准化来规范项目管理，项目部总部设质量科，由总工牵头制订创优计划，工地设技术员、质量员负责实施。另外，项目部从公司推荐合格分包商名录中选择优秀分包商，并将对分包队伍的管控纳入质量管理体系中来，对分包队伍进行培训，增强分包队伍的质量意识和创建精品的责任感。

2.1.3　将创优意识传达给相关人员

争创优质工程，业主、监理、设计以及其他参与工程建设的单位需要共同努力，将各自的本职工作做到完美无瑕。利用监理例会、月度计划会等形式或者提交书面业务联系单的形式，将创优的理念传达给

相关人员，在工程实施的过程中，相互监督，相互促进。

2.2　加强技术质量管理，实施技术创新

2.2.1　加大技术创新力度

在工程前期策划阶段，将工程的重点、难点逐一提炼，分别成立课题研究小组。将基础处理、钢筋工程、模板预埋件和混凝土等通病治理作为课题加以研究、分析，出具切实可靠的措施，确保每个工序，尤其是重点、难点工序的顺利进展，切实保证工程的进度和质量。混凝土通病治理小组，将混凝土表面裂缝、混凝土表观质量和钢筋保护层等问题列为重点。

强化技术质量管理，通过改进施工工艺，提高施工质量。实行重点难点工艺集中讨论，有必要组织专家评审会的项目按照公司规定做好相关工作。工程完工后上报技术管理总结，通过不断总结提炼形成施工工法，对以后类似工程具有借鉴意义。

以烟台港西港区一期工程为例，该项目存在多个技术难点，项目部在工序开工前组织技术人员进行工艺研讨，并动用公司技术力量，多次到公司组织专项技术讨论会。根据工程特点调拨公司资源，基槽开挖采用公司18立方米大型抓斗挖泥船，保证开挖深度与土质；基床抛填厚度达18m，常规夯实工艺分层多、效率低，通过开会讨论、方案比选，与一航局三公司合作改用成熟的爆夯工艺保证了质量与工期；现场流速达0.96m/s，人工深水整平效率低，安全隐患高，投入我公司自行研发的深水整平船，大大提高了施工效率，保障了施工安全；万吨级沉箱预制、出运、安装难度大，采用公司胶囊台车专利技术配万吨级新建半潜驳解决了超大型沉箱整体预制、出运难题，达到了国内半潜驳出运沉箱的领先水平。最终攻克了多重技术难关，顺利完成施工任务。

诸多新技术的研发和应用体现了项目部乃至公司在项目管理方面不断进取，不拘泥于现有技术管理水平，以科技创新的核心理念进行项目管理，促进项目高效运转。

2.2.2　加强测量试验管理，全员参与工艺优化

2.2.2.1　强试验工作，提升试验室水平

将试验室人员根据每个人的水平分别派驻拌合站、预制场和施工现场。要求各试验人员加强原材料进厂把关，混凝土配合比的优化，成品混凝土现场控制，并留有详尽的记录。定期请公司检测中心的试验专家进驻项目部，检查指导试验工作。定期派人到其他单位规范试验室学习，并将其他单位好的做法应用到工程项目中。确保试验工作得到进一步提升，杜绝试验导致的质量事故，在试验方面确保工程的质量，尤其是混凝土的实体质量。

2.2.2.2　测量技术对工程的质量起到关键的作用

按照一般工程的常规做法难以从测量方面保证工程质量达到精品的要求。在测量方面，要求测量精度“高于规范，高于行规”，并在工程实施过程中加以落实。首先保证测量控制网布设精度高于规范，规范测量控制点布设方法，并加大复测密度，确保控制点准确无误。定期检测测量仪器以及相关配件，在拿到检测合格报告后，仪器方能投入使用。加强测量验收环节，自行制定出每道工序高于规范的验收标准，并按照此标准进行验收控制。

2.2.2.3　突出模板的设计以及制作质量

每个混凝土构筑物的模板在制作之前，创优小组务必进行讨论，结合其他单位先进的做法进行消化吸收，将每个构筑物的模板设计和制作打造成国内同行业的一流。在意见成熟后，再提供详尽的模板制作图。加工的过程中，主办技术人员和班组人员务必到场检查、指导。将码头常规模板的制作标准化，形成标准图集。模板在使用过程中，按照创优小组提出的成熟意见进行，将此意见写进施工方案和技术交底中，使参与施工的每个人员都详知。

2.2.3　分析各分项施工工艺，设立质量控制点

对于工程的主要部位，影响质量的关键工序或材料作为重点控制对象，将质量管理点作为重点控制对象，对质量管理点施工全过程加以重点控制管理。按设计要求、规范标准制定相应的技术措施、检查手

段、工具、方法等,并形成文件。

2.2.4 质量记录和声像等资料的整理归档

工程质量记录是反映工程质量的重要凭证,因此在施工中对质量情况要真实记载,并按时填写施工日志,对工程项目按检验评定标准规定进行检测,并按统一格式填写和整理,保证检测资料的真实性和系统性。所有质量记录有专人负责管理,设置资料室,保证资料的完整,工程竣工时按档案部门的要求整理成册,按规定移交和存档。

流转程序为:主办技术员对施工的全过程进行记录,并进行质量检测,质量员复验评定,主管工程师审核后经资料管理人员按归档要求进行整理装订,业主、质检站和上级档案部门检查验收合格后转入档案室存档。

自工程开始初期即着手进行声像资料的准备工作,建立声像管理档案,对工程有重要意义的施工相片、领导检查指导工作相片、各主要工序的施工相片,隐蔽验收资料相片等由专人进行拍摄并分门别类进行归整存放。对重要的隐蔽验收工序要有录像资料,要求声像资料详实有效。

2.3 确定质量通病名录,持续开展防治工作[1]

质量通病具有“小病难治”的特点,治理的效果不仅和原材料质量状况、设备设施、人员操作精细化程度等有关,还与天气、季节等自然因素有关。因此治理工作必须持之以恒,具体项目具体分析,结合施工技术和施工工艺,认真分析影响质量通病产生的客观和主观因素,从细小、细微抓起,方能取得成效。

在2005年交通部提出开展质量通病治理的十年时间里,公司认真贯彻各级部门的质量通病治理政策,通过承建的质量通病治理示范工程,摸索、总结质量通病防治经验。

2.4 质量通病治理实例

根据工程特点烟台港西港区一期工程,确定重点防治质量通病。

2.4.1 重力式码头不均匀沉降

深海基础处理对工程技术要求非常高,项目部多次到公司汇报施工方案,优化施工方案。集体讨论工艺实施过程中遇到的困难,通过QC小组等多种形式进行质量管理提升。从基床抛石石料级配、含泥量,爆夯质量,基床整平质量等方面进行控制,抛基床用石料好,爆夯和整平船整平技术的应用为沉降较均匀提供了保证。

图3 良好的沉箱安装平整度

图4 基础爆炸夯实

2.4.2 现浇混凝土结构存在较多有害裂缝[1]

根据以往经验,大体积混凝土构件趋于长条或板状的表面容易出现裂纹,接近立方体的混凝土构件开裂较轻。本工程每沉箱段上胸墙、挡浪墙分两段,上层胸墙的长×宽×高=8.8m×5.9m×1.9m。胸墙、挡浪墙面层上部混凝土30cm内掺入微膨胀剂、聚丙烯纤维,有效减少表面细微裂缝产生。在上水栓、系船柱、防风拉索坑、锚定坑四角等应力集中位置,布置构造钢筋,钢筋直径12mm,单根长80cm。严格采用水平分层浇筑,分层厚度在50cm以内,振点间距30cm,振捣手按区域分工,防止出现漏振或过振现象。

混凝土施工缝处增加镀锌角钢保证接缝垂直度，并采用75邵氏天蓝色橡胶封板代替沥青木丝板，既保证了实体质量，又达到了美观效果。

图5　沉降缝处理

结语

项目质量管理从项目前期到交工，整套质量体系的建立和运行都至关重要，要把工程质量提高到国优水平，需要从施工人员的思想意识、工艺的成熟度、四新技术的应用、质量通病的防治和施工全过程的管控等多方面入手，不断总结质量管理经验，才能有效提高项目的质量管理水平。

参考文献

[1] 交通部质监局. 水运工程质量通病防治手册[M]. 北京：人民交通出版社，2013. 3-186

以提质增效为中心的项目管理创新

毕　洁　许靖莉
（中交第一航务工程勘察设计院有限公司，天津，300222）

摘　要：围绕着发展，规范，创新，提升的思路，创新企业项目管理思维举措，积极推进企业特色化、规范化建设。企业在发展过程中还存在很多问题，必须通过提质增效来进一步规范和加速企业的发展。

关键词：提质增效；项目管理；人才；创新

引言

企业中的项目管理部门是参与日常工作事务，管理事务的综合部门，是承上启下，协调内外的中心设置，在新形式和新任务下，面临着新挑战和新考验，要让项目管理工作能进一步做到提质增效，更好的服务领导决策和发展大局，必须坚持做到把创新服务作为第一目标，把调查研究作为第一要务，把提升素质作为第一举措。

提质增效是为了深入贯彻科学发展观，为了坚持抓质量，保安全，促发展，强质监的工作方针，强化教育增素质，严格管理增效率，转变作风提质量，服务大局求地位，改革机制增活力，改进行风树形象，加快发展强质监而提出的。在工程项目管理中进行必要性规范化是现代化大生产的必要条件，是进行科学管理和现代化管理的基础，规范化有利于提高企业管理水平，提高质量，减少浪费，节约活劳动和物化劳动，有利于推广新成果和新技术。围绕着发展，规范，创新，提升的思路，创新企业管理思维举措，积极推进企业特色化、规范化建设。企业在发展过程中还存在很多问题，必须通过提质增效来进一步规范和加速企业的发展。

随着经济社会的不断发展，对一个企业的产品和服务的质量要求也越来越高，对于企业中的项目管理工作已经被提到了较高的重视范围，它不仅是企业发展的坚实基础，更是企业综合实力的集中体现。在结合我国国情进行工程项目管理创造的实践过程中，产生了一些在认识上，做法上的不同，有些认识和做法完全相反，效果当然也不相同，有差异是正常的，没有差异才是不正常。但是，在原则问题上，本质问题上，却不应有差异，如果本质的错误认识得不到纠正，就会引向错误的方向，影响项目管理的效果，因此，错误的认识和做法应当得到纠正。作为一种生产管理制度，它有着不容模糊的规范性内容，所以，工程项目管理规范化的必要性可概括为：总结经验，纠正偏差，正确引导，指出方向，统一做法，建立标准，提高效益。

提质增效有利于构建和谐生产，实现目标，做好重点工作，我院在领导的带领下集体学习了提质增效的精神之后，又单独学习和讨论了提质增效的理论，并一致认为提质增效的提出对工作有着很大的帮助，对于个人的成长也有着很大的帮助。通过提质增效的活动，可以帮助我们解决很多问题，例如：慵，懒，软，散等问题，而可以逐渐形成勤勉实干，立即执行，注重细节，持之以恒的工作作风。提质增效就像一剂猛药使得企业改进作风，提高素质，提升效率，增强能力，加快发展，改变面貌。通过提质增效的学习，使企业人员的工作效率增加，素质提高，服务质量增强，树立良好的企业形象。

1　正确处理好提质增效与项目管理创新的关系

1.1　新形势下提质增效的要求

新形势下要使企业健康发展，就必须构建和谐企业。提质增效对构建和谐企业和促进企业发展起着决定性作用。提质增效的第一要义是发展，我们在事业发展的进程中，强调协调发展与可持续发展。在工作中做好对上协调，认真贯彻上级领导工作部署，准确积极的开展工作，做好对下协调，做好切合实际的工作方针，主动征求并认真吸取其他同事的意见，处理好分工与协作的关系，确保步调一致，进一步建立协作联动机制，加强沟通衔接，形成工作合力。做到统一思想，提高认识，充分认识到深入开展提质增效活动要求的重要意义，把思想认识统一到提质增效精神上来，认真学习领会提质增效的精神实质，以有力的举措深入开展提质增效，并充分运用到实际工作中去，高标准，严要求去开展工作，促进企业又快又好的发展。

1.2　项目管理创新的与时俱进

项目管理创新必须通过观念创新，制度创新，技术创新和经营创新来实现。随着市场竞争发展，企业的生存和发展受到强大的挑战，要想企业与时俱进，就要从管理理念，管理机制，管理方法等方面对项目管理创新进行探讨，分析项目管理创新的重要意义，关注国内外的政治，经济形势，市场趋势，不断调整和完善适应本企业的经营发展战略。任何管理方法也许有特定的核心指导思想，但没有固定的模式，它不仅因管理对象不同，也因管理对象自身的转变而有差异。所以只有项目管理工作得到持续创新，企业才有可能实现可持续发展。从这个意义上说，不断改进，不断创新应该是项目管理工作的持久准则。提升项目管理创新能力，就要有创新的工作理念，把工作放在经济社会发展的大背景下去谋划，放在经济社会发展的大格局中去推进，扩展发展空间，创新工作方法，找准工作与经济发展的契入点，集合点，主动融入，积极作为。项目的计划和跟踪是项目管理的核心思想，缺乏项目进度计划和计划跟踪的管理就谈不上是时间管理，但是，往往会因为对此认识不清，阻碍了计划与跟踪体系的建立，也因为缺乏有效的方式方法，约束了计划与跟踪的贯彻和落实，计划是控制管理的依据，计划制定的不合理则进度管理失败的风险会增加几倍，计划凸现项目控制的关键点，也就是高级管理者最管制的信息，项目当前处于什么阶段，还有哪些关键任务等。项目总体开发计划框架经各个部门审查，提出自己部门的意见，汇总后进行相应的调整，报总经理批准，批准后再分发到各个部门，要各部门分别拿出详细的计划。各部门在计划中必须详细列明需要其他部门配合的阶段要求，经确认后其他部门此为依据，制定各自详细计划。体制机制创新是推动事业发展的动力，充分认识到当前深入开展以提质增效为中心活动的重要意义，迅速把思想认识统一到学习提质增效的精神上来，以饱满的政治热情，良好的精神状态，和求真务实的工作作风，积极投入到深入开展提质增效活动中来，以实际行动确保提质增效活动的深入落实。把抓质量，保安全，促发展，强质监的各项工作任务紧密结合起来，确保提质增效学习的明显效果，使工作效率，个人素质都得到提高。

1.3　在目标和手段上把握好提质增效和项目管理创新的关系

可以说，提质增效是项目管理创新的一次升华。在企业日常的生产经营项目管理工作中，只有把项目管理中存在的问题和薄弱环节解决好，提质增效才能真正落到实处，才不是一句空口号。“提”是手段，就是在理念上要引导好，在经营统筹上要谋划好；“质”是根本，是企业稳健发展的保证；“增”是方法，就是在管理上要创新，找出好的管理方法；“效”是本质，就是实现企业更大更强的最终目标。因此，加强部门间的协调沟通，保证项目部门与其他部门之间的沟通顺畅，是提高管理工作效率的保证，缩短有效工期的根本呢办法之一，项目的沟通包括沟通计划的确立，建立和保持有效的项目内外的沟通程序，团队建设,项目信息平台的运行等诸多方面,项目验收后进行经验交流,对影响项目管理制度的因素进行分析,取得相关工作的进度经验值,形成文档存放,以便后续项目中使用。进而要加强组织领导,统筹各项工作,加强自身建设,要有严抓细管的精神,提升企业来促进项目管理工作能持续,稳定,健康的发展,只有这样,项目管理才能更好地为企业和职工服务,提质增效的理念才能实实在在的在项目管理中落地。

2 做好项目管理创新环节中的提质增效

2.1 以提质增效为中心的成本管理创新

成本管理在大多数人眼里好像就是节约,其实成本管理并不是为了节约而节约,也并不是等同于普通的降低成本,而是为了建立和保持企业的长期竞争优势采取的一种措施。由于传统的成本管理已经不能适应现代化成本管理理念,因此成本管理的内容不能仅仅是传统,孤立的,应立足于整个企业的战略目标和企业外部环境,大力提升对成本管理的创新能力。只有以提质增效为主体的技术创新来促进成本管理创新,才能使企业获取更大的利益,而且有利于争取竞争的主动权,确立企业在竞争中的优势。因此企业为提质增效做出的管理创新投入是必要的,因为技术创新可以提高效率,节能降耗,减废降损,技术创新带来的增利要大于其投入的成本因素,技术创新是无止境的,新技术的广泛应用也是无止境的,企业降低管理成本的潜力也是无穷的,这正是现代企业中成本管理创新要做的。

2.2 以提质增效为中心的质量管理创新

进行质量管理创新,是确保企业生产经营运行稳健有序的有力保障。作为企业,要做到提质增效为中心,做优增量为基础。做优增量有助于扩大总量,提高质量,增创发展新优势,必须突出质量和效益。“十三五”规划提出了创新,协调,绿色,开放,共享的发展理念,这贯穿的就是质量和效益这跟红线,追求的是有质量有效益的发展。质量,进度和成本是对立和统一的矛盾体。在工程的建设中,投资与进度的关系是加快进度往往要增加投资,采取各种措施使工程建设项目及早竣工,尽快发挥工程建设投资的经济效益,而进度与质量的关系是加快进度,可能会影响到工程质量,适度均衡的加快进度,可以严格控制质量,项目质量,进度,成本三要素的管理并不是孤立的,他们之间是相互联系,相互影响,相互制约,相互作用,相互矛盾的统一体。在这三要素中,工程质量是第一位的,没有质量就谈不上其他两个要素的管理,只有妥善处理好这三者之间的关系,才能使项目的实施获得成功。关于全面的项目管理,是一个组织以全员参与为基础,目的在于通过让顾客满意和本组织所有成员及社会收益而达到长期成功的管理途径。全过程的质量管理是指一个工程项目从立项,设计,施工到竣工到回访的全过程,全过程管理就是对每一道工序都要有质量标准,严把质量关。实践证明,一个企业只有以建立在对质量管理不断创新的基础上,才是稳固和坚实的。要始终坚持以提高发展质量为中心,把思维方式,工作方法,政策措施切实转到以提高质量为中心上来,紧紧围绕质量定目标,上项目,更加注重企业效益,民生效益,生态效益,把握好速度和质量的平衡,以质量提升对冲速度放缓,做到调速不减势,量增质更优,切实的把企业发展推向“质量时代”。

2.3 以提质增效为中心的安全管理创新

强化安全管理创新,制度落实,理清管理责任,创新管理方法,推动安全生产是持续推进安全生产上台阶,创造较好的经济和社会效益,是推动安全生产做到提质增效的捷径。安全管理创新是基础,是前提,是企业最重要的保证。大力倡导并认真落实“抓好安全就是抓好生产”的思想,强化制度建设,进一步提升安全生产的制度约束力,可靠的安全设施和安全的生产环境必将为安全生产凝聚发展的正能量,生产环境的好与坏,直接关系到职工的身心健康,必须为职工提供良好的工作环境,最大限度消除因环境给职工带来的不利影响和深层次危害,切实把职业健康与安全生产划等号,提到同样高度来认识和落实工作的安排,要切实加大对生产设施和生产环境的创新改造力度,切实为职工提供优美舒适的生产生活环境,为员工身心健康提供可靠的环境保证。

3 保障措施

3.1 加强学习,树立“提质增效”及创新意识

切实加强学习,多读好书,并认真做好读书笔记,同时坚持做到经常集中学习讨论,交流工作与学习情况,交流经验,共同进步。建立学习笔记,保证学习质量,学习体会交流,提高工作热情。提升工作执行能力。每个人都有执行的责任和义务,每件事都要得到执行和落实,细化执行措施,重视执行细节,确保执行到位。提高对管理工作的创新意识,通过标准化管理提速,深入推进规范化,标准化建设,结合制定的目标提高办公质量和效率,形成一套科学完善,规范合理运转高效的工作机制,以强力的导向引导和激发学习的主动性,通过持续不断的学习,提高整体素质,克服能力不足,用实际行动真正树立提质增效的意义。

3.2 加大人才开发力度,提升“提质增效”及创新水平

首先要创造有利于人才合理使用的基础环境,提升提质增效机制可以有效加大对人才开发的力度,引入能者上,庸者下的竞争机制,实现劳动力价值的最佳体现,其次要建立劳动准入制度,第三要不断推进工资分配制度改革,完善和制定与劳动技能和工作实效紧密挂钩的考核分配体系,留不住人才的一个很重要因素还在于对人才缺乏有效的激励。建立健全职业技能鉴定机制。是鞭策和促进人员努力工作学习的有效手段,通过开展职业技能鉴定,能够促进企业人员劳动创新水平的不断提高,更好的发挥企业人员的技术专长和聪明才智。提高项目管理人员素质,组织各种培训,想方设法提高项目管理人员的综合素质,特别是项目经理的素质水平,定期组织进行内部交流学习,多向同行吸取先进经验,不断提高企业职工的工作管理创新理水平。

3.3 注重制度建设,保障“提质增效”及创新依据到位

注重制度建设,完善制度体系,推进项目管理提升,加快提质增效,是保障提升企业有效的创新依据。这就要在企业中全面推动依法治企,在树规矩,立制度,建流程等方面下工夫,不断强化制度建设意识,做到尊重制度建设,提高制度建设执行力,着力解决在生产经营管理中出现的各种问题。强化行动,学以致用,从我做起,从自身做起,从点滴做起,通过完善每一项流程,改进每一步工序,科学的制订规划,明确目标任务等措施,并开展制度建设合理化建议,推进全员参与,充分发挥集体智慧,为落实制度建设,保障提质增效和推进依法治企,贡献一份力量,以制度建设为引领,以提质增效战略为导向,以法制建设为抓手,扎实推进各项目重点攻关,坚决完成企业任务目标。同时,还要主动适应经济发展新常态,用思维创新模式,聚焦前沿,紧盯市场方向,推进企业向新的高度发展。

3.4 创新考核方式,提供“提质增效”及创新动力

作为企业管理工作人员,要按照严、细、深、实、快的要求,依法依规,立行立办。深入推进标准化新考核方式管理,推动日常工作规范化进行,引领工作质量得到进一步提升,建立健全岗位责任制,明确每个岗位的职责,要求和考核标准,形成人人有职责,事事有程序,工作有标准,过程有痕迹,绩效有考核,改进有保障的工作体系,量化目标,细化任务,优化措施,形成目标明确,任务具体,措施有力,运转协调的工作格局。严格执行程序文件,对质量安全风险做到早发现,早研判,早预警,早处置,推进全过程科学化,规范化,流程化建设,切实提高工作效能,确保科学操作,程序规范,数据准确,报告可靠,建立健全岗位责任制,明确每个岗位的职责,要求和考核标准,改进有保障的工作体系。切实改正作风,强化党性,做好服

务，积极为企业全面提升服务质量，服务效能，切实抓牢制度，规范管理，落实工作，进一步认清形势，凝聚力量，坚定不移的贯彻党风廉政建设，认真做好自查和互查，针对不同岗位查找廉政勤政风险点，自觉遵守各项规章制度，提升工作水平，提高工作效率，树立清正廉洁的形象。提高文字质量。要勤于学习，善于思考，掌握政策，熟悉工作，做到融会贯通。努力做到结构合理，逻辑严谨，条理清晰，注重语言的锤炼，用简明易懂的文字准确鲜明的阐述观点，表明态度，传递信息，协调工作，严格按程序运行，层层审核把关，确保文字质量是企业发展提质增效的创新动力。

结语

围绕着"发展，规范，创新，提升"的思路，创新服务举措，积极推进企业规范化项目管理创新，提高素质，增强本领，开阔眼界，发现问题，看到差距，以高度的政治责任感，强烈的求知欲和积极的进取精神，把学习教育贯穿于提质增效的全过程，把学习作为一种毕生追求，作为一种工作习惯，作为一种生活必须，作为一种幸福指数，把学习作为一种常态常事，日常工作，切实做到加强学习，督促学习，深化学习，确保提质增效求质求效。企业承担着产品和服务质量的主体责任，要充分发挥好企业的主体作用，积极引导企业管理责任落实机制，激发企业活力和创新发展的内生动力，夯实管理工作的基础。发展与创新并重，实行标准化管理创新的合作模式，并随着"一带一路"倡议的发展，构建企业管理开放型的管理新格局，以此加强企业的文化建设，提升企业凝聚力，创新企业组织形式，促进企业健康有序持续的发展。

参考文献

[1] 高拥军. 加强全面预算管理努力实现提质增效[J]. 河北企业，2012(7)

[2] 宋军. 提质增效添活力创先争优促发展[J]. 科技视界，2014(6)

[3] 赵羽. 多角度开展设备管理确保企业提质增效[J]. 硅谷，2014(5)

[4] 戚安邦. 项目管理学. 天津：南开大学出版社，2003

[5] 白思俊. 代项目管理. 北京：机械工业出版社，2002

重策划抓落实　提升管理实效

张宏利　王　伟　王　鑫　马石磊
（中交一航局第一工程有限公司，天津，300456）

摘　要：在蒙文砚高速公路项目建设过程中，中交一航局第一工程有限公司追求精益管理，以标准化施工对项目进行组织实施，取得了一定的成绩。文章结合项目的实际情况，对高速公路工程的前期策划和生产、技术质量、安全、成本管理等方面采取的管理做法进行全面的阐述，以期为公司后续类似施工提供经验借鉴。

关键字：高速公路；过程管理；提质增效

引言

蒙文砚高速公路项目是中国交建“五商中交”战略形势下的首批红利，也是中国交建首次与云南省签订的投资建设项目。项目部高度重视项目的实施，通过加强过程管控，不断提质增效，推动项目管理目标实现，不断积累线性工程施工经验，努力创造经济效益和社会信誉，不断开拓和赢得高速公路市场。

1　工程概况

蒙文砚高速公路项目路线全长130.452km，项目估算投资159.2亿元，主线按照双向四车道高速公路标准建设，设计速度80公里/小时，路基宽度24.5m。

一航局承建段落全长32.4km，施工产值23.24亿元，一公司负责施工8.4km，主要包括双喇叭式互通立交1座、主线桥梁2座、长大隧道1.5座、主线路基约2km，施工产值7.81亿元，预计2016年底项目主体完工。

本工程规模大、工期紧，桥隧比例高达71%，沿线多为喀斯特岩溶地质，路线内存在大量溶腔漏斗，隧道多为Ⅳ级、Ⅴ级围岩；桥梁普遍墩高大（圆柱墩最高47m，空心薄壁墩最高71m），现浇箱梁施工安全风险极高。另外，由于本项目多处需上跨已建成通车的国道、高速公路、铁路，施工干扰极大，施工组织困难。

2　注重前期策划，确保有的放矢

项目部高度重视项目前期策划，强调施工筹备要有计划性、前瞻性。自2014年4月，本项目基本“落地”后，项目部迅速组织项目骨干进驻蒙自，进行了认真细致的项目前期调查，并组织骨干人员到多个类似项目进行施工工艺及管理的对标学习，然后编制《蒙文砚高速公路项目实施策划书》并上报公司。

《策划书》中应明确项目的主要管理目标、组织机构、主要施工工艺的选择、项目风险点及应对措施、完成本项目需要的资源保障。公司结合项目部上报的《策划书》正式召开项目启动会议，并在会上重点明确项目施工所需资源的保障措施。本项目于2014年7月开始组织大批施工人员进场，开始项目实施。

3 抓施工过程管理，以管理见成效

3.1 完善组织体系建设，快速实施打开局面

项目部进场后，按照公司项目启动会精神，迅速组建了具有丰富管理经验的项目领导班子，充实人员，总部形成七部一室；同时依据工程自然段落情况，下设两大施工工区，八个施工工点，对现场进行施工监管。

项目部在加紧征用施工用地的同时，全力投入大小临的布局和建设，快速修建施工便道，打通区域、工点和主干道的连接通道，形成施工作业面；分析施工设备的施工能力，根据生产实际需求有序组织施工机械、门机、拌合站等设备依序进场，完成施工前期准备，快速打开施工局面。

3.2 实行目标管理，严细生产组织，强化执行力

项目部根据施工任务制定切实可行的施工生产计划，确定各阶段生产目标，并根据实际情况，进行修订完善，若未能按时完成计划，召开进度计划分析会，调整纠偏，保证计划的严肃和可行性。

在计划实施过程中，强调"执行力"文化，加强工序衔接。针对工程工序复杂，交叉作业频繁，施工机械众多，作业人员数量庞大，项目部注重加强工序衔接管控，实行人、机、料动态管理，确保不出现窝工现象，同时，坚持"调度会"安排日常工作，"周生产例会"协调解决重大问题的例会制度，要求项目部管理人员每天24小时必须现场带班，抓好施工现场施工组织协调，及时发现和解决问题。

3.3 以综合检查为推手，保障项目良性推进

项目部以综合检查为推手，提升内业和外业的管理水平，检查内容涉及项目管理体系、安全、质量、成本、进度等项目管理的方方面面，发现问题现场解决，并通过总结交流会的形式，总结讲评，使得项目综合管理逐步趋于常态化，管理水平不断提高。

通过综合检查，以量化目标完成情况为依据，进行综合评比排名并奖罚，同时，对完成典型节点、亮点（如完成全线首桩、首柱、首梁，完成制梁场建设，质量样板工程等等）进行表彰奖励，不流于形式，增强职工和队伍干劲儿、冲劲儿，激发各协作单位的竞先争优意识。

3.4 安全为本，注重专项技术方案的落实，实现本质安全

项目部结合本单位的实际情况，认真做好安全风险识别和评价，找出现场安全管控的重点、难点，逐一进行专项整治；找准管控重点，制定工作计划和措施，做好安全教育培训，落实安全交底工作，实行安全巡查制度，保证落实到位，做到：一是结合现场，摸底排查；二是认真整改，消除隐患；三是做好分类，专项整治；四是做到"回头看"再检查；五是加大事前隐患责任追究。正确处理好进度、效益与安全的关系，当进度、成本等与生产安全发生矛盾时，一切工作要为安全工作让路。

技术方案的安全才是本质安全，技术方案是指导现场操作的纲领性文件，是现场安全检查的指导性文件，因此，制定好的安全技术方案不允许存在任何缺陷，否则引发的安全事故往往是大事故，甚至是责任事故，因此技术安全方案编制是源头，方案的落实是关键，而技术安全巡查则是保证方案落实的必要措施。

3.5 质量至上，加强工艺研讨与应用，树起质量标杆

优良的施工质量得益于完善的施工工艺，项目部以促创新、创先进为目标，合理利用全员智慧、群策群力、集思广益，重点工序、难点问题，均采取共同商议研讨形式，避免了走弯路的现象发生，使施工工艺真正体现项目部的技术质量管理水平。在日常的质量管理中，项目部注重细节管理，在项目质量标准化

管理及预制梁场策划、施工过程中的工艺革新等细节方面均做了细致深入的研究,取得良好效果。通过项目部的细致管理,项目部 K5 +960 通道涵、1#预制梁场成为标杆项目,迎接了全线及云南省多次的参观交流。

3.6 加强分包队伍管理,正向激励,形成竞优态势

项目部对同一分项工程,择优引进至少 2 ~3 家协作队伍施工,并以合同形式规定,干的快而好的施工队伍能够获得更多施工份额,以此来形成竞优争先的良好局面,推动施工生产,同时,降低受一家协作队伍牵制而影响进度的风险。

另外,项目部适时组织劳动竞赛,项目经理与协作队伍负责人签订目标责任书,建立奖罚机制,真奖真罚,重奖重罚,逐步确立起项目部在施工生产中的主导地位,加强协作单位管控的同时,增强彼此信任。项目部在 2016 年年初业主指挥部组织的"大干 100 天"活动中,连续 2 次获得阶段第一以及蒙文砚高速公路整体综合第一的好成绩。

4 加强成本管控,管出效益

4.1 严格成本分析报告及会议制度

按时编制月度成本分析报告。项目部每月 25 日前对项目成本进行归集,具体涉及到的部门有财务、物资、机务、后勤、计合、工程等部门,通过计合部对成本的归集、整理、分析及对剩余工程成本的预测,最终核算当月项目的整体盈亏比例,并形成完整的成本分析报告,为项目经理整体决策提供数据。

每季度召开经济活动分析会议。每季度末收集经济活动分析相关资料,包括工程量清单、分包合同、材料采购合同、工程期间结算或竣工结算资料、财务支付凭证及科目余额表等,按照规定的表单、表式开展《经济活动分析表》的编制。

根据《经济活动分析表》,编写《经济活动分析报告》,突出经济活动分析重点、难点,注重分析本期亏损(如有)原因、计量未达标(如有)原因及未达到目标利润率(如有)原因,向局指及业主总经理部汇报项目的经营困难,需要上级协调解决相关问题等。

4.2 加强合同管理,降低履约风险

在施工合同签订前,计合部联合技术人员反复核对图纸工程量,防止因漏项、缺项造成直接损失。另外严格落实合同交底制度,通过"合同交底交流会"的形式,以合同条款为镜子,对工程工序安排、材料采购规划、机械资源调配等方面进行查漏补缺,从而在现场管控过程中化解、缓解、转移、规避可能存在的合同风险。

4.3 优化技术方案,降低施工成本

随着项目施工不断的向前推进,结合现场实际,项目部对施工方案实行可控性动态化管理。在强调施工工艺纪律的同时,以工程技术部为核心成立专业攻关小组,及时对已实施的施工方案进行分析、验算和优化,并通过"首件制"的方式,最终实现工艺工法的改进。

4.4 加强设计变更管理,不让效益流失

一方面指派专人负责设计变更工作,从项目之初便增强与设计沟通,提前了解设计意图。组织参建人员召开专题会议,提出合理化建议,为设计正式出图提供参考,如桩基数量、长度、位置,桥梁段路基段的合理性研究,现浇和预制的选择等等方面,都提前与设计沟通,以便过程中进行设计变更和优化。另一方面,积极收集变更基础资料,协调与业主、监理、兄弟单位及协作单位等关系,综合各方资源,避免由于

任何一个专业、任何一个环节的失控,导致成本增加,质量降低,进度拖延,力保取得变更批复。

4.5 发挥集中采购优势,降低材料费用支出

一方面项目部认真落实大宗物资由局指统一集中采购的规定,配合局指物资部提前组织材料、试验人员进行产源调查,采取公开招标形式,综合考虑各投标单位报价、质量、资金实力、运输协调能力、合作历史等条件,步调一致,择优选择供应商,有效控制了采购成本。另一方面为保证钢筋、砂石料的质量、供应能力、售后服务,项目部严格考察供应商的承资能力,并保证在供货阶段至少有3家供应商,让其相互竞争。对于能力稍强的供应商给予更多的供应计划,从而刺激其他供应商在材料质量和供应进度上主动提供更优质的服务。

4.6 强化设备管理,降低使用成本

严格落实设备租赁及采购的审批手续,秉承效益最大化原则,按照施工总体进度计划安排,认真分析机械使用效率,避免盲目租赁或者购进设备,造成闲置或者使用效率不足,而增加成本。在油耗管理方面,结合实际分析并计算基础油耗标准,以分包合同条款作为强制性控制措施,约定标准油耗量。与此同时,加强设备油耗过程统计管理工作,机务人员协同物资人员认真做好统计,在施工过程中通过与实际耗用量的比对,进行油耗量动态管控,实现成本可控。

5 推行标准化建设,树立企业品牌形象

标准是科学、技术和实践经验的总结,项目部从进场以来一直坚持把施工标准化贯穿于施工管理全过程,以标准化施工对项目进行组织实施,践行程序化、流程化、规范化的管理思路,落实到每一个环节,具体到每一个细节,提高了施工效率和质量,在云南省各界树立良好的企业形象。例如项目部在"混凝土集中拌和工厂化、预制梁场工厂化、钢筋加工工厂化"等方面实现工地建设标准化建设,加强了现场自动化程序,提高了工作效率,降低了人工成本;在"T梁预制、临时用电、桥面系施工、高墩现浇、保通防护"等方面编制了标准化《作业指导书》,有效的明确了各分项工程的质量安全控制重点。项目部蒙自互通、1#梁场被评为指挥部"标准化示范工点"。

结论

经过全员的共同努力,项目部通过精益求精的过程管控,不断提质增效,实现了项目各项管理目标的突破,管理成效显著,同时,随着施工的进展,项目部不断推行现场标准化建设,隧道、桥梁、路基施工质量水平和标准化实施工作一直保持在较高的水平。

本项目是公司在路桥施工领域的一次深入尝试,项目部通过加强过程管控,不断提质增效,注重积累线性工程施工经验,为公司后续类似施工提供经验借鉴,同时,注重经济效益和社会效益的双提高,不断站稳并开拓路桥市场。

参考文献

[1] 汪小金.项目管理方法论.北京:人民出版社.2011
[2] 何成旗.工程项目成本控制.北京:中国建筑工业出版社.2013
[3] 费琳.有效的项目管理.北京:电子工业出版社.2011
[4] 哈罗德·科兹纳(Kerzner. H.).项目管理最佳实践方法.北京:电子工业出版社.2011
[5] 小塞缪尔·J·曼特尔.项目管理实践.北京:电子工业出版社.2013
[6] 孙慧.项目成本管理.北京:机械工业出版社.2010

工程技术创新专题

CORS 在平面控制网点验证中的应用介绍

王　瑞
（中交广州航道局有限公司，广东广州，510221）

摘　要：摘要：通过 GPS 静态测量和福建 CORS 在厦门港工程前期平面控制网点验证过程中的应用实例介绍，详细说明了 GPS 静态测量和 CORS 的应用方法，并对两者进行了比较，对类似工程具有参考意义。

关键词：GPS 静态测量；CORS；网点验证；应用

引言

控制网点的验证对于我公司工程项目来说是工程伊始必须要做的工作，项目测量组需对业主提供的控制网点符合性及适用性进行验证，以确保公司工程的测量及定位质量，这也是相关行业规范的硬性要求。控制网点验证包括平面控制点验证和高程水准点验证。本文着重说明的是平面控制点验证，即对提供的多个平面控制网点进行分析判断，挑选工程所需要的控制点来进行验证，对所选的现有已知平面控制网点进行检测，比较判断，确定其精度是否满足本工程要求。

1　GPS 静态平面控制网验证的实施

1.1　项目概况

厦门港主航道扩建四期工程建设规模为 20 万吨级航道，航道全程满足运营吃水 15.5m 的 20 万吨级集装箱船全潮双线通航要求。根据业主提供的控制点交接单，我部测量组选取了适合我施工标段的控制点（表 1）。

控制点一览表　　表 1

编号	点名	高程		坐标系		
		基准面	等级	X 坐标	Y 坐标	等级
1	W2	*.010（理基）	图根	* * * * * * *.837	* * * * * *.460	E 级 GPS
2	Ⅲ7	*.381（理基）	Ⅲ等	* * * * * * *.247	* * * * * *.269	E 级 GPS
3	W1	*.443（理基）	Ⅳ等	* * * * * * *.922	* * * * * *.732	E 级 GPS
4	LC04	*.013（理基）	Ⅲ等	* * * * * * *.525	* * * * * *.612	E 级 GPS
1.5 度带，高斯投影，中央子午线 $L=118.5°$，92 厦门坐标系						

1.2　外业实施

根据以往的经验我测量组采取大地型 GPS 测量方法进行平面控制验证。使用 Trimble RTK－GPS 双频接收机(共 3 台),静态观测等级按 E 级 GPS 测量。外业观测数据采集时长 3 个小时,数据采集按常规静态相对定位作业方式,用 3 台仪器每次组成 1 个同步环进行作业,两台接收机选取 LC04、W1 两点组成的基线连续观测,另一台接收机先后从Ⅲ7、W2 依次设站,分别与 LC04、W1 组成同步网,每站同步观测时间保持 60 分钟以上,采样间隔 10 秒。观测时天线的定向标志向正北,有效减弱磁偏角对相位中心偏差的影响。天线架设好后,在圆盘天线间隔 120 度的三个方向分别量取天线高,取其三次结果的平均值记录,取值至 0.001m,并按规定始、末各测一次,及时输入及记入测量手薄中。观测结束后,立即将接收机中的观测数据下载至计算机中备份保存。本项目的外业观测中未出现任何异常情况。

1.3 内业处理

外业测量结束后,首先对外业观测时记录的仪器高的数据进行 100 % 的检查,经检查确认无误后进行内业数据处理。使用随机软件 Trimble Business Center 软件,按默认参数进行数据处理。按照《全球定位系统(GPS)测量规范》(GB/T 18314—2009)要求进行了同步环质量检查。解算时,以双差固定解作为基线解算结果,通过解算发现 W2 点卫星信号受干扰太大,同步环通不过,剔除该点不参与后续的平差计算。经过基线解算后得到本次测量的环闭合差情况表 2。

环闭合差情况　　表 2

闭合环节点	2	闭合环数目	2
通过的数目	1	失败的数目	1

当环闭合差质量检验符合要求后,采用 Trimble Business Center 对 GPS 网进行无约束平差,基线向量的改正数的绝对值都不大于三倍标准差,满足规范要求。在无约束平差的基础上,在 92 厦门坐标系下,约束控制点 W1、Ⅲ7 两点的三维坐标,校核 LC04 的平面坐标。

详见静态比对成果见表 3。

静态控制测量成果比对表　　表 3

点名	坐标	已知控制点	静态测量值	偏差值	备注
W1	X	* * * * * * * .922	–	0	三维约束点
	Y	* * * * * * .732	–	0	
Ⅲ7	X	* * * * * * * .247	–	0	三维约束点
	Y	* * * * * * .269	–	0	
LC04	X	* * * * * * * .525	* * * * * * * .170	0.355	校核点
	Y	* * * * * * .612	* * * * * * .461	0.151	

1.4 GPS 静态验证结论

由以上内业处理结果可以看出,校核点 LC04 的平面偏差值超出了规范要求,所以经 GPS 静态验证业主提供的"W1"、"Ⅲ7"、"LC04"三点的平面相对关系理论值与实测值误差超出规范要求。

根据现场情况分析,即使增加观测基线意义也不大,原因有如下几点:(1)"W2"点处在某客运码头面上,周围不足百米处来往停靠船只频繁,多路径效应相对明显,观测数据质量不能保证;(2)"W1"、"Ⅲ7"、"LC04"三点平面相对关系理论值与实测值误差超限,想通过这三点求取三参数或者七参数已不可能;(3)控制点间相距过远,最小 3km 最大 17km,且点与点间地形起伏,即便能进行 RTK - GPS 验证,流动站很难收到基准站的电台信号。鉴于以上原因,我测量组引入了 CORS 进行平面验证。

2 CORS 平面控制网验证的实施

2.1 CORS 简介

全球导航卫星系统(Global Navigation Satellite System,GNSS),泛指所有的卫星导航系统,它包括全球的、区域的和增强的，如美国的 GPS、俄罗斯的 Glonass、欧洲的 Galileo、中国的北斗卫星导航系统，以及相关的增强系统，如美国的 WAAS（广域增强系统）、欧洲的 EGNOS（欧洲静地导航重叠系统）和日本的 MSAS（多功能运输卫星增强系统）等。连续运行卫星定位服务系统（Continuously Operating Reference Stations，CORS 系统）是利用全球导航卫星系统技术，在某地区、某个城市建立永久性的连续运行参考站、系统控制和数据处理中心（简称控制中心或中心），利用计算机、数据通信和互联网技术将各参考站与系统控制和数据处理中心组成网络，共享参考站数据，利用参考站网软件进行处理，然后向各种用户自动地发布不同类型的 GNSS 原始数据、各种类型 RTK 差分改正数据等。其主要功能是向系统覆盖区域内的用户提供各种不同精度的时间和位置服务信息。

2.2　CORS 具体实施过程

2.2.1　CORS 流动站系统组成

福建 CORS 的申请是按照福建省测绘院的申请要求，提交相关资料进行申请。本项目 CORS 测量流动站由 Trimble TS3 手簿、手机、福建 CORS 卡、Trimble R10 流动站组成（图 1）。虽然 Trimble R10 流动站及 Trimble TS3 手簿支持插 SIM 卡，但其只支持中国联通的网络制式，由于福建 CORS 卡为中国电信的网络制式，所以通过一部支持 WIFI 热点的电信手机进行信号转接。

2.2.2　手机设置

手机设置的关键在于添加移动网络接入点 APN，具体操作步骤为：打开手机的设置，选择无线和网络，点击移动网络，选择接入点名称，新建 APN，输入接入点名称，服务商提供的用户名及密码，其他默认，然后保存，最后把新建的 APN 连接设置为首选项。接着用手机共享网络，建立 WIFI 热点，设置热点名称，安全性为公开。

2.2.3　Trimble TS3 手簿设置

Trimble TS3 手簿设置的关键在于 Trimble Access 设置连接里面的 GNSS 联系，具体操作步骤为：打开 Trimble Access 设置功能，选连接，点击 GNSS 联系，新建 GNSS 联系，输入名称，联系类型为互联网流动站，网络连接为自动（WIFI、调制解调器、ActiveSync），接着进入 NTRIP 配置界面，选中“使用 NTRIP”，不选“使用 NTRIP 版本 1.0”，不选“使用代理服务器”，选中“直接连接到安装点”，输入服务商提供的 NTRIP 用户名及密码，输入 IP 地址及端口号，不选“发送用户识别信息”。

接着到手簿主界面的设置菜单里面选中连接，点击 WLAN，连接手机共享的 WIFI 网络。连接好后有个方法可以测试以上配置是否正确，打开手簿自带的 Internet Explorer 浏览器，输入 http://172.27.27.28:2101 看是否可以连接，如果连接成功会出现相应的字符串（图 2）。

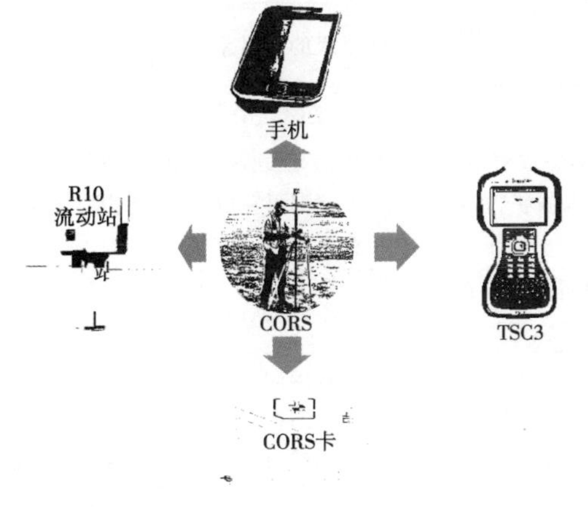

图 1　CORS 流动站系统组成

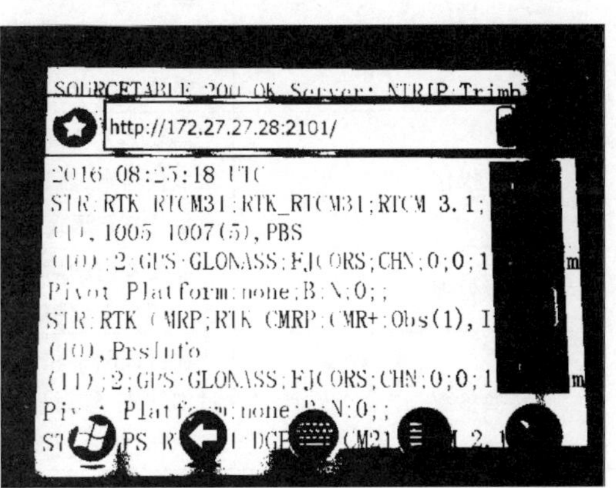

图 2　配置成功后浏览器显示

2.2.4　其他常规设置

其他涉及的配置主要是 CORS 测量形式的配置，CORS 测量形式中流动站选项中的播发格式，本例中选VRS(CMR),流动站电台类型选择互联网连接,GNSS联系选择已新建好的GNSS联系名称。接着就可以进入常规测量新建任务,手簿蓝牙连接流动站,开始相关测量,以上同传统的RTK测量操作无异,在此不再赘述。

2.3 CORS验证结果

相关设置都完成后,Trimble R10流动站可以成功通过电信手机接收福建CORS信号,对已知控制点进行了测量比对,比对的结果如表4所示。

CORS测量成果比对表 表4

点名	原始坐标		CORS实测坐标		差值	
	X(m)	Y(m)	X(m)	Y(m)	X差值(m)	Y差值(m)
W1	* * * * * * *.922	* * * * * *.732	* * * * * * *.916	* * * * * *.706	0.006	0.026
W2	* * * * * * *.837	* * * * * *.460	* * * * * * *.829	* * * * * *.421	0.008	0.039
Ⅲ7	* * * * * * *.247	* * * * * *.269	* * * * * * *.265	* * * * * *.248	-0.018	0.004
LC04	* * * * * * *.525	* * * * * *.612	* * * * * * *.172	* * * * * *.452	0.353	0.160

《水运工程测量规范》(JTS 131-2012)中RTK平面控制点检测精度要求为等级一级坐标互差允许值为±50mm。由上表可知“W1”、“W2”、“Ⅲ7”各项误差指标均能满足规范中的技术要求,可以在本工程施工中使用;“LC04”的误差指标超出规范要求,同之前进行静态验证的结果吻合;“W2”由于多路径效应等原因在GPS静态观测中闭合环通不过,但CORS可以正常测定。

3 GPS静态与CORS测量在平面控制网验证中的比较

GPS静态测量是通过多个测站上进行同步观测,确定测站之间相对位置的GPS定位测量,主要用于建立各级控制网,是我司目前主流的平面控制网验证方法,CORS测量是利用多基站网络RTK技术建立的连续运行参考站,已成为城市GPS应用的发展热点之一。下面结合以上两种方法在厦门主航道工程平面控制网点验证中的实际操作应用,对它们从不同方面进行了比较,详见表5。

GPS静态与CORS测量比对表 表5

比较项目 \ 验证方法	GPS静态	CORS测量
运用侧重	用于控制网的布设	用于控制网下面的加密测量
测量精度	测量精度高,GPS基线向量的相对精度一般在$10^{-5}\sim10^{-9}$之间	厘米级的实时差分定位精度
设备要求	需要三台及以上GPS接收机	一台GPS接收机即可
外业操作	需要多人协同完成,每站需完成对中整平量取仪器高,观测期间需专人看护,不能实时定位并知道定位精度	无需架设基站,操作简便,一人一流动站一手簿即可完成操作,能实时定位并知道定位精度
内业处理	需要专门的后处理软件进行数据处理,内业处理后发现精度不符合要求需返测量	无需数据后处理
转换参数	在保证网型和点位精确度的情况下,可通过GPS静态测量求取一定范围的转换参数,费时费力,但可满足工程使用	可直接向CORS供应方获取当地转换参数,直接进行网点验证工作,由于参数是当地测绘部门普遍使用,准确性可保证
使用局限	不受局限,任何时间、任何气候条件下均可进行观测,但对GPS点的观测点位有要求,受电离层、对流层、多路径效应影响	通过多个参考站观测数据对电离层、对流层、多路径效应的误差模型进行优化,降低甚至消除误差,但受GPRS或CDMA等通讯信号强弱及是否覆盖的制约

结语

控制网点的验证直接关系到工程项目后续工作的展开,测量的定位,施工船舶的定位,都必须建立在控制网点验证的基础上,随着科技的进步,传统的控制测量如三角测量、导线测量因其要求点间通视等问题逐渐被 GPS 静态测量取代,可以看出快速准确的完成控制网点的验证是大势所趋,而 CORS 测量因其简单灵活等诸多优点也逐渐成为主流的方法之一,除了高精度的控制测量仍采用 GPS 静态相对定位技术之外,CORS 测量基本能满足水运工程中平面控制测量的要求。

本文较完整的总结了厦门港主航道项目平面控制网点验证的过程、方法及结果,并对不同方法进行了比较,但有些部分没有很好的深入研究和详细展开,比如 CORS 测量的高程精度能否满足控制网点验证要求,还有待进一步深入探讨。

参考文献

[1] 全球定位系统(GPS)测量规范(GB/T 18314—2009)
[2] 水运工程测量规范(JTS131—2012)
[3] 杨景鹏.港珠澳 cors 流动站操作说明书
[4] Trimble Access 软件说明

DSM 基于美标配合比设计在境外码头护岸中的应用

曹新洪
（中交三航局第三工程有限公司，江苏南京，210011）

摘　要：水泥土强度受土质、水泥掺量、水灰比、龄期、搅拌程度等多种因素影响，结合美标关于 DSM 配合比设计理念方法，从现场钻勘土特性入手，进行了室内配合比试验和现场试桩 WGS 和 CS 试验，分析讨论了强度与龄期的相关关系、室内与现场强度关系特性以及现场施工参数分析，最终得出经济合理的 DSM 配合比及合理的施工参数，并成功应用于该码头工程护岸处理。

关键词：水泥土强度；龄期；配合比设计；施工参数

引言

DSM（Deep Soil Mixing）是在现场对软基进行处理的一种技术，通过深层搅拌机械将固化剂与原位地基土强制拌和，从而使软弱地基硬结提高地基强度、抗渗透性、抗压缩性等，固化剂可以是水泥、粉煤灰、石灰等，一般常利用水泥作为固化剂。该技术施工过程中振动小，噪音低，且产生的弃土可作为现场很好的填料，工后强度、整体性、抗震性很好，差异沉降、残余沉降很小[6]。本文结合境外墨西哥某梁板式高桩码头工程边坡护岸 DSM 施工，运用美标中关于 DSM 配合比设计的理念和方法，从原状土物理性质、室内配合比设计试验、现场试桩试验等方面分析了水泥土强度变化规律，同时结合施工设备及试桩情况，最终确定出经济合理且满足要求的 DSM 配合比和施工参数，用于正式施工。

1　DSM 概况及技术要求

1.1　DSM 布局要求

墨西哥某码头工程护岸采用 DSM 工艺，施工总桩数 1643 幅（图 1），上游 Marginal 码头后沿 DSM 处理区域范围 23m，共 1427 幅，桩径为 ϕ850@600，桩长 20m（图 2）；下游 Open 码头，处理区域范围 3.85m，共 216 幅，桩径为 ϕ850@600，桩长 20m（图 3）。考虑非止水结构，采用搭接施工，桩与桩之间搭接 250mm，具体细节见图 4。

图 1　DSM 处理区域示意图

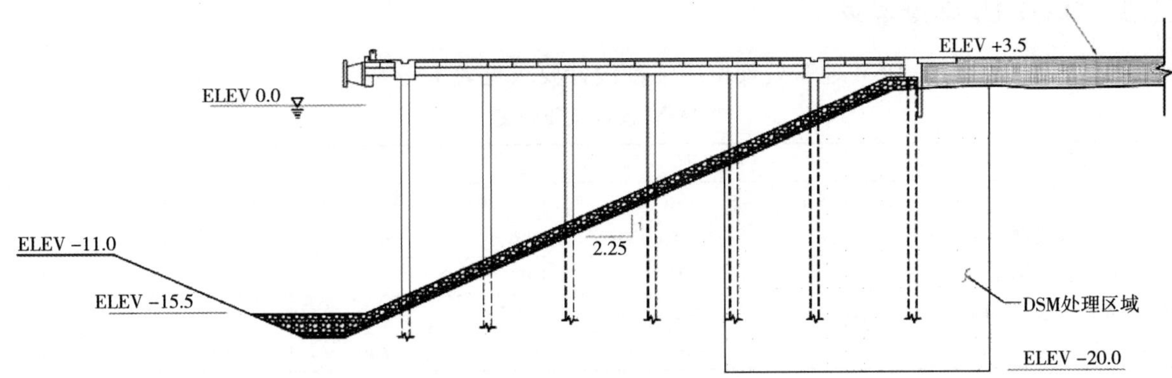

图 2 上游 DSM 处理区域横断面图

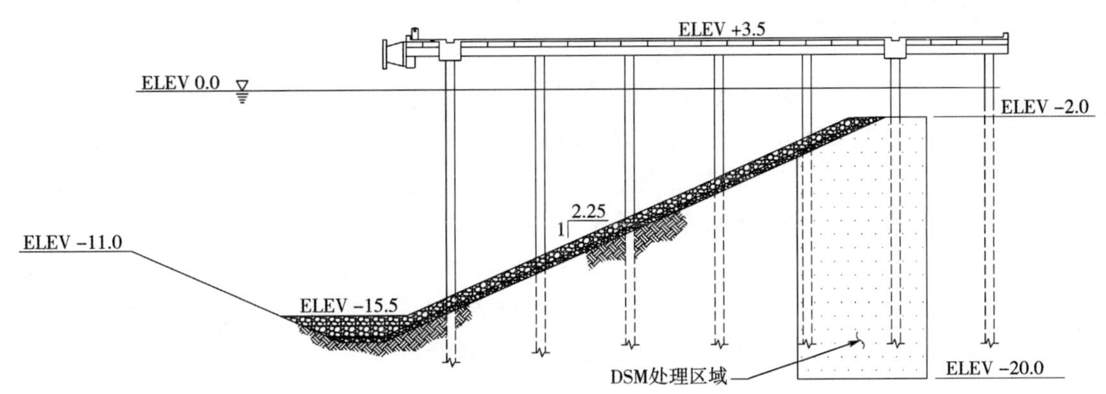

图 3 下游 DSM 处理区域横断面图

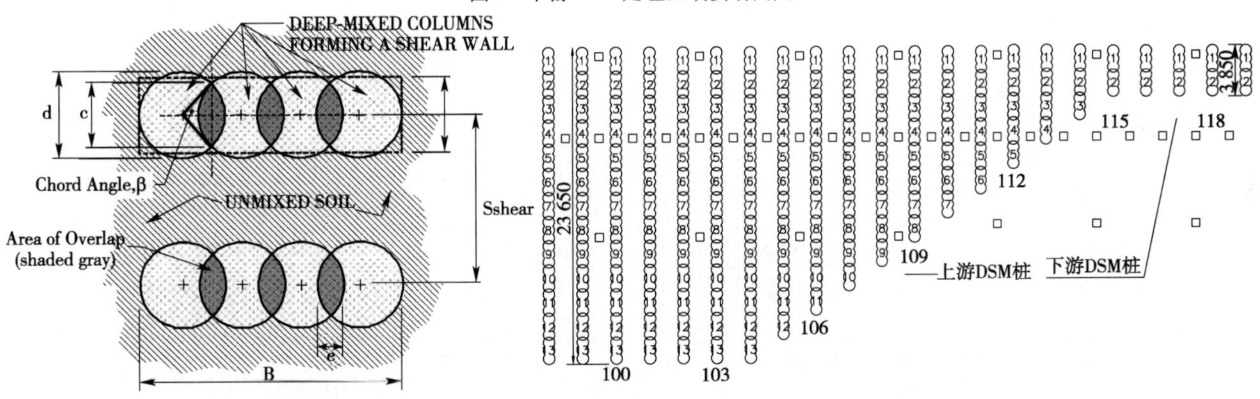

参数	值	备注
Shear wall spacing(桩与桩形成剪力墙之间的间距),S_{shear}	2.5m	设计值
Column diameter(桩直径),d	0.85m	设备参数
Center to center spacing(相邻两桩中心距)	0.6m	设备参数
Overlap distance(桩桩搭接距离),e	0.25m	
Chord angle(桩桩搭接弦长对应圆心角),β	1.57rad	
Chord length(桩桩搭接弦长),c	0.6m	
Average wall width(平均剪力墙宽度),b	0.73m	
Overlap area ratio(搭接面积占比),a_e	0.18	
Replacement ratio(剪力墙与土面积置换比),$a_{s,shear}$	31%	

图 4 DSM 桩型及桩位布局细节图

1.2 DSM UI 强度要求

美国设计方对本码头 DSM 地基处理抗压强度设计要求见表 1。

DSM 设计抗压强度

表 1

位置	上游码头			下游码头		
深度范围(m) (主要土壤类型)	+1 ~ -5m (粘土)	-5 ~ -16.5m (有机质土)	-16.5 ~ -20m (砂性土)	+1 ~ -5m (粘土)	-5 ~ -16.5m (有机质土)	-16.5 ~ -20m (砂性土)
设计剪切强度(kPa)	45	100	105	45	75	75
现场 DSM 抗压强度(kPa)	320	705	740	320	530	530
试验室 DSM 抗压强度(kPa)	640	1410	1480	640	1060	1060

2 原状土物理性质

码头长度为 556.2m,对码头后沿地基处理区域分上、下游地勘取样,考虑取样需要量,钻勘 4 点(上游 2 点,下游 2 点),每点钻深 25m,全长取样,对土壤进行比重、含水量、液塑限、颗粒分析、PH 值、有机质含量进行物理性质实验,关键的实验数据结果见图 5,上端粘土层 UC(+1 ~ -5m),含水量 20% ~50%;中端有机质土层 OZ(-5m ~ -16.5m),含水量 30% ~100%,有机质含量 5% ~16%;下端粘土质砂层 LC(-16.5m ~ -21m),含水量 20% ~40%。该地基土液性指数大部分不小于 0.75,基本上是处于软塑状态,而在有机质土层、液性指数≥1,处于流塑状态,有机质含量≥5%,将会极大影响水泥土强度,而部分土层塑性指数≥28,将产生“糊钻”现象,影响水泥与土的拌合。

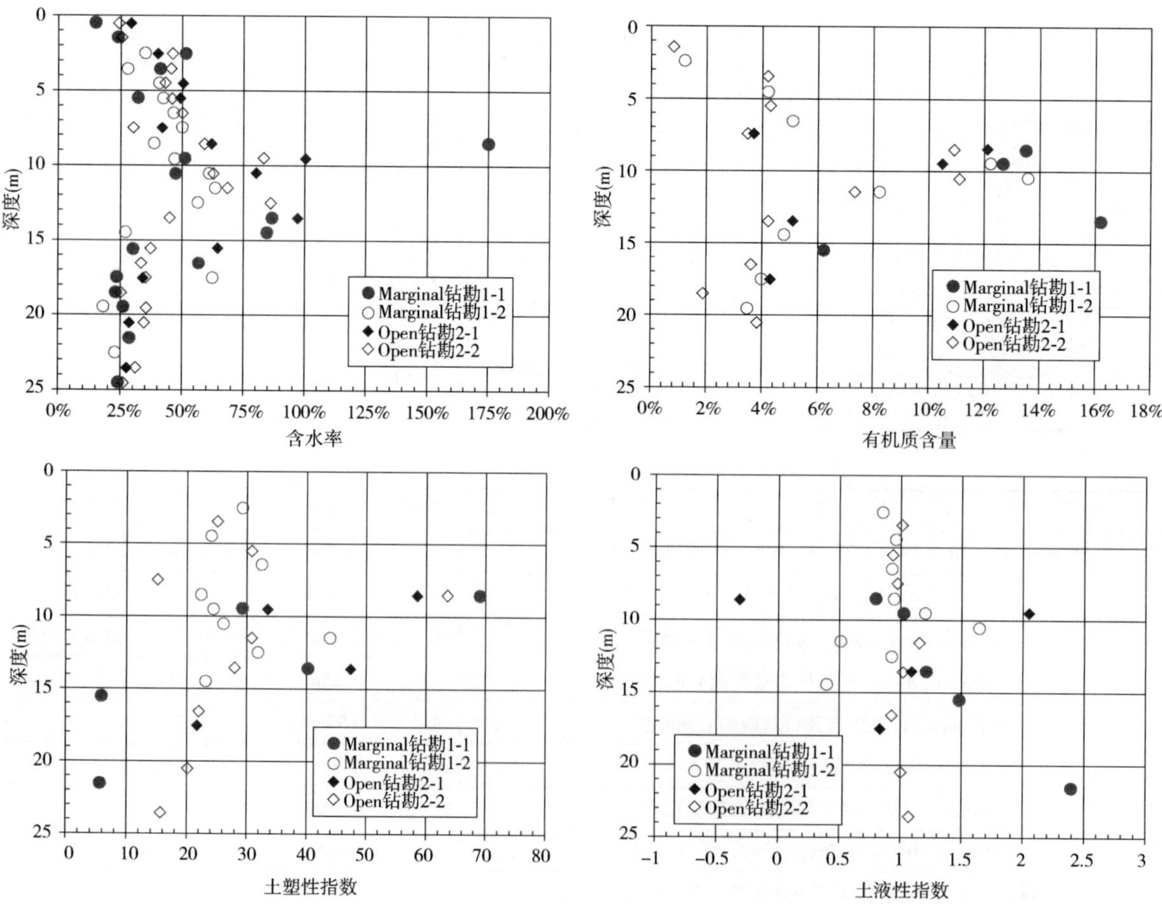

图 5

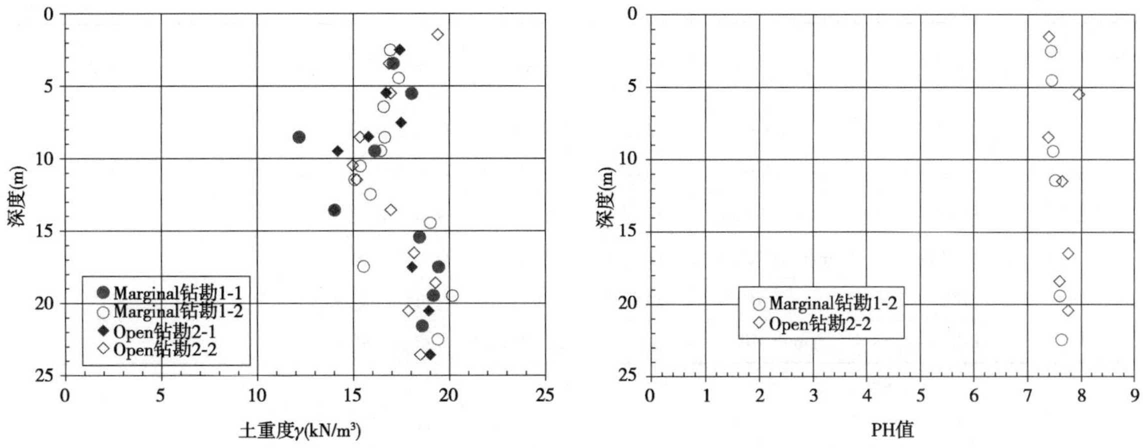

图5 地基土各物理性质指标值沿深度分布

3 室内配合比设计

3.1 试验方法

美国设计方对本码头DSM地基处理抗压强度设计要求见表1,室内UI强度为现场UI强度2倍考虑。由FHDAM给出水泥土总水胶比与28天室内UI强度经验关系(图6)[1],我们知道满足Marginal码头1480kPa(215psi)对应的总水胶比为2.5,满足open Wharf码头1060KPa(154psi)对应的总水胶比为3.5,根据这个总水胶比(含土壤含水量)附近上下分别选择不同的水泥掺量及水泥浆液水胶比进行理论配比设计计算,计算理论方法可以参考FHADM[1],计算结果见表2。接下来我们按照表2配合比计算表(水泥浆水胶比1.0)进行室内配置水泥土,考虑3种土层,按每种土层5种掺量,水泥采用墨西哥当地CPC30R RS(抗硫酸盐侵蚀早强复合水泥),3天强度≥20MPa,28天强度≥30MPa。上下游合计进行30组配比试配,每组配比准备进行3天、7天、14天、28天4个龄期,合计240个试件,试件为直径50mm,高度100mm的圆柱体,并在标准养护条件下(温度23.0±2℃,相对湿度≥95%)养护,龄期到期当天取出试件,用硫磺找平两抗压端面,试件制备和养护程序符合ASTM D4832标准。然后进行无侧限抗压强度试验,设备为CONTROLS公司34-V01074无侧限压力试验机,试验加载速度控制应变0.5%~2%/min,加载至破坏时间控制在3~15min,试验过程中当竖向变形0.2mm时,记录力值、时间,试件强度下降或停止增大后再记录3个数据终止,操作程序符合ASTM D2166标准。

配比计算表(水胶比1.0)及实验室28天UI强度结果 表2

参数	配比					备注
	1	2	3	4	5	
cement factor in-place $a_{\text{in-place}}$(kg/m³)	400	350	300	250	200	干水泥重量/湿水泥土体积
cement factor a(kg/m³)	846	650	496	373	272	干水泥重/湿土体积
slurry:w/b	1	1	1	1	1	水泥浆水胶比: 水重量/水泥重量
$r_{\text{d,slurry}}$(kg/m³)	759	759	759	759	759	干水泥重量/每立方水泥浆
volume ratio,VR($v_{\text{slurry}}/v_{\text{soil}}$)	111%	86%	65%	49%	36%	水泥浆体积/现场湿土体积
水泥浆比重(kg/m³)	1518	1518	1518	1518	1518	每方水泥浆的重量
slurry(total water-to-binder ratio):W_T/b	1.9	2.1	2.5	2.9	3.6	考虑土层最大含水量100%后的总水胶比

续上表

参数			配比					备注
			1	2	3	4	5	
室内UI强度试验	Zone 1 (Marginal Wharf)	UC1(+1 ~ -5m)(MPa)	试配土含水量 36.4%,有机质含量 4.2%					图 7
		OZ1(-5 ~ -16.5m)(MPa)	试配土含水量 85.2%,有机质含量 9.8%					
		LC1(-16.5 ~ -21m)(MPa)	试配土含水量 24.4%,有机质含量 4.8%					
	Zone 2 (Open Wharf)	UC2(+1 ~ -5m)(MPa)	试配土含水量 47.0%,有机质含量 4.3%					图 7
		OZ2(-5 ~ -16.5m)(MPa)	试配土含水量 91.7%,有机质含量 9.2%					
		LC2(-16.5 ~ -21m)(MPa)	试配土含水量 33.3%,有机质含量 3.6%					

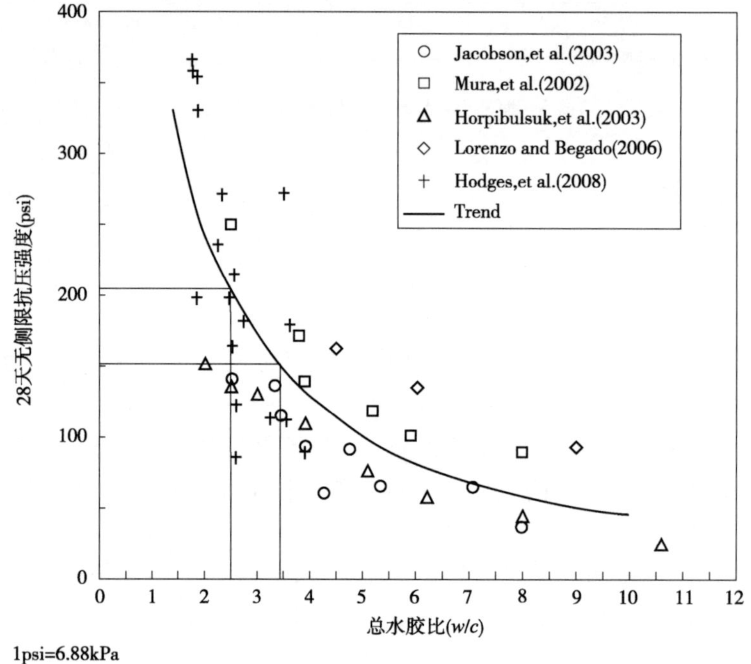

图 6　总水胶比与水泥土 28 天试验室强度关系图[1]

3.2　试验结果及分析

限于篇幅,只给出了试验室水泥土配比 28 天龄期的 UI 试验结果,见图 7,通过对 30 组配比 240 个试件试验结果分析如下:

(1)水泥土强度随龄期的增长而提高,强度与龄期之间有一定的关系,我们引入养护系数的概念,养护系数 $f(t)$ 是某 t 天龄期强度与 28 天龄期强度的比值。有关资料表明,养护系数与养护时间的对数成线性正相关关系[1],通过对本工程室内配比 3、7、14、28 天龄期标准养护条件下 UI 强度回归分析,我们得出 $f(t) = 0.244\ln(t) + 0.193$,通过该公式可预测各个龄期水泥土强度值,对施工进度及质量控制有重要意义。

(2)水泥掺量增加,水泥土强度增加,但有机质土层随水泥掺量增加,水泥土强度增加不是很明显。

(3)考虑土层含水率绝大部分在 20% ~100%,考虑最不利条件 100% 计算总水胶比,则在水泥浆水胶比 1.0,水泥掺量(每 m^3 湿土水泥质量)272 ~846kg/m^3 之间时,计算总水胶比为 3.6 ~1.8 范围内。由上文配比理论计算可知,满足上游 Marginal 码头 UI 设计强度,总水胶比≤2.5,即水泥浆掺量≥496kg/m^3(水胶比 1.0);满足下游 open 码头,总水胶比≤3.5,即掺量≥272kg/m^3(水胶比 1.0),这从图 7 试验室配比试件 28 天龄期 UI 强度检测结果中也得到验证。

(4)土含水率增加,水泥土 UI 强度减小,在有机质 OZ 土层的试件,UI 强度明显低于粘土 UC 和砂土

LC 土层。试配 OZ 土层有机质含量 9.8%，含水量 90% 左右，比 UC 和 LC 土层有机质高 5%，含水量高 50% 左右，导致水泥土 UI 强度降低 30% ~60%。很多资料都表明[2-3]，有机质的存在，将影响水泥土强度的增长，因为有机质使土具有较大的水容量和塑性，较大的膨胀性和低渗透性，以及一定的酸性，都阻碍水泥水化反应的进行，一般以有机质含量 5% 为界限，超过 5% 影响显著。

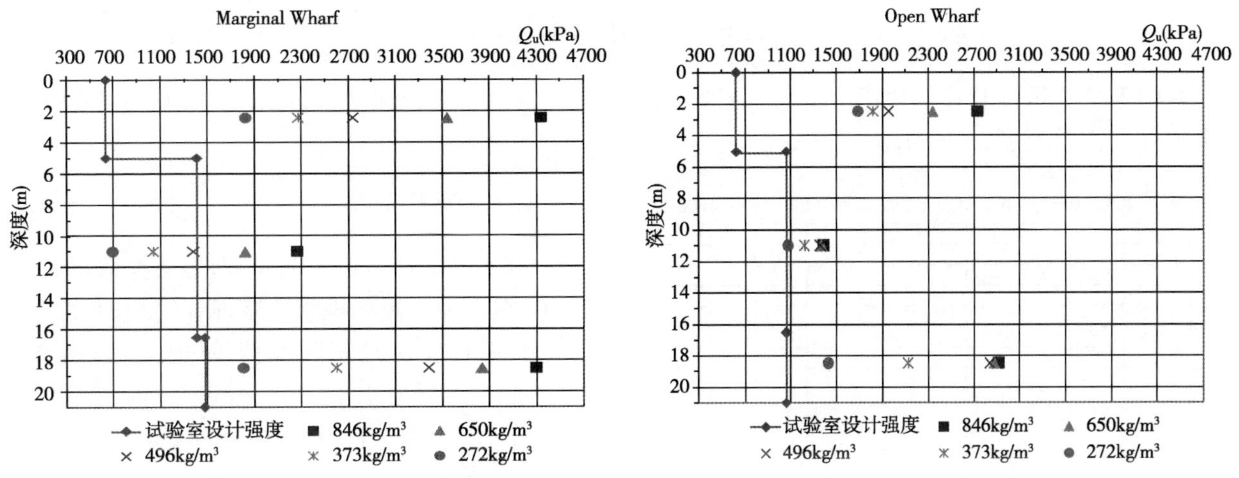

图 7 试验室不同水泥掺量 28 天强度与设计值对比

4 现场试桩

考虑现场施工与室内水泥土强度的差异性，依据上述室内配比设计，选用水泥掺量分别为 650kg/m^3，496kg/m^3，373kg/m^3，272kg/m^{3}进行了现场试桩试验。结合地勘数据考虑地质复杂性（高含水量区域、富含有机质区域等等），由此产生成桩质量的不确定性，选择码头上、中、下游三处非设计桩位位置进行，每处位置采用上述水泥掺量，水胶比 1.0 以及另外水胶比 0.7 进行现场试桩，合计试桩 24 根，通过分析确定合理的成桩施工参数，并对每根桩进行 WGS 取样和 CS 取样检测，用以评判成桩质量，最终确定出施工配合比和施工参数。

4.1 成桩顺序的确定

本工程 DSM 桩形为 φ850mm，间距 600mm，结合我们三轴生产设备，3 个为一幅桩，壁型墙体结构布置，连续生产一列为 13 幅，在施工顺序上，三种方法，第一种为单侧挤压方式顺序施工 1→2→…13，第二种为跳打方式先奇数后偶数，1→3→…13→2→4→…12，第三种是结合了第一种与第二种，跳打再返回再跳打，1→3→2→5→4→7→…13→12 即分析这三种方法优劣，考虑钻杆平衡及避免产生施工冷缝，我们采用第三种方法施工，见图 8。

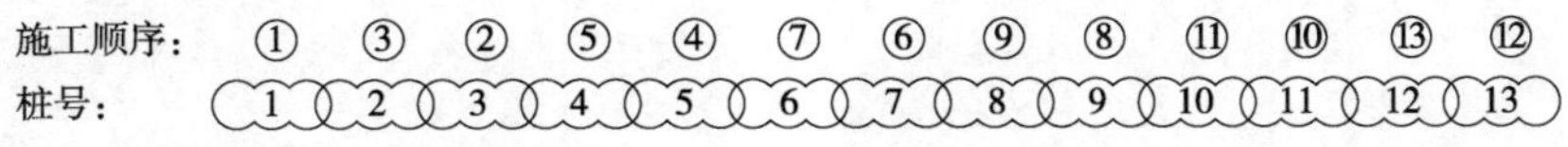

图 8 DSM 桩成桩施工顺序示意图

4.2 搅拌次数的确定

我们知道水泥土搅拌桩成型的质量与搅拌的均匀程度有关。施工时钻杆轴搅拌叶片旋转速度越快，钻杆下沉提升速度越慢，则搅拌越均匀，强度离散性越小，质量越好，然而搅拌次数越多，施工时间就越长，工效降低进而减慢施工进度，理论上我们用 BRN 即每米土搅拌总次数来评价，如 BRN 公式[1]，对于本项目采用 ZLD180/85-3 三轴搅拌机，中轴为固定旋转速度 17r/min，钻杆下沉平均速度 0.5m/min，提升速度平均 1.5m/min，总搅拌叶片数为 13 层共 39 片分布在 10m 钻杆范围内，按照钻杆下钻喷浆搅拌一次，提升喷浆搅拌一次，经计算桩底部搅拌次数不足，增加搅拌时间停留 1min，则最终在桩 0 ~ 20m 深度范围 BRN 分布为 403 ~ 1760，见图 9，满足相关资料，当 BRN≥360 后，再增加搅拌次数后结果差异性不大[1]，国内资料也显示每米土范围内切土次数不少于 400 次[3]，这在后期钻芯检测中得到了验证，达到了搅拌均匀，施工速度快的目的。

$$\mathrm{BRN} = \sum M\left(\frac{N_P}{V_P} + \frac{N_W}{V_W}\right)$$

其中$\sum M$为搅拌叶片总数；N_P 和 N_W 分别为下沉、提升时钻杆旋转速度，r/min；V_P 和 V_W 分别为钻杆下沉速度和提升速度，m/min；

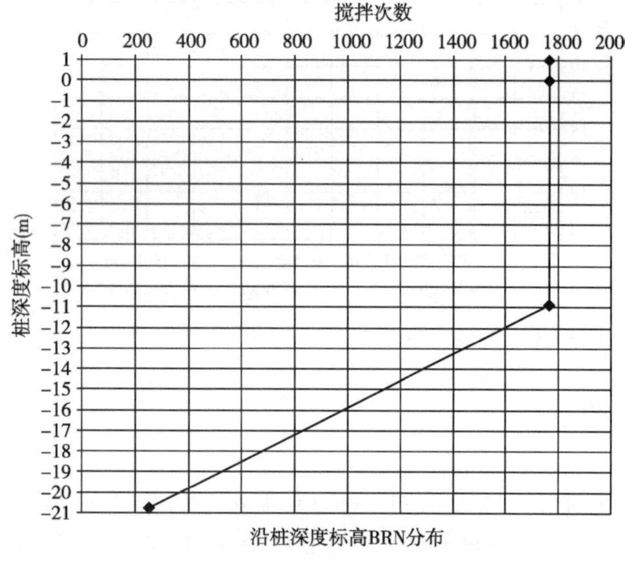

图 9 沿桩深度 BRN 分布

4.3 WGS

WGS，即 wet grab sample，即湿法抓取样品，见图 10，在水泥土搅拌桩刚注浆搅拌完成时，立刻采用专用的取浆装置获取搅拌桩一定深度处的浆液，按照本工程地质土层特点，在 −3m，−10m，−19m 三个土层深度，分别钻取出水泥土，入模成型无侧限抗压试件，每根桩合计 24 个试件，圆柱体试件尺寸 $\phi75 \times 150$mm，标养至 7 天，14 天，28 天龄期进行 UI 试验。取样在 DSM 桩施工完半小时内开始，确保水泥土还是新鲜状态，否则水泥土硬化后，增加取样难度，无法取出样品。取样时，保证钻杆的垂直度，同时样品取出后不混合，制作试件遵照制件标准要求[4]，避免出现成型后试件出现空洞，影响实际 UI 强度。WGS 避免了 CS 钻芯取样不可避免的强度损失，同时可以观测水泥土搅拌均匀程度，及早调整搅拌工艺参数，但 WGS 缺点是养护条件、边界条件与搅拌桩中水泥土不同。限于篇幅，只给出 28 天龄期 WGS 试件 UI 强度见图 11。另外由于试验室水泥浆与土搅拌非常均匀，对比试验室和现场 WGS 水泥土 28 天龄期 UI 强度后发现，在 UC 粘土层，试验室试件强度约为现场 WGS 试件的 2.25 倍，OZ 有机质土层，约为 1.24 倍，LC 粘土质砂层约为 2.78 倍。从 WGS 结果得知，水泥掺量 373kg/m^3，$w/c=1$（要求值为 335kg/m^3，$w/c=0.7$）满足现场设计强度要求。

图 10 WGS 取样

4.4 CS

CS，即 core sample 钻芯取样（图 12），为避免过早钻芯完整性不好，成型差，在桩成型龄期达 20 天以上进行钻芯质量检测，我们采用三层套管钻杆 Triple core barrel[5]，能很好的保证钻取的芯样不被扰动破坏，保证完整性；然后沿每 2m 深度选取 1 个有代表性的样品切割加工成高径比为 2:1 试件，合计每根桩 10 个试件，再养护至 28 天龄期进行 UI 强度测试。检测结果汇总见图 13。本项目 DSM 起初 MMI 设计分 Marginal wharf 和 Open wharf，且各自又按 3 段不同深度设计强度值，为便于现场控制，后设计方全部统一为 0.74MPa 要求。从 CS 结果得知，水泥掺量 373kg/m³，$w/c=1$（要求值为 335kg/m³，$w/c=0.7$）满足现场设计强度要求。

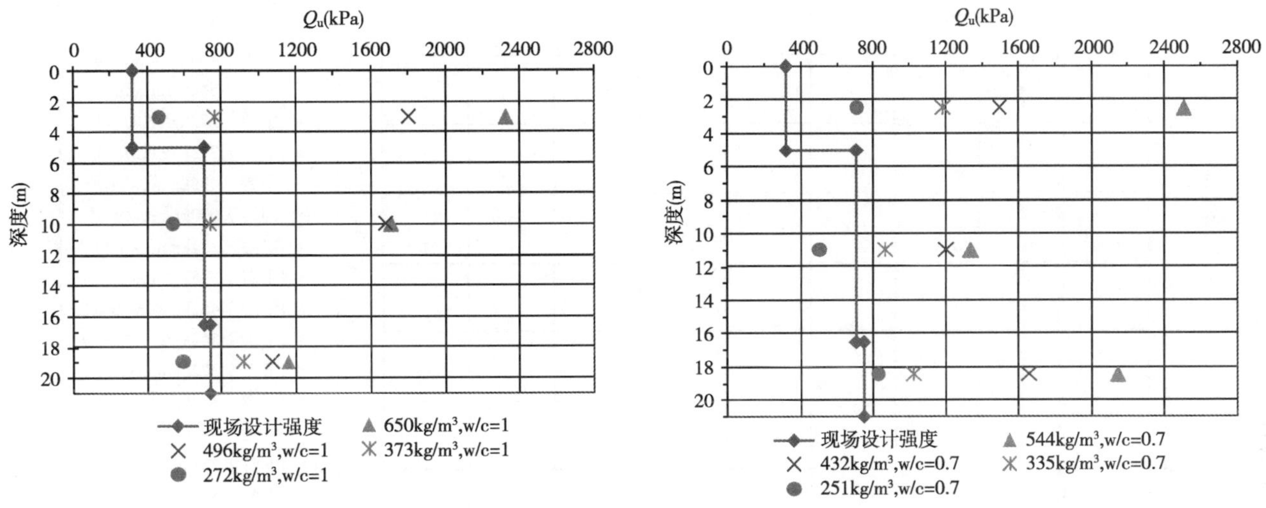

图 11　现场 WGS 不同水泥掺量 28 天强度与设计值对比

图 12　Triple core barrel 钻杆及 CS 取样

4.5　施工速度的确定

本工程配套浆泵采用 BW-250 型泥浆泵 2 台，连接至 ZLD180/85-3 三轴搅拌机两钻杆内两个喷浆管路上，泥浆泵性能见表 3，由配比 335kg/m³，$w/c=0.7$ 计算得知，每幅桩总注浆量为 13350L，即单管路喷浆量为 6675L，施工时注浆泵压力不宜小于 2.5MPa，可供选择四档，理论流量分别为 250L/min，145L/min，90L/min，52L/min，在实际试桩工艺施工过程中我们发现，水泥浆体积与土置换率需达到 30% 以上时，水泥土才能达到理想的流塑状态，即搅拌下沉时需喷浆量≥9000L，另外考虑我们三轴搅拌机钻杆直径为 φ273mm，可知三根钻杆每米提升过程中将产生 176L 空洞，这需要足够的水泥浆填补，在这些限制条件下，通过最优规划求解，得出钻机下沉时泥浆泵档位为 A1 – B3 档，双泵流量为 180L，上升时 A2 – B4 档，双泵流量为 290L/min，搅拌喷浆下沉速度为 0.4m/min，搅拌喷浆提升速度为 1.5m/min，桩底喷浆搅拌停留 1min。合计每幅桩施工用时 65min，考虑移机、定位、保养，24 小时两班作业，每日功效 20 幅桩。

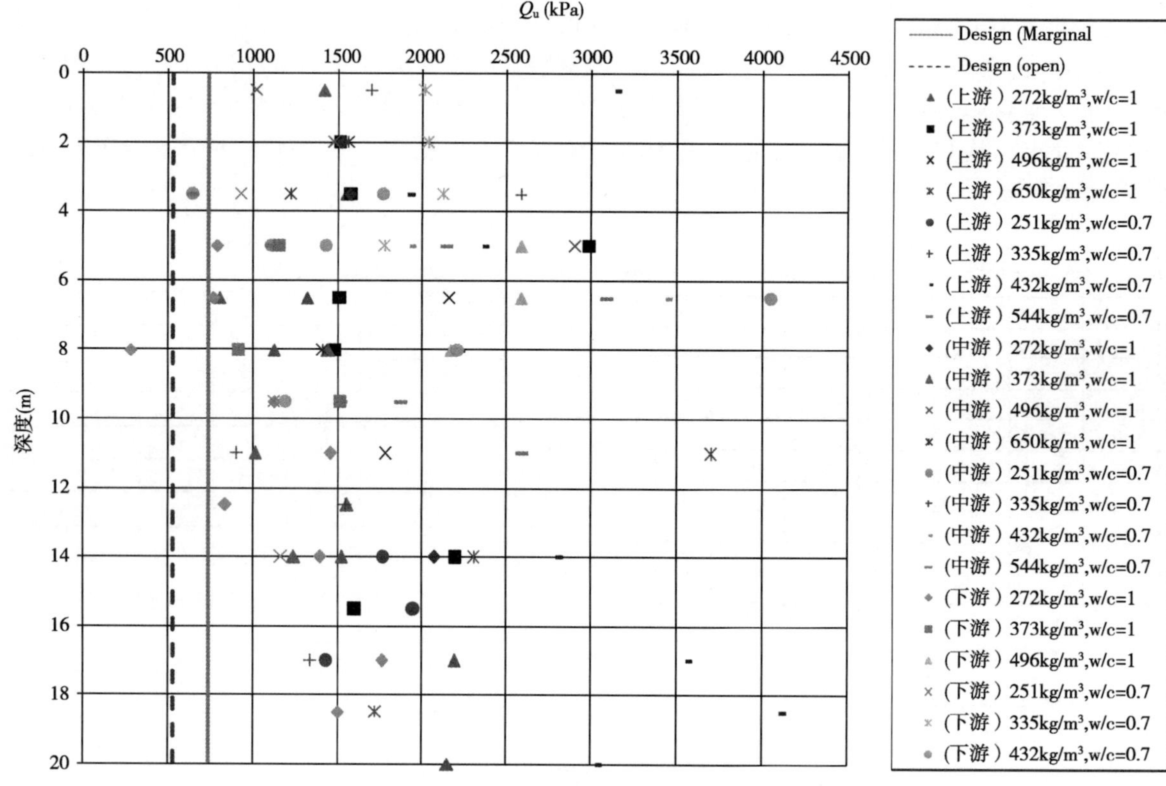

图 13　试桩不同配比桩身钻芯强度沿桩身深度分布

BW－250 型泥浆泵技术性能参数

表 3

缸径(mm)	80			
手柄位置	A2－B3	A2－B4	A1－B3	A1－B3
流量(L/min)	250	145	90	52
压力(MPa)	2.5	4.5	6.0	6.0
驱动功率(kW)	15			

结语

本工程 DSM 水泥深层搅拌桩设计目的就是保证在码头在挖泥、打桩、码头后方堆载施工过程及工后使用过程中，保证码头边坡稳定。目前码头已经投入运营，这是公司首次按照美标相关要求，DSM 在境外码头工程中成功应用，通过对本工程 DSM 技术分析和总结，以供大家参考：

(1) DSM 施工总桩数 1643 幅，处理土总方量近 5 万 m^3，经 2% 的现场浆液湿法取样和 3% 的钻芯取样进行 UI 强度试验，均满足设计要求，码头岸坡稳定。

(2) 本工程 DSM 处理区域土质，自上而下分别为粘土层、有机质层、砂层，见图 14，有机质土层：塑性指数 50，有机质含量 11%，PH 值 7.5，重度 $13kN/m^3$，含水量 50% ～175%，对比表 4，可以看出，影响水泥土强度，尤其是有机质含量≥5% 时，严重影响水泥土强度增长，有资料显示有机质含量在 10% 时，将比有机质含量在 1% 的土水泥加固后强度减少 20% ～30% [7]，我们采取降低水泥浆水灰比至 0.7，增加水泥掺量至 24% 以满足强度要求。

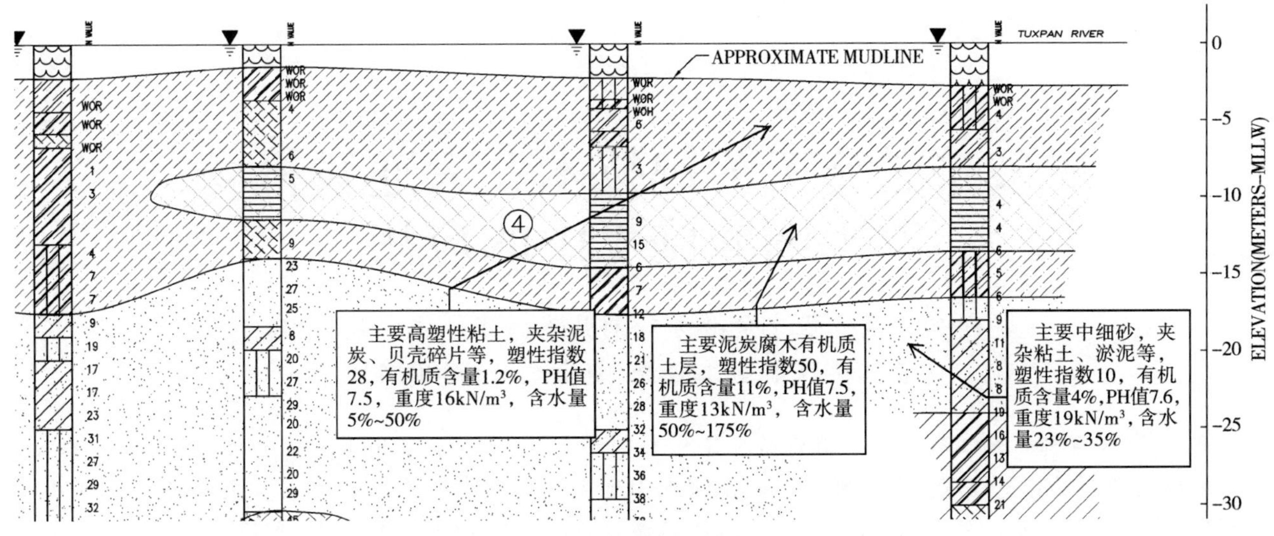

图 14　DSM 处理区域地勘资料

水下深层水泥搅拌法加固软土地基适用性指标判别[8]　　表 4

指标 / 效果	PH 值	土粒重度 γ_s(kN/m³)	天然含水率(%)	腐殖质含量(%)	有机质含量(%)	主要矿物
效果显著	≥7	≥27	≤100	≤0.6	≤5	不含伊利石
效果不显著	<4	<26	>100	>1.9	>5	含伊利石

(3)本工程 DSM 处理区域土质，粘土层和有机质层，塑性指数均大于等于 28，现场施工过程中，提钻后发现大量粘土粘附在钻头上，即“糊钻”，形成的泥团影响水泥与土拌合，严重时还出现堵塞喷浆嘴，应及时清理。

(4)本工程地质土层含水量分布差异很大(20% ~100%)，地勘显示个别土层最大含水量达 175%，施工过程中在某些区域我们也发现临近河水中翻泡，后期钻芯发现此处成桩不理想，不排除孔壁穿孔或存在地下水流将水泥浆液带走可能性，施工时采取降低搅拌钻进速度，减小关闭排气阀的措施，减小对土的扰动，以后如遇类似状况，可添加膨润土，防止水泥浆液离析，还可以防止土层孔壁坍塌、孔壁渗水，减小搅拌阻力。

参考文献

[1] Federal Highway Administration Design Manual: Deep Mixing for Embankment and Foundation Support [S],2013

[2] 范昭平，等. 有机质含量对淤泥固化效果影响的试验研究[J]. 岩土力学,2005,26(8)

[3] YBJ225 -91 软土地基深层搅拌加固法技术规程[S]

[4] ASTM D 4832 Preparation and Testing of Controlled Low Strength Material Test Cylinders[S]

[5] ASTM D 2113 Rock Core Drilling and Sampling of Rock for Site Investigation[S]

[6] 彭瑞. 水泥深层搅拌技术的发展现状及展望[J]. 中国港湾建设,2009,160(2)

[7] YBJ225 -91 软土地基深层搅拌加固法技术规程[S]

[8] JTJ/T259 -2004 水下深层水泥搅拌法加固软土地基技术规程[S]

爆破挤淤施工关键技术在大连新机场深水围堰施工中的应用

葛新兴 张 强 金敬如 刘丹忠 丁洋洋 周 麒
(长江武汉航道工程局 湖北武汉,430014)

摘 要:大连新机场工程建设采用离岸填筑人工岛方案,深水围堰采用爆破挤淤填石法施工。有效确定炸药药量以及炸药埋深等相关施工参数是深水围堰处理过程中的重点与难点。应用巧妙地利用药包药量、药包距离以及药包埋深之间的关系,对线药量设计、药包间距、药包埋深、布药水平位置、延时间隔等关键参数进行了合理选取,为深水围堰爆破挤淤填石法施工提供了依据,也保证了围堰工程的高质量完成。

关键词:机场;深水围堰;爆破挤淤;布药参数;工艺

引言

爆破挤淤施工技术经过 30 年的应用实践,在理论上取得了很大进步。对复杂地质环境、大于 20m 厚的泥层置换工程中,爆破挤淤施工可行性在项目初期就需进行论证,分析技术的可行性,进行现场试验研究。

爆破挤淤施工布药、抛填参数设计至关重要,在堤身整体稳定验算满足要求的条件下,堤身坡脚结构应主要从构造上充分考虑,以防止局部失稳。确保堤身落底达到设计标高和堤侧水下平台完整形成是防止堤身发生失稳破坏的关键,合理的爆破参数与施工方法是保证堤身整体和局部稳定的重要条件。

1 工程概况

正在筹建的大连新机场作为世界面积最大的海上机场,采用离岸式人工岛方案,造地面积约 21 平方公里。为了解决石料不足,尽量保证资源的可利用性,对机场相关配套设施用地采用吹填造地施工,吹填料来源于机场航站楼清淤换填区淤泥。

该机场工程二标段所涉及爆破挤淤围堰为 B27、B28、B29,总长度为 3291m,围堰平面布置图见图 1。根据现场观察以及测量,所形成围堰区域淤泥层较厚(图 2),且形成围堰后,在清淤换填区未进行换填时,围堰两侧高度平均差为 23.00m,对围堰稳定性要求极高。

在围堰爆破挤淤施工过程中,软土地基需要置换的石料厚度约 8 ~ 12m,药包的药量、药包埋深、药包埋设间距等相关参数无固定值,由于属于水下工程,对于石料的落底情况以及是否存在爆破后淤泥夹层难以控制,因此需要对相关的施工参数、施工工艺关键控制技术等进行研究和讨论。

2 爆破挤淤施工原理

爆破挤淤泥填石法(又名泥石置换爆破挤淤)是海底软基处理的一种方法,是通过爆破的办法清除海底的淤泥,实现淤泥和石料的置换。置换厚度宜取 4 ~ 20m,置换厚度小于 4m 或大于 20m 时,应该进行经济与技术论证。大连新机场吹填工程围堰施工淤泥层在该范围内，可参照《水运工程爆破技术规范》(JTS 204—2008)相关经验公式。

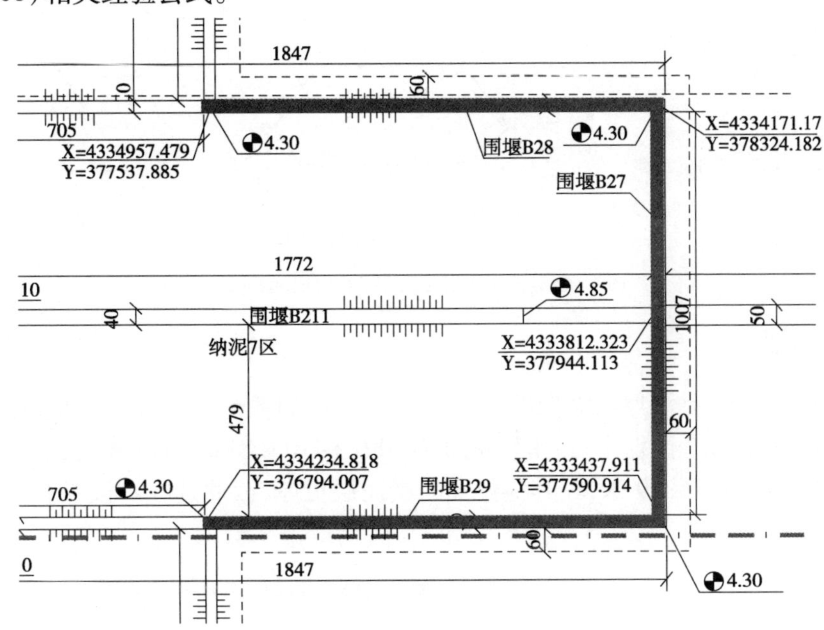

图 1　围堰平面布置图

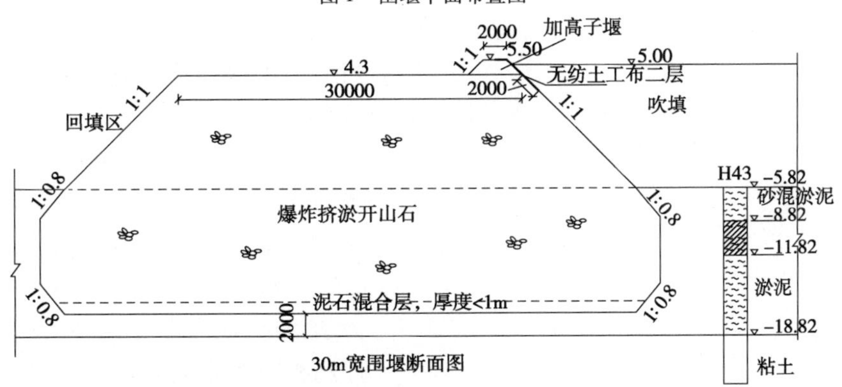

图 2　30m 宽围堰 B27 断面图

深厚淤泥爆破挤淤是在抛填堤头"泥—石"交界面前方 2～3m 距离、深度在 0.4～0.6 倍的淤泥层厚度处布设群药包，炸药爆炸将淤泥挤向四周并压缩成坑，在爆炸超压、振动与冲击等荷载共同作用下，所回填的石料定向滑至爆坑。爆破挤淤时，淤泥内部可以视为处于瞬时不排水状态。强大的爆炸冲击力将深层淤泥扰动，使其结构强度大大降低，造成深层淤泥沿轴线方向定向滑移的条件。爆后再次抛填，随抛填自重荷载的增加，当被爆炸应力波扰动的深层淤泥内的剪应力超过其抗剪强度时，抛石体沿滑移线朝轴线方向定向滑移下沉，实现泥石置换。爆破挤淤作用见图 3，排淤方式和形成平台过程见图 4。

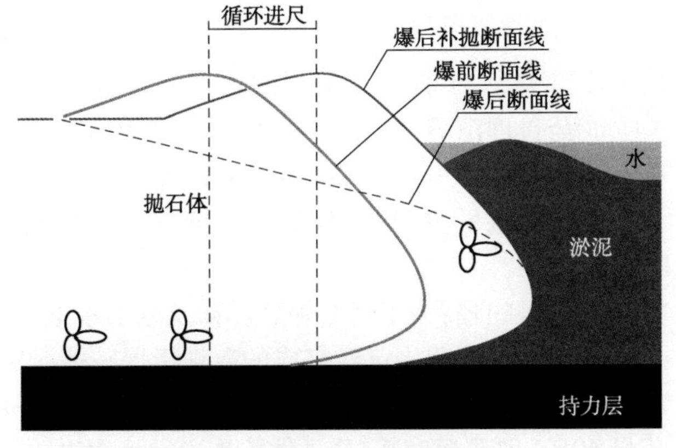

图 3　爆破挤淤作用示意图

3　爆破挤淤施工工艺及参数确定

3.1　爆破挤淤施工流程

依据爆破挤淤施工原理及现场实际情况，爆破挤淤施工流程见图5。

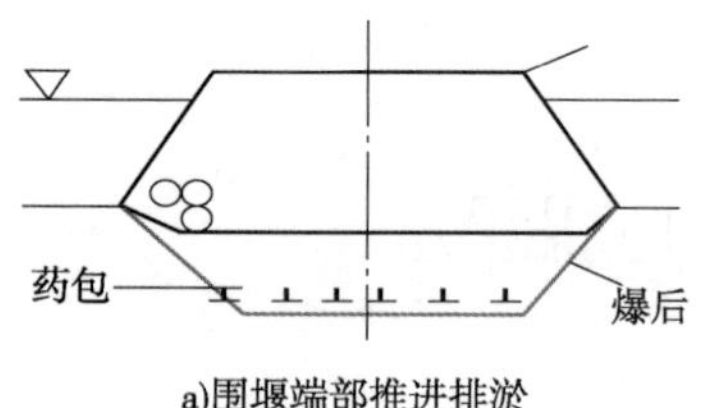

a)围堰端部推进排淤

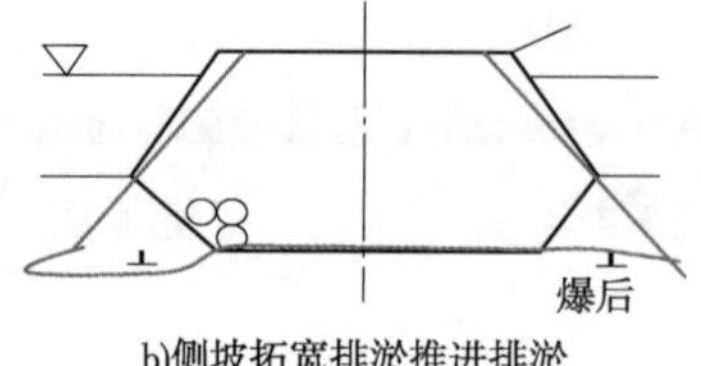

b)侧坡拓宽排淤推进排淤

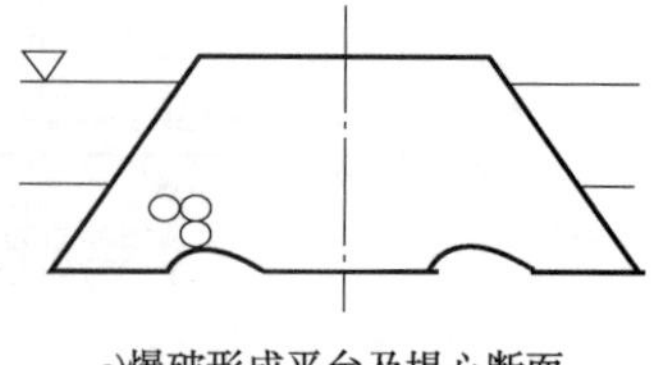
c)爆破形成平台及堤心断面

图4 爆破挤淤排淤方式和平台形成示意图

3.2 试验段选取

合理采用爆破施工参数，是深厚淤泥爆破工程中泥石置换的关键。为寻求最优的施工参数，本工程选取围堰B27、B28、B29中B27围堰中点，里程桩号为BK0+410～BK0+610作为试验段，本段淤泥层实际测量的原泥面平均标高为-5.19米，较其他位置的淤泥层更厚，因此选在本段进行爆破挤淤施工更具有代表性。

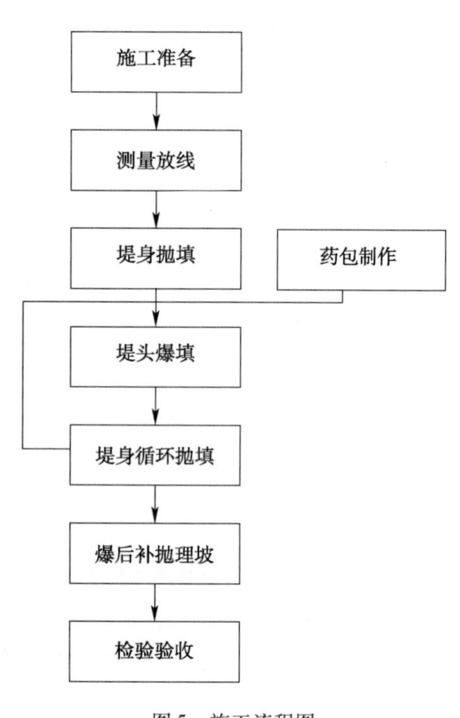

图5 施工流程图

3.3 爆破参数分析确定

爆破参数：本工程考虑到淤泥及淤泥沙层的工程特性，取单耗为0.2～0.3kg/m³。主要参数如下：

①线药量设计：根据爆炸法处理水下软基经验公式，堤端爆填单位长度上药量：

$$Q_1 = q_0 L_s H_m$$

式中：Q_l——线药量，kg/m；

q_0——爆破挤淤单位体积淤泥的耗药量，kg/m³，系数q_0的影响因素较多，综合考虑包括淤泥的物理力学指标，淤泥深度，石料块度情况，覆盖水深，炸药种类等影响爆破效果的可能因素，同时借鉴其他类似工程的经验，本工程取值范围应在0.2～0.3之间。

L_s——次推填的循环进尺(m)，本工程取值5～8m；

H_m——置换淤泥层厚度(m)，含淤泥包隆起高度，本工程取值8～12m。

②药包间距：药包间距与单药包爆炸产生的爆坑或空腔的大小有关，本工程取3.0～4.0m。

③药包埋深H_B的设计：根据《水运工程爆破技术规范》中的药包埋深与覆盖水深，海水、淤泥重度等有关。本工程H_m=8～12m，H_w=6m(平均水深)。

④布药水平位置：根据爆破爆坑或空腔的大小，本工程在填石与泥面相交的前方2～3m的位置布药。

⑤延时间隔：为了降低爆破震动及减小水下冲击波的强度对周围环境的影响，控制一次齐发。

结合该项工程中已经完成的南护岸爆破挤淤实施效果，对计算得到的参数进行纠偏。堤端爆挤采用堤端前与堤侧布药方式相结合的方式，布药间距3m，堤端前布药个数11个，堤侧分别布药2个，单药包药量40kg，埋药深度9m。具体施工参数见表1。

爆破参数确定值　　表1

爆炸参数	堤顶宽度(m)	30
	堤顶爆前抛填标高(m)	5.3
	堤顶爆后标高(m)	4.3
	每炮抛填进尺(m)	10
	药包间距(m)	3
	单药包重量(kg)	40
	药包埋深(m)	9
	药包平面位置(距堤头前泥石交界)(m)	3
	堤头药包个数	11
	堤侧药包个数	4
	一次爆炸药包个数(个)	15
	一次爆炸用炸药量(kg)	600

3.4　布药工艺

由于施工区域淤泥滩面较高,采用布药船布药吃水深度不够,同时受潮水及风浪影响较大,布药时间较长,难以保证乘高潮爆破。爆破挤淤爆破起爆时间尽可能选择在潮水覆盖后进行,使爆破后淤泥与海水充分混合,提高淤泥流动性使海水退潮时带走一部分淤泥,同时减小爆破所带来的振动。

综合考虑,采用陆上布药方式,药包埋深深度为9m,选择改良后的陆上长臂挖掘机连接布药器进行布药。长臂挖掘机臂长17m,布药管长12m,并对传统布药筒进行改装,保证既能满足布药深度要求,又可以大幅度提高布药速度。同时受风浪及潮水影响较小,满足乘高潮爆破的要求。

4　爆破挤淤效果检测与分析

为了检验爆破试验参数是否合理,炸挤淤形成的海堤是否符合要求,需要对爆破效果进行检验。

4.1　落底深度

采用体积平衡法计算分析,在爆破施工期按照实际抛填方量进行统计,测量爆炸处理后的所形成的堤身断面。根据计算和测量数据可知,落底深度超出设计深度,体积平衡结果显示落底超深,按照《水运工程质量检验标准》(JTS 257—2008)中超深允许误差为 -1m,在允许范围之内。

4.2　泥面处堤身边线标高检测

采用水深测杆对围堰泥面处堤身边线进行检测。试验段选取20米为一个断面,每个断面检测2个点。根据检测结果,水深测杆标高与设计标高的高差均在《水运工程质量检验标准》(JTS 257—2008)要求范围内,检测均为合格。

4.3　沉降位移观测

为了观测施工过程中围堰堤身的沉降和位移,沿围堤轴线方向每隔50m布设沉降观测点。排除GPS测量受坐标系、潮汐现象等因素影响误差,沉降值在一个值范围上下跳动,在整个试验段施工过程中,未发现异常位移与沉降,围堰基本处于稳定状态。

4.4　钻孔探摸检测及分析

按照《水运工程质量检验标准》,并参考最新水工图纸设计说明钻孔探摸要求,由报告数据可以看出平均超深在0.81～0.965m，各断面均未出现淤泥夹层，泥石混合层满足设计小于1m的要求，且堤身落底超深控制在+1m范围内。

结语

爆破挤淤施工工艺在应用于深水围堰时应在常规爆破挤淤方法的基础上进行技术攻关。

本研究在大连新机场工程建设项目中，结合潮汐特征，研究如何合理巧妙利用药包药量、间距及药包的埋深确定了关键参数，同时采用合理的施工工艺。按照试验段中的试验爆破参数对大连新机场深水围堰爆破挤淤施工中未发现质量问题，按照水运工程质量检验标准以及业主的检测标准，爆破挤淤施工围堰均按照设计要求落底，且未发现淤泥夹层现象。通过工程实践，保证了大连新机场工程围堰的高质量完成，也为深水围堰爆破挤淤填石法施工提供了参考依据。

参考文献

[1] 余海忠.抛石爆破挤淤筑堤的机理及检测方法研究.[D]中国铁道科学研究院,2012

[2] 俞元洪.深水条件下深厚软土地基的爆破挤淤处理技术研究.[D]中国铁道科学研究院,2011

[3] 郭雪珍,陆正,王学兵.宁德核电站大面积爆破挤淤施工技术应用[J].工程爆破,2014(1)

超长大直径组合管桩海上沉桩施工技术

张　祥
（中国铁建港航局集团有限公司第二工程分公司，浙江宁波，315000）

摘　要：随着我国水运事业的迅速发展，港口码头建设逐渐趋于大型化、深水化、离岸化，新建码头所在位置的地质条件更加复杂，持力层埋藏更深。为保证高桩码头基桩进入良好持力层和满足桩基承载力，桩基设计普遍采用长桩结构（混凝土大管桩、钢管桩、钢混组合桩）。本文以温州港状元岙码头项目为研究背景，从组合桩的优缺点分析、桩锤选择、吊桩计算、沉桩质量等各方面综合研究，来探讨恶劣海况条件下超长大直径组合管桩海上沉桩施工技术。

关键词：大管桩；合桩；超长大直径；吊桩；沉桩技术

引言

后张法预应力混凝土大管桩具有强度高、密实度高、孔隙率低、吸水率低、耐久性好、耐锤击性能好、抗腐蚀能力强等优点；其使用年限长，防腐维护费用低。但其穿透能力弱，重量超重，难以起吊，2002 年东海大桥项目就曾因其穿透能力弱将所有大管桩改为钢管桩，其后几个类似项目如 2004 年杭州湾大桥项目均采用钢管桩，2012 年港珠澳大桥项目使用复合桩基（钢管桩 + 砼灌注桩）。钢管桩穿透力强、重量轻，但价格高，维护费用贵。

大管桩组合桩结合钢管桩与大管桩的优点，具备穿透力强、不需专门的钢管桩防腐设计和维护等特点。

超长大管桩组合桩虽有应用实例，但在理论和实践上都缺乏深度研究。

温州港状元岙二期码头项目采用桩长达到 87m，桩重超过 90t 的组合桩。本文主要研究超长大管桩组合桩在实际施工中的应用技术。

1　项目概况

我公司承接的温州港状元岙港区二期码头试桩工程拟采用 $\phi1200$ 预应力砼大管桩组合桩型，即桩身上、下管节采用上节 64m 长的 $\phi1200$ 预应力混凝土大管桩和下节 23m 长的 $\phi942$ 钢管组成，总桩长达 87m，未来码头区桩总数超过 1200 根。本试桩共 10 根桩，预估试验最大垂直极限承载力标准值 10500kN。

本项目对桩基进行高应变、垂直静载荷、水平静载荷，吊桩过程桩身应力试验来验证桩身完整性与承载力特性。

2　主要施工工艺流程

根据本类工程特点，采用 GPS 系统进行沉桩测量定位；根据现场实际情况绘制沉桩顺序，校验是否碰桩；打桩船及运桩方驳就位抛锚；桩锤、替打、桩垫选择；桩船移位吊装、立桩入笼口；桩船定位、压桩、锤击沉桩。

3 桩锤选型

合适的桩锤是沉桩的关键,替打(包括桩垫和锤垫)是桩锤与桩之间的能量传递设备,也是使能量损失最多的设备,替打结构的合理选择将大幅提高能量的利用率。根据《长管节后张法预应力混凝土大管桩设计与施工规程》(DB33/T 927—2014),D128 锤可达到的极限承载力≥11000kN,本工程要求达到极限承载力 10500kN。

适合本类工程的桩锤主要有 D128,D138,D160,这三种桩锤的性能比较见表 1。

D128,D138,D160 这三款桩锤性能比较表 表 1

筒式柴油打桩锤技术参数	型号	D128 (1:3/1:1)	D138 (1:3/1:2)	D160 (1:3/1:2)
上活塞重量	kg	12800	13800	16000
每次最大打击能量	Nm	426500	459800	533000
打击次数	min^{-1}	36 ~ 45	36 ~ 45	36 ~ 45
作用于桩上的最大爆发力	kN	3600	3900	4500
适宜打桩规格最大为	kg	70000	80000	120000
导向板中心间距 L	mm	600(×ϕ102)	600(×ϕ102)	

选择桩锤时,须考虑桩的形状、尺寸、重量、入土长度、结构形式以及土质、水文等条件,并掌握各种锤的特性。桩锤夯击能量必须克服桩的贯入阻力,包括克服桩尖阻力、桩侧摩阻力和桩的回弹产生的能量损失等。如果桩锤能量不能满足上述要求,则难以将桩送到设计标高。鉴于本工程地质为软粘土,桩身入土较长,根据重锤轻打的原理,本类工程沉桩可采用 D－138 型柴油锤沉桩施工。在正常情况下,锤的能量可用锤击数/分钟控制。ϕ1200mm 的混凝土大管桩用三档施打。在施打过程中,要注意观察桩顶的完整性。D138 锤性能见表 2。

D138 桩锤性能表 表 2

锤型	锤重(t)	活塞重量(t)	总长(m)	冲击次数(min^{-1})	最大爆发力(kN)	每锤打击能量(kN · m)
D138	27.3	13.8	7.6	36 ~ 45	3900	459.8

4 吊装工艺

4.1 吊点计算

(1)根据桩型,预制场实测桩身每米重量 q,桩身最大抗裂弯矩值,桩身直径 R 等数据。

(2)根据悬臂梁弯矩计算公式 $M = 0.5qL^2$,计算出桩身的最大弯矩 M_{max}。q 为桩身自重均布荷载,即桩身每米重量;L 为悬臂端长度。

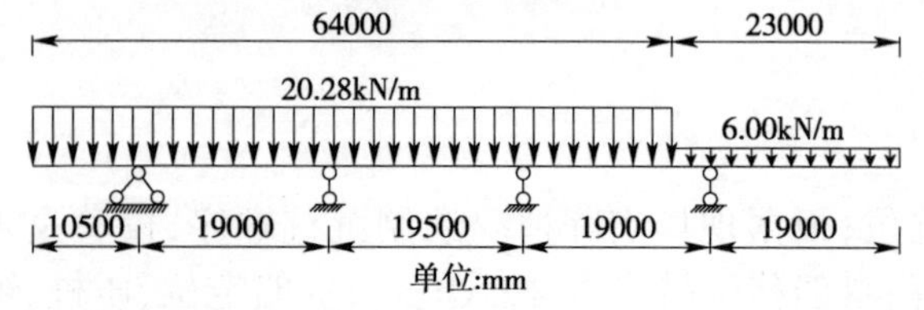

图 1 荷载分布图

(3)分析荷载情况,根据桩型,并乘以动力系数与作用分项系数,D1200B32－2 大管桩重量为 13kN/m。右端 23 米钢管桩厚度 16mm,外径 942mm,每米重量为3.85kN/m。按:《港口工程桩基规范》(JTS 167－4—2012)乘以动力系数 1.3 与作用分项系数 1.2 之后为20.28kN/m 与 6kN/m。取如图 1 所示分布情况。

a. 均布荷载,20.28kN/m,荷载分布:左端64.00m;

b. 均布荷载,6.00kN/m,荷载分布:右端23.00m。

(4)根据经验给出吊点方案,并使用连续梁计算软件进行计算,在吊装过程中,钢管段因桩身自重弯矩产生的最大应力值小于钢材的许用应力值,符合要求。

(5)优化吊点方案,根据计算结果,按实际需要,微调吊点方案,使得最大弯矩 M 值最小,连接处弯矩最小,确保连接处安全。经过计算,本项目选定吊点布置方案如图2所示。

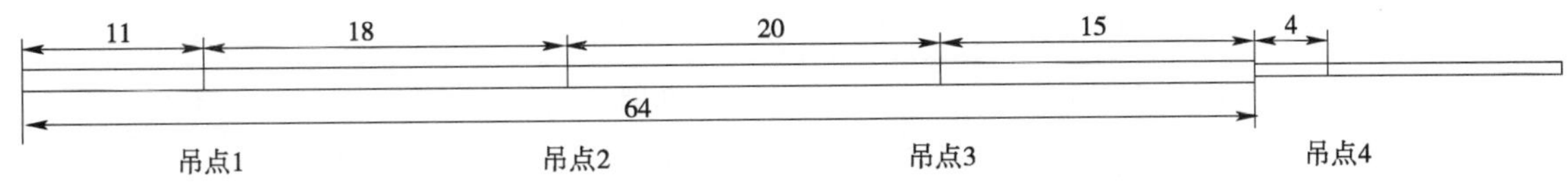

图2 吊点分布图

4.2 移船吊桩操作要点

根据计算得出吊点布置方案后,在实际实施中将遇到以下问题:若所有吊点均在混凝土桩身上,实际施工中吊绳解绑是由位于桩架升降平台上的工人手动解绑,但根据计算,最后一个吊点将处于钢管桩上,那么桩身直立后该吊点将在抱箍以下,升降平台无法到达的位置,海上作业情况复杂恶劣,若由人工攀爬解绑危险系数较大,因此本工法采用了远程解绑的方法,具体如下:

a. 捆绑方法

捆桩时,钢管桩上吊点处的卡环插销稍作改变,插销尾端较长且无螺纹,插销头端与长钢丝绳连接,钢丝绳另一端由打桩船上的一名工人控制。捆绑钢丝绳缠绕两圈后,套上卡环,将插销完全插入卡环即可,在起吊过程中,卡环及插销接触处受力较大,不会发生松动(图3、图4)。

图3 钢丝绳捆绑远景

图4 钢丝绳捆绑近景

b. 解绑方法

待桩在各吊点钢丝绳的调解下慢慢扶正至竖直状态后,慢慢放松钢管桩上吊点连接的主钢丝绳,待钢管桩上的捆绑钢丝绳至放松状态,然后打桩船上的工人用力拉无螺纹插销上连接的钢丝绳,将无螺纹插销拔出,捆绑钢丝绳自动松开,卡环用细绳子绑在用于捆绑的钢丝绳上,与钢丝绳一起脱离钢管桩,至此,解绑完成。

5 实际施工结果

5.1 实际吊桩过程应力状况(表 3)

吊桩过程桩身应力应力统计表

表 3

序号	测点距桩底距离(m)	水平吊应力值(MPa)	立吊应力值(MPa)
1	3.92	-0.17	0.21
2	8.72	-0.88	0.50
3	11.52	-1.32	0.75
4	14.52	-2.01	0.91
5	18.32	-3.64	1.06
6	23.50	-2.29	1.36
7	34.52	-0.33	0.37
8	41.00	-1.76	0.51
9	42.52	0.73	0.56
10	49.62	1.67	0.59
11	51.72	1.11	0.75
12	58.00	-1.75	0.84
13	61.00	-1.40	0.82
14	65.52	-0.03	0.28
15	69.00	0.15	0.36

备注:水平吊时测试部位为上部测点。

吊桩过程中主要受拉部位为上部;

基桩在水平吊和立吊过程中,测试桩身的应力分布。桩身应力采用预埋在桩身的传感器进行测试,考虑起吊过程的动态变化,传感器采用弦式传感器。本工程所用大管桩为 D1200B32-2 型,截面惯性矩为 0.0706,混凝土强度不小于 C60,其设计混凝土预压应力为 10.93MPa;

大管桩为圆环等截面长管,应力 σ 与弯矩 M 的关系为 $\sigma = M \cdot Y/J$,其中 Y 为应力点到中性轴的距离,J 为截面惯性矩。

$$Y=0.55, J=0.0706。$$

根据应力最大绝对值计算,平吊时桩身最大弯矩为 513kN·m < 1640kN·m,实际吊桩中满足要求。(计算时考虑相关安全系数,且传感器位置并非在最大弯矩处,因此与计算数值有出入)

其最大拉应力值 3.64MPa < 10.93MPa;

最大压应力 1.67MPa + 10.93MPa < 60MPa。

结果符合规范要求。

其连接处应力为 0.15MPa,亦达到本设计保护连接处之目的。

5.2　高应变检测结果(表4)

温州港状元岙港区二期工程试桩高应变监测表　　表4

桩号	测点下桩长(m)	入土深度(m)	沉桩日期	测试日期	最大锤击能量(kJ)
S1	84.0	56.35	2014.01.07	2014.01.07	62.0
	84.0	57.35			72.2
	84.0	58.35			86.7
	84.0	59.35			91.5
	84.0	60.35			96.2
	84.0	61.35			112.6
	84.0	62.35			134.3
	84.0	63.35			137.9
	84.0	64.35			169.2
	84.0	65.35			169.2

注:本工程高应变检测均由 D-138 锤提供锤击能量,测试数据表中提供的最大锤击能量为传感器接收到的该锤次能量峰值。由表4可知,测试最大能量值为169.2kJ。

根据沉桩记录及高应变检测结果、沉桩后桩头完整度照片可知,本工程选用的桩锤、替打、桩垫适用于实际施工需要。

5.3　承载力检测

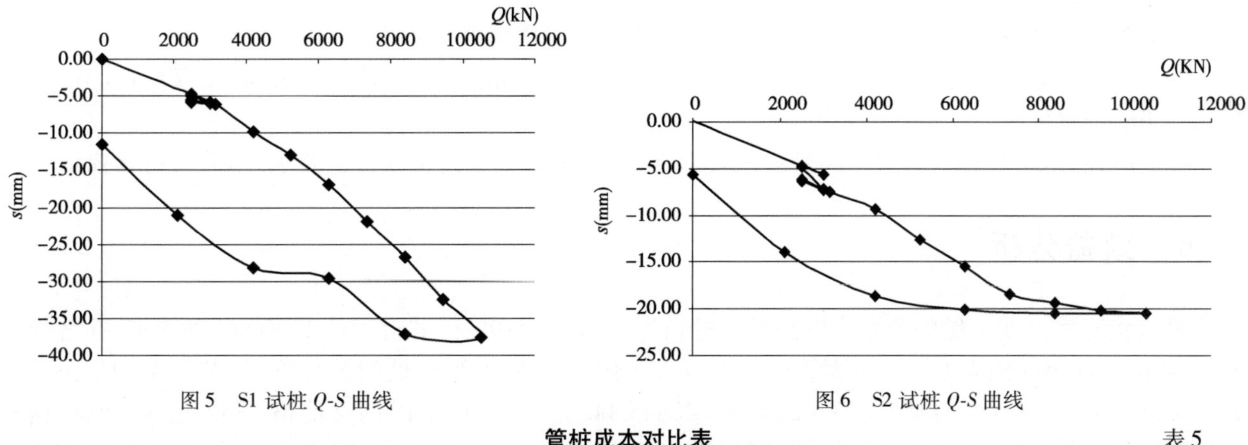

图5　S1 试桩 Q-S 曲线　　　图6　S2 试桩 Q-S 曲线

管桩成本对比表　　表5

桩型	直径(m)	每延米成本(元)	备注
钢管桩	1.2	2500	长管节大管桩按 CD1200－32 型计算;钢管桩按照 20mm 厚度计算,不包含防腐。
长管节大管桩	1.2	1450	
钢管桩	0.942	2000	

5.4　S1,S2 试桩的垂直极限承载力分析

根据《港口工程桩基规范》(JTS 167-4—2012)12.3.8 条规定,S1、S2 组试桩垂直极限承载力不小于10500kN。

5.5 水平试桩

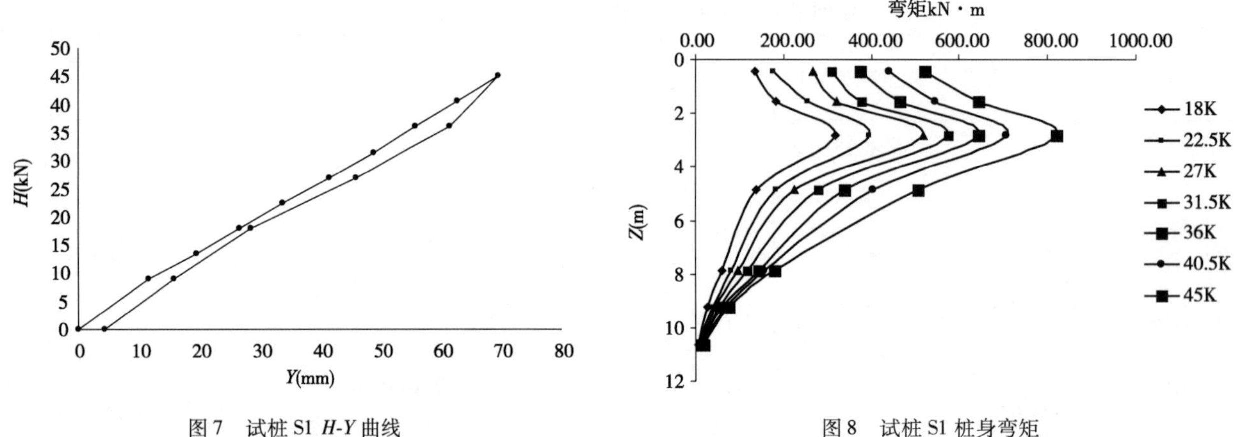

图7 试桩 S1 H-Y 曲线　　图8 试桩 S1 桩身弯矩

由图7和图8可知,桩顶最大水平荷载45kN时,桩身最大弯矩为820kN·m,桩身最大弯矩点在泥面下2.8m处,H-Y曲线没有出现明显拐点,说明未达到水平极限荷载。

5.6 关于承载力的结论

1)桩基动测

(1)本工程高应变检测均由现场打桩船配置的D－138锤提供锤击能量,测试数据表中提供的最大锤击能量为传感器接收到的该锤次能量峰值。本项目测试最大能量值为192.3kJ。

(2)试验结束后所测10根桩桩身完整性均为Ⅰ类桩,桩身混凝土结构完整。

2)抗压静载荷试验

两组试桩的垂直极限承载力均不小于10500kN。

3)水平静载荷试验

(1)本工程S1水平极限承载力不小于45kN,S2水平极限承载力不小于60kN。

(2)本工程检测S1水平试桩桩身弯矩最大值为820kN·m,S2为1038kN.m,最大弯矩在泥面以下2.0~3.0m位置处。

综上所述,沉桩过程桩身应力满足规范要求,沉桩结束后桩身完整性符合要求,承载力符合要求。

6 效益分析

温州状元岙二期工程单个泊位桩基设计桩长为87m,共519根,采用直径1200mm钢管桩,在替换成上节64m长ϕ1200预应力混凝土大管桩和下节23mϕ942的钢管组合桩的情况下,可节省费用如下:$519\times87\times2500-519\times(64\times1450+23\times2000)=40845300$元。(本价格以钢材价格3350元/吨计算,钢材价格超过1350元/吨,组合桩均较钢管桩存在较大经济优势)(不含钢桩防腐及后期维护费用,防腐涂层单价约220元/米,如果包含阴极防腐则费用更高)(船舶型号选择主要看桩长,与桩型相关度较小,两种桩型的施工难度与经济基本相等)这将使码头桩基建造成本节省36%左右,同时使整个码头建造成本节省21%左右;

(1)超长组合大管桩比钢管桩性能高、造价低,价格是同类钢桩的1/2以下,它能取代部分钢管桩,可使大型码头的成本下降20%以上,普及使用可降低同类地区深水码头建设投资。

(2)改良的吊点布置可有效减小桩身应力,使得应力分布更加合理,降低吊桩中桩身破坏概率,降低施工经济损失。

(3)通过载荷试验,得到了长管节大管桩组合桩相关参数,为该类型桩推广应用提供了可靠依据。

(4)给出吊点计算与实际吊桩组合桩桩身应力情况对比,解决了海上超长桩工程吊桩技术难题;

(5)针对位于打桩船操作平台以下的吊点,采用了“拉扣法”,提高了吊桩钢丝绳脱扣的效率,降低了施工风险,提高了施工效率。

结语

(1)经工程实践证明,组合大管桩有效地降低了成本,改善了管桩力学性能。

(2)经施工验证,在大管桩组合桩钢管桩部分较长时,吊点设置在钢管桩上是可行的,且能有效减小吊装过程中,钢混连接处应力。

参考文献

[1] JTS 167-4—2012,港口工程桩基规范[S]

[2] 蒋挺华.海洋工程中长桩吊桩工艺的研究[J].科技风,2011(05 下),136

[3] 侯贵欣,孙宝忠.如何确定不同吊点下的最大吊桩长度[J].港口工程,1990(02).46-48

[4] 周枝荣,邹颋.超长组合桩在外海深水码头中的应用[J].中国港湾建设,2014 年(02).55-58

[5] 谢汉林,夏润京,黄增财.大能量柴油打桩锤替打结构的优化与应用[J].公路,2006(03).114-119

冲击钻配合回转钻成墙新工艺

陈德银　张洪波　唐蔚东
（中交二航局第一工程有限公司，湖北武汉，430040）

摘　要：液压抓头及冲击钻是大型地连墙施工的主要装备，但在海外工程中，往往受到当地施工设备不足等因素的制约，难以满足需要。本文介绍了在仅有两台回转钻、一台冲击钻以及泥浆净化机等有限设备资源的情况下，结合当地现有资源条件，通过进行技术革新，探索地连墙施工新的工艺装备，来满足纯海水环境中沙层地连墙施工的需要。

关键词：地连墙；冲击钻；回转钻；砂层；成槽

1　工程概况

沙特 MA'ADEN 取排水项目主要包括取水口结构、排水口结构以及为上述结构进行施工所必需的开挖、降水、阴极保护作业和道路、照明、围栏、地下管线等其他辅助设施。其中取水口主体结构采用地下连续墙作为围护结构，与沿海侧临时钢板桩封闭后作为防渗结构，在降水系统的作用下实现了干施工。地下连续墙平面呈上“槽口”状，全长 198.46m，墙厚 1.0m，墙深为 17.3 ~ 18m，水下混凝土方量 3793m^3，共 31 个槽段，单槽长度为 5.7 ~ 6.8m。施工前期液压抓斗因国际调遣原因未及时到达施工现场，采用冲击钻机配合回转钻机成槽新工艺，施工后期采用液压抓斗直接成槽的传统工艺。

地连墙的施工是本项目的关键线路，而冲击钻配合回转钻成墙的工艺尚无成功经验可借鉴。控制泥浆护壁效果成为本工程实施过程中的第一个难点，第二个难点在于划分槽段以及合理安排单孔施工先后顺序。

2　施工方案的确定

2.1　槽段的划分[1]

对 31 个槽段划分成四种典型槽段，分别为左右翼的 6.82m 槽段，左右侧的 5.7m 槽段，底部的 6.2m 槽段，四个拐角的 7.55m 槽段，槽段划分见图 1。

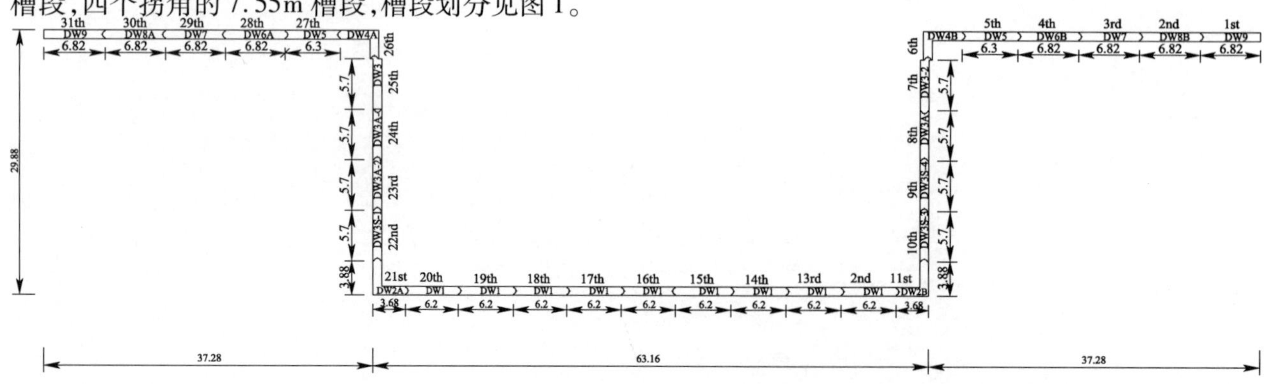

图 1　槽段划分图（单位：m）

2.2　成槽方法

(1)本工程前期施工左右两翼长度为6.82m槽段时利用冲击钻机配合回转钻机成槽工艺,采用“赶羊式”施工。在首开幅槽段中,长度为6.82m的槽段共划分为七个孔,如图2所示(图中标注单位为cm),其施工总体顺序为先利用回转钻机“反循环”施工主孔(1、3、5、7),后施工副孔(2、4、6),在施工到4号孔的时候,便可以调用冲击钻机[2],利用特制的方形钻头(如图3,尺寸为1.5m×1.0m×4m,为了保证施工槽段端的垂直度,左右两侧各有四个齿,并在一侧焊有与接头板形状吻合的钢刷,可以刷洗接头)开始从槽孔的一端打小墙,由于主副孔之间已经联通,故冲击钻机打小墙沉淀到槽孔底部的泥沙便可以被回转钻机打副孔时利用反循环清出孔外,从而大大节省了造孔时间。

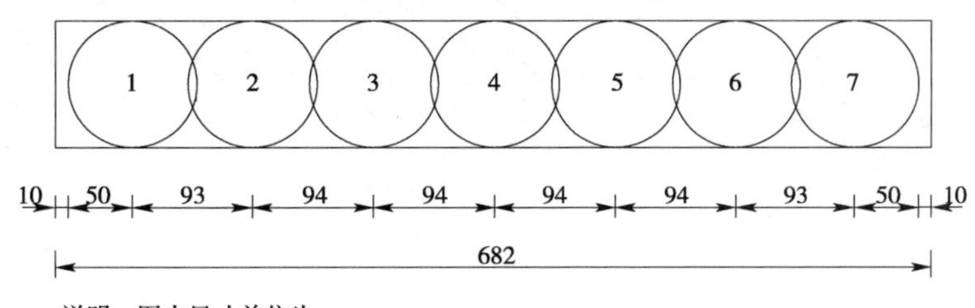

图2　冲击钻配合回转钻成槽示意图(首开幅槽段)

在后续槽段施工中,考虑到邻近已经浇筑混凝土的槽段的影响,槽孔划分相同,施工顺序有所改变,如图4所示。在前面槽段浇注以及等待混凝土初凝过程中,后续槽段便可以利用回转钻机先施工3、5、7号主孔,预留1、2号孔后期开钻是为了提供对已经浇筑但未初凝的混凝土以挡土墙的作用,防止前面槽段混凝土击穿槽孔,待混凝土初凝后,施工1、2号孔,然后利用冲击钻匹配特制重凿处理接头板,最后在回转钻机钻其他副孔的同时利用方形钻头依次打小墙,直至成槽。

(2)本工程后期利用液压抓斗纯抓法成槽工艺[2],长度为6.2m的槽段分为三抓,长度为5.7m的槽段分为两抓,具体原则是先抓槽孔内要下设接头板的一端以确保第一抓是满抓,从而保证下设接头板的垂直度,再抓去靠近接头板的一抓,最后抓取中间小墙(长度为5.7m的槽段只有两抓,没有小墙)。如图5所示。

图3　特制方形钻头

2.3　清孔换浆

(1)清孔换浆方法

槽孔终孔并验收合格后,采用泥浆净化系统联合进行清孔换浆,本工程利用有限资源,结合自身特点,自创了利用浇筑导管回转钻机反循环清孔的新工艺,具体方法为利用回转钻机反循环将槽孔底部含有大量泥沙的浓浆通过浇筑导管抽出孔外,经过泥浆净化机除砂,检测合格后流回孔内,根据槽内浆面和泥浆性能状况,加入性能合格的新浆以补充和改善孔内泥浆性能,如此循环往复,直至槽孔内泥浆性能达到清孔验收检验的标准。与以往空压机配合四寸管清孔相比,本工艺大大提升了除砂效率,使每个槽孔的清孔时间控制在2小时以内,从而节省了工期。

(2)清孔换浆质量标准

本工程地连墙处于纯海水环境,对海水泥浆的要求远比淡水泥浆或者受潮汐影响的淡海水混合泥浆高,泥浆指标的控制好坏决定地连墙的成败。成槽过程中采用膨润土泥浆护壁,泥浆护壁的效果成为本

工程实施的难点之一,清孔换浆的质量控制主要措施包括:

说明:图中尺寸单位为mm。

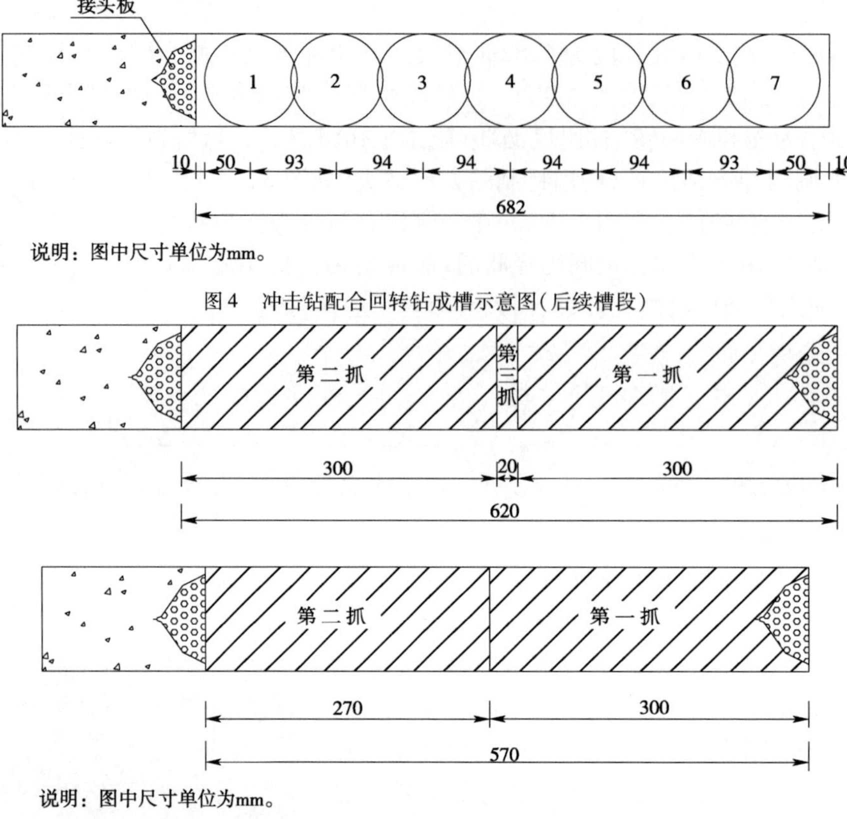

图 4　冲击钻配合回转钻成槽示意图(后续槽段)

说明:图中尺寸单位为mm。

图 5　抓斗纯抓法成槽示意图

①严格控制新制泥浆性能,调整配合比,满足槽孔稳定和固壁要求;

②循环泥浆性能检测,质量未达到标准的泥浆应及时改善,措施包括调整材料用量、加入高质量的泥浆混合,被严重污染的泥浆予以废弃。

清孔换浆工作结束后 1h,进行检查,合格标准为:

孔底淤积厚度≤10cm;密度≤1.15g/m^3;马氏漏斗粘度 32 ~ 50s。

结束语

(1)槽孔质量全部满足要求,施工任务按期完成,这表明击钻配合回转钻成墙的新工艺是成功的。

(2)由回转钻进行单孔施工,由冲击钻配合特制钻头凿除单孔之间的小墙,并利用泥浆净化机联通回转钻反循环泵配合浇筑导管进行清孔,可有效地提高施工效率。

(3)采用接头板工艺并下设橡胶止水带进行墙体连接,墙体接缝质量良好,符合设计要求。

参考文献

[1] SL174 - 96,水利水电工程混凝土防渗墙施工技术规范[S]

[2] 郑攀,龙溪. 某工程深基坑地下连续墙施工技术[J]. 江西建材,2014(17):60-61

大面积吹填淤泥质土交工标准的确定

杨冠川　张旭东　方　伟
（中交上海航道勘察设计研究院有限公司，上海，200120）

摘　要：当前沿海滩涂吹填工程砂料资源俞显匮乏，水力吹填淤泥质土上滩再进行地基处理成为形成陆域的常用工艺，在江苏苏北地区、浙江温台地区有大量工程实例，但吹填淤泥质土的交工标注却不尽相同，吹填工程的质量直接影响到后期地基处理的质量，对工程的质量起到关键作用。本文结合温州某工程实例，从标高、平整度及土质三方面对吹填淤泥质土交工标准进行分析、确定，提出“标高＋重度双控制”的交工标准，对类似工程有较好的指导意义。

关键词：淤泥质土；吹填交工标准；标高要求；重度要求

1　工程概况

温州某滩涂围垦工程拟采用水力吹填外海临时航道疏浚土形成建设用地[1]，总面积约 10.64km^2，分为四个吹填区（图1）。

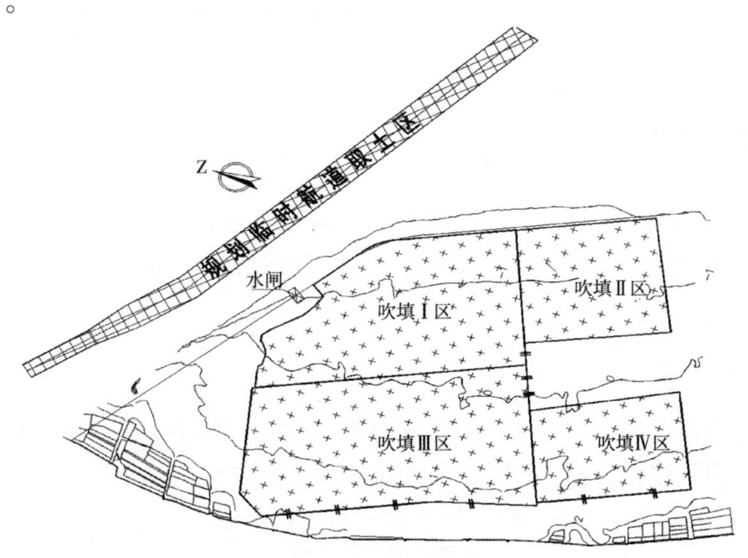

图1　工程平面示意图

设计采用3500m^3/h 大型绞吸挖泥船进行吹填作业，陆域形成后再进行真空预压地基处理，交地标准具体如下：

（1）地基处理范围为全部吹填土；

（2）表层 0～1.5m 深度范围内地基承载力特征值 f_{ak} ≥50kPa；

（3）交工标高：平均标高不低于 ＋3.5m，允许标高最大偏差为 ±30cm。

2　问题由来

根据《水运工程质量检验标准》[2]吹填工程主要检验项目为吹填标高、吹填平整度及吹填土质等三项，鉴于吹填土质的复杂性，规范并未明确土质的交工参数。但在沿海淤泥质吹填工程中，吹填土质对后续地基处理质量影响很大，直接关系到场地的交工标准。

吹填淤泥质土至吹填区内后形成淤泥质土、淤泥甚至流泥，参照规范进行交工可操作行性较差。本文根据吹填淤泥质土的饱和特性，计算分析含水量与吹填淤泥质土重度的关系，确定地基处理前后吹填土重度与地面标高的关系，提出"标高 + 重度"双控制"的吹填交工标准。

3 计算原理

根据《港口工程地基规范》(JTS147－1—2010)[3]饱和状态淤泥质土重度可按下式计算：

$$\gamma = \frac{G_s(1+0.01\omega)}{1+0.01\omega G_s}\gamma_\omega$$

式中：γ——土地重度(kN/m³)；

G_s——土粒的比重；

ω——天然含水率(%)；

γ_ω——水的重度(kN/m³)。

根据工程现场试吹取样分析，本工程吹填区土质含水率为 93% ~105%，经计算，$\gamma = 14.65\text{kN/m}^3$，$\gamma_1' = 4.4\text{kN/m}^3$。

又结合类似工程经验，地基处理后要达到 50kPa 地基承载力，淤泥质土含水量为 48% ~55%，根据上式计算地基处理后淤泥质土重度 $\gamma = 17.2\text{kN/m}^3$，$\gamma_2' = 6.98\text{kN/m}^3$。

综上，经过地基处理后土层压实比为 $K = \gamma_1'/\gamma_2' = 0.63$。故根据各个分区的天然泥面标高及吹填土重度可初步确定相应的吹填标高，保证地基处理后达到交地标高。

4 交工标准的确定

根据《水运工程质量检验标准》[2]吹填工程主要检验项目为吹填标高、吹填平整度及吹填土质，现结合这三个主要方面从吹填土重度、吹填标高及吹填平整度进行计算、分析，确定经济、合理的吹填交工标准。

4.1 吹填土重度确定

吹填土重度在设计阶段可结合工程区类似工程经验，根据计算原理进行初步测算，同时在吹填交工前分别在四个吹填区内现场取样，进行室内实验，测定吹填土的含水量及重度，设计单位根据吹填土实验数据进行复核，提出是否同意交工。本工程吹填土取样数据详见表 1。

吹填土取样数据表 表 1

序号	区块	吹填土含水率(%)	吹填土重度(g/cm³)
1	吹填Ⅰ区	103.1	1.41
2	吹填Ⅱ区	95.7	1.45
3	吹填Ⅲ区	98.7	1.43
4	吹填Ⅳ区	102.3	1.42

4.2 吹填标高计算

根据计算原理初步确定的地基处理后土层压实比，分别对四个吹填区的不同天然泥面标高进行测算，同时考虑天然地基沉降量、吹填土规范允许超吹量等影响因素[5-6]，本工程吹填标高计算详见表 2。

吹填交工标高计算表　　表2

序号	区块	天然泥面标高	地基处理后使用标高	压实比	吹填超高	吹填交工标高
1	吹填Ⅰ区	+0.6	+3.5	0.63	0.2	5.40
2	吹填Ⅱ区	+0.8	+3.5	0.63	0.2	5.30
3	吹填Ⅲ区	+1.2	+3.5	0.63	0.2	5.10
4	吹填Ⅳ区	+1.5	+3.5	0.63	0.2	4.90

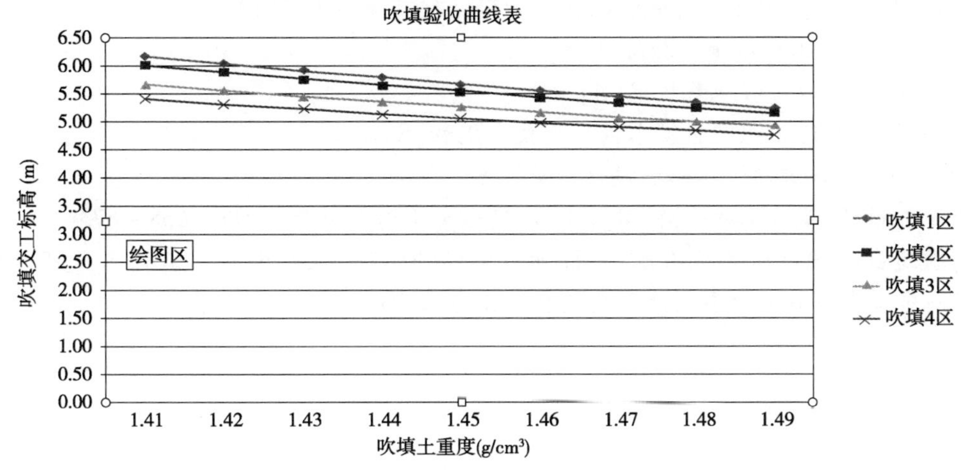

图2　吹填交工交工曲线图

根据测算，每个区块不同的吹填土重度可对应不同的吹填标高，建立相应的关系曲线，详见图2，这就为吹填标高交工提出了较可靠、全面的依据。若吹填交工时吹填土重度没有达到设计要求，可通过提高吹填标高进行补充要求；若吹填工程交工交工时间延后，经长时间晾晒吹填区内吹填土含水量降低，泥面标高降低，但经检测吹填土重度有较大提高，仍可顺利交工。

4.3　吹填平整度要求

根据《水运工程质量检验标准》[2]吹填工程主从吹填平均高程、最大偏差两方面进行检测。类似工程吹填平均高程应按完工后吹填平均高程不允许低于设计吹填高程确定，即吹填平均高程允许偏差为0 ~ +0.2m；吹填高程最大偏差为±0.3m。

5　吹填交工检测

根据上述交工标准，一般在施工单位完成吹填且自检合格后，建设单位安排第三方检测单位进行交工检测，主要包括吹填区标高测量及吹填土重度检测，按约4万m^2划分网格进行检测[2]，实现标高与重度的“双控”，为后续地基处理奠定良好基础。

6　结论与建议

水力吹填淤泥质土上滩再进行地基处理成为形成陆域的常用工艺，在沿海滩涂围垦中取得良好的经济效益。但现行《水运工程质量检验标准》[2]中未具体明确吹填淤泥质土的交工标准，其吹填标高和重度对后续地基处理质量影响极大，本文根据吹填土的饱和特性，结合大量工程经验，总结出“标高＋重度”双控的设计、交工办法，对类似工程具有很好的指导意义。

在沿海吹填过程中，由于吹填取土区土质不同，且不同的吹填工艺及排水条件，都会形成吹填土质的复杂性[6-7]，甚至厚度较大的吹填工程形成土质不一的夹层，故在设计过程中应充分勘察、试验，准确确定吹填土含水量、重度及压缩比等关键参数。同时吹填土重度与取样深度、取土区土质及吹填工艺等因素密切相关，在以后工程设计、施工过程中应进一步加强研究，确定合理的吹填土重度，达到精确、合理控制。

参考文献

[1] 中交上海航道勘察设计研究院有限公司. 苍南县江南海涂围垦区吹填及软基处理二期工程(Ⅰ标)段初步设计[R]. 上海：中交上海航道勘察设计研究院有限公司,2013

[2] JTS 257—2008,水运工程质量检验标准[S]

[3] JTS 147-1—2010,港口工程地基规范[S]

[4] JTS 206-1—2009,水运工程塑料排水板应用技术规程[S]

[5] JTS 181-5—2012,《疏浚与吹填工程设计规范》[S]

[6] 交通部上海航道局. 疏浚工程手册[M]. 上海：交通部上海航道局,1994：P668 - 673

[7] 中交上海航道勘察设计研究院有限公司. 连云港港30万吨级航道一期工程工程可行性研究报告[R]. 上海：中交上海航道勘察设计研究院有限公司,2009

大型围海吹填工程围堤结构稳定性监测分析

黄恩代

（中国铁建港航局集团有限公司，广东珠海，519000）

摘　要：吹填工程中的围堤（围堰）相当于护岸挡土结构，其稳定性应引起重视。通过湛江东海岛吹填围堤施工期的稳定监测实施情况，对监控措施、数据分析及后期沉降变形推算方法等方面进行探讨。

关键词：围海造地；吹填；围堤；沉降；稳定监测

引言

滨海地带的护岸整治或筑堤吹填造地项目，均大多位于受水流、波浪等恶劣条件影响的软基上，因软基处理缺陷及沉降变形收敛历时较长[1]，直接制约了后续工程步骤及措施的实施。围堤是后续吹填加载的永久围护结构，特别是当受工期制约，在围堤尚未形成设计断面之前需提前实施堤后吹填的特殊情况下，围堤将存在沉降变形异常甚至滑移破坏的潜在风险，其安全稳定性必然是关注的重点。在施工阶段或中后期，通常采取对围堤的沉降变形进行动态监控分析，以此来判断和确保围堤的稳定。

1　工程概况

1.1　工程概述

湛江市东海岛石化产业园区围海吹填工程，位于东海岛经济技术开发试验区的北部。该工程分为 A_1 ~ A_4、B 区 5 个吹填区域，目前仅实施 B 区及 A_4区域，吹填造地总面积约为 512 万 m^2，疏浚吹填工程数量为 3915 万 m^3，围堤（围堰）总长度为 11.45km。A_4及 B 区围堤平面布置及结构型式如图 1 所示。

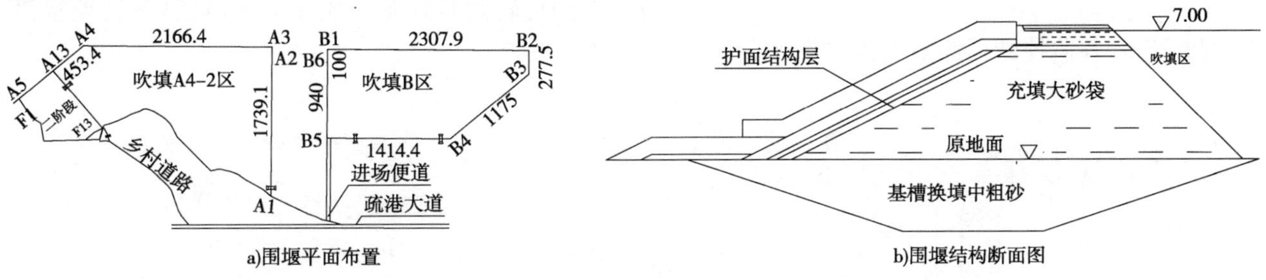

图 1　围堤结构及平面布置图（单位：m）

1.2　工程地质

本项目围堤地处滩涂地带，涨潮时水深 1.00 ~ 17.00m。根据钻孔资料显示，场内地质层自上而下分为：淤泥及淤泥质粉质粘土、黄色粘土及粉质粘土、粗（中）砂等土质层，场地内不良地质主要为表层的软土层。

2 施工监控方案

2.1 施工工艺方法

本工程项目包括斜坡式砂袋围堤填筑、陆域吹填 2 个主要的施工工艺。首先进行围堤(围堰)水下基槽开挖及基础换填,随后分层填筑土工砂袋围堤,并同步进行围堤坡面防护,待围堤合拢露出施工水位后,绞吸式挖泥船吹填围堤后方陆域。由于受工期制约,在围堤尚未形成设计断面时就必须开始围堤内吹填施工。吹填与围堤升高、加固之间的施工节奏,需要根据围堤稳定监测数据适时调整。主要施工工艺流程见图 2。

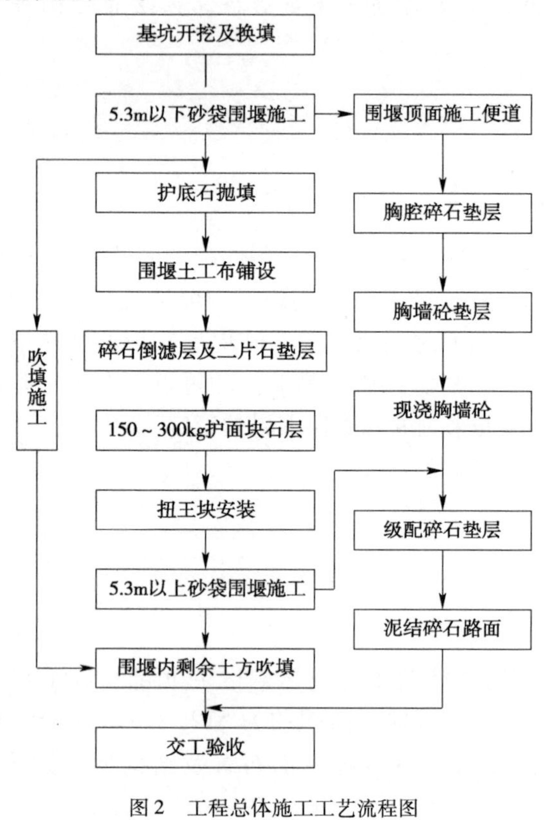

图 2 工程总体施工工艺流程图

2.2 监控目的

(1)根据施工期围堤地基应力应变监测数据,分析围堤在填筑和吹填造陆期间的稳定状态,采取相应措施确保围堤的稳定性。

(2)根据围堤在施工加载过程中的沉降变形数据,推算下一阶段或其工后剩余沉降,控制围堰填筑上升速度,并合理确定后期上部胸墙混凝土现浇时机,避免混凝土出现开裂现象,同时确保其竣工后高程满足设计要求。

2.3 监测断面的布置

根据围堤填筑高度和基槽软土分布情况,A_4 和 B 区围堤稳定性监测断面按 200～400m 布置,监测断面类型分为重点监控断面和普通监控断面,水深较大的围堤区段是本次稳定监控的重点区域。重点监控断面须监测:围堤前沿深层水平位移、堤身表面沉降和表面水平位移;普通断面仅监控表面沉降和表面水平位移。A_4 及 B 区共 10 个断面为重点监控断面,均布置在围堤转角且地基土质较差地段,测斜管埋置最大深度 27m,各监控断面测点布设如图 3 所示。

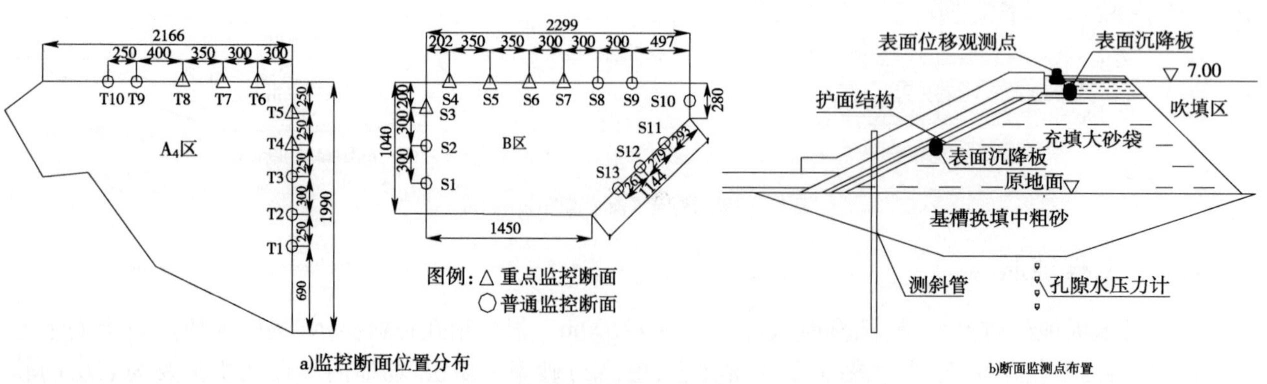

图 3 围堰监控点布置图

2.4 观测标志布置

2.4.1 表面沉降点布置

表面沉降点分别布置在围堤的腰部和顶部。围堤腰部沉降点布置在低潮位时便于观测处,用于围堤填筑阶段的预警性监测;坡顶、坡腰监测点共同组成吹填工序开始后的安全预警监控点。沉降标志采用在 ϕ25 钢管底端焊接底座钢板,垂直埋设于观测坑内,外套 PVC 保护管,观测杆根据需要采用丝扣接高。

2.4.2 深层水平位移管埋设

深层水平位移通过钻孔埋设测斜管观测,测斜管规格为内径 ϕ70mm 塑料成品件。测斜管布置在围堰外坡脚,外露管节用钢套管临时防护,避免坡面抛石破坏测斜管。

2.4.3 表面水平位移点埋设

施工期间,表面沉降点兼做表面水平位移观测点;当顶部胸墙混凝土浇筑后,利用在墙顶埋设的半永久性观测点继续实施交工阶段的数据观测。

2.5 监测频率

在砂袋围堤填筑露出常水位面后,进行各项监测仪器的埋设,埋设后即开始初测,取得稳定值后即进入正常监测阶段。参照相关施工规范及类似工程经验,监控频率[2]确定为:施工期 1 次/3d,施工间隙期 1 次/7d,竣工后 1 次/15d。

3 监控稳定判别方法

3.1 表观判断法

围堤结构在填筑加高阶段,加载速率相对可控,结构出现失稳的可能性较小,显然最危险工况是在吹填工序实施期间,也是施工监测的关键时段。围堤破坏前通常会出现较大变形或微小裂缝,通过监测数据分析和对围堤结构特征部位变形情况的巡查,可以判断出围堤的稳定形态:

(1)当表面沉降量、深层水平位移等观测数据骤然增加;

(2)围堤顶部或坡面出现不均匀沉陷或微小裂缝,变形监测数据同时也偏大;

(3)围堤填筑加高或吹填停止后,围堤特征部位的变形数据仍未出现明显收敛迹象。

当上述情形出现时,必须加大观测频率,及时采取停工、卸载(快速降低围堤内水位)或者在围堤外坡紧急抛石压载措施。

3.2 监控指标判定法

施工期间,通过变形数据的连续采集和综合分析,以此判断围堤的安全稳定状态。参考以往类似工程项目经验,参照公路软基处理规范,稳定控制标准如下[3]:

(1)加载期间:沉降速率 $V_z \leq 10$mm/d,侧向位移速率 $V_x \leq 5$mm/d;

(2)稳定判断标准:停止加载后的沉降速率收敛明显,恢复加载前的沉降速率 $V_z \leq 5$mm/d,侧向位移速率 $V_x \leq 1$mm/d。

加载停歇期末,待相关变形数据指标均应同时满足要求时,方可恢复后续施工加载。当受项目合同工期制约时,则必须加密监测频率,制定严密的工程应急措施。

4 监测成果及分析

4.1 深层侧向位移

(1)在围堤吹填疏浚土的过程中,通过监测数据分析,可知晓围堤水平位移、沉降数值以及深层侧向位移变化与外部荷载大小、加载速率、底部软土层固结程度的相关性。

(2)深层侧向位移速率数值的变化是判断围堤稳定与否的控制指标之一。施工过程中只要深层侧向位移及变化速率在预控范围,表面水平位移一般都会处于安全限值之内。

(3)本项目根据测斜成果,采集重点监控断面的侧向位移速率及最大值深度位置,获取如下信息及结论:

①经监测,最大侧向位移量发生在基底以下1~3m处,深层水平位移最大位置出现在吹填疏浚土的底端与地基软土层相交界面附近,也是场地内不良地质表层2~6m厚的软土层位置。

②累计深层侧向位移为58.5~230.5mm,在围堤高度为9m的情况下,深层位移相对较小,地基处理及稳定性控制效果较好。

③围堤施工及堤后吹填加载期,各断面最大位移速率为4.9mm/d。施工中通过适时控制堤后吹填速率、及时施工围堤外侧坡面护面体反压措施,确保了围堤的稳定,为后续恢复吹填施工提供了可靠依据。

4.2 沉降变形监测

综合分析围堤加载及吹填期间采集的沉降观测资料,可合理调控围堤及堤后吹填进度,同时能预测围堤的工后沉降量,可为后续施工提供参考依据。围堰重点监控断面的沉降观测数据见表1,表格中括号外的数据为沉降速率最大值、括号内数据为沉降速率平均值。

围堰沉降观测成果 表1

序号	区域	断面号	坡腰		坡顶		监测日期
			沉降速率 (mm·d⁻¹)	累计沉降 mm	沉降速率 (mm·d⁻¹)	累计沉降 (mm)	
1	A4	T4	2.0(0.35)	174.0	3.4(0.46)	225.0	2013.5.12~2014.8.21
2	A4	T5	2.2(0.32)	150.0	4.0(0.42)	199.0	2013.5.2~2014.8.21
3	A4	T6	2.0(0.38)	183.0	2.7(0.55)	260.0	2013.5.2~2014.8.21
4	A4	T7	3.7(0.46)	226.0	3.7(0.62)	303.0	2013.5.2~2014.8.21
5	A4	T8	2.0(0.32)	158.0	4.2(0.45)	220.0	2013.5.2~2014.8.21
6	B	S3	8.0(0.64)	312.0	9.0(0.65)	377.0	2013.4.22~2014.8.21
7	B	S4	3.3(0.44)	213.0	2.4(0.48)	232.0	2013.4.25~2014.8.21
8	B	S5	4.4(0.44)	210.0	4.9(0.54)	260.0	2013.4.25~2014.8.21
9	B	S6	2.4(0.34)	165.0	3.0(0.43)	208.0	2013.4.25~2014.8.21
10	B	S7	3.5(0.28)	133.0	3.7(0.43)	208.0	2013.4.25~2014.8.21

(1)表中数据显示个别断面累计沉降量超过300mm,主要是这些断面所处部位软土层分布较厚,加载速度较快所致,其余断面累计沉降量均小于300mm,总体沉降量相对较小。

(2)围堤在同一横断面坡腰与坡顶差异沉降较大的位置在A_4区的T_6、T_7、和B区的S_7断面,差异沉降均大于75mm,其余断面横向差异沉降均较小。围堤横向差异沉降主要是由于荷载大小、软土层分布厚度和吹填施工速率不同以及坡面防护结构施工进度差异所引起。

5 最终沉降变形量的推算

根据文献报道，在施工后期，可以利用已有实测沉降资料来推测围堤的最终沉降量。目前常用的最终沉降量预测推算方法较多，但均有不同的适用前提条件，根据珠江三角洲地区工程实践表明，利用监测资料预测总沉降时，广东省软土变形较适合采用双曲线法推算最终沉降量[4]。

5.1 双曲线推算最终沉降量方法简介

围堤设计的填筑荷载加载完成，即进入恒载沉降阶段，恒载~时间曲线自加载恒定时刻开始，围堤的沉降位移与时间的函数关系，可采用双曲线函数拟合，从而推求后期沉降变形值。拟合经验公式[4]如下：

$$S_t - S_0 = \frac{t - t_0}{\alpha + \beta(t - t_0)} \tag{1}$$

将式(1)可以转变为：

$$\frac{t - t_0}{S_t - S_0} = \alpha + \beta(t - t_0) \tag{2}$$

令 $\Delta t = t - t_0$，$\Delta S = S_t - S_0$，代入上式得到公式(3)：

$$S_\infty = S_0 + \frac{1}{\beta} \tag{3}$$

式中，t_0为恒载起始时刻，S_0为对应的沉降量，S_∞为推算的最终沉降量。需要说明的是，上述公式中的待定系数 α、β 需要通过数据回归分析确定。从满足工程现场控制以及广东地区类似项目的应用验证信息反馈，该方法与实际情况比较接近、合理，能为施工提供有效的指导作用。

5.2 推算结果

A_4区、B 区围堤各断面实测沉降及推算最终沉降量结果见表 2 和表 3，根据表中数据信息可知：

A_4区围堤沉降推算成果 表2

序号	断面号	观测位置	起算日期	监测历时(d)	结束日期	①初始沉降(mm)	②最后实测沉降(mm)	③最终沉降(mm)	④=③-②剩余沉降(mm)	⑤固结度
1	T3	坡腰	2013.11.7	287	2014.8.21	81	141	149.5	9.0	94%
2	T3	坡顶	2013.11.7	287	2014.8.21	97	172	175.7	3.7	98%
3	T4	坡腰	2013.11.7	287	2014.8.21	102	174	183.6	11.0	94%
4	T4	坡顶	2013.11.7	287	2014.8.21	134	225	241.4	17.4	93%
5	T5	坡腰	2013.10.22	279	2014.8.21	88	150	158.9	9.0	94%
6	T5	坡顶	2013.10.22	279	2014.8.21	122	199	215.5	16.5	92%
7	T6	坡腰	2013.11.19	275	2014.8.21	120	183	191.4	8.0	96%
8	T6	坡顶	2013/11/19	275	2014.8.21	172	260	293.9	33.9	88%
9	T7	坡腰	2013.11.17	308	2014.8.21	139	226	268.9	43.0	84%
10	T7	坡顶	2013.11.17	308	2014.8.21	204	303	355.5	52.5	85%

B区围堤沉降推算成果

表3

序号	断面号	观测位置	起算日期	监测历时(d)	结束日期	①初始沉降(mm)	②最后实测沉降(mm)	③最终沉降(mm)	④=③-②剩余沉降(mm)	⑤固结度
1	S3	坡腰	2013.11.17	287	2014.8.21	209	312	342.3	30.3	91%
2	S3	坡顶	2013.11.17	287	2014.8.21	234	377	430.1	53.1	88%
3	S4	坡腰	2013.11.17	287	2014.8.21	139	213	245.4	32.4	87%
4	S4	坡顶	2013.11.17	287	2014.8.21	138	232	275.0	43.0	84%
5	S5	坡腰	2013.11.17	287	2014.8.21	138	210	245.5	35.5	86%
6	S5	坡顶	2013.11.17	287	2014.8.21	158	260	324.7	64.7	80%
7	S6	坡腰	2013.12.31	243	2014.8.21	121	165	182.7	17.7	90%
8	S6	坡顶	2013.12.31	243	2014.8.21	150	208	253.1	45.1	82%
9	S7	坡腰	2013.11.17	287	2014.8.21	91	133	158.6	25.6	84%
10	S7	坡顶	2013.11.17	287	2014.8.21	150	208	266.3	58.3	78%
11	S8	坡腰	2013.11.17	287	2014.8.21	127	174	182.9	8.9	95%
12	S8	坡顶	2013.11.17	287	2014.8.21	171	238	256.5	18.5	93%

(1)A_4区最大剩余沉降为52.5mm,平均值为26.8mm;B区最大剩余沉降为64.7mm,平均值为31.1mm;剩余沉降均较小,表明本项目软基处理效果较好。

(2)A_4区最大沉降固结度为98%,平均为88.9%;B区最大沉降固结度为95%,平均为86.3%;表明地基土体已基本完成固结。

结语

(1)采用本文介绍的围堤稳定监控方法,成功保证了湛江市东海岛石化产业园区吹填造陆工程围堤的安全稳定,实现了快速施工、确保工期的目的。

(2)重点监控断面与普通监控断面综合应用可实现经济、有效的保障围堤在施工期的稳定性,在分析围堰稳定性时,应以重点控断面监测数据为主,参照普通监控断面数据综合分析。

(3)根据实测沉降数据,推算各围堤监测断面的剩余沉降均小于70mm,剩余沉降平均值约为30mm,围堤沉降固结度均已达85%以上,表明围堤沉降已基本稳定。利用监测资料预测最终沉降时,建议采用双曲线法进行预测。

参考文献

[1] 王盛源. 工程实用软土力学[M]. 北京:人民交通出版社,2012:7-81,184-195

[2] 中华人民共和国交通部. JTJ 218—2005 水运工程水工建筑物原型观测技术规范[S]. 北京:人民交通出版社,2006:3-14

[3] 中华人民共和国交通部. JTJ 017—96 公路软软土地基路堤设计与施工规范[S]. 北京:人民交通出版社,1996:36-42,70-98

[4] 中国铁建港航局集团岩土工程有限公司. 珠江三角洲软基处理实验工程报告集[M]. 北京:人民交通出版社,2012:206-220,492-509

大型卸船机整机滚装上岸施工技术

张　涛　严　俊　高义超
（中交三航局第二工程有限公司，上海，200122）

摘　要：越南永新电厂二期2台1250t/h卸船机，采用整机海运至现场后滚装上岸的方案，解决了目标码头不具备大型卸船机的现场拼装条件以及越南当地尚无具备整机吊装所需的大型起重船的困难。介绍了方案实施前的准备，以及方案制定中的考虑的重点，如滚装轨道布设、牵引系统计算、船体调载平衡等。

关键词：卸船机；整机滚装；轨道；牵引系统

引言

根据以往经验，卸船机安装可采用散件运输、现场拼装工艺，也可采用整机运输、起重船整机吊装工艺或整机滚装上岸工艺。鉴于本工程所在地，陆上起重、运输设备以及水上运输、起重设备资源极其匮乏，施工现场亦无相应的设备堆存与拼装、落驳场地，故卸船机采用国内拼装后海运至现场整体滚装上岸工艺。

1　工程概况

越南永新电厂位于越南平顺省绥丰县永新镇东南侧，二期项目将建设2×622MW中国产机组，工程配套卸煤码头年吞吐量不少于480万吨，卸船工艺采用2台1250t/h桥式抓斗卸船机。

卸煤码头形式为高桩梁板式，平面尺寸230m×25m，共分3个结构段，接岸引桥平面尺寸47m×12m，码头上输煤栈桥高5m、宽6.6m。码头平面布置如图1所示。

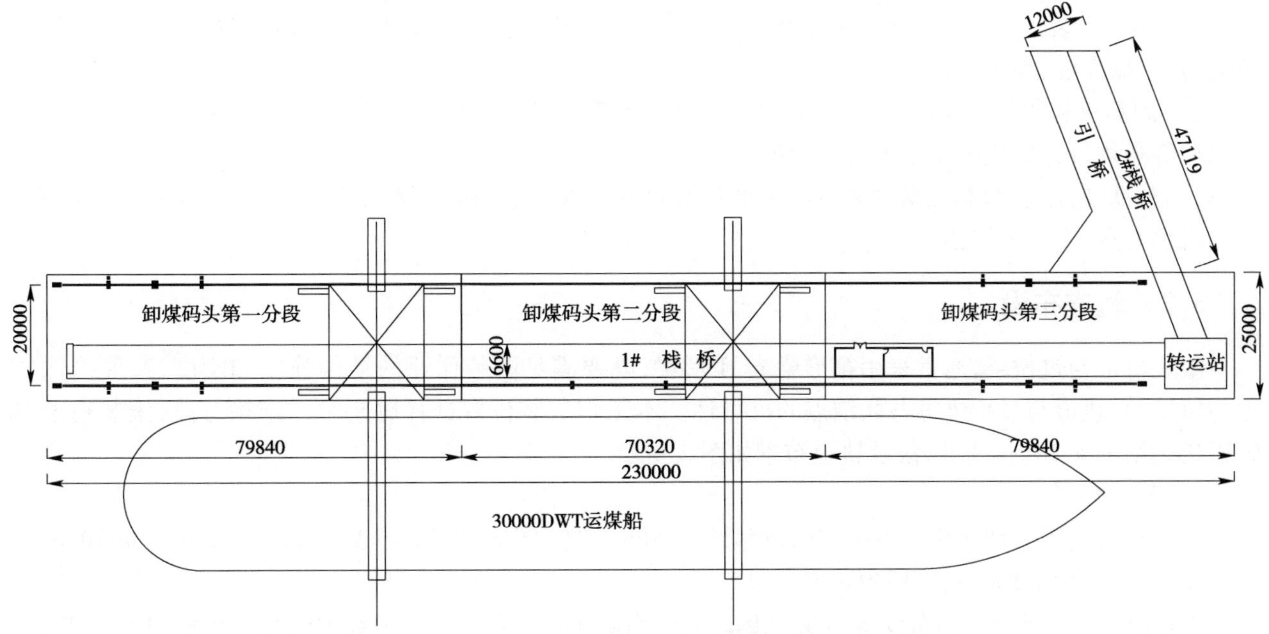

图1　卸煤码头平面布置示意图

卸船机额定生产率1250t/h,最大生产率1500t/h,单机自重约982t,轨距20m、基距18m、轮距0.9m,行走轮数32个(其中驱动轮数16个),总高(大梁放平状态)约56m,最大起重量34t,抓斗最大前伸距32m、后伸距16m,最大轮压550kN。

2 工艺选择

根据以往经验,卸船机安装可采用散件运输、现场拼装工艺,也可采用整机运输、起重船整机吊装工艺或整机滚装上岸工艺。但本工程地处越南,工程具有其特殊性:

(1)永新电厂二期项目处于电厂中间位置,自身场地有限,周边一期、三期场地尚未回填完成,尚无场地供卸煤机大量散件堆存。

(2)越南当地设备资源严重匮乏,没有相应大件材料的陆上运输设备以及卸船机拼装所需的起重设备。

(3)码头主体计划最早完成时间2013年7月底、栈桥等结构主体计划最早完成时间为2013年9月底;卸船机散件数量较多,码头面相对狭小,不具备两台设备同时拼装的条件,无法确保合同2014年1月投煤并网的工期要求。

(4)单台卸船机自重达982t,采用整机吊装工艺,越南当地无相当吨位的起重船,若从国内调遣起重船,成本难以承受。

因此,本工程的卸船机采用整机运输、整机滚装上岸的施工工艺,即卸船机在国内拼装、整体海运至现场,然后利用卷扬机牵引系统、采用旋转中平衡梁式滚装上岸。该滚装工艺简单、经济、方便、可靠,使整个上岸安装过程能控制在2小时之内。

3 工艺实施

3.1 工前准备

卸船机滚装方案应结合码头的施工进行。工前准备主要包括以下内容:

(1)结合滚装运输的起讫港码头结构及水文条件,选择合适的运输船型,包括船体结构对设备的承载能力、干舷高度、稳定性以及压舱水调节性能。

(2)卸船机从码头正面滚装上岸,确定好上岸位置后,上岸位置中心±30m的范围内廊道、皮带机和系船柱等必须待卸船机滚装结束后才能施工。

(3)码头施工时,根据滚装要求在特定的位置对结构进行适当的加固处理,包括滚装轨道的支撑点、卸船机顶升点、牵引系统锚固点等。

3.2 轨道布设

滚装轨道与过桥梁,通常采用箱形梁或H形梁,既要满足滚装作业的结构强度和刚度,又要确保轨道与轨道间、轨道与过桥梁等各联结点的可靠性。本工程滚装位置选择码头第二结构分段,滚装轨道布置于码头第12#、14#排架处,滚装轨道布置如图2所示。

(1)滚装轨道

滚装轨道选用等截面箱型钢梁结构,箱梁宽500mm、高500mm,钢板厚度50mm,顶部滚道宽100mm、高50mm,结构截面模量$W_x \approx 13400\text{cm}^3$。

根据码头面滚装轨道的布设,轨道最大跨距8m,当卸船机支腿处于轨道跨中时最大弯矩$M_{max} \approx 186\text{t}\cdot\text{m}$,此时轨道最大弯曲应力为

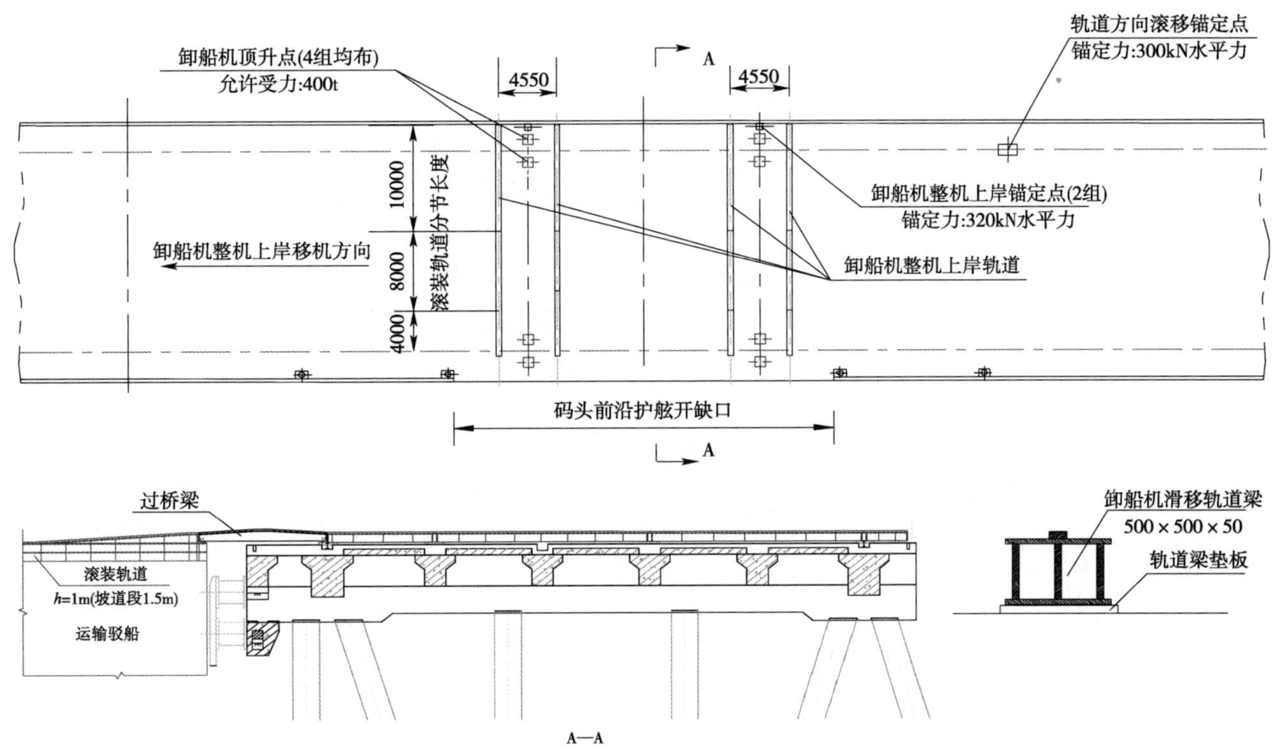

图2　滚装轨道布置图

$\sigma_{max}=M_{max}/W_x\approx138.8\text{MPa}<[\sigma]=170\text{MPa}$,满足使用要求。

(2)过桥梁

过桥梁选用变截面箱型钢梁结构,箱梁宽500mm、中间高500mm、两端高300mm,钢板厚度50mm,顶部滚道宽100mm、高50mm,最小截面模量 $W_x\approx5890\text{cm}^3$。

根据码头面滚装轨道的布设,过桥梁跨度4.5m,当卸船机支腿处于过桥梁跨中时最大弯矩 $M_{max}\approx80.6\text{t}\cdot\text{m}$,此时轨道最大弯曲应力为

$\sigma_{max}<M_{max}/W_x\approx136.8\text{MPa}<[\sigma]=170\text{MPa}$,满足使用要求。

3.3　牵引系统

(1)平面布置

滚装卸船过程中,由两台卷扬机配备滑轮组牵引上岸,为了防止滚装过程滑移速度失控,另设两台卷扬机起保护作用。四台卷扬机均设置于驳船甲板海侧;牵引用定滑轮设置于码头岸侧预定位置、动滑轮设置于卸船机海侧行走支腿横梁上;保护用定滑轮设置于驳船甲板海侧、动滑轮设置于卸船机岸侧行走支腿横梁上。牵引系统平面布置示意如图3所示。

(2)牵引力计算

卸船机滚装上岸,牵引力主要克服车轮的启动阻力和坡道附加阻力,牵引系统以坡道启动的最不利情况进行选择。在坡道时,卸船机的受力情况如图4所示。

卸船机滚装所需牵引力:

$$F=(f+G\sin\theta)/\cos\theta$$

式中:f——车轮启动阻力,$f=w_q\cdot G$;

w_q——车轮启动的单位阻力,配备滚动轴承的车轮,一般取 $w_q=5\text{N/kN}$,考虑滚动轨道临时铺设的平整度、顺直度以及轨道表面粗糙度等因素影响,计算时取 $w_q=10\text{N/kN}$;

s——卸船机轨距,取 $s=20\text{m}$;

h——卸船机爬坡高差,考虑滚装过程中船体瞬间的侧倾等因素,取 $h=0.7\text{m}$;

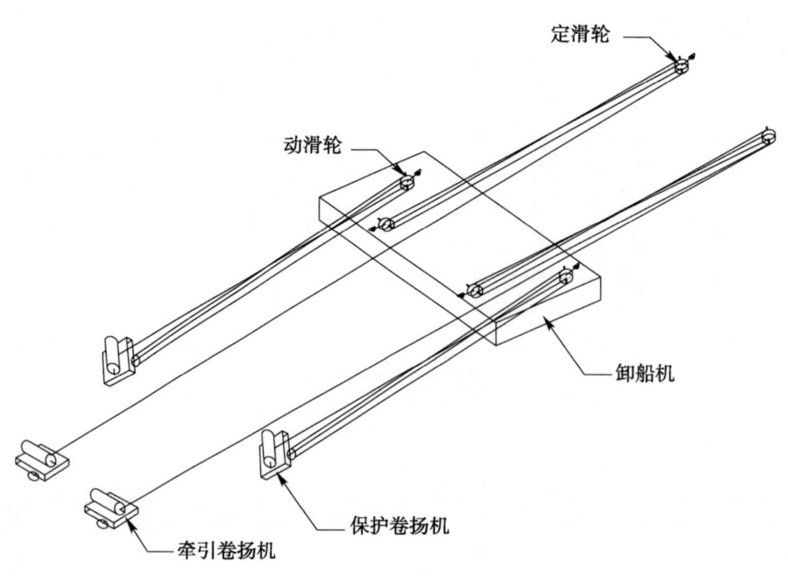

图 3　牵引系统平面布置示意图

故：$F=(f+G\sin\theta)/\cos\theta=(0.01\times982+982\times0.035)/0.999=44.2\text{t}$

牵引系统共设两个牵引点，每个牵引点提供牵引力 22.1t。

(3)牵引系统的选择

根据上述计算，选用牵引拉力 10t 的卷扬机，配备 4 倍率闭口吊环型起重滑车（滑轮直径 280mm、滑轮数量 3 只）、ϕ26-6×37+FC-1570 钢丝绳，并在码头上设置 2 组水平力不小于 32t 的滑车锚固座。

钢丝绳查 GB 8918—2006 可知，ϕ26-6×37S+FC-1570 钢丝绳最小破断拉力 $P_{\min}=350\text{kN}=35\text{t}$，则：

钢丝绳的安全系数 $K=P_{\min}/F=35/(22.1/4)=6.33>$，满足使用要求。

查《最新实用五金手册》（吴润燕、随红军主编，2008 版）可知，滑轮直径 280mm、滑轮数量 3 只的闭口吊环型起重滑车，其最大起重量 32t、适用钢丝绳直径 26～28mm，满足使用要求。

3.4　滚装时间

本工程选择“远景”号远洋轮承担此次的运输任务，其型长 135.4m、型宽 32.2m、型深 8.0m，总吨位 10177t。运输船重载时干舷高 4.2m（滚装完一台后干舷高约 4.4m），甲板上滚装轨道高 1m，码头标高为 +6.7m，码头面滚装轨道高 0.5m。要确保滚装过程顺利进行，驳船与码头面滚装轨道高差应控制在 0.5m 以内，即滚装第一台卸船机时需要潮位标高 +1.5m 以上、滚装第二台时需要潮位 +1.3m 以上。

工程所在海域的潮汐类型属不正规全日潮，全日分潮占主导地位。根据总体进度计划，卸船机滚装上岸时间在 2013 年 12 月上旬，此时段港区潮位约为 +0.2～+2.0m，以 12 月 5～6 日为例，可供卸船机整机滚装时段如图 4 所示。即全天有连续 9h 左右潮位高于 +1.5m，可以满足滚装要求。

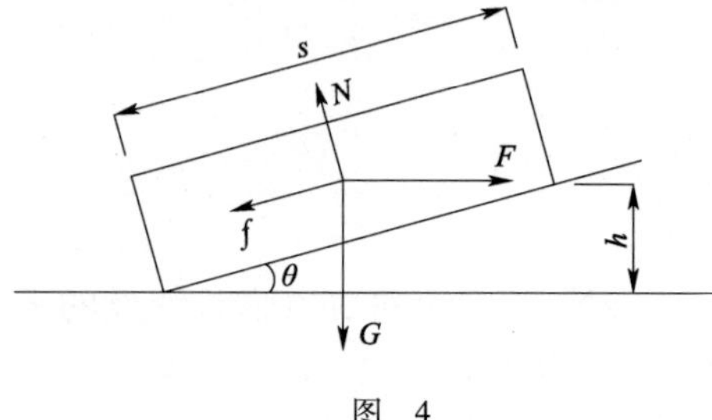

图　4

同时，此时正处于风季期，受偏东向季风控制，风力较大，卸船机海绑拆除以及滚装作业前，必须收听好天气预报，风力六级以上严禁施工。

3.5　船体调载

两台卸船机至现场后运输船右舷靠泊。卸船机滚装上岸时压载水调载工况，以各组行走通过过桥梁与码头面上滚装轨道连接点为边界条件，各工况条件下压载水调载汇总如表 1 所示。

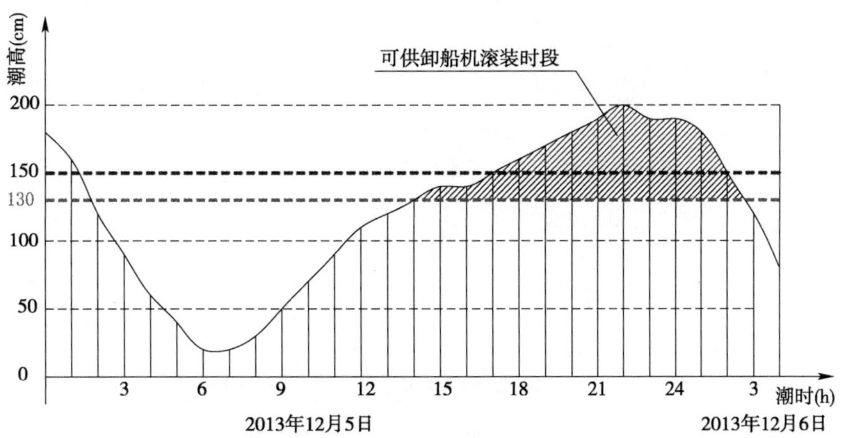

图5　整机滚装时段选择示意图

卸船机各滚装工况压载水调载汇总表　　表1

序号	滚装工况		压载水调载情况		调载能力（t/h）	调载时间（min）	备　注
			调载方向	数量(t)			
1	1#卸船机（船艏处）	第一组行走上岸	后　舱→左前舱	245.5	1600	9	共计调载28min
2			右前舱→左前舱	122.8		5	
3		第二组行走上岸	后　舱→右前舱	245.5		9	
4			左前舱→右前舱	122.8		5	
5	2#卸船机（船尾处）	第一组行走上岸	前　舱→左后舱	245.5		9	共计调载28min
6			右后舱→左后舱	122.8		5	
7		第二组行走上岸	前　舱→右后舱	245.5		9	
8			左后舱→右后舱	122.8		5	

卸船机上岸时牵引速度控制在0.5m/min以内，则卸船机第一、二组行走上岸用时分别约为21min、40min，即在滚装过程中可以完成船体调载平衡。在拖移的过程中时刻注意观察船体相对码头的高度，一旦码头面和船面高差大于0.5m时，立即暂时停止，待压载水调整船舶平衡后再进行牵引工作。

3.6　行走入轨

卸船机采用四条滚装轨道从码头正面卸船，设备滚装到位后，在支腿大平衡梁下预置顶升点处各布设一组(2只)RC200－200分离式双作用液压千斤顶（配备BZ63－1.8泵站），顶升起支腿大平衡梁，再90°旋转行走落入码头轨面上。顶升按海、岸侧支腿两两同时进行，共配备RC200－200液压千斤顶4只。卸船机顶升及行走入轨示意如图5所示。

液压千斤顶在顶升作业时，液压千斤顶的承载能力需大于重物重力的1.2倍；使用多台液压千斤顶顶升同一设备时，每台液压千斤顶的额定起重量之和不得小于所承担设备重力的1.5倍。

卸船机单台自重 $G=982\text{t}$，则单侧顶起时，每只千斤顶受力 $N=G/2/4=123\text{t}$，即需要单台千斤顶额定起重量 $P>1.5\times123=184.5\text{t}$，RC200－200液压千斤顶额定起重量200t，满足使用要求。

4　实施效果

"远景"号运输船于2013年12月5日早上8时靠泊现场码头后，立即进行滚装轨道铺设、牵引系统布设、顶升系统调试等辅助工作。第一台卸船机于当日22时开始进行海绑拆除工作，12月6日凌晨0～1时滚装上岸，并于早上5时完成行走入轨；第二台卸船机于12月7日中午12时开始进行海绑拆除，下午14～15时滚装上岸，并于18时完成行走入轨。

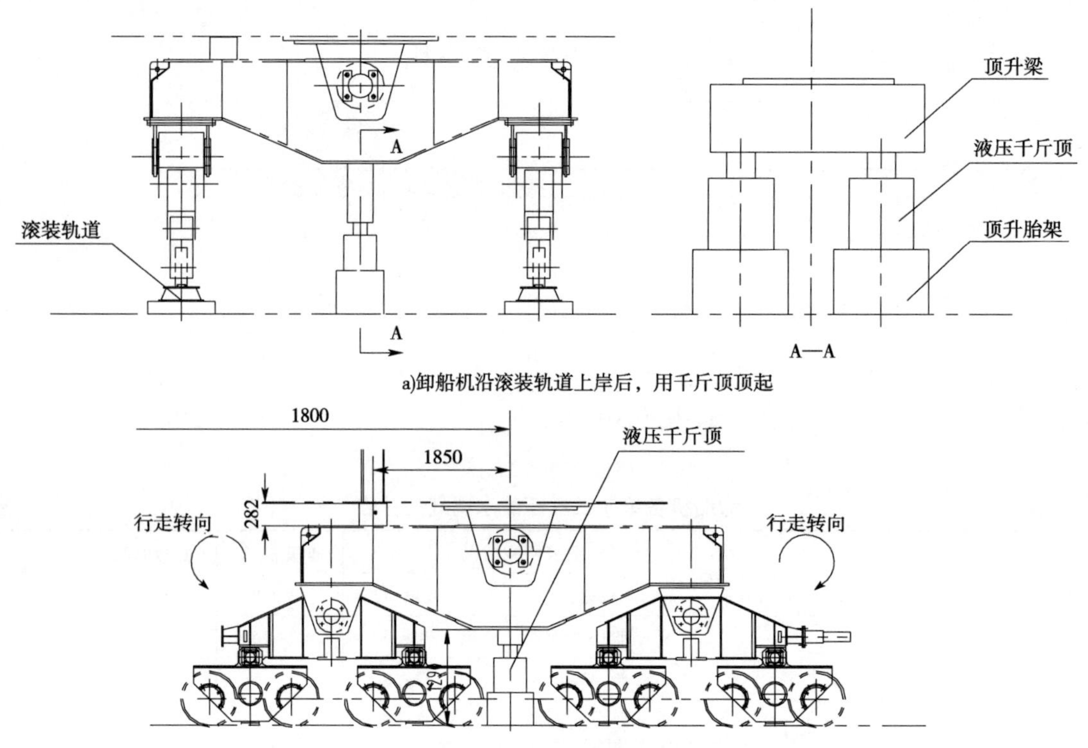

图 6　卸船机顶升、行走入轨示意图

从驳船靠泊现场至两台卸船机滚装上岸，前后总计用时 3 天，即节约了成本，又缩短了工期，为整个电厂 2014 年 1 月份投煤并网的节点目标奠定了良好的基础，赢得了总包方及越方业主的好评。

本卸船机整机滚装上岸工艺非常成功。

结语

由于大型卸船机结构复杂，在生产基地进行安装和基础调试后，整机用船舶运输至用户码头滚装上岸，大大缩短了在用户码头上拼装、调试时间，加快了码头整体投运的周期，同时也大大降低了制作成本，受到越来越多的用户青睐。

本工程两台卸船机整机滚装上岸工艺的成功实施，给受大件堆放场地限制、工期紧张、设备资源匮乏地区的用户，提供了新的选择，也为今后类似项目提供了宝贵的经验。

参考文献

[1] 饶忠. 列车牵引力计算[Z]. 北京：中国铁道出版社，1999

[2] GB 8918 - 2006，重要用途钢丝绳[S]

[3] 吴润燕，随红军. 最新用五金手册[M]. 郑州：河南科学技术出版社，2008：557 - 558.

电厂排水口围堰设计与施工

张全林　陈宝明　王其力
（中交一航局第五工程有限公司，河北秦皇岛，066002）

摘　要：广西钦州电厂二期扩建工程D标段排水口围堰工程，经过方案比选及优化、科学计算及合理论证，采用了充填砂袋、旋喷桩、钢板桩、灌注桩、砖砌止水墙、止水圈梁、止水黏土墙等结构相结合的组合方式，利用不同止水结构各自的特点，对不同环境条件下的水域、陆域围堰结构进行了合理的优化配置，有效地解决了局部空间狭小、水头差过大等施工难题，获得了良好的工程实效，具有一定的参考价值。

关键词：排水口；围堰；止水结构；设计；施工

引言

广西钦州电厂位于钦州市南部的钦州港经济开发区鹰岭区内，二期扩建工程D标段，是拟建二期电厂的冷却水循环系统，是在一期工程海域回填区的预留场地上进行扩建，主要施工内容为取排水口、海域疏浚、循环水泵房水工结构及循环水管道安装等，其中包括紧邻一期已建排水口的北侧新建一座排水口，止水维护结构的选型难度较大。

1　工程概况

二期排水口结构形式与已建的一期排水口结构一致，平面投影均为喇叭口形状，排水喇叭口宽度为25m，从陆域延伸至海中，入海长度为25m，与已建排水口之间的最小间距不到10m，基础底面 -6.9m，为满足结构干作业施工条件，需要设置止水围堰，围堰内基坑底面标高需达到 -7.5m（图1）。

2　工程水文、地质条件

（1）陆域场地标高为 +4.5 ~ +5.0m，基坑底标高为 -7.5m，而场地地下水位在 +1.5 左右，土质渗透系数较大，海水补给能力强，必须采取有效措施，阻挡地下水向基坑内的渗流。

（2）新建排水口距原有排水口的最小水平距离不到10m，基坑降水后，水头差约12m，而原有排水口结构不得破坏，如何在如此狭小空间内设置围堰结构来抵抗水头压力将是一大难题。

（3）由于周围现有建筑物的限制，新建排水口整体向北侧位移以解决与原有排水口距离过小问题的方案无法实施。

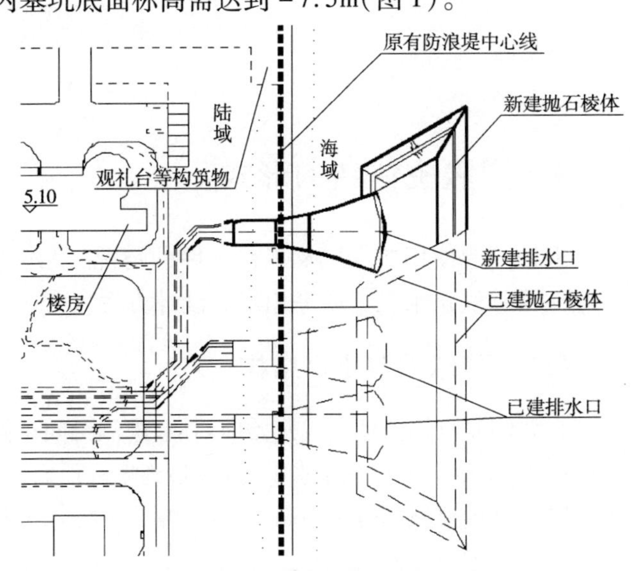

图1　新建排水口与既有建筑物平面位置关系图

（4）根据潮位特征以及一期排水口施工经验确定：围堰顶标高定为 +4.5m；根据地质结构层的分布

规律、各土层的渗透系数以及渗径大小，陆域止水结构必须穿过中粗砂层；水域止水结构必须穿过卵砾层，并进入岩层。

3 围堰总体布置

围堰设计时将排水口与其陆域连接结构分开，并且包围起来，形成一个止水结构总长 291m、面积 5100m^2 的围堰，其北侧留有最小平面施工空间为 5m，东侧 8m，南侧 1m，围堰内部边坡坡度南侧取 1:0.5，其余为 1:1.5。具体见图 2。

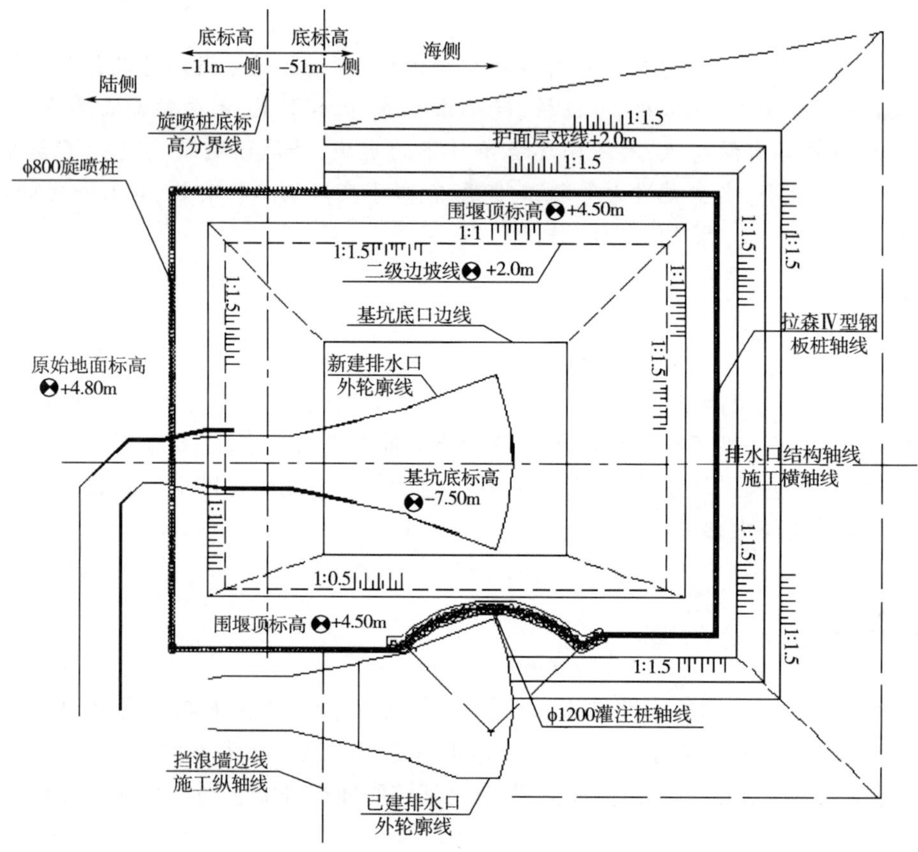

图 2 排水口围堰平面布置图

4 围堰主体结构形式

根据围堰使用要求以及工程条件的情况，最终采用了旋喷桩、钢板桩、灌注桩、充填砂袋、砖砌止水墙、止水圈梁、止水黏土墙等相组合设计方案。

4.1 陆域围堰止水结构

自北侧原有挡浪墙边线开始向西侧、南侧再向东侧形成“U”形旋喷桩止水主体结构，北侧与海域钢板桩围堰相连，南侧与灌注桩止水围堰相接，旋喷桩顶面标高为 +4.0m，靠近陆域部分底标高为 -11.0m（穿透中粗砂层），靠近海域部分底标高为 -15.0m（进入全风化泥岩）。旋喷桩直径为 800mm（咬合 200mm）。

4.2 海域围堰普通段止水结构

海域普通段围堰总长 138 米，围堰主要依靠钢板桩止水，并在钢板桩两侧设置回填黏土以保证其止水能力，回填黏土外侧采用充填砂袋来抵抗海水压力。钢板桩底进入全风化泥岩，在其顶部设置500mm高的砖砌挡水墙，保证围堰在极端高潮位的情况下顶部结构不渗水。

钢板桩围堰具体结构形式见图3。

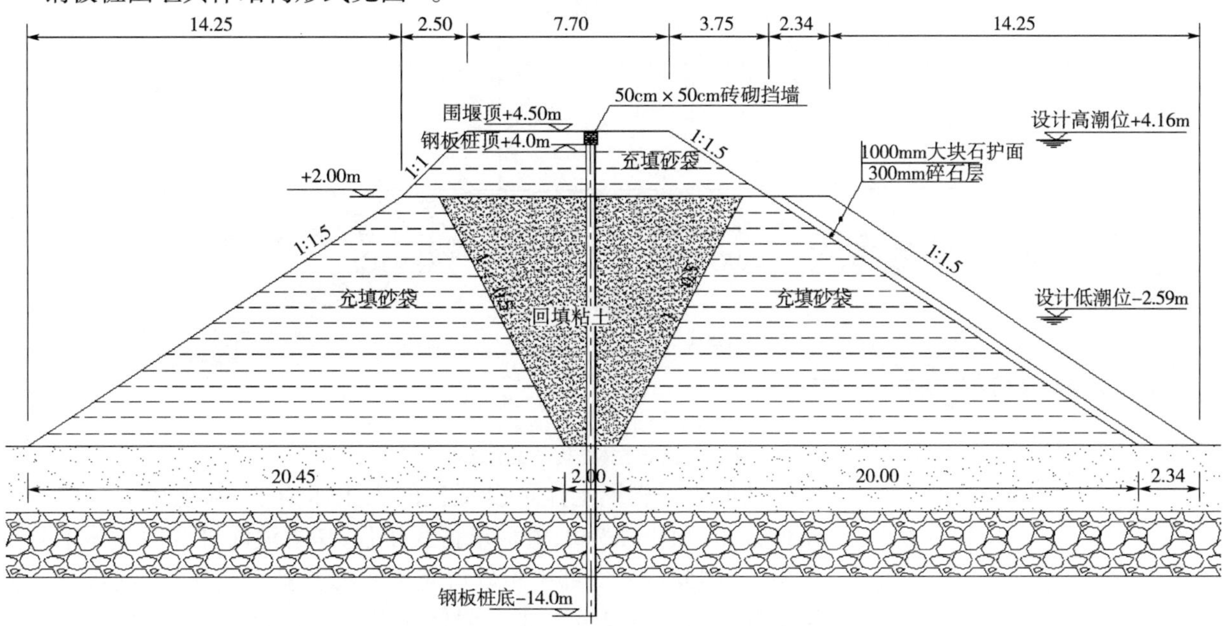

图3 钢板桩围堰标准断面示意图

4.3 海域围堰特殊段止水结构

由于空间限制，要在不到10m宽的区域内设置抵抗12m水头差的止水围堰，给围堰的设计带来了一定的难度。

(1)首先考虑的是采用设置拉杆的钢板桩作为止水结构，但经调查，拉杆不允许设置在已建的排水口结构上，因此只能设置在50m以外的锚定体上，而锚定体又需要单独预制、安装，施工起来效率慢，难度大，结构受力效果也不理想。

(2)然后考虑设置双排钢板桩设计方案，两排钢板桩之间设置拉锚系统，经验算其整体稳定性能以及止水能力满足工程需要，但是拉杆至少要设置三层，而其中下层需要在水中作业，难度很大，因此此方案被排除。

(3)最后提出灌注桩围堰方案，以灌注桩作为主要受力结构，来抵抗水土压力和自身的整体稳定，在灌注桩之间设置旋喷桩作为止水封闭结构，从而提高其整体止水效果。

考虑空间限制条件，采用直径120cm@1.3m灌注桩圆弧（桩顶圈梁联结成一体共同抗弯、桩底至少嵌入卵石层5.1m保证水平抗剪切能力）来充分适应原有排水口的外轮廓线。见图4。

根据圆弧结构受力特征，考虑水土压力由圆心沿半径方向向各个灌注桩进行作用，分别对各个桩体编号并进行受力验算，验算时考虑桩体为刚性体，则主动土压力作用下，使得灌注桩向后有微小移动，因而带动被动土体即楔形土体向上移动，取楔形土体有向上移动的趋势，但未向上移动时的临界状态[1]，作为验算模型状态，如图5所示：P'为楔形土体可以抵抗的水平力，G为楔形土体的重量，分别沿滑动面和垂直于滑动面分解两个力，可得到：

$$F_1 = P'\sin(45+\varphi/2)\text{；}N_1 = P'\cos(45+\varphi/2)\text{；}F_2 = G\cos(45+\varphi/2)\text{；}N_2 = G\sin(45+\varphi/2)\text{；}$$

以F_3为破裂面对楔形土体产生的向上的摩擦力，则有：

$$F_2 + F_3 = F_1$$

$$(N_1 + N_2)\tan\varphi = F_3$$

式中：φ——背后土体内摩擦角度。

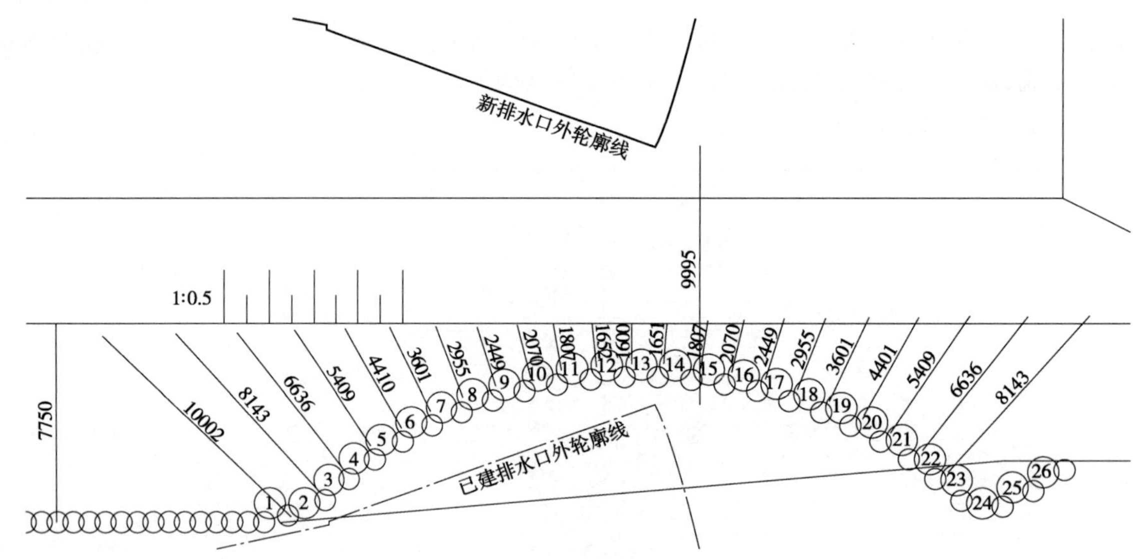

图4 灌注桩围堰主体结构平面示意图

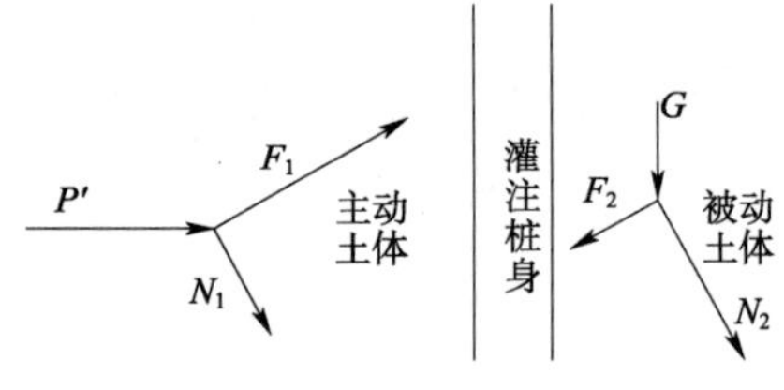

图5 楔形土体受力分解示意图

从而求得楔形土体可以抵抗的水土压力值，水土压力应属于三角形分布，顶压强为0，进而求得底压强，考虑灌注桩背后土体不是半无限体，因此按照底部中粗砂可完全发挥其被动土压力，则将其上方覆土等效为一定厚度的半无限体覆盖层，进行中粗砂的被动土压力等效验算。

利用图乘法[2]，可得灌注桩所受最大弯矩位置以及灌注桩桩身所受弯矩标准值，进而对灌注桩进行配筋。经验算，配置钢筋无法满足桩身强度要求。因此以10根16#槽钢（Q345）为主筋，提高桩身强度，但是中间的六根灌注桩的桩身强度仍然不够，因此最终考虑灌注桩桩身所受弯矩由两部分结构来承担，一部分由自身承载能力所承担，另一部分由顶部设置的圈梁来承担，顶部圈梁受力示意如图6所示。

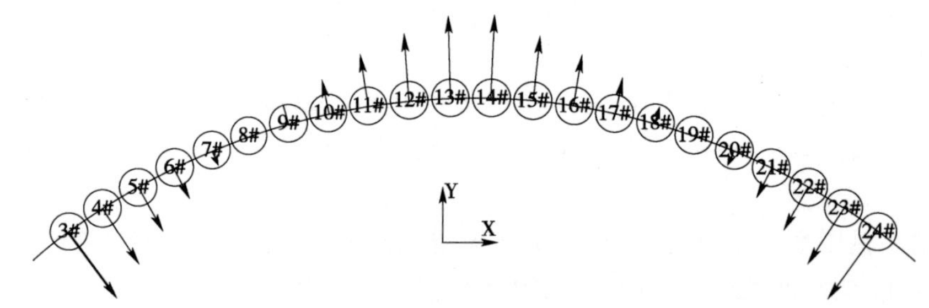

图6 灌注桩顶部圈梁受力示意图

13#、14#桩受力最大，则将圈梁考虑成对称性受力状态，由3#～24#桩对圈梁产生作用力。9#～18#桩对圈梁产生主动力；3#～7#桩和20#～24#桩对圈梁提供被动力。通过内插可以分别计算出各主动作用力大小及作用方向与竖直方向的夹角如表1所示。

各桩对圈梁的主动作用力统计表 表1

桩号	夹角角度(°)	作用力(kN)	桩号	夹角角度(°)	作用力(kN)
14#	1.724	131	13#	1.724	131
15#	5.192	104.8	12#	5.192	104.8
16#	8.643	78.6	11#	8.643	78.6
17#	12.100	52.4	10#	12.100	52.4
18#	15.577	26.2	9#	15.577	26.2

同样,则其他各桩的被动力的大小和方向夹角如表2所示。

圈梁对各桩的被动作用力统计表 表2

桩号	夹角角度(°)	作用力(kN)	桩号	夹角角度(°)	作用力(kN)
3#	36.346	F	24#	36.346	F
4#	32.891	$4F/5$	23#	32.891	$4F/5$
5#	29.423	$3F/5$	22#	29.423	$3F/5$
6#	25.961	$2F/5$	21#	25.961	$2F/5$
7#	22.530	$F/5$	20#	22.530	$F/5$

将圈梁从13#和14#桩中间即对称轴处切开,分析一侧,则在Y方向上合力应该为零,则有:

$$\sum(F_{14Y} \sim F_{18Y}) = \sum(F_{20Y} \sim F_{24Y})$$

从而求得F;然后经过力的分解求得F的水平分析F_X,进而求得该截面处所受弯矩大小,从而进行结构配筋。最终确定,围堰结构断面如图7所示。

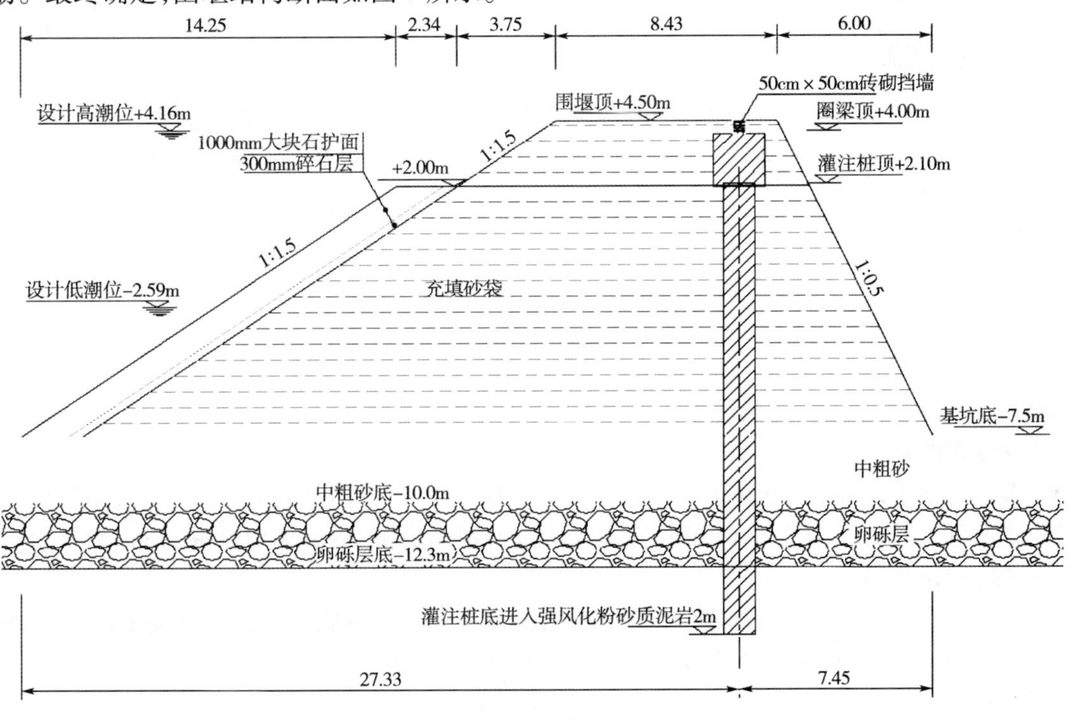

图7 灌注桩围堰结构标准断面示意图

5 施工控制关键点

该方案止水结构的关键部位为海域段围堰,而海域段围堰的主要止水结构为钢板桩和灌注桩,因此,在施工过程中必须严格控制这两个结构的施工质量。

5.1 钢板桩

钢板桩在沉桩前要进行详细的检查,特别是对锁口的完整性,桩身的变形度进行检查,对不合格桩体要进行剔除。沉桩采用打拔桩机进行施工,为了确保插打位置准确,第一片钢板桩是插打的关键。要确保其准确、垂直。沉桩过程中,采用经纬仪对其垂直度进行控制。然后以第一根钢板桩为基准,再向两边对称沉桩。施工过程中控制关键点如下:

(1)控制倾斜、扭转

对于长桩或较硬的土，由于被打的桩与临桩锁扣间阻力较大，而行进方向的贯入阻力较小而导致桩两侧锁扣所受到的阻力不平衡，钢板桩有向前偏移的趋势；另因锁扣是绞式连接，两侧锁扣约束力不一样，在平面上易产生扭转变形，采用变截面桩（大小头）进行纠正，如倾斜过大时需要连续用变截面桩进行纠正，防止累计过大造成失控，该工程变截面桩共用了5根。

（2）控制临桩连带下沉

①不一次把板桩打到标高，待全部板桩入土后，用屏风法把余下部分打入土中；

②在连接锁口上涂以黄油等油脂，减少阻力；

③当板桩已被带入土中后，应在其顶部进行接长处理。

（3）控制钢板桩不能完全咬合

造成的原因有很多，一是地质坚硬，桩无法进行打设；二是在打设过程中钢板桩连接锁口损坏，变形致使板桩不能顺利沿锁口而下；三是桩的倾斜过大，变截面桩数量不足，只能采用在同一位置重叠打设。这些情况都会造成钢板桩连不成一个封闭的止水帷幕，围堰将漏水。采用旋喷桩对间隔段进行连接，保证桩体连续性和止水要求。

5.2 灌注桩施工

灌注桩采用冲击钻进行成孔，从成孔到混凝土浇筑均为常规工艺，主要的特点是钢筋笼采用槽钢结构，钢筋笼的制作是一个要点；另外一点灌注桩的位置位于冲填沙袋上，新充填沙子的成层分布并不密实且有充填袋阻隔，极易造成塌孔。

（1）钢筋笼的加工

灌注桩主筋为12根16#普通槽钢，单根重量为546kg；在加工制作时，先用[10槽钢做好2m×20m的加工平台。

主要施工顺序：钢筋笼加工时，先在平台上按设计要求间距放置两根主槽钢，再按2m间距要求焊接直径20mm的加劲筋，然后安装其余的槽钢主筋，最后进行螺旋筋的布设。

在施工中存在的几个难点：

①由于槽钢过于重，因此无法像普通钢筋笼制作的方法，可以转动钢筋笼进行主筋的焊接。

②实际施工时一开始采用了吊车的辅助，但无法进行精确定位；后来采用每根主筋15人的抬装方式进行安装，且保证对称安装。

③由于槽钢过重，加劲筋在主筋安装过程中产生压弯变形。实际施工时在加劲筋的圆内部焊接了三角状的加强筋，增强了加劲筋的承受能力。

（2）灌注桩成孔

灌注桩的位置位于充填沙袋的围堰上，沙袋分层且不密实，受潮水影响大，施工中极易塌孔。

原施工方案拟采用全护筒跟进，后因施工场地狭小无法进行护筒打设设备的布置，最后采用了加大泥浆比重的方式进行处理。

施工中泥浆比重在1.2~1.3，采用粘土进行护壁，在钻孔过程中部分桩还是出现了塌孔现象，最后回填块石重新进行了成孔。

结语

（1）设计方案中充分考虑了陆域部分不同地段的渗径长度，在满足止水要求的同时，分别设置各个部分旋喷桩的桩身长度，从而减少施工成本。

（2）采用槽钢作为灌注桩主筋的方案是切实可行的，由此能够有效提高桩身的抗弯能力，操作简单易行，值得推广。

（3）特殊部位采用灌注桩围堰施工工艺，有利于操作。现场开挖完成后该部位基本呈直立边坡，灌注桩外露,桩身完整,无渗漏。

(4)围堰形式多样,因此可同时针对不同的围堰类型,组织不同的设备同时进行施工,对施工工期的节约起到了关键作用,避免了同一类型的围堰形式工程量过大造成设备人员组织不足。

参考文献

[1] 陈希哲.土力学地基基础(第四版)[M].北京:清华大学出版社,2004.192-236

[2] 中华人民共和国交通运输部.板桩码头设计与施工规范(JTS 167-3—2009)[S].北京:人民交通出版社.2009.11-20

陡坡裸岩全断面植入嵌岩钢管桩施工关键技术

涂伟成　吴姚平　易　晓
（中交二航局第一工程有限公司，武汉，430012）

摘　要：依托富春江船闸扩建改造工程，针对断航库区深水、裸岩、坡陡且无大型起重设备的条件下，进行大直径独立式钢管嵌岩桩全断面植入施工，有效解决了裸岩稳桩、深水钻孔、起重及如何在砼灌注过程中保证钢管桩与孔壁之间空隙的密实度等难题，对类似工程具有很好的借鉴意义。

关键词：断航库区；裸岩；浮式固定钻孔平台；起重平台；孔壁灌浆

1　概述

富春江船闸扩建改造工程上游引航道平面布置基本采用原有引航道布置形式，引航道宽度为 50m，引航道底设计高程为 +18.0m。左侧为防止船舶在横流作用下偏航误入船闸左侧溢洪道水域，威胁船舶及大坝安全，在上游引航道左侧原有隔流墩上游延伸设置长度为 227.6m 的浮箱导航设施。浮式导航设施共布置 6 座浮箱，导航浮箱由嵌岩钢管桩固定：钢管桩布置在导航浮箱端部，桩与桩之间中心距为 38.5m，数量共 7 根。钢管桩直径 2.5m，壁厚 25mm，钢管桩全断面嵌入中风化岩 7m 以上。钢管桩内部填充 C25 混凝土，桩顶高程为 +30.5m。

2　施工难点及特点

（1）起重难度大。钢管嵌岩桩长度较长（最长达 40.5m），重量较重（最重达 61.771t），且因原有船闸已封航，施工区域内大型浮吊无法进入。

（2）平台搭设难度大。嵌岩桩桩芯间距为 38.5m，共 7 根，为独立布置型桩基，采用传统工艺搭设满堂固定式钻孔平台成本较高；采用普通浮式平台进行钻孔时，因设备自重及冲击荷载较大，钻孔过程中平台稳定性难以保证；同时覆盖层较薄水上设备抛锚定位困难。

（3）孔壁密实度难以保证。设计桩径为 2500mm，孔径为 2800mm，钢管桩全断面植入，孔壁与钢管桩之间只有 15cm 间隙，若孔壁不密实，桩基承受水平荷载时容易晃动。

3　关键施工技术

3.1　起重平台设计

鉴于断航库区内无法调遣大型水上起重设备，本研究拟在上游自行设计拼装一条浮式起重平台，该浮式起重平台吊高 12m，采用固定式扒杆，利用 4 根锚缆进行定位，船头设前进缆，船尾设尾锚控制船体小幅度前进、后退。

起重平台由 1 个 20m × 10m 浮箱及 2 根 19m 桅杆组成。桅杆采用两根 ϕ50mm 钢丝绳固定。所有浮箱采用∠150 × 150 × 10mm 角钢进行包边，浮箱与浮箱之间采用 10mm 厚钢板进行包边，桅杆采用 ϕ480mm 钢管。经专业检测单位检测，该浮式起重平台最大起重量为 50t。起重平台示意见图 1。

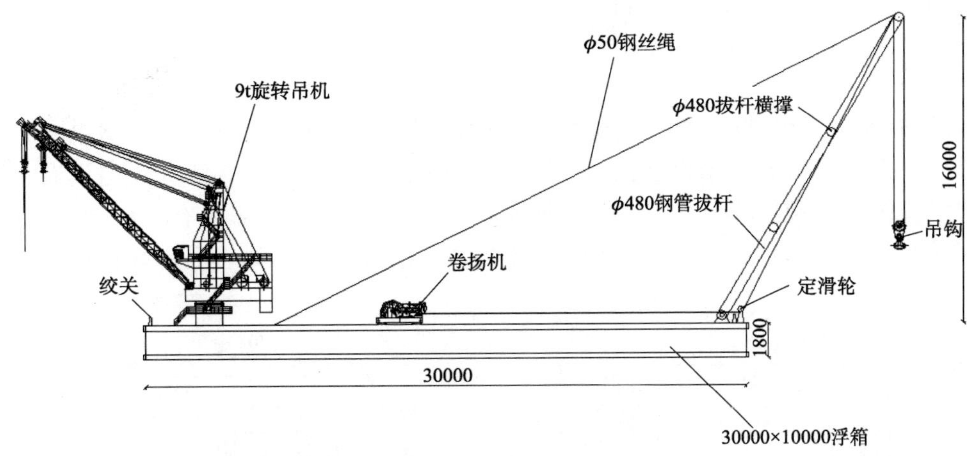

图1　50t浮式起重平台示意图

3.2　钻孔平台搭设方案比选

方案一:采用固定式钻孔平台

该平台采用15根钢管支腿与上部支撑型钢搭设成“板凳型”结构。支腿横向间距4000mm,纵向间距4500mm,支腿采用振动锤下沉至基岩面以下。桩腿顶部横向设工36主梁,主梁顶高程为+24.0m,钻机前后支点处设工25分配梁,间距为500mm。其他位置铺设250×250mm桁架,用于铺设人行走道。整个平面尺寸为16000×9000mm。分配梁与主梁相接处设加强腹板,以提高平台的整体性。护筒侧边沿主梁采用装配式,待护筒吊运完成后再安装。固定平台结构图见图2。

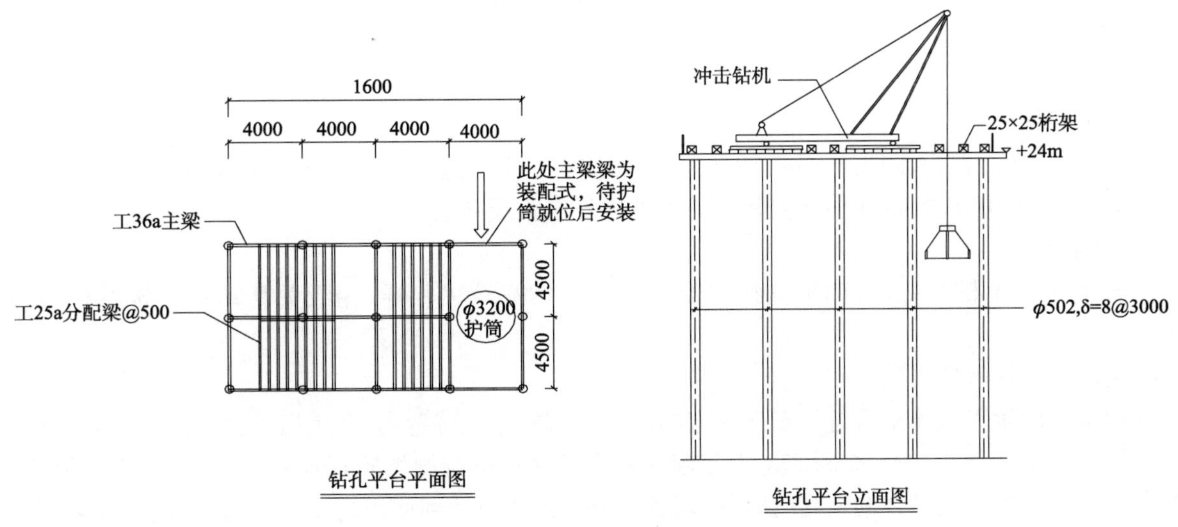

图2　固定式钻孔平台结构图

方案二:采用浮式固定钻孔平台

(1)钻孔平台设计

钻孔平台由浮箱平台和4条φ720×14mm定位钢管支腿组成。浮箱平台长度为13m,宽度为6m,高度为1.35m。浮箱一端设置一U型缺口,U型槽口宽度不小于3.25m,以便沉放钢护筒。

钻孔平台由平台主体及支腿两部分组成,两部分结构形式如下:

①平台主体

平台主体由上下两层槽钢构成基本骨架,骨架间通过槽钢增加其整体性;通过侧壁横肋、竖肋及分配承重梁构成平台主体顶层受力系统;底层由底板横肋、纵肋构成;底部及侧壁焊接钢板使平台主体构成上端开口的密封箱体，以便于水上转移；平台主体四个角上分别设有绞关，与绞关所连缆绳用以固定其水平位置。

②支腿

浮式平台设有四个平台支腿，平台支腿由上下两层槽钢构成基本骨架，上层槽钢与平台主体连接部分需焊接加固；上下层骨架以槽钢连接，构成“井”字型结构；在“井”字型机构内设有上下两侧钢抱箍，钢抱箍与定位桩通过螺栓松紧，用以安装或拆卸平台；每个支腿顶部设有千斤顶，千斤顶底部搁置与定位桩封头钢板上，顶部顶在水平工字钢上，用以承受竖向荷载及调节平台面标高。钻孔平台结构图见图 3。

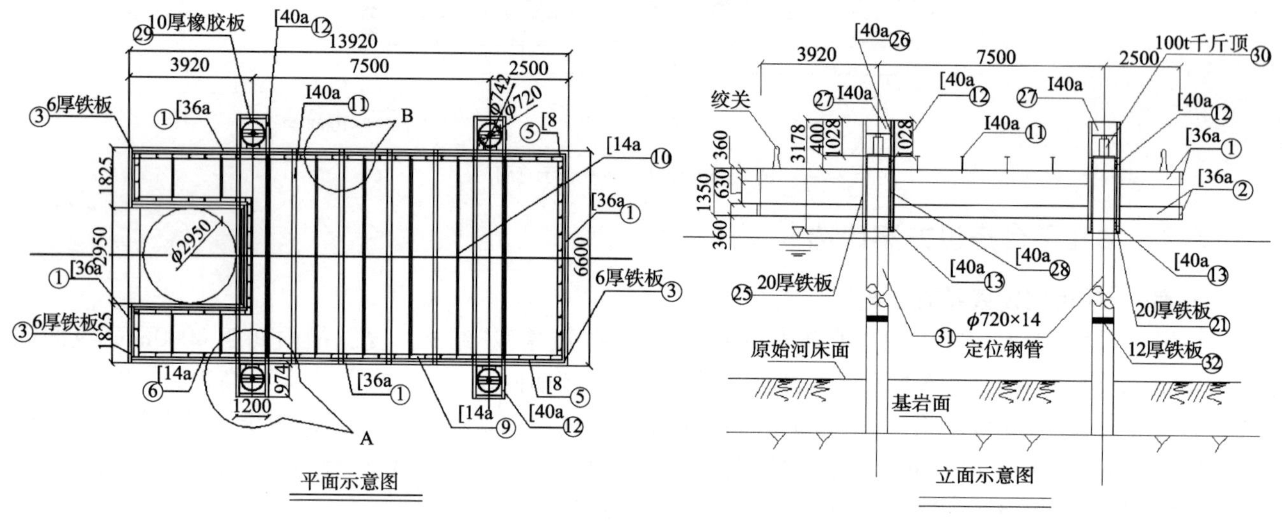

图 3　浮式固定钻孔平台结构图

(2)钻孔平台使用

①定位

a. 初步定位

初测桩位，抛下浮标，距离桩中心 80m 处，前后左右八字形抛下 4 只 300kg 铁锚，用 $6 \times 24\phi18.5$ 钢丝绳作缆绳，绳长各 100 米，现场根据实际地质条件进行增长或减短。

b. 精确定位

浮式平台移至桩位处，将四根锚绳与浮式平台上四只绞关相连，用绞关移动平台定好桩位，固定绞关。

c. 定位钢管桩就位沉放

利用水上起重平台将钢管桩吊至已固定的浮式平台的定位装置内，利用振动锤将定位钢管沉放至基岩(在就位前，潜水员先进行水下探摸，对于起伏较大的区域进行抛填碎石预先找平)。当定位钢管高出水面高度不能使用浮式平台调整高度时，用割管法或接管法以达到使用高度。沉放完成后，锁紧钢抱箍，使其与平台连接。

②高度调正

调高装置高出平台顶面 1150mm，调整范围约 50cm。每个支腿设 100t 油压千斤顶一个，油压千斤顶底部放在定位钢管封头板上，顶部顶在定位桩横梁上。安装好后，调整平台顶。

③平台移位

钻孔作业完成后，起锚取出钻锤；松开抱箍后 4 只千斤顶均匀卸力，使平台缓慢入水；利用水上起重平台配合振动锤将定位钢管取出。定位钢管提升足够高度后锁紧抱箍，使支腿钢管临时与平台连接，避免其底部在移动过程中碰触河床；铁驳就位，利用钢缆与平台绞关连接，拖曳整个钻孔平台至下一桩位。

钻孔平台搭设方案比选表 表1

项目	优点	缺点
方案一（固定式钻孔平台）	平台稳定性较好	平台搭设成本较大，不利于物资周转和工期进度，同时受水位影响较大
方案二（浮式固定钻孔平台）	浮式平台水上转移方便，物资周转使用速度快，有利于加快施工进度，节约施工成本；平台可根据水位变化调节平台标高，减小了水流对平台的影响	平台结构较复杂，制作时间较慢

经比选，选定方案二中平台作为本工程桩基施工平台。

3.3 成孔施工

钢管桩施工采用全断面植入法，施工共分为护筒沉放、钻孔、清孔栽桩、混凝土浇筑四个过程。钢管桩施工示意图见图4。

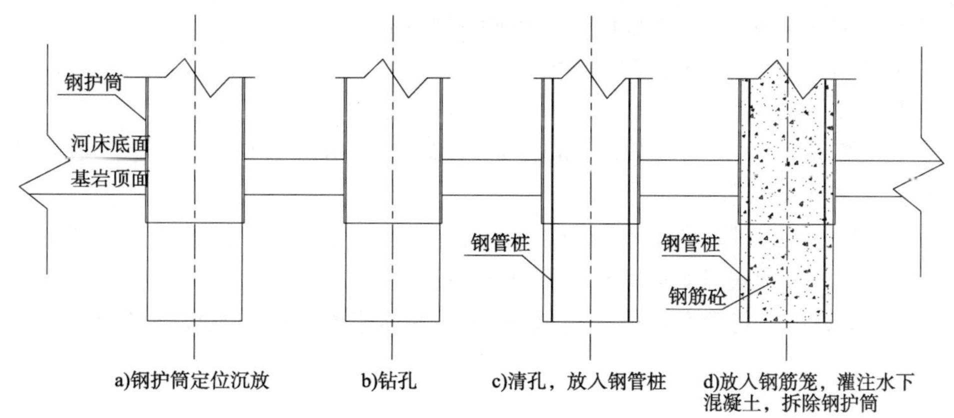

图4 钢管桩施工示意图

3.3.1 护筒沉放

工程所在地地质情况为中风化凝灰岩，属于高强度岩基，且岩面倾斜，钢护筒在沉设过程中底部易滑移，难以定位。故在护筒沉放前，利用冲击锤自由冲击将斜岩凿平。

因该工程钢护筒长度较长，最长钢护筒近30m，自主设计起重平台起重高度受限，故采用两艘自主设计的水上起重平台抬吊作业。1号起重船侧设吊耳2个，2号起重船侧设吊耳1个。1号起重船打钩与2号起重船打钩各吊钢管桩一端使钢管桩入水。入水后，1号起重船小钩上提，2号起重船松钩。1号起重平台将钢护筒拖运至桩位处。通过1号起重平台将钢护筒喂入浮式固定平台“U”型槽内，通过全站仪反复调整护筒中心位置，使其中心位置偏差小于100mm。位置调整完成后，通过型钢连接平台使钢护筒四周固定。钢护筒吊装示意图见图5。

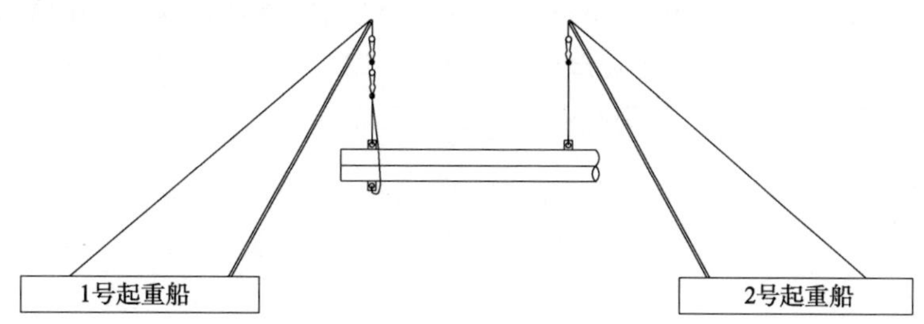

图5 钢护筒吊装示意图

3.3.2 冲击钻进

冲击钻进采用低锤密击开孔，待成孔深度大于冲锤与冲程长度之和后便可进行正常冲程冲击。钻进过程中利用50kW振动锤使护筒跟进。

3.3.3 钢管桩栽立

每根钢管桩分两节进行安装，首先安装分节 1 钢管，安装完成后，进行钢筋笼安装、二次清孔并浇筑混凝土。待混凝土达到设计强度 80% 以后，将分节 2 钢管对接至分节 1 钢管上面。

分节 1 钢管栽立具体步骤如下：

a. 潜水员水下割除距离泥面 1m 以上钢护筒。

b. 钢管栽立采用 50t 起重工作平台进行吊装，将分节 1 钢管桩吊装至钻好的 2.8m 直径的孔中。对于7#锚桩，单节重量 53.4t，已有起重船额定荷载为 50t，按照最不利情况，该工程最重钢管桩为 53.6t。在钢管桩内部焊接 2 块圆形钢板，与钢管桩焊牢，使用压缩机抽出其中空气，形成 $5m^3$ 真空，并进行气密性试验。待钢管桩安装到位后，潜水员水下切割的方式割除钢板。

故在钢护筒内设浮箱已减小起重船吊重。水的密度去 $1000kg/m^3$，故浮箱提供浮力为：

$$F_{浮} = 3.6 \times 10 = 36kN$$

浮箱自重取 2kN

浮箱内容体积为：$V = (36 + 2) \div 1000 \div 10 \div 1000 = 3.8m^3$

本工程内置浮箱为 $5m^3 > 3.8m^3$，符合要求。

3.3.4 孔壁灌浆

在钢管下口，距离底部 3m 范围内开 30cm × 80cm（宽 × 高）16 只缺口，每圈八个，孔位成梅花形布置，便于在浇筑过程中混凝土能从孔壁间上翻。

为保证孔壁密实度，提高桩基在水平荷载下的稳定性，在底部缺口中间埋设直径 48mm 压浆钢管，压浆管从底口连接至桩顶，钢管底口 8m 范围内每 10cm 间距钻 4mm 小孔，每圈钻 4 个，成梅花状布置。混凝土浇筑完成后，潜水员水下将碎石抛填至孔壁内，然后将压浆管连接压浆设备进行压浆处理，以使孔壁密实。

结语

富春江船闸上游引航道库区在断航情况下，通过浮箱拼装方案，有效解决了水上起重施工难题；针对深水、裸岩、库区水位变动及独立桩基特点，自主研究与设计出了浮式固定钻孔平台（，在满足平台稳定性的同时，加快了平台周转速度，提高了生产效率，极大节约了施工成本；钢管桩孔壁灌浆技术等先进施工工艺的运用也提高的桩基质量。该工程的顺利实施，对于我国一大批类似改扩建船闸施工积累了宝贵经验。

参考文献

[1] 中华人民共和国交通运输部行业标准. 水运工程质量检验标准（JTS 257 – 2008）

[2] 中华人民共和国交通运输部行业标准. 港口工程桩基规范（JTS167 – 4 – 2012）

[3] 徐维钧. 桩基施工手册. 北京：人民交通出版社，2007 – 12

[4] 蒋正荣，朱国良. 简明施工计算手册. 2005 年 7 月第三版

富春江船闸改造加固工程止水结构的制作与安装

吴启和[1]　仇正中[1]　赵东梁[1]　涂伟成[2]

（1. 长大桥梁建设施工技术交通行业重点实验室，湖北武汉，430040；2. 中交二航局第一工程有限公司，湖北武汉，430012）

摘　要：介绍了富春江船闸伸缩缝止水结构的制作与安装工艺，并列举了止水结构在施工过程中为确保工程质量的应注意事项。在止水结构制作过程中，介绍了本工程中发明的铜止水与橡胶止水连接模具，给出了铜止水与橡胶止水的具体连接步骤。详细介绍了止水结构的现场安装步骤。实践证明，本工程的止水结构施工便捷，防渗效果较好，为同类工程伸缩缝的止水制作安装提供参考。

关键词：富春江船闸；伸缩缝；止水结构；制作安装

1　工程概况

富春江船闸改造加固工程作为航电枢纽高水头船闸改扩建工程的一部分，是在老船闸下游新建一座Ⅳ级标准船闸，满足1000吨级船舶的过闸要求。老船闸下闸首与新建船闸上闸首连接，并作为新船闸的上游引航渠道继续使用，因此，需对老船闸闸室两侧闸墙、闸室底板、闸室输水廊道等结构进行改造加固。在改造加固过程中，新老船闸衔接处施工是关键，新老船闸结合处伸缩缝止水结构的制作与安装是保证船闸加固质量的重要内容。

新建船闸的上闸首采用整体空箱式的结构形式与老闸下闸首连接。新建船闸上闸首长为30m，宽为53m，口门宽14.4m，顶高程为26.2m，其闸室采用分离式的结构，左右两侧闸墙分别为空箱重力式和扶壁式结构。闸室总长度为300m，净宽23m，闸墙顶高程25.0m。闸墙两侧衔接段的伸缩缝设置两道竖向铜止水与橡胶止水（图1），闸室衔接段设置两道W型复合（铜止水及橡胶止水）水平止水（图2）。

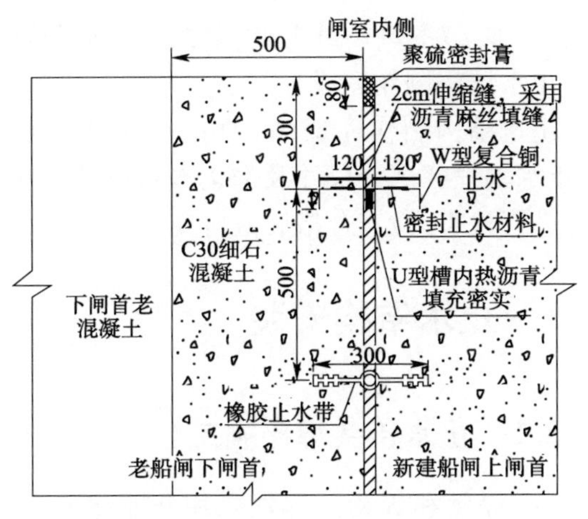

图1　闸墙衔接段铜止水及橡胶止水示意图

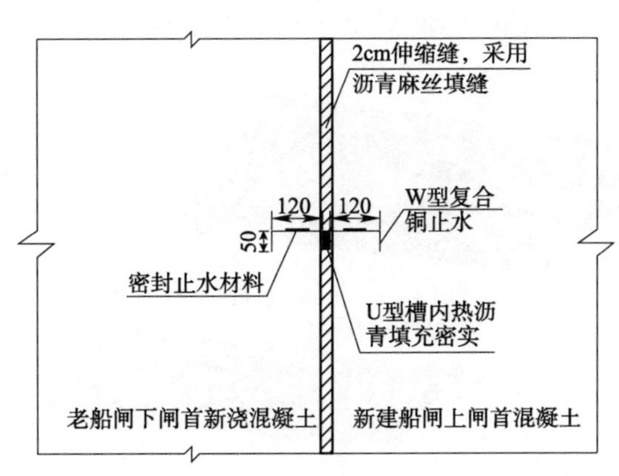

图2　闸室衔接段W型复合水平止水示意图

2 止水结构制作

2.1 原材料检验

(1)铜止水片中铜元素含量高于99.6%,作冷弯处理试验,180°时不出现裂缝,0~60°时可以连续张闭50次无损伤痕迹。

(2)铜止水片的厚度及宽度应满足设计要求,材料强度符合铜及铜合金板材国家标准[1]中规定的T2冷轧软纯铜板的要求。

(3)止水铜片原材料要求表面平整光滑,无浮皮,无油渍;若铜片自身存在砂眼、钉孔等,应对原材料进行焊补和替换;若铜片有撕裂,应采用相同的原材料对铜片进行焊接,焊接方式一般为双面搭焊,搭焊长度一般大于等于10cm。

2.2 铜止水加工

(1)止水铜片加工过程中采用车床器械进行切割,禁止使用铁锤等工具敲打铜片。

(2)止水铜片在冷压成型后,检查其表面有无裂纹痕迹,如有铜片有裂痕则废弃,并对同批次所有材料进行检查。

(3)标记加工好的不同规格的止水铜片,以便于区分安装。

(4)对加工好的止水铜片应进行防锈喷漆处理,但对铜鼻子凸出部分,不做喷漆处理。

2.3 铜止水与橡胶止水连接

以往工程项目中,铜止水与橡胶止水通常通过在橡胶止水表面打毛、均匀涂抹氯丁胶并使用螺栓和铁板进行固定的方式连接,但这种连接方式往往出现裂缝或破损现象,严重影响工程安全。富春江老船闸改造加固项目中,针对以往铜止水与橡胶止水在粘贴连接过程中出现的技术不足,发明了图3所示的铜止水与橡胶止水连接模具。铜止水与橡胶止水粘贴连接步骤如下。

(1)用胶粘剂对铜止水端部进行处理,处理完成后,将铜止水片经第二通孔伸入到模具内,同时将橡胶止水端部从模具另一侧的第一通孔伸入到模具,使用胶粘剂将铜止水和橡胶止水的端部粘结在一起。

(2)打开模具顶板,向盒内浇筑加热的橡胶材料,关闭顶板,放置待橡胶材料硫化成型,使铜止水与橡胶止水端部连接牢固。

(3)待模具内橡胶材料完全冷却成型后,将顶板拆除,从侧部将第一封头板、第二封头板分别沿橡胶止水和铜止水取下,使铜止水和橡胶止水完全脱离模具,止水结构制作完成。

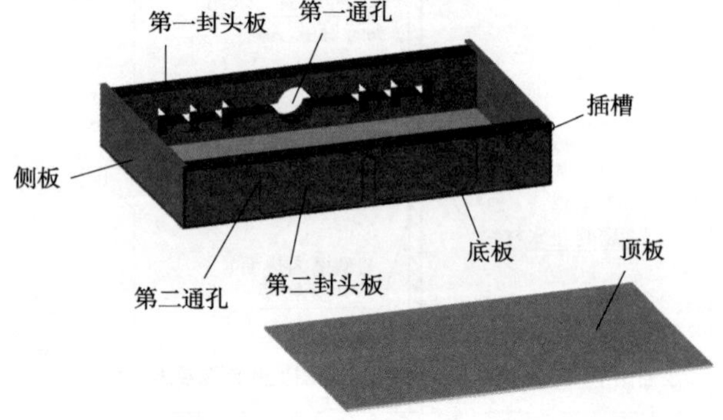

图3 铜止水与橡胶止水连接模具三维示意图

止水结构制作完成后,对止水铜片的表面平整度、止水铜片各部分尺寸及铜止水和橡胶止水的连接部位进行检查,检查合格后方可使用。

3 止水结构安装

3.1 止水接头焊接施工

(1)焊丝和焊粉。焊丝采用止水铜片原材料剪条,焊粉为气剂301,焊接过程中将脱氧剂与焊粉混掺使用。

(2)焊接工艺。焊接选用气焊工艺,焊接前对焊接部分进行清洁处理,除去油污和气泡。

(3)焊接火焰。焊接过程选用中性火焰进行焊接,不易选用氧化焰和碳化焰。氧化焰和碳化焰在焊缝焊接中易形成氧化亚铜和气孔,影响焊接质量。

(4)焊件焊接前需要预热,铜止水片预热温度为450℃左右。

(5)高温铜液容易吸收气体,易使焊缝金属产生多孔缺陷,同时若焊缝热周围的晶粒过大,会降低焊接接头力学性能,所以焊接层数越少越好。

3.2　焊接结果检验

(1)外观质量检验。焊接完成后,目测或测量检查焊缝是否平整、光洁,轴线对接误差是否满足搭接长度不小于20mm的要求。搭接方式为双面焊接,焊接接头表面无裂痕和砂眼,且平整光滑。焊接完成后,止水铜片中线和伸缩缝中线的偏差在5mm以内。

(2)接头渗透检验。将煤油滴在焊缝上,焊缝另一侧洒上干石灰或粉笔灰,等待十五分钟,看另一侧焊缝是否发生汽油渗漏,如有渗漏痕迹用粉笔标记,重新补焊。

(3)力学性能试验。焊缝接头拉力不应小于原材料抗拉强度的75%。

3.3　止水现场安装

(1)止水铜片安装时满足跨缝对中安装,安装过程对止水铜片进行固定,防止在混凝土浇筑过程发生变形或位移。

(2)"十"字和"T"字接头的止水铜片现场焊接时严格控制搭接处的焊接质量。

(3)已埋入先浇混凝土内的止水片,应采取措施防止其撕裂破坏,且保证止水片高出先浇块表面至少20cm。

(4)伸缩缝中混凝土浇筑前,应用钢筋将止水片在预定位置上进行固定,防止止水片因混凝土振捣发生移位。同时应清除止水片附近的大粒径骨料,确保混凝土浇筑密实。

(5)铜鼻子内浇沥青柱前,应在其内部放一根在沥青里煮过的麻丝,沥青浇筑过程采取多层次浇筑方法,保证沥青浇筑密实。沥青浇筑时速度尽可能快,缩短层与层之间的间隔时间。止水铜片安装时将凹槽部位与伸缩缝骑缝布设。浇筑止水铜片周围混凝土时为使止水铜片两翼与混凝土紧密结合,需边浇筑边振捣,严禁浇筑过程出现蜂窝,同时避免出现空隙形成渗水通道。

(6)伸缩缝两侧止水片宽度应大致相等。在混凝土浇筑前应将止水片上所有油迹、灰浆和影响混凝土粘结的有害物质清除。

(7)安装好的止水片应加以固定和保护,并对止水的安装位置、偏差等进行检查,检查项目及控制标准满足水工建筑物止水带技术规范[2]要求。

4　止水结构施工注意事项

(1)止水铜片焊接接头渗透检验后,应及时将其表面油污清洗干净,以利于与浇筑混凝土的密实嵌固。

(2)止水铜片浇筑混凝土前必须进行定位,检查无误后方可进行浇筑。

(3)止水铜片附近混凝土浇筑时应采用特制专用模板,模板应采用"Ω"形支撑进行固定,避免浇筑过程漏浆。

(4)浇筑过程合理安排浇筑顺序,及时对止水片进行检查,防止局部泌水和位置偏移。

(5)对施工过程中暂未浇筑的止水片,应进行固定防护,避免在施工中损坏。

结语

富春江老船闸改造加固工程已于2016年2月份完成交工,全部伸缩缝无一出现渗水现象,止水效果良好。实践证明,本工程止水结构的制作与安装符合工程实际需要,为闸室内部创造了良好的止水环境,又满足伸缩缝的工程安全需求。尤其是本工程中发明的铜止水与橡胶止水连接模具,不但增加了铜止水与橡胶止水的连接强度,而且大大提高了止水结构的施工效率。富春江老船闸止水结构的制作与安装为船闸加固工程止水结构的施工提供了经验,尤其为新老船闸衔接段伸缩缝的止水设计安装提供了参考。

参考文献

[1] 邵胜忠,孟惠娟,张健,等.铜及铜合金板材(GB/T 2040—2008)[S].北京:中国标准出版社,2008:3-5

[2] 贾金生,郝巨涛,陈肖蕾,等.水工建筑物止水带技术规范(DL/T 5215—2005)[S].北京:中国电力出版社,2005:6-11

钢筋对焊冷却水系统及半自动卸料改进工艺的应用

刘笑宇
（预制构件工程公司，山东日照，276800）

摘　要：在大型沉箱预制过程中，钢筋加工数量多，对焊接头多，型号多，人工搬运劳动强度大，卸料时难度高、费时费力；为降低成本、节省时间，在钢筋卸料时采用空压机及气缸制作钢筋卸料生产线代替人工进行半自动化卸料，能够方便、快捷、准确的完成对焊卸料工作，自动化程度高，安全可靠，节省能耗，可有效降低工人劳动强度，提高生产效率，降低成本。在钢筋对焊过程中需要使用冷却水对对焊机进行冷却，该系统创新使用循环水替代传统工艺，不仅节约了水资源而且冷却效果理想。

关键词：钢筋对焊；半自动卸料；高效安全；冷却系统；节能减排

引言

近年来，随着水运工程建设领域快速发展，沉箱作为重力式码头施工中重要结构形式之一应用越加广泛，预制沉箱的生产工艺与时俱进，尺寸亦向大型和超大型化发展。随着中国十大港口之一的日照港港口布局日益完善，山东港湾建设集团预制构件工程公司作为沉箱预制的主要生产单位，施工任务也在逐年增加，年沉箱钢筋加工量近 1.5 万吨。

钢筋分项工程是沉箱预制的必不可少的重要环节，也是质量控制难度较大的环节，而钢筋对焊质量的好坏是影响钢筋工程的关键因素。传统钢筋对焊卸料时多采用人工卸料，需要多人同时搬动，劳动强度高，造成人力资源浪费并存在安全隐患；若采用现场人工对焊，钢筋成品质量较低，易造成钢筋轴线偏差较大；随着沉箱尺寸越来越大，钢筋对焊接头增多，对焊种类也越来越多，成品搬运的所需施工人员数量相应增加，造成人工费用不断攀升。

对焊过程中，钢筋对焊机需要用冷却水降温，以往对焊机冷却水加注时水流量无法控制，完成冷却后又直接排放，造成水资源大量浪费。

为解决上述问题，建设集团成立了专门课题小组进行技术攻关，研发了钢筋对焊冷却水系统和半钢筋自动卸料平台，并申报了专利，该技术的应用在创新施工工艺，提高质量的同时有效地降低了施工成本，取得了良好经济效益和社会效益。

1　主要技术方案

课题小组通过对原有钢筋对焊卸料工艺进行改造，研制了使用空压机及气缸制作钢筋卸料生产线（图 1），代替人工进行自动化卸料[1]。

图 1　钢筋卸料机图

1.1　钢筋卸料工艺

该系统主要包括空气压缩机（W-1.0/7 型）、气缸（SC63×300）、电磁阀（4V210-08）、卸料架、电子计数器（JDM9-4）等组成，自动卸料机由气路系统进行控制，利用控制电磁阀的通断电控制气缸往复运动。

1.2 施工顺序

钢筋进场——→气压系统充气——→对焊系统供电——→对焊系统对——→焊——→对焊成品进入卸料区——→进行钢筋卸料

2 施工内容

钢筋对焊前，现场对焊机及其配套对焊平台、防护深色眼镜、电焊手套、绝缘鞋、钢筋切断机、空压机、水源、除锈机或钢丝刷等配备齐全。

钢筋闪光对焊是利用电流加热工件，通过顶锻完成压焊的一种焊接方法。施焊时，先闭合一次电路，使两根钢筋端面轻微接触，此时端面的间隙中即喷射出火花般熔化的金属微粒——闪光，接着徐徐移动钢筋使两端面仍保持轻微接触，形成连接闪光。当闪光到预定的长度，使钢筋端头加热到将近熔点时，以一定的压力迅速进行顶锻。先带电顶锻，再无电顶锻到一定长度，焊接接头即告完成。

钢筋经过对焊，沿着卸料架前行至规定位置后，打开半自动卸料控制开关，气缸进行充气，气缸活塞杆伸出，摆臂杆抬起，钢筋与半自动卸料机械的斜梁接触，由于斜梁有一定的角度，钢筋可沿斜梁滑落，滚落地面收集装置上收走。同时气缸缸杆收回到原始位置，完成一个工作周期。通过气缸带动来完成起升和降落，解决原料在下落过程中的乱序现象，可自动的并列平铺开便于收集。

成品保护：钢筋对焊半成品按规格、型号分类堆放整齐，堆放场所应有遮盖措施，防止雨淋而锈蚀，运输装卸对焊半成品时不能随意抛掷和碰撞，以避免钢筋变形。将加工预制好的钢筋成品料做好标识，用木方支垫，做好防潮工作。雨期施工时钢筋堆放地要做好排水措施和必要的苫盖。

注意事项：卸料区域内严禁站人，对从事钢筋焊接卸料施工的班组及有关人员应经常进行安全生产教育，执行现行国家标准《焊接与切割安全》(GB 9448)中有关规定，对氧气、乙炔、液化石油气等易燃、易爆材料，应妥善管理，注意周边环境，制定和实施各项安全技术措施，加强焊工的劳动保护，防止发生烧伤、触电、火灾、爆炸以及烧坏焊接设备等事故，下班后配电箱应落闸上锁，清扫现场工作面做到工完、料净、场地清。

该装置可防止焊接好钢筋直接滚落引起的钢筋弯曲变形，从而保证了钢筋的对焊质量，且减小了卸料时的难度并提高了卸料的效率(图 2)。

为便于钢筋对焊完成后钢筋顺利进入卸料线，在对焊机与卸料线间加设传料机，利用电机带动滚盘，使钢筋移动至卸料线，同时为了便于统计加工后的对焊钢筋数量，在装置上增加电子计数器。计数器在对焊过程主要是对脉冲的个数进行计数，以实现测量、计数和控制的功能，同时兼有分频功能。

质量要求：对焊接头表面应呈圆滑、并呈均匀的毛刺外形，不得有肉眼可见的裂纹，与电极接触处的钢筋表面不得有明显烧伤；接头处的弯折角度不得大于 2°；接头处的轴线的偏移不得大于钢筋直径的 1/10，且不得大于 1mm。

图 2　钢筋传料机图

3 冷却水循环工艺

在钢筋对焊卸料过程中，同时使用冷却水使对焊机进行冷却，冷却系统主要包括：水箱、水泵、控制阀、水管等，考虑到夏季施工气温高，冷却慢等因素，水箱体积制作稍大，为 $2m^3$。如图 3 所示。

新的冷却系统采用水泵带动的方式循环使用冷却水对对焊机进行冷却，用于对焊直径分别为 $\phi12$、$\phi16$、$\phi20$、$\phi25$ 的钢筋，对焊时所需冷却水的流量也不同,因此增加控制阀控制水流量,未采用冷却循环时每天需用水量 $3m^3$,冷却后的热水直接排放,造成资源浪费,新系统不仅冷却效果好而且每年节省用水1100余立方米,大大降低了生产成本。冷却水循环利用不仅可以解决部分城市的水资源短缺问题,还为国家的环境保护工作出了一份力,值得我们长期来发展这项工作(图4)。

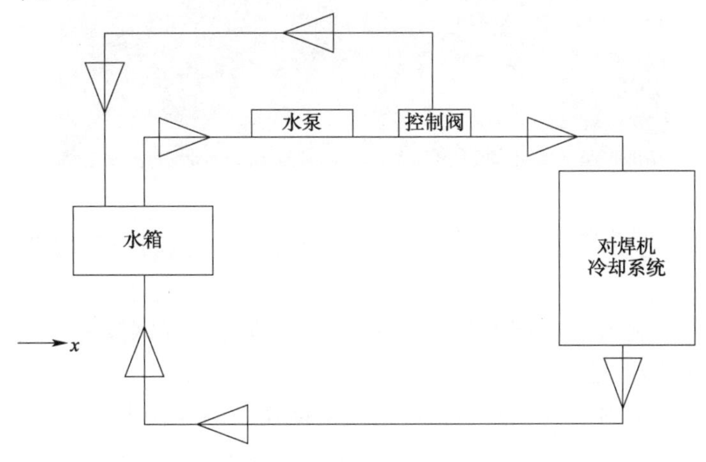

图3 冷却水循环图

图4 水循环系统实际效果图

4 效益分析

通过现场实践证明,新型的钢筋半自动卸料机,与以往人工搬料相比,半自动卸料线方法自动化程度高,能极大地减少操作人员数量,减轻了工人劳动强度,提高了施工效率,且一次性投入费用低,能长期使用(表1)。

人工卸料和半自动卸料机费用对比 表1

项目	人工卸料	半自动卸料机
设备费用	无设备费用	空压机3500元、气缸95元/个×10=950元、气管35米×8=280元、电磁阀40元/个×10=400元、计数器80元、送料机600元,合计5810元。
人工费用	共8人,人工费按140元/工日计算,每月30天共33600元。	共3人,人工费按140元/工日计算,每月30天共12600元。

设备使用周期按一年计算,施工人员节省5人,一年365天中卸料机使用率按照80%计算,一年人工费用为140×5×365×0.8=204400元,扣除设备费用5810元,冷却系统每年节省用水1100余立方米,按照每立方米水4元计算,每年可节约4400元,上述两种工艺一年可节省202990元。

自动卸料线与以往人工搬运相比具有以下特点:

(1)设备费用低廉,单套设备总投入只需5810元,一次性投入后即可长期使用且维修简单方便。

(2)节省人工,相比以往工艺,此工艺可节省5个人工,大幅度降低了人工费用。

图 5　钢筋卸料机实际效果图

(3)施工效率较以往工艺有所提高,平均每天多对焊加工 4 吨钢筋,同时减轻了钢筋对焊偏轴现象,提高了钢筋对焊质量。

(4)工艺操作简单,对焊完成后操作人员打开电源开关即可实现钢筋卸料,极大地减轻了工人劳动强度,电子计数便于统计钢筋数量。

(5)工艺安全可靠,能有效避免人工搬运钢筋造成的砸伤及磕绊伤害。

结语

钢筋对焊自动卸料工艺具有轻松便捷,自动化程度高的特点,可在减轻工人劳动强度的同时安全可靠地施工,避免了人工搬运钢筋造成的砸伤及磕绊伤害,同时提高了生产效率、降低了人工成本,实现了安全、高效、环保、优质的预期目标。可广泛应用于大型沉箱等预制构件,在相关工程施工领域中亦有广阔的应用前景。

参考文献

[1] 成大先,等,机械设计手册(第五版).武汉:华中科技大学出版社,2008 年 4 月,73-112

[2] 黄勇,等,交通运输部工程质量监督局组织编写.预制沉箱标准工艺指南.北京:人民交通出版社,2014 年 2 月

港浚 6 轮在吕四疏浚工程中工艺参数研究

李阳阳　朱时茂
（中港疏浚有限公司，上海，200120）

摘　要：自 2015 年 6 月 14 日开工至 2015 年 9 月 28 日，港浚 6 轮进行南通港吕四港区 5 万吨级进港航道疏浚工程作业，在不熟悉水域情况的条件下，港浚 6 轮规范作业，零事故高效率的进行为期三个月的施工。本文就施工过程中出现的技术难题和改善措施进行分析总结。

关键词：自航耙吸挖泥船；耙齿；施工效率；细粉砂

1　工程概况

1.1　基本情况

本工程为南通港吕四港区 10 万吨级进港航道的一阶段工程，航道全长约 56.63km，疏浚区域长度为 19.9km（B – C – D 段），航道设计底标高 –11.3m（当地理论深度基准面），设计宽度 236m，设计边坡 1:10，计算超深 0.55m，超宽 6.5m，满足 5 万吨散货乘潮通航，兼顾 10 万吨级散货船减载乘潮单向通航（图 1）。

疏浚土采用挖、抛、吹结合的处理方式，首先在挖入式港池内设置两个临时贮泥坑，设计水深 –12.0m，边坡 1:5，由绞吸挖泥船挖泥施工吹填至吕四挖入式港池围垦区。耙吸挖泥船疏浚航道后运泥到该临时贮泥坑抛泥（图 2），运距约为 20km。

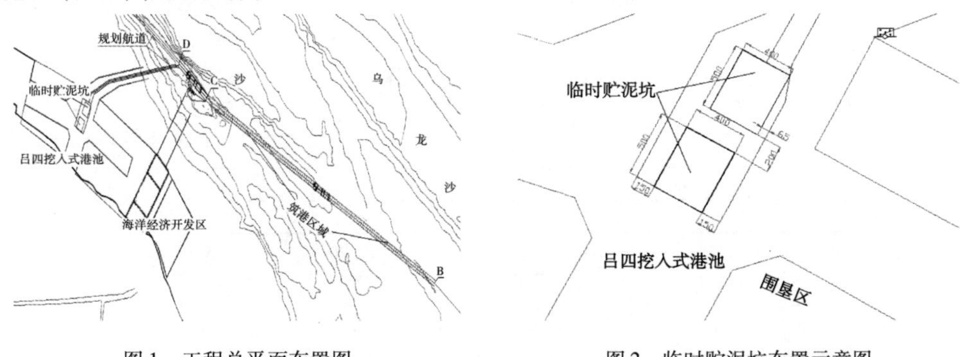

图 1　工程总平面布置图　　　图 2　临时贮泥坑布置示意图

1.2　工程量

根据招标文件，基建期合同总工程量为 930.6 万 m^3，根据项目部浚前测图基建期总工程量为 943.74 万 m^3（表 1）。

航道基建疏浚工程量（单位：万 m^3）　　表 1

项目	基建工程量			施工期回淤量	基建期总工程量
	断面工程量	超挖工程量	小计		
合同工程量	544.2	239.5	783.7	146.9	930.6
浚前工程量	563.85	232.99	796.84	146.9	943.74

1.3 施工工艺

该工程需要港浚6轮采取“挖—运—抛”的施工方法，主要围绕取泥—运泥—抛泥的方式进行，施工流程见图3。

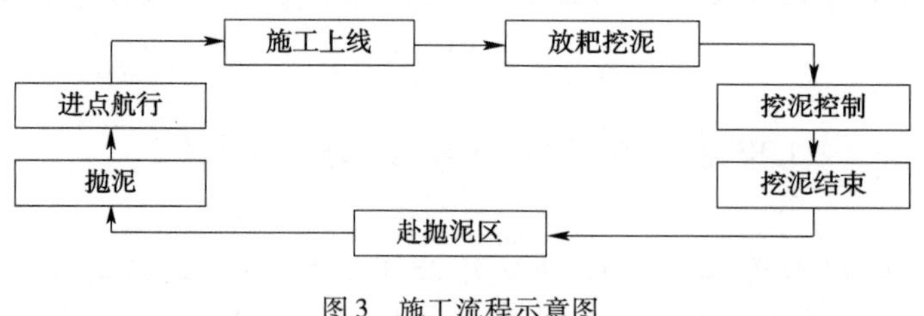

图3 施工流程示意图

1.4 工期情况

基建期的合同总工期为12个月，计划2015年1月26日至2016年1月25日，根据建设单位要求，争取在2015年11月底前完成。

2 有助于提高施工效率的途径与探究

本工程中，港浚6轮的施工方式为“挖运抛”，故将正常施工的船次作为调查对象，对每个环节中影响施工效率的因素进行研究分析，目的达到最佳可行性方案。

2.1 进舱浓度曲线

根据港浚6轮的进舱浓度曲线，取单趟挖泥航次左右耙头进舱浓度分析，分别见图4、图5，由图可知，稳定施工后平均进舱密度可到1.2g/cm^{3}以上，达到要求。

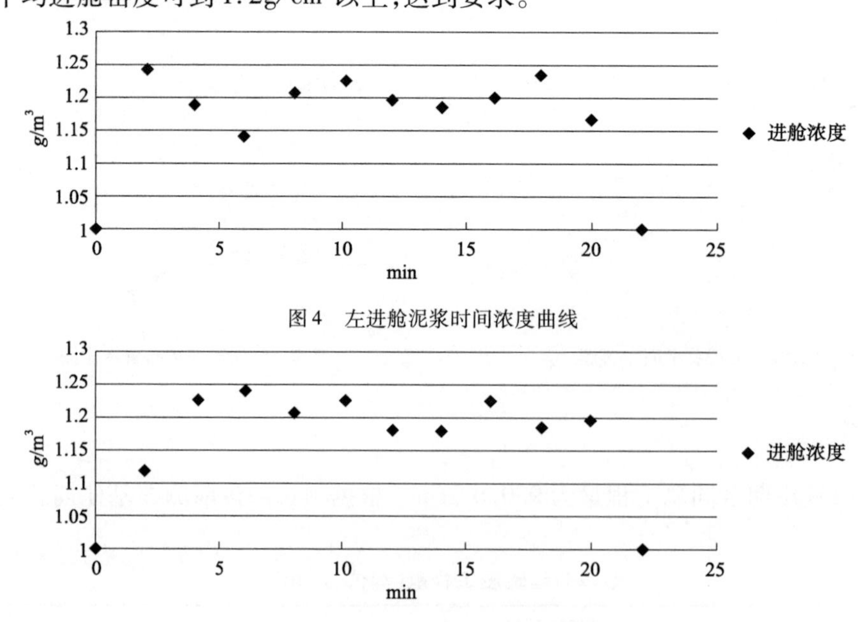

图4 左进舱泥浆时间浓度曲线

图5 右进舱泥浆时间浓度曲线

2.2 施工航行

轻重载航行的速度达到了预期测试的效果，平均航速在12.5～14.5kn，符合要求。

2.3　上线

港浚6轮平均每船的上限时间为5min左右，符合要求。

总结：从整个环节的统计分析中看出，每个环节的效率与时间控制都达到了测算要求，因此，影响港浚6轮施工效率的因素存在于内在细节。

3　施工难点解析与应对方法

港浚6轮投入南通吕四工程为第一期工程，前期施工进度较快，但是也存在较多困难，比如疏浚区垃圾、渔网、石头和贮泥区等抛，给施工造成了一定程度的影响。

吕四工程疏浚天然土主要分淤泥、粘土夹沙、细粉砂三种。前期疏浚淤泥时垃圾和石头较多，造成耙齿脱落比较严重。为此对耙齿和销子直接进行烧焊加固，一定程度上减少了耙齿的脱落。中后期细粉砂含量较多，耙头本体消耗磨损比较严重，耙齿平均4～7天就要全部更换，而且耙头下部的防磨块和两边的防磨挡板磨损也比较严重。为此申请了加厚钢板，对防磨块和防磨挡板进行定期复板，保证耙头本体不受破坏。后期改变耙齿排列方式，左耙使用尖齿和平齿间隔安装，右耙使用尖齿。

4　提高施工效率

施工过程中，我们不能固守陈规，要根据不同地段采取更高效的施工手段，这样才能在规定时间内完工甚至提前竣工，给公司带来更大的效益，既节省了人力财力物力，又能在激烈的市场竞争中占据优势。该文我们对在8月5日至8月10日施工过程中采用正交试验法，选取挖泥航速、波浪补偿器压力和高压冲水转速作为试验因子。

4.1　设备仪表情况

（1）船舶吃水传感器

船舶吃水传感器数据　　表2

重载状态							
实际观察数据				仪表显示数据			
左艏	8.1	右艏	8.1	左艏	7.93	右艏	7.89
左舯	8.0	右舯	8.1	左舯	8.03	右舯	8.01
左艉	7.9	右艉	7.9	左艉	8.12	右艉	8.12
比对结论		船艏吃水传感器偏大，平均偏大0.18m； 船舯吃水传感器基本准确，平均偏大0.03m； 船艉吃水传感器偏小，平均偏小0.22m；					
轻载状态							
实际观察数据				仪表显示数据			
左艏	3.7	右艏	3.7	左艏	3.76	右艏	3.55
左舯	4.65	右舯	4.6	左舯	4.75	右舯	4.58
左艉	5.6	右艉	5.5	左艉	5.74	右艉	5.60
比对结论		船艏吃水传感器基本准确，平均偏大0.05m； 船舯吃水传感器基本准确，平均偏小0.04m； 船艉吃水传感器偏小，平均偏大0.12m。					

根据表2中的比对结果，进一步分析可知，船艏传感器偏大，船艉传感器偏小，这种情况在重载时较

为明显，但数值误差都不大，最大也只有0.22m。船艏传感器较为准确，耙头深度应该比较准确。

(2)流量计/流速计

计算公式：$Q=\pi r^2 v$

$r=0.45\text{m}$

计算结果见表3。

表3

流量计平均流速(m/s)	舱容法计算流速(m/s)	误差
8.4m/s	8.0m/s	5.8%

船上流量计较为准确。

(3)密度计

密度计数据 表4

序号	显示密度(g/cm^3)	实测密度(g/cm^3)	备注
1	1.31	1.24	
2	1.30	1.28	
3	1.43	1.33	
4	1.37	1.34	
5	1.35	1.30	
6	1.34	1.30	
7	1.35	1.32	
8	1.33	1.29	
实测平均密度(g/cm^3)		1.35	
显示平均密度(g/cm^3)		1.30	
平均误差		3.7%	

密度计基本准确(表4)。

4.2 测试数据分析

港浚6轮在测试过程中航速采用3.5~4.0kn，泥泵采用额定转速，分析结果见表5。

表5

施工航速(kn)	3.5~4.0	
波浪补偿器压力(bar)	30	35
高压冲水转速(rpm)	0	750

根据我轮SCADA系统记录的数据(10s记录一次)，数据分析结果见表6。

港浚6轮施工工艺参数测定分组表 表6

序号	测试条件		测试时间		仪表浓度
	波浪补偿器压力(bar)	高压冲水转速(rpm)	开始	结束	
1	30	0	10:44	11:50	1.18
2	30	750	11:52	12:29	1.23
3	35	0	17:56	18:40	1.13
4	35	750	18:48	19:42	1.21

由上述测试结果可知，最佳施工工艺参数为：波浪补偿器压力30bar、施工航速4.5kn、高压冲水转速750rpm。

4.3 大数据分析法

对测试数据中进舱泥浆密度进行图表分析，划出集中出现进舱平均密度大于1.25g/cm³的高效施工时间，寻找当时的施工参数，统计结果如图6所示。

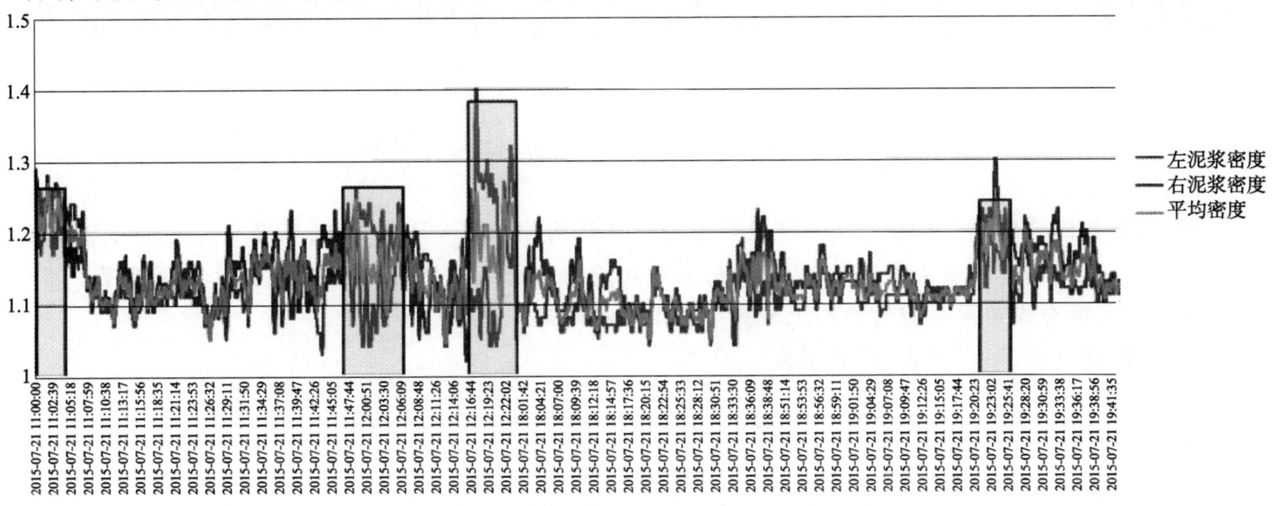

图6 港浚6轮施工工艺参数测定分组表

由数据分析得：

(1)测试期间，施工的四个船次，平均进舱密度较低，仅为1.13g/cm³；

(2)在密度大于1.25g/cm³的高效施工时间内，航速集中在3.6～4.5kn之间。对吕四工程来讲，航速越快施工效果较好；

(3)高压冲水开启时施工效率明显高于未开启时；

(4)波浪补偿器压力30bar时的平均进舱密度为1.15g/cm³，35bar时的平均进舱密度为1.12g/cm³，低于30bar时的进舱密度。

4.4 结论

两种数据分析方法得出的结论基本一致。高压冲水在施工时应该尽可能调至额定转速，波浪补偿器压力暂定30bar，航速应控制在3.6kn以上。

结束语

港浚6轮于2015年9月26日退出南通港吕四港区航道疏浚工程的施工，在整个施工过程中，正是通过对所遇到问题的不断探索、研究和分析，在工程作业当中不断改进和优化施工工艺，最终才保障了工程高效，安全和低耗的竣工，一定程度上为公司创造了更大化的效益。

参考文献

[1] 南通港吕四港区5万吨级进港航道疏浚工程施工组织设计. 中交上海航道局有限公司中港疏浚有限公司吕四项目部

[2] 王振瑯. 浅述耙头[J]. 船舶,2004(4):48-51

[3] 丁勇,王忠贤. 新型主动耙头的开发和应用[J]. 船舶,2005(1):52-55

[4] 朱时茂,郭素明. 长江南京以下12.5m深水航道一期疏浚施工中的难点与对策[J]. 水运工程,2016(4):7-12

港珠澳大桥东人工岛隧道现浇暗埋段结构防水技术

张 奎 彭成隽 莫日雄 吴海章
（中交三航局第二工程有限公司，上海，200122）

摘 要：介绍港珠澳大桥东人工岛隧道现浇暗埋段结构综合防水技术处理，从混凝土结构自身、变形缝、施工缝以及结构外部表面等进行防水处理，为暗埋段结构止水提供系统性保障，止水效果显著。希望能够通过本文的介绍为同类型的结构止水技术提供一些参考。

关键词：防水技术；止水带；聚脲涂装

引言

水工结构防水一直让工程师们烦恼的话题，也是日后工程投入运营阶段，易出现质量问题的关键，因此，水工结构的防水处理工艺也亟待创新提质。结合工程实践，对港珠澳大桥东人工岛隧道防水施工进行了分析，从结构浇筑工艺、裂缝控制、施工缝及变形缝防水处理等方面着手，顺利解决了该隧道施工防水问题，保障了东人工岛隧道后期运营的安全高效，同时也保障了香港与大陆的经济文化交流不间断，对于当前国家倡导的"一带一路，发展海洋经济"有重要意义。

1 工程概况

东人工岛隧道现浇暗埋段（以下简称暗埋段）起讫桩号为 K6 + 924. 000 ~ K6 + 693. 281，全长 230. 719m，暗埋段隧道共分为 6 段（编号 CE1 ~ CE6），每段之间设置一道变形缝，变形缝设置止水措施。隧道暗埋段结构平面布置如图 1 所示，基于现浇暗埋段作为沉管隧道及敞开段隧道的过渡段，其结构断面形式由西向东变化，其中 CE1 前半部分横断面为单箱双室一管廊结构，因上部房建基础的需要，CE1 后半段至 CE5 为单四室一管廊结构，CE6 又变为单箱双室一管廊结构。单箱双室一管廊型结构尺寸为：行车道孔净宽 14. 55m，净高为 8. 4m，中管廊净宽 4. 25m，断面结构总宽为 37. 95m，总高为 11. 445m。单箱四室结构是在行车道两侧增加减载空箱结构。暗埋段行车道和减载空箱位置底板厚度为 150cm，中管廊道位置底板厚度为 170cm。双室断面外墙厚 150cm，四室断面外墙厚 130cm[1]。

基于人工岛钢圆筒围堰（耐久性设计理念为工后 30 年）仅作为施工期快速成岛的隔水措施，在港珠澳大桥运营过程中将不再考虑其作用，即东人工岛隧道暗埋段在以后的运营过程中，底板和侧墙是处于压力水环境下，一旦底板和墙身开裂，将会使隧道出现渗水，严重影响结构的正常使用和降低耐久性。为确保东人工岛暗埋段在设计年限 120 年内正常运营，主要从结构自防水及外包防水两方面进行系统控制防水。

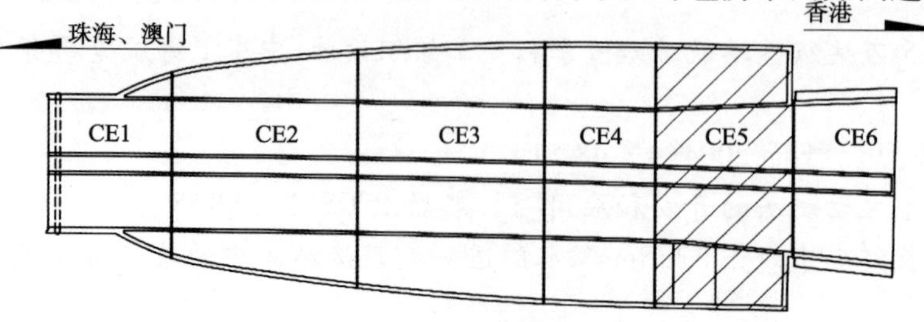

图 1 隧道暗埋段结构平面布置图

2　现浇结构自防水

结构自防水主要从三个方面进行控制：结构混凝土配合比设计、大体积混凝土控裂及结构间的变形缝/施工缝防渗。从混凝土配合比设计开始，使结构在无外界因素影响的情况下，自身能达到抗渗防水的要求；继而从施工工艺上确保结构是一个封闭的空间，不因施工不当而产生裂缝、结构间缝隙等渗水通道。

2.1　混凝土配合比设计

配合比的设计主要考虑以下三个因素：抗渗性、收缩性、耐久性。根据工程所处地理环境及参照港珠澳大桥沉管隧道预制工程，东人工岛暗埋段结构混凝土决定采用 C45 高性能海工混凝土，28d 氯离子扩散系数 $\leq 6.5\times10^{-12}m^2/s$，56d 氯离子扩散系数 $\leq 6.5\times10^{-12}m^2/s$，抗渗等级为 P10。

在参照沉管预制的配合比基础上，通过原材料优化调整试验（特别是外加剂的调整试验）、配合比参数调整试验、膨胀剂混凝土试验、混凝土收缩试验研究，得出暗埋段结构初始配合比，并在施工现场进行模型试验以进行优化调整，最终得出抗渗性、收缩性、耐久性均符合要求的配合比，如表 1 所示。

暗埋段结构施工配合比　　表 1

水胶比	粉煤灰掺量（%）	矿粉掺量（%）	单方胶凝材料用量（kg/m^3）	砂率	每方混凝土原材料用量/（kg/m^3）						
					水泥	粉煤灰	矿粉	水	砂	石	外加剂
0.34	30	25	420	0.41	189	126	105	143	752	1082	3.78

2.2　结构控裂技术措施

在外海孤岛深基坑的恶劣环境下进行超大体积混凝土现浇结构施工，原材料堆放、混凝土运输、浇筑等受到诸多限制，难以按照设计分段长度整体一次浇筑成型（适合于预制场施工）。因此，需因地制宜，通过理论计算及现场情况，合理缩短设计分段长度，在不增加施工成本、不影响施工进度及确保质量的前提下实现墙身与底板同时浇筑成型，并通过系统温控措施控制墙身裂缝的产生。

（1）合理分段、分步浇筑

防止墙身裂缝产生的关键在于缩短两次浇筑间隔时间。考虑现场施工条件，从加快暗埋段施工进度，提高施工效果及质量的角度出发，结合竖向分层浇筑方式，合理进行施工缝的设置。最终结合热工计算及现场实体模型试验，选取侧墙和底板一次浇筑到顶的三步浇筑法[2]，每个结构段竖向上分三次进行浇筑，第一次浇筑底板和墙身，墙身水平分缝位于顶板倒角腋下 500mm 处；第二次浇筑顶板；第三次浇筑中管廊横隔板，如图 2 所示。

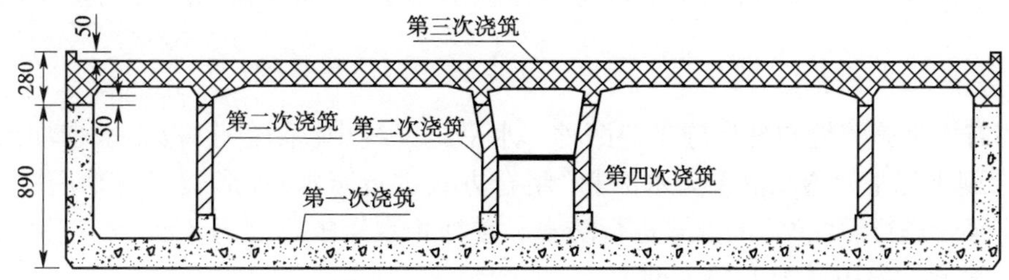

图 2　暗埋段分层浇筑示意图

根据规范，设计混凝土 C45 的轴心抗拉强度为 1.8MPa，当分段长度为 22.5m 时，混凝土内应力等于混凝土轴心抗拉强度 1.80MPa，由试验结果可知，对于第一步浇筑的混凝土底板和侧墙，墙体长度 22.5m 以内相对安全，开裂风险较小，而当分段长度大于 22.5m 时，开裂风险较大。原设计分段长度约为 24.7

~54m,根据计算结果,即使改变施工缝位置,将侧墙变为第一步浇筑,如分段长度大于22.5m,开裂风险较大。从暗埋段整体分段设计以及降低裂缝开裂风险的角度出发,将暗埋段现有设计的分段长度25~32m一段分为两段,每段长度变为现有设计长度的1/2,分段长度缩短至约10~16m,分段长度缩短后施工大大降低了侧墙混凝土的开裂风险。

(2)温控措施

大体积混凝土产生裂缝的因素多种多样,应变裂缝、结构不合理、原材料不合格等均会产生裂缝,但是由于内外温差过大引起裂缝是大体积混凝土产生裂缝的原因[3]。为减少温度裂缝的产生,主要采取以下几方面措施:

①控制入模温度

骨料堆场设置遮阳棚,并在四周采用防晒遮阳网布遮阳,粉料筒仓设置隔热布,土工布覆盖外加剂,以避免阳光直射原材料,降低砼出机温度。搅拌楼设置两台冷却水机(一台$10m^3/h$,一台$15m^3/h$),在混凝土搅拌前2h开始启动,可确保搅拌过程中搅拌用水的温度在4℃左右,确保出机温度≤28°。合理控制搅拌站制料、罐车喂料的速度,避免混凝土在罐车内留置,及时浇筑,确保入模温度≤30°。

②冷却水循环降温

通过温度应力仿真分析计算,裂缝主要发生结构断面尺寸厚度大于1m的部位,因此在这些部位采取布置冷却水管方法来降低结构中心的最高温度,从而达到降低内外温差的目的。底板、墙身钢筋骨架安装完成后,在骨架内安装冷却水管。冷却水管选取管径为50mm的金属钢管,布置在底板、顶板、侧墙的$h/2$位置,管间距为1m。单根冷却水管长度不超过200m。

通过埋设在钢筋骨架内的测温传感器,实时监测混凝土结构内部的温度,进而控制冷却水管的流量。通水原则为:降低温峰,降低温差,但不得加大降温速率。当内部最高温度出现后,且混凝土开始降温时,可降低水流速度或停止通水,如停止通水后混凝土内部温度继续升高,则继续通水。

③根据不同结构部位特点,合理选择相应的养护措施

底板与顶板混凝土养护方式为混凝土收光抹面后及时覆盖一层塑料薄膜,然后在薄膜上覆盖一层土工布,洒淡水保温、保湿养护14天。墙身侧面养护方式为模板拆除后均匀涂抹养护液两遍,然后包裹土工布保温养护14天(含带模养护时间),侧墙顶面养护方式与底板及顶板相同。拆模时间应根据温度监测结果确定,且拆模时表层和环境温差不宜大于20℃。

2.3 变形缝、施工缝防水措施

(1)变形缝

结构变形缝处由外向内依次设置外贴式止水带、可注浆式中埋式止水带,止水带沿结构断面封闭设置,形成两道止水环。外贴式止水带由国外进口,采用特殊细部构造,使止水带和混凝土贴合更紧密。中埋式止水带采用可注浆式止水带,设置过程中可先用铅丝固定于专门的钢筋和主筋上,形成盆状(止水带与水平夹角15°~20°),止水带转弯半径应不小于20cm。施工时特别要加强止水带处的混凝土振捣。

(2)施工缝

施工缝主要有水平施工缝与环形施工缝两种。水平施工缝中,采用"钢板止水带加预埋式注浆管进行后注浆"+"涂刷水泥基渗透结晶型防水涂料"组合方式进行防水;环形施工缝采用"中埋式可注浆止水带加预埋式注浆管进行后注浆"的方式进行防水。预埋止水钢板厚度为8mm,经过镀锌处理且镀锌厚度不小于50μm;涂刷涂料用量为$1.5kg/m^2$。

变形缝、施工缝处后期注浆是此部分防水的重要步骤。混凝土达到设计强度后,即可开展注浆工作。具体施工工艺要求如下:

①注浆前,采用高模量聚氨酯密封胶及其底涂料或用环氧砂浆施作于施工缝表面,形成以施工缝为中心,宽度为50mm、厚度为2mm的封缝材料。

②注浆应从预埋式注浆管低端的注浆导管灌入浆液，将材料向上挤压，为保证注浆效果宜使注浆液低压缓进。待另一端导管出浆后，封闭出浆导管，加压至0.8MPa，当压力保持5分钟无明显降低时即可结束注浆。

③若出浆导管没有顺利流出浆液，可加大注浆压力，但压力不应超过1.2MPa。

④对整个注浆过程进行检查分析，确保注浆效果满足防水要求。

3　外包防水

暗埋段结构侧墙外包防水层采用喷涂型聚脲防水涂料，涂层厚度为1.5mm，底板采用在垫层干洒水泥基渗透结晶型防水剂，用量也为1.5kg/m^2。

侧墙顶板的聚脲喷涂是提高混凝土防水性和耐久性一个重要环节，聚脲涂装施工过程控制尤为重要，需要注意以下几点：

(1)环境气候要求条件

喷涂聚脲作业应在环境温度大于5℃、相对湿度小于85%，基面含水率小于9%，且基层表面温度比露点温度至少高3℃的条件下进行。在4级风及以上的露天环境条件下，不宜实施喷涂作业，且严禁在雨天、雪天实施露天喷涂作业。

(2)混凝土基面质量要求

混凝土基层应平整、清洁、坚实(达到设计强度)、不得有空鼓、脱层、蜂窝麻面、平整度达到2‰。阳角应顺滑，阴角应做4×4cm的倒角。

(3)混凝土基层表面处理

基层表面不得有浮浆、孔洞、裂缝、灰尘、油污等。当基层不满足要求时，应进行打磨、除尘和修补。基层表面的裂缝根据相关规范进行处理，孔洞等缺陷应采用修补腻子进行修复。

(4)基层及底涂验收方法及标准

①涂刷底涂前，应按规定检测基层干燥程度，干燥度检验合格后方可进行底涂料施工。

②底涂料应涂刷均匀，固化正常，无漏涂，无堆积；底涂料处理后基层表面应无孔洞，无裂缝，无划伤，无灰尘沾污，无异物，细部构造处的表面处理应符合设计和规范要求。

(5)基面干燥度检测方法及标准

在打磨后的基面上覆盖1m×1m塑料薄膜，薄膜四边用胶带密封，覆盖2h后观察塑料薄膜内的情况。若薄膜内未出现水珠、混凝土面未出现水印，则基面干燥度满足施工要求。

(6)聚脲涂层

聚脲防水涂料由甲组(A组)和乙组(B组)两种组份组成，喷涂前将B料搅拌15分钟以上，并使之均匀，施工过程中保持连续搅拌。预先做好工程细部构造处理，再进行大面积喷涂。喷涂时，操作员手持喷枪喷涂施工，喷枪垂直于待喷基层，距离适中，移动速度均匀；喷涂顺序为先难后易、先上后下，纵横交叉喷涂至设计要求的厚度，应连续作业，一般人工喷涂2遍能达到1.5mm厚。喷涂作业时，如发现异常情况，应立即停止作业，检查并排除故障后方可继续施工。

涂聚脲涂层颜色基本一致，涂层连续、无漏涂和流挂，无气泡、无针孔、无剥落、无划伤、无龟裂、无异物和渗漏现象。

4　施工效果

(1)混凝土性能

经对留置的混凝土试块进行检测，混凝土的抗渗等级、氯离子扩散系数均满足设计要求，如表2所示。

混凝土性能抽检情况一览表 表 2

部位	抗渗等级	28d 氯离子扩散系数	56d 氯离子扩散系数
CE1	>P10	$4.3\times10^{-12}m^2/s$	$3.4\times10^{-12}m^2/s$
CE2	>P10	$4.4\times10^{-12}m^2/s$	$3.5\times10^{-12}m^2/s$
CE3	>P10	$4.3\times10^{-12}m^2/s$	$2.9\times10^{-12}m^2/s$
CE4	>P10	$3.9\times10^{-12}m^2/s$	$3.0\times10^{-12}m^2/s$
CE5	>P10	$4.1\times10^{-12}m^2/s$	$2.9\times10^{-12}m^2/s$
CE6	>P10	$4.0\times10^{-12}m^2/s$	$2.9\times10^{-12}m^2/s$

(2)结构裂缝

经对浇筑完成的结构段进行逐一排查,均未在外侧墙身处发现裂缝,仅在顶板下倒角处发现 2 ~ 3 条、宽度小于 0.2mm 的裂纹。

(3)外包防水

根据规范要求的频率对每段结构的外包防水层进行抽检,质量满足设计及规范要求,详见表 3。

外包防水质量抽检一览表 表 3

部位	面积(m^2)	聚脲喷涂时间	拉拔时间	正拉粘结强度平均值(MPa)	涂层平均厚度(mm)	测点破坏形式
CE1	1866.91	2014.11.9	2014.11.16	2.7	1.8	正常破坏
CE2	1136.31	2015.1.17	2015.1.24	3.1	1.7	正常破坏
CE3	1213.62	2015.1.29	2015.2.5	3.2	1.9	正常破坏
CE4	672.35	2015.5.22	2015.5.29	2.8	1.8	正常破坏
CE5	4160.52	2015.6.23	2015.6.30	3.0	1.9	正常破坏
CE6	1847.48	2015.7.16	2015.7.23	2.9	1.8	正常破坏

结语

提高隧道防水的性能,有利于隧道的营运质量和使用寿命的延长。港珠澳大桥东人工岛现浇隧道暗埋段综合防水体系的成功应用,值得后续同类工程借鉴。

参考文献

[1] 中交公路规划设计院有限公司. 港珠澳大桥主体工程岛隧工程施工图设计:东人工岛隧道现浇暗埋段[R]2014

[2] 中交股份联合体港珠澳大桥岛隧工程第Ⅱ工区项目经理部. 东人工岛隧道现浇暗埋段施工组织设计[R]. 2014

[3] 王金龙,莫日雄. 港珠澳大桥东人工岛隧道现浇暗埋段结构防裂技术[J]. 中国港湾建设,2015,35(7):22-24

高桩码头多种构件安装施工应用

姜　帅
（中交一航局第二工程有限公司，山东青岛，266071）

摘　要：介绍高桩码头施工中多种构件采用不同设备、工艺的安装方法，并根据工程的施工实践不断改进、完善，确保工程项目保质保量履约，可为类似工程借鉴应用。

关键词：高桩码头；靠船构件；预制箱梁；安装技术

引言

高桩码头主要适用于软土地基，是一种常用的码头结构形式。以福州港罗源湾港区可门作业区 10 号、11 号泊位码头及栈桥工程为例，该工程包括 5 万吨级和 15 万吨级两个泊位及两个接岸栈桥，采用梁板式结构高桩码头。

本工程共计安装各类钢筋混凝土构件 1306 件，针对本工程的特点及外部环境因素，采用架桥机安装、100t 起重船安装、50t 门架安装及 25t 汽车吊机安装方案。所有预制构件均在预制场用 80t 门吊吊装存放或运输。构件的运输使用前车盘具有转向功能的专用平板车，平板车将构件运至栈桥起重船起吊范围内起吊装船，或给架桥机喂梁安装。预制厂见图 1。

1　架桥机安装构件工艺

架桥机主要用于箱梁的安装，根据箱梁自重和跨距选用双导梁式架桥机安装工艺。双导梁架桥机由导梁、前后支腿、吊机、吊机横梁等组成。吊机由吊机平车、卷扬机、滑轮系组成。吊机横梁由工字钢焊接拼装而成。导梁由贝雷架拼装而成，导梁上铺设吊机横梁行走轨道，供吊机沿桥纵向运行。前后支腿作为导梁的前后支点，前支腿支承于待安装孔前盖梁上，后支腿支承于已安装孔箱梁上，由支腿调节保证导梁处于水平位置。前后支腿装有行走驱动机构，以实现支腿和导梁的纵横向移动。前后支腿的行走驱动机构可以 90℃转向，供支腿及导梁移到下一跨时实现横向移动，见图 2。

图 1　构件预制厂实景图

图 2　架桥机进行构件安装实景图

1.1 安装流程

安装前将安装部位盖梁清理干净,凿磨平整使其顶面标高符合设计与规范要求。测量放出支座中心线,根据橡胶支座规格放出支座边线,弹墨线标出。橡胶支座下部铺 1.5cm 砂浆,安装后与盖梁接触紧密,无脱空现象,支座顶面平整,顶面标高符合设计及规范要求。

运梁车将箱梁运至架桥机后端,架桥机上的前后两部吊机移动到后端,前部吊机和箱梁前端进行捆绑,前部吊机吊起箱梁前端,使箱梁前端脱离前运梁车,将前端运梁台车移出外面。前部吊机沿导梁向前移动,运行速度为 3m/min。待箱梁后端吊点到达架桥机的后部吊机时,后部吊机和箱梁后端进行捆绑,后部吊机吊起箱梁后端,两部吊机同时前移到位。

捆梁作业应在箱梁底面转角与吊梁钢丝绳接触处安放护边橡胶垫,以免混凝土被挤碎,吊梁钢丝绳割伤。捆梁应符合纵向限制规定,按梁体长度进行选择设计允许的悬出范围。机臂上应设有专人,其任务是:防止吊梁行车卷筒钢丝绳掉槽,绕乱钢丝绳。吊梁时应保持左右两侧卷扬升降速度一致,受力正常,前后行车吊梁高度差不应太大,保持梁体水平为佳。

捆梁时两边橡胶垫要对正放牢,捆梁钢丝绳应垂直,无铰花和两股互压现象,并置于橡胶垫中间。箱梁起吊后,应将卷扬机作制动试验两次,确保良好后方可走梁。经常检查捆梁钢丝绳和各部钢丝绳磨损情况,超过限制时应及时更换,不得凑合使用。卷筒绕绳应随时注意,如发现钢丝绳掉槽、乱绳应马上停止作业,更正后进行。在梁体对孔后,应在降低梁体高度情况下作横移,增强架梁作业安全稳定性。在两片梁相邻就位后,应及时对翼缘板钢筋施焊,保持梁体稳定。

架桥机前后吊机前行就位后,前后支腿同时横移,将箱梁正确就位于盖梁的支座上,安装完第一片箱梁后架桥机回到纵向轨道处进行其余箱梁的安装,见图 3。

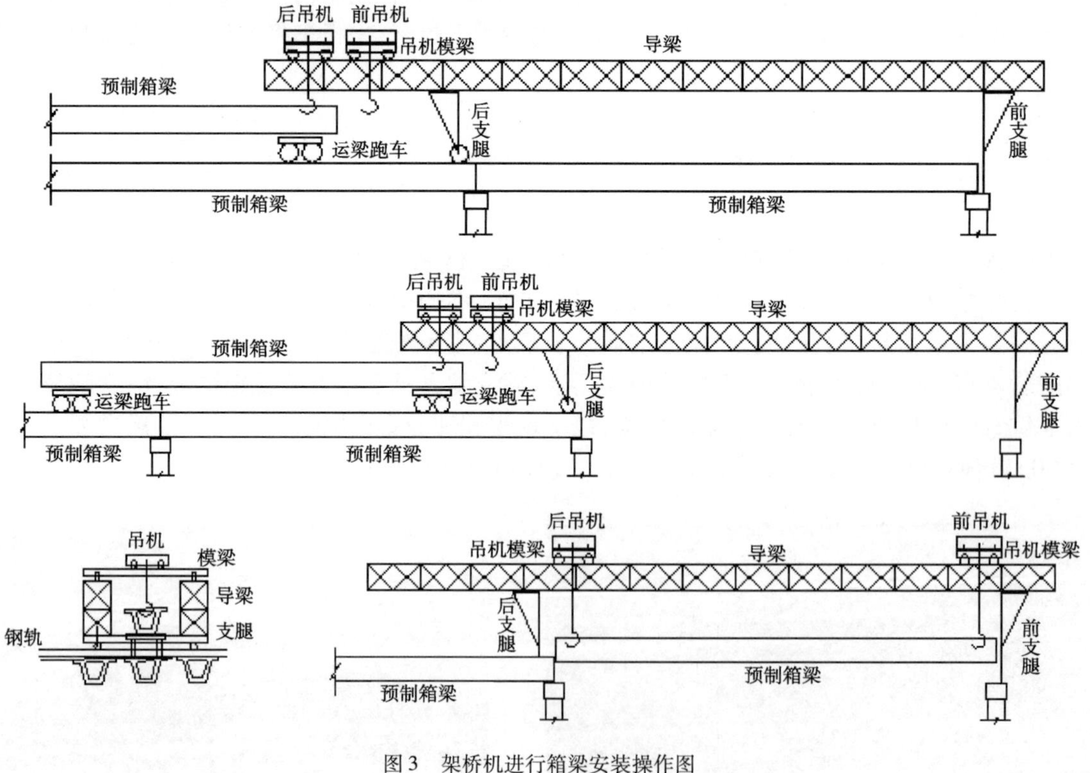

图 3 架桥机进行箱梁安装操作图

2 起重船安装构件工艺

根据工程需要选用 100t 全回转起重船进行预制纵梁、靠船构件、水平撑、面板及部分箱梁的安装。

预制构件由平板车运至栈桥，由起重船直接装船，然后就位于安装跨中间，前八字缆系在桩上，后八字锚、前抽芯缆设浮鼓系带，进行安装。

2.1　安装流程

起重船按待安构件位置下锚就位→起重船吊起吊索具→捆梁/挂钩→起重船起吊钢丝绳带力→调整大钩对中情况及锚缆松紧度→全部人员撤离后起吊→构件起吊移位至安装位置→构件大致就位挂定位导链→调整纵向侧弯及连接钢筋→掂钩安放、测量偏差并调整→安装合适后拆下索具，吊安下一构件→焊接顶部钢筋、加固

2.2　箱、纵梁安装方法

箱、纵梁（包括轨道梁、边梁）安装前，将安装中心线位置在下横梁上测放，并做出明显标志线，箱梁、纵梁两端同时划出中心线，以便安装时准确对位并调整，纵向侧弯由经纬仪控制。起吊过程中，当钢丝绳带力后应稍停，重新调整大钩对中位置，并检查锚缆均匀带劲情况，确保起吊平稳。在起吊、吊运、安装就位时，在梁的两端拴上棕绳，分别引到起重船上，以便控制构件方向。预埋锚固筋互相冲突时，人工进行调整，安装后立即进行支撑或与相邻梁焊接成整体，以防倾倒。安装应控制在风力 5 级以下时进行，见图 4 和图 5。

图 4　起重机进行箱梁安装操作图

图 5　起重机进行纵梁安装操作图

2.3　靠船构件和水平撑安装方法

靠船构件及水平撑的安装要赶低潮作业，使用起重船将靠船构件吊挂在现浇桩帽上。靠船构件安装正位后，将靠船构件与横梁外留钢筋焊接。靠船构件安装使用长尺控制靠船构件的错牙偏差，靠船构件与桩帽间塞方木调整垂直度，用经纬仪控制整个前沿线的顺直。调整到安装精度要求后，进行加固、卸载退船进行下一构件的安装。在潮水上来以前，电气焊人员必须将水平撑与靠船构件焊接牢固，避免受风浪冲击造成构件的位移。见图 6 和图 7。

2.4　预制面板安装方法

安装面板前，将待安装梁顶部位清扫干净，铺设 1.5cm 砂浆。用起重船起吊面板安装，安装完毕后，要注意板端顺直，搁置面接触紧密，见图 8。

图6　靠船构件安装实景图

图7　靠船构件安装实景图

3　大型50t门架安装方法研究

由于起重船吊纵梁安装最大跨距18m,11#泊位16m宽,起重船在泊位前沿或后沿均能安装整跨纵梁;10#泊位宽31.5m,起重船需分别在泊位前沿和后沿对同一跨纵梁进行安装。但由于10#泊位1～7轴后沿与14m宽的码头转角平台平行相连,导致后沿的部分纵梁和轨道梁无法使用起重船进行安装,为解决此问题,综合考虑现场情况及需安装的最大构件重量(轨道梁重46t),采用50t门架隔跨安装方案。

图8　面板安装实景图

门架由贝雷架、卷扬机、行走装置等拼装而成,在待安装跨两下横梁上铺枕木和道轨,然后用起重船将门架吊装与道轨上,起重船喂梁,门架吊梁横移进行安装。完成一跨纵梁的安装后,跳隔一跨,将门架移至第三跨进行安装,安装完成后,在已安好的第一、三跨纵梁间支起与纵梁同高度的贝雷架,在纵梁和贝雷架上铺枕木和道轨,吊安门架进行纵梁的安装,其他跨安装均按此方法进行,见图9。

4　综述

图9　门架安装实景图

由于梁板式高桩码头结构复杂、构件种类和数量繁多,安装前必须进行周密布署、合理安排。构件安装要根据海上现浇施工情况随时调整,形成流水施工作业,并且要提前了解现浇施工安排,对关键部位进行优先安装、见缝插针,及时为海上现浇施工提供作业面。同时,要求构件预制要与构件安装相结合,构件预制计划要根据安装计划进行编排,并且及时沟通、提前调整,确保构件预制不耽误安装的顺利进行。合理的预制顺序还能有效的减少构件的存放和二次倒运。

另外,由于大部分安装是海上施工作业,对于需要赶潮水作业的施工,准备工作要提前、充分,要做到

"人等船、船等潮",避免小的失误造成时间上的损失;由于预制构件重量较大,形式多样,安装时要将安全放在首位,严禁任何违规操作,及时收听天气预报,避免大风、大雾天气施工,夜间施工要配备充足的照明设施。通过各道工序间有效的配合、有机的结合,将构件安装工作安全、保质、保量的完成。

参考文献

[1] 李俊. 南方海港高桩码头钢筋混凝土结构耐久性评估及修复研究[D]. 浙江:浙江大学,2014. 1-2

[2] 梁雷. 沿海高桩码头施工风险评估及安全控制研究[D]. 重庆:重庆交通大学,2013. 2-6

[3] 史青芬. 高桩码头结构安全性评估[D]. 重庆:重庆交通大学,2010. 2-6

高桩码头构件吊装新技术

缪晨辉　曾　晖　王晓光
（中铁港航局集团有限公司，广州，510660）

摘　要：在高桩码头预制构件安装中，传统工艺一般都采用起重船施工。在某些工程中，天气恶劣，海况复杂，在利用起重船安装时，受风浪等因素的影响，施工进度缓慢，配套船机投入大，利用率低，成本大，安全风险高。本文主要介绍一种码头预制构件吊装技术，转水上施工为陆上施工。采用该技术安装码头预制构件，可作业时间长，安装速度快，风险小，精度高，造价低，在外海无掩护海域作业时尤为明显。

关键词：高桩码头；构件安装；吊装机；全方位

1　工程背景

盐城港大丰港区三期通用码头采用高桩板梁式结构，外侧设有2个5万吨级通用泊位，水工结构按10万吨级散货船设计；内侧设有3个5000吨级泊位、1个工作船泊位，内侧通用泊位水工结构均按靠泊2万吨级散货船设计。码头总长度为560m，宽度为53m，码头平台共计66个排架，每个排架6个桩帽，排架间距为9m，净间距6.4m。码头预制构件有预应力纵横梁、预应力面板、靠船构件、水平撑、走道板，数量大，种类多，共1870片，细部型号有95种，其中两侧最大预应力轨道梁达47.8吨，最大靠船构件达22.4吨。

大丰位于江苏东部、南北交界处，季节变化明显，冬季极端低温为-9.4℃，最大风速为11.4m/s，近年来受台风影响大。全年施工黄金期为4~7月份，7~9月份受台风影响大，而10月至次年2月受西北冷空气影响大，风力强劲，气温较低，不利于施工。一年之间有效施工时间十分有限。大丰港区所在西洋深槽海域为强海流海区，涨潮流向偏南，落潮流向偏北，涨落潮流速很大，表层最大流速2m/s，给施工船舶造成较大的影响。要在业主要求的工期内完成架设作业，且需在7~9月份台风季节及10月份后寒潮季节的时间段内进行架设，就必须解决水上船舶在风浪影响下不能作业的问题。

2　方案比选

针对大丰港区的环境特点，首先考虑传统的起重船施工[1]。如采用起重船吊装工艺，成本投入大，可作业时间少，安全风险高，安装精度低。尤其是起重船停泊在岸侧时，容易在无预报的突风、阵风影响下冲撞引桥。其次考虑采用架桥机施工[2]。架桥机适用于引桥施工，但施工过程中需要多次过孔，工艺复杂，施工安全风险高。在除引桥以外的码头工程施工中，传统架桥机受各种条件制约，无法推广使用。

在这种背景下，研究一种码头预制构件安装的起重设备及配套技术[3]，转水上施工为陆上施工，以解决风大、浪急等因素影响，同时提高码头预制构件的安装效率，减小风险，降低成本，是十分必要的。

3　吊装机设计

3.1　总体思路

沿码头长度方向设置两条平行的行车轨道，每条行车轨道上各设置一套支腿行走装置（2条支腿、支腿顶部滚动托架及下部行走机构三者组成,其中支腿有液压千斤顶,可控制支腿升降,以便于吊装机过孔)。支腿上设置垂直码头长度方向的主纵梁2条,主纵梁上设置1~3个的纵移横梁,以满足两支腿之间、前后、左右各个方向全方位的预制构件架设。

3.2 行车轨道

由于码头双侧靠船,考虑到前后沿桩帽需安装靠船构件、走道板后才能完成下桩帽浇筑,而靠船构件和走道板正是水上吊装机安装的重要构件,因此水上吊装机的行车轨道只能设置在前沿第二排和后沿第二排桩帽上,即2号和5号桩帽上。

轨道间距为6.4m,并设置箱形结构的轨道梁,其顶部中心轴线处焊接钢轨,以供吊装机横移。箱形结构承载梁采用Q345钢板拼焊而成。为固定行车轨道,浇筑下桩帽时预埋拉环,轨道铺设后,用葫芦拉紧固定轨道两侧预埋拉环上。

3.3 吊装机工艺设计

(1)轨道两侧构件安装设计

水上吊装机行车轨道设置在2号和5号桩帽中心线上,由于需要完成1~2号以及5~6号桩帽之间的梁及面板安装,因此,在垂直码头长度方向设计三角桁架主纵梁,长度为60m长,其中悬臂部分为前部17m,后部17m,两中支腿跨距为26m,两主纵梁中心距为14m(图1)。

(2)轨道梁安装设计

考虑悬挑安装2号和5号桩帽上的轨道梁,故设计大纵移横梁以满足安装需求。大纵移横梁后悬臂9m、前悬臂10m,中间为两主纵梁跨距14m,大纵移横梁上设有1台60t横移天车,“6×7”滑组及可旋转360°吊钩扁担梁组成升降机构,及1至2台小天车(小天车在悬挑构件时可用于吊配重)。同时考虑到轨道两侧构件安装配重设计,根据现在需要在大纵移横梁侧面设置1至2各小纵移横梁,小纵移横梁为箱形结构,上部各为1台小天车(图2)。

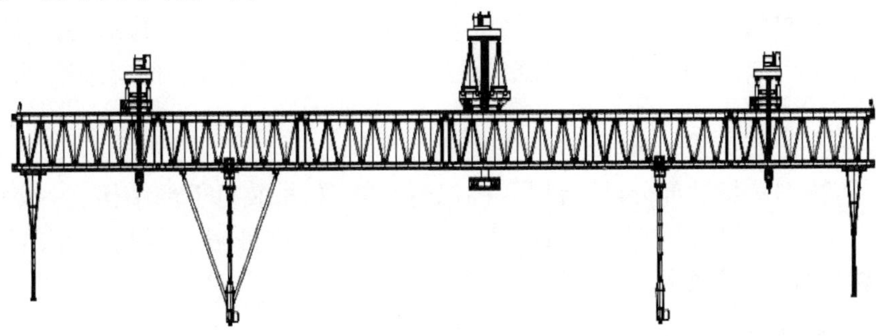

图1 吊装机立面图

4 施工工艺

4.1 总体思路

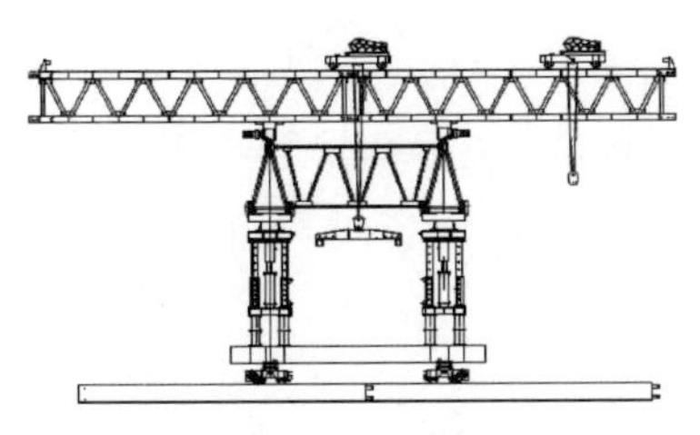

图2 吊装机断面图

在已经沉桩的钢管桩上,待下桩帽浇筑完成后,在2号和5号桩帽上铺设行车轨道,利用建成的引桥拼装吊装机,通过过孔方式将吊装机纵移至码头,然后进行构件试吊,确定安全可靠后方可进行构件安装。为满足安装进度及协同作业需要,需设置两台吊装机,一台行走于下桩帽顶部,一台行走于已经安装好的轨道梁顶部,两台全方位吊装机轨道轴线相同,但轨道底标高不同,所架设预制构件范围不同,两台全方位吊装机同步施工,形成流水作业。整个施工过程中,仅需一次过孔,即可实现构件的全方位吊装,有效地降低了施工成本与安全风险。

4.2 吊装机拼装及过孔

利用已经建成的引桥拼装吊装机，沿码头宽度方向逐步过孔[4]（与双导梁架桥机过孔工艺相似），行走至行车轨道轴线上。吊装机从引桥移动至码头主要利用支腿上的滚动托架行走，待行走到位后，将滚动托架行走装置锁死，并将支腿设置为一刚一柔（如果都为刚性支腿，当下部轨道安装间距出现较小偏差，轮子会跳出轨道而出现意外，而柔性支腿不会出现上述问题），完成全方位吊装机的拼装与就位。而后续行车轨道采用吊装机大纵移横梁的前悬臂，向前铺设行车轨道。随后利用支腿下方的底部行走机构，通过行车轨道沿码头长度方向行走架设预制构件（图3）。

吊装机逐步拼装、前行及过孔如下：

①在引桥端头及1号桩帽帽顶部先拼装2套支腿，再安装10m+15m+5m三节纵梁→②纵梁利用支腿上的滚动托架，像海侧行走5m→③再安装一节10m的纵梁及前后辅助支腿→④纵梁向海侧行走5m，并顶出后辅助支腿千斤顶，吊车在引桥上从后方安装顶部纵移横梁→⑤纵移横梁向海侧行走一定距离，再安装一节10m的纵梁→⑥收起后辅助支腿千斤顶，纵梁向海侧行走5m，顶出前辅助支腿千斤顶支撑在3号桩帽上→⑦再增加10m的纵梁，完成60m纵梁安装，收起1号桩帽上的支腿千斤顶，支腿由1号桩帽移动至2号桩帽，纵梁往海侧移动→⑧利用支腿及辅助支腿，反复收放，直至2个支腿分别在2号和5号桩帽的轨道上。

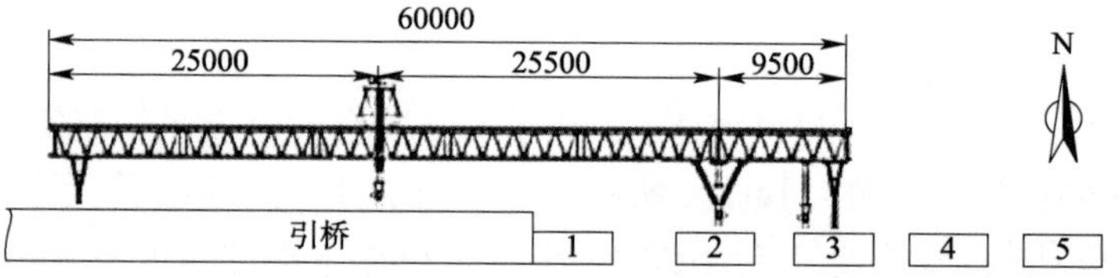

图3 支腿收放示意图

经过以上八个步骤完成了全方位吊装机拼装及过孔作业，随后开始依托引桥桥头，进行试吊，并架设码头第一分段的1排至3排桩帽上预制构件，并最终将纵梁向码头宽度方向走到位后，将支腿顶部的滚动托架行走装置锁死，架设前沿下桩帽靠船构件，同时浇筑已经完成构件安装部分的面层浇筑，形成通道。

4.3 试吊

在现场进行试吊，特别是悬挑部分进行试吊，确保行车轨道、吊装机下部结构、主纵梁、纵移横梁及整机性能等均满足施工需要。试吊过程中，架设码头第1排至第3排桩帽上预制构件，同时浇筑已经完成构件安装部分的面层浇筑，形成通道。

4.4 码头施工工艺流程

施工工艺流程见图4。

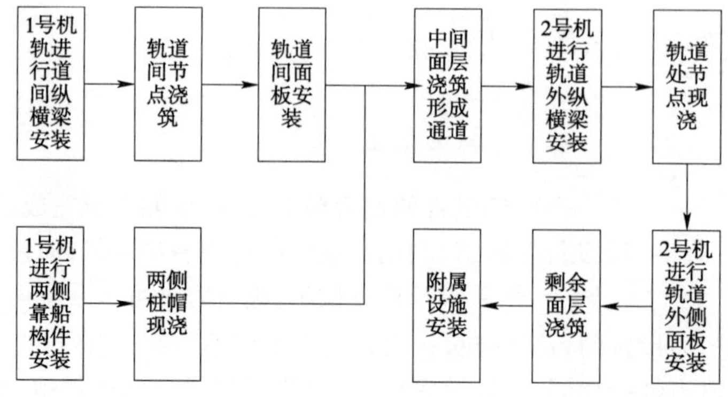

图4 工艺流程图

1号机在架设完行车轨道中间的面板后，浇筑中间形成在轨道之间的运输通道，2号机利用已经形成的中间运输通道随后跟进，形成流水作业。1号机和2号机间隔一定步距，同时向前走，互不影响，加快架设效率。

5 安装过程的控制措施

5.1 配重设计

在安装悬挑部分构件时，为满足抗倾覆稳定性等要求[5]，特设计配重，以满足要求。现场施工中，可通过预制构件作为配重辅助进行安装。

5.2 辅助支腿设计

在前后沿下桩帽浇筑完成后，主纵梁悬挑架设1号、6号桩帽上部的轨道梁时，因轨道梁重量最大为48T，悬挑10.5m，此时主纵梁强度刚度校核理论值满足要求，但现场实测端头挠度稍大，为改进现场工况，通过利用辅助支腿，加设支撑以满足现场工况。

5.3 混凝土面层分区域浇筑

施工过程中，混凝土先浇筑中间运输通道部分的1区域，再浇筑两侧的2区域，最后浇筑前后沿的3区域（图5）。

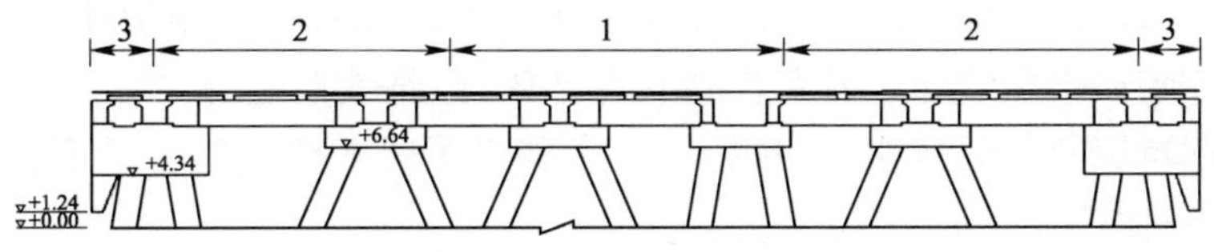

图5 分区域浇筑示意图

5.4 防台、防大风

在台风及大风来临前，吊装机利用最近的已经浇筑好的桩帽或安装好的预制构件，将缆风绳拉于下部结构物上。

6 经济效益分析

吊装机研制投入约300万元，设备可重复利用。与起重船安装比较，起重船需配备100吨汽车吊1台（预制构件装车）、运梁车3台、200吨汽车吊1台（大件码头吊装上船）、驳船3艘、300t起重船1艘、拖轮2400匹1艘、锚艇1艘，含油耗，再加上安装的人工费、大件码头使用费和出运费，水上安装可作业时间少，工期按六个月考虑，总价约为1566万元，如采用水上吊装机方案约703万元。因此利用水上吊装机安装预制构件，同时考虑船舶的防台费用，节约成本即为860万元，节约近55%。吊装机安装码头构件成本分析见表1。

吊装机安装码头构件成本分析表 表1

序号	项目名称	单位	数量	工期（月）	单价（元/台·月）	合价（元）	备注
1	100吨汽车起重机	台	1	5	134000	670000	存梁区至运梁车转运，含油
2	运梁车	台	6	5	30000	900000	预制构件的陆上运输，含油
3	提升站	台	1	5	25000	125000	

续上表

序号	项目名称	单位	数量	工期（月）	单价（元/台·月）	合价(元)	备注
4	150KW发电机	台	1	5	10000	50000	含一名操作工(备用)
5	专用变压器	台	1	5	8000	40000	含一名操作工
6	电费	项	1			450000	全施工期。
7	水上吊装机转运费	项	1			250000	从福建运至江苏大丰,1300km
8	水上吊装机制造费摊销	项	1			1500000	研发费用300万元,按50%摊销。
9	水上吊装机的拼装与拆除	项	1			150000	含拼装、调试、检测及拆除等
10	构件安装人工费	^{3}m	19332		150	2899882	全部安装过程的人工费用
11	合计					7034882	

说明:表中费用及单价均按当地市场价(含税)进行测算。

7 吊装机的优势

(1)吊装机及配套技术应用,将水上施工转为陆上施工,克服了波浪、水流等环境因素影响,实现了在外海无掩护水域码头预制构件全方位的精确安装。

(2)吊装机利用引桥拼装,通过纵向移动,一次过孔,工艺简单,施工风险低。

(3)双台吊装机分区域同时施工,形成流水作业,每日可完成20件预制构件安装,安装效率高。

(4)水上吊装机安装成本仅约起重船安装成本的50%,经济效益显著。

(5)不需要吊装起重船及其配套船舶的投入,大大减少了船舶海上施工的安全隐患,同时由于吊装机采用电网供电,无燃油消耗,节能环保。

结语

吊装机不局限于盐城港大丰港区三期通用码头工程,在实际施工中,可根据各个规格型号预制构件的安装要求,利用标准组件组装成不同吊装机形式,以适应各个工况施工。码头预制构件吊装机的研发及配套技术应用,打破了传统港航施工的惯性思维,社会经济效益显著,特别在中国南海等无掩护海域环境下具有更为突出的优势,必将是未来构件安装的重要推广技术之一。

参考文献

[1] JTS 167-1—2010,高桩码头设计与施工规范[S]
[2] 李琦.码头箱梁采用架桥机安装技术实践[J].中国水运,2014年02期
[3] 方尚伟.宽平台码头上部预制构件的安装[J].水运工程,2009年06期
[4] 罗莉婷,付永乐.万家湖大桥SDLB系列双导轨梁架桥机架梁施工技术[J].交通科技,2010年7月
[5] 江正荣,朱国梁.简明施工计算手册[M].中国建筑工业出版社,2005

骨料风冷系统在船闸混凝土生产中的应用

涂伟成　蒋华东　刘　松

（中交二航局第一工程有限公司，湖北武汉，430012）

摘　要：本文通过在富春江船闸扩建改造工程风冷系统实际施工过程中，对粗骨料、拌合水、混凝土出机口温度以及浇筑温度进行实时监测，全面研究风冷骨料及制冷水系统的冷却能力，为后期施工作出指导。

关键词：风冷系统；船闸；温度应力；浇筑温度

引言

大体积混凝土浇筑后，由于水泥水化散发大量水化热，导致混凝土内部温度急剧上升[1]，使混凝土体积发生不均匀变化而产生温度应力。拉应力易使混凝土产生裂缝，因此必须采取温度控制措施以防止裂缝的出现或控制裂缝的扩展。控制混凝土浇筑温度是温度控制的重要措施之一[3]。风冷骨料降低混凝土浇筑温度效果明显，但成本较高，国内关于风冷系统的应用和研究一般是偏向于大坝、水电站等大体积混凝土工程，而风冷系统在水运工程如船闸方面的应用较少。富春江船闸工程对混凝土温度要求十分严格，其夏季施工时混凝土要求的出机温度为17℃，属典型的低温混凝土，混凝土生产拟采取风冷骨料工艺，通过对该系统原材料冷却能力及降低混凝土浇筑温度能力的评测，在本工程后期施工过程中为开始风冷时间、风冷时长等提供依据，在满足温控标准的前提下最大化降低成本。

1　工程概述

富春江船闸扩建改造工程位于钱塘江中下游桐庐县富春江水电站枢纽右岸，距下游杭州市约110km。工程拟在原有船闸下游新建一座Ⅳ级标准船闸（兼顾1000吨级船舶的过闸要求）。原有船闸加固后作为上游引航道，新建船闸包括上游引航道、上闸首、闸室、下闸首和下游引航道，混凝土浇筑总方量约42万m^3。

本工程混凝土方量大，工期短，高峰期平均每天需浇筑约2000m^3。项目部设置2台HLS180型和1台HZS75型混凝土生产系统，两台HLS180型搅拌机分别布置一套水冷系统，布置一座骨料风冷料仓，料仓内设置4个仓格，其中2个粗骨料风冷料仓和2个砂仓，料仓顶部设置卸料小车布料，仓底部胶带机出料，可向两个搅拌机供应风冷骨料[2]。

2　风冷实验

2.1　实验目的

了解风冷骨料及制冷水系统的组成、冷却原理，冷却过程；通过对高温期施工一定时间内混凝土原材料温度（包括未风冷骨料温度、风冷骨料温度和冷却水温度）和混凝土出机口温度进行实时监测，评定本系统冷却时效和冷却效果。结合相应温控标准,在达到标准的前提下优化风冷措施,降低成本,节约资源,避免过长且不必要的风冷时间,对后期施工作出指导。

2.2 实验设备及仪器

骨料风冷及制冷水系统、温度传感器、PX－2混凝土普通测温仪(小表)、智能化数字多回路温度巡检仪(自动测温仪器)。

2.3 温度监测方案[4]

(1)冷却水温度监测

①从开启冷却设备起至使用冷却水拌和混凝土前每30min收集一次数据;

②开始使用冷却水后,前2h每30min收集一次数据,2小时后(混凝土生产稳定后)每1h收集一次数据(制冷水池自带测温设备,只需收集数据);

③在收集制冷车间冷却水数据的同时,在混凝土开始生产后,需同步监测收集拌合楼水箱内用水水温,如拌制混凝土采用的是制冷水与常温水混合水,需监测混合后的水温(使用小表收集)。

(2)风冷骨料温度监测

①采用自动测温仪器,收集从开启风冷系统起至施工完成时风冷骨料仓温度数据,设置每10min收集一次;

②在混凝土生产时,从下料运输皮带上收集风冷粗骨料,采用红外线测温仪监测骨料表面温度;然后使用设备将骨料破碎,监测骨料内部温度,监测频率及时间根据现场情况及人员确定。

(3)混凝土温度监测

①使用风冷系统后,开始生产混凝土前2h每30min监测一次混凝土出机温度(若采用罐车运输,考虑到操作不便,可改为1h监测一次);稳定生产后,每2h收集一次(若采用罐车运输,考虑到操作不便,可每天收集4次);

②在监测混凝土出机温度的同时,监测混凝土浇筑温度、环境温度,监测频率根据现场实际情况而定。

3 实验结果与分析

3.1 冷却水监测结果

由图1可以看出,开启风冷及制冷水系统后,在2h预冷期内水温下降速率很快,至开始使用时水温可下降为3～4℃左右;开始生产混凝土后预冷水被快速消耗,新的常温水补充进来继续冷却,由于冷却时间较短,拌合水温度会有所上升;至5h后循环水温趋于稳定,最终拌合水温度可控制在5～10℃以内。

3.2 风冷骨料温度监测

风冷骨料采用温度检测仪进行监测,每10min记录一次数据。结果如图2所示。

图2中显示的是粗骨料仓出料口处粗骨料温度。可以看出,风冷系统开启后,前2h粗骨料预冷时间未生产混凝土,粗骨料温度持续下降,由25.4℃下降至10.7℃;2h后,开始混凝土生产,2h至4h之间,粗骨料温度仍缓慢下降,由10.7℃下降至约5℃;4h后混凝土稳定生产,4h至8h之间粗骨料温度保持在5℃左右,同时上部开始加入新的粗骨料,补充消耗;8h后开始使用新加入的粗骨料,粗骨料温度有所上升,但保持在10℃之下,有小幅度波动。

结果显示,预冷两小时后,基本可保证骨料温度小于10℃,达到该系统最大冷却能力。

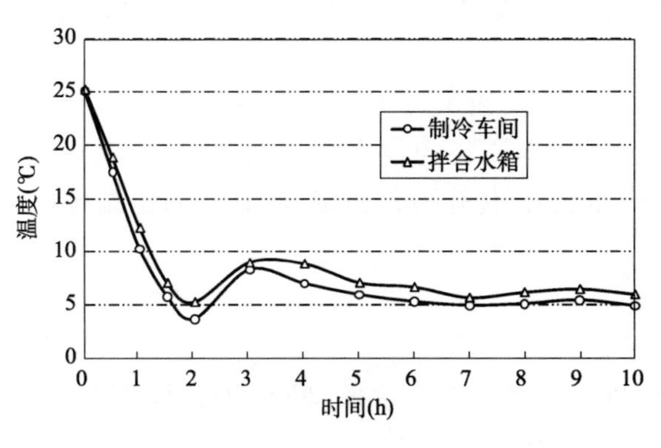

图1　冷却水温度随时间变化示意图

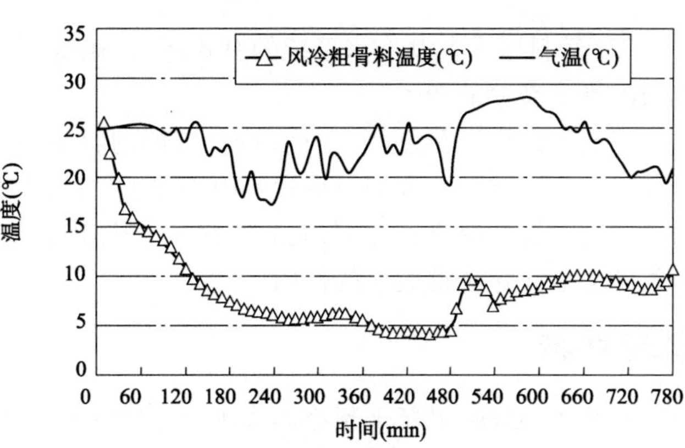

图2　风冷骨料温度随时间变化示意图

3.3　混凝土温度监测

混凝土出机口温度、浇筑温度以及相应时间环境温度监测结果见图3。

从图3中可以看出，生产第一车混凝土时，骨料在经2h预冷后温度为10℃左右，而此时水温较低，混凝土出机口温度可控制在22℃；生产混凝土半小时左右制冷水箱开始补充常温水，出机口温度有所上升至24℃；1h后循环冷却水温停止上升并有所下降，风冷骨料温度趋于稳定，混凝土出机口温度随之下降，并在开始生产约4h时到达最低点19.3℃；4h后添加新的粗骨料，混凝土温度随之波动。受运输过程中环境温度影响，浇筑温度较之出机口温度上升0.5～1.0℃左右。风冷系统运行过程中，浇筑温度基本可以满足不大于25℃的温控标准。对比高温施工期间不开风冷时混凝土浇筑温度（约30～32℃），开启风冷及制冷水系统可有效降低浇筑温度7～10℃。

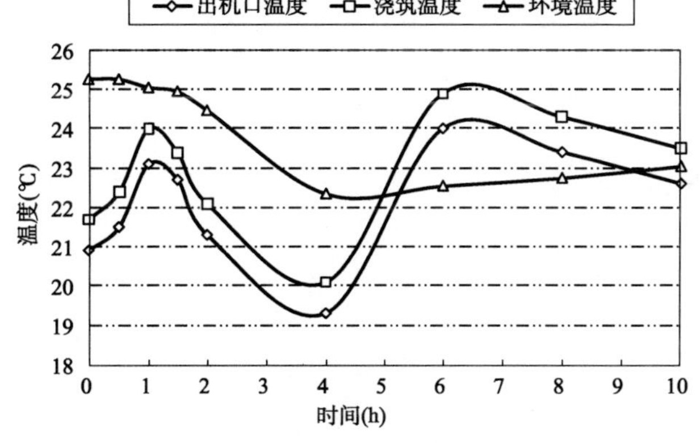

图3　混凝土温度监测示意图

3.4　系统实际降温能力与设计降温能力对比[4]

根据上述实验数据，将风冷及制冷水系统系统实际降温能力与设计降温能力对比如表1所示。

系统实际降温能力与设计降温能力对比　　表1

降温点	粗骨料	冷却水	出机口温度
设计降温能力	28℃降至10℃	28℃降至4℃	19.3℃
实际降温能力	最低降至4℃	最低降至3.7℃	最低可达19.3℃

从表1中可以看出，风冷及制冷水系统在单独风冷粗骨料和制冷水方面是完全满足设计要求的，而由于现场施工过程需要不断补充原材料，所以混凝土出机口温度具有较大的波动性，并不是系统运行时间越长出机口温度就一定越低。从实验数据上来说，实际施工中最低出机口温度也是满足设计要求的。

4　总结

(1)开启风冷及制冷水系统后，在2h预冷期内可将粗骨料温度由25～28℃降至10℃左右，拌合水温由25℃降至3～4℃左右，浇筑温度由30～32℃降至20～25℃。实验证明，对粗骨料及拌合水采取预冷2h的措施是行之有效的。

(2)骨料风冷及制冷水系统的有效运行,确保了混凝土的出机温度低于17℃,从而有效地预防了大体积混凝土裂缝的产生。

(3)由于风冷系统运行时间较短,数据的收集尚不完备,在后续施工过程中需要持续关注风冷系统运行状态、冷却能力,添加对粗骨料内表温度的监测分析,完善数据资料的收集和整理,并结合混凝土现场浇筑及温控情况进行评测,充分了解风冷机制冷水系统冷却能力,优化冷却措施,起到在满足温控标准的条件下最大化降低成本的作用。

参考文献

[1] 龙慧文,张骏.混凝土预冷二次风冷骨料技术研究与应用[J],水力发电学报,2009,06:131-134

[2] 谢修发.三峡工程首创二次风冷骨料新工艺[J].人民长江,1999,12:1-4

[3] 风冷骨料技术在葛洲坝工程中的应用[J].人民长江,1980,02:45-53

[4] 戴荣华.东风工程风冷骨料配风型式试验分析[J].人民长江,1997,06:33-35

海岸工程外海重现期波要素推算方法探讨

张　磊[1,2]，刘建波[1,2]
(1. 中交第二航务工程局有限公司，武汉，430040；
2. 中交公路长大桥建设国家工程研究中心有限公司，北京，100088)

摘　要：以印度尼西亚西加里曼丹省某矿石码头工程重现期波要素推算为例，应用风、浪场数学模型与风速推算法推算了外海重现期波要素，并对上述两种方法进行了对比。对比结果显示，两者推算重现期波要素存在一定差异，但差异不大。在实际海洋海岸工程中有长期实测风资料的情况下，可采用设计风速法推算重现期波要素；当无长期实测风资料时，则需采用风、浪场数学模型的方法。

关键词：海岸工程；重现期波要素；风、浪场数学模型；设计风速；西加里曼丹海峡

在海岸及海洋工程中，波浪资料是必不可少的基础资料，重现期波要素是工程设计中最关心的资料之一。目前，外海重现期波要素推算方法主要有3种。当有较长期(20年以上)的波浪观测资料时，可采用分方向的某一累积频率波高的年最大值系列进行频率分析，确定不同重现期的设计波高[1]。当工程区域缺乏长时间的波浪观测资料时，往往采用风要素推算外海波浪要素[2]。当工程区域即缺乏长时间的波浪观测资料，又无气象站实测风速资料时，则需要利用历史天气图，从中摘取20年以上的大风天气过程，利用大气数值模型和波浪数学模型推求重现期波要素[3-6]。目前，在国际上多种风、浪数值模型中，WRF和MIKE 21SW较为成熟，其应用也较为广泛，在国内已有大量的应用经验[7-9]。

本文以印度尼西亚西加里曼丹省某矿石码头工程重现期波要素推算为例，应用风、浪场数学模型与风速推算法推算了外海重现期波要素，并对上述两种方法进行了对比，探讨了适合海岸工程重现期波要素的推算方法。

1　研究海域概况

本文工程重点研究区域，位于印度尼西亚西加里曼丹海峡。海图和现场地形测量结果显示，西加里曼丹近岸海域10m水深距岸约2km，10m水深以外地形变缓，13m水深距岸约8km，15m水深距岸约15km。本区域位于赤道，属于典型的热带季风气候。出现大风天气过程主要为季风，几乎不受台风的影响。旱季(4～10月)波浪较小，雨季(11月～次年3月)受NE向季风影响波浪相对较大。工程区常年风速不大，根据研究区域附近Ketapang机场气象站1994～2013年资料，实测各向风速分级频率统计表，见表1。由表可见，该区域常风向和强风向均为E向，出现六级风(10.8m/s)以上的频率为零。

Ketapang机场气象站1994～2013年实测风速分级频率统计表　　表1

方向＼风速	0.5～2.1	2.1～3.6	3.6～5.7	5.7～8.7	8.7～10.8	≥10.8	Σ(%)
N	1.9	2.6	1.7	0.2	0	0	6
NE	2.4	1	0.3	0	0	0	4
E	6.2	6	4.1	0.8	0	0	17
SE	2.1	2.4	1.8	0.2	0	0	6
S	2.4	3.6	3	0.3	0	0	9

续上表

方向 \ 风速	0.5~2.1	2.1~3.6	3.6~5.7	5.7~8.7	8.7~10.8	≥10.8	Σ(%)
SW	1.3	1.2	0.6	0	0	0	3
W	3.8	4.2	1.5	0.2	0	0	10
NW	2.1	2.6	1.4	0.1	0	0	6
分项和	22.1	23.5	14.4	1.9	0	0	62
平静							38
缺失							0
Σ							100

研究海域设有波浪临时测站，根据该站 2014 年 1 月 14 日 ~4 月 9 日 2 个月多的短期波浪测量资料，统计出各向波高分级频率统计表，见表 2。实测期间该区域波浪常浪向为 WNW 向，所占频率为 68.4%，其次为 W 向，所占频率为 22.5%，强浪向为 WNW 向和 NW 向（表 2）。

波浪临时测站 2014 年 1 月 14 日 ~4 月 9 日实测各向波高分级频率统计表 表 2

分级 \ 方向	N~SW	WSW	W	WNW	NW	NNW	小计
0~0.49	0.00	0.00	0.70	0.70	0.10	0.00	1.50
0.5~0.99	0.00	0.65	15.45	37.06	3.51	0.00	56.67
1.0~1.19	0.00	0.10	2.71	15.30	1.30	0.00	19.41
1.2~1.49	0.00	0.10	3.31	11.53	1.96	0.00	16.90
1.5~1.99	0.00	0.00	0.35	3.61	1.10	0.00	5.07
2.0~2.99	0.00	0.00	0.00	0.20	0.25	0.00	0.45
≥3.0	0.00	0.00	0.00	0.00	0.00	0.00	0.00
小计	0.00	0.85	22.52	68.41	8.22	0.00	100.00

2 风、浪场数学模型推算外海重现期波要素

以欧洲中长期天气预报中心（ECMWF）和美国环境预报中心（NECP）历史再分析风场资料为基础，采用区域气候模式 WRF 计算出工程附近海域 10m 高度的再分析风场。用波浪数值模型 MIKE 21 SW 推算工程海域大范围的外海波浪要素，并与工程附近实测的波浪资料进行对比分析，验证计算模型的适用性，再利用 P-III 型极值分布推算工程海域不同重现期的设计波浪要素。

2.1 波浪数值模型控制方程与数值方法

MIKE 21 SW 模型的控制方程为[10]：

$$\frac{\partial}{\partial t}N+\frac{\partial}{\partial x}C_xN+\frac{\partial}{\partial y}C_yN+\frac{\partial}{\partial \sigma}C_\sigma N+\frac{\partial}{\partial \theta}C_\theta N=\frac{S}{\sigma} \tag{1}$$

式中：σ——波浪的相对角频率，即随波浪运动的坐标系中观察到的频率（弧度表示）；

θ——波向，即垂直于各谱分量波峰线的方向；

C_x、C_y——x，y 方向上的波浪传播速度；

C_σ、C_θ——谱空间（σ，θ）上的波浪传播速度；

S——能量源、汇项，在浅水中可以表示为 5 项之合：

$$S = S_{in} + S_{n1} + S_{ds} + S_{bot} + S_{surf} \tag{2}$$

式中：S_{in}——风能输入；

S_{nl}——三波非线性相互作用；

S_{ds}——白浪破碎耗散；

S_{bot}——底摩擦耗散；

S_{surf}——水深诱导破碎耗散。

MIKE 21 SW 模型在地理空间和谱空间上均采用中心有限体积法。在地理空间上，将区域划分为不重叠的单元，单元可以是任意形状的多边形。波作用量密度，$N(\vec{x},\sigma,\theta)$ 在每个单元内为分段常量，并存储在每个单元的地理中心。在频率空间上，采用对数离散。在方向空间上，采用等角离散。时间上离散采用分步计算的方法。

2.2 模型的验证

选取研究海域的平面图见图 1，MIKE 21 SW 波浪数学模型计算范围见图 2。计算范围为跨纬度 7°S ~5°N，跨经度 102°E ~113°E，约 1657km。大部分海域水深不超过 100m。计算采用非结构化三角形网格，研究重点区域网格最小尺寸为 0.01°，约 1.1km。

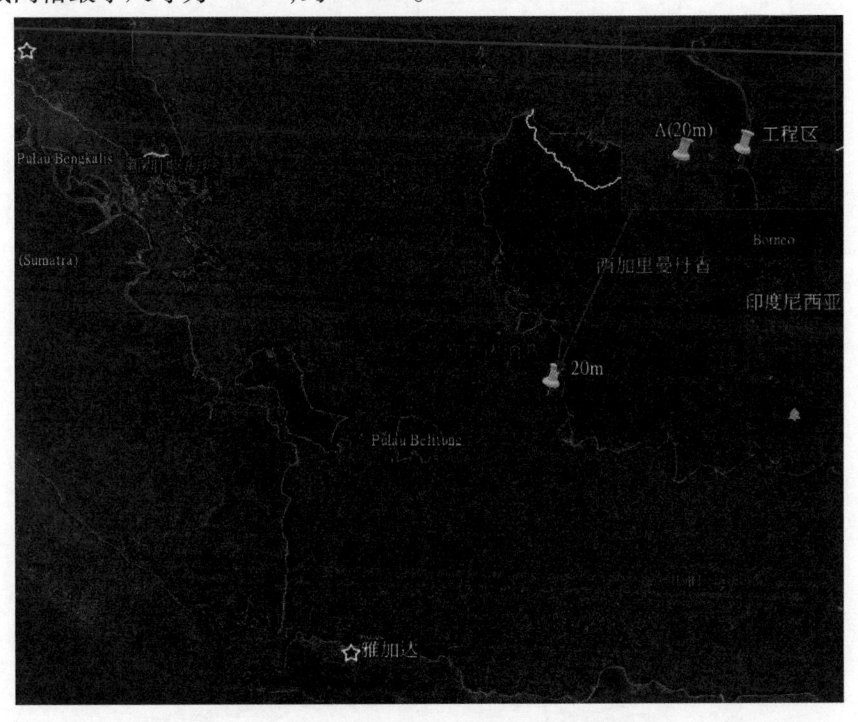

图 1 研究海域的平面图及 A 站位布置图

在工程区域附近海域设有临时波浪测站，观测了 2014 年 1 月 14 日至 4 月 9 日 2 个月多的短期波浪测量资料。观测期间，1 月 16 日至 2 月 4 日中有两场相对大风，可作为本模型验证的依据。因此，计算了 2014 年 1 月 19 日 12 时 ~1 月 23 日 12 时、1 月 28 日 12 时至 2 月 1 日 12 时相对大风时间段的波浪波高。波浪观测站的有效波高，两者对比结果见图 3。

从图中可以看出，计算结果与观测结果具有较好的一致性，大风期间计算波浪极值与实测结果吻合良好。

卫星观测波浪资料也是可靠的波浪观测资料。所采用的卫星测波资料为 JASON -2 观测资料。当卫星经过西加里曼丹海峡时，读取卫星轨道上的观测海浪波高，然后与轨道上的 MIKE 21 SW 模式模拟结果进行比较。图 4 分别给出了 2013 年 1 月和 2014 年 1 月 JASON -2 卫星经过该海域时，有效波高的对比图。从图中可以看出，MIKE 21 SW 模式模拟的波浪结果和卫星观测资料结果具有良好的一致性。

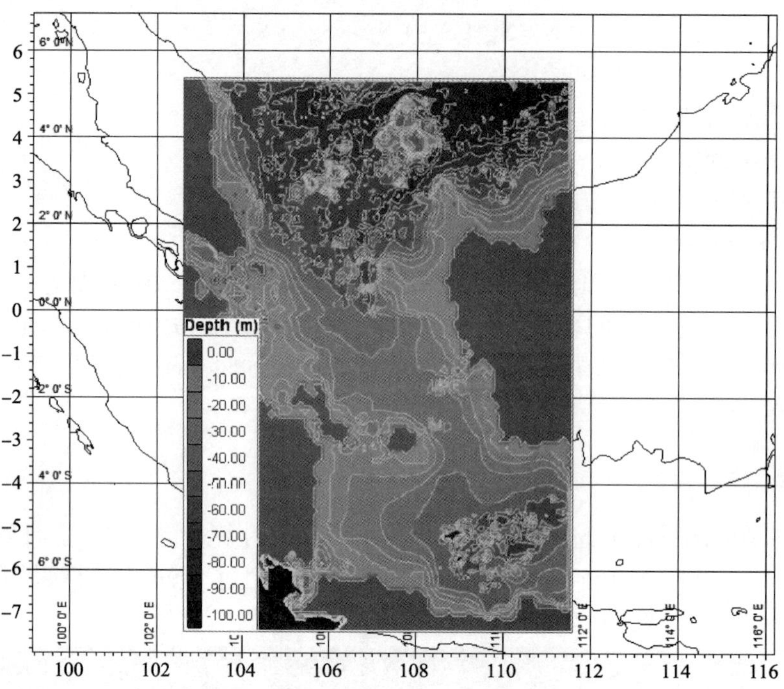

图2　MIKE 21 SW 计算范围示意图

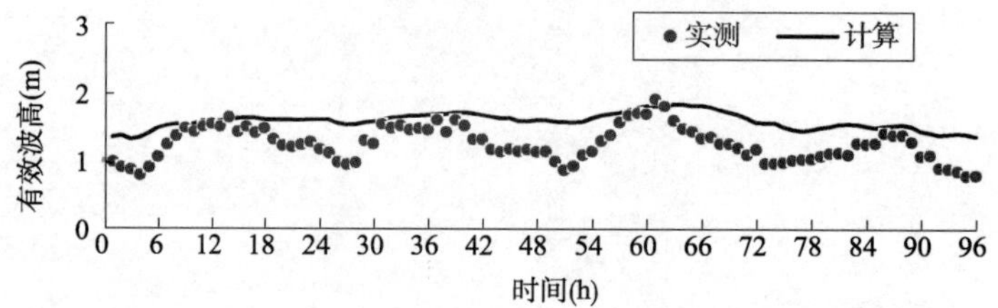

图3a)　2014-1-19_12 至 2014-1-23_12 MIKE 21 SW 计算波高与实测波高对比

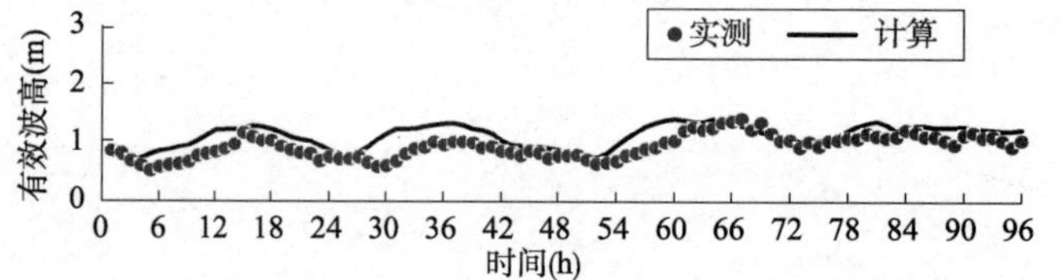

图3b)　2014-1-28_12 至 2014-2-1_12 MIKE 21 SW 计算波高与实测波高对比

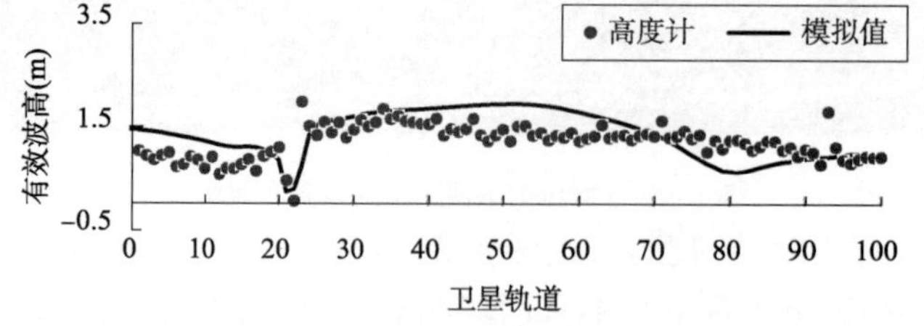

图4a)　JASON－2 卫星观测波高与 MIKE 21 SW 模拟波高对比(cycle1 82 pass 51)

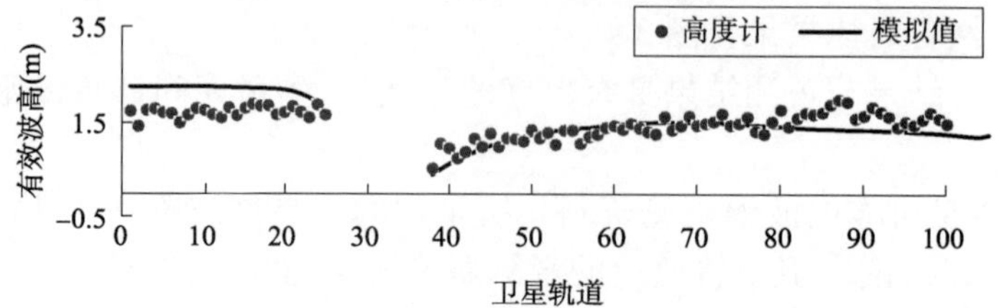

图4b)　JASON－2 卫星观测波高与 MIKE 21 SW 模拟波高对比(cycle 204 pass 64)

通过计算结果与临时测站、卫星高度计观测结果的对比发现,建立的模型计算结果与观测结果具有较好的一致性,可用于计算深水重现期波浪要素。

2.3 计算结果

虽然风资料最大风向为 E 向,但结合现场以及采用外海资料分析本区强浪向和常浪向为 NW 向,选取波向为 NW、W、SW 向波浪进行重现期波浪要素的推算。统计 1995 ~ 2014 年 20 年间影响研究区域的大风个例。由于推算多年一遇波高和周期所需样本是每年的一个极值,所以每年每个波向只能选取其中的最大波高和对应平均周期作为样本。研究海域 -20m 等深线处的 A 站位(见图 1)1995 ~ 2014 年各向极值有效波高和对应平均周期,见表 3。

A 站位 1995 年 ~ 2014 年各向极值有效波高和对应平均周期 表 3

方向	NW		W		SW	
	有效波高(m)	对应平均周期(s)	有效波高(m)	对应平均周期(s)	有效波高(m)	对应平均周期(s)
1995	1.77	5.67	2.24	6.36	1.41	5.12
1996	1.62	5.42	2.21	6.06	1.89	5.57
1997	1.76	5.80	1.35	4.81	1.20	4.21
1998	1.82	5.53	1.90	5.49	1.70	5.31
1999	1.87	5.73	2.28	6.18	1.33	4.85
2000	1.82	5.55	2.06	5.42	1.60	4.67
2001	2.61	6.51	1.98	5.46	1.99	5.46
2002	1.56	5.14	2.08	5.53	1.51	4.40
2003	3.02	6.47	2.87	6.30	1.85	5.07
2004	1.75	5.24	2.56	6.29	1.91	5.45
2005	1.73	5.19	1.89	4.95	1.95	5.47
2006	1.73	6.00	1.89	6.61	1.95	5.35
2007	2.42	6.21	2.36	6.25	1.39	4.63
2008	2.32	5.96	2.16	5.75	1.45	4.88
2009	2.31	5.83	1.97	5.79	2.09	5.72
2010	2.30	6.06	1.94	5.61	1.50	4.68
2011	2.49	6.08	2.09	5.96	1.94	5.50
2012	2.48	6.09	1.51	4.91	1.16	3.57
2013	2.31	5.75	2.23	6.11	2.06	5.82
2014	1.97	5.80	2.02	5.46	1.76	5.24

不同重现期波要素的推算是采用皮尔逊 III 型曲线适线法推算而得出的。通过 P - III 分析,得到 A 站位不同重现期的有效波高和对应平均周期,见表 4。

A 站位不同重现期的有效波高和对应平均周期 表 4

方向	NW 向		W 向		SW 向	
重现期	$H_{1/3}$(m)	T(s)	$H_{1/3}$(m)	T(s)	$H_{1/3}$(m)	T(s)
100a	3.37	6.89	3.08	7.25	2.6	6.65
50a	3.17	6.75	2.93	7.05	2.46	6.43
25a	2.96	6.59	2.78	6.83	2.32	6.19
2a	2.02	5.78	2.04	5.73	1.64	5

3 设计风速推算法

3.1 风成浪推算方法

风成浪的计算，首先对风速进行高度、陆海订正，风区长度考虑建筑物、岛屿和陆域的影响，取合适的步长，使得每步的水深变化小于0.2m，分步计算风浪的成长变化。

当 $d/U^2>0.2$ 为深水情况，风浪波高计算采用下式：

$$\frac{gH_{1/3}}{U^2}=5.5\times10^{-3}\left(\frac{gF}{U^2}\right)^{0.35} \tag{3}$$

$$\frac{gT_{1/3}}{U}=0.55\left(\frac{gF}{U^2}\right)^{0.233} \tag{4}$$

$$\frac{gF_{\min}}{U^2}=0.012\left(\frac{gt}{U}\right)^{1.3} \tag{5}$$

式中：g——重力加速度(m/s^2)；

U——风速(m/s)；

F——风区长度(m)；

d——水深(m)；

t——风时(s)；

k——波数。

本文所采用风资料为 Manokwari 机场气象站的风速资料。该风速仪距离地面 3m，风速的取值为 10min 平均。推算深水波要素离岸约 2km，需进行风速的高度换算和时距换算，即：

$$(U_{陆})_{10}=1.22\ (U_{陆})_3 \tag{6}$$

$$(U_{海})_{10}=1.1\ (U_{陆})_{10} \tag{7}$$

$$U=1.103\ (U_{海})_{10} \tag{8}$$

3.2 计算结果

利用工程附近气象站(1992～2012年)21年风速资料，获得各向风速的年极值结果，利用该资料推算工程海域各向不同重现期风速，见表5。采用中国规范推荐的方法对外海风浪要素进行计算，计算风速采用重现期风速，推算 A 站位(约 -20m 水深)外海波要素，见表6。

Ketapang 机场气象站各向不同重现期风速 表5

重现期	NW	W	SW	重现期	NW	W	SW
100a	19	17.9	17.4	50a	18.4	17.3	16.9
25a	17.8	16.7	16.5	2a	14.4	13.9	13.6

A 站位各向不同重现期波要素 表6

方向	NW 向		W 向		SW 向	
重现期	$H_{1/3}$ (m)	T_s(s)	$H_{1/3}$ (m)	T_s(s)	$H_{1/3}$ (m)	T_s(s)
100a	3.22	6.40	2.74	6.14	2.68	6.08
50a	3.06	6.26	2.59	5.99	2.52	5.95
25a	2.88	6.12	2.45	5.85	2.43	5.82
2a	2.20	5.7	1.83	5.35	1.80	5.31

4 两种重现期波要素推算方法推算结果对比

采用风、浪数值模型和风速推算法分别得到了工程海域外海的重现期波浪要素，为便于比较，将二者推算结果列于表7。

两种方法推算外海重现期波要素对比 表7

方向	NW向		W向		SW向	
重现期	$H_{1/3}$(m)	T_s(s)	$H_{1/3}$(m)	T_s(s)	$H_{1/3}$(m)	T_s(s)
100a	3.37	6.89	3.08	7.25	2.6	6.65
	3.22	6.4	2.74	6.14	2.68	6.08
50a	3.17	6.75	2.93	7.05	2.46	6.43
	3.06	6.26	2.59	5.99	2.52	5.95
25a	2.96	6.59	2.78	6.83	2.32	6.19
	2.88	6.12	2.45	5.85	2.43	5.82
2a	2.02	5.78	2.04	5.73	1.64	5
	2.2	5.7	1.83	5.35	1.8	5.31

从表中可以看出，两种方法推算的重现期波要素存在一定差异，但差异不大。NW向和W向，方法Ⅰ推求的重现期波高比方法Ⅱ的波高略大，差别最大的为W向100年一遇的有效波高，其中方法Ⅱ推求的有效波高为3.08m，而方法2推求的有效波高为2.74m，两者相差0.34m。但SW向方法Ⅱ推求的重现期波高则更大，差别最大的两年一遇的有效波高，差值为0.16m。一般波周期和波高是正相关的，因此两者方法推求的波周期和波高有类似的规律。

结语

不同的海岸工程可以应用不同的方法推算外海的重现期波浪要素。本文利用了两种方法推求了印度尼西亚西加里曼丹海峡外海的重现期波浪要素。方法Ⅰ为风、浪数值模拟方法，通过风场和浪场的模拟得到20年内影响工程海域的大风天气过程，利用MIKE 21 SW模拟波浪场，得到关心位置的年极值有效波高和对应周期，推求重现期波要素；方法Ⅱ为设计风速推算法，采用内陆气象站实测风速资料，推算重现期风速并进行内陆—海岸—海上风速修正，再利用风浪要素公式计算重现期波要素。两种推求重现期波浪要素的方法各有优劣，方法Ⅰ对实测资料要求较低，但模型计算过程较繁琐；方法Ⅱ较简便，但应用的前提时具有20年以上实测风资料。在实际海洋海岸工程中有长期实测资料的情况下，可采用设计风速法推算重现期波要素；当无长期实测风资料时，则需采用风场和波浪场数值模拟的方法。

参考文献

[1] JTS 145-2—2013，海港水文规范[S]. 北京：人民交通出版社，2013

[2] 徐宏明. 风对浅水区波浪要素推算结果的影响分析[J]. 水道港口，1997，(4)：42-46

[3] 李孟国，肖辉. 外海深水波要素确定方法比较[J]. 水运工程，2010，(7)：1-5

[4] 李绍武，梁超，庄茜. SWAN风浪成长模型在近海设计波浪要素推算中的应用[J]. 港工技术，2012，49(2)：5-7

[5] 宋伟伟，陈国平，严士常. 基于台风浪后报模型的外海重现期波浪要素分析[J]. 水运工程，2013，(1)：51-54，75

[6] 周毅. 海南清水湾地区风和波浪要素特征分析[D]. 青岛：中国海洋大学，2014

[7] 付桂,杨春平. 海岸工程设计波要素推算方法探讨——以如东人工岛设计波要素推算为例[J]. 水运工程[J],2010,(3):42-46
[8] 李为华,付桂,杨春平. 历史台风天气图法推算海岸工程设计波要素[J]. 水运工程,2012,(7):36-42
[9] 王卫远,何倩倩,周鹏飞,等. 福建南日群岛海域波浪数值模拟研究[J]. 2013,30(5):26-30
[10] DHI. Mike 21 spectral wave module scientific documentation[R]. Denmark:DHI Group,2009

海上碎石桩施工成桩质量监控

冯先导　王　聪

（中交第二航务工程局有限公司技术中心，湖北武汉，430040）

摘　要：本文依托以色列 Ashdod 港项目，介绍了利用碎石桩进行深水防波堤地基处理的工艺试验方案。本项目采用的是最新的基于水力输送且适用于深海施工的工艺——底部喂料法。根据试验区碎石桩施工数据，从平面位置精度、石料记录系统、成桩直径、倾斜度四个方面，详细分析了海上碎石桩成桩的质量监控措施。

关键词：深海碎石桩；质量监控；石料记录系统；成桩直径；倾斜度

1　概述

1.1　项目概况及特点

以色列 Ashdod 港项目位于 Ashdod 新建 Hadarom 港。本项目施工范围包括码头、防波堤工程及地基处理工程。防波堤工程主要包括 600 米主防堤延伸段、1480 米 LEE 防波堤。如图 1 所示。

在防波堤施工前，需要利用振冲碎石桩进行地基处理。主要包括处理深度约 11 米的主防波堤 600 米地基和处理深度约 20 米的 LEE 防波堤 480 米坡脚位置，置换率不小于 13%。总处理土体 152 万立方米，共 23896 根直径 0.95m 碎石桩。

碎石桩施工区域水深为 -14 ~ -23.3m，其中主防波堤水深为 -21.0 ~ -23.3m；LEE 护岸防波堤的水深为 -14 ~ -17.5m。对于深海碎石桩施工，传统的顶部喂料法[1]已不适用。本项目采用最新的基于水力输送且适用于深海施工的工艺——底部喂料法[2~3]，使用的是适用于深海施工的最新振冲设备。如图 2 所示。

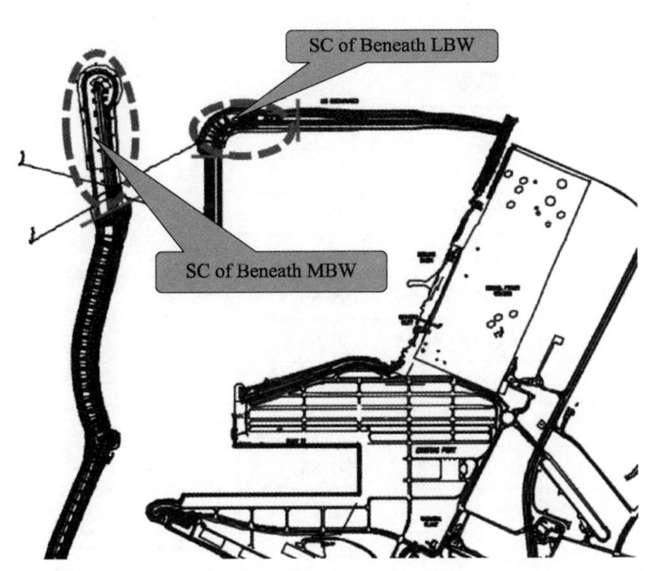

图 1　海上碎石桩施工位置

图 2　振冲设备

本工程碎石桩试验区包括主防波堤延伸段及 Lee 防波堤的共 4 个试验区，如图 3 所示。每个碎石桩试验区共包含 9 根碎石桩的试打。每个试验区的 9 根碎石桩均包含 5 根直径 0.95 米（间距 2.5 米）和 4 根直径 0.9 米（间距 2.35 米）的碎石桩，其桩位图见图 4。

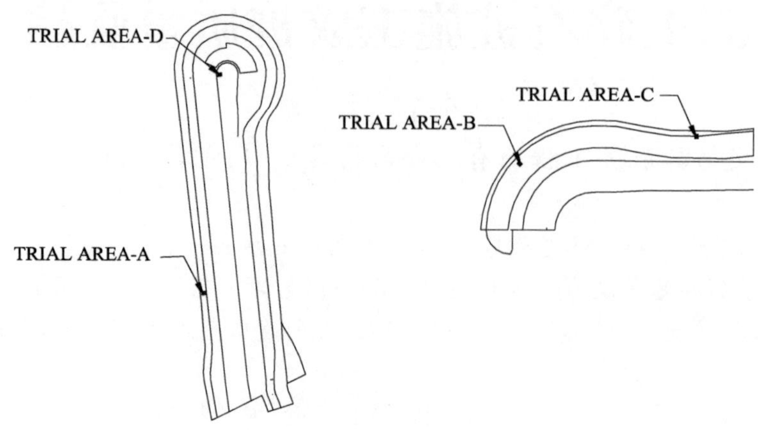

图 3　每个试验区桩位图

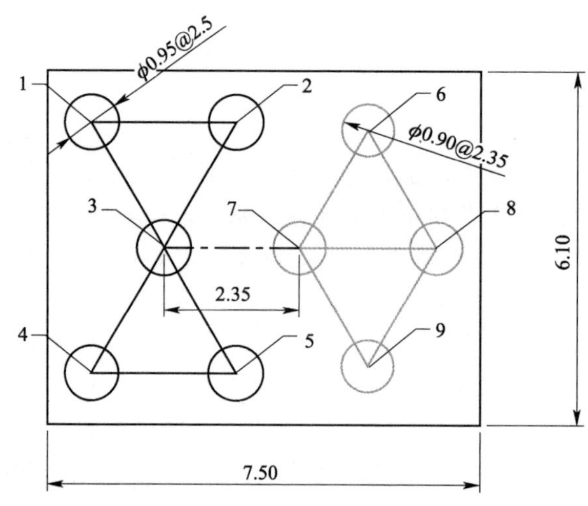

图 4　每个试验区桩位图

碎石桩试验区施工信息如表 1 所示。

碎石桩试验区施工信息　　表 1

区域	桩径、间距	泥面顶标高	设计底标高	置换率	工程量		振冲头
					碎石量(m^3)	碎石桩(根)	
A 区	0.95@2.5m	-22.2	-33.0	0.131	38.3	5	B36
	0.9@2.35m	-22.2	-33.0	0.133	27.48	4	B27
B 区	0.95@2.5m	-17.5	-36.0	0.131	65.55	5	B36
	0.9@2.35m	-17.5	-36.0	0.133	47.08	4	B27
C 区	0.95@2.5m	-14.65	-33.0	0.131	65.05	5	B36
	0.9@2.35m	-14.65	-33.0	0.133	46.68	4	B27
D 区	0.95@2.5m	-24.3	-33.0	0.131	30.85	5	B36
	0.9@2.35m	-24.3	-33.0	0.133	22.12	4	B27
合计					343.11	36	

根据钻孔资料，4 个试验区的地质条件如表 2 所示。

4 个试验区的地质条件　　表 2

区域	A 区		D 区		B 区		C 区	
第一层	-21.5 ~ -27.3	中度密实砂层	-23.4 ~ -24.8	中度密实砂层	-16.7 ~ -24.0	上层粗砂层	-13.9 ~ -27.8	上层粗砂层
第二层	-27.3 ~ -31.2	松散含淤泥砂层	-24.8 ~ -33.4	松散含淤泥砂层	-24.0 ~ -27.7	中度密实砂层	-27.8 ~ -38.9	密实砂层
第三层	-31.2 ~ -38.2	松散含砂淤泥层	-33.8 ~ -41.2	松散含砂淤泥层	-27.7 ~ -33.0	松散含淤泥砂层	—	—
第四层	—	—	—	—	-33.0 ~ -34.2	松散含砂淤泥层	—	—
第五层	—	—	—	—	-34.2 ~ -41.0	密实砂层	—	—

1.2　振冲碎石桩及施工质量控制

振冲碎石桩，是处理软土地基的一种实用技术。其原理是，利用起重机吊起振冲器，振冲头中的电动机带动偏心块，使振冲头产生高频振动；同时启动射水泵，使高压水通过振冲头附近的喷嘴喷射出高速水流冲击孔底。在边冲边振的共同作用下，将振冲器沉入设计深度而成孔；然后向孔内分批填入碎石，并重复提振来成桩，使桩体与周围的土层组合成复合地基[4]。

对于振冲碎石桩施工质量的控制，许多学者详细的论述了所采取的措施。密实电流控制[5]是一种重要的措施，密实电流根据现场成桩试验测出，并利用留振时间来控制密实度，进而控制成桩质量；填料量[6]，直接关系到桩径的大小和桩体的密实度。因而要严格控制填料量，根据地质特点及密实电流，制定符合实际需求的用料计划[7]；加密段长度[8]，对桩体的质量有重要的影响，加密段过长，容易造成漏振，从而导致缩颈现象。加密段长度一般为 30 ~ 50cm。此外，还有许多学者也分析了桩长、桩位偏移[9-11]，对施工质量的影响。

虽然许多学者对控制碎石桩施工质量的措施进行了研究，但由于陆上、浅海、深海施工工艺的不同，以及所采用的设备、喂料工艺的不同，这就形成了不同的施工质量的控制措施。本文着重研究了底部喂料深海碎石桩施工成桩质量的控制措施，对于深海碎石桩的施工有重要指导意义。

2　成桩质量监控措施

本项目碎石桩施工的成桩质量控制，主要通过计算机控制记录系统来保证。后处理软件可产生一个连续图形化模式的施工过程，可绘制碎石桩直径、电流及碎石填充量随深度的变化等。本文主要从平面位置、石料记录系统、成桩直径以及倾斜度四个方面，来分析成桩质量的监控措施。

2.1　平面位置

碎石桩施工的平面位置，通过固定在履带吊吊臂顶端上的 GPS 来控制。四个区域浮式驳船的作业条件及平面定位精度如表 3 所示。

浮式驳船的作业条件及定位精度　　表 3

项目	最大波高(cm)	风速(kn)	平面偏差(cm)
A 区 B36	40 ~ 80	5 ~ 16	30 ~ 70
C 区 B36	40 ~ 80	8 ~ 18	30 ~ 60
B 区 B36	60 ~ 130	8 ~ 17	31 ~ 45
D 区 B36	30 ~ 90	7 ~ 15	28 ~ 42
A 区 B27	30 ~ 50	8 ~ 16	10 ~ 20

续上表

项目	最大波高(cm)	风速(KT)	平面偏差(cm)
D 区 B27	30 ~ 50	8 ~ 18	22 ~ 31
C 区 B27	60 ~ 90	5 ~ 10	28 ~ 36
B 区 B27	60 ~ 90	8 ~ 20	28 ~ 36

注:本表波高的周期范围为 4 ~ 8s。

由表格统计数据可知:

(1)只有当最大波高 $H_{max}<70$cm 时,定位精度可以控制在 30cm 以内。

(2)当最大波高 70cm $<H_{max}<$ 120cm 时,波浪周期变大大,船的横摇以及履带吊吊臂的摇摆,导致浮式驳船定位精度不够。平面偏差可达 60 ~ 70cm。

(3)当最大波高 $H_{max}>$ 120cm 时(波浪周期 $T>6$s)时,不能使用浮式驳船施工碎石桩。

因而浮式驳船作业工况,受波浪条件限制非常大,作业时间少且分散。

2.2 石料记录系统

每次驳船上料之前,都使用卡车运输并过磅沉重,以此来计量实际使用的石料量;成桩过程中所使用的石料,通过压力仓注入系统进行计量,如图 5 所示。

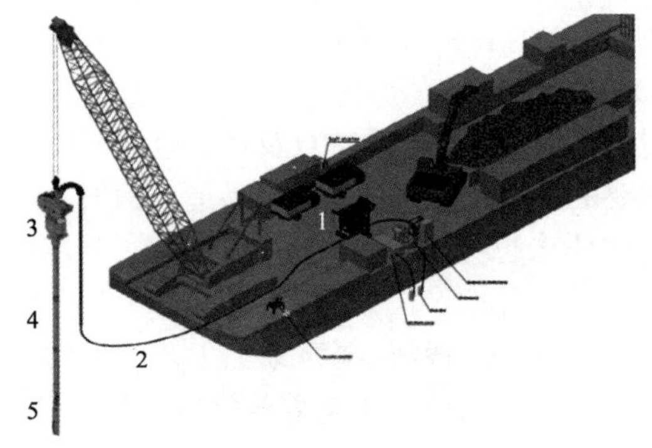

图 5 压力仓注入系统

碎石由挖机放入碎石泵(1)的料斗中,碎石通过碎石水泵进行水力输送至直径 6 英寸的柔性软管(2),直至 BC2 顶部储料仓。接收罐(3)顶部的密封门是确保压力舱喷射系统高质量输送性能的关键,密封门能将碎石锁在储料仓,并将其放入一个高压状态下(0.2 ~ 0.6MPa)。应用高压空气,输送碎石通过接收罐(3)、筒仓管(4)和导管(5)组成的连通室,并注入在振冲器导管尖端的土壤内。

压力仓注入系统的优点:两个气密门安装分别在接收罐的顶部和底部,称为可变双锁系统。在每一次打开气密门的时候,可以精确的计量石料量。这不仅使气密门开启关闭的反复次数最少,而且可精确的记录在某一个深度处入土的碎石量。

在试验区碎石桩施工过程中,对该系统进行了两次校核。

(1)第一次校核

2015 年 9 月 27 日,当用 B27 完成实验 A 区和 D 区后,测量了驳船上石料的剩余量(表 4 和表 5)。

实际石料使用量统计 表 4

时间	项目	重量(t)	体积(m^3)
2015.09.16	第一次供料	231.16	166.30
2015.09.20	第二次供料	224.78	161.71
2015.09.27	剩余石料	33.92	24.4
实际使用石料量		422.02	304

备注:堆积密度为 1.39t/m^3。

记录系统记录的石料统计 表 5

时间	事项	体积(m^3)
2015.09.17	Area A – B36	45
2015.09.18	Area C – B36	72
2015.09.21	Area B – B36	81
2015.09.22	Area D – B36	40

续上表

时间	事项	体积(m^3)
2015.09.27	Area A – B27	32
2015.09.27	Area D – B27	29
记录系统记录的石料量		299

从以上两个表可以知道:实际使用石料量 304m^3;记录系统记录的石料量 299m^3;记录系统误差为(299 – 304)/304 = 1.7%。

(2)第二次校核

2015 年 10 月 4 日,当试验区施工全部后,测量了驳船上石料的剩余量(表 6 和表 7)。

实际使用碎石量统计　　表 6

时间	项目	重量(t)	体积(m^3)
2015.09.16	第一次上料	231.16	166.30
2015.09.20	第二次上料	224.78	161.71
2015.09.29	第三次上料	153.52	110.45
2015.10.04	剩余碎石	31.28	22.50
实际使用碎石量(1.39)		578.19	416

备注:①堆积密度按 1.39t/m^3 计。

②剩余碎石:$13 \times 7.4 \times 0.4 - 16^3 = 22.5m^3$。

记录系统碎石量统计　　表 7

时间	项目	体积(m^3)
2015.09.17	A 区 B36	45
2015.09.18	C 区 B36	72
2015.09.21	B 区 B36	81
2015.09.22	D 区 B36	40
2015.09.27	A 区 B27	32
2015.09.27	D 区 B27	29
2015.10.04	C 区 B27	59
2015.10.04	B 区 B27	72
成桩使用碎石量		430

由以上两个表可知:实际使用的碎石量为:416m^3;振冲系统记录的成桩使用的碎石量为:430m^3;记录系统误差:(430 – 416)/416 = 3.4%。

根据两次校核的结果,可以知道石料记录系统的误差在 5% 以内。因而石料记录系统是非常准确且可靠的。通过石料记录系统,可以精确的控制填料量,从而间接地控制了桩径的大小和桩体的密实度。

2.3　成桩直径

碎石桩施工时,电流随深度的变化,可以通过监控软件的平面实时显示。成桩直径随深度的变化,需要通过后处理软件导出图像。以试验 B 区为例,成桩图像分别见图 6 和图 7。

从图中可以看出,B36 施工碎石桩时,成孔与成桩时的电流变化相对平稳,平均电流为 180A。而且成桩直径变化很小,平均直径超过 95cm;B27 施工碎石桩时,成孔电流变化较大,这与振冲头自身的能量以及地质状况有关。成桩时的电流变化相对平稳,平均电流约为 80A。而且成桩直径变化很小,平均直径超过 90cm。

对于置换率,该工程的设计要求是不小于 0.13。计算图示见图 8。

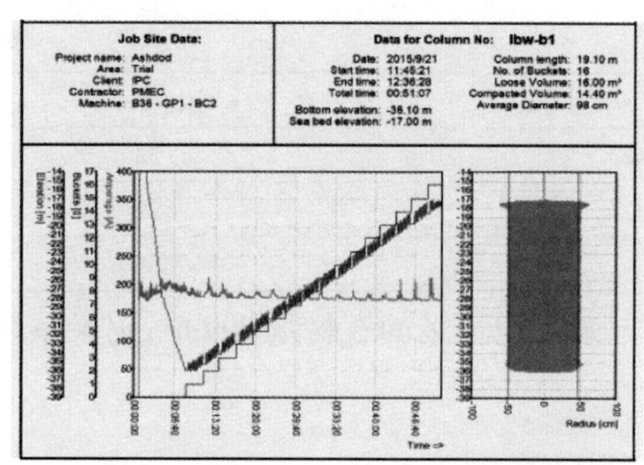

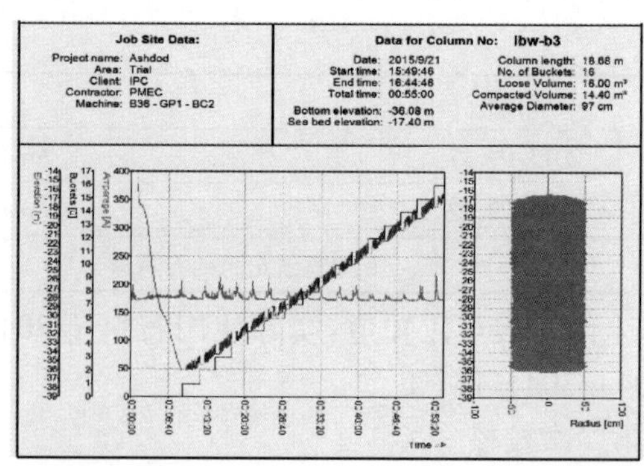

图 6　B36 成桩直径、电流随深度变化图

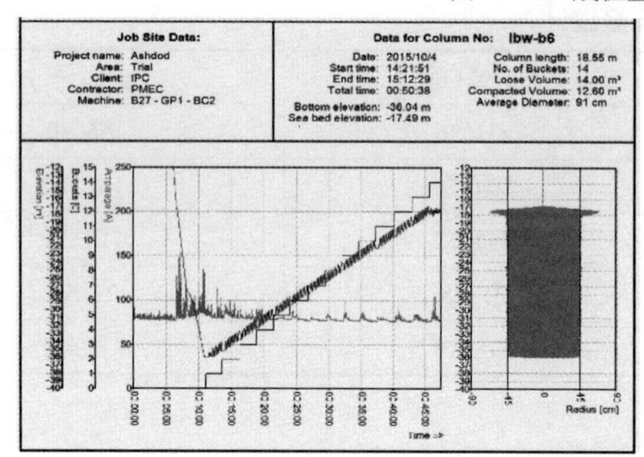

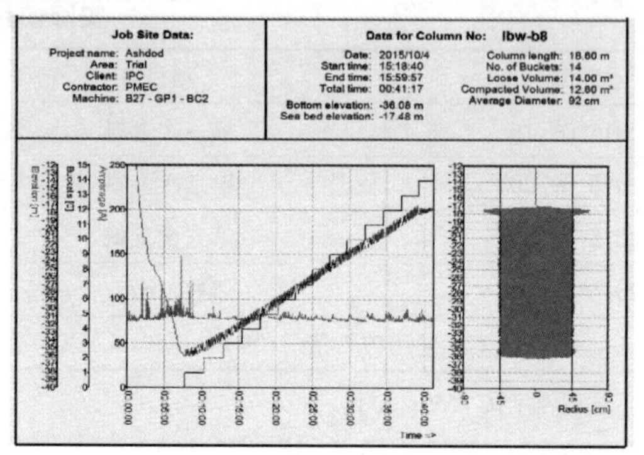

图 7　B27 成桩直径、电流随深度变化图

碎石桩采用三角形网格进行布置。碎石桩半径为 r，桩间距为 s。

则：$A_c = \pi r^2 \qquad A = \dfrac{\sqrt{3}}{2}s^2$

$$\frac{A_c}{A} = \frac{2\pi r^2}{\sqrt{3}s^2} = \frac{2\pi}{\sqrt{3}}\left(\frac{r}{s}\right)^2 \geqslant 0.13$$

式中：A_c——碎石桩的横截面积；

A——每跟碎石桩“单元”占有的总的横截面积。

因而：当 $r = 0.475\text{m}$　$s = 2.50\text{m}$　置换率 ARR = 0.131

当 $r = 0.45\text{m}$　$s = 2.35\text{m}$　置换率 ARR = 0.133

所以，根据成桩的平均直径，可以判断出 B27 和 B36 施工的碎石桩满足置换率要求。

图 8　三角形网格

综上，随着深度的变化，成孔过程中的电流与振冲头类型以及地质状况有关；成桩过程中的电流变化相对平稳，可以最为密实电流的一个指标。而且随着深度变化，桩径变化幅度很小，通过平均桩径可以推算出是否满足置换率要求。因而成桩直径，可以作为监测成桩质量的一个重要措施。

2.4　倾斜度

碎石桩成桩的倾斜度，是通过安装在振冲器顶端的传感器实时监控的，传感器型号为。倾斜度图像通过后处理软件导出。以试验 D 区为例，成桩倾斜度随时间变化的图像见图 9 和图 10。

从图中可以看出，随着时间的增加，起始时倾角变化较大，这是由于此时振冲器尚处于海水中且未入泥，倾角较大是由波浪波动所引起的。达到设计深度时，倾角最小。随着振冲器的提升，倾角逐渐缓慢增大。振冲器提升接近至海底泥面时，倾角也相对较大，这同样要由于波浪的波动所引起的。整个成桩过程中，振冲器倾角范围约为 −2.5° ~ +2.5°。振冲器长约 31 米，因而振冲头倾斜度约为 1/23，满足 1/20

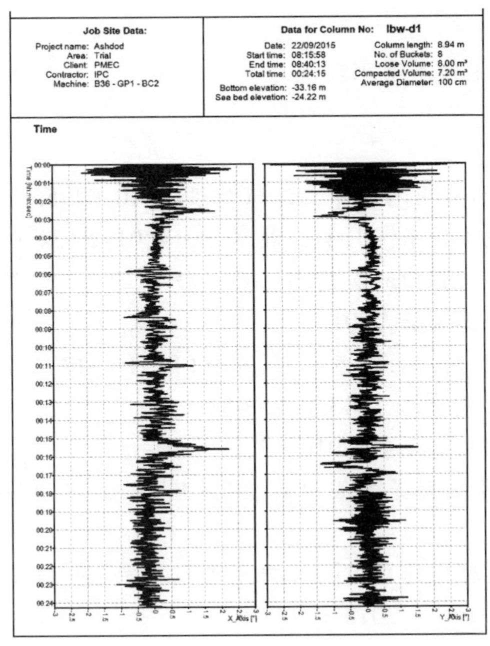

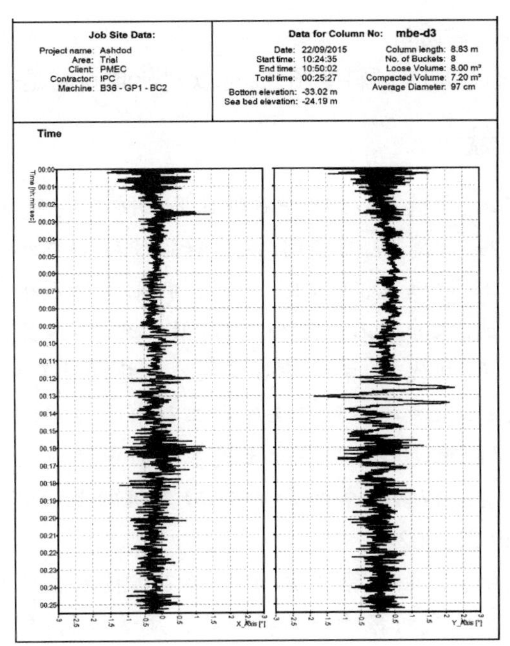

图 9　B36 成桩倾斜度随时间的变化

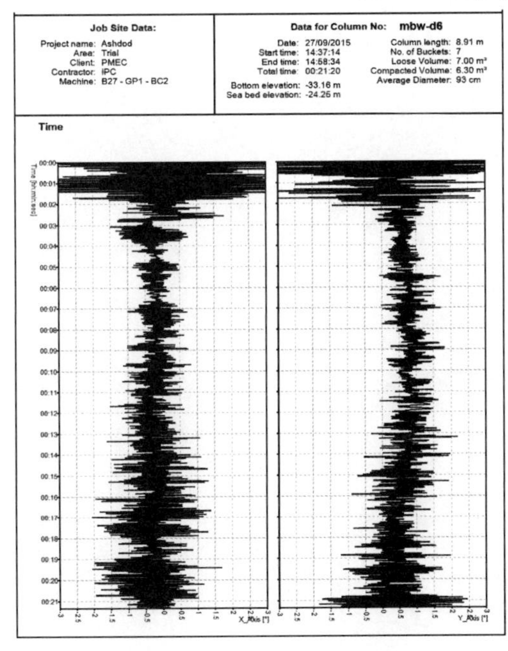

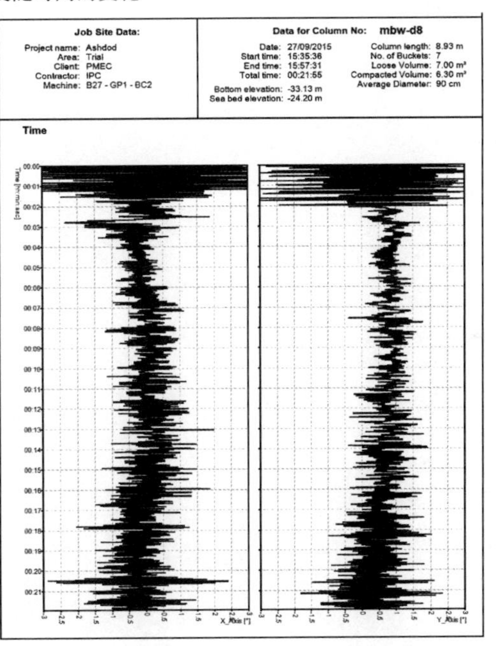

图 10　B27 成桩倾斜度随时间的变化

的要求。

结语

(1)浮式驳船施工碎石桩,平面定位受波浪条件影响较大。当最大波高大于 70cm 时,由于驳船的横摇以及履带吊吊臂的摇摆,很难精确定位,此时浮式驳船已不适用。本项目计划使用自升式平台施工碎石桩。

(2)根据石料记录系统与实际使用量的对比结果,误差在 5% 以内,说明石料记录系统比较准确,通过控制填料量,间接地控制桩径的大小和桩体的密实度。因而可以作为成桩质量监控的一个措施。

(3)随深度变化,成桩直径变化比较小,成桩平均直径满足置换率要求,通过成桩直径图像,可以方便的监控成桩质量。

(4)通过成桩倾斜度图像,可以判断倾斜度是否满足技术要求。

参考文献

[1] 项国玉,于德洲.振冲碎石桩在海上防波堤工程中的应用[J].中国港湾建设,2010,04:56-59

[2] 韩冉冉,王海鹏,刘横财.底出料振冲碎石桩水下施工技术[J].施工技术,2014,01:29-31+34

[3] 李明玉,徐满意,韩冉冉.下部出料振冲碎石桩在某工程中的应用[J].施工技术,2013,S2:29-31

[4] 何广讷.振冲碎石桩复合地基[M].北京:人民交通出版社,2001

[5] 周正义,刘优平.振冲砂石桩在处理软弱地基中的应用[J].路基工程,2008(1):169-170

[6] 谭文彪.振冲碎石桩在海珠湖工程中的应用[J].人民珠江,2013,01:55-58

[7] 谷海娇.振冲碎石桩在软土地基加固中的应用[J].路基工程,2010,02:189-191

[8] 贺志贞,杨利萍,李世兴.振冲碎石桩软基处理技术在海堤工程中的应用[J].山西水利科技,2008,02:49-51+62

[9] 鲍德松,于洪刚,张全勇.振冲碎石桩技术在地基处理中的应用[J].岩土工程界,2009,11:31-33

[10] 李雪辉.浅析振冲碎石桩的施工质量控制[J].港工技术,2013,03:63-64

[11] 麻润杰,孙宝,王海涛.超长振冲碎石桩施工质量控制及常见问题处理[J].西部探矿工程,2012,05:10-12+21

海洋环境下混凝土耐久性破坏原因分析

张海良　秦方田　李业鑫
（山东港湾建设集团有限公司，山东日照，276800）

摘　要：混凝土的耐久性是指混凝土在实际使用条件下抵抗各种破坏因素的作用，长期保持强度和外观完整性的能力。处于海洋环境下的混凝土由于受海洋生物，无机盐，大气，水，温度等的影响造成的耐久性的降低。本文针对实际工程中遇到的问题，对海洋环境下混凝土耐久性破坏原因分析。

关键字：表皮剥落；冻融破坏；浒苔；浪溅区；起砂

引言

混凝土的耐久性的研究是一个十分重要而又迫切需要解决的问题，特别是我国及世界其他国家的沿海及近海的混凝土结构，由于海洋环境对混凝土的腐蚀，尤其是钢筋的锈蚀造成的结构早期破坏，已成为工程中的主要问题。近几年，国内外专家、学者，对这一问题进行了大量研究，从影响混凝土耐久性的腐蚀肌理，到针对腐蚀采取的防护措施，都进行了大量的实验论证，但还有很多问题有待进一步研究及应当引起足够的重视。本文从腐蚀的主要因素及腐蚀肌理等方面，浅述海洋环境对混凝土及钢筋腐蚀的危害与防护办法，以期对处于海洋环境下的混凝土的耐久性的研究工作有一定的参考价值。

1　项目背景

1.1　地理位置

本工程建设地点坐落于青岛市市北区某路44号，位于小港和中港及其二者之间的防波堤上。

1.2　工程介绍

本工程南护岸加固长度321.45m（南护岸加固段一154.65m，南护岸加固段二166.8m）；北护岸加固长度309.63m；防波堤堤头整修长度30.55m；固定码头大修扩建，在西端加长20.0m，端部翼墙长度15m左右（更换和安装相应附属设施）；登陆码头坡度由1:4放缓至1:5；营区内增设设备管沟，铺设水电暖油附属设备，管沟自门岗至一、四号码头处；对小港及中港的泊位、港池及航道区域进行清淤。

防波堤堤头整修位于防波堤堤头段，纵向长度为30.55m，周长自桩号S0+371.45至桩号N0+334.60。在风浪作用下防波堤尤其是北侧破损严重，根据任务书要求对其进行整修。护面块体采用2t四脚空心块体。混凝土抗压、抗冻强度等级：C25F200。混凝土配合比1:0.72:2.67:4.11:0.0294:0.0004:0.29:0.18。（水泥:水:砂:碎石:减水剂:引气剂:矿粉:粉煤灰）。

1.3　问题块体预制情况

2016年2月16号，现场施工人员进行现场巡视时发现该工程防波堤堤头北侧部位的四脚空心块表面出现起砂、混凝土表皮剥落现象。该施工部位四脚空心块于2015年7月11日~2015年7月20日在第一沉箱预制场进行预制施工，在预制完成后60天后安装至该工程防波堤头浪溅区，在安装完成后历时

144 天发现质量问题。

2 工程相关资料

针对块体出现问题,结合现场实际情况收集本工程影响海洋环境中影响混凝土耐久性的因素的相关资料。

2.1 水文、气温资料

本海区处胶州湾畔,濒临黄海,属季风气候区。冬半年呈大陆性气候特点;夏半年呈现海洋性气候特征。冬季气候略显寒冷而干燥,冬季比较漫长,且寒潮和冷空气频繁,多偏北风,但不十分严寒。1 月是全年最冷的月份,月平均气温 -0.2℃,本区全年最多风向是东南向,频率为 12%,春夏两季本地区盛行东南向风;秋冬季盛行北—西北向风。本地区平均风速为 5.5m/s,冬半年各月平均风速较大,11 月 ~ 翌年 2 月各月平均风速在 6.0 ~ 6.4m/s 之间。本地区的强风向为西—西北和北—西北,风速 23m/s,出现于 3 月和 12 月份。次强风向为北,风速 22m/s,出现于 1 月份和 10 月份。本地区强风向多偏北向。根据 1949 ~ 1987 年《台风年鉴》资料统计,在此期间影响本地区的风暴及台风共有 53 次主要分布时间为 6 ~ 9 月。

2.2 潮汐资料

青岛大港潮汐的类型指标值为 0.39,属于正规半日潮。

潮位特征值:平均潮位 2.42m,最高潮位 5.36m,平均高潮位 3.80m,平均低潮位 1.02m 平均最低潮位 -0.70m。

设计水位:设计高水位 4.34m,设计低水位 0.37m,极端高水位 5.43m,极端低水位 -0.85m。

2.3 设计资料

根据行业标准以及勘察资料将该工程部位划分如下:

部位	大气区	浪溅区	水位变动区	水下区
位置区域	+5.34m 以上	+1.24m 至 +5.34m	+1.24m 至 -0.63m	-0.63m 以下

2.4 四角空心块破损现状

2016 年 2 月 16 号,现场施工人员进行现场巡视时发现该工程防波堤堤头北侧部位的四脚空心块表面出现起砂、混凝土表皮剥落现象(图 1)。该施工部位四脚空心块于 2015 年 7 月 11 日 ~2015 年 7 月 20 日在第一沉箱预制场进行预制施工,在预制完成后 60 天后安装至该工程防波堤头浪溅区,在安装完成后历时 144 天发现质量问题。

a)

b)

c)

图 1 四角空心块破损现状图片

3 针对本工程混凝土质量问题进行比较、原因分析

3.1 工程施工部位混凝土构件表面质量对比

将防波堤堤头划分为6块施工区域进行对比分析(图2)。

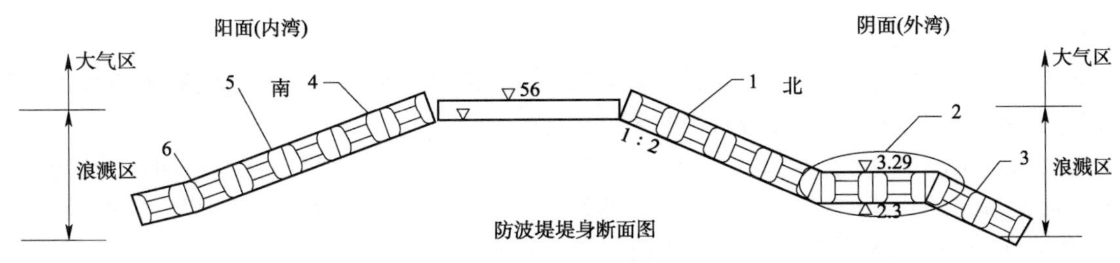

图2 防波堤典型断面图

经过上述部位对比,统计如表1所示。

块体实体表观质量统计表 表1

区域位置	阳面/阴面	部位划分	区域高程	块体安装角度	浒苔附着情况	破损程度	背浪侧/迎浪侧	潮汐变动区域
1	阴面	大气区	+5.6m至+3.9m	倾斜	无附着	无破损	迎浪侧	平均高潮位以上
2	阴面	浪溅区	+3.9m至+3m	平行	大量附着	破损严重	迎浪侧	平均高潮位与平均低潮位中间区域
3	阴面	浪溅区	+3m至底部	倾斜	大量附着	轻微破损	迎浪侧	平均高潮位与平均低潮位中间区域
4	阳面	大气区	+5.6m至+3.9m	倾斜	无附着	无破损	背浪侧	平均高潮位以上
5	阳面	浪溅区	+3.9m至+3m	倾斜	无附着	无破损	背浪侧	平均高潮位与平均低潮位中间区域
6	阳面	浪溅区	+3m至底部	倾斜	轻微附着	轻微破损	背浪侧	平均高潮与平均低潮中间区域

参照在同一规格的原材料混凝土构件、同一浇筑日期,同一海水温度、同一安装日期的条件下:

(1)将南部背浪侧区域与北部迎浪侧区域相比较,背浪侧区域底部表面轻微或者无附着浒苔,浪溅区内四脚空心块轻微破损,而北侧迎浪侧区域底部内表面严重附着浒苔,浪溅区内四脚空心块块体破损严重。

(2)将同一高程的2号区域与5号区域相比较,2号区域表面较5号区域表面附着浒苔较多。2号区域属于迎浪侧,5号区域属于背浪侧,2号区域受波浪冲蚀较5号区域程度严重。2号区域混凝土表面破损程度较5号区域混凝土表面破损程度严重。

(3)将北部浪溅区的2号区域与3号区域相比较,2号区域内块体表面破损严重程度大幅度高于3号区域块体表面破损程度。2号区域与3号区域内块体表面均大量附着浒苔。2号区域在安装位置上较3号区域位置要高。2号区域在安装角度上属于平放而3号区域在安装角度属于倾斜摆放。受海洋潮汐影响2号区域内暴露在空气的时间较3号区域时间长、表面遗留浪花多。

(4)将北部浪溅区的2号区域中单个块体表观质量进行观测,附着浒苔的块体部位的混凝土表面发生了破皮、起砂的现象。而未附着浒苔的块体部位混凝土的表面光滑、平整。

鉴于上述影响因素比较结果,得出混凝土构件表面剥落、起砂的主要因素有:日照时间较短、温度较低、受海浪侵蚀力破坏作用严重、表面浒苔覆盖较多、平行安装等。

3.2 混凝土构件表面破坏具体原因分析

3.2.1 混凝土结构在海洋环境下破坏原因排序

结合上述资料及现场勘察分析的研究结果表明，本案中混凝土结构在海洋环境下破坏的主要原因有5种。按重要性递减的顺序是：寒冷气候下混凝土冻害→侵蚀环境下混凝土腐蚀→混凝土在结晶压力下的破坏→混凝土的冲击、磨损破坏→海洋微生物作用下的破坏[1]。根据本案中破坏原因重要性依次如下所述：

3.2.2 混凝土的冻害

由于该工程所在位置地处北方，冬季日最低气温＜海水结冰点(0℃)。发生混凝土破坏的区域地处迎浪侧浪溅区，混凝土具备了发生冻融作用的条件。

在寒冷的天气情况下，由于海水中的NaCl与水泥浆中的$Ca(OH)^2$反应使$Ca(OH)^2$滤出。该反应增加了接触面混凝土的孔隙率[4]，当混凝土中的水结冰后，孔隙溶液中盐浓度增大与周围环境形成盐浓度差，而产生一个渗透压；水向混凝土的渗透使混凝土内产生的渗透压增大。饱水度提高，结冰压力增加，加剧了混凝土的受冻破坏。混凝土表面和内部之间的盐浓度成梯度形式，使混凝土受冻时因分层结冰而产生应力差。这些都使破坏力增加，导致混凝土的层层剥离[3]。

在潮汐作用下海水遗留在混凝土的表面上，在低温的环境下海水会在混凝土的表面上发生结冰现象。同时因为连续的海浪击打，海水不断的飞溅至混凝土的表面，新的海水温度较高，而之前的遗留在混凝土表面上的结冰海水温度较低。结冰的海水与未结冰的海水一直在融化与冻结的过程中交替出现，导致了混凝土的表面一直在进行冻融循环状态。

该区域内混凝土表面均附着了大量的浒苔，浒苔具有吸水性与保温性。在潮涨潮落的过程中，因为浒苔的吸水性，大量的海水被浒苔吸附在混凝土的表面上，导致混凝土表面上海水较多，附着的浒苔增加了发生冻融循环的面积与。同时因为浒苔有一定的保温性，加快了冻融循环发生的速度，催化了冻融循环的次数。使附着浒苔部位的混凝土受到了严重的冻害。

3.2.3 混凝土的腐蚀

(1)由于该四脚空心块构件较长时间的浸泡在海水当中，海水当中含有氯离子，[2]由氯离子组成的复盐中NaCl对含有活性骨料的混凝土来说，从外部渗透时可能加速碱—骨料反应而破坏混凝土结构，复盐在混凝土内部形成晶体产生膨胀使混凝土开裂。由于复盐主要集中在混凝土表面，很容易引起混凝土表面剥落。同时由于复盐的生成消耗了大量的$Ca(OH)_2$，破坏了C-S-H凝胶和$Ca(OH)_2$之间的平衡，从而导致C-S-H凝胶的分解，这也将促进混凝土表面溃散。

(2)碱—骨料反应是指混凝土中活性矿物质集料中的活性成分(如SiO^2)与混凝土孔隙中的碱性溶液(KOH、NaOH)反应，生成含碱的凝胶体、吸水膨胀，使混凝土产生内应力而开裂。在海洋环境中的混凝土结构，在适当的温度、湿度和含盐量作用下，对碱—骨料反应有促进作用。

(3)由于混凝土中含碱量较高，碳化后沉积的碳酸钙溶解度减小，即孔溶液中Ca^{2+}浓度减小，而补充Ca^{2+}浓度的$Ca(OH)_2$晶体越易溶解，加速混凝土碳化。在海洋环境中由于大量的Cl^-渗入混凝土内部与未水化C_3A反应生成复盐，同时生成大量的OH^-离子。导致混凝土孔隙液中碱含量增加，加速混凝土碳化反应。

3.2.4 结晶压力破坏

在混凝土孔隙中，过饱和溶液中盐类的结晶压力所产生的应力，足以使混凝土开裂和脱落。海水在混凝土孔隙中可因毛细作用而上行，构件表面越平整、越密实破坏越轻，反之表面凹凸不平、酥松破坏越重。由于该四脚空心块处于浪溅区，受外力的影响较大，同时因为运输过程的影响，混凝土的表面上有较多的空隙，促进了盐类的结晶压力的破坏。

3.2.5 混凝土的冲击、磨损破坏

由于该工程为防波堤工程且破损区域处于浪溅区，此处抗击的风、浪较大，构件自身不断的受到流

水、海浪侵袭力的磨损与冲刷,且海水当中携带了泥沙、杂物加快了混凝土表面破损速度。

3.2.6 海洋微生物作用下的破坏

由于在海洋环境中含有大量硫、硫化硫酸盐、亚硫酸盐等,这些物质在高温环境下能被硫杆菌转化为强腐蚀性的硫酸及硫化氢等物质,对混凝土有较强的破坏性。本案中混凝土构件表面上附着了大量的浒苔,经过经验,浒苔的PH值为6.7呈酸性,而混凝土呈碱性,使浒苔与混凝土构件发生了酸碱反映。水产物溶出性侵蚀导致了混凝土表面一定程度上的破坏。同时由于浒苔的吸水性与保温性,催化了冻融循环的速度与次数。

3.2.7 设计原因分析

(1)参考以下中华人民共和国行业标准《水运工程混凝土施工行业标准》(JTS 202—2011),按照行业标准要求,该地区预制构件混凝土抗冻等级宜采用抗冻等级为F250混凝土,但设计要求混凝土抗冻等级为F200,设计较行业标准要求相差1级混凝土抗冻等级(表2)。

混凝土抗冻等级 表2

所在地区	海水环境		淡水环境	
	钢筋混凝土 预应力混凝土	素混凝土	钢筋混凝土 预应力混凝土	素混凝土
严重受冻地区(最冷月月平均气温低于-8℃)	F350	F300	F250	F200
受冻地区(最冷月月平均气温低于-4℃~-8℃)	F300	F250	F200	F150
微冻地区(最冷月月平均气温低于0℃-4℃)	F250	F200	F150	F100

注:实验过程中试件所接触的介质应与建筑物实际接触的介质相同;
开敞式码头结构和防波堤等建筑物混凝土宜选用高1级的抗冻等级或采取其他措施。

(2)根据中华人民共和国行业标准《海港工程混凝土结构防腐蚀技术行业标准》(JTJ 275-2000),按照行业标准要求,该施工部位预制构件混凝土最低强度等级为C35混凝土,但设计要求为C25,设计混凝土强度较行业标准混凝土强度要求相差2级混凝土强度等级(表3)。

不同暴露部位混凝土最低强度等级 表3

地区	大气区	浪溅区	水位变动区	水下区
南方	C30	C40	C30	C25
北方	C30	C35	C30	C25

在上述环境因素、设计因素的共同作用下,该部位混凝土的表面发生了破皮剥落、混凝土起砂现象,导致了混凝土表面的破坏。

3.3 混凝土构件试验检测

于2016年3月10日,委托专业工程检测公司对已经安装的四脚空心块进行现场取样。共计抽取抗冻试件三组,抽取抗压试件三组,依据标准检验,所取芯样强度、抗冻性能均能达到设计要求。

3.4 混凝土构件破坏原因结论

故此依据上述资料,该四脚空心块是由于设计单位设计内容不能满足现场抗冻实际需求而造成的起砂、混凝土表皮剥落现象,同时由于2016年1月份该地区天气情况恶劣,气温降低,最低温度达到-16℃。在极端恶劣天气的影响下,加快了该工程混凝土构件表面发生破坏。

4 建议修复工程方案

4.1 设计方面

进行设计变更,将该部位的混凝土构件由之前的平放更改为倾斜摆放,加块海水流失的速度,减少海水在混凝土构件的接触时间。增大混凝土的强度等级以及抗冻等级，提高混凝土的力学性能以及抗冻性，对破损的四脚空心块进行替换。

4.2 施工工艺优化

将破损部位的混凝土构件进行替换，对混凝土原材料进行选取。混凝土中掺加硅粉、粉煤灰和矿粉掺合料时，可降低 Ca/Si 比；细骨料宜选用级配良好洁净的中粗砂；粗骨料选用质地坚硬、级配良好、针片状少、孔隙率小、最大粒径不大于 25mm，抗压强度大于 100MPa 或压碎指标不大于 10%；减水剂应选用与水泥匹配坍落度损失小，减水率最好大于 25% 的高效减水剂，掺合料选用Ⅲ级粉煤灰，掺量不小于 20%，磨细矿渣粉比表面积不低于 $400m^2/kg$，掺量不低于 40%。表面涂层封闭防腐是指在混凝土表面涂刷一层封闭液，封闭液渗入混凝土表层一定深度，形成一层憎水层或将表面缺陷进行封闭，有效地阻止了水分和盐类的侵入。

结语

在解决海洋环境下，由于氯离子、镁盐及硫酸盐的侵蚀，各种微生物的腐蚀，以及浸析和结晶作用，引起混凝土内部钢筋锈蚀和混凝土结构破坏。然而，特种胶凝材料、减水剂及有机聚合物的使用，大大提高混凝土的耐久性。但是，每种解决办法都存在一定的局限性，所以对海洋环境下混凝土耐久性的解决是一个长期艰巨的任务，还有很多有待解决的问题。

参考文献

[1] 港口及航道护岸工程设计与施工行业标准(JTJ 300—2000)
[2] 防波堤设计与施工行业标准(JTS 154-1—2011)
[3] 水运工程混凝土施工行业标准(JTS 202—2011)
[4] 水运工程施工通则(JTS 201—2011)

含夹砂层复杂软基爆破挤淤填筑护岸及防波堤施工技术研究

李雷斌　金　沐　李　浩　徐　辉
（中铁港航局集团有限公司）

摘　要：爆破挤淤已成为水下处理特殊软基的重要技术手段，本文结合工程实例，在传统爆破挤淤法的基础上，根据施工所得经验成果，对应用爆破挤淤填筑护岸及防波堤法处理含夹砂层软基的施工工艺、爆破参数、施工方法及爆炸挤淤理论等进行了探讨，为类似工程提供参考。

关键字：夹砂层；爆炸挤淤；护岸；防波堤；软基处理

1　工程概况

华润电力海丰电厂围填海场平工程厂址位于汕尾市海丰县小漠镇澳仔村，厂区地貌以滨海残丘台地和潮间浅海为主，北侧为旺公山，东、南及西侧为红海湾（南海）。拟建护岸、防波堤位于红海湾近海海域。

2　地质条件

护岸全长约1931米，防波堤全长约1186米。其中护岸分为东护岸986米（936米为爆炸挤淤处理）、南护岸557米（全部为爆炸挤淤处理）、西护岸388米（63米为爆炸挤淤处理）。淤泥主要为海积淤泥、淤泥质土、含淤泥粉砂及粉质粘土。东护岸淤泥质土中夹杂一层1～3m夹砂层。按地层埋藏深度和状态，岩土层按从上到下的顺序分层描述如表1所示。

各岩土层及特性表　　表1

岩土层名称		厚度(m)	标贯击数(击)
海积细砂、卵石	粉细砂	0.40～6.70	7.0～25.0
	卵石	0.87～2.50	
海积淤泥、淤泥质土、含淤泥粉砂及粉质粘土	海积淤泥	0.50～9.80	0～1.0
	淤泥质土	0.50～5.90	1.0～4.0
	含淤泥粉砂	0.60～5.30	3.0～17.0
	海积粘土	0.80～4.00	3.0～12.0
	海积粉质粘土	1.13～7.68	6.0～11.0
	海积细砂	1.00～5.24	8.0～29.0
	海积中粗砂	0.90～10.50	13.0～68.0
	海积卵石	0.50～1.40	
残积土	残积土、粉质粘土	1.00～5.90	16.0～29.0
凝灰岩、英安岩	全风化凝灰岩	1.20～6.20	30.0～43.0
	强风化凝灰岩	0.38～21.18	一般大于50
	中等风化凝灰岩	未揭穿	
	微风化凝灰岩	未揭穿	

3 抛石爆破挤淤筑堤机理

据相关研究，爆破挤淤筑堤机理是通过爆炸作用降低泥砂等软基结构性强度，同时利用抛石体本身的自重使爆前处于平衡状态的抛石体向强度降低处的淤泥内滑移，达到泥、石置换的目的。该技术机理分为三个阶段：

（1）沿堤身轴线抛填达到爆炸处理的设计高程与宽度，抛石挤入淤泥中一定深度并与淤泥之间形成平衡，形成爆前抛石堤纵断面线。

（2）在抛石堤前端“泥—石”交界面前方一定位置、一定深度处的淤泥层内埋置单排群药包，引爆群药包，在淤泥内形成爆炸空腔，抛石体随即坍塌充填空腔形成“石舌”，同时抛石体前方和下方一定范围内的淤泥被爆炸弱化，强度降低，抛石与淤泥之间的平衡被打破，抛石继续向淤泥内滑移，并形成新的平衡[1]。

（3）继续进行抛石，当淤泥内剪应力超过其抗剪强度时，抛石体沿定向滑移线朝前方定向滑移，达到新的平衡后滑移停止。继续加高抛填，从而又出现新的定向滑移下沉，如此反复出现多次，直到抛石堤达到平衡稳定状态为止，此时单循环结束[2]。

（4）当新的循环开始时，其爆炸作用对已形成的抛石体仍有密实和挤淤作用。一般堤头爆破无法满足设计宽度及整形要求，当堤头爆破进尺达到 50m 以上时，进行侧爆施工，侧爆工艺原理与堤头爆破基本相同，一次处理长度 30 ~ 50m，根据设计断面宽度确定侧爆次数。

4 典型段施工方法

对于地质条件较为简单的护岸及防波堤段采用常规抛石爆炸挤淤法处理软基，效果理想。而本工程局部工段海底淤泥层有夹砂层，其厚度为 1 ~ 3 米，标贯系数 7 ~ 29 击，由于夹砂层的存在，如果在上层淤泥层中爆破，夹砂层将严重影响爆炸应力向下的传播，消弱了爆炸对夹砂层及下方软基部分的作用，无法充分破坏软基的平衡状态，影响挤淤爆破的效果。所以，普通爆破挤淤法含夹砂层复杂软基，难以使地基达到设计承载力和在一定时间内沉降的要求。因此，必须改进布药设备，优化爆破参数，解决实际矛盾。下面就工程具体施工过程选取两个典型的含夹砂层软基段爆破挤淤施工方法来分析。

4.1 第一典型施工段

本典型段位于东护岸第一工作面起始段，该段软基在本工程护岸施工中最为常见。由护岸纵断面图知，软基中含有一层对爆炸挤淤落底效果产生较大影响的粉细砂夹层，厚度主要为 1 ~ 3 米，较具代表性。具体情况如图 1 所示。

4.1.1 施工机具改装与使用

（1）布药机改装

根据本施工段淤泥层、夹砂层厚度、水深及现场情况，布炸药时必须穿透夹砂层，在粉细砂层下方爆破。采用挖掘机振冲式布药机进行布药。该装药机采用长臂挖掘机改装而成，将长臂挖掘机的料斗换成布药装置，布药装置由一台 220 型履带式长臂挖机、振动锤及装药圆管组成。振动锤功率 15kW，装药器的管内径为 219mm，管长 25m（可加长），装药量为 50kg/m，设底开门装置，其特点是陆上装药不受风浪及潮汐影响，装药快速。

（2）使用方法

通过长臂挖掘机的行走和旋转将装药器定位，利用加装的振动器在夹砂层中成孔；当成孔深度达到设计装药标高时，挖掘机上提，自动脱钩装置开启，药包在配重和淤泥、水压作用下落至孔底，装药完成。然后提起装药器进行下一药包的装药。本工艺埋设单个药包约 5min。

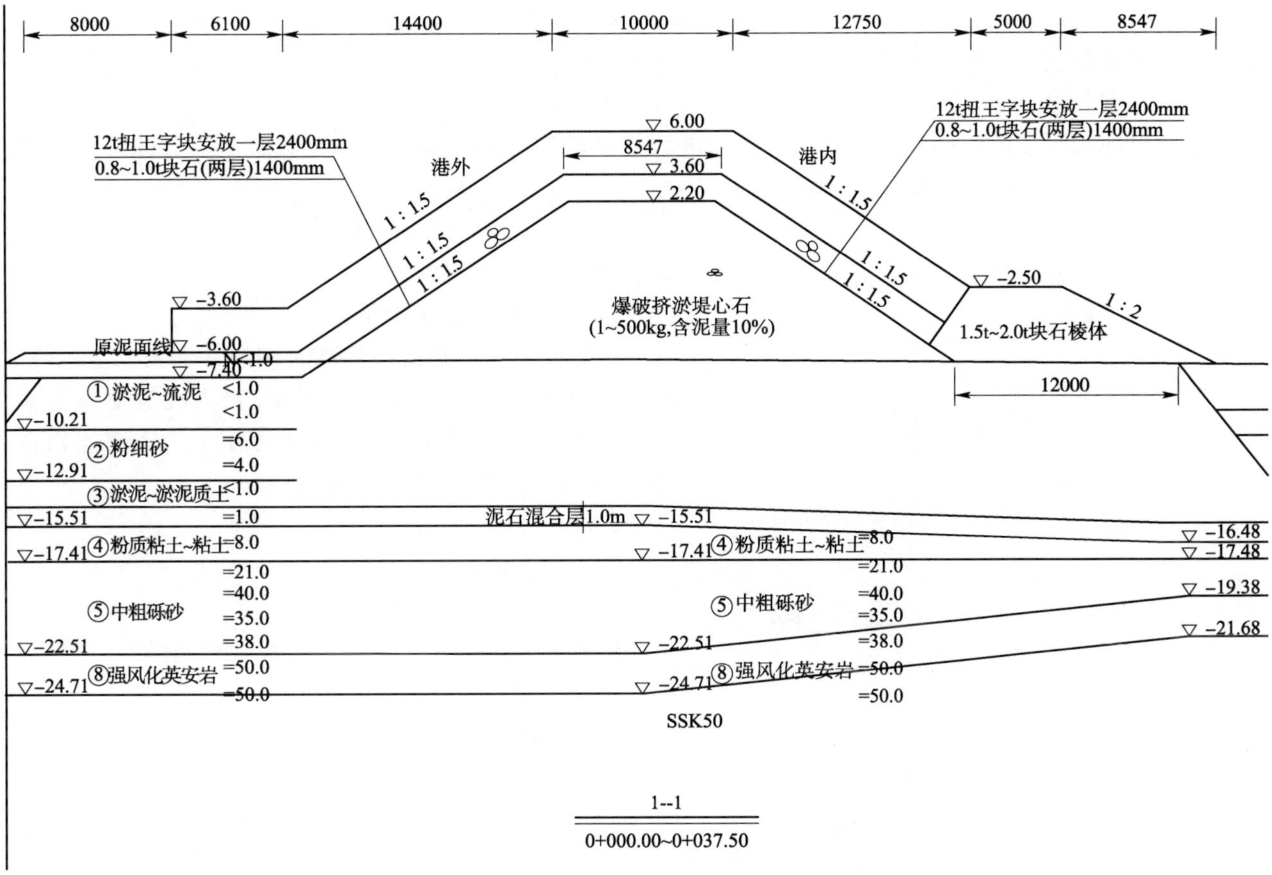

图 1　含有一层砂软基断面图

(3)布药位置及深度控制

流程如图 2 所示。

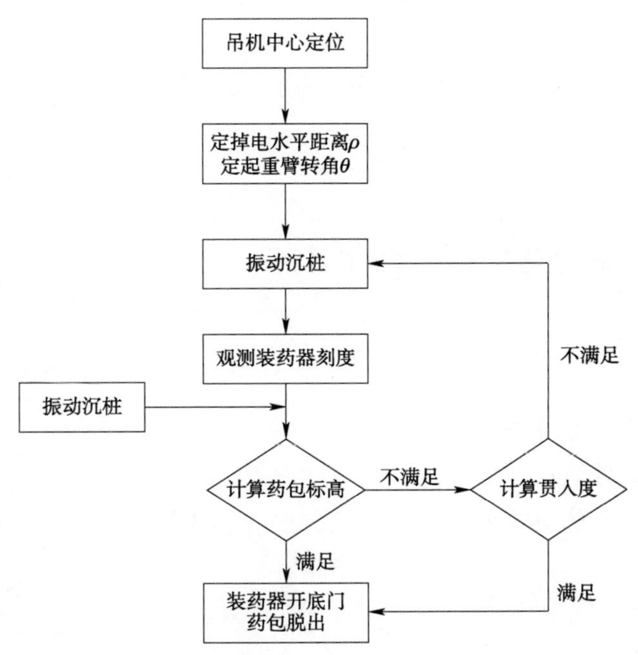

图 2　布药位置及药包标高控制流程图

①药包的平面位置控制采用极坐标控制。

以长臂挖机转动中心(A 点、B 点)建立极坐标，极轴

$$\rho = L \cdot \cos\alpha \tag{1}$$

式中：α——装药机在平面内的转角；

L——臂长度。

②药包埋入深度按标高及贯入度两个指标进行控制药包的埋入深度应满足设计标高要求。药包埋入标高计算见图3。药包埋入深度标高

$$H = H_1 - L_1 \tag{2}$$

式中：H_1——水面高程；

L_1——装药器水面下长度。

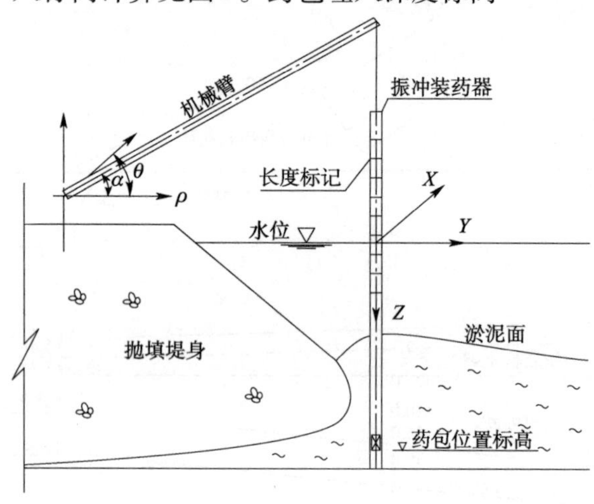

图3 布药深度控制示意图

当振冲器达不到设计标高时按振冲器贯入度控制。通过对现场土层的实际下沉率定，贯入度控制标准定为：当15kW振动锤在设计激振力作用下，1分钟下沉深度<10cm，应达到设计要求持力层。

4.1.2 施工工艺

施工工艺流程如图4所示。

4.1.3 爆破参数布置

根据爆破挤淤的有关理论和实际地质情况，运用以下方法设计爆破参数。

（1）药量计算应满足下列要求：

①线药量按下列公式计算：

$$q_L = q_0 L_H H_{mw} \tag{3}$$

$$H_{mw} = H_m + (\gamma_w / \gamma_m) H_w \tag{4}$$

式中：q_L——线布药量（kg/m）；

q_0——炸药单耗（kg/m^3）；

L_H——爆破排淤填石的一次推进的水平距离（m）；

H_{mw}——计入覆盖水深的折算复杂软基厚度（m）；

H_m——置换夹砂层软基厚度（m），含夹砂层软基包隆起高度；

γ_w——水重度（kN/m^3）；

γ_m——软基重度（kN/m^3）；

H_w——覆盖水深（m）。

②一次爆破排淤填石药量（单炮药量）按下式计算：

$$Q = q_L L_L \tag{5}$$

式中：Q——一次爆破药量（kg）；

q_L——线布药量（kg/m）；

L_L——爆破排淤填石的一次布药长（m）。

③单孔药量按下列公式计算：

$$Q_1 = Q/m \tag{6}$$

式中：Q_1——单孔药量（kg）；

Q——一次爆破排淤填石药量（kg）；

m——一次布药孔数；

L_L——爆破排淤填石的一次布药长度（m）[3]；

（2）布药线平面位置应满足下列要求：

①布药线平行于抛石前缘，位于前缘外1～2m；

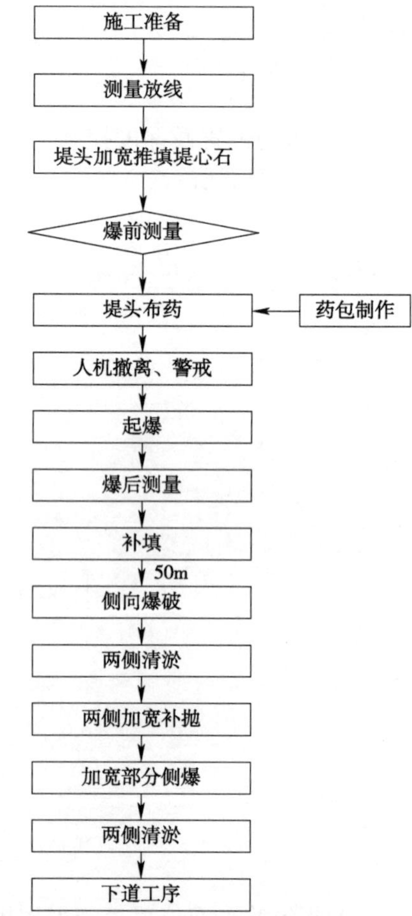

图4 抛填爆破挤淤施工工艺流程图

②堤端推进爆破,布药线长度根据堤身断面稳定验算确定;堤侧拓宽爆破,布药线长度根据安全距离控制的一次最大起爆药量和施工能力确定。

软基含有夹砂层,一方面结构复杂,质地不均;另一方面软基强度较高。爆破必须充分破坏夹砂层的平衡状态。综合运用以上公式并结合现场实际,本段通过过优化参数,装药量比优化前提高10%,爆破参数如表2所示。

第一典型段爆破参数 表2

爆破位置	处理总长(m)	淤泥厚度(m)	循环进尺(m)	布药宽度(m)	药包间距(m)	药包埋深(m)	药包重(kg)	总药量(kg)
堤头爆破		9~13	6	26	2	12	40	480
侧向爆填	100	9~13	50	50	2	10	40	2000

4.2 第二典型施工段

该典型段位于防波堤施工里程(037.50~113.10段),断面如图5所示。该种软基在本工程防波堤施工中最具有代表性,在淤泥层之间含有双层砂层,厚度分别为1.1m、2m,淤泥厚度9.4m。该软基处理方法基本类似,施工工艺相同,不同点是本段软基中双层砂标贯击数为8.0~32.0击,平均值为20.0击,承载力较大,爆炸挤淤泥石置换难度较大,且本段布药宽度、深度相对较大。

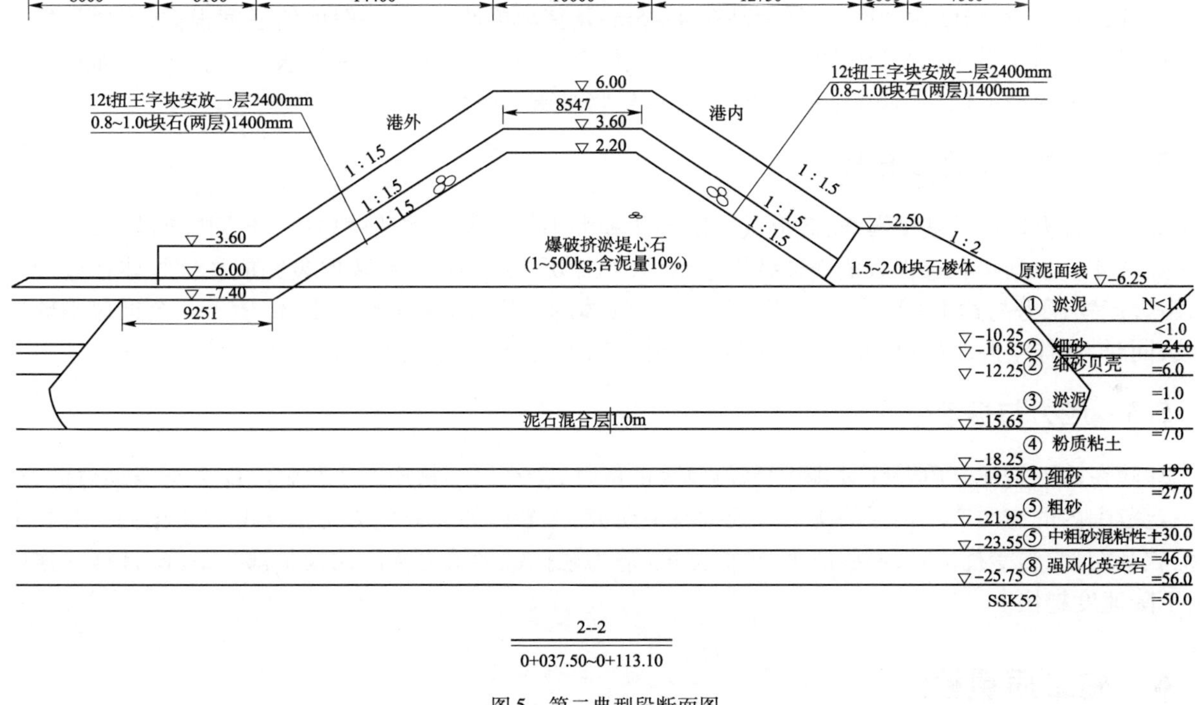

图5 第二典型段断面图

4.2.1 机具选择

由于淤泥层较厚,布药宽度较大,普通改装的长臂挖掘机振冲式布药机无法满足本施工段对布药深度和宽度的要求,所以该施工段采用履带吊机振冲式装药机进行布药。该装药机为一台100t履带式吊机和15kW振动锤及装药圆管组成。

4.2.2 参数布置

根据爆破挤淤经验公式,结合现场实际,本施工段基本参数选择如表3所示。

堤头爆破参数表 表3

爆破位置	处理总长(m)	淤泥厚度(m)	循环进尺(m)	布药宽度(m)	药包间距(m)	药包埋深(m)	药包重(kg)	总药量(kg)
堤头爆破	75.6	9.4	7	57.5	2.5	7.8	42	1008
侧向爆填	200	9.4	200	4	2.5	13.5	20	1180
外侧爆夯	200	9.4	200	4	3	10	12	732

5 爆炸挤淤扰动机理分析

本工程面临主要施工难点是如何运用爆破法处理含夹砂层淤泥软基。通过穿透夹砂层布药，在粉细砂层下方爆破，破坏粉细砂层与淤泥的平衡状态，使药包周围的淤泥及粉细砂受到强扰动并丧失强度，软基上的填石块体按一定方向定向滑移，在重力和多次爆炸振动的作用下沉落到淤泥下部的持力层。传统爆破挤淤法无法完全满足工程要求，为此，我们根据资料与实验成果，在以下原理的基础上，改进施工技术。

5.1 爆炸载荷冲击作用

在爆炸瞬间，与炸药接触的泥砂受到超压、冲击波等强荷载直接作用，产生强烈的物化变化。根据泥砂软基等物质固结不排水动、静三轴试验结果表明，软基试样在受到不排水周期荷载作用下，将产生超静孔隙水压力，其大小随着周期、固结围压以及轴向动应力的增加而增大。而不排水抗剪强度却随之下降。爆破挤淤时，泥砂层内部可以视为处于瞬时不排水状态，强大的爆炸冲击力将深层淤泥和夹砂层扰动，使其结构强度大大降低，造成深层泥砂沿轴线方向定向滑移的条件。

另外，淤泥有种强度触动性，灵敏度高达4~5m，且其渗透性很差，一般剪切强度很低，主要靠抗压强度来承载[4]。对于砂层，据同济大学土木学院有关研究分析，在低围压下密砂表现为剪胀性，而在高围压下有可能表现为剪缩性，所以在强扰动下，粉细砂层将被破坏失稳。

5.2 爆炸空腔形成分析

炸药在含夹砂层软基中爆炸，会形成一定形状和大小的空腔。炸药爆炸后，药室内充满了高温、高压的爆炸气体。根据扩腔过程数值模拟结果显示：大约经历20~30μs，装药爆轰完成。该气体在爆轰结束时，爆轰产物压力高达11GPa[5]。由于高温、高压气体的作用，药室开始扩张，传播出一个近似于球形压力波，同时，爆炸空腔开始以椭球对称的形式向外扩散，可得到泥砂在炸药作用下的扩腔过程。

5.3 应力与振动效应

炸药在水下淤泥介质爆炸时，瞬间释放巨大的能量，会在周围物质产生很强的应力与振动效应，对周围一定范围内的介质产生很强的扰动。根据有关研究，泥砂体的屈服应力与扰动度密切相关。对高灵敏度的软基而言，当受扰动时，屈服应力、抗剪强度、静力触探锥尖阻力和压缩模量都会下降，且扰动强度越大，下降速度越快。

6 施工质量检测

采用钻探法，物探法，体积平衡法能使质量控制做到点、面相结合，检测时间上长短相结合，克服各自不足，是提高工程进度，同时对爆炸挤淤法处理软基进行质量检测，质量检测准确性的有效方法。

6.1 钻孔法观察堤身落底状况

工程钻孔检测堤身横断面16个，钻孔44个，其中东护岸（横断面14个，钻孔36个）护岸平均填石厚度18.07~24.72m；西、南护岸（横断面2个，钻孔8个）护岸平均填石厚度17.90~24.2m，落底良好，钻探式样如图6所示。

6.2 物探检测

在填堤施工过程中委托中国有色金属工业西安勘察设计研究院进行地质雷达检测1次，检测堤身横断面 11 个,纵断面 1 个,测点 35 点,度和置换范围满足设计要求。

6.3　体积平衡法判断落底情况

护岸堤心设计断面填方总量 150 万立方米,实际填方总量 161 万立方米,基本平衡。

另外,2013 年 9 月 22 日 19:40,强台风"天兔"登陆汕尾,最大风力 14 级,正面袭击本工地。当台风过后,通过观测,护岸及防波堤完好无损,再次证明了本工程护岸及防波堤施工技术的科学可靠。

图 6　钻芯取样式样图

结语

(1)改装布药机设备原理简单,操作方便,尤其可以可靠穿透夹砂层,实现设计深度装药,为处理含夹砂层复杂软基施工技术方法提供了设备支持。

(2)通过优化爆破参数,控制装药深度,增加装药量,能够使含夹砂层软基充分失稳,挤淤效果理想,满足施工质量要求。

(3)通过多种检测方法检测表明,本工程应用的爆炸挤淤法处理有表层砂及夹砂层的特殊软基是科学的,可行的,能达到设计要求。

(4)本文重点探讨了含夹砂层复杂软基爆炸挤淤施工技术实践,对于含夹砂层复杂软基爆炸挤淤相关机理的研究不深,尤其是爆破强扰动机理的研究有待进一步深入。

参考文献

[1] 郭进平,聂兴信. 新编爆破工程实用技术大全[M]. 北京:光明日报出报社,2012,10:1336

[2] 余海忠,刘国楠,陈鸿. 抛石爆破挤淤筑堤的淤泥强扰动机理的验证[J]. 中国铁道科学,2012,33:1

[3] 陶松垒,李未材. 防波堤基础的爆炸处理方法及应用[J]. 爆炸与冲击,2003,23(5):477

[4] 邓玉雷,耿鹏. 用扰动爆破法处理淤泥软基的实验与应用[J]. 爆破工程,1995,3:52

[5] 蒋丽丽,林从谋,蔡丽光. 爆炸挤淤法处理软基扩腔过程数值模拟[J]. 华侨大学学报,2009,30(3):332

基于卫星信道的船舶数据宽带传输系统

李　夏

(中港疏浚有限公司,上海,200136)

摘　要:保障船舶端和岸基数据中心数据传输的稳定性和安全性是疏浚企业开发利用其数据资源的必要条件。本文主要论述了选择使用合适的卫星信道来搭建岸基数据中心和海上施工船舶之间的虚拟专用宽带链路,以及船舶数据宽带传输系统对疏浚企业云计算服务的发展所起的关键作用。

关键字:卫星信道;虚拟专用宽带链路;云计算

1　船舶数据传输宽带系统的构成

随着信息技术的发展,各种船舶管理、指挥调度都需要对船舶的信息进行采集并传输到系统以供分析使用。在广大的海洋上、尤其在公海和海外海域,卫星通信成为唯一的高速率信息传输途径。工程船在远海作业时,需要将船舶自身的信息回传给管理中心,并在关键工程的节点和重要、紧急时刻将船舶上的视频信号以高清的信号形式回传到指挥中心,这对船舶的通信带宽有了更高的要求。

本文介绍的就是基于卫星信道的船舶数据宽带传输系统如图 1 所示,图中显示了连接船舶局域网和公司总部网络的通信卫星信道的关键设备。这套系统是我们的船舶通信信道从窄带提升到了宽带,很大程度提高了船舶信息化水平。

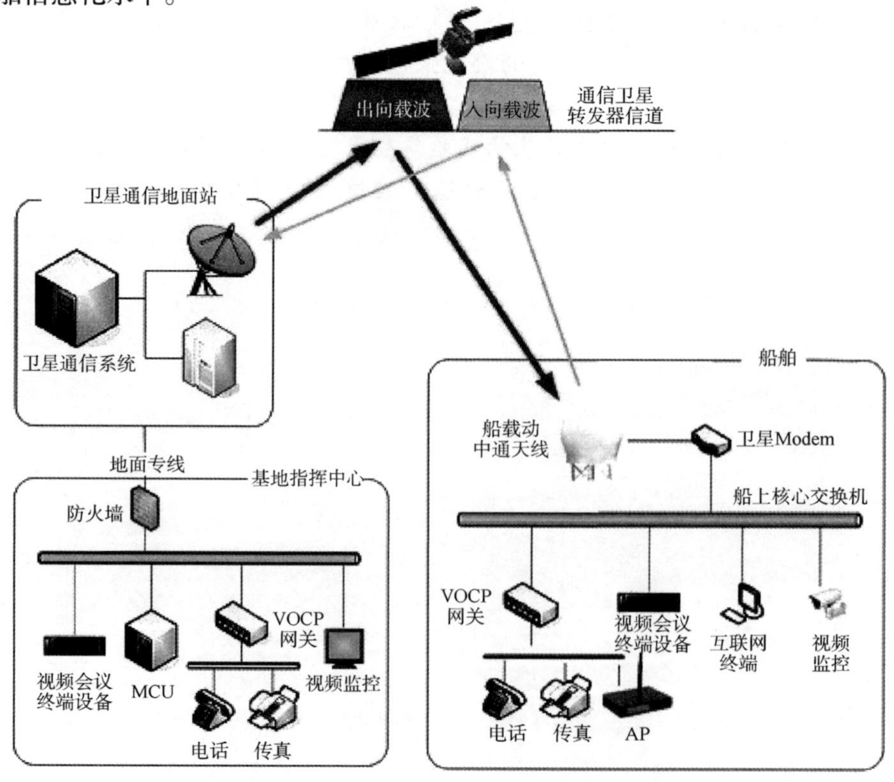

图 1　基于卫星信道的船舶数据宽带传输系统框图

2 无线数据传输通道的选择

目前有两种常用的海上信息传输方式:海事卫星和岸基移动通信。海事卫星具有全球覆盖、室外天线体积较小、建设成本较低并且可以传输较大数据速率的特点,但是海事卫星的资费很高,24 小时不间断传输时资费将非常高;而且由于其最大传输数据速率限制在 500kbps 以内,不能满足高清视频的传输,而 3G/4G 岸基移动通信网络不足以覆盖远海。所以本文选择 VSAT 站和 IPSTAR 卫星两种可供船舶使用的卫星网络通信模式进行论述。

2.1 VSAT 卫星通信系统

VSAT 是一种天线口径很小的卫星通信地球站,又称微型地球站或小型地球站。其特点是天线直径很小(一般为 0.3 ~2.4 米),设备结构对使用环境要求不高,且不受地面网络的限制,组网灵活。VSAT 卫星通信系统由空间和地面两部分组成。空间 VSAT 卫星通信系统的空间部分就是卫星,一般使用地球静止轨道通信卫星。船载 C 波段 VSAT 包含动中通卫星通信天线、卫星调制解调器、路由器和其他应用设备[1]。

2.1.1 VSAT 卫星通信特点

VSAT 卫星可以工作在不同的频段,如 C、ku 和 Ka 频段,目前中国商用的有 Ku 和 C 波段两种类型。VSAT 站的成本包含两部分:建设成本和使用资费。使用资费根据使用地理区域的不同、VSAT 天线的口径不同而不同。

C 波段具有较大的覆盖范围但是需要较大口径的室外天线,相比海事卫星系统,C 波段 VSAT 站具有较大体积的室外设备、建设成本也比较高的特点,但是使用资费较低、具有 2Mbps 以上的数据传输能力,满足高清视频信号的传输。C 波段 VSAT 站卫星信号覆盖范围广、受天气影响小、传输速率高等特点。Ku 波段 VSAT 站以通信天线体积小、建设方便、传输速率高等特点,已经是现在远洋船舶高速数据传输的主要形式。

2.1.2 关键技术

船载动中通卫星通信天线系统是专门为海上宽带通信开发的三轴数字稳定天线平台系统,工作在 C 波段(Ku 波段可选)。天线重量轻,体积小,精确的天线面和馈源设计保证了天线的高增益性和高效率性[1]。

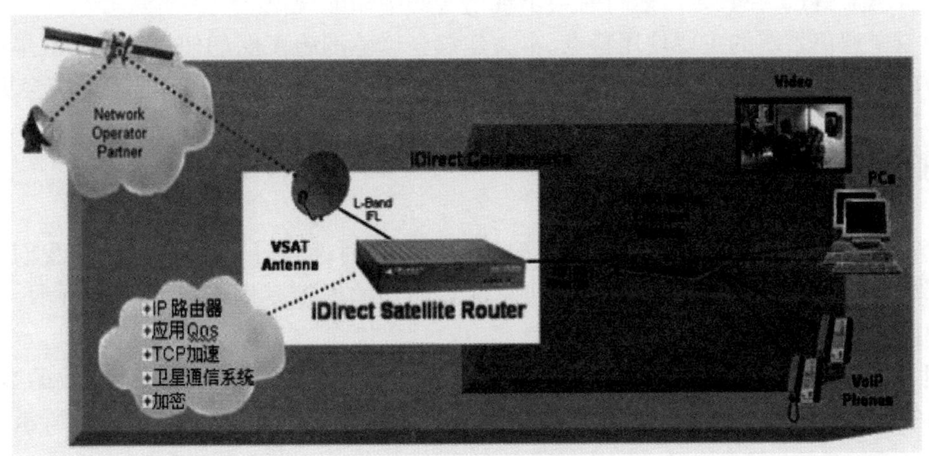

图 2 VSAT 站数据传输模型

配合相应的的卫星调制解调器,能够为您提供最好的船载通讯环境。在设计和开发方面,该系列天线充分考虑到自身的稳定性设计和恶劣的使用环境,因此本系统具有稳定、易于维护、操作简单的特点,如图 2 所示。配合 iDirect 系统工作,全球漫游时自动切换卫星,完全无人值守。

iDrect 系统提供从底层设计支持 IP 的双向卫星通信系统,采用 DVB - S2/ACM/TDMA/SCPC 技术体制。在主站下行(出向)的大广播载波上采用 DVB－S2 封装技术、或采用 iDrect 专利的 INFINITI 封装技术。在小站上行载波上,iDrect 使用专利的确定性 TDMA 访问方案,以带宽高效利用的方式来快速响应小站的带宽分配请求。同时,该系列还支持 SCPC 回传模式,一个网络中可以存在 TDMA 回传和 SCPC 回传,以支持较大传输带宽的业务需求。同种小站硬件既可实现 TDMA 也可实现 SCPC 回传[2]。

2.2 IPSTAR 卫星通信系统

IPSTAR 卫星是一颗为用户应用服务的 Ku 波段对地静止轨道卫星,主要用于亚洲和澳大利亚用户提供新型多媒体和数据服务,IPSTAR 卫星也是世界第一颗新一代宽带通信卫星,其带宽容量几乎相当于目前在亚洲地区服务的所有通信卫星容量的总和。IPSTAR 卫星的 Ku 频段的点波束用于人口密集区[3]。

该卫星可以根据实际需要对其宝贵的星载资源进行适当分配(动态功率管理和动态带宽管理),保持通讯链路处于尽可能高的优质服务(QoS)状态。该分配由卫星有效载荷运行中心(SPOC)进行动态监视和控制,链路质量信息由网关与网络管理中心(GNS)在线处理。

2.2.1 主要特点

(1)点波束覆盖

传统卫星技术采用单一的宽波束覆盖整个大陆和地区。通过引进多个窄域点波束和频率再利用,IPSTAR 现在可使传输的可用频率最大化。比传统 Ku 波段卫星带宽增加 20 倍,卫星的效率大大提高。尽管点波束技术的相关费用更高,但每条电路的总费用要比现有的成形波束低得多。

(2)动态功率分配

该项新技术对波束的功率进行优化,将 20% 的保留功率分配给可能受降雨衰弱影响的波束,从而维持链路的稳定。考虑到卫星的广大地理覆盖,整个地区同时下雨的可能性不大,因此只将功率动态分配给最需要波束是提高 IPSTAR 系统总体链路高可用性和可靠性的有效方法。

2.4 两种卫星通信系统的适用性比较

VSAT 卫星通信系统的优势是覆盖范围广,全波速覆盖,但是带宽资源有限,一般船舶共享带宽上行只有 1M 的带宽,很难满足船舶视频会议需求,如果使用独享费服务费用较贵。IPSTAR 卫星通信系统在共享带宽服务下也可以达到上行 2M 下行 4M,这样就可以满足船舶视频会议的需求,缺点是仅覆盖亚太地区,点波束,有覆盖盲点,在长距离航行时会出现信号的中断的现象。

鉴于两种卫星通信系统的主要使用特点,本文建议全球范围施工船舶使用 VSAT 卫星通信系统服务可以保证信号的全覆盖,而仅限于亚太地区海域施工的船舶使用 IPSTAR 卫星通信系统会更经济实惠。

3 船舶宽带通信系统的应用

通过卫星宽带通信系统我们有效的解决了船舶通信的实时性和可靠性问题,因此我们可以在此宽带链路载体上部署 IPsec VPN 网关设备,搭建公司总部和船舶的虚拟专用网络如图 3 所示,实现船舶局域网和公司总部网络资源的互通共享。

公司管理人员即可以通过搭建的船舶生产数据中心平台查看各施工船舶采集传输的数据信息,也可以通过视频监控和视频会议系统及时的解决海上施工船舶的突发问题,如图 4 和图 5 所示。

4 总结与展望

针对工业 4.0 时代的发展要求,传统行业的互联网应用会普遍加速升级。基于卫星信道的船舶数据宽带传输系统可以有效的解决疏浚船舶的“信息孤岛”现象,解决了疏浚企业信息化建设道路上的一个关键性问题,有了这条高速链路,对于“智能疏浚”的发展有着深远意义。

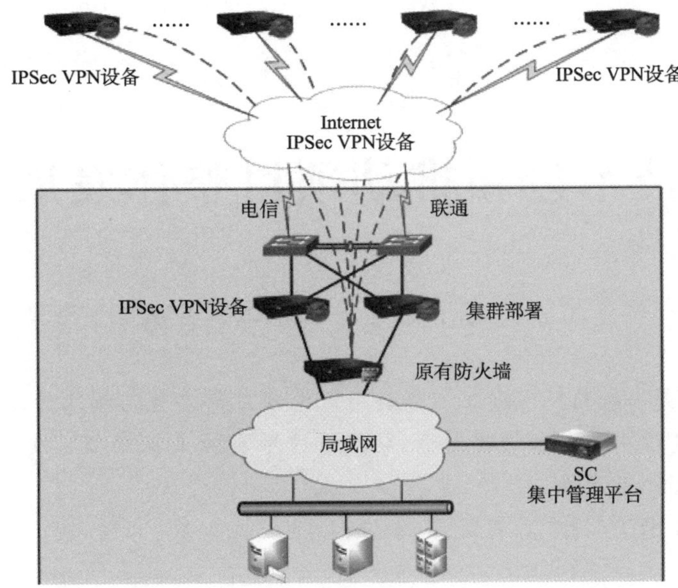

图3 虚拟专用网络拓扑图

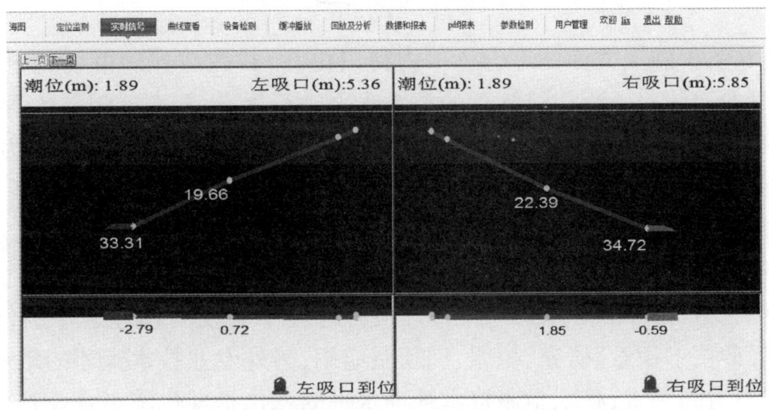

图4 船舶生产数据显示平台

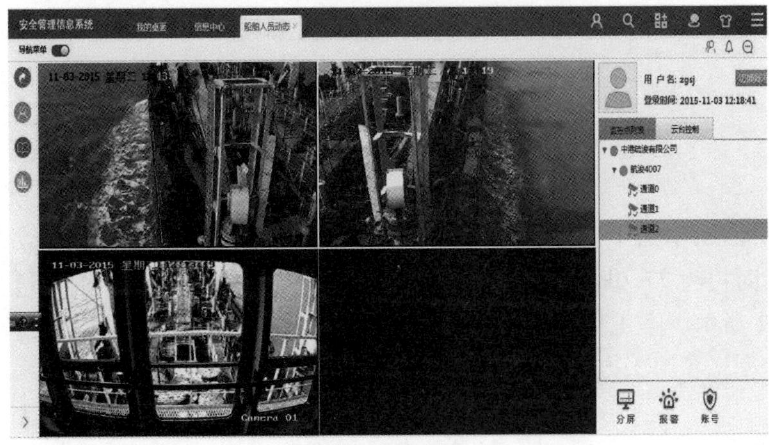

图5 视频监控平台

参考文献

[1] 康学海,柯树人."动中通"移动卫星通信终端天线跟踪技术[J].现代电子技术.2007,17

[2] 王景泉.欧洲宽带通信卫星的高技术[J].国外空间动态.1987,03

[3] 闵士权.中国卫星通信现状和展望[J].中国航天.2002,09

技术创新推动项目整体发展

吴成恩　冷　平
（中交第一航务工程局有限公司总承包工程分公司，天津，300457）

摘　要：通过剖析中交一航局总承包工程分公司风电项目部实施的福建莆田南日海上风电项目四台样机基础工程项目实施过程中的技术管理工作，寻找以技术突破来推动项目实施发展的途径，探讨以技术研发创新引领市场经营的可能性。

关键词：海上风电；技术管理；技术创新；人才培养

引言

建筑施工企业要在工程施工方面的综合竞争力得以提高，并在激烈的市场竞争中立于不败之地，就必须要通过合理、科学的措施对工程建筑管理的技术水平进行提升，提高施工技术管理水平，以此使工程生产的成本得以降低，同时也能提高企业的经济效益和社会效益[1]。海上风电作为国家“十三五”绿色发展规划中绿色发展的投资热点，同时也是“一带一路、发展海洋经济”的一个重要角色，鼓励支持海上风电市场发展的经济政策已经不断出台实施，其市场投资将愈来愈大。海上风电工程中项目部级别的基础管理对于企业抢占海上风电市场的重要性尤为凸显，其中技术管理工作的重要性更是不言而喻。

海上风电作为“十三五”新能源的发展重点，其项目管理中的技术管理工作不仅包含传统业务工程方面，还应注重新工程的技术探索、研究、积累、创新及应用，另外专业技术人才的培养也尤为重要。作为影响企业综合市场竞争力的关键，施工企业技术管理水平的强化是现代施工企业管理工作的重点[2]。中交一航局总承包工程分公司风电项目部在福建南日海上风电项目四台样机基础工程的实施过程中采取了一系列措施保证技术管理工作的全面有效，本文根据工程项目的技术管理特色，对技术创新于项目发展进行了初步讨论。

1　工程背景

福建莆田南日岛 400MW 海上风电场工程位于莆田市南日岛东北侧，南日岛以东 0 ~ 14km 的海域，风场分 A、B 两区，总面积约 77.0km^2，总装机容量 400MW，共布置 100 台单机容量为 4.0MW 的风电机组，其工程地理如图 1 所示。本工程区域地质情况较复杂，并缺乏可以利用的试桩资料，为了选择适合本工程建设条件的基础型式和施工方案，拟先开展首批 4 台样机工程的建设。

2　技术难题

海上风电作为绿色清洁能源，近些年在国家能源局、发改委的大力提倡和鼓励下，在国内迅速升温，已呈现快速发展的趋势[3]。然而，中国海域地质条件复杂、自然环境恶劣导致了海上风电施工难度较大；并且本工程作为福建海域首个海上风电建设工程，没有可以参考和借鉴的施工技术参数及施工经验。

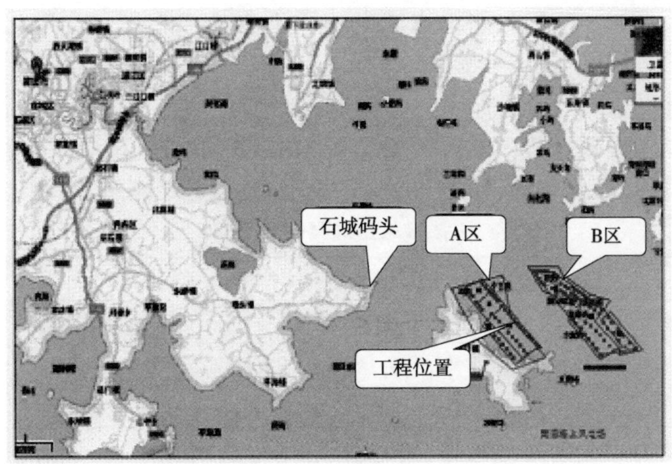

图1　工程地理位置示意图

2.1　沉桩设备选择

本工程共4个机位，每个机位承台共8根钢管桩，8根基桩在承台底面按圆周均匀布置，斜度为5:1，其中1#、3#、4#机位不同桩位的地质情况不一，出现硬层，沉桩困难，先后使用3种不同锤型进行沉桩施工，如图2所示。

2.2　锚栓笼安装对接

工程基础与过渡段连接采用锚栓笼结构型式，这在海上风电建设中尚属首次，在海上风大、浪急、施工海域海况恶劣以及方驳吊机组船不断晃动等不利条件下，要实现锚栓笼的精确安装与精准调平，以及锚栓与过渡段的精确连接与精准调平具有相当大的难度。

在海上风电场建设施工中，过渡段下接风机基础承台，上接风机塔筒，是风电场风机建设不可或缺的一部分，同时也是施工中的重点和难点。海上风机基础过渡段水平精度要求在1mm以内，而且要精准的安装在预埋承台混凝土内的200个锚栓上，精度要求高；海上存在风大、浪急、施工海域海况恶劣等不利条件，起重船的略微晃动就会引起过渡段上下左右摆幅增大至1m以上，施工难度大。因此，要实现过渡段的精确安装，以及过渡段与预埋锚栓的精确连接具有相当大的难度，如图3所示。

图2　柴油锤和液压锤沉桩施工图

图3　过渡段安装图

3　技术创新与项目发展

3.1　技术总结

项目部从解决施工过程中遇到的技术问题和提出的解决方案为突破口，及时将技术方案以不同形式进行总结整理,包括论文、工法、专利等,将海水风电建设工程技术管理向标准化、系统化发展方向推进,详见表 1 所示。

项目部将第一个南日试桩工程上总结的施工技术和经验成功应用于第二个海上风电项目上,从开始的图纸会审、方案编制、船舶设备选定改造以及后续的施工过程监控、试验平台搭设等,同时对可能出现的问题做到了预判和及时应对,最终提高了沉桩效率,工期提前近 3 个月。

技术总结成果明细表　　表 1

序号	名称	类属
1	D180、D250 柴油锤与 Menck800s 液压锤在福建南日海上风电项目施工中的适用性分析	论文
2	无线测温系统在福建南日海上风电项目承台混凝土施工中的应用	论文
3	福建南日岛海上风电试桩项目斜桩嵌岩施工工艺	论文
4	海上风电工程基础过渡段安装施工工法	工法
5	海上风电工程外海锚栓笼组装运输调平施工工法	工法
6	海上风机基础 J 型管安装工法	工法
7	提高海上风机基础钢管桩沉桩效率	QC
8	钢管桩式防撞保护	专利
9	一种海上风机回旋爬梯	专利
10	一种可装配式嵌岩平台	专利

3.2 技术创新

在国内海上风电施工技术仍不成熟的情况下,项目部依托在建项目,不断进行技术难点攻关和优化创新,形成先进工法或发明专利等,提高技术创新能力,以先进技术作为市场经营和项目管理的基础。

专门成立风电项目施工研发小组,开展风电设备基础设计、施工技术开发、国内设备情况能力调查、内部设备改造适用性研究等工作。通过借鉴以往的施工经验和技术总结,通过与风电设计单位合作交流、学习掌握最新的海上风电施工技术,重点对海上风电桩基施工技术、承台基础施工技术、沉箱施工技术等进行研究开发。

3.3 技术人才

项目部在技术管理工作中不仅包括工程实体施工的技术研究和创新,还着重关注内部专业技术人才的培养。

建立了员工常态化培养和考核制度,使项目部人才培养形成系统工作。一是以海上风电建设技术研究为课题,开展“项目讲堂”活动,组织员工集体学习、讨论,要求定时形成书面成果;二是积极组织参加国内海上风电相关论坛会议,采购海上风电相关期刊,组织人员阅读学习,要求形成学习心得;三是不定期组织员工参加各种培训,掌握海上风电市场动态,了解国内外最新施工资讯;四是建立内部微信群、QQ群,利用网络共享平台随时随地进行技术交流和指导,分享工程相关的最新市场形势、技术创新和管理经验总结等;五是使技术人才参与投标工作、技术征询文件编写工作,在编写工作过程中得到锻炼提高。

3.4 项目发展

项目部统一思想,明确了“技术管理是基础”的宗旨,要求全体员工必须高度重视。工程实施过程中项目全体人员记录每道工序的施工细节,从人员、材料、机械设备、潮汐、风况等诸多因素总结施工工效、发现施工问题,重点关注施工过程中的难点和问题,研究讨论解决方案的研究比选及解决效果和成本分析。

同时结合一航局海上施工经验,展开与相关设计院的合作。通过互相分享工程技术资料、分析现场统计的数据资料、讨论实施方案，项目部集多家所长，最终研究出解决问题的技术方案，并经实施效果显著，从而积极推动项目的实施进展。

结语

海上风电工程项目部级别的技术管理工作要从传统项目技术管理工作思路中跳出来，要重视技术创新研发和专业技术人才的培养，从解决实际工程技术问题为突破口，过程中技术实施记录和整理为手段，然后在技术课题立项研发和创新上升华，以研发成果的展示和专业技术人才培养为目标，实施海上风电工程项目中的技术管理工作。从而能够为项目基础管理实现提质增效提供技术保障和支持，进一步辅助市场经营，积极影响“创新提质增效，落实基础管理”思想的落实。

参考文献

[1] 谭访贤.提高建筑工程施工技术管理水平的探讨[J].建筑技术,2010,7:185-186

[2] 石昱.论建筑工程施工技术优化管理[J].科技与企业,2012,16:86-88

[3] 中投顾问产业与政策研究中心.2016～2020年中国风力发电行业投资分析及前景预测报告[R].2016

可调式沉箱模板在码头施工中的应用

秦方田
(山东港湾建设集团有限公司,山东日照,276800)

摘　要:针对国内现主流的沉箱隔舱建模设计规格进行研究,通过把沉箱芯模模板设计成能够进行纵向与横向结构拉伸的可调式沉箱芯模模板,从而使沉箱芯模尺寸与沉箱隔舱平面尺寸相一致。同时采用高强度轻型化材料替代原有金属钢材,降低沉箱芯模重量,达到提高工作效率、节约资源、降低造价成本的目的。

关键词:可调式芯模;伸缩围凛;循环利用

引言

重力式沉箱码头是我国分布较广,使用较多的一种码头结构形式。其结构坚固耐用,抗冻性和抗冰性良好,能承受较大的地面荷载和船舶荷载,日照港股份有限公司地处北方区域,考虑地址条件、波浪状况、潮汐变化等因素,在所建的码头结构中大部分选用重力式码头结构。重力式码头中多采用沉箱作为码头主体结构,其中沉箱预制工艺多采用分层预制工艺。国家在所有现行的重力式码头设计强制规范中,没有对沉箱的隔舱尺寸进行明确的统一、规范。每个建筑设计院根据自身以往的建模习惯结合码头前沿设计的总岸线长度进行了沉箱隔舱尺寸的设计,造成各工程之间沉箱隔舱的平面尺寸不一致,沉箱芯模尺寸随着隔舱尺寸进行变化,导致了不同型号的沉箱需要改造大量的芯模,施工单位在进行新工程的施工前都需要投入大量的人员、机械、材料对沉箱芯模进行改造或者新加工,并且因沉箱芯模重量限制了沉箱预制分层高度,造成了巨大的时间、资源浪费,直接提高了造价成本。模板工程一般占混凝土结构工程造价的 20% ~30%,占工程用工量的 30% ~40%,占工期的 50% 左右。其中模板制作是模板工程中最主要的工作与资源消耗。模板技术直接影响工程建设的质量、造价和效益,因此它是推动我国建筑技术进步的一个重要内容。

1　主要技术方案

本技术方案旨在提高矩形沉箱分层预制过程中沉箱芯模的可调性,根据工程实际需要对沉箱芯模进行纵向与横向结构拉伸,同时降低沉箱芯模重量,研制出可调、轻型化、高效率的沉箱芯模。

1.1　方案设计原理与可行性分析

对于矩形沉箱来说,沉箱隔舱形状皆成规则的矩形,只是因为长宽的不一致导致了沉箱芯模的大小变化不一,只要对沉箱芯模进行设计达到可以纵向与横向拉伸的要求就能实现沉箱芯模可调性。

1.1.1　从结构上进行分类

沉箱芯模一般分为:面板、肋板、围凛、桁架、立柱、马腿、马腿盒、以及细部连接件等。面板是直接接触新浇混凝土的承力板;围凛则是支承面板、混凝土的结构,围凛与面板相接触,将面板上承受的力传递给桁架,保证建筑模板结构牢固组合,做到不拉伸、不变形、不破坏。本方案主要对围凛、方盒、2 个核心方面进行技术性改进，具体内容如下：

(1)沉箱芯模围凛可伸缩性设计；

(2)马腿与方盒位置的改变。

1.2　核心技术问题分析

1.2.1　沉箱芯模围凛可伸缩性设计

传统的施工方法围凛是固定式的，围凛位于模板面板与后部桁架中间，根据沉箱芯模尺寸将面板、围凛、桁架焊接成一个整体，其连接方式多采用电弧焊的方式进行连接。围凛材质多为10#的槽钢，整个板面被固定在一起不能起到伸缩的要求，芯模围凛可伸缩性设计原理是将沉箱芯模需要拉伸地方的围凛、面板断开，在围凛槽钢上的两端安装特制高强度螺母，螺母与槽钢采用电弧焊焊接进行固定，螺母与螺母之间采用螺杆连接，螺杆直径采用 $\phi50$ 氮化钢制成，长度 75cm，两个螺母之间有效运动距离为 60cm。人力通过螺旋副进行传动从而带动围凛的长度发生变化，依靠螺丝自锁作用限制模板进行调节。通过螺杆自身抗弯性能承担面板上的压力。根据螺杆伸缩距离配置合适的面板，面板与围凛之间采用平头螺丝进行锚固连接。通过对山东港湾建设集团近年来 9 个施工项目工程资料的收集，共计汇总沉箱型号 30 种，根据汇总的资料，将新设计的模板尺寸初始尺寸考虑为：3.3×3.5 米，以初始尺寸为基础，根据实际需要的尺寸拉伸，最小适用的沉箱为 3.3×3.5 米，最大适用的沉箱为 4.5×4.7 米。沉箱隔舱尺寸只要在上述范围内，沉箱芯模都可以可调。拉伸芯模可以在集团公司承揽的 93% 沉箱预制施工中使用。

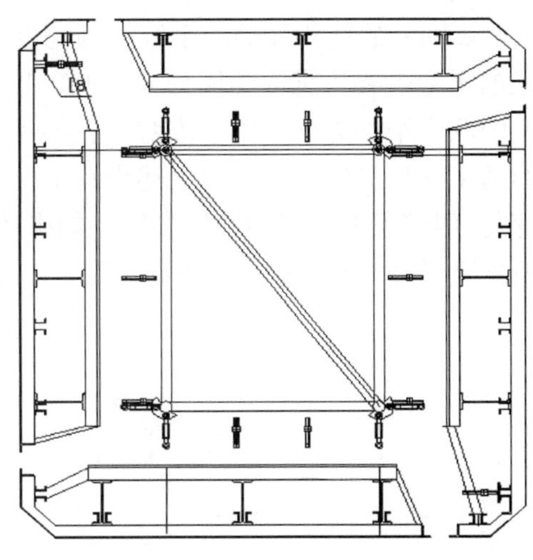

图 1　沉箱芯模整体结构示意图

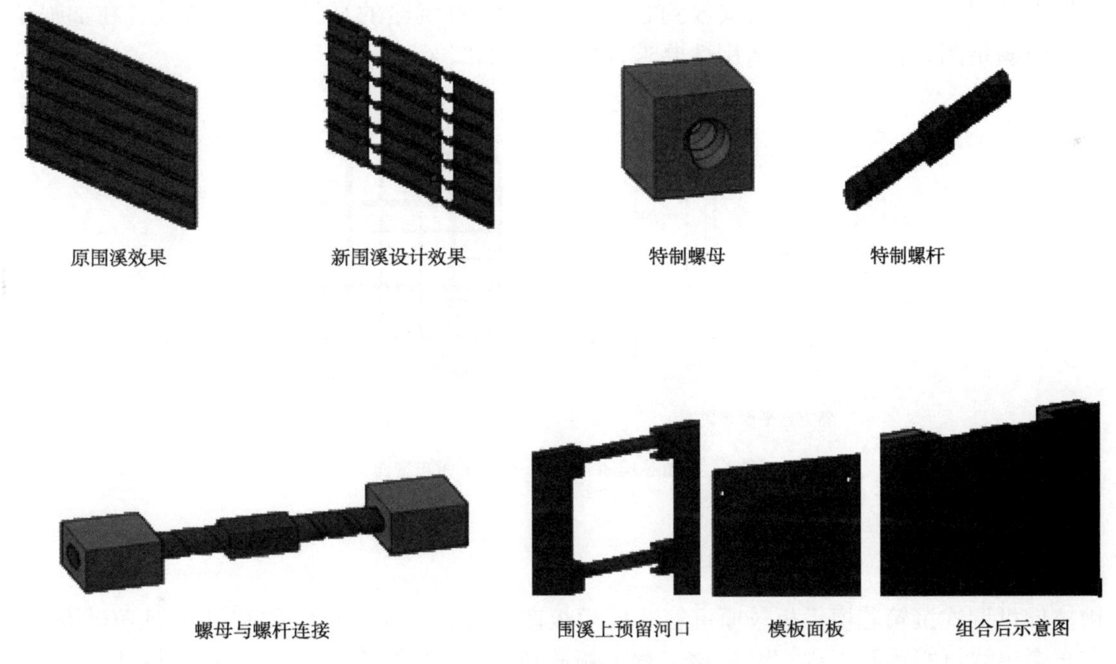

图 2　沉箱芯模可伸缩性设计图

1.2.2　马腿与方盒位置的改变

在沉箱模板支立安装的过程中，沉箱芯模的内部支撑采用的是将芯模的马腿插入到下层混凝土预留的方盒洞中，故此马腿与方盒的平面位置在沉箱芯模模板中是垂直布置的。考虑到沉箱芯模自重、沉箱混凝土局部的抗压强度、模板支拆的安全性，考虑到混凝土的抗压能力与模板的重量，目前沉箱芯模采用的单个芯模方盒纵深均超过均不小于 12.5cm，如果两个方盒对称布置，则沉箱隔舱方盒部位混凝土尺寸将大幅度减小，以目前《日照港石臼港区南区铁路空车牵出线沉箱预制工程》为例，该工程的沉箱隔舱尺寸仅为22cm，故此相邻的两个沉箱隔舱方盒无法相对布置。考虑到隔墙厚度以及方盒的尺寸，施工过程中依据实际需要将沉箱芯模分为前1/2芯模与后1/2芯模，前1/2芯模与后1/2芯模的方盒留置位置是相反的两个平面方向。由于方盒位置的不一致，导致了前1/2芯模与后1/2芯模不能可调，造成了非常大的施工安排局限性。同时上述设计中，若沉箱芯模模板面板平面尺寸发生变化，方盒的位置也随之发生变化，但芯模的马腿却在原位置。如果还按照之前的方盒留置位置，将导致沉箱芯模的方盒与马腿位置不垂直，导致沉箱芯模马腿无法插入到沉箱混凝土预留方盒洞中影响施工。

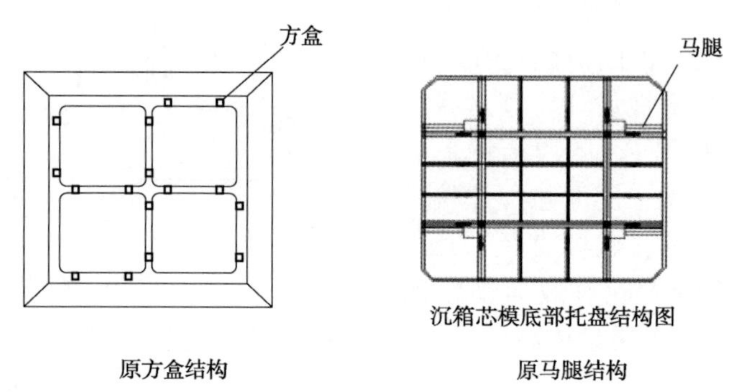

图3　原沉箱芯模方盒、马腿平面布置图

假设考虑沉箱前1/2芯模与后1/2芯模能够可调，必须将沉箱芯模模板的方盒设置为同一方向，假设考虑沉箱芯模在纵向长度与横向长度发生变化后沉箱的方盒与马腿能够可调，就必须将沉箱的方盒与马腿放置在拉伸范围之外的地方，鉴于以上两个前提因素，结合沉箱芯模自身结构，经过研究，将沉箱芯模以往放置在加强角位置的闸板改为安放到芯模板片位置，将沉箱的马腿及其方盒放置在加强角位置，这样能够同时满足图纸施工尺寸与适用性要求，设计详图如图4所示。

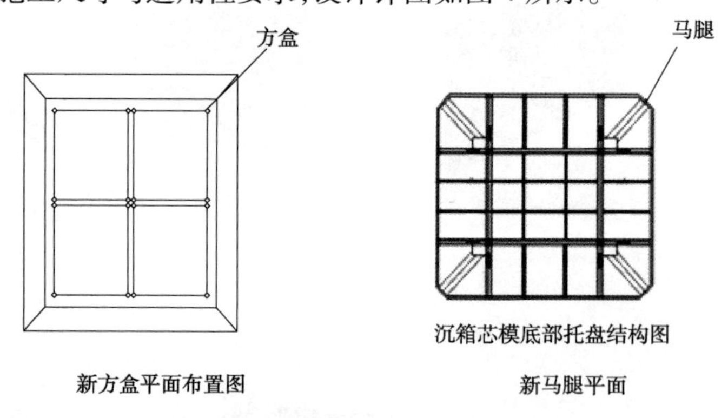

图4　沉箱芯模新式方盒、马腿平面布置图

2　应用情况

采用拉伸可调式沉箱芯模模板较原沉箱芯模模板改造降低成本1000元/吨，以《日照港石臼港区南区铁路空车牵出线沉箱预制工程》为例，该工程沉箱芯模共计72个，每个芯模模板重量共计12t，共计节省成本12×72个×1000元/吨=86.4万元。此可调式芯模的应用提高了施工效率，降低了施工成本，减少了模板制作工期。

结语

此沉箱可调式芯模技术在降低成本、提高经济效益的同时，具备了“可调性”、“循环利用”、“高效率”

"模块化""拉伸性"的特点,可加快施工效率、降低材料损耗,达到了降耗增效、环境保护、增加经济效益的效果,提升了重力式码头沉箱预制工程的技术水平,为今后沉箱预制工厂化发展奠定了基础。

参考文献

[1] 吴若明.新型工字木梁模板在高墩施工中的应用.石家庄铁道大学学报.自然科学版.2013.191-193

[2] 刘玉涛,黄坚,新浇混凝土对倾斜模板侧压力及支架受力分析.施工技术.2012.11,85-87

[3] 余小杏.关于高大模板支撑体系的设计及施工问题分析.城市建设理论研究,电子版.2011

[4] 吴远东,郭正兴,包伟,新浇混凝土模板侧压力的测试与计算研究.江苏建筑,2012.66-69

连云港港30万吨级航道一期工程围堤抛石爆破挤淤合拢段爆破施工技术

陈棉添
(广东金东海集团有限公司,广东汕头,515000)

摘 要:结合连云港港30万吨级航道一期工程围堤合拢工程的案例,详细介绍了爆破挤淤筑堤技术的基本原理和施工方法,结合实际地形条件和精心组织施工,采用钻孔法检测挤淤效果,爆破挤淤筑堤施工技术不仅满足了质量要求,而且缩短了合拢工期。

关键字:爆破挤淤;合拢;质量检测

引言

爆破挤淤填石是在抛石体外缘一定距离和深度的淤泥质软基中埋放炸药群,起爆瞬间在淤泥中形成空腔,抛石体随即坍塌充填空腔形成"石舌",达到置换淤泥的目的。经端部推进排淤、侧坡拓宽排淤落底、爆破形成平台及堤心断面三个过程成堤。

1 工程概况

连云港港30万吨级航道一期工程围堤W2.1~2.2标段软基处理抛石爆破挤淤工程正堤总长度1410.52米,分别由两个工作面相向推进,一方由K0+000推进,另一方由K1+410.52推进。

合拢位置的选择要基于确保工程质量又便于施工的原则,根据工程地质的实际情况以及工期要求,合拢段的选择要注意避开深淤泥处,避开附近的淤泥包隆起;合龙段位置选择的另一个原则是保证尽可能有多个堤头长时间同时抛填,有利于缩短工期。本围堤合拢段长度50米,为K0+700至K0+750,该段淤泥深度-14.55~-14.78米,在整个围堤段中属于较浅的区域。

2 施工方案

合拢处淤泥包隆起较高且排出通道不畅,加大了挤淤的难度;另外还应考虑到堤身的落底要经过多次爆破震动后才能达到,而合拢段所经历的震动次数相对较少,也造成落底困难。

因此,合拢段的处理是全堤的施工难点。综合考虑了淤泥的力学指标、潮差的大小、淤泥包的影响、地质情况的差异等方面的因素,同时借鉴了其他类似工程的成功经验,施工分以下几步进行:

(1)正堤两施工面继续相向推进,剩余50米后进入合拢段施工。

(2)在正堤堤身中间位置抛一子堤,要求是窄而高,宽度控制5米,高度控制+9米以上。如图1所示。

(3)子堤两个堤头继续爆填推进,进尺5米,药量580kg,药包个数13个,药包间距1.5米。直至最后剩10米长度时,一次抛填爆破合拢,使子堤封闭。

(4)在50米子堤堤身内侧和外侧同时进行爆填处理,爆前进行子堤加高,加载高度2.5~3米,单包药量 48 公斤，药包 26 个，间距 2 米。如图 2 所示。

(5)爆后补抛填并向两侧加宽，第一次加宽 4 米，使子堤宽度达到 13 米进行爆破处理，单包药量 48 公斤，药包 26 个，间距 2 米。如图 3 所示。

(6)爆后补抛后继续第二次两侧加宽达到设计宽度后再次进行内外侧爆填，药量同第一次，完成合拢段的施工。如图 4 所示。

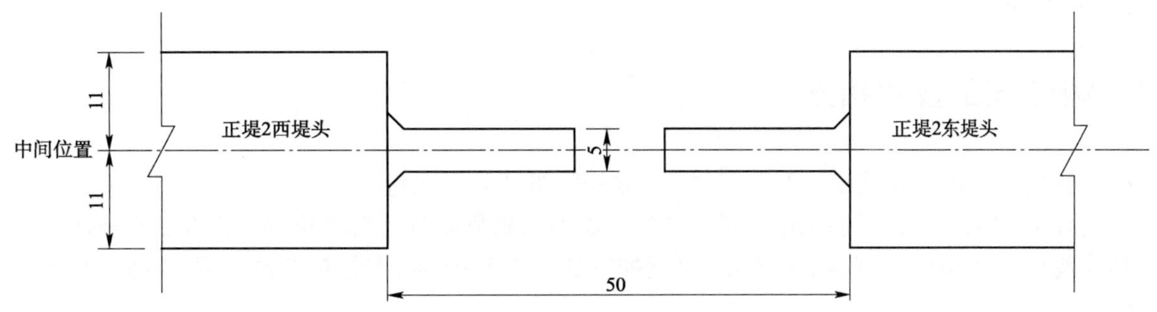

图 1　合拢段子堤抛填示意图

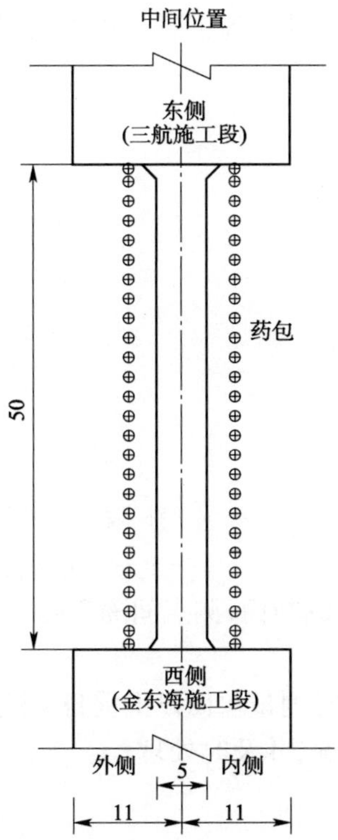

图 2　子堤第一次爆破

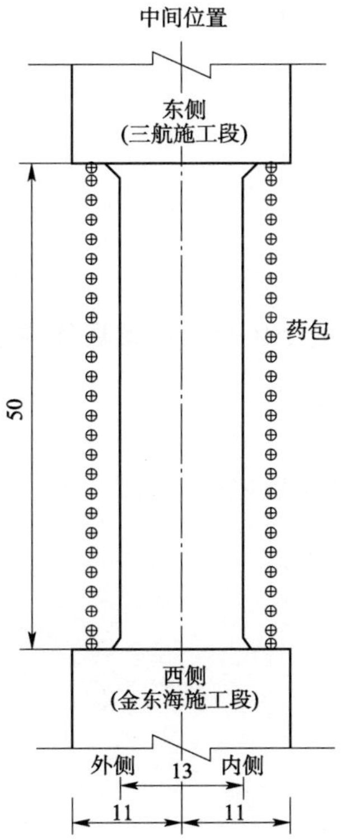

图 3　子堤加宽后第一次爆破

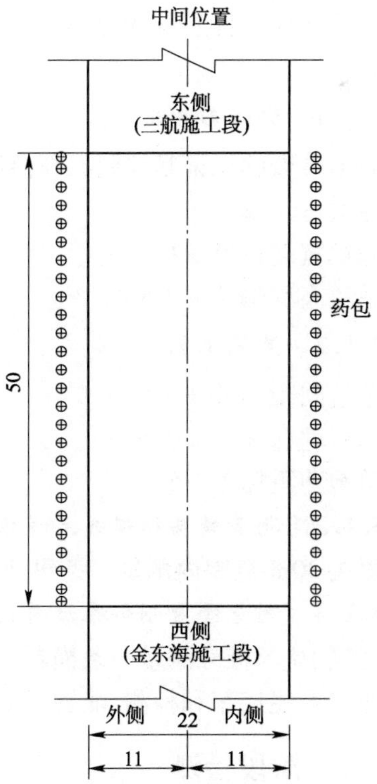

图 4　子堤加宽后第二次爆破

(7)根据钻孔情况,必要时在合拢段位置堤身内外侧30米长度范围内增加一至二次爆填。

(8)子堤内外侧必须同时起爆。

3　施工工期

施工工期10天。

4　爆破施工技术措施

(1)合拢段堤前淤泥包高于+2～+3米时,采用机械清除淤泥包。

(2)合拢段抛填石料尽可能保证质量,粒径较大为好,特别是最后合龙位置严格控制石料质量。

(3)合拢段子堤保证抛填高度和宽度,高度控制加高2.5～3米,严格控制抛填宽度,特别是子堤的形成,防止超宽。

(4)由于合拢段的特殊性,淤泥的出路不畅通,通过多次爆炸振动使抛石体落底。

(5)为确保合拢的爆破效果,保证高潮时爆破。

(6)严格控制子堤合拢前最后一炮的抛填质量。

5　质量检测与质量控制

5.1　施工过程的实时质量监控

为了保证工程质量,做到根据具体情况的变化及时调整爆炸参数,必须进行施工过程中的实时质量监控。

5.1.1　堤心石抛填

抛填参数的保证是控制石料落底的重要手段之一:

抛填进尺偏差±0.5m;

抛填宽度偏差±1.0m;

抛填高程偏差+0.5m。

5.1.2　装药工艺

药包间距偏差±0.5m;

药包埋深偏差±0.5m;

单炮药重偏差±5%。

5.1.3　测量堤头循环进尺爆填前后断面

堤头30m范围内测量一条纵断面,堤头下沉内外侧不均匀时增加两条纵断面,测点间隔2m。

5.1.4　测量堤身侧向爆填前后断面

间隔10米桩号测量一条横断面,要求测点间隔2m。内外侧同时爆破时测量水面以上堤身全断面。

通过上述控制和检测,能够及时发现当次爆炸处理出现的问题和新情况,并及时处理。

5.2　阶段检测

5.2.1　体积平衡检验

根据抛填石料质量、方量记录,堤心爆填进尺每30m左右进行一次体积平衡检验,即在准确统计上堤方量的基础上,比对设计断面方量,以便确定堤心石落底情况。根据检验结果,可适当调整爆炸参数。

5.2.2 钻孔检测

采用抛石体钻孔检测方法,直接探明抛石体下部状态。钻孔位置由业主单位和监理单位共同确定。在堤合拢段爆破后,进行钻孔检测。

5.2.3 沉降位移观测

爆炸处理结束时,在堤身上设立沉降和位移观测点各15个,沉降位移观测点连续观测3个月,累积沉降量应小于20cm。

6 火工品及施工机具安排

6.1 合拢段火工品用量

合拢段火工品用量如表1所示。

合拢段火工品用量表　　表1

序号	项目	单位	数量
1	炸药	吨	10.968
2	导爆索	万米	0.5
3	雷管	发	50

6.2 主要机械设备投入

主要机械设备投入如表2所示。

主要机械设备投入情况表　　表2

序号	名称	单位	数量
1	直插式布药机	台	1
2	挖掘机	台	1
3	交通用车	辆	2
4	经纬仪	台	2
5	水准仪	台	3
6	对讲机	个	2
7	起爆器	台	2
8	雷管检测仪	台	2
9	警报器	台	2

7 检测结果

采用钻孔检测,对爆破结果进行验证,对堤身轴线、内侧和外侧坡脚随机选取断面进行钻孔,从钻孔资料显示均实现落底,满足设计和规范要求(表3~表5)。

钻孔柱状图

表3

钻孔编号	BZK1	孔口坐标	横:3831251.525m	里　程	K0+715中轴线外26m
孔口标高	5.30m		纵:40459437.627m	施钻日期	2011年01月01日~2011年01月03日

时代成因	地层代号	层底深度(m)	分层厚度(m)	层底标高(m)	地质柱状图 1:100	岩性简述	取样 编号/深度(m)	重Ⅱ击数 N63.5 / 标贯击数 N63.5 深度(m)
Q_4^{ml}	①	19.30	19.30	-14.00		块石:灰白色,青灰色,稍密~中密,主要成分为中等风化及微风化片麻岩质块石,含量50%~70%,直径20~30cm,碎石充填。		
Q_4^{m}	②	20.10	0.80	-14.80		淤泥:灰色,饱和,流塑,土质均匀,光滑、细腻。		
Q_3^{mc}	③	21.15	1.05	-15.85		粉质黏土:灰黄色,湿,可塑,土质较均,含铁锰质结核及浸染。		

制图:　　　　复核:　　　　审核:

钻孔柱状图

表4

第3页共4页

钻孔编号	BZK2	孔口坐标	横:3831228.166m	里 程	K0+715 中轴线
孔口标高	5.50m		纵:40459426.211m	施钻日期	2010年12月20日~2010年12月29日

时代成因	地层代号	层底深度(m)	分层厚度(m)	层底标高(m)	地质柱状图 1:100	岩性简述	取样 编号/深度(m)	重Ⅱ击数 N63.5 / 标贯击数 N63.5 深度(m)
Q_4^{ml}	①	19.30	19.30	-14.00		块石:灰白色,青灰色,稍密~中密,主要成分为中等风化及微风化片麻岩质块石,含量50%~70%,直径20~80cm,碎石充填。		
Q_4^{m}	②	20.10	0.80	-14.80		淤泥:灰色,饱和,流塑,土质均匀,光滑、细腻。		
Q_3^{mc}	③	21.15	1.05	-15.85		粉质黏土:灰黄色,湿,可塑,土质较均,含铁锰质结核及浸染。		

制图: 复核: 审核:

钻孔柱状图 表5

第4页共4页

钻孔编号	BZK3	孔口坐标	横:3831211.544m	里　程	K0+715中轴线内18.50m
孔口标高	5.05m		纵:40459418.088m	施钻日期	2010年12月16日～2010年12月18日

时代成因	地层代号	层底深度(m)	分层厚度(m)	层底标高(m)	地质柱状图 1:100	岩性简述	取样 编号/深度(m)	重Ⅱ击数 N63.5 / 标贯击数 N63.5 深度(m)
Q_4^{ml}	①	19.30	19.30	-14.00		块石:灰白色,青灰色,稍密～中密,主要成分为中等风化及微风化片麻岩质块石,含量50%～70%,直径20～80cm,碎石充填。		
Q_4^{m}	②	20.10	0.80	-14.80		淤泥:灰色,饱和,流塑,土质均匀,光滑、细腻。		
Q_3^{mc}	③	21.15	1.05	-15.85		粉质黏土:灰黄色,湿,可塑,土质较均,含铁锰质结核及浸染。		

制图:　　　　复核:　　　　审核:

结语

抛石爆破挤淤堤合拢段能否落底一直是困扰施工的一大难点，在本工程中我们通过总结以往类似工程的经验教训，通过技术方案和爆破参数的优化，重点把握关键参数如堤身抛填时的加宽、加高参数，从而保证达到设计断面的要求。

参考文献

[1] 连云港港口工程设计研究所. JTJ/T 258—98，爆破法处理水下地基和基础技术规程[S]. 北京：人民交通出版社，1999

[2] 乔继延，丁桦，郑哲敏. 爆炸排淤填石法机理研究[J]. 岩土工程学报，2004，24(3)：349-352

[3] 向建军，欧正保. 厚层淤泥的爆破挤淤技术[J]. 工程爆破，2007，13(2)：36-38

码头沉箱水下外壁撞损后钢套箱法修复技术

胡茂刚　黄清楚　张　闯

（厦门港务疏浚工程有限公司，福建厦门，361012）

摘　要：码头沉箱水下外壁遭到重载船舶撞击后损坏，码头失去使用功能。修复方法采用移除沉箱顶部设施及箱内填料、露出破损外壁、用钢套箱将码头损坏部位罩住，实现忠实于原设计的干处作业法修复水下结构。介绍沉箱修复原理及关键工序，该技术将水下作业变为干处作业，较好地解决水下钢筋混凝土结构修复难题，修复工作便于检查，质量可控。

关键词：沉箱外壁；撞损；钢套箱；修复技术

重力式沉箱在码头中应用较常见，沉箱外壁在偶然外力作用下难免遭受到靠泊船只的撞击，有些撞击是破坏性的，使得沉箱失去使用功能。因沉箱属钢筋混凝土结构，当破损处位于低潮位以下时，破损处的修复工作将变得异常困难，如何完好的修复水下破损处是从业者面对的技术难题。如果采用水下注浆或水下浇筑混凝土的方法修复，因钢筋修复困难，且水下修复工作质量无法直观检查与验证，修复后的沉箱与原设计相比，均不同程度存在一些缺陷。

1　修复工艺原理

将破损处上方的码头附属结构、胸墙、卸荷板及箱内填料移除，用型钢与钢板制作2片钢结构面板，面板的面积大于破损处，面板边缘黏贴止水胶条。用内、外面板夹住破损部位，在套箱底部浇筑水下混凝土封底。随着抽水进行，水位逐步下降，从上至下逐级调整与紧固对拉螺杆，套箱内、外面板及封底共同组成密闭的围护结构。采用干处作业方法修复破损处的钢筋及混凝土，再恢复码头其他设施。具体修复方案见图1～图2。

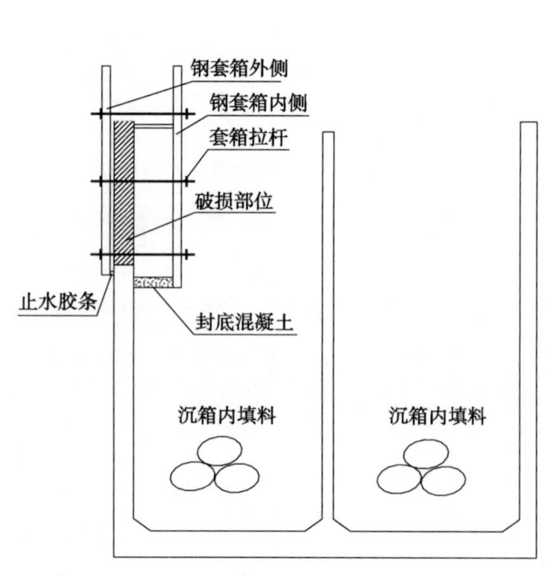

图1　沉箱修复立面图

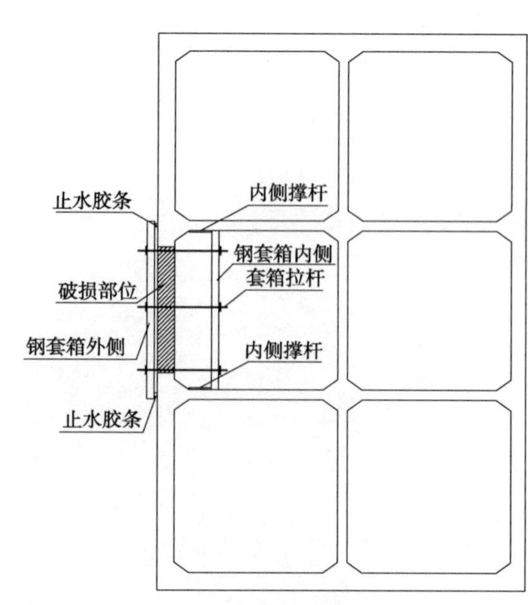

图2　沉箱修复平面图

2　工程应用实例

2015 年 6 月，一艘约 8 万吨级外籍集装箱货轮在停靠厦门某码头时，由于操作不当致使船舶迎面撞击码头，码头结构损坏。码头胸墙、护舷、卸荷板以及沉箱外壁受船舶撞击影响严重，码头结构的整体稳定性受到严重损害，码头失去正常使用功能。必须对码头进行修复，方能继续使用。

该码头为带卸荷板的重力式沉箱结构，从上到下依次为胸墙、卸荷板及沉箱，沉箱下设有 10 ~ 100kg 抛石基床，基础持力层为全风化或强风化花岗岩，胸墙上设有橡胶护舷和系船柱。该码头结构可满足 10 万吨级以内的集装箱船靠泊。

开挖后测得码头沉箱受损破口底部距沉箱顶部约 2.3m，左右宽约 3.6m，沉箱破损情况见图 3。该码头破损部位采用钢套箱方案进行修复，取得了较好的技术效果。

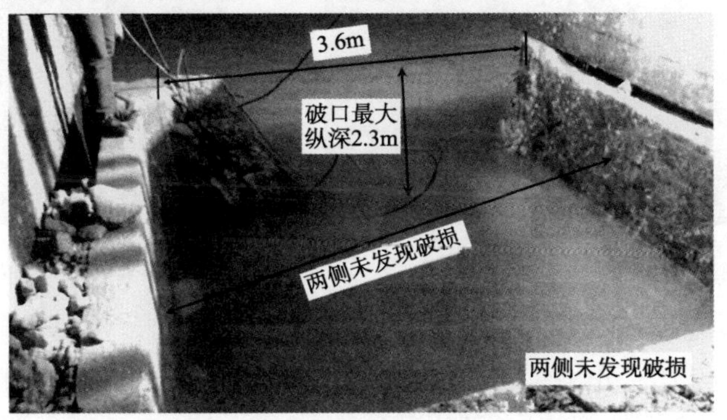

图 3　沉箱破损情况

2.1　修复工艺流程

修复工艺流程见图 4。

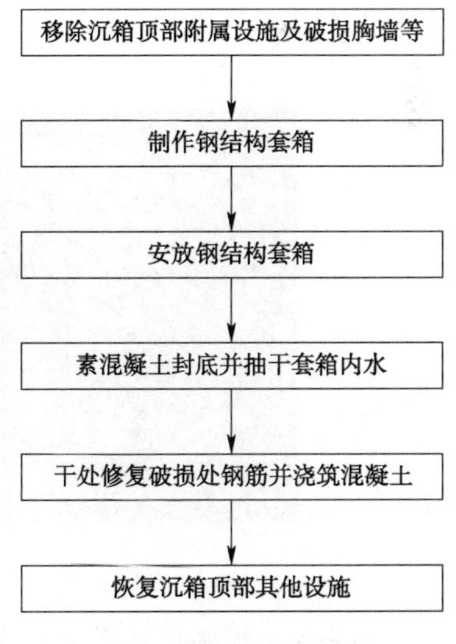

图 4　修复施工流程

2.2　修复关键工序

2.2.1　移除沉箱顶部附属设施

将待修复部位上方的码头附属设施移走，诸如系船柱、轨道、电缆、水管、防撞护舷等。破损处顶部其他混凝土结构诸如胸墙、卸荷板等采用风镐破除，用自卸汽车运出场外。破损部位由于常年位于水下，集聚许多海生物，为了保证钢套箱的止水效果，将待修复部位的海生物一并铲除，为了达到较好的清理效果，采用潜水作业的方式铲除海生物，恢复沉箱外表面的混凝土表面。采用挖掘机将破损沉箱隔舱内的充填物一并移除，保持箱内填料的顶部高程低于破损底部 0.8m 即可。

2.2.2　制作钢结构套箱

在制作钢套箱面板前，用潜水作业方式对水下破损部位进行测量，确定破损的位置及平面尺寸。钢套箱主要有两大块面板组成：外侧面板与内侧面板。为了保证钢套箱能够完全包住破损部位，钢套箱顶部高程略高于沉箱顶标高，底部及两侧边缘分别大于破损洞口 0.5m 为宜。钢套箱的内侧面板的宽度略小于沉箱破损隔舱的顺岸向宽度，在内侧面板的法兰边上安设楔形止水胶带。套箱的面板采用厚度为 6mm 钢板，次肋用 10 号槽钢，主肋用 12 号槽钢，套箱的法兰为 10 号角钢。为方便钢套箱外侧部分的安装就位，在顶部安设 U 形钢挂钩，通过钩挂将外侧面板挂在沉箱顶部。

为保证操作空间，在内侧钢套箱两个竖直边缘处焊接劲性钢架，劲性钢架一端支撑在沉箱隔舱的混凝土倒角上，劲性骨架与拉杆形成撑拉结构，较好保持套箱结构的稳定，劲性骨架的存在使得内侧具有操作空间。内、外侧面板上的对拉螺栓孔一一对应。钢套箱内外侧结构见图 5 和图 6。

图 5　钢套箱外侧部分及止浆条

图 6　钢套箱内侧组成部分及其劲性骨架

2.2.3　安放钢结构套箱

套箱安装选在低潮位进行，首先吊装套箱内侧部分，将套箱底部安放在沉箱内部填料上，用临时支撑将内侧固定住。然后吊装钢套箱外侧结构，利用其顶部的 U 形挂钩，将钢套箱外侧挂在沉箱顶部。调整套箱外侧面板，使内、外面板上的拉杆孔相互对位，从上至下依次穿上螺杆并逐步拧紧。安装钢套箱方法见图 7 和图 8。

图 7　吊装钢套箱内侧面板

图 8　吊装钢套箱外侧面板

2.2.4　封底并抽干套箱内水

因沉箱内填料具有透水性，为了防止套箱底部漏水，沉箱安装后，水下浇筑混凝土封底，封底厚度 50cm。封底混凝土养护 3d，即可抽水，随着水位的下降逐步安装与紧固套箱的对拉螺栓，并及时用海绵胶条填塞漏水缝隙。抽水时尽量选择在低潮水位进行。

2.2.5　干处修复钢筋及混凝土

破损部位的水抽干后，采用干处作业的方式修复破损部位。将裂纹及松散混凝土凿除，将断裂的钢筋重新理顺焊接，按原设计恢复沉箱的钢筋，钢筋修复见图 9。钢筋绑扎完成后安装模板，沉箱外模利用钢套箱外侧作模板,为方便后期钢套箱拆除,钢筋绑扎前,在钢套箱面板上涂抹脱模剂。

沉箱内模单独设计与制作,因钢套箱对拉丝的存在,沉箱内模板需要分块安装,沉箱内模板依托钢套箱进行固定。钢筋模板检查无误后,采用干处作业方式浇筑破损部位的混凝土,浇筑混凝土前,在新旧混凝土接缝处涂刷水泥浆,然后泵送方式浇灌混凝土,人工振捣密实。混凝土浇筑选择亦在低潮位进行,混凝土在初凝前不得被海水淹没。修复后的沉箱外壁顶部见图10。

图9　修复破损处钢筋

图10　修复后的沉箱顶部

2.2.6　恢复沉箱顶部其他附属设施

沉箱混凝土养护达拆模强度后,即拆除内侧模板,然后从底向上依次拆除拉杆并逐步提高套箱内水位,减少内外水头差。拉杆拆除后,依次拆除钢套箱的内外侧面板。混凝土修复完成后,按原设计恢复沉箱顶部其他附属设施,附属设施的恢复工序按常规程序开展即可。

结语

采用钢套箱法修复水下沉箱外壁,实现干处作业,修复工作摸得着、看得见,保证修复质量,修复后的沉箱完全忠实于原设计,恢复了码头的设计功能。钢套箱既作止水结构,又作混凝土模板,节约模板投入。钢套箱受力明确直观、施工方便,施工周期短,对码头干扰小,可以尽快恢复码头的运营功能。修复工作中,潜水工作量较少,减少安全风险。采用钢套箱法修复水下破损部位,耗时较少,造价节约为类似结构修复提供技术借鉴。

参考文献

[1] JTS 167-2—2009,重力式码头设计与施工规范[S]

莆田湄洲湾莆头1# ~2#码头沉箱安装工艺

林晨敬
（中交第三航务工程局有限公司厦门分公司，福建厦门，361006）

摘　要：以三航局承建的莆田湄洲湾莆头1# ~2#泊位为工程实例，简要介绍采用半潜驳安装码头大型沉箱的施工工艺，并提出了施工过程的注意事项和安全措施。

关键词：码头工程；沉箱安装；施工工艺

1　工程概况

莆田湄洲湾莆头1# ~2#泊位位于福建莆田市湄洲湾北岸。码头岸线总长460m，码头水深 -13.20m（以秀屿理论最低潮面为基准，下同），顶面标高 +8.8m，设计为4万吨级多用途泊位（主体结构按5万吨级集装箱船码头设计）。码头为重力式大型沉箱结构，沉箱尺寸为（宽×长×高）21.74m×15.60m×18.10m，单个沉箱重2820t，共计24个（包括过渡段）。码头的典型断面结构见图1。

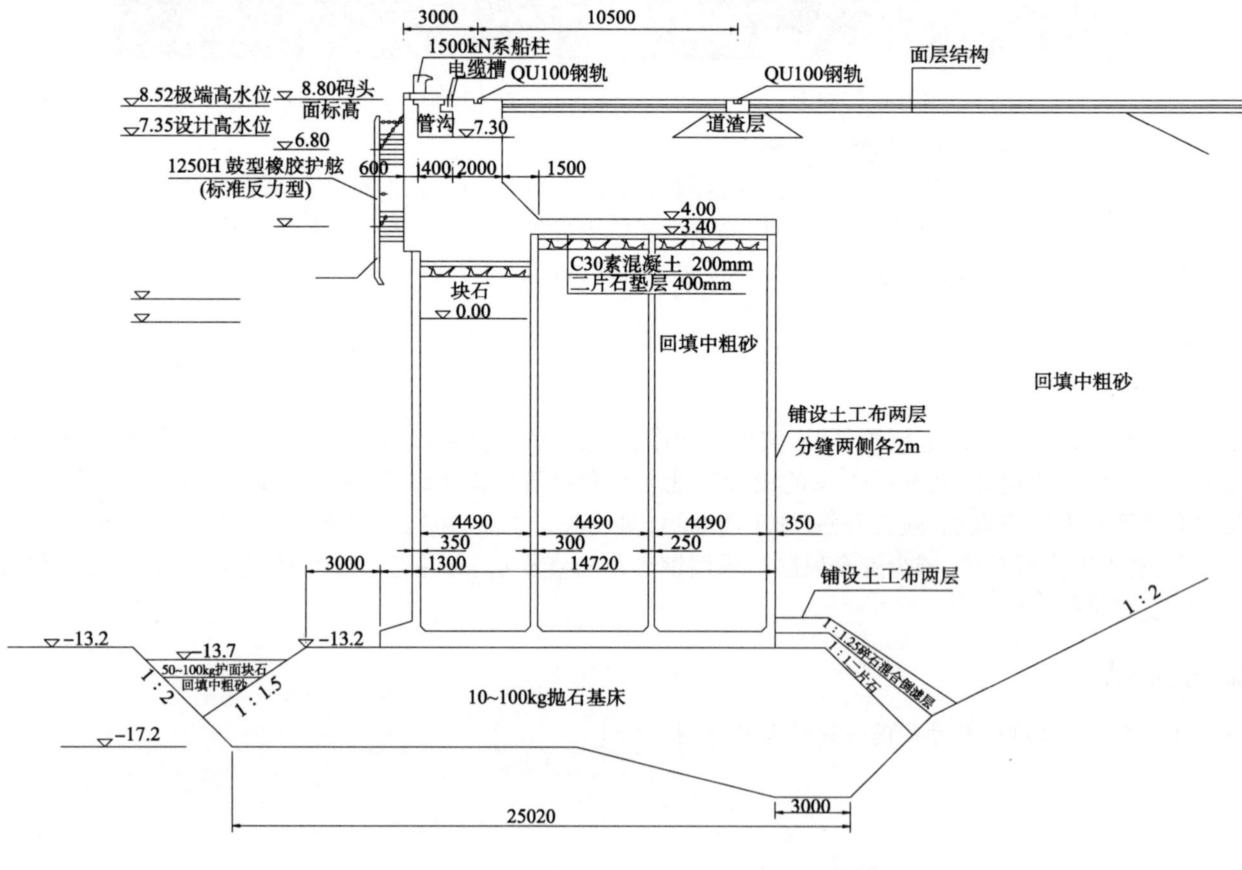

图1　1# ~2#泊位码头典型断面示意图

湄洲湾潮型属于正规半日潮，呈典型往复流特征，退潮时的最大水流流速约 0.96m/s。平均潮差 5.11m，设计高水位 7.35m，设计低水位 0.78m；码头前沿 10 年一遇的 NW 向波浪（设计高水位）$H_{1\%}$ = 1.56m。

经过技术经济比较，本工程的沉箱预制选择在惠安斗尾预制场。该场位于湄洲湾南岸，设有 3000t 级的沉箱出运码头，距北岸的莆头 1# ~2#泊位现场约 30km。根据技术论证，沉箱的运输安装采用半潜驳和起重船辅助的方案。

2　沉箱安装的主要船机设备

应用半潜驳安装码头大型沉箱工艺主要使用的船机有：半潜驳、拖轮以及辅助安装的起重船等。参与本工程施工的主要船机和性能见表 1 和表 2。

“三航工 3#”半潜驳主要性能　　表 1

名称	主尺度（长×宽×高）	最大举力（t）	最大潜深（m）	甲板荷载时 2500t 吃水（m）	抗风能力	甲板载荷 4000t 时干舷高度（m）
参数	54×33.6×4.5	5000	19	3.3	6 级	≥0.8

其他船机设备主要性能　　表 2

名　称	拖轮（三航 2003#）	拖轮（三航 906#）	起重船（三航起重 9#）
型号规格	1618kW	720kW	起重量 200t，臂架变幅
数　量	1	1	1

3　沉箱安装的主要技术工艺

本工程沉箱的安装包括沉箱上驳、水上拖运、半潜驳下潜、沉箱起浮、沉箱移动就位、沉箱灌水沉放等内容。

3.1　沉箱上驳

选择合适的潮位使半潜驳与专用的斗尾沉箱出运码头对接就位。就位时的水位要求与本地区的潮汐情况及半潜驳的吃水、干舷、型深、性能、码头的标高等有关。一般选择潮水在上涨过程达到平均潮位时移驳就位。本工程在潮位涨至 +4.00m 即可将半潜驳与码头对接就位。就位时必需有人专门指挥，不能使半潜驳冲撞码头，顶靠速度要慢。半潜驳位置准确后，开始注水使半潜驳尾部的异形船艉压稳在专用码头的横梁上。为防止潮水上涨引起半潜驳浮动，要在沉箱上驳之前不断地往半潜驳的水舱内注水。

半潜驳与码头对接就位完成后即可按气囊搬运的方法使沉箱平移至半潜驳。从专用码头上将沉箱移至半潜驳上的指定位置，时间约需 30 ~40min。整个上驳过程必须在潮位达到高平潮之前完成（本工程从半潜驳对接就位后至高平潮约有 2.5h）。在沉箱上驳过程中，可根据当日的潮位上涨的速度等情况适当排去半潜驳船艉的压舱水。

半潜驳每次装载一件沉箱，沉箱上船后位于半潜驳的中部，并做好临时加固工作。

3.2　半潜驳脱离码头

沉箱平移上驳后，先在沉箱底部放置垫木，然后将气囊放气，使沉箱就座落在垫木上。当确认沉箱稳定没问题后，尽快进行半潜驳的异形船艉浮起脱离码头工作。使船艉浮起脱离要靠两个方法，一是依靠潮水上涨使半潜驳“水涨船高”，因为根据工艺设计，沉箱上驳就位后一般仍有一个多小时的时间潮位才达到高平潮;二是将半潜驳艉部的舱水排出。在通常情况下是两种方法同时使用,以便尽快使船艉浮起脱离码头。当半潜驳艉部脱离码头的横梁后,启动驳船上的锚机将半潜驳绞离码头,并将半潜驳吃水深度调平。

3.3 拖航

当半潜驳完全移出码头前沿区域并检查确认沉箱符合拖航安全要求后,开始系缆拖航。本工程拖航使用"三航2003#"拖轮(主机功率1618kW)进行傍拖。

3.4 半潜驳下潜和沉箱出驳

半潜驳载运沉箱到达1# ~2#泊位安装现场的下潜坑(本工程利用施工中的港池作为下潜坑)后,使半潜驳垂直于或平行于拟建码头的前沿线抛锚驻位,并将沉箱顶部四角点用缆绳与4个塔楼连接收紧,保持沉箱平稳,防止沉箱浮起后碰撞塔楼。各项工作准备就绪后,半潜驳开始下潜。下潜分为两步进行:第一步是半潜驳下潜到一定深度后暂停,以便往沉箱内灌浮游稳定水;因采用起重船辅助安装,这时也要对沉箱进行起重挂钩。此深度由沉箱的自身情况如自重、压载平衡水高度和沉箱的浮游稳定情况来确定。本工程沉箱是当半潜驳潜深达到8m时暂时停止下潜并往沉箱内灌水和进行起重挂钩的。第二步是当沉箱的稳定水灌到符合浮游稳定的高度后半潜驳再次下潜,直至沉箱浮起或在起重船辅助吊力作用下浮起(本工程半潜驳潜至16.6m水深)。选择潮位+5.0m时沉箱出驳,所以下潜坑的标高要低于-11.6m,才能满足半潜驳潜至16.6m沉箱出驳的条件。这时利用拖轮或绞动起重船锚机将沉箱缓缓脱离半潜驳。

本工程基床顶标高为-13.2m,港池设计标高为-12.7m,满足安装时半潜驳下潜至-11.6m的水深要求。

3.5 沉箱安装

3.5.1 沉箱安装工艺流程

沉箱安装的施工顺序随基床整平工序而后进行,从1#泊位南端开始由南往北进行安装施工,计划分四个阶段批量集中安装。

沉箱安装工艺流程如图2所示。

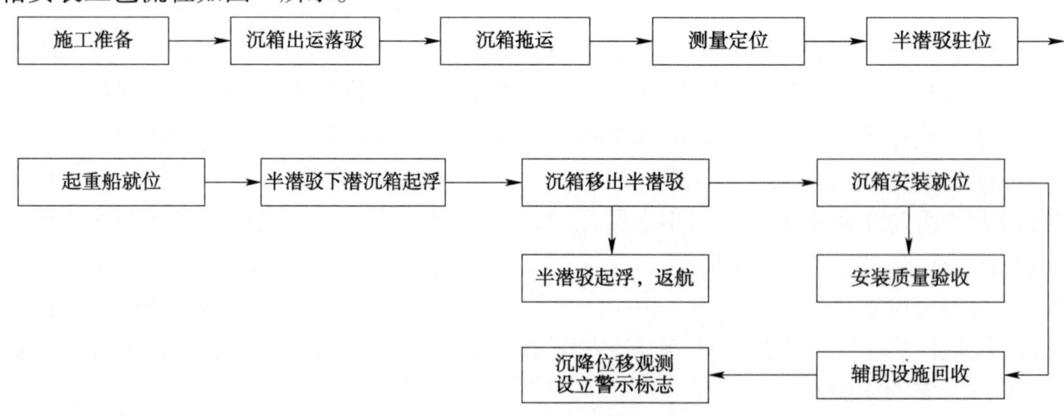

图2 沉箱安装工艺流程

3.5.2 吊安沉箱受力计算

3.5.2.1 吊力计算

由于沉箱起浮后其重量(含浮游稳定水及平衡水)与浮力平衡,沉箱本身处于浮游稳定状态。此时200t起重船仅考虑吊具及涌浪所产生的竖向力及水流力的作用。

起重船吊力:

$$F=\sqrt{F_{竖}^2+F_w^2} \quad (1)$$

式中:$F_{竖}$——由波浪作用和吊具重量产生的竖向力

$$F_{竖}=F_1+F_2 \quad (2)$$

F_1——由于波浪产生的竖向力

$$F_1=F_{浮}\lambda \quad (3)$$

$F_{浮}$——沉箱底板顶以上每米高度的浮力;

λ——波浪高度,本工程取值0.4m;

F_2——吊具重量;

F_w——由水流力引起的起重吊力

$$F_w=\frac{1}{2}C_W\rho V^2A \quad (4)$$

C_w——水流阻力系数;

ρ——海水密度,取$\rho=1.025\mathrm{t/m^3}$;

V——水流速度,本工程取$V=1\mathrm{m/s}$;

A——阻水断面;

经计算沉箱在浮游稳定状态下起重船的吊力 F 为105t。

3.5.2.2　沉箱顶面预埋吊环计算

沉箱吊环的设计按起重船的起吊能力200t考虑,预埋8个吊环的位置分别位于沉箱顶前后壁与外侧往内第二道隔墙交叉处及沉箱的四个角点处。在吊环设计时四点吊按三点受力考虑,并取安全系数$K=2$。

经计算每个吊点选用的吊环为2ϕ35的圆钢。

3.5.3　沉箱的浮游稳定验算

沉箱安装前应进行吃水、压载和浮游稳定的验算。在验算沉箱吃水时,要准确计入沉箱内的残余水和混凝土残渣的重量、施工作业平台和施工机具等重量;由于沉箱前趾及前隔板较重,为在沉箱起浮时不致使沉箱倾斜,须计算在沉箱(在起重船辅助下)起浮前向沉箱后仓灌注平衡水;为保证沉箱的稳定性,必须进行沉箱的浮游稳定计算,并使沉箱的定倾高度达到规范要求的数值,即近程浮运定倾高度$m\geq0.2$m。沉箱的压载除了可用水外,也可采用砂、石等材料。本工程采用海水压载。

3.5.4　安装现场的准备

沉箱安装施工准备工作内容包括:沉箱吃水水尺设置,吊装索具准备,技术参数计算,辅助设施加工制作与安装,临时水电,船驳位置确定,下潜坑复测,技术交底、办理沉箱拖运许可手续等。

3.5.4.1　沉箱吃水水尺及现场潮位水尺设置

沉箱吃水水尺设于沉箱的前后壁外侧,位于沉箱对角上。水尺以沉箱底面为高度起点,沿沉箱高度方向设置标志。

3.5.4.2　吊装索具准备

由于沉箱安装竖向力较小,沉箱安装可不采用钢扁担,直接采用吊索工艺。为安全起见,防止波浪对沉箱安装的影响,吊环、卸扣、钢丝绳的受力计算均按照总吊力200t进行计算。

起吊用钢丝绳选用麻芯6×37ϕ43的钢丝绳,共4条,单根长度37m;卸扣采用40t卸扣,共8个。

施工平台、钢梯、潜水泵等小件安装辅助设施的吊装,需准备4条麻芯6×19ϕ17.5钢丝绳,共4条,单根长12m;卸扣采用3t卸扣,共4个。

3.5.4.3　技术参数计算

沉箱安装前,要对沉箱各舱压载水、浮游稳定、起重船吊力、预埋件及预留孔等技术参数进行计算。

3.5.4.4 辅助设施加工制作与安装

沉箱安装辅助设施有:沉箱顶面施工平台。

施工平台为活动式钢平台,布设于沉箱顶面,搁置于沉箱隔墙上,平台一套,共计两块,每块宽9.0m,长13.76m,平台两侧设置栏杆。施工平台加工制作后,陆上采用吊机吊至铁驳船上,再由起九安装到沉箱顶面。安装后,用12#铁线将平台绑紧固定于沉箱顶面的预埋吊环或沉箱外露钢筋上。

3.5.4.5 临时水电

如果沉箱安装质量达不到设计要求,则起浮需使用抽水设备。抽水设备采用12台口径$\phi100$的潜水泵,扬程为18m,额定功率5.5kW,每台潜水泵的额定抽水量为$65m^3/h$。

潜水泵通过$\phi20$尼龙绳悬吊于沉箱后壁两端的外壁上,每端各6台。泵体位于沉箱顶以下12m的位置上,泵管引入沉箱前、中、后舱的两侧舱体内,沉箱每端前、中、后舱各设2台潜水泵供水。

潜水泵运转所需的施工电源由"三航起九"供应。沉箱顶部后壁两端设两个动配电箱,每个动力配电箱分别由$50mm^2$电缆线接到"三航起九"上;沉箱顶部后壁两端设4个开关箱,开关箱通过$10mm^2$电缆与动力配电箱连接;潜水泵通过$6mm^2$电缆与开关箱连接供电。动力电箱与开关箱均挂于施工平台栏杆上。

3.5.4.6 船驳驻位图

沉箱安装前,要对每一艘参与安装的船舶位置进行详细规划,绘制相应的驻位图,以避免各船舶之间的相互干扰。

3.5.4.7 下潜坑的复测

为保证半潜驳下潜安全,下潜坑处的水深要能满足半潜驳潜深的要求并要有富余量。因此,沉箱安装前,要对半潜驳下潜坑处的水深进行复测,确保半潜驳使用的安全。

3.5.4.8 技术交底

沉箱安装前,施工技术人员要对参与安装的各工作船舶及施工作业人员进行详细的技术交底和安全交底,保证安装过程的施工安全及沉箱的安装质量。

3.5.4.9 办理沉箱拖运许可

沉箱拖运的前一天,要通知莆田、泉州海事局(湄洲湾北岸和南岸分别属莆田和泉州管辖),明确沉箱的拖运所需占用航道的具体时间,并取得同意。

3.5.5 沉箱安装就位

沉箱移出半潜驳后由起重船吊住沉箱,在测量人员的引导下移至待安位置。

沉箱边注水边下沉。注水的方式可采用潜水泵从沉箱外侧抽海水往沉箱仓内灌水或利用预设在沉箱下部的注水阀往仓内灌水。沉箱下沉过程中,保持起重船吊力稳定在105t。当沉箱下沉至离基床顶面约40cm高度时,暂停向沉箱仓内灌水。

在测量人员的引导下,对沉箱的平面位置进行精确定位。先通过移动起重船或调整起重船的扒杆将沉箱初步定位后,再通过2根$\phi21.5$钢丝绳使沉箱前沿两个角点上的预埋吊环与起重船上的卷扬机连接,用起重船上的卷扬机对沉箱平面位置进行微调。当再次确认沉箱的平面位置正确无误、倾斜度满足设计要求后,起重船主钩缓缓放下使沉箱着床。

沉箱着床后,再次测量沉箱的平面位置偏差和倾斜度偏差,并由潜水员水下探摸相邻沉箱的缝宽情况。当满足要求时,继续向沉箱内各仓灌水至箱顶标高;若沉箱着床后,安装质量不满足要求,则起重船将沉箱重新吊起约40cm高,经微调满足要求后,再使沉箱着床;若安装质量达不到要求的原因在于基床,则要待下一潮水,当潮位退至低于沉箱顶面时(本工程沉箱顶面标高为+5.0m),抽出沉箱仓内的水使沉箱重新起浮,并将沉箱移出基床外,待基床修复处理符合要求后,再重新安装沉箱。

3.5.6 半潜驳起浮,辅助设施回收

当沉箱移出半潜驳后,半潜驳压载仓可均匀排水,半潜驳起浮出水,起锚返航。

4 注意事项

(1)大型沉箱的上驳要有经过设计的沉箱出运码头。虽然出运码头的结构简单,但必须满足大型沉箱上驳的承载力要求。最大荷载发生在沉箱重心移至码头横梁轴线附近位置时,这时的主要荷载包括沉箱的重量,半潜驳及其船舱压载水的部分重量。专用码头的外形尺寸要与计划采用的半潜驳相匹配,主要是要满足异形船艉跳板的宽度和高度,使半潜驳与专用码头对接后宽度、标高满足沉箱采用气囊平移上驳的尺寸要求。

(2)半潜驳的甲板和船艉跳板等部位要满足沉箱上驳及运输的受力要求。

(3)半潜驳下潜位置必须满足水深要求。下潜坑使用前需进行详细的水深测量,必要时要进行硬式扫海。

(4)沉箱安装前要对沉箱压载平衡水高度、沉箱浮游稳定吃水深度,起重船吊力、吊索、预埋吊环等进行严密的理论计算和设计。

(5)沉箱上驳、拖航和安装过程要严格根据潮位变化进行时间节点控制。为确保沉箱安装施工的安全和质量,应设专人负责收集天气及潮汐预报资料并进行分析,以确得沉箱安装的万无一失。沉箱安装好后,要在每个沉箱顶部四个角设置沉降、位移观测点,定期进行沉降、位移观测。同时在沉箱外角点设置防撞设施(如浮标及夜灯)以防船舶撞击。为了避免沉箱安装后受台风影响,应及时进行箱内填料使沉箱稳定。

结语

采用半潜驳运输安装大型沉箱的技术工艺在本工程的应用取得了成功。经检验,沉箱安装质量优良,为1# ~2#泊位创优打下了良好的基础。

参考文献

[1] 黄建阳,王俊杰.常规起重船外海无掩护安装大型沉箱施工组织与控制[J].武汉:中国水运,2013年第3期.208-212

[2] 唐芳明.复杂海况条件下的大型沉箱出运及安装工艺技术[J].武汉:中国水运,2014年第2期,328-329

浅谈“7025 型”绞吸船施工效率

曹忠良
（中交广州航道局有限公司，广东广州，510221）

摘　要：本文通过结合工程实践，分析吹填工程中影响“7025”型绞吸船施工效率的各类原因，提出提高施工效率的可行性方法。

关键词：绞吸船；天气；清障；施工效率

引言

近年来，随着海运业的发展，航道开挖和疏浚吹填工程越来越多，绞吸船由于其产量高、成本低、施工质量优良、可长时间连续作业，在港口建设、航道疏浚、环保清淤和河湖治理中，广泛使用。影响“7025型”绞吸船（即挖深 25m，管线直径 70cm 的绞吸船）挖泥效率一方面是施工工况，例如：风浪、涌浪、土质、泥块大小、垃圾、散石块、吹距等等；另一方面，影响绞吸船的产量是施工参数，例如：动力负荷参数、泥泵性能参数、挖掘参数等。施工参数是反映挖泥船动力系统与挖掘、输送三者之间相互作用、制约和优化程度的应用数据；操作者根据船舶性能、绞刀类型、不同土类和排泥距离等合理使用施工参数，以求达到最佳施工效果。

下面以山东日照港岚山港区中区罐区陆域吹填工程为例，分析影响绞吸船施工效率的原因。

1　工程实践

日照港岚山港区中区罐区陆域吹填工程位于日照港岚山港区，本工程由新建护岸与后方原东护岸及 10 万吨油码头引堤形成面积为 35.04 万 m^2 的封闭区域，该区域通过吹填形成顶标高为 +6.5m 的陆域。工程吹填总量约 240m^3，本工程合同工期于 2014 年 7 月 1 日开工，计划至 2014 年 10 月 31 日完工，施工区所需管线长度约 2500m，吹填土质为粘土和部分细沙，船舶施工区离围堰最近距离约 200m，挖泥深度约 10～20m。结合储泥坑土方容量和进度情况，初步拟定投入一艘 7025 型绞吸船“智龙”（斗轮式）进场进行二次转吹作业，同类 7025 型绞吸船反馈的生产能力如下：

（1）在以下条件时，泵的有效计算产量为每小时 1700 立方米：

排管长为 4000m；（500 米浮管装有 5 个球型接头、橡胶软管及弯管，岸管 3500m 且每 100 米有 45 度弯曲）排管直径为 ϕ700mm；排高为 10m；挖泥深度为 25.0m；土质为中沙（$D_{50}=300\mu m$）；在最大排距为 6000m 时，能有一定的挖掘产量。

（2）在以下条件时，泵的有效计算产量为每小时 2300m^3：

排管长为 2500m；（500m 浮管装有 5 个球型接头、橡胶软管及弯管，岸管 2000m 且每 100 米有 45 度弯曲）排管直径为 ϕ700mm；排高为 10m；挖泥深度为 25.0m；土质为细沙（$D_{50}=103\mu m$）；

实际的生产产量受实际工作地点条件的很大影响，如：土质、挖泥层厚度、挖槽宽度、挖泥操作员经验、是否存在有机体残骸或石头等。

通过工程实地一段时间的（2014 年 1 月 18 日～3 月 12 日）施工后，经过测量数据统计分析得出实际分项指标及综合指标值如表 1 所示。

表1

船舶/施工位置	产量(m^3)	生产运转(h)	生产性停歇(h)	非生产性停歇(h)	时间利用率(%)	设备完好率(%)	油耗(t)	备注
智龙/储泥坑	55.3	665.53	147.3	483.17	62.7	97.9	433.12	

2 效率分析

通过测量数据的收集统计具体施工情况统计如表2所示。

表2

统计时间段		2014.1.18~2014.3.12	备注
施工时间	实际在场天数	54	
	正常施工天	35	实际生产时间超过10小时的施工天
	非正常施工天	10	因天气、管线、船机故障等因素影响导致实际生产时间少于10小时
	停工天	9	生产时间为0
	生产时间	817.27	
	挖泥时间	665.53	
产量	船报(万立方米)	72.52	
	实测(万立方米)	55.3	
	比率(%)	76.25	
效率分析	在场施工天平均产能(万立方米/天)	1.02	按实测方计算
	综合生产效率(立方米/小时)	676.64	
	综合挖泥效率(立方米/小时)	830.92	

根据以上表格数据比对,可以看出船舶的时间利用和综合生产效率都相对较低,通过分析具体主要影响原因如下:

2.1 天气原因

2014年2月3日~2月8日,受到剧烈天气变化跟天文大潮叠加的效果,一次性停工6天,比较罕见。本施工区,三面开畅式,受风浪的影响大;面对黄海,外海"无风三尺浪",外海宽敞,外海涌波涌进到达海湾不断收窄时能量不断叠加,而且日照海湾水深,水下海床没有滩涂消耗暗涌能量,直接对着智龙施工区岸边袭击,然后一个反能量推至智龙,而且智龙最近的施工船位离堤坝仅50m。直接威胁智龙船舶安全和影响施工效率及时间利用率。平时有效施工时间中大概占20%时间是在涌浪中勉强施工(受大风大涌浪影响停工另计)。有涌浪时,导致绞刀上下波动,影响横移拉力波动,很难保证恒定的真空和浓度,也就导致实际平均效率降低。

2.2 二次转吹原因

本次疏浚区域主要是二次转吹,泥驳倾倒的主要是粘性强的粘土,由于粉质粘土的天然含水率较低,在开挖剖切的过程中,绞刀负荷大,经常发生糊住斗轮的情况,见图1。

每次清理需要较长时间,且清理困难、利用率降低。绞吸船已经开挖到-20m以下,土质依旧以含沙量较大的硬粘土为主。

其次绞吸挖泥船,在正常合理的步进和泥层厚度的情况下,是靠横移速度的快慢来优化产量,当横移

图1 粘土糊住斗轮图

速度无法达到目标值时，瞬时产率也无法优化到很理想的期望值。在本工地施工过程中，反复试验了智龙斗轮步进尺度：30～70cm，挖深层厚：2～5m，和各种速度的横移。总结出一般在控制步进50cm，层厚在3m左右的时候，斗轮转速开4档时，比较合适，较好地用横移速度优化产率。泥层太薄了或步进太少了又不足以保证吸入浓度，泥层太厚了或步进太多，直接影响斗轮的剖切负荷和横移压力。从船舶施工统计数据看，斗轮负荷压力长期在120～160bar之间，横移压力在90～130bar之间时工作，这已经是7025绞吸船的极限值。

而且泥驳抛填土的高低平整度，非常之不均匀，对绞吸船定深挖泥的产量波动影响很大，很难保证恒定的真空和浓度，也导致实际平均效率降低。此区域海底散石块、垃圾较多，斗轮碰到石头，经常有打断齿座或掉齿现象，清理换齿花费不少时间，因而导致效率偏低。

2.3 泥土流失原因

实际水下开挖吹填量和陆地实际测量的误差，管路输送形成的粘土球夹粗砂吹到陆地后方会板结缩水，再者由于业主围堰进度跟不上，一直在半裸吹状态，流失量无法评估，可能导致计算出来的综合效率降低。

3 提高效率措施

通过以上几种影响原因分析，可针对性地从以下几方面改进施工生产效率：

(1)天气原因是无法避免的，尽量选择好的作业天气。在移船时，选择好的天气，可以降低移船的难度，提高移船速度；合理利用风力，在海面上施工，5级以上的侧面风，可以对绞吸船产生强大的推力，如果风向合适，利用不间断的风力比利用间断的辅助船舶的推力移船，要更为方便、有效、快捷。

(2)清障导致的绞吸船停工极为常见，少的10分钟、20分钟一次，多的一、两个小时一次，既影响了运转时间，也影响了泥浆浓度，还增加了万方油耗，减少清障次数的方法在施工中应该不断调整。

①在有杂物、块石的土质条件下，应选择加设防石环、防石网，形式多样没有统一的标准，但在实际施工应用中作用很大。参考形式如图2和图3所示。

图2 钢板形防石环

图3 圆钢防石网

选择合适的吸泥口网间距，不能过大，也不能过小。过小，障碍物将很快堵塞掉吸泥口；过大，障碍物(特别是石头)可穿过吸泥口，堵塞泥泵或管头，而清泵、清管头比清吸泥口的难度更大，所需的时间也更多。

②不同的障碍物需区别对待，对于块石等大体积障碍物可采用脱泵反冲的方法，部分障碍物可被水流冲走，这种方法在挖深较大，起落桥梁需较多时间的时候，效果最为明显。

③一般在泥泵工作流量范围内选定施工流量(即较佳生产率的流量)，这不仅要考虑泥沙临界流速、泥泵汽蚀、管路长短、主机超负荷的影响，同时还要考虑输送浓度、磨损、能耗等因素。其次泥泵的选择也很重要，施工中经常采用水下泵与甲板增压泵串联组合，有时也采用1台水下泵施工；只用甲板增压泵施

工是在水下泵发生故障而又必须赶工的应急工况时,此工况由于吸入管增长甲板泵的吸入能力和挖深受到限制,生产率低,泥泵容易气蚀;非不得已不采用该工况施工。泥泵组合形式可根据不同土类、管线工况、泥泵清水(泥浆)特性数据计算确定。船舶施工时的泥泵组合,可根据开挖土质、使用管线长度参照下表选择。

泥泵串联组合选定表 表3

土类	排泥管线长	泥泵串联组合形式
淤泥、粘土、粉砂、珊瑚礁	700m 以下	水下泵
	700m 以上	水下泵+甲板增压泵
细砂、中砂、粗砂、砾石	500m 以下	水下泵
	500m 以上	水下泵+甲板增压泵

同样选择合适的泥泵转速也对施工效率有一定影响,至于何时采用较高或较低转速,可根据以下一些原则选定。

a. 当所挖土类易挖掘、切泥层较厚、输泥浓度高时应取高值;

b. 当挖粘性土时,所挖泥土能在排泥管内形成泥球时,取高值;

c. 依据船舶设备性能和工程的工期要求,在尽最大可能发挥船舶效能的情况下使施工船取得最大施工生产效率,应取高值。

④不同的工况条件,要选用不同的绞刀例如挖掘黏土、岩石的专用绞刀,以及适用开挖松散砂土、淤泥的通用型绞刀。与绞刀配套的绞刀齿一般有扁齿、窄齿二种型号。扁齿适于挖掘淤泥、松散沙砂、软塑粘土;窄齿适于挖掘密实砂、软岩。施工时可根据土质情况进行选择或使用施工组织者指定的绞刀齿进行疏浚施工。

(3)为防止泥土流失,一般在围堰施工完成后,选择从离排水口较远处和地势较低处开始吹填,合理的布设管线,以利于泥土的沉淀。

(4)人员在生产环节中是至关重要的。首先,为确定计算工程量的准确性,在施工测量前,通过测试板等手段检测测深仪器的准确性。其次,合理安排施工测量,在绞吸船挖完一块区域后测量,然后泥驳倾倒此区域,再测量,如此反复施工,以方便计算船舶挖泥工程量和分析施工效率,减少人的测量误差。当部分区域存在回淤情况,应加大测量比对,分析出回淤的工程量,更加精确地统计施工方量。

必须加强船舶操作人员的管理,绞吸船操作人员首先要非常熟悉本船的挖泥性能、机械状态以及每个部位的结构,如绞刀的直径、吸口的隔栅形状、泥泵流道大小、主机的转数、负荷等。在实际施工中应根据具体工况合理分层分条,在工程开工前对整个疏浚区域进行分层分条时,在条件许可的情况下,尽可能按船舶的性能划分最合适的槽宽与层厚,不能过宽过厚,也不能过窄过薄,因为过宽过厚会影响施工效率、船舶安全,过窄会导致移船、移锚、进桩频繁。选择适当的绞刀入泥厚度,土质不同,绞刀最佳入泥厚度也不同,入泥太薄,浓度根本无法上去,入泥太厚,横移困难,浓度也无法上去。只有最适当的入泥厚度,才能达到最佳的横移速度,达到最好的浓度。合理安排施工顺序,在施工时,先施工后期受外界因素(如风浪、过往船舶、后期施工)干扰大的,后施工干扰小的。

结语

在施工过程中,影响挖泥效率的因数是多样的,对于绞吸船而言,在有效运转的时间内,达到持续稳定的产量是追求的目标。本文在工程实际施工基础上对斗轮式绞吸船效率进行了简单的分析,船舶操作者要根据工地实际情况,有针对性地提高挖泥船的施工率。

参考文献

[1] 高伟,韦东. 绞吸船施工要点及措施[J]. 北京:中国港湾建设,2011.66-69

浅谈超大面积软土吹填标高的控制

张树彬　刘展雄

(中交广州航道局有限公司,广东广州,510221)

摘　要:以苍南县某超大面积软土吹填工程为背景,针对于该工程吹填施工过程中出现吹填标高偏差较大、吹填区中部区域出现较大积水区的问题,通过优化管线布设及吹填方案、改造现场施工辅助设备及施工工艺等方式,实现吹填管线在承载力不足的吹填区内不断延伸,成功解决相应积水区的补吹施工,且避免了后续工程出现类似问题,节约了施工成本及工期,提高了吹填施工质量。

关键词:超大面积;淤泥吹填;标高控制;管线布设优化;辅助设备改造

引言

经过我国港口建设多年的快速发展,吹填造地工程的区域面积有越来越大的发展趋势。相应吹填土往往采用近海港池或航道疏浚淤泥软土,该吹填土呈流塑状态,具有渗透性差、强度及承载力极低的特性,吹填施工期间,施工设备及人员无法直接进入吹填区内。随着吹填区内隔堤数量的减少,常规的管线布设及测量方法已难以满足超大面积软土吹填区的标高控制,导致吹填区的吹填标高偏差较大,难于满足工程质量要求。

如何控制超大面积软土吹填区标高,提高吹填施工质量,是超大面积软土吹填施工须解决的技术难题。本文结合"苍南县江南海涂围垦区吹填及软基处理二期工程"这一超大面积软土吹填工程,针对于工程施工过程吹填标高控制出现的问题,开展原因分析,提出并应用相应解决措施,为解决超大面积软土吹填区标高难以测量及控制的技术难题,提供了借鉴案例及解决方案。

1　概况

1.1　工程概况

苍南县江南海涂围垦区吹填及软基处理二期工程位于浙江省苍南县东海岸,东临东海,南接琵琶山和舥艚港,北濒鳌江,西连东塘标准堤[1]。工程范围内的建设用地分为一般地块区、道路区和农业用地、河道区四类,用地范围内原地形大部分为养殖池、滩涂,地形为西高东低,东面为人工开挖河道,地势有起伏,海拔高程 -3.50 ~2.90m,上部软土层厚度较大,工程地质条件较差。

工程的主要施工内容为吹填、软基处理及河道开挖。其中吹填施工范围包括 B2 区和 D 区,B2 区东西向宽度分别为 1800、2300m,南北向长度为 1900、3300m,吹填面积约为 463 万 m^2;D 区长宽均为 1500m 左右,吹填面积约为 216 万 m^2。吹填取土区为鳌江临时航道,吹填土质绝大部分为 2 级超软土淤泥,相应施工总平面布置图详见图 1。

软基处理后交工验收标高:平均标高不低于 +3.5m,允许标高最大偏差为 ±30cm[2]。

1.2　施工方案

根据设计吹填的取土方案,考虑到吹填区外侧为永久性围堰防护、吹填区与取土区的距离等相关的现场限制条件，吹填施工采用绞吸挖泥船。

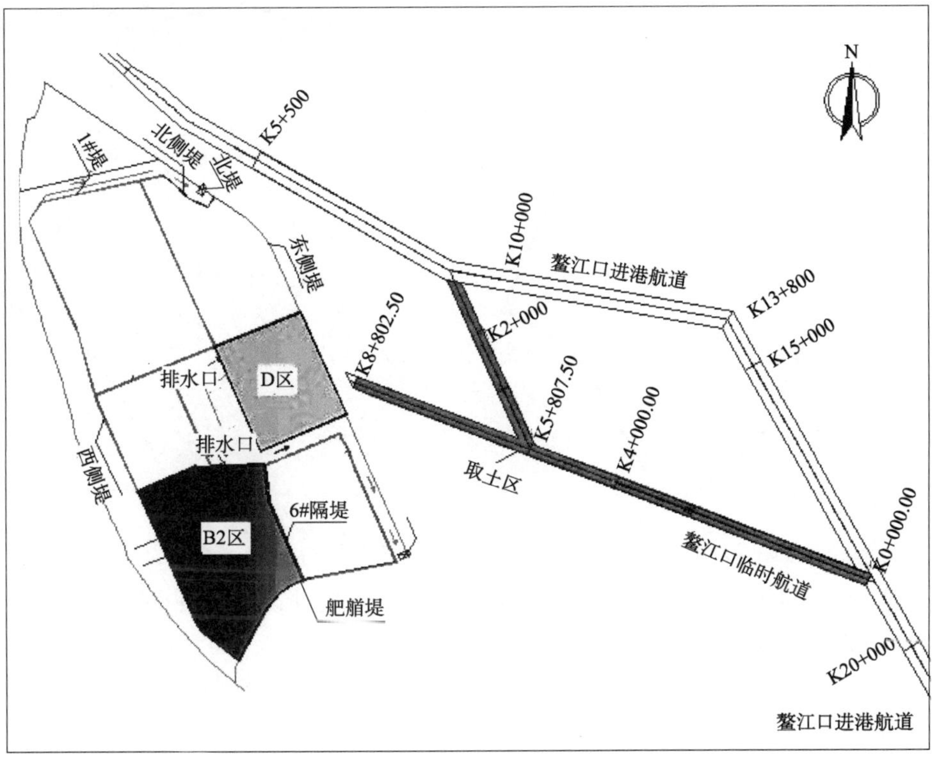

图 1　施工总平面布置图

吹填方向原则上从吹填区远离排水口处开始吹填，增加吹填尾水的泥浆沉淀时间，施工时采取了管线围绕吹填区布设管头，由一侧向另一侧逐步推进、流水作业的施工方案。由于本工程吹填区域面积超大，吹填区内未设分隔堤，且吹填土质绝大部分为 2 级超软土淤泥，吹填后短时间内无法达到管线和接管机械的承载力要求，标准大管径吹填管线无法直接敷设深入吹填区内。因此，吹填区主管线主要采取沿围堤布设，如图 2 所示。主管线布置时，隔一定距离安装三通管，以减少接管及延伸管线的时间，提高绞吸船的施工时间利用率。

2　施工情况及其存在的问题

根据工程相关要求，2013 年 6 月，安排四艘 7025 型绞吸船进场对 B2 区吹填施工。根据吹填区的条件和吹填泥浆沉淀排水的需要，按吹填管头泥浆的有效流程，本着分散水头冲击力的目的，施工单位在 B2 吹填区南、北两侧各安排两艘绞吸船围绕围堤进行吹填，并根据管头标高和泥浆沉降推移情况，沿着各围堤按最短管线长度控制方案不断推进管线。至 2014 年 1 月底，沿着吹填区四周标高全部达到设计要求，但经测量观测发现，在 B2 吹填区中部形成了两大类似于“水塘”的积水区，如图 3 所示。

此外，在吹填施工过程中，现场围堤的监测结果表明，吹填管头附近的围堤的形变值（水平位移等）多次超过其警戒值，相应吹填施工被迫暂停，工程施工成本增加。

3　原因分析及解决方案

3.1　原因分析

针对于施工过程中吹填区内出现的两大类似“水塘”的积水区的问题，结合现场实际情况进行分析，其出现的原因主要为以下两方面。

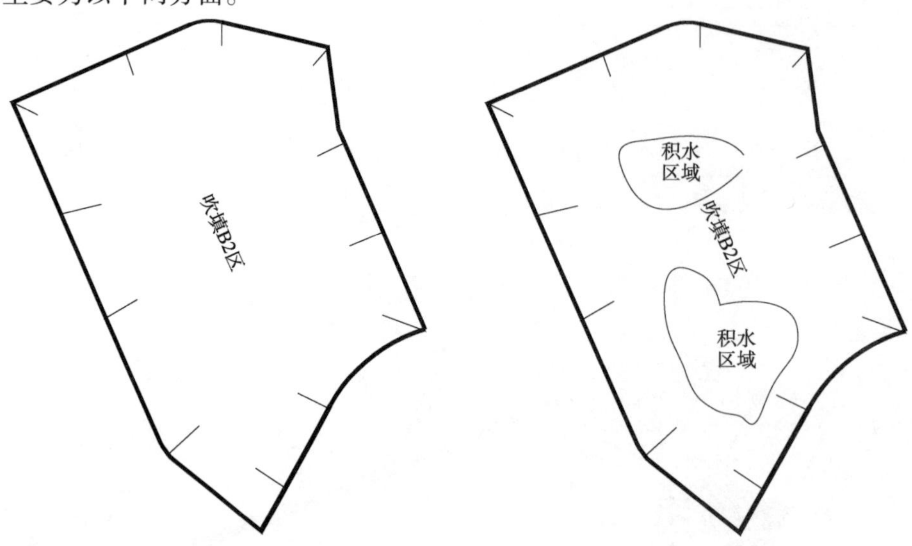

图2　B2吹填区前期吹填管头布置图　　　　图3　B2区中部形成的2个“水塘”

(1)由于排泥管线无法根据管头标高逐步向吹填区内延伸推进,吹填土仅能在吹填区从管头开始往排水口方向按一定坡比流淌并沉淀,并随泥面的升高而不断向前推进。但一个管头的吹填土流淌沉淀距离仅能达到500~600米左右,从而导致吹填土无法至及吹填区中间,形成低洼的虚浮淤泥区,沉淀后形成了类似“水塘”的积水区;

(2)由于吹填的分选作用,导致吹填土根据颗粒大小分区沉淀,吹填区内土体颗粒分布不均。在超过管头500米距离后,吹填尾水泥浆浓度已极为稀薄,沉淀后沉降量大,极容易形成类似“水塘”的积水区。

3.2　解决方案

根据上述的原因分析,为了避免出现类似积水区的现象,确保吹填标高达到设计的最低吹填标高要求,提高软基处理后场地的平整度。经研究分析决定,采用优化吹填管线布置方案,将吹填管线由原来的布置在围堤四周改为不断往吹填区内延伸推进的方式,来解决上述出现的问题。

对于吹填土质绝大部分为承载力极低的淤泥质土,将吹管线往吹填区延伸推进需解决的两大难题:(1)管线在泥塘内的接管难题。吹填区内泥潭深度较深,现有的水上挖掘机臂长及浮力均不够,无法在吹填区内安全行走作业,且浮管在泥浆面上拖动困难;(2)吹填管线伸入吹填区内进行吹填时,受吹填管线内泵送泥浆反作用力的影响,吹填管头将出现振动摇摆,不利于控制吹填标高。

针对以上分析情况,施工单位采取以下三项解决措施:

(1)采用管线平台或PE浮体组装吹填区内水上浮管,如图4所示,也可采取吹填钢管+排架方式,如图5所示。由于搭设排架的施工成本、技术难度较大,且管线移动不易,建议优先采用浮管的方式,当施工现场浮管短缺时,可采用吹填钢管+搭设排架的方式予以替代。

(2)改装大浮力水上长臂挖掘机:

①在水上挖掘机原有浮体两侧各增加一个副箱,增加水上挖掘机的浮力和平衡性;

②采用13m的加长臂替换水上挖掘机原有6.5m的短臂,解决吹填区内泥潭太深,水陆挖掘机臂长无法着底及行走的问题;

③大浮力水上长臂挖掘机改装完成后,同时可作为吹填区内交通工具,解决了测量人员无法进入吹填区内进行标高测量的难题。

(3)在吹填管头处抛设两个八字锚进行管线固定,以减小吹填管头的来回左右摆动及弯曲,同时利用水上挖掘机在管头值班及维护。

图4　管线平台及PE浮体组装的吹填浮管

a)近距离

b)远距离

图5　吹填钢管+搭设排架方式

(4)根据吹填区内吹填管头淤泥堆积情况,利用长臂水上挖掘机进行疏导,以调整吹填泥浆水的流向,最大限度的达到每个管头可补吹面积,减少管线移动的次数。

4　后续工程应用情况

4.1　B2区补吹过程及效果

根据B2区的测量情况,现场组装了一条800m左右的浮管对B2区进行补吹施工,相应补吹施工布置方案如图6所示。经过长达2个多月的补吹施工,整个B2吹填区的泥面标高上升至+5.1m以上,现场积水区全部消除,平整度良好。

B2区补吹施工期间,由于积水区内需补吹的厚度有限,相应吹填管线组装及移动工作量大,此外,积水区的排水速度较慢,最终导致绞吸船无法正常作业。在补吹的2个多月时间里,绞吸船的有效施工时间不足40%,停置时间长,产能资源浪费严重。

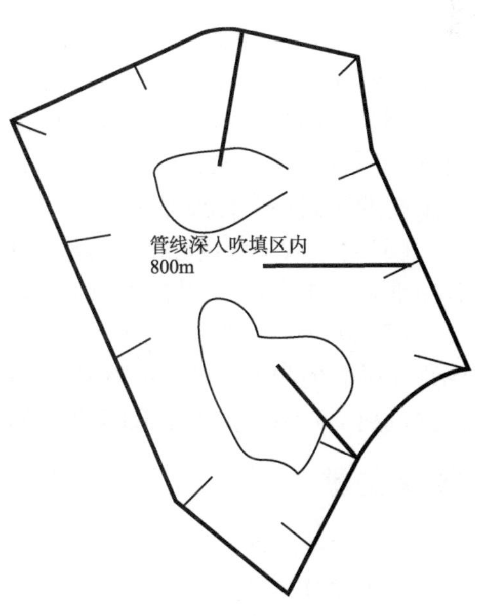

图6　补吹管线布置方案

4.2　D区吹填的应用

根据B2区的施工经验及教训,施工单位在吹填D区时,通过优化管线布置方案,在吹填区内布设水上浮管伸入吹填区进行吹填,如图7所示,吹填效果良好。确保了吹填施工质量的同时,也减轻了吹填土对围堤的压力,减少了大面积补吹时间;同时,提前布设水上浮管,也减少了船舶停工等待时间,提高了绞吸船的施工效率。

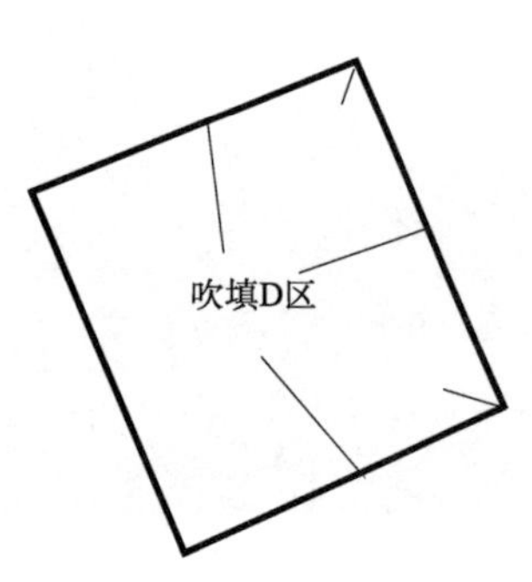

图 7　吹填 D 区管线改进后的布置方案

图 8　吹填区泥面效果图

结论

针对于超大面积软土吹填施工过程中出现吹填标高偏差较大，吹填区中部区域出现大型积水区的问题，通过优化管线布置方案、改造现场施工设备及工艺等方式，成功解决相应积水区的补吹施工，且避免了后续工程出现吹填标高偏差较大、场内形成大型积水区的问题，提高了吹填施工质量，相应的结论如下：

(1)对于超大面积软土吹填施工，若吹填管线仅布设在围堤的四周，极易造成吹填区内标高偏差较大、吹填区内形成积水区，以及施工区内吹填土质分布不均，从而后续沉降偏差大，也即场地平整度差的情况。此外，吹填管口附近的围堤长时间承受着极大的侧向推力，加大了围堤移位、崩塌的风险。

(2)超大面积软土吹填施工，应通过吹填泥浆的流程距离分析，做好吹填管线的布设，将吹填管线延伸至吹填区里面，可提高吹填区内中部吹填高度及平整度，有效节约工期和成本。

(3)采用浮管(PE 浮体、管线平台)、钢管 + 排架的方式，可将吹填管线延伸至吹填区里，其中，搭设管线排架的方法施工成本、技术难度较大，且吹填管线移动不易，建议优先采用浮管的方式，当施工现场浮管短缺时，可采取钢管 + 排架的方式予以替代。

(4)通过对水上挖掘机进行加大浮力、改装长臂等方面的改装，可使其具备吹填区内安全行走作业、拖动泥浆面上的浮管等能力，解决了软土吹填区内的接管难题。

(5)在吹填区内管头处抛设两个八字锚进行管线固定，可减小吹填管头的来回左右摆动及弯曲，同时，根据吹填区内吹填管头淤泥堆积情况，利用长臂水上挖掘机进行疏导，调整吹填泥浆水的流向，可最大限度的达到每个管头可补吹面积，减少管线移动的次数。

(6)对于吹填区内已出现积水区的情况时，可采用上述标高控制方法，须提前做好相应吹填方案及各项准备工作，确保吹填施工质量，减少补吹时间及成本。

(7)做好吹填过程标高测量监控工作。由于吹填区域面积超大，传统的测量方法已难以满足吹填区泥浆面标高的测量。必须提前考虑采取可行的吹填区内测量方法。譬如本工程采用的大浮力水上长臂挖掘机辅助吹填区内人工 RTK 测量的方法。

参考文献

[1] 中交四航局港湾工程设计院有限公司.苍南县江南海涂围垦区吹填及软基处理二期工程可行性研究报告.2012.12-13

[2] 广东省航运规划设计院.苍南县江南海涂围垦区吹填及软基处理二期工程设计施工总承包 II 标段初步设计.2013.6-7

浅谈高温地区混凝土的质量控制

陈会涛　徐正东　代君胜　卢东博
（中交天航港湾建设工程有限公司，天津，300450）

摘　要：通过对混凝土原材料与配合比、混凝土原材料温度、混凝土搅拌、混凝土浇筑过程、混凝土养护等控制措施来保证高温地区混凝土质量，为确保高温地区混凝土质量提供相关借鉴。

关键词：高温；混凝土；温度；质量控制

引言

海南省三亚市属于热带地区，该地区年平均气温、日照强度普遍高于内陆地区，在高温条件下进行大体积混凝土结构施工，根据实际施工气候条件，混凝土拌合物温度、养护环境温度较高，加之混凝土自身水化热，其温度控制是工程施工的一项重点和难点问题。

1　工程概况

三亚凤凰岛国际邮轮港二期工程为重力式沉箱码头，该码头将建设两个15万吨、两个22.5万吨，共四个游轮码头。三亚地区属于热带海洋季风气候，4～10月份天气炎热，日照强，日最高气温38℃，白天平均气温32℃，夜间平均温度23℃。因此，如何在高温天气下控制好混凝土的浇筑质量，是本工程解决的重点。

2　高温地区混凝土施工特点

（1）在高温下拌和浇筑混凝土，水分蒸发快，诸多原因引起坍落度损失，难以保证所设计的坍落度，易降低混凝土的强度、抗渗和耐久性。掺用减水剂的混凝土，温度高，气泡易挥发，降低其含气量，且变得不稳定，空气量难于控制，使混凝土坍落度的控制变得较为困难。

（2）由于气温高，水泥水化反应加快，混凝土凝结较快，施工操作时间变短，容易因捣固不良造成蜂窝、麻面以及“冷缝”等质量问题。

（3）混凝土养护非常重要，如脱模后不能及时浇水养护，混凝土脱水将影响水化的正常进行，不仅降低强度，而且加大混凝土收缩，易出现干缩裂缝。

针对以上高温天气下，混凝土施工过程中易出现的质量问题。我部通过混凝土原材料与配合比控制、混凝土原材料温度控制、混凝土拌合和运输控制、混凝土浇筑过程控制、混凝土养护控制等方面措施，来保证混凝土施工质量。

3　混凝土原材料与配合比控制

3.1　水泥选择

对于高温地区，水泥选择水化热较小的水泥。因为水化热高的水泥，对混凝土产生不利的影响，宜产生温度裂缝。本工程通过考察当地水泥厂家，华润水泥作为海南省唯一一家大型国企生产厂家，生产水泥质量稳定。因此，选择华润水泥(海岛牌)42.5等级普通硅酸盐水泥，28天强度48~50MPa(表1)。

水泥性能指标 表1

名称	品种	检测项目(强度:MPa)						
		凝结时间(初凝)	凝结时间(终凝)	安定性	3天抗折	28天抗折	3天抗压	28天抗压
水泥	p. o42.5	135min	208min	合格	4.9	8.6	25.0	49.4

3.2 集料选择

碎石选择5~31.5mm的连续级配，针片状含量<5%，含泥量和石粉含量<1%。河砂选择级配为Ⅱ区，细度模数2.4~2.9的中砂(表2和表3)。

砂颗粒级配分区 表2

种类	级配区	公称粒径(累计筛余量(%))						细度模数	选择
		5.00	2.50	1.25	0.63	0.315	0.16		
河砂	Ⅰ	0~10	5~35	35~65	71~85	80~95	90~100	中砂 2.3~3.0	根据级配选择Ⅱ区中砂
	Ⅱ	0~10	0~25	10~50	41~70	70~92	90~100		
	Ⅲ	0~10	0~15	0~25	16~40	55~85	90~100		

碎石级配分区 表3

种类	级配情况	公称粒径(累计筛余量(%))								选择
		2.36	4.75	9.5	16.0	19.0	26.5	31.5	37.5	
碎石	5~25	95~100	90~100	—	30~70	—	0~5	0	—	根据级配选择5~31.5
	5~31.5	95~100	90~100	70~90	—	15~45	—	0~5	0	
	5~40	—	95~100	70~90	—	30~65	—	—	0~5	

3.3 粉煤灰选择

在保证混凝土强度的前提下，尽量多掺入粉煤灰。本工程通过计算掺入67kg/m^{3}粉煤灰，由于粉煤灰用量未超过水泥用量的15%，采用等量替代水泥，水泥用量从449kg/m^{3}将至382kg/m^3，每方节约了水泥用量67kg。根据相关资料，每方混凝土的水泥用量每增减10kg，其水化热引起混凝土温度相应升降1~1.2℃，因此可使混凝土内部温度降低6~7℃。粉煤灰又可以改善混凝土的和易性，提高了混凝土的可泵性和施工性能，粉煤灰后期强度增长幅度大，密实度和耐久性都有提高。

图1 试验室试拌配合比

3.4 外加剂选择

聚羧酸高性能减水剂(缓凝型)不但可以大幅度的减少水的用量，且能较长时间内保持混凝土有良好的流动性、不离析，工作性能大大提高。缓凝型减水剂可以减缓水泥水化放热速率，降低水化热峰值，延缓峰值出现时间，有利于控制温度应力裂缝。

3.5 确定最佳配合比

高温地区混凝土配合比设计的核心就是在保证强度的基础上降低水泥用量，并在设计过程中考虑塌落度损失，通过实测塌落度损失为15mm/t(图1和表4)。

混凝土配合比　表4

每立方米混凝土材料用量(kg)						砂率(%)	水灰比	塌落度(mm)	抗压强度(MPa)	
水泥	砂	碎石	水	粉煤灰	外加剂				R_7	R_{28}
382	764	1012	175	67	6.74	43	0.46	170	42.5	50.2

4　混凝土原材料温度控制

4.1　水泥

水泥出厂后,自身温度会伴随着储备期的延长而降低,因此根据施工进度安排提前进场水泥,尽可能延长水泥储备时间。

4.2　骨料

进场水洗的骨料,既可以降低骨料中的含泥量,又可以在天气炎热时通过蒸发冷却降低骨料自身温度。在骨料堆放场上搭设防晒遮阳篷(图2),避免骨料受太阳光暴晒。通过上述措施骨料温度由42℃降到了28℃,平均降低骨料温度14℃,由于骨料每方混凝土用量较大,骨料降低1℃,混凝土可降低0.5℃,因此,整体可以降低混凝土温度7℃。

4.3　拌合水

拌合水对储水罐进行遮盖处理,并对储水罐四周用泡沫板封闭。温度较高时,提前一小时加入冰块,确保拌合水温度控制在6~9℃(图3)。

图2　骨料搭设遮阳篷

图3　拌合水加冰

5　混凝土搅拌和运输控制

(1)采用大功率的高效混凝土拌和机缩短混凝土拌合时间,掺入粉煤灰和外加剂的混凝土,为保证粉煤灰和外加剂充分的与混凝土搅拌均匀,混凝土搅拌时间应比普通混凝土延长30s。

(2)现场试验人员加强旁站,对现场混凝土配制、拌合过程、骨料计量增加检测力度,根据堆料场砂、碎石的实际含水率及时调整施工配合比。

(3)在混凝土运输过程中采取防晒隔热设施,对混凝土罐车遮盖,防止混凝土在运输途中温度回升。

(4)为了减少混凝土在运输过程中的温度回升,随时维护施工路线,保证运输路线畅通,无堵塞,缩短混凝土运输时间。

6 混凝土浇筑过程控制

(1)浇筑混凝土前,做好详细的混凝土浇筑方案,确保混凝土搅拌站、混凝土罐车、混凝土泵车的合理搭配,保证混凝土浇筑工作有序进行,杜绝混凝土罐车长时间等待接料或混凝土泵车长时间等待供料。

(2)严格控制混凝土的入模温度,最高温度不得高于 35℃。在浇筑混凝土时,应分层浇筑,并保证上部混凝土浇筑时下部混凝土未初凝,这有利于充分振捣又可以加快混凝土水化热的释放,可有效避免温度裂缝的产生。

图 4　混凝土喷淋养护

(3)混凝土尽量避免高温时段作业,安排专人随时了解天气情况,一有阴天或低温时间,抓紧浇筑。平时混凝土尽量安排在下午 18 时至次日上午 10 时进行,白天高温时间做相关的准备工作。

7 混凝土养护控制

(1)混凝土浇筑完毕及时苫盖土工布,并洒水养护,在养护期间采取不间断养护,始终保持混凝土表面处于充分的湿润状态(图 4)。养护期不少于 14 天。

(2)安排专人定时对混凝土进行养护并严格按照要求做好混凝土养护记录。混凝土养护期间,每隔 2 小时检查一次养护情况,气温高时加密巡查。

结论

通过上述混凝土控制措施,解决了高温地区由于温度高、天气炎热,引起的混凝土塌落度损失块,混凝土初、终凝时间变短捣固不良造成蜂窝、麻面以及"冷缝"等质量问题;解决了高温地区混凝土的养护问题,提高了混凝土后期的强度,防止因混凝土水化热温度升高产生的内应力造成混凝土表面裂缝。C40 混凝土强度通过评定由前期的 42.3MPa,提高到 46.7MPa,混凝土中最大氯离子含量由初期的 0.055% 降低到 0.028%。可作为类似高温条件下混凝土施工的控制措施,但高温地区混凝土施工色差问题仍没有得到很好的解决,待后期进一步的总结。

参考文献

[1] 中交四航工程研究院有限公司. 水运工程混凝土质量控制标准(JTS 202-2—20011). 北京. 人民交通出版社,2011. 12-30

[2] 中交天津港湾工程研究院有限公司. 水运工程混凝土施工规范(JTJ 202—2011). 北京:人民交通出版社,2011. 6-42

[3] 中交武汉港湾工程设计研究院有限公司. 水运工程大体积混凝土温度裂缝控制技术规程(JTJ 202-1—2010). 北京:人民交通出版社,2016. 4-10

浅谈近海浅区绞吸挖泥船充填袋施工

刘　晨
（中交天航港湾建设工程有限公司）

摘　要：充填袋结构围堰已广泛应用于各地工程围海造陆工程中，但是使用绞吸挖泥船进行充填袋施工的项目极少，且成功案例为零。以东营港广利港区通用堆场及辅建区陆域形成工程为例，通过研究及现场试验，解决了东营广利港此类滩涂区域传统充填袋施工不宜施工的问题，获得了宝贵经验，为后续类似工程施工提供了宝贵经验。

关键词：充填袋围堰；近海浅区；就近取砂；绞吸挖泥船

引言

为了证明绞吸挖泥船就地取土进行充填袋围堰的施工可行性，同时也可以解决东营广利港此类滩涂区域传统充填袋施工不宜实施的问题。近年来首次将绞吸挖泥船施工原理与充填袋施工工艺相结合，以此证明该施工方法的可行性和高效性。

1　工程概况

（1）东营广利港区通用堆场及辅建区陆域形成工程位于山东省东营广利港区，广利河北侧，本工程水工建筑物为通用堆场陆域形成工程的吹填围堰，共三段，其中 TY1 ~ TY2 段长 261.157m，TY2 ~ TY3 段长 1109m，FJ1 ~ TY1 段长 670m（图 1）。堤顶标高为 5.0m，均采用充填袋斜坡堤结构（图 2）。

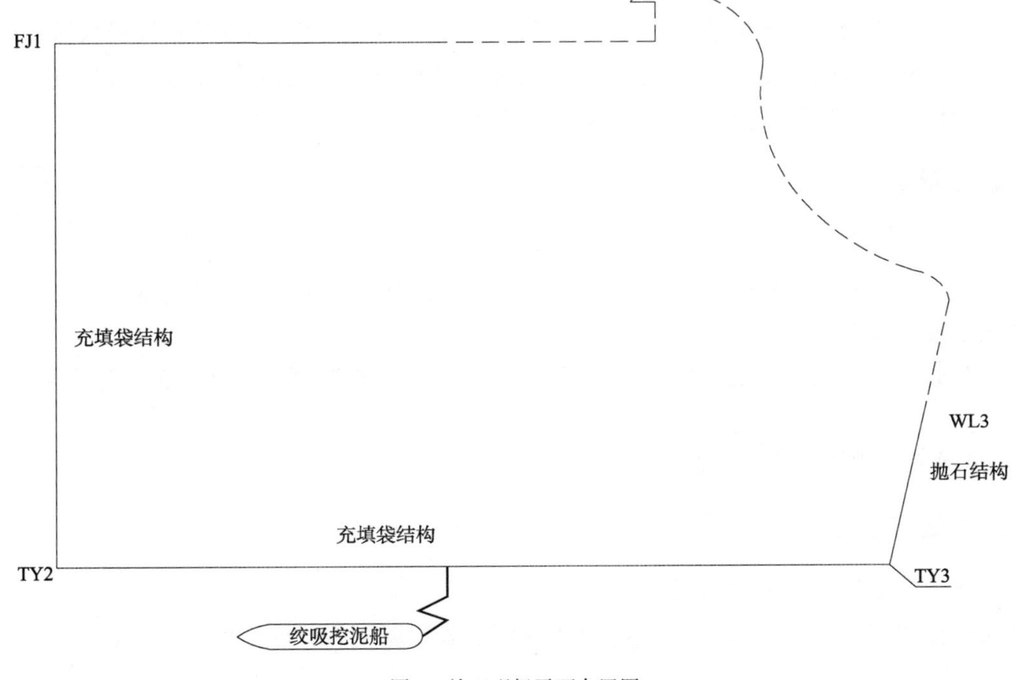

图 1　施工现场平面布置图

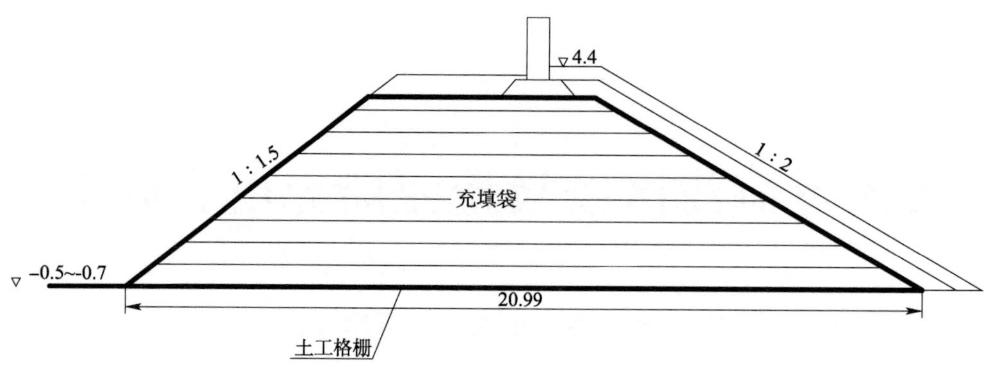

图2　充填袋结构图

(2)本工程受潮汐影响,潮流表现为半日潮流性质;受莱州湾潮波的影响,涨落潮明显。流速总体上呈现自外海向近岸逐渐增加趋势。

(3)设计水位:设计高水位:2.59m;设计低水位:－0.07m;极端高水位:4.77m;极端低水位:－0.85m。

(4)TY1～TY2段,TY2～TY3段和FJ1～TY1段,天然泥面标高约－0.5～－0.9m:堤心均采用充填袋,堤顶为路面结构。在天然泥面上铺设高强土工格栅一层。外侧采用60～100kg块石护面,边坡为1:2。护面块石下设二片石、混合倒滤层和土工布倒滤层。堤顶设浆砌块石挡墙,顶标高为5.5m。为防止堤脚冲刷,外侧采用60～100kg的块石护底,护底块石下铺设土工格栅及土工布。内侧铺设土工布倒滤层,其上为袋装砂,后方吹填。

本工程围堰段采用堤心为充填砂(粉土)的充填袋斜坡堤结构,所选用的充填袋袋布规格为230g/m^{2}的土工编织布,由于受施工条件限制,施工区域水深无法满足运砂船舶进出,故充填料采用就地取土的方式获得,该区域土质为粉土、细粉砂。

2　施工重点难点

2.1　施工重点

本工程充填袋堤心为就地选取粉土进行填筑,粉土充填袋结构在有波浪作用、较浅水域,受潮水影响冲刷,需要确定能快速排水、固结、充填成形的适宜填充料、袋布及施工工艺等,因此在现场进行典型施工时,快速取砂具有代表意义,进而成为主体结构大面积施工的重点。

2.2　施工难点

(1)由于设计要求就地取土进行填筑,根据土质勘察资料,图层分布呈现三大部分:水深0～－2米位置为淤泥和粉土,－2.2～－6.5米之间中粉土,－6.5米以下为粉土和粉质粘土因此在施工过程中会有很大一部分泥浆渗出袋外。

(2)施工区域水深呈大面积浅摊状,定位船、吸砂船等均需要根据潮汐作业,全天有效作业时间不足6小时。

(3)施工区域处于外侧无遮挡,受东北风影响较大。

2.3　现有施工设备

传统就地取砂充填袋打设工艺如图3所示。

充砂泵吸砂作业,吸入效率较低,耗时长,且不易穿透表层淤泥,对油耗和时间形成浪费,充填袋不易成形。

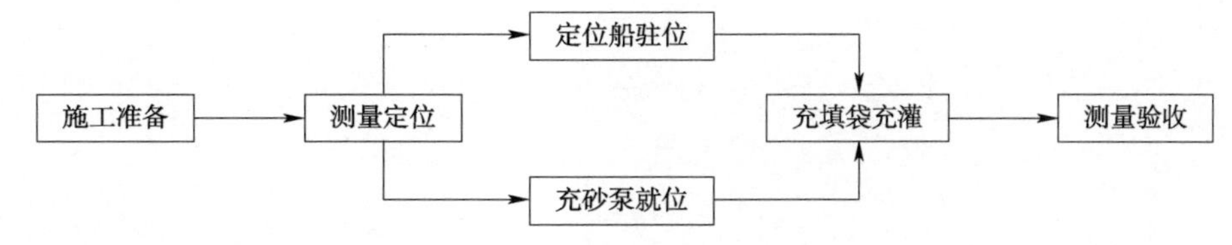

图3　就地取沙充填袋打设工艺

3　施工解决方案

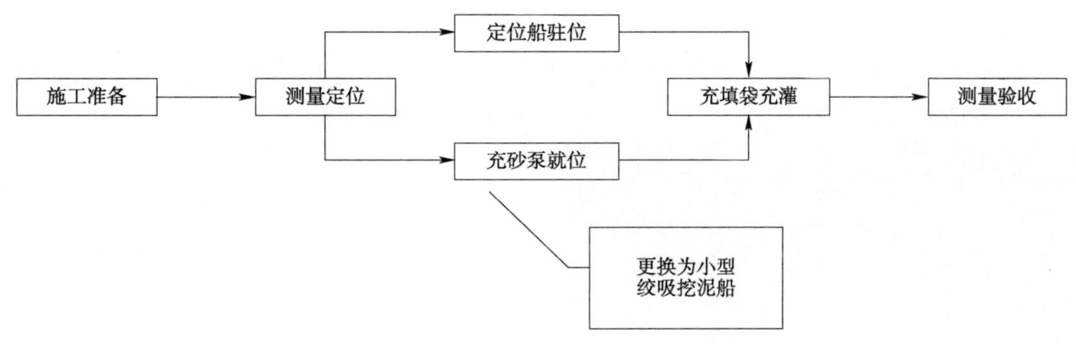

图4　充砂设备更换

3.1　更换充砂设备(图4)

绞吸挖泥船相对充砂泵，具有施工效率高，挖深大，工作面覆盖广的特点，小型的内河清淤绞吸船就可以满足现有工地的使用条件，挖深保持在 -2 ~ -6 米即可穿透淤泥层保证取砂质量(图5)。

图5　绞吸船现场布设

本工程取砂范围在堤坡脚线净距 150m 区域外，采用每小时产量 800m^3 的绞吸挖泥船进行取沙。绞吸挖泥船的水上管线直径为 550mm，通过一个三通装置连接到两个连接台上，每个连接台再接上 6 根吹砂管，每个连接输砂管道为直径 355mm 高密度聚氯乙烯管加 6 英寸软管，6 寸软管和充填袋袋体袖口连接。

3.2　实际施工过程

3.2.1　操作过程

潮位满足需要时定位船定位，连接绞吸船管线，绞吸船开始进行船窝施工，为自己挖出一个满足施工的工作面，与此同时，挖泥施工开始，泥浆通过水下泵输送到连接的各个充填袋中。本工程施工的绞吸挖泥船，共分出 12 条管线，最开始打设底层充填袋时，使用 3 条管线每个充填袋，将近打满时，使用 1 条管线进行补打，然后继续铺设充填袋，使用剩下的管线继续向后施工。当充填袋露出水面以后，充填袋不受潮水影响，且袋体逐渐变小，最多可对 12 个充填袋进行施工。

图 6　绞吸船充填袋施工现场

图 7　充填袋成型效果

3.2.2　施工成形效果和质量

(1)充填袋袋体成形效果,根据测量验收数据显示,绞吸船施工对袋体正常成形没有直接影响,完成后的袋体尺寸等能够符合设计要求,本工程充填袋体施工均已验收合格。

图 8　现场充填袋体内取土

(2)充填袋内留存下的充填料取样后送至材料检验机构,也符合设计要求的粘粒($d<0.005$mm)含量$<10\%$,指标要求 $c\geqslant 8$kPa,ϕ(水上)$\geqslant 20°$,ϕ(水下)$\geqslant 15°$,其中实际检测出的指标为:粘粒($d<0.005$mm)含量$<6\%\sim 7\%$,指标要求 $c\geqslant 8\sim 8.3$kPa,ϕ(水上)$\geqslant 20°\sim 21°$,ϕ(水下)$\geqslant 15°\sim 16°$。

根据设计说明提供的土质资料可以确定,就近取土区域的土质为$①_{1-2}$粉土其特性:灰色,稍密状,混较多粘粒、砂粒,土质不均匀,局部夹淤泥质土薄层。但实际经过吹填留存在袋体内的土质观察可以看出,土质呈黄色颗粒,细腻,无粘粒等,土质均匀杂质少。

结语

由于绞吸挖泥船进行充填袋施工,最终保证了东营港广利港区通用堆场及辅建区陆域形成工程的充填袋施工能够顺利而及时的完成,且充填效果良好。累计充填袋成型方完成 14 万 m^3。从施工开始至结束包含天气等各个影响因素,共进行了 60 天,绞吸挖泥船施工 1100 小时,平均每天施工时间 18 小时,小时施工成形方量能达到 127.3m^3,小时油耗 0.072 吨。目前充填袋主体结构稳定,在后续的观测中未发现异常,整体情况良好。证明了绞吸船在东营广利港此类地区进行充填袋施工的可行性和质量保障。

参考文献

[1] JTS 257—2008,水运工程质量检验标准[S]

[2] 席明军.大型充填袋施工技术[J].水运工程,2009,434(11):189-192

[3] JTS 207—2012,疏浚与吹填工程施工规范[S]

浅谈影响耙吸式挖泥船施工效率的主要因素

赵宝帅
（中交广州航道局有限公司，广东广州，510221）

摘　要：笔者以自航耙吸式挖泥船施工过程的分析为基础，总结了耙吸船挖掘施工效率的主要影响因素，旨在为耙吸船的施工提供理论依据，有助于此类船舶施工效率的提高。

关键词：耙吸式挖泥船；施工效率；影响因素

引言

耙吸挖泥船是水力式挖泥船的一种，不仅能够独立完成挖、装、运、卸（吹）等作业过程，而且还能够自行调遣至施工现场，具有很高的独立性和机动性。因此在航道疏浚、吹填造陆和港口建设等工程中耙吸船占据着极其重要的地位。

近年来随着疏浚吹填行业的竞争日益激烈，企业在利润空间缩小的大背景下，为了挖掘更多的经济效益，提高施工船舶的施工效率成为关键。笔者通过查阅大量资料，结合工程施工实践，总结影响耙吸船施工效率的主要因素。

1　耙吸挖泥船挖掘装舱过程

耙吸挖泥船是一种装备有耙头挖掘机具和水力吸泥装置的大型自航、装舱式挖泥船。施工时将耙臂放入水下一定深度，使耙头与泥面接触，通过船上推进装置，拖曳耙头前移，对水下土层的泥沙进行耙松和挖掘，与水混合形成泥浆，再通过离心式泥泵产生的真空从耙头的吸口吸入泥浆混合物，经耙臂、弯管等吸泥管道进入泥泵，最后经泥泵排出端装入挖泥船自身的泥舱中。

通过对施工过程的分析，不难发现挖泥船施工效率主要受施工环境和施工操作两个方面的影响，笔者将其归纳为施工特定参数和施工操作参数。前者主要包括船舶自身状况、疏浚区水文条件以及疏浚土质；后者主要涉及施工工艺和施工操作。施工效率影响因素参见图1。

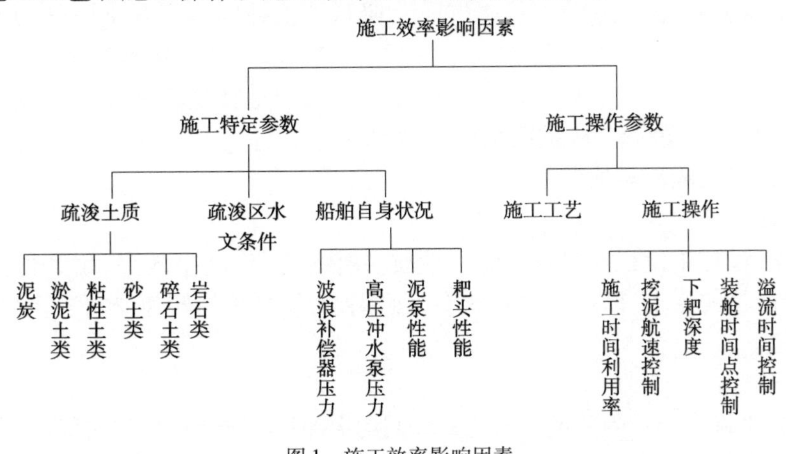

图1　施工效率影响因素

2 施工特定参数

影响挖泥船施工效率的施工特定参数包括疏浚土质、疏浚区水文条件、船舶自身状况等。

2.1 疏浚土质

疏浚土质的性能是影响挖泥船施工效率的重要因素。疏浚岩土一般可分为有机质土及泥炭、淤泥土类、粘性土类、砂土类、碎石土类和岩石类6大类。每种土质的性质差异直接影响着开挖机械的选择。耙吸挖泥船适宜开挖淤泥、流沙、粘土、密实细沙以及一定程度的硬质土和含有相当数量的卵石、小石块等的土层,甚至经过预处理的岩石。

不同的疏浚工程,土质也大不相同。为了提高疏浚生产效率,顺利推进工程,开挖前应根据土质资料、疏浚区域地质钻探采样资料,分析土质属于某一类土或某几类土。不同类别的土质的切削程度不同,耙吸挖泥船对不同类别的土质挖掘能力也不同。

实际施工时,不同类别的土质应采用不同的施工方法:当施工区土质为软土或淤泥时,很容易被耙头耙松,但耙头入土深度不能太大,挖泥航速不宜太快;当土质为硬质粘土或小石块时,需要适当提高挖泥航速,加强耙齿对泥层的切削力,增大吸入口的泥浆混合物浓度,提高装舱浓度。

2.2 船舶自身状况

2.2.1 波浪补偿器压力

耙吸挖泥船配有波浪补偿器装置,利用耙头自身重力作用,依靠液压蓄能器动作柱塞顶部滑轮,及时收进或放出吊耙钢缆(参见图2),调整耙头对地压力。

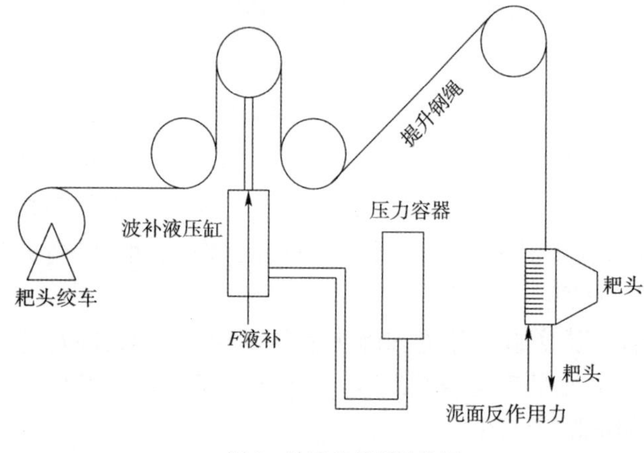

图2 波浪补偿器结构图

施工时可根据疏浚物的物理特点、挖深尺度和拖曳力大小,选择不同的波浪补偿器压力,进而调整耙头对泥面的有效压力。挖掘硬土质时,降低波浪补偿器压力,以此来增大耙头对泥面的压力,保证泥层切削厚度;挖掘软土质时,增大波浪补偿器压力,以此来降低耙头对泥面的压力,避免耙头陷入泥土过深,造成闷耙。随着挖深进一步增大,波浪补偿器压力应适度调低,控制耙头与泥面的压力适度,保证开挖泥层厚度,增大装舱浓度;耙头拖曳力过大时,单位时间的开挖面积增大,此时应适当降低波浪补偿器压力,减小开挖泥层厚度。

2.2.2 高压冲水泵压力

大型耙吸挖泥船都配备有并联或串联形式的高压冲水泵(1~3台不等),通过耙头喷出高压水流(压力最高可达18~20bar),疏松被挖泥土,减小耙头切削阻力,增大从吸口吸入的泥浆浓度。

2.2.3 泥泵性能

挖泥船设计之初,设计单位根据船东对泥土性质、挖深、管径、期望效率、耐磨性能、使用水域环境的特别制约、单位时间产量的要求,以提高泥泵效率为原则,对泥泵工作转速、扬程、流量、功率等选型论证,确定泥泵的具体参数。

2.2.4 耙头特性

耙头是耙吸挖泥船疏浚系统的关键装备之一,直接影响吸入浓度和单位时间的挖掘产量。耙头基本构造均由两大部分组成:耙头本体和由液压油缸推动(或带有推杆)的活动罩壳组成。活动罩壳可以使耙头与泥层表面更好的贴合、改变吸泥面压力、确保高浓度泥浆吸入。耙头上的高压冲水嘴和耙齿可以使板结的泥层更有效的疏松并液化,使泥泵产生的真空得到最有效的利用。耙头破土能力强,泥浆装舱浓度高,可以有效提高施工效率。

3 施工操作参数

影响挖泥船施工效率的施工操作参数包括:施工时间利用率、不同施工阶段采取的施工工艺、挖泥航速的控制、下耙深度、装舱时间点的控制、溢流时间的控制等。

3.1 施工时间利用率

耙吸船的时间利用率是一个很关键的因素,直接关系到工程施工进度,决定工程能否按时完工,所以应该尽量提高耙吸船的生产运转时间,减少非生产性停歇时间,提高时间利用率。而施工离不开设备,保证设备的正常运作是保证时间利用率的必要条件,因此必须经常性地对疏浚设备进行维修和保养。

3.2 不同施工阶段采取的施工工艺

3.2.1 开挖初期

在开挖航道初期,若挖槽较长,槽宽较大,开挖泥层较厚,应分段、分层、分条开挖。根据船舶自身性能和施工工况,确定分段长度、分层厚度、分条宽度。施工时,先挖浅段,待挖槽各段水深基本相近后,再逐步加深。实践表明,分段、分层、分条开挖,可以提高施工效率,保证施工质量。

3.2.2 开挖后期

自航耙吸挖泥船在施工时一直处于航行状态,挖槽平整度的控制相对于其他挖泥船较差,在扫浅施工阶段,容易形成浅埂和浅点,形成的较长的浅埂土质坚硬,形成的浅点孤立,分散不集中,水深落差大,给施工带来很大难度。为了提高施工效率,可以采用"S"型航迹施工法,把浅埂切割成小段,避免施工区形成较长的浅埂,提高施工区平整度;"S"型航迹施工时,船舶与垄沟、浅点存在一定交角(角度控制在8°~28°之间),利用耙齿切削浅点,能够有效的扫除浅点;可以有效避免溜耙现象。

若采用"S"型航迹施工,扫浅效果不明显,可以使用整平耙辅助扫浅。整平耙是由拖轮拖曳的一个特殊规格的钢制桁架结构设备,利用绞缆设备能够使其垂直升降,以控制整平耙扫浅底面标高。借助拖轮航行的拖力和整平耙自重进行破土,铲削浅埂和浅点,削高补低。利用整平耙拖过浅埂之后,再用耙吸船扫浅,施工效果明显。

3.3 挖泥航速的控制

耙吸挖泥船作业时,其对地航速的快慢对挖泥效率有很大影响。当土质、水深、泵机功率、耙头和耙齿类型等参数一定时,耙吸挖泥船的施工效率基本上是由单位时间内耙头拖移过的河床面积和挖掘深度决定的,因耙头宽度和耙齿深度是不变的,只有对地航速是可变的,所以驾驶员选用的对地挖泥航速决定着挖泥生产效率。

当土质为淤泥或软土时,很容易被耙松,耙头入土深度大,此时对地航速可适当降低,驾驶员需控制船舶对地航速在2kn左右,增大挖掘浓度;当土质为硬粘土、板结塑性土、中密或细密砂质土时,耙齿破土深度变小,此时需要驾驶员控制船舶对地航速在3~4kn左右,增大耙头动能加强耙齿对泥土的剪切作用和扩大耙挖面积,增大泥土耙松面积,提高吸入泥浆浓度。

3.4 装舱时间的控制

耙吸船在放耙着底初期,短时间内,可能泵吸上一些清水和低浓度泥浆,宜将其排出舷外,待泥浆进入正常浓度,开始装舱,这样可以大大缩短后续装舱泥沙在泥舱中的沉淀时间,提高装舱效率。

3.5 溢流时间的控制

为了增加泥舱装载土方量，耙吸挖泥船装载到调定的舱容后，往往需要溢流一段时间，达到最佳装舱效果。不同的施工工况通常采用不同的溢流施工方法，溢流时间也不同，航道维护疏浚采用最大装载溢流法，基建施工采用最佳装舱溢流法。

3.5.1 最大装载溢流法

最大装载溢流法是在航道维护施工时，土质多为粉细砂和淤泥，不易沉淀，泥舱装满后，溢流损失立即达到 100%，溢流时间较短甚至不溢流。

3.5.2 最佳装舱溢流法

最佳装舱溢流法是指将溢流筒调至较高档次，待装满后，立即把溢流筒调至较低档次，溢出上层浓度小的泥浆，再将溢流筒调至较高档次，继续装舱，如此反复若干次，来增加单船实际装载土方量。在基建施工中，土质颗粒和容重较大且易沉淀，常采用此施工方法。

结语

综上所述，耙吸挖泥船在施工时可通过分析主要性能指标和关键疏浚设备，调整各个相关参数，来提高生产效率。通过对施工特定参数和操作参数的具体分析，可以发现，影响耙吸挖泥船施工生产效率因素很多且相互关联。实际施工生产过程中，综合考虑土质、施工工况等，适当调整高压冲水泵压力、下耙深度、装舱时间、溢流时间、挖泥航速，优化施工工艺，从而达到高效生产。

参考文献

[1] 王谷谦. 疏浚工程手册[M]. 上海：交通部上海航道局，1994

[2] 交通部上海航道局. 疏浚岩土分类标准(JTJ/T320—96). 北京：人民交通出版社，1996

[3] 程志东. 浅谈耙吸挖泥船施工工艺[J]. 湖北：中国水运，2012. 142-143

[4] 秦建卫. 浅谈耙吸挖泥船施工技术[J]. 北京：科技资讯，2015. 78-79

[5] 张燕. 国内外大型耙吸挖泥船的关键技术发展研究分析[D]. 哈尔滨工程大学学位论文，2010. 34-37

浅谈预制沉箱超高分层施工

王化杰　陈会涛
(中交天航港湾建设工程有限公司,天津,300450)

摘　要:作为重力式码头的一个重要分项,预制沉箱的质量好坏对整个码头的质量有着重要的影响。结合三亚凤凰岛国际邮轮港二期工程,预制沉箱层高为5m的分层施工工艺与以往层高为3～4m的分层施工工艺是个大胆的突破,通过工艺改进,保证了沉箱的整体质量,为相关工程提供了参考。

关键词:沉箱;预制;高分层;工艺改进

引言

通过现场工艺改进,对本工程沉箱分段高度、接缝处理、混凝土温度控制、混凝土表观质量和沉箱整体尺寸控制等方面的预制施工工艺及控制措施进行系统研究,建立完善的针对高温地区大型沉箱结构的预制施工技术,对提高工程施工质量,保证工程施工进度和施工安全有较好的指导意义。

1　工程概况

三亚凤凰岛国际邮轮港二期工程,主要工程内容包括邮轮码头、护岸、围堰、陆域形成、地基处理等。码头及护岸工程为重力式沉箱基础,共有沉箱332件,其中3#、4#泊位及南护岸、北护岸直线段为A型沉箱,分4个隔仓,共计214件。北护岸弧线段为C形沉箱,共35件,西护岸为B型沉箱,分6个隔舱,共计83件。以A型沉箱为例:长11.2m、宽9.35m、高13.7m(图1和图2)。

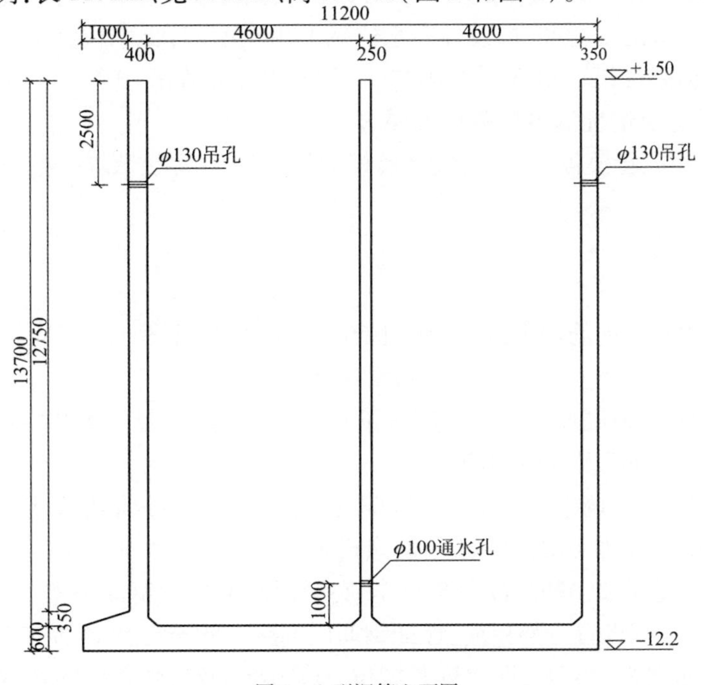

图1　A型沉箱立面图

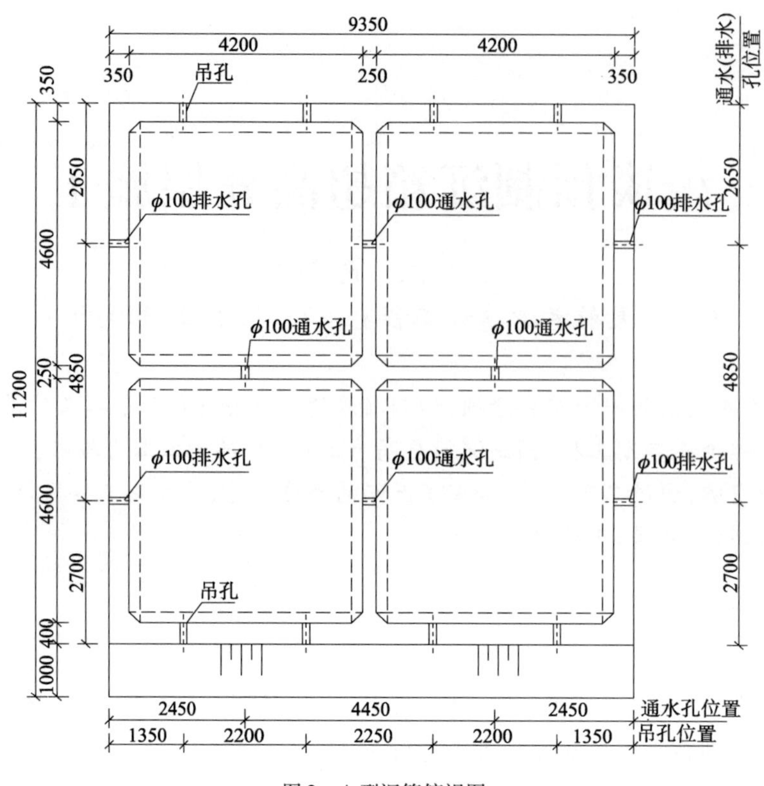

图2　A型沉箱俯视图

2　施工工艺

2.1　工艺原理

《水运工程混凝土施工规范》(JTJ 202—2011)规定施工缝位置:

(1)与底板相连的墙体,其水平施工缝宜留置在距离底板大于1.0m高的位置。

(2)施工缝不宜设在水位变动区(即设计高水位减1.0m至设计低水位减1.0m之间)。

沉箱预制分层情况如下:第一层3.7m,第二、三层均为5m,如图3所示,该工程中水位变动区为:-0.91~0.84m,该沉箱分层情况满足规范相关要求。

每层沉箱的浇筑使用配套模板,二三层沉箱模板通过预埋的圆胎、螺杆、拖拉盒等进行加固安拆,实现了各层混凝土浇筑。

2.2　钢筋

(1)所有钢筋均在预制场钢筋加工区进行集中制作。按照图纸设计加工后,半成品钢筋分类分型号摆放,并设立标识牌。

(2)底层钢筋绑扎顺序:铺底放线→绑扎底板下层钢筋、支垫混凝土垫块→绑扎底板架立筋→绑扎底板上层钢筋→绑扎隔墙、外墙及趾板钢筋。

(3)标准层钢筋绑扎顺序:调整外露钢筋→间隔支立内模→吊装纵隔墙钢筋网片→穿绑横隔墙钢筋→安装外墙钢筋网片→绑扎附加筋成型→安装其余模板。

(4)沉箱的钢筋按照每层预制的高度分节制作,底层预制部分的钢筋根据底胎上的划线位置直接进行绑扎,底板上下层钢筋之间设置骨架钢筋,保证钢筋层间距。标准层预制部分前后壁、左右侧壁和纵隔墙钢筋先在预制场绑扎成骨架,再分片起吊安装就位,横隔墙钢及加强角钢筋在现场绑扎。

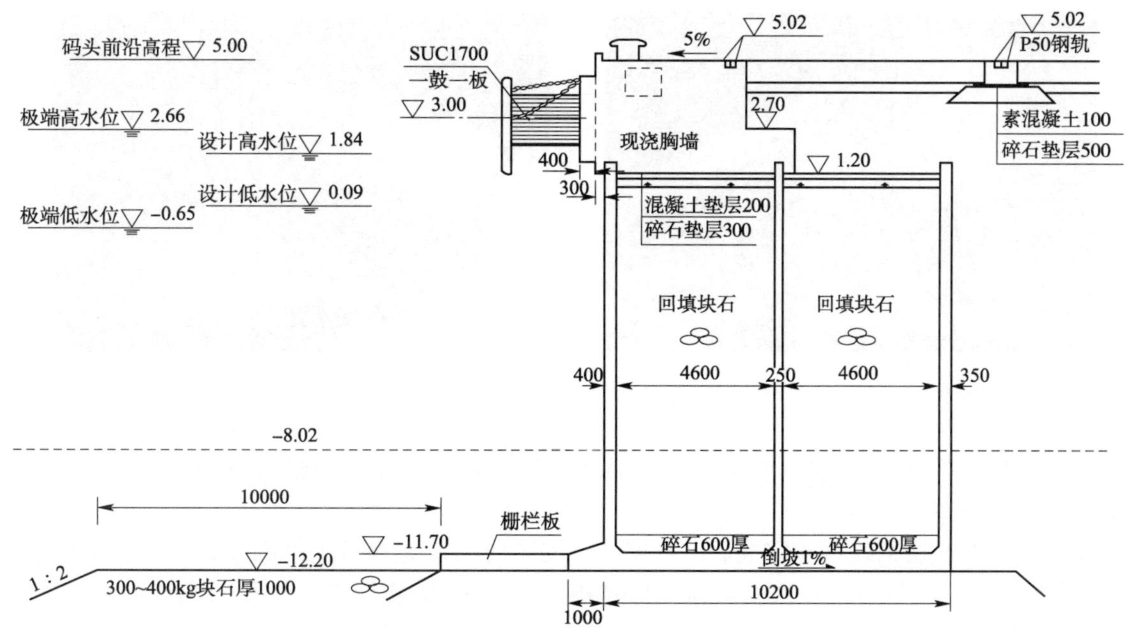

图3 码头结构断面图

(5)沉箱不同部位,对钢筋保护层厚度要求不同,同时考虑到沉箱部分位置垫块所受压力过大等情况,共使用四种不同型号的垫块,且垫块强度不低于混凝土强度,底板底层钢筋与底胎间混凝土垫块所受压力过大,使用图示第二种柱体垫块有效地改善了垫块被压裂导致底层钢筋保护层偏小的问题。图5所示为第四种垫块(150mm×150mm×50mm)专用于底板上层钢筋与一层内模之间,替代了原先设置的贯穿底板混凝土支撑在平台上的型钢支腿,有效地保证了底板钢筋保护层厚度。

图4 钢筋绑扎成型

图5 混凝土垫块

2.3 模板

2.3.1 模板设计

(1)沉箱模板采用大片定型钢模板,整体吊装。模板采用6mm钢板作板面,用[80及80×6扁钢作肋焊接成定型钢模板片,分块组拼。竖围檩采用双拼][10,间距800mm,与模板横肋焊接,外桁架采用[10与竖围檩焊接成整体,竖围檩上下端采用ϕ24穿心拉杆与内模对拉固定。

(2)考虑到以往沉箱预制中容易出现的掉角、沉箱接茬处出现错台等问题,此次模板设计时,局部进行了优化改进:

(3)为保证沉箱接茬处无错台接茬处线型直顺,在外模顶部模板设计为八字角,如图6所示。

(4)为保证模板支拆方便,避免沉箱边角出现掉角问题,模板片之间的连接缝错开边角的位置,并将沉箱四边角设计为圆弧角(图7),底板边角为八字角,圆角及八字角的设计既便于施工,且沉箱美观,不易掉角。

图6　外模板顶部八字角图

图7　沉箱模板圆角示意图

2.3.2　模板支拆

(1)底层模板安拆流程:底层钢筋绑扎——→隔墙钢筋绑扎——→安装调整内模、外模——→混凝土浇筑——→拆内模——→拆外模。

(2)底层模板在底层钢筋绑扎完成后进行安装。安装时采取先外后内的顺序,先安装外侧模及防浮桁架,外模安装按照逆时针方向依次安装,底层外侧模下口通过加撑固定,外侧模对角线用对拉杆对拉固定保证模板上口整体尺寸。在底座模边架设一垂直尺,然后通过水平量测外模内侧的距离调整模板垂直度。外侧模安装完成后开始内模的安装。在每个隔舱内模位置底板钢筋间布设8个ϕ25马樘支撑,顶层钢筋四个角点处放置4个150mm×150mm×50mm混凝土垫块,定位内模的标高。把内模每个隔仓和支架连接起来,保证尺寸,然后整体吊装(图8)。

(3)标准层模板安拆流程:安装对角线内模——→钢筋绑扎——→安装剩余内模——→外模安装调整——→混凝土浇筑——→拆内模——→拆外模。

(4)标准层模板先安装内模,沉箱内模支立时,利用吊装架将芯模连接成一整体,塔吊吊运就位,通过吊装架底部的推拉盒支撑栓在预留的推拉盒孔洞上,模板底部由活动式顶撑固定并与混凝土表面接触紧密,通过对拉件调整模板面垂直度,为方便钢筋的绑扎,内模采用对角线安装的顺序进行。隔墙钢筋全部穿绑调整后,安装剩余内模,之后检查内模各腔洞平面尺寸、垂直度及标高。内模安装后再进行外侧模的安装,外模安装采用逆时针进行安装。外模支立时,操作工站在下平台将外拉条与预设的圆台螺母全部拧紧,使得模板下部接触段与下层混凝土墙体面接触紧密,安装后用对拉杆初步固定,当外侧模初步安装完成后,检查模板位置(水平及垂直),通过拉杆及拉件进行调整,上紧对拉螺杆,对角线用对拉杆对拉固定保证模板上口整体尺寸,当上口拉条与内模拉紧固定好之后,塔吊才可脱钩(图9)。

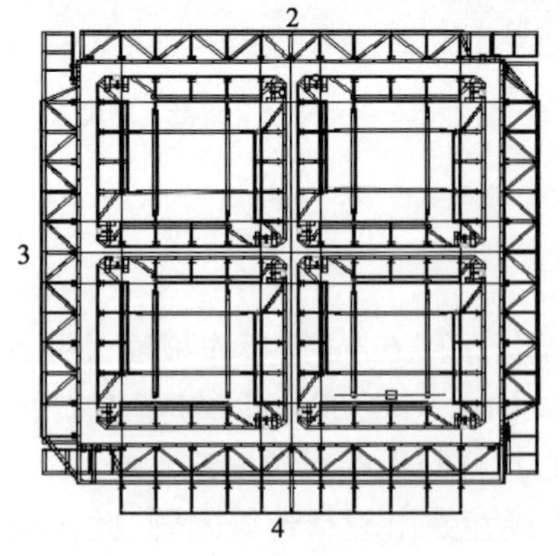

图8　底层模板安装顺序示意图

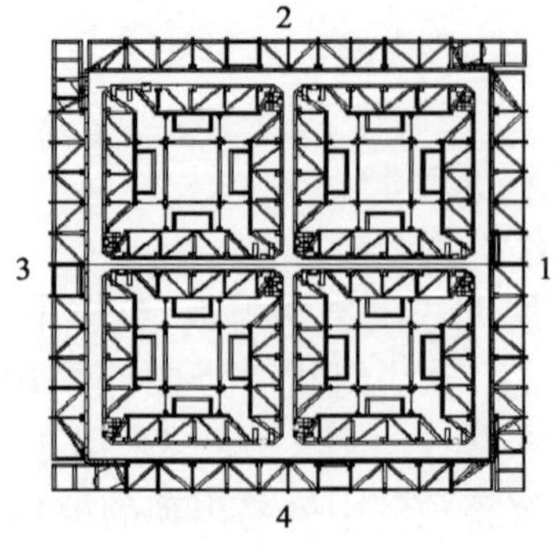

图9　标准层模板安装顺序示意图

2.4　混凝土

2.4.1　混凝土拌合

混凝土由现场拌合站提供,混凝土拌合严格执行规范要求,按配合比进行配料。

2.4.2 混凝土浇筑

沉箱采用3层浇筑成型的施工工艺。混凝土由搅拌站集中拌和供应,罐车运输,泵车泵送入模。沉箱混凝土浇筑共分3层,底层含底板高度3.7m;上层标准段2层,每层5m。由于公共隔墙的存在,因此泵送时按指定的路线移动,以利混凝土浇筑和防止模板偏移,浇筑路线如图10所示。

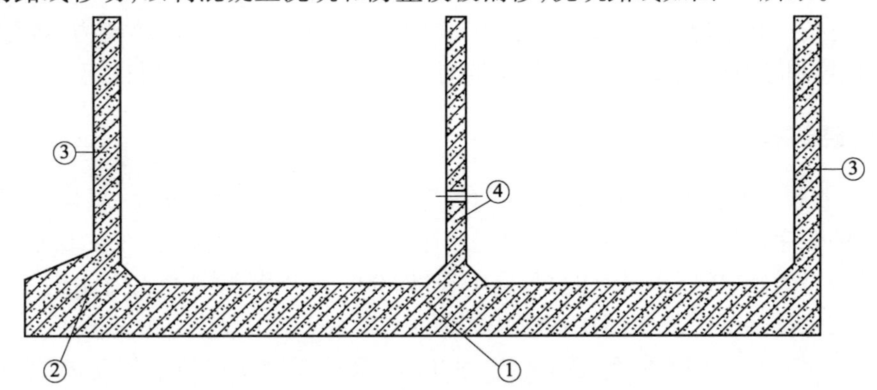

图10 混凝土浇筑路线示意图

沉箱混凝土浇筑采用搅拌车运输,泵送浇筑工艺,墙体混凝土浇筑采用水平分层浇筑的方式进行,分层厚度为500mm,混凝土振捣采用ϕ50插入式振捣器,先外后内,振捣间距300mm,持续振捣时间15~20秒,以混凝土表面显现水泥浆和混凝土不再沉降为度;保证上下层混凝土结合成整体,振捣器应插入下层混凝土不少于50mm。前趾部分在外模上开振捣口,直接由振捣口进行振捣,待混凝土密实后封口,每层内模上设有一操作平台,平台四边缘做成斜坡形,便于混凝土入模。振捣完成后进行第一次抹面,抹面区域主要为底板表面、前趾模板开孔表面,初凝前进行二次抹面。

沉箱分层浇筑,为保证接茬处质量,每层混凝土浇筑之前,先浇筑10~20mm厚高于本体混凝土标号一等级的砂浆。混凝土浇筑至顶面后,刮去表面浮浆,待混凝土初凝后,用高压水枪进行冲毛处理,冲毛必须保证冲掉表面的砂和浮浆,且石子必须露出1/3高度,且石子不得松动,在浇筑上层混凝土前将施工缝湿润冲洗干净。

3 质量控制

3.1 原材料控制

每一批原材料均有质保书,符合规范及设计要求;每一批钢筋均按要求做物理力学实验,水泥、砂,碎石做常规实验。

3.2 钢筋加工、绑扎

钢筋材料符合规范及设计要求,钢筋加工尺寸、对焊接头应符合规范及设计要求,钢筋骨架成型后进行加固,按要求放置垫块,保护层达到设计要求;钢筋加工过程中,钢筋工进行自检,外模安装完,调整好钢筋保护层,随后由质检员进行全面的验收检查。

3.3 模板制作

模板严格按照设计图制作,误差控制在设计及规范允许范围内;模板的外型尺寸、表面平整度应随时抽查检测,模板刚度满足设计要求。

3.4 模板安装

模板安装前表面清洁,脱模剂须均匀涂擦,并对墙体顶部杂物清除干净,模板安装后,其平面尺寸,垂直度应符合规范要求，各模板拼接处应有可靠的止浆措施，防止漏浆，模板的支撑点应有牢固的强度，保证其变形控制在规范允许范围内；

3.5 混凝土拌和

混凝土拌和严格按配料单进行配料，混凝土拌和时间应控制在规范允许范围内，各计量器具定时检测；利用混凝土试块控制混凝土强度，由计量员定期对拌和时间和计量器具进行检测。

3.6 混凝土浇筑措施

（1）混凝土自下料口下落的自由倾落高度不超过2m，超过2m时，用串桶浇筑，防止混凝土离析。混凝土浇注要按预定的顺序进行施工，对接缝处预先浇注一层高一等级且厚度10～20mm厚的砂浆，每位操作工明确各自的振捣范围，控制落灰厚度，每层不超过500mm，当沉箱混凝土浇注至离顶层约1.5m时适当减少混凝土的用水量降低水灰比，采用二次振捣措施，做好二次压光，防止松顶；

（2）泵车操作工控制好下灰数量，每层不超过500mm，泵送路线要严格按规定路线施工。振捣工明确自己职责内容，按照泵送路线顺序振捣，并控制好振捣时间和振捣间距，无漏振或过振等现象。

（3）混凝土浇注过程中，严格控制塌落度，实验工现场测定。施工前，由技术员对操作人员进行技术交底，施工过程中严格按照技术交底进行控制。

（4）沉箱标准层高5m，受到墙体钢筋的限制，泵车泵管无法伸入墙体内部，为了满足规范规定混凝土自由倾落高度不得超过2m，避免混凝土的离析，采用辅助浇筑的串筒。具体尺寸见图11。其材质为直径为200mm的镀锌薄壁钢管，底部设计为直径150mm的缩口，串筒变径处设置圆形橡胶皮，可有效的降低出灰的速度。根据混凝土的流动性结合多次试验结果，1.5m为串筒最佳的布置间距，每面墙体布置6根串筒，既能保证只通过串筒浇筑混凝土就可依靠混凝土的流动性使其底部混凝土流动饱满，又有效地避免了混凝土离析的现象，同时也改善了泵管下方模板面及钢筋粘接灰浆过多导致墙体底部麻面问题。

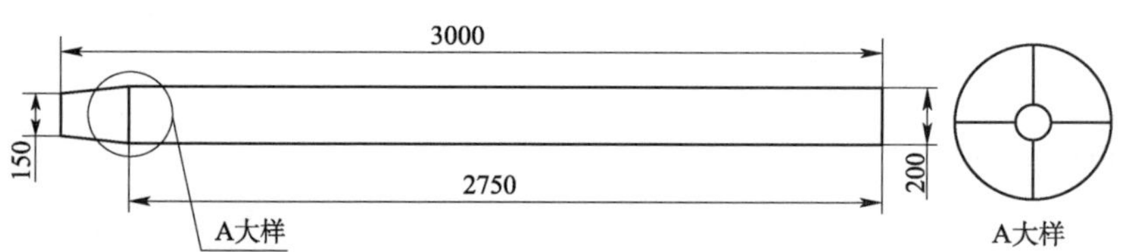

图11 串筒结构图

图12 串筒施工图

（5）宽为9.35m的前趾模板斜面上增设七个振捣口，考虑了振捣棒的有效振捣范围，在最边角位置都在振捣范围之内，保证气泡有效排出。同时控制沉箱不同位置采用不同坍落度的混凝土，底板所用混凝土塌落度控制在120～140mm，保证底板混凝土尽量少的流动至墙体位置减少施工冷缝。墙体所用混凝土塌落度控制在140～160mm，沉箱前趾所用混凝土的塌落度控制在160～180mm，利用其良好的流动性，并加以充分振捣可避免出现缺角现象。

3.7 混凝土温度控制

图13 前趾模板振捣孔

三亚地区温度较高，为了保证高温环境下沉箱的质量，从混凝土的配合比、原材，浇筑施工过程及养护方面采取了相应的控温措施。在保证混凝土性能的前提下，适量减少混凝土中水泥的用量，降低其水化热带来的温度影响；砂石料等料仓搭设遮阳棚，以避免阳光曝晒。拌合用水采用冷却水，储水箱加冰降温，拌合水温度控制在6～9℃；施工过程中，全程由专人使用手持式红外测温仪测量混凝土及模板的温度，模板背面横纵肋空隙处放置厚度为50mm的海绵，保持海绵湿润可有效控制模板的温度。综合几种措施，保证了在高温环境下，混凝土的入模温度满足了规范要求，切实保证沉箱的质量。

3.8 接缝凿毛处理

每层沉箱浇筑终凝后，由专人对顶层混凝土进行冲毛处理，完成之后冲洗干净，冲毛面应有明显凹凸感，粗骨料外露三分之一，无附着松散混凝土渣及松动石子。

3.9 养护

沉箱养护采用混凝土养护剂，其主要成分为有机高分子及无机碱金属硅酸盐。养护由专人负责，每层模板拆除后，立刻将养护液均匀喷洒一遍，待养护液成膜后在其垂直方向喷洒第二遍。施工前进行技术交底，严格控制养护液用量在0.1～0.15kg/m²，喷洒均匀，不可遗漏。

结语

通过钢筋绑扎、模板设计、支拆模版、混凝土浇筑等工艺的改进，解决了高分层混凝土带来的质量问题，保证了沉箱混凝土的整体质量。为其他地区预制沉箱高分层提供了参考，但高分层混凝土施工混凝土表面色差问题仍没有得到很好的解决，待后期进一步的总结。

参考文献

[1] 中交四航工程研究院有限公司. 水运工程混凝土质量控制标准(JTS 202-2—20011). 北京：人民交通出版社，2011. 27-30

[2] 中交天津港湾工程研究院有限公司. 水运工程混凝土施工规范(JTJ 202—2011). 北京：人民交通出版社，2011. 27-28

浅谈整体式液压模板在箱梁预制中的应用

刘赵波

（中建港务建设有限公司，上海，200433）

摘　要：传统公路预制箱梁施工工艺中通常采用拼装组合模板，分块拆卸，分块拼装，此施工方法劳动强度大，工人操作不方便，移动模板需要龙门吊配合，耗时较长，整体式液压模板是将分块模板拼接成一个整体，可以在固定轨道上行走移动，安装拆卸方便、施工效率高、外观质量好、无需吊装、安全性好，经济效益显著，应用前景广阔。

关键词：整体式；液压；模板；箱梁预制；应用

引言

武汉市四环线是武汉市重点工程，于2011年10月底以前开工建设，“十二五”期间基本建成通车，四环线位于三环线与绕城高速公路之间，一部分路段与外环线共线，距绕城高速公路平均距离约8.5公里，将成为三环与绕城高速公路的最佳衔接线。在武汉市四环线龚家铺至中洲段第三合同段箱梁预制中采用整体式液压模板施工，提高了预制箱梁外观质量，为确保武汉南四环线顺利通车起到积极推动作用，同时取得了良好的社会效益。

1　工程概况

武汉市四环线龚家铺至中洲段第三合同段工程位于武汉市江夏区，起点桩号为K113+547.944，终点桩号K119+617.889。主线合计总长6.070km。

本合同段以桥梁为主、路基为辅，预制箱梁总共有1607片，其中25m箱梁96片，30m箱梁1493片，31m箱梁18片，生产规模较大，具备规模化、机械化施工的条件，我项目采用整体式液压模板对箱梁进行预制施工。

2　整体式液压模板的设计

为方便侧模整体下落和整体移动，侧模与底模采用“侧包底”的形式连接。整体式液压模板主要由模板系统、液压系统和行走系统组成。

模板系统：液压侧模由固定模数的模板和调节块组拼成各种梁长的模板组合，首先在厂家加工相应数量的标准节块后，在生产车间模具上先行拼装，调整节块间拼缝，验收合格后运至工地，在预制场将节块拼装好后焊接，打磨拼缝，使模板形成一个整体。

液压系统：液压系统台车与侧模固定，分为横向液压系统和垂直液压系统，在模板安装和拆除过程中实现整体侧模的横向与竖向两个方向的移动和调节。

行走系统：分别在预制台座两侧设置2根[5cm的槽钢作为行走系统的轨道，单侧整体侧模由4个电机作为行走的驱动，可以完成外侧模整体的纵向行走。

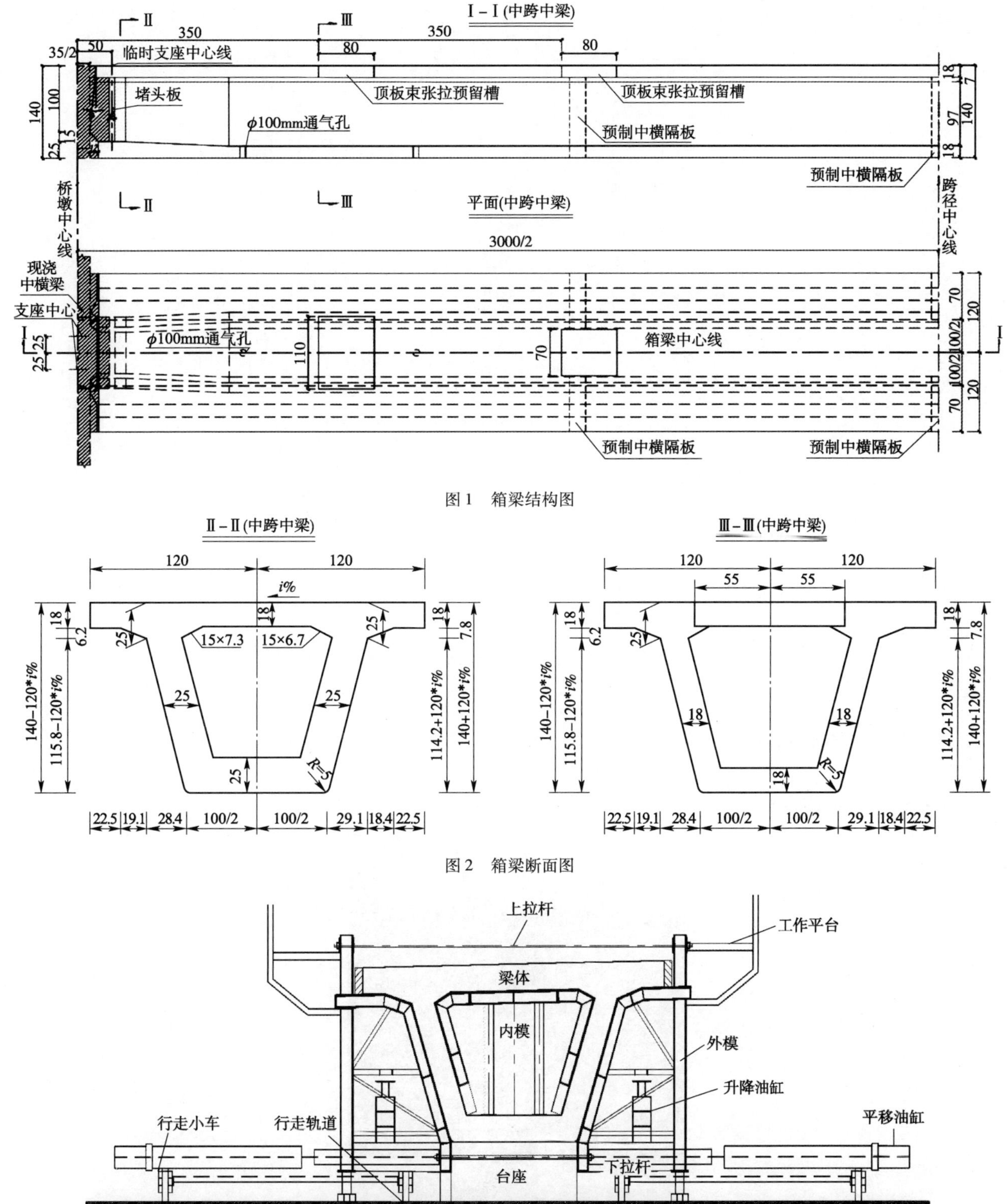

图1　箱梁结构图

图2　箱梁断面图

图3　液压模板结构图

3　整体式液压模板的特点

整体式液压预制箱梁模板较传统预制箱梁模板具有多方面的优势，取得了良好的经济效益和社会效

益,具体有如下优点:

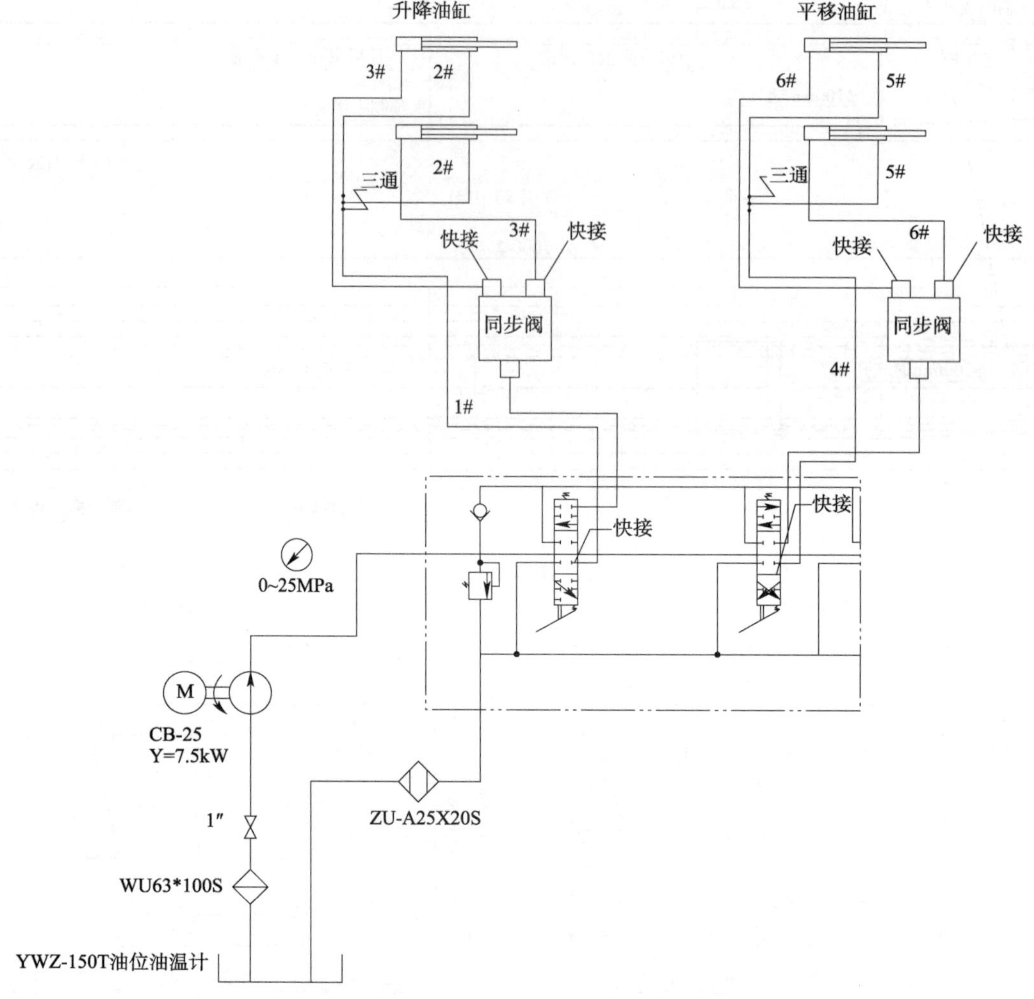

图4 液压系统图

图5 液压模板整体图

3.1 模板整体性较好,提高了预制质量

传统模板都是有各种标准节块的模板拼装施工,节块间采用双面胶带粘贴,用来填充钢板间的缝隙,

而液压模板通过节块拼装好后焊接，打磨拼缝，使模板形成一个整体，后续箱梁预制施工时，模板安装、拆卸都是一个整体一次性完成，所以箱梁的腹板接缝不严密与错台现象不明显，箱梁外观质量得到保证。

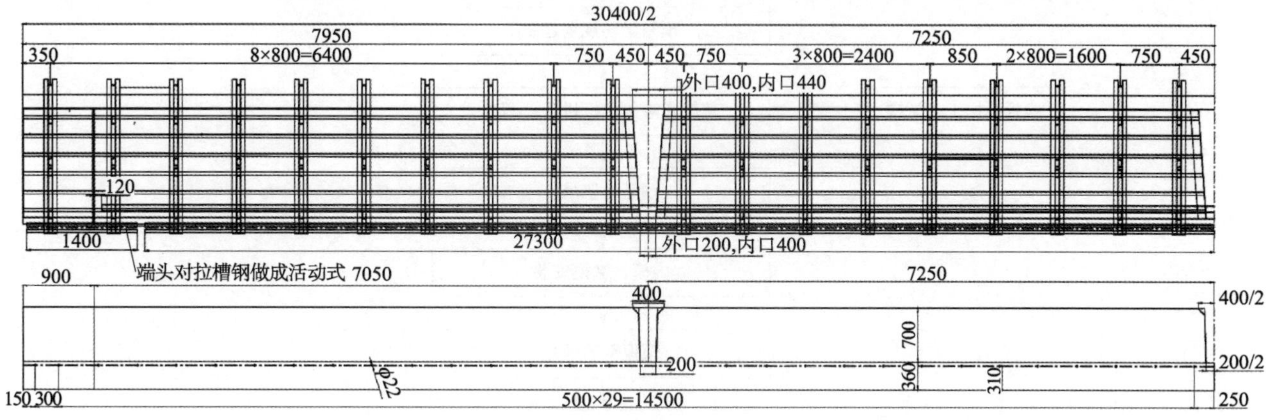

图6　液压模板侧模布置图

3.2　模板采用轨道滑移，提高作业效率

传统模板需要龙门吊协助安装和拆卸，对于施工作业人员较多的现场来说，安全隐患较大，特别是夜间作业时，危险性更大，而采用整体式液压模板，其拆卸、安装全部采用的是液压模板，行走在固定的行走轨道上，方便操作。

整体式液压模板的移动只需要操作人员操控可以使模板在固定轨道上移动，不需要大量人员的拆卸模板再安装拼接模板，较短的时间模板可以从一个制梁台座移动到另一个制梁台座，然后继续进行下一片梁的预制施工，从中节约了大量的人工成本，提高了施工效率，为特殊时期赶工期提供的可能性。

3.3　整体式液压模板施工工艺流程(图7)

4　制梁台座设计

考虑侧模升降空间10cm，台车自身高度50cm，台座设计高度按65cm设计。台座布置采用纵列式，便于模板在轨道上从一个台座移动到下一个台座。

分别在制梁台座两侧各设置2根[5cm的槽钢作为行走系统的轨道，保证轨道标高一致及线行直顺。

5　模板拼装及调试

模板分为液压部分拼装和模板部分拼装。

组装行走小车→安装行走小车在轨道上→龙门吊拼装外模并连接液压系统和模板→技术员检查模板分节拼缝→合格后将液压侧模螺栓连接并焊接成整体→布设连接液压系统油管→调试液压系统→验收模板→合格后投入生产。

模板拆卸与安装施工步骤正好相反，通过升降油缸、平移油缸使外模脱离箱梁。在安装好的轨道上模板整体从一个台座移动到另一个台座。

6　应用效果

本项目通过使用整体式液压模板的应用，减少了传统模板存在的拼缝不严，错台现象以及漏浆问题等质量问题，大大改善了预制箱梁的外观质量。由于安装和拆卸模板过程简便，改善了作业安全条件，操作安全简单。

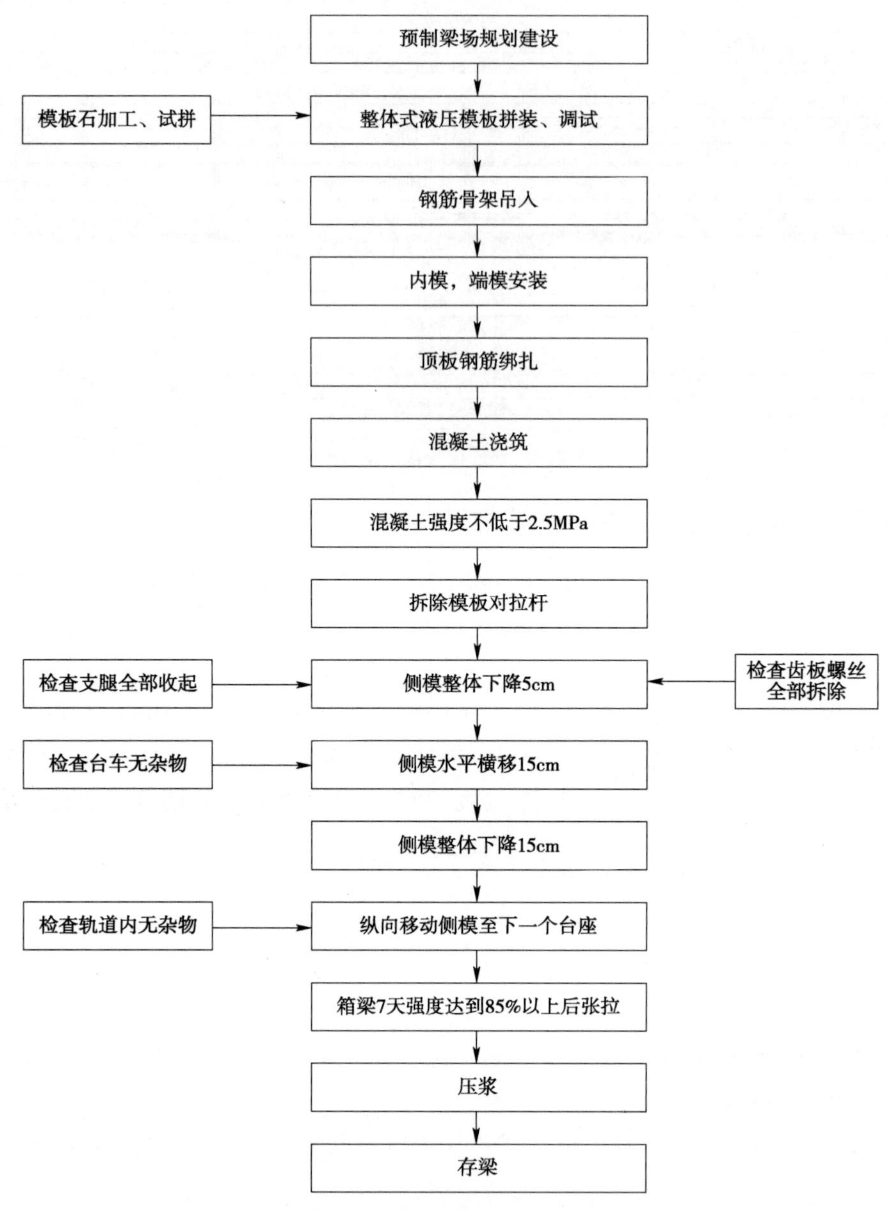

图 7　整体式液压模板施工工艺流程图

整体式液压模板较传统模板虽然前期固定资产投入较大，但其工效高、节约人工、节约工期等特点，特别是应用在较大规模梁场上，总体成本是节约的，值得同类工程借鉴，应用前景广阔。

经济成本对比表　　表 1

项　　目	传统预制箱梁模板	整体式液压预制箱梁模板	备　　注
一套模板投入(元)	120000	250000	整套价格
单片箱梁侧模安拆人工费(元)	1280	80	工人人工费按照 20 元/h；传统箱梁模板按照 8 个工人 8h 完成，整体液压式模板按照 4 个工人 1h 完成
单片箱梁侧模安拆机械费(元)	200	0	按 15T 汽车吊配合 2h 计 200 元
单片箱梁侧模设备分摊费(元)	358	747	本工程共 1607 片箱梁，投入 8 套侧模，设备折旧费按 60% 计算

续上表

项　　目	传统预制箱梁模板	整体式液压预制箱梁模板	备　　注
单片箱梁侧模投入合计(元)	1838	827	含模板分摊费、安装拆卸费
分析结论	经过分析对比,虽然整体式液压模板比传统模板价格高,要求项目前期投入较大,但分析对比可知该工程采用整体式液压模板比传统模板每片梁节约成本1011元,整个工程共可节约成本达160多万元,可见箱梁当产规模达到一定程度采用整体式液压模板经济效益可观,方案切实可行。		

结语

随着中国公路的大量建设,公路建设者更加注重施工过程的经济性与高效性,机械化、自动化施工将是今后的发展趋势,结合目前整体式液压模板箱梁预制的方法在国内的很多大型项目上都取得成功以及该技术的日益成熟,类似整体式液压模板在公路工程箱梁预制中应用将更加广泛。整体式液压模板在箱梁预制中的应用,实现机械化、自动化的施工,提高了箱梁的外观质量,得到了各方的好评,带来了良好的社会效益。

参考文献

[1] 公路桥涵施工技术规范(JTG/TF50—2011)

[2] 陈太成.液压箱梁模板在预制箱梁中的应用[J].企业改革和管理,2015年3月上.134-135

[3] 章海江.整体式液压行走模板在箱梁预制中的应用[J].公路交通科技:应用技术版,2014年12期.309-312

浅析扭王字块表面缺陷的处理

柴　令[1]　阎　鑫[2]

(1. 中交广州航道局有限公司;2. 南京中交江北城市开发有限公司)

摘　要:扭王字块是护面块体的一种,材料为混凝土,通过定型模板一次性浇筑完成。扭王字块由三个杆件组成,两端杆件平行,中间的杆件正交于两端杆件。一般摆放在防波堤最外面一层,通过削弱波浪的冲击力保护防波堤。文章分析了扭王字块表面缺陷的成因及防治对策,阐述了预制扭王字块表观质量的控制要点。

关键词:扭王字块;混凝土;防波堤;表面缺陷

引言

盐城港射阳港区航道整治工程位于盐城市射阳港区射阳河口处,射阳港北距连云港 80 海里,南距上海港 20 海里。该整治工程为建设万吨级航道,包括修筑南、北导堤工程。其中,南、北导堤工程外侧受海浪侵袭严重部位采用扭王字块护面。扭王字块一般应用在防波堤、护岸、拦沙堤、导流堤等水工工程的护面结构上,其功能是消浪和护面,使用功能决定了块体外形比较复杂、肢杆较多,因此,预制构件表观质量难以控制,容易出现一些表观质量通病,例如:砂斑、砂线、气泡、掉角、烂脚等表面缺陷。本文参照公司射阳工程实例,着重分析扭王字块体表面缺陷的形成原因及修复对策。

1　扭王字块施工技术要求

1.1　扭王字块预制技术要求

(1)扭王字块预制通常采用定型组合钢模板,每套模板由 2 个相互对称的单元组合拼装而成,模板进场后,按设计图纸检查各边线、对角线尺寸是否符合要求,特别是立面的对角线,如果模板有变形或尺寸不符,则对模板先进行维修;

(2)由于扭王字块形式特殊,斜面近似平面,若下料厚度过大,则气泡难以排出,故此根据扭王字块结构,分 5 层浇筑,施工中严格控制下料厚度,规范振捣。混凝土分 5 层浇注,浇筑完 1 到 2 小时(根据现场温度确定)后进行二次振捣和二次抹面,正常气温下(25℃)20 个小时可开始拆模板并进行养护;

(3)护面块体安装严格按照设计施工图纸、设计图纸说明等设计要求和相关规范进行施工,严格控制质量。

(4)扭王字块达到 100% 设计强度才能进行转运和吊装作业,块体转运和吊装过程中需做好块体边棱保护和加固,防止运输过程中磕碰损坏和从运输车辆上跌落;

1.2　扭王字块安装技术要求

(1)安装扭王字块前应对垫层块石进行理坡并验收,根据设计要求检查块石垫层的厚度、块石重量、坡度和表面平整度,不符合设计要求和验收前受风浪破坏的要进行修整;

(2)安装前应检查块体是否存在裂损,不得安放存在裂损的扭王字块;

(3)安装底部的扭王字块要与水下垫层块石接触紧密;

(4)扭王字块采用定点随机安放,块体安放从坡脚到坡顶,先水下后陆上,自下而上的原则逐个安放;

(5)块体在坡面上可斜向放置,并使块体的一半杆件与垫层接触,相邻块体之间纵横向都能相互沟连;

(6)相邻块体摆向不宜相同,尽量避免扭王字块大面朝波浪方向安放;

(7)施工过程中,扭王字块应慢吊轻放,按顺序进行安放。

2　扭王字块表面缺陷分析及处理

扭王字块有6个肢杆,而且不全在同一平面,几何形状比较复杂,通常出现的表面缺陷种类相对较多,有边棱掉角、砂斑、砂线、气泡、烂脚等,是护面块体预制的质量通病,表面缺陷成因各不相同,不一定都同时出现,要改善缺陷,必需找出最根本原因,才能采取相应措施、对策。

2.1　边棱掉角

产生原因:

(1)构件边角处比较薄弱,因浇筑后构件表面和模板内侧紧密贴合,如拆模时间过早,混凝土强度太低,机械拆模过程中模板对构件边角轻微的挤压和碰撞就会造成边棱掉角,使扭王字块的上肢和中肢潜伏着断肢的可能。

(2)设计模板内角一般很小,模板内侧焊缝不平整,并有焊渣,模板内的水泥浆层没有清除干净,使模板内侧不光滑,致使构件与模板的黏着力和摩擦力增大。当用千斤顶脱模顶孔不平或附着力不平衡时,就会偏心受力,容易使中肢的端部和上肢的端部边角破坏。

(3)脱模时千斤顶顶离模板与构件的距离太小,而用撬棍平移模板时,前倾的幅度过大,使内模角顶在上肢腋部使其破损。

(4)吊模板时不小心碰撞构件,此时构件混凝土强度比较低,碰到哪里,哪里就会出现破损。

处理方法:

(1)因为混凝土终凝后早期强度增长最快,每小时强度增长约为0.3到0.5MPa。应充分利用早期强度,在正常气温下(25℃)应满足20h后才能拆模。若气温降低,应延长拆模时间。

(2)用经济、合理的混凝土配合比施工时,应尽量提高混凝土强度,消除降低混凝土强度的因素。拌和站后方上料混杂,不能确保配合比的配料准确,而且还存在石子里的石粉、小颗粒过多等不利因素。砂细度模数偏小时应及时调整砂率,坍落度不能太大。混凝土拌合时不能因以上原因加水使水灰比增大而降低混凝土强度。此外在气温较低的情况下,改用适宜的早强剂或延长拆模时间。

(3)模板内角和构件外型是贴合的,将小角度转角处设计为倒角,边棱处设计楔形切角,拆模时可活动范围增大,利于脱模,打磨模内粗糙的地方(第一次使用前需完成),并定期清理模板内侧(每次浇筑都要清理),使其光滑平整,减小黏着力和摩擦力。

(4)脱模时合理放置千斤顶的的位置,使模板和构件分离开较大距离,然后使用撬棍缓慢撬动模板移位,撬动时幅度不能过大,不能使模板碰到构件。模板撬离后水平方向吊移动避免碰撞构件。

(5)应使用容易脱模,又不污染构件的脱模剂。

2.2　砂斑、砂线

产生原因:

(1)构件的腰部和下肢顶面有较大面积的砂斑砂线,构件上部的垂直面中间和小斜面有时也有砂线。情况一:砂线是由于构件下部混凝土泌水无法及时排除,泌水都聚集在构件与模板间,被从下往上挤出，水流带走表层胶凝材料，凝结后泌水经过处为砂线。情况二：模板侧面或者底面有渗漏，泌水上往下流走，水流带走表层胶凝材料，凝结后泌水经过处为砂线，渗漏严重则为烂脚。

（2）混凝土浇筑完成后会有泌水，如果模板侧缝、底部与地胎模之间填充不紧密有渗漏，泌水沿模板与混凝土之间的缝隙流下去，形成砂线。如果模板侧缝、底部与地胎模之间填充紧密无渗漏，因未凝结前混凝土比重大于水的比重，泌水沿着模板边被挤压到顶面，泌水受压上流的通道周围胶凝材料被带走，形成河网状水线砂线。

（3）负压是吸水的条件，而混凝土拌合物中的游离水太多，就有了吸水的机会。因此尽量减少混凝土中水的含量，也就会减少被吸水的可能。此外，混凝土拌合物中的气泡、空隙也易集聚泌水，待有“负压”条件时，就有可能被吸出来。空隙越大，集聚的水越多，能够形成的砂斑砂线也就越严重。

处理方法：

（1）经分析“负压吸水”是形成砂斑砂线的主要原因。怎样消除负压，达到压力平衡是个关键。先是在模板上开孔，但不断有泌水流出来，被冲掉的水泥浆把孔堵塞，还是不能达到模板内外压力平衡。通过实验发现：留有极细小的缝隙，在混凝土与模板离开而形成“空腔”时，不断有空气补进去平衡压力，结果没有出现砂斑砂线。从而可以得出结论：凡适量松过螺丝的构件都不再有砂斑砂线。但这里要注意的是掌握好松螺丝的时间和松螺丝的度，也就是只能让空气通过，而不能让水泥浆流出来，不然又会形成新的砂斑砂线。

（2）浇注完毕后，混凝土顶面的泌水要及时排除，或引流在一起排走。边缘不能有积水，否则就可能在上部出现砂线。

（3）使用减水剂。调整混凝土塌落度，控制在50mm至70mm，避免混凝土太稀泌水过多，振捣也要充分密实，不要给负压提供吸水的机会。

（4）混凝土浇筑一小时后二次振捣（根据混凝土泌水特性试验的结果，并结合当地气温调节二次振捣时间，必须在初凝之前），将振动棒深入至中肢和下肢交界处，将内部及时泌水排出，避免水线形成。

2.3 气泡

产生原因：

下肢顶面和中肢顶面的斜面，越平缓的地方气泡越多越大。上部及其他地方也偶有出现。出现气泡的原因，是因为下肢和中肢顶面斜度太小，近乎平面，振捣很难解决，气泡很难排出。

处理方法：

（1）合理分层，在斜面处分，避免振出的气泡聚集在斜面上无法排除，均匀充分振捣。

（2）根据构件高度和形状，分层浇注，保证每层厚度不超过50cm。尤其浇注下肢和中肢斜面部分时，分层太厚，积聚在斜面的气泡很不容易振出来。

（3）充分振捣，并进行二次振捣。

（4）尽量不用油性脱模剂。如用油性脱模剂也要经过稀释，不然油涂得太厚，振捣时就会形成一个个小油泡残存在混凝土表面。

2.4 烂脚

产生原因：

浇筑时为消除气泡等，除了将振捣棒头加大以增加振捣力外，又延长了振捣时间。加上底层的混凝土拌和物较厚，已达下肢的斜顶面，这样不断将模板往上顶，使模板“上浮”。钢模板离开底模，出现缝隙漏浆，砂浆从缝隙流出，剩下石子露出来，形成烂脚。

处理方法：

（1）模板底面贴止水胶条，下面垫橡胶垫，避免底面漏浆。

（2）底模必须平整，模板与底模之间的止浆带要严密。模板拼装要在准备浇注的底模上进行。在不平整的地方拼装好后再吊到底模上，就可能形成错牙和底部不平而导致漏浆，形成烂脚。

3 扭王字块预制表观质量控制要点

3.1 减少混凝土泌水性

(1)采用低泌水率水泥和其他原料。水泥的泌水性无法从检验报告看出来，一般是通过对比试验确定，不同品牌的水泥有不同特性，应选择适合其工程特点的品种，择优选用。在材料问题上，某些水泥虽有横向收缩大和“假凝”现象，但是不能把它看成是水泥的缺点，而应该看成是它的特性。因为水泥在第一次振捣后泌水较少，具有较好的“触变性”。只要适应了这种水泥，还是可以扬长避短的。砂是天然材料，不能人为改变其组成，但可以选择比较接近使用要求的砂。碎石是人工生产的，对它的规格、质量是可以人为控制的，生产出符合要求的石料。

(2)优化混凝土配合比。优化混凝土配合比可从多方面入手，如掺合外加剂(减水剂、引气剂等)，尽量减少用水量，采用级配良好的骨料，提高混凝土的保水性和黏聚性。

(3)分层减水。分层减水要看是否具备条件，如同时浇筑较多数量的构件，一般难以做到，对于浇筑大体积混凝土，就容易做到了。

(4)避免混凝土离析泌水。混凝土离析泌水主要由运灰、入模和过振等环节造成，浇筑混凝土过程中应采取措施，避免在这些环节出现离析泌水。

(5)控制混凝土拌合物的塌落度。混凝土拌合物的塌落度不能太小，太小时混凝土粘稠，不利于排出气泡。严格控制石料里面石粉含量和砂的细度模量，以防影响混凝土拌合物的塌落度。

3.2 振捣和二次振捣

混凝土施工规范对振捣工艺有具体的规定，但《水运工程混凝土施工规范》还要求“宜进行二次振捣”，根据实际施工经验，对于大体积混凝土，二次振捣可有效提高表观质量。

3.3 及时排出表面泌水

要完全克服泌水是不可能的，混凝土一次振捣和二次振捣后应采取措施排掉泌水。

4 处理效果评价及结语

扭王字块体的表面缺陷种类较多，有些缺陷具有关联性，往往克服这个问题，另一问题伴随而来。比如，为减少混凝土的泌水率，提高了混凝土的保水性和黏聚性，使灰变稠，这样一来，振捣工作量加大，空气难以排出，表面气泡增多。如果过度振捣，又可能会出现过振离析，出现砂斑。所以，要综合考虑，协调解决这些问题。

本工程扭王字块的表面缺陷，根据实际使用材料、考虑施工环境等因素，通过把好原材料的质量关，各个工序按照一定的操作规程来做，分析原因，对症下药，最终使得扭王字块的表面缺陷得到改善和消除，从而提高了表观质量。

强浪条件下半掩护港区波浪场数值模拟研究

仇正中[1,2]　黄睿奕[1,2]
(1. 中交第二航务工程局有限公司,湖北武汉;
2. 中交公路长大桥建设国家工程研究中心有限公司,北京)

摘　要:以以色列南部新建 Ashdod 码头为工程背景,在分析港区自然条件的基础上,利用二维河口与海岸模拟软件 MIKE21,建立了基础方案各个施工阶段港内泊稳模型。通过对不同施工阶段下半掩护港区波浪场进行数值模拟分析,掌握了港内波浪场的分布情况,确定港内正常施工时防波堤口门处的容许波浪要素。根据防波堤口门处的波浪统计资料,得到港区不同区域的最大作业波高标准以及港区不同区域不同施工阶段下全年不可作业的天数。研究结果为工期的合理安排和作业窗口的确定提供了依据,并提出了科学合理的施工工序建议。

关键词:强浪条件;半掩护港区;波浪场;数值模拟;MIKE21

1　工程背景

随着海外市场的不断拓展,港口工程建设区域不断扩大。一方面,由于港址从自然条件良好的天然海湾逐渐向外海转移;另一方面,有些港口工程建设区域往往位于强浪海域,由于水深增大和波浪条件恶化,防波堤施工进度滞后,半掩护或者无遮挡港区码头施工得到越来越多的重视和研究。由于经济和社会的发展需要,以色列 Ashdod 港正处于大规模的扩建之中,工程平面布置如图 1 所示。港口所在区域属于地中海季风气候,常年受季风期波浪影响,外海涌浪较多,施工环境恶劣[1]。

图 1　工程平面布置图

在工可阶段业主委托荷兰 DHV 公司,加拿大 CHC 咨询公司进行了大量的数值模拟和物理模型试验,得到了很多结论性的意见和建议,对 Ashdod 港区码头的设计和施工起到重要的借鉴意义。然而,前期的数值模拟与现阶段确定的具体施工情况并不匹配。现阶段,港内施工面广、各工序之间相互交叉,施工区域波浪场分布与各分、子工程的进度密切相关,有必要根据最新的施工情况重新对整个港区进行波浪场计算和工序优化分析。由于复杂多变的强涌浪环境对施工船舶的稳定性威胁较大,针对以色列 Ashdod 港区波浪场进行分析研究,能有效保障施工作业安全。并且,根据波浪场数值模拟结果,可以更加合理的安排主防波堤和 Lee 护岸防波堤的施工进度,使码头区域具有相对更好的掩护和施工波浪条件,更长的施工有效时间。同时,可以根据现有的波浪资料,校核优化施工工期,对于节省工期和节约成本有重要的参考价值。

本文在分析港区自然条件的基础上,利用二维河口与海岸模拟软件 MIKE21,建立基础方案港内泊稳模型,通过对半掩护港区波浪场进行数值模拟分析,来判断不同施工阶段下的波浪条件是否满足预期泊稳要求，并推算各码头不可作业的天数。

2 自然条件

2.1 风

通过气象资料调查，Ashdod 地区最大风速 16 ~ 18m/s，80% 时间风速都低于 6m/s（3 ~ 4 级风），只有 1% 时间风速超过 10m/s（5 级风），暴风在该地区并不常见，且风向在 W 和 N 向之间居多。

2.2 波浪

Hadarom 港区海浪主要由中长周期波组成，涌浪作用比较明显。根据现场 92 年至 11 年极端波浪（波高 3.5m 以上）统计数据显示，涌浪现象均出现在冬季。通过统计分析 2000 年 4 月到 2010 年 3 月共 10 年的波浪观测资料[2]，绘制了如图 2 和图 3 所示的波浪玫瑰图。通过夏季波高玫瑰图（图 2）与冬季波高玫瑰图（图 3）的对比可知，冬季波浪条件较夏季更为恶劣。两图显示主浪向为 WNW，次浪向为 W 和 NW。

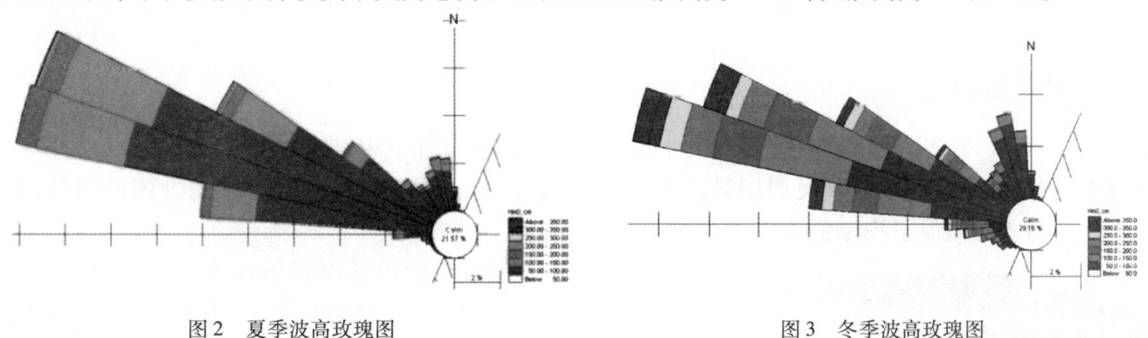

图 2 夏季波高玫瑰图

图 3 冬季波高玫瑰图

2.3 潮汐

港区所在的东地中海海区的潮汐类型为半日潮，即一天之中有两个高潮和两个低潮。该海区潮差相对较小，一般在 0.5 ~ 1m 之间。在模型中的基准面关系为以色列测量基面（Israel Land Survey Datum），ILSD = +0.22mCD。Ashdod 港的潮汐特征值如表 1 所示。

Ashdod 港潮汐特征值 表 1

大潮高潮位（m）	平均海平面（m）	大潮低潮位（m）
+0.38	+0.08	-0.22

3 建立模型及波浪模拟

3.1 MIKE21 BW 模块

MIKE21BW 模型是建立在 Boussinesq 方程基础上，主要用于港口、海岸地区的波浪扰动情况的分析和研究，可以模拟绝大部分波浪现象的组合作用，如波浪的绕射、反射、折射、浅水变形等。通过重现港口、海岸工程的波浪组合影响，研究与分析港口及沿海地区的波浪场分布，在世界各国波浪数学模型试验中已有十分广泛的应用。。

该模型通过求解沿垂向积分的 Boussinesq 方程获得沿水深平均的流速、水位变化以及波高等物理量[3]。其控制方程为连续方程，可表示为：

$$\frac{\partial \xi}{\partial t} + \frac{\partial p}{\partial x} + \frac{\partial q}{\partial y} = 0 \tag{1}$$

X 方向动量方程：

$$\frac{\partial p}{\partial t}+\frac{\partial}{\partial x}\left(\frac{p^2}{h}\right)+\frac{\partial}{\partial y}\left(\frac{pq}{h}\right)+gh\frac{\partial \xi}{\partial x}+\frac{g\sqrt{\frac{p^2}{h^2}+\frac{q^2}{h^2}}\cdot\frac{p}{h}}{c^2}-E\left(\frac{\partial^2 p}{\partial x^2}+\frac{\partial^2 p}{\partial y^2}\right)=\frac{1}{3}Dh\left(\frac{\partial^3 p}{\partial x^2\partial t}+\frac{\partial^3 q}{\partial x\partial y\partial t}\right) \tag{2}$$

Y 方向动量方程：

$$\frac{\partial q}{\partial t}+\frac{\partial}{\partial x}\left(\frac{q^2}{h}\right)+\frac{\partial}{\partial y}\left(\frac{pq}{h}\right)+gh\frac{\partial \xi}{\partial y}+\frac{g\sqrt{\frac{p^2}{h^2}+\frac{q^2}{h^2}}\cdot\frac{q}{h}}{c^2}-E\left(\frac{\partial^2 q}{\partial x^2}+\frac{\partial^2 q}{\partial y^2}\right)=\frac{1}{3}Dh\left(\frac{\partial^3 q}{\partial y^2\partial t}+\frac{\partial^3 p}{\partial x\partial y\partial t}\right) \tag{3}$$

式中，x，y 为水平坐标(m)；t 为时间(s)；ξ 为高出平均水位的水面高度(m)；p，q 为 x，y 方向流量密度；h 为水深(m)；D 为平均水深(m)；c 为谢才阻力系数；M 为曼宁系数；E 为紊动“涡粘”系数；g 为重力加速度。

3.2 模型搭建

利用二维河口与海岸模拟软件 MIKE21 中的 BW 模块，通过建立基础方案港内泊稳模型，并确定波浪边界条件、地形、波浪吸收层和反射层等波浪模型的设置，在此基础上，使用已有的物理模型数据对波浪模型进行了率定，确保了模型的可靠性。

图 4　Ashdod 港三维地形

通过原始地形数据的内插得到地形模型，由模型水深和波浪条件决定最大网格尺寸，模型网格尺寸是 5m。模型中除港口外的其它边界均作为波浪吸收边界。根据目前波浪条件和防波堤、护坡结构物，估算反射系数为 40% ~90%，模型中的反射性是由孔隙层来表现。在造波中使用 JONSWAP 谱，谱型参数见表 2。考虑到 BW 模型不考虑风的能量输入，模型在搭建过程中忽略了底部阻力，这对港内波浪结果是偏于保守的。图 4 给出了 Ashdod 港的三维地形示意图。

JONSWAP 谱型参数　　表 2

Gamma	Sigma_a	Sigma_b
2.8	0.07	0.09

3.3 模型率定

加拿大 CHC 咨询公司进行过 Ashdod 港的物理波浪模型试验[4]，将其实测的波浪数据作为数学模型的率定资料。在 CHC 的物理模型中，采用的入射波浪为规则单向波，物理模型波浪入射条件见表 3。在 BW 模型结果中采用区域多个采样点，布置见图 5，计算出波高结果的范围。通过对比数学模型与物理模型的波浪场分布(表 4)，吻合较好，验证了研究中所建立数学模型的可靠性。

物理模型入射边界条件　　表 3

入射波高 H_s(m)	入射谱峰周期(s)	入射波向
1	8	WNW
1	10	WNW
1	8	NW

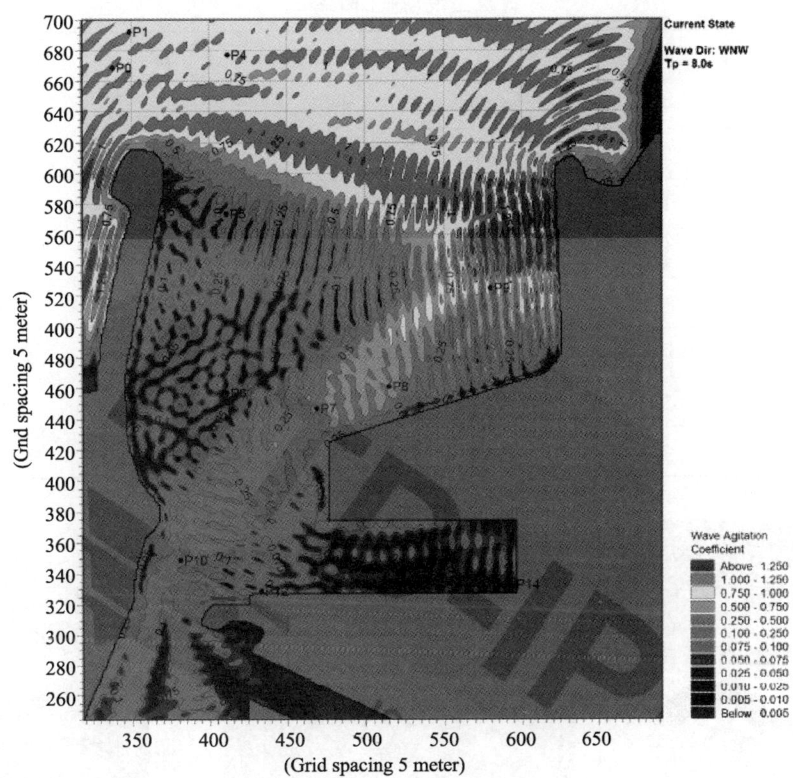

图5　采样点布置图

BW 数学模型结果与物理模型采样点结果对比　　表4

采样点	$H_s=1\text{m}, T_p=8\text{s}$，波向 WNW		$H_s=1\text{m}, T_p=10\text{s}$，平均波向 WNW		$H_s=1\text{m}, T_p=8\text{s}$，平均波向 NW	
	物理模型（波高，m）	数值模拟（波高，m）	物理模型（波高，m）	数值模拟（波高，m）	物理模型（波高，m）	数值模拟（波高，m）
P4	0.97	0.9～1.0	0.97	1.0～1.1	0.89	0.9～1.0
P5	0.28	0.2～0.3	0.33	0.2～0.3	0.51	0.5～0.6
P6	0.12	0.1～0.2	0.15	0.2～0.3	0.11	0.1～0.2
P7	0.33	0.2～0.3	0.27	0.3～0.4	0.22	0.2～0.3
P8	0.2	0.3～0.4	0.28	0.2～0.3	0.42	0.3～0.4
P9	0.61	0.7～0.8	0.7	0.7～0.8	0.92	0.8～0.9
P10	0.17	0.2～0.3	0.17	0.1～0.2	0.08	0.1～0.15

4　计算结果

结合实际工程方案，根据 Q28 沉箱和护岸防波堤 LB 以及 MB 的进度，共进行了如表 5 所示的七个工况下的波浪数值分析与计算。选用单位波高（$H_s=1.0\text{m}$）来统计不同施工阶段波浪场分布情况，分析施工区域波高与入射波之间的比值，统计不可作业天数；施工区域属于半掩护港区，波浪周期较大，根据周期玫瑰图，选用 8s、10s、12s 三种周期进行波浪场分析，由于篇幅所限，选取最具代表性的 10s 进行说明。图 6～图 8 给出了三个典型工况下搭建的数值模型。

计算工况(施工阶段)　　表5

阶段	一	二	三	四	五	六	最终
Q28－沉箱	225m	450m	450m	450m	450m	450m	450m
Q28－桩基	140m	270m	390m	450m	450m	450m	450m
RS27	—	150m	570m	770m	770m	770m	770m
SHQ	363m	363m	363m	363m	363m	363m	363m
Q27	—	—	—	200m	670m	800m	800m
MB	—	—	50m	150m	300m	380m	550m
LB	230m	360m	500m	1000m	1290m	1480m	1480m
吹填	—	70m	235m	540m	810m	920m	5

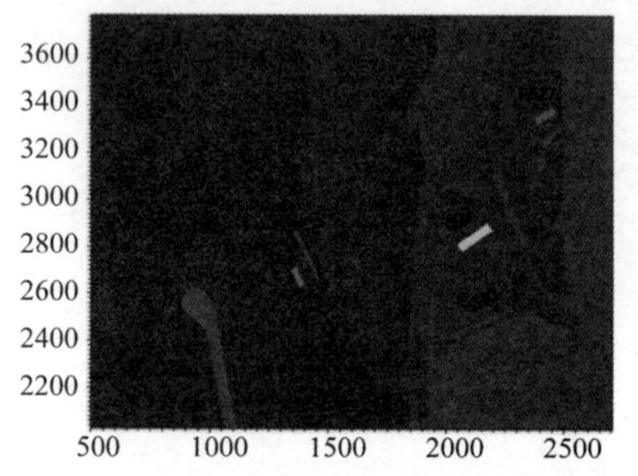

图6　施工阶段一

图7　施工阶段四

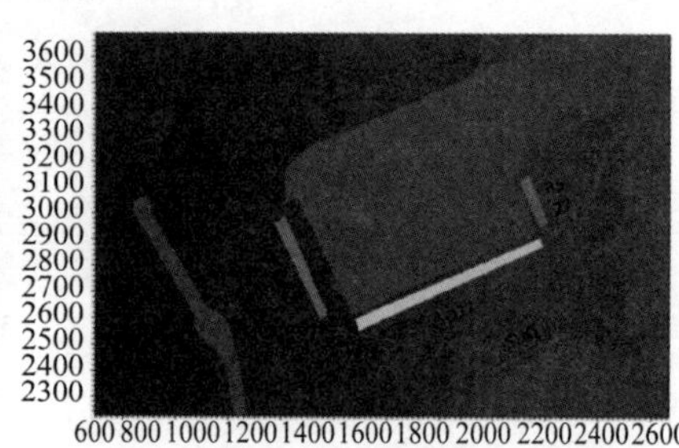

图8　最终阶段

4.1　不可作业天数

通过对各阶段波浪场的模拟得到各区域波高,根据边界条件和线性波理论,进而得到口门处容许波高。最后通过口门处容许波高和年波浪累计频率统计出不可作业天数,表6给出了港区不同区域不可作业的最大作业波高标准。表7给出了港区不同区域不同施工阶段下全年不可作业的天数。

港区各区域作业标准　　表6

位置	SHQ码头	RS27码头	Q27码头	Q28码头
最大作业波高(m)	0.5	1	1	1

全年不可作业天数统计表　　表7

施工阶段 位置	一	二	三	四	五	六	最终
SHQ码头	73.3	11	7.3	11	–	–	–
RS27码头	–	73.6	28.3	–	–	–	–
Q27码头	32.1	19.8	5.8	16.3	5.8	–	–
Q28码头	83.6	91.2	98.3	81.2	77.4	36.5	24.5

注:表中无数据的部分表示全年都可施工。

提取Q28与Q27交汇处、RS27与Q27交汇处的容许作业波高,并整合各个浪向下。将其分别与夏季和冬季的波浪累计频率对比,分别得到夏季与冬季的不可作业天数。由图9、图10可知,夏季波浪条件优于冬季。冬季有几乎两倍于夏季的不可作业天数,以施工阶段三Q28与Q27交汇处为例,冬季不可作业天数为21.6天而夏季为11.2天。

4.2 港内波浪场分布

港区内波浪的折射、反射、绕射相互作用相互影响，此时使用波浪扰动系数来表征这一综合作用。根据扰动系数的分布情况，判断港区内波高大小，更直观的模拟出施工各个阶段结构物对港内波浪场的影响。图11、图12、图13依次为施工阶段三在330°浪向下、施工阶段四在315°浪向下、施工阶段五在295°浪向下的波浪场分布。

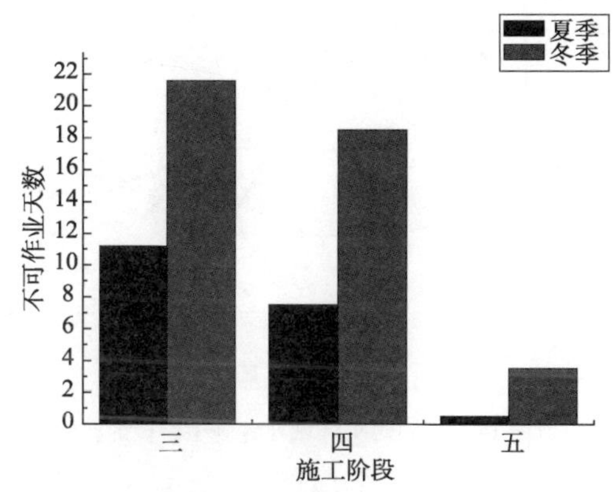

图9 Q28与Q27交汇处不可作业天数

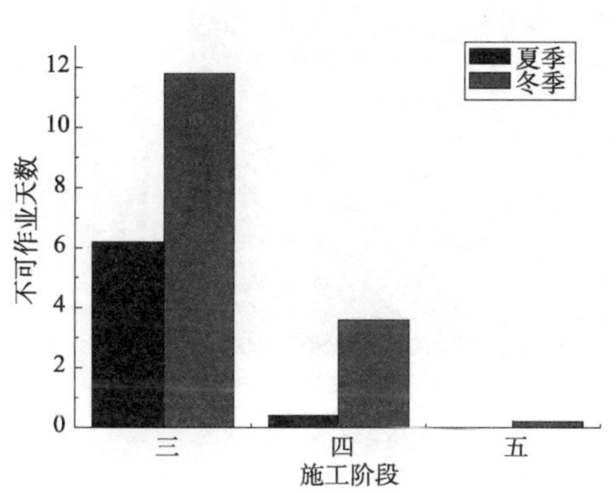

图10 RS27与Q27交汇处不可作业天数

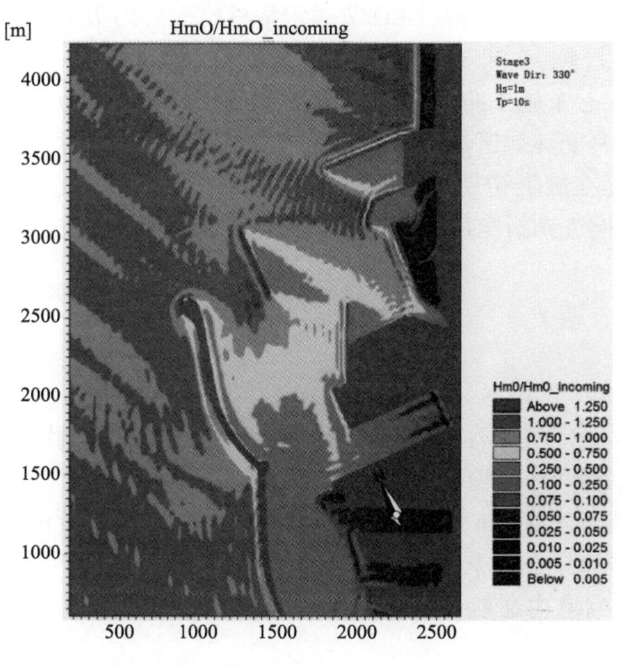

图11 施工阶段三波浪扰动图
（$H_s=1\text{m}, T_p=10\text{s}$, MWD = 330°）

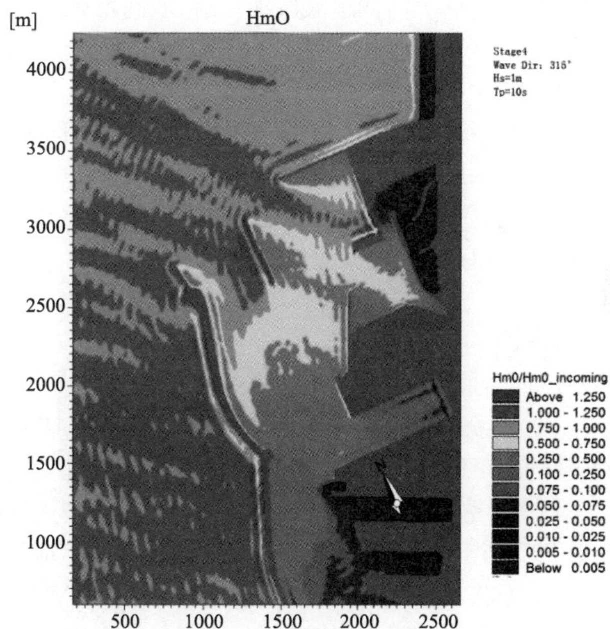

图12 施工阶段四波浪扰动图
（$H_s=1\text{m}, T_p=10\text{s}$, MWD = 315°）

从图11可以看出，施工阶段三Q28的沉箱已施工完成，对SHQ码头能够提供一定程度的掩护。330°浪向下，由于LEE防波堤还未形成，港区内掩护较差，RS码头和Q27码头的施工受到影响。Q28沉箱前波浪反射，Q28南端绕射，使得Q28施工条件最为恶劣。

施工阶段四主防波堤开始推进，因此当入射波向为270°时，可以为港内提供小范围掩护。而当入射波向为315°时，如图12所示，该浪向正好穿过LEE防波堤与沉箱间的口门，直射RS码头与Q27交汇处，并产生波浪反射，波高比值超过1.25。

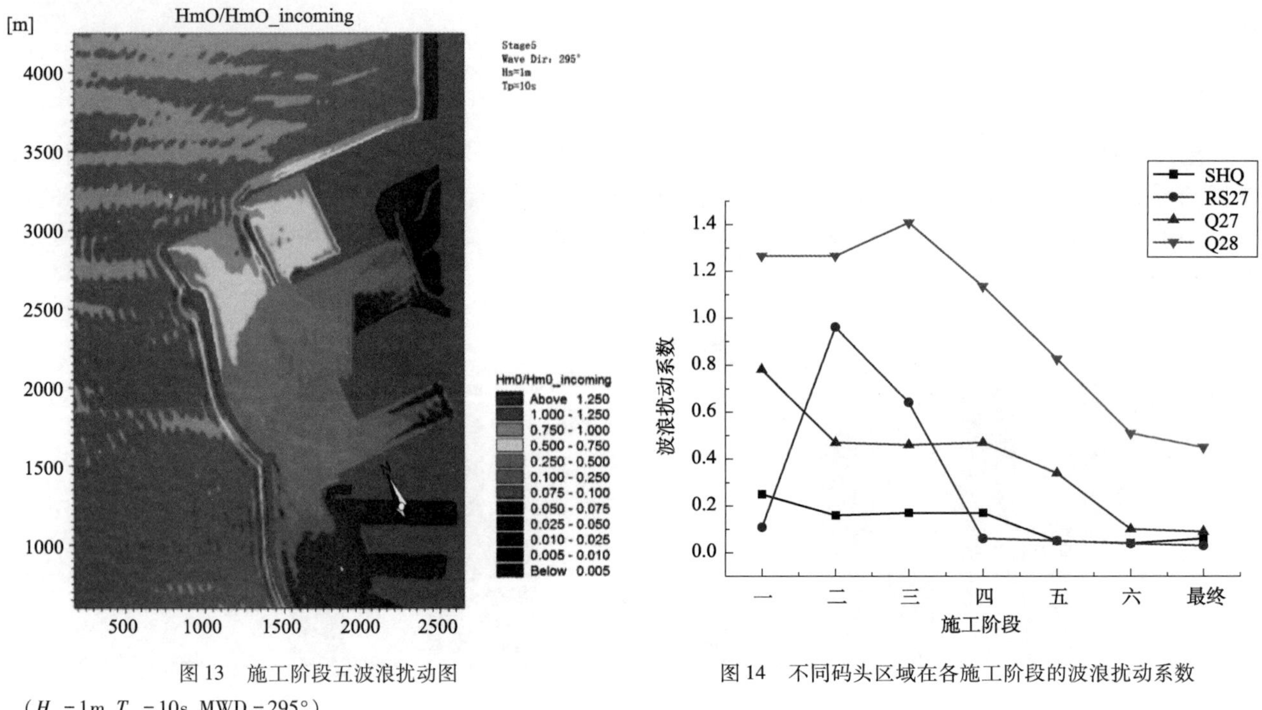

图13　施工阶段五波浪扰动图

($H_s = 1m, T_p = 10s$, MWD = 295°)

图14　不同码头区域在各施工阶段的波浪扰动系数

从图13可以看出,施工阶段五LEE防波堤与Q28还未合龙,吹填也未跟上Q27推进速度。在295°入射波向下,Q27内侧形成波浪反射,波高增强,如图13所示。此时,在Q27锚定板桩打入后码头内部还未回填前,板桩自身完全暴露在波浪作用下,施工条件严峻。

图14绘制了295°浪向下(10s周期),各个区域在七个施工阶段下的波浪扰动系数。Q28作为港区内最外侧的结构物,受到的波浪扰动在整个过程中都大于其他区域。后期由于主防波堤的形成,对其提供掩护作用,波浪扰动也相对减小。RS27与Q27也是在施工初期LEE防波堤还未形成时,港内波浪扰动明显。特别是RS27阶段二、三时,这是由于RS已推进到折角区域,在此处波能集中。SHQ的波浪扰动相对其他区域来说,其值较小。

结语

(1)根据码头作业容许波要素确定了施工期防波堤口门处容许波浪要素,通过外海波浪统计数据,确定出全年不可作业天数。可在此基础上合理安排工期和作业窗口。

(2)冬季波浪条件较夏季更为恶劣。一些关键施工工序,如Q28码头与Q27码头交汇处钢板桩施工、RS27挡土墙与Q27码头交汇处钢板桩施工应尽量安排在夏季,即每年的4月到10月。

(3)Q28码头的沉箱为直立堤,反射较大,将会影响港内通航。沉箱安装完成应及时进行Q28码头前沿斜坡堤施工,减小波浪反射。

(4)钢板桩的施工和放置应避开可能出现较大波浪情况的月份,避免钢板桩长时间出现较大位移,进而发生疲劳破坏。

(5)Q28码头与Q27码头交汇处波浪反射集中,施工条件差。该处钢板桩施工受主防波堤堤长影响较大,故工期安排尽可能靠后。RS27挡土墙与Q27码头交汇处同理,波能集中,如没有一定掩护作用,对钢板桩施工不利。该处施工可以放置一段时间,等LEE防波堤施工完成后再进行施工。

(6)本文在分析港区自然条件的基础上,结合港区实际施工方案,建立了施工期港内泊稳模型。通过对不同施工阶段下港区波浪场进行数值模拟分析,掌握了港内波浪场的分布情况。根据各施工阶段波浪场的分布规律,得到了不同施工阶段波高作业标准及可作业天数情况。给以色列Ashdod码头项目及防波堤工程实践提供了科学合理的施工建议,为施工工序的优化提供了依据,降低了施工风险,提高了施工效率,以确保项目安全可靠完成。研究结果是波浪场数值模型在施工阶段的应用典型,对强浪条件下半掩护港区工程建设具有较大参考意义。

参考文献

[1] Container terminal Ashdod: Boundary conditions and design criteria [R]. Israel Ports Company,2009

[2] Wave recording and analysis at Ashdod [R]. CAMERI,2012

[3] Danish Hydraulic Institute. MIKE21 user manual:Hydrodynamic and Transport Module Scientific Documentation [M]. Denmark,DHI Water & Environment,2009

[4] Numerical wave penetration modelling Mike Boussinesq:New container terminal Ashdod port [R]. Israel Ports Company,2010

曲线段沉管顶推系统研究及改造

孔炼英　刘远林

（中交四航局二公司港珠澳大桥岛隧项目部，广东广州，510231）

摘　要：港珠澳大桥岛隧工程超大型沉管顶推是一项全新的施工工艺，在国内属于首例。借鉴标准直线段顶推系统研究，通过不断总结、改进优化，本文主要针对曲线段顶推提出改造方法，为今后相关施工提供借鉴。

关键词：沉管顶推；曲线段；研究；改造

1　工程概况

港珠澳大桥岛隧工程海底沉管隧道总长度为 5664m，由 33 个管节组成，其中直线段管节 28 个，曲线段管节 5 个（E29 ~ E33 管节），曲率半径 5000m。单个标准管节长 180m，由 8 个长 22.5m 的节段组成。管节采用两孔一管廊截面形式，宽 3795cm，高 1140cm。分别在管节侧墙和中隔墙下方设置 4 条滑移轨道，滑移轨道上设置用于支持节段重量的支撑千斤顶，如图 1 所示。

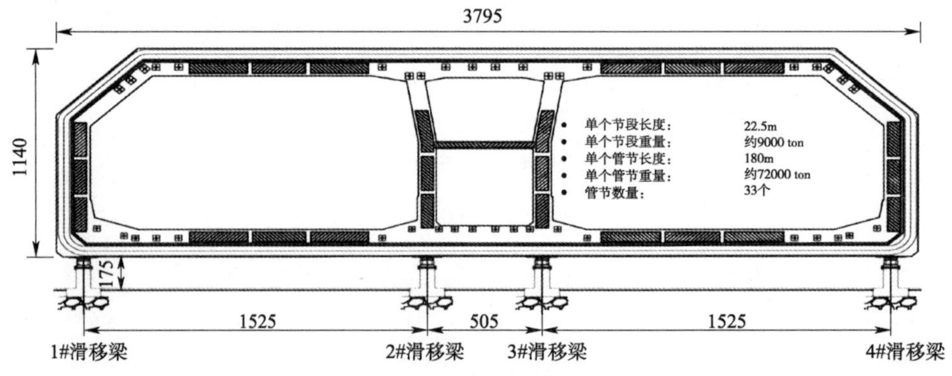

图 1　管节横断面示意图（单位：cm）

E29 ~ E33 管节平面位于 $R-5500$m 圆曲线上，以节段为单元，通过以直代曲进行曲线拟合，即单个节段为直线，节段两端设楔形角，以 180m 标准曲线管节为例，其拟合基本原理如图 2 所示。

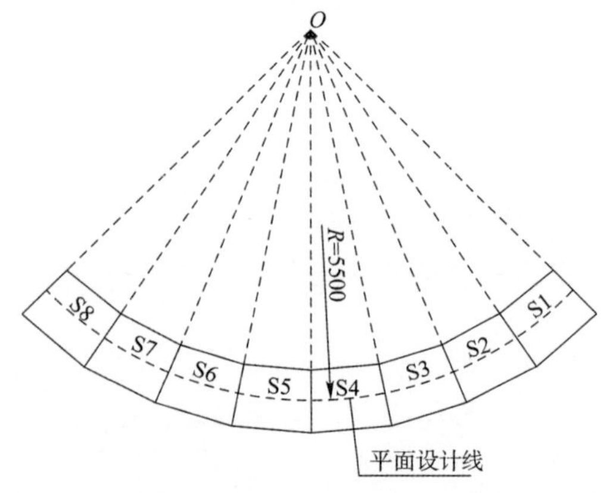

图 2　曲线管节以直代曲拟合示意图

2　施工特点

曲线段与直线段管节顶推主要施工特点基本一致，但在顶板安装、顶推纠偏、顶推距离、水平姿态控制、体系转换等方面存在不同点，下面将介绍各个不同点：

（1）曲线段管节单个节段底板截面为梯形，节段顶推距离不是均匀的 22.5m，要根据设计图纸给定特征点在模板区的坐标进行计算。通过计算，得出每个节段顶推距离均不同（表 1）。

管节顶推距离统计表　　表1

管节编号	S1	S2	S3	S4	S5	S6	S7
E33/E32	22.600m	22.499m	22.504m	22.498m	22.500m		
E31/E30/E29	22.469m	22.600m	22.499m	22.503m	22.499m	22.500m	22.186m

(2)由于先浇节段顶推距离不是22.5m，为保证所有顶推千斤顶的同步性，必须保持支撑千斤顶中心距之间间距为3750mm，如此后续每个节段顶推设备在底模板区的安装位置不同。

(3)管节重心偏移，可能导致管节里程、轴线偏差变得难以控制，支撑油路各点支撑压力与直线段不同，“三点支撑”油路根据曲线段管节顶推施工方案进行调整，加强管节水平姿态监控。

(4)为保证曲线段管节顶推施工轴线控制，根据纠偏方案在每个节段都增加侧导向装置，根据实际情况必要时启用。

(5)曲线段顶推最终驻停的位置按照降低施工风险到最低原则，均以最小顶推距离为准。

(6)浅坞区体系转换无源支撑按照直线段管节来布置，曲线段管节时部分无源支撑无法起到有效支撑作用。为保证管节结构安全，需对部分无源支撑重新布置或局部增设无源支撑。

3　系统改造

为顺利完成曲线段管节顶推施工，需针对与直线段的不同之处进行研究及改造。

3.1　“三点”支撑改造

曲线段管节的质量中心线与4条滑移轨道的中心线不一致，偏差最大处达370mm，这使各轨道上的支撑千斤顶的荷载存在较大差异，顶推过程管节水平姿态会发生变化，因此需要改变管节支撑系统连接方式来控制管节水平姿态。

单个节段时，管节“三点”支撑方式与直线段一样，3#和4#轨道的所有支撑千斤顶串联形成“①”支撑点，1#和2#轨道各自前后的3个支撑千斤顶串联形成“②”“③”支撑点，如图3所示。

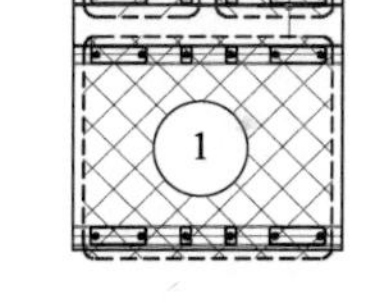

图3　单节段三点支撑图

多个节段时，在管节端头封门未安装之前，由于管节端头重量未发生变化，管节“三点”支撑连接方式如图4所示。

封门安装之后，由于端头重量发生变化，需要根据管节重量分布的变化改变管节“三点”布置，管节“三点”支撑连接方式如图5所示。

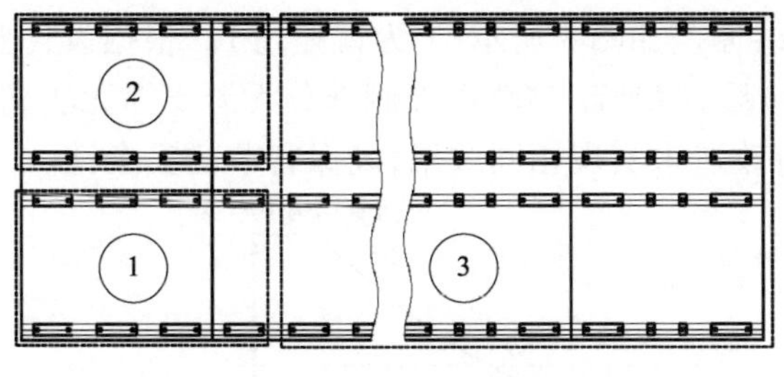

图4　多个节段(无封门)三点支撑图

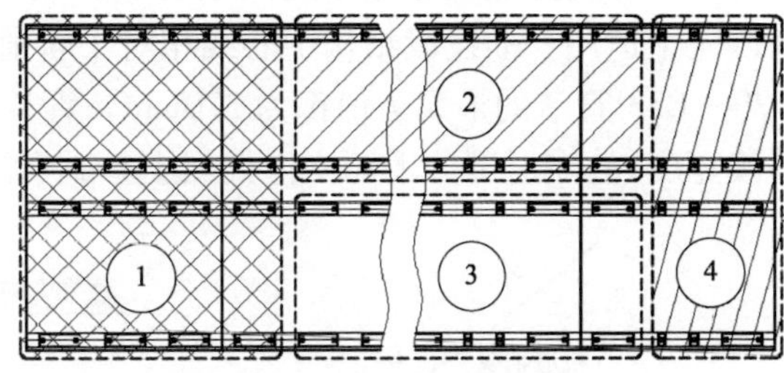

图5　多节段(有封门)三点支撑图

3.2　管节水平姿态控制

在完成90%受力转换与100%托举后应分别测量管节水平姿态并对比两次测量数据，如存在较大变化，需进行调整。顶推过程中严密监控管节水平姿态，如发生较大变化，需及时暂停顶推，待调整完成后方能继续顶推。顶推过程中，每顶推5个行程需要手工测量管节底面与轨道翼板之间的距离，以监控管节水平姿态是否发生变化，测量点布置在每节段每条轨道首尾。顶推15个行程之后，暂停顶推，测量管节水平姿态,节段顶推完成之后,测量最终水平姿态。

3.3 纠偏系统改造

曲线段管节的质量中心线和 4 条轨道中心线存在偏差,在顶推过程中管节轴线控制较难,需对纠偏系统进行改造。管节 1#节段顶推前,在 2#滑移轨道上首尾安装两个导向装置。1#节段的导向装置保留至最后完成整个管节顶推,在每个新浇筑节段顶推前在 2#轨道尾部再安装一套导向装置,分布如图 6 所示。导向装置在顶推过程中可对管节进行轴线调整。

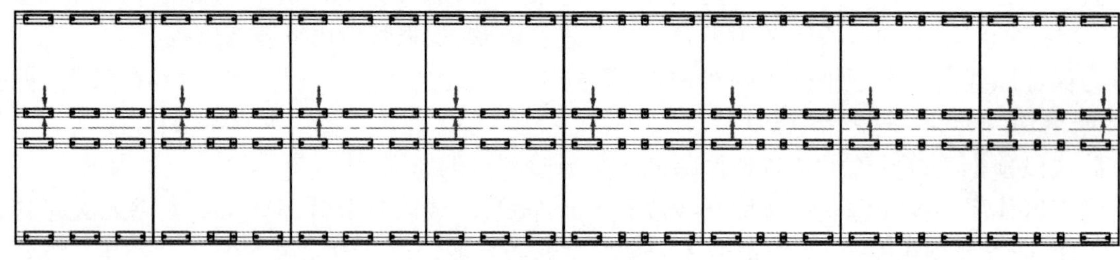

图 6 导向装置分布图

3.4 体系转换改造

在浅坞区的每条滑移轨道梁两侧各设置 48 个置换混凝土基础用于安放无源支撑,混凝土基础分布如图 7 所示。

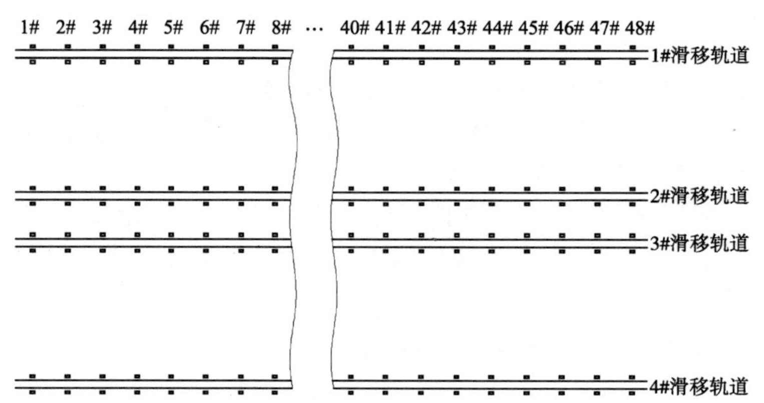

图 7 置换混凝土基础分布图

原有的无源支撑混凝土基础适用于直线段管节体系转换,对于处在 $R-5500$mm 曲线的 E29 ~ E33 管节难以完全适用。曲线段结构中心线相对于轨道轴线偏差如图 8 所示(x 为偏差值)。根据设计要求,可知 E29 ~ E33 管节的最大 x 值都为 370mm。管节到位后,1#或者 4#轨道外侧部分无源支撑无法满足要求的搭接宽度,故需对部分无源支撑混泥土基础墩进行改造来实现相同效果,确保管节的安全性。

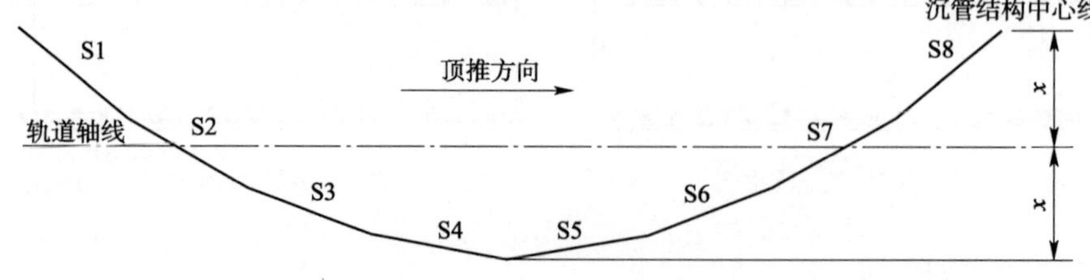

图 8 管节中心线与轨道中轴线偏差示意图

为将顶推作业带来的风险隐患降到最低,管节长距离顶推以最小顶推距离为准。E33/E32 管节为 6 个节段,E31/E30 管节为 8 个节段,E29 管节为 8 个节段,且第 8 节段为非标准节段。综合 5 个管节情况,需要改造的无源支墩有 1#轨道内侧 2# ~ 41#支墩,4#轨道内侧 1# ~ 7#支墩和 39# ~ 48#支墩,共 57 个。

针对搭接宽度不足无法起到有效支撑作用的无源支撑,在轨道另一侧对应位置无源支撑的旁边顶推纵向增设一个无源支撑以达到有效支撑,具体改造方案如图 9 所示。

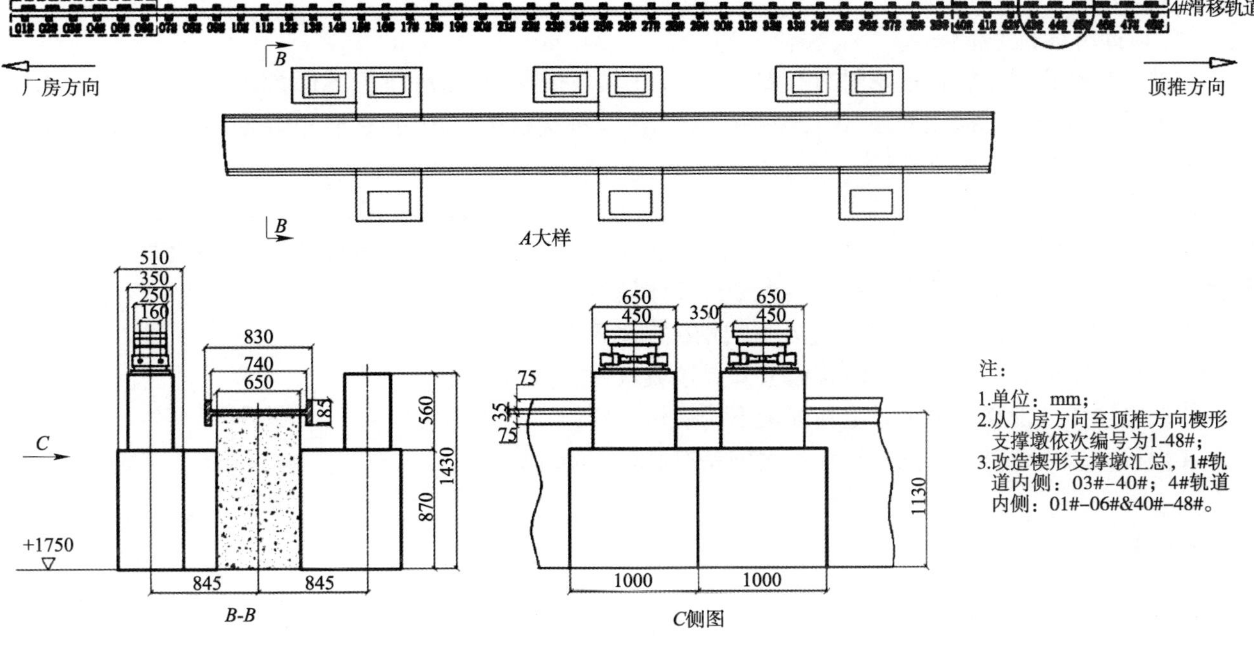

图 9　无源支撑基础改造方案

4　注意事项

本工程进入曲线段预制,整套顶推系统投入使用已经 5 年,如何保证设备正常高效使用显得尤为重要,下面将重点介绍日常保养注意事项。

顶推系统由顶板、千斤顶、反力架、传感器、油泵、控制柜、主控台等多个部分组成,每个部分又包括大量的零部件,任何一个部件出现故障都会影响整个系统运转,因此系统保养维护至关重要。

(1)钢结构维保

系统钢结构主要有顶板、反力架、导向臂等部分。对该部分的维保包括清理其上的混凝土、油污等杂物和处理出现变形或脱焊的重点受力部位。

(2)电气设备维保

长距离顶推完成后,将各式传感器用精密仪器清洗剂清理干净并分类保存。信号线、接线排回收后,用油污清洗剂清理表面油污,插头部位用精密仪器清洗剂清理干净,并保存。

顶推控制柜和主控柜的维保,应先清理灰尘等污物,再检查接线是否有松动,保存时应做好防潮措施。

油泵电控部分主要检查电机接线是否松动,电机是否受潮,并油泵控制箱电器元件是否完好。

分类整理所有顶推电缆、电箱和照明灯具,检查电缆是否破损,检查电箱电器元件是否受损及接线是否松动,检查照明灯具是否完好。

(3)液压设备维保

清理支撑千斤顶表面混凝土和油污,检查缸体和底座连接螺栓是否出现断裂,对缸体锁紧螺母进行除锈处理,螺牙上涂抹滑石粉润滑处理,脱漆部位补漆。

清理顶推千斤顶表面杂物,脱漆部位补漆,对千斤顶进行 200bar 试压检测,如有内泄,需更换密封圈。

清理油泵表面杂物,脱漆部位进行补漆;清理油箱,更换液压油;对油泵进行 400bar 试压检测和流量检查,如发现压力和流量达不到要求,需要对泵站阀件进行检修,直到满足要求才能投入使用。

对纠偏千斤顶、液压油管等其他液压及附属设备进行清理，并按照保养手册保养合格后按规定在仓库摆放好，便于下个管节使用。

(4)顶推滑移轨道维保

顶推滑移轨道对沉管顶推摩阻力有重要影响，在非顶推期间，需进行覆盖保护，每次顶推之前，均需对轨道不锈钢表面进行抛光处理，保证轨道干净光滑。每次顶推完成后，在管节底部 1#、4#轨道外侧悬挂遮帘，防止灰尘落入，污染轨道。

顶推滑移轨道在长期使用过程中会出现钢梁沉降、接头位置错台等情况，这会增大顶推摩阻力，损伤 PTFE 滑板，最终影响管节结构安全。因此应定期全面排查轨道，对出现沉降处安排注浆处理，对接头出现错台处进行调平后焊接处理。轨道接头错台具体处理方法如下：

①采用切割(碳刨)的方法将接缝处不锈钢板向两侧各去除 0.5m；

②采用切割的方法在接缝处滑移梁上开焊接坡口，并打磨光滑；

③调整接缝处滑移梁标高并重新焊接不锈钢板；

④焊接完成后，将接缝打磨光滑，最大偏差控制在 1mm 以内。

结语

港珠澳大桥岛隧工程沉管预制厂的大型沉管顶推施工，从施工工艺和施工设备上在国内都属首例。借鉴标准直线段顶推系统研究，通过不断总结、改进优化，对曲线段顶推进行改造以达到满足现场施工需要。当然，沉管顶推大型在施工工艺和施工设备上仍有不足之处，在今后的施工过程还会遇到新的问题，我们将持续不断创新、不断改进、不断完善，并做好相关总结以供同类工程项目施工管理提供借鉴。

参考文献

[1] 陈伟彬，刘远林，李海峰. 超大型沉管顶推技术[J]. 中国港湾建设，2015，1(7)：100-104

[2] 李海峰，刘远林. 沉管顶推施工的保障措施[J]. 中国港湾建设，2015，1(7)：105-109

软体排搭接宽度施工控制方法

张　伟　张慧丽
（中交天航港湾建设工程有限公司，天津塘沽，300450）

摘　要：以长江南京12.5米深水航道二期工程口岸直水道整治工程Ⅱ标段软体排施工为例，介绍了软体排搭接宽度的精确控制方法，并对其中的关键技术—声呐实时监测施工方法进行了详细的阐述。

关键词：软体排；搭接宽度；声呐实时监测；施工控制方法

引言

常规的软体排铺设施工过程中，是通过船行轨迹线来控制软体排的搭接宽度，其数值不能得到真实的反应，通过在铺排船上安装图像声呐，可以实时监测软体排铺设过程，在施工过程中随时调整，确保软体排搭接宽度全部达标。

1　概述

软体排结构作为一种常见的施工工艺在长江流域的护底施工中已经得到了广泛地应用，其常见的压载方式包括：混凝土连锁块压载、砂肋压载、混合（混凝土连锁块+砂肋）压载。长江南京12.5米深水航道二期工程口岸直水道整治工程Ⅱ标段护底采用软体排结构，堤身排为砂肋软体排，排布采用350g/m^{2}机织布，砂肋为长管状，直径0.3米，横向间距1.0m，管内充填砂。余排采用混凝土连锁块软体排，排布采用长丝机织布与无纺布的复合布，单位面积质量为500g/m^2，混凝土连锁块为矩形块，根据工程区域水流速与破坏机律的不同而采用不同的厚度。

搭接宽度是软体排施工控制中的一项重要指标，对护底的效果产生直接的影响，护底施工质量是保证水下结构物安全稳定的关键。软体排铺设在水深允许的环境条件下必须采用大型的铺排船进行施工，减少搭接次数，降低工程成本。该项目采用天铺1、2号进行施工，翻板宽度40m，排布宽度38.5米。本文详细地介绍了使用天铺1、2号进行软体排施工时搭接宽度的施工控制方法。

2　软体排搭接宽度施工控制方法

2.1　软体排铺设施工流程（图1）

2.2　软体排搭接宽度施工控制方法

（1）卷排时控制卷排整齐，减少因偏排影响有效搭接宽度。卷排后内外边偏距应控制在10cm以内，卷排转速宜控制在120m/h，卷排效果良好，偏移量可控。

（2）放排过程中顺水时工人在软体排两侧用力抻拉排体，斜向受水流力影响时在受冲侧设置滑槽拉拽绳，控制排体收缩量。排布入水后，受水流冲击和竖向张力的影响，排体会往中间收缩，放排过程中应在两侧拉伸排体，减小收缩量，排布幅宽整体收缩量宜控制在1m以内为宜。

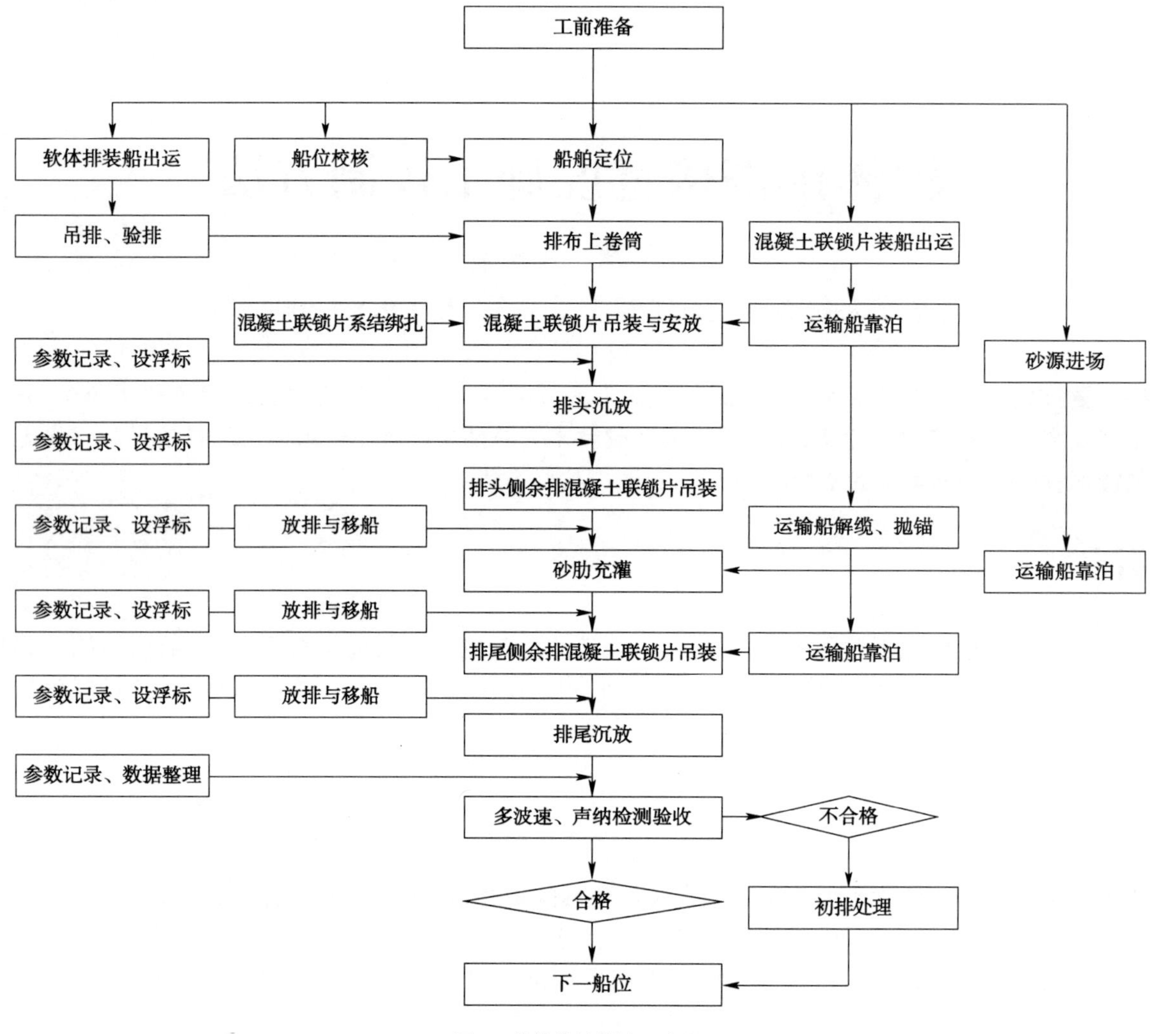

图1　软体排铺设施工流程

(3)排体的搭接应留下富余量以保证实际的搭接宽度满足设计要求。施工过程中,搭接宽度的富余量按超过设计搭接3m进行控制。

(4)在铺排船排体搭接侧安装声纳,进行搭接宽度的实时监测,根据水下实际搭接宽度的变化趋势调整船行轨迹,确保实际有效搭接宽度满足设计要求。

3　声纳实时监测搭接宽度施工方法

3.1　声纳设备的选择及安装

采用图像声纳进行监测,其主要参数见表1。

图像声纳主要参数　　表1

序号	技术名称		技术参数
1	声纳头视野		45°
2	扫描范围	水平向	45°~360°
3		竖直向	-65°~65°
4	声纳发射频率		1.35MHz
5	扫描距离		1~30m

续上表

序号	技术名称	技术参数
6	声纳波束数	256
7	水平扫描速度	1°/s
8	单个波束宽度	1°×1°
9	输出数据格式	.xyz

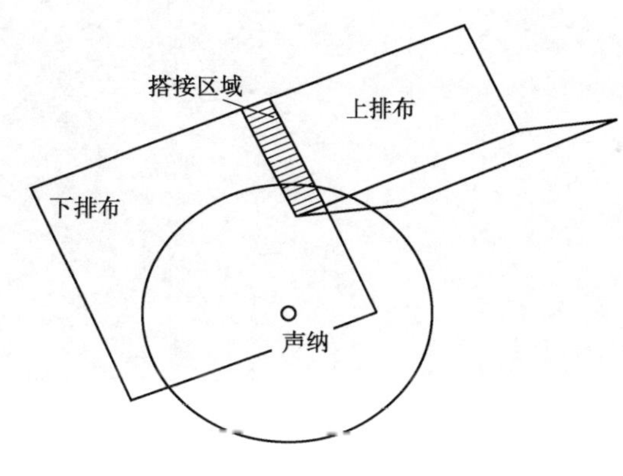

图2 图像声纳安装位置示意图

其安装的位置在翻板的旁边靠近搭接的那一侧(图2)。

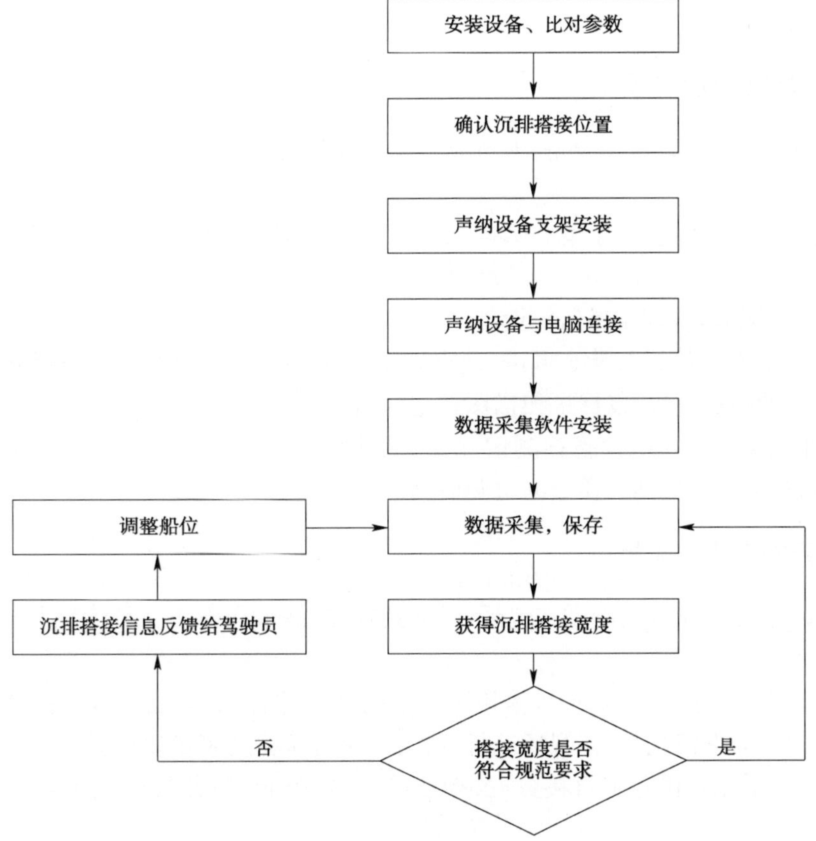

图3 声纳实时监测工作流程图

3.2　声纳实时检测工作流程(图3)

3.3　声纳实时监测施工方法

铺排船在沉完一段排体后,在绑系混凝土块期间,通过实时监控声纳设备进行扫描,对水底沉排质量数据实时采集,搭接情况将直接在沉排船操作室显示屏上显示出来(图4)。

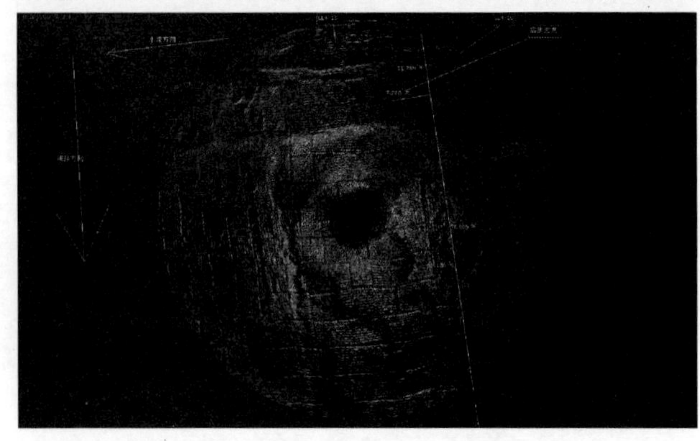

图4　声纳实时监测图

通过图像声呐数据采集和控制软件,可以直接量取排体的搭接宽度。对图像进行分析时,应先根据原图进行甄别,并删除数据假点后再进行处理和搭接宽度的量取。

(1)相邻两排体脱开:在上下排体之间会出现明显的一条阴影区域,量取阴影区域宽度即得到排体脱开的宽度。

(2)两排体没有脱开,排体有搭接,确定上下排体的边缘,直接量取两排边之间的距离,就是搭接宽度。

每次使用图像声纳进行扫描后,将排体的搭接情况进行记录的同时,将实际搭接宽度反馈给船长,如果发现排体搭接有持续减小的趋势,及时根据扫测结果调整船位,直至扫测搭接宽度恢复到安全范围,确保水下搭接满足设计要求。当搭接宽度合格时,可以继续沿着之前的轨迹向后铺排。一旦发现搭接宽度不符合设计要求,可以即时根据铺排状况进行现场调整。根据水流情况和上下排体的相对位置,采取适当放松排体或者将沉排船适当向下排体靠近等措施进行调整,以满足设计的要求。

3.4　声纳实时监测操作要点

(1)沉排船应同时安装实时监控设备,人员应组织专业性强、经验丰富、业务精的水下检测设备操作人员。

(2)应收集和熟悉沉排轨迹图;了解和掌握沉排区域的水深、流速、流向、水下能见度、气象和泥沙淤积等相关资料。

(3)确定排体搭接区域,合理布置监控设备。

(4)根据检测要求,对监控进行检查调试,使之处于正常状态。支架安装完毕后必须进行检查,支架或线缆不得干扰探头的扫描过程,以保证扫描图像记录清晰。

(5)沉排过程中密切关注声呐设备扫测情况,为沉排施工提供监控信息。根据水下的实际情况,及时修改各项采集参数,确保采集到高质量的检测数据。

3.5　声纳实时监测的优势

传统的软体排水下搭接宽度监测方式包括:浮标到垂法、潜水探摸法。与传统方式相比,其优势主要表现在以下几个方面:

(1)传统监测方式均为事后监测,如果搭接宽度不满足设计要求,只能通过补排来进行加强,声呐实时监测是在现场直接读取搭接宽度,在现场进行调整,确保搭接宽度满足设计要求。

(2)声纳实时监测数据从图像上直接量取,操作简便,数据客观;传统方式主观性强,控制标准要求不高,随意性大;

(3)声纳实时监测数据的客观真实精准,方便快捷,极大提高了铺排质量和生产效率。

结束语

施工方法是影响软体排搭接宽度的重要因素,除此以外,影响搭接宽度的因素还有很多,如水流方向、水深等。本工程水深为 -19 ~1m,沉排方向有顺水流和垂直水流,为保证搭接宽度满足设计要求,富余搭接宽度考虑为3m,2015 年 8 月至 2016 年 1 月,共铺设软体排 220 张,经第三方检测,所有软体排搭接宽度均满足设计要求。对于 3m 的富余搭接宽度,应根据水深、流向等条件的不同进行调整,在施工前进行典型施工来进行验证。

参考文献

[1] 阎福旺,刘载芳,荣新光,等.现代声纳技术[M].北京:海洋出版社,1998
[2] 许枫,丛鸿文.侧扫声纳声图判别[M].海洋测绘,2001,(1):58-61

水利工程中闸体浮运、安装工艺简介

林志露　张季才

（中交广州航道局有限公司，广东广州，510221）

摘　要：本文主要介绍汕头东海岸新城新溪片区南闸站闸体在干坞预制，完成养护后开挖干坞使闸体起浮，浮运拖带至闸室位置安装工艺。

关键词：南闸站闸体；干坞预制；闸体起浮；浮运拖带；安装工艺

引言

汕头市东部城市经济带新津河、外砂河河口治理及综合开发工程处在汕头市韩江三角洲网河出海口门区域，工程建设范围位于汕头港防沙堤起，基本平行现状海岸，向东北方向延伸，经过新津河口、外砂河口，止于莱芜半岛堤。南水闸位于海堤K1+950处，干坞设在海堤K0+300处，分别穿西堤连接新津河。施工方案是在干坞位置浇筑闸体，完成闸体浇筑养护后开挖干坞灌水使闸体起浮，最后将起浮的预制闸体通过新津河航道浮运南水闸闸室位置安装，见图1。

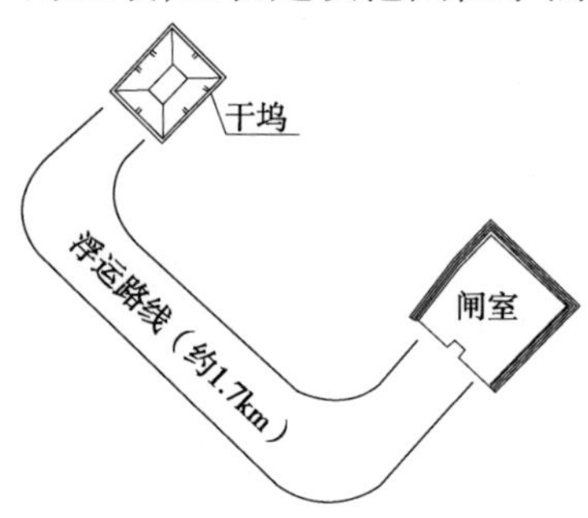

图1　闸体浮运安装布置图

在有些情况下直接在安装现场预制结构体面临诸多施工难题，例如排水、交通、潮汐、风浪、基础稳定性等问题，因此选择在条件优越的场地进行结构体的预制，然后进行浮运安装，可以减少施工难度并节省施工成本；因此在类似水利工程中需要运用到水运工程中沉箱浮运、安装工艺，预制结构体的浮运、安装与沉箱有所不同，重点涉及到预制结构体前期浮运设计和后期施工、浮运线路、浮运拖带、结构体安装等技术问题。

1　实例工程概况

1.1　工程背景简介

汕头市东部城市经济带新津河、外砂河河口治理及综合开发工程处在汕头市韩江三角洲网河出海口门区域，工程建设范围位于汕头港防沙堤起，基本平行现状海岸，向东北方向延伸，经过新津河口、外砂河口，止于莱芜半岛堤。南水闸位于海堤K1+950处，干坞设在海堤K0+300处，分别穿西堤连接新津河。施工方案是在干坞位置浇筑闸体，完成闸体浇筑养护后开挖干坞灌水使闸体起浮，最后将起浮的预制闸体通过新津河航道浮运南水闸闸室位置安装。

1.2　预制构件概况

闸体为钢筋砼薄壁长方体空腔结构，闸体长24m、宽17m，内侧高3.5m，外侧翼墙高5m，浮运时在闸体两侧加封临时闸门。

1.3　现场高潮位统计情况(表1)

2013年5~6月份最高潮位表(闸体出运时间段)　　表1

日期		最高潮
农历四月初三	5月12	200cm
农历四月十八	5月27	215cm
农历五月初三	6月10	200cm
农历五月十八	6月25	217cm

1.4　安装总体顺序

(闸体预制)→施工准备——水密试验→干坞出口开挖→闸体浮运→(基础处理)闸体安装——安装质量验收

2　施工方法

2.1　施工准备

2.1.1　闸体吃水水尺及现场潮水水尺设置

(1)水尺观测:每小时观测一次,在高潮、低潮、平潮及其前后半小时内每隔10分钟观测一次,记录潮高,并绘制水位曲线。

(2)在闸体外侧和每个隔舱中使用红油漆标注自浮临界淹没深度。

2.1.2　计算各参数

(1)拖缆力的计算[1]

$$F = KAR_w v^2/2g$$

其中,F为拖带力标准值,kN;A为闸体受水流阻力的面积m^2;R_w为水的重度,本工程取10.25kN/m^3;v为闸体对水流的相对速度,本工程取0.8m/s;K为挡水系数,矩形取1.0,$A=a(T+s)$,a为闸体宽度,闸体宽度为为17m,T为闸体吃水深度,本工程取3.4m,s为向前涌水高度,本工程取0.3。

$$A = 17\times3.7 = 62.9$$

$$F = KAR_w v^2/2g = 1\times57.8\times10.25\times0.8\times0.8/(2\times9.8) = 21.06\text{kN}$$

根据计算及现场实际海况,采用900P拖轮吊拖闸体,拖轮牵引拖带闸体时的拖缆利用拖轮常备的800mm尼龙缆(800mm尼龙缆可提供使用拉力约90kN),满足拖力条件,后方使用两艘锚艇拖带控制方向,参见图3。

(2)进行闸体浮游稳定计算

无荷载时闸体总重量:$G=\sum V_i\cdot\gamma_{砼}=522\times2.5=1305\text{t}$(取$\gamma_{砼}=2.5\text{t/m}^3$),潜水泵及平台荷截为3t,临时封堵门16t,则$G_{总}=1324\text{t}$;

求闸体吃水深度H:

$$V_{排}=G_{总}/1.025=1324/1.025=1291.7\text{m}^3$$

故　$17\times22.25\times H=1291.7$,得$H=3.41\text{m}$

闸体流水槽方向缺口使用砖块加高至5米,并采取橡胶和玻璃胶止水措施,防止闸体出运后,进水下沉。

(3)进行闸体浮游稳定计算

定倾中心：$Y = B_2/12H + H/2$，其中 B 为闸体宽度 17m，H 为闸体吃水深度 3.41m。

得定倾中心 $Y = 8.78$m。定倾中心位置高于闸体中心位置，回复力矩为正，闸体拖运过程中处于稳定状态。

(4)速度控制

闸体浮游过程控制在约1.4kn速度。

2.1.3 临时水电

(1)抽水设备采用汽油发电抽水机及小型发电机搭配。

(2)闸体安装就位后使用南闸岸上电源。

2.2 闸体出坞技术、安全保障措施

如图2所示，临时闸门与闸体混凝土面采用橡胶垫衬，依靠水压力对钢封门的作用形成自密效果。临时闸门的密闭性如何是决定闸体能否安全浮运到目的地的重要因素。为了保证闸体顺利拖运至目的地，除了加强临时闸门安装质量外，并在临时闸门安装后使用玻璃胶从外部进行封堵。同时在封板上配置2台柴油抽水机（如果闸体个别部位渗水可以随时外抽，同时保证闸体各隔舱的水位一致，安装时闸体下沉所用）。

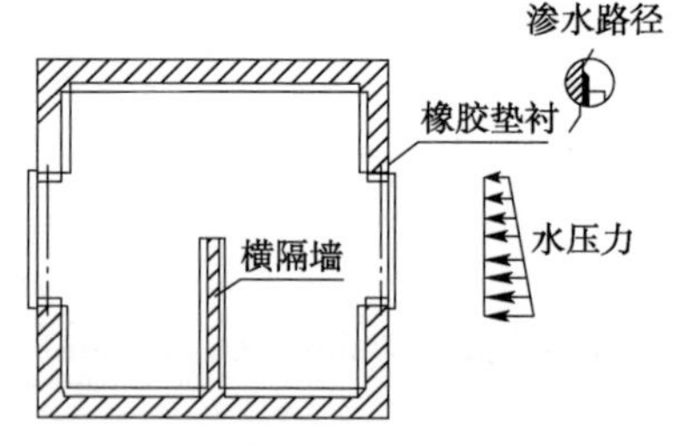

图2 临时闸门配合橡胶止水带平面图

水密试验是浮运工程的重要组成部分，是在闸体出运前对闸体的主体重要检验。

主要方法为：

(1)主体完成砼浇筑后，用临时闸门进行前后封堵。

(2)用水泵将外侧海水抽进干坞内，水位升至闸体浮起的临界部位，然后进行24小时观察，查看是否漏水及闸体内水位的高度，如在预测条件下，再继续加水起浮，查看什么水深时闸体浮动。

(3)闸体起浮后清理主体上所有附着物，清理干净后，观测水位线高度。

(4)前几项工作完成后，将水位线画在闸体外墙面上，然后观察48小时。如上述完全在预测范围内，可进行下一步工作；如若渗水情况严重，将派遣技术员进入闸体内侧查看并标记渗漏位置，抽干干坞积水，灌浆封堵漏洞后再重复以上步骤直至满足浮运条件为止。

2.3 闸体浮运

2.3.1 坞体开挖

闸体预制及密水实验完成满足出坞条件后，采用4立方米抓斗船开挖干坞至新津河航道出运通道（简称“临时航道”，下同）至满足闸体吃水要求，从外航道开始向坞体内开挖，临时航道底标高与坞底标高相同，底宽30m，坡度1:6。

闸体安排在涨潮时间段出坞。首先将隔舱内的压载水调至水平，使隔舱中的水位达到浮游稳定位置，即可起航浮运。闸体离坞采用900P拖轮，用一条 ϕ50mm 的尼龙缆绳围捆闸体中部，拖轮前行将闸体正拖到航道内。

2.3.2 闸体浮运

闸体浮运时在高潮时进行，闸体采取捆绑拖带的方式，捆绑位置为闸体闸体临水面，闸体捆绑后用缆绳与拖轮连接，待闸体吊拖至新津河航道内后，浮运拖带方式改为拖轮在正前方吊拖，后方拖带两艘锚艇控制闸体左右摇动及闸体浮运速度。拖带过程按规定的路线缓慢、匀速拖进，将闸体拖带到待安装的基床位置。闸体出坞及吊拖方式见图3。在闸体拖运前要对拖运路线进行水深测量，并将满足浮运要求的水深图安装至拖轮以保证拖轮按照规划路线拖运。

3　闸体安装

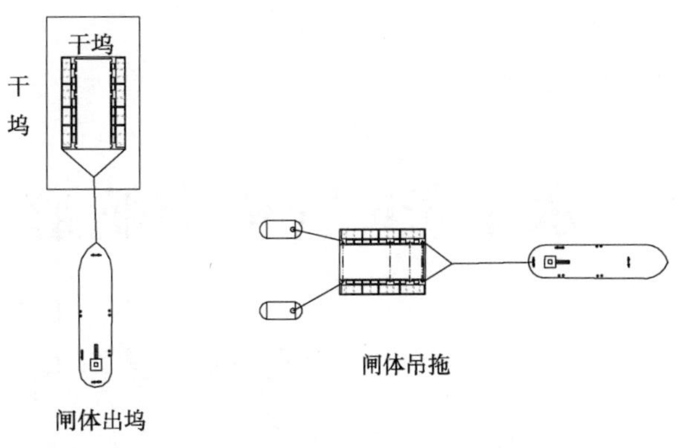

图 3　闸体出坞、闸体吊拖示意图

3.1　闸体安装施工流程

施工准备测量→基槽开挖抛石→基础处理、基床整平、定位→闸体预制养护→闸体出坞→闸体浮云→闸体安装→充填砼、沙施工→上部结构施工

3.2　基础处理

(1)闸体基槽开挖:采用大型长臂反铲挖掘机开挖,配合抓斗船扫浅。

(2)抛填基床:基床首先铺设砂肋软体排,后铺设 20cm 碎石垫层再铺设三向土工格栅,铺设三向土工格栅后进行二片石及碎石抛填,抛填工艺如下:采用平板船从岸边装船,将装石船开到基床位置,由测量定位进行抛填,边抛边用水坨测标高。人工配合挖掘机进行抛填。

(3)基床整平:采用定位驳船现场定位,用全站仪观测、定位,钢轨铺设,由定位船驻位后,从船上将钢轨放入基床垫块上,潜水员水下将钢轨摆正,测量岸上用全站仪控制标高,潜水员水下将尺杆放在钢轨上,使之钢轨控制在垫层顶标高,验收合格后,由潜水员水下横推向刮杠,将其碎石整平。

3.3　闸体安装

3.3.1　准备工作

在安装前充分掌握河道内在涨潮、高潮的平潮期、退潮时的水位及流速。

3.3.2　安装时间

为防止闸体受到流速影响,产生闸体偏移等问题,安装时间定在高潮的平潮期。

3.3.3　安装方法

待闸体拖运至南水闸进口区域附近时,将闸体顶部四个吊环通过缆绳连接地锚使用手摇葫芦反八字连接收紧缆绳,待闸体调至(或利用拖轮配合旋转)设计位置时,将拖轮与闸体连接缆绳解除,拖轮调出施工区域,通过收缩缆绳将闸体缓慢移至基床安装。安装时候在西堤设立测量控制点,利用全站仪测量控制闸体安装前沿线与高程。闸体拖运到安装地点后,利用设立在闸体上的标识对闸体进行粗略定位,并慢慢把闸体移进基床上。测量复核准确后,利用水泵注水下沉。

结束语

本项目闸体浮运、安装与水运工程沉箱浮运、安装具有众多相似之处,也具有互通性,在施工前、施工中及施工后均需要考虑人为、环境因素影响。认真考虑,细致分析,做好各种不利因素应对措施才能确保万无一失。

水下PE管横穿航道工艺设计研究与施工应用

王志锋　龙子夫
(中交一航局第二工程有限公司,山东青岛,266071)

摘　要:在已建成游艇码头区域及港池航道水域进行PE管安装施工,因场地限制,排除了陆上施工的可能性,水流冲击力大,需要严格控制每根PE管安放入水下沟槽中,使用效果要求严格控制PE管的埋深及偏位,通过工艺创新,采用岸上热熔与水上法兰机械连接,设计压载块加船舶牵引的方式解决了以上问题。

关键词:横穿航道;PE管安装;水上施工;技术设计

引言

在三亚鹿回头广场游船游艇码头工程项目(游艇区水域及岸线部分)工程,由于管道是横穿航道,而且是在水底施工,采用传统的明挖沟槽加支护的方式进行管道的安装工艺是不行的,必须进行设计。通过工艺改进,采用岸上热熔与水上法兰机械连接的方式以及设计压载块加船舶牵引的方式,克服了航道水流的冲击力,使PE管偏位不超规范,铺排平顺,管道埋深符合设计要求,效果明显。

1　工程概况

三亚市属热带季风性海洋气候,夏季炎热多雨,四季变化不明显。年平均气温24.7℃,最高气温32℃。本地区降水充沛,有旱季和雨季之分。雨量主要集中在5~10月的雨季,此时受台风和西南季风的影响,造成大量降水。

三亚鹿回头广场游船游艇码头工程(游艇区水域及岸线部分)位于三亚市鹿回头广场西侧,临春河入海口处。根据地勘资料,地层主要为第四系以海相沉积为主的海陆混合沉积层,依据地基土岩性结构与物理力学性质及其差异性,自上而下可分为6个主要工程地基层:素填土、粉砂、淤泥质粉质粘土、粘土、砾砂、粘土。污水管道安装区域水下地质情况主要为粉砂和淤泥质粉质粘土。

本工程进出港航道自潮见桥起,沿临春河经本项目游船、游艇码头,一直延伸至河口处,在临春河与三亚东河交汇处与公共航道连接。游船游艇码头工程水下疏浚及南侧星华游艇码头码头已经施工完成,并投入运营,新安装污水管道为鸿洲时代海岸泵站与鹿岭泵站之间水上连接段,作为鸿洲时代海岸小区污水排放管道。污水管安装位置横跨临春河,并且穿过星华游艇码头港池,随着三亚旅游业的发展,鸿洲时代海岸小区的入住率提高,污水排放量增加,市政府投资进行污水管道改造,增强污水排放能力。污水管平面布置见图1。

2　施工面临的主要问题

2.1　施工场地受限制

管道岸上接口在星华游艇码头下方,该码头每天都在运营,场地狭小,游客量大。受场地限制,PE管没有场地存放，也无法使用机械倒运及下水，只能通过人工搬运，严重制约施工进度。

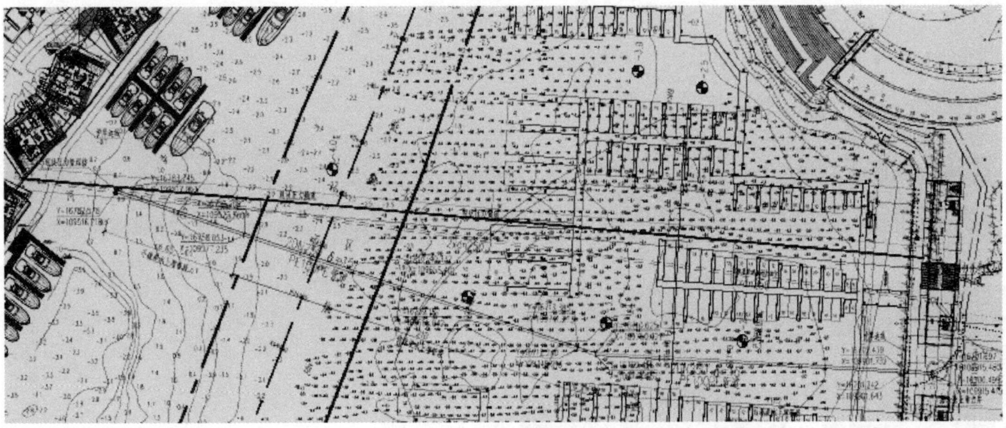

图1　污水管平面布置图

2.2　受外界影响大

该区域为渔船避风锚地，周围停靠大量渔船，导致大型船机及起重设备无法进场施工。污水管道埋设横穿临春河航道，因施工时间处于三亚旅游旺季，航道上有游船游艇经过，不能封航道，污水管道只能分段施工。同时，既要避开航道船舶，又不能影响星华码头正常运营，只有清晨和夜间才能进行管道安装工作。

2.3　航道流速大

航道流速较大，水流的冲击力导致污水管道下沉过程中偏离既定的沟槽，不利于管道的连接与下沉。

3　施工工艺研究及关键技术设计

3.1　管道施工方法

管道施工方法有两种，一种是打设钢板桩围堰，创造干施工的环境进行管道施工；另一种是用船配合在水面上进行管道施工。

3.2　管道分段连接工艺

由于不能占据航道，同时白天游艇码头还要正常运营，管道的连接时间要很短同时还得保证管道的连接质量。根据以上方案分析表可以发现，采用传统的单一形式的连接方式无法满足现场施工要求，必须对管道连接方式进行重新设计。结合现场实际情况，设计连接方式为热熔连接+机械法兰盘连接。具体内容：先在陆上分段熔接PE管，将分段熔接完成的PE管两端熔接法兰盘，将分段下水的PE管上的法兰盘相互用螺丝加垫片紧扣，达到连接管道的作用。

3.2.1　污水管分段长度设计

受航道及码头运营影响，污水管道必须分段施工。单根管道安装总长度为405m，航道宽度65m，PE管单根长度10m。考虑到必须一次性穿过航道，再预留一些富余量。同时管道长度不宜过长，太长的话不好施工，设计管道长度90m一段。

3.2.2　污水管分段热熔及试压

管道在已建成运营的星华游艇码头浮桥上熔接成90m一段，共计8段，以及45m两段，然后在两端分别熔接法兰盘，管段之间通过法兰盘加垫片连接。施工情况见图 2。

污水管陆上熔接完成后，通过盲板与法兰盘封闭连接，在浮桥面板上进行分段试压。污水管内排气工作很重要，如果排气不良，既不安全，也不易保证试压效果。两端盲板管堵均应有孔，一段用以排气及试压时安装压力表，另一端则用以进水。

3.3 管道运输工艺

由于星华游艇码头白天要进行运营，只有利用早、晚时间快速进行管道的运输工作，见图 3。

图 2 污水管分段热熔、接头热熔图

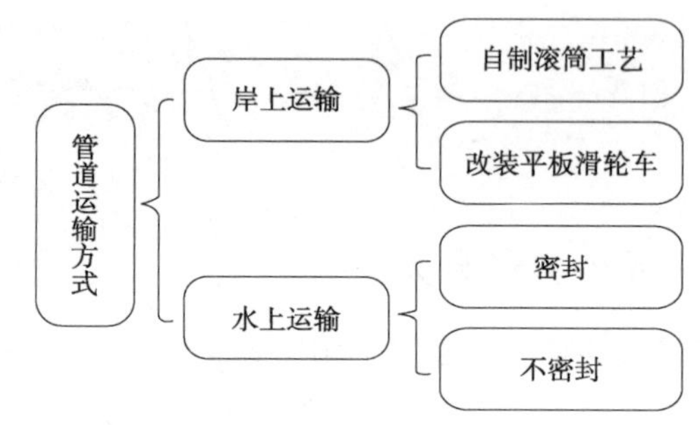

图 3 管道运输方式图

通过以上比较，管道陆上运输采用改装平板滑轮车工艺，水上运输密封管道两头。

3.4 管道下沉工艺

由于 PE 管材质比较轻，靠自身重力不能下沉至水底设计沟槽内，需要配载增加外力让其沉入指定沟槽里。配重不能太轻也不能太重，以人能抱动为宜，同时长期泡在海水里还要有一定的耐久性。结合以前的施工经验，采用预制钢筋混凝土块压载的方式进行管道下沉。

3.4.1 预制钢筋混凝土块设计

预制混凝土块不能太大，太大了人搬不动，不利于船上安装；也不能太小，太小的话水上安装时间长，而且影响污水管下沉速度，容易导致污水管在下沉过程中被水流冲击偏离既定沟槽。

单根 PE 管长度 10m，管道两头封堵后加配重块，在临界状态下，管道和配重块的重力等于它们受到的水的浮力，再打开排气阀，PE 管即可沉入水底。设计每个混凝土块尺寸为：0.7 × 0.67 × 0.3，由上下两层组合拼装而成。经核算，满足人工能搬动的要求。

3.5 抵抗水流冲击力设计

图 4 PE 管受水流冲击力变弯

因管道横跨临春河，管道安装地点在临春河入海口处，涨潮落潮时水流流速大，经过测定，流速约为 1m/s，对管道有一定的冲击力，导致管道变弯，影响管道准确安放在水下沟槽中。

为解决这个难题，施工过程中先用挖机船定位在水下沟槽上，两艘交通船配合将污水管段运到挖机船边，吊起一头固定在挖机船上，其中一艘交通船系上绳子拉住管道，往逆流斜向上方向拉拽，另一艘交通船配合调整管道，使其在设计沟槽范围内。调整好以后再配合挖机船进行管道的连接，压载块的安装等工作。具体见图 4。

4　工艺流程和实施

4.1　工艺流程

PE 管检查→污水管陆上熔接→污水管分段试压→污水管转运、法兰连接及压载块安装→管道回填砂。

4.2　主要工序实施

4.2.1　PE 管检查

PE 管道运到现场，先检查产品合格证，然后采用目测法，对管道是否有损伤进行检验，重点检查管口有无变形，做好记录与验收手续。

4.2.2　污水管陆上熔接

管材现场由人工搬运至浮桥上摆好，搬运时轻抬轻放。使用 220V、50Hz 的交流电将焊机各部件的电源接通，将泵站与机架用液压导线接通。连接前检查并清理接头处的污物，以免污物进入液压系统。

首先，将 PE 管夹紧，固定在机架上，用专用支架垫平，以保护管材和减小熔接过程中的摩擦力。将铣刀固定在机架上，启动铣刀，闭合夹具，对管子（管件）的端面进行切削，取下铣刀，闭合夹具。

其次，检查加热板的温度是否适宜（210 ± 10℃），加热板的红指示灯表现为亮或闪烁。从加热板上的第一次灯亮起后，再等 10min 使用，以使整个加热板的温度均匀。

最后，熔融对接是焊接的关键，熔融对接过程应始终处于熔融压力之下进行。切换从加热结束到熔融对接开始这段时间为切换周期，为保证熔融对接质量，切换周期越短越好。

4.2.3　污水管分段试压

污水管道分段熔接完成后，需进行强度和严密性试验。管道工作压力 0.35MPa，试验压力为 1.0MPa。

4.2.3.1　管道试压流程图

污水管管道试压流程图见图 5。

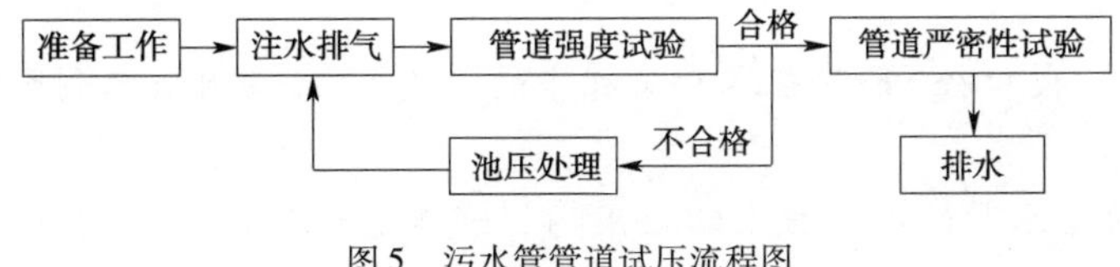

图 5　污水管管道试压流程图

4.2.3.2　试压准备

试压泵一台，型号为 4D1SY 型电动试压泵；压力表 2 块，型号为 Y－100PN1.6。在有效期内使用，校核精度不低于 1.5 级。

4.2.3.3　试压过程

水压试验先升至试验压力的 30%（0.3MPa），稳压 15min。稳压期间对管道进行检查，无异常现象继续升压至强度试验压力的 60%（0.6MPa）。稳压 15min 后，稳压期间对管道进行检查，无异常现象继续升压至试验压力（1.0MPa），待压力平衡稳定后，试压巡检人员沿线检查管道有无渗漏，在 30min 内，无渗漏，无压降，1 小时内压降小于 0.02MPa，则水压试验合格。

4.2.4　污水管转运、法兰连接及压载块安装

分段试压完成后，用钢盲板将污水管两端密闭封存，准备下水。然后将污水管绑在改装的平板滑轮车上，转运至浮桥边，水上用小船配合滑轮车牵引污水管下水转运至安放地点。用水上挖机船作为起重设备，将原管道吊至甲板上，小交通船辅助牵引管道至挖机船甲板上，加垫片对接好后用螺栓连接，拧紧

螺母。挖机船定位在设计沟槽范围内,污水管水上法兰连接好以后,以挖机船甲板为平台将压载块安装在污水管上,然后用螺栓穿孔连接上下压载块,拧紧螺母。然后用挖机将污水管连同压载块吊入设计沟槽内。

4.2.5 管道回填砂

污水管道依次分段沉入设计沟槽内以后,为防止水流的冲击,需要回填砂进行覆盖。用挖机船配合两艘小型泥驳进行回填砂铺设。

5 效益评估

本工程地处三亚市中心鹿回头广场,该广场为三亚市著名旅游景观,同时三亚也是重要旅游城市,国内及国际影响巨大,项目部对安全文明及环保施工要求尤为严格。通过优化设计与现场实施,完成了污水管道的安装工作,满足了设计要求。同时,没有占据航道,也没有影响到星华游艇码头的正常运营,赢得了业主肯定,为公司在海南地区创造了较高的社会效益。钢板桩围堰干法施工工期较短,但是在船舶调遣及回填砂方面租用船舶较多,费用较高;水上施工法工期较长,施工用的工人数量、交通船、吊机等小型机械等辅助设备多一些。综合比较来看,还是水上施工法综合效益好一些。

结语

本工程要在已建成游艇码头区域及港池航道水域进行PE管安装施工,受航道及码头运营影响,污水管道必须分段施工。同时,由于水流冲击力大,需要严格控制每根PE管安放的埋深及偏位,通过工艺创新,采用岸上热熔与水上法兰机械连接,设计压载块加船舶牵引的方式解决了以上问题。

本项目的污水管施工方案,通过对常规工艺进行优化,没有影响航道通航及码头的正常运营,节省了施工成本,满足了设计要求,赢得了业主肯定。体现了因地制宜、多快好省的原则。此方案的成功,对于后续临春河两岸中上游的污水治理、污水管网的布局都有一定的辅助作用,而且,对其它河道的污水管道安装也有借鉴作用。

参考文献

[1] 钱荣兵,罗生品,姜洋.大口径PE管在水利工程中的应用[C].四川省水利水电勘测设计研究院规划设计分院

[2] 叶蔚.PE管在藤桥片给水管改造工程中的应用[J].城市建设理论研究,2013,(8)

[3]程晓亮.城市PE管道安装施工技术浅析[J].科学与财富,2015,(7)

[4] 邱灿荣.浅谈聚乙烯(PE)管的应用与施工安全技术[J].铁道劳动安全卫生与环保,2008,35

[5] 张艳.浅谈城市给水PE管热熔连接法施工技术[J].中国水运(学术版),2007,7

[6]聂荣忠.给水PE管施工技术及几点经验[J].甘肃科技,2007,23

围海造陆补吹填工程吹填标高预测

余　迪
（中交天航港湾建设工程有限公司，天津，300450）

摘　要：随着吹填造陆技术逐步发展，精确预测吹填标高以确保软基处理卸载泥面标高达到规划要求和保证子围埝稳定安全是工程成本、工期和安全风险控制的关键所在。在浅海区围海造陆补吹填工程中，吹填标高预测与吹填区土层分布、子围埝结构和保证子围埝结构稳定性更是相辅相成，须进行认真分析，制定出最优的方案。本文结合天津临港经济区装备制造业基地T7、T8、T9区补吹填工程的实际情况，在如何分析预测吹填标高以满足工程软基处理后的标高要求，子围埝及原有围堤结构设计是否满足稳定性要求制定出最优的方案，在施工探索使用优化措施，希望能为后续类似工程的施工提供借鉴。

关键词：补吹填；预测；吹填标高；子围埝稳定性

1　工程简介

天津临港经济区装备制造业基地T7、T8、T9区补吹填工程位于天津临港经济区东南角，毗邻外海海域，水深大，水流急，为满足工程规划要求，采取了补吹填工艺，以确保该工程规划区域达到最终交地的标高要求。工程施工前原吹填泥面标高已达到+5米（新港理论高程，下同），计划竣工验收泥面标高达到+8.9米。规划该片港区最终要求软基处理卸载后验收标高达到+4.5米。结合该区域软基处理施工经验，预留4.4米的压缩量能否满足规划的要求是子围埝标高确定的前提条件。

本工程采用陆上加高子围埝再补吹填的工艺，规划T8T9区四周陆上加高砂袋子围埝长度约为8165米，砂袋子围埝顶高程为+9.5m，子围埝高约4.5m，纳泥区现状泥面平均标高约为+5.0m。

工程吹填区最终验收条件：吹填区表层2m含水率不高于90%（检验方法为由双方共同认可第三方检测单位取样鉴定，取样间距为300m×300m。每个点位共取2个试样，其中0.5～1m范围内取一个试样，1.5～2.0m取一个试样。单个试样含水率小于90%认为合格。最终满足含水率试样数应不少于总试样数的90%）。

该工程吹填区软基处理后最终规划交地标高为+4.5m。

2　施工背景情况分析

二次吹填施工在天津地区尚属于摸索阶段，为确保工程在技术安全上可行，在工程正式施工前期，根据本地区地质勘查报告对吹填标高进行预测和现有围堤进行稳定分析计算，在已完成软基处理地基的基础上进行子围埝施工，以拟定安全合理的子围埝结构，通过增加后方陆域的高度，从而减少回填土方是合理的。

因此，为确保工程顺利进行，一是对吹填标高进行预测，以满足整体规划的软基处理后交地标高要求，防止因标高不够进行回填土施工，增加造地成本，二是结合吹填标高进行现有围堤稳定分析计算，拟定合理的子围埝高度，使二次吹填标高满足规划要求；二是子围埝结构设计时做好防渗水设计，防止对陆域造成损坏；三是加强子围埝稳定的技术保护措施，确保子围埝稳定性；四是加强子围埝监测和巡视，做好安全预案。

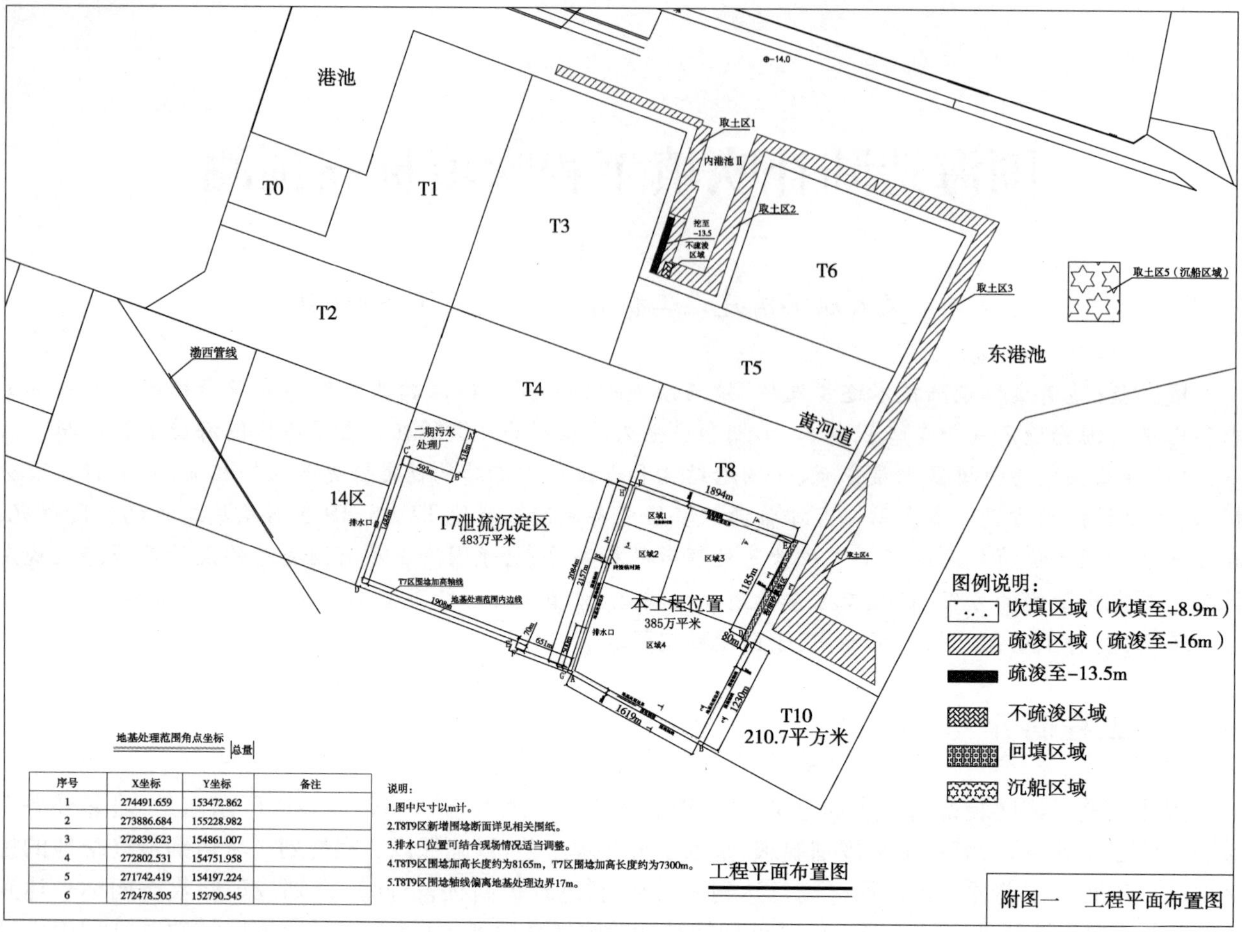

地基处理范围角点坐标 总量

序号	X坐标	Y坐标	备注
1	274491.659	153472.862	
2	273886.684	155228.982	
3	272839.623	154861.007	
4	272802.531	154751.958	
5	271742.419	154197.224	
6	272478.505	152790.545	

说明：
1.图中尺寸以m计。
2.T8T9区新增围埝断面详见相关图纸。
3.排水口位置可结合现场情况适当调整。
4.T8T9区围埝加高长度约为8165m，T7区围埝加高长度约为7300m。
5.T8T9区围埝轴线偏离地基处理边界17m。

图 1　临港 T7、T8、T9 补吹填工程平面图

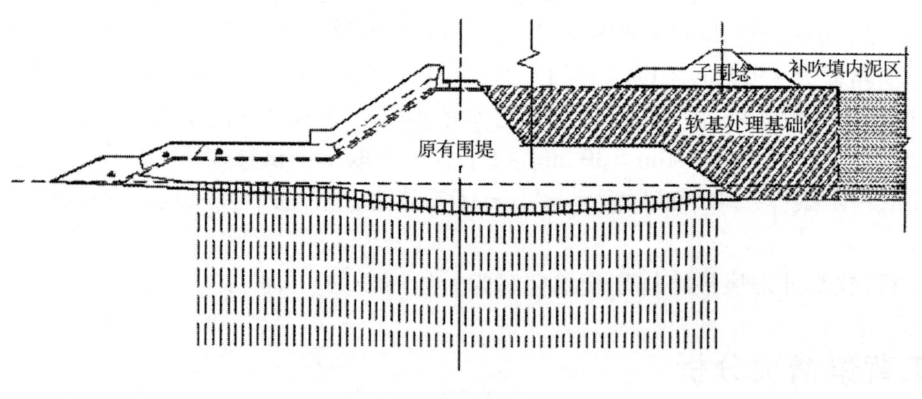

图 2　施工断面结构示意图

3　子围埝标高合理性测算

本工程计划补吹填施工后泥面标高达到 +8.9 米，规划软基处理卸载后标高为 +4.5 米，为测算计划补吹填标高是否工程要求，需根据现有情况和已有工程施工经验对沉降量进行测算。

3.1　吹填后场地概况

根据招标文件描述，吹填前 T8、T9 区地面标高约 5.0m，T8、T9 区原海底面标高约 -5.2m，则原吹填土理论厚度约 10.2m，考虑吹填期原地基沉降 0.4m，则现吹填土实际厚度约 10.6m(h_1)。

根据招标文件要求，T8、T9 区吹填完成后，吹填土顶面标高达到 8.9m，则需补吹填土厚度理论厚度为 3.9m，考虑吹填期间原地基沉降量 0.2m，则实际补吹填吹填土厚度约 4.1m(h_2)。

根据勘察资料显示，本区域软土层底面标高约 -14.5m，则原底面以下软土层厚度约为 8.9m(h_3，已考虑吹填期压缩量)。

3.2　沉降量测算分析

一般沉降分析主要考虑主固结沉降和次固结沉降，而次固结沉降是在地基处理后若干年中发生的。本次沉降量测算主要为真空预压期间沉降，即为主固结沉降。

根据港口工程地基规范(JTS 147-1—2010)，地基最终沉降量应采用分层总和法计算，即采用 $e \sim p$ 曲线

$$S_{d\infty} = m_s \sum_{i=1}^{n} \frac{e_{0i} - e_{1i}}{1 + e_{0i}} h_i$$

其中 m_s是经验系数，e_0是自重应力所对应的孔隙比，e_1是自重应力和附加应力之和所对应的孔隙比，h 是土层厚度。

由于新吹填土含水量过高，通常无法进行压缩及固结试验，并不能提供出 $e \sim p$ 曲线及压缩性指标(如 a_{1-2}、C_c 等指标)。因此新吹填土通常无法采用理论公式进行计算，新吹填土的沉降量只能按照经验法估算。

原海底面以下软土可采用规范公式进行理论计算，但考虑到本工程招标文件并未提供吹填区 $e \sim p$ 曲线资料，故亦只能采用经验估算，按照本区域大量工程经验数据统计，真空预压期间原海底面以下软土的压缩率相对稳定，因此可按照经验法进行估算。

本次沉降估算，拟采用经验法进行估算，拟按照土的形成过程的区别，将软土分为三个大层。分别是现吹填土层，厚度 $h_1 = 10.6$m；本次补吹填土层，厚度 $h_2 = 4.1$m；原海底面以下软土层，厚度 $h_3 = 8.9$m。分别计算这三层土的压缩量，累加后得出地基总的沉降量。

对于原吹填土层及后补吹填土层，拟根据以往类似场地真空预压处理前后的对比检测数据，加权平均吹填土层的含水量，按照土力学公式，推算出吹填土层加权平均的孔隙比，从而得出吹填土层的压缩量。

原海底面以下软土采用经验压缩率进行沉降量的测算。

3.3　沉降量测算过程

(1)现吹填土的沉降量(S_1)估算

现吹填土层，厚度 $h_1 = 10.6$m。

根据工程经验，对于晾晒时间 2～3 年左右的吹填土层，吹填土层加固前平均含水量约在 60%～70% 之间，本次按照 65% 估算；经过真空预压处理后，加固后平均含水量约在 40%～45% 之间，本次按照 42% 估算；吹填土均按照饱和土估算。

则 $\omega_1 = 0.65$，$\omega_2 = 0.42$；$\gamma_s = 2.73$，推算出 $e_1 = 1.77$，$e_2 = 1.14$

则$(e_1 - e_2)/(1 + e_1) = 0.227 \approx 23\%$，即本层吹填土的压缩率约为 23%。

本层吹填土预估沉降量 $S_1 = h_1 \times 23\% = 10.6 \times 23\% = 2.44$m

(2)本次补吹填土的沉降量(S_2)估算

本次补吹填土层，厚度 $h_2 = 4.1$m。

根据工程经验，对于晾晒时间 1 年左右的新吹填土层，吹填土层加固前平均含水量约在 80%～90% 之间，本次按照 85% 估算；经过真空预压处理后，加固后平均含水量约在 42%～50% 之间，本次按照 45% 估算；吹填土均按照饱和土估算。

则 $\omega_1=0.85$，$\omega_2=0.45$；$\gamma_s=2.73$，推算出 $e_1=2.32$，$e_2=1.23$

则 $(e_1-e_2)/(1+e_1)=0.328\approx33\%$，即本层吹填土的压缩率约为 33%。

本层吹填土预估沉降量 $S_2=h_2\times33\%=4.1\times33\%=1.35\text{m}$

(3)原海底面以下软土的沉降量(S_3)估算

原海底面以下软土，厚度 $h_3=8.9\text{m}$。

根据本区域大量工程经验，原海底面以下软土压缩率约为 10% ~15% 之间，考虑到上覆吹填土较厚，本次取压缩率为 13%。

本层软土预估沉降量 $S_3=h_3\times13\%=8.9\times13\%=1.16\text{m}$

3.4 沉降量测算结果

根据上述计算，本工程 T8、T9 区场地真空预压期间总的沉降量

$$S=S_1+S_2+S_3=2.44+1.35+1.16=4.95\text{m}$$

3.5 T8、T9 区地基处理后场地标高测算

临港经济区对于新吹填土场地通常采用“浅层抽水固结 + 深层真空预压”的地基处理方法。浅层抽水固结后场地吹填 0.8m 厚粉砂垫层。

场地吹填标高为 8.9m，地基处理沉降量为 4.95m。

则 T8、T9 区地基处理后场地标高 =8.9 +0.8 -4.95 =4.75m。

结语

本工程要求，T8T9 纳泥区完成所有吹填施工任务后，经过 8 个月晾晒后进行最终验收。本工程子围埝顶标高定为 9.5m，超出验收标高 0.7m，基本能够满足吹填完工后 8 个月晾晒期内的吹填泥面沉降预留要求。

同时，经过上述测算可知，T8、T9 区地基处理后场地标高 4.75m，满足 4.5m 的规划要求。

参考文献

[1] 王立军，等. 天津临港经济区装备制造业基地 T7、T8、T9 区补吹填工程设计方案[M]. 中交天津航道局有限公司、中交第一航务工程勘察设计院有限公司，2014 年 8 月

[2] 吴向明，郝思东，等. 真空预压在天津临港经济区软基处理中的应用.[J]科技信息. 2010 年第 31 期

[3] 王克勤，董承赞. 天津临港经济区围海造陆一期工程防潮标准及高程设计探讨.[J]港工技术. 2009.4

新加坡太平洋船坞深基坑设计、施工和监测技术

龚先锋　钟梅华　郭　杨　袁振乾
（中交三航局第二工程有限公司，上海市200122）

摘　要：目前深基坑施工技术已臻成熟，已被广泛应用于船坞建造。船坞基坑的支护方式、开挖工艺及对周边建筑物的监测技术要求各有不同，结合新加坡太平洋船坞深基坑施工的工程实例，介绍船坞工程深基坑的设计、施工和监测技术。

关键词：深基坑开挖；基坑支护；基坑监测

引言

太平洋船坞位于新加坡西海岸潘丹河边，由两个小型船坞组成，船坞长宽深尺寸分别为100m×28m×11m、90m×28m×11m，两坞共用水泵房，泵房处局部基坑开挖深度达15m。因船坞是在旧厂区上新建，业主新建厂房及邻居建筑早已建成，故在基坑开挖时，对周边建筑物的位移、沉降控制提出较高的要求；另外，距离基坑南侧围护桩17.8m，标高－8.278m处，有一条与基坑平行的电力廊道（图1），该廊道电力供应整个裕廊岛工业区用电，因此新加坡国家电网对电力廊道的位移控制相当严格，要求在基坑开挖施工过程中，只允许小于3.8mm的位移值。因该电力廊道距离基坑较近，且根据断面图上的土层分布可知，在廊道上部有6m厚的海泥层，基坑开挖过程中该层海泥极易发生位移，从而危及到廊道的稳定。3.8mm的位移值控制是基坑开挖一大难点，若位移值超过3.8mm，工程将面临停工，因此，该船坞基坑的维护桩和支撑设计及施工具有较高的挑战性。

1　基坑围护桩、支撑设计

1.1　基坑围护桩设计

坞口基坑区围护桩采用ϕ1016mm×12mm钢管桩组合FSP－IV钢板桩，见图2，钢管桩桩长从13.65m到20.35m不等，根据地质情况而变化，考虑钢管桩的刚度大于钢板桩，为防止钢板桩在沉桩时变形，钢板桩长度比相应钢管桩短0.5m。

坞区岩层埋深较浅，故围护桩入土深度亦较浅，且围护桩只能打入强风化岩0.5～1.0m，为防止围护桩会出现“根基不稳”，因此，在每根钢管桩端以下设置了ϕ900mm嵌岩灌注桩，灌注桩根据地质的不同，需嵌入中风化岩层2.0～2.5m，灌注桩顶部进入钢管桩2.5m，从而确保围护桩的稳定。

坞室基坑区围护桩采用ϕ1219mm钢管桩组合NSP－IVw钢板桩，见图3，根据不同的地质情况，桩长从14.95m到17.25m不等，钢管桩壁厚也分14mm和16mm两种，钢板桩比相邻钢管桩短0.5m，每根钢管桩设置了ϕ1100mm嵌岩灌注桩，嵌岩深度需嵌入中风化岩2.0m，灌注桩顶部需进入钢管桩2.5m。

1.2　基坑支撑设计

坞口基坑布置三层型钢角撑，中心标高分别为＋1.2m、－2.0m、－5.0m，每层角撑布置5道支撑，每道支撑与立柱桩及连系梁相连。型钢角撑由两根700mm×300mm工字钢通过上下两道连接板连接而形

成宽为1.2m的钢支撑结构。因泵房开挖较深,在泵房基坑-8.0m位置增加了第4道钢支撑。第一层、第二层、第三层钢支撑通过混凝土圈梁与围护桩传递受力,泵房基坑钢支撑通过钢围囹与围护桩传递受力。

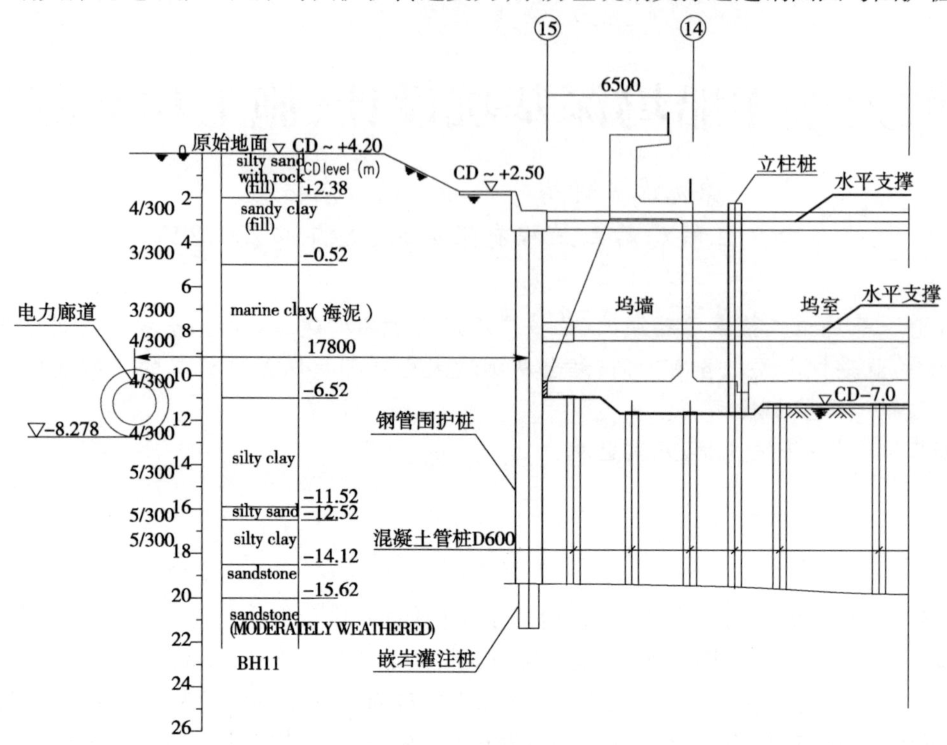

图1 船坞坞墙处断面示意图

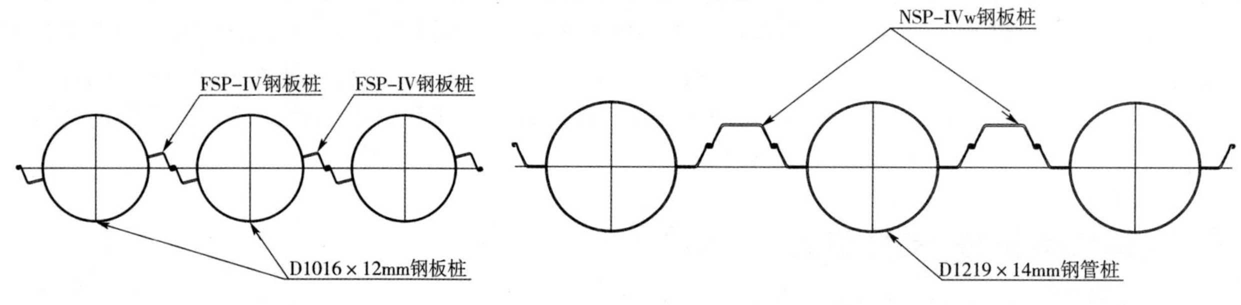

图2 坞口围护桩示意图

图3 坞室围护桩示意图

坞室基坑布置两层钢角撑,中心标高分别为+1.2m、-3.8m,因两船坞尺寸不一,为方便钢角撑布置,在2#船坞坞尾,中心标高为+1.2m、-3.8m处设置两道混凝土支撑,使得两船坞角撑一致。支撑的结构形式如同坞口支撑。

因钢角撑钢材的压缩量大于3.8mm,为了满足电力廊道位移不超过3.8mm的要求,在船坞中间区域,中心标高分别为+1.2m、-3.8m位置设置两道混凝土对撑,因混凝土对撑压缩性很小,在基坑中间位置也是弯矩最大处设置这两道混凝土对撑,可大大减小了基坑的变形值。基坑支撑平面及断面示意见图4。

2 施工工艺

2.1 钢支撑施工

在钢支撑安装过程中,因钢支撑受力后会产生弹性变形,从而使基坑产生位移,为了尽量减小因钢支撑弹性变形而产生的位移量,每道钢支撑安装时需实施预加100t轴力。

随着基坑的开挖,每层钢支撑轴力会增大,同时基坑的位移量也会增加。如果基坑位移量临近警戒值，可通过对钢支撑进行二次加力，从而可有效控制基坑位移量。为了能对安装好的钢支撑进行二次加力，在施工过程中，钢支撑一端与围囹牛腿预埋钢板焊接，另一端增加活动楔形板，在二次加力时敲紧楔形板即可。因本地市场无法采购到铸型楔块，所以楔形板只能使用钢板制作，详图见图5。

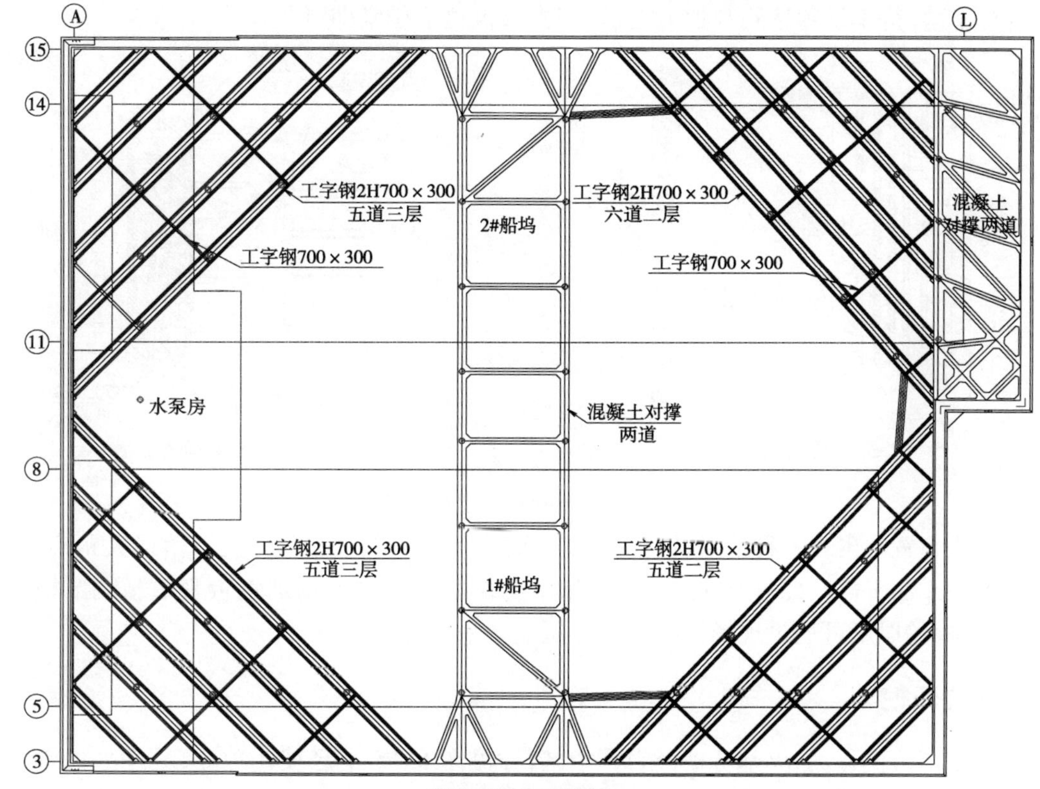

a)船坞支撑平面示意图

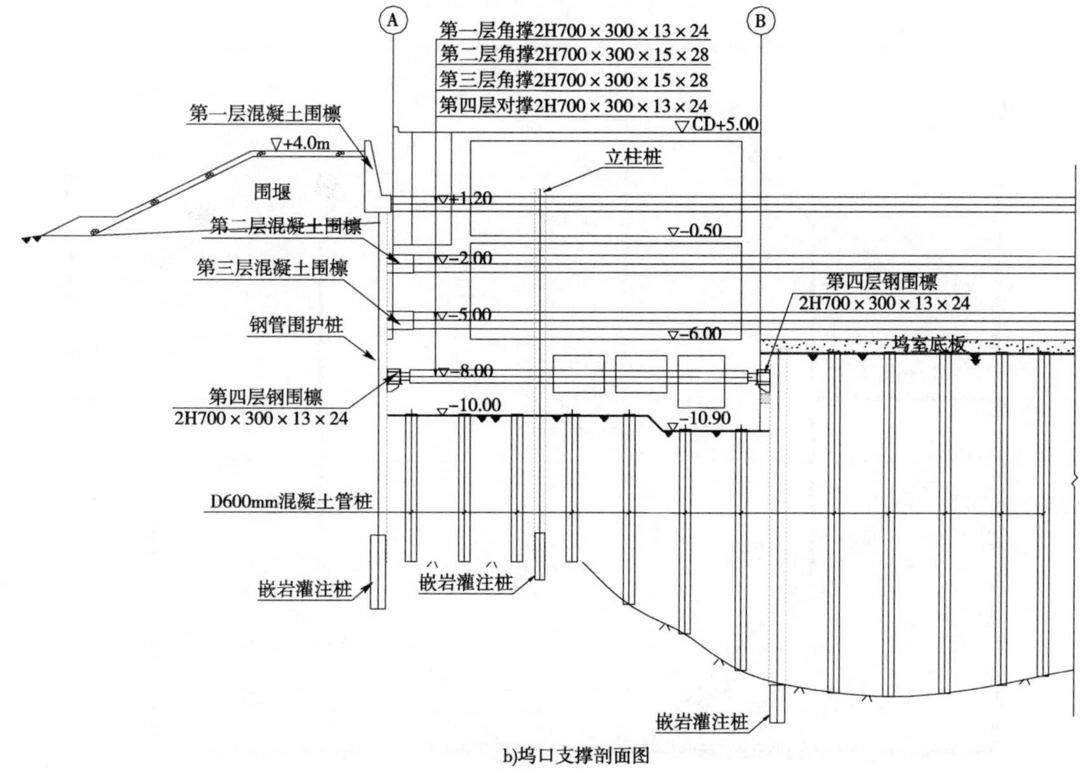

b)坞口支撑剖面图

图4　船坞基坑支撑示意图

楔形块由900mm×400mm×16mm钢板与厚20mm楔形钢板条焊接而成，楔形板需在两侧开116mm×300mm洞口，以便于千斤顶的行程轴穿过而进行预加力。

楔形块1与支撑端板焊接，千斤顶穿过楔形板上预留洞口，作用在围檩牛腿上加载，加载过程中，楔形板2会自行下落，待千斤顶达到预加力之后，将楔形板往下敲紧即可。

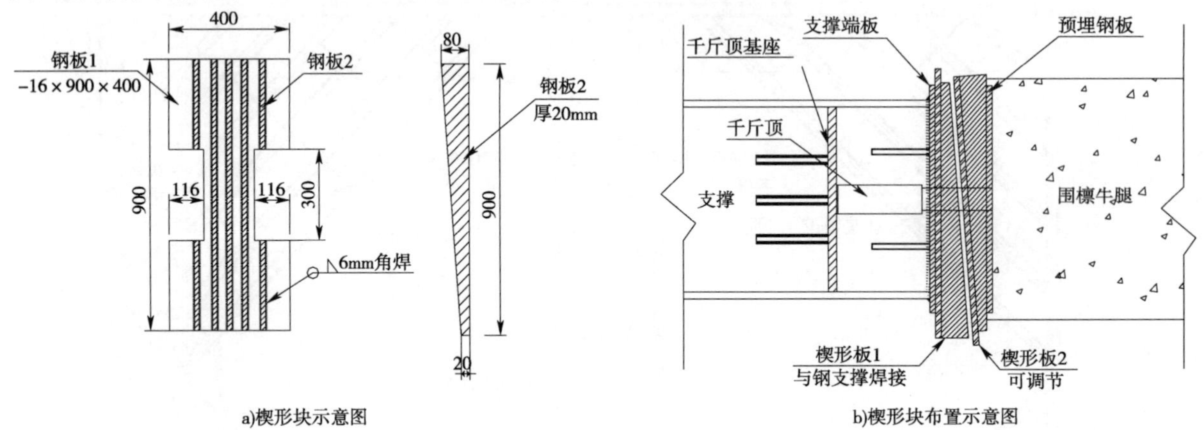

图5　楔形块制作与安装示意图

上述楔形块布置易出现一种情形，钢支撑在二次预加应力后，楔形块2已下落最大距离，楔形块被千斤顶行程轴顶住无法下落。此时可通过在楔形块2与围檩牛腿之间增加钢板来重新调节楔形块2的下落距离，增加钢板的厚度可通过现场钢支撑实际压缩量来确定。

2.2　基坑开挖

为有效控制基坑位移，船坞基坑被分为5个区，详见图6。5个区彼此独立，其中一区钢支撑施工完成后，即可申请对该区进行下层开挖，这样，既能对船坞基坑逐区域逐层开挖，避免了因一次性大面开挖而产生较大位移的情况，又能保证施工工序的连续性，节省人机料的投入。

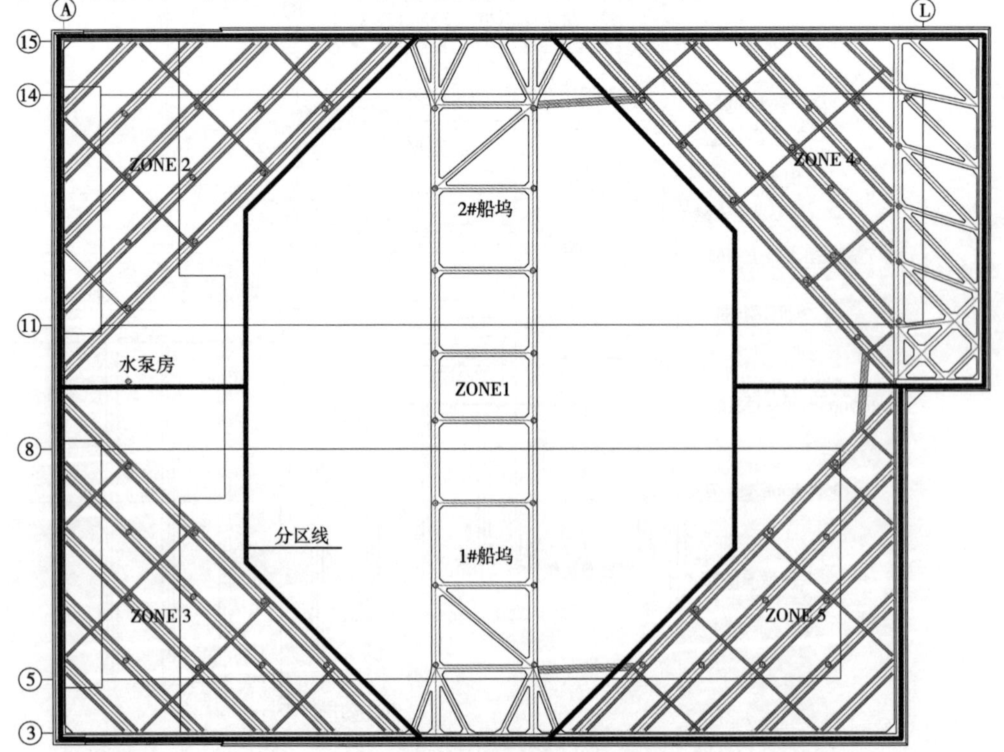

图6　船坞基坑开挖分区示意图

因水泵房开挖较深,ZONE 2 & ZONE 3 的第三层钢支撑的中心标高为 -5.0m,ZONE 1 的第二层混凝土支撑中心标高为 -3.8m,基坑开挖时应先将 ZONE 1 的第二层混凝土支撑施工结束后,再对 ZONE 2 & ZONE 3 的第三层钢支撑进行开挖施工。由于船坞基坑中间是弯矩最大处,ZONE 1 区两层砼支撑的完成,有利于控制整个基坑位移。

2.3　基坑监测

船坞基坑沿围护桩一圈布置 13 个测斜管,用于监测土体位移情况,在测斜管位置圈梁上布置 13 个棱镜,用于监测圈梁的位移情况,也便于校核同一位置的位移情况。同时,船坞基坑沿围护桩一圈布置 5 个水位监测管,用于监测围护桩外侧地下水位变化情况。具体布置见图 7。

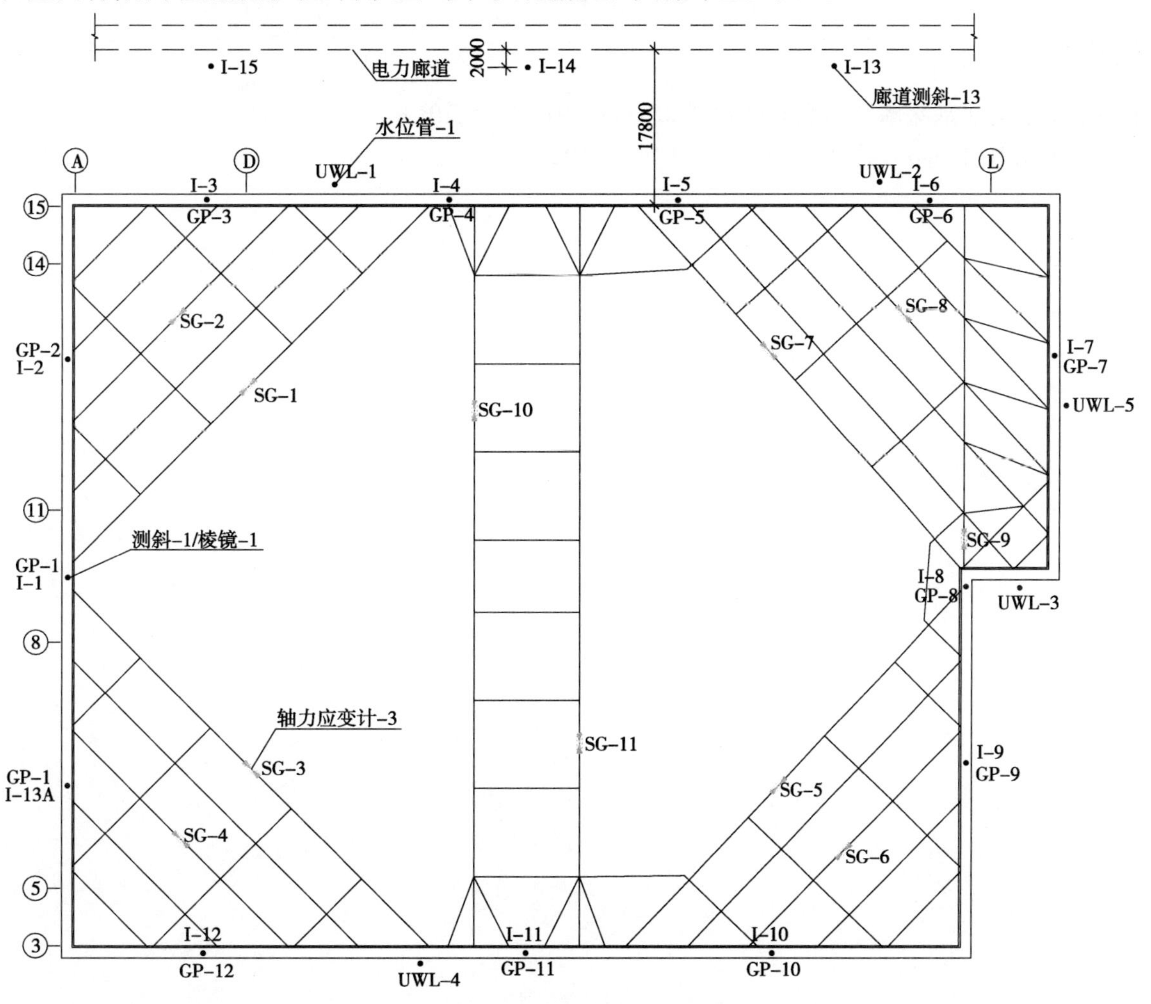

图 7　船坞基坑监测平面布置示意图

因电力廊道监测要求高,因此在距离电力廊道外墙 2m 位置增加了 3 个测斜管,能更加准确地反映出电力廊道位置土体的位移情况。

除了位移、沉降监测以外,还对支撑轴力进行了监测,每层每区都有两道应变计,根据支撑轴力的变化,再结合附近区域的测斜管、棱镜的变化情况,可以分析出基坑的位移情况是否正常,从而决定是否需要对支撑进行二次加载。

结语

深基坑开挖的重点就是控制基坑的位移,防止基坑支护失稳和坞壁塌方,确保周边建筑物的安全。

在本工程基坑支撑设计中，为了满足新加坡国家电网公司的 3.8mm 位移控制要求，在基坑中间段（弯矩、位移最大处）设置钢筋砼对撑，砼对撑的压缩量小于同截面尺寸的钢对撑；在施工工艺上，通过改变钢角撑端部形式，增加楔形结构，使得钢角撑可进行二次加载，减少基坑因钢支撑弹性变形而引起的位移；在开挖过程中，对整个基坑进行分区域、分层开挖，区域内支撑施工完成后才进行下层土方的开挖，能更好地控制基坑位移量。

通过项目部的精心设计和组织施工，支撑轴力及船坞周边监测未超过设计报警值。通过对监测报告的分析，电力廊道位置布置的 3 个测斜管中发生最大位移的为 I－14，最大位移量为 2.96mm，小于新加坡国家电网要求的 3.8mm；同时，船坞区内测斜管发生最大值的为 I－2#位测斜管，最大位移量为 37.94mm，对应位置棱镜的最大位移量为 42.08mm，均小于报警值 60mm。船坞基坑的设计和施工取得成功。

参考文献

[1] 杨关文. 软土地基深基坑监测与数值模拟分析. 中南大学，2014
[2] C. Viada，J. Ballesteros. 岩土力学，2008. 18（2）：302

洋山四期码头工程嵌岩桩施工技术

陈曦灵[1]　韩振飞[1]　郑维尧[2]

(1. 中交三航局第二工程有限公司，上海，200122；
2. 中交上海港湾工程设计研究院有限公司，上海，200070)

摘　要：洋山深水港依托外海岛屿进行建设，港口对催生海洋区域经济发展，推动长江经济带和“一路一带”建设具有深刻意义。随着港口建设不断向外发展，遇到的地质条件越发复杂，当遇到基岩面埋深较浅时，嵌岩桩作为海上桩基的一种结构形式被广泛运用，施工时需在海上搭建平台是其特色。根据施工平台受力情况，借鉴以往施工经验，通过建模及数理分析对平台进行设计优化，提升嵌岩桩成桩品质，并对冲孔吊打施工技术进行总结，为今后钢套筒穿越抛石层施工提供借鉴。

关键词：平台搭设；冲孔吊打；嵌岩桩

引言

洋山四期海上嵌岩桩平台搭建遵循“安全”、“高效”原则。平台搭设的安全合理对施工至关重要。通过计算机建模、计算、及现场实时观测，为平台搭建及使用提供了技术支持，在满足平台受力要求的前提下有效提升平台效益。对受到原有接岸结构抛石层影响的桩基，采用冲孔吊打施工工艺提高沉桩质量。通过对平台施工及钢套筒沉放的严格控制，有效提升嵌岩桩成桩品质，为后续施工打下基础。

1　工程概况及特点

1.1　工程简述

洋山四期工程码头工程嵌岩桩段岸线长约580m。共计嵌岩桩210根，涵盖10个结构段，52个排架。按入岩桩径划分成ϕ1750嵌岩桩、ϕ2050嵌岩桩、ϕ2250嵌岩桩三种规格，均采用直桩(图1)。

1.2　施工特点

(1)工程地处海上，为满足施工，需在海上搭设施工平台后方能进行后续施工，故平台结构形式的科学性、适用性、经济性是整个嵌岩桩施工的基础。

(2)施工现场地质情况复杂，岩面起伏大，局部基岩埋深浅，覆盖层较薄，基本上为淤泥质粘土。因此，单个地质钻孔无法真实反映码头桩基实际情况。这使得钢套筒在施打过程中容易出现卷边、沉放不到位的情况，为后续成孔作业带来困难。

(3)现场基岩面倾斜大，钢套筒和岩面不能完全贴合，容易导致漏浆、斜孔等一系列问题发生。故施工中严格控制成孔质量尤为重要。

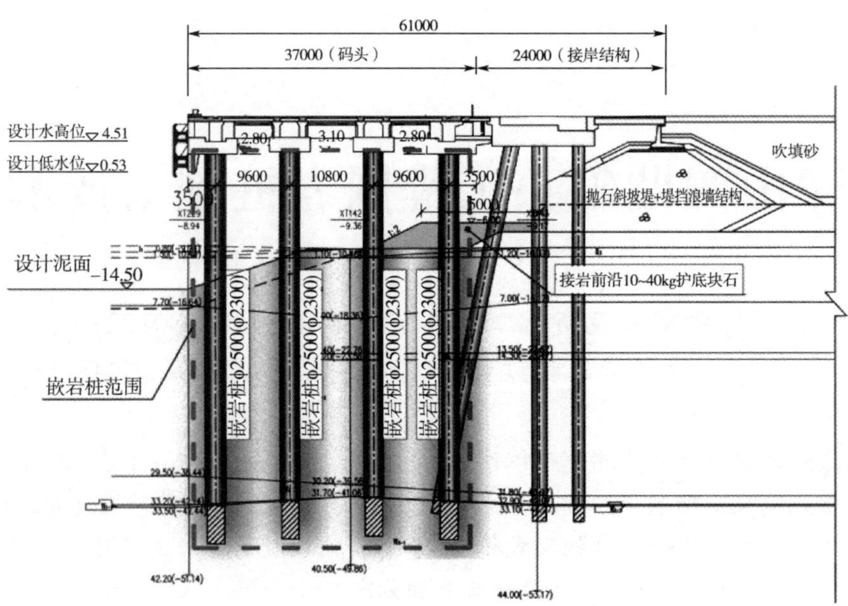

图 1　码头嵌岩桩段结构断面图

2　主要施工工艺

2.1　海侧钢套筒沉放

图 2　打桩船下设背板

（1）桩身稳定

水上钢套筒沉放采用常规仪器与 GPS 相结合的方法，为控制桩身姿态，故在打桩船龙口下端安装背板，避免桩身偏位（图 2）。

（2）结合地质报告确保钢套筒沉放质量

将设计给定桩长投影至地质图上，形象反应出桩基应进入各地质层的情况。通过理论与实际沉桩位置的绘制对比，为后续嵌岩桩钻进施工提供依据（图 3）。

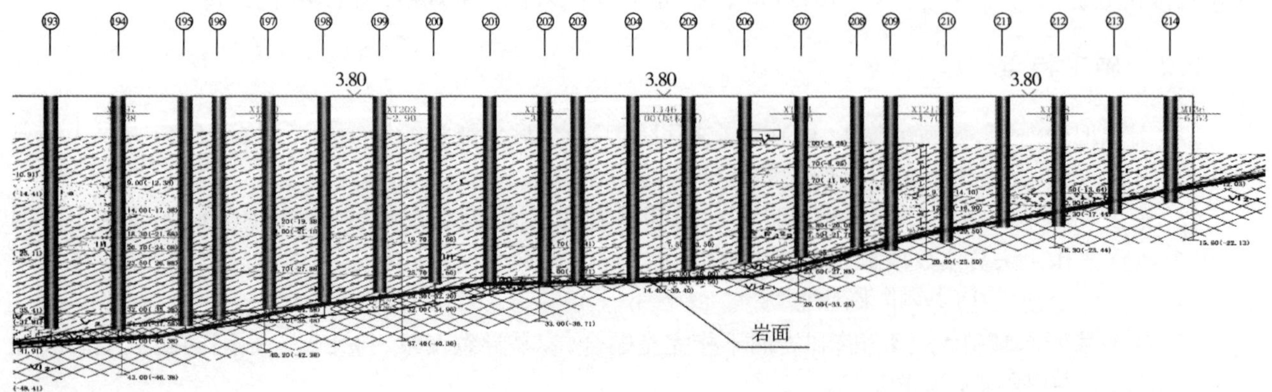

图 3　嵌岩桩钢套筒理论沉放投影图

(3)贯入度控制防止钢套筒底部变形

现场基岩面强度高，施工时严格控制钢套筒沉放时的贯入度，控制原则为在保证不卷边的情况下尽量地减小贯入度。通过试打，本工程选用 D160 锤，开二档，最后一击控制在贯入度≥10mm、<20mm 为标准。若贯入度>20mm，则根据地质资料结合桩基投影，确认桩底所处地层，在不影响沉桩质量时，应继续锤击，但桩顶标高打低不宜超过 0.5m。通过对贯入度控制，现场钢套筒没有卷边情况发生。

图4　嵌岩桩平台效果图

2.2　钢平台施工

通过计算机建模技术，并以模型为依托对结构受力进行计算。平台利用嵌岩桩钢套筒作为基础，贝雷梁作为主要受力梁系，贝雷梁上方放置 H700 型钢作为次梁。为了最大程度的发挥平台材料的力学性能，通过建模及计算机计算深化平台次梁布置，降低材料投入，提高施工效率(图4)。

2.2.1　平台优化设计

(1)平台设计比选(表1和图5)

嵌岩桩平台行车通道位置设计方案比选表　　表1

方案	方案说明	优点	缺点	备注
Ⅰ	吊车通道设置在中间跨	次梁及钢板投入材料较少，节省费用。	受到吊车起吊幅度的制约，对海陆两侧桩基施工影响较大。	
Ⅱ	吊车通道设置在左右两跨	利于钢筋笼的起吊安放，工作面的展开减少相邻作业间的影响。	投入型钢材料较多。	选定方案

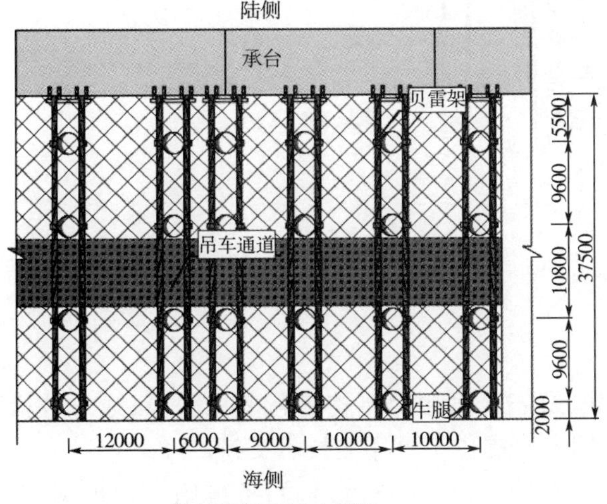

a)吊车通道设置在中间跨

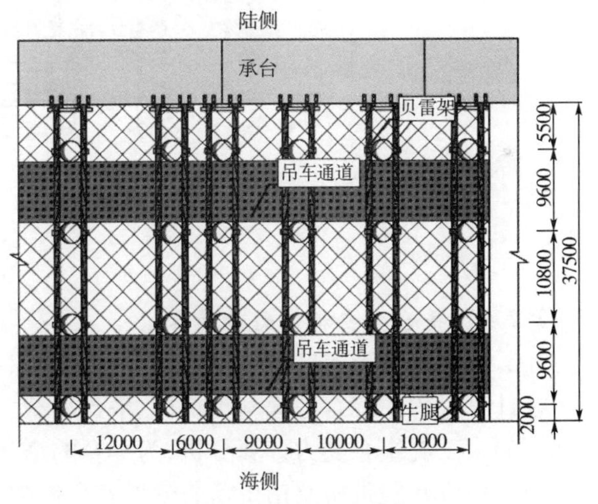

b)吊车通道设置在左右两跨

图5　吊车行车通道布置对比图

(2)行车通道型钢精细化布置

①平台次梁设置有 H700 及 H400 两种型钢，以满足不同荷载下平台受力要求。

②采用 H700 型钢作为次梁的平台，经计算履带吊行走时，每根履带下方只需两根 H700 型钢即可满足受力要求，其余位置 H700 型钢按中心间距 800mm 布置，非行车通道范围内布置 4 根 H400 型钢，型钢上按间距 700mm 搁置双拼 25b 槽钢，起到调节平台标高的作用；采用 H400 型钢作为次梁的平台，纵向和横向行车通道均安间距 500mm 布置 H400 型钢，非行车通道 H400 型钢按 700mm 布置。

(3)主梁结构选型对比

通过对贝雷梁和 H 型钢梁进行比较，采用贝雷梁作为主梁。相对于 H 型钢它具有自重轻、跨度大、拼装方便、扰度小等优点，且便于现场平台倒运及安装，提高平台搭设效率。

2.2.2 平台施工

(1)牛腿施工

牛腿支撑以钢板为承载主体，与钢套筒焊接成一体，设计为 3 片钢板增加刚度，防止疲劳失稳。

(2)贝雷梁安放

平台贝雷梁由 100t 履带吊吊装。首先进行测量放样，定出贝雷梁准确位置，保证贝雷梁轴线不偏移，然后吊起贝雷梁，搁置在牛腿上。

(3)次梁施工

贝雷梁加固后，随即进行平台次梁安装。次梁之间用定位扁钢电焊连接成整体。型钢与贝雷梁采用 M24×160mm 螺栓连接。

(4)平台面板施工

平台梁系安装完成后进行面层铺装。用钢板网片满铺，在行车通道上方加铺厚度 δ=20mm 的钢板，便于履带吊行走。最后在钢平台四周加装栏杆警示灯等附属设施(图 6)。

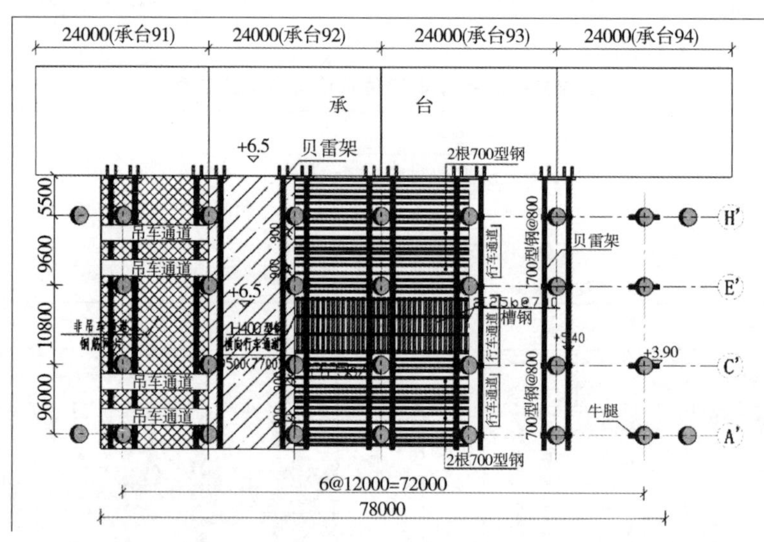

图 6 平台平面布置图

2.2.3 平台主要构件受力计算

2.2.3.1 荷载及其设计分项系数

在计算过程中综合考虑施工机械、平台堆载、动荷载、及安全系数对结构进行受力验算，通过各极限状态下的多工况组合受力计算分析，为平台的搭建及使用安全提供了可靠的技术支持。

(1)50t、70t 履带吊及钻机荷载分项安全系数：取起重机械荷载分项系数 1.5，考虑施工为短期工况，系数折减 0.1，且为临时工程，总效应考虑折减系数 0.9，$r=0.9\times(1.5-0.1)=1.26$；

(2)堆载分项安全系数：取堆载分项系数 1.4，考虑施工为短期工况，系数折减 0.1，且为临时工程，总效应考虑折减系数 0.9，$r=0.9\times(1.4-0.1)=1.17$；

(3)构件等自重分项安全系数：取起堆载分项系数 1.2，考虑施工为短期工况，系数折减 0.1，且为临时工程，总效应考虑折减系数 0.9，$r=0.9\times(1.2-0.1)=1.08$；

2.2.3.2 H700 型钢次梁验算

对 70t 履带吊进行验算。考虑履带吊直线通行时对型钢荷载最大，70t 履带吊，加 30t 负载，履带吊着地有效面积：$W=0.76\text{m}$，$L=5.5-1.5=4.0\text{m}$，轮距 4.0m；贝雷梁间距 9m；均布荷载：$P_n=(60+30)\times10/(0.76\times4.0)/2=148\text{kPa}$，考虑分项系数 1.26，作用于次梁跨中两侧，计算模型如图 7 和表 2 所示。

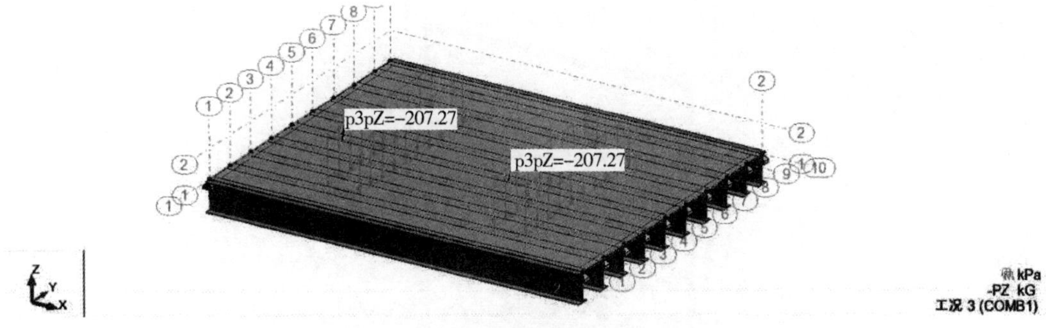

图 7 H700 次梁——横向行车区履带吊均布荷载审核模型

H700 型钢校核表 表 2

序号	工况	审核参数	设计值	审核值	限制	结论
1	H700,70t 履带吊	挠度(cm)	/	0.8	2.25	满足
2		主拉应力(MPa)	/	140.98	205	满足

注:挠度限值按次梁限值控制:$L/400=900/400=2.25\text{cm}$。

2.2.3.3 贝雷梁验算

考虑 70t 履带吊跨越贝雷梁时,贝雷梁所受的荷载最大。70t 履带吊履带下均布荷载:$(60+30)\times 10/(0.76\times4.0)/2=148\text{kPa}$;外护筒荷载:20t 分配于两排贝雷梁,每排贝雷梁承担 10t,按 100kN 集中力计算(图 8 和表 3)。

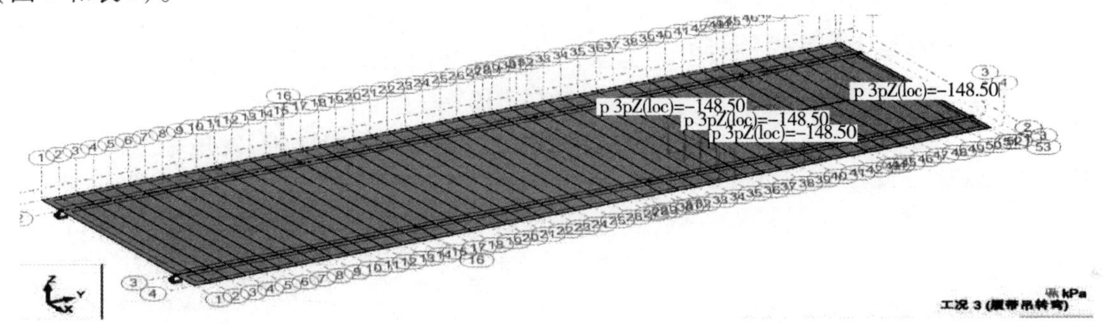

图 8 70t 履带吊作用在三拼贝雷梁上审核模型

贝雷梁校核表 表 3

序号	工况	审核参数	设计值	审核值	限制	结论
1	H700,70t 履带吊跨梁	挠度(cm)	/	0.53	1.92	满足
2		最大弯矩(kN. m)	/	951	2246.4	满足
3		最大剪力(kN)		653.5	698.9	满足

注:挠度限值按次梁限值控制:$L/500=960/500=1.92\text{cm}$。

2.2.3.4 牛腿焊缝验算

对应最大贝雷梁支座反力,于两台履带吊同时位于同一排桩的横向两侧;考虑最不利牛腿荷载工况:最大重力荷载下的支座反力 +90t 履带吊荷载 +10t 钻机荷载考虑(图 9)。

焊缝按牛腿肋板均匀承担竖向作用力审核 $F_{\max}=311.17+(90+10)\times10=1311.17\text{kN}$ 荷载最大按两条均布荷载作用于牛腿面板上,作用面积 $2\times(0.1\times0.8)$;$P=1311.17/(2\times(0.1\times0.8))=812.5\text{kPa}$;

根据水运工程钢结构设计规范,直角焊缝剪应力应符合

$$\tau_f=\frac{N}{h_e l_w}\leqslant f_f^w$$

$h_e=0.7h_f=0.7\times1.1=7.7\text{mm}$,$l_w=2\times(L-2h_f)=2\times(785-2\times11)=1526\text{mm}$,$N=1311/3=437\text{kN}$

$\tau_f=737\text{kN}/(7.7\times1526)\text{mm}^2=62.7\text{MPa}<f_f^w=120\text{MPa}$,故焊缝满足要求。

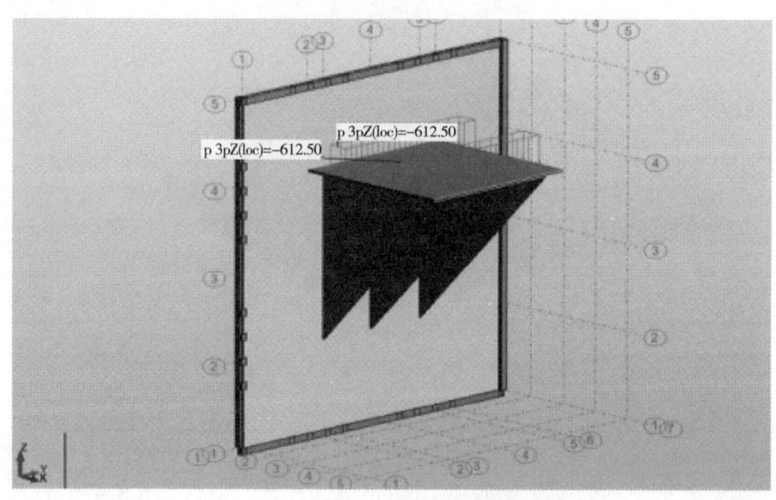

图9　牛腿焊缝审核模型

2.2.4　平台监测

为了确保平台稳定性，在钢平台上按20m间距设置观测断面对平台进行监控，断面上在平台海岸两侧向内约10m处布设两个变形观测点，采用三等水准测量方法进行观测，监测时在基准点架好仪器后照准后视（各基准点互为后视），待基准点与后视点均设置完毕后依次测量各位移观测点的坐标，同一测站的位移观测点测量完毕后再次照准后视复核坐标，现场每天观测一次（图10）。

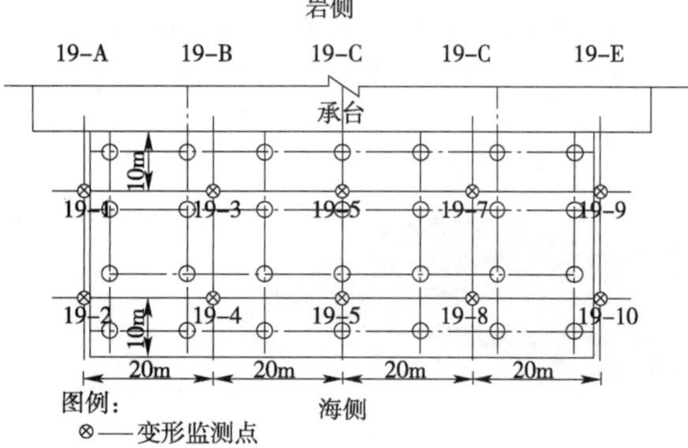

图10　测点平面布置图

通过对平台的实时监控，发现施工初期，平台沉降曲线下幅较大，后趋于平缓，经过统计得出平台累计最大沉降量为－5mm，结构变形较为稳定（图11）。

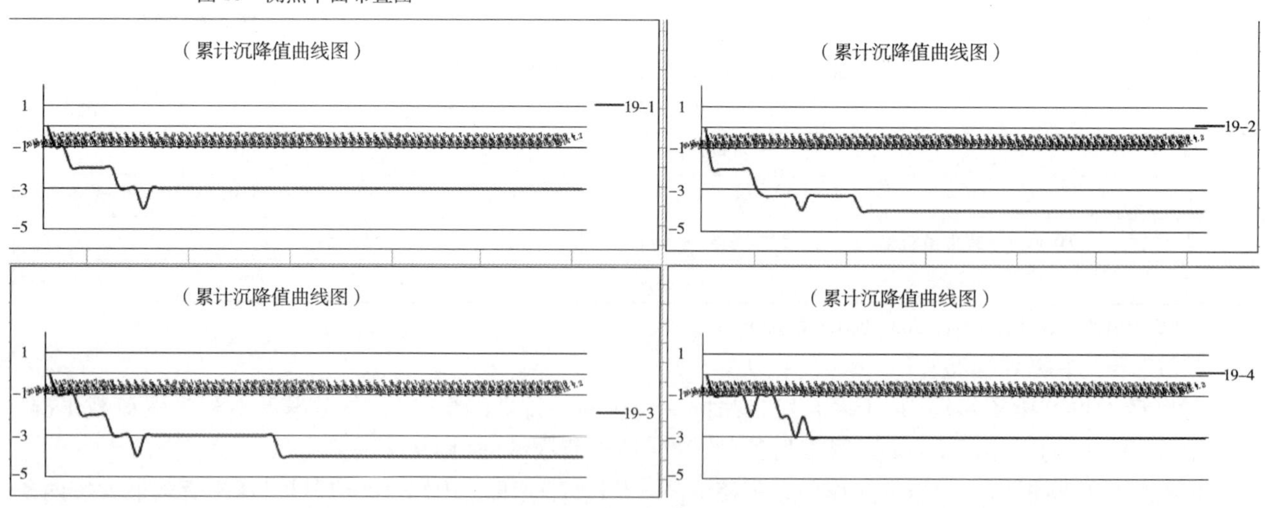

图11　测点沉降曲线图

在2015年7月10日，面对台风“灿鸿”，平台成功抵御了台风的正面“袭击”，台风过后，只有部分面层结构发生位移，平台主体结构均为受到影响。

2.3　陆侧钢套筒施工

岸侧钢套筒沉放受抛石影响，为防止钢套筒卷边，故采用冲孔吊打施工工艺，冲孔时需先沉放外护筒以提高沉桩质量。

(1)外护筒沉放

在施工平台搭建完成后,沉放外护筒。外护筒需穿过抛石层,结合地质条件设计外护筒长度为17m,使其沉放完成后处于中粗砂混粘性土中。用履带吊将外护筒吊起,靠自重沉放到抛石顶面。

(2)外护筒冲孔吊打

外护筒到抛石层顶面后用冲击钻冲击抛石层,外护筒跟进,冲击过程中外护筒随之下沉,若下沉不到位,利用150kW振动锤将其振动到位。

(3)底节钢套筒下放

完成外护筒沉放后,下放底节钢套筒。由于岸侧钢套筒的长度最长为56m,重量达69t,承台上的履带吊无法满足施工要求,故分节制作、安装,并在每节钢套筒顶设置两个吊耳。接桩采用单边V形坡口焊缝形式,上节桩的坡口角度为45°,下节不开坡口,并在钢套筒内壁设$\delta \times h = 5\text{mm} \times 100\text{mm}$的内衬套,起到导向作用。

下放前利用水准仪和经纬仪放线定位保证钢套筒在指定位置沉放。当底节钢套筒顶部到达便于焊接施工作业面后,将吊耳搁置在外护筒上,防止其下沉。

(4)调整节钢套筒下沉

调整节由承台上方履带吊起吊,起吊至底节钢套筒上方后对接,对接时在底节钢套筒顶端焊接限位钢板,提高对接精度。两节钢套筒焊接过程中,严格保证焊缝质量和上下两节钢套筒的垂直度。对接完成后割除底节钢套筒吊耳随后由振动锤将其振动下沉,当套筒顶端离平台形成一定高度方便后续施工作业时,停止钢套筒下沉,此时利用钢套筒入土范围面与覆盖层之间产生的摩阻力对桩基产生一定的支撑作用。

(5)钻机冲击至岩层

下放最后一节钢套筒前,采用冲击钻机对孔位进行冲钻,钻至基岩面上方后停止钻进。钻进过程中时刻关注钢套筒的相对位置变化,防止钢套筒在下放过程中出现下沉现象。

(6)顶节钢套筒沉放

对接顶节钢套筒,完成对接后由履带吊起吊下放,下放过程中由吊机和钢套筒周围的摩阻力共同受力。陆侧钢套筒沉放见图12。

2.4　嵌岩桩成桩环节控制

(1)钻机安放

安放前先在钢套筒上口放桩心十字线,钻机安放时根据十字线位置对齐,并做到:水平、稳固、三点(天车、锤头中心、钢套筒十字线)在一条垂线上,以保证桩的垂直度符合要求。当钢套筒有偏位、倾斜等情况产生时,就位前事先了解钢套筒沉放数据,然后对钻机就位做适当的偏心处理,以防卡锤、扩孔等情况发生。

(2)成孔施工

钻机就位后进行钻进施工,钻进过程中根据所处地层的不同选择合适的冲程,钻孔时采用正循环排渣工艺,钻孔过程中通过在锤头四周焊接钢筋圈进行扫孔,确保钢套筒内壁的泥皮清除干净。从岩面确认起始面开始,按照设计嵌岩深度钻进,当嵌岩深度达到设计要求时即可终孔,终孔时测量孔深并做好记录。

(3)清孔及下放钢筋笼

终孔后采用气举反循环清孔。清孔时,应及时测定泥浆指标,保证泥浆有稳定的物理性能,当清孔机不在滤出砂石后检测孔深,保证孔底沉渣厚度不大于5cm,清孔完成后立即进行钢筋笼安装。钢筋笼分节制作、安装,每节钢筋笼之间采用直螺纹套筒连接,由履带吊和定位架配合施工。

(4)二次清孔及混凝土浇筑

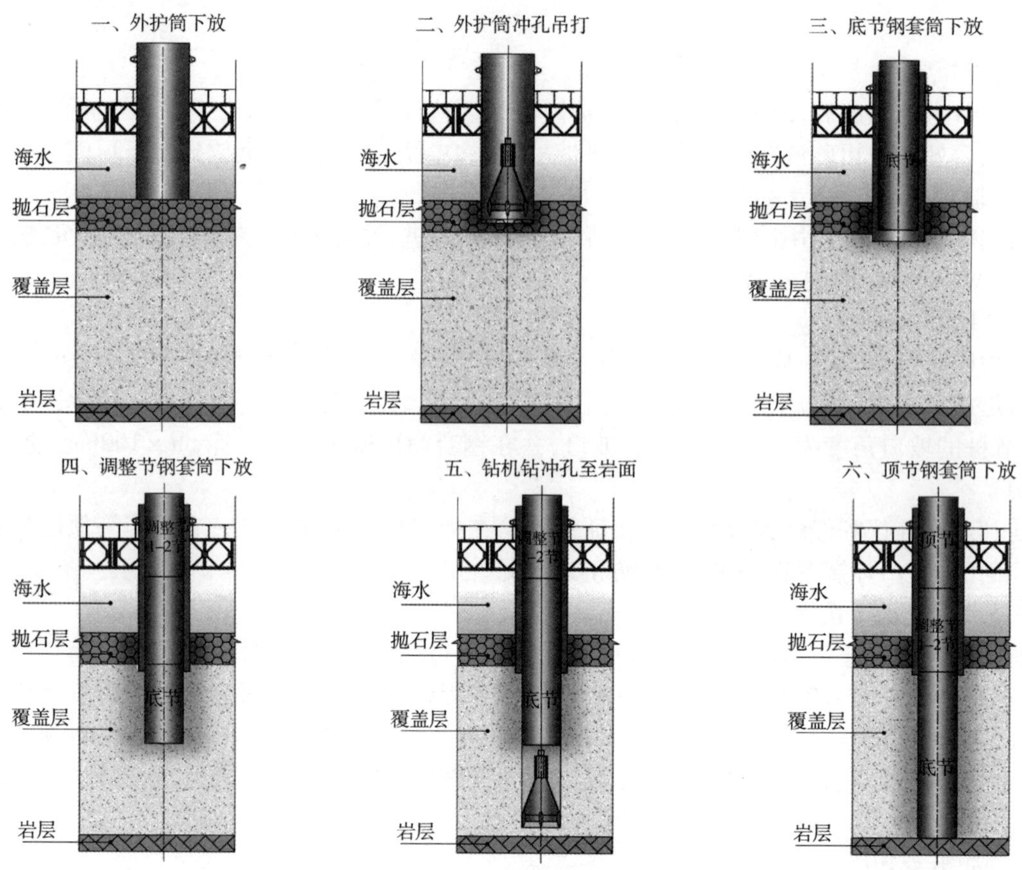

图 12 陆侧钢套筒沉放工艺流程图

钢筋笼安放完毕后，下放导管，导管下口距孔底不小于 30cm，导管下放完毕进行二次清孔。导管顶通过泥浆泵注入稀泥浆，在桩顶用砂石泵将从孔底翻上来的沉渣置换以达到清孔目的，二清满足要求后进行混凝土浇筑施工。首灌混凝土方量应经过计算，保证孔底沉渣能随之带出并满足导管埋深要求。首灌采用大料斗配合小料斗的方式进行施工。混凝土浇筑应连续进行，浇筑过程中应经常测量混凝土面上升高度，控制好导管深度。拆除导管时尽量缩短时间，以防埋管过深或停灌时间过长造成卡管事故。浇筑结束前，控制好超灌量，混凝土超灌高度控制在 1m 左右，将顶面混有泥浆的混凝土全部置换以保证桩顶质量。

结语

通过对嵌岩桩施工平台进行计算、优化，合理的节约了平台材料投入，有效提高材料使用效率，确保了平台的安全可靠，并对后续使嵌岩桩成桩质量得到了良好的保障。经检测，现场 210 根桩基 Ⅰ 类桩数量为 206 根，占嵌岩桩总数的 98%，Ⅱ 类桩数量为 4 根，无 Ⅲ 类 Ⅳ 类桩。以洋山深水港为核心的上海国际航运中心全面建成后，将加强“一路一带”东西部交通联系，扩大上海作为经济中心城市的对外辐射力，带动长江三角洲和整个长江流域地区经济，并实现新的跨越。嵌岩桩作为港口工程承载主体，其高效优质的施工必将为港口工程建设品质提供强有力的保障。

参考文献

[1] 柳文全. 刘立岩. 码头工程灌注型嵌岩桩施工平台方案研究. 中国水运月刊，2015 年. 15(4):255-256
[2] 刘洪高. 嵌岩钻孔灌注桩成孔阶段的质量控制. 南京邮电学院基建处
[3] 张纯学. 大孔径嵌岩桩的施工. 黑龙江交通科技. 2008 年第 2 期(总第 138 期)

一种钢筋吊具的研制与应用

郑　帅
（山东港湾建设集团预制构件工程公司，山东日照，276800）

摘　要：随着城市化建设的推进，建筑行业钢筋使用量与日俱增，对工程物料卸装形成新的挑战。现阶段施工单位钢筋卸料多采用钢丝绳捆绑卸料，效率低下，且对钢丝绳的磨损过于严重，造成钢丝绳不必要浪费，增加了施工成本。为解决上述问题，通过设计出一种新型钢筋吊具，解决了传统吊装钢筋工艺对钢丝绳磨损的问题。

关键词：钢筋装卸；钢筋吊具；钢丝绳磨损；结构设计

引言

随着钢混结构的大面积应用推广，港口工程钢筋使用量与日剧增，钢筋装卸工作已然成为施工企业一项新的挑战。现阶段，在港口工程领域，受地域条件限制，钢筋装卸多采用捆绑方式吊装，该方式吊装钢筋对钢丝绳产生大量磨损，使得钢丝绳磨损报废，增加了施工成本。由于报废钢丝绳费用在亿元级港口工程面前费用仅为九牛一毛，此项钢筋吊具研制为空白地带，暂无适用于工地临时现场的吊具。经过分析设计决定研制吊具来解决上述问题。应用 PDCA 原则，通过现场实地试验，对设计中的不足进行发现与改进，最终设计出一套能够满足吊装需求的新型吊具。

1　研究背景

近年来，水运工程钢筋使用量与日俱增，对工程物料卸装形成新的挑战。现阶段钢筋卸料多采用钢丝绳捆绑卸料，效率低下，已不能满足施工需要；再者，根据年前钢筋装卸情况，捆绑卸料对钢丝绳的磨损过于严重，每卸 200 吨钢筋，基本报废一套原有钢丝绳，钢丝绳的报废增加了施工成本。经过详细调研，在港口施工环节未发现该类型可适用吊装工艺。[1]再者根据临近工程项目部、钢厂、网上查阅资料等调研情况，并未发现成本低廉且有效解决装卸钢筋过程中对钢丝绳的磨损[2]。为此，项目技术人员研究决定研制新型吊装工具，通过使用吊装工具夹持钢筋捆，提高了装卸钢筋的作业效率。

2　吊具设计

2.1　吊具结构设计

受推拉门启发，利用杠杆机械原理，一套钢筋吊装机械抓手雏形图初具其形，设计图如图 1 所示。

该工具巧妙利用两组杠杆，将竖向拉力改变为水平方向加紧力，使得吊装重物时越重抓手口夹得越紧，保证钢筋的顺利起吊。抓手的设计不再需要钢丝绳的捆绑，解决了钢丝绳磨损问题。环抱式的卡口，保证了吊装过程的安全，不会出现卸力松扣的问题。[3]省去了穿插钢丝绳固定卡环时间，能够一定程度上提高钢筋装卸效率。

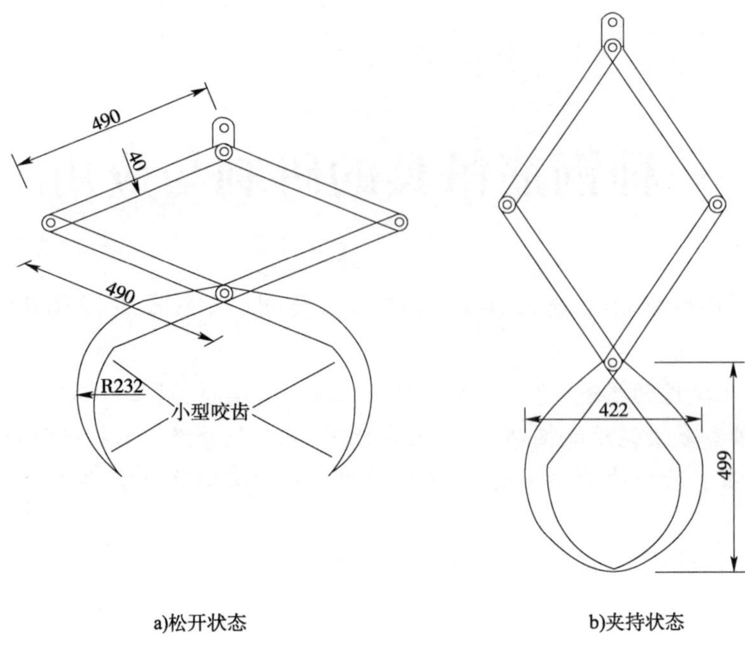

图 1　钢筋吊装机械抓手

2.2　强度计算

吊装钢筋重量每捆在 3t 以下,使用一组吊具进行吊装。

(1)抗剪强度计算

该吊具剪力最大点为轴承所在位置,钢材为 16Mn 型,其抗剪强度为 188MPa。

则:$\tau = Q/A$

$= (3t/4 \times 9800KN/t)/(3.14 \times 16^2/4)mm^2$

$= 36.57N/mm^2 = 36.57 < \tau_0 = 188MPa$

式中:τ——抗剪强度;

Q——吊具受剪力;

A——剪力截面积;

τ_0——16Mn 钢设计抗剪强度。

(2)抗拉强度计算

吊具最小受拉截面积为吊具最薄处,为 38mm 长。

$$\sigma = F/A$$
$$= (3t/2 \times 9800N/t)/(3 \times 20 \times 38)mm^2$$
$$= 6.48N/mm^2 < \sigma_0 = 235MPa$$

式中:σ——抗拉强度;

F——吊具竖向拉力;

A——吊具最小受拉截面积;

σ_0——Q235 设计抗拉强度。

3　实际应用

根据设计图纸,利用空闲时间,由综合队使用废旧 2cm 钢板,加工两套吊具。并对其吊装情况,进行现场测试(图 2),测试结果较为满意。

4　应用评价分析

经过现场吊装测试，吊具能够很好的完成钢筋吊装，吊装安全牢固。但同样也发现一些问题，详细统计如下：

(1)吊具较重，操作有些费力，影响吊装效率；

(2)抓手尺寸过大，有空隙，影响吊装安全；

(3)环抱式抓手，在钢筋叠层时，不易拆出，需留3cm左右间隙；

(4)叠摞紧密钢筋无法直接使用该吊具，需撬出部分间隙才能使用，影响效率。

图2　钢筋吊具现场测试

5　改进措施

根据现场试验发现的相关问题，对设计进行优化，具体解决措施如下：

(1)选择薄钢板加工抓手，减小抓手尺寸，方便深入狭小区域吊装；

(2)根据钢筋尺寸重新设置卡口大小，缩短抓手口；

(3)改变抓取方式为平面，底部不再设置环抱卡，设置小型抓手，方便拽扯钢筋，在夹面上设置倒钩增大与钢筋间摩擦力，以此满足对叠摞紧密钢筋吊装，并方便拆卸；

(4)更改杠杆臂长度，增大水平挤压力，增设操作把手，方便松紧抓手操作。

根据相应措施，总结优化，计划按改进设计图纸(图3)进行改进。

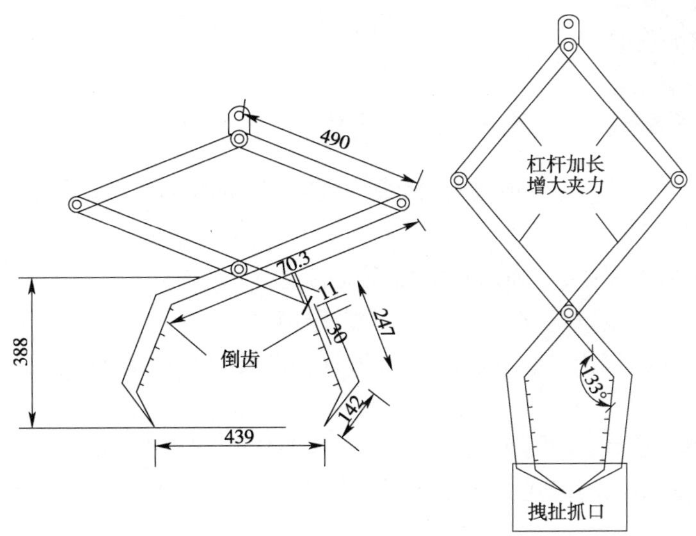

图3　改进钢筋吊装工具设计图

6　第二次试验

根据初次试验结果对钢筋吊装工具进行了设计上的改进，改进的二代吊装工具制作完成后，在第二预制场进行了相应的现场试验(图4)。

6.1 试验结果

试验结果:新型的二代吊装工具在第三次试验后出现了极为严重的变形现象,如图5所示。

图4 二代钢筋吊装工具试验图

图5 二代吊具变形图

6.2 原因分析

分析原因:经过对吊装过程的详细分析及与施工人员的讨论,分析造成该现象的原因如下:

(1)由于吊具安装时使用竖直安装方式安装至两端,而起吊时不可避免的对吊具产生一个向中间拉紧的力 F(受力分析如图6所示),在该力的作用下,吊具产生向内弯曲的形变趋势。

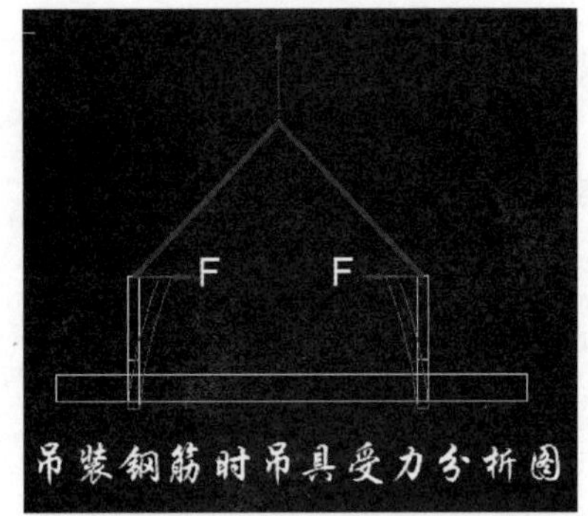

图6 吊具受力分析图

(2)设计增加的咬齿增大了,吊具与钢筋间的摩擦力,使得终端稳固不动。

(3)为减轻吊具重量,加工吊具钢材选用15mm钢板,该钢板为废旧钢材,钢板锈蚀严重,存在针孔样锈点,钢材力学性能差,抗弯能力差。

(4)设计上加长了上部连接杆的长度,增大了力矩,使得终端作用扭力增大,易变形。

6.3 改进措施

通过总结该次试验的经验教训,进行了第三代吊具的研制。

第三代吊具具体改进如下:

(1)采用20mm钢板加工而成,增强吊具材料强度。

(2)缩短钢筋上部杠杆长度,以减轻吊具端部力矩作用。

(3)钢筋卡口改为一代圆口氏,取消咬齿,使得吊具在斜拉过程中能够发生一定程度位移,吊装钢筋力沿吊具轴线传递。

(4)卡口不再采用顶口设计,听取经理意见改为三片整体切割钢板,成间隔插塞型,使得能够更好的根据钢筋尺寸变形,咬紧钢筋。环抱式卡口保证了吊装安全,并进一步减少了钢筋中轴受力,延长吊具耐久性。

7 第三次试验

按第二次试验改进措施设计第三代钢筋吊具见图7,三代钢筋吊具现场使用见图8。

经现场一个半月试验,应用效果良好。此次设计吊具能够满足钢筋吊装需要,使得钢丝绳不再磨损,有效解决了钢筋装卸过程对钢丝绳损坏的问题。

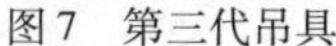

图7 第三代吊具

图8 第三次试验

结语

经过四个月的设计与应用,研制出了一种新型钢筋吊装工具,该工具加工方式简单,适用于工地等临时场所。吊装工具坚固耐用,使用操作方便,有效地解决了捆绑式吊装钢筋对钢丝绳磨损的问题,节约了施工成本,达到了设计目的与效果。

参考文献

[1] 王志利,王光辉,徐诚瑜.双40英尺集装箱吊具上架系统的对比分析[J].武汉.港口装卸.2011.06-09

[2] 吴伟明.岸桥吊具开闭锁机构优化改造[J].上海.港口科技.2011.14-19

[3] 王书宝,刘雅锋,方明勋,李恩泽,郭永亮.电解槽集中大修转运系统专用吊具设计[J].沈阳.轻金属.2011.55-58

圆筒型沉箱预制精细化施工

阙永庆　石全贵
（中交第三航务工程局有限公司厦门分公司，福建厦门，361006）

摘　要：结合阿尔及利亚奥兰民港集装箱码头扩建工程项目的实践，对大型无隔舱圆筒沉箱预制精细化施工简要介绍，为今后同类型构件的施工提供借鉴。

关键词：大型；无隔舱；圆筒沉箱；精细化施工；工艺优化

引言

近年来，深水泊位重力式码头越来越普遍地采用圆沉箱做码头岸壁；圆形沉箱码头岸壁虽然设计计算比较复杂，但是其受力条件好、码头前沿波浪反射小、泊稳条件好、施工工艺简单，每延米码头造价低等优点已被广泛认可。本文主要针对大型无隔舱圆筒沉箱预制精细化施工及所采取的工艺优化措施进行介绍，为今后此类结构形式的构件施工提供一定的借鉴。

1　工程概况

阿尔及利亚奥兰民港集装箱码头扩建工程位于阿尔及利亚奥兰省民港 Hambourg 码头东侧，西侧 Havane 旧码头拆除改建与 Hambourg 码头相连，工程主要施工内容包括拆除既有旧码头、新建重力式沉箱结构码头、码头后方陆域形成、防波堤修复加固等。本码头岸线总长度约为660m，共有圆型沉箱50件，分Ⅰ类、Ⅱ类、Ⅲ类及码头端头沉箱Ⅳ类、防波堤堤头沉箱Ⅴ类，5种型号。沉箱由新建预制场预制成型，利用超高压圆形气囊滚动牵引平移至沉箱出运码头上驳，由半潜驳水路船运至施工现场安装。

本码头沉箱均为圆形沉箱，无内阁仓，沉箱高度15.8m，直径16m，底边分为正八边形和七边形，上部为现浇胸墙结构。沉箱底板厚0.8m，墙身壁厚度0.5m。

沉箱结构图见图1。沉箱型号规格见表1。

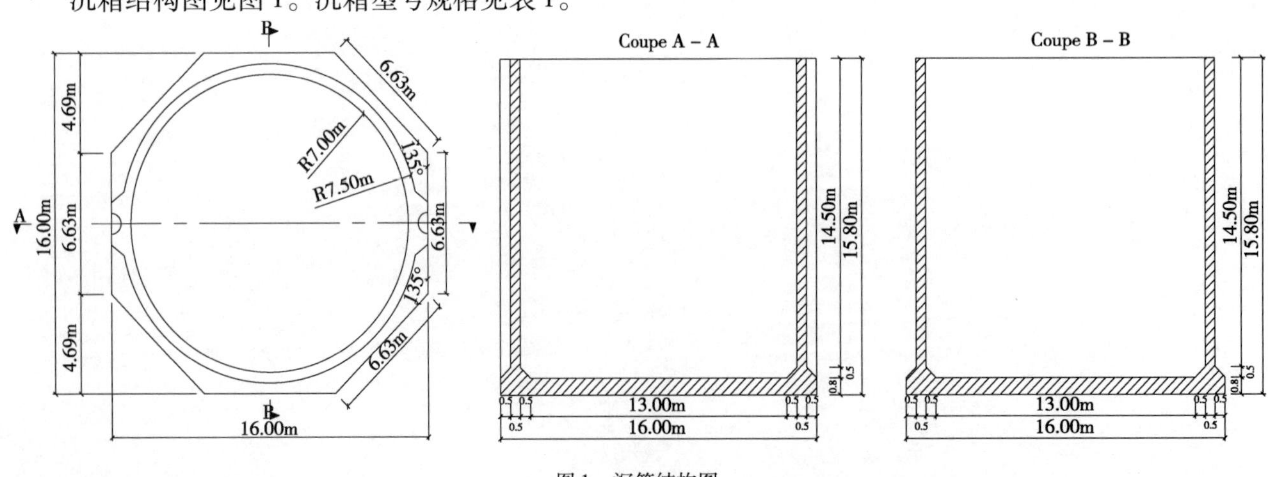

图1　沉箱结构图

沉箱型号规格表　　表1

沉箱型号	单位	沉箱规格尺寸	数量	施工部位
Ⅰ类沉箱	U	B(6.63×8)×R(7.5,7)×H(15.8)	45	码头沉箱
Ⅲ类沉箱	U	B(6.63×8)×R(7.5,7)×H(15.8)	1	码头90°转角沉箱
Ⅲ类沉箱	U	B(9.67×3+6.66×2+6.35×2)×R(7.5,7)×H(15.8)	1	码头124.56°转角沉箱
Ⅳ类沉箱	U	B(6.63×8)×R(7.5,7)×H(15.8)	2	码头端头沉箱
Ⅴ类沉箱	U	B(6.63×8)×R(7.5,7)×H(15.8)	1	防波堤堤头沉箱

2　沉箱预制工艺介绍

沉箱预制采用分层浇筑施工工艺:分段预制具有劳动强度低,工序有序,易形成流水作业,质量易于控制,工人操作安全的优点。模板全部采用大片钢模板的结构形式(包括肋板变截面)。钢模板板面采用6mm厚钢板,其后设置型钢作为围囹,横向及竖向桁架交错焊接形成整体,确保模板具有足够的强度、刚度和稳定性。每层混凝土顶部预留螺栓孔,底层模板支立于预制台座,第二层模板支立于底板上,其余模板及工作平台均支立在穿墙螺栓上;沉箱钢筋底部3.2m高度段(简称底板,下同)采用现场绑扎,在放样定位后绑扎成型,部分与墙体的加强筋待上部钢筋整体成型后再作局部处理;3.2~15.8m段(即标准层,下同)3层标准层钢筋绑扎采用整体绑扎整体吊装的施工工艺,由钢筋整体绑扎架及整体吊装吊具辅助,吊装施工由门机或塔吊进行。混凝土浇筑由现场搅拌站供应,泵送入模。

3　沉箱预制精细化控制

3.1　钢筋绑扎

沉箱钢筋加工均根据分层预制高度要求下料,钢筋制作长度大于原料长度时采用搭接绑扎的方法接长,搭接长度为50d。

钢筋的保护层垫块采用7×7cm方形高强度砂浆垫块,由专用模具制造,尺寸精准,能精确保证混凝土保护层厚度。

3.1.1　底板钢筋绑扎

底板钢筋绑扎采用现场放样绑扎成型,底板由测量工程师放样后,采用8条专用定型槽钢定型底板轮廓,有了此定型槽钢后,侧向钢筋绑扎时无需再绑扎垫块,铺好牛皮纸,放好垫块,按图绑扎成型(图2)。

图2　底板钢筋绑扎

3.1.2　标准层钢筋绑扎

钢筋整体吊装吊具设计原理与自行车车轮原理相似,吊具结构不仅牢固可靠,且自身轻便,吊装操作简便、省工,安全性高(图3和图4)。

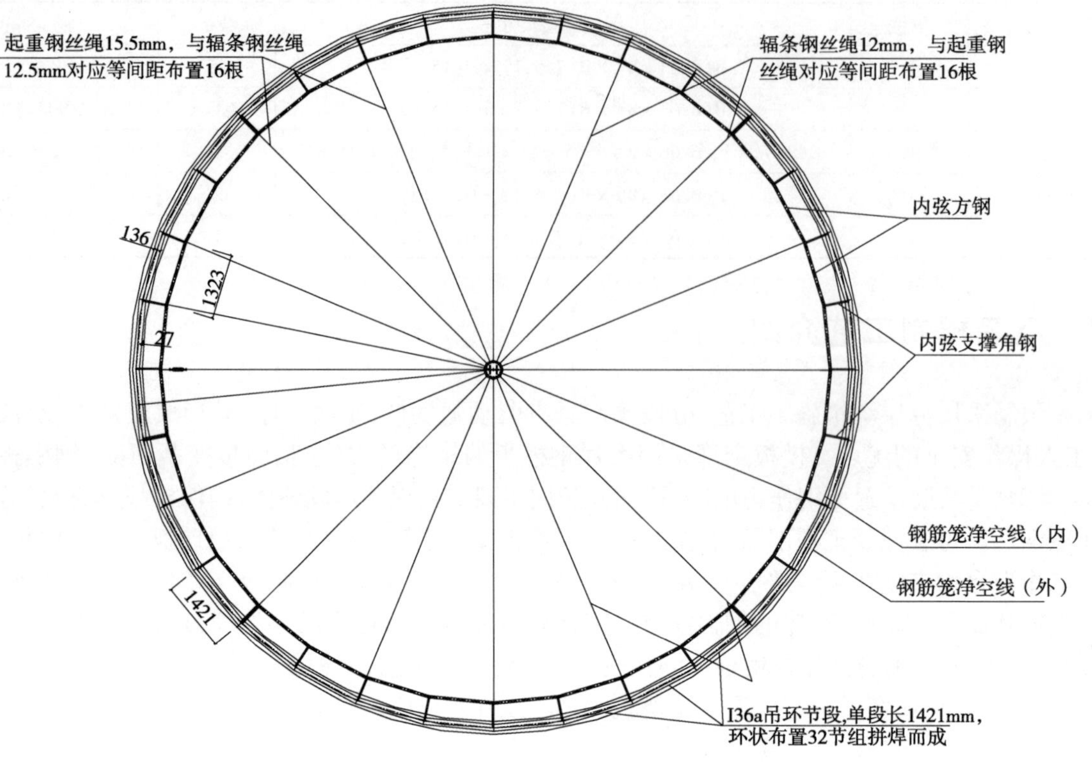

图3　吊具平面图

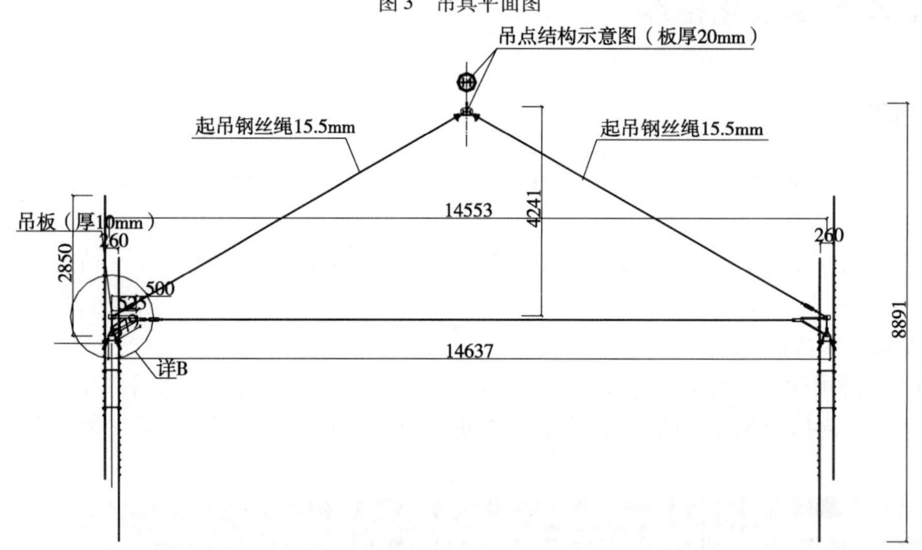

图4　吊具立面图

标准层的钢筋在绑扎架上完成并由专人负责施加加固焊点,确保吊装过程中不散架、不变形,安全高效地完成吊装施工。钢筋搭接为绑扎搭接,相邻竖向钢筋错开搭接,搭接长度为50d,因此墙身钢筋分层搭接处1.25m范围内暂时不绑扎水平筋,待整体吊装完毕后,再绑扎搭接处的水平筋,以降低吊装时的对接难度,提高吊装效率。

标准层钢筋整体绑扎架采用圆钢管作立柱、水平向用角钢上铺防滑钢板作操作平台,立柱间由ϕ25钢筋作斜拉连接加固,圆钢管底部插入地坪25cm。环绑扎架顶部设置插销式吊具搁置台,每次吊装完毕后将吊具放于搁置台上,下次吊装仅需将插销拔除,吊具降至已成形钢筋网片顶部即可挂钩吊装;环绑扎架底部外侧以设计图纸钢筋半径做钢筋绑扎圆弧定位控制“轨道”;圆钢管竖向设置环形筋定位插销,网片整体绑扎完成后,将插销拔除即可将成型网片调往待安装沉箱(图5和图6)。

图5　整体绑扎架与吊具

图6　钢筋整体吊装

3.1.3　效益分析

相较传统的钢筋现场绑扎成型施工工艺，墙身钢筋整体绑扎整体吊装施工工艺有以下优点：(1)安全性高，避免高空作业危险；(2)成型质量好，圆形沉箱钢筋现场绑扎弧度难以控制，其绑扎质量的好坏直接影响到模板安装及保护层厚度控制，而整体绑扎整体吊装由绑扎架辅助进行，弧度得到精确保证；(3)施工效率明显提高，现场绑扎工艺单层绑扎施工需要在高空绑扎架上绑扎1.5d(竖向筋焊接0.5d，水平筋绑扎1d)，而整体吊装施工钢筋成型后吊装及绑扎搭接处水平筋仅需0.5d，共可节约工期：0.5d×3(层/个)×50(个)=75d。

3.2　模板

3.2.1　无棱化模板设计

结合以往沉箱预制施工过程中积累的经验，根据本工程的实际情况，沉箱模板采用无棱化设计，即折角部位采用圆弧角实现无棱化，该设计不仅有效减少棱角折损现象，而且增加了构件的整体美观。

3.2.2　标准模板

(1)沉箱模板采用标准化大型钢模板，一套模板5种型号沉箱均可通用。内模设置25cm长封头板，以便于拆模；墙身模板顶部压条设置限位，使墙身厚度保持与设计厚度一致。

(2)模板设计时整体尺寸比设计图纸尺寸小3cm，即底面宽度为15.97m，而非16m，墙身内外直径对应为13.97m，14.97m，以便后续沉箱安装时码头轴线长度的控制。

(3)模板由专业加工厂家生产加工，并由专人负责，交付使用前进行试拼和交工验收，确保模板加工质量。

3.3 混凝土

混凝土浇筑采用水平分层施工，于分层施工缝处设置止水槽，模板顶部设置倒角。模板竖向分缝采用海绵条止浆，施工中加强观察，防止漏浆、漏振及过振现象的发生，浇筑过程中严格控制混凝土质量；在混凝土振捣浇筑完成后，待混凝土初凝前，由专人用高压水枪对分层顶面进行冲毛处理，待下一层装模前再用高压水枪冲洗分层顶部，确保分层部位湿润干净，保证分层搭接及止水效果。

3.4 沉箱预制工艺优化

3.4.1 工作平台装拆工艺优化

为加快预制进度，结合圆型沉箱结构特点，对工作平台的装拆工艺进行了优化改进，设计了扁担型装拆吊具，将传统单片装拆的施工工艺优化为内外平台同时装拆的施工工艺，该工艺不仅有效减少了施工过程中对砼的磕碰，而且大幅提高了施工进度和高空作业的安全保障；平台拆除时螺栓抽除后随即封堵拉条孔。原装拆平台及封堵拉条孔需一天时间，且工序繁琐复杂，改进后平台装拆及拉条孔洞封堵连续进行，工序简单，操作简便，仅需半天即可完成(图 7)。

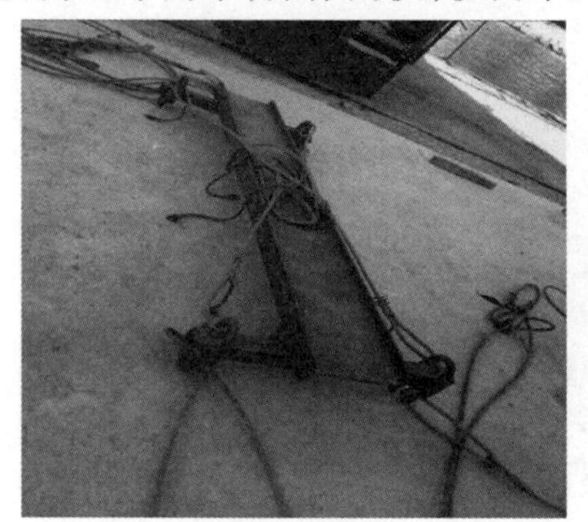
a)平台装拆吊具

b)内外平台同时拆装

c)内外平台拆除

图 7　优化后施工平台装拆图

3.4.2 预埋件结构设计创新

根据业主、监理要求，待沉箱安装到位后须对钢结构预埋件外露部分进行防腐处理并封堵，避免因预埋件锈蚀污染沉箱内部钢筋，影响码头结构质量与使用功能。考虑到水下防腐处理与封堵的操作可行性难易程度，将预埋件设计变更为：(1)将钢棒插销孔预埋钢管采用下沉式预埋，留足保护层厚度，待沉箱搬运上驳后，直接用混凝土将孔洞封堵，抹压平整即可；(2)对原设计进水孔结构进行创新：将预埋钢管改为预埋 PVC 管作进水孔，进水阀门为可拆卸式阀门，并可重复利用，待沉箱安装到位后，只需将进水阀门拆除，用锥形混凝土墩辅以水下混凝土对进水孔进行封堵即可，施工操作简便，封堵质量更佳。

改进后的预埋件结构形式既不影响质量，同时又大大降低了施工难度，彻底避免了预埋件的水下防腐作业(图 8)。

3.4.3 水平施工缝施工措施改进

为确保沉箱在使用过程中不因水平施工缝的渗漏水而影响沉箱的使用寿命，在每层混凝土浇筑完成后于分层顶面用方钢做 5 ×5cm 的止水压槽，以便分层交接处新旧混凝土更好的粘结，起到更好的止水效果；同时在模板外模顶部设置 3cm 倒角，使分层施工缝更加顺直美观(图 9)。

3.4.4 工艺优化效益分析

通过上述优化措施的实施，既保证了沉箱预制混凝土的质量，又加快了施工进度，大大地提高了沉箱的预制速度，收到良好的经济效益。工作平台装拆工艺的优化缩短了沉箱的预制所需时间，产生直接经济效益；预埋件结构设计创新不仅预埋件结构可重复使用，节约材料成本，而且直接避免了水下防腐封堵施工,使封堵施工变得简单易行。

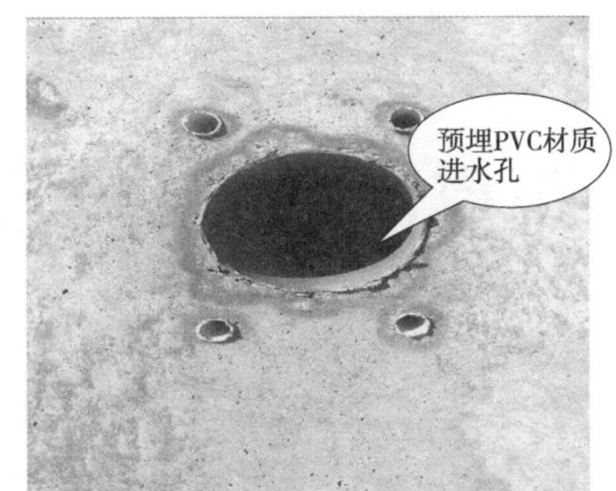

图8　改进后进水孔构件及下沉式预埋出运钢棒插销孔

a)墙体中间预留止水槽

b)模板顶部设置倒角

c)分层施工缝处倒角

图9　水平施工缝施工措施优化

结语

随着海外建筑市场的繁荣,工程项目建设工期要求愈来愈紧、质量要求愈来愈高,本工程沉箱预制通过对施工过程中模板、钢筋、预埋件及混凝土的标准化、精细化控制,在保证预制质量的同时,通过施工过程中将各工艺结合以往经验及现场条件进行可行性优化,大大提高了预制施工速度,得到了业主、监理及当地合作公司的肯定,为今后类似工程施工提供借鉴参考。

参考文献

[1] 张小玉,沙益春.沉箱预制施工工艺的改进与完善措施探讨[J].武汉:中国水运,2015年第2期.331-332

[2] 念红艳.沉箱分层浇筑典型施工的质量控制及其检测手段[J].武汉:中国水运,2015年第7期,355-356

长距离海上混凝土运输与浇筑工艺研究

谭永安　齐应明

(中交二航局第一工程有限公司,湖北武汉,430012)

摘　要:为了优质、高效地完成东营港项目海上混凝土浇筑施工,我们必须掌握好运输与浇筑两个关键工序。为此我们慎重选择施工方案,经过对运输船与布料杆结合施工工艺的演练,我们总结经验后,对工艺进行了改进,最后因地制宜地采用了溜槽转运和挖机挖取混凝土入模的施工工艺。采用该工艺浇筑混凝土简单、灵活,确保了混凝土性能稳定、安全、进度可控,还创造了可观的经济效益。通过本文,希望能够对类似工程提供参考和决策依据。

关键词:海上;混凝土;运输;浇筑;工艺

1　概述

1.1　工程位置

中交二航局中海油东营港项目工程位于现黄河入海口以北约50公里的渤海湾和莱州湾交界处、东营市的东北部。该工程所处海域海况恶劣,属无遮掩海域,且距离陆上工作区较远,海上直线距离为10公里,陆上距离为17公里。工程位置与陆上搅拌站相距较远,且混凝土运输需经过二次转运是本工程混凝土浇筑的难点之一。

1.2　施工对象

东营港项目包括新建引桥工程、一座2×5000吨级码头工程及2个平台。引桥长2.7公里,外海部分为大管桩基础、钢筋混凝土墩台、50米跨径的简支梁桥。码头呈“一”字型布置,由1个工作平台、4个系缆墩、4个联系墩及1个综合平台组成。2#变电所平台(2#平台)、3#油加压泵房平台(3#平台)为大管组合桩平台,平台为现浇钢筋混凝土结构。

海上混凝土浇筑部分主要包括引桥墩台、码头墩台和2#、3#平台。其中引桥现浇混凝土方量为16781m^3,码头现浇混凝土方量为6600m^3,两个平台现浇混凝土方量为4483m^3,现浇混凝土共计27864m^3,混凝土强度等级为C40,抗冻等级为F300。

1.3　研发背景

风浪影响大:本工程位于外海无掩护水域,混凝土现浇时受风浪影响较大,项目部必须利用有限的作业时间,完成高标准的施工。

运输距离远:混凝土浇筑需从陆上搅拌站运输17公里,再转运至运输船,运输船再运输数公里至浇筑地点,这对混凝土的性能、现场施工组织是一种严峻的考验。

工期要求紧:东营港12月至次年4月风浪大,船舶无法出港,为了确保桩基安全过冬,必须在11月底完成引桥墩台浇筑施工,选择一个优质高效的运输浇筑工艺有助于保证混凝土施工质量、加快施工进度。

传统工艺成本高:使用传统的搅拌船工艺,由于受搅拌船的容量限制,必须配备原材料运输船及时给搅拌船补给，同时搅拌船还需要配备起锚艇、交通船、油料船等，船舶队伍庞大，导致费用高、风险大。

为攻克上述难题，项目部集思广益，对可能的施工工艺进行分析论证，并通过演练进行比较。通过"大胆设想、精心设计、反复演练"，最终确定溜槽转运和挖机挖取混凝土入模的施工工艺。

2　技术方案比选

2.1　运输船与布料杆结合施工工艺

（1）混凝土转运

如图1所示，通过码头处混凝土布料杆和地泵来完成，混凝土罐车将混凝土放入地泵，然后地泵将混凝土泵入布料杆的容器内，最后由布料杆将混凝土泵入运输船。运输船经普通驳船改造而来，驳船上设置有混凝土罐、布料杆、地泵。

图1　布料杆转运混凝土示意图

（2）混凝土浇筑

如图2所示，混凝土运输船停靠在定位驳和墩台之间，混凝土罐内的混凝土通过地泵泵入布料杆的容器内，再由布料杆泵送混凝土入模。墩台上的施工用电来自定位驳上的发电机，电缆穿过混凝土运输船直达墩台。

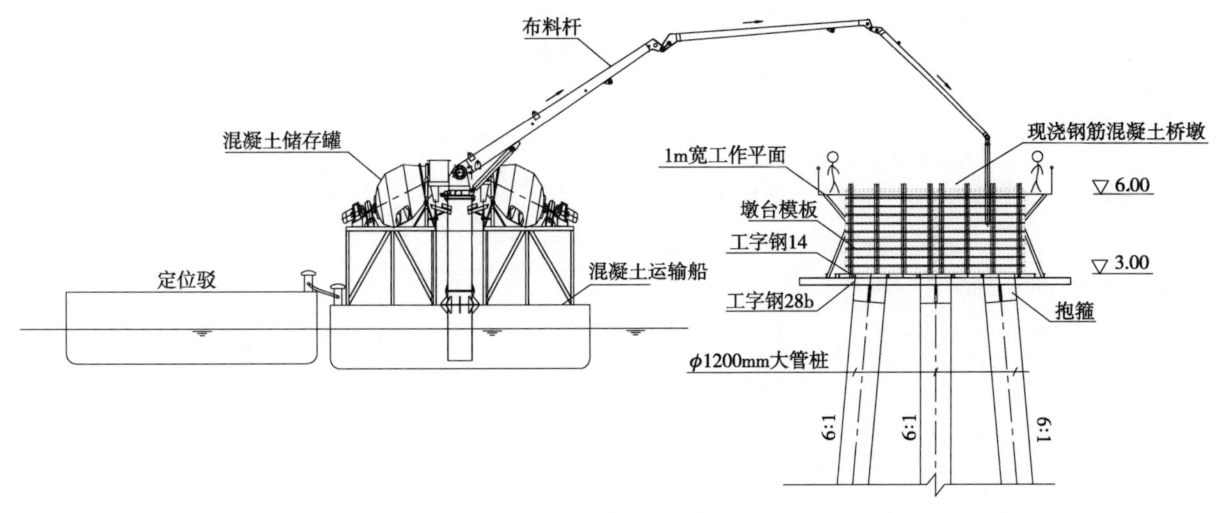

图2　布料杆浇筑混凝土示意图

2.2 挖机挖取混凝土入模施工工艺

(1)混凝土转运

如图3所示,在原转运地点的防浪墙上凿开一个孔洞,孔洞里安装一个溜槽,混凝土罐车抵达溜槽卸料口后,混凝土通过罐车放料顺着溜槽进入靠泊好的运输船上的料仓内。

图3 溜槽转运混凝土示意图

(2)混凝土浇筑

如图4所示,混凝土运输船停靠在定位驳和墩台之间,通过挖机挖取混凝土入模。墩台上的施工用电来自定位驳上的发电机,电缆从水下直达墩台。

图4 挖机挖取混凝土入模施工意图

2.3 工艺效果对比

经过前期的工艺演练,结合传统搅拌工艺的施工经验,项目部对三种工艺进行了分析比较,结果见表1。

工艺效果对比表 表1

项目	搅拌船工艺	布料杆工艺	挖机挖取工艺
主要船机设备	搅拌船1艘、砂石料运输船1艘、水泥船1艘、发电机1台、起锚艇1艘、交通船3艘	混凝土运输驳2艘、定位船1艘、混凝土罐8个、地泵3台、布料杆3个、发电机3台、交通船3艘、罐车4辆	混凝土运输驳2艘、定位船1艘、挖机2台、发电机1台、交通船3艘、罐车4辆
单月船机费(万元)	156	118	97
对混凝土和易性要求	中	高	低
机动性	一般	一般	较强
40m^2 混凝土浇筑时间	80分钟	120分钟	60分钟
混凝土性能控制	优	良	优

从表1中我们可以看出,挖机挖取工艺经济效益高、施工方便,只要我们精心组织,掌握好天气情况,

合理配置资源，可以大大地发挥其功效。

3 方案实施要点

3.1 运输船改造

(1)合理选择运输船。根据施工需要选择800t运输船，长、宽分别为43.5m、10.5m。

(2)合理布置料仓[1]。料仓是用10mm厚钢板后背10#槽钢围图而成的，料仓高1.3m，长宽均为6m。料仓底口满焊在船舶甲板上，中部和上部用10#槽钢斜撑稳固，料仓侧边的底部做一个口门以便清洗。示意图见图4。

(3)合理布置和优化挖机

臂长：墩台宽6.2m，考虑到运输船离墩台有一定距离，我们选择了臂长为19m的挖机。

抓斗改装：挖机斗齿不便于挖机挖取混凝土也容易损坏甲板和料仓，因此，我们将斗齿去掉换成了一块10mm厚钢板，钢板焊接在抓斗上。

轨道：为了便于挖机行走，我们在甲板上顺着挖机履带行走的方向布置了两块带肋的钢垫板，钢垫板为挖机提供摩阻力。

3.2 混凝土转运及安全爬梯[1]

混凝土转运点防浪墙顶面距离水面高度约9m，防浪墙高2.9m。为了保证安全和高效率转运，我们没有采取搭设平台的方法进行转运，而是在防浪墙上开孔，制作溜槽的方式进行转运。同时考虑到人员上下船舶、船舶艇靠岸，我们还搭设了一个安全爬梯，安全爬梯还可以为溜槽提供支撑。

安全爬梯结构形式见图5。溜槽分上下两段，上段固定在孔内，下段通过滑落调节倾斜角度；当船舶靠岸时，将下段提高，当需要转运混凝土时，则将其放低，结构形式见图6。

3.3 混凝土性能控制

图5 安全爬梯示意图

(1)混凝土的缓凝时间应尽量长，不得小于6小时；每次拌制混凝土前，应严格检验混凝土的原材料质量。

(2)混凝土放入料仓后，用挖机缓慢的扒动混凝土，保证混凝土性能，以防止在外海运输过程中，混凝土内的粗骨料下沉、砂浆上浮。

(3)本工程的混凝土要经过转运，运输距离也较远，除了要控制好混凝土出站时的性能，还要控制好混凝土在运输过程中的性能稳定。安排实验人员在混凝土罐车到达转运点时，对混凝土性能进行检测，发现问题及时反馈调整。

(4)为了节省混凝土运输时间，运输混凝土前，应提前对路况进行检查，发现有障碍应及时清理，同时运输船达到浇筑点时，定位驳应提前让位，整个过程保持顺畅。

3.4 施工现场部署

(1)总体部署。混凝土从搅拌站发出，经过罐车陆上运输17km达到转运点，通过溜槽将混凝土溜入运输船料仓内，料仓装满混凝土后，运输船向浇筑点运行，另外一艘运输船接着装混凝土。运输船到达浇筑点前，定位船事先搅锚让位，运输船与定位船定位连接牢靠后，在运输船与墩台底模上搭设安全跳板，供人员通行。然后操作人员检查发电机、振动棒是否正常，试验人员检测混凝土性能是否满足要求，待一切就绪后,启动挖机,挖取混凝土入模,挖机挖取混凝土时不时扒动混凝土,使其均匀。挖机操作室内放置一台对讲机,墩台上安排专人用对讲机和手势对挖机进行指挥,指挥人员需严格控制好浇筑的速度,不能太快,以免造成漏振,不能太慢,以免形成冷缝;振捣工人振捣混凝土时要与挖机抓斗保持大于 2 米的安全距离。同时,安全防护不能马虎,墩台上部需设置临边护栏,墩台四周要悬挂救生圈,人员必须规范佩带安全帽和救生衣。一船混凝土浇筑完毕后,立即退回转运点进行混凝土转运,下一艘运输船接着定位浇筑。施工过程中,交通船在海上负责人员接送,小型材料、设备转运,另外起锚艇、拖轮随时在现场待命,若遇突风来袭,立即进行人员、设备抢救。混凝土浇筑完毕后,立即用高压水泵对料仓、挖机抓斗进行清理,以备下一次使用。现场总体部署详见图 7。

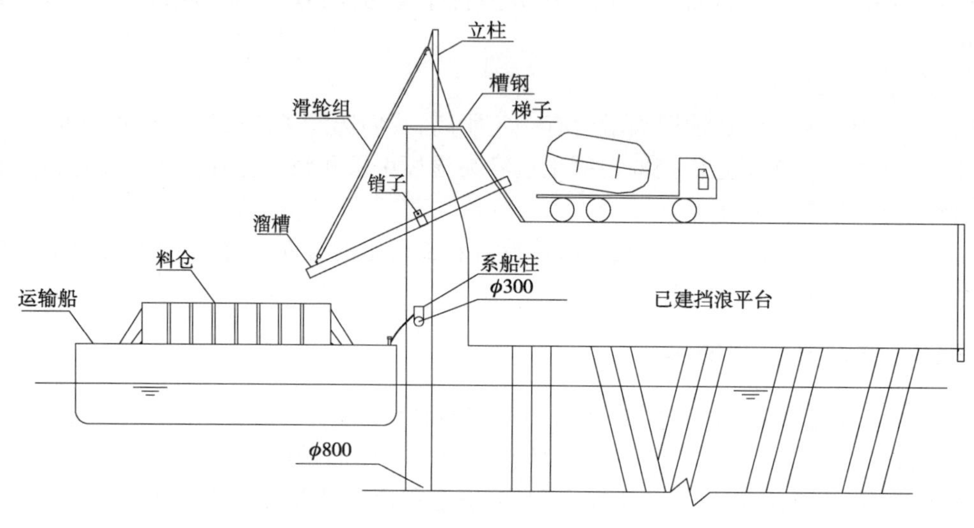

图 6　混凝土转运示意图

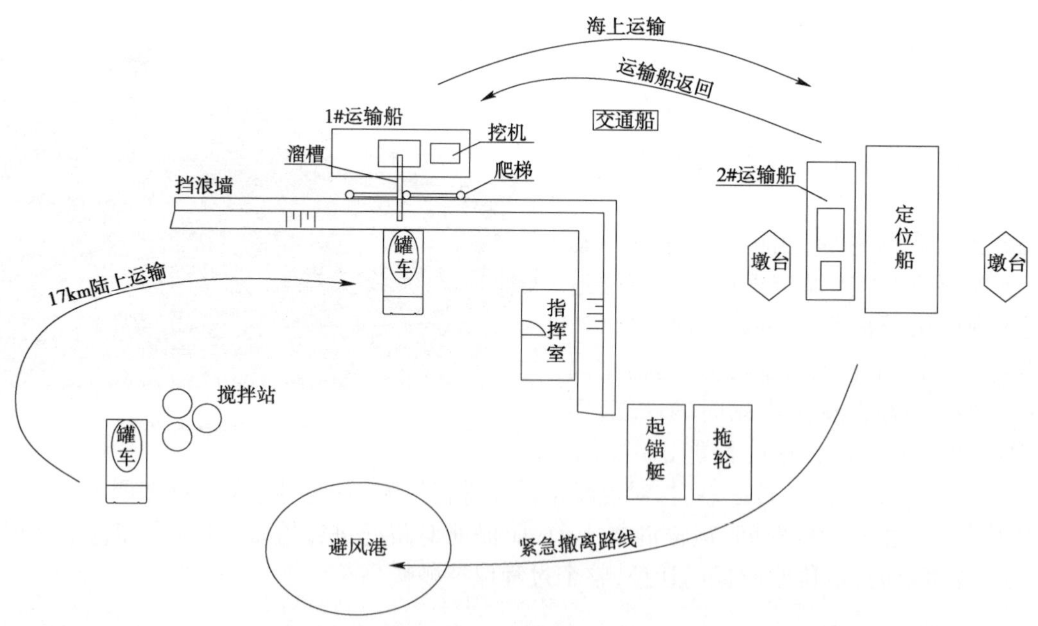

图 7　施工总体平面布置图

(2)充分利用定位船。墩台施工中需要利用起重船进行安装底模支撑系统、钢筋绑扎及模板支立,浇筑混凝土时,起重船亦可作为混凝土运输船的定位船。

(3)专人负责施工用电。墩台上的施工用电由定位船上的发电机传送过去,电缆从水下穿过,到达墩台。

3.5 信息指挥系统

混凝土施工过程中的信息主要靠对讲机来传达，在转运点的临时办公楼内设立指挥室，建立高频率对讲机中转站，其信号范围远达20km，可以覆盖施工海域和后场搅拌站及办公区。参与混凝土浇筑施工的指挥人员、管理人员、司操人员，人手一部对讲机，整个浇筑过程，前后场的各个点应保持信息及时、通畅。同时，东营港海况恶劣，风浪较大的情况下进行混凝土浇筑，质量难以保证，而且安全风险很大。因此，项目部安排专人负责每天早中晚收集天气预报，并用短信的形式发送给每个人。预报风力大于6级，立即停止施工，调遣船舶回港避风。

4 实施效果

4.1 混凝土性能稳定

与布料杆施工工艺相比，本工艺采用溜槽转运混凝土、挖机挖取混凝土入模，减少了混凝土的泵送次数，同时转运及浇筑过程简单，减少了施工过程的时间，入模前混凝土的坍落度、含气量等指标较前工艺有明显提高。我们对两种工艺施工过程中，混凝土入模前的各项性能指标进行了检测，结果见表2。

两种工艺混凝土入模前性能对比表　　表2

序号	检查项目	检查次数	布料杆工艺合格次数	挖机工艺合格次数
1	坍落度	30	22	27
2	含气量	30	23	29
3	粘聚性	30	25	28
4	保水性	30	27	28
5	表观密度	30	27	28
合格率		/	82.7%	93.3%

4.2 施工进度得到保证

挖机的抓斗一次可以抓取0.8m^3混凝土，快速的浇筑速度和简单的运输环节，使混凝土浇筑显得十分的机动灵活，特别适合海况变化无常的外海施工。采取该工艺进行混凝土浇筑后，我们顺利于11月底完成引桥墩台浇筑施工。

4.3 经济效益可观

根据施工前的演练和施工过程的总结，布料杆施工工艺与挖机挖取混凝土入模工艺相比，混凝土利用率方面，我们发现前者对混凝土的性能影响较大，混凝土使用率只有90%；而采用后者后混凝土性能稳定，使用率达到了98%。从设备使用情况来看，不同之处在于前者投入2台布料杆、2个地泵、4个混凝土罐、2台发电机发挥的功能，被后者仅投入的1台挖机就替代了。从人力投入来看，前者较后者投入的设备多，必然将多投入操作人员。从工期方面来看，前者不及后者机动灵活，不可控因素较多，经过推算完成全部引桥墩台，前者将多用15天时间。采用挖机挖取入模工艺节约的经济如下：混凝土节约208万元，设备投入节约126万元，人力投入节约72万元，工期投入节约350万元，共计756万元。

结语

挖机挖取混凝土入模工艺的成功运用，证明它在外海混凝土浇筑施工中的独特优势，打破了我们长期依赖搅拌船的尴尬局面。

外海混凝土施工,海上运输和浇筑是关键,前期我们走了许多弯路,经过各方的不断努力和创新,我们因地制宜的采取了溜槽方式进行转运,确保了混凝土的性能稳定和转运速度,与溜槽配套的安全爬梯给船舶艇靠岸和人员上下岸提供了有力的保障;我们采用挖机挖取混凝土入模,将海上混凝土浇筑施工变得简单、可控,为控制施工的安全、质量、进度及创造效益等方面起到了十分重要的作用。

参考文献

[1] 钢结构设计手册编辑委员会. 钢结构设计手册. 中国建筑工业出版社,2004

“互联网+”专题

“一带一路”交通基础设施建设卫星综合应用实践与思考

李国栋 崔银秋 田俊峰
（中国交通建设集团有限公司，北京，100086）

摘 要：基础设施互联互通是“一带一路”建设的优先领域。空间信息技术与工程建设的深度融合，将引发交通行业的产业革命，同时增强自主卫星技术和产品的核心竞争力，带动卫星产业链发展，形成新的生产方式、产业形态、商业模式和经济增长点。通过交通建设行业的应用实践，对贯彻执行“走出去”国际战略具有非常重要的政治和经济意义。

关键词：一带一路；基础设施建设；空间信息技术；综合应用实践；思考

“一带一路”已经成为我国的重大国家战略。基础设施互联互通是“一带一路”建设的优先领域，将带动大批铁路、公路、港口、能源等跨境项目的建设，实现设施联通，对落实“一带一路”战略意义重大。然而，“一带一路”贯通中亚、东南亚、南亚、西亚及欧洲和部分非洲区域，涉及国家众多，基础设施建设除会遭遇地缘政治、文化冲突、经济转型、恐怖袭击等风险外，沿线许多国家基建条件落后、工程地质条件恶劣、社会形势异常严峻、工程市场竞争激烈。

重点交通基础设施 表1

序号	交通基础设施	包括内容	序号	交通基础设施	包括内容
1	公路	重要通道、高速公路	5	航道	内河航道、河口航道、出海航道
2	桥梁	公铁桥梁、跨河桥梁、跨海桥梁	6	轨道交通	城铁、地铁
3	隧道	公路隧道、海底隧道	7	铁路	重要铁路、高速铁路
4	港口	重要内河港口、海港	8	机场	干线机场

如此复杂的外部条件，如何通过技术创新提升自身竞争力和安全保障是中国企业面临的严峻考验。高分遥感、导航定位、卫星通信和其他空间信息技术的飞速发展，为交通基础设施建设行业的转型升级、创新发展迎来了重大机遇。空间信息技术与工程建设的深度融合，将引发交通行业的产业革命，形成新的生产方式、产业形态、商业模式和经济增长点。

1 “一带一路”交通基础设施建设面临的难题

作为践行“一带一路”的中国交通基础设施建设企业典范，中国交通建设集团有限公司（以下简称中国交建）在“一带一路”沿线国家已开拓经营30多年。据不完全统计，中国交建在全球100多个国家和地区设有173个办事机构，海外在建工程项目共500余个，50万元以上船机投入240余艘，员工72000余名，在130余个国家和地区有实质性的工程业务，基本在全球建立了国际化营销网络。中国交建的重型装备和专业技术队伍以及疏浚船队，分布在全球各地，实施各类交通基础设施建设[1]。中国交建高度注重提升交通基础设施建设工程的专业整合能力、产业链整合能力、融资能力、集成管理能力和战略联盟能力，打造国际化基建企业；但在实施过程中，面临着诸多困难。

1.1 基础资料缺失严重，交通设施建设规划困难

基础设施互联互通的实现，首先需进行合理的规划。交通规划，需要对国家、地区进行总体性、全局性的考虑，需要大量客观、翔实、可以持续更新的资料作为分析的基础和数据支撑，这些资料和数据在国内很容易解决，但在国外，由于以下原因，这些资料极其缺乏，使得项目开展举步维艰。

首先，相关国家没有相应的统计观测资料。我国对外交通基础设施业务的发展，主要集中在欠发达地区，这些地区很难具有完善的数据采集、处理和存储部门或系统。即使有一些国家可以拿出一些历史上做的规划或统计数据，大部分也因时间久远而失去了时效性。

其次，出于国家安全考虑不便提供详细资料。有些国家出于国家安全考虑，不便把相关资料提供给其他国家使用，给相关工作的开展造成困难。

再次，部分国家的已有资料不具有客观性。一些国家已经有了一些规划的雏形，但是其中不乏夹杂相关方的特殊考虑，失去了客观性，很容易对规划工作造成误导。

1.2 偏远地区地形复杂，勘察设计方案比选困难

在勘察设计阶段，需要搜集整理大量的项目区域基础地形、地质、环境和植被等数据，同时对关键区域开展外业勘察，在此基础上设计并优化方案，制定详尽的工程施工方案。工程开展过程中需要面临如下难题：

(1)地形复杂、山陡谷深、勘察困难，成果质量无法保证，工程勘测人员安全存在隐患。

以中巴公路为例，该区域内地处帕米尔高原腹地，主要山脉有喀喇昆仑山、喜玛拉雅山、兴都库什山。区内山峦叠嶂，峡谷深切，河流湍急，雪峰林立，高差一般在 1000 米以上，勘察困难，成果质量无法保证，工程人员的人身安全存在严重的安全隐患问题。

(2)区域地质构造复杂，大型地质病害宏观层面了解少。

中巴公路地处全球大地构造上属印度板块与欧亚板块的结合部位，区域地质构造错综复杂，断裂褶皱发育，岩层破碎，新构造运动活跃，是巴基斯坦地质构造上最为复杂，新构造最为活跃的区域。同时，区域内水文、气象条件复杂，沿线的崩塌、坍塌和碎落以及泥石流的发生与地下水关系密切。

(3)复杂条件下方案比选难

测设工作量巨大，人为因素多，综合选线过程中遇见技术难题较多，专业专家无法长期现场解决实际困难，方案比选优化困难。

1.3 地质复杂灾害频发，监测评估预警救援困难

“一带一路”诸多工程沿线地质病害较多、分布较广，危害严重，如中巴公路是名副其实的“公路地质灾害博物馆”，诸多灾害严重制约并影响着公路的建设和正常运营。

建设过程中需要监测和预警的灾害主要包括：滑坡、崩塌、泥石流等灾害点的动态监测与预警；冰雪害，包括雪崩、风吹雪、积雪、涎流冰，路基水毁以及高原多年冻土；堤坝沉降监测与预警；水位观察站的安全监测与预警；隧道沉降监测与预警等。

由于缺乏长期连续的观测数据，无法把地质灾害点放在区域地质环境系统背景中进行综合研究，尚未构建一个动态、连续、天空地一体化的立体监测预警技术体系，集成多灾种、灾害链的防灾减灾体系更是难以建立。

1.4 地域偏僻、条件恶劣，人员设备施工现场安全监管困难

“一带一路”工程项目众多，需要外派和聘用大量工程技术人员和管理人员，在建设现场拥有大量设

备物资。大多数建设项目地处偏僻，基础设施落后，通讯不发达，施工区域现场安全监管困难。其中夹杂着海外政治环境复杂和宗教冲突因素，项目部长期面临人员设备安全保障难等问题。

由于2010年一次巨大规模的滑坡，中巴公路某段形成了长约22km的堰塞湖，淹没近13公里公路和桥梁一座，建设者改造旧路、改道绕行，修建隧道群，历时四年方得以建成。孟加拉海底隧道也面临着区域地质条件多变、气象水文复杂、建设场地液化等级高、设计水压高等问题，在隧道埋深、结构受力、抗浮、耐久性、抗震、隧道防灾救援及运营管理等方面均面临着严峻考验。

1.5 重视建设轻视养护，重要构造物运营期监测困难

工程项目在施工完成后，一般都有一个责任维护期，此期间，新建的重要构造物（如高边坡、高填路基、长大桥梁、隧道等）可能产生失稳、滑坡甚至崩塌的问题，软土地基在路堤荷载作用下容易产生地基沉降变形，极大地增加了工程建设成本。中国交建近年来承担了大量的国内外BOT（build-operate-transfer）项目，要求从原有单一的建设模式转向为投资、建设、运营模式，普遍存在重建设、轻养护问题。

1.6 项目众多，协同指挥应急保障困难

中国交建在国内外同时开展几千个项目，一些大型项目存在多个项目部和施工组织单位，各项目部如何进行协调作业，集团总部如何把控项目现场工程进度、人员及物资、设备安全，发生地质灾害、自然灾害或其他重大安全事故时如何协调指挥、组织应急救援也是一大难题[2]。

2 对卫星综合应用的需求

2.1 快速获取基础资料需求

在项目规划、可研和投标阶段，急需项目区域测绘基准、地形和地质等资料，但是传统手段耗时长、投入大，困难地区人员无法到达、仪器设备出关难，无法满足生产需要，而卫星综合技术可给予补充，获取速度快、精度高、投入少、频次高、现势性强，而且在宏观方面可满足交通规划的需求，对卫星数据及相关产品有迫切需求。

（1）建立项目区域测绘基准

由于缺乏相关控制资料，建设区域内坐标基准难以统一。通过在工程项目区域内建立北斗地基增强系统，可实现高精度导航定位，填补北斗技术在海外交通基础设施建设应用的空白，满足设计、规划、运营、监测等需要高精度坐标基准服务的用户需求。

（2）快速获取基础地形地质资料

交通规划需要全面掌握项目区域的基础交通网络数据信息。利用卫星技术可以提供实时、准确、高精度的地形图，通过对区域现状地质灾害进行全面探查，形成区域地质灾害分布图。高分辨率遥感卫星影像进行数字地形图更新是一种周期短、见效快、效率高、花费少的切实可行的方法，可为工程初步选线及选址提供基础资料。

2.2 勘察及快速比选优化设计需求

现有勘察手段工作量大，易出错，外业人员在野外缺乏相关资料支持，易造成调查不全面、不准确，难以将外业调查的成果及时全面地交接给内业。可以利用基于北斗导航、预装区域范围内卫星遥感影像等卫星综合技术，提供实时标绘记录及手机照片等，大大提高外业勘察工作效率。

获取高精度DEM（数字地面高程模型，Digital Elevation Model）是初步设计阶段的关键，包括全线工程土石方量、桥梁、隧道等的数量、分布、规模等，对工程路线选线、方案快速比选、优化产生重大影响，最终将直接影响项目商务报价。利用高分辨率卫星遥感影像可快速获取高精度DEM。施工图设计所需要

的大比例地形图可通过航空摄影及机载激光设备获取。获取的植被、水体、居民地等环境因子,经多因素综合评价,为预可研和选线、选址辅助决策提供依据,相关土地信息可为后期征地拆迁赔偿等提供第一手资料。

2.3 地质灾害监测预警需求

对地质灾害演化和潜在地质灾害及其演化规律认识的局限性,为建设项目将来的安全运营造成潜在威胁。利用遥感技术可对项目区域范围内的地质灾害类型、等级进行分区、分类,形成公路地质灾害基础数据库,结合区域内的水文、气象、地质构造等历史数据及实时观测数据,可对地质灾害的危险性进行评估预警,通过长期动态监测对地质灾害的发展发育情况进行预测。在高危区域布置数据采集终端,实时传输灾害信息,及时掌握发生灾害时间、位置,可提高工程应急救援实时性和救援效率。

2.4 人员设备安全监管需求

(1)工程人员、设备安全监管

中国交建海外"一带一路"项目遍布全球,现场偏远、环境复杂,调动频繁,且多工地多类型设备交叉,对于施工现场的动态监测需求尤为突出。利用自主通导一体化手持终端主动报警和被动报警模式,可实现施工人员全员安全监管[3]。图1为利用通信卫星及北斗定位、报警终端,保障境外工程人员安全。

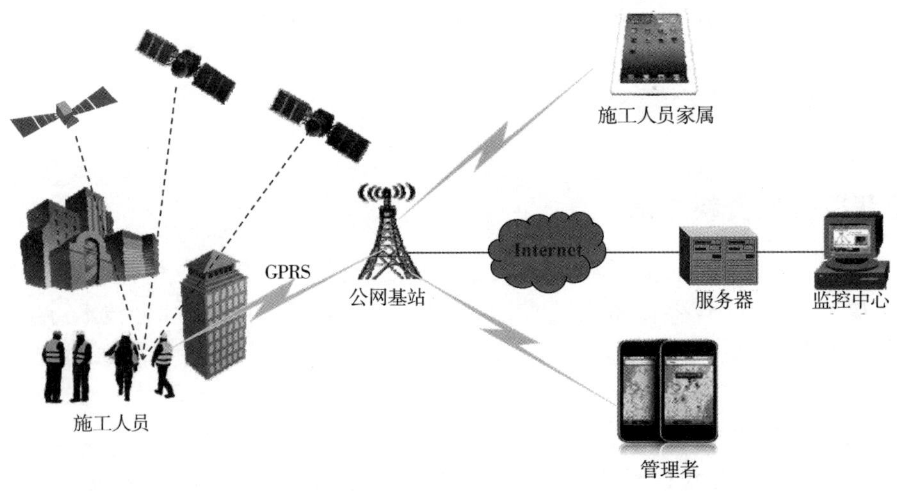

图1 卫星通信、北斗人员定位、通信、预警系统示意图

(2)机械设备数字化施工

工程机械设备的完好性和优劣性则直接影响到工程质量、工程工期和综合效益。数字化施工技术,是在施工机械上加装自动控制系统,配合北斗/GPS或全站仪,进行施工的自动控制作业,不需要人员在机械周围监测,避免重复作业,保障了施工安全。

2.5 现场安全动态监管需求

"一带一路"沿线国家的工程现场管理人员相对较少,集团总部难以对现场情况及时了解,利用高分辨率卫星遥感影像的光谱、形状特征可对工程进度进行动态监测。

公路建设施工组织复杂,场地狭小,面对极端困难施工条件,更需要对施工现场诸如堰塞湖之类的危险源的危险性进行动态监测和评估,保障工程施工有序进行。图2为利用卫星遥感影像对中巴公路堰塞湖2010~2013年溃决变化过程进行监测。

利用卫星移动通信,构建重点施工区域内局域通信网络,结合手持终端与传感器,能够辅助工程各阶段巡检工作,实现工程现场隐患数据的采集、处理反馈、复查、预警预报以及隐患点规避等功能,达到提前预警作用。

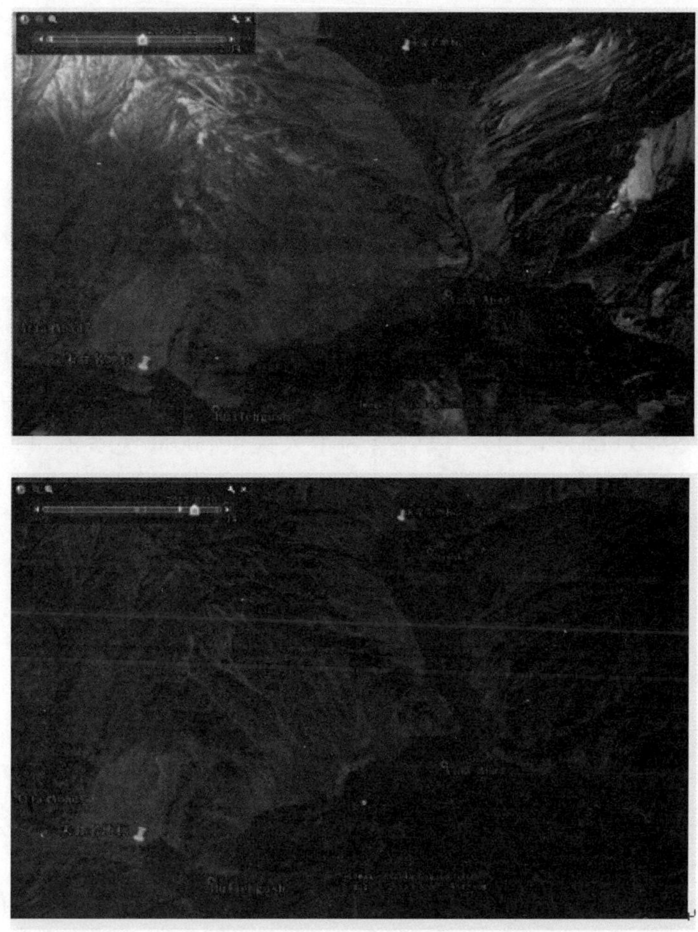

图2　中巴公路堰塞湖 Atabad 2010～2013 年溃决变化

2.6　重要构造物安全监测需求

BOT 项目对重要构造物各个阶段的安全检测监测更加重要。在保障施工安全、提升建设质量的基础上，通过建设期连续获取的背景、条件等大量信息，圈定重点地区、时段及危害程度，针对区域内危险等级较高的重要构造物，布设地面传感器对其位移、沉降、结构应变力、压力等参数对进行监测，并延续到后期运营阶段，提供畅通、安全的运输服务。

中国交建已经在部分 BOT 高速公路项目中，采用卫星综合应用技术，期望控制项目施工期风险、降低运营期成本，在项目的全寿命周期过程中使项目总体投资回报最大化。

2.7　工程管理应急救援需求

可以有效利用现有通信卫星资源，结合局域网通信技术化手段，提高现有救助力量的救援效率。应急条件下，利用手持终端，通过卫星链路，实现终端之间、终端与公网用户间的双向通信，汇报现场情况、位置信息、拍摄上传现场视频及图像信息，指挥机关及时指令、实时监控、实时信息交互，实现高效可靠的应急救援通信、定位导航保障。

3　“一带一路”交通基础设施建设卫星综合应用实践

3.1　KU 波段卫星通信系统应用

中国交建拥有 800 余艘大型工程船舶、逾 5000 个项目部，船舶调动频繁，对船舶的远程调遣、运行监控需求特别突出。通过 AIS 和 3G/4G 网络难以适应远海海域,往往超过海岸 30-50 海里就不再适用,利用宽带卫星远程监控成为必然的选择。尤其是 2015 年以来,供应商提供免费的动中通天线使用权,减少了船东的巨额成本支出,每个月五六千元的通信成本还是可以承受的。目前有五十余艘工程船舶选择了 KU 波段船载卫星通信系统。

该系统根据船舶行驶范围选择全球覆盖 KU 频段转发器资源,使用 iDirect 双向卫星通信系统,配合相关卫星转发器资源、射频传输设备以及调制解调设备等,建立起各端站与卫星公司北京地面站之间的卫星星状网连接,网络数据通过地面互联网从主站传输至用户总部。

通过为每艘船舶提供一个工作上网账号, 满足 3 个工作终端以无线 Wifi 方式接入系统, 满足船舶商用软件接入互联网,满足船舶工作数据采集系统的回传,满足视频会议通话;提供一路卫星 IP 电话线路,满足至少 100 ~ 300M/每月的语音电话流量需求;提供 4 路标准 CCTV 监控录像采集回传通道;满足 30 位船员的移动终端以无线 WiFi 的方式接入互联网,为个人提供 300M 免费流量,一个用户名允许接入 2 个无线设备。在用户租用卫星带宽紧张的情况下,按照用户需求优先保障高优先级业务数据传输。

陆地上,蒙内铁路(蒙巴萨港—内罗毕)项目建设了总指挥中心及除北京外的 2 个分指挥中心间的卫星通信链路,同时建立了与北京分指挥中心的地面链路,最终实现各指挥中心间的电视会议及 VoIP 通信,同时保障肯尼亚 3 个站点的互联网服务接入。

3.2 北斗卫星导航系统应用

中国交建所属的多家公司与多家北斗专业供应商开展了基于北斗的系列技术开发与应用合作。中交上航局承担的 2013 年国家卫星及应用产业发展专项“基于北斗兼容系统的工程船舶智能位置服务平台研制与应用示范”,解决了北斗多卡并发、信息标准化采集与传输等技术难题,完成了基于北斗的信息传输、智能位置服务技术研发,研制了北斗集成通信机等设备,建立了工程船舶智能位置服务平台,实现了工程船舶信息远程传输与实时远程管理,已在 100 多艘工程船舶、30 多个海洋水文观测站上成功应用,在国家重大外海工程项目的生产调度、应急指挥、资源保障等方面发挥了积极的作用,行业示范应用效果明显,已经顺利通过国家验收。

由中国交建负责组织实施的国家 2014 北斗卫星导航产业重大应用示范发展专项海洋开发应用领域的应用示范工作正在实施,重点支持建设北斗工程管理平台和相关基础设施,在海洋资源调查、水文地质勘查、施工作业、远海工程项目管理等领域推广应用北斗卫星导航定位装备,提供开发利用海洋资源的能力。项目依托北斗,围绕“3S + C”技术融合创新主线,组合利用多种卫星系统,整合应用各类天基与地基系统资源,充分发挥各种通信网络能力;服务中国交建国内外安全应急管理和生产经营管理,重点提升全集团应急管理水平,以及为重大工程项目提供科技保障两大方向[4]。

3.3 高分辨率遥感技术应用

中国交建注重高分遥感行业应用研究,2012 年下属中咨集团承担了国防科工局科技重大专项“高分辨率对地观测系统”先期攻关,2015 年承担了国防科工局科技重大专项“高分辨率对地观测系统”一期项目,均取得了大量的实用性成果。本项目主要针对我国高分专项,开展高分遥感数据在交通领域的需求分析,突破基于高分遥感影像在交通应用领域的交通基础信息提取与更新、交通灾害因子信息提取和特征参数反演、航道监测及船舶运营管理等多项关键技术,构建交通遥感综合服务平台,生产各类交通遥感专题产品,并通过相应的分析功能提供相应的服务,对系统平台进行验证和示范应用。

项目组将进一步攻克相关交通应用关键技术,形成基于我国自主高分数据的交通应用示范和成果转化能力,突破遥感技术在交通领域应用的关键性难题。针对公路、水运、航空建设管理的各个阶段,提供交通规划、勘测设计、建设管理、公路养护、运输管理、路政管理、应急预警、公众出行等生产多种专题图,在我国综合交通行业各业务阶段和业务口进行推广。同时构建满足交通遥感专题产品生产和业务化运行的数据库系统,最终建成“高分交通综合应用及服务系统”,实现交通高分遥感业务化运行及服务,满足航运监控、监控应急、公众出行等需求,提高交通信息服务水平。

4 “一带一路”交通基础设施建设卫星综合应用的思考

4.1 国内外基础建设市场应用前景广阔

基础设施对于吸引投资和振兴经济至关重要,各国为了拉动本国经济增长,不约而同地选择了通过扩大基础设施建设投资来刺激经济增长的策略,为全球基础设施建设迎来了空前的发展机遇。随着“一带一路”战略进入落实阶段,中国新一轮投资热潮即将拉开序幕。《推动共建丝绸之路经济带和21世纪海上丝绸之路的愿景与行动》提出,基础设施互联互通是“一带一路”建设的优先领域,基础设施互联互通是“一带一路”战略的首要前提、核心关键,必须优先。意味着,不论是发展中国家还是发达国家,以刺激经济复苏、促进就业为目标的基础设施建设存在着巨大的市场需求。

对于中国企业来说,在“一带一路”沿线国家赢得市场,尤其是进入发达国家市场,必须提升自身实力、走向行业高端。海外融投资带动总承包以及特许经营类项目是国际工程发展的趋势和新模式,中国企业必须从建筑承包商转型为建筑服务商,增强传统的施工管理能力、提升自身的融投资、项目策划和项目运营的能力。由自主卫星建立起来的“天基之路”,为中国企业与人员“走出去”以及相关国家之间的互联互通提供了有效的信息保障。

4.2 促进交通建设行业技术革新,带动卫星产业链发展

充分利用遥感、通信、导航等卫星资源,将卫星综合应用技术引入交通行业,将在安全性、便捷性和整体性等方面,为交通行业带来新的价值。

卫星技术应用会提升立体交通领域的安全性,如地质选线,将更加精细、更加周全的考虑周边环境的影响;如交通灾害预警预防,偏远地区的交通灾害可以得到有效的监测等。卫星技术为项目建设、运营、管理和养护等各个阶段及时提供新的数据和便捷的服务支持,如高分遥感提供的道路自动选线服务,如路域环境及灾害调查,使管理者迅速做出宏观决策,减轻繁重的野外工作量等。卫星技术的大范围信息获取能力,使交通人不再局限于“线状”分析交通问题,方便的获得“面状”甚至“体状”的交通基础数据,将整个交通网作为一个整体来进行考虑。

针对各种特殊及恶劣工作环境条件下,为建设项目研制的相关硬件产品和相关系统开发成果,有利于促进交通行业技术进步,对上下游的产业链有着较大的推动作用;可带动卫星应用产业在交通行业市场化、规模化、产业化发展,增强自主卫星技术和产品的核心竞争力。

4.3 服务企业“走出去”,提升我国卫星产品全球化服务能力

以泛在、智能、绿色为大前提,充分发挥时空信息的核心凝聚力、基础支撑力和关联带动力,将“大、智、云、物、移”(大数据、智能城市、云计算、物联网、移动互联网)等概念打通贯穿起来,实现有机融合和系统集成,将有效辅助服务我国企业“走出去”,是提升企业实力、实现创新驱动、转型发展的重要手段和支撑[5]。

通过“一带一路”具体工程的实践,研制的各类服务平台、终端硬件、遥感产品等多种类型卫星技术应用产品,不断改进、升级,不仅可促进卫星产业的规模化应用,更提升了我国卫星产品全球化服务能力。

结束语

交通建设企业是贯彻实施“一带一路”发展战略的主力军,在推动我国交通运输资源走出去的过程中,通过卫星综合应用技术提升自身实力,同时也把自主卫星技术带出去,对贯彻执行“走出去”的国际

战略具有非常重要的政治和经济意义。

以卫星遥感技术为核心，综合运用北斗、通信卫星等其他空间信息技术，结合物联网、大数据、云计算等现代信息技术，发挥空间信息技术在地理信息采集、认知、分析等方面的优势，促进空间信息技术在"一带一路"交通基础设施建设项目规划、设计、施工建设和运行维护全寿命空间信息服务保障，保障工程人员、设备、物资安全，推动卫星综合应用的产业化发展。同时也提升了我国在基础设施建设、港口运营、设备制造等领域的管理与技术优势，推动中国标准、技术、装备、服务和交通建设行业在更大范围和更高层次上"走出去"，实现交通运输持续创新发展，全面推动"综合交通、智慧交通、绿色交通、平安交通"四个交通发展。

参考文献

[1] 田俊峰. 尽快让"北斗"服务海洋工程建设[N]. 交通建设报,2014-05-29

[2] 中国交建北斗办. "天基丝路"助力"交融天下"[N]. 交通建设报,2015-06-11

[3] 何建波,张工,崔银秋,田俊峰. 北斗在远海工程人员安全监管中的应用前景[J]. 中国港湾建设,2015(4):68-71

[4] 崔银秋,牛玉欣,田俊峰,张浩强. 自主空间信息应用与服务体系在海洋工程中的应用实践与前景[J]. 中国港湾建设,2016(4):71-76

[5] 曹冲. 我国北斗产业发展的几点建议. 第十一届中国卫星应用产业国际研讨会论文集[C]. 2015:198-202

奥维互动地图在公路项目前期考察中的应用

曹增茂　杜鹏程
（中交第一航务工程局总承包工程分公司，天津，300451）

摘　要：本文介绍了一种利用手机奥维互动地图软件进行高速公路外业实地考察以及寻找线路的方法，对比常规外业考察方法极大的提高了外业考察效率，为项目管理策划提供更准确的考察数据。

关键词：奥维互动地图；高速公路；外业考察

引言

高速公路前期勘查中，经常需要外业踏勘以及测量工作，对于山区高速公路项目，外业寻找道路线位、勘察现场地貌、寻找控制点难度非常大，按照以往现场考察经验，我们需要携带大量小比例尺施工图纸进行现场踏勘，设计提供的小比例施工线位图都是带状图，周边地形地势描绘范围窄，严重影响现场考察效率。

现在的公路项目大多地处山区，植被茂密，道路交叉繁密，给现场考察带来很大难度。为了解决以往考察手段的弊端，本着高效、节约、创新的原则，现场考察中将如何利用新的信息技术提高现场考察精度和工作效率作为当今研究技术课题之一。

随着智能手机普及率的大大提高，手机地图软件应用越来越普遍，其方便，快捷，应用简单的特性得到用户的普遍认可。我们根据自身工作需要利用智能手机 GPS 导航功能结合奥维互动地图软件找到了一个比较好的辅助考察手段——充分利用智能手机应用软件（奥维互动地图）在信息技术推图中的共享功能。

1　奥维互动地图介绍

1.1　奥维互动地图简介

奥维互动地图软件是由北京元生华网公司开发的基于 Google API、Baidu API、Sogou API 的跨平台地图浏览器。它拥有大部分谷歌地球的功能，可以把卫星照片、航空照相和 GIS 布置在一个地球的三维模型上。它的影像来源是卫星影像与航拍的数据整合。其卫星影像部分来自于美国 Digital Globe 公司的 Quick Bird（快鸟）商业卫星与 Earth Sat 公司（美国公司，影像来源于陆地卫星 LANDSAT-7 卫星居多），航拍部分的来源有 Blue Sky 公司（英国公司，以航拍、GIS/GPS 相关业务为主）、Sanborn 公司（美国公司，以 GIS、地理数据、空中勘测等业务为主）、美国 IKONOS 及法国 SPOT5。其中 SPOT5 可以提供解析度为 2.5M 的影像、IKONOS 可提供 1M 左右的影像、而快鸟能够提供最高为 0.61M 的高精度影像，是全球商用的最高水平。

奥维互动地图是一款集定位指南、语音导航、位置分享、轨迹记录、地物标记等功能于一体的全功能、全平台的互动地图应用软件，可支持手机和电脑终端安装使用。在实际应用中，可以根据工程需要，选择一定范围内不同精度模式下载地图包，减少不必要的手机内存消耗。可以提前在有 wifi 连接的办公场所下载好需要考察区域的地图包，在外业中手机可以断开 GPRS 进行定位导航，避免手机流量消耗。

1.2 奥维互动地图的特点

第一,多元化平台服务。根据软件介绍我们可以发现,奥维互动地图是基于 Google API、Baidu API、Sogou API 的跨平台地图浏览器,支持 ios(iphone、ipad)、android、windows、winphone、Web 五大平台。

第二,多源数据整合。奥维互动地图充分利用网络资源,目前已集成了 Google 地图与卫星图、Bing 卫星图、百度地图、搜狗地图等多种知名地图数据源,并支持各数据的在线缓存、下载以及离线查看等功能。此外,该软件还可以结合卫星图与高程数据,自动进行快速 3D 建模,更真实的反应现场情况。

第三,数据云服务。奥维互动地图提供了数据云服务,可以实时记录位置和轨迹,通过云端共享和同步实现数据共享,方便电脑处理数据。

第四,功能集成一体化。奥维互动地图集成了同类 GPS、百度地图等定位与导航软件的主要功能,实现了地图信息检索、轨迹记录、地物标识、图上测量、实时定位以及语音导航等功能一体化。很大程度上解决了项目工程外业调查寻线,红线内地上物调查等问题,还可进行距离、轨迹区域面积测量,大大提高了外业考察质量和效率。

第五,大数据支持、高精度、高质量。奥维互动地图的亚米级分辨率影像数据和灵敏度较高的罗盘导航功能,允许在地图上同时展现百万级的奥维对象,支持高达 256TB 海量地图数据,为外业实地调查提供影像支持。

第六,AutoCAD 无缝对接。奥维互动地图可直接读取 CAD 保存的 DXF 文件并将其转化为奥维对象,将设计平面图纸展现在地图之上;也可以将奥维互动地图图片及奥维对象直接转换为 CAD 底图与矢量对象,在 CAD 上进行编辑与处理。

1.3 奥维互动地图相关文件介绍

奥维互动地图软件的导入导出标记主要是 ovobj、kml、gpx、plt、dxf(CAD 文件)和 txt 格式文件。

结合我们工作需求与软件应用情况,我们主要采用 dxf(CAD)和 kml 文件进行项目前期考察应用的数据文件处理。

2 奥维互动地图在前期考察中的应用

2.1 应用文件的建立与导入导出

2.1.1 数据文件的建立与配准

在高速公路的前期考察中,为了更直观地了解到工程的各个位置和设计意图,我们希望将设计的平面图嵌套到地图中显示,奥维互动地图正好具备这样的功能。一般设计院给出的平面图文件都为 CAD 的 dwg 格式,只需在 CAD 中将设计平面图保存为 dxf 格式,即可成为奥维互动地图可识别的文件格式。

在将设计平面图导入奥维互动地图的过程中,需要进行坐标系统的转换,进而将设计平面图准确的显示在奥维地图上。我们常用的方法是设置关联点来实现坐标系统的转换。在建立设计平面图与奥维地图的配准过程中,常用平面设计图与奥维地图相对应的点位来关联。具体步骤为:

(1)在 CAD 设计图中均匀地选择几个明显的地物点,如某一房角、道路交叉点或设计院提供的平面控制点;

(2)然后将选择的地物点在奥维地图上用标签准确地标记在地图上,提取其 WGS84 坐标;

(3)其次在 CAD 图中查询该地物点的施工坐标系平面坐标,然后在奥维地图的关联点管理界面中进行编辑;

(4)再依次按上述步骤添加另外的几个关联点;

(5)最后应用关联点转换的相关参数,解析 dxf 类型设计平面图,并将其对象导入地图中(图 1)。

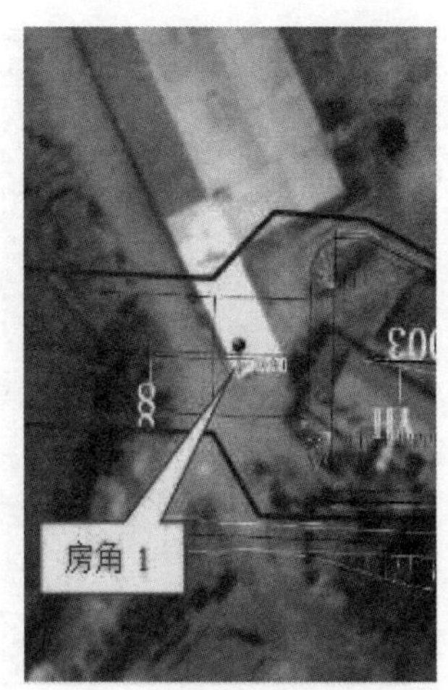

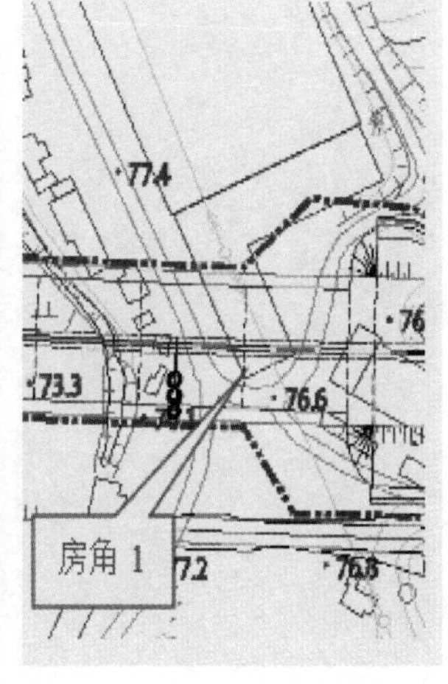

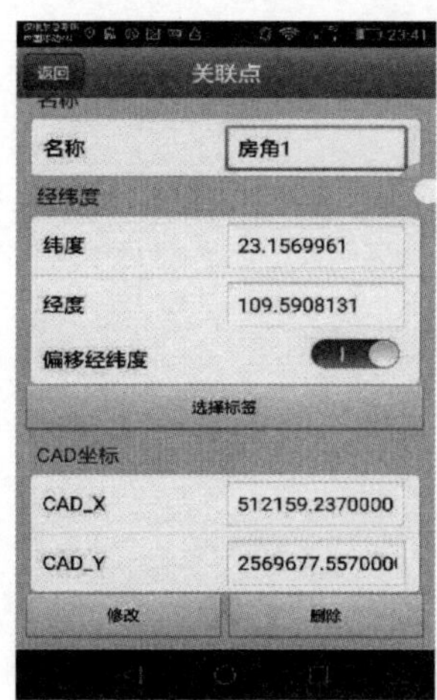

图1　关联点设置图例

2.1.2　数据文件的导入导出步骤

为了更方便的在野外进行现场考察，确定勘察范围，可以将设计提供的电子版平面图（红线图）转成dxf格式文件进行配准导入地图软件。在奥维互动地图PC客户端的系统菜单下导入dxf数据，选择与云端同步将导入对象添加至云端，同步之后打开手机客户端收藏文件夹，选择同步以实现云端数据的分享。为保证个人数据的独立性，也可以直接存入手机，利用手机端软件事先设置的关联点进行数据导入。下面以Android系统手机为例进行简要说明：

（1）首先需要把要导入的dxf文件存入手机端根目录下，可利用手机数据线从电脑端存入或者手机QQ文件互传拷贝至奥维互动地图根目录omap文件夹内（图2）；

（2）从手机端软件首页选择“更多”，进入“数据管理”页面，之后选择“导入导出对象”进入文件选择界面选择要导入的dxf文件（图3）；

（3）进入数据导入界面后在坐标设置栏选择关联点转换坐标，进入关联点管理栏选择至少3个事先配准过的关联点，开始解析，解析完毕后添加导入dxf文件，完成导入操作（图4）。

（4）导出操作从第二步中“导入导出对象”进入，选择导出对象，按照提示选择要导出的标记，进行导出操作即可。

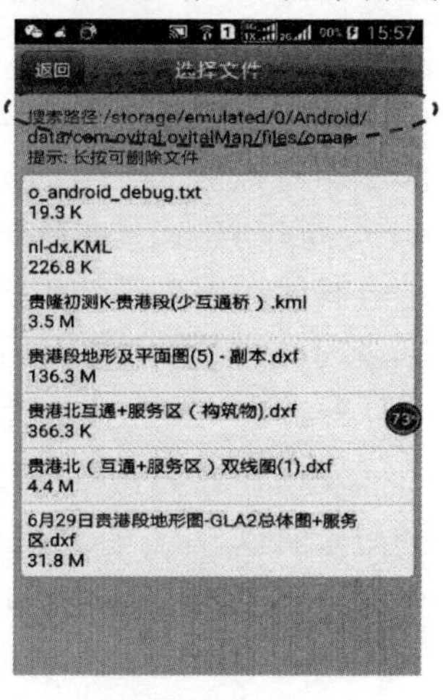

图2　手机奥维地图文件存放根目录

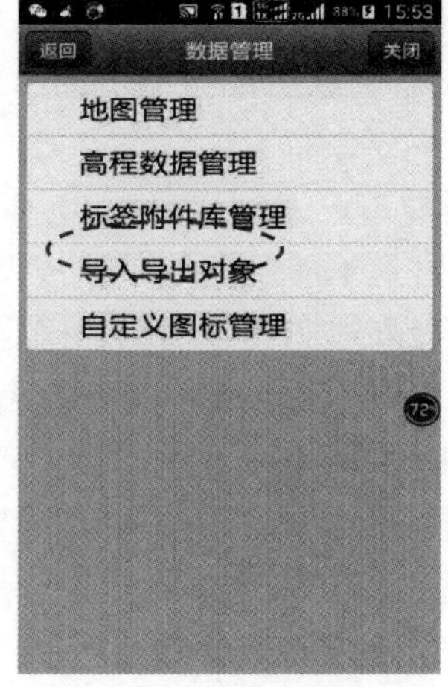

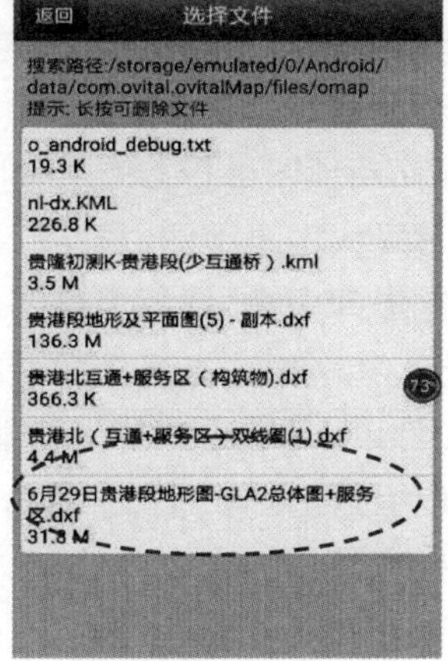

图3　文件导入导出界面

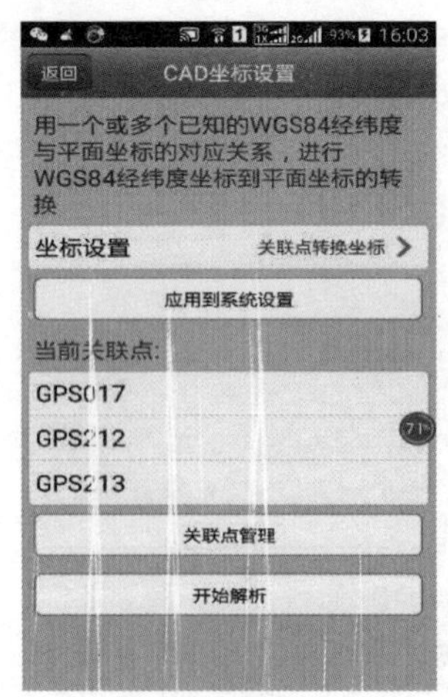

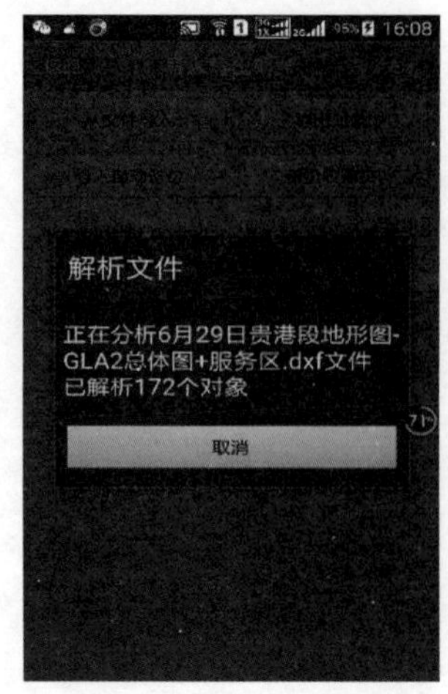

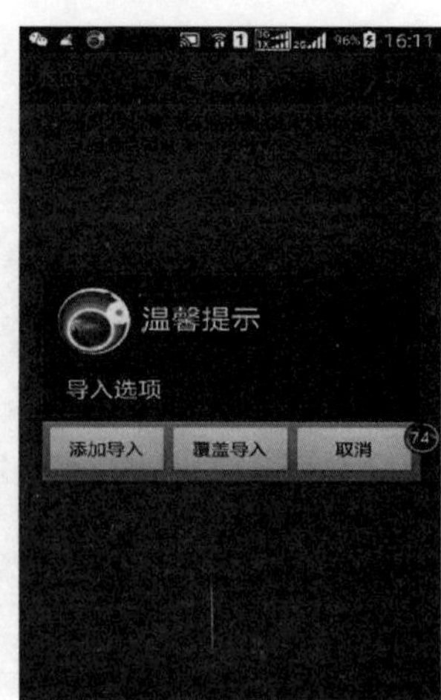

图 4　坐标系统设置解析到导入界面

2.2　前期外业考察应用

2.2.1　考察地图的选择

开始现场考察之前，除了平面图数据文件的导入，还需要选择合适的地图模式。奥维互动地图提供的地图显示模式有 Google 地图、Google 卫星图、Google 卫星混合图、Google 地形图、Bing 卫星图、OpenCycle 等高线地图、百度地图、搜狗地图共八种地图模式，经过实际考察验证建议以 Google 卫星混合图为主，结合其他地图进行使用。卫星混合图内显示的道路地物等更全面，建议离线下载的地图显示模式等级调制最大，系统区域选择郊区同市区一样，这样下载的地图影响更细腻、更清晰。

2.2.2　位置、轨迹与地物标记的记录、发布与分享

现场外业进行考察过程中，需要对 GPS 进行设置，以便标识自己的实时位置，进行实时定位，还可选择记录轨迹，用于标注现场勘察轨迹，不易发觉的小路，地物以及取弃土场位置、范围等，方便随时查看。现场考察时可以通过手机网络实时发布考察的进场道路、临时用电情况等。考察现场记录的位置、轨迹等数据还可以进行云端共享，防止数据丢失。通过考察数据的发布与共享还可以实现内、外业同步的效果，发现问题实时进行沟通，大大提高了工作效率。

2.2.3　信息检索、图片记录与导航

奥维互动地图支持相关信息检索、图片记录以及罗盘和语音导航等功能，为外业调查提供了重要的辅助功能。如图 5 所示，从主界面的搜索菜单中输入你需要查找的地名，选择导航方式并导航便可语音进行导航。对于需要步行尤其是现场实际地物考察需要的导航，可以单击定位按钮实现罗盘导航。还可以对发现的地上物进行照相记录，避免了忘记或者漏记情况的出现。

2.2.4　控制网的布设

利用奥维互动地图进行 GPS 控制网的布设工作，在室内电脑版 Ovitalmap 上结合 CAD 软件能够更细致的完成，通过导入卫星地图，能在其上直观地看到路线平面线型、主要构筑物、地物地貌等，能较准确地量距，把握控制点间距离，根据卫星图和等高线图能较清晰的确定点位通视情况，能直观的反应控制网的平面网型形态。在考虑选点要求的情况下，在 Ovitalmap 上选点就变得轻而易举。将电脑版 Ovitalmap 上完成的布点文件以 ovobj 格式导入智能手机 Ovitalmap 中(图 6)，从手机屏幕上长按预先布设的控制点标签，点击“以此为线路终点”后，再点击“搜索”即可利用手机自动导航功能顺利到达目标地完成现场的选点任务，大大提高了控制点布置效率。

2.2.5　内业数据整理

项目前期外业考察结束后，将外业考察时记录的轨迹、图形、照片、现场标识记录等以标签的形式导出 dxf(CAD)格式文件，并根据校正参数校正，对于外业考察时记录不清的可以在奥维互动地图 PC 客户

端的辅助之下调整标签类型、颜色属性等(图7)。

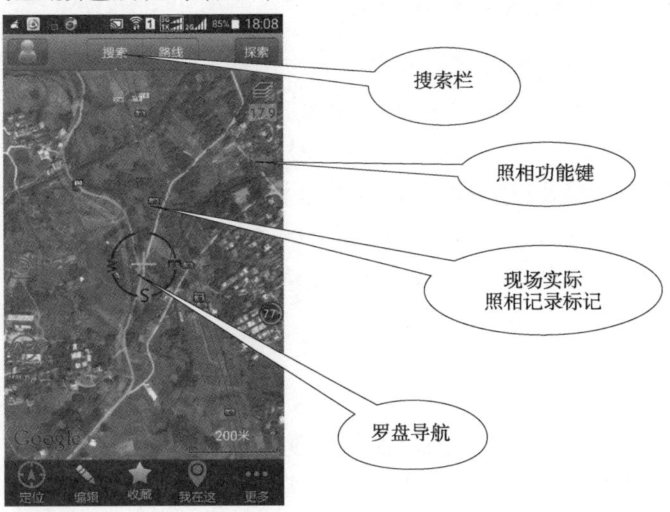

图5　信息检索及其他功能

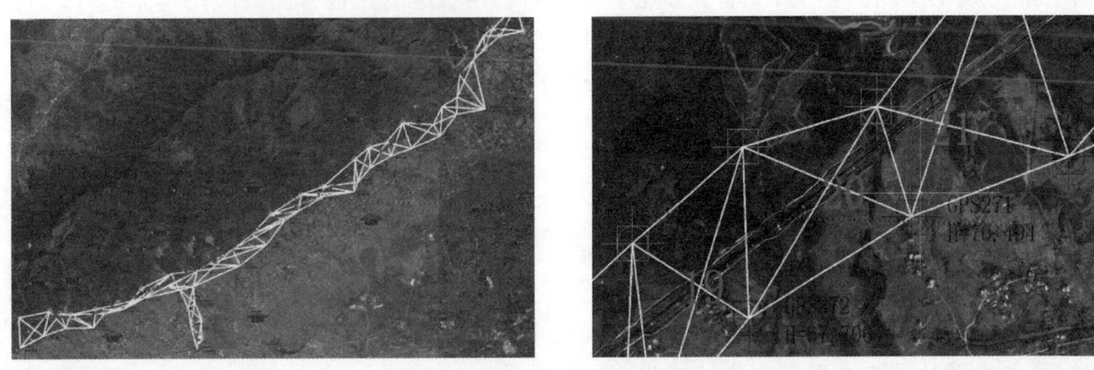

图6　奥维互动地图控制网布设图

图7　现场考察轨迹记录整理图

2.3 外业考察应用中存在的问题和不足

奥维互动地图软件在高速公路项目前期考察中的应用特点显著,但也存在一些不足之处。如外业考察时 GPS 定位功能的使用会消耗大量的电量,需要备用充电宝等外接电源;手机客户端不能设置自定义 GPS 参数,需要对外业采集的数据进行坐标转换才能使用;由于需要缓存大量影像切片数据,奥维互动地图的使用往往对手机配置要求较高;在编辑关联点的过程中,可直接利用关联点的奥维地图经纬度进行编辑,但这种配准的方式不太稳定,在电脑客户端和 IOS 系统手机(如苹果)中操作时,会出现一定的偏移,如遇到这种情况,在编辑关联点时,应直接采用"选择标签"的方式方可解决问题。

结语

结合奥维互动地图软件进行广西贵隆高速项目前期考察,在应用中发现这种方法操作简单、实用性强、特点显著,可以大大提高野外寻点的工作效率,可为项目管理规划提供更为详尽的考察资料。虽然在应用中也存在一些不足,但应用在辅助高速公路前期考察工作中,个人认为功能完成满足要求。

随着智能手机的不断更新发展,基于智能手机的电子导航地图在各方面的应用越来越广。为更好的服务外业考察工作,充分利用"互联网 +"时代概念,作为项目前期考察的测量人员应该从各方面收集整合先进的网络资源,以提高外业工作效率。该种方法的应用减少了纸质图纸的消耗,工作便利的同时在低碳环保方面也做出了一定贡献。

参考文献

[1] 奥维互动地图软件主页:http://www.ovital.net/
[2] 奥维互动地图使用手册
[3] 黄贝.奥维互动地图在云南省森林资源二类调查中的应用.林业建设
[4] 汤敏.手机电子地图在公路勘测中的应用.能源-地矿

基于 MIDAS CIVIL 的太湖空心铰接板梁桥横向联系刚度模拟方法的研究

徐 哲 张志恒 朱炜炜
（中交一航局第三工程有限公司，大连，116083）

摘 要：太湖大桥施工中拟从新建的预应力空心板梁桥通过超重的大型沥青混凝土运输车，为验算通过能力是否满足要求，采用 MIDAS CIVIL 进行大桥的应力分析，分析过程中需要解决的问题主要有建模过程中以横向联系梁模拟铰缝，以及混凝土车辆行驶造成荷载最不利位置的选取。

关键词：空心板梁；超载；铰缝混凝土；横向联系梁；MIDAS CIVIL；应力分析

引言

MIDAS CIVIL 软件是一款集成化的通用结构分析和设计软件，它主要用于桥梁结构的分析与设计，能够解决各种桥型分析设计中遇到的问题，其中的梁格法采用空间杆系单元将桥梁的上部结构进行等效模拟，将结构的纵向刚度集中于纵向单榀空心板构件内，横向刚度集中于横向联系梁，一般纵向刚度的建立都是以模型实际截面为基准，比较容易模拟，但是横向刚度的模拟方法则较多，由于拟通过的车重超重较多，所以横向模拟的精度影响到是否能够将桥梁结构所有刚度全部利用以满足过车要求，并且保证桥梁安全，本论文依据铰接板理论提出一种在 MIDAS CIVIL 软件中模拟横向刚度的方法，用以指导工程实际中的应用。

1 工程概况

太湖大桥项目部拟计划开展沥青路面施工，需要通过便桥到达施工现场，老桥容许通行荷载仅为 15t，效率较低，为提高施工效率，节约运输成本，拟从刚建成的市政桥梁通行，但大型沥青混凝土运输车总重为 67t，超过新桥的设计车辆荷载标准值 55t，所以需要重新进行核算，确定新桥是否可以通过沥青混凝土运输车，新桥设计情况如下：

公路等级：一级公路；

桥涵设计荷载：公路 - Ⅰ级；

板梁跨度：22m；

桥梁混凝土等级：C50；

车辆荷载标准值：55t。

空心板梁桥断面见图 1。

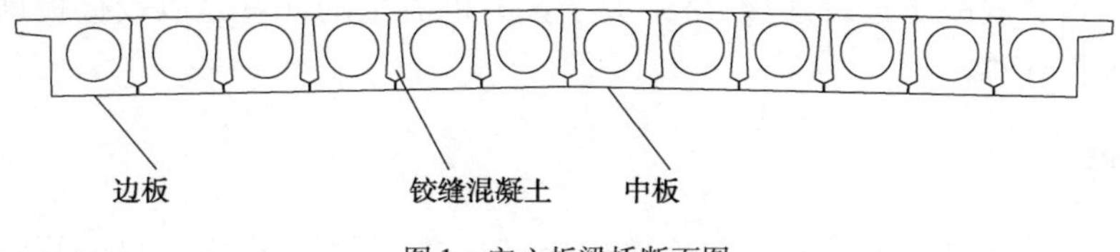

图 1 空心板梁桥断面图

1.1 沥青混凝土运输车

(1)车辆总重

沥青混凝土拌合站大型沥青运输车为前四后八轮自卸车,自重为 16 ~ 17t,载重量为 50t(前四后八轮虽车斗较长,但拦板高度低),总重以 67t 考虑。

(2)前四后八轮车辆轴距(图 2)

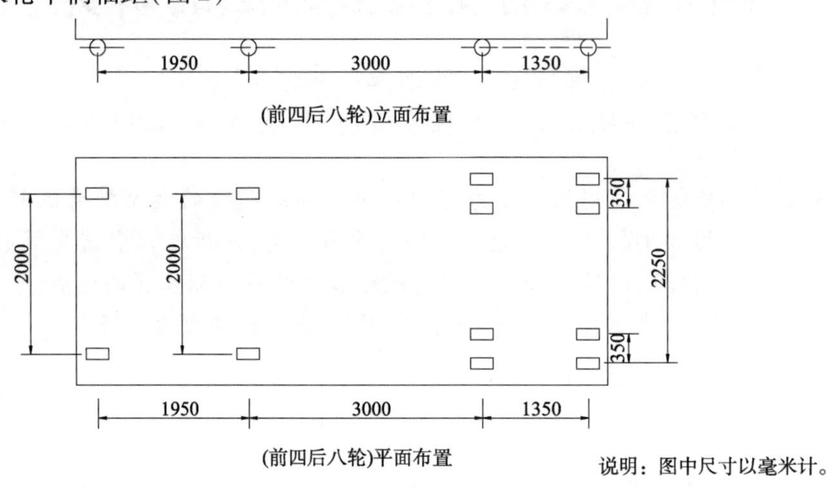

图 2　车辆荷载图

2　模型建立方法

使用 CAD 建立模型网格及截面,并导入 MIDAS 中建立模型,分为纵向空心板梁和横向联系梁(图 3)。

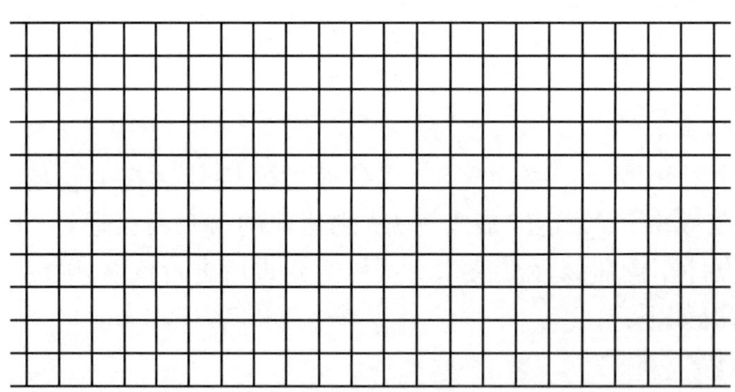

图 3　空心板梁桥网格

3　横向联系梁的建立理论依据

空心板之间是以铰缝混凝土进行连接,桥梁关于铰缝混凝土的计算是以铰接板理论对空心板桥梁的荷载横向分配系数进行计算。

3.1　适用条件

铰接板法适用条件是块件横向具有一定连接构造,但连接的刚性很弱,只传递剪力,类似于数根并列而相互间横向铰接的狭长板。

3.2　空心板梁桥荷载横向分布计算的理论依据

铰缝空心板梁桥荷载横向分配系数是根据铰缝处的变形协调条件进行计算，即各作用力在相邻板块铰缝处引起的竖向相对位移为零，而引起铰缝位移的因素主要有板梁的挠度和板梁的扭转(图4)。

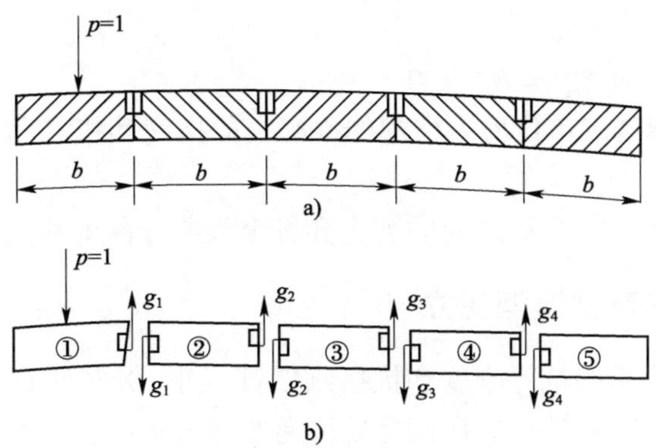

图4　铰接板桥计算图

$$\begin{aligned} p_{11} &= 1 - g_1 \\ p_{21} &= g_1 - g_2 \\ p_{31} &= g_2 - g_3 \\ p_{41} &= g_3 - g_4 \\ p_{51} &= g_4 \end{aligned} \tag{1}$$

式中：p_{i1} ——1 号板作用单位集中力时 i 号板所分配荷载；

g_i ——第 i 个铰缝所受剪力。

$$\begin{aligned} \delta_{11}g_1 + \delta_{12}g_2 + \delta_{13}g_3 + \delta_{14}g_4 + \delta_{1p} &= 0 \\ \delta_{21}g_1 + \delta_{22}g_2 + \delta_{23}g_3 + \delta_{24}g_4 + \delta_{2p} &= 0 \\ \delta_{31}g_1 + \delta_{32}g_2 + \delta_{33}g_3 + \delta_{34}g_4 + \delta_{3p} &= 0 \\ \delta_{41}g_1 + \delta_{42}g_2 + \delta_{43}g_3 + \delta_{44}g_4 + \delta_{4p} &= 0 \end{aligned} \tag{2}$$

表明铰缝处各板的相对位移为0

式中：δ_{ik} ——铰接缝 k 内作用单位正弦铰接力，在铰缝处引起的相对竖向位移；

δ_{ip} ——外荷载 p 在铰缝 i 处引起的竖向位移。

由板梁受力变形图可得(图5)，各个板的变形系数为：

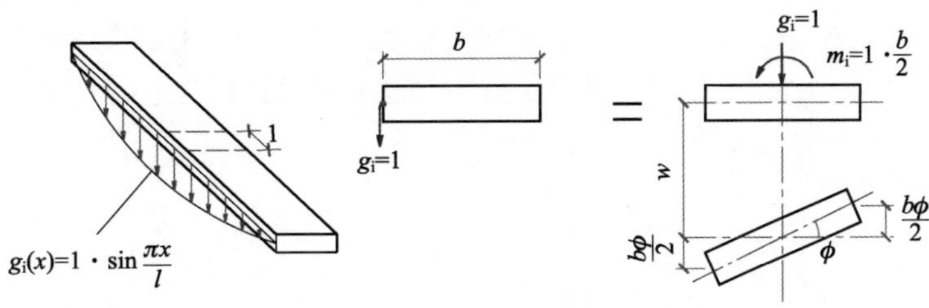

图5　板梁受力变形图

$$\delta_{11} = \delta_{22} = \delta_{33} = \delta_{44} = 2\left(\omega + \frac{b}{2}\phi\right)$$

$$\delta_{12} = \delta_{23} = \delta_{34} = \delta_{21} = \delta_{32} = \delta_{43} = -\left(\omega - \frac{b}{2}\phi\right)$$

$$\delta_{13} = \delta_{14} = \delta_{24} = \delta_{31} = \delta_{41} = \delta_{42} = 0$$

$$\delta_{1p} = -\omega$$

$$\delta_{2p} = \delta_{3p} = \delta_{4p} = 0$$

其中的 ω 、ϕ 分别为铰缝处的单位剪力引起的空心板的挠度和扭转角，在材料相同时即与板梁的抗弯刚度和抗扭刚度有对应关系。

根据上述两个方程就可求出各个铰缝处的剪力和各个板所分配的荷载。

3.3 空心板桥横向联系梁模型建立

铰接法空心板梁的横向联系的抗弯刚度和抗扭刚度都很小，保守计算可以将此刚度忽略不计，但在 MIDAS CIVIL 中无相应的单元能够模拟出在铰缝处传递的剪力和此剪力对空心板产生的扭矩作用，所以为了计算准确只能将铰缝混凝土模拟为相应截面的横向联系单元，此单元产生的抗扭刚度和抗弯刚度应小于或等于铰缝混凝土产生的刚度(图 6)。

根据材料力学，闭口薄壁截面杆的单位长度扭转角计算公式为

$$\phi = \frac{T}{4GA^2}\int_s \frac{\mathrm{d}s}{\delta}$$

式中：G——切变模量；

A——闭口薄壁构件中线所围城的图形的面积，为 0.47m^2；

ds——薄壁构件微段长度；

δ——薄壁构件的厚度。

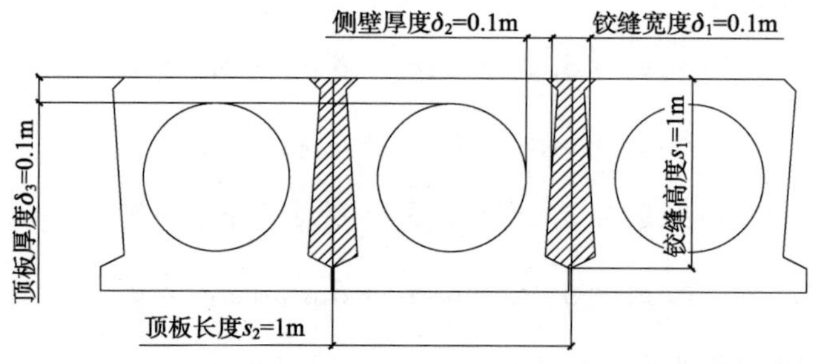

图 6　空心板桥断面

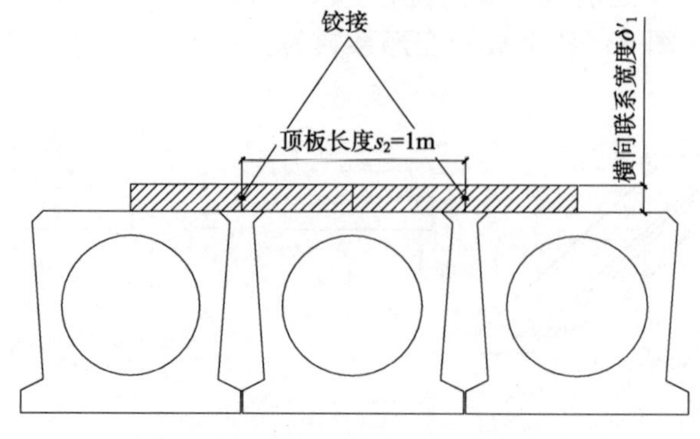

图 7　MIDAS 中铰缝混凝土横向联系模拟

根据公式,只要使模拟后的构件的抗扭刚度相同,即产生的扭转角 φ 相同即可。根据图形可知只要使

$$\frac{S}{\left(A-\frac{\delta_1 S_1-\delta'_1 S_2}{2}\right)^2\delta'_1}=\frac{S_1}{A^2\delta_1}$$

$$\delta'_1=0.1\text{m}$$

所以在 MIDAS CIVIL 中只要将横向联系梁模拟为如图 7 中的厚度为 0.1m 的梁即可满足抗扭刚度的模拟,抗弯刚度为原图中铰缝处抗弯刚度的 0.26 倍,满足保守计算校核要求,桥梁实际结构中绞缝混凝土的高宽比较大,所以可以不考虑剪切变形,并且模拟的绞缝高宽比很小会产生较大的剪切变形,在软件中勾选不考虑绞缝截面的剪切变形可以保证计算结果的准确。

4　作用效应最大的荷载位置的选取

在建好的模型上在梁的中部位置横向加载移动荷载,根据移动荷载影响线的计算结果选取荷载作用效应最大位置。

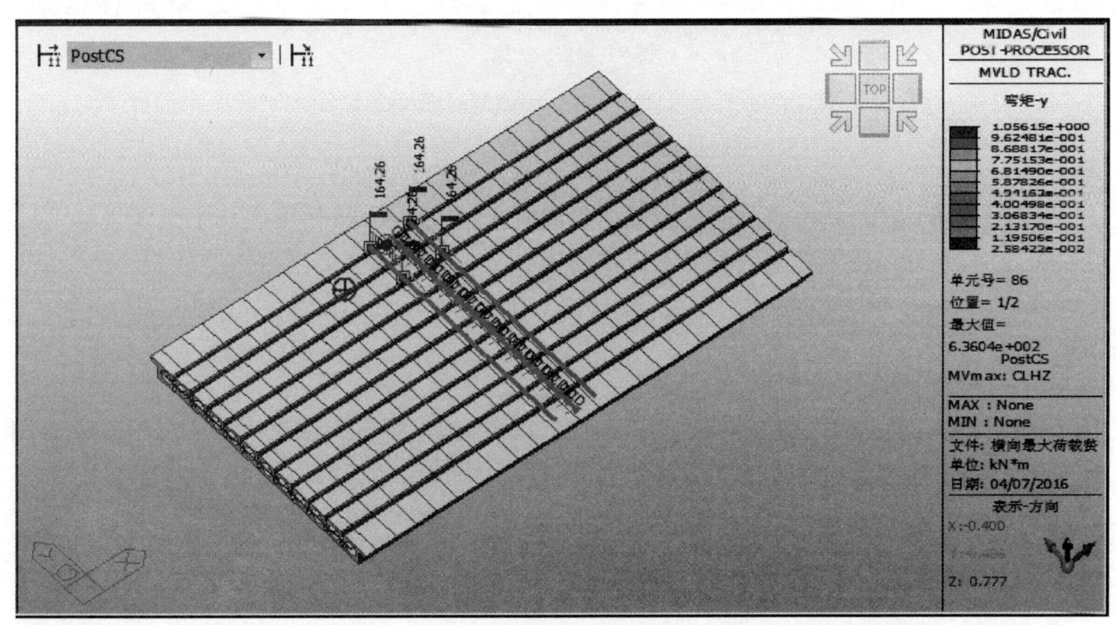

图 8　车辆荷载影响线图

根据图 8 可以得出当车辆荷载作用的中心线作用在第二榀边梁时,产生的弯矩最大,并且荷载越向中部加载弯矩越小,实际施工时要求车辆的中心线行驶在第 4 榀梁上,并计算出桥梁基频输入到 MIDAS CIVIL 中计算结构的应力。

5　计算结果

运行分析,得出梁底应力图(图 9),可得部分梁底混凝土出现拉应力为 0.4MPa $<f_t=1.89$MPa,大部分位置为压应力,最大压应力为 6.75MPa $<f_c=23.1$MPa,满足要求!

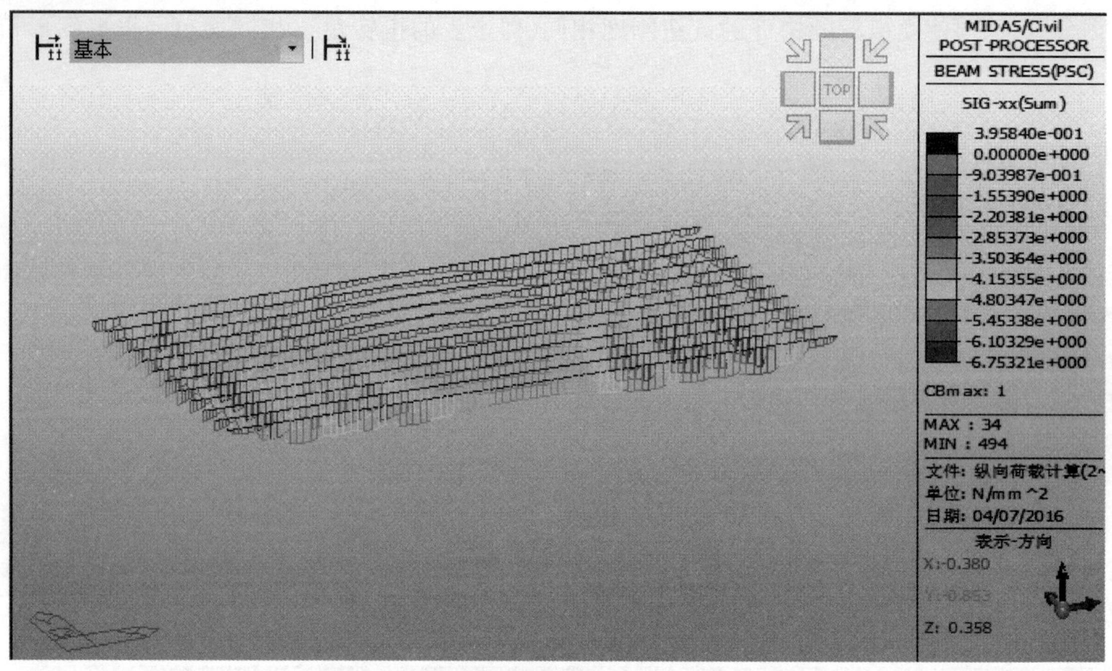

图 9　梁底应力图

6　使用效果

经过半年施工中的使用，新桥满足通过超载沥青混凝土运输的要求，桥梁底部未出现裂缝，保证了工程施工得顺利进行，并且保持了施工后桥梁的正常使用。

结语

使用 MIDAS CIVIL 根据横向联系梁法能够较好的计算出施工临时荷载对桥梁产生出的应力，难点是横向联系梁刚度的选取，通过正确方法的选择能够准确计算出桥梁产生的应力，以指导施工。

参考文献

[1] 中华人民共和国交通部. JTG D60—2015，公路桥涵设计通用规范. 北京：人民交通出版社，2015
[2] 中华人民共和国交通部. JTG/T F50—2011，公路桥涵工程技术规范. 北京：人民交通出版社，2011
[3] 彭少民. 材料力学. 北京：北京大学出版社，2005
[4] 李乔. 混凝土结构设计原理. 北京：中国铁道出版社，2012

城市轨道交通车地宽带无线综合承载平台应用研究

贯金城

（中交机电工程局有限公司，北京，100088）

摘　要：随着无线宽带技术的普及和支撑城市轨道交通安全运营生产业务的不断增加，采用基于WLAN技术的车地无线通信网络成为限制城市轨道交通快速发展的瓶颈，逐渐不能满足列车在高速行驶下列控信息（CBTC）、视频信息（CCTV）和多媒体信息（PIS）的高速率、高质量、高带宽和高可靠性的传输需求。因此，有必要利用TD-LTE无线通信技术的超大带宽、大容量和高可靠性的优势，对车地无线通信业务的综合承载平台进行应用研究，为城市轨道交通车地宽带无线传输平台提出规划设计和建议。

关键词：TD-LTE；城市轨道交通；车地无线通信、综合承载平台

引言

为建设现代化、智能化的城市轨道交通系统，满足高密度、高效率、高安全性和信息化的运输和管理要求，通常需要建立车地无线通信网络，通过车地间无线信息交互，实现对列车连续自动控制（CBTC）、为乘客提供各种实时信息（PIS）和对车厢内情况进行监视（CCTV）的功能。而由于无线传输技术和频谱资源的限制，现有城市轨道交通基础设施，车地无线通信系统一般采用基于WLAN技术IEEE802.11标准ISM2.4GHz开放频段的车地无线通信网络。对于WLAN无线局域网技术而言，由于其采用了载波监听/冲突避免（CSMA/CA）访问机制，因此就不可避免的存在无QOS保障机制、高速移动环境下无法客服多普勒频偏、传输距离近（约200米）、无线漫游切换频繁、丢包率高、设备部署多、管理维护不便和车辆无法实现跨线运营，不利于实现互联互通等问题。而ISM2.4GHz属于开放频段，分为13个互相重叠子信道，只有三个频点相互之间没有重叠，可以同时使用，为1、6、11信道。各频道划分如图1所示。

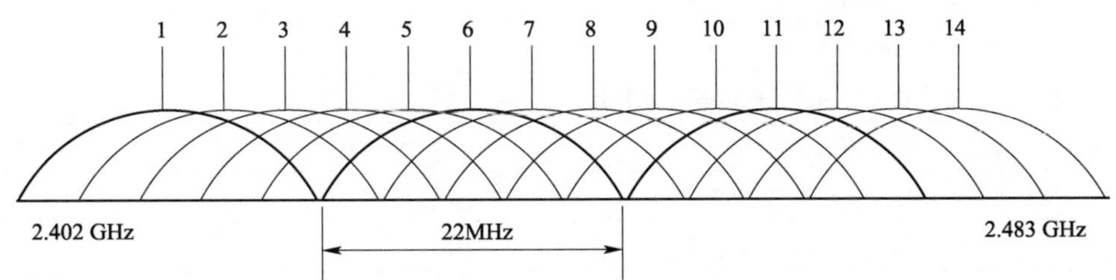

图1　ISM2.4GHz频段划分

由于只有3个互不干扰的频道可供选择，在车地无线通信网络设计时，CBTC系统和PIS系统需提前协商，确定各自采用的无线频点，以避免出现同频干扰的问题。但由于ISM2.4GHz属于开放频段，任何企事业和个人均可无条件免费使用，这样就极大增加了无线通信互相干扰的机率，从而导致车地无线通信状况差，时常发生车地通信中断，造成列车停车；PIS和CCTV系统出现图像不连续、马赛克严重，播放画面不连续等系列问题，无法满足正常运营的使用要求。因此，非常有必要利用TD-LTE通信技术对城市轨道交通车地宽带无线综合承载平台进行研究，以解决目前城市轨道交通车地无线通信网络存在的问题并为车地宽带无线传输平台提出规划设计和建议。

1 城市轨道交通车地宽带无线传输平台需求分析

车地无线综合传输平台需在高速移动状态下，提供满足宽带、可靠、具有 QoS 保障和实时性要求的信号列控 CBTC 信息（双向）、车载 PIS 实时播放（下行）、车载视频监控图像回传（上行）等车地无线数据业务承载。

1.1 信号系统 CBTC 业务承载需求

1.1.1 无线传输通道需求

为满足列车运行高安全性、高可靠性和高可用性要求，信号 CBTC 无线传输通道应满足如表 1 所示需求。

无线传输通道需求　　表 1

序号	无线传输通道需求
1	无线传输通道应采用独立的双网冗余的物理通道
2	访问控制要求信号系统 A/B 通道相互独立
3	在安全监测、审计与监控、网络反病毒和备份与灾难恢复等方面应制定相应的安全措施，同时具备足够的防止内、外人员进行违规操作和攻击破坏的能力等
4	无线网络安全性要求车载无线单元与基站之间在传递数据前，须建立授权并关联
5	无线覆盖范围内，任意地点都应实现 A/B 双网冗余覆盖
6	列车车头、车尾都应同时实现与 A/B 网双网通信

1.1.2 车—地通信的传输性能指标需求

信号 CBTC 系统车—地无线通信的传输性能指标需求如表 2 所示。

车—地无线通信的传输性能指标需求　　表 2

序号	车—地无线通信的传输性能指标需求
1	单侧线路 1.2km 范围内信号系统单网带宽需求应不小于≥2M
2	车地通信单网络信息的丢包率应小于 1%
3	车地通信单网络信息的误码率应不大于 10^{-6}
4	车地通信单网的越区切换时间应小于 100ms
5	车地通信信息经有线和无线网络传输延迟时间应小于 150ms
6	单次报文有效传输时间应不大于 500ms
7	信号系统的可用性指标应不小于 99.98%
8	应实现不高于 120km/h 运行速度下车地实时双向连续的通信要求

1.2 乘客信息系统业务信息承载需求

乘客信息系统（PIS）系统需将播控中心下发的播放节目，如新闻广播、换乘信息、在线广告等便民信息在车载 PIS 显示屏上实时显示，所有的数据传输都是下行传输。PIS 图像采用高清（1080P）图像质量预设业务信道带宽，每列车业务信息承载带宽为下行 8Mbit/s。

1.3 车载 CCTV 监视图像业务信息承载需求

在城市轨道交通车地无线的应用场景下，车载 CCTV 视频监视图像回传是无线综合宽带传输平台最大的上行传输业务需求，其重要性仅次于信号系统业务需求。在正常情况下，全线需向控制中心上传 2 路客室监视图像信息每路带宽需求为 2M，因此，车载 CCTV 业务带宽需求为 $2 \times 2 = 4$Mbit/s。

1.4　其他车地业务信息承载需求

其他车地无线通信业务包括列车运行状态监测、无线列调和紧急文本等，由于这些业务信息承载需求较小，因此不做需求分析。

1.5　车地宽带无线传输平台需求总结

综上，车地无线宽带网络可用于车地间数据、图像和视频的传输，其中数据用于CBTC列车运行控制、监督数据，以及各业务系统的控制信号、维护信号；视频用于列车乘客车厢直播视频播放以及列车车厢摄像头监视视频回传至控制中心。车地宽带无线传输平台详细需求如表3所示。

车地宽带无线传输平台需求　　表3

序号	承载业务	上行带宽	下行带宽	丢包率	传输时延
1	CBTC 系统	1Mbps	1Mbps	不大于1%	小于100ms
2	CCTV 系统	4Mbps	100kbps	不大于1%	小于300ms
3	PIS 系统	0	8Mbps	不大于1%	小于300ms
合计		5Mbps	9.1Mbps		

2　TD-LTE 车地宽带无线传输平台总体设计

2.1　总体方案设计

通过对以上车地宽带无线传输平台需求进行综合分析，设计一张基于TD-LTE技术的城市轨道交通车地无线宽带网络，作为信号CBTC系统列控信息和PIS（含车载CCTV）业务综合承载平台的解决方案。该网络可支持未来业务扩展，如承载列车维护等其他业务，具有较高的先进性和适用性。TD-LTE车地无线宽带系统平台架构如图2所示。

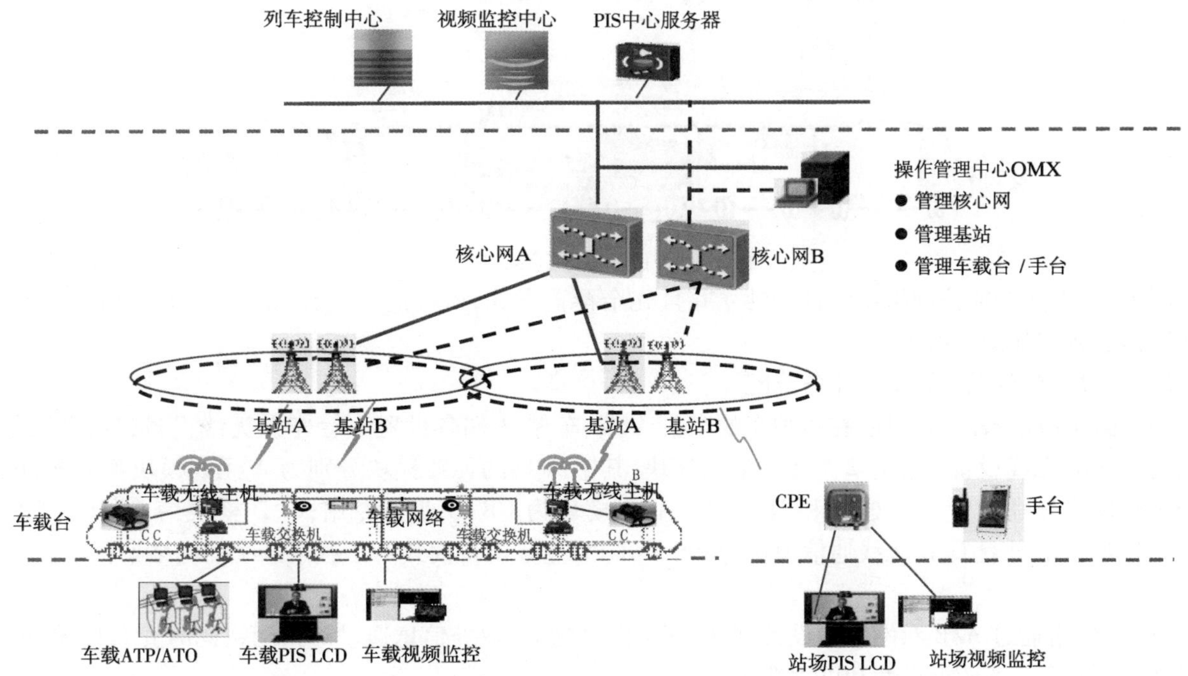

图2　TD-LTE 车地无线宽带系统平台架构图

如图 2 所示,控制中心部署无线核心网和网管等,通过专用传输网与车站连接。PIS 中心服务器、视频监控服务器通过以太网交换机接口,接收视频信息并将相关信息通过 TD-LTE 无线网络传送至列车。

在车站或者车辆段等,部署无线基站(BBU),各 LTE 基站通过百兆以太网接入车站网络交换机,通过传输通道与无线核心网和网管连接。

在车站站台布置 LTE 基站的无线射频单元 RRU 设备,覆盖站台周边区域。隧道内主要部署 RRU、漏缆。高架段可用天线或漏缆覆盖。车辆段环境较复杂,部署 BBU、RRU 等设备,采用天线覆盖。

在列车头尾两端分别部署 2 个车载无线主机,用于车载的 ATP、车载 PIS 和 CCTV 等设备接入车地无线网络。

2.2 业务承载及带宽设计

2.2.1 CBTC + PIS + CCTV 业务承载设计

2.2.1.1 轨旁业务网络架构和功能

对于 CBTC 业务来说,需要在出现单点故障(车载无线主机、传输链路或者核心网故障)时仍然确保业务能不间断传输,因此,为了保证 CBTC 车地信息的可靠传送,车地宽带无线传输平台采用 A/B 双网设计,A 网和 B 网完全独立,并行工作,互不影响。相对于 CBTC 业务, PIS + CCTV 业务的传输可靠性要求低于 CBTC 业务,只是其总的业务带宽需求较大。综上,设计的轨旁独立双网冗余架构如图 3 所示。

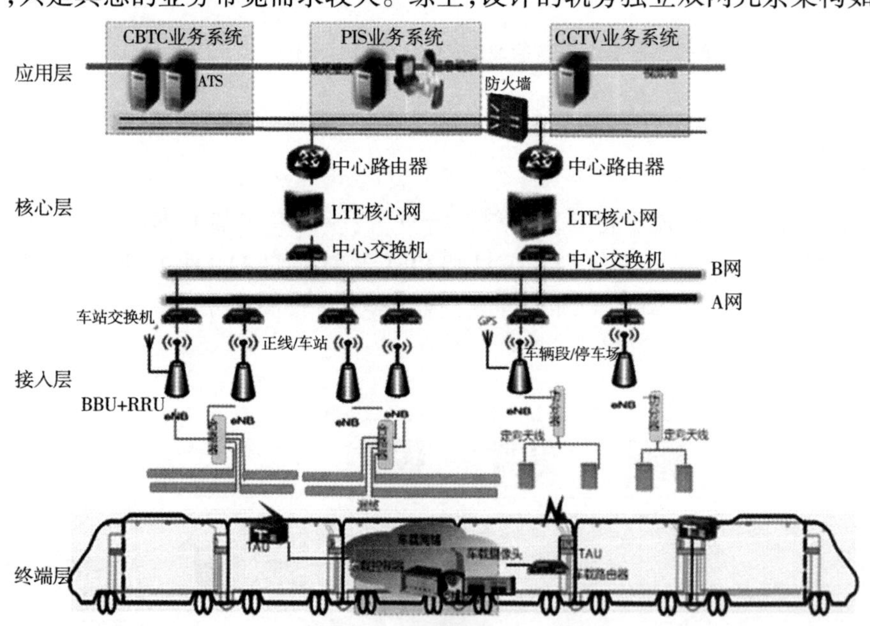

图 3 轨旁独立双网冗余架构图

同理,车地无线通信网络也设计为独立并且冗余覆盖方式,以提高车地无线通信的可靠性。无线冗余网络覆盖方式如图 4 所示。

2.2.1.2 车载无线设备和业务分配

为提高车载设备的可靠性,在每列车的车头 A 端、车尾 B 端各设置 1 套车载无线设备(车载无线主机);每个车载无线设备内置有 2 个无线通信模块,其中 A 端的无线模块分别为 A 无线模块和 C 模块,B 端的无线模块分别为 B 无线模块和 D 模块。A、B 模块为 CBTC 业务专用;C、D 模块为 CBTC + PIS + CCTV 共同使用,并且 C、D 无线通信模块为 PIS + CCTV 业务主备模式。车载子系统的网络架构如图 5 所示。

CBTC 网络通过 A/B 双网冗余设计,两张网络完全独立,业务信息通过两张网络同时冗余传输,极大的提高了 CBTC 业务的可靠性和可用性。

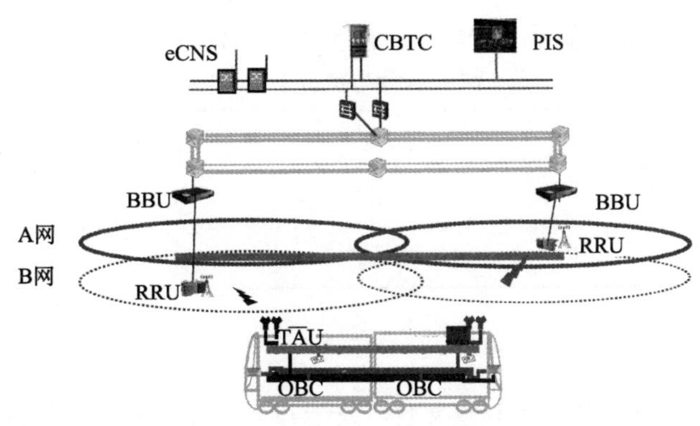

图 4　轨旁独立无线双网冗余覆盖示意图

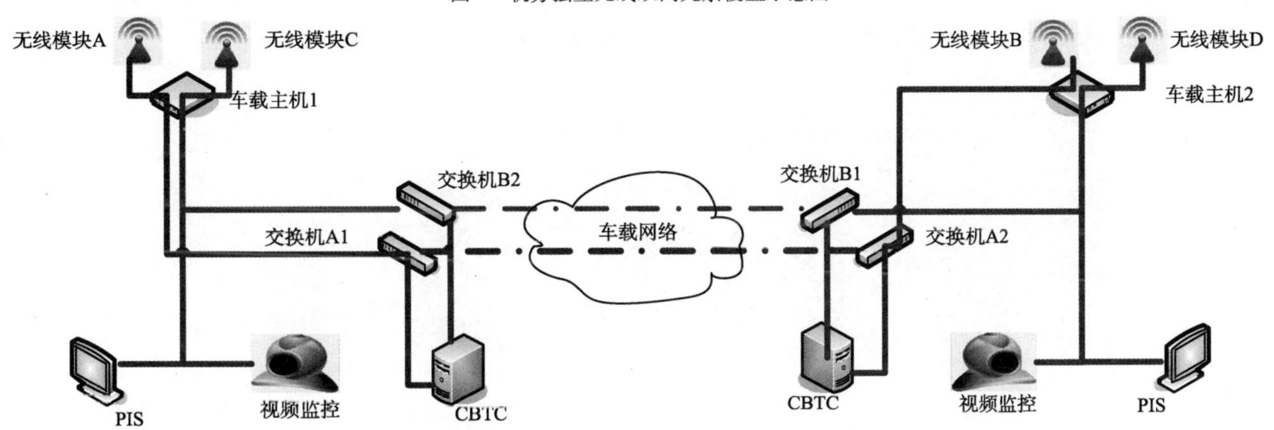

图 5　车载子系统网络架构图

2.2.1.3　无线网络的业务分担设计

CBTC 列控信息涉及到行车安全和运行效率，属于核心业务，因此，为确保 CBTC 无线业务的可靠传输，车地无线通信网络采用独立的双网冗余架构，两张网均同时传输 CBTC 业务。而 PIS + CCTV 业务属于非核心业务，因此，仅在一个单网内传输。无线网络业务分担表如表 4 所示。

CBTC + PIS + CCTV 业务无线网络分担表　　表 4

具体业务	承载网络
CBTC	A 网 + B 网(同时)
CCTV	B 网
PIS	B 网

2.2.2　QoS 保障设计

利用 LTE 网络的 QoS 保障机制，根据传输业务的重要性，可以为 CTBC、PIS 和 CCTV 等业务分配各自的传输优先级，采用 E2E 的 QoS 方案(空口，传输等)在准入、拥塞等各场景充分保证 CTBC 业务的时延、丢包率和速率要求。CBTC + PIS + CCTV 业务的 QoS 优先级如表 5 所示。

CBTC + PIS + CCTV 业务的 QoS 优先级　　表 5

业务类型	具体业务	QoS 优先级
实时安全数据	CBTC	1
实时非安全数据	CCTV	2
实时非安全数据	PIS	3

2.2.3　综合承载带宽设计

通过对车地无线通信业务的带宽分析可知，CBTC 系统业务带宽需求上、下行分别为 1M，总计为 2M，考虑到在一个覆盖区内可能存在两列车的情况，因此，A 网 CBTC 业务的设计带宽为 5M；CBTC + CCTV +

PIS 的总带宽约为 14M，B 网设计带宽为 15M。各业务综合承载带宽分配表如表 6 所示。

综合承载带宽分配表 表 6

网络	带宽	业务
A 网	5MHZ	CBTC
B 网	15MHZ	CBTC + CCTV + PIS

2.3 专用无线频段设计

根据工业与信息化部发布无[2015]65 号文件“关于重新发布 1785-1805MHz 频段(图中行业频段)无线接入系统频率使用事宜的通知”,该文件明确指出城市轨道交通行业专用通信可以使用该频段,解决了城市轨道交通车地通信迫切需要专用频率问题。无线频谱分析如图 6 所示。

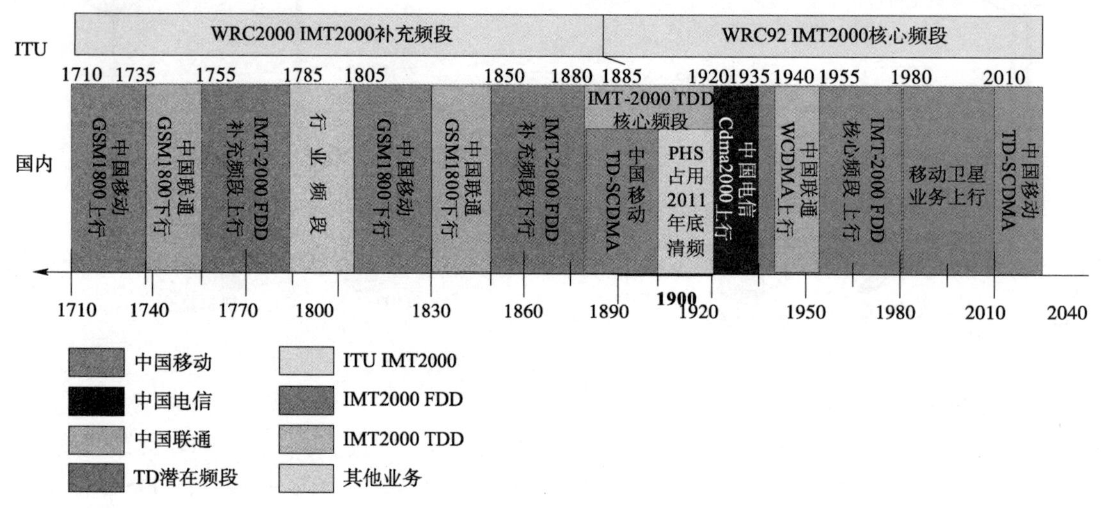

图 6　无线频谱分析图

主要无线技术参数如下：

(1)频率范围:1785 ~ 1805MHz;

(2)双工方式:时分双工(TDD);

(3)信道带宽:250kHz、500kHz、1MHz、1.4MHz、3MHz、5MHz、10MHz。

由上述得知,1785 ~ 1805MHz 频段为行业无线频段,可以应用于城市轨道交通车地无线通信系统,因此,从根本上避免了无线干扰问题。其中 1.4MHz、3MHz、5MHz、10MHz 为 LTE 技术的带宽,结合时分双工方式,明确了该频段可以采用 TD-LTE 技术。

2.4 有线传输网络设计

有线传输网络由骨干传输网络和轨旁接入网络组成,采用骨干传输环网下挂有线接入网的方式,无线基站、核心网设备通过接入交换机连接到传输设备上,相互通信。有线传输网络整体结构和 S1、X2 接口数据流向如图 7 所示。

由于有线网络技术成熟、可靠,因此这里不再赘述。

2.5 接口设计

车地带宽无线传输平台存在内部和外部接口,各系统接口示意图如图 8 所示。

由图中可看出,车地无线宽带系统内部及与外界主要有 7 个接口,各接口标准如表 7 所示。

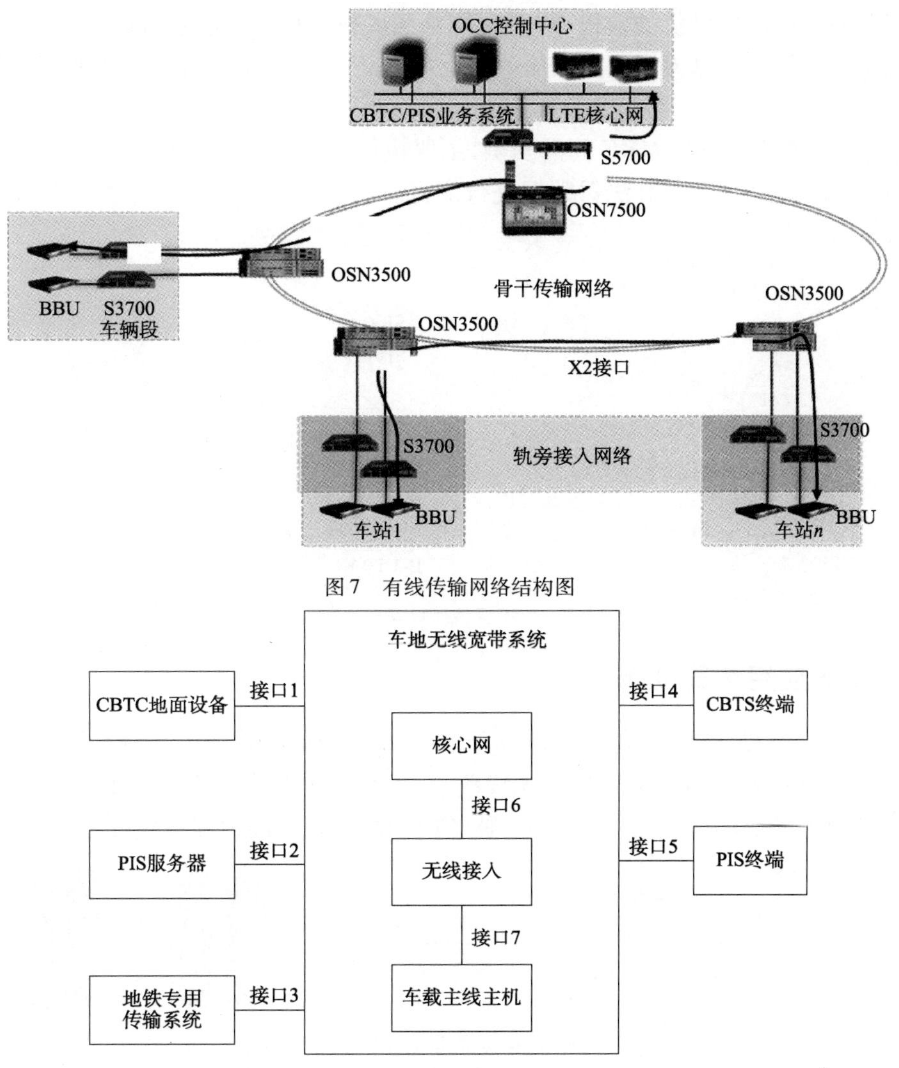

图7 有线传输网络结构图

图8 车地无线宽带系统接口示意图

接 口 描 述 表7

接口类别	接口编号	功能	协议/信令	接口类型
外部接口	接口1	无线宽带系统与CBTC系统接口，实现与CBTC系统的互通，由无线宽带系统的核心网与CBTC地面设备连接	IP	GE/FE
	接口2	无线宽带系统与PIS系统接口，实现与PIS系统的互通，由无线宽带系统的核心网与PIS服务器连接	IP	GE/FE
	接口3	无线宽带系统与地铁专业传输系统接口，实现与传输系统的互通	IP	GE/FE
	接口4	与车载控制器接口，实现数据互通	IP	FE
	接口5	与PIS控制器接口，实现数据互通	IP	FE
内部接口	接口6	接入网与核心网互通	S1	GE/FE
	接口7	无线空口，无线终端接入	Uu	空口

2.6 空中接口安全性设计

LTE无线通信系统采用三层安全机制，包括AKA（EPS鉴权和密钥协商）、接入层（AS）安全机制、非接入层（NAS）安全机制（图9）：

- 空口鉴权包括对 TAU 身份的鉴权、TAU 对网络的鉴权,具备双向鉴权能力。
- AS 安全是用户设备与基站之间的安全,主要执行 AS 信令的加密和完整性保护,用户平面数据的机密性保护。
- NAS 的安全是用户设备与 MME 间的安全,主要执行 NAS 信令的机密性和完整性保护。
- 支持采用 128 位 ZUC 加密算法对数据进行加密。

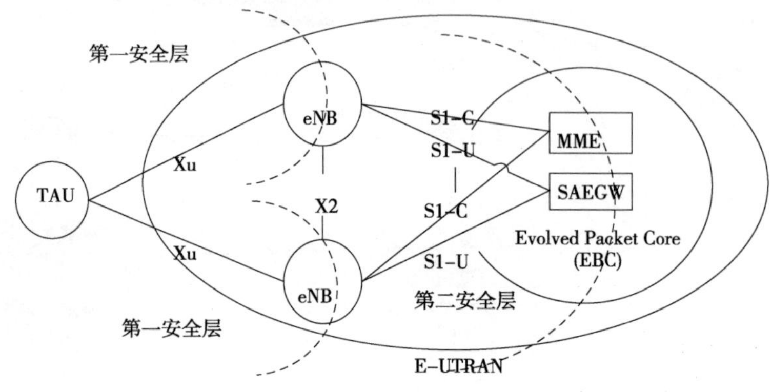

图 9　LTE 无线接口安全示意图

2.7　无线覆盖应用场景设计

城市轨道交通建设有处于地下、高架或者地下、地上相结合的结构方式,因此,根据不同的地理环境,隧道内采用相关组件连接泄漏电缆方式进行无线覆盖,无线覆盖距离在 1.2km 以上;高架段或地上段采用定向天线进行无线覆盖,小区半径约为 3km。隧道内和高架段无线覆盖方式如图 10 和图 11 所示。

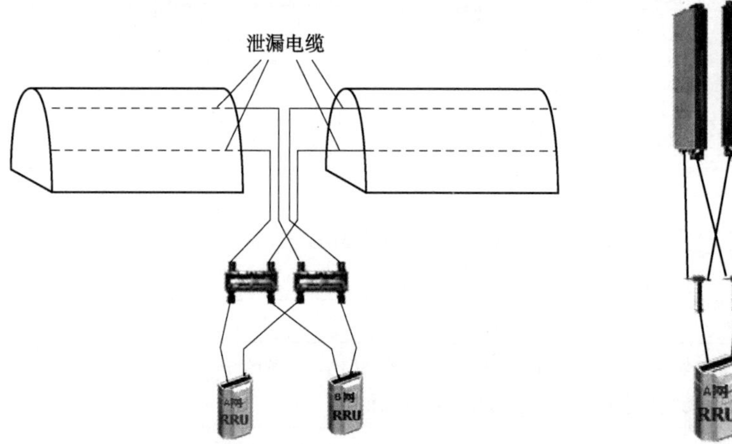

图 10　隧道内无线覆盖方式示意图

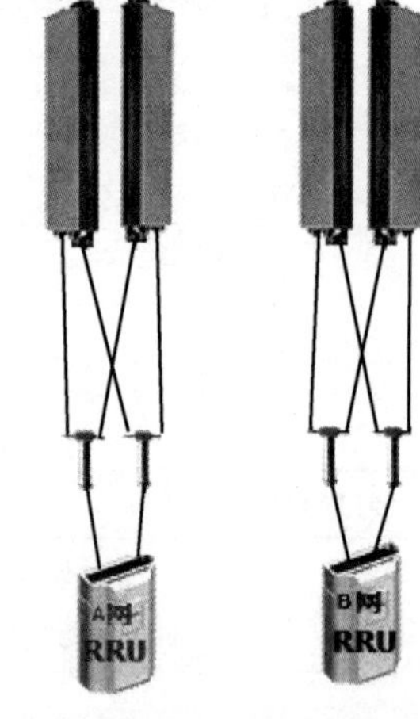

图 11　高架段无线覆盖方式示意图

2.8　总体方案优势

车地宽带无线综合承载平台设计方案具有如下优势:

◇ 标准化:车地无线宽带网络采用的 TD-LTE 系统,具有标准统一、协议公开,产业链完备,易实现互联互通的优点;

◇ 专用频段,抗干扰能力强:采用专用频段避免公众开放信号频段重叠,能抵抗 WiFi、蓝牙、公网、集群等外系统干扰,解决了当前 CBTC 系统车地无线通信易受外界干扰的问题;

◇ 设备少,易维护:LTE 采用扁平化组网方案,简化网络架构,减少网元数量;通过一张车地无线宽带网络融合传统的 CBTC、PIS 多张不同制式的车地网络,减少了设备数量,大幅降低维护工作量;单小区覆盖距离远,漫游切换少,无线业务传输可靠;

◇ 多网融合,资源共享:不同业务承载在同一张车地无线网络上,对不同业务应区分 QoS,业务之间既能保证逻辑隔离,又能共享网络基础资源,提高了资源利用率;

◇ 高速移动状态下大带宽:LTE 无线通信技术有效纠正快速移动下的多普勒频偏,支持 120 km/h 以上高速移动,强力支撑城市轨道交通未来的速度演进;

◇ 双网负荷分担机制实现双网可以同时承载不同车载业务,同时利用双网频谱资源,相对于主备双网实现了频谱利用率翻番,并提高业务承载的健壮性。

结语

通过以上对基于 LTE 通信技术的车地带宽无线综合承载平台的分析、应用研究和规划设计,所得结论如下:

(1)应用 TD-LTE 车地带宽无线综合承载平台可大大增强抗干扰性、提高系统可靠性和安全性,客服了目前车地无线通信网络存在的问题;

(2)利用 TD-LTE 无线通信技术,可建立车地无线宽带多业务综合承载平台,降低工程投资和维护成本并满足城市轨道交通技术先进性的优势;

(3)符合未来城市轨道交通快速化、高度集成化和智能化的技术应用发展方向。

参考文献

[1] 工业和信息化部:工信部无[2015]65 号:关于重新发布 1785 ~ 1805MHz 频段无线接入系统频率使用适宜的通知

[2] 中国城市轨道交通协会:中城轨[2015]008 号:关于转发工信部 1785 ~ 1805MHz 频段使用事宜通知及有关落实工作的意见

[3] 单瑛. LTE 技术在城市轨道交通车-地无线通信中的应用探讨[M]. 北京:中国信息化, 2014. 54-55

[4] 许昆. LTE 技术在城市轨道交通车地无线通信系统中的应用[J]. 北京:数字技术与应用,2012. 33-35

[5] 李新. TD-LTE 无线网络覆盖特性浅析. 北京:电信科学,2009 年第 1 期,43-47.

[6] 张定铭. 轨道交通车地宽带无线通信系统研究[J]. 北京:信息通信,2014. 168-169

基于"互联网+"的高速公路信息化服务与探索

陈志旋[1,2]
(1. 中交资产管理有限公司;2. 佛山广明高速公路有限公司)

摘　要:本文以高速公路联网为背景,提出发展建设高速公路联网 ETC 系统大数据挖掘的综合应用的初步设想方案,进一步加速高速公路信息化服务的发展,提高收费效率、为路段业主、服务商提供精确的决策支持及数据分析,同时增强公众出行服务能力。

关键词:互联网+;高速公路;信息化;ETC;移动支付

1　ETC 发展现状

目前,全国 22 个联网省市已累计新建和改造 ETC 收费站约 6800 个,ETC 车道超过 1 万条,广东省高速公路已开通的 ETC 车道数为 1325 条,主线收费站 ETC 覆盖率达到 100%,匝道收费站 ETC 覆盖率将不低于 90%。

全国约 2000 万 ETC 用户,据广东联合电子服务股份有限公司统计,广东省客车 ETC 使用率已达到 28.02%。

1 条新型 ETC 车道的通行能力几乎等同于 4 条 MTC 车道的通行能力, ETC 的出现,有效地提高了收费车道的车辆通行能力、加快了收费速度、提高了通行便利性、减少了刹车时造成的尾气污染、改变了付费方式、大幅度减少人力以及物力的投入和耗费。

2015 年 7 月,国务院印发了《关于积极推进"互联网+"行动的指导意见》,其中的重点行动之一是建设"互联网+"便捷交通。作为信息化应用的重要领域,ETC 系统是"互联网+"的一个重要相关项目,已经成为中国高速公路行业运营管理发展的一个新的里程碑式的事件。

2　高速公路数据利用价值

从大数据技术发展来看,我国大数据产业已相对成熟。如今在社会经济不断发展过程中,高速公路随之出现了诸多的数据,数据种类、数量都呈跨越式增长的趋势,在较大程度上增加了存储成本、运用成本和查询成本等。

大部分高速公路运营单位无法有效的应用数据,数据不能够丢弃,但是数据的应用价值也无法产生。通过分析处理高速公路大数据,可以促使运营单位数据综合应用能力得到提高,数据得到有效应用,借助于这些数据,来做出更加科学的决策。具体来讲,在大数据背景下,分析高速公路收费系统数据,可以更加有效的开展路况管理工作,通过分析处理大数据,对数据处理模式进行优化和创新,对数据自动分析处理模型进行构建,将数据分析的预警功能给充分发挥出来,还可以应用于开发和扩展更高层次的创新应用上,创造更大的商业价值。

3　移动支付

当前,我国的高速公路收费正在逐步应用非现金支付方式,比如目前加大推广力度使用的 ETC 系统。非现金方式支付通行费可以节省支付时间,流程简化,提高收费的效率,但目前对于没有 OBU 设备的用户来说,现金支付方式在“互联网 +”的时代显得技术滞后,而移动支付,则是对 ETC 系统的有效补充。

移动支付大致可分为以下几种方案,文本仅对以下方案进行简单描述,不进行深入讨论:

3.1 RFID 近距离支付方案

RFID 技术对设备、SIM 卡等均有不同的要求。该技术主要有 RFSIM/UIM 卡、NFC、e-NFC 和双界面卡 SIMPass 这四种方案,利用无线射频方式进行非接触双向通信,对达到技术要求的手机上进行自动扣费。

3.2 在线预支付方案

车辆出收费站前任意时间均可进行预支付,例如,在服务区休息时,在 APP 上填写通行卡卡号、车牌号、入口信息、出口站等信息后,通过专用的 APP 或三方支付平台进行付款 ,在出口收费站上交复合卡 ,收费员刷卡后,验证预支付订单信息,确认已缴费后抬杆放行车辆。

3.3 扫码支付方案

车辆在出口时,收费员刷通行卡后,自动生成二维码供车主扫描支付,车主通过专用的 App 对二维码进行扫描,App 或三方支付工具校验本次支付安全性,并对已绑定的支付卡进行免密支付 ,收费员验证已缴费后抬杆放行车辆。

4 高速公路信息化服务平台

面对“互联网 +”的新趋势以及数据利用率低下的问题,本文提出了“互联网 +”与 ETC 结合的概念,通过现有的资源和已有的技术,开发并利用高速公路信息化服务平台挖掘更高的数据价值,提供综合性的客户服务,为业主和服务商提供数据分析、信息推送的平台,创造更多的商业机会。

4.1 数据的采集、建模与分析

“互联网 +”时代,也是大数据崛起时代,随着交通建设网路的不断完善,产生数据越来越多,类别越来越杂。针对业主和服务商提出的问题和研究,整合各个交通机构有潜在价值的数据,建立各种各样的模型,可以对数据进行深度挖掘分析,得出新的结论并加以利用。

4.2 数据的应用

4.2.1 建立和健全车主档案

健全车主档案,对“互联网 +”的应用与发展非常重要,在交通局、各营运中心的许可下,对车主的各种信息进行采集并建立数据库,后台工作人员根据不同的权限可以查看到车主的相应信息,车主档案在信息查找、追踪车辆、打击逃费车流、提供信息化服务、动态信息推送、其他定制需求的方面都提供了很大的便利性。

4.2.2 将车主按需分类

建立数据模型,结合车主档案给车主进行分类,对数据进行分析,例如可分为营运车、本境行驶较多的车、出入境行驶较多的车、经常景点游玩的车等,通过分类给车主附上特征值写进车主档案,便于更多的分析数据、服务车主、推送信息等服务。

4.2.3 信息采集、服务和信息推送

在“互联网 +”的背景下,“车联网”是一个必要条件,第一要有终端设备(如手机、IPAD、OBU 等),第

二要设备联网通信,第三要有联网后的应用,因此,需要开发“高速公路信息服务平台App”,可以在“广东高速通App”的基础上进行改良,为车主提供各种服务内容,为业主和服务商推送信息,为业主和服务商定制个性化建模分析,该平台同时也是数据获取和增值服务扩展的重要渠道。

(1)信息采集与分析

①信息采集:通过App采集更多用户信息、行车记录等信息,还可以采集到非ETC用户的行车信息,完善平台的车主档案,这些数据均可以用做其他方面的研究与分析。

②数据分析:各大业主及服务商,根据不同的需求,建立不同模型,对数据进行深入的分析,得出一些想要的最新的预测或结论。

③研究:交通信息数据库的形成与日渐完善,为科研人员对交通行业进行科学研究提供了极大的便利性。

(2)服务

App为客户提供一下服务:

①路况查询与路线查询:与目前的地图软件一样,属于App的基础功能。

②服务区查询:根据定位信息,优先查询附近的服务区,或自主查询。

③非现金支付:提供移动支付的功能。

④粤通卡服务:集成粤通卡、电子标签的在线办理、充值、查账、咨询、投诉等一站式服务。

⑤交通服务黄页:根据定位信息,优先查询附近路段相关的咨询、投诉、拖车、报警等服务热线,或自主查询。

⑥其他服务

(3)信息推送

业主和服务商可以通过平台,向不同的客户主动推送各种信息。

①路线推送:根据车主的相关行车记录模型,筛选需要推送的车主分类群体,主动推送更合适的路线,达到引车上路的效果。

②ETC推送:根据模型分析非ETC用户,向其推送ETC推广信息,让更多的用户使用ETC。

③景点推送:根据车主的相关行车记录模型,筛选向常去旅游或者常走某路段的车主,推送景点活动和路线的信息,吸引更多的车主。

④新闻动态推送:推送最新的政策资讯、路网资讯、路段重大新闻等信息。

⑤其他信息推送

结语

面对高速公路大量数据利用率较低、价值无法得到更好的体现的一系列问题,本文用“互联网+”的思维方式,初步探讨了ETC系统发展的增值应用的几种方案,提出了建立信息服务平台的方式,以及浅谈移动支付的方式,目的在于加快高速公路信息化的脚步,更好的服务广大高速用户,同时给各大业主和服务商提供更多的高效数据分析与推送方式。

参考文献

[1] 刘鹏. 简析高速公路etc电子收费系统的优势以及发展前景[J]. 商业文化,2015(15)

[2] 杨仁怀,郎川萍,刘文美. 高速公路大数据处理现状与挑战[J]. 计算机系统应用,2014(9)

[3] 金宗泽,冯亚丽,纪博,等. 大数据分析中的关联挖掘[J]. 计算机与数字工程,2014(10)

[4] 马鹏. 大数据背景下的高速公路收费系统数据研究[J]. 经营管理者,2015(17)

[5] 王元卓,靳小龙,程学旗. 网络大数据:现状与展望[J].计算机学报,2013(6)

[6] 卢晓煜. 手机支付在高速公路收费中的应用方案[J]. 公路交通科技,2012(S1)

基于 BIM 技术的高桩码头设计模式探索

陆晶晶 刘社豪 韩 钢
(中交第三航务工程勘察设计有限公司,上海,200032)

摘 要:本文以相对比较成熟的 BIM(Building Information Modeling)在建筑工程方面的应用为参考,将 BIM 技术的基本理念应用于水运工程高桩码头结构的设计中。本文提出了高桩码头 BIM 设计技术路线,并以某高桩码头初步设计阶段为依托,对 BIM 技术在高桩码头设计中各个专业的应用模式进行了详细的探讨,并给出了一套完整的解决方案,为高桩码头从传统的二维设计向三维设计转变提供了可能,以期为类似工程的 BIM 设计提供一定的参考。

关键词:BIM;高桩码头;设计模式

BIM 是建筑信息模型(Building Information Modeling)的缩写,以三维数字技术为基础,集成了建筑工程项目各种相关信息的工程数据模型。BIM 作为一种全新的理念和技术,不同类型的工程项目都可以在 BIM 平台找到自己亟待解决问题的方法[1]。

目前建筑工程方面,BIM 在欧美、新加坡、日本等发达国家已经得到了普遍的应用,国内 BIM 应用虽然起步相对较晚,但亦初见成效,在北京奥运会水立方、上海中心大厦、上海迪斯尼乐园等大型项目中都得到了深入地应用,在国家"十三五"建筑信息化发展纲要中亦将 BIM 技术纳入了研究内容。

然而,在水运等交通工程领域,目前国内 BIM 应用尚处于起步阶段。近年来,我国水运行业走向世界的同时凸显了技术和管理水平的不足,项目的复杂性不断增加,对设计水平的要求越来越高,传统二维设计模式的局限性不断放大。BIM 技术的全面应用必将对水运行业的进步产生无可估量的影响[2]。本文以高桩码头为代表,探索了 BIM 技术在其设计过程中的应用模式,以期为类似水运工程的设计提供一定的参考。

1 BIM 相关概念

1.1 BIM 基本理念

目前 CAD 二维设计只能提供单一图纸的设计交付,而 BIM 技术则提供全生命周期支持。BIM 不仅可以提供形象可视的二维和三维图纸,而且可以提供工程量清单、施工管理、虚拟建造、造价估算等更加丰富的信息。它所提供的完整数据对建筑物全生命周期各个阶段的管理具有重要意义,同时也避免了建筑信息的流失,便于工程项目各个部门的相互沟通,协同工作。

因此,BIM 不仅仅是包含建筑信息的模型,而且是围绕其包含的强大、完善的工程信息,形成工程建设行业设计、管理和运营的一套方法。其基本理念是建立涵盖工程全生命周期的信息库,实现各个阶段、不同专业之间的信息集成和共享[3]。

1.2 水运工程 BIM 特点

相对于常规的建筑工程,水运工程相关专业除了结构、给排水、电气、暖通等,还涉及到水文、航道等专业,因此水运工程对各专业的配合、协同要求往往比较高[3]。参考国内外诸多学者对 BIM 的定义,水运工程 BIM 模型应具备的特点概述如下：

(1)通用性：由于水运工程专业类型复杂，其 BIM 技术的应用并非单一软件平台可以解决，不同软件建立的 BIM 模型包含的所有工程信息需实现各软件之间的无损交互。

(2)真实性：BIM 模型相关构件均需依据实际尺度、属性建立，为工程量统计、施工统筹等提供可靠依据。

(3)协同性：所有相关专业建立的 BIM 模型需具备实时信息传递、碰撞检测、协同优化等功能。

(4)可操作性：BIM 模型建立、维护、信息附加应符合各专业习惯，方便、快捷、易读，为水运工程各个阶段相关功能的实现提供可靠的信息支撑。

2 高桩码头 BIM 设计技术路线

2.1 BIM 设计相关软件

高桩码头是水运工程中最常见的工程类型之一，是淤泥质海岸及河口地区普遍采用的一种码头结构形式。由于相关专业设计内容不同，所需的 BIM 系列软件亦不同，主要可分为如下五类：

(1) Autodesk Revit：用于水工结构、给排水等需要对实体构件进行 BIM 建模的专业。

(2) Autodesk Civil 3D：用于总平面布置、道路、堆场等地形平面相关 BIM 建模的专业。

(3) Autodesk Navisworks：用于管线综合、施工模拟等。

(4) Autodesk Infraworks(AIW)：用于总体 BIM 模型汇总、规划阶段快速演示等。

(5)探索者三维设计协同管理平台：用于工程项目所有专业设计文件的管理、协同。

2.2 技术路线

本文基于 BIM 技术的特点以及高桩码头传统二维设计关键点，提出了高桩码头 BIM 设计技术路线[4][5](图 1)：

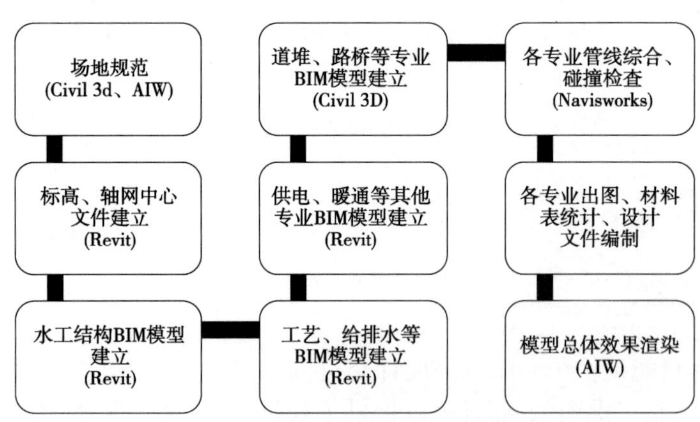

图 1 高桩码头设计技术路线

3 工程应用实例

3.1 工程概况

宁波港某 5 万吨级油品码头采用高桩梁板结构，主要进行重质原油、汽柴油的装卸船和燃料油的装船。具体设计内容包括总体平面布置、自然条件、装卸工艺、水工建筑物、生产与辅助建筑物、供电与照明、通信与控制、给排水、消防、暖通、环保等专业。

码头采用“一大兼两小”方案，设计船型为 1000 ~ 50000 吨级油船，当不靠泊大船时可以满足 2 艘 5000 吨级船舶同时靠泊作业。码头由 1 座工作平台和 4 座系缆墩构成，系缆墩和工作平台之间通过人行便桥联系，码头通过引桥与后方陆域联系，平面布置图如图 2 所示。

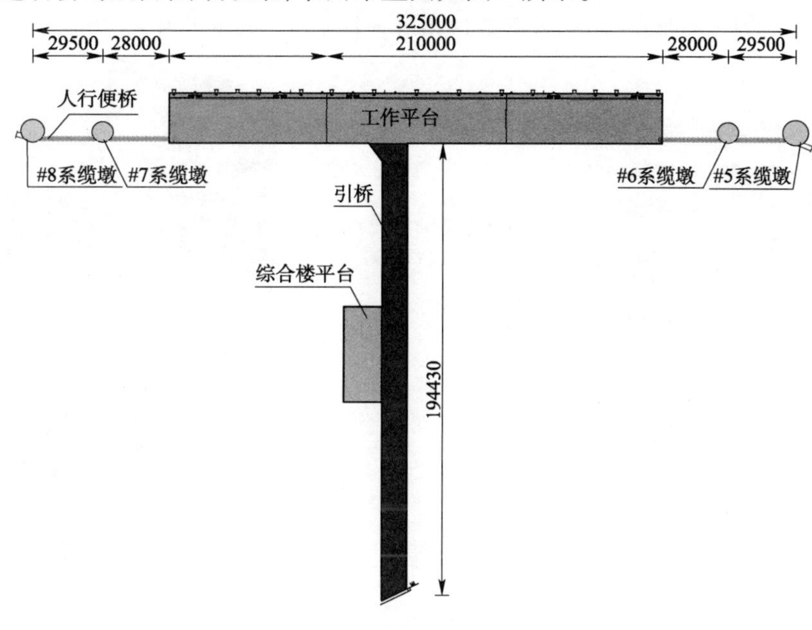

图 2　某高桩码头平面图

3.2　BIM 模型建立

本文以宁波港某油品码头初步设计阶段为背景，选取高桩码头设计几个典型专业的 BIM 设计方法进行探讨。

(1)总图

总图是高桩码头设计必不可少的专业之一，其设计内容主要包括平面规划布置、设计标高和基准点确定等。总图专业的 BIM 建模主要选用 Autodesk Civil 3D，该软件广泛应用于勘察测绘、岩土工程、交通运输、城市规划和总图设计等众多领域。

高桩码头的设计通常从总图专业开始，首先利用 Civil 3D 依据勘察资料建立工程所在区域的三维数字地形 BIM 模型，其中曲面所有要素的坐标等信息均与真实场地相同。在原始地形曲面的基础上，根据规划布置对相关场地进行平整处理(图 3)。港区后方陆域平面布置主要借助软件的规划模块进行设计(图 4)，所有相关的道路、管线等均按照设计标高和型号建模。

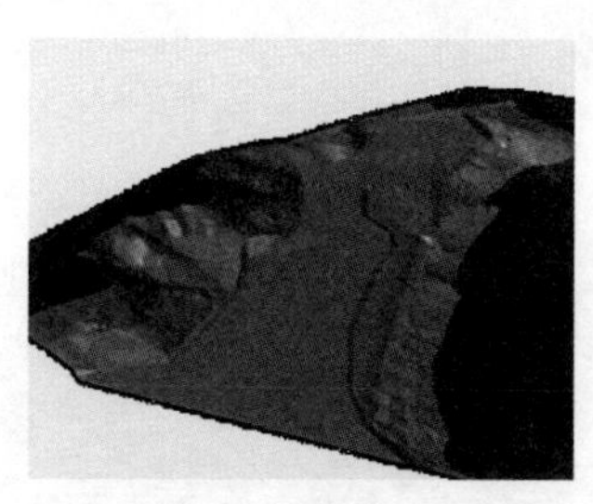

图 3　某高桩码头场地 BIM 模型

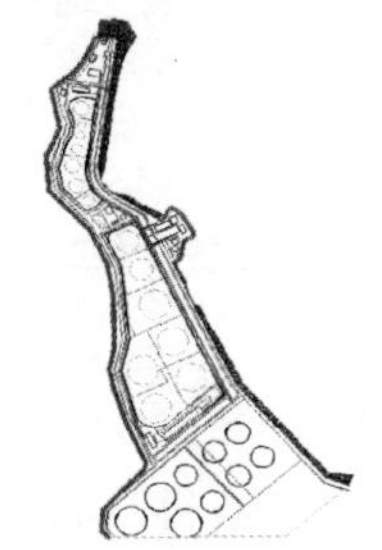

图 4　某高桩码头陆域规划

(2)水工结构

水工结构专业主要负责高桩码头主体结构的设计，设计内容包括高桩码头结构所有相关实体构件。水工结构专业的 BIM 建模主要选用 Autodesk Revit。Revit 系列工具是以 BIM 为核心的三维设计工具，除了可以建立结构真实的三维 BIM 模型外，还可以在 Revit 中生成图纸、工程量清单等信息，具有易读易改、实时关联等特点。

高桩码头水工专业 BIM 设计的主要工作包括创建码头框架、轴网、添加实体构件、构件明细表统计、出图等。其中所有的实体构件不仅仅包含三维尺寸信息，还包含其型号、材料等设计参数，如图 5 所示，并可以根据不同的施工阶段区别显示，从而直观地指导实际施工，如图 6 和图 7 所示。

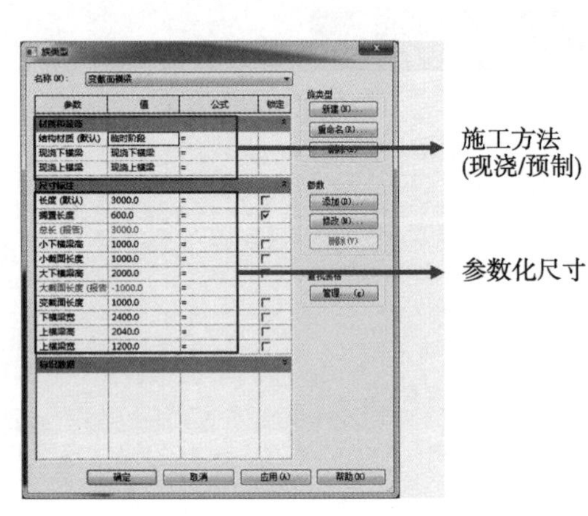

图 5　某高桩码头横梁 BIM 模型参数

图 6　某高桩码头施工期面板示意图

图 7　某高桩码头使用期面板示意图

(3)给排水、油工艺等

高桩码头由于其使用及功能的需求，给排水、油工艺、供电等专业都涉及到各自管线的设计。不同于普通的民用建筑，高桩码头结构尺度有限，在传统的二维设计模式下，各专业的管线常常会发生碰撞、交叉等难以协调的问题，BIM 协同设计的模式为此类管线综合问题提供了很好的解决方法。

管架的绘制可选用 AutoCAD Revit、AutoCAD Plant 3d 等，碰撞检查可选用 Autodesk Navisworks。由于某码头管道设计需考虑焊道生成，管道切割等，本文管架绘制选用 Plant 3d 软件，该软件集成了绘制 ISO 图(立体配管图)的功能，便于材料统计和指导现场施工，完成碰撞检查的管线综合图如图 8 和图 9 所示。

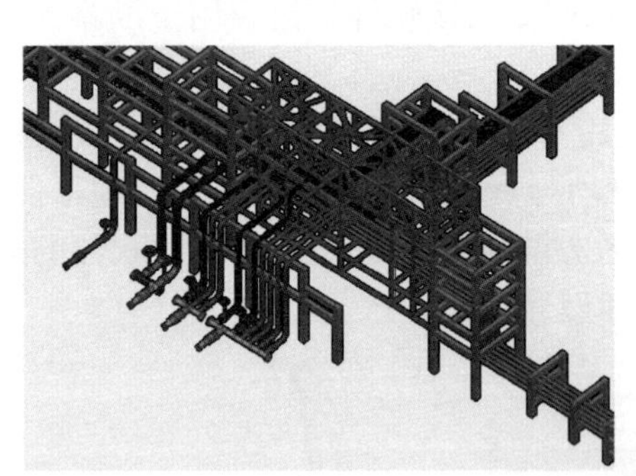

图 8　某码头管线布置 BIM 模型

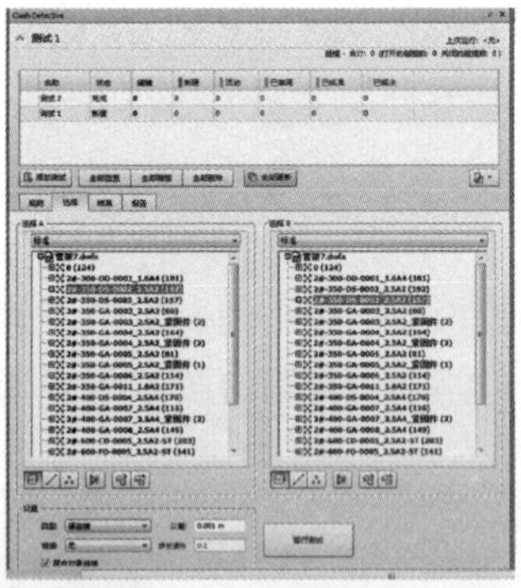

图 9　某码头管线碰撞检查结果

(4)BIM 模型汇总

由上可知，各专业的 BIM 模型均可以直观地体现各专业的设计内容，考虑到项目从规划到实施过程中，往往需要对建成以后的总体效果进行汇报演示，本文选用 Autodesk Infraworks 对各专业 BIM 设计文件进行汇总。AIW 可以通过仿真和可视化操作，在现有环境中更准确地展示设计方案，某高桩码头总体 BIM 设计效果展示如图 10 所示。

图 10　某高桩码头 BIM 设计效果图

结语

本文参考相对比较成熟的BIM在建筑工程方面的应用,提出了高桩码头BIM设计的技术路线,并以某高桩码头初步设计阶段为依托,对BIM技术在高桩码头设计各个专业的应用进行了详细的探讨,给出了高桩码头从传统的二维设计向三维设计转变的可能性,本文主要在以下三个方面取得了突破:

(1)通过对BIM基本理念的研究,为基于BIM技术的高桩码头设计模式的探索奠定了坚实的理论基础。

(2)充分利用BIM技术参数化、可视化、协同性等特点,提升了高桩码头设计阶段的精度和深度,优化了传统的设计工作模式。

(3)以Autodesk BIM系列软件为技术支持,根据高桩码头工程的特点,为各专业从模型建立、工程量统计、二维出图等方面提出了一套完整的BIM设计技术路线和解决方法,为高桩码头BIM技术应用的推广提供了有力的技术保障。

BIM作为一种新兴的技术,虽然在很多大型工程中都得到了一定的应用,并取得了可喜的成绩,但其在设计质量控制、成果交付、施工联系等方面依然面临着二维设计传统的挑战,尚未形成完善的设计标准体系。然而,BIM巨大的技术优势,必将为工程建设领域带来一次全新的技术革命。随着BIM技术应用研究的不断深入,BIM必将取代传统的设计方法,只有掌握了BIM技术的设计企业才能在激烈的市场竞争中站稳脚跟[6]。

参考文献

[1] 何清华,钱丽丽,段运峰,等.BIM在国内外应用的现状及障碍研究[J],工程管理学报,2012 26(1):12-16

[2] 武婕,吴国松.关于BIM对促进水运行业发展的进一步思考[J],中国水运,2012 14(6):80-81

[3] 王学锋,吴鹏程,赵渊,等.基于BIM+理论的船闸工程建设新模式[J],水运工程,2015 12:123-127

[4] 张建平,李丁,林佳瑞,等. BIM在工程施工中的应用[J],施工技术,2012 41(371):10-17

[5] 李君君,李俊松,王海彦. 基于BIM理念的铁路隧道三维设计技术研究[J],现代隧道技术,2016 53(1):6-10

[6] 钱枫.桥梁工程BIM技术应用研究[J],铁道标准设计,2015 59(12):50-52

基于BIM技术的悬挑脚手架工程研究与分析

吴雨田
(中交第四公路工程局有限公司,北京,100022)

摘　要:伴随着BIM技术在中国建筑行业的不断深入,基于BIM技术的工程设计、施工过程控制及施工运营维护管理等的发展都愈发成熟,因此BIM技术在施工企业建设过程中的应用显得越来越重要。本文运用基于BIM技术的品茗脚手架工程设计软件进行了实际工程的设计,分析了BIM技术在建筑脚手架工程方面的优势及应用前景。

关键词:BIM技术;脚手架工程;建筑施工

引言

BIM(建筑信息模型)是以建筑工程项目的各项相关信息数据作为模型的基础,进行建筑模型的建立,通过数字信息仿真模拟建筑物所具有的真实信息。它具有可视化,协调性,模拟性,优化性和可出图性五大特点。

BIM技术在工程的各个阶段都发挥着很大的作用。在设计阶段,能够实现三维设计,根据3D模型自动生成各种图形及文档,且始终与模型想关联,并能实现各专业间的协同工作。在施工阶段,利用BIM技术进行虚拟建造、维护及管理,实现建设项目施工阶段工程进度、人力、材料、设备、成本和场地布置的动态集成管理及施工过程的可视化管理。这些都是传统方法所不具备的优势。

本文以董湖群生新社区住宅项目为例,介绍BIM技术在型钢悬挑外脚手架设计及施工过程中的应用。

1　现状分析

目前大部分悬挑脚手架的设计都是采用AutoCAD软件进行绘图。在标准层施工平面图的基础上逐根进行悬挑工字钢的布置,绘图过程繁琐,费时费力。在初次绘制完成后,需对各个部位分别进行安全计算,计算时又要在安全计算软件上重新建立模型,由于二维模型与安全软件间不具备关联性,所以需反复修改模型及数据,直至计算结果符合要求,这将产生大量重复性的工作,大大降低了工作效率。并且在绘图完成后,二维图形无法直观的反映脚手架与主体之间的关系、工字钢的主次梁交接关系等,往往在实际施工过程中难以达到预期的设计要求,这也降低了脚手架的安全性。在初期的成本控制上,由于采用人工计算,将导致材料预测不准确,可能出现材料短缺或过剩的情况,不利于工程的成本控制。传统设计流程如图1所示。

2　基于BIM技术的悬挑脚手架设计工程案例

2.1　工程概况

董湖群生新社区项目位于孝感市东城新区,总建筑面积366701.77m^2,共17栋楼,最高建筑物高度为 100.5m。

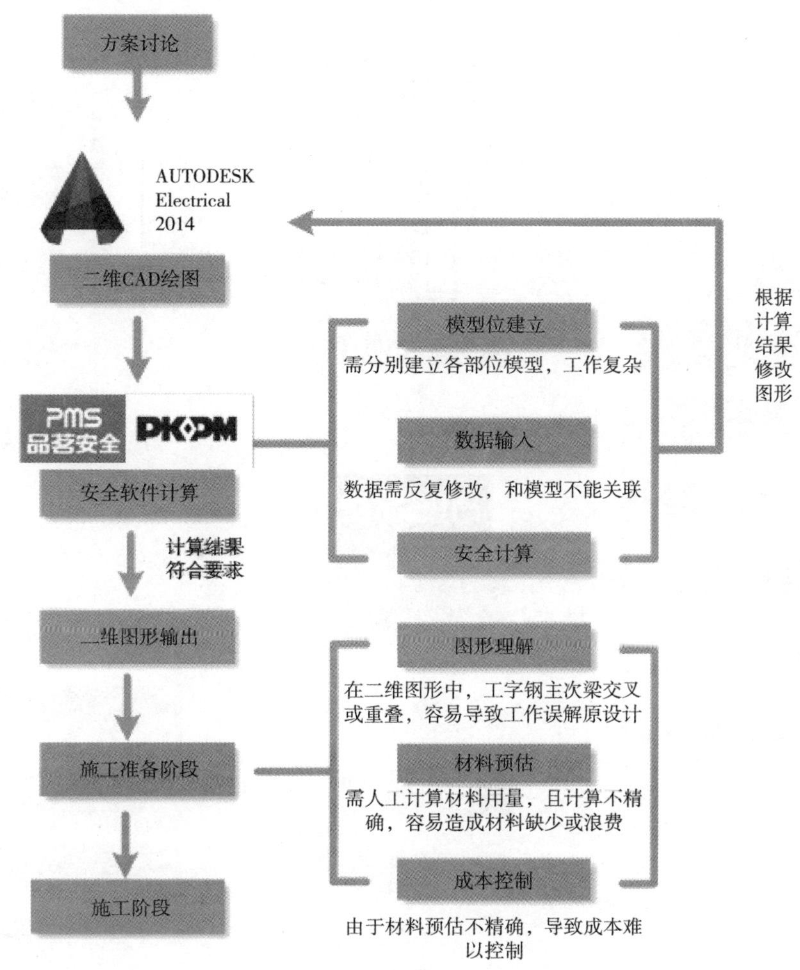

图 1　传统悬挑脚手架设计流程图

工程考虑到施工工期、质量和安全要求，结合脚手架设计原则，同时兼顾该工程的实际情况，综合考虑了以往的施工经验，决定所有主楼从 4 层开始采用型钢悬挑脚手架。每隔六层为一个悬挑层，最大悬挑高度为 19.3m。

2.2 设计流程

在确定外脚手架的搭设形式及分段情况后，即可进入建筑三维模型的建立，三维模型建立的方式有多种，一般采用智能快速建模软件进行建模，这样可以大大节省建模时间，智能建模完成后需大致检查生成的模型是否有误，并进行相应调整。三维模型建立完成后便可将模型文件移至品茗脚手架工程设计软件进行脚手架的布置，在该软件中所有关于脚手架的构造要求及安全参数均可进行设置，软件可根据设置结果智能布置悬挑工字钢、生成脚手架及其他附属构件（如连墙件、剪刀撑、挡脚板等）并自动计算脚手架的安全性。如对局部设置不满意，可人为进行修改，修改后软件将再次进行计算，所有设置的参数均可与模型自动对应，较传统方法省去了很多重复性步骤，之后我们可导出各层平面图、工字钢布置图、整栋楼立面图及各部位节点详图等。在脚手架软件生成的模型我们可以导入 Revit 进行结构的碰撞检查，三维效果图的制作及展示，并可进一步导入至 Navisworks 进行施工模拟，工程进度控制，施工漫游动画生成等。设计流程如图 2 所示。

2.3 通过软件智能转换图纸快速建模

通过软件智能识别转换结构施工图进行快速建模，三维模型可以直观的反映建筑物各结构间的关系，在建筑物模型建立的过程中我们可以提早发现二维 CAD 图纸中存在的问题，并及时与设计院进行协调沟通，以节约时间及成本，如图 3 所示。

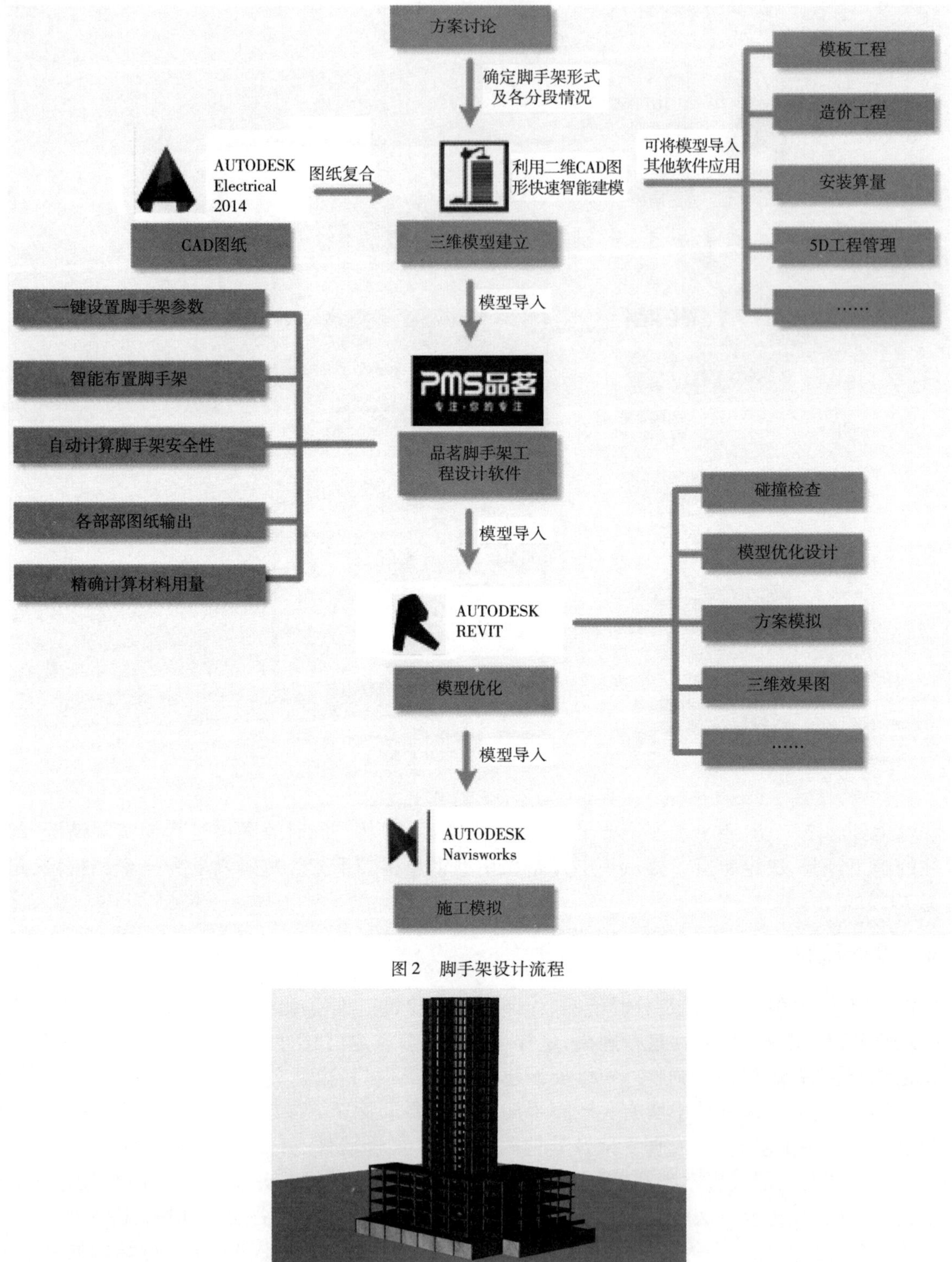

图 2 脚手架设计流程

图 3 整体三维模型图

2.4 软件智能布置悬挑工字钢

在软件中设置所有关于脚手架的构造参数后（如立杆间距范围、悬挑间距范围、步距、杆件材料等），软件能快速智能布置悬挑工字钢,如图 4 所示。

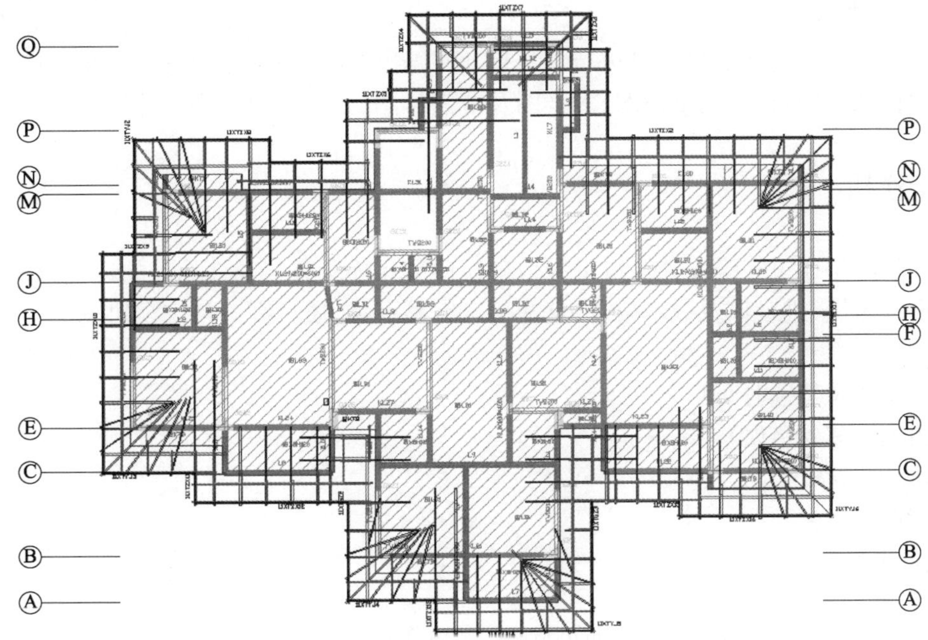

图 4　悬挑工字钢自动布置结果

2.5　整体脚手架模型生成及细部节点展示

工字钢及脚手架等设置完成后,即可进行剪刀撑、连墙件及各类围护构件的布置,只需设置各类构件的基本参数后便能直接生成,效果如图 5 和图 6 所示。

图 5　剪刀撑立面图

图 6　连墙件、脚手板及档脚板

至此脚手架的布置基本完成,整栋建筑外脚手架模型及三维漫游显示如图 7 和图 8 所示。

图 7　整体脚手架模型

图 8　三维漫游显示

2.6 图纸导出

所有脚手架布置并调整完成后便可进行施工图纸的导出，软件可以以 CAD 文件形式导出各楼层脚手架平面图及立面图，任意位置的剖面图、大样图及节点详图，并能生成脚手架计算书及方案等。

3 优势分析

BIM 系统其核心是通过三维设计获得工程信息模型和几乎所有与设计相关的设计数据，可以持续即时地提供项目设计范围、进度以及成本信息，这些信息完整可靠，质量高并且完全协调。通过工程信息模型可以使得：

◆ 出图速度加快（节省时间）
◆ 协调性加强（减少错误）
◆ 成本降低（节省资金）
◆ 生产效率提高
◆ 工作质量上升
◆ 沟通时间减少

在建设工程生命周期三个主要阶段（即设计、施工和管理）的每个阶段中，建设工程信息模型均允许访问以下完整的关键信息：

◆ 设计阶段—设计、进度以及预算信息
◆ 施工阶段—质量、进度以及成本信息
◆ 管理阶段—性能、使用情况以及财务信息

3.1 可视化程度分析

传统设计方法用点、线、符号等简单元素表示某元件的理念，为二维平面图形。脚手架轮廓线、工字钢主次梁只能靠颜色和粗细进行区分，有时线段交叉重叠区分起来很困难，施工时容易误解，可视化程度低，不利于工程进展。

在 BIM 建筑设计信息模型中，整个过程都是可视化的，在动工前预测建筑的性能，获得更直观的三维模型。经过整合的项目数据可提高时间和空间的协调利用率，甚至可在施工前确定设计中存在的问题与冲突。

3.2 成本预测

BIM 系统中包含可计算的建筑信息，借助这些信息，计算机会将模型作为建筑来对待。每一种材料都具备自己的属性以及在建筑中的相互关系。利用 BIM 软件能够根据每层或每一个悬挑分段准确的统计出钢管、扣件，脚手板及安全网等各类材料的工程量，能够帮助项目管理者有效的提高成本管控能力、合理的材料采购、施工进场安排，有利于保障工程进度及成本控制（图 9）。

3.3 施工进度控制

BIM 技术可以实施对所有参与方、所有专业的施工进程、计划实现集成化掌控，全方位、动态化地把握脚手架工程施工进度、对使用材料需求和供应商生产与配送情况，消除了施工与资源分配安排之间的矛盾和冲突，保证了多方希望的工期目标能实现，通过 BIM 技术将三维模型与施工进度结合，对工程进行模拟施工，对施工方案及施工进度进行分析优化，利用 BIM 技术辅助施工现场可以对脚手架及工字钢的布置等施工进行模拟建造，寻求最合理的施工方案，并能提前对施工过程中可能出现的问题进行预处理，利用 BIM 技术结合脚手架工程安排计划进行预演以提高复杂悬挑部位的可造性。工程管理者通过

BIM 技术能够直观的了解整个脚手架工程搭设的时间节点和搭设工序,提前掌控施工过程的注意要点,施工工人也能直观的看到每一个搭设细节,以提高工程的安全性和施工效率。

序号	构件信息	单位	工程量
1	⊟ 立杆	m	20404.46
1.1	⊞ 第1分段	m	5898
1.2	⊞ 第2分段	m	4077.44
1.3	⊞ 第3分段	m	4281.92
1.4	⊞ 第4分段	m	4367.12
1.5	⊞ 第5分段	m	1779.98
2	⊟ 水平杆	m	12784.325
2.1	⊞ 第1分段	m	4607.225
2.2	⊞ 第2分段	m	2395.5
2.3	⊞ 第3分段	m	2411.5
2.4	⊞ 第4分段	m	2419.5
2.5	⊞ 第5分段	m	950.6
3	⊞ 剪刀撑	m	5027.4
4	⊞ 脚手板	m2	1627.426
5	⊞ 挡脚板	m	2136.062
6	⊞ 安全网	m2	10814.916

图 9　工程量统计

3.4　施工安全控制

利用传统的设计方法,无法进行悬挑脚手架的整体性安全计算,不能及时发现设计过程中存在的缺陷以及施工时存在的安全隐患。

利用 BIM 技术,不仅可以对整栋建筑的所有脚手架进行综合安全计算,同时,利用 BIM 模型还可进行 3D 的可视化的安全审核,能够直观的了解脚手架方案的合理性及可实施性,及时对方案进行优化调整。在对工人进行技术及安全交底的过程中,通过 BIM 的三维模型显示技术,能够让工人更直观的理解交底的内容。利用模拟施工技术,能够提前预知施工过程中可能出现的安全问题及隐患,提前做好应对措施。利用 BIM 模型技术,针对不同施工阶段,将施工场地、材料堆场、施工通道、紧急疏散通道等进行动态的布置,形成三维立体的安全文明施工现场。以三维图片或动画漫游的方式进行现场的安全指导,让所有人员均能清晰地认识施工现场可能存在的安全隐患,保障施工现场的安全生产。

结语

基于 BIM 技术的外脚手架设计软件解决了脚手架工程设计过程中设计繁琐,计算复杂,算量困难及交底不明确等问题,大大提高了工程的应用效率及施工质量。BIM 技术的可视化,协调性,模拟性,优化性和可出图性等优点,为脚手架工程的发展提供了技术支持,也为施工管理过程中的成本控制提供了新的技术手段,同时,为脚手架工程的安全建设提供了可靠保证。

参考文献

[1] 孙文进,马显通. BIM 技术在模板工程中的应用[J]. 中国高新技术企业,2016(3):39-40

[2] 马智亮. BIM 技术及其在我国的应用问题和对策[J]. 中国建设信息,2010(4):12-15

基于 PTN 技术的蒙文砚高速公路综合接入网应用方案

罗小荣　梁创计

(中国公路工程咨询集团有限公司北京华景公司，北京，100078)

摘　要：本文首先分析了高速公路接入网承载的业务需求，然后通过对比目前高速公路接入网各通信技术的优点、缺点和各自的适用环境，最后以在建的云南省蒙文砚高速公路通信接入网应用为例，实现以 PTN 技术来构建路段通信接入网的应用方案。

关键词：综合接入网；SDH/MSTP；PTN(分组传送网)；双平面；交换机

随着高速公路信息化建设的发展，特别是高清视频监控系统的建设，传统以电路交换为核心的 SDH/MSTP 技术已经难以满足业务发展的需求。在这种背景下如何实现各种信息化业务的便捷接入、安全承载和可靠交互，更好的实现集约化和高效化的管理。这就迫切需要改变原有的网络设计思路，引入新的技术和产品来保障高速公路信息化建设的持续发展。

1　业务需求分析

我公司设计的云南省蒙自至文山至砚山高速公路(以下简称“蒙文砚项目”)为中国交建在建工程，蒙文砚项目全长 130km，设置 9 个收费站，高速公路综合接入网承载着监控图像、监控数据、收费图像、收费数据、语音交换、会议电视、通信电源等。

1.1　监控图像需求分析

随着视频监控系统的发展，全程监控和高清视频图像已经成为主流。蒙文砚项目按全程监控和高清视频进行监控点设置，外场监控图像通过工业级以太网交换机传输到附近的收费站，通过以太网方式接入到综合接入网，然后上传文山监控分中心。

蒙文砚项目全线道路视频共 117 路(112 路道路视频和 5 路自救匝道视频)，每路高清图像带宽为 8Mbit/s，需要占用综合接入网的总带宽需求为 117 × 8Mbit/s = 936Mbit/s。

1.2　监控数据需求分析

蒙文砚项目外场监控设备通过数据光端机传输到附近的收费站，通过以太网的方式接入到综合接入网，然后上传文山监控分中心。文山监控分中心需要和收费站之间共享一个 100Mbit/s 的带宽。

1.3　收费图像需求分析

蒙文砚项目收费监控图像(高清视频图像)通过工业级以太网交换机传输到收费站的综合接入网，每个收费站采用了“入、出口收费车道监视 + 入、出口收费亭监视 + 入、出口收费亭监听 + 收费广场监控 + 站内机房(设备室、电源室、财务室、票据室)监控”监视规模，全线 9 个收费站共上传 184 路收费视频，每路高清图像带宽为 8Mbit/s，需要占用综合接入网的总带宽需求为 184 × 8Mbit/s = 1472Mbit/s。

1.4 收费数据需求分析

每个收费站利用一条10M专用通道连接到文山收费分中心，则9个收费站总共需要占用综合接入网带宽为9×10Mbit/s=90Mbit/s。

1.5 语音交换数据需求分析

随着通信语音技术的发展，目前程控交换系统已经逐步被IP语音交换系统给替换。蒙文砚项目采用IP语音交换系统，每个收费站利用一条10M专用通道连接到文山通信分中心，则9个收费站语音交换数据总共需要占用综合接入网带宽为9×10Mbit/s=90Mbit/s。

1.6 通信电源数据需求分析

每个收费站利用一条10M专用通道把通信电源数据连接到文山通信分中心，则9个收费站通信电源数据总共需要占用综合接入网带宽为9×10Mbit/s=90Mbit/s。

1.7 会议电视数据需求分析

每个收费站利用一条100M专用通道把会议电视数据连接到文山通信分中心，则9个收费站会议电视数据总共需要占用综合接入网带宽为9×100Mbit/s=900Mbit/s。

综上所述，蒙文砚项目整个路段综合接入网业务带宽需求见表1。

表1

序号	监控图像	监控数据	收费图像	收费数据	语音交换	通信电源	会议电视	总计
收费站1	共享936M	共享100M	共享1472M	专线10M	专线10M	专线10M	专线100M	
收费站2	共享936M	共享100M	共享1472M	专线10M	专线10M	专线10M	专线100M	
收费站3	共享936M	共享100M	共享1472M	专线10M	专线10M	专线10M	专线100M	
收费站4	共享936M	共享100M	共享1472M	专线10M	专线10M	专线10M	专线100M	
收费站5	共享936M	共享100M	共享1472M	专线10M	专线10M	专线10M	专线100M	
收费站6	共享936M	共享100M	共享1472M	专线10M	专线10M	专线10M	专线100M	
收费站7	共享936M	共享100M	共享1472M	专线10M	专线10M	专线10M	专线100M	
收费站8	共享936M	共享100M	共享1472M	专线10M	专线10M	专线10M	专线100M	
收费站9	共享936M	共享100M	共享1472M	专线10M	专线10M	专线10M	专线100M	
合计	936M	100M	1472M	90M	90M	90M	900M	3678M

除了带宽需求外，对综合接入网还有如下要求：

(1)网络安全性和稳定性：由于收费系统的重要性不言而喻，所以要求综合接入网能够提供电信级的网络安全性和稳定性，能够给各种业务提供足够的网络传输保证，不会因为光缆线路故障、设备故障等各种因素导致网络中断。

(2)各个业务独立传输：综合接入网能够为各个业务提供独立的传输通道，能够使各个业务不会相互干扰，特别是对高优先级的收费业务不能够受到低优先级的业务的干扰和影响。

(3)网络带宽要求高：随着视频监控系统的高清化发展，带宽需求出现了爆炸性增长，要求综合接入网能够提供足够的传输带宽作为保证，至少需要2.5G的带宽需求，将来需要升级到10Gbit/s的容量。

(4)网络易于管理和维护：随着接入网络的不断扩大，接入设备的种类越来越多，因此要求建设的网络要易于管理和维护，要求实现网络的统一管理，网络管理功能需要完善，能够对网络、对业务进行实时监控和管理，尽可能的降低后期的运营成本。

(5)网络采用标准技术和产品：随着高速公路信息化建设的不断发展，新的应用和节点会不断出现，会不断对网络提出扩容的需求，因此需要建设的网络采用标准的技术和标准的产品，易于后期扩容和升级。

2 技术分析

早期的高速公路通信网业务主要为话音业务，业务带宽变化较小，对于可靠性要求较高，因此采用了 SDH/MSTP 技术，主要以刚性管道为主，IP 业务为辅。目前 SDH/MSTP 技术仍然被大多数高速公路本地接入网所采用，其接入网传输速率等级一般为 622M，业务主要为语音业务、收费数据、监控数据以及少量的视频数据。同时许多省份的骨干网也采用 SDH/MSTP 技术。

随着高速公路业务的增多，特别是以视频监控业务为主的 IP 业务量迅速增加，传统的 SDH/MSTP 网络已无法满足 IP 业务的灵活传输和大容量带宽和接口的要求，因此更适应 IP 业务传送的 PTN 技术逐步在高速公路中得到应用。例如在安徽、浙江、四川、江苏、云南有不少路段采用 PTN 技术构建了路段接入网。

针对高速公路对路段接入网提出的较高要求，需要为视频、数据、语音和管理等信息的传递提供安全、可靠、稳定的基础传输链路。目前高速公路综合接入网的通信技术主要有 SDH/MSTP、PTN、双平面、交换机等，各技术优缺点对比详见表 2。

高速公路综合接入网技术比较表 表 2

项目	SDH/MSTP	PTN	双平面	交换机
业务支持	TDM 为主，以太网业务为辅	以太网业务为主，TDM 为辅	TDM 和以太网业务并重	只传输以太网业务
技术定位	电信级综合接入网	电信级综合接入网	电信级综合接入网	商用级本地交换网
成熟度	技术成熟，广泛应用	技术成熟，广泛应用	技术成熟，应用有限	技术成熟，广泛应用
生命周期	逐步退出市场，无升级可能	与其他技术融合，继续往前发展	逐步退出市场，无升级可能	与其他技术融合，继续往前发展
可靠性	可靠性高	可靠性高	可靠性高	可靠性低
带宽利用率	开销多，利用率低	开销少，利用率高	开销多，利用率低	开销少，利用率高
保护倒换	完善，50ms	完善，50ms	完善，50ms	非标准技术，200ms
OAM	非常完善	非常完善	非常完善	不完善
网络管理	完善，统一网管	完善，统一网管	完善，统一网管	不完善，命令行较多
同步	频率同步	频率同步和时间同步	频率同步和时间同步	不同步
可扩展性	可规模组网	可规摸组网	可规摸组网	小范围组网

通过表 2 技术比较和分析可以看出，从技术定位和适用范围，以及未来发展来看，SDH/MSTP 基于电路交换，开销多、带宽不够、升级困难，会逐步停止使用；双平面技术由于技术应用有限，特别是运营商市场几乎没有应用，所以它是一个过渡期技术，很快会被替换，所以应该尽量少使用；交换机由于可靠性、网络扩展性、网络管理、OAM 等一系列要素的不足，不适合作为路段综合接入网的解决方案。而 PTN 属于目前市场上的主流技术，并且正向更大带宽，更灵活的网络接入，更多业务种类传输的方向发展，在今后数十年内会继续发展应用。综上分析，PTN 更适合高速公路综合接入网建设的需求，因此蒙文砚项目采用 PTN 技术来构建路段通信接入网。

3 应用案例

3.1 项目建设情况

蒙文砚项目东连广昆高速（G80），西接开河高速（G8011），其中蒙自至文山段为东西走向，属天保至猴桥高速（G5615）的一段；文山至砚山段为南北走向，该路段是国高网联络线，编号为 G8013。本项目为中国交建在建工程,预计 2017 年 9 月 30 日建成通车,全线全长 130km,共设置 1 处管理分中心(文山监控、收费、通信分中心),9 处匝道收费站(芷村、鸣鹫、老寨、薄竹、新开田、文山西、文山东、盘龙、砚山南)、2 处服务区(鸣鹫、文山),2 处停车区(薄竹、砚山南),3 处养护工区(鸣鹫、薄竹、文山东)。

3.2　项目建设需求

本次项目建设的需求是,新建一张大容量传送、高带宽接入、业务综合承载、运行稳定可靠的光纤 IP 传输网络,要求实现功能如下:

(1)文山管理分中心与各个收费站之间构建一张大容量光纤数据接入和承载传送网,并可以通过管理中心的网管系统对各个站点设备进行管理和维护。

(2)接入和承载网络需要加载收费数据系统、监控数据系统、收费和监控图像系统、语音交换系统(含调度电话、行政电话、热线电话、收费亭对讲电话等)、会议电视系统、通信电源系统等。

(3)各种业务子系统数据在网络中的接入和传送需要有效的进行隔离和分类,避免不同业务数据之间的冲突,根据业主需要规划业务优先级保障,根据不同的应用类型和需求规划相应的带宽,并预留后期办公自动化业务利用本网接入承载的带宽。

3.3　接入网 PTN 系统设计方案

蒙文砚项目光综合业务接入网采用 PTN(分组传送网)技术体制构建。接入网采用隔站跳纤的方式构成双纤自愈环网结构,传输速率为 10GE,保护方式为 Steering 保护机制。

全线在文山通信分中心安装光综合业务接入网光网络终端设备(1 套 OLT 设备);在芷村通信站、鸣鹫通信站、老寨通信站、薄竹通信站、新开田通信站、文山西通信站、盘龙通信站和砚山南通信站安装光综合业务接入网光网络单元设备(ONU),共 8 套 ONU 设备。

PTN 接入网总体方案架构如图 1 所示。

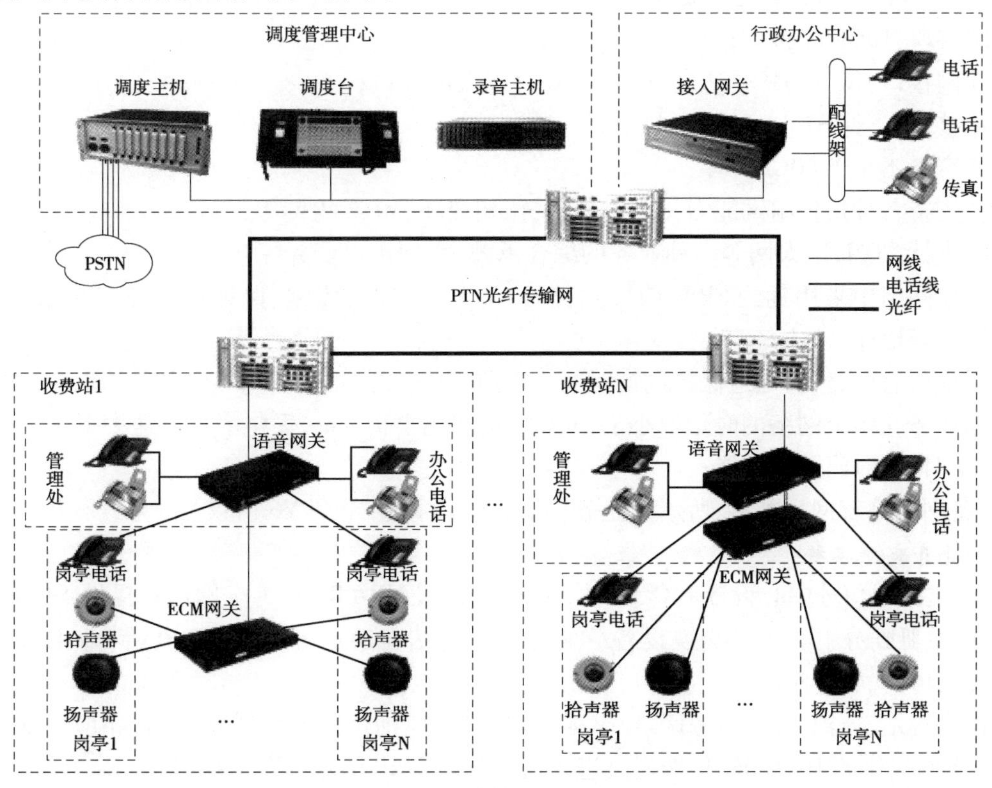

图　1

3.3.1 接入网PTN系统构成

本项目通信接入传输网采用PTN技术构建,线路速率采用10GE来统一承载收费数据系统、监控数据系统、收费和监控图像系统、语音交换系统、会议电视系统、通信电源系统。

PTN接入网光缆传输通路组织图如图2所示。

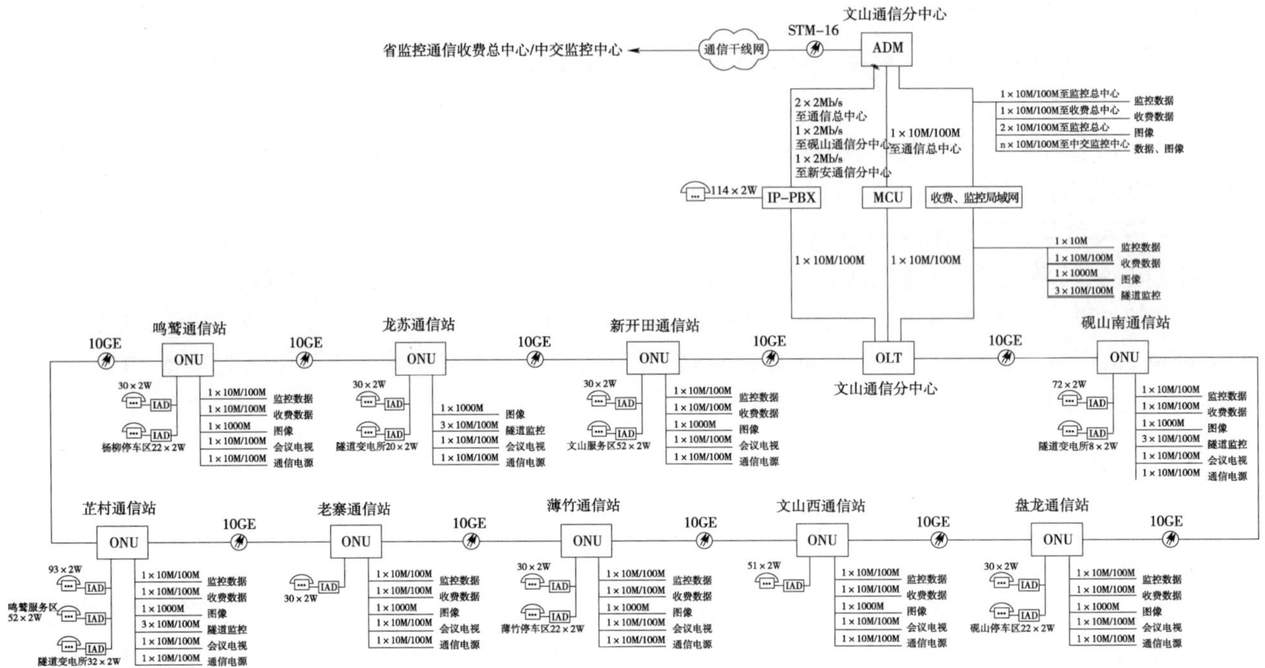

图 2

3.3.2 接入网PTN设备技术指标

(1)分组接口:10GE光接口;

(2)以太网接口:10/100M自适应,1000M(GE)以太网接口;

(3)其他接口:支持STM-1/4业务接入;

(4)交换容量不小于60Gbit/s;

(5)设备支持各种拓扑组网能力:环形,环带链,相交环,Mesh组网等;

(6)网络支持TDM,以太网等多种业务的综合承载,实现用户业务综合接入;

(7)业务在网络中采用通道(PW伪线),路径(LSP)的方式传输,保证网络流量可规划,保证业务QoS、时延、抖动等指标;

(8)应保证所有的路径/通道保护倒换时间小于50ms;

(9)数据业务在整个网络的时延要小于5ms,时延变化小于1ms,丢包率承诺速率下小于0.001%;

(10)支持时钟、时间同步功能;

(11)设备网管系统网元配置、所承载业务均需要支持IPV4和IPV6协议。

3.3.3 语音交换工程

本项目在文山通信分中心设置1套IP语音综合交换机(IP-PBX),为全网用户提供呼叫控制业务,全网电话用户均注册到分中心语音交换设备。业务电话包括普通业务电话、IP电话(业主可根据需要配置)、指令电话、传真、收费对讲等。

在各站(收费站、养护工区、服务区、停车区等)建设相应的用户通信线路,配置相应的语音接入网关(IAD),经接入网提供的10/100M传输通路进入通信分中心IP语音综合交换机。

此外,在服务区、停车区设置以太网交换机,配光传输模块,与通信站的以太网交换机构成以太网传输通道,将服务区、停车区的语音信号接入语音交换网络。

参考文献

[1] 王军容,孙凯,羡峥,左庆. PTN 在京津塘高速公路视频专网中的应用. 中国交通信息化, 2014(9): 86-88

[2] 谢冰,龚树超. PTN 技术在高速公路通信系统的应用探讨. 交通标准化, 2012(8)

[3] 张大为,王岩,李辉. 基于 PTN 技术的四川省高速公路通信系统设计. 中国交通信息化,2015(z1): 114-115

[4] 王敏学,程伟强,叶雯. 面向重要集团客户应用的小型化 PTN 技术及应用研究. 电信技术,2016(1): 18-22

基于北斗的工程船舶智能位置服务平台

崔银秋[1]　周静波[1]　田俊峰[1]　吴　昊[2]

(1. 中国交通建设集团有限公司,北京,100086;2. 中交上海航道局有限公司,上海,200000)

摘　要:充分利用北斗定位导航系统的定位和通信功能,研制基于北斗的工程船舶智能位置服务平台及其终端设备,建立船岸数据传输标准和通信协议,开发了远程监控、指挥调度系统,解决信息标准化、数据采集与传输等技术难题。通过在中交上海航道局的示范应用,实现了工程船舶信息远程传输与实时远程管理,有效提高了海洋工程项目安全管理水平,提高远海作业的应急处置能力,开拓了北斗卫星导航系统在海洋工程中应用领域。

关键词:北斗卫星导航系统;工程船舶;位置服务;通信

1　概述

基础设施建设是实现海洋强国战略的优先领域,是开展能源、交通、矿产资源、岛礁开发等一切活动的先行工程。工程船舶是海洋基础设施作业的重要载体,离岸作业对船舶的位置、安全及其数字化、网络化和可视化提出了迫切需求。海洋工程建设行业必须借助高科技加快转型升级,由近岸近海向离岸远海跨越[1],装备精良的高水平海洋工程船舶必不可少。

近年来,虽然在海洋工程船舶自身信息化集成方面得到了快速发展,但船岸信息一体化问题还没能很好地解决。北斗卫星导航系统(简称 BDS)是中国正在实施的自主建设、独立运行的定位、导航、精确授时系统,是继美国的 GPS、俄罗斯的格洛纳斯之后,与世界其他卫星导航系统兼容的世界第三大成熟全球卫星导航系统,可在全球范围内全天候、全天时为各类用户提供高精度、高可靠的 GNSS 定位、测速、授时服务,并兼具 RDSS 短报文通信能力[2]。北斗 RDSS 短报文通信功能可为重点行业提供免费信息传输链路,安全等级、通信成功率高的信息传输服务,为船岸信息一体化问题的解决带来了契机。

2　平台研制

结合前期的应用实践经验和技术积累,中交上海航道局有限公司在充分调研海洋工程行业的实践需求和突出矛盾的基础上,针对工程船舶施工过程中定位、通信、指挥不畅,存在“聋、瞎、哑、险”等问题,依托北斗定位导航系统,建立了数据中心,开发了船岸双向数据传输系统及各类应用软件,研制了基于北斗的终端服务设备和工程船舶智能位置服务平台,搭建起了执行层和管理层的信息桥梁。

2.1　搭建船岸双向数据传输系统

船岸双向数据传输系统由船端北斗集群通信终端、船舶数据传输单元(SDTU)、岸端北斗通信终端(含北斗指挥机和北斗集群通信终端)、工作电脑等硬件设备与相关传输管理软件组成(图 1)。

2.1.1　主要实现功能

北斗 RDSS 短报文通信:实现船/岸间船舶位置信息、船舶生产报表、生产过程数据、船机设备工况参数、船舶管理等信息的传输,并实现部分信息的岸/船通信。

各类信息按需采集且信号刷新率可变:实施分类、分级传输,在北斗 RDSS 短报文通信信号容量范围内传输数据其刷新率可变,可按需选择不同密度采集,以满足工程数据挖掘、船位数据、潮位数据、水深数据等各类数据对信息刷新率的不同要求。

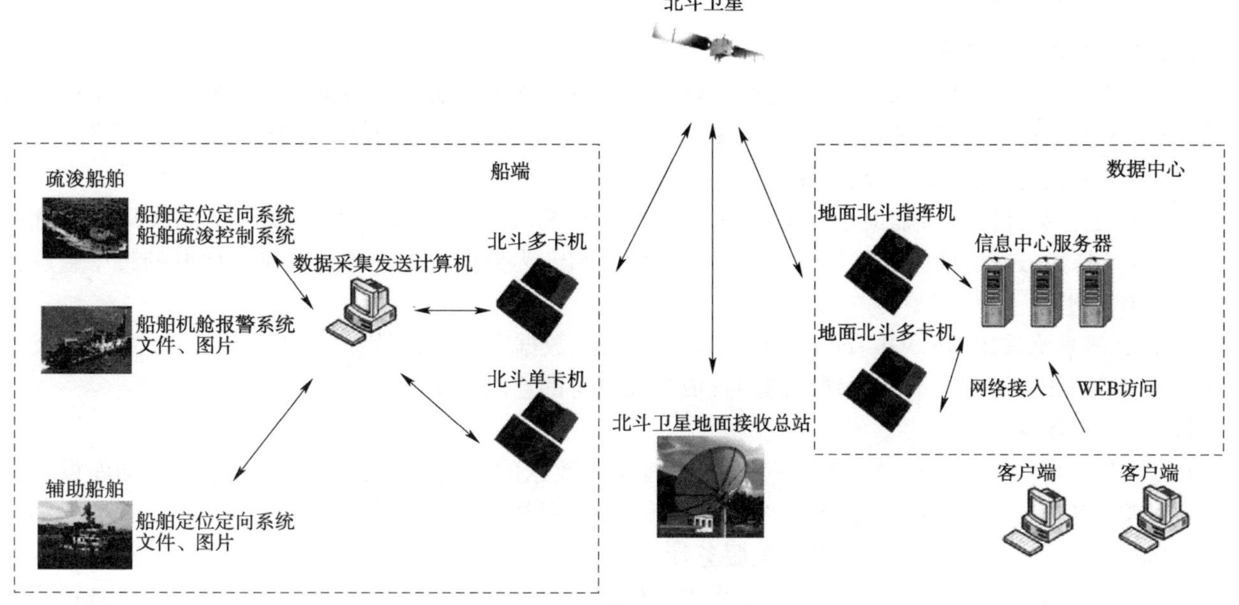

图1　基于北斗兼容系统智能位置服务平台系统总体拓扑图

远程控制:对采集的各类数据实施编码、压缩,双向数据传输控制、解码、纠错;经岸端数据分析、决策后,发送岸端指令至船端;船端按照指令作业,实现远程控制。

数据传输系统自动寻优切换:在北斗、宽带卫星及3G/4G公众网络等无线传输链路间依据信号强弱及链路带宽等级进行自动寻优切换。

2.1.2　数据传输系统

(1)信号标准化

工程船舶施工监控系统监测信号种类多,施工监控系统集成商也各不相同,信号定义、量程及参照系各异。只有实施信号源的标准化才有可能在整合平台下统一处理、应用。针对不同船型的《疏浚监控系统信号源标识与定义》,详细规定了挖泥船疏浚监控系统信号源的中英文名称、信号标识、单位、物理量的详细定义及参照系描述等,避免了不同系统间信号采集、传输、应用时歧义性。随着这些标准在中国交建的陆续颁布,将推动整个行业的标准化进程。

(2)数据传输协议

开发了与原工程船舶疏浚监控系统系统对应的通信、转换程序,可实时获得监控系统的所有原始信号。同时制定《北斗船舶数据传输清单及分类表》,统一定义各主要船型信号传输内容、格式。系统根据编号及信号在表中位置即可知道对应的物理意义,在满足应用需求的前提下尽可能减少传输字节。制订了《基于北斗短消息数据及文件传输协议》、《工况数据CRC校验》等基础支撑性文件,规定了数据压缩、本地存储和编码规则,并解决了校验和传输控制指令集等问题。

(3)数据传输软件

船端数据传输软件基于微软公司.net技术开发。船端数据传输软件与施工监控系统链接,包括采集、压缩存储、传输控制、北斗多卡通信和船端显示5个模块。岸端数据传输软件侧重于数据库访问程序及第三方程序通信,具有指定特定分类数据传输、文件接收、历史数据分析和数据SOCKET输出等功能。

2.1.3　船舶数据传输单元(SDTU)

船舶数据传输单元(SDTU)是一种在船端数据采集、数据压缩、数据分表、数据处理、数据传输的北斗数据传输专用单元,是船端数据传输软件的硬件平台,可减少系统安装时间,提高数据处理的稳定性和信息安全性,使北斗RDSS短报文通信有限的信息量充分发挥作用。本项目选择高可靠性的嵌入式硬件平台和软件系统，利用成熟微型工控机产品加 WinCE 嵌入式操作系统搭建 SDTU。

2.2 建设数据中心

2.2.1 数据库硬件平台

岸端系统的数据处理、存储、分发、远程指挥等均依赖硬件平台实现。数据中心硬件平台包括中心机房的土建、数据处理系统（服务器、交换机、路由器、数据存储设备等）搭建及外围保障系统（网络宽带出口、冗余供电系统、恒温恒湿系统、安保系统等）的构建。

机房满足各类计算机及辅助设备的运行工作环境要求，具有抵抗电磁场干扰、雷电破坏、振动和噪音、静电以及暴力破坏等能力并能够承受6～7度地震侵袭，为数据处理中心计算机机房群的集中管理提供良好的控制平台。

数据处理系统采用 MS SQL server 2008 R2 的分布式数据库系统，利用服务器虚机化技术，最大程度利用现有服务器硬件资源，节省了硬件的购置成本及机房的空间成本。

2.2.2 数据库

依据《北斗船舶数据清单及分类表》文件，实施业务数据的切割和包装。项目组依据数据库设计的规范与原则，将整个项目的数据分为43个表，进行了数据库基础框架的设计和建设。其中工程船舶信息相关计30个表，项目平台用户管理及相关服务计13个表。

搭建独立的数据库服务器，开发人员先采用本地数据库来进行开发调试，测试正常之后，将数据库的架构同步至服务器端，达到开发和运营环境隔离的要求，同时确保开发环境的完整迁移和部署要求。从程序实现、数据库设计和数据库系统等三个方面对数据库进行了优化。当记录的条数非常巨大时，复杂计算要尽量先在数据库外面通过代码处理完成之后，才入库追加到表中去；某个表的记录太多，则要对该表进行水平分割。

2.2.3 系统部署

安装在工程船舶和个人携带的数据采集设备，将采集信息经北斗卫星转发至数据中心北斗指挥机，通过串口发送到数据接收解析服务器，服务器处理后提供入库和船机运行监控系统显示。潮位数据通过潮位站安装的低功耗潮位遥报仪北斗模块发送至潮位数据中心北斗指挥机，经过潮位解析程序解析后进入数据库，执行数据分发和显示。船岸端通信信息发送至数据中心指挥机后，发送到短信息服务器，与外网第三方移动短信息服务商通信，由该服务器实现与各移动终端的短信息双向通信。智能位置服务平台应用软件与北斗数据库服务器相互交换数据，通过防火墙后可映射到公网为客户提供服务。

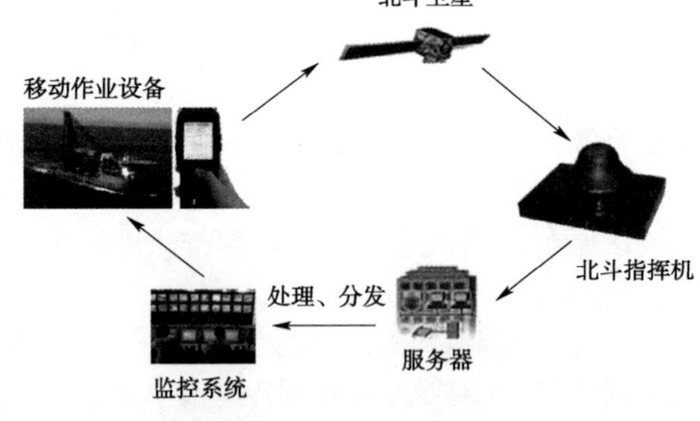

图2 数据中心服务流程示意图

通过程序实现、数据库设计和数据库系统等三方面的优化，数据中心可以提供优质安全服务（图2）。

2.3 研制终端设备

2.3.1 北斗集群数据传输型用户机

研制成功的北斗集群数据传输型用户机每分钟可实现19次发射1次接收，可有效保证所有信息每分钟传输一次，实现船端对岸端/岸端对船端的双向数据传输。基本模块做到高信号接收能力和高可靠性，产品系列化、接口标准化，通过灵活配置，终端具备可扩展性，适应各种不同应用环境。

2.3.2 北斗手持移动终端

研制的北斗手持移动终端和北斗手持卫星通信终端采用独立设计方案，两个设备可以连接在一起使用，形成完整的可以同时支持北斗 RDSS 短报文通信、GPS/BDS GNSS 定位的手持终端，适应现场高温、高湿、高盐等恶劣环境。

2.3.3 北斗单卡船载终端

采用了市场上同类型渔船北斗终端设备，固定安装在船端，同时支持北斗 RDSS 短报文通信、GPS/BDS GNSS 定位功能，北斗 RDSS 短报文通信卡统一管理。

2.3.4 低功耗潮位采集传输装置

工程船舶施工过程中需要定时进行潮位数据改正，由于潮位站往往处于海中无人值守的孤岛（灯标），供电环境苛刻、数据传输受限，无法保证潮位信息的及时准确提供，本项目利用北斗 RDSS 短报文通信功能成功解决以上问题。

2.3.5 北斗指挥机

北斗指挥机是为便于上级指挥机关利用北斗 RDSS 业务兼收下属用户的定位和通讯信息的多用户地址码，具有用户信息管理、通播、组播、单播、查询、调阅、指挥调度和管理功能的北斗通信终端。本项目根据自身需求，采购了市场上成熟优化产品和已经实名制注册的用户卡，指挥机每台所辖用户数为 500 个。

2.4 研发应用软件

研发相关应用软件利用 Web 技术使用户可在线监视工程船舶动态和远程诊断，包括船舶位置信息、生产报表、生产过程数据、施工设备工况参数、船机设备工况参数、船舶管理等信息，工程指挥中心可及时发送调遣管理、水文气象海况等信息，进行远程生产指挥、提供技术支持等功能。

应用软件根据需求和功能设计分别采用 B/S 及 C/S 架构。用户分为组织用户、个人用户和超级用户。

2.4.1 船舶位置智能监控软件

B/S 版架构的船舶位置智能监控软件是基于 Arc GIS 平台，使用 S-57 海图，发布地图服务、实时动态显示船舶位置和海图准实时维护等服务，采用 WGS84 空间坐标体系，方便工程指挥中心掌握所有船舶动态，如船舶具体参数、30 天内运行轨迹、自定义标注、多点路径测距、实时船况、附近海域水文气象、指挥调度等信息。

C/S 架构则是基于当地坐标系，主要用于施工现场的施工背景文件、工作计划线、所属船舶实际挖深、轨迹线、产量、位置偏离量等实际生产数据，极大地提升和方便了现场施工管理。

2.4.2 工程船舶生产日报软件

出于工程业务和管理的需要，船端定期将本船的生产日报报送至工程指挥中心，工程指挥中心接收工程船舶生产日报生成固定格式的报表用于管理备案和存档，报表可导出为 Excel 文件。用户可通过浏览器查询指定船舶的报表，同时具备报表打印和保存到 Excel 文件的功能。

2.4.3 船舶施工与船机运行监控软件

即数据采集与监视控制系统 SCADA（Supervisory Control And Data Acquisition），SCADA 系统主要用于实现数据采集、设备控制、测量、参数调节以及各类信号报警等各项功能。本项目根据船舶类型分为耙吸版、绞吸版、抓斗版、铺排船版，每种船型使用统一的监控界面，减少软件开发工作量。施工背景图、计划线、水文地质等施工背景资料一般由工程现场指挥部负责导入服务器。

2.4.4 专业海况气象播报软件

通过外购专业气象台的实时气象海况服务，在智能位置服务平台发布，为用户提供全国沿岸、近海海区的 72 小时气象海况预报，包括风向、风速、浪高、能见度等参数。对气象数据传输编码统一编码，船端可根据自身实时位置获得所在地区海况气象服务。

2.4.5 水深数据接收、处理与发布软件

施工期间采集的水深测量数据，辅以潮位及波浪补偿信息，利用专业测量软件完成数据预处理后，通过船岸双向数据传输系统将水深数据、位置信号编码传输至数据中心。在数据中心对所有测量数据审核

处理、存储并发布，目前已实现B/S版基于Skyline Pro模块的三维水下地形显示，和基于DTM法（数字化地形模型）土方计算与发布。

2.4.6 潮位数据管理软件

远程用户可通过Web页实时获取所需潮位站实时潮位、历史潮位数据以及潮位站坐标、编号、高程基准等信息，直接用于工程施工，有效提高了施工精度和效率。

2.4.7 安卓版移动终端通信软件

实现了安卓版移动客户端的潮位、水文气象海况实时查询，实现安卓移动客户端与工程船舶直接短报文通信等功能，对工程的远程指挥和外海作业提供了有效手段。

2.4.8 船舶动态报表上报系统

为满足工程指挥中心对船舶动态报表管理的要求，在B/S版架构上开发了船舶动态报表上报系统。用户操作直观、便捷，操作响应时间小于3秒，具备高扩展性（公司、项目部、项目、船舶、船舶类型、船舶状态、用户、角色授权等均可灵活定制），客户端支持W3C标准浏览器（兼容IE、Chrome、FF等浏览器）、通过代码防注入、严谨授权、关键数据加密等技术手段保障系统安全。

2.4.9 生产调度指挥中心大屏幕显示系统

采用国内主流的工业屏和拼控技术，建设完成大屏幕显示系统，信号接口以数字接口为主，并预留模拟输入接口，方便升级扩展。

3 关键技术

3.1 工程船舶信号传输标准化

标准化分为信号源的标准化和传输的标准化两部分。

项目组参与了中国交建企业技术标准和国家技术标准《耙吸挖泥船疏浚监控系统信号源标识与单位》,《绞吸挖泥船疏浚监控系统信号源标识与单位》,《抓斗挖泥船疏浚监控系统信号源标识与单位》的制定，这些标准规定了挖泥船疏浚监控系统信号源的中英文名称、信号标识、单位、物理定义，统一了不同监控系统间、船岸间信号定义和格式，为各系统间数据交互奠定了基础。

根据不同类型工程船舶的特点，项目组统一了各类疏浚监控系统信号传输格式。将耙吸、绞吸和抓斗挖泥船信号按照设备划分为37类数据，其中绞吸船14类，耙吸船15类，抓斗8类。结合北斗短报文通信传输的特点，将每类数据根据大小划分1至2个包，形成了一个工程船舶所有数据的并集，经过合理分包，数据量最大的耙吸船约需15个短报文包，由于研制的北斗集群数据传输型用户机每分钟可以传输19个短报文包，系统可以实现每分钟将工程船舶信号传输一次的目标。

由于船岸端使用同样的数据表，系统根据表编号及信号在表中位置即可知道对应信号的物理意义，不需重复定义，从而最大程度地利用北斗RDSS短报文通信的传输能力。在未来增加工程船型时只需增加对应的传输信号表格，传输协议可不变。

3.2 基于北斗RDSS短报文通信传输控制协议设计

将船岸通信从业务上划分文件传输、工况数据传输、短消息传输和水文气象海况信息四类数据，针对这四类数据业务通信的特点，分别设计了各自的传输格式、编码、校验和交互方式，传输控制协议解决了基于北斗RDSS短报文通信的编码、压缩，校检及指令集的问题。

短报文包的编码、校验、传输控制使用了6个字节，预留了2.5个字节。对应的信号分类为256类，可以满足多船型信号分类需求。岸到船指令集编码使用2个字节（目标ID使用10bit），对应64类指令。船到岸每个短报文包实际有效传输能力为70个字节/每包，每分钟可传输能力为1.33Kb。考虑北斗RDSS短报文通信的发送成功率和误码率造成短报文包的重发或补发，系统设计时的目标传输率定为每分钟 1.2Kb。

为满足工程数据分析之用,必须要提高特定数据传输的效率,为此特意设计了工况数据可选择传输的功能,可在特定时间或特定区间对特定的疏浚数据提高刷新率。设计了岸端到船端的指令集,利用这些指令,传输软件在传输过程中可以指定传输内容和频次,只传输需要的信号,即信号分类表的一个子集,采用动态传输、静态存储的模式,方便对船舶特定情况下的精确监控。

该传输协议是国内疏浚船工况数据无线传输的唯一技术规范,已经成为中国交建信息化企业标准,该传输协议具备开放性,将大大提高疏浚船信息化系统构建的灵活性。

3.3　北斗集群数据传输型用户机研制

现代功能最先进的大型疏浚工程船舶工作时模拟量总数约 600 个、开关量约 3000 个;北斗 RDSS 短报文通信设备大多是基于单卡通信,一般每分钟发送一次短报文通信,难以满足海洋工程工况数据传输需求。项目组研制出一种使用多张北斗 RDSS 用户卡并发短报文的集群通信设备。

该设备是针对海洋工程领域特殊需求,研发的基于北斗 RDSS 短报文通信的多卡并发疏浚监控数据传输终端,具有功耗低,信号发送距离远等特点,是北斗民用的技术创新。由于每分钟需要采集、传输一遍工程船舶所有工况数据,加上纠错传送及其他文件的传输需求,船岸通信系统的实际船岸传输需求达到 1.2Kb/分钟,使用 20 张卡实现传输能力的扩展是一个行之有效的方案。

北斗集群数据传输型用户机的核心技术集中在模拟前端(包括天线和射频模块等)和信号接收处理部分。模拟前端着眼于集成化、提高工作的稳定性和参数的一致性;信号接收处理部分则采用成熟的软件化、全数字接收方案,保证用户机的快速捕获和弱信号接收能力。开发的专用板卡可容纳 20 张北斗用户卡,采用多卡轮询,使 20 张卡在一分钟内依次工作,从而使船载终端实现每分钟发送 20 个短报文包的能力,实现整体上船到岸数据传输率不低于 1.2Kb/分钟的技术指标。终端各项指标符合北斗相关规范要求(图 3)。

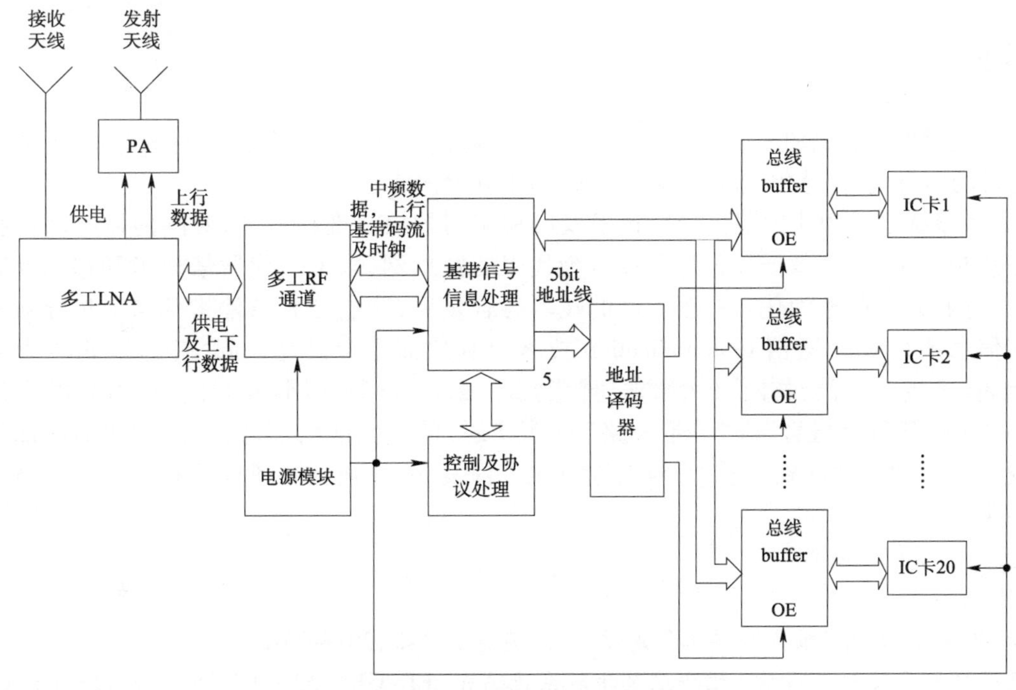

图 3　北斗集群数据传输型用户机的组成框图

3.4　低功耗潮位采集传输装置

低功耗潮位采集传输装置包括潮位信号采集单元、北斗 RDSS 潮位传输单元。根据潮位数据需求的特点,采用研制低功耗数据采集板卡和唤醒/休眠周期性通电的独特的工作方式实现了低功耗的目标。实际运行的潮位站工作模式定为每五分钟唤醒一次,潮位采集转换、发送时间小于 1 分钟,其余时间装置切断主电源，处于休眠状态。

虽然低功耗采集转换板卡工作电流为 20mA，待机电流为 μA 级；但是利用北斗传送潮位的实际发射电流大于 3A，只是持续时间极短，约为 200 毫秒，传送完毕后即回归约 180mA 待机电流；如不进入休眠模式将难满足功耗要求，同时过大的发射电流对供电电源要求较高，由潮位站太阳能板或蓄电瓶处直接供电会造成瞬间线路压降过大；通过在发射模块处加装 15000μF 大容量电容才解决这一问题。定时循环工作模式的时间间隔可根据现场实际需要设置，实现了待机功耗小于 200mW，系统整机功耗小于 5W 的技术指标。

4 平台应用与效益

本项目的技术成果为工程船舶进行海洋工程建设开发提供了强有力的技术手段。项目成果以海洋工程管理需求为基础，依托北斗卫星导航定位系统，解决了北斗多卡并发、信息标准化采集与传输等技术难题，实现了工程船舶信息远程传输与实时远程管理，可有效提高海洋工程项目安全管理水平，提高应急处置能力。项目成果已在中交上航局 100 余艘工程船舶、30 多个海洋水文观测站上成功应用，系统运行稳定，应有效果良好，在国家重大海洋工程项目的生产调度、应急指挥、资源保障等方面发挥了积极的作用，行业示范应用效果明显。据不完全统计，仅 2014 年在国家海洋重大工程项目建设过程中，利用本平台成功实施三次抢险救援，避免了上亿元损失[3]。

本项目被列为 2013 年国家战略性新兴产业发展专项资金支持项目，并于 2015 年顺利通过国家发展改革委专家组验收。中国交建高度重视北斗在海洋工程中的应用，重点扶持有利于公司转型升级和发挥全产业链优势的重大科研项目，积极推广应用北斗卫星导航定位系统，大力实施海洋工程建设技术研发应用，对本项目给予 2013 年度信息化专项资金支持。目前，中国交建承担的 2014 年国家战略性新兴产业发展专项资金支持项目正在推进，基于北斗的相关技术研究与应用不断深入。

结束语

海洋工程建设迫切需要加强信息资源的整合利用，通过提升海洋工程的信息服务能力，将逐步实现海洋工程建设的信息化、智慧化，推动“四个交通”迈上新台阶[4]。

当前，北斗系统已成为我国卫星导航技术发展和应用的核心推动力，随着国内以物联网技术为代表的多源信息传感网，以大数据和云计算技术为代表的数据网，以下一代通信技术和移动互联网技术为代表的通信网，以云服务为代表的服务网的技术融合发展，我们已有条件将其与卫星导航 GNSS、遥感 RS、地理信息系统 GIS、通信 Communication 技术及其地面配套设施一起，打造以北斗为基础的创新、升级、跨越，推进“大智云物网”（大数据、智慧城市、云计算、物联网、互联网）的有机融合，面向“军民带路行”（“军民用深度融合”和“一带一路”行动计划）的重大战略部署，共同构建形成面向时空数据共享及泛在服务的基础设施体系[5]，对促进海洋工程发展、加强国防建设具有明显的经济及社会效益和重要意义。

参考文献

[1] 田俊峰. 尽快让“北斗”服务海洋工程建设[N]. 交通建设报，2014-05-29

[2] 北斗卫星导航系统政府网站. 北斗卫星导航系统简介[EB/OL]. 2010-01-15. www.beidou.gov.cn

[3] 中国交建北斗办. “天基丝路”助力“交融天下”[N]. 交通建设报，2015-06-11

[4] 何建波，张工，崔银秋，田俊峰. 北斗在远海工程人员安全监管中的应用前景[J]. 中国港湾建设，2015(4)：68-71

[5] 曹冲. 我国北斗产业发展的几点建议. 第十一届中国卫星应用产业国际研讨会论文集[C]. 2015：198-202

基于北斗技术的人员越界监控系统应用研究

杜　谦
(中交疏浚(集团)股份有限公司,北京,100088)

摘　要:介绍北斗定位人员越界监控系统的组成、特性及优点,研究虚拟围栏功能在人员越界及危险预警方面的应用,能为人员安全监管、应急搜救提供保障,通过采用基于北斗兼容系统的短报文服务数据传输协议;实现快速反应的人员定位与安全管理。文章从应用系统架构、北斗定位精度可行性、北斗技术在越界监控应用上的技术优越性、北斗链路信息回传策略和虚拟电子围栏技术的实现等五个方面对系统做了一个详细的解读。

关键词:北斗定位;虚拟围栏;上行链路;短报文通信

引言

施工企业的施工现场、装备、人员往往处于交通通信设施尚未完善的区域,如沙漠、海洋、岛礁、戈壁、草原、森林等偏远和人烟稀少地区,并且频繁移动,无法通过国家公众通信网建立与项目部、所属公司及相互之间的持续有效数据通信我国正在筹备建设具备自主知识产权的卫星移动通信民用应用系统。卫星通信系统具有覆盖范围广、不受地理条件影响,抗灾能力强等优势,受到了众多国家的重视并得到积极发展,如铱星系统、全球星系统,亚洲蜂窝卫星系统、海事卫星系统、Thuraya 系统等。近年来我国建立了完全自主知识产权、自主运行控制的导航系统有北斗一代卫星导航系统和北斗二代卫星导航系统,除了提供定位服务外,北斗还提供短报文通信服务。结合北斗的定位及短报文技术能衍生出一系列的应用,基于北斗技术的人员越界监控系统也借助于这两个技术,通过北斗技术的应用,结合虚拟电子围栏的概念,搭建出一套适用于不同地域环境的项目人员越界报警及人员位置监控系统,从而保证项目执行区域内的人员安全可控。

1　可行性与优越性

1.1　北斗精度可行性

对于人员定位,精度必须得到保证。随着 GPS 定位技术的发展,20 世纪 90 年代,GPS 定位技术逐步民用普及,地球上空的 28 颗 GPS 卫星或 9 颗 GLONASS(数据使用 2000 年时统计结果)可以在全球范围提供定位服务,1997 之前商业用户可用的信号由于美国军方采取的选择性可用策略(SA)导致定位精度不高,在不借助于其他辅助定位设备的情况下,当时的 GPS 定位精度为 ± 100 m,直到 2000 年之后美国取消了 SA,定位精度提高到了 ± 20m。中国北斗卫星导航系统(BeiDou Navigation Satellite System,BDS)是中国自行研制的全球卫星导航系统。是继美国全球定位系统(GPS)、俄罗斯格洛纳斯卫星导航系统(GLONASS)之后第三个成熟的卫星导航系统。北斗系统信号质量总体上与 GPS 相当。在 45 度以内的中低纬地区,北斗动态定位精度与 GPS 相当,水平和高程方向分别可达 10 米和 20 米左右;北斗静态定位水平方向精度为米级,也与 GPS 相当,高程方向 10 米左右,较 GPS 略差;在中高纬度地区,由于北斗可见卫星数较少、卫星分布较差,定位精度较差或无法定位。为了测试北斗与 GPS 之间的定位误差差异,我们在上海同一位置相同时间点分别搭建了一套 GPS 和北斗定位设备做了测试，得出的定位结果如表 1 和表 2，其中表 1 为在不借助 RTK 技术下的定位结果，表 2 为借助 RTK 技术下北斗定位精度均略优于 GPS 定位精度。

北斗和 GPS 在不借助 RTK 技术下的定位精度 表 1

	GPS 单点定位误差(2σ)(m)	GPS 单点定位误差(2σ)(m)
N	5.6	4.6
E	2.5	2.1
H	9.7	8.2
	北斗单点定位误差(2σ)(m)	北斗单点定位误差(2σ)(m)
N	0.76	0.66
E	0.44	0.42
H	1.45	1.25

北斗和 GPS 在借助 RTK 技术下的定位精度 表 2

	GPS 差分定位情况(m)	GPS 差分定位误差(2σ)(m)
N	0.02	0.018
E	0.013	0.012
H	0.06	0.05
	北斗差分定位误差(2σ)(m)	北斗差分定位误差(2σ)(m)
N	0.016	0.013
E	0.028	0.022
H	0.04	0.035

1.2 北斗技术优越性

GPS 定位技术已应用多年，但在实时的人员或动物监控方面一直差强人意，很大程度上是由于其定位方式决定的，GPS 定位采用的是“无源”定位方式，卫星与地面设备之间的数据流向是单向的，GPS 技术在早期曾广泛的应用于野外动物监测，GPS 技术在无地面移动数据网络支持的野外对野生动物进行活动范围及迁徙路径监测的应用中，多数是采用低功耗定位芯片加本地存储的方式实现的，工作人员需要通过无线电定位的方式找到放置设备的动物并取回佩戴在动物上的监测设备从而读取所需的数据。与“无源”的 GPS 定位方式对应，北斗定位系统有数据上行链路的支持，装载了北斗通讯卡的设备具备双向报文通信功能，用户可以一次传送 40 ~ 60 个汉字的短报文信息，辅之以相应的数据编码策略，可以实现定位信号的定时上传，极大的提高了系统应用的便利性。

2 应用系统架构

基于北斗的人员越界监控系统由三部分组成：(1)定位终端：定位终端采用搭载北斗定位模块的小型移动设备，外形和普通手机类似，安装有数据上传 APP，APP 界面如图所示；(2)通信链路：设备可通过所处环境，选择不同的数传链路，当所处环境有 wifi 或移动数据网络，优先选择。当设备所处位置较为偏僻则选择通过北斗卫星上行链路进行数据回传；(3)应用数据分发的分发和处理模块，当现场的数据通过各种链路汇聚后，服务器会将数据进行存储，在此基础上可以分发给不同用户不同应用系统进行调用，在本例的虚拟围栏应用之外可以服务于类似历史轨迹查询等系统的再次调用。

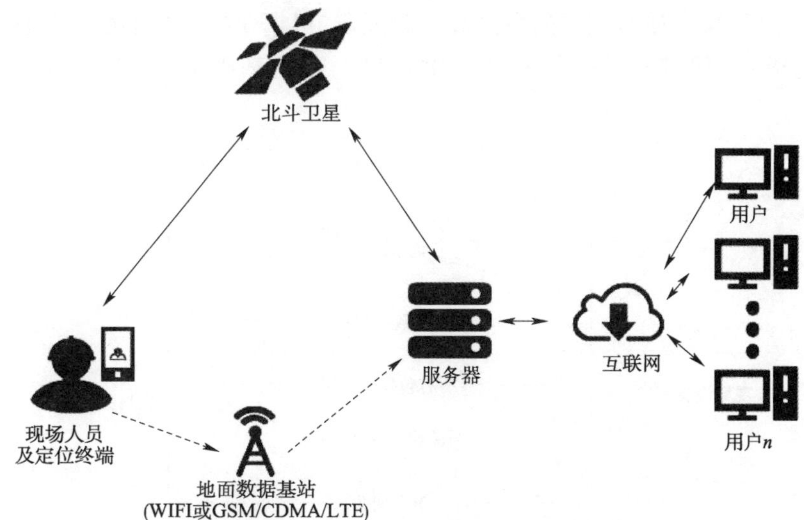

图1　基于北斗技术的人员越界监控系统系统架构

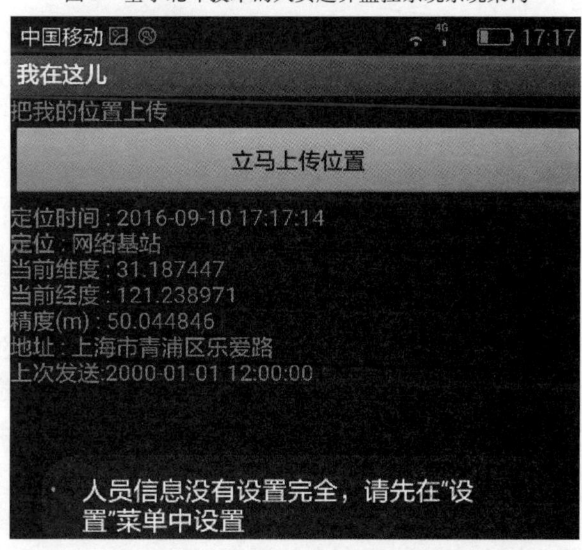

图2　基于北斗技术的人员越界监控系统 APP 界面

3　技术方法

3.1　北斗链路信息传输策略

由于传输通过北斗卫星链路进行，对数据的传输需要根据北斗链路的传输规则对数据包进行处理，通常单张北斗民用卡的传输能力为 78.5byte/min，本例中用户的实时定位回传需求，北斗民用卡每分钟的上行带宽已能满足，进一步的如果需要对人员在一定时间内的的轨迹上传，假如上传的数据超过北斗卡发送带宽，传输控制模块会对数据包实施超过 70 字节部分的切割，生成符合北斗通信终端的数据包，并依据给定的编码策略对数据包编码。本系统定义的文件流基本数据包格式如表 3 所示。

北斗数据流基本数据包格式　　表 3

文件发送指令			
用户 ID	数据包号	数据区	CRC
10bit	10bit	592bit	2BYTE

为了提供可靠的传输，传输过程遵循 TCP"三次握手"协议规范，所谓的"三次握手"即对每次发送的

数据量是怎样跟踪的进行协商使数据段的发送和接收同步，根据所接收到的数据量而确定的数据确认数及数据发送、接收完毕后何时撤消联系，并建立虚连接。在此基础上，本系统详细的传输过程如图 3 所示。

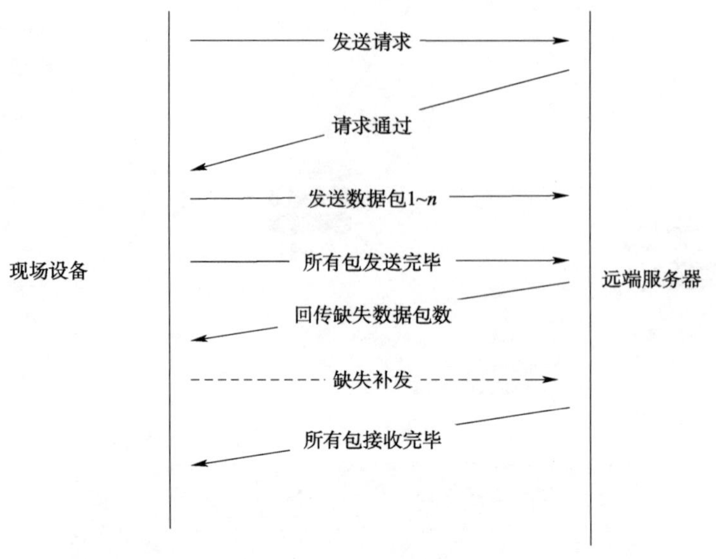

图 3 北斗链路信息传输过程

3.2 虚拟电子围栏的实现

虚拟电子围栏是由一道以软件虚拟方式生成的无形的栅栏辅之以相应的定位硬件组成，它的边界可以是人为定义的，早期虚拟电子栅栏的主要应用场合主要是在珍惜动物保护及大规模畜牧，最初的电子栅栏定位硬件是通过由频率范围介于 3kHz ~ 300GHz 的无线电发射器构成的，通过在观测的动物身上佩戴相应的接收装置使人们可以掌握动物的行踪，更进一步的，结合相应的视觉感官暗示设备，诸如使用音频提示的口哨声、蜂鸣声或微弱的点击来防止动物跨国虚拟的围栏，保证动物在围栏内活动。但是采用无线电方式形成的虚拟栅栏受制于无线电的传播方式，无线电主要是以直线视距传播，受地形、地物以及雨雪雾影响大。本例虚拟电子围栏则是结合 GPS 定位、无线数据网络和相应的运动规划算法实现，GPS 定位不存在或较少的存在上面无线电定位装置存在的诸多问题。

软件上虚拟围栏的每个边是通过一个点 F_p 和一个普通向量 F_n 定义的，多条通过该方法定义的边可以围成一个封闭的区域，通过这种定义方式可以使程序快速的判断出地图上代表人的散点式落在围栏内还是围栏外。另外，通过这种方式不仅可以用于构建静态边界，同样的也适用于构建移动的动态边界，两种构建方式各有优势，静态边界主要用于约束人员位置，动态边界则可用于划定一个以被测物为中心的安全区域。动态边界的划定也非常简单，假如观测物体以非零的速度 F_V 运动，那么点 F_p 也是随着速度矢量移动的，此时 $F_p(t) = F_p(0) + rF_nF_vt$（$r$ 为修正常数）。对于本项目，结合客户的需求，采用的是静态边界方式，构建的虚拟围栏的区域在软件界面上的展示可见图 4。

结束语

通过应用本例基于北斗的人员越界监控系统，每个在外施工单位可以根据经验绘制野外作业的安全区域或危险区域。一旦有人员离开或进入这些地域时，平台将会向本人、管理人员和队员发送预警信息。另外，平台根据数据云服务提供的野外危险区域、环境天气等情况，向进入该区域的人员发送预警信息，提醒人员注意并发送当地野外工作站的联系方式。系统的应用有效的控制了施工人员在指定区域内的管控问题，有较大的应用前景。

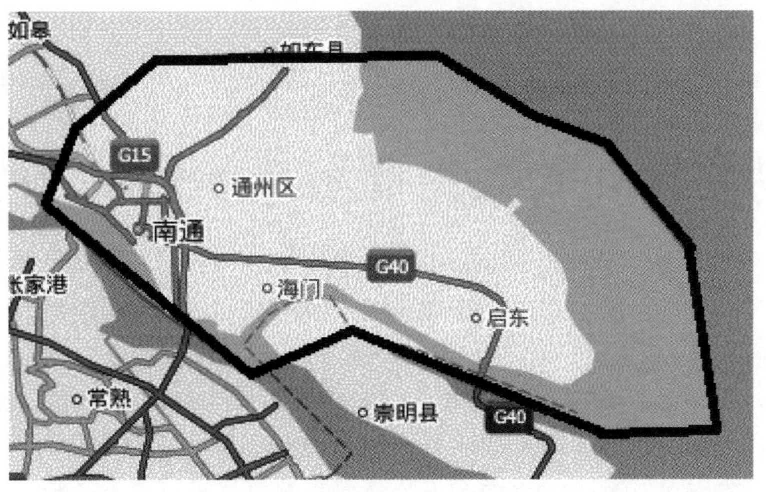

图4　虚拟围栏的区域示例

参考文献

[1] Ruud Riem-Vis, PhD. Cold Chain Management using an Ultra Low Power Wireless Sensor Network

[2] Wu Wenjun, Jing Shigun, Gu Qinghua. The Digital Dispatching System of Open Pit Mine Based on WiFi [J]. Metal Mine, 2010,8:132-126

[3] Ellena, L. M. , Olampi, S. , Guarnieri, F. Technological risks management: Automatic detection and identification of hazardous material transportation trucks. Management Information Systems, v 9, p 763-771, 2004, Risk Analysis IV

[4] Divis, D. A. 2000. Capitol outlook SA no more GPS accuracy increases 10 fold. Geospatial Solutions. 10 (6):18- 20

[5] Fury, C. M. , inventor; LawrencePeska Associates, Inc. , assignee. 1976. Range triggered animal training system. U. S. Patent 3,980,051. Sept 14. 4p. Int Cl2 A01K 15/00

交通勘察设计大数据服务平台建设方案探讨

傅宇浩　李红芳

（中国公路工程咨询集团有限公司，北京，100089）

摘　要：本文针对我国交通勘察设计时空大数据的管理现状和技术难题，探讨了构建大数据服务平台的建设方案，提出了多态存储模型、多节点负载均衡、Hadoop + MPP 高性能计算框架、双态云 CPU/GPU 混合并行加速、动态服务聚合引擎、高维双基态表达模型等创新理论与技术思路。本研究成果可实现交通勘察设计企业海量数据的高效管理与挖掘分析，有效提升工程设计大数据的利用价值。

关键词：交通勘察设计；时空大数据；服务平台；建设方案；分布式存储；高性能计算

交通勘察设计企业每年都会产生海量的勘察设计时空大数据，包括公路、桥梁、隧道、港口、航道、铁路、市政工程等各类业务的规划、勘察、设计和项目管理数据，且数据类型繁多，表格、专题图、影像、文本等结构化和非结构化数据，不一而足。这些数据自企业成立之初不断累积，随着时间的推移呈现体量巨大、种类繁多、更新速度快且时间周期长、全空间范围的特性。因此，急需一个安全、稳定、高效的时空大数据管理与服务平台，实现交通勘察设计企业多年来累积的海量工程设计时空数据的统一有效管理和高效统计查询分析，进一步提升工程勘察设计时空大数据的价值。

1　建设意义

基于我国交通行业工程设计时空大数据的管理现状及所面临的诸多技术难题，在充分吸收国内外先进成果的基础上，建设工程设计时空大数据服务平台，能够为交通勘察设计企业带来显著的经济效益：一是统一、安全、高效地存储和管理企业历年来的规划、勘察、设计和项目管理等数据，节省了大量的分散存储带来的时间和空间成本，带来了直接的经济效益；二是该平台数据资料的统一存储和高性能的计算分析能力，能够进一步提升工程设计时空大数据的利用价值，提高工程设计人员的工作效率，带来间接的经济效益。

2　建设内容

（1）制定各类工程设计时空数据标准规范，包括港口、公路、桥梁、铁路等各类业务的规划、勘察、设计和项目管理数据，切实提高勘察设计企业工程设计数据管理的标准化程度，完善企业信息化标准体系。

（2）建立分布式时空大数据管理系统，实现数据交换、数据更新维护、数据查询浏览、元数据管理、数据子库管理、系统管理等功能模块；构建高可扩展的多源数据存储模型，研究超海量多源数据存储与组织方法和多节点时空大数据存储负载均衡技术、并行检索技术和安全机制，解决结构复杂、体量巨大的大数据统一、高可扩展存储难题，实现工程设计数据的统一高效存储和管理。

（3）构建工程设计时空大数据计算分析子系统，实现时空大数据分类统计、时间序列分析、空间分析等功能；研究分布式云环境下高效能存算一体化方法和多目标优化的自适应复杂计算任务调度方法，构建高维异构的时空大数据动态过程表达模型，提高时空大数据的计算速度和检索效率，实现工程设计时空大数据的快速提取和高效分析，为企业快速准确决策提供依据。

3　建设方案

3.1　总体架构

根据工程设计时空大数据管理的总体需求，分布式网络综合数据库系统采用五层体系架构模式，自下而上分别为软硬件资源层、数据资源层、平台层、服务层以及客户端，其中软硬件资源层是一个巨大的资源池，包含了工程设计时空大数据服务平台所需要的所有计算机硬件、软件资源；数据资源层综合利用关系型数据库和分布式存储技术存储工程设计时空大数据，包括港口、公路、桥梁、铁路等各类业务的规划、勘察、设计和项目管理数据；平台层主要由数据存储子系统、数据管理子系统、数据发布子系统 3 个子系统组成，平台层通过数据中间件和数据资源层进行信息交换，实现时空大数据的高效访问；服务层将平台层中各子系统中的提供的部分功能封装为服务，为上层应用提供访问子系统的功能接口；应用层是在服务层的基础上构建的具体业务应用，它依靠服务层提供的服务接口实现，负责数据资源和客户端之间的交互。系统总体框架如图 1 所示。

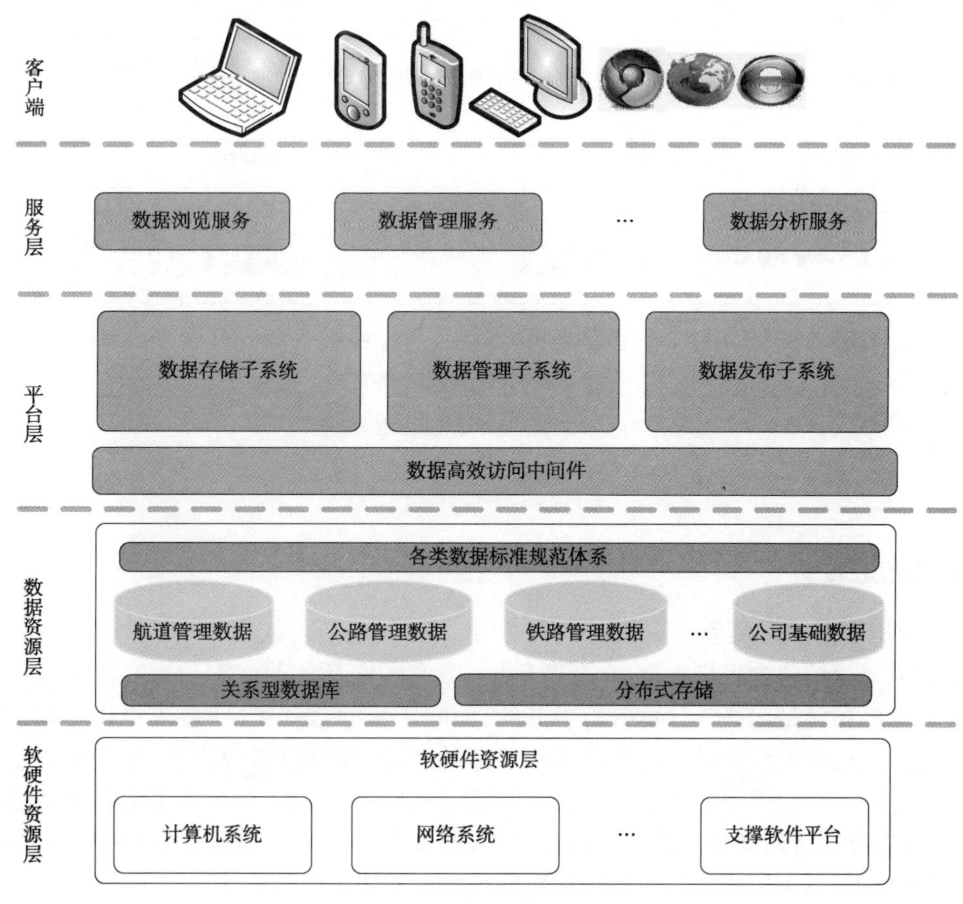

图 1　系统总体架构图

3.2　技术路线

工程设计时空大数据服务平台总体技术路线如图 2 所示，主要分为三部分：大规模时空数据管理系统、时空大数据高性能计算分析框架和工程设计时空大数据服务平台应用系统。大规模时空数据分布式管理系统为时空大数据高性能计算分析框架提供强大、安全、稳定的数据支撑，二者凭借强大、可扩展的数据存储能力和高效稳定的计算分析能力，共同维持着工程设计时空大数据服务平台应用系统的高效稳定运行。其中，大规模时空数据管理系统部分在构建时空大数据多态存储模型，采用分布式/并行文件系统、关系型数据库、NoSQL数据库和大容量内存混合调度架构的基础上，实现基于GSI和角色权限控制技术的云存储环境下数据安全机制、基于多节点的多通道并行访问技术和多节点时空大数据存储负载均衡技术。时空大数据高性能计算分析框架以自适应计算任务调度方法为核心，采用Hadoop + MPP高性能计算框架和双态云支持的CPU/GPU混合加速技术实现时空大数据的高性能计算；并以此为基础，构建时空数据高维动态过程模型，挖掘分析对象的动态变化过程，研制动态服务聚合引擎，实现时空数据的自适应深度分析。

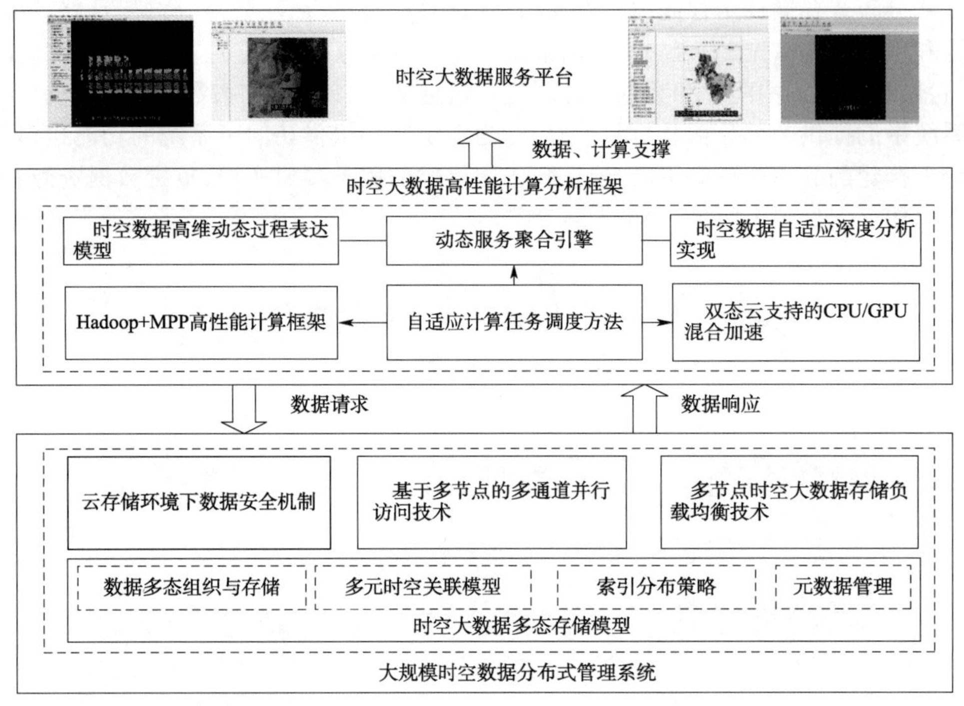

图2 技术路线图

3.3 技术先进性

(1)时空大数据多态存储模型

大数据平台需要存储包含表格数据、专题图数据、影像数据及各种文本数据在内的超海量多元异构数据。时空大数据的存储是为高效计算分析服务的，面向丰富的数据类型，要求提供不同的存储管理方法。单一的存储模式已经无法满足公司海量多元数据的存储、计算分析的需求，实现多态存储是解决该问题行之有效的方法。平台采用分布式/并行文件系统、关系型数据库、NoSQL数据库和大容量内存混合调度架构，形成多态存储管理架构，通过不同的时空数据集数据和数据操作单元的层次划分实现时空大数据的高性能、可扩展、高可用的分布式存储和数据元信息的统一组织管理。

(2)云时空数据安全管理

与传统的软件架构相比，云计算在运营和支持方面的成本更低廉，同时又能够获得更快速的部署能力和近乎无限的伸缩性等收益。但云存储数据的安全问题应得到有效保障。云时空数据安全管理技术由基于云的安全体系架构、基于角色的多层次地理空间数据安全机制、Web服务安全技术及GridFTP等云的数据安全管理措施等组成。时空大数据平台主要利用GSI技术及基于角色的权限控制技术保证用户对资源使用的合法性及相关作业的安全运行。

(3)基于多节点的多通道并行访问

在解决海量数据的存储问题后,如何快速检索并获取所需数据成为亟待解决的难题。针对数据访问效率要求高的应用需求特点,时空大数据平台提出一种基于多节点的多通道并行访问技术,通过集合各数据节点的检索能力,实现高效访问及快速数据检索的目的。

(4)多节点时空大数据存储负载均衡

多节点海量数据存储负载均衡技术包括三部分,即 Hadoop 负载均衡优化、数据存储负载均衡和数据节点访问负载均衡。Hadoop 数据负载均衡的过程本质上就是数据块的移动操作。数据负载均衡过程启动后,集群会寻找利用率过高的数据节点和利用率过低的数据节点,然后把集群 HDFS 中的数据块从利用率高的数据节点转移到利用率低的数据节点上。数据存储的负载均衡可以通过数据的划分来实现。时空大数据平台采用较为成熟的 Haproxy + Keepalived 架构完成负载均衡 + 高可用性,此方案具备配置方便、高可用性、Failover(故障转移)时间极短等特点。

(5)Hadoop + MPP 高性能计算框架

时空大数据平台需要解决大规模数据高效存储及其快速计算问题,而数据 IO 和计算效率成为能否提供高并发服务的关键。平台总体结构采用 Hadoop + MPP 方式,其中 Hadoop 部分负责绝大部分海量文件数据的存储和管理,以及部分适用于 MapReduce 计算框架的数据计算分析功能;MPP 负责架设分布式关系型数据库群和 NoSQL 数据库群,并承担绝大部分高性能计算任务。Hadoop + MPP 架构具备两者混合后的巨大优势,包括 Hadoop 的高可扩展性、高容错性、高可用性特点和 MPP 在并行计算和时空数据检索方面高性能、稳定及高效的特点。

(6)双态云支持的 CPU/GPU 混合并行加速

传统的分布式计算仅利用了节点的普通计算能力,对于节点的硬件资源无疑是一个巨大的浪费。随着多核、众核 CPU 和 GPU 技术的发展,小规模的计算集群甚至单个计算节点也有能力完成高性能计算任务。时空大数据处理可并行化程度高,本平台根据不同量级和复杂度的高性能计算与分析任务的需求,分派不同的 CPU/GPU 执行计算任务,研制具有多处理单元的 CPU/GPU 混合并行计算,有效利用 GPU 显存读取数据速度快的特性,充分发挥 GPU 的计算能力,解决读取瓶颈;引入内存文件系统,将处理的数据放置在内存中,有效的提高了数据读写的 I/O,充分满足了 GPU 显存的读写需求。

(7)面向复杂计算的动态服务聚合引擎

只具有单一功能的原子服务或简单复合服务,所能实现的功能重复率较高且比较简单,无法提供多个服务整合的复合服务,导致多种数据和服务资源难以有效整合,信息内容参差不齐,难以满足大多数用户复杂的信息分析处理要求。服务聚合是按照一定标准和规则,将各个具有单一功能的原子服务或复合服务联合起来,快速动态生成一个能够满足客户端复杂需求的、具有更强大功能的新服务的技术。

(8)时空大数据高维动态过程表达模型

随着时间的推进,勘察设计企业每年都会产生大量的工程设计数据存入服务平台,这就使得时空大数据的深度分析问题变得越来越重要,而如何从这些工程设计时空大数据中获得工程的动态变化过程,更是企业关注的重中之重。时空大数据平台实现基于事件和版本管理的双基态修正模型,根据事件挖掘分析出对象的动态变化过程,为企业决策提供依据。

3.4 系统功能

工程设计时空大数据服务平台由数据交换子系统、数据更新维护子系统、数据查询浏览子系统、元数据管理子系统、数据子库管理子系统、系统管理子系统和数据计算分析子系统等 7 个子系统组成,如图 3 所示。

(1)数据交换子系统主要实现数据检索、数据打包、数据发送、数据监控、数据检核、数据入库等功能。

(2)数据更新维护子系统主要实现数据添加、数据删除、数据修改、数据备份、数据恢复、数据分级管理等功能。

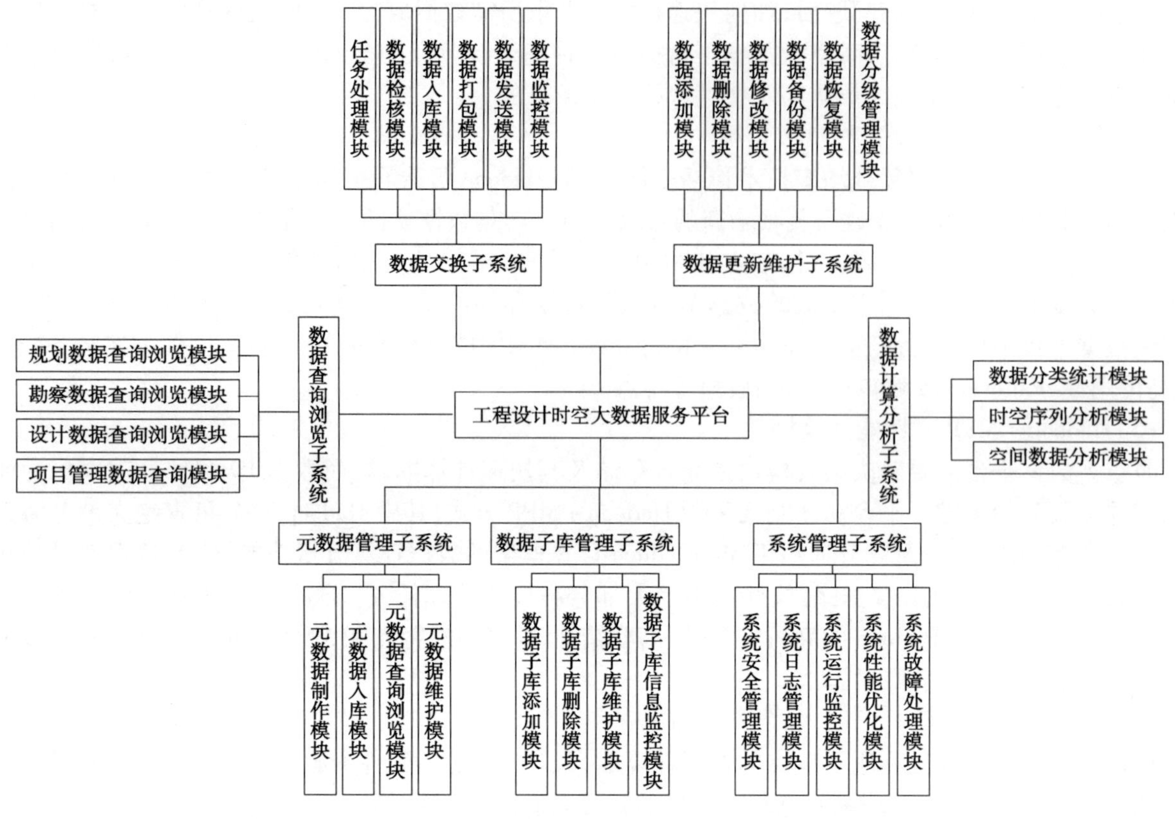

图3　工程设计时空大数据服务平台系统功能结构

(3)数据查询浏览子系统主要实现多种类型数据的浏览,包括规划数据查询浏览、勘察数据查询浏览、设计查询浏览及项目管理数据查询浏览等功能。

(4)数据计算分析子系统主要实现各类型数据的计算分析功能,包括数据分类统计模块、时间序列分析模块、空间数据分析模块等功能。

(5)元数据管理子系统主要实现元数据信息的维护,包括元数据制作、元数据入库、元数据查询浏览、元数据维护等功能。

(6)数据子库管理子系统主要实现各个分布式数据子库的管理,包括数据子库的添加、删除、维护以及子库信息监控等功能。

(7)系统管理子系统主要实现系统安全管理、系统日志管理、系统运行监控、系统性能优化、系统故障处理等功能。

结语

交通勘察设计时空大数据服务平台,采用分布式存储系统和高性能计算框架,具有良好的安全性、稳定性和可扩展性,能够代表当前乃至今后一段时间内本领域的主流技术,能够为工程设计时空大数据的管理和决策提供坚实的基础,为各级交通勘察设计企业培养一批稳定的技术和管理人才。同时,本平台的建立,不仅能够引领交通勘察设计行业信息化整合的浪潮,加速交通行业规范化、信息化进程,还可以在海洋、测绘、土地等其他行业推广应用,产生显著的经济、社会效益,具有很大的战略意义。

参考文献

[1] 杨杰,李小平,陈湉.基于增量时空轨迹大数据的群体挖掘方法.计算机研究与发展,2014(S2):76-85

[2] 平利强.基于云计算的海量时空数据存储及挖掘方法的研究和应用.杭州电子科技大学,2014
[3] 钟运琴,方金云,赵晓芳.大规模时空数据分布式存储方法研究.高技术通讯,2013,23(12):1219-1229
[4] 廖理.基于 NoSQL 的时空数据模型构建和存储方案研究.重庆大学,2015
[5] 肖建华,王厚之,彭清山,郭明武.地理时空大数据管理与应用云平台建设.测绘通报,2016(4)
[6] 李德仁,马军,邵振峰.论时空大数据及其应用.卫星应用,2015(9):7-11
[7] 吉根林,赵斌.面向大数据的时空数据挖掘综述.南京师范大学学报:自然科学版,2014(1):1-7

其他工程

地铁隧道暗挖侧穿加油站施工技术优化

徐　涛　王　刚
（中交一航局第二工程有限公司，山东青岛，266071；
中交第一航务工程局有限公司，天津，300461）

摘　要：系统介绍了青岛地铁隧道暗挖侧穿加油站施工技术，基于优化爆破施工、布设减振孔等措施，工程顺利及保质完成该段暗挖作业，为今后类似的工程提供一定的借鉴意义。

关键词：地铁隧道；加油站；减振爆破；技术优化

引言

城市轨道交通系统将是未来城市交通体系中不可缺少的组成部分，特别是在大型城市解决交通拥挤方面具有很强的优势，具有广阔的发展市场。从可持续发展的战略眼光来看，大城市总体规划的时候都应把城市轨道交通系统纳入规划之列，与其他交通系统综合考虑，使之相互协调，共同发展，使城市的整体交通体系更加科学、更加完善，更好的服务于人民，更好的为城市的经济建设服务。

随着城市交通压力不断加大，各大城市相继开展地下轨道交通建设。出于对成本控制和地质条件的考虑，多采用矿山法地下爆破暗挖施工。青岛地铁隧道工程位于城市主干道正下方，需侧下穿路边既有加油站，这种情况可参考的处理方案并不多，加油站对爆破震动又十分敏感，因此，必须采取多种措施、严谨处理施工技术等问题。本文就该工程中侧穿加油站的施工技术优化问题进行了分析与探讨，旨在对工程实际应用提供可参考的依据。

1　工程背景

该地铁工程位于青岛市黄岛区，隧道施工工艺为地下爆破暗挖，隧道分为左右两线，单洞单线设计，后期均为复合式衬砌暗挖结构，全部采用矿山法施工。区间断面形式为马蹄形，结构尺寸为 6.68m × 6.35m。

区间里程 YSK14 + 774.6 ~ YSK14 + 800.3 范围内为黄岛胶南通路加油站，加油站位于十字路口西北角，站内设有埋地卧式油罐 4 个，汽油罐 3 个（容积分别为 $30m^3$、$10m^3$、$10m^3$），柴油罐 1 个（容积为 $50m^3$），加油站油管总容积 $75m^3$，油罐目前处于使用状态。路通石化加油站约 1994 年建成，有 20 余年历史。储油罐与加油机采用承插式铸铁管道。开始实施优化方案时，右线大里程掌子面距离储油罐纵向距离 52.5m，横向距离 28m，垂距 16m。左线大里程掌子面距离储油罐纵向距离 37m，横向距离 42m，垂距 16m，其相对位置如图 1 所示。

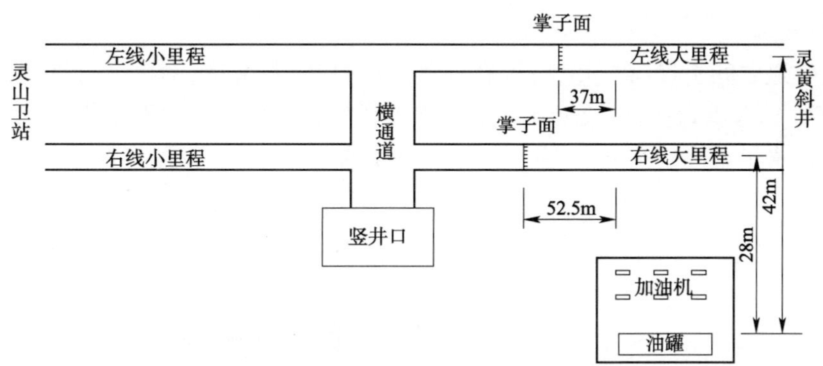

图1 地下暗挖与加油站相对位置示意图

2 施工技术优化

由于侧穿加油站对于爆破施工属于重大风险源,且加油站在地铁施工期间要正常营业,这对爆破振动控制提出了严峻考验。该区段会对加油站产生振动影响的是右线大里程和左线大里程,其中,又以右线大里程为重点控制对象。正常区段爆破振速要求为不超过2.0cm/s,设计特别要求在侧穿加油站区段将爆破振速降至0.5m/s以内,这对爆破施工和防护措施提出了更高的要求。右线大里程围岩等级为Ⅱ级,在保证正常进尺的情况下,我们采取了施做减振孔防护和优化爆破参数的双重减振措施。

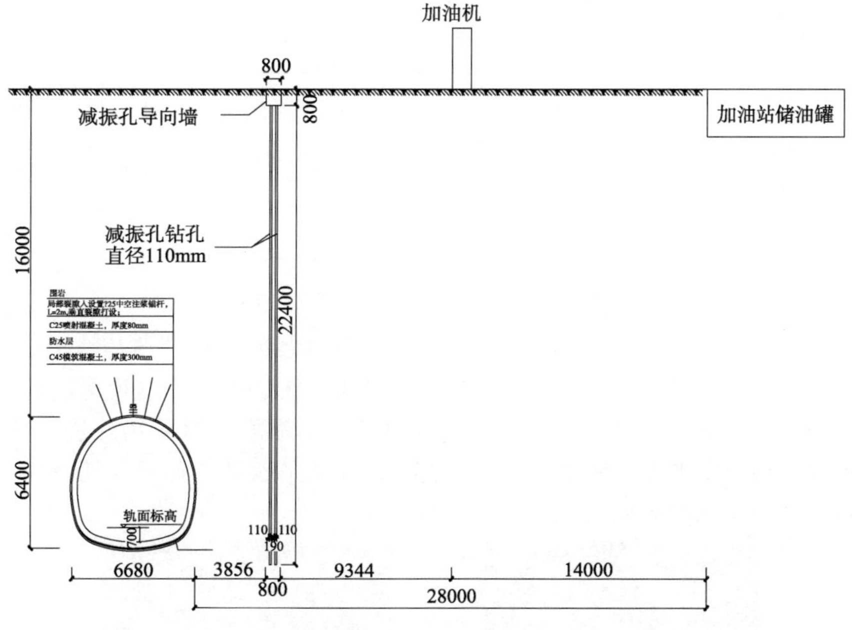

图2 隧道、减振孔及加油站位置立面示意图

2.1 减振孔防护

2.1.1 减振原理

炸药起爆经历不同时间后,应力波从起爆点开始以锥形沿炮孔轴线向两端传播,应力波传播至减振孔后开始受减振孔的影响发生反射。其中一部分应力波被反射而改变传播方向,另一部分应力波继续沿原传播方向扩展通过减振孔。之后应力波在减振孔近保护物一侧发生绕射,传入减振孔后的围岩,但此时的应力波已得到大幅度的衰减。被保护物的受到的振动主要是由通过减振孔绕射的应力波引起,而上述分析可知,应力波得到充分的衰减,数值上变得很小,已经不能导致被保护物的破坏。

2.1.2 布置与施工

加油站与开挖隧道之间打设减振孔，减振孔垂直地面打孔，共两排，两排平行排列，间排距 300mm，钻孔直径 110mm，孔深约 23.2m。两排减振孔整体呈弧形排布，在加油站外侧形成一道地下“防护墙”。减振孔距第一排加油机水平距离约 9.6m，距隧道右线中线约 7.7m。减振孔与加油站立面、平面关系见图 2、图 3。

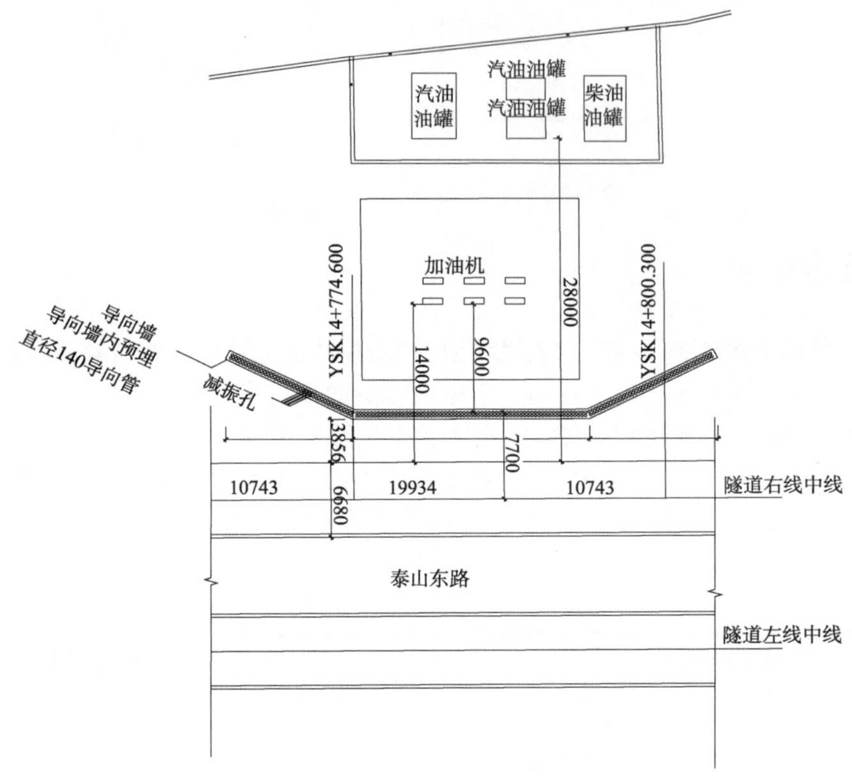

图 3　减振孔排布位置示意图

减振孔成孔采用 SZ180 型潜孔钻进行施工，每节钻杆长度 2 ~ 3m，直径 95mm，钻头直径 110mm，利用提前浇筑的导向墙和预埋套管作辅助，保证每个钻孔位置准确、竖向垂直。钻孔施工过程见图 4。

钻孔深度达到设计值后，使用测绳测量核实，然后人工将直径 90mm 的 PE 聚乙烯管插入到孔内，插入的过程中需要克服一定的地下水浮力。插入安装前，PE 管两端靠同材质垫片进行热融封堵，这样，可使每个减振孔内形成一根封闭的中空管结构，最后在顶部用水泥砂浆将孔顶封堵密实。至此，即完成减振孔辅助减振措施。如图 5 和图 6 所示。

图 4　减振孔钻孔施工

图 5　PE 管端头热融封堵

2.2　监测点布设

测点 1 布置于减振孔内侧（被保护物的一侧为内侧）、临近加油机处；测点 2 位于临近储油罐处；测点 3 位于减振孔外侧，隧道右线边缘处。测点 1、2、3 的连线与隧道中线垂直，测点随掌子面进尺前进而移动，与掌子面保持平行，其振动速度监测测点布置图详见图 7。

图 6　人工进行 PE 管安插

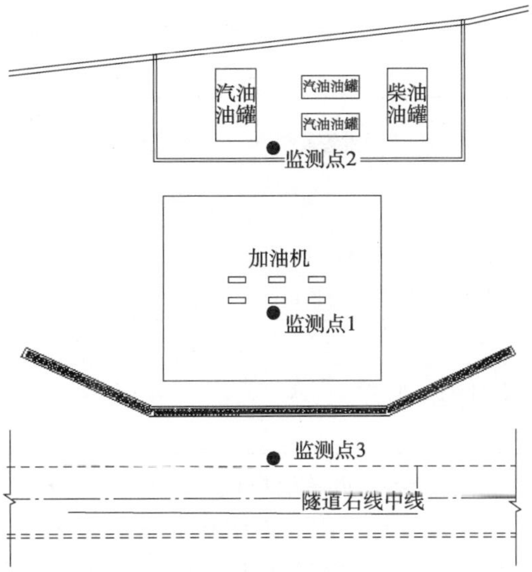

图 7　振速监控点布置图

测点 1 监测加油机处振动速度，测点 2 监测储油罐处振动速度，测点 3 监测无减振孔保护情况下掌子面处振动速度。通过测点 1 和测点 3 的数据对比，可以得出减振孔所起到的减振效果。

2.3　优化爆破参数

2.3.1　未优化方案

未优化的炮孔布置、掏槽眼布置及爆破参数分别见图 8、图 9 和表 1 所示。

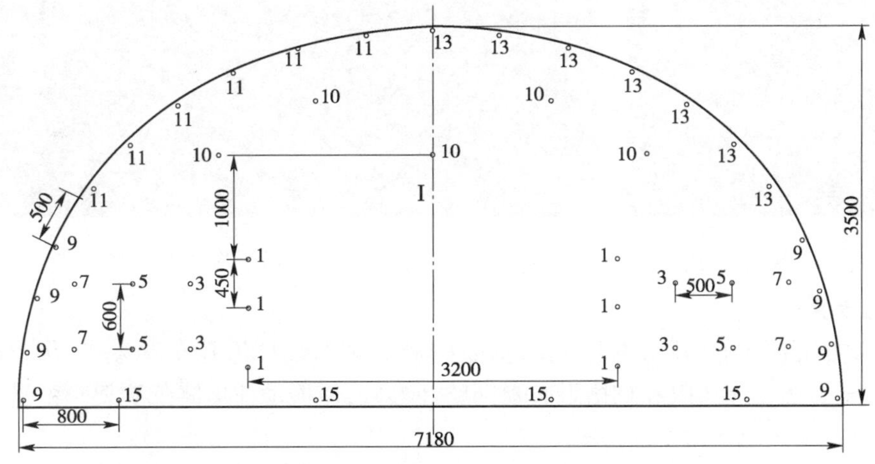

图 8　优化前上台阶炮孔布置图

未优化方案对侧穿加油站施工存在的问题：

（1）掏槽眼间距过大、排距不合理，掏槽不能充分爆出。掏槽方式采用楔形掏槽，未打设小掏槽。

（2）掏槽眼孔口间距和孔底间距均较大，要实现较好的掏槽效果，单孔装药量必然要加大，进而导致单段起爆药量过大。掏槽时只有单自由面，缺乏临空面，大部分振动通过岩石传导到地面，导致超振。

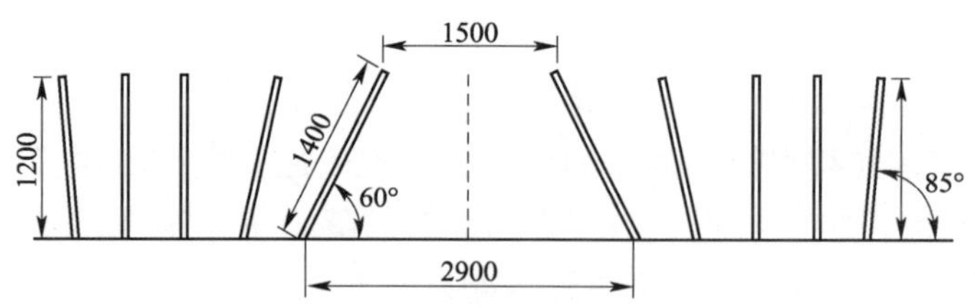

图 9　优化前掏槽孔布置图

未优化爆破参数　　表 1

炮次	炮孔名称	雷管段别	眼数	炮孔深度(m)	单孔装药量(kg)	单段最大药量(kg)	装药量(kg)
Ⅰ	掏槽眼	1	6	1.4	1.0	6.0	6.0
	辅助眼	3、5、7、10、15	21	1.2	0.6~0.8	3.2	13.4
	周边眼	9、11、13	21	1.2	0.6	4.8	12.6
合计	—	—	48	—	—	—	32.0
指标	开挖面积:20.04 m^2;循环进尺:1.0m;孔数:48 个;比钻眼数:2.4 个/m^2;炸药量:32.0kg;炸药单耗:1.60kg/m^3。						

(3)掌子面上半部第一排辅助眼距掏槽部分间距过大,达到一米以上。导致掌子面上半部分爆破不充分,进而加大了周边眼的夹制作用。未优化方案的掌子面上部爆破效果见图 10。

(4)雷管起爆顺序不合理,对爆破效果造成一定影响。且现场雷管是跳段使用,大部分使用了奇数段。在避免雷管误差方面,跳段使用有一定作用。但本工程对振动要求严格的情况下,少段别会导致单段起爆药量过大。因此,应从控制振速出发,增加炮孔和段别,合理分配,既达到良好的爆破效果,又能降低振速。

(5)未优化方案,周边眼间距较大,装药量较大,且没有与周边眼相配合实现光面爆破效果的内侧辅助眼。从而导致周边眼爆破超欠挖严重。周边眼爆破效果见图 11。

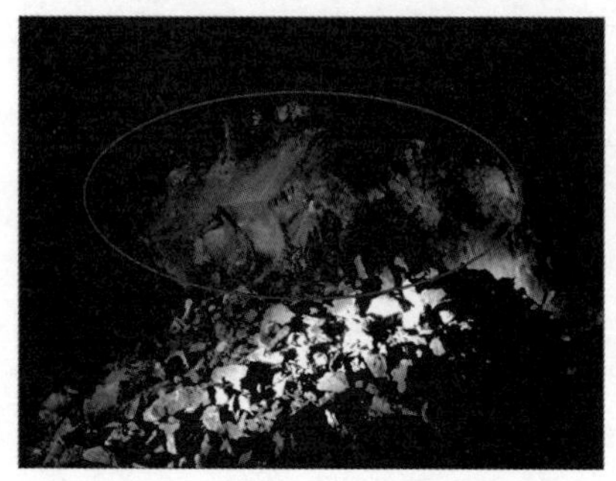

图 10　掌子面上部爆破效果图

图 11　掌子面上部周边眼爆破效果图

2.3.2　优化方案

针对上述爆破方案存在的问题,主要针对超振速问题,重新设计炮孔布置方式,优化爆破参数,特别是结合现场施工条件,优化周边眼和掏槽眼起爆网路和参数,使振动速度降低到要求的范围,达到保护加油站的目的。

爆破方案优化方法:

(1)爆破公司仅供 1、3 ~ 15 段的导爆管雷管,共 14 个雷管段别,由于其导爆管雷管段别有限,会导致同一段别起爆的炮孔数量增大,进而导致单段最大起爆药量过大,加大了爆破振动控制的难度。针对现场雷管段别不足的限制,采用分次起爆的方法,弥补段别不足。上台阶断面分上下两部分,下部起爆后,上部装药起爆。

(2)根据对现场振动速度波形图的分析可知,掏槽部位缺乏临空面,岩石夹制作用大,最大振速基本都出现在掏槽部位。本方案采用复式楔形掏槽，增加两对小掏槽，即一级掏槽。小掏槽具有小角度、小间距、浅孔的特点，单孔装药量减少。小掏爆破后，掏出一定直径和深度的空腔，为二级掏槽孔的爆破提供了临空面。二掏虽然孔深且装药量加大，但因存在临空面，使得爆破振动明显降低。一级掏槽与二级掏槽相配合，即可实现降低掏槽眼单孔药量的同时达到良好的掏槽效果。掏槽眼优化布置见图12。

(3)增加辅助眼个数，减小辅助眼间距，降低单段起爆药量。利用现有段别，重新设计炮眼的布置方式，其具体布置方式与优化参数分别详见图13和表2所示。

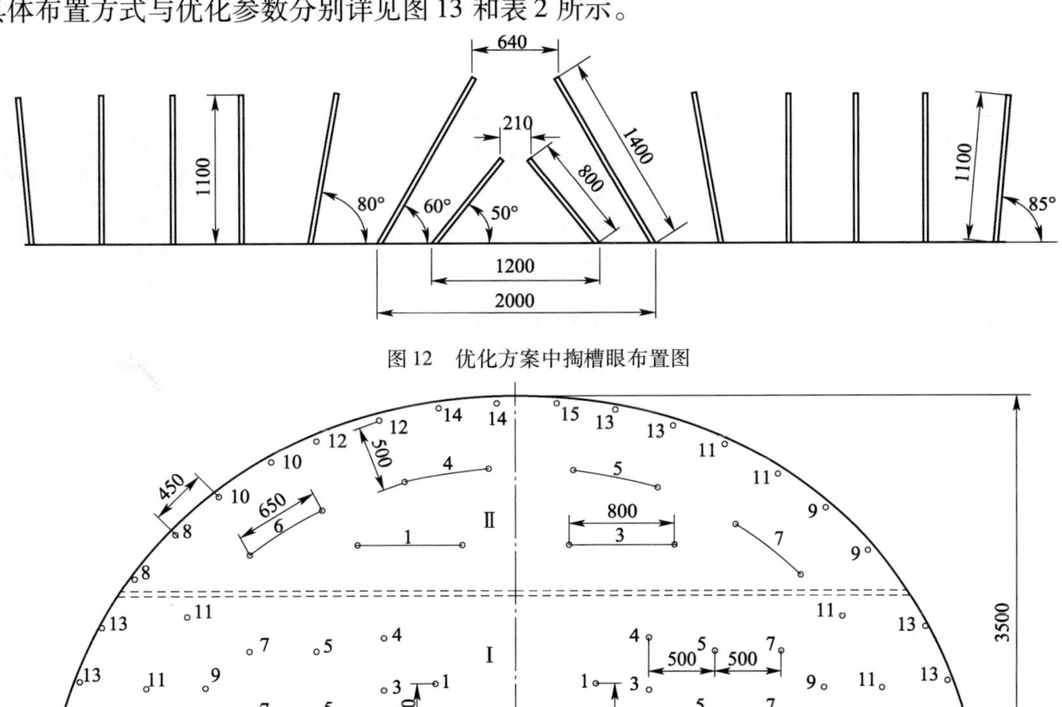

图12　优化方案中掏槽眼布置图

图13　优化的炮眼布置图

优化方案的爆破参数　　表2

炮次	段号	炮孔类型	孔深(m)	眼数(个)	单孔(kg)	单段最大药量(kg)	装药量(kg)
Ⅰ	1	一级掏槽眼	0.8	4	0.2	0.8	0.8
	3、4	二级掏槽眼	1.4	8	0.3	1.2	2.4
	5～9 11～12	辅助眼	1.1	22	0.3	1.2	6.6
	6、8 10、12	底板眼	1.2	10	0.3	1.2	3.0
	13～15	周边眼	1.1	10	0.2	0.6	2.0
Ⅱ	1、3～7	辅助眼	1.1	12	0.3	0.6	3.6
	8～15	周边眼	1.1	15	0.2	0.4	3.0
合计	—	—	—	81	—	—	21.4

从表1和表2对比中可以看出，优化后单段最大起爆药量从6.0kg降到1.2kg；总药量由32kg降到21.4kg；炸药单耗从1.6kg/m^{3}降到1.06 kg/m^3。从优化参数可知，降低振速的同时更符合工程实际。

爆破振速监测由施工方和第三方分别监测，数据差别不大的情况下以第三方监测数据为准。监测仪器采用 TC-4850 型爆破测振仪，如图 14 所示。测振时将多台仪器分别按规范设于三个监测点处进行测振。右线大里程上台阶测点 1、2、3 连续三天爆破振速数据（单位：cm/s）详见表 3。

各测点振动速度数据表　　表 3

	测点 1	测点 2	测点 3
第一天	0.347	0.270	1.434
第二天	0.235	0.215	1.391
第三天	0.463	0.264	1.372

需要说明的是，振动速度均为 x、y、z 三个方向速度的矢量和。从表中可以看到，减振孔内侧，振动速度沿爆破地震波传播方向正常衰减，即储油罐处（测点 2）振动速度小于加油机处（测点 1）振动速度。减振孔外侧（测点 3）振动速度明显大于减振孔内侧（测点 1 和测点 2）振动速度。

图 14　爆破测振仪

可见，通过优化爆破参数和采取减振孔措施，爆破振速成功的从 2.0cm/s 降至 0.5cm/s 以内，被保护物所在位置有明显的减振效果，在加油站的保护上起到了重要作用，满足了设计和规范要求。具体监测历时曲线详见图 15、图 16 和图 17。

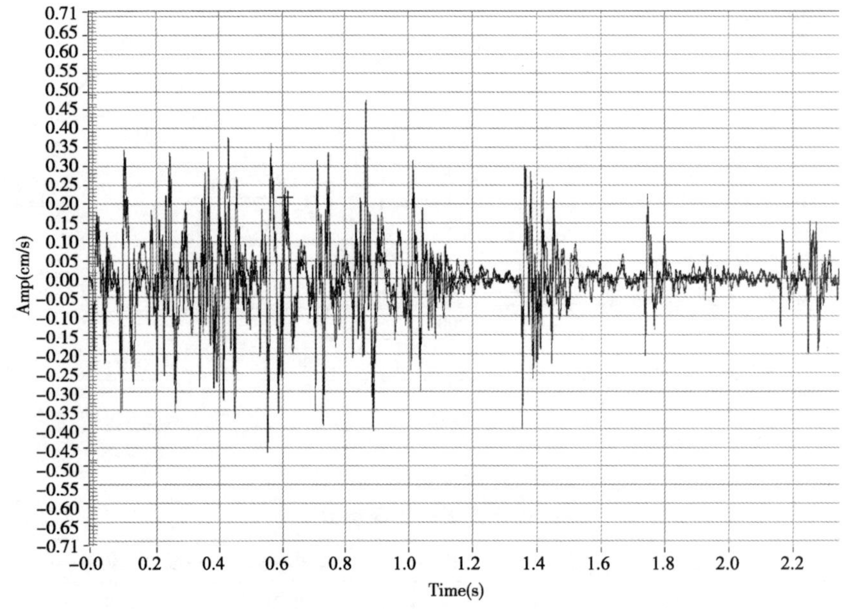

图 15　测点 1 爆破监测曲线图

结语

通过采取打设减振孔和优化爆破参数的措施，在施工过程中成功将爆破振速降低，很好地达成了保护加油站的目的。实际施工过程中，往往施工周边不仅仅只存在加油站，对敏感建筑物、构筑物、需特殊保护的对象等，都可以采取类似的保护或优化措施。从表 3 中监测数据看，减振孔防护措施贡献较大，爆破振速经过减振孔后大幅度削弱；同时，爆破参数优化也起到了一定的作用，相比之前的爆破效果来说，新方案实施后除了振速有所降低，隧道超欠挖情况也有减少。

在隧道爆破施工这一环节，我们主要控制爆破振速和开挖断面质量，只有将这两个方面做到位，后面的工序才能安全、高质量的施做。通过这次成功的方案优化，不难看出，爆破施工还有很多可以研究、优化的空间，针对不同的实际情况采用不同的参数和措施就可以满足设计的要求。该工程施工经验对隧道爆破施工有重要的参考价值。

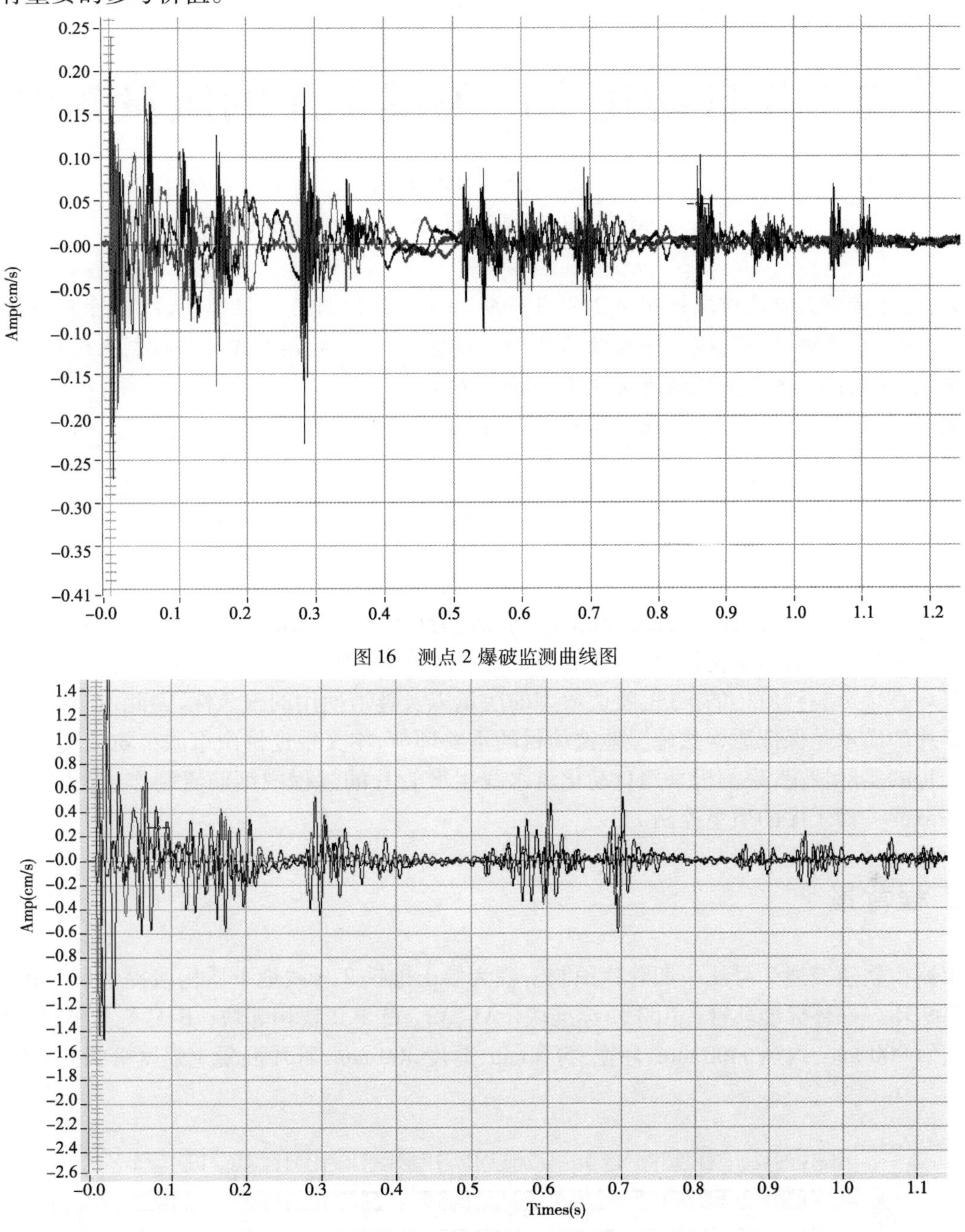

图16 测点2爆破监测曲线图

图17 测点3爆破监测曲线图

参考文献

[1] 国家质量技术监督局，中华人民共和国建设部. GB 50299—1999，地下铁道工程施工及验收规范(2003年版)[S]. 北京：中国计划出版社，1999(2004年4月第2版). 47-49

[2] 中华人民共和国住房和城乡建设部，中华人民共和国国家质量监督检验检疫总局.《城市轨道交通工程监测技术规范》(GB 50911—2013)[S]. 北京：中国建筑工业出版社，2013(2004年2月第1版. 25-31

[3] 王海亮，蓝成仁，田运生，等. 工程爆破[M]. 北京：中国铁道出版社，2008(2012年2月第3版). 87-105

盾构管片自动化生产关键工序的质量控制

李　威　孙明远
（中交一航局第四工程有限公司，天津，300456）

摘　要：通过对佛山市城市轨道交通2号线一期工程管片预制的工程背景，结合管片自动化流水线生产工艺，对管片生产过程中关键工序质量的控制进行总结，并针对各关键工序控制点进行分析，提出有效的管控措施，期望能够为同类型轨道交通工程提供参考。

关键词：盾构管片；自动化生产；关键工序；质量控制

引言

近年来，随着城市轨道交通工程的发展，全国越来越多的城市开始开发地下空间，建设地铁隧道，地铁隧道盾构施工由于安全、快捷而得到广泛的应用，盾构预制管片也随之等到了空前的发展，管片作为盾构隧道最主要和最关键的结构构件，是地铁隧道的最外层屏障，肩负着隧道成型、止水、挡土的功能。管片质量的好坏直接影响到盾构的推进、隧道成型的质量以及隧道使用的耐久性，因此，在管片的生产过程中控制好管片的质量是保证盾构法施工地铁项目的重要环节，本文根据佛山市城市轨道交通2号线一期管片预制工程的实际情况，来剖析采用自动化流水线生产管片的过程中钢筋笼制作、管片生产及成品堆放等生产环节的关键工序的质量控制。

1　工程背景

佛山市城市轨道交通2号线一期管片预制工程为佛山地铁2号线地下盾构段提供所有预制管片，共需管片29199环。一环标准环管片由3块标准块（A1、A2、A3）、2块相邻块（B、C），1块封顶块（K）组成，管片外径6000 mm、内径5400 mm、环宽1500 mm、厚度300 mm，管片混凝土强度等级为C50抗渗等级为P12。

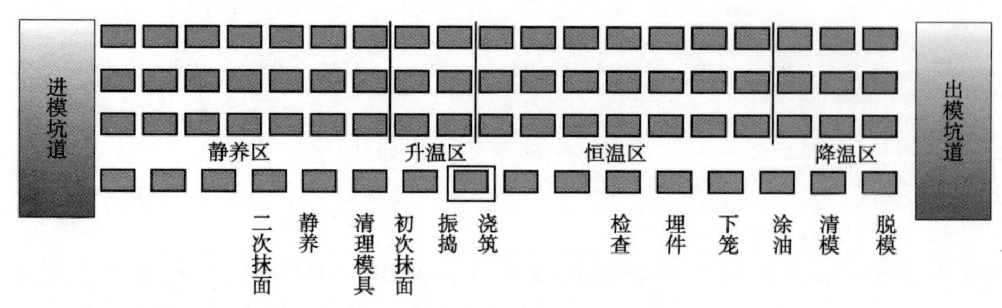

图1　管片自动化流水线布置图

如图1所示，管片生产采用1+3线制全自动化流水线生产工艺，即一条生产线，三条蒸养线，一条生产线共设十六个工位。蒸养线上分为静养区、升温区、恒温区及降温区。全线共摆放72片模具。在智能计算机的控制下，模具在轨道上按照设定节拍自动流转。

2　管片生产工艺

管片生产工艺流程详如图2所示。

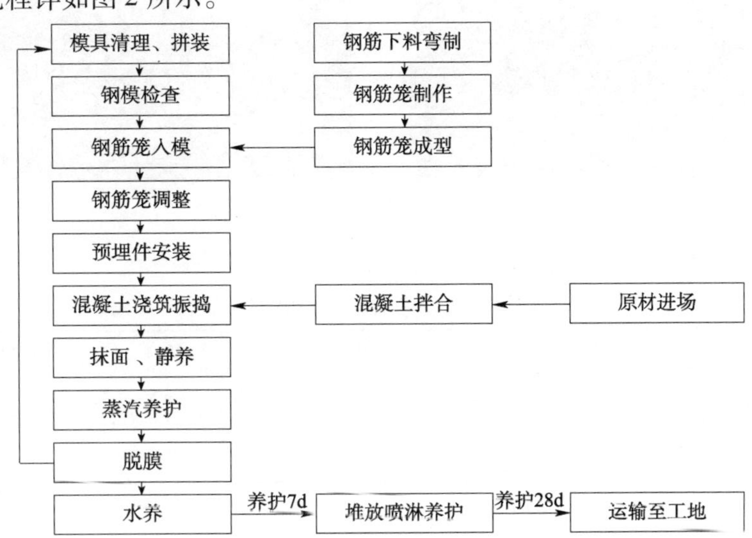

图2　管片生产工艺流程图

根据管片生产工艺流程,将管片生产划分为三个部分。分别为钢筋笼制作、管片成品生产和管片成品堆放部分。其中整个生产过程中的关键工序有钢筋笼的加工与制作,模具的组装与清理、钢筋笼的入模、预埋件的安装、混凝土配置与搅拌、混凝土的浇筑与振捣、抹面收光、管片养护、管片脱模、管片成品堆放等。

3　关键工序质量控制

3.1　钢筋笼加工与制作

钢筋笼的制作是按先成片(在焊接台生产)后成笼(在胎膜焊接生产)的生产顺序半机械化流水作业。

3.1.1　钢筋调直

圆盘条钢筋的调直切断采用数控冷拉调直切断机,输入断料长度数据后,经确定机械运转正常后,方能批量冷拉调直、切断,切断后半成品有专人进行规整,摆放在料架内,统一吊放至钢筋弯制区。

螺纹钢断料采用切断机,人工配合下料,切断机前端设置钢筋断料平台,断料平台上设置可移动式限位定长挡板,下料前,按照小料长度调节挡板位置,下料时,将钢筋放置在平台上,端头抵到挡板,进行切断,可有效保证钢筋断料长度,螺纹钢切断详见图3。

3.1.2　钢筋弯制

根据弯弧、弯曲钢筋的规格及弧度调整弯弧机从动轮的位置及芯轴的直径。正式弯弧前,先进行试弯,做出标准弯弧样筋,将标准弯弧样筋焊设在弯弧机前端支撑架上,以便在弯弧过程中随时比对核合,保证钢筋弯曲弧度符合要求。钢筋弯制详见图4。

弯弧操作进料时必须轻送,钢筋进入弯弧机时应保持平衡、匀速,防止平面翘曲,成型后表面不得有裂缝。弯曲操作时严禁超过本机规定的钢筋直径、根数及额定转速工作,弯曲后钢筋先放在料架内,采用桁车吊放在半成品堆放区指定料架格子内,严禁混料。

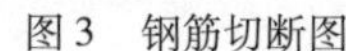

图3 钢筋切断图

图4 钢筋弯弧

钢筋加工允许偏差和检验方法[1]详见表 1。

钢筋加工允许偏差和检验方法 表1

序号	项目	允许偏差(mm)	检验方法	检查数量
1	主筋和构造筋长度	±10	尺量	同一设备加工的同类型钢筋每班抽检不少于5件
2	主筋折弯点位置	±10	尺量	
3	箍筋折弯尺寸	±5	尺量	

3.1.3 部件焊接

部件焊接在成型架上进行,成型架上按照箍筋设计尺寸及拉钩筋间距设置定位板,保证拉钩筋位置焊设精度,从而保证主筋间距符合要求。钢筋焊设采用 CO_2 气体保护焊机,焊设前调整焊机电流大小,不得超过额定电流,进行试焊,确定焊设参数后,以免出现钢筋烧伤现象。焊接时按照图纸规定的焊点焊接,必须将部件放平、焊牢,严禁出现扭曲现象。

3.1.4 骨架焊接

为保证钢筋笼成型尺寸精度,钢筋骨架成型焊接在专用自制钢筋胎模架上焊设详见图 5。胎模架严格按照管片模具尺寸制作,在胎模架上设箍筋定位卡槽,卡槽位置根据设计位置预先确定,胎模架弧型控制板保证成型钢筋弧度一致,胎模架底端设置限位板,可保证主筋端头整齐。

钢筋笼成型焊接前必须对部件检查,合格后摆放到胎模上的指定位置。然后将内弧面主筋穿进箍筋紧靠拉钩筋一侧进行焊接工作。焊接时焊点的位置要准确,不得漏焊,焊口要牢固,焊缝表面不允许有气孔及夹渣。具体焊设顺序为:先点焊箍筋与内弧面主筋,确定好箍筋的位置;再将外弧面主筋按照图纸标明的位置依次穿入箍筋内,将有定位挡板一端的上下主筋进行点焊牢固,主筋与箍筋应从中间位置依次分别向两端进行焊接,直到内外弧主筋另一端焊牢为止,最后焊设腰筋、手孔位置的 U 型加强筋。

图5 胎膜架上完成骨架焊接成型图

焊接成型后的钢筋骨架吊离胎模架,放在支架上,由专职检测人员测量其弧长、拱高、扭曲度、主副筋间距及焊设质量等项目均合格后,挂上合格标识牌,填写制作人及检查人以便于发生不合格时,追溯焊接者退回返修,直至验收合格为止。再用四点吊钩将钢筋骨架吊至已检区堆放在钢筋笼堆放架上。钢筋笼制作允许偏差详见表 2。

钢筋笼允许偏差表 表2

序号	项目	允许偏差(mm)	检验方法	检查数量
1	主筋间距	±5	尺量	按日生产量的 3% 进行抽检,每日抽检不少于3件,且每件检验 4 点
2	箍筋间距	±10	尺量	
3	分布筋间距	±5	尺量	
4	骨架长宽高	+5,-10	尺量	

3.2 管片成品生产堆放

生产线上设置:脱模、清模、涂油、下笼、埋件、检查、浇筑和振动、初次抹面、清理模具、自然养护、第二次抹面和蒸汽养护等工位。完成这些工位工作,便完成了一片管片的制作。

3.2.1 钢筋笼入模

钢筋笼入模前先进行模具的清理与合拢,模具清理顺序应先内后外,先侧板、端板再底板[2]。清洁关键部位为止水带凹槽、底部密封条、侧端板连接部、侧端板下口、手孔座眼、椎形螺栓四周、凹凸定位锥形体等处。清理采用铲子与刷子,铲除残留杂物,不准用锤敲和凿子凿,严防损害钢模表面,清理完成后检查是否干净及密封条是否安装良好。清理完成后喷涂脱模剂,采用气动喷雾器喷涂,喷涂应均匀一致,不得出现有漏刷、积油和淌油现象。

模具合拢前对底模、端面和侧面接触处进行彻底清除干净,合拢按先侧板后端板的顺序,拧紧定位螺栓,最后打入定位销,保证合拢精度,模具模型图详见图6。

模具合拢完成后,采用桁车吊起检验合格的钢筋笼,并在其内弧面、侧面及端面安装保护层垫块,缓慢放入模具内,入模的钢筋笼形状必须与模具相符、入模位置正确,钢筋笼骨架四周不得同模具、棒芯等接触,保证管片钢筋保护层厚度。保护垫块采用专用塑料垫块,垫块厚度,承载力和耐久性不低于管片混凝土,根据不同部位选用齿轮形和支架形两种,支架形用于内弧底,对称放置,齿轮形用于侧面和端面。钢筋笼入模示意图如图7所示。

预留注浆孔(吊装孔)螺栓套管及手孔位置加强弹簧筋的安装必须保证位置准确,安装牢固,不得露放,错放,最后安装弯螺栓套管,端头安装可伸缩胶垫,以防螺栓孔处漏浆,预埋件安装完成后进行隐蔽验收,合格后盖上盖板移动至浇筑振捣工位。

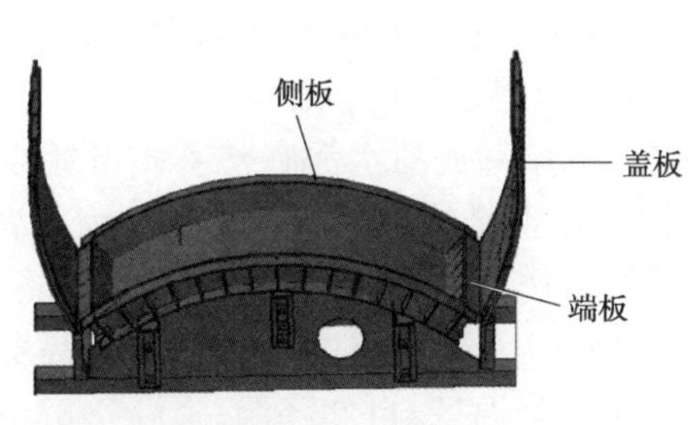

图6 模具模型图

图7 钢筋笼入模

3.2.2 浇筑与振捣

混凝土的采用1套120型行星立轴搅拌机搅拌而成,砂石料的储存采用封闭式高位筒仓,拌合料的配料及搅拌均采用电脑数控系统,每天混凝土开拌前,根据气候、气温和骨料的含水率变化,由试验室在设计配合比的基础上出具当天混凝土的施工配合比。拌合站严格按照试验室提供的施工配合比调整好配料系统,计算每盘混凝土实际需要的各种原材料进行投料拌合。混凝土搅拌时间不少于90s。混凝土搅拌要充分、均匀、色泽一致,和易性良好,现场测试混凝土坍落度满足(30~70mm)要求[2]。

混凝土拌合完毕后,第一盘取样做坍落度检测,确认合格后方能使用。每班抽查不少于三次。每天拌制的同配合比的混凝土,试件取样不少于一次,每次至少成型三组。二组试件与管片同条件养护,另一组试件与管片同条件养护脱模后再进行标准养护。一组与管片同条件养护的试件用于检验脱模强度,另一组与管片同条件养护的试件用于检验出场强度,经同条件养护脱模后再标准养护的试件用于检验评定混凝土28d抗压强度。

凝土浇筑振捣在浇筑室内进行,拌合完成后的混凝土直接落至输送料斗内,通过输送轨道架直接到模具上方,打开落料阀,混凝土从钢模顶部中央位置落入钢模内腔,共分三次下料,混凝土的振捣采用气动附着式整体振捣方式，每片模具底部安装 3 个高频气动马达，在模具进入振动台内后，采用液压顶升系统将模具脱离轨道，以防在振捣过程中影响其他相邻模具，振动时根据混凝土的落料位置，控制振动器的开启顺序、数量及开启时间。振动到混凝土内不再有大气泡冒出；但应避免过度振动造成的表面过多泛浆，增加泌水。浇筑振捣详见图 8。

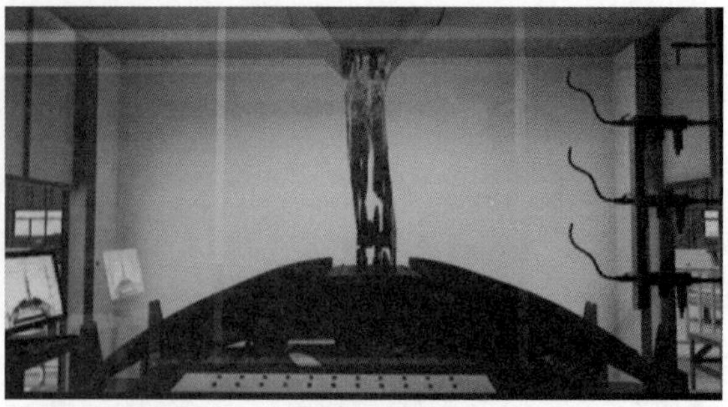

图 8　混凝土浇筑与振捣

3.2.3　混凝土抹面

混凝土全部振捣成型后，移至初次收面工位，抹平上部中间处混凝土。并视气温及混凝土凝结情况，约 15 分钟后打开盖板，进行二次抹面收光。混凝土抹面收光分为三步，即粗、中、细三个工序。

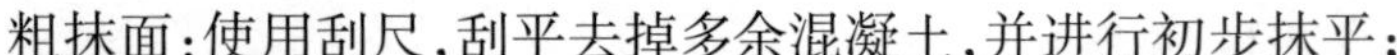

粗抹面：使用刮尺，刮平去掉多余混凝土，并进行初步抹平；

中抹面：待混凝土收水后用灰匙进行抹面，使管片外弧面平整、光滑；

精抹面：待混凝土硬化直到所有的析出水已消失，用手按混凝土表面不留下大于 2mm 的印痕，用长匙精工抹平，以管片外弧面光亮无灰匙印、搓平压实、光滑平整为准。

管片的外弧面混凝土抹面好坏直接影响到管片的外弧面表观质量、管片外形尺寸及钢筋的保护层厚度，从而影响管片结构强度及耐久性。因此要根据浇筑的混凝土的性质和当时的天气情况来调整三次收光的时机，抹面太早，或涂抹过渡，引起泌水量增加，产生塑性收缩，在管片外表面产生细而不规则龟裂。且容易导致管片混凝土下坠，导致管片两端外弧面凹凸不平。在第二次抹面完成后，利用静养工位进行清理模具盖板，并喷涂隔离剂，整个抹面过程中严禁洒水和干水泥，以避免管片外弧面燥皮和开裂。

3.2.4　脱模与养护

管片脱模必须保证管片与外界温差不大于 20℃，且同条件养护试块强度达到 20MPa 以上时进行[3]，为了保证迅速提高管片的初期强度，达到脱模条件，提高生产速率，管片初期养护采用隧道式蒸养窑蒸汽养护，蒸养窑内布设 3 条蒸养线，蒸养线上分为静养区、升温区、恒温区及降温区。

管片静养即为自然养护，其作用是让混凝土在常温下进行初凝，提高水泥在热养护开始以前的水化程度，使混凝土具有必要的初始结构强度，以增强混凝土对升温期结构破坏的抵御力。为了满足生产线生产节拍，静养区时间控制在 2.65h，静养工位完成后，将模具运送至蒸养窑内升温区。为了防止因温度升高过快使混凝土膨胀损害内部结构，升温速率控制在 10 ~ 15℃/h，严禁超过 20℃/h。最高蒸养温度为 50 ~ 60℃，升温 0.55h 后进入恒温区，恒温 1.92h 后，模具运转至降温区，自然降温，降温 0.82h，控制降温速率不超过 20℃/h，以防出现收缩裂纹。整个蒸养系统温度变化，由电脑自动控制，温度超过设定范围将会自动报警，进行及时调整。具体静养和蒸养温度与时间曲线图详见图 9。

管片达到脱模条件采用自制脱模夹具进行脱模作业，按照先拆侧板，后拆端板的顺序；严禁锤打、敲击等野蛮操作。夹具夹嘴夹住管片，平稳起吊，脱离模具后放至管片临时堆放区进行标记与降温。夹具与管片接触部位采用柔性材料予以保护，以防造成成品破损。具体管片脱模详见图 10。

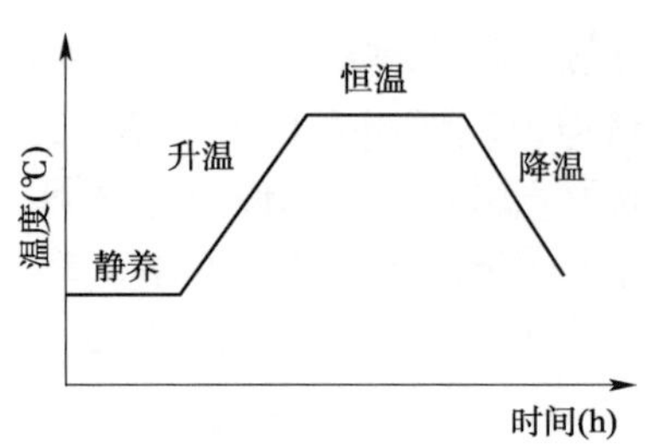

图 9　静养和蒸养温度与时间曲线图

图 10　管片脱模示意图

管片表面温度与水的温差不大于20℃时,使用叉车运送到水池边,经翻转机翻转90°吊入水养护池进行养护。叉车及翻转机与管片接触面均采用柔性材料进行包裹,以免造成成品破损。

管片侧立放于水池内,注水淹没管片,保证整块管片泡在水中。管片水池养护7天后再用门吊转运至存放场进行喷淋保湿养护7天。管片吊入、吊出水池必须专人站在旁边扶稳,慢起轻放,以防磕碰破损。养护过程中做好管片入水时间及养护池号的记录,以便及时测量水温(养护用水的温度控制在20±10℃),控制养护时间与养护质量。

3.2.5 成品与堆放

管片水养7d后运至堆场继续养护存放,堆放场地坚实平整,排水流畅,支垫稳固可靠。管片按生产日期和型号采用侧面立放方式分类码放,下层垫设柔性垫条枕木,层间采用2根120×120×1200mm的松木条,间距1500mm,垫条摆放的位置均匀,厚度一致,上下层垫木在一条垂线上,管片堆垛整齐划一,无倾斜。每垛管片间距不少于200mm,以免在堆放或装车过程中互相碰撞破坏。管片侧面立放不宜超过4层,超过4层应进行受力验算。其堆放图如图11所示。

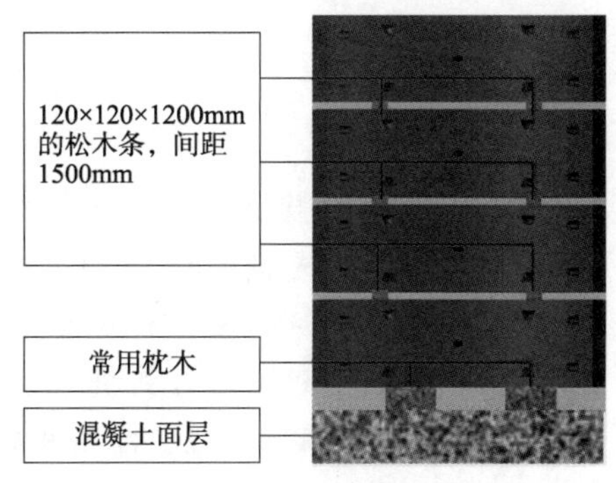

图11 管片堆放示意图

结语

本文结合佛山市城市轨道交通2号线一期工程管片生产的实际经验,对生产中各个环节的质量控制关键工序进行了分析,所得主要结论如下:

(1)钢筋加工采用半机械化流水生产模式,螺纹钢的断料采用定长限位板,可快捷有效的控制钢筋的断料长度,钢筋部件焊设台及钢筋笼成型胎膜架可严格的控制钢筋笼的钢筋间距,保证钢筋笼的加工精度,提高钢筋笼制作工效。

(2)管片的生产采用的隧道窑自动化流水线生产工艺,刚性模具+液压缸牵引系统,生产工艺先进,生产节拍固定,所以在整个生产过程中,主要控制混凝土配合比控制、混凝土的拌合质量、混凝土的落料位置与振捣时间的配合、三次抹面时机的把控、以及蒸养与水养温度的变化速率及温度差的控制等一系列的质量关键点,是保证管片外观质量,减少侧面气泡及外弧面裂纹等质量通病的有效措施。

(3)管片脱模使用的自制脱模夹具,以及管片的运输与堆放过程使用的所有机具,与管片的接触面均采用柔性材料进行保护,可减少管片在脱模、运输、堆放等过程中造成的棱角破损现象,是管片成品保护的有效措施。

参考文献

[1] 中华人民共和国住房和城乡建设部,中华人民共和国国家质量监督检验检疫总局. GB 50446-2008,盾构法隧道施工与验收规范[S]. 北京:中国建筑工业出版社出版,2008

[2] 张驰,蔡亚宁. 隧道盾构混凝土管片预制与模具[M]. 北京:中国建筑工业出版,2010

[3] 中华人民共和国国家质量监督检验检疫总局,中国国家标准化管理委员会. GB/T 22082—2008,预制混凝土衬砌管片[S]. 北京:中国标准出版社,2008

港口散粮输送系统溜槽积料问题及解决方案

许先凯　张奕泓　胡昌发
（中交机电工程局有限公司，北京，100088）

摘　要：港口散粮输送系统溜管积料普遍存在，各港口一般采用不同型式的三通或闸门来解决集料问题，但均存在一定的问题，不能很好的解决积料问题，当变换粮食品种时，会造成混料现象，现港口对混料问题控制较为严格，如何解决溜槽积料及混料问题带来了新的考验。本文通过分析港口散粮输送系统溜槽积料问题，通过流程分析提来彻底解决溜管集料问题，避免混料问题的出现。

关键词：散粮输送系统；溜槽积料；解决方案

引言

如何解决散粮输送系统的溜槽积料现象是散粮输送系统中的常见问题，尤其是经常变换输送粮食品种的情况下。解决溜槽积料现象，目前尚无好的解决措施，一般根据输送系统现状和工艺条件具体分析，各港口一般采用不同型式的三通或闸门来解决集料问题，但均存在一定的问题，不能很好的解决积料及混料问题。本文根据厦门港海沧港区 20#、21#泊位工程散粮系统工程工艺系统，以项目现有情况及装卸工艺，提出了溜槽积料的解决方案，根据装卸工艺流程，提出了如何进行装卸以及制定相应的工艺流程来彻底解决积料及混料现象（图 1）。

图 1　厦门港海沧港区 20#、21#泊位散系统工程

1　系统简介

厦门港海沧港区 20#、21#泊位工程散粮系统工程工艺系统分为存贮进仓和出仓系统，进仓系统：额定能力 1000t/h，带宽 1400mm，总长约 2285m，共 30 条半气垫带式输送机（BC101 ~ BC1030）；出仓系统：额定能力 500t/h，带宽 1200mm，总长约 578m，共 5 条半气垫带式输送机（BC201 ~ BC205）。并包含斗提机（DT1 ~ DT5）、刮板机（C1 ~ C16）、螺旋清仓机等其他工艺设备及附属设备。以及供电、通风、除尘、消防、空压、管控系统。该系统存贮共 16 座筒仓（S1 ~ S16），采用 4 × 4 型式进行分布，筒仓外径 25m，高 32m，每仓仓容 1 万吨。

码头前沿布置 4 台门座抓斗卸船机（UL1 ~ UL4），粮食通过卸船机卸载到接卸料斗中，接卸料斗进行流量调节后，输送到码头前沿半气垫带式输送机上，经多次转接后输送到 16 座筒仓；筒仓下方布置有 4 条半气垫带式输送机，粮食通过自流或清仓机进入仓底半气垫带式输送机，再通过 4 台斗提机输送到 1 条半气垫带式输送机上，再通过另 1 台斗提机输送到储料斗（H3、H4）装汽车外运或通过斗提机进入仓顶半气垫带式输送机进行倒仓作业。

本工程主要有 3 种流程：

（1）卸船—进仓流程（图 2）

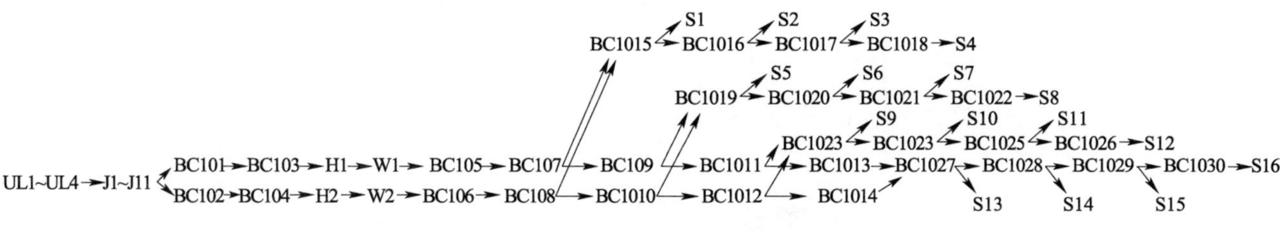

图 2　卸船—进仓流程图

（2）出仓流程（图 3）

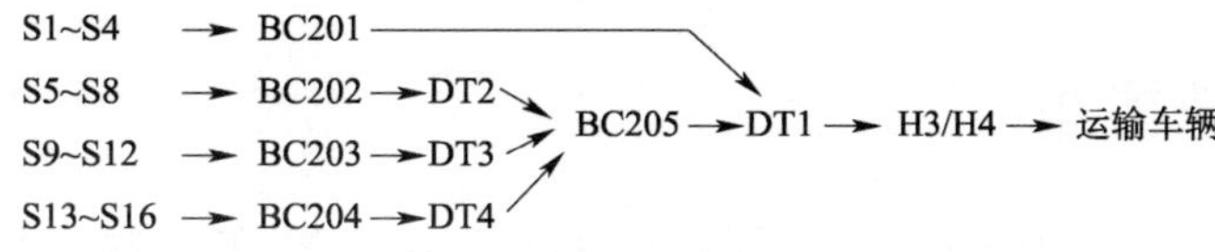

图 3　出仓流程图

（3）倒仓流程（图 4）

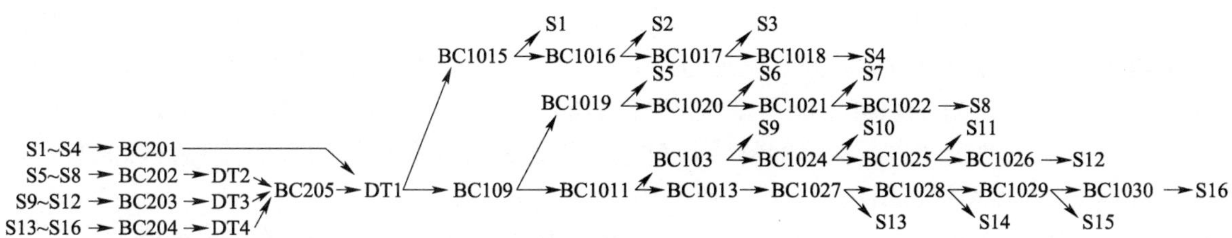

图 4　倒仓流程图

2　溜槽积料问题主要体现

该散粮系统在输送过程中采用了大量的平板闸门的装置，在系统分料流程节点处形成多处三通、四通及旁路。由于物料存在一定的静堆积角，当由于工艺需要，只开启一侧闸门时，另一侧闸门上方必然会有一定的物料堆积，形成积料，若再输送不同种类物料，势必会造成混料。溜槽积料问题在港口散粮输送系统中普遍存在，本系统在三通、四通、旁路等具体体现如下。

（1）三通（图 5）

（2）四通（图 6）

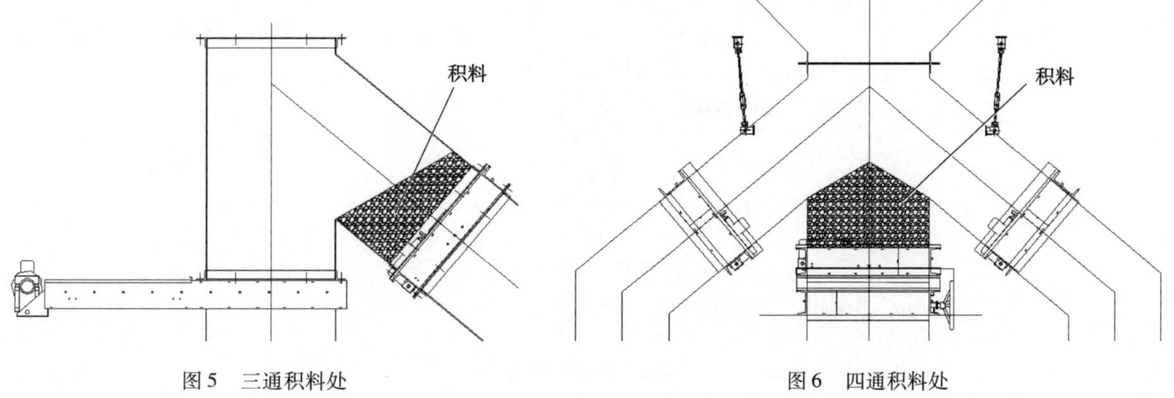

图 5　三通积料处

图 6　四通积料处

(3)旁路(图7)

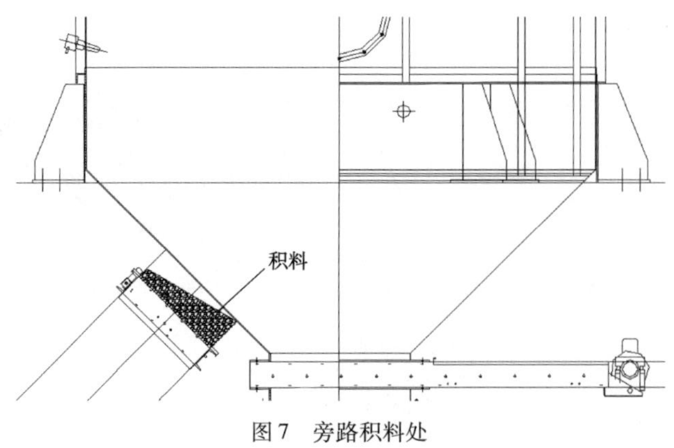

图7　旁路积料处

3　溜槽积料解决方案

对于散粮系统,如何解决溜槽积料问题,目前均无好的解决方案,其积料问题主要与系统工艺及闸门的型式和布置方案有关,目前散粮系统主要采用平板闸门、电动翻板式闸门、溜管闸门一体式三种方式,各有一定的优缺点,不同散粮系统根据其具体条件采用不同的方案,本系统采用的是平板闸门布置方案。

针对厦门港海沧港区20#、21#泊位工程系统的具体条件,提出了解决本系统积料的两种主要途径:一是将溜槽积料导入相同料种的筒仓;二是通过本系统的输送途径将积料导出系统之外,由专车接运。

(1)导入筒仓。针对每个积料点位置,制定相应的流程,通过闸门的开启,将积料输送到半气垫带式输送机上,再通过半气垫带式输送机将物料导入筒仓。此方案需根据规划的卸船流程,该卸船流程所卸载的筒仓,制定方案,将积料也输送到对应的筒仓内,避免造成混料。

根据咨询,该粮食码头以66000DWT船型为主,现以其为模型进行分析。66000t粮食需7个筒仓进行装仓,对于此7个筒仓,最好至少有一个在最北侧,即S4或S8或S12或S16,装满6个仓后,剩余6000t将此仓作为最后一个进行装仓(图8)。卸船作业完成后,在多处三通、四通及旁路会产生的积料,开启进仓流程,将积料输送到卸船流程的最后一个筒仓内,码头剩余部分积料则需开启直接装车流程,预留部分积料打开密封板清理即可。若无最北侧仓,则最后一个仓应越靠近北侧及西侧积料清理效果越好。

因此进行卸船进仓作业时,应保证S4、S8、S12、S16至少有一个可以进行进仓作业,将积料输送到其中一个或者若干,次要选择是能保证其余12个筒仓中较西较北侧作为积料进仓。完成此流程后,启动码头前沿直接装车作业流程,清理其他积料,并清理密封板处积料,可将积料进行清理。

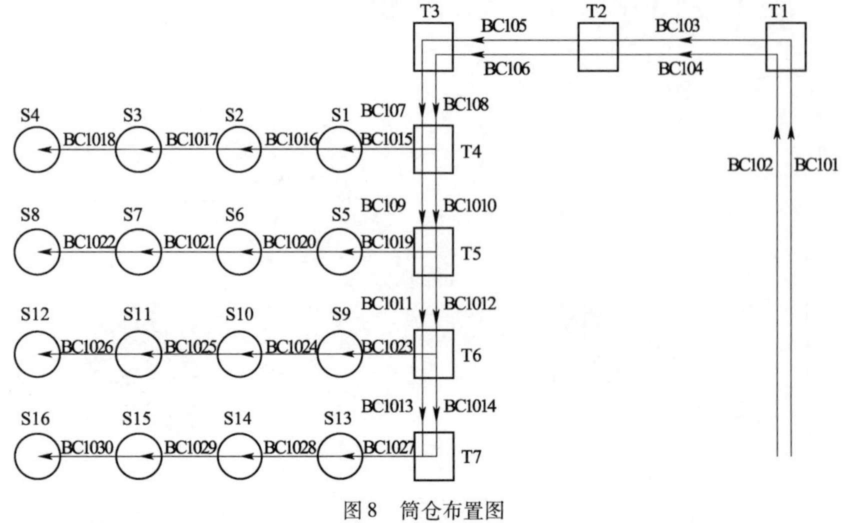

图8　筒仓布置图

例如:T6、T7机房三通处积料,可开启流程:

BC1013 ↘
BC1014 → BC1027 → BC1028 → BC1029 → BC1030 → S16

(2)导出系统。通过分析每个积料点位置,将物料导出系统,由专门车辆接运。筒仓底部、筒仓侧壁、接卸料斗溜槽均存在积料,此部分积料可导出系统,进行装车外运。

筒仓内物料经过仓底半气垫带式输送机、斗提机、倒仓带式输送机、倒仓斗提机进入 H3、H4 储料斗,再进行装车作业,该流程卸载完成后,在筒仓下方物料落入弯刮板机处会形成积料,且积料量较大。为解决该积料问题,可启动弯刮板机,在筒仓侧壁进行装车,将物料导出系统,完成积料清理。对于接卸料斗溜槽积料,只需开启装车流程溜槽闸门即可。对于筒仓侧壁积料问题,可直接开启侧壁发放流程,进行装车即可。

例如:倒仓后 T4 机房内 DT1 到 H3、H4 积料:(DT1 不需开启,开启该流程闸门即可)

DT1 → H3/H4 → 散装运输车辆

筒仓进入弯刮板机处积料,可开启流程:

S16 → C16 → 散装运输汽车

结语

目前,厦门港海沧港区已根据制定相关工艺流程正在进行应用,一定程度上解决了集料问题,避免了溜槽积料及混料问题的出现。

对于港口散粮装卸系统,溜槽积料问题是一个普遍存在的问题,积料问题会造成混料,影响粮食的品质。为避免溜槽集料问题及混料问题,应做到以下要求:

(1)在考虑系统完善性及合理性的同时,设计阶段应充分考虑集料问题,尽量较少积料点的出现。

(2)对不同积料点进行非标化设计,尽量减少积料量,条件允许的条件下,可考虑采用溜槽闸门一体式闸门。

(3)分析不同的装卸流程,制定对应的流程方案解决物料输送过程中的积料问题,将物料输送到筒仓及导出系统。

(4)加强管理,筒仓粮食周转期短,装卸筒仓较为频繁,如何选择筒仓必须严格按制定的方案执行,否则,势必会造成积料无法完全导入筒仓或导出系统,造成混料。

参考资料

[1] LS 8001—2007,粮食立筒库设计规范

[2] 李方军.我国粮食码头工艺系统分析与研究[C].科技兴港论坛 2012 大会论文集.2012:47-52

[3] 刘汉东,刘庆辉.广州港南沙港区粮食码头工艺系统设计介绍[J].水运工程,2009,(7):78-83

基坑开挖对周围建筑及下卧运营地铁影响的数值分析与变形控制研究

郝伟东[1]　张浩强[2]
(1. 中国港湾工程有限责任公司,北京,100027;
2. 中国交通建设股份有限公司,北京,100088)

摘　要:以紧邻幼儿园、保护性古建筑以及已运营的地铁上方的基坑开挖工程为背景,采用 FLAC3D 对基坑的实际施工过程进行动态模拟。在此基础上分析基坑底部土体采取加固等措施在分幅分步开挖过程中对既有建筑及下卧运营地铁隧道这三大风险源的影响。研究三大风险源的变形规律,找到最危险施工步骤和最大差异性沉降部位,指出有针对性的进行重点监测,采取措施控制变形。进一步研究了地铁隧道拱顶隆起规律,为类似工程施工提供参考。

关键词:基坑开挖;既有建筑;运营地铁隧道;有限元分析

引言

近年来,城市轨道交通网络的不断完善,地铁沿线已逐渐成为商业、娱乐及居住中心,在已运营的地铁隧道上方进行工程活动必不可免。像北京、上海这样的国际化城市就面临着日益增多的在已运营的地铁隧道上方和既有建筑周边进行的基坑施工活动。此类工程,必然会引起基坑内土体回弹,土体发生变形后必将导致隧道及周边建筑的应力场和位移场发生变化[1,2]。当变形超过一定限度,轻则延误工期提高成本,重则导致周围结构失稳及破坏,并直接威胁民众人身安全。因此,如何准确预测和有效控制既有建筑及下卧地铁隧道的变形成为此类工程成败的关键所在。众多国内外学者均对此进行了研究并取得了一定成果。

Dolezalova[3]采用了二维有限元方法研究布拉格某办公大楼的深基坑开挖对其下复杂隧道的影响,由有限元得出的隧道变形的预测结果与基坑开挖以及办公大楼建设得到的监测结果较为一致,指出数值模拟方法在一定程度上可以对地铁隧道位移进行预测和评估。Klar[4]等基于 Winkler 地基梁模型,首先推导了集中荷载作用下管道轴线上的沉降曲线分布,然后由此推导了无限长梁的地下管道在附加荷载作用下的最大弯矩解析表达式,并将结果与数值解进行比对,结果吻合较好。

刘国彬[5]等以某广场基坑工程下已运营隧道的保护为背景,结合计算软土地基隆起变形的残余应力法,研究利用坑内加固和考虑时空效应的施工方法等措施来控制基坑下隧道上抬变形的有效性。黄宏伟[6]等以位于某隧道拱顶上方的上海外滩通道为背景,通过三维有限元软件 PLAXIS-GID 分别模拟了无保护措施、采用土体加固和堆载三种措施对已有隧道的影响,模拟结果和现场监测较吻合。

本文以北京景山社区服务中心基坑开挖工程为背景,利用三维有限元软件 FLAC3D 模拟基坑施工全过程,研究基坑开挖过程中三大风险源的变形规律,找出施工最危险步骤并进行重点监测,结合监测数据,研究基坑开挖过程中差异性沉降规律以及下卧地铁隧道的变形规律,验证既有加固措施对控制变形的有效性,为类似工程的施工提供参考。

1　工程概况

1.1　既有建筑及地铁隧道与本工程位置关系

基坑开挖过程中存在三大风险源,即:南侧的保护性古建筑、东侧及东南侧的幼儿园、基坑底部运营的地铁隧道。具体位置关系如下(图1):

紧邻基坑南侧1.5m处为一保护性古建筑,东侧及东南侧为幼儿园,其中,东侧幼儿园为地上两层且不带地下室,东南侧幼儿园为地上三层外加地下一层的建筑。基坑底部9m处为已建成运营的地铁隧道(图2)。

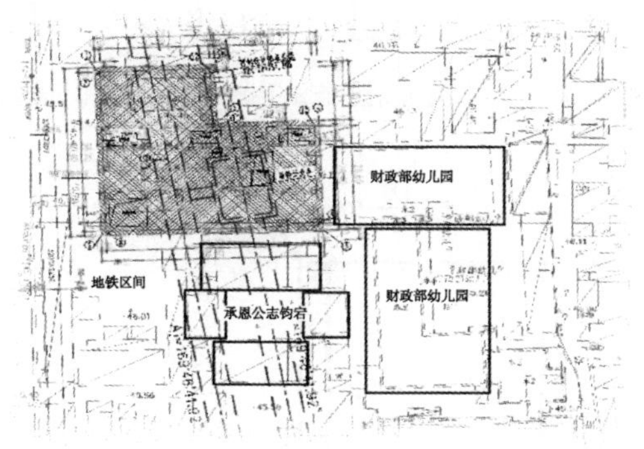

图1　基坑与既有建筑和地铁隧道位置平面图

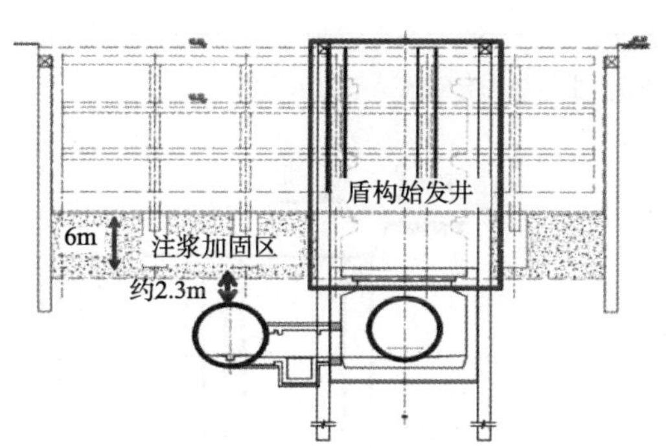

图2　地铁隧道与始发井和基坑位置剖面图

1.2　基坑工程施工方案

本工程拟建建筑为地下三层,剖面图如图3所示,从顶板至负三层底板为14.3m,负一层净高3.5m,负二层净高3.3m,负三层净高3m。钢管柱下部基础为ϕ2000长5m的钢筋混凝土桩。采用盖挖逆作法施工,围护结构采用ϕ1000@1500钻孔灌注桩,C30混凝土制作,冠梁为C30混凝土。围护桩采用AB两种,仅桩长不同,B型围护桩(18.7m)设在位于区间正上方的土体里,其余位置采用A型围护桩(22.7m),如图4所示。

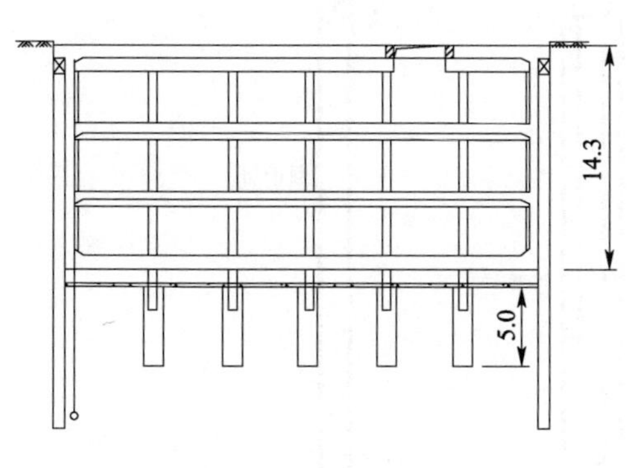

图3　基坑结构立面图

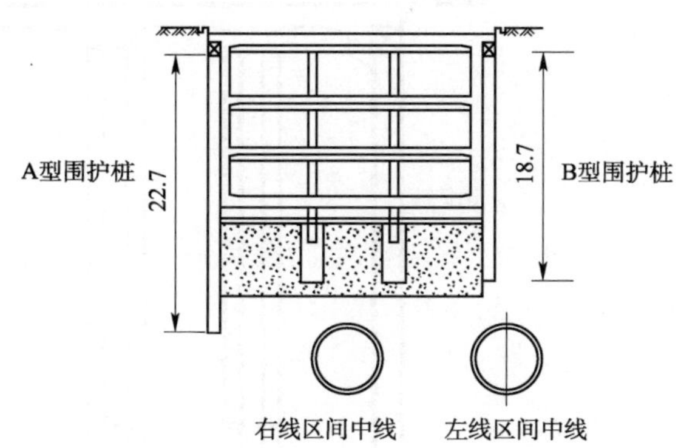

图4　A型围护桩和B型围护桩

地下主体结构分两幅施工,第一步先施工南侧结构,第二步施工剩余结构。具体施工工序见图5~图12。

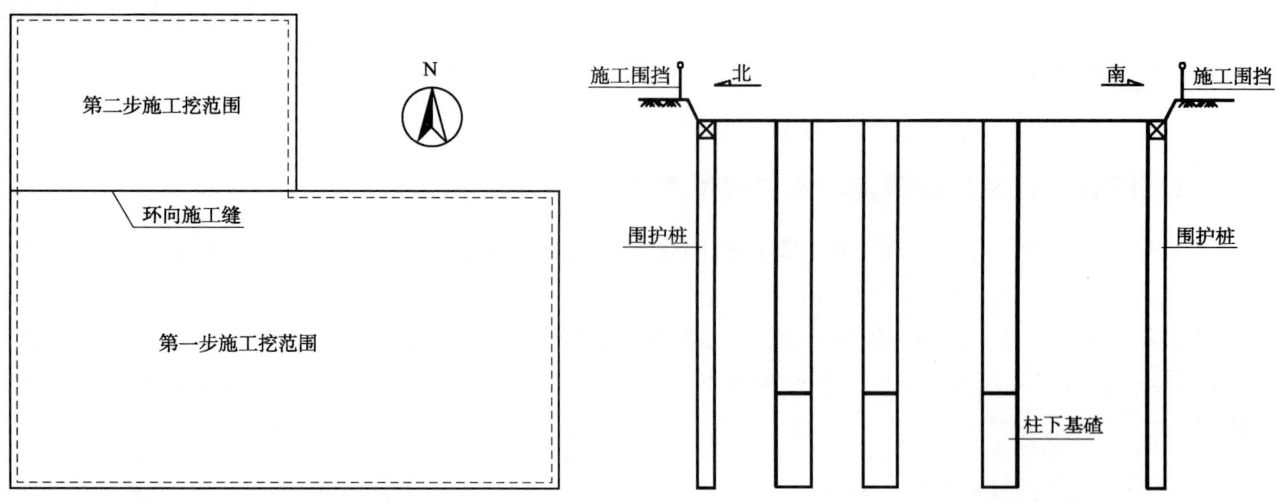

图 5　主体结构分幅施工平面示意图

图 6　第一步：施工围挡，破除路面，施做围护桩及钢管柱柱下基础

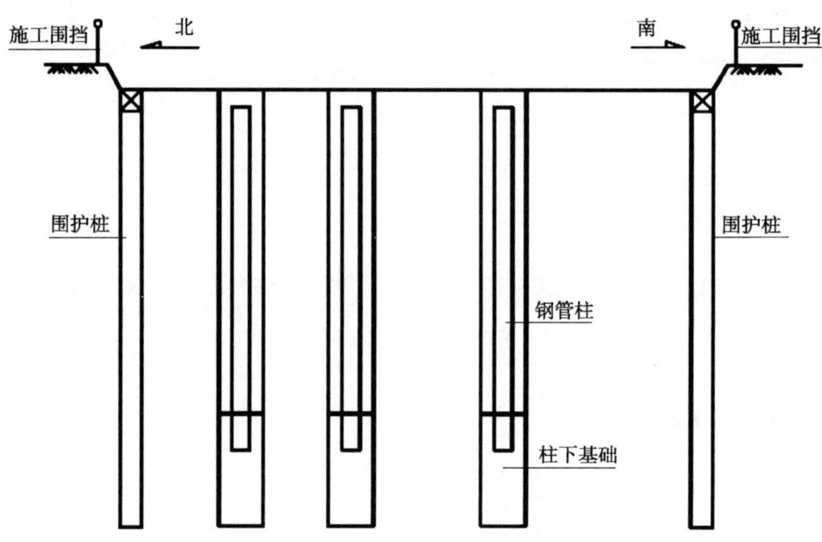

图 7　第二步：钢管桩的就位与安装

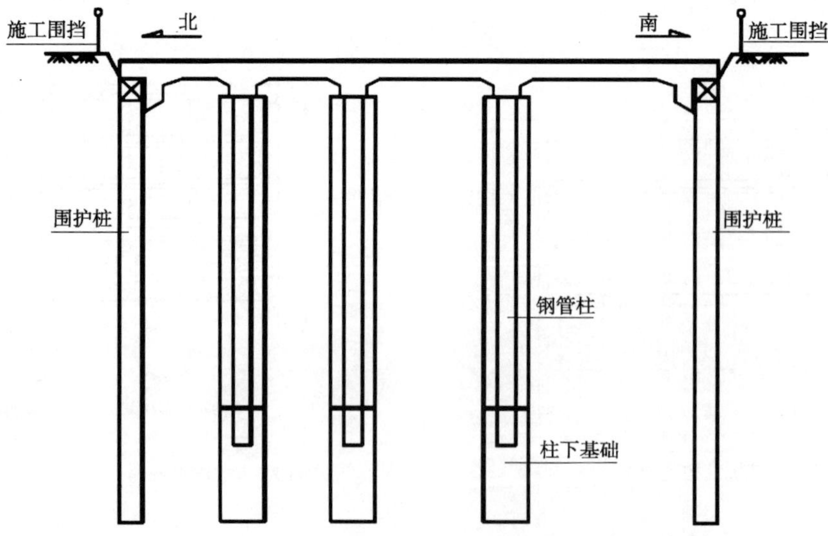

图 8　第三步：施做顶板混凝土、顶纵梁及防水层，并预留与侧墙相接的钢筋接头及防水接头

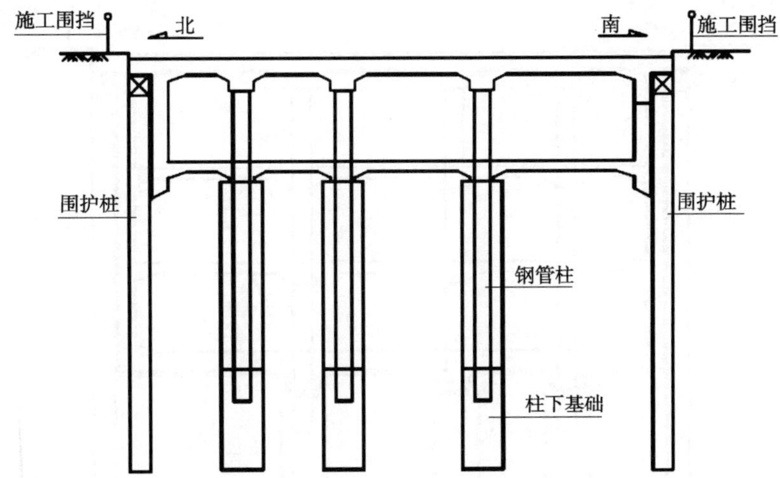

图9　第四步:通过顶板预留孔洞开挖土体至地下负一层中板底面,施做地下负一层侧墙防水层、侧墙结构、中板结构及中纵梁,并预留与侧墙相接的钢筋接头及防水接头

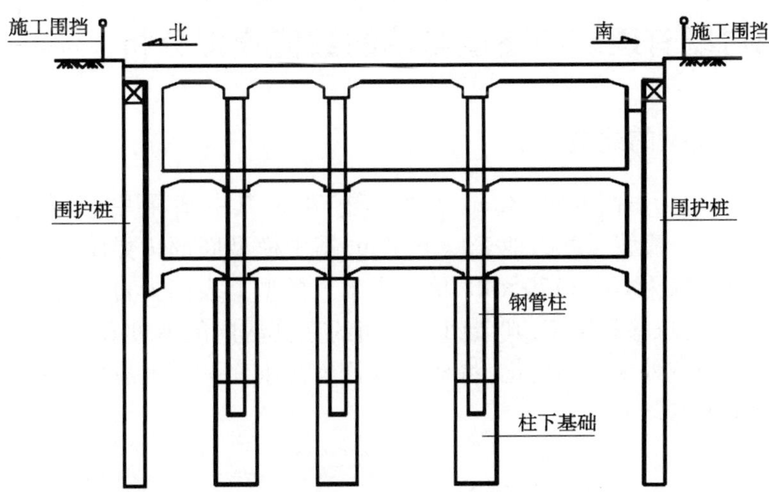

图10　第五步:待负一层边墙和中板结构达到强度后,向下开挖土体,施做地下负二层侧墙防水层、侧墙结构、中板结构及中纵梁,并预留与侧墙相接的钢筋接头及防水接头

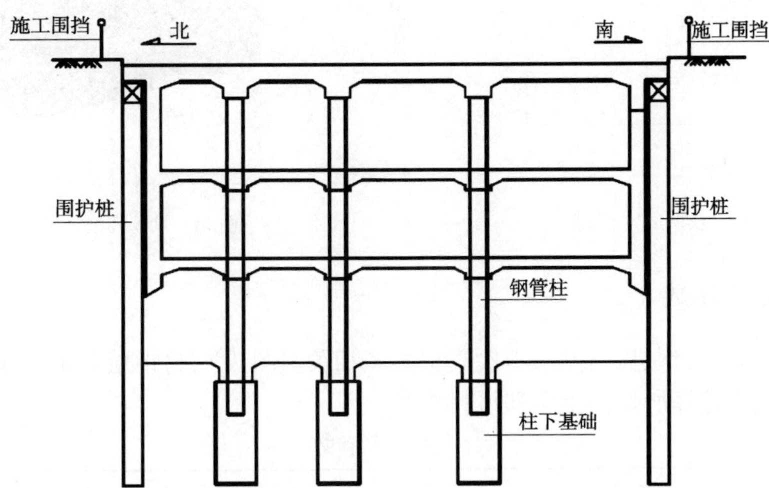

图11　第六步:待负二层侧墙和中板结构达结构达到强度后,施工内部结构到强度后,继续向下开挖土体至基坑底,施做垫层

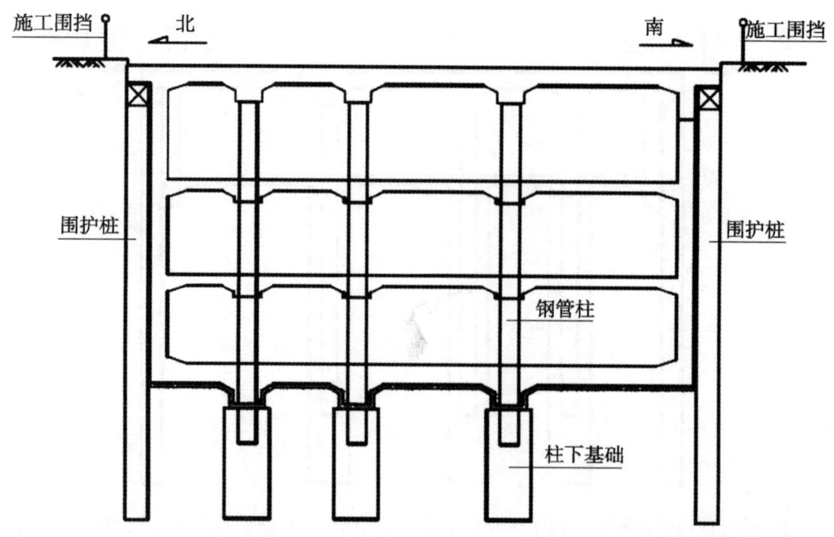

图12　第七步：施做底板及侧墙防水层，并浇注底板、侧墙及底纵梁结构

2　基坑开挖对既有建筑和隧道影响的数值模拟分析

2.1　三维有限元模型的建立

本工程模型建立的范围为东西方向182m，南北方向170m，其中基坑周边距模型边界的距离如图13所示，图中单位均为米(m)。模型深度为地表以下40m，其中模型底部边界距八号线地铁底部管片的距离为10m，故三维模型尺寸取为182×170×40，单位为米。模型上表面为自由边界，节点不做固定处理，底面约束节点在各个方向的位移和速度，其余四个侧面约束其法向的速度和位移，地下水水位埋深设置在地表，不考虑施工过程中坑外水位的变化，将地表设置为排水面。三维有限元计算模型如图14所示，共有181225个单元，34069个节点。

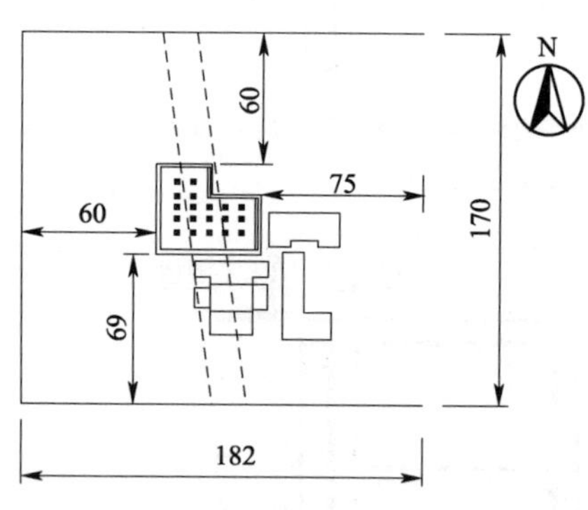

图13　模型边界示意图

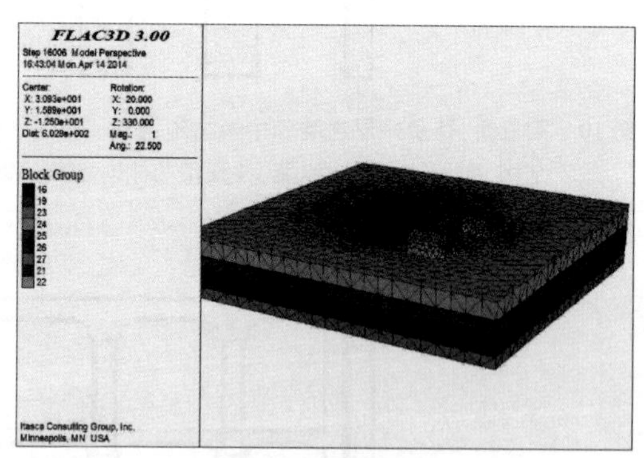

图14　计算模型

2.2　土层和材料参数

土体采用莫尔—库伦模型进行计算，本次模拟参考相关材料[7,8]，将地层从地表至模型底部边界共分为五层，表1列出了模型计算所用的土层和材料参数。

土层和材料参数　　表1

土层编号	土层名称	厚度(m)	重度(kN/m^3)	压缩模量(MPa)	粘聚力(kPa)	内摩擦角(°)
1	房渣土	3.0	19.5	2.00	8	10

续上表

土层编号	土层名称	厚度（m）	重度（kN/m^3）	压缩模量（MPa）	粘聚力（kPa）	内摩擦角（°）
2	粉细砂	10.0	20.5	25	0	30
3	粘土	8.7	22.0	20	44	25
4	卵石	11.3	19.6	65	0	45
5	中粗砂	7.0	22.0	40	0	400

2.3　模拟结果分析

2.3.1　基坑变形分析

土体开挖过程中，基坑周边及坑底变形云图如图 15 ~ 图 17 所示。

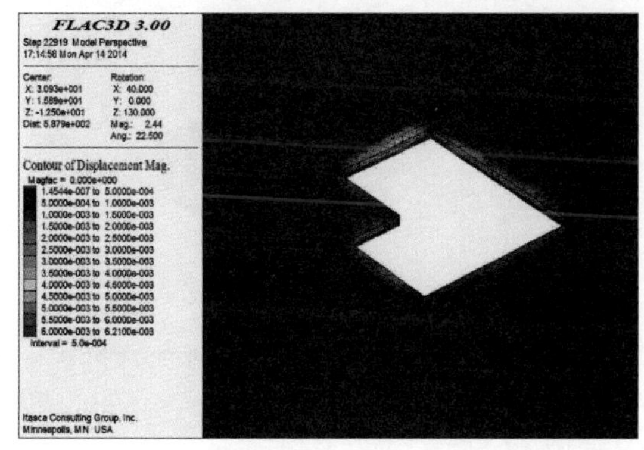

图 15　土体开挖后基坑周边水平位移图

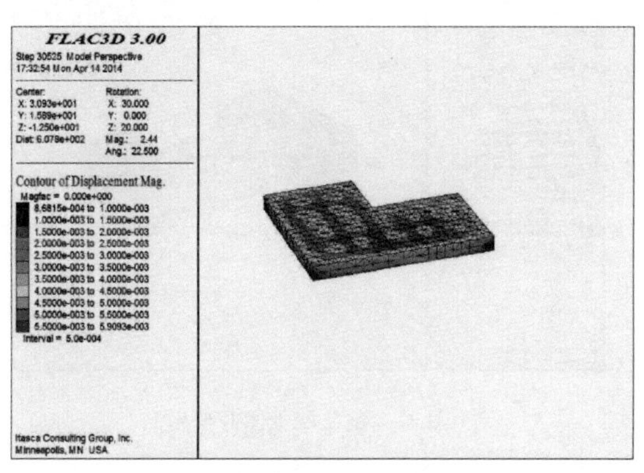

图 16　负一层土开挖后坑底变形图

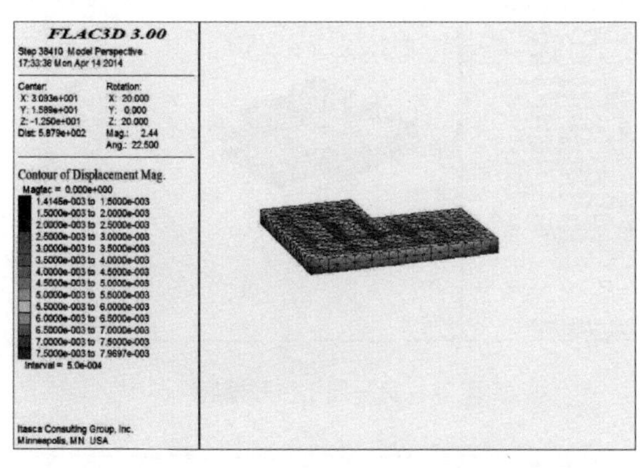

图 17　负二层土开挖后坑底变形图

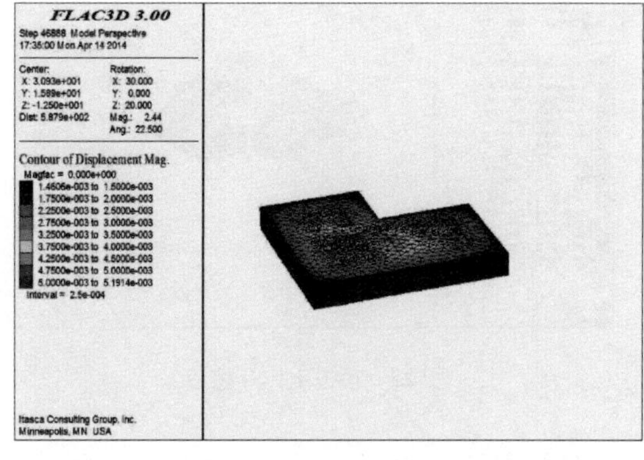

图 18　负三层土开挖后坑底变形图

由图 15 可知，基坑水平位移最大值为 6.2mm，且较大值的位置均临近既有建筑。考虑到危险源离基坑距离很近，因此要密切监测两建筑变形情况，同时在开挖后及时施做侧墙结构，待达到强度后再进行下一步开挖，将基坑的水平变形控制在最小范围以内。

由图 16 至图 18 可知，地下三层土的开挖深度依次为 6.4m、10.7m、15.5m，坑底最大变形值分别为 5.9mm、7.9mm、5.1mm，由于钢管柱的安装，在一定程度上减小了其周围土体的变形值，故坑底隆起部分呈分散状分布。为了保护下卧运营地铁隧道，减小基坑施工对管片的影响，负三层下部的土体进行注浆加固处理，故坑底变形值由负一层到负二层呈增长趋势，由负二层到负三层呈下降趋势。

2.3.2　三大风险源变形分析

（1）幼儿园受基坑开挖影响的变形云图（图 19 ~ 图 22）

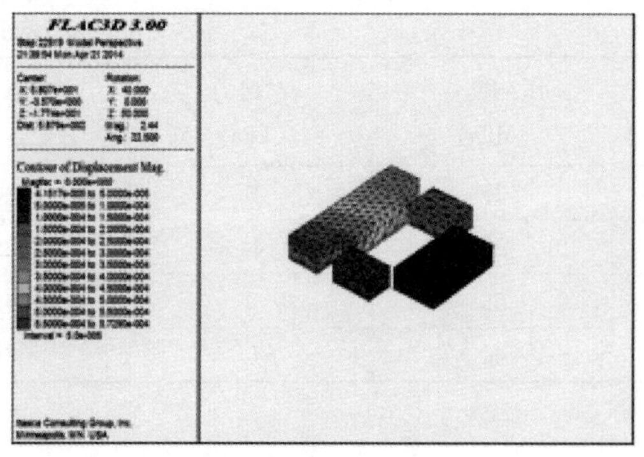

图 19　顶板土体开挖后

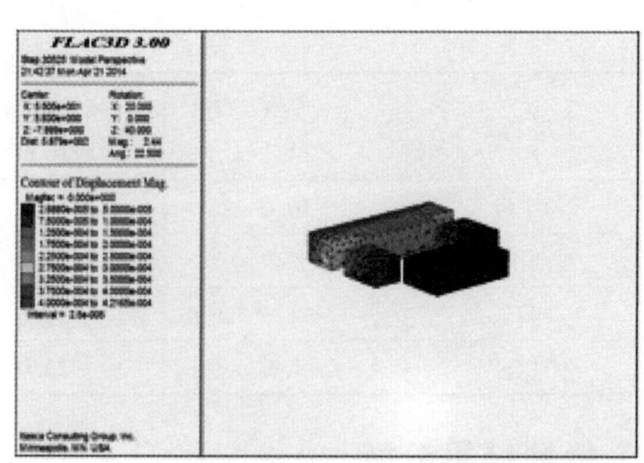

图 20　负一层土体开挖后

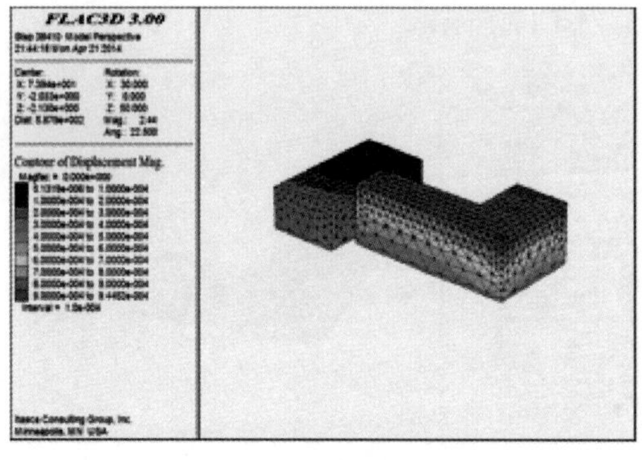

图 21　负二层土体开挖后

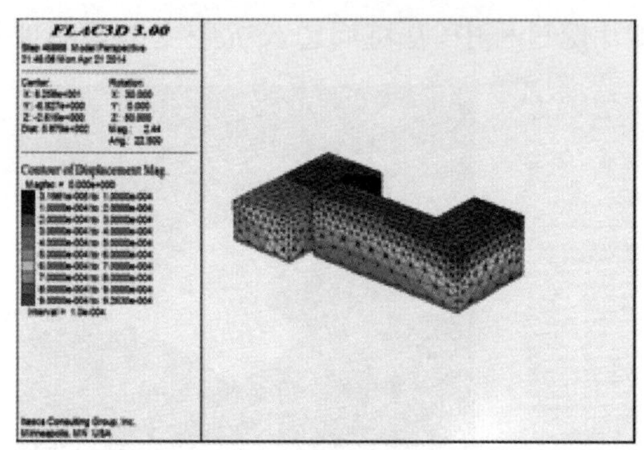

图 22　负三层土体开挖后

（2）保护性古建筑受开挖影响的变形云图（图 23 ~ 图 26）

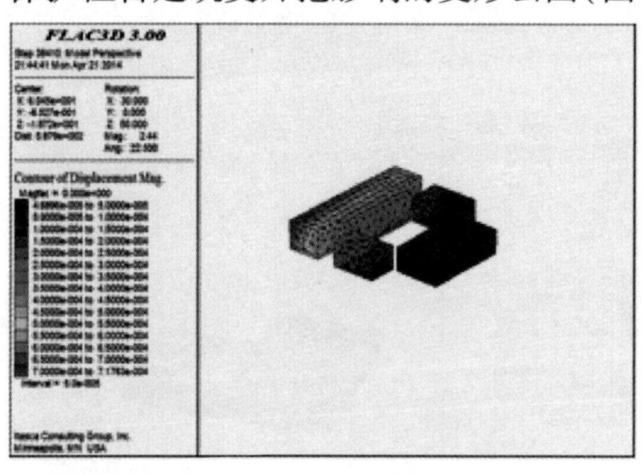

图 23　顶板土体开挖后

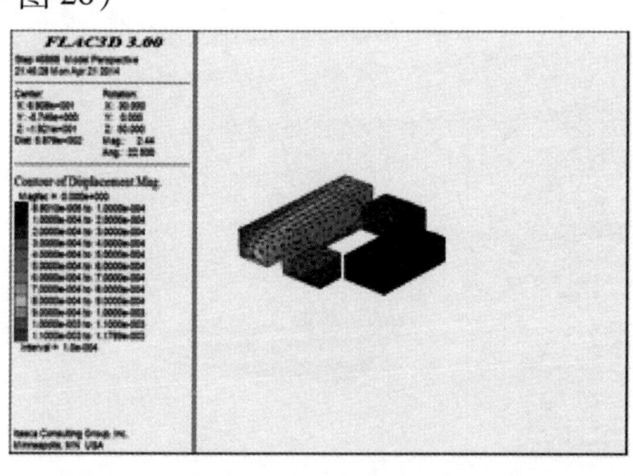

图 24　负一层土体开挖后

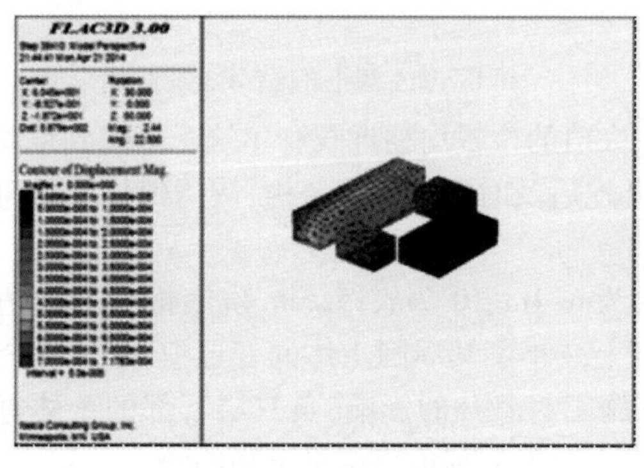

图 25　负二层土体开挖后

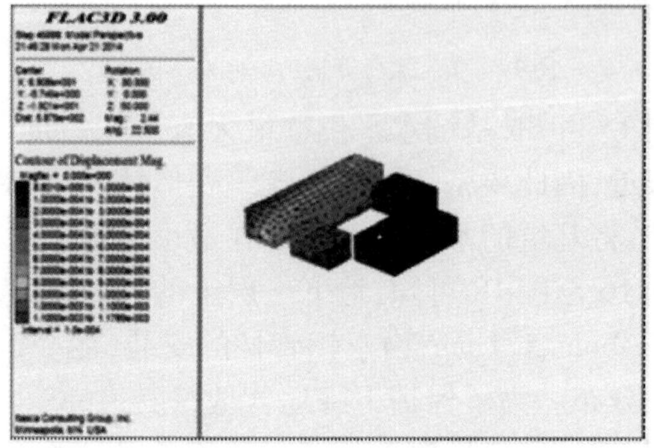

图 26　负三层土体开挖后

（3）下卧运营地铁隧道受开挖影响的变形云图（图 27 ~ 图 30）

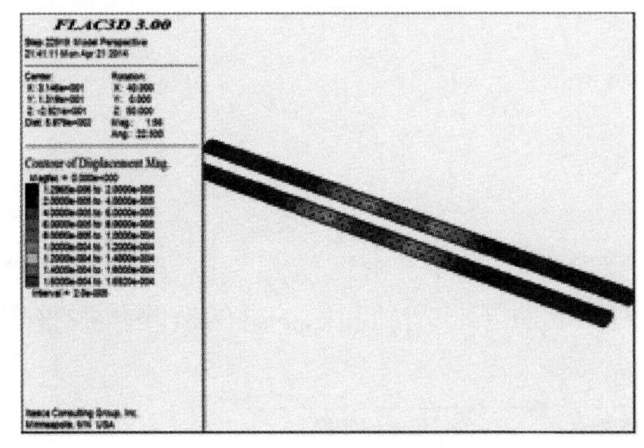

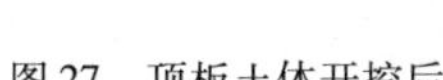

图27　顶板土体开挖后

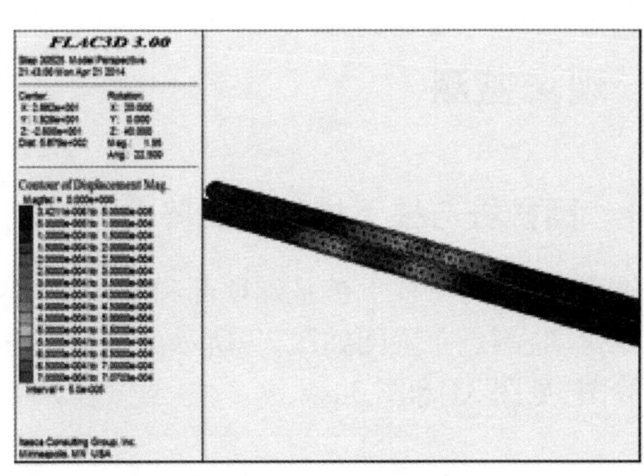

图28　负一层土体开挖后

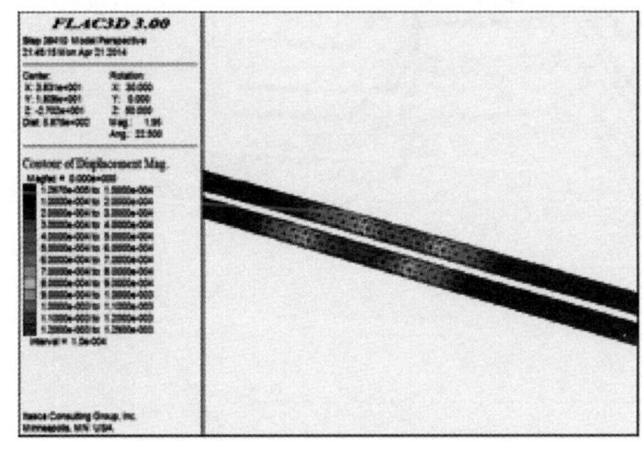

图29　负二层土体开挖

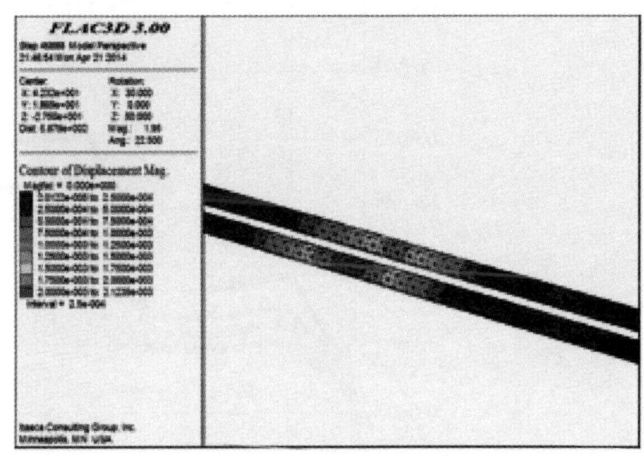

图30　负三层土体开挖

为了便于比较、分析在每一步施工后危险源最大变形值的变化规律，现将以上各云图中显示的最大值绘制如图31（纵轴单位：mm）。且由图31可得到以下几点认识：

（1）幼儿园2层建筑临近基坑东侧，建筑走向与基坑东侧边缘基本平行，古建筑位于基坑南侧，建筑走向与基坑南侧边缘也基本平行，由曲线图可知，二者变化趋势一致。

（2）位于基坑东南的幼儿园3层建筑，最大变形均是楼顶位移值，开挖过程中，其值几乎不发生变化。

（3）各个风险源的最大变形值都在负三层土体开挖后、负三层结构施做前发生，可以断定该施工步骤是整个工程产生位移、变形、沉降的最危险步骤，在施工过程中需重点监测。

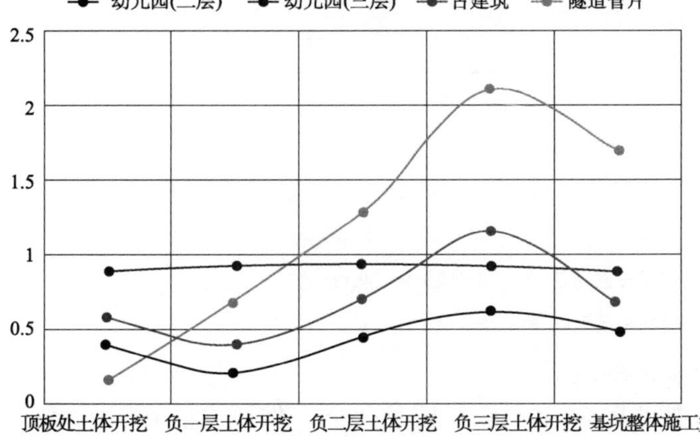

图31　各施工步风险源最大变形值

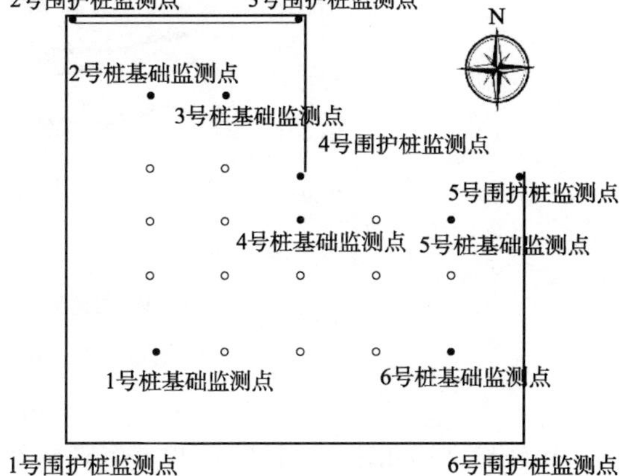

图32　监测点布置图

3　现场监测

3.1　围护桩与柱下桩基础沉降曲线分析

在施工过程中，对柱下桩基础顶部和围护桩顶部的竖向沉降进行了密切监测，重点监测角点处结构的沉降变化，监测点布置图如图 32 所示。为便于分析规律，将柱下桩基础和围护桩的监测数据整理后绘制成曲线图，见图 33 和图 34。

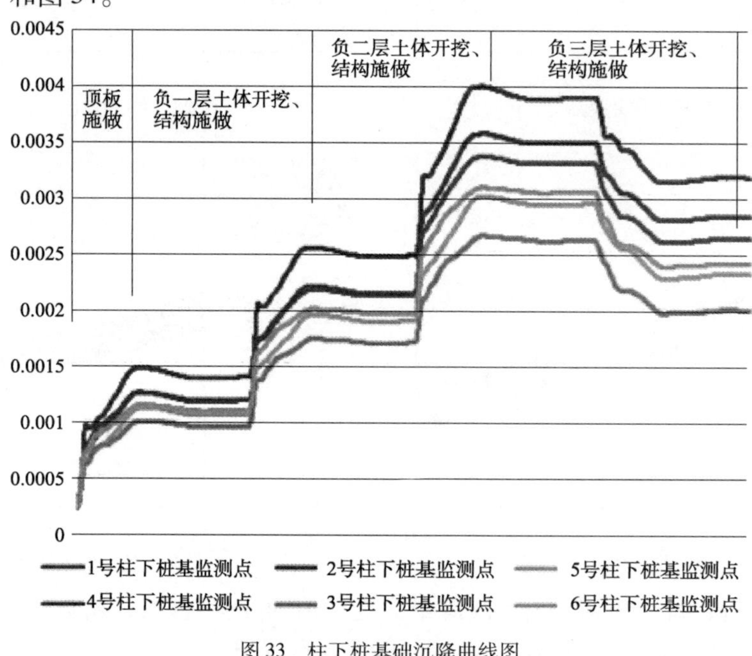

图 33　柱下桩基础沉降曲线图

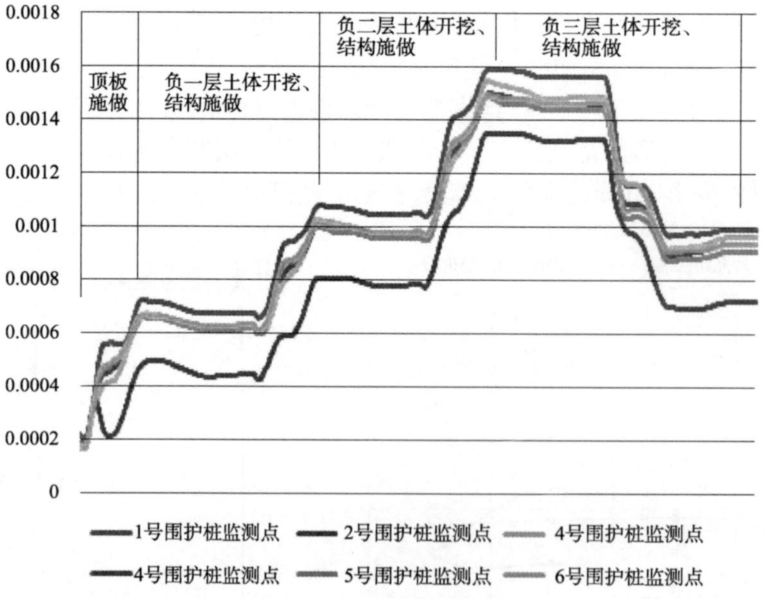

图 34　围护桩沉降曲线图

比较图 33 和图 34 可知，各测点沉降曲线变化规律基本相同，仅沉降值不同。按照主要施工工序可将其分为 4 次“卸载—加载”过程：

（1）第 1 次“卸载—加载”：顶板处土体开挖、顶板施做及回填。该阶段围护桩沉降不明显。

（2）第 2 次“卸载—加载”：地下一层土体开挖，结构底板、侧墙施做。该阶段围护桩出现先下沉后上移的现象，并且，从整体沉降云图上也能发现地表沉降趋势与之相同。地下一层开挖过程中，开挖卸载引起地表及围护桩的下沉，当地下一层底板封闭后，结构承受地层一定抗力和浮力，结构—土体相互作用，使得围护结构及地表等略有隆起。

(3)第3次“卸载—加载”：地下二层土体开挖，结构底板、侧墙施做。地下二层结构开挖，此时围护桩的绝对下沉值较地下一层开挖时小，由图可知围护结构总体仍表现为下沉。当地下二层结构底板施做后，一层、二层结构封闭受到地层抗力和浮力的作用，导致围护结构和地表均出现一定程度的隆起。

(4)第4次“卸载—加载”：地下三层土体开挖，结构底板、侧墙施做。地下三层结构开挖，此时地层应力释放对地表的下沉影响很小，且由于注浆对土体的加固作用，使得注浆位置土体隆起值也较小。当地下三层结构底板施做后，一层、二层和三层结构受地层抗力和浮力的作用，故围护结构仅有微小上移。

综上可知，围护桩主要作用是控制侧土压力，保证逆作施工安全，最终略向上隆起。柱下桩基础沉降值比围护桩要大，故钢管柱柱下基础受土体变形及土体—结构相互作用的影响更明显，但二者沉降曲线的规律是基本一致的。

3.2　地铁隧道轴向变形分析

为保证下卧地铁正常运营，对其轴向变形进行严密监测，由监测数据知，在施工中，基坑下部的隧道整体呈向上隆起趋势，最大值发生在隧道拱顶，取最危险施工步的变形曲线见图35，图中纵坐标表示隧道顶部变形值(单位：m)，横坐标表示隧道顶部轴向监测点ID号。

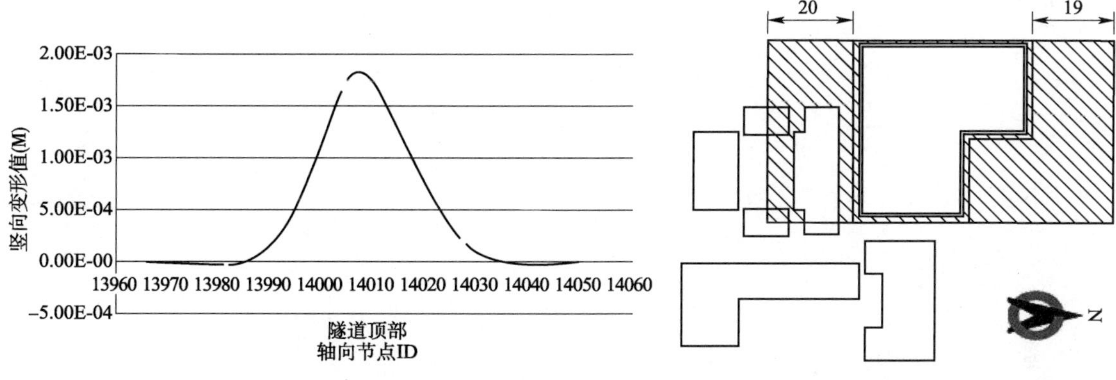

图35　隧道轴向变形曲线图　　　图36　施工引起隧道变形的有效影响范围示图

由图35可知，在13990号与14030号节点之间的隧道拱顶变形值较突出，根据监测点坐标可计算基坑开挖对隧道拱顶变形沿轴向的影响范围，为基坑以南20m，以北19m，在该阴影范围以外的隧道变形值较微小，而位于阴影内的隧道受基坑开挖影响较大。有效影响范围如图36所示，图中标注尺寸单位为米。

结语

通过对基坑开挖动态施工的三维有限元分析和现场监测结果，可以得出下面一些结论：

(1)在基坑施工过程时，地表两大建筑和基坑下部已运营的地铁隧道共同构成三大风险源，计算结果表明，对基坑底部进行注浆加固处理，对减弱基坑隆起、地表沉降和限制地铁隧道变形的效果显著，尤其对限制负三层土体开挖后坑底的隆起最为明显。因此，在围护桩施做完毕后应及时对土层进行加固。

(2)在基坑施工过程中，地层及结构动态力学响应可划分为4个“卸载—加载”过程，各个风险源的最大变形值均发生在最后一次“卸载-加载”过程中，该施工步骤是整个工程产生位移、变形、沉降的最危险步骤，因此，在施工过程中需重点监测。

(3)现场监测数据和计算结果均表明，下卧运营地铁隧道变形主要表现为拱顶隆起，基坑以南20m，以北19m是施工影响范围,该范围以外变形微小可忽略不计。

参考文献

[1] 丁江澍. 城市地下结构施工对临近构筑物影响的研究[博士学位论文D]. 西安:长安大学,2013

[2] 姜兆华. 基坑开挖时临近既有隧道的力学响应规律研究[博士学位论文D]. 重庆:重庆大学,2013

[3] Marta D. Tunnel complex unloaded by a deepexcavation[J]. Computers and Geotechnics, 2001, 28: 463-493

[4] Klar A, Vorster T E B, Soga K, et al. Soil-pipe interaction due to tunneling: comparison between Winkler and elastic continuum solutions[J]. Geotechnique, 2005, 55(6):461-466

[5] 刘国彬, 黄院雄, 侯学渊. 基坑工程下已运行地铁区间隧道上抬变形的控制研究与实践[J]. 岩石力学与工程学报, 2001, 20(2): 202-207

[6] 黄宏伟, 黄栩, Schweiger F. Helmut. 基坑开挖对下卧运营盾构隧道影响的数值模拟研究[J]. 土木工程学报,2012,45(3):182-189

[7] 顾晓鲁,钱鸿缙, 刘惠珊, 等. 地基与基础[M]. 北京: 中国建筑工业出版社, 2003

[8] 龚晓南. 地基处理手册[M]. 北京: 中国建筑工业出版社, 2008

冷库超平耐磨混凝土地面施工技术研讨

李广慧　米向东

（中交一航局第四工程有限公司，天津，300456）

摘　要：通过开展对天津东疆首农食品进出口冷库项目中冷库特殊地面施工技术与工艺的研究，有效地解决了低温冷库地面耐磨、平整度、整体均匀性及低温环境下混凝土耐久性的施工要求，并能满足其使用功能，为今后类似工程提供施工依据。

关键词：超平地面；平整度；混凝土；固化剂

引言

大型钢构冷库地面是结合了防冻胀、保温、耐磨三重使用功能要求的特殊地面，工程施工中专业程度要求比较高，实际施工中采用新型材料达到增强使用功能的关键技术日趋成熟，同时，施工中也增加了较大难度，新材料、新工艺的不断出现，防冻、保温、耐磨施工技术也随之不断更新。随着近年来物流仓储业的发展，大多数冷库会使用高货架或超高货架、冷库的温度更低，所以对冷库地面的平整度、表面的耐磨、抗冻损有了更高的要求，随着高货架应用的发展，冷库地面使用阶段货物堆放高度不均、堆放时间长短不一以及大量起重设备的应用，造成不同位置地面受力不均及动载疲劳影响，因此在地坪混凝土面层施工中需保证其刚度、强度及耐久性，使地面荷载能够直接作用在受力结构层上，防止混凝土面层由于不规则的荷载作用下产生裂缝；另外由于冷库一旦投入使用，降温后的地面结构在低温条件下不易修补，使得对地面结构的均匀性及耐久性提出了更高的要求；综合以上因素，本文开展了针对冷库超平耐磨混凝土地面施工技术研讨。

1　工程背景

天津港首农食品进出口项目冷库占地面积12188.20m^2，建筑面积12617.32 m^2，建筑层数1层（局部2层），建筑高度18.90m，结构形式为门式刚架结构（制冷机房为钢筋混凝土框架结构），冷库包括工具间、充电间、制冷机房、冷藏间、穿堂。

冷库冷藏间、穿堂部分地面采用特殊矿物骨料硬化耐磨地坪材料，表面涂刷混凝土密封固化剂，面层做超平地面，标准需达到$F_{\min}=75$，超平混凝土地面面积为11257.99 m^2。冷库冷藏间内长期处于低温（−25℃左右）环境[1]。

超平地坪的优点：超平地坪能使叉车行走平稳，速度快，作业效率高；超平地坪能使叉车的维修率及维修成本低；超平地坪能使叉车运行时的安全系数高，作业时不会碰撞货架，同时避免叉车倾倒；超平地坪能使地坪均等磨损，耐磨性能好、使用寿命长；超平地坪能使地坪易使用、易保养、易清洁。

2　准备流程

2.1　施工准备

施工准备主要包括材料、机械设备和技术准备。

商品混凝土各项技术性能指标需经过试验室按照设计要求进行配比试验,尤其是混凝土耐低温性能、终凝时间及到场的塌落度等,混凝土从搅拌机卸出到浇注完毕延续时间不超过120min,混凝土不得产生分层、离析或早凝现象,现场坍落度要求16~18cm[2]。

硬化剂材料分骨料和胶结物两种成分。骨料为砂状,平均粒径1.5mm,约占总量60%;胶结物为经处理的高标号水泥。硬化剂骨料成分为天然矿石,为不生锈的非金属性骨料,硬度在莫氏8度以上。除天然矿石骨料外,其他水泥、色料等重量不超过总重量的25%。耐磨材料用量根据材料说明书和设计要求确定。

混凝土输送泵、SXP型精密激光整平机、施工桥架、振捣器、全自动混凝土抹光机、切缝机、刮杠、木抹子、胶皮水管、铁锹及小型工具等。技术人员会审图纸,熟悉相关技术规范及施工工艺,然后分别对各部门技术人员进行技术交底。测量工程师做好施工放样工作,试验部门做好原材料试验、检测工作,材料部门做好砂、碎石及水泥等原材料筹备工作,技术人员做好施工前各项准备工作以确保水泥混凝土面层施工及时进行。

2.2 施工流程

工程施工流程图详见图1。

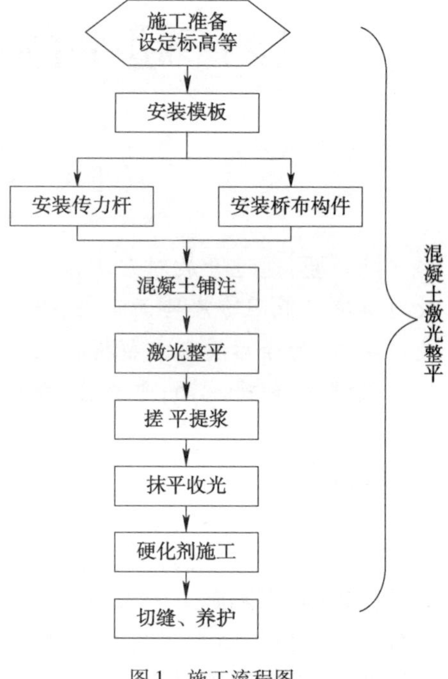

图1 施工流程图

3 施工工艺

3.1 模板施工

检查规划待施工区域内基层平整度是否达到与设计标高±2㎝以内的标准,设定施工区域并安装模板。模板采用槽钢制作的专用模板,可以根据地坪厚度调节高度及倾斜度,保证地面模板周边的水平度,该模板施工简易快捷,节省模板施工劳动力,相应降低了施工成本。一般情况下,模板安装时与地倾角85度左右,便于分仓缝切割毛边,详见图2。

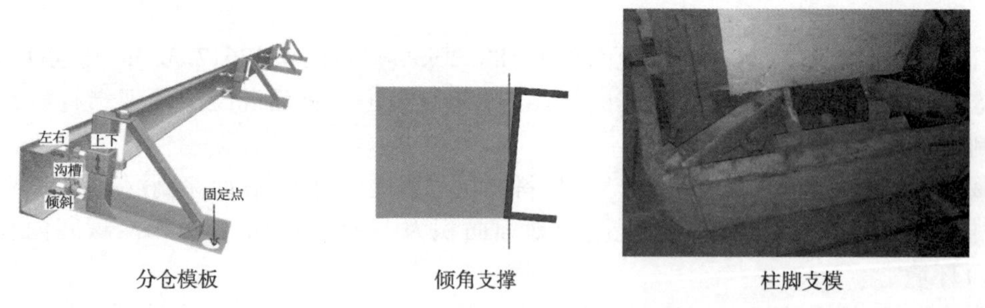

图2 模板安装示意图

3.2 混凝土施工

混凝土采用S型自左向右摊铺浇筑,施工缝结合伸缩缝一起设置。本工程混凝土通过地泵浇筑,出料及铺筑时间必须控制在规范范围以内,以免产生离析,若发现离析,应重新搅拌,严禁现场加水。

当混凝土拌和物倒入模内时,卸料要集中,速度慢,虚厚高出模板2cm左右,必要时进行减料或补料工作,纵横断面符合要求,摊铺混凝土时应连续摊铺,不得中断。浇注混凝土后人工按标高高度将混凝土大致铺平，然后使用激光整平机有序整平混凝土，保持以一个方向整平。在混凝土浇筑过程中，要对混凝土进行振捣，以保证混凝土密实，并且增强混凝土之间的锚固。混凝土表面提浆采用激光整平机自带振动器及振动棒、振动梁进行，保证 SXP 型精密激光整平机的布料螺旋整平，最后使用全自动混凝土抹光机进行再次整平，详见图 3 和图 4。

图 3　SXP 精密激光整平

图 4　全自动抹光机抹平

3.3　固化剂施工

工程拟采用西卡硬化剂，铺撒量控制为 5kg/m^3。在混凝土粗抹调出浆头后，即将规定用量的 2/3 的硬化剂均匀地撒布在混凝土表面，完成第一次撒布后，待硬化剂材料吸收一定水分后，用抹光机进行打磨；待硬化剂到一定阶段后，在撒布乘余 1/3 硬化材料，待硬化剂材料吸收一定水分后，用抹光机再次进行打磨：抹光机磨面应纵横向交错进行。并视地面的硬化程度，调整抹光机叶片的运转速度和角度。抹光机打磨时间参照硬化剂材料产品说明书。

3.4　修整磨光

抹面时间控制：抹面的时间决定着抹面的质量。过早会使混凝土表面产生高低流纹。影响平整度精度；过迟会给打抹带来用难，不易抹光。有时还会因混凝土终凝时间已到而影响混凝土的强度。最好是控制在混凝土人模平整初凝开始，混凝土表面水分已蒸发，人踩上去基本不下沉后开始抹面，抹面工作必须控制在混凝土终凝前完成。抹面分粗抹、精抹和终抹三个阶段进行。

粗抹：混凝土已初凝，大约是浇筑后 3h ~ 4h，混凝土的表面水分已蒸发，人踩上去不会下沉时，采用圆盘均匀反复（粗抹遍数视抹的情况决定）抹光压实，每抹一遍结束后，要待混凝土表面水分蒸发后再进行下一次打抹。

精抹：混凝土终凝前约在混凝土浇筑 8h 左右，使用双圆盘抛光机进行抛光，为了达到压实混凝土，提高混凝土表面的耐磨性. 使用重量 500kg 以上的电动打磨机磨光；使用圆盘研磨后再使用刀片抛光；每次打磨时，刀片应进一步倾斜。给混凝土表面增加摩擦力，打磨收光，使地坪光泽度均匀。

终抹：约在混凝土终凝前 1h，其表面已基本凝同，踩上去只有极轻微的痕迹时。质检人员再进行全面检查，对于不符合要求部位，用抹光机进一步压光抹实。

3.5　切缝养护

切缝最大间距宜为 7m；切缝宽度为 2 ~ 3mm，深度不小于混凝土厚度的 1/3；并在地坪表面处理结束后立即进行切割。即保证切缝在混凝土终凝前进行。

混凝土磨光结束后，至少 7d 表面不许在混凝土地坪上移动重物；并保持湿润养护状态；为了防止表面污染，使用塑料薄膜等材料，进行保养。把混凝土与外部隔离。在养护期间，面层混凝土强度未达到 1.2MPa 严禁上人[3]。

4 检测方法

4.1 超平地面质量标准

根据标准的规定，FF≥100、FL≥100 为特级地坪（超平地坪）；FF≥50、FL≥50 为一类地坪：FF≥35、FL≥30 为二类地坪；FF≥25、FL≥20 为三类地坪。

FF/FL 标准的测量精度与我国传统标准比较：F-数值无法与直尺检查的规范相比较，但勉强对照时，可得数据为：FF25 约为 3±6mm 的高差；FF50 约为 3±3mm 的高差；FF100 约为 3±1.5mm 的高差[4]。

4.2 超平地面检测方法

FF/FL 数值的测量采用 MODEL9905F-Meter® 自动平整度检测仪或者美国 FloorPromodelⅧ自动平整度、水平度检测仪等设备，以美国 ACI 标准 F-数值法为标准，利用数理统计的方法，从整体上来评价地坪的浇筑质量。

F-数值法测量方法：

（1）在同一楼面上，量测线依指定位置预先放样于地坪上，将抽样测量线按 12 英寸一段进行划分，每段线的尾端就是一个抽样点，标出所有点的高度，在这条直线上反映地面情况的线段就产生了。

（2）计算出所有相隔 30cm（12 英寸）的点之间的高差，然后可以计算出相隔 3m（10 英尺）点间的高差，通过统计分析这些计算出的形象数据，就可以算出每个测试组的水平度和平整度。最后每个检测组的数据就汇总出整个测试区域的数据。输入计算机得到最终的平整度数据[4]。

然而，我国传统直尺检查方法或者拉线检测法，只能局部测量，对地坪质量无法整体合理的做出评价。

4.3 超平地面检测结果

经过朔马珞（上海）机械设备有限公司专业检测机构对天津港首农食品进出口项目冷库超平地面的检测，满足美国混凝土协会（ACI）及加拿大标准协会（CSA）标准，详见图 5。

图 5 超平地面检测证书

结语

超平地面作为世界上最先进的地面施工工艺，目前进入中国时间不长，必将有着广阔的发展前景，水泥自流平材料应用于超平地面施工领域，可以将自身性能更好的与超平地面施工工艺相结合，得到平整、高使用性能的地面。

本文借助本项目对超平地面施工技术进行研究总结，积累了相关方面的施工经验，为后续对地面平整度要求较高的工程提供参考,超平地面的施工技术亦可应用到机场建设及市政混凝土路面工程上而得以推广。

参考文献

[1] 中交天津港湾工程设计院有限公司. J-2014-16，天津港首农食品进出口项目设计施工图纸[Z]. 2014

[2] 中华人民共和国住房和城乡建设部，中华人民共和国国家质量监督检验检疫总局. GB 50204-2015，混凝土结构工程施工质量验收规范[S]. 北京：中国建筑工业出版社出版，2015

[3] 张洁，李建华. 超平工业地坪施工技术及质量标准[J]. 江苏建筑. 2009，1:45-48

[4] 美国混凝土协会(ACI)，加拿大标准协会(CSA). ANSI/ASTM E1155Ma-1996，使用F-数字系统测定楼板平整度和水平度的试验方法(米制)[S]. 1996

膨胀膜袋法地表注浆工艺在地铁工程中的应用

魏义山　江锡山
（中交第三航务工程局有限公司南京分公司，江苏南京，210024）

摘　要：膨胀膜袋法地表注浆工艺可以有效控制浆液在目标区段内精准、有效地扩散，从而达到加固松散土体的目的。该工艺在地铁工程中应用较少，缺乏相关经验。在青岛地铁某隧道不良地层注浆加固中应用该工艺，开展了相关试验、研究，对注浆效果进行检测，结果表明：在沿海砂砾夹层及破碎的强风化层中，采用膨胀膜袋法地表注浆加固效果较好。

关键词：地表注浆加固；膨胀膜袋法；不良地质隧道；工程应用

1　工程概况

1.1　设计概况

青岛地铁某区间隧道拱顶埋深 10 ~ 16m，隧道上覆或穿越含有粘性土粗砾砂的第四系表土层与破碎的强风化凝灰岩地层，隧道内初支渗水较为严重，开挖掌子面难以自稳。通过膨胀膜袋法地表注浆工艺，有效地加固了区间隧道拱顶区域并减少隧道涌水量，确保隧道围岩稳定，保证隧道开挖安全。

1.2　场地工程地质

地质情况：0 ~ 4m 为素填土，呈黄褐色；4 ~ 13.3m 为粘性土，主要呈黄褐色和褐色，胶结性强，致密，含有部分砂砾，结构破碎；13.3 ~ 16.4m 为褐色粗砾砂，有粘性土，胶结性一般；16.4 ~ 16.8m 为强风化角砾凝灰岩，16.8 ~ 19m 为含夹层破碎强风化角砾凝灰岩。

通过对地质情况分析可知：隧道开挖轮廓线上方 1 ~ 1.3m 为含夹层破碎强风化角砾凝灰岩，其间泥质夹层和砂质夹层密集，角砾凝灰岩取芯长度一般不超过 10cm；其上 0.5m 左右为强风化角砾凝灰岩；上覆 3 ~ 4m 含粘性土砂层。

该段隧道开挖三种地层影响隧道开挖安全，分别为含粘性土砂层、强风化角砾凝灰岩（图 1）。

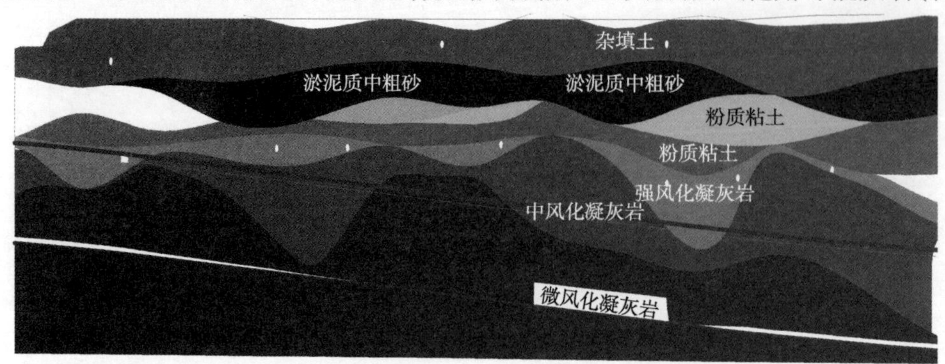

图 1　隧道地质纵断面图

含粘性土砂层威胁：一为砂层随地下水进入隧道，造成隧道大面积渗漏水，极易造成涌水溃砂，导致隧道塌方以及地面塌陷；二砂层没有承载能力，负载作用下极易引发塌方。

强风化角砾凝灰岩威胁：距离隧道开挖轮廓线0.5～1.2m，且部分直接揭露的强风化角砾凝灰岩，该地层极为风化，以沙土为主，丧失承载能力，且地处隧道正上方，埋深浅，极易造成隧道开挖拱顶失稳。

拱顶距第四系松散堆积层很近，一般1～5m，且第四系松散堆积层厚度较大，分布有强透水、富水的砂层，拱顶之上的岩体大多较破碎，围岩稳定性极差，极易坍塌，并引发地下水倒灌，发生冒顶、涌水、突泥等事故。

2　注浆工艺比选

根据隧道区域地质资料及注浆加固需求，地表注浆范围为拱顶以上3m、开挖轮廓向外2m，若强风化岩层下边界处于拱顶以下，则注浆加固范围下边界调整为强风化岩层下边界。

目前在地铁施工中，对软弱围岩采用的注浆加固工艺较多，通过分析本工程地质特点，选择有效的注浆工艺，各工艺比选见表1。

注浆工艺对比表　　表1

序号	注浆工艺	优点	缺点	适应范围
1	三重管高压旋喷桩	成桩效果好	污染大	土层、砂层
2	袖阀管	可重复注浆	工艺复杂	土层、砂层
3	WSS深孔注浆	钻杆直接作为注浆管	浆液易流失	土层、砂层
4	膨胀模袋注浆	可定域注浆，	应用较少，缺少经验	土层、砂层、破碎的强风化岩层

根据本工程地质特点，注浆加固区为含粘性土砾砂、破碎的强风化地层，地层不均匀，普通注浆工艺不能有效注浆加固，通过对各种注浆工艺的比较，选择膨胀模袋工艺。

3　膨胀模袋原理与实现方法

在注浆施工中，保证注浆加固效果的关键是确保注入的浆液都留存在目标加固区域内，目标区域内的有效注浆量与注浆加固效果紧密相关。为防止浆液在钻孔浅部进入地层造成无效的浆液扩散，保证浆液在钻孔注浆段区域内注入地层，采用隔压膨胀模袋隔断浆液的向上扩散通道。

膨胀模袋的工作原理为（图2）：膨胀模袋长度为3m，在注浆之前，向膨胀膜袋中注入膨胀性浆液，使模袋膨胀并挤压钻孔周边地层，通过模袋对目标注浆层以上的土体进行挤密加固，膨胀模袋与土体挤密加固区域形成止浆岩盘，使浆液不能由出浆区域向上返浆。膨胀模袋只允许浆液由钻孔注浆段进入地层，从而实现浆液在目标区域的有效留存，为实现浆液的有效留存提供充分保障。

隧道上部第四系及强风化凝灰岩结构较为松散，强度较低，采用该工艺，可以隔离软弱地层段，杜绝了注浆过程中注浆压力对软弱地层的扰动破坏，防止浆液流失到其他地层，避免了注浆过程中引起的地层变形，并通过注浆管对目标加固区进行正常注浆。

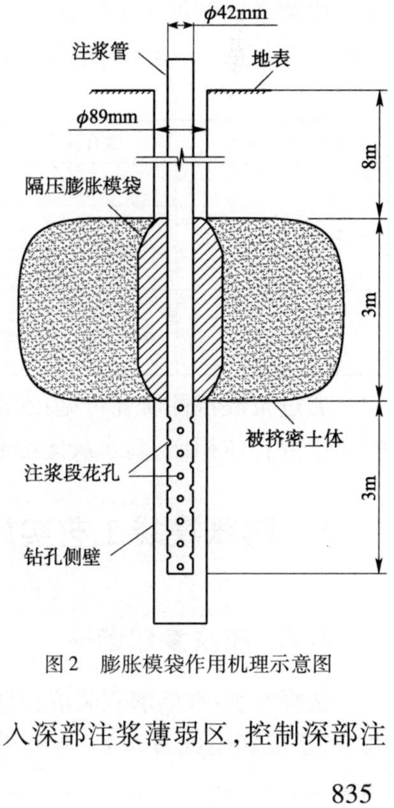

图2　膨胀模袋作用机理示意图

4　速凝浆液特性研究

膨胀模袋注浆工艺需结合速凝类浆液粘度变化特点，针对软弱介质不同深度段的加固要求，通过定域输浆管可实现浆液在初凝时间内进入深部注浆薄弱区，控制深部注浆浆液扩散范围、扩散距离及浆液凝胶时间，达到较好的扩散加固效果。

试验方法：考虑注浆工程因素，水泥浆液水灰比采用1∶1和2∶1。水泥浆液和添加液在烧杯内混合，以相同速度搅拌2s，然后倒入仪器测量皿内，记录混合至仪器测试的时间，然后采用粘度仪每3s测量一次样品的粘度和温度，保存记录测量数据。

通过粘度测量试验，获得了不同水泥浆水灰比、不同混合体积比和不同材料（水泥-水玻璃浆液和高聚物改性浆液）混合后材料的粘度和温度随时间变化曲线和数据，选取以下典型测试结果进行分析：水泥-水玻璃材料水泥浆水灰比 =1∶1 时的粘度和温度曲线见图3，水泥-水玻璃浆液水泥浆水灰比 =2∶1 时的粘度和温度曲线见图4，高聚物改性水泥材料水泥浆水灰比 =1∶1 时的粘度和温度曲线见图3，高聚物改性水泥材料水泥浆水灰比 =2∶1 时的粘度和温度曲线见图4。

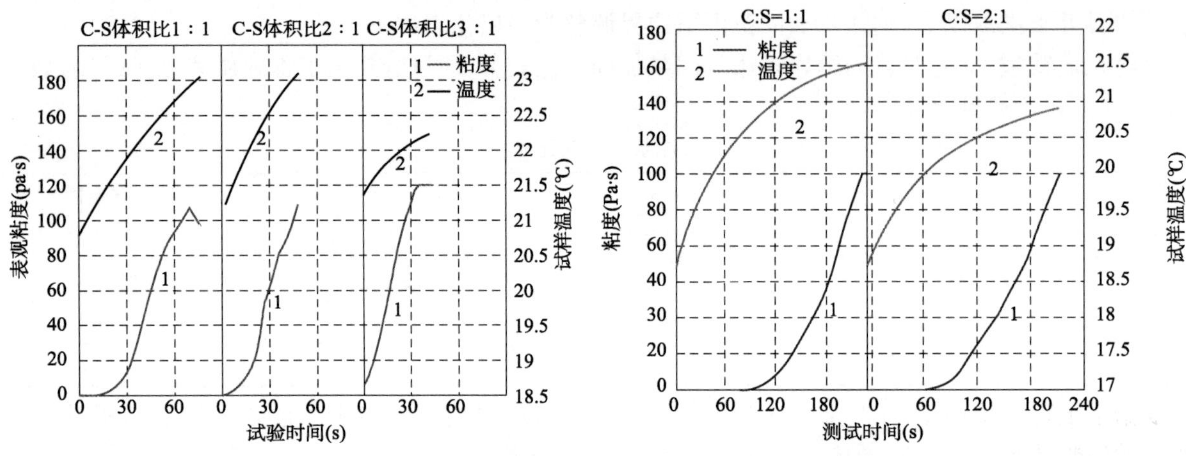

图3　水泥-水玻璃水泥浆水灰比 =1∶1 时粘度和温度曲线　　图4　水泥-水玻璃水泥浆水灰比 =1∶1 时粘度和温度曲线

水泥-水玻璃浆液粘度变化可分为3个阶段：低粘期、上升期和固化期，浆液混合后的粘度增长速度较慢且粘度值较低；随后浆液进入上升期，粘度快速上升达到初凝并继续快速稠化，此时浆液呈现固液混合的糊状，具备流动扩散性；浆液终凝后已丧失流动性，此阶段的测量粘度值持续增加并超过最大量程，此阶段测量粘度值无实际意义。根据浆液粘度时变特性将浆液反应过程划分阶段，可为浆液的工程应用提供参考，有利于施工时的浆液选型。水泥-水玻璃浆液阶段参数见表2。

水泥-水玻璃浆液特性表　　表2

水泥浆水灰比	混合体积比	低粘期	上升期	固化期
1∶1	1∶1	0 ~ 15s	15 ~47s	无实测数据，可认为10s后固化
	2∶1	0 ~ 20s	20 ~63s	
	3∶1	0 ~ 25s	25 ~82s	
2∶1	1∶1	0 ~ 60s	60 ~170s	
	2∶1	0 ~ 85s	85 ~190s	

通过浆液特性研究可见：水泥浆水灰比为2∶1和1∶1时，水灰比对水泥-水玻璃材料粘度时变性的影响大于混合体积比，高水灰比可有效延缓注浆材料的凝胶，延长低粘期。

5　膨胀模袋工艺实施

5.1　注浆参数选择

选择水泥-水玻璃双浆液：其配比为 W/C =1∶1，C∶S =1∶1，浆液配比可根据现场注浆过程实时反馈调节；水玻璃模数为2.4 ~3.4，浓度为(35 ~40) B'_e。

结合青岛地铁类似地层注浆施工经验及其他浅埋隧道注浆工程经验，确定注浆压力0.8～1.2MPa，注浆扩散半径为1～1.2m。

以单孔注浆量和注浆压力作为控制指标，采用“量—压”双控注浆结束标准进行注浆控制，具体标准如下：①当注浆量未达到设计标准但注浆压力达到设计终压，且维持5min以上，停止注浆；②当注浆量达到单孔设计注浆量后，若注浆压力未达到设计终压，可通过调整浆液凝胶时间达到设计终压，并停止注浆。

5.2　施工过程

钻孔方式采用地表垂直钻孔，采用两序钻孔布置，第Ⅰ序钻孔为正常注浆孔，第Ⅱ序钻孔为检查及补充注浆孔。Ⅰ序钻孔孔间距为2m，Ⅱ序钻孔内插Ⅰ序钻孔，注浆范围为加固范围上边界以下区域。施工过程中先对第Ⅰ序钻孔进行注浆，第Ⅰ序钻孔注浆结束后，对注浆薄弱区域选择部分Ⅱ序钻孔进行注浆效果检查并对注浆效果较差的区域进行补充注浆，注浆钻孔布置见图5。

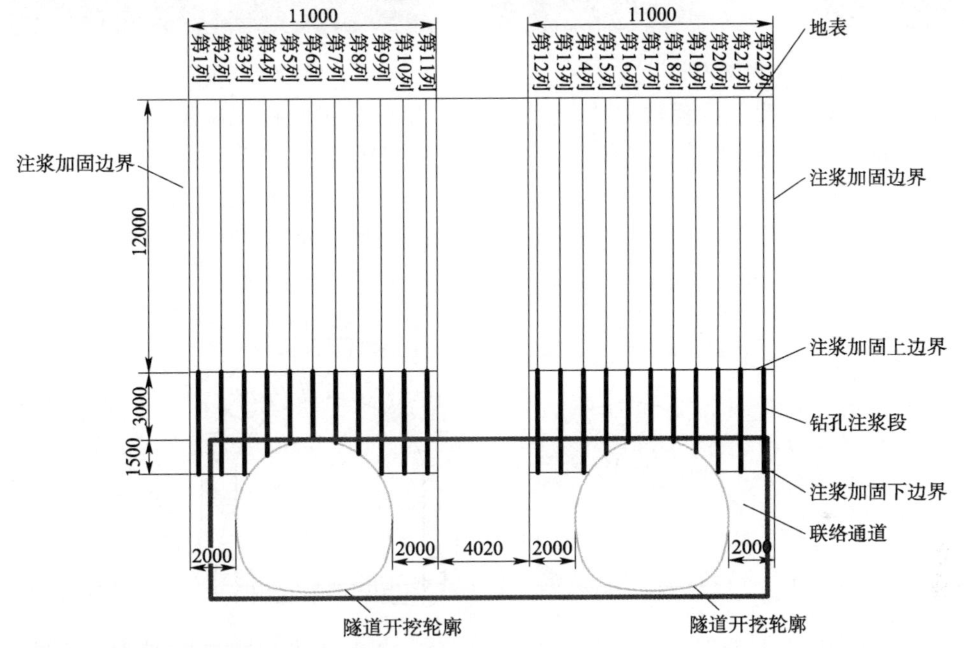

图5　钻孔布置横断面图

钻孔采用JK590(D)型履带式钻机，钻孔入中风化花岗岩0.5～1m位置为终孔点，对钻机进行调平、对中，调整钻机的垂直度，钻孔垂直度误差小于0.3%；钻孔前应调试空压机、泥浆泵，使设备运转正常；校验钻杆长度，保证孔底标高满足设计深度。

注浆模袋采用帆布现场制作，包裹在注浆管周边，采用胶带缠紧，膨胀模袋注浆管采用$\phi15\times3$钢管；注浆管采用$\phi42\times3$钢管，在目标注浆区管壁上打孔。

注浆钻孔成孔后，将注浆模袋钢管放至钻孔设计位置处，通过$\phi15\times3$钢管注入速凝固结材料，注浆压力为底层注浆压力1～1.5MPa。模袋封固完成后，采用水泥-水玻璃对目标区进行注浆。

6　注浆效果检查

为确保注浆效果，对地表注浆效果进行检查，若注浆存在加固薄弱区应进行相应补充注浆。注浆效果检查手段主要采用以下三种：

(1)洞内检查孔探查，在隧道开挖之前对注浆加固区域进行超前孔探测，通过检查孔出水量、钻出岩屑类型、塌孔情况判断前方围岩及注浆加固效果。见图6，掌子面有明显浆脉、无水，软弱地层得到较好加固。

(2)在地表对注浆区取芯检测,见图7,芯样完整、连续,注浆区芯样强度大于1MPa。

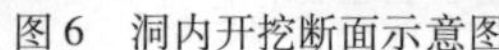
图6　洞内开挖断面示意图

图7　钻芯取样示意图

(3)在初期支护格栅钢架上设置轴力计,监测无注浆和有注浆两种工况下,初期支护的轴力及弯矩。由监测数据可见,最大轴力均发生在隧道拱顶上方,而最大弯矩发生在两侧拱腰位置处。无注浆时,初期支护最大轴力和最大弯矩分别为369.6kN和155.5kN·m(图8);有注浆时,最大轴力和最大弯矩分别为和325.4kN和110.9kN·m(图9)。由对比可以发现,膨胀模袋注浆后,初支支护所承担的轴力和弯矩均明显降低,受力更加合理,初期支护的安全性有所提高。

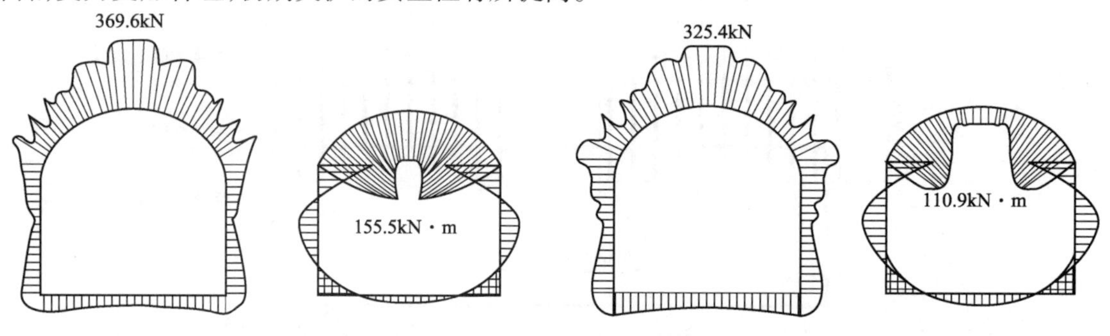

图8　无注浆时初期支护的轴力和弯矩图

图9　有注浆时初期支护的轴力和弯矩图

结语

通过对青岛地铁工程膨胀模袋注浆工程实例的实践,根据现场施工情况及实测数据,得出如下的结论:

(1)膨胀模袋注浆能有效的实现地层加固效果,对于富水砂层、破碎的强风化层的预加固是可行的。通过开挖效果检查,验证了膨胀模袋注浆可以实现对目标加固区域的高效精确加固,加固效果良好,能显著的提高隧道施工安全性。

(2) 通过监测数据,可以看出膨胀模袋注浆加固地层能有效地增加受注地层的强度。支护结构所承担的轴力和弯矩均明显降低,受力更加合理,安全性更高。

(3)通过对速凝浆液特性研究,结合施工经验,膜袋注浆最优注浆压力为底层注浆压力1.5~2倍,水泥-水玻璃双浆液最优配比为W/C=1∶1,C∶S=1∶1。

参考文献

[1] 张长生,陶连金,强小俊,等. 注浆加固处理软土地基的试验研究[J]. 铁道建筑,2012(1):89-92

[2] 吴顺川,金爱兵,高永涛. 袖阀管注浆技术改性土体研究及效果评价[J]. 水利学报, 2007, 28(7): 1353-1358

[3] 孙锋,张顶立,陈铁林,等. 土体劈裂注浆过程的细观模拟研究[J]. 岩土工程学报, 2010, 32(3): 474-480

[4] 王国义. 成都砂卵石地层注浆加固技术应用[J]. 隧道建设, 2012, 32(5): 696-699

[5] 张民庆,张文强,孙国庆. 注浆效果检查评定技术与应用实例[J]. 岩土力学与工程学报, 2006(S2): 581-590

网络管理系统在混凝土搅拌站中的应用

张兴佳　谭程龙　夏新宝
(中交三航局第三工程有限公司,江苏南京,210011)

摘　要:基于国家"互联网+"的战略,根据中国交通建设集团推行的信息化管理进程,以青岛轨道交通某地铁项目搅拌站为依托,建立了混凝土生产网络化管理,促进管理升级、增强管理工作的预见性及主动性,提高了工作效率、工作质量和管理能力。

关键词:网络管理;混凝土搅拌站;控制系统;信息化

引言

随着计算机技术和网络通讯的迅速发展,混凝土搅拌站生产控制系统,从最初的模拟、数字电路控制方式到DOS平台下的控制系统,再到现在的windows系统下的控制系统,搅拌站的自动控制系统得到了极大的提升,但始终处于局域网络平台,不能突破区域性限制,不能形成有效的管理体系。

为了响应国家"互联网+"的发展战略,突破区域性限制,实施大数据管理,利用计算机程序控制技术与生产数据采集技术相结合,通过互联网将搅拌站生产的真实数据进行实时收集,通过对数据的采集、分析、判断、处理、追踪等手段,实现对混凝土在生产源头开始监控管理,增强了管理工作的预见性和主动性,提高了工作效率、工作质量和管理能力,实现对搅拌站及时、准确、全面的监控。

1　系统的设计分析

1.1　设计思路

目前搅拌站一般采用工业控制计算机系统,主要是由操作台、工控机、配电柜等一系列模块组成。搅拌站本身能够实现数据的采集及控制,搅拌站的数据分为静态数据和动态数据,静态数据是基本保持稳定的数据,例如搅拌站的人员信息、设备信息、混凝土的各种理论配合比等;动态数据是在施工过程中采集到的实际称量以及施工配合比等数据。网络管理系统就是利用计算机程序控制技术和生产数据采集技术对数据库的的静态数据与动态数据进行搜集上传,并将数据有机整合,进行系统分析,寻找偏差,查找原因,进而实现对混凝土生产管理的全方位监控,系统的框架见图1。

1.2　系统布置

该系统由四部分组成,即:(1)拌合站数据采集发送系统;(2)无线传输设备;(3)信息中心管理服务器;(4)终端平台。

首先是由拌合站数据采集发送系统采集相应有效数据,然后由无线传输设备发送到服务器,在发送过程中,由服务器防火墙进行数据分析、加密来确保数据的安全性,再由信息中心管理服务器进行统计分析,对不合格数据进行短信提醒,最后在终端平台上进行数据的展示及各项统计。

拌合站数据采集发送系统确保数据的有效、真实性;无线传输设备确保发送过程中数据的加密安全性;信息中心管理服务器是该系统的核心,是保证数据的存储及运算的根本,是终端平台展示的基础;终端平台是实现对客户信息服务的动态性、实时性和互交性的有效保证，系统的结构图见图2。

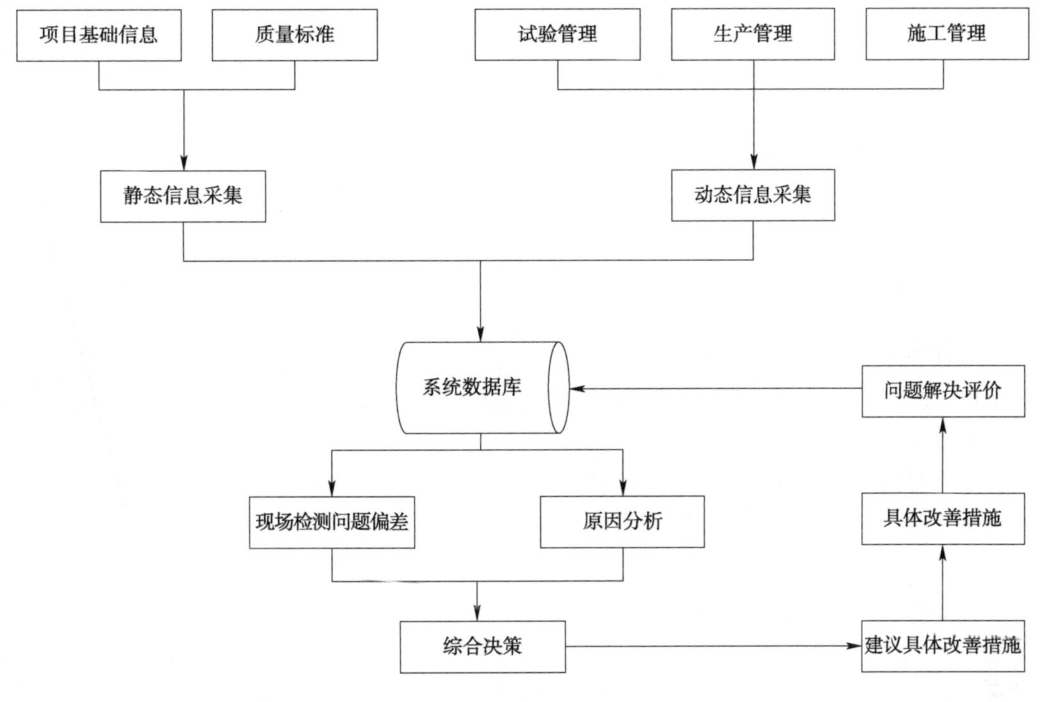

图1　系统的框架图

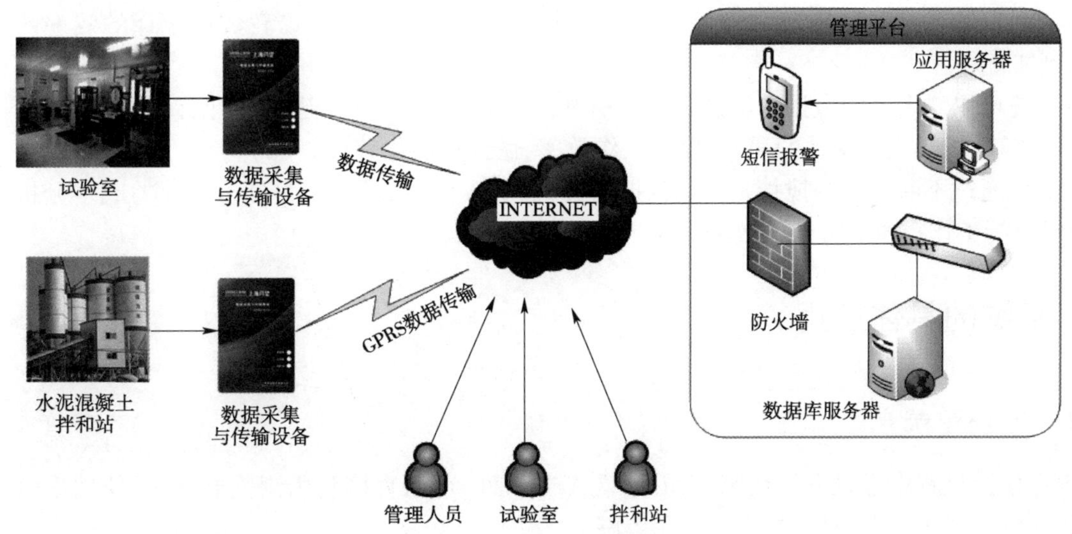

图2　系统的结构图

1.3　硬件要求

为实现混凝土生产网络化管理，首先硬件设施要能够满足管理平台。该搅拌站拥有两套南方路基的HZS180搅拌楼和一套混凝土之杰的HZS120搅拌楼，三套搅拌楼的搅拌控制系统都是通过工控机控制，利用传感器反馈、闭合来实现智能化，为该系统的安装与应用提供了必要的硬件支持，搅拌站工控机的硬件要求见表1。

工控机的硬件要求　　表1

序　号	名　称	要　求	备　注
1	操作系统	Window2000 及以上	

续上表

序　　号	名　　称	要　　求	备　　注
2	内存容量	1G及以上	
3	硬盘	100G及以上	
4	USB接口数量	2个及以上	
5	网络	能够接入网络	

2　系统的功能

网络管理系统的建立是通过“信息流”实现搅拌站管理的数字化、可视化、实时化，增强管理工作的预见性和主动性，提高工作效率、工作质量和管理能力，做到精细化管理，实现对项目及时、准确、全面的监控。该系统主要功能如下：

(1)Web浏览器访问模式(B/S模式)，搅拌站生产的数据能够实时上传，实现网络化管理，相关的管理部门及人员无需安装特殊设备，就可以在办公室、会议室、家中等任何有网络的地方实时查看搅拌站的生产情况，及时了解、把控现场施工质量及进度。

(2)在生产过程中一旦出现配料超标或不足等情况，系统将自动触发报警系统，自动编辑短信，根据触发报警系统的等级，发送到不同级别人员手机上，方便操作人员随时掌握搅拌站的工况，根据相关的规章制度及时对不合格混凝土进行处理，达到对质量的管控。另外，该系统能够实现对问题的处理实行分级审批，确保混凝土的质量处于受控状态。

(3)在数据的查询过程中，系统自动生成二维曲线图、柱状图等，在提高数据统计的效率的同时，查看、分析更加直观。

(4)系统可以对上传的数据自动进行统计分析，实现了产能分析、超标统计、误差分析、材料成本核算、生产量核算，减少人工统计的误差，提高工作效率，做到智能化管理。

(5)系统通过不断对各个搅拌站原始数据的搜集，形成大型数据库，为公司后续的成本分析、质量分析、原材料分析工作提供了有效的数据支撑。

3　系统的具体应用

3.1　系统登录

系统在使用过程中登录方便快捷，无需安装APP软件，可以直接利用浏览器登录，使用手机、平板电脑等现代化移动通讯设备查询，扩大了使用范围。

进入系统的首页，即可查看系统内所有搅拌站的基本信息，了解搅拌站的生产状态，并且能够准确定位到搅拌站的具体位置，为管理人员的查阅提供了方便。如图3所示，进入该系统后可以快速定位搅拌站的具体位置，在界面右侧显示“搅拌站的名称”、“拌和机名称”、每个搅拌机的“出料时间”等信息。

3.2　数据查询

对系统实时数据的查询，只需在首页上点击“生产数据详情”即可进入生产用量界面，实时查看搅拌楼的生产情况：当前搅拌楼浇筑的部位、强度等级、每盘数量以及混凝土施工配比、实际配量、误差值、误差百分比等详细数据。通过“每盘时间的间隔”也可以初步判断混凝土供应是否正常。对于历史数据的查询，搅拌时间、搅拌材料用量等数据可利用二维曲线图进行表示，更加直观地查看、判断问题所在，数据查询见图4。

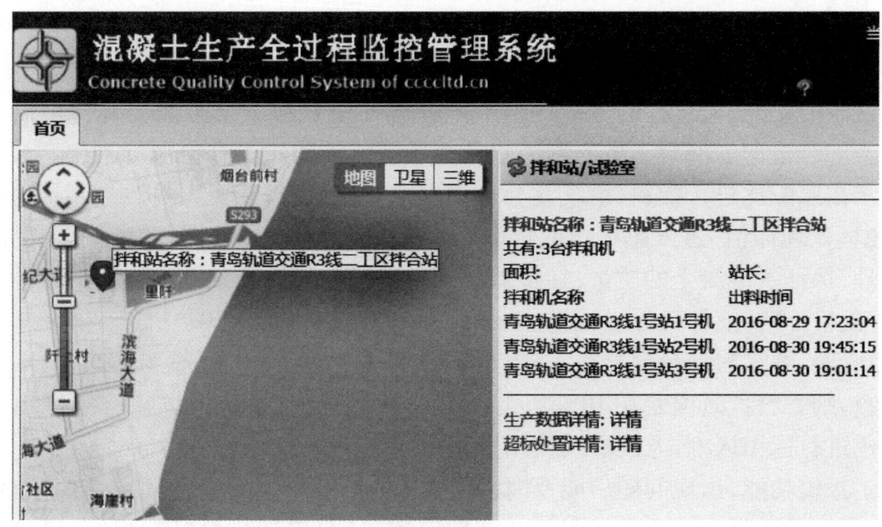

图3　系统首页

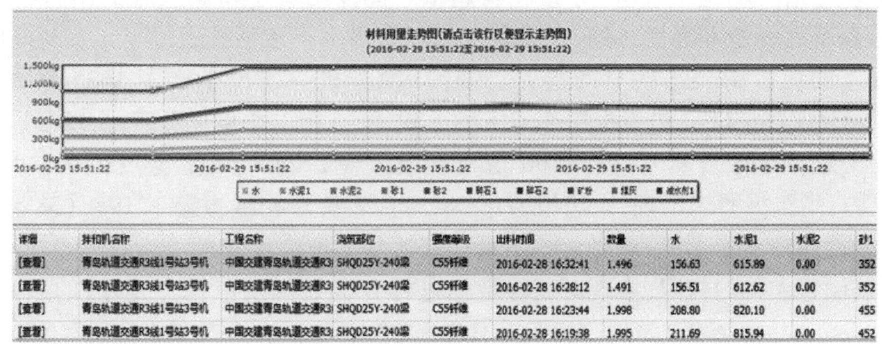

详看	拌和机名称	工程名称	浇筑部位	强度等级	出料时间	数量	水	水泥1	水泥2	砂1
[查看]	青岛轨道交通R3线1号站3号机	中国交建青岛轨道交通R3	SHQD25Y-240梁	C55纤维	2016-02-28 16:32:41	1.496	156.63	615.89	0.00	352
[查看]	青岛轨道交通R3线1号站3号机	中国交建青岛轨道交通R3	SHQD25Y-240梁	C55纤维	2016-02-28 16:28:12	1.491	156.51	612.62	0.00	352
[查看]	青岛轨道交通R3线1号站3号机	中国交建青岛轨道交通R3	SHQD25Y-240梁	C55纤维	2016-02-28 16:23:44	1.998	208.80	820.10	0.00	455
[查看]	青岛轨道交通R3线1号站3号机	中国交建青岛轨道交通R3	SHQD25Y-240梁	C55纤维	2016-02-28 16:19:38	1.995	211.69	815.94	0.00	452

图4　数据查询

3.3　系统校核

混凝土搅拌楼操作系统没有报警系统，在使用过程中一旦出现问题，如果不能及时发现，往往会很长一段时间带病运转。而搅拌站网络管理系统可以实现实时监控搅拌楼的控制系统，一旦数据出现误差，系统就会发出报警信息，管理人员能通过系统提供的数据分析，快速做出判断，及时处理问题，确保搅拌楼正常运转。

例如：2016 年 5 月 18 日 13 时左右，2#搅拌机在使用过程中连续出现高级报警，但搅拌楼机械运转正常，搅拌楼控制系统也未出现任何异常，通过网络管理系统对超标数据查询（图 5），高级报警类型均是“碎石”，工作人员立即查看搅拌楼的称量系统，但称量系统显示正常，经过详细查找，并与搅拌楼操作人员沟通交流，找到了原因所在：由于工作人员疏忽，在操作过程中误进入骨料 3“参数设定界面”，无意中改动了卸料参数中“延时控制时间”，导致卸料过多。后来管理人员重新设定参数，生产恢复正常。

	出料时间	超标类型	料名称	实际值	理论值	误差值	百分比
号站2号机	2016-05-18 18:49:40	初级	水泥2	1069.00	1071.00	-2.000	-0.186
号站2号机	2016-05-18 14:01:48	高级	砂1	2279	2280	-1.000	-0.043
号站2号机	2016-05-18 13:38:25	高级	碎石1	1258	1260	-2.000	-0.158
号站2号机	2016-05-18 13:13:37	高级	碎石2	1291	1290	1.000	0.077
号站2号机	2016-05-18 13:02:53	高级	碎石3	634	570	64.000	11.228
号站2号机	2016-05-18 12:58:28	高级	碎石3	0	0	0.000	0.000

图5　超标数据查询

3.4 质量控制

质量是工程建设的生命,质量控制是搅拌站生产管理的重要组成部分。要确保混凝土的质量,首先要保证出厂混凝土的合格率。混凝土生产网络化管理系统能够防止不合格混凝土出厂。

如果混凝土未按照配比进行配料,系统就会自动发出报警信息,相关人员收到超标短信后,可以直接在首页中点击“超标处理详情”进入超标数据管理界面,详细查询超标数据;然后按照相关规定要求对该车混凝土进行处理,保证了混凝土的质量;在报警中,每盘胶凝材料、外加剂、水计量误差在 ±1% 至 ±5% 以内(含 5%),每盘粗骨料、细骨料计量误差在 ±2% 至 ±5% 以内(含 5%),属于初级超标;每盘胶凝材料、外加剂、水、粗骨料、细骨料计量误差在 ±5% 至 ±10% 以内(含 10%),属于中级超标;每盘胶凝材料、外加剂、水、粗骨料、细骨料计量误差在 10% 以上,属于高级超标。系统根据超标级别由低到高,自动使用由浅到深的颜色进行标识区别,方便后续使用过程中的定位查找。

该系统增加了报警功能,出现问题后能及时报警,增强了生产过程中的预见性。项目部通过对存在的问题不断改进,保证了混凝土的质量。在系统前期使用时,粉煤灰称量经常报警,经过分析,由于粉煤灰用量较少,粉煤灰输送机输送量较大,导致配料超量。搅拌站关小粉煤灰罐的出料口蝶阀,控制输送量,这样有效控提高了称量的准确性,降低了混凝土的不合格率。该系统通过半年多时间的使用,报警率逐季度下降,混凝土的质量得到了明显的提升。如:2#搅拌机一季度生产了 1625 立方米混凝土(668 盘),中级报警率 6.34%(36 盘),初级报警率 6.87%(39 盘);在二季度中生产了 15611 方混凝土(5572 盘),高级报警未出现,中级报警率 1.79%(100 盘),初级报警 2.28%(127 盘);在三季度中生产了 8892 方混凝土(3185 盘),高级报警未出现,中级报警率 085%(27 盘),初级报警 1.19%(38 盘),每个季度中级报警率和初级报警率都逐步下降,混凝土的质量控制达到了理想的效果。

该系统还可以设置人员的权限,实现对超标数据进行分级处理及审批,处理后的照片及文件可以上传,方便后续查阅。

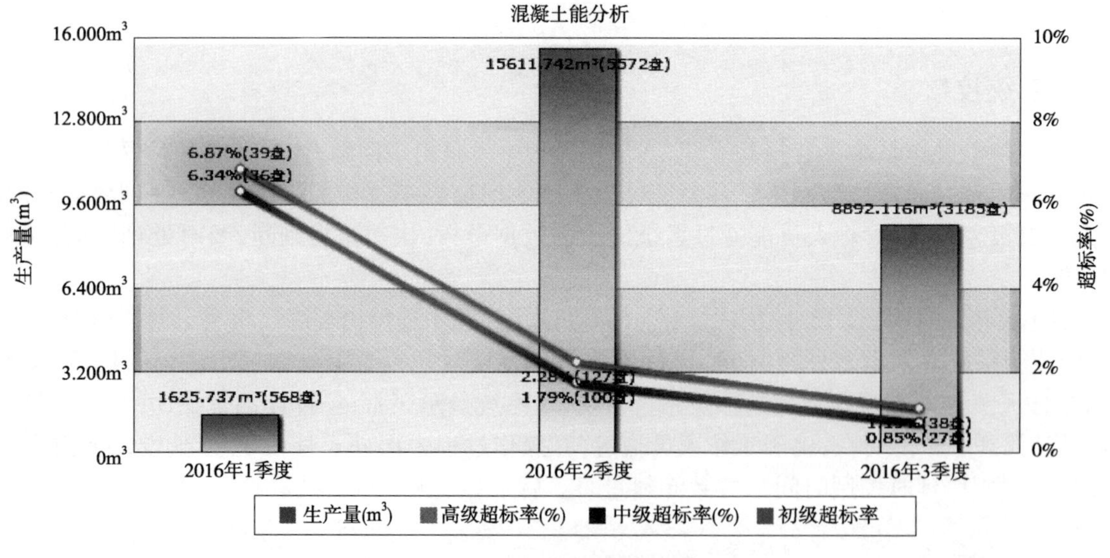

图 6　超标数据统计

3.5 成本管理

成本管理是工程管理的重要环节,系统如何进行统计分析、降低混凝土成本是管理重点之一。该系统充分利用大数据,采用产能分析、超标统计、误差分析、材料成本核算、生产量核算等多种分析手段和标准,对成本进行分析统计,并通过柱状图、折线图更加清晰直观呈现,改变了以往依靠人工对搅拌楼材料的核销,减少了人为的统计错误,提高了数据的及时性、真实性、准确度,同时降低了管理人员的工作量,提高了管理效率,实现对成本的整体掌控。如图7所示,系统自动生成二季度材料成本核算二维图,在图中可以直观看到理论用量与实际用量的差值,当鼠标滑到相应的表示部位,可以清楚看到该部位的实际用量和理论用量。

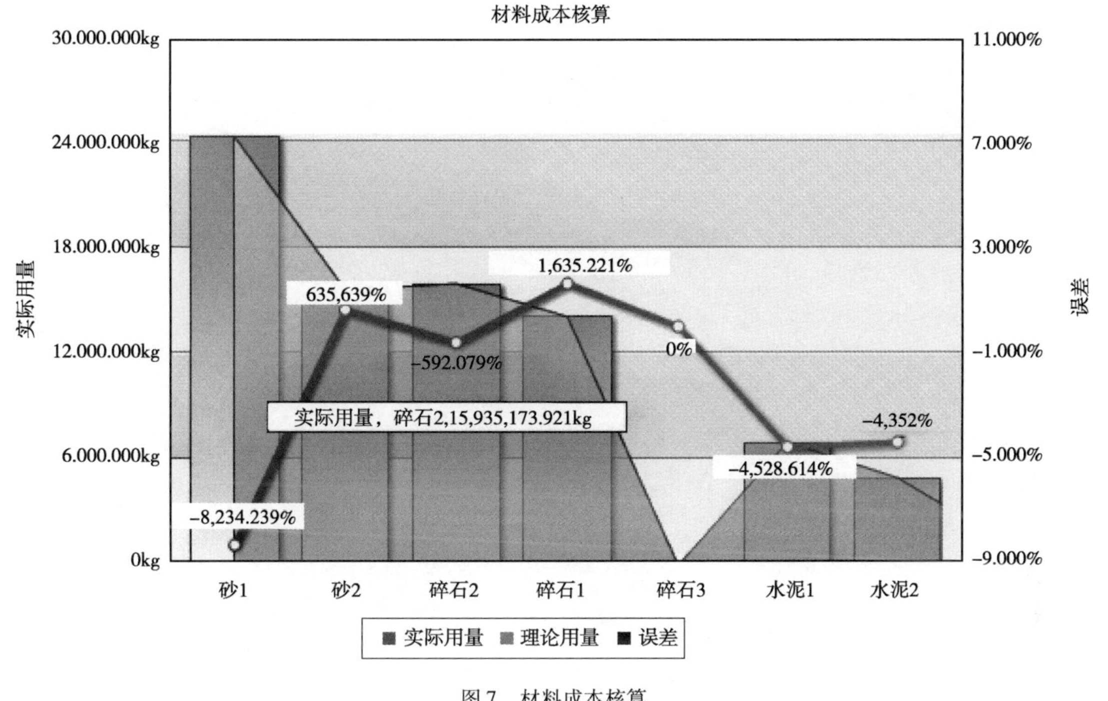

图7　材料成本核算

结语

混凝土搅拌站依靠互联网建立了一个混凝土信息化的自动生产及监控系统,实现了实时监控搅拌站混凝土的生产。管理人员利用该系统能够快速查询到混凝土当前生产情况及历史生产情况,提高了搅拌站的整体管理水平。系统设置超标自动报警并发送信息提醒操作人员及管理人员,督促操作人员责任心更强,对出现问题及早发现、快速处理,降低了混凝土的不合格率,保证了混凝土的生产质量;系统自动对数据进行统计分析,保证了数据的准确性,降低了工作人员的劳动强度,提高了工作效率;随着原始数据的不断积累,系统将利用大数据分析原理,对数据进行统计分析,为后续混凝土施工原材料的选择、施工配比的优化及成本控制等提供参保证。

目前该系统还处在初期使用阶段,还存在一些不足,如:网络管理系统界面进一步优化;试验员在系统中录入施工配合比后,操作人员不能直接下载到工控机上;原材料进场数量与混凝土生产材料没有自动对比核销功能;系统中形成的二维折线图或直方图不能直接打印等。随着这些问题的改进、完善,网络管理系统在混凝土搅拌站生产中一定会发挥更大的作用。

参考文献

[1] 李永.自动控制技术在混凝土搅拌站中的应用[J].北京:科技经济导刊,2016(13).74

[2] 唐亮.混凝土搅拌站自动控制系统设计及实现[D].南京:南京理工大学,2007.1-15

[3] 余林.铁路工程混凝土拌和站信息化管理应用研究[J].天津:交通环保,2016.152-153